최·신·판

셉티코시스템

PROCESS SAFETY MANAGEMENT

공정안전보고서(PSM) 작성 및 이행평가 실무

김영도 · 주현숙 · (주)셉티코

예문사

PREFACE

PROCESS SAFETY MANAGEMENT

본서는 산업안전보건법에 따라 유해위험설비를 보유한 사업장에서 공정안전보고서 제출·심사·확인 및 이행상태 평가에 도움이 될 수 있는 내용으로 관련 법적 사항, 공정안전자료에 관한 사항, 안전운전계획에 관한 사항을 참고할 수 있는 예시와 함께 수록하였으며, 주요 특징은 아래와 같습니다.

1. 공정안전보고서에 포함되는 법적 사항을 항목별로 정리하였습니다.
2. 공정설계, 각 명세에 대해 사업장에서 본서의 내용을 보고 계산, 작성할 수 있도록 관련 근거자료를 최대한 수록하였습니다.
3. 공정안전보고서 작성 시 참고할 수 있는 예시를 수록하여 사업장에서 쉽게 보고서 작성, 변경이 가능하도록 하였습니다.
4. 유해위험설비에 대한 위험성 평가 실시와 보고서 작성에 대해 설명과 보고서 예시를 수록하였고, 특히 사업장에서 어려워하는 HAZOP 위험성 평가 방법을 중점적으로 수록하였습니다.
5. 공정안전보고서 이행점검 및 평가 시 사업장에 도움이 될 수 있도록 안전운전계획상의 각 지침 등의 내용을 포함하고 있으며, 주요하게 준비해야 하는 사항을 중심으로 참고할 수 있는 예시를 수록하였습니다.

공정안전보고서는 공정, 기계, 전기, 계장, 안전, 환경 등 많은 분야가 함축되어 있어 사업장에서 관리하기에 많은 어려움이 있으므로, 본서가 사업장에 도움이 되기를 기대합니다. 또한 (주)셉티코는 산압안전·환경 전문기업으로서 "사업장과 지식을 공유하고 함께 성장하는 기업"이라는 목표하에 30개 정부기관의 최신정보, 안전·환경 지식정보 및 뉴스, 교육, 안전관리시스템으로 구성된 "셉티코" 무료 플랫폼(www.safetyko.com)과 앱을 운영하고 있으므로, 사업장 각 담당자님에게 많은 도움이 되기를 희망하며, 본 저서의 관련 강의가 추후 제공될 예정이오니 많은 관심을 부탁드립니다.

김영도, 주현숙, (주)셉티코

PROCESS SAFETY MANAGEMENT

CONTENTS

PART 01 공정안전보고서 작성실무

CONTENTS

PROCESS SAFETY MANAGEMENT

CONTENTS

PART 02 공정안전보고서 관리실무

CONTENTS

PART

01

공정안전 보고서 작성실무

01 개요
02 사업개요의 작성
03 유해 · 위험물질의 이해 및 작성
04 기계설비관련 기본지식
05 동력기계설비의 이해 및 작성
06 장치설비의 이해 및 작성
07 배관 및 개스킷의 이해 및 작성
08 안전밸브 및 파열판의 이해 및 작성
09 공정설명서의 이해 및 작성
10 공정흐름도와 배관계장도
11 건축설비의 배치도 등
12 폭발위험지역 구분
13 전기단선도, 안전설계 제작 및 설치관련 지침서, 그 밖에 관련 자료

CHAPTER 01

개요

01 개요

공정안전보고서는 중대재해를 예방하기 위하여 고용노동부에서 1996년 1월 1일부터 산업안전보건법에 그 근간을 두고, 2014년 1월 1일부터 5인 미만 사업장까지 확대하여 시행하고 있다. 공정안전보고서는 업종대상 사업장과 유해 · 위험물질 취급량, 저장량을 기준으로 기준량 이상을 취급하는 사업장에 대해 보고서를 제출, 심사, 이행점검 · 확인 및 이행평가를 지속적으로 실시하여, 사업장이 안전하게 관리되도록 하는 제도이다.

02 산업안전보건법 관련 사항

1. 공정안전보고서의 제출 대상(산업안전보건법 시행령 제43조)

① 법 제44조제1항 전단에서 "대통령령으로 정하는 유해 · 위험설비"란 다음 각 호의 어느 하나에 해당하는 사업을 하는 사업장의 경우에는 그 보유 설비를 말하고, 그 외의 사업을 하는 사업장의 경우에는 별표 13에 따른 유해 · 위험물질 중 하나 이상을 같은 표에 따른 규정량 이상 제조 · 취급 · 저장하는 설비 및 그 설비의 운영과 관련된 모든 공정설비를 말한다.

1. 원유 정제처리업
2. 기타 석유정제물 재처리업
3. 석유화학계 기초화학물질 제조업 또는 합성수지 및 기타 플라스틱물질 제조업. 다만, 합성수지 및 기타 플라스틱물질 제조업은 별표 13의 제1호 또는 제2호에 해당하는 경우로 한정한다.
4. 질소 화합물, 질소 · 인산 및 칼리질 화학비료 제조업 중 질소질 화학비료 제조업
5. 복합비료 및 기타 화학비료 제조업 중 복합비료 제조업(단순혼합 또는 배합에 의한 경우는 제외한다)
6. 화학 살균 · 살충제 및 농업용 약제 제조업[농약 원제(原劑) 제조만 해당한다]
7. 화약 및 불꽃제품 제조업

② 제1항에도 불구하고 다음 각 호의 설비는 유해 · 위험설비로 보지 아니한다.

1. 원자력 설비

2. 군사시설
3. 사업주가 해당 사업장 내에서 직접 사용하기 위한 난방용 연료의 저장설비 및 사용설비
4. 도매 · 소매시설
5. 차량 등의 운송설비
6. 「액화석유가스의 안전관리 및 사업법」에 따른 액화석유가스의 충전 · 저장시설
7. 「도시가스사업법」에 따른 가스공급시설
8. 그 밖에 고용노동부장관이 누출 · 화재 · 폭발 등으로 인한 피해의 정도가 크지 않다고 인정하여 고시하는 설비

③ 법 제44조제1항에서 "대통령령으로 정하는 사고"란 다음 각 호의 어느 하나에 해당하는 사고를 말한다.

1. 근로자가 사망하거나 부상을 입을 수 있는 제1항에 따른 설비(제2항에 따른 설비는 제외한다. 이하 제2호에서 같다)에서의 누출 · 화재 · 폭발 사고
2. 인근 지역의 주민이 인적 피해를 입을 수 있는 제1항에 따른 설비에서의 누출 · 화재 · 폭발 사고

참고 산업안전보건법 시행령 별표13 유해 · 위험물질 규정량

번호	유해 · 위험물질	CAS번호	규정량(kg)
1	인화성 가스	–	제조 · 취급 : 5,000(저장 : 200,000)
2	인화성 액체	–	제조 · 취급 : 5,000(저장 : 200,000)
3	메틸 이소시아네이트	624-83-9	제조 · 취급 · 저장 : 1,000
4	포스겐	75-44-5	제조 · 취급 · 저장 : 500
5	아크릴로니트릴	107-13-1	제조 · 취급 · 저장 : 10,000
6	암모니아	7664-41-7	제조 · 취급 · 저장 : 10,000
7	염소	7782-50-5	제조 · 취급 · 저장 : 1,500
8	이산화황	7446-09-5	제조 · 취급 · 저장 : 10,000
9	삼산화황	7446-11-9	제조 · 취급 · 저장 : 10,000
10	이황화탄소	75-15-0	제조 · 취급 · 저장 : 10,000
11	시안화수소	74-90-8	제조 · 취급 · 저장 : 500
12	불화수소(무수불산)	7664-39-3	제조 · 취급 · 저장 : 1,000
13	염화수소(무수염산)	7647-01-0	제조 · 취급 · 저장 : 10,000
14	황화수소	7783-06-4	제조 · 취급 · 저장 : 1,000
15	질산암모늄	6484-52-2	제조 · 취급 · 저장 : 500,000
16	니트로글리세린	55-63-0	제조 · 취급 · 저장 : 10,000
17	트리니트로톨루엔	118-96-7	제조 · 취급 · 저장 : 50,000
18	수소	1333-74-0	제조 · 취급 · 저장 : 5,000
19	산화에틸렌	75-21-8	제조 · 취급 · 저장 : 1,000
20	포스핀	7803-51-2	제조 · 취급 · 저장 : 500
21	실란(Silane)	7803-62-5	제조 · 취급 · 저장 : 1,000
22	질산(중량 94.5% 이상)	7697-37-2	제조 · 취급 · 저장 : 50,000
23	발연황산(삼산화황 중량 65% 이상 80% 미만)	8014-95-7	제조 · 취급 · 저장 : 20,000
24	과산화수소(중량 52% 이상)	7722-84-1	제조 · 취급 · 저장 : 10,000

번호	유해 · 위험물질	CAS번호	규정량(kg)
25	톨루엔디이소시아네이트	91-08-7, 584-84-9, 26471-62-5	제조 · 취급 · 저장 : 2,000
26	클로로술폰산	7790-94-5	제조 · 취급 · 저장 : 10,000
27	브롬화수소	10035-10-6	제조 · 취급 · 저장 : 10,000
28	삼염화인	7719-12-2	제조 · 취급 · 저장 : 10,000
29	염화 벤질	100-44-7	제조 · 취급 · 저장 : 2,000
30	이산화염소	10049-04-4	제조 · 취급 · 저장 : 500
31	염화 티오닐	7719-09-7	제조 · 취급 · 저장 : 10,000
32	브롬	7726-95-6	제조 · 취급 · 저장 : 1,000
33	일산화질소	10102-43-9	제조 · 취급 · 저장 : 10,000
34	붕소 트리염화물	10294-34-5	제조 · 취급 · 저장 : 10,000
35	메틸에틸케톤과산화물	1338-23-4	제조 · 취급 · 저장 : 10,000
36	삼불화 붕소	7637-07-2	제조 · 취급 · 저장 : 1,000
37	니트로아닐린	88-74-4, 99-09-2, 100-01-6, 29757-24-2	제조 · 취급 · 저장 : 2,500
38	염소 트리플루오르화	7790-91-2	제조 · 취급 · 저장 : 1,000
39	불소	7782-41-4	제조 · 취급 · 저장 : 500
40	시아누르 플루오르화물	675-14-9	제조 · 취급 · 저장 : 2,000
41	질소 트리플루오르화물	7783-54-2	제조 · 취급 · 저장 : 20,000
42	니트로 셀롤로오스(질소 함유량 12.6% 이상)	9004-70-0	제조 · 취급 · 저장 : 100,000
43	과산화벤조일	94-36-0	제조 · 취급 · 저장 : 3,500
44	과염소산 암모늄	7790-98-9	제조 · 취급 · 저장 : 3,500
45	디클로로실란	4109-96-0	제조 · 취급 · 저장 : 1,000
46	디에틸 알루미늄 염화물	96-10-6	제조 · 취급 · 저장 : 10,000
47	디이소프로필 퍼옥시디카보네이트	105-64-6	제조 · 취급 · 저장 : 3,500
48	불산(중량 10% 이상)	7664-39-3	제조 · 취급 · 저장 : 10,000
49	염산(중량 20% 이상)	7647-01-0	제조 · 취급 · 저장 : 20,000
50	황산(중량 20% 이상)	7664-93-9	제조 · 취급 · 저장 : 20,000
51	암모니아수(중량 20% 이상)	1336-21-6	제조 · 취급 · 저장 : 50,000

비고

1. 인화성 가스란 인화한계 농도의 최저한도가 13퍼센트 이하 또는 최고한도와 최저한도의 차가 12퍼센트 이상인 것으로서 표준압력(101.3kPa)하의 20℃에서 가스 상태인 물질을 말한다.
2. 인화성 가스 중 사업장 외부로부터 배관을 통해 공급받아 최초 압력조정기 후단 이후의 압력이 0.1MPa(계기압력) 미만으로 취급되는 사업장의 연료용 도시가스(메탄 중량성분 85% 이상으로 이 표에 따른 유해 · 위험물질이 없는 설비에 공급되는 경우에 한정한다)는 취급 규정량을 50,000kg으로 한다.
3. 인화성 액체란 표준압력(101.3kPa)하에서 인화점이 60℃ 이하이거나 고온 · 고압의 공정운전조건으로 인하여 화재 · 폭발위험이 있는 상태에서 취급되는 가연성 물질을 말한다.
4. 인화점의 수치는 타구밀폐식 또는 펜스키말테식 등의 인화점 측정기로 표준압력(101.3kPa)에서 측정한 수치 중 작은 수치를 말한다.
5. 유해 · 위험물질의 규정량이란 제조 · 취급 · 저장 설비에서 공정과정 중에 저장되는 양을 포함하여 하루 동안 최대로 제조 · 취급 또는 저장할 수 있는 양을 말한다.
6. 규정량은 화학물질의 순도 100퍼센트를 기준으로 산출하되, 농도가 규정되어 있는 화학물질은 해당 농도를 기준으로 한다.
7. 사업장에서 다음 각 목의 구분에 따라 해당 유해 · 위험물질을 그 규정량 이상 제조 · 취급 · 저장하는 경우에는 유해 · 위험설비로 본다.
   가. 한 종류의 유해 · 위험물질을 제조 · 취급 · 저장하는 경우 : 해당 유해 · 위험물질의 규정량 대비 하루 동안 제조 · 취급 또는 저장할 수 있는 최대치 중 가장 큰 값($\frac{C}{T}$)이 1 이상인 경우

나. 두 종류 이상의 유해 · 위험물질을 제조 · 취급 · 저장하는 경우 : 유해 · 위험물질별로 가목에 따른 가장 큰 값($\frac{C}{T}$)을 각각 구하여 합산한 값(R)이 1 이상인 경우로, 그 산식은 다음과 같다.

$$R = \frac{C_1}{T_1} + \frac{C_2}{T_2} + \cdots\cdots\cdots + \frac{C_n}{T_n}$$

주) C_n : 유해 · 위험물질별(n) 규정량과 비교하여 하루 동안 제조 · 취급 또는 저장할 수 있는 최대치 중 가장 큰 값
T_n : 유해 · 위험물질별(n) 규정량

8. 가스를 전문으로 저장 · 판매하는 시설 내의 가스는 제외한다.

2. 공정안전보고서의 제출(산업안전보건법 시행령 제45조)

① 사업주는 제43조에 따른 유해하거나 위험한 설비를 설치(기존 설비의 제조 · 취급 · 저장 물질이 변경되거나 제조량 · 취급량 · 저장량이 증가하여 별표 13에 따른 유해 · 위험물질 규정량에 해당하게 된 경우를 포함한다) · 이전하거나 고용노동부장관이 정하는 주요 구조부분을 변경할 때에는 고용노동부령으로 정하는 바에 따라 법 제44조제1항 전단에 따른 공정안전보고서를 작성하여 고용노동부장관에게 제출하여야 한다. 이 경우 「화학물질관리법」에 따라 사업주가 환경부장관에게 제출하여야 하는 같은 법 제23조에 따른 화학사고예방관리계획서의 내용이 제44조에 따라 공정안전보고서에 포함시켜야 할 사항에 해당하는 경우에는 그 해당 부분에 대한 작성 · 제출을 같은 법 제23조에 따른 화학사고예방관리계획서 사본의 제출로 갈음할 수 있다.

② 제1항의 경우에 제출하여야 할 공정안전보고서가 「고압가스 안전관리법」 제2조에 따른 고압가스를 사용하는 단위공정 설비에 관한 것인 경우로서 해당 사업주가 같은 법 제11조에 따른 안전관리규정과 같은 법 제13조의2에 따른 안전성향상계획을 작성하여 공단 및 같은 법 제28조에 따른 한국가스안전공사가 공동으로 검토 · 작성한 의견서를 첨부하여 허가 관청에 제출한 경우에는 해당 단위공정 설비에 관한 공정안전보고서를 제출한 것으로 본다.

참고 공정안전보고서의 제출 · 심사 · 확인 및 이행상태평가 등에 관한 규정 제2조(정의)

1. 「산업안전보건법 시행령」(이하 "영"이라 한다) 제33조의8제1항에서 "고용노동부장관이 정하는 주요 구조부분의 변경"이란 다음 각 목의 어느 하나에 해당하는 경우를 말한다.
   가. 반응기를 교체(같은 용량과 형태로 교체되는 경우는 제외한다)하거나 추가로 설치하는 경우 또는 이미 설치된 반응기를 변형하여 용량을 늘리는 경우
   나. 생산설비 및 부대설비(유해 · 위험물질의 누출 · 화재 · 폭발과 무관한 자동화창고 · 조명설비 등은 제외한다)가 교체 또는 추가되어 늘어나게 되는 전기정격용량의 총합이 300킬로와트 이상인 경우(다만, 단위공장 내 심사 완료된 설비와 같은 제조사의 같은 모델로서 같은 종류 이내의 물질을 취급하는 설비는 제외한다)
   다. 플레어스택을 설치 또는 변경하는 경우
2. 영 별표 13의 비고 제3호에 따른 "고온 · 고압의 공정운전조건으로 인하여 화재 · 폭발위험이 있는 상태"란 취급물질의 인화점 이상에서 운전되는 상태를 말한다.
3. 「산업안전보건법 시행규칙」(이하 "규칙"이라 한다) 제51조에 따른 "착공일"이란 유해 · 위험설비를 설치 · 이전할 경우에는 해당 설비를 설치 · 이전하는 공사를 시작하는 날을, 주요구조부분을 변경하는 경우에는 해당 변경공사를 시작하는 날을

말한다.
4. 규칙 제53조제1항제1호에 따른 "설치과정"이란 주요 기계장치의 설치, 배관, 전기 및 계장작업이 진행되고 있는 과정을 말한다.
5. 규칙 제53조제1항제1호에 따른 "설치 완료 후 시운전단계"란 모든 기계적인 작업이 완료되고 원료를 공급하여 성능을 확인하기 위하여 운전하는 단계로, 상용생산 직전까지의 과정을 말한다.

제2조의2(적용제외)
영 제43조제2항제8호에서 "그 밖에 고용노동부장관이 누출 · 화재 · 폭발 등으로 인한 피해의 정도가 크지 않다고 인정하여 고시하는 설비"란 비상발전기용 경유의 저장탱크 및 사용설비를 말한다.

3. 공정안전보고서의 제출시기(산업안전보건법 시행규칙 제51조)

사업주는 영 제45조제1항에 따라 유해 · 위험설비의 설치 · 이전 또는 주요 구조부분의 변경공사의 착공일(기존 설비의 제조 · 취급 · 저장 물질이 변경되거나 제조량 · 취급량 · 저장량이 증가하여 영 별표 13에 따른 유해 · 위험물질 규정량에 해당하게 된 경우에는 그 해당일을 말한다) 30일 전까지 공정안전보고서를 2부 작성하여 공단에 제출하여야 한다.

03 공정안전보고서 이행관련 절차

공정안전보고서의 작성, 제출, 심사, 확인, 평가, 점검 등의 사항에 대해여 세부사항을 정리하면 아래의 표와 같다.

절차	세부사항	법적사항
공정안전 보고서의 작성자/작성	각 호의 어느 하나에 해당 사람으로서 공단이 실시하는 관련교육을 28시간 이상 이수한 사람 1. 기계, 금속, 화공, 요업, 전기, 전자, 안전관리 또는 환경분야 기술사 자격 2. 기계, 전기 또는 화공안전 분야 산업안전지도사 자격 3. 제1호에 따른 관련분야의 기사 자격을 취득한 사람으로서 해당 분야에서 5년 이상 근무한 경력 4. 제1호에 따른 관련분야의 산업기사 자격을 취득한 사람으로서 해당 분야에서 7년 이상 근무한 경력 5. 4년제 이공계 대학 졸업 후 7년 이상 근무한 경력 또는 2년제 이공계 대학 졸업 후 해당 분야 9년 이상 근무한 경력 6. 영 제43조제1항에 따른 공정안전보고서 제출 대상 유해 · 위험설비 운영분야(해당 공정안전보고서를 작성하고자 하는 유해 · 위험설비 관련분야에 한한다)에서 11년 이상 근무한 경력이 있는 사람 7. 공단에서 실시하는 관련교육은 다음 교육 (1) 위험과 운전분석(HAZOP)과정 (2) 사고빈도분석(FTA, ETA)과정 (3) 보고서 작성 · 평가 과정 (4) 사고결과분석(CA)과정	공정안전보고서의 제출 · 심사 · 확인 및 이행상태평가 등에 관한 규정

절차	세부사항	법적사항
	(5) 설비유지 및 변경관리(MI, MOC)과정 (6) 그 밖에 고용노동부장관으로부터 승인받은 공정안전관리 교육과정	
공정안전 보고서의 제출	유해하거나 위험한 설비의 설치 · 이전 또는 주요 구조부분의 변경공사의 착공일(기존 설비의 제조 · 취급 · 저장 물질이 변경되거나 제조량 · 취급량 · 저장량이 증가하여 영 별표 13에 따른 유해 · 위험물질 규정량에 해당하게 된 경우에는 그 해당 일을 말한다) 30일 전까지 공정안전보고서를 2부 작성하여 공단에 제출해야 한다.	산업안전보건법 시행규칙 제51조
공정안전 보고서의 심사	1. 공단은 30일 내에 심사를 완료하고 사업주에게 그 결과를 통지한다. (1) 공단은 심사과정 중 서류의 보완, 그 밖에 추가서류 및 도면이 필요하다고 판단되는 경우 사업주에게 이를 요청할 수 있다. (2) 서류보완 등의 기간은 심사기간에 포함하지 않으며, 그 기간은 30일을 초과할 수 없다. 다만 사업주의 요청 시 30일 이내에서 연장 2. 보고서의 심사결과 (1) 적정 (2) 조건부 적정 : 부분적인 보완이 필요한 경우 (3) 부적정 가. 조건부 적정 항목이 10개 이상인 경우 나. 서류보완을 기간 내에 하지 아니하여 심사불가 다. 안전보건규칙 제225조~제300조, 제311조, 제422조 중 어느 하나를 준수하지 않은 경우 3. 보고서 재제출 사업주는 재제출 명령을 받은 날부터 정해진 기간 이내에 보고서를 새로 작성하여 공단에 재심사를 신청하여야 한다.	공정안전보고서의 제출 · 심사 · 확인 및 이행상태평가 등에 관한 규정
확인	1. 확인 요청 등 (1) 확인을 받고자 하는 날의 20일 전까지 별지 제9호서식의 확인요청서를 공단에 제출 (2) 공단은 접수일부터 7일 이내 확인실시 일정을 결정하여 사업주 공지 (3) 사업주가 규칙 제53조제1항 단서에 따라 공단의 확인 생략 가. 화공 또는 안전관리(가스, 소방, 기계안전, 전기안전, 화공안전)분야 기술사 나. 기계안전 또는 전기안전분야 산업안전지도사 다. 화공 또는 안전관리 분야 박사학위를 취득한 후 해당 분야에서 3년 이상 실무를 수행한 사람 2. 확인 등 공정안전보고서의 세부내용 등이 현장과 일치하는지 여부 확인 (1) 적합 : 현장과 일치하는 경우 (2) 부적합 가. 확인 결과 현장과 일치하지 않은 사항이 10개 이상인 경우 나. 안전보건규칙 제225조부터 제300조까지, 제311조 또는 제422조 중 어느 하나를 준수하지 않은 경우	공정안전보고서의 제출 · 심사 · 확인 및 이행상태평가 등에 관한 규정

절차	세부사항	법적사항
	(3) 조건부 적합 : 현장과 일치하지 않은 사항이 일부 있으나 부적합에까지는 이르지 않은 경우	
고용노동부 점검/평가	중대산업사고예방센터 감독관 사업장 방문 점검, 평가	공정안전보고서의 제출 · 심사 · 확인 및 이행상태평가 등에 관한 규정

참고 중대산업사고 예방센터 및 관할지역

중방센터의 명칭	소속	방재센터 내 명칭	관할지역
수도권 중대산업사고예방센터	중부지방고용노동청	시흥합동방재센터 산업안전팀	서울특별시, 인천광역시, 경기도, 강원도
경남권 중대산업사고예방센터	부산지방고용노동청	울산합동방재센터 산업안전팀	부산광역시, 울산광역시, 경상남도
경북권 중대산업사고예방센터	대구지방고용노동청	구미합동방재센터 산업안전팀	대구광역시, 경상북도
전남권 중대산업사고예방센터	광주지방고용노동청	여수합동방재센터 산업안전팀	광주광역시, 전라남도, 제주도
전북권 중대산업사고예방센터	광주지방고용노동청	익산합동방재센터 산업안전팀	전라북도
충남권 중대산업사고예방센터	대전지방고용노동청	서산합동방재센터 산업안전팀	대전광역시, 세종특별자치시, 충청남도
충북권 중대산업사고예방센터	대전지방고용노동청	충주합동방재센터 산업안전팀	충청북도

참고 공정안전보고서 심사 부적합 관련 산업안전보건기준에 관한 규칙 사항

구분	규칙 내용
제225조 ~제300조	[제2장 폭발 · 화재 및 위험물누출에 의한 위험방지] 제1절 위험물 등의 취급 등 제225조(위험물질 등의 제조 등 작업 시의 조치) 제226조(물과의 접촉 금지) 제227조(호스 등을 사용한 인화성 액체 등의 주입) 제228조(가솔린이 남아 있는 설비에 등유 등의 주입) 제229조(산화에틸렌 등의 취급) 제230조(폭발위험이 있는 장소의 설정 및 관리) 제231조(인화성 액체 등을 수시로 취급하는 장소) 제232조(폭발 또는 화재 등의 예방)

제233조(가스용접 등의 작업)
제234조(가스 등의 용기)
제235조(서로 다른 물질의 접촉에 의한 발화 등의 방지)
제236조(화재 위험이 있는 작업의 장소 등)
제237조(자연발화의 방지)
제238조(유류 등이 묻어 있는 걸레 등의 처리)

제2절 화기 등의 관리
제239조(위험물 등이 있는 장소에서 화기 등의 사용 금지)
제240조(유류 등이 있는 배관이나 용기의 용접 등)
제241조(통풍 등이 충분하지 않은 장소에서의 용접 등)
제241조의2(화재감시자)
제242조(화기사용 금지)
제243조(소화설비)
제244조(방화조치)
제245조(화기사용 장소의 화재 방지)
제246조(소각장)

제3절 용융고열물 등에 의한 위험예방
제247조(고열물 취급설비의 구조)
제248조(용융고열물 취급 피트의 수증기 폭발방지)
제249조(건축물의 구조)
제250조(용융고열물의 취급작업)
제251조(고열의 금속찌꺼기 물처리 등)
제252조(고열 금속찌꺼기 처리작업)
제253조(금속의 용해로에 금속부스러기를 넣는 작업)
제254조(화상 등의 방지)

제4절 화학설비 · 압력용기 등
제255조(화학설비를 설치하는 건축물의 구조)
제256조(부식 방지)
제257조(덮개 등의 접합부)
제258조(밸브 등의 개폐방향의 표시 등)
제259조(밸브 등의 재질)
제260조(공급 원재료의 종류 등의 표시)
제261조(안전밸브 등의 설치)
제262조(파열판의 설치)
제263조(파열판 및 안전밸브의 직렬설치)
제264조(안전밸브 등의 작동요건)
제265조(안전밸브 등의 배출용량)
제266조(차단밸브의 설치 금지)
제267조(배출물질의 처리)
제268조(통기설비)
제269조(화염방지기의 설치 등)
제270조(내화기준)

제271조(안전거리)
제272조(방유제 설치)
제273조(계측장치 등의 설치)
제274조(자동경보장치의 설치 등)
제275조(긴급차단장치의 설치 등)
제276조(예비동력원 등)
제277조(사용 전의 점검 등)
제278조(개조 · 수리 등)
제279조(대피 등)

제5절 건조설비
제280조(위험물 건조설비를 설치하는 건축물의 구조)
제281조(건조설비의 구조 등)
제282조(건조설비의 부속전기설비)
제284조(건조설비의 온도 측정)

제6절 아세틸렌 용접장치 및 가스집합 용접장치
제1관 아세틸렌 용접장치
제285조(압력의 제한)
제286조(발생기실의 설치장소 등)
제287조(발생기실의 구조 등)
제288조(격납실)
제289조(안전기의 설치)
제290조(아세틸렌 용접장치의 관리 등)

제2관 가스집합 용접장치
제291조(가스집합장치의 위험 방지)
제292조(가스장치실의 구조 등)
제293조(가스집합용접장치의 배관)
제294조(구리의 사용 제한)
제295조(가스집합용접장치의 관리 등)

제7절 폭발 · 화재 및 위험물 누출에 의한 위험방지
제296조(지하작업장 등)
제297조(부식성 액체의 압송설비)
제298조(공기 외의 가스 사용 제한)
제299조(독성이 있는 물질의 누출 방지)
제300조(기밀시험 시의 위험 방지)

제311조(폭발위험장소에서 사용하는 전기 기계 · 기구의 선정 등)

제422조(관리대상 유해물질과 관계되는 설비)

04 공정안전보고서 관련 신청서 작성 등

1. 공정안전보고서의 심사신청, 확인요청(공정안전보고서의 제출 관련 고시 서식 1, 9)

공정안전보고서 심사신청서

접수번호	접수일자	처리일자	처리기간 30일

신청인	사업장명 (주) 셉티코	사업장관리번호 000-00-00000-0
	사업자등록번호 122-00-0000	전화번호 02-6263-7702
	소재지 서울 금천구 가산디지털2로 143 가산어반워크Ⅱ 718~721호	
	대표자 성명 홍 길 동	

「산업안전보건법」 제44조제1항에 따라 공정안전보고서 심사를 신청합니다.

년 월 일

신청인 홍 길 동 (서명 또는 인)

한국산업안전보건공단 이사장 귀하

신청인 제출서류	1. 공정안전보고서 2부	수수료 고용노동부장관이 정하는 수수료 참조

공정안전보고서 확인요청서

사업장명	(주)셉티코	사업장관리번호	000-00-00000-0
사업자등록번호	122-00-0000	전화번호	02-6263-7702
소재지	서울 금천구 가산디지털2로 143 가산어반워크 II 713~721호		
대표자 성명	홍 길 동		
담당자	성명 김 O O	휴대전화번호	010-0000-0000
	전자우편 주소 safetyko@safetyko.co.kr		

확인대상 사업 또는 설비명	페인트 제조설비		
공정안전보고서 심사완료일	2023년 5월 20일	공사기간	30일
확인요청일			
확인요청 기간	2023년 06월 01일 ~ 2023년 06월 10일		

「산업안전보건법」 제46조제2항 및 같은법 시행규칙 제53조에 따라 확인을 요청합니다.

20 년 월 일

신청인 홍 길 동 (서명 또는 인)

한국산업안전보건공단 이사장 귀하

사업개요의 작성

01 작성양식(노동부 고시 공정안전보고서의 제출, 서식 12호)

사 업 개 요

사업장명 : (주)셉티코 사업자 등록번호 : 122-00-00000		사업의 구분 Ⓐ	■ 설치 · 이전 □ 변경 □ 기존설비
대표자 성명 : 홍 길 동 표준산업분류(업종분류) : Ⓑ 기타 화학제품 제조업(10204)		심사대상 설비명 Ⓒ	페인트 제조설비
예상근무 근로자수 : 45		전기계약용량	1,200kW
보고서 작성자 (작성 참여자 모두 기재)	유 관 순	작성자 자격 Ⓓ	제교 201700000000호
컨설팅업체 (컨설팅업체에서 작성한 경우)	업체명 : (주)셉티코 주 소 : 서울 금천구 가산디지털2로 143 가산어반워크 II 718~721호 작성지원 내용 : 공정안전보고서 지도 및 작성	사업자등록번호 : 122-00-00000 전화 : 02-6263-7702	

사 업 주요내용		품 명 Ⓔ	사용량 또는 생산량 Ⓕ	주요용도 Ⓖ
	주원료 또는 재료	자일렌	5ton/day	원료
	주생산품	페인트	10ton/day	도료
	주요사업 내용 또는 변경내용 Ⓗ	유성 페인트를 제조하는 공정으로 자일렌과 기타 첨가제를 배합, 혼합하여 생산한다.		
사업장의 위치 및 부지	위 치	서울 금천구 가산디지털2로 143 가산어반워크 II 718~721호	전화번호 : 02-6263-7702 전송번호 : 02-6263-7703	
	부 지 Ⓘ	3,500.5m^2(1,060.76평)		
	주요건물	1동 2층 연면적 : 538m^2(163.03평)		
추진일정 Ⓙ	총사업기간	2000년 00월 00일 ~ 2000년 00월 00일		
	착공예정일	2000년 00월 00일		
	시운전기간	2000년 00월 00일 ~ 2000년 00월 00일		

02 설명

1. 사업의 구분–"A" 항

(1) 설치 · 이전 : PSM 대상설비를 신규로 설치하거나 이전하는 경우

(2) 변경 : 설치된 설비의 용량을 변경하는 경우

(3) 기존설비 : 기존설비로서 공정안전보고서를 작성 제출하는 경우

참고 공정안전보고서 작성 등 관련 고시에 따라 공단 심사대상 확인 진행 필요

2. 표준산업분류의 작성–"B" 항

(1) 통계분류포털, https://kssc.kostat.go.kr

(2) KSIC 한국표준산업분류

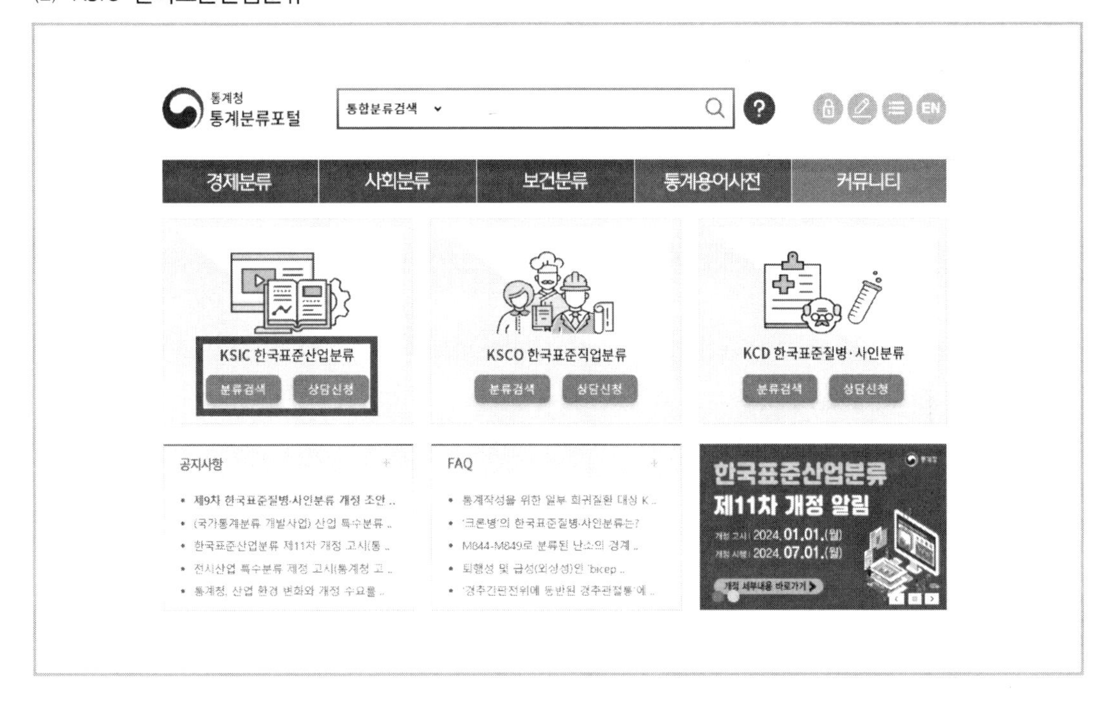

(3) 검색 – 분류내용보기(해설서)

(4) 업종작성(분류명, 차수+분류코드)

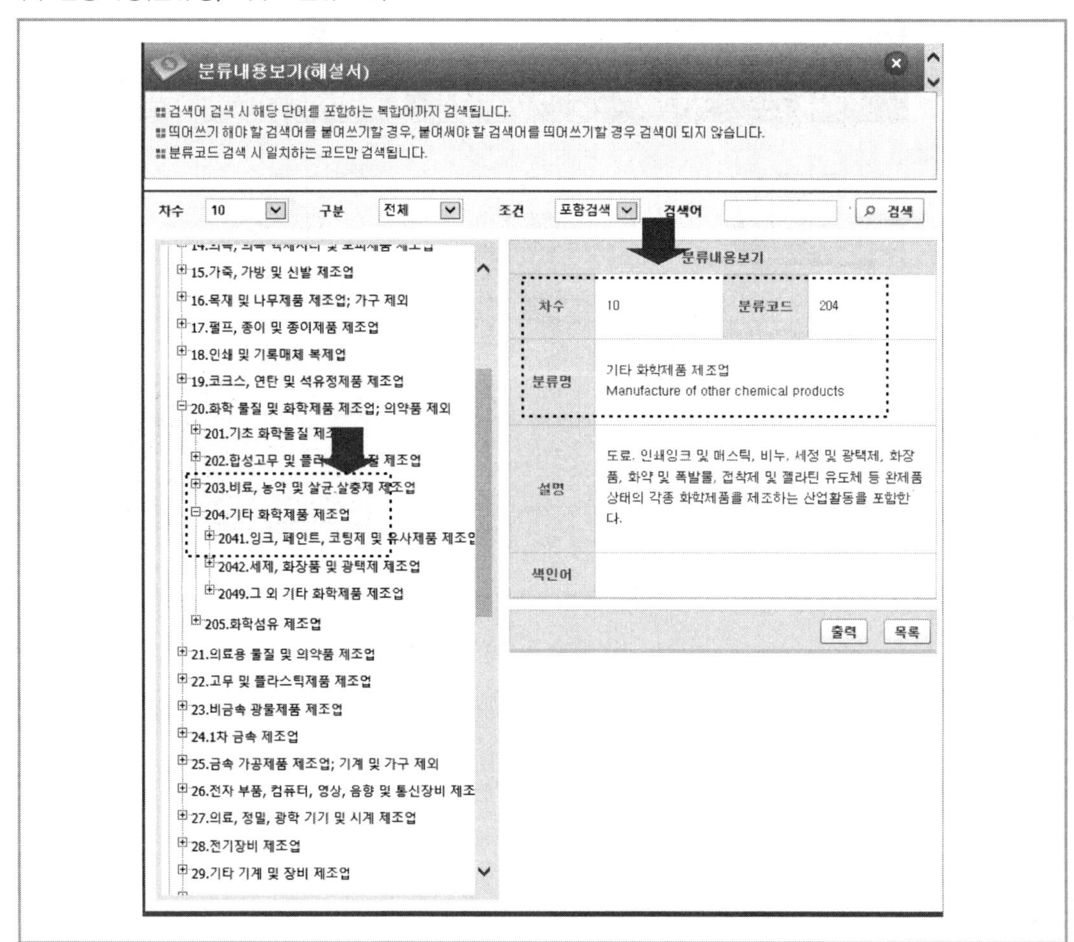

3. 심사대상 설비명-"C" 항

심사대상 공정(설비가 많은 경우) 또는 설비명(설비가 적은 경우)을 기입한다.

4. 작성자의 자격-"D" 항

산업안전보건공단 교육 이수증(작성자로 인정되는 교육) 번호를 기입하며, 추가적으로 자격 등이 있는 경우 자격을 기입한다.

5. 사업의 주요내용-"E, F, G, H" 항

PSM 대상물질에 대해 원료는 사업장에서 구매하는 유해 · 위험물질을 기준으로 작성하며, 제품이 유해 · 위험물질인 경우 제품별 또는 제품군(유사물질)으로 작성하고, 유해 · 위험물질이 아닌 경우 제품군에 대해 작성한다. 유해 · 위험물질의 종류가 많은 경우에는 별첨참조로 기입하고 별첨서류로 해당항목을 정리하여 첨부한다.

"H"의 경우에는 간략하게 공정을 이해할 수 있도록 대표 유해 · 위험물질을 기준으로 간단히 기술한다.

6. 부지 및 주요건축물 항목 작성-"I" 항

건축물 대장을 확인하여 그 사항을 건축물 대장에 따라 작성하며, 건축물 대장은 관할 구청(구청이 없는 경우 시청) 및 인터넷 정부24에서 확인할 수 있다.

참고 정부24, http://www.gov.kr

7. 추진일정 작성-"J" 항

총사업기간은 사업 계획부터 준공완료 후 생산 전 단계까지의 기간을 작성하며, 착공예정일은 유해위험설비 설치, 이전 공사 착수일, 주요구조부분을 변경하는 경우에는 변경공사 시작일, 시운전은 생산 전 성능을 확인하는 기간으로 작성한다.

참고 공정안전보고서 제출 관련 고시 제2조 정의

- 착공예정일 : 유해 · 위험설비를 설치 · 이전할 경우에는 해당 설비를 설치 · 이전하는 공사를 시작하는 날을, 주요구조부분을 변경하는 경우에는 해당 변경공사를 시작하는 날을 말한다.
- 시운전 : "설치 완료 후 시운전단계"란 모든 기계적인 작업이 완료되고 원료를 공급하여 성능을 확인하기 위하여 운전하는 단계로, 상용생산 직전까지의 과정을 말한다.

CHAPTER 03

유해 · 위험물질의 이해 및 작성

01 고시에 따른 유해 · 위험물질 작성 요구사항

1. 유해 · 위험물질의 종류 및 수량(고시 제19조)

① 보고서의 대상 설비에서 취급 · 저장하는 원료, 부원료, 첨가제, 촉매, 촉매보조제, 부산물, 중간 생성물, 중간제품, 완제품 등 모든 유해 · 위험 물질은 별지 제13호서식에 기재하여야 한다.

② 저장량은 설비의 최대 저장량을, 취급량은 그 설비에서 하루 동안 취급할 수 있는 최대량을 기재하여야 한다.

참고 화학물질을 사용하는 제조업의 경우에는 유해 · 위험물질 외에도 사용되는 화학물질에 대해 유해 · 위험물질 여부를 확인하기 위하여 대상설비에 사용하는 물질을 작성하도록 심사기관에서 권고하여 작성하고 있다.

2. 유해 · 위험물질 목록(고시 제20조)

① 유해 · 위험 물질목록은 별지 제13호서식의 유해 · 위험물질 목록에 다음 각 호의 사항에 따라 작성하여야 한다.

1. "노출기준"란에는 고용노동부장관이 고시한 「화학물질 및 물리적인자의 노출기준」에 따른 시간가중평균노출기준을 기재하고, 위 고용노동부 고시에 규정되어 있지 않은 물질에 대하여는 통상적으로 사용하고 있는 시간가중평균노출기준을 조사하여 기재한다.
2. "독성치"란에는 취급하는 물질의 독성값(경구, 경피, 흡입)을 기재한다.
3. "이상반응 유무"란에는 이상반응을 일으키는 물질 및 조건을 기재한다.

② 유해 · 위험물질목록에는 법 제110조에 따라 작성된 물질안전보건자료를 첨부하여야 한다.

참고 **물질안전보건자료(Material Safety Data Sheet)**
사업장에 납품하는 업체에서 제공하는 것으로 GHS(Global Harmonized System of classification and labelling of chemicals)로 작성된 물질안전보건자료를 첨부하며, 생산하는 제품의 경우 제품이 유해 · 위험물질인 경우 사업장에서 물질안전보건자료를 작성하여 첨부하여야 한다.

3. 작성양식과 작성요구사항(고시 서식 13호)

(1) 작성양식

화학물질	CAS No	분자식	폭발한계 (%)		노출기준	독성치	인화점 (℃)	발화점 (℃)	증기압 (20℃, mmHg)	부식성 유무	이상반응 유무	일일 사용량	저장량	비고
			하한	상한										

(2) 작성요구사항

① 유해 · 위험물질은 제출대상 설비에서 제조 또는 취급하는 모든 화학물질을 기재한다.

② 증기압은 상온에서 증기압을 말한다.

③ 부식성 유무는 있으면 ○, 없으면 ×로 표시한다.

④ 이상반응 여부는 그 물질과 이상반응을 일으키는 물질과 그 조건(금수성 등)을 표시하고 필요시 별도로 작성한다.

⑤ 노출기준에는 시간가중평균노출기준(TWA)을 기재한다.

⑥ 독성치에는 LD_{50}(경구, 쥐), LD_{50}(경피, 쥐 또는 토끼) 또는 LC_{50}(흡입, 4시간 쥐)을 기재한다.

02 유해 · 위험물질 작성방법

1. 화학물질명 및 CAS No.

(1) 단일물질에 대해서는 그 물질에 대한 정보를 기입한다.

(2) 혼합물질의 경우 혼합물질의 물질정보를 기입하는 것을 원칙으로 한다.

참고 CAS No, 분자식은 혼합물질인 경우 구분하여 작성하며 그 농도를 기입한다.

2. 분자식

구조식 또는 분자식을 기입하며, 혼합물의 경우 성분별 작성 또는 탄소 개수를 기입한다.

3. 폭발한계

물질안전보건자료에 따라 대기 중 폭발 상한계와 하한계를 작성한다.

참고 혼합가스의 연소한계 계산

1. 혼합물에 대한 폭발하한계와 상한계를 구할 수 없는 경우 CAS No별로 구분하여 작성하거나 가장 위험성이 높은, 즉 하한계 값이 낮은 값과 상한계 값이 높은 값으로 분석하며, 인화성 물질로 방폭구역 계산이 필요한 경우에는 혼합물에 대해 물질의 방폭거리가 가장 멀게 나오는 물질을 대상으로 선정한다. 다만, 논의가 필요할 경우 공단 담당자와 협의 후 작성하여야 한다.
2. 혼합가스의 연소한계
   혼합가스의 연소범위는 다음 수식으로 구할 수 있다.

$$LFL_{mix} = \frac{1}{\sum_{i=1}^{n} \frac{X_i}{LFL_i}}, \quad UFL_{mix} = \frac{1}{\sum_{i=1}^{n} \frac{Y_i}{UFL_i}}$$

   여기서, X_i, Y_i = 개별가스의 몰분율이다.

4. 노출기준

TWA를 기준으로 ppm 또는 mg/kg으로 작성한다.

참고 허용한계농도와 시간가중평균 허용농도계산 등

1. TLV의 정의
   (1) 허용한계농도(Threshold Limit Values)는 투여량에 대한 반응곡선이며 투여량은 몸 안에서 해독시켜 제거할 수 있는 양으로 몸에 아무런 영향을 주지 않는 양을 말한다.
   (2) 허용농도는 3가지 형태(TLV-TWA, TLV-STEL, TLV-C)로 나눌 수 있는데, 이러한 값들은 세계적으로 화학물질에 대한 위험성을 나타내는 지수로 활용된다.
   (3) TLV는 미국정부 산업위생인협회(ACGIH)에서 설정해 놓은 기준이며, 이와 유사한 미국 직업안전보건국(OSHA)의 PEL 값이 있으나 자료가 많지 않아 TLV 값이 널리 이용되고 있다.
   (4) TLV 값들은 보통 ppm, mg/m³으로 사용된다.

$$Cppm = \frac{22.4}{M} \times \frac{T}{273} \times \frac{1}{P} \left[\frac{\text{mg}}{\text{m}^3}\right]$$

2. TLV-TWA(Time weighted Average Concentration)
   (1) 시간가중평균 허용농도로 근로자가 일주일 40시간, 하루에 8시간씩 정상 근무할 경우 근로자에게 노출되어도 아무런 영향을 주지 않는 최고시간가중 평균농도이다.
   (2) 혼합물의 TLV-TWA의 계산

$$TWA_{mix} = \frac{\sum_{i=1}^{n} C_i}{\sum_{i=1}^{n} \frac{C_i}{TWA_i}}$$

   단, 유독물질 혼합물이 서로 다른 효과를 나타내면 TLV는 합산할 수 없다.

3. TLV-STEL(Short Term Exposure Limit)
단시간 노출 허용농도로 근로자가 15분 동안 지속 노출되어도 증상이 나타나지 않는 최고농도이다.

4. TLV-C(Ceiling Value)
최고허용한도로서 단 한 순간이라도 초과하지 않아야 하는 농도이다.

5. 유해인자별 노출농도 허용기준
유해인자에 대해 노출농도 허용기준 예는 아래와 같다.

유해인자	허용기준			
	시간가중평균값(TWA)		단시간 노출값(STEL)	
	ppm	mg/㎥	ppm	mg/㎥
1. 납 및 그 무기화합물		0.05		
2. 니켈(불용성 무기화합물)		0.5		
3. 디메틸포름아미드	10	30		
4. 벤젠	1	3		
5. 이황화탄소	10	30		
6. 카드뮴 및 그 화합물		0.03		
7. 포름알데히드	0.5	0.75	1	1.5
8. 노말헥산	50	180		

5. 독성치

산업안전보건기준에 관한 규칙 별표 1 제7호에 따른 급성 독성 물질을 확인하기 위한 것으로 MSDS의 내용을 확인하여 작성하며, 이때 측정시간이 다른 경우에는 CAS No.를 조회하여 급성 독성 물질 여부를 확인할 수 있도록 하여야 한다.

참고 급성 독성 물질 여부 확인 방법

1. 산업안전보건기준에 관한 규칙에 의한 급성 독성 물질(별표 1 제7호)
가. 쥐에 대한 경구투입실험에 의하여 실험동물의 50퍼센트를 사망시킬 수 있는 물질의 양, 즉 LD_{50}(경구, 쥐)이 킬로그램당 300밀리그램-(체중) 이하인 화학물질
나. 쥐 또는 토끼에 대한 경피 흡수실험에 의하여 실험동물의 50퍼센트를 사망시킬 수 있는 물질의 양, 즉 LD_{50}(경피, 토끼 또는 쥐)이 킬로그램당 1,000밀리그램-(체중) 이하인 화학물질
다. 쥐에 대한 4시간 동안의 흡입실험에 의하여 실험동물의 50퍼센트를 사망시킬 수 있는 물질의 농도, 즉 가스 LC_{50}(쥐, 4시간 흡입)이 2,500ppm 이하인 화학물질, 증기 LC_{50}(쥐, 4시간 흡입)이 10mg/L 이하인 화학물질, 분진 또는 미스트 1mg/L 이하인 화학물질

2. GHS에 따른 급성 독성 물질 확인

(1) 단일물질에 대한 분류

구분	구분 기준 급성 독성 추정값(ATE)이 다음 어느 하나에 해당하는 물질		
	경구 (mg/kg)	경피 (mg/kg)	■ 흡입 ■ 가스(ppm), 증기(mg/L), 분진 또는 미스트(mg/L)
1	ATE ≤ 5	ATE ≤ 50	■ 가스 : ATE ≤ 100 ■ 증기 : ATE ≤ 0.5 (mg/L) ■ 분진 또는 미스트 : ATE ≤ 0.05 (mg/L)
2	5 < ATE ≤ 50	50 < ATE ≤ 200	■ 가스 : 100 < ATE ≤ 500 ■ 증기 : 0.5 < ATE ≤ 2.0 ■ 분진 또는 미스트 : 0.05 < ATE ≤0.5
3	50 < ATE ≤ 300	200 < ATE ≤ 1,000	■ 가스 : 500 < ATE ≤ 2,500 ■ 증기 : 2.0 < ATE ≤ 10 ■ 분진 또는 미스트 : 0.5 < ATE ≤ 1.0
4	300 < ATE ≤ 2,000	1,000 < ATE ≤ 2,000	■ 가스 : 2,500 < ATE ≤ 20,000 ■ 증기 : 10 < ATE ≤ 20 (mg/L) ■ 분진 또는 미스트 : 1.0 < ATE ≤ 5

급성 독성 추정값(ATE ; Acute Toxicity Estimate)은 추정된 과반수 치사량을 의미하며, 다음 어느 하나로부터 구한다.

가. 이용 가능하다면 LD_{50} 또는 LC_{50}

나. 용량범위로 산출된 독성시험 결과로부터 도출된 변환 값

다. 구분을 알고 있는 경우 도출된 변환 값

(2) 혼합물질에 대한 분류

실험동물을 이용하여 실시한 시험에서 얻은 결과에 기초하여 분류할 경우에는 1회 노출에 의한 중대한 비치사적 독성 영향을 일으키는 다음의 기준값을 참고하여 분류할 수 있다.

구분		기준값의 범위	
노출경로	단위	구분 1	구분 2
경구(흰쥐)	mg/kg 체중	용량 ≤ 300	300 < 용량 ≤ 2,000
경피(흰쥐 또는 토끼)	mg/kg 체중	용량 ≤ 1,000	1,000 < 용량 ≤ 2,000
흡입(흰쥐) 가스	ppm/4h	농도 ≤ 2,500	2,500 < 농도 ≤ 20,000
흡입(흰쥐) 증기	mg/L/4h	농도 ≤ 10	10 < 농도 ≤ 20
흡입(흰쥐) 분진/미스트/흄	mg/L/4h	농도 ≤ 1.0	1.0 < 농도 ≤ 5.0

6. 인화점, 발화점 : MSDS상 인화점을 기입한다.

참고 인화성 액체의 구분

1. 인화점
   가연성 액체나 고체의 표면에 화염을 접촉시켰을 경우에 인화가 일어나는 최저의 온도를 인화점이라 하며, 인화점이 낮을수록 위험성이 높다고 할 수 있다.

2. 발화점
   물질을 공기 또는 산소 중에서 가열하여 발화하거나 폭발을 일으키는 최저온도를 발화점이라고 한다.

3. 산업안전보건법에 따른 인화성 액체 기준
   (1) 산업안전보건법 시행령 별표 10 PSM 대상물질 기준
   인화점 60도 이하인 물질
   (2) 산업안전보건기준에 관한 규칙 별표 1 제4호 인화성 액체 기준
   가. 에틸에테르, 가솔린, 아세트알데히드, 산화프로필렌, 그 밖에 인화점이 섭씨 23도 미만이고 초기 끓는점이 섭씨 35도 이하인 물질
   나. 노르말헥산, 아세톤, 메틸에틸케톤, 메틸알코올, 에틸알코올, 이황화탄소, 그 밖에 인화점이 섭씨 23도 미만이고 초기 끓는점이 섭씨 35도를 초과하는 물질
   다. 크실렌, 아세트산아밀, 등유, 경유, 테레핀유, 이소아밀알코올, 아세트산, 하이드라진, 그 밖에 인화점이 섭씨 23도 이상 섭씨 60도 이하인 물질

4. NFPA(National Fire Protection Association)의 인화성 액체 기준
   (1) 인화성 액체(Class Ⅰ) : 인화점이 100°F(37.8°C) 미만인 액체
   인화점과 비점에 따라 Class $Ⅰ_A$, Class $Ⅰ_B$, Class $Ⅰ_C$로 구분된다.
   (2) 가연성 액체(Class Ⅱ, Ⅲ) : 인화점이 100°F 이상인 액체
   인화점에 따라 Class Ⅱ, $Ⅲ_A$, $Ⅲ_B$로 나누어진다.
   (3) 상기의 기준에 따라 정리하면 아래와 같다.

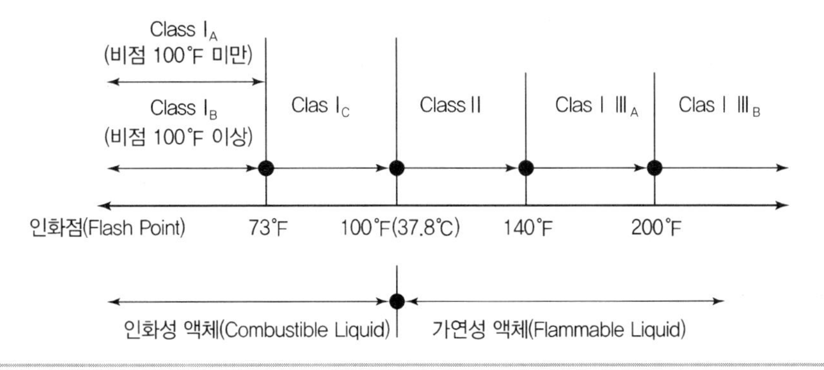

7. 증기압

20℃에서 증기압(mmHg)을 기입한다.

8. 부식성 유무

금속 부식성을 확인하는 것이나, 피부 부식성(손상)을 기입하기도 하며, 부식성이 있는 경우 부식 정도(mm/yr), 부식성 재질을 기입한다.

9. 이상반응 유무

해당 물질의 이상반응 물질과 그 조건(금수성 등)을 기입하고 이상반응이 있을 경우에는 공정개요에 그 사항을 상세히 기술하여야 한다. 발열반응의 경우 이상반응이 발생할 수 있는 가능성이 높아 산업안전보건공단 심사 시 주요하게 반응시간, 온도 Test 등을 통해 제어시스템이 설계될 수 있도록 하고 있다.

참고 공정상 반응의 종류

1. 주요반응

반응공정	공정 설명	특성과 변수
중합	단위 물질이 이탈 또는 부가를 수반하지 않고 그 배수의 분자량을 갖는 물질로 되는 화학변화	반열반응으로 온도의 제어가 충분하지 못하면 위험하다.
축합	한 가지 또는 두 가지 이상의 단위물질이 될 수 있는 반응으로 간단한 분자의 이탈을 수반하여 고분자량의 물질로 이행하는 반응	발열반응으로 온도의 제어가 중요하며, 국부 축열방지가 필요하다.
환원	산화물에서 산소를 탈취하거나 어떤 물질이 수소와 반응하는 공정이다.	보통 발열반응이나, 위험성은 낮다.
이성화	유기화합물 중에 있는 탄소와 다른 원자 사이에 결합의 배열에 의해 이성체를 생성하는 화학변화 공정이다.	염화알루미늄, 산성백토 등 촉매를 이용하고, 고온·고압의 반응으로 온도, 압력의 제어가 중요하며, 위험성이 크다.
에스테르화	알코올과 산이 반응물과 에스테르를 생성하는 반응 공정이다.	질산에스테르 같은 폭발성 물질이 생성될 경우 위험하므로 생성물질에 따라 위험성을 관리해야 한다.
디아조화	산성하에서 방향족 아민과 아질산나트륨에 의한 디아조늄염을 만드는 반응 공정이다.	폭발성이 있어 취급에 주의하여야 한다.
니트로화	유기화합물 분자에 니트로기(NO_2)를 도입하는 반응 공정이다.	발열반응으로 온도제어가 중요하다.

2. 기타 반응관련 용어

(1) 부가

불포화 결합의 화합물에 물, 연화수소 등의 화합물을 부가하여 알코올 염소화합물 등을 생성하는 반응이다.

(2) 산화

산소와 다른 물질이 화합하는 것으로 연소의 위험이 있다.

(3) 알킬화(유기화)
유기화합물에 알킬기를 치환, 부가하기 위하여 도입되는 반응으로 고온, 고압하에서 반응이 느린 발열반응이다.

(4) 술폰화
유기화합물 중 술포산기($-SO_3H$)를 도입하는 반응으로 발열반응 중 생성물이 발열성을 가지고 있는 경우 부 반응이 일어날 수 있으므로 온도조절에 주의한다.

(5) 할로겐화
할로겐을 유기화합물에 도입하는 반응이다.

10. 일일사용량, 저장량

물질의 일일사용량 또는 생산량, 저장량을 기입한다.

11. 기타

(1) "자료 없음"과 "해당 없음"
- 유해 · 위험물질에 대한 "자료 없음" 항목은 문헌, 실험을 통하여 확인하는 것이 필요하므로 물질 관련 정보를 제공하는 사이트 등을 통하여 검토하여야 한다.
- "해당 없음" 항목은 적용이 불가능하거나 대상이 되지 않는 경우 작성한다.

(2) 유해 · 위험물질에 대해서는 상기에서 언급한 항목은 위험성 관리에 중요한 사항으로 그 수치를 확인하여야 하므로 CAS No를 기준으로 아래의 사이트를 방문, 참고하여 검토하도록 한다.
- 안전보건공단(MSDS)
- 국립환경과학원 화학물질정보시스템(NCIS)
- 화학물질안전관리정보시스템(KISCHEM)
- CAMEO Chemicals(NOAA)

(3) 예시

연번	화학물질		CAS NO.	분자식	폭발한계 (%)		노출 기준	독성치
	제품명	물질명			하한	상한		
1	Mixed Xylene	에틸벤젠	100-41-4 (40~55%)	C_8H_{10}	1	7	국내규정 TWA : 100ppm	• 에틸벤젠 LD_{50}(경구) : 5,460mg/kg(Rat) LD_{50}(경피) : 15,432.6mg/kg(Rabbit) LC_{50}(흡입) : 17.8mg/L(Rat, 증기)
		자이렌	1330-20-7 (45~60%)	C_8H_{10}			국내규정 TWA : 100ppm	• 자일렌 LD_{50}(경구) : 3,500mg/kg(Rat) LD_{50}(경피) : 1,100mg/kg(Rabbit) LC_{50}(흡입) : 11mg/L(Rat, 증기)

연번	화학물질		CAS NO.	분자식	폭발한계 (%)		노출 기준	독성치
	제품명	물질명			하한	상한		
2	에탄올 혼합물	에탄올	64-17-5 (90%)	C_2H_6O	3.3	19	TWA : 1000ppm	• 에탄올 LD$_{50}$(경구) : > 2,000mg/kg(Rat) LD$_{50}$(경피) : > 2,000mg/kg(Rabbit) LC$_{50}$(흡입) : > 20mg/L(Rat,8hr)
		이소프로필 알코올	67-63-0 (10%)	C_3H_8O			TWA : 400ppm	• 이소프로필알코올 LD$_{50}$(경구) : > 2,000mg/kg(Rat) LD$_{50}$(경피) : > 2,000mg/kg(Rabbit) LC$_{50}$(흡입) : > 20mg/L(Rat,4hr)
3	에틸 알코올	에틸알코올	64-17-5 (100%)	C_2H_6O	3.3	19	TWA : 1000ppm	LD$_{50}$(경구) : 1,780mg/kg(Rat) LD$_{50}$(경피) : 자료 없음 LC$_{50}$(흡입) : 자료 없음

연번	인화점 (℃)	발화점 (℃)	증기압	부식성 유무	이상반응 유무	일일 사용량	저장량	비고
1	25	432	0.7~0.9 kPa (20℃)	피부 부식성 (O)	격렬하게 중합반응하여 화재나 폭발을 일으킬 수 있음	5,000kg	50,000kg	주원료
2	12	363	자료없음	피부 부식성 (X)	열, 화염, 스파크로부터 멀리함	1,400kg	13,000kg	주원료
3	13	363	5,900Pa (20℃)	피부 부식성 (X)	격렬하게 중합반응하여 화재나 폭발을 일으킬 수 있음	500kg	8,000kg	원료

CHAPTER 04

기계설비관련 기본지식

01 기계, 장치설비의 재질

유해위험설비의 명세서 작성 시 모든 재료는 KS 기준에 따라 작성되어야 하므로 기계설비 제작사 및 공급사에 KS 기준에 따라 작성된 Vendor Print를 제공하도록 해야 한다.

다만, 기계설비 제작사 및 공급사의 제공이 불가능한 경우 아래의 표를 참조하여 KS 기준 재료 기호로 작성하도록 한다.

구분		한국(KS)	일본(JIS)	미국(ASTM)
강판	탄소강	SS275	SS400	A283-C
				A285-C
		SB410(SBB42)	SB410	A515-60
		SB480(SBB49)	SB480	A515-70
		SGV410(SPV24)	SGV410	A516-60
		SGV480(SPV32)	SGV480	A516-70
	스테인레스강	STS304	SUS304	A240-304
		STS316	SUS316	A240-316
형강	탄소강	SS275	SS275	A36
배관	탄소강	SPP(일반)	SGP	A120
		SPPS250 (용접/SEAMLESS)	STPG370 (STPG38)	A53-A
			STPG410	A53-B
	스테인레스강	STS304 TP	SUS304 TP	A312-TP304
		STS316 TP	SUS316 TP	A312-TP316
배관부속 (FITTINGS)	탄소강	SPPS	STPG	A234-WPB
	스테인레스강	STS304	SUS304	A403-WP304
		STS316	SUS316	A403-WP316
배관부속 (FLANGE) (단조, Forged)	탄소강	SF490A(SF45)	SF490A	A105
	스테인레스강	STSF304	SUSF304	A182-F304

구분		한국(KS)	일본(JIS)	미국(ASTM)
볼트/너트	탄소강	SNB7 / SM45C	SNB7 / S45C	A193-B7/A194-2H
	스테인레스강	STS304B	SUS304B	A320-B8
Cast Iron (주조)	주철	GC200	FC200	A126-B
		GC200	FC200	A48-35
	구상흑연주철	GCD45	FCD45	A395
Cast Steel (주조)	탄소강	SC42	SC410	A27-60
		SCW410(SCPH2)	SCW410(SCPH2)	A216-WCB
	스테인레스강	SSC13A	SCS13A	A351-CF8
		SSC14A	SCS14A	A351-CF8M
		SSC19A	SCS19A	A351 CF3
		SSC16A	SCS16A	A351 CF3M
Cast Bronze(주조)		BC6	BC6	B505 C836
Forged Steel (단조)	탄소강	SF45(SF490A)	SF45A(SF490A)	A105
	스테인레스강	STF304(STSF304)	SUSF304	A182 F304
		STF304L	SUSF304L	A182 F304L
		STF316(STSF316)	SUSF316	A182 F316
		STF316L	SUSF316L	A182 F316L
Forged Brass (황동단조)		FBsBE	BsBF	B124
스테인리스 봉재		STS304	SUS304	AISI 304
		STS304L	SUS304L	AISI 304L
		STS316	SUS316	AISI 316
		STS316L	SUS316L	AISI 316L
		STS403	SUS403	AISI 403
		STS410	SUS410	AISI 410
기계구조용 탄소강		SM20C	S20C	AISI 1020
		SM25C	S25C	AISI 1025
		SM35C	S35C	AISI 1035
		SM45C	S45C	A193 Gr.2H
스프링 경강선		HSW3	SWC	A407

02 화학설비 및 특수화학설비에 대한 설치기준 확인

1. 산업안전보건기준에 관한 규칙에 따른 대상 및 기준

(1) 화학설비 및 그 부속설비 종류(별표 7)

1. 화학설비
   가. 반응기 · 혼합조 등 화학물질 반응 또는 혼합장치
   나. 증류탑 · 흡수탑 · 추출탑 · 감압탑 등 화학물질 분리장치
   다. 저장탱크 · 계량탱크 · 호퍼 · 사일로 등 화학물질 저장설비 또는 계량설비
   라. 응축기 · 냉각기 · 가열기 · 증발기 등 열교환기류
   마. 고로 등 점화기를 직접 사용하는 열교환기류
   바. 캘린더(Calender) · 혼합기 · 발포기 · 인쇄기 · 압출기 등 화학제품 가공설비
   사. 분쇄기 · 분체분리기 · 용융기 등 분체화학물질 취급장치
   아. 결정조 · 유동탑 · 탈습기 · 건조기 등 분체화학물질 분리장치
   자. 펌프류 · 압축기 · 이젝터(Ejector) 등의 화학물질 이송 또는 압축설비

2. 화학설비의 부속설비
   가. 배관 · 밸브 · 관 · 부속류 등 화학물질 이송 관련 설비
   나. 온도 · 압력 · 유량 등을 지시 · 기록 등을 하는 자동제어 관련 설비
   다. 안전밸브 · 안전판 · 긴급차단 또는 방출밸브 등 비상조치 관련 설비
   라. 가스누출감지 및 경보 관련 설비
   마. 세정기, 응축기, 벤트스택(Bent Stack), 플레어스택(Flare Stack) 등 폐가스처리설비
   바. 사이클론, 백필터(Bag Filter), 전기집진기 등 분진처리설비
   사. 가목부터 바목까지의 설비를 운전하기 위하여 부속된 전기 관련 설비
   아. 정전기 제거장치, 긴급 샤워설비 등 안전 관련 설비

(2) 화학설비 및 그 부속설비의 시설기준 등

조항	기준
제228조 (가솔린이 남아 있는 설비에 등유 등의 주입)	사업주는 별표 7의 화학설비로서 가솔린이 남아 있는 화학설비(위험물을 저장하는 것으로 한정한다. 이하 이 조와 제229조에서 같다), 탱크로리, 드럼 등에 등유나 경유를 주입하는 작업을 하는 경우에는 미리 그 내부를 깨끗하게 씻어내고 가솔린의 증기를 불활성 가스로 바꾸는 등 안전한 상태로 되어 있는지를 확인한 후에 그 작업을 하여야 한다. 다만, 다음 각 호의 조치를 하는 경우에는 그러하지 아니하다. 1. 등유나 경유를 주입하기 전에 탱크 · 드럼 등과 주입설비 사이에 접속선이나 접지선을 연결하여 전위차를 줄이도록 할 것 2. 등유나 경유를 주입하는 경우에는 그 액 표면의 높이가 주입관의 선단의 높이를 넘을 때까지 주입속도를 초당 1미터 이하로 할 것
제229조 (산화에틸렌 등의 취급)	① 사업주는 산화에틸렌, 아세트알데히드 또는 산화프로필렌을 별표 7의 화학설비, 탱크로리, 드럼 등에 주입하는 작업을 하는 경우에는 미리 그 내부의 불활성 가스가 아닌 가스나 증기를 불활성 가스로 바꾸는 등 안전한 상태로 되어 있는지를 확인한 후에 해당 작업을 하여야 한다. ② 사업주는 산화에틸렌, 아세트알데히드 또는 산화프로필렌을 별표 7의 화학설비, 탱크로리, 드럼 등에 저장하는 경우에는 항상 그 내부의 불활성 가스가 아닌 가스나 증기를 불활성 가스로 바꾸어 놓는 상태에서 저장하여야 한다.
제243조 (소화설비)	① 사업주는 건축물, 별표 7의 화학설비 또는 제5절의 위험물 건조설비가 있는 장소, 그 밖에 위험물이 아닌 인화성 유류 등 폭발이나 화재의 원인이 될 우려가 있는 물질을 취급하는 장소(이하 이 조에서 "건축물 등"이라 한다)에는 소화설비를 설치하여야 한다. ② 제1항의 소화설비는 건축물 등의 규모 · 넓이 및 취급하는 물질의 종류 등에 따라 예상되는 폭발이나 화재를 예방하기에 적합하여야 한다.
제4절 화학설비 · 압력용기 등	
제255조 (화학설비를 설치하는 건축물의 구조)	사업주는 별표 7의 화학설비(이하 "화학설비"라 한다) 및 그 부속설비를 건축물 내부에 설치하는 경우에는 건축물의 바닥 · 벽 · 기둥 · 계단 및 지붕 등에 불연성 재료를 사용하여야 한다.
제256조 (부식 방지)	사업주는 화학설비 또는 그 배관(화학설비 또는 그 배관의 밸브나 콕은 제외한다) 중 위험물 또는 인화점이 섭씨 60도 이상인 물질(이하 "위험물질 등"이라 한다)이 접촉하는 부분에 대해서는 위험물질 등에 의하여 그 부분이 부식되어 폭발 · 화재 또는 누출되는 것을 방지하기 위하여 위험물질 등의 종류 · 온도 · 농도 등에 따라 부식이 잘 되지 않는 재료를 사용하거나 도장(塗裝) 등의 조치를 하여야 한다.
제257조 (덮개 등의 접합부)	사업주는 화학설비 또는 그 배관의 덮개 · 플랜지 · 밸브 및 콕의 접합부에 대해서는 접합부에서 위험물질 등이 누출되어 폭발 · 화재 또는 위험물이 누출되는 것을 방지하기 위하여 적절한 개스킷(gasket)을 사용하고 접합면을 서로 밀착시키는 등 적절한 조치를 하여야 한다.
제258조 (밸브 등의 개폐방향의 표시 등)	사업주는 화학설비 또는 그 배관의 밸브 · 콕 또는 이것들을 조작하기 위한 스위치 및 누름버튼 등에 대하여 오조작으로 인한 폭발 · 화재 또는 위험물의 누출을 방지하기 위하여 열고 닫는 방향을 색채 등으로 표시하여 구분되도록 하여야 한다.
제259조 (밸브 등의 재질)	사업주는 화학설비 또는 그 배관의 밸브나 콕에는 개폐의 빈도, 위험물질 등의 종류 · 온도 · 농도 등에 따라 내구성이 있는 재료를 사용하여야 한다.

조항	기준
第260조 (공급 원재료의 종류 등의 표시)	사업주는 화학설비에 원재료를 공급하는 근로자의 오조작으로 인하여 발생하는 폭발 · 화재 또는 위험물의 누출을 방지하기 위하여 그 근로자가 보기 쉬운 위치에 원재료의 종류, 원재료가 공급되는 설비명 등을 표시하여야 한다.
第261조 (안전밸브 등의 설치)	① 사업주는 다음 각 호의 어느 하나에 해당하는 설비에 대해서는 과압에 따른 폭발을 방지하기 위하여 폭발 방지 성능과 규격을 갖춘 안전밸브 또는 파열판(이하 "안전밸브 등"이라 한다)을 설치하여야 한다. 다만, 안전밸브 등에 상응하는 방호장치를 설치한 경우에는 그러하지 아니하다. 1. 압력용기(안지름이 150밀리미터 이하인 압력용기는 제외하며, 압력 용기 중 관형 열교환기의 경우에는 관의 파열로 인하여 상승한 압력이 압력용기의 최고사용압력을 초과할 우려가 있는 경우만 해당한다) 2. 정변위 압축기 3. 정변위 펌프(토출축에 차단밸브가 설치된 것만 해당한다) 4. 배관(2개 이상의 밸브에 의하여 차단되어 대기온도에서 액체의 열팽창에 의하여 파열될 우려가 있는 것으로 한정한다) 5. 그 밖의 화학설비 및 그 부속설비로서 해당 설비의 최고사용압력을 초과할 우려가 있는 것 ② 제1항에 따라 안전밸브 등을 설치하는 경우에는 다단형 압축기 또는 직렬로 접속된 공기압축기에 대해서는 각 단 또는 각 공기압축기별로 안전밸브 등을 설치하여야 한다. ③ 제1항에 따라 설치된 안전밸브에 대해서는 다음 각 호의 구분에 따른 검사주기마다 국가교정기관에서 교정을 받은 압력계를 이용하여 설정압력에서 안전밸브가 적정하게 작동하는지를 검사한 후 납으로 봉인하여 사용하여야 한다. 다만, 공기나 질소취급용기 등에 설치된 안전밸브 중 안전밸브 자체에 부착된 레버 또는 고리를 통하여 수시로 안전밸브가 적정하게 작동하는지를 확인할 수 있는 경우에는 검사하지 아니할 수 있고 납으로 봉인하지 아니할 수 있다. 1. 화학공정 유체와 안전밸브의 디스크 또는 시트가 직접 접촉될 수 있도록 설치된 경우 : 매년 1회 이상 2. 안전밸브 전단에 파열판이 설치된 경우 : 2년마다 1회 이상 3. 영 제43조에 따른 공정안전보고서 제출 대상으로서 고용노동부장관이 실시하는 공정안전보고서 이행상태 평가결과가 우수한 사업장의 안전밸브의 경우 : 4년마다 1회 이상 ④ 제3항 각 호에 따른 검사주기에도 불구하고 안전밸브가 설치된 압력용기에 대하여 「고압가스 안전관리법」 제17조제2항에 따라 시장 · 군수 또는 구청장의 재검사를 받는 경우로서 압력용기의 재검사주기에 대하여 같은 법 시행규칙 별표 22 제2호에 따라 산업통상자원부장관이 정하여 고시하는 기법에 따라 산정하여 그 적합성을 인정받은 경우에는 해당 안전밸브의 검사주기는 그 압력용기의 재검사주기에 따른다. ⑤ 사업주는 제3항에 따라 납으로 봉인된 안전밸브를 해체하거나 조정할 수 없도록 조치하여야 한다.
第262조 (파열판의 설치)	사업주는 제261조제1항 각 호의 설비가 다음 각 호의 어느 하나에 해당하는 경우에는 파열판을 설치하여야 한다. 1. 반응 폭주 등 급격한 압력 상승 우려가 있는 경우 2. 급성 독성물질의 누출로 인하여 주위의 작업환경을 오염시킬 우려가 있는 경우 3. 운전 중 안전밸브에 이상 물질이 누적되어 안전밸브가 작동되지 아니할 우려가 있는 경우
第263조 (파열판 및 안전밸브의 직렬설치)	사업주는 급성 독성물질이 지속적으로 외부에 유출될 수 있는 화학설비 및 그 부속설비에 파열판과 안전밸브를 직렬로 설치하고 그 사이에는 압력지시계 또는 자동경보장치를 설치하여야 한다.

조항	기준
제264조 (안전밸브 등의 작동요건)	사업주는 제261조제1항에 따라 설치한 안전밸브 등이 안전밸브 등을 통하여 보호하려는 설비의 최고사용압력 이하에서 작동되도록 하여야 한다. 다만, 안전밸브 등이 2개 이상 설치된 경우에 1개는 최고사용압력의 1.05배(외부화재를 대비한 경우에는 1.1배) 이하에서 작동되도록 설치할 수 있다.
제265조 (안전밸브 등의 배출용량)	사업주는 안전밸브 등에 대하여 배출용량은 그 작동원인에 따라 각각의 소요분출량을 계산하여 가장 큰 수치를 해당 안전밸브 등의 배출용량으로 하여야 한다.
제266조 (차단밸브의 설치 금지)	사업주는 안전밸브 등의 전단 · 후단에 차단밸브를 설치해서는 아니 된다. 다만, 다음 각 호의 어느 하나에 해당하는 경우에는 자물쇠형 또는 이에 준하는 형식의 차단밸브를 설치할 수 있다. 1. 인접한 화학설비 및 그 부속설비에 안전밸브 등이 각각 설치되어 있고, 해당 화학설비 및 그 부속설비의 연결배관에 차단밸브가 없는 경우 2. 안전밸브 등의 배출용량의 2분의 1 이상에 해당하는 용량의 자동압력조절밸브(구동용 동력원의 공급을 차단하는 경우 열리는 구조인 것으로 한정한다)와 안전밸브 등이 병렬로 연결된 경우 3. 화학설비 및 그 부속설비에 안전밸브 등이 복수방식으로 설치되어 있는 경우 4. 예비용 설비를 설치하고 각각의 설비에 안전밸브 등이 설치되어 있는 경우 5. 열팽창에 의하여 상승된 압력을 낮추기 위한 목적으로 안전밸브가 설치된 경우 6. 하나의 플레어 스택(Flare Stack)에 둘 이상의 단위공정의 플레어 헤더(flare header)를 연결하여 사용하는 경우로서 각각의 단위공정의 플레어헤더에 설치된 차단밸브의 열림 · 닫힘 상태를 중앙제어실에서 알 수 있도록 조치한 경우
제267조 (배출물질의 처리)	사업주는 안전밸브 등으로부터 배출되는 위험물은 연소 · 흡수 · 세정(洗淨) · 포집(捕集) 또는 회수 등의 방법으로 처리하여야 한다. 다만, 다음 각 호의 어느 하나에 해당하는 경우에는 배출되는 위험물을 안전한 장소로 유도하여 외부로 직접 배출할 수 있다. 1. 배출물질을 연소 · 흡수 · 세정 · 포집 또는 회수 등의 방법으로 처리할 때에 파열판의 기능을 저해할 우려가 있는 경우 2. 배출물질을 연소처리할 때에 유해성가스를 발생시킬 우려가 있는 경우 3. 고압상태의 위험물이 대량으로 배출되어 연소 · 흡수 · 세정 · 포집 또는 회수 등의 방법으로 완전히 처리할 수 없는 경우 4. 공정설비가 있는 지역과 떨어진 인화성 가스 또는 인화성 액체 저장탱크에 안전밸브 등이 설치될 때에 저장탱크에 냉각설비 또는 자동소화설비 등 안전상의 조치를 하였을 경우 5. 그 밖에 배출량이 적거나 배출 시 급격히 분산되어 재해의 우려가 없으며, 냉각설비 또는 자동소화설비를 설치하는 등 안전상의 조치를 하였을 경우
제268조 (통기설비)	① 사업주는 인화성 액체를 저장 · 취급하는 대기압탱크에는 통기관 또는 통기밸브(breather valve) 등(이하 "통기설비"라 한다)을 설치하여야 한다. ② 제1항에 따른 통기설비는 정상운전 시에 대기압탱크 내부가 진공 또는 가압되지 않도록 충분한 용량의 것을 사용하여야 하며, 철저하게 유지 · 보수를 하여야 한다.

조항	기준
第269조 (화염방지기의 설치 등)	① 사업주는 인화성 액체 및 인화성 가스를 저장 취급하는 화학설비에서 증기나 가스를 대기로 방출하는 경우에는 외부로부터의 화염을 방지하기 위하여 화염방지기를 그 설비 상단에 설치하여야 한다. 다만, 대기로 연결된 통기관에 화염방지 기능이 있는 통기밸브가 설치되어 있거나, 인화점이 섭씨 38도 이상 60도 이하인 인화성 액체를 저장 · 취급할 때에 화염방지 기능을 가지는 인화방지망을 설치한 경우에는 그렇지 않다. ② 사업주는 제1항의 화염방지기를 설치하는 경우에는 한국산업표준에서 정하는 화염방지장치 기준에 적합한 것을 설치하여야 하며, 항상 철저하게 보수 · 유지하여야 한다.
第270조 (내화기준)	① 사업주는 제230조제1항에 따른 가스폭발 위험장소 또는 분진폭발 위험장소에 설치되는 건축물 등에 대해서는 다음 각 호에 해당하는 부분을 내화구조로 하여야 하며, 그 성능이 항상 유지될 수 있도록 점검 · 보수 등 적절한 조치를 하여야 한다. 다만, 건축물 등의 주변에 화재에 대비하여 물 분무시설 또는 폼 헤드(Foam Head)설비 등의 자동소화설비를 설치하여 건축물 등이 화재시에 2시간 이상 그 안전성을 유지할 수 있도록 한 경우에는 내화구조로 하지 아니할 수 있다. 1. 건축물의 기둥 및 보 : 지상 1층(지상 1층의 높이가 6미터를 초과하는 경우에는 6미터)까지 2. 위험물 저장 · 취급용기의 지지대(높이가 30센티미터 이하인 것은 제외한다) : 지상으로부터 지지대의 끝부분까지 3. 배관 · 전선관 등의 지지대 : 지상으로부터 1단(1단의 높이가 6미터를 초과하는 경우에는 6미터)까지 ② 내화재료는 한국산업표준으로 정하는 기준에 적합하거나 그 이상의 성능을 가지는 것이어야 한다.
第271조 (안전거리)	사업주는 별표 1 제1호부터 제5호까지의 위험물을 저장 · 취급하는 화학설비 및 그 부속설비를 설치하는 경우에는 폭발이나 화재에 따른 피해를 줄일 수 있도록 별표 8에 따라 설비 및 시설 간에 충분한 안전거리를 유지하여야 한다. 다만, 다른 법령에 따라 안전거리 또는 보유공지를 유지하거나, 법 제44조에 따른 공정안전보고서를 제출하여 피해최소화를 위한 위험성 평가를 통하여 그 안전성을 확인받은 경우에는 그러하지 아니하다.
第272조 (방유제 설치)	사업주는 별표 1 제4호부터 제7호까지의 위험물을 액체상태로 저장하는 저장탱크를 설치하는 경우에는 위험물질이 누출되어 확산되는 것을 방지하기 위하여 방유제(防油堤)를 설치하여야 한다.
第277조 (사용 전의 점검 등)	① 사업주는 다음 각 호의 어느 하나에 해당하는 경우에는 화학설비 및 그 부속설비의 안전검사 내용을 점검한 후 해당 설비를 사용하여야 한다. 1. 처음으로 사용하는 경우 2. 분해하거나 개조 또는 수리를 한 경우 3. 계속하여 1개월 이상 사용하지 아니한 후 다시 사용하는 경우 ② 사업주는 제1항의 경우 외에 해당 화학설비 또는 그 부속설비의 용도를 변경하는 경우(사용하는 원재료의 종류를 변경하는 경우를 포함한다)에도 해당 설비의 다음 각 호의 사항을 점검한 후 사용하여야 한다. 1. 그 설비 내부에 폭발이나 화재의 우려가 있는 물질이 있는지 여부 2. 안전밸브 · 긴급차단장치 및 그 밖의 방호장치 기능의 이상 유무 3. 냉각장치 · 가열장치 · 교반장치 · 압축장치 · 계측장치 및 제어장치 기능의 이상 유무

조항	기준
제278조 (개조 · 수리 등)	사업주는 화학설비와 그 부속설비의 개조 · 수리 및 청소 등을 위하여 해당 설비를 분해하거나 해당 설비의 내부에서 작업을 하는 경우에는 다음 각 호의 사항을 준수하여야 한다. 1. 작업책임자를 정하여 해당 작업을 지휘하도록 할 것 2. 작업장소에 위험물 등이 누출되거나 고온의 수증기가 새어나오지 않도록 할 것 3. 작업장 및 그 주변의 인화성 액체의 증기나 인화성 가스의 농도를 수시로 측정할 것
제279조 (대피 등)	① 사업주는 폭발이나 화재에 의한 산업재해발생의 급박한 위험이 있는 경우에는 즉시 작업을 중지하고 근로자를 안전한 장소로 대피시켜야 한다. ② 사업주는 제1항의 경우에 근로자가 산업재해를 입을 우려가 없음이 확인될 때까지 해당 작업장에 관계자가 아닌 사람의 출입을 금지하고, 그 취지를 보기 쉬운 장소에 표시하여야 한다.

(3) 특수화학설비의 시설기준 등

화학설비 기준을 적용하며, 추가적으로 아래의 기준을 준수해야 한다.

1) 특수화학설비 대상시설

산업안전보건기준에 관한 규칙 제273조에 따라 위험물을 기준량 이상 제조, 취급하는 아래의 설비를 특수화학설비라 하며, 추가적인 기준을 명시하고 있다.

가. 발열반응이 일어나는 반응장치
나. 증류 · 정류 · 증발 · 추출 등 분리를 하는 장치
다. 가열시켜 주는 물질의 온도가 가열되는 위험물질의 분해온도 또는 발화점보다 높은 상태에서 운전되는 설비
라. 반응폭주 등 이상 화학반응에 의하여 위험물질이 발생할 우려가 있는 설비
마. 온도가 섭씨 350도 이상이거나 게이지 압력이 980킬로파스칼 이상인 상태에서 운전되는 설비
바. 가열로 또는 가열기

| 위험물 기준량(별표 9) 참고

위험물질	기준량
1. 폭발성 물질 및 유기과산화물	
가. 질산에스테르류 니트로글리콜 · 니트로글리세린 · 니트로셀룰로오스 등	10킬로그램
나. 니트로 화합물 트리니트로벤젠 · 트리니트로톨루엔 · 피크린산 등	200킬로그램
다. 니트로소 화합물	200킬로그램
라. 아조 화합물	200킬로그램
마. 디아조 화합물	200킬로그램
바. 하이드라진 유도체	200킬로그램
사. 유기과산화물 과초산, 메틸에틸케톤 과산화물, 과산화벤조일 등	50킬로그램

2. 물반응성 물질 및 인화성 고체	
가. 리튬	5킬로그램
나. 칼륨 · 나트륨	10킬로그램
다. 황	100킬로그램
라. 황린	20킬로그램
마. 황화인 · 적린	50킬로그램
바. 셀룰로이드류	150킬로그램
사. 알킬알루미늄 · 알킬리튬	10킬로그램
아. 마그네슘 분말	500킬로그램
자. 금속 분말(마그네슘 분말은 제외한다)	1,000킬로그램
차. 알칼리금속(리튬 · 칼륨 및 나트륨은 제외한다)	50킬로그램
카. 유기금속화합물(알킬알루미늄 및 알킬리튬은 제외한다)	50킬로그램
타. 금속의 수소화물	300킬로그램
파. 금속의 인화물	300킬로그램
하. 칼슘 탄화물, 알루미늄 탄화물	300킬로그램
3. 산화성 액체 및 산화성 고체	
가. 차아염소산 및 그 염류	
(1) 차아염소산	300킬로그램
(2) 차아염소산칼륨, 그 밖의 차아염소산염류	50킬로그램
나. 아염소산 및 그 염류	
(1) 아염소산	300킬로그램
(2) 아염소산칼륨, 그 밖의 아염소산염류	50킬로그램
다. 염소산 및 그 염류	
(1) 염소산	300킬로그램
(2) 염소산칼륨, 염소산나트륨, 염소산암모늄, 그 밖의 염소산염류	50킬로그램
라. 과염소산 및 그 염류	
(1) 과염소산	300킬로그램
(2) 과염소산칼륨, 과염소산나트륨, 과염소산암모늄, 그 밖의 과염소산염류	50킬로그램
마. 브롬산 및 그 염류	
브롬산염류	100킬로그램
바. 요오드산 및 그 염류	
요오드산염류	300킬로그램
사. 과산화수소 및 무기 과산화물	
(1) 과산화수소	300킬로그램
(2) 과산화칼륨, 과산화나트륨, 과산화바륨, 그 밖의 무기 과산화물	50킬로그램
아. 질산 및 그 염류	
질산칼륨, 질산나트륨, 질산암모늄, 그 밖의 질산염류	1,000킬로그램
자. 과망간산 및 그 염류	1,000킬로그램
차. 중크롬산 및 그 염류	3,000킬로그램
4. 인화성 액체	
가. 에틸에테르 · 가솔린 · 아세트알데히드 · 산화프로필렌, 그 밖에 인화점이 23℃ 미만이고 초	200리터

기 끓는점이 35℃ 이하인 물질	
나. 노말헥산 · 아세톤 · 메틸에틸케톤 · 메틸알코올 · 에틸알코올 · 이황화탄소, 그 밖에 인화점이 23℃ 미만이고 초기 끓는점이 35℃를 초과하는 물질	400리터
다. 크실렌 · 아세트산아밀 · 등유 · 경유 · 테레핀유 · 이소아밀알코올 · 아세트산 · 하이드라진, 그 밖에 인화점이 23℃ 이상 60℃ 이하인 물질	1,000리터
5. 인화성 가스	
가. 수소	50세제곱미터
나. 아세틸렌	
다. 에틸렌	
라. 메탄	
마. 에탄	
바. 프로판	
사. 부탄	
아. 영 별표 13에 따른 인화성 가스	
6. 부식성 물질로서 다음 각 목의 어느 하나에 해당하는 물질	
가. 부식성 산류	
(1) 농도가 20퍼센트 이상인 염산 · 황산 · 질산, 그 밖에 이와 동등 이상의 부식성을 가지는 물질	300킬로그램
(2) 농도가 60퍼센트 이상인 인산 · 아세트산 · 불산, 그 밖에 이와 동등 이상의 부식성을 가지는 물질	
나. 부식성 염기류 농도가 40퍼센트 이상인 수산화나트륨 · 수산화칼륨, 그 밖에 이와 동등 이상의 부식성을 가지는 염기류	300킬로그램
7. 급성 독성 물질	
가. 시안화수소 · 플루오르아세트산 및 소디움염 · 디옥신 등 LD_{50}(경구, 쥐)이 킬로그램당 5밀리그램 이하인 독성물질	5킬로그램
나. LD50(경피, 토끼 또는 쥐)이 킬로그램당 50밀리그램(체중) 이하인 독성물질	5킬로그램
다. 데카보란 · 디보란 · 포스핀 · 이산화질소 · 메틸이소시아네이트 · 디클로로아세틸렌 · 플루오로아세트아마이드 · 케텐 · 1,4-디클로로-2-부텐 · 메틸비닐케톤 · 벤조트라이클로라이드 · 산화카드뮴 · 규산메틸 · 디페닐메탄디이소시아네이트 · 디페닐설페이트 등 가스 LC_{50}(쥐, 4시간 흡입)이 100ppm 이하인 화학물질, 증기 LC_{50}(쥐, 4시간 흡입)이 0.5mg/L 이하인 화학물질, 분진 또는 미스트 0.05mg/L 이하인 독성물질	5킬로그램
라. 산화제2수은 · 시안화나트륨 · 시안화칼륨 · 폴리비닐알코올 · 2-클로로아세트알데히드 · 염화제2수은 등 LD_{50}(경구, 쥐)이 킬로그램당 5밀리그램(체중) 이상 50밀리그램(체중) 이하인 독성물질	20킬로그램
마. LD_{50}(경피, 토끼 또는 쥐)이 킬로그램당 50밀리그램(체중) 이상 200밀리그램(체중) 이하인 독성물질	20킬로그램
바. 황화수소 · 황산 · 질산 · 테트라메틸납 · 디에틸렌트리아민 · 플루오린화 카보닐 · 헥사플루오로아세톤 · 트리플루오르화염소 · 푸르푸릴알코올 · 아닐린 · 불소 · 카보닐플루오라이드 · 발연황산 · 메틸에틸케톤 과산화물 · 디메틸에테르 · 페놀 · 벤질클로라이드 · 포스포러	20킬로그램

스펜톡사이드 · 벤질디메틸아민 · 피롤리딘 등 가스 LC_{50}(쥐, 4시간 흡입)이 100ppm 이상 500ppm 이하인 화학물질, 증기 LC50(쥐, 4시간 흡입)이 0.5mg/L 이상 2.0mg/L 이하인 화학물질, 분진 또는 미스트 0.05mg/L 이상 0.5mg/L 이하인 독성물질	
사. 이소프로필아민 · 염화카드뮴 · 산화제2코발트 · 사이클로헥실아민 · 2-아미노피리딘 · 아조디이소부티로니트릴 등 LD_{50}(경구, 쥐)이 킬로그램당 50밀리그램(체중) 이상 300밀리그램(체중) 이하인 독성물질	100킬로그램
아. 에틸렌디아민 등 LD_{50}(경피, 토끼 또는 쥐)이 킬로그램당 200밀리그램(체중) 이상 1,000밀리그램(체중) 이하인 독성물질	100킬로그램
자. 불화수소 · 산화에틸렌 · 트리에틸아민 · 에틸아크릴산 · 브롬화수소 · 무수아세트산 · 황화불소 · 메틸프로필케톤 · 사이클로헥실아민 등 가스 LC_{50}(쥐, 4시간 흡입)이 500ppm 이상 2,500ppm 이하인 독성물질, 증기 LC_{50}(쥐, 4시간 흡입)이 2.0mg/L 이상 10mg/L 이하인 독성물질, 분진 또는 미스트 0.5mg/L 이상 1.0mg/L 이하인 독성물질	100킬로그램

비고

1. 기준량은 제조 또는 취급하는 설비에서 하루 동안 최대로 제조하거나 취급할 수 있는 수량을 말한다.
2. 기준량 항목의 수치는 순도 100퍼센트를 기준으로 산출한다.
3. 2종 이상의 위험물질을 제조하거나 취급하는 경우에는 각 위험물질의 제조 또는 취급량을 구한 후 다음 공식에 따라 산출한 값 R이 1 이상인 경우 기준량을 초과한 것으로 본다.

$$R = \frac{C_1}{T_1} + \frac{C_2}{T_2} + \cdots\cdots + \frac{C_n}{T_n}$$

주) C_n : 위험물질 각각의 제조 또는 취급량

T_n : 위험물질 각각의 기준량

4. 위험물질이 둘 이상의 위험물질로 분류되어 서로 다른 기준량을 가지게 될 경우에는 가장 작은 값의 기준량을 해당 위험물질의 기준량으로 한다.
5. 인화성 가스의 기준량은 운전온도 및 운전압력 상태에서의 값으로 한다.

2) 특수화학설비 시설기준

■ 제273조(계측장치 등의 설치)

사업주는 별표 9에 따른 위험물을 같은 표에서 정한 기준량 이상으로 제조하거나 취급하는 다음 각 호의 어느 하나에 해당하는 화학설비(이하 "특수화학설비"라 한다)를 설치하는 경우에는 내부의 이상 상태를 조기에 파악하기 위하여 필요한 온도계 · 유량계 · 압력계 등의 계측장치를 설치하여야 한다.

■ 제274조(자동경보장치의 설치 등)

사업주는 특수화학설비를 설치하는 경우에는 그 내부의 이상 상태를 조기에 파악하기 위하여 필요한 자동경보장치를 설치하여야 한다. 다만, 자동경보장치를 설치하는 것이 곤란한 경우에는 감시인을 두고 그 특수화학설비의 운전 중 설비를 감시하도록 하는 등의 조치를 하여야 한다.

■ 제275조(긴급차단장치의 설치 등)

① 사업주는 특수화학설비를 설치하는 경우에는 이상 상태의 발생에 따른 폭발 · 화재 또는 위험물의 누출을 방지하기 위하여 원재료 공급의 긴급차단, 제품 등의 방출, 불활성 가스의 주입이나 냉각용수 등의 공급을 위하여 필요한 장치 등을 설치하여야 한다.
② 제1항의 장치 등은 안전하고 정확하게 조작할 수 있도록 보수 · 유지되어야 한다.

■ 제276조(예비동력원 등)

사업주는 특수화학설비와 그 부속설비에 사용하는 동력원에 대하여 다음 각 호의 사항을 준수하여야 한다.

1. 동력원의 이상에 의한 폭발이나 화재를 방지하기 위하여 즉시 사용할 수 있는 예비동력원을 갖추어 둘 것
2. 밸브 · 콕 · 스위치 등에 대해서는 오조작을 방지하기 위하여 잠금장치를 하고 색채표시 등으로 구분할 것

03 기계설비 등의 안전인증, 안전검사, 자율 안전확인 고려사항

1. 산업안전보건법 시행령에 따른 대상설비

■ 제74조(안전인증대상 기계 등)

① 법 제84조제1항에서 "대통령령으로 정하는 것"이란 다음 각 호의 어느 하나에 해당하는 것을 말한다.

1. 다음 각 목의 어느 하나에 해당하는 기계 또는 설비
   가. 프레스
   나. 전단기(剪斷機) 및 절곡기(折曲機)
   다. 크레인
   라. 리프트
   마. 압력용기
   바. 롤러기
   사. 사출성형기(射出成形機)
   아. 고소(高所) 작업대
   자. 곤돌라
2. 다음 각 목의 어느 하나에 해당하는 방호장치
   가. 프레스 및 전단기 방호장치
   나. 양중기용(揚重機用) 과부하방지장치
   다. 보일러 압력방출용 안전밸브
   라. 압력용기 압력방출용 안전밸브
   마. 압력용기 압력방출용 파열판
   바. 절연용 방호구 및 활선작업용(活線作業用) 기구
   사. 방폭구조(防爆構造) 전기기계 · 기구 및 부품
   아. 추락 · 낙하 및 붕괴 등의 위험 방지 및 보호에 필요한 가설기자재로서 고용노동부장관이 정하여 고시하는 것
   자. 충돌 · 협착 등의 위험 방지에 필요한 산업용 로봇 방호장치로서 고용노동부장관이 정하여 고시하는 것
3. 다음 각 목의 어느 하나에 해당하는 보호구
   가. 추락 및 감전 위험방지용 안전모
   나. 안전화
   다. 안전장갑
   라. 방진마스크
   마. 방독마스크

바. 송기(送氣)마스크

사. 전동식 호흡보호구

아. 보호복

자. 안전대

차. 차광(遮光) 및 비산물(飛散物) 위험방지용 보안경

카. 용접용 보안면

타. 방음용 귀마개 또는 귀덮개

② 안전인증대상 기계 등의 세부적인 종류, 규격 및 형식은 고용노동부장관이 정하여 고시한다.

■ 제77조(자율안전확인대상 기계 등)

① 법 제89조제1항 각 호 외의 부분 본문에서 “대통령령으로 정하는 것”이란 다음 각 호의 어느 하나에 해당하는 것을 말한다.

1. 다음 각 목의 어느 하나에 해당하는 기계 · 기구 및 설비

가. 연삭기 또는 연마기(휴대형은 제외한다)

나. 산업용 로봇

다. 혼합기

라. 파쇄기 또는 분쇄기

마. 식품가공용 기계(파쇄 · 절단 · 혼합 · 제면기만 해당한다)

바. 컨베이어

사. 자동차정비용 리프트

아. 공작기계(선반, 드릴기, 평삭 · 형삭기, 밀링만 해당한다)

자. 고정형 목재가공용 기계(둥근톱, 대패, 루타기, 띠톱, 모떼기 기계만 해당한다)

차. 인쇄기

2. 다음 각 목의 어느 하나에 해당하는 방호장치

가. 아세틸렌 용접장치용 또는 가스집합 용접장치용 안전기

나. 교류 아크용접기용 자동전격방지기

다. 롤러기 급정지장치

라. 연삭기(研削機) 덮개

마. 목재 가공용 둥근톱 반발 예방장치와 날 접촉 예방장치

바. 동력식 수동대패용 칼날 접촉 방지장치

사. 추락 · 낙하 및 붕괴 등의 위험 방지 및 보호에 필요한 가설기자재(제74조제1항제2호아목의 가설기자재는 제외한다)로서 고용노동부장관이 정하여 고시하는 것

3. 다음 각 목의 어느 하나에 해당하는 보호구

가. 안전모(제74조제1항제3호가목의 안전모는 제외한다)

나. 보안경(제74조제1항제3호차목의 보안경은 제외한다)

다. 보안면(제74조제1항제3호카목의 보안면은 제외한다)

② 자율안전확인대상 기계 등의 세부적인 종류, 규격 및 형식은 고용노동부장관이 정하여 고시한다.

■ **제78조(안전검사대상 기계 등)**

① 법 제93조제1항 전단에서 "대통령령으로 정하는 것"이란 다음 각 호의 어느 하나에 해당하는 것을 말한다.

1. 프레스
2. 전단기
3. 크레인(정격 하중이 2톤 미만인 것은 제외한다)
4. 리프트
5. 압력용기
6. 곤돌라
7. 국소 배기장치(이동식은 제외한다)
8. 원심기(산업용만 해당한다)
9. 롤러기(밀폐형 구조는 제외한다)
10. 사출성형기[형 체결력(型 締結力) 294킬로뉴턴(KN) 미만은 제외한다]
11. 고소작업대[「자동차관리법」 제3조제3호 또는 제4호에 따른 화물자동차 또는 특수자동차에 탑재한 고소작업대(高所作業臺)로 한정한다]
12. 컨베이어
13. 산업용 로봇

② 법 제93조제1항에 따른 안전검사대상 기계 등의 세부적인 종류, 규격 및 형식은 고용노동부장관이 정하여 고시한다.

2. 법령 및 관련 고시에 따른 세부사항

안전인증 대상 세부사항

대상	적용범위
프레스 전단기 절곡기	동력으로 구동되는 프레스, 전단기 및 절곡기. 다만, 다음 각 목의 어느 하나에 해당하는 프레스, 전단기 및 절곡기는 제외 가. 열간 단조프레스, 단조용 해머, 목재 등의 접착을 위한 압착프레스, 톰슨프레스(Tomson Press), 씨링기, 분말압축 성형기, 압출기, 고무 및 모래 등의 가압성형기, 자동터릿펀칭프레스, 다목적 작업을 위한 가공기(Ironworker), 다이스포팅프레스, 교정용 프레스 나. 스트로크가 6밀리미터 이하로서 위험한계 내에 신체의 일부가 들어갈 수 없는 구조의 프레스, 전단기 및 절곡기 다. 원형 회전날에 의한 회전 전단기, 니블러, 코일 슬리터, 형강 및 봉강 전용의 전단기 및 노칭기
크레인	동력으로 구동되는 정격하중 0.5톤 이상 크레인(호이스트 및 차량탑재용 크레인 포함) 다만, 「건설기계관리법」의 적용을 받는 기중기는 제외
리프트	동력으로 구동되는 리프트. 다만, 다음 중 어느 하나에 해당하는 리프트는 제외 1) 적재하중이 0.49톤 이하인 건설용 리프트, 0.09톤 이하인 이삿짐운반용 리프트 2) 운반구의 바닥면적이 0.5제곱미터 이하이고 높이가 0.6미터 이하인 리프트 3) 자동차정비용 리프트 4) 자동이송설비에 의하여 화물을 자동으로 반출입하는 자동화설비의 일부로 사람이 접근할 우려가 없는 전용설비는 제외
압력용기	가. 화학공정 유체취급용기 또는 그 밖의 공정에 사용하는 용기(공기 또는 질소취급용기)로서 설계압력이 게이지 압력으로 0.2메가파스칼(제곱센티미터당 2킬로그램포스)을 초과한 경우. 다만, 다음 중 어느 하나에 해당하는 용기는 제외 1) 용기의 길이 또는 압력에 상관없이 안지름, 폭, 높이, 또는 단면 대각선 길이가 150밀리미터[관(管)을 이용하는 경우 호칭지름 150A] 이하인 용기 2) 원자력 용기 3) 수냉식 관형 응축기(다만, 동체측에 냉각수가 흐르고 관측의 사용압력이 동체 측의 사용압력보다 낮은 경우에 한함) 4) 사용온도 섭씨 60도 이하의 물만을 취급하는 용기(다만, 대기압하에서 수용액의 인화점이 섭씨 85도 이상인 경우에는 물에 첨가제가 포함되어 있어도 됨) 5) 판형(Plate Type) 열교환기 6) 핀형(Fin Type) 공기냉각기 7) 축압기(Accumulator) 8) 유압 · 수압 · 공압 실린더 9) 사람을 수용하는 압력용기 10) 차량용 탱크로리 11) 배관 및 유량계측 또는 유량제어 등의 목적으로 사용되는 배관구성품 12) 소음기 및 스트레이너(필터 포함)로서 다음의 어느 하나에 해당되는 것 가) 플랜지 부착을 위한 용접부 이외의 용접이음매가 없는 것 나) 동체의 바깥지름이 320밀리미터 이하이며 배관접속부 호칭지름이 동체 바깥지름의 2분의 1 이상인 것 13) 기계 · 기구의 일부가 압력용기의 동체 또는 경판 등 압력을 받는 부분을 이루는 것 14) 사용압력(단위 : MPa)과 용기 내용적(단위 : m^3)의 곱이 0.1 미만인 것으로서 다음의 어느 하나에 해당되는 것

대상	적용범위
	가) 기계 · 기구의 구성품인 것 나) 펌프 또는 압축기 등 가압장치의 부속설비로서 밀봉, 윤활 또는 열교환을 목적으로 하는 것(다만, 취급유체가 해당 공정의 유체 또는 안전보건규칙 별표 1의 위험물질에 해당되지 않는 경우에 한함) 15) 제품을 담아 판매 · 공급하는 것을 목적으로 하는 운반용 용기 16) 공정용 직화식 튜브형 가열기 나. 용기의 심사범위는 다음과 같음 1) 용접접속으로 외부배관과 연결된 경우 첫 번째 원주방향 용접이음까지 2) 나사접속으로 외부 배관과 연결된 경우 첫 번째 나사이음까지 3) 플랜지 접속으로 외부 배관과 연결된 경우 첫 번째 플랜지 면까지 4) 부착물을 직접 내압부에 용접하는 경우 그 용접 이음부까지 5) 맨홀, 핸드홀 등의 압력을 받는 덮개판, 용접이음, 볼트 · 너트 및 개스킷을 포함 ※ 화학공정 유체취급 용기는 증발 · 흡수 · 증류 · 건조 · 흡착 등의 화학공정에 필요한 유체를 저장 · 분리 · 이송 · 혼합 등에 사용되는 설비로서 탑류(증류탑, 흡수탑, 추출탑 및 감압탑 등), 반응기 및 혼합조류, 열교환기류(가열기, 냉각기, 증발기 및 응축기 등), 필터류 및 저장용기 등을 말하며 안전보건규칙 별표 1에 따른 위험물질을 취급하는 용기도 포함
롤러기	롤러의 압력에 따라 고무 · 고무화합물 또는 합성수지를 소성변형시키거나 연화시키는 롤러기로서 동력에 의하여 구동되는 롤러기에 대하여 적용. 다만, 작업자가 접근할 수 없는 밀폐형 구조로 된 롤러기는 제외
사출성형기	플라스틱 또는 고무 등을 성형하는 사출성형기로서 동력에 의하여 구동되는 사출성형기. 다만, 다음 각 목의 어느 하나에 해당하는 사출성형기는 제외 가. 반응형 사출성형기 나. 압축 · 이송형 사출성형기 다. 장화제조용 사출성형기 라. 블로우 몰딩(Blow Molding) 머신 및 인젝션 블로우몰딩(Injection Blow Molding) 머신
고소작업대	동력에 의해 사람이 탑승한 작업대를 작업 위치로 이동시키기 위한 모든 종류와 크기의 고소작업대에 대하여 적용(차량 탑재용 포함). 다만, 다음 각 목의 어느 하나에 해당하는 경우는 제외 가. 지정된 높이까지 실어 나르는 영구 설치형 장비 나. 승강 장치에 매달린 가이드 없는 케이지 다. 레일 의존형 저장 및 회수 장치 상의 승강 조작대 라. 테일 리프트(Tail Lift) 마. 마스트 승강 작업대 바. 승강 높이 2미터 이하의 승강대 사. 승용 및 화물용 건설 권상기 아. 「소방기본법」에 따른 소방장비 자. 전람회장(Fairground) 장비 차. 항공기 지상 지원 장비 카. 교량 하부의 검사 및 유지관리 장비 타. 농업용 고소작업차(「농업기계화촉진법」에 따른 검정 제품에 한함)
곤돌라	동력에 의해 구동되는 곤돌라. 다만, 크레인에 설치된 곤돌라, 엔진을 이용하여 구동되는 곤돌라, 지면에서 각도가 45도 이하로 설치된 곤돌라 및 같은 사업장 안에서 장소를 옮겨 설치하는 곤돌라는 제외
기계톱	원동기로 체인형태의 절삭날을 가진 톱을 구동시켜 벌목, 가지치기 등 목재를 가공하는 휴대용 동력톱. 다만, 가지치기전용의 막대형 기계톱(Pole Saw)은 제외

자율안전확인신고 대상 세부사항

대상	적용범위
연삭기/연마기 (휴대형 제외)	동력에 의해 회전하는 연삭숫돌 또는 연마재 등을 사용하여 금속이나 그 밖의 가공물의 표면을 깎아내거나 절단 또는 광택을 내기 위해 사용되는 것
산업용 로봇	직교좌표 로봇을 포함하여 3축 이상의 메니퓰레이터(엑츄에이터, 교시 펜던터, 제어기 및 통신 인터페이스를 포함)를 구비하고 전용의 제어기를 이용하여 프로그램 및 자동제어가 가능한 고정식 로봇
혼합기	회전축에 고정된 날개를 이용하여 내용물을 저어주거나 섞는 것. 다만, 다음 각 목의 어느 하나에 해당하는 것은 제외 가. 외통 전체를 회전시켜서 내부의 물질을 섞어주는 용기회전형 혼합기 나. 분사장치를 이용하여 물질을 섞어주는 기류 교반형 혼합기 다. 혼합용기의 용량이 200리터 미만이거나 모터의 구동력이 1킬로와트 미만인 혼합기 라. 식품용
파쇄기 또는 분쇄기	암석이나 금속 또는 플라스틱 등의 물질을 필요한 크기의 작은 덩어리 또는 분체로 부수는 것. 다만, 다음 각 목의 어느 하나에 해당하는 경우는 제외 가. 식품용 나. 시간당 파쇄 또는 분쇄용량이 50킬로그램 미만인 것
식품가공 용기계 (파쇄, 절단, 혼합 제면기)	가. 식품파쇄기 : 채소, 육류, 곡물 또는 어류 등의 식품을 으깨는 것. 다만, 다음의 어느 하나에 해당되는 것은 제외 1) 구동모터의 용량이 1.2킬로와트 이하인 것 2) 가정용으로 사용되는 것 나. 식품절단기 : 채소, 육류, 곡물 또는 어류 등의 식품을 일정 크기로 자르는 것. 다만, 다음의 어느 하나에 해당되는 것은 제외 1) 구동모터의 용량이 1.2킬로와트 이하인 것 2) 가정용으로 사용되는 것 다. 식품혼합기 : 채소, 육류, 곡물 또는 어류 등을 혼합하는 기계. 다만, 다음의 어느 하나에 해당되는 것은 제외 1) 외통 전체를 회전시켜서 내부의 물질을 섞어주는 용기회전형 혼합기 2) 구동모터의 용량이 1.2킬로와트 이하인 것 3) 가정용으로 사용되는 것 라. 제면기 : 밀가루, 메밀가루 등 분말형태의 곡물을 일정한 길이의 면으로 뽑아내는 기계. 다만, 다음의 어느 하나에 해당되는 것은 제외 1) 구동모터의 용량이 1.2킬로와트 이하인 것 2) 가정용으로 사용되는 것
컨베이어	재료 · 반제품 · 화물 등을 동력에 의하여 자동적으로 연속 운반하는 것으로서 다음 각 목의 어느 하나에 해당하는 컨베이어. 다만, 이송거리가 3미터 이하인 컨베이어는 제외 가. 벨트 또는 체인컨베이어 나. 롤러 컨베이어 다. 트롤리 컨베이어 라. 버킷 컨베이어 마. 나사 컨베이어
자동차정비용 리프트	하중 적재장치에 차량을 적재한 후 동력을 사용하여 차량을 들어올려 점검 및 정비 작업에 사용되는 장치

대상	적용범위
공작기계 (선반, 드릴기, 평삭 · 형삭기, 밀링기)	가. 선반 : 회전하는 축(주축)에 공작물을 장착하고 고정되어 있는 절삭공구를 사용하여 원통형의 공작물을 가공하는 공작기계 나. 드릴기 : 공작물을 테이블 위에 고정시키고 주축에 장착된 드릴공구를 회전시켜서 축방향으로 이송시키면서 공작물에 구멍 가공하는 공작기계 다. 평삭기 : 공작물을 테이블 위에 고정시키고 절삭공구를 수평 왕복시키면서 공작물의 평면을 가공하는 공작기계 라. 형삭기 : 공작물을 테이블 위에 고정시키고 램(ram)에 의하여 절삭공구가 상하 운동하면서 공작물의 수직면을 절삭하는 공작기계 마. 밀링기 : 여러 개의 절삭날이 부착된 절삭공구의 회전운동을 이용하여 고정된 공작물을 가공하는 공작기계
고정형 목재 가공용 기계 (둥근톱, 대패, 루타기, 띠톱, 모떼기 기계)	가. 둥근톱기계 : 고정된 둥근톱 날의 회전력을 이용하여 목재를 절단가공을 하는 기계 나. 기계대패 : 공작물을 이송시키면서 회전하는 대팻날로 평면 깎기, 홈 깎기 또는 모떼기 등의 가공을 하는 기계 다. 루타기 : 고속 회전하는 공구를 이용하여 공작물에 조각, 모떼기, 잘라내기 등의 가공작업을 하는 기계 라. 띠톱기계 : 프레임에 부착된 상하 또는 좌우 2개의 톱바퀴에 엔드레스형 띠톱을 걸고 팽팽하게 한 상태에서 한쪽 구동 톱바퀴를 회전시켜 목재를 가공하는 기계 마. 모떼기기계 : 공구의 회전운동을 이용하여 곡면절삭, 곡선절삭, 홈붙이 작업 등에 사용되는 기계
인쇄기	판면에 잉크를 묻혀 종이, 필름, 섬유 또는 이와 유사한 재질의 표면에 대고 눌러 인쇄작업을 하는 기계. 이 경우, 절단기, 제본기, 종이반전기 등 설비 부속 장치를 포함
기압 조절실 (Chamber)	수중작업에 종사하는 근로자가 가압 또는 감압을 받는 장소로 사용되는 장비. 다만, 의료용 장비는 제외

안전검사 대상 세부사항

대상	적용범위
프레스 전단기	동력으로 구동되는 프레스 및 전단기로서 압력능력이 3톤 이상은 적용. 다만, 다음 각 목의 어느 하나에 해당하는 기계는 제외 가. 열간 단조프레스, 단조용 해머, 목재 등의 접착을 위한 압착프레스, 톰슨프레스(Tomson Press), 씨링기, 분말압축 성형기, 압출기 및 절곡기, 고무 및 모래 등의 가압성형기, 자동터릿펀칭프레스, 다목적 작업을 위한 가공기(Ironworker), 다이스포팅프레스, 교정용 프레스 나. 스트로크가 6mm 이하로서 위험한계 내에 신체의 일부가 들어갈 수 없는 구조의 프레스 다. 원형 회전날에 의한 회전 전단기, 니블러, 코일 슬리터, 형강 및 봉강 전용의 전단기 및 노칭기
크레인	동력으로 구동되는 것으로서 정격하중이 2톤 이상은 적용. 다만, 다음 각 목의 어느 하나에 해당하는 경우는 제외 가. 「건설기계관리법」의 적용을 받는 건설기계 나. 달기구를 집게로 사용하여 와이어 로프에 의해 권상 · 권하되지 않고 집게가 붐에 직접 부착된 차량(재활용 처리 크레인) 다. 차량 견인 및 구난을 목적으로 제작된 차량
리프트	동력으로 구동되는 리프트. 다만, 다음 중 어느 하나에 해당하는 리프트는 제외 1) 적재하중이 0.49톤 이하인 건설용 리프트, 0.09톤 이하의 이삿짐운반용 리프트

대상	적용범위
	2) 운반구의 바닥면적이 0.5제곱미터 이하이고 높이가 0.6미터 이하인 리프트 3) 자동차정비용 리프트 4) 자동이송설비에 의하여 화물을 자동으로 반출입하는 자동화설비의 일부로 사람이 접근할 우려가 없는 전용설비
압력용기	가. 화학공정 유체취급용기 또는 그 밖의 공정에 사용하는 용기(공기 또는 질소취급용기)로서 설계압력이 게이지압력으로 0.2메가파스칼(2kgf/cm^2)을 초과한 경우. 다만, 다음 중 어느 하나에 해당하는 용기는 제외 1) 용기의 길이 또는 압력에 상관없이 안지름, 폭, 높이, 또는 단면 대각선 길이가 150밀리미터[관(管)을 이용하는 경우 호칭지름 150A] 이하인 용기 2) 원자력 용기 3) 수냉식 관형 응축기(다만, 동체측에 냉각수가 흐르고 관측의 사용압력이 동체측의 사용압력보다 낮은 경우에 한함) 4) 사용온도 섭씨 60도 이하의 물만을 취급하는 용기(다만, 대기압하에서 수용액의 인화점이 섭씨 85도 이상인 경우에는 물에 미량의 첨가제가 포함되어 있어도 됨) 5) 판형(Plate Type) 열교환기 6) 핀형(Fin Type) 공기냉각기 7) 축압기(Accumulator) 8) 유압 · 수압 · 공압 실린더 및 오일 주입 · 배출기 9) 사람을 수용하는 압력용기 10) 차량용 탱크로리 11) 배관 및 유량계측 또는 유량제어 등의 목적으로 사용되는 배관 구성품 12) 소음기 및 스트레이너(필터 포함)로서 다음의 어느 하나에 해당되는 것 가) 플랜지 부착을 위한 용접부 이외의 용접이음매가 없는 것 나) 동체의 바깥지름이 320밀리미터 이하이며 배관접속부 호칭지름이 동체 바깥지름의 2분의 1 이상인 것 13) 기계 · 기구의 일부가 압력용기의 동체 또는 경판 등 압력을 받는 부분을 이루는 것 14) 사용압력(단위 : MPa)과 용기 내용적(단위 : m^3)의 곱이 0.1 미만인 것으로서 다음의 어느 하나에 해당되는 것 가) 기계 · 기구의 구성품인 것 나) 펌프 또는 압축기 등 가압장치의 부속설비로서 밀봉, 윤활 또는 열교환을 목적으로 하는 것(다만, 취급유체가 해당 공정의 유체 또는 안전보건규칙 별표 1의 위험물질에 해당되지 않는 경우에 한함) 15) 제품을 담아 판매 · 공급하는 것을 목적으로 하는 운반용 용기 16) 공정용 직화식 튜브형 가열기 17) 산업용 이외에서 사용하는 밀폐형 팽창탱크 18) 안전검사 대상 기계 · 기구의 구성품인 것 19) 소형 공기압축기(압력용기 상부에 왕복동 압축장치를 고정 · 부착한 형태의 것)의 구성품인 것 20) 사용압력이 2kgf/cm^2 미만인 압력용기 21) 「고압가스 안전관리법」 등 다른 법령에서 안정성을 확인받거나 제외된 용기 나. 용기의 검사범위 1) 용접접속으로 외부배관과 연결된 경우 첫 번째 원주방향 용접이음까지 2) 나사접속으로 외부 배관과 연결된 경우 첫 번째 나시이음까지 3) 플랜지 접속으로 외부 배관과 연결된 경우 첫 번째 플랜지면까지 4) 부착물을 직접 내압부에 용접하는 경우 그 용접 이음부까지

대상	적용범위
	5) 맨홀, 핸드홀 등의 압력을 받는 덮개판, 용접이음, 볼트 · 너트 및 개스킷을 포함 ※ 화학공정 유체취급 용기는 증발 · 흡수 · 증류 · 건조 · 흡착 등의 화학공정에 필요한 유체를 저장 · 분리 · 이송 · 혼합 등에 사용되는 설비로서 탑류(증류탑, 흡수탑, 추출탑 및 감압탑 등), 반응기 및 혼합조류, 열교환기류(가열기, 냉각기, 증발기 및 응축기 등), 필터류 및 저장용기 등을 말하며, 산업안전보건기준에 관한 규칙 별표 1에 따른 위험물질을 취급하는 용기도 포함
곤돌라	동력으로 구동되는 곤돌라에 한정하여 적용. 다만, 크레인에 설치된 곤돌라, 동력으로 엔진구동 방식을 사용하는 곤돌라, 지면에서 각도가 45° 이하로 설치된 곤돌라는 제외
국소 배기장치	다음의 어느 하나에 해당하는 유해물질(49종)에 따른 건강장해를 예방하기 위하여 설치한 국소배기장치에 한정하여 적용 (1) 디아니시딘과 그 염 (2) 디클로로벤지딘과 그 염 (3) 베릴륨 (4) 벤조트리클로리드 (5) 비소 및 그 무기화합물 (6) 석면 (7) 알파-나프틸아민과 그 염 (8) 염화비닐 (9) 오로토-톨리딘과 그 염 (10) 크롬광 (11) 크롬산 아연 (12) 황화니켈 (13) 휘발성 콜타르피치 (14) 2-브로모프로판 (15) 6가크롬 화합물 (16) 납 및 그 무기화합물 (17) 노말헥산 (18) 니켈(불용성 무기화합물) (19) 디메틸포름아미드 (20) 벤젠 (21) 이황화탄소 (22) 카드뮴 및 그 화합물 (23) 톨루엔-2,4-디이소시아네이트 (24) 트리클로로에틸렌 (25) 포름알데히드 (26) 메틸클로로포름(1,1,1-트리클로로에탄) (27) 곡물분진 (28) 망간 (29) 메틸렌디페닐디이소시아네이트(MDI) (30) 무수프탈산 (31) 브롬화메틸 (32) 수은 (33) 스티렌 (34) 시클로헥사논 (35) 아닐린 (36) 아세토니트릴 (37) 아연(산화아연) (38) 아크릴로니트릴 (39) 아크릴아미드 (40) 알루미늄 (41) 디클로로메탄(염화메틸렌) (42) 용접흄 (43) 유리규산 (44) 코발트 (45) 크롬 (46) 탈크(활석) (47) 톨루엔 (48) 황산알루미늄 (49) 황화수소 다만, 최근 2년 동안 작업환경측정결과가 노출기준 50% 미만인 경우에는 적용 제외
원심기	액체 · 고체 사이에서의 분리 또는 이 물질들 중 최소 2개를 분리하기 위한 목적으로 쓰이는 동력에 의해 작동되는 산업용 원심기는 적용. 다만, 다음 각 목의 어느 하나에 해당하는 원심기는 제외 가. 회전체의 회전운동에너지가 750J 이하인 것 나. 최고 원주속도가 300m/s를 초과하는 원심기 다. 원자력에너지 제품 공정에만 사용되는 원심기 라. 자동조작설비로 연속공정과정에 사용되는 원심기 마. 화학설비에 해당되는 원심기
롤러기	롤러의 압력에 의하여 고무, 고무화합물 또는 합성수지를 소성변형시키거나 연화시키는 롤러기로서 동력에 의하여 구동되는 롤러기는 적용. 다만, 작업자가 접근할 수 없는 밀폐형 구조로 된 롤러기는 제외
사출성형기	플라스틱 또는 고무 등을 성형하는 사출성형기로서 동력에 의하여 구동되는 사출성형기는 적용. 다만, 다음 각 목의 어느 하나에 해당하는 사출형성형기는 제외 가. 클램핑 장치를 인력으로 작동시키는 사출성형기 나. 반응형 사출성형기 다. 압축 · 이송형 사출성형기 라. 장화제조용 사출성형기 마. 형 체결력이 294kN 미만인 사출성형기 바. 블로우몰딩(Blow Molding) 머신 및 인젝션 블로우몰딩(Injection Blow Molding) 머신
고소작업대	동력에 의해 사람이 탑승한 작업대를 작업 위치로 이동시키는 것으로서 차량 탑재형 고소작업대(「자동차관리법」 제3조에 따른 화물 · 특수자동차의 작업부에 고소 장비를 탑재한 것)에 한정하여 적용. 다만, 다음 각 목의 어느 하나에 해당하는 경우는 제외 가. 테일 리프트(Tail Lift) 나. 승강 높이 2미터 이하의 승강대

대상	적용범위
	다. 항공기 지상 지원 장비 라. 「소방기본법」에 따른 소방장비 마. 농업용 고소작업차(「농업기계화촉진법」에 따른 검정 제품에 한함)
컨베이어	재료 · 반제품 · 화물 등을 동력에 의하여 단속 또는 연속 운반하는 벨트 · 체인 · 롤러 · 트롤리 · 버킷 · 나사 컨베이어가 포함된 컨베이어 시스템. 다만, 다음 각 목의 어느 하나에 해당하는 것 또는 구간은 제외 가. 구동부 전동기 정격출력의 합이 1.2kW 이하인 것 나. 컨베이어 시스템 내에서 벨트 · 체인 · 롤러 · 트롤리 · 버킷 · 나사 컨베이어의 총 이송거리 합이 10미터 이하인 것. 이 경우 마목부터 파목까지에 해당되는 구간은 이송거리에 포함하지 않음 다. 무빙워크 등 사람을 운송하는 것 라. 항공기 지상지원 장비(항공기에 화물을 탑재하는 이동식 컨베이어) 마. 식당의 식판운송용 등 일반대중이 사용하는 것 또는 구간 바. 항만법, 광산안전법 및 공항시설법의 적용을 받는 구역에서 사용하는 것 또는 구간 사. 컨베이어 시스템 내에서 벨트 · 체인 · 롤러 · 트롤리 · 버킷 · 나사 컨베이어가 아닌 구간 아. 밀폐 구조의 것으로 운전 중 가동부에 사람의 접근이 불가능한 것 또는 구간. 이 경우 컨베이어 시스템이 투입구와 배출구를 제외한 상 · 하 · 측면이 모두 격벽으로 둘러싸인 경우도 포함되며, 격벽에 점검문이 있는 경우 다음 중 어느 하나의 조치로 운전 중 사람의 접근이 불가능한 것을 포함 1) 점검문을 열면 컨베이어 시스템이 정지하는 경우 2) 점검문을 열어도 내부에 철망, 감응형 방호장치 등이 설치되어 있는 경우 자. 산업용 로봇 셀 내에 설치된 것으로 사람의 접근이 불가능한 것 또는 구간. 이 경우 산업용 로봇 셀은 방책, 감응형 방호장치 등으로 보호되는 경우에 한함 차. 최대 이송속도가 150mm/s 이하인 것으로 구동부 등 위험부위가 노출되지 않아 사람에게 위험을 미칠 우려가 없는 것 또는 구간 카. 도장공정 등 생산 품질 등을 위하여 사람의 출입이 금지되는 장소에 사용되는 것으로 감응형 방호장치 등이 설치되어 사람이 접근할 우려가 없는 것 또는 구간 타. 스태커(Stacker) 또는 이와 유사한 구조인 것으로 동력에 의하여 스스로 이동이 가능한 이동식 컨베이어(Mobile Equipment) 시스템 또는 구간 파. 개별 자력추진 오버헤드 컨베이어(Self Propelled Overhead Conveyor) 시스템 또는 구간 ※ 검사의 단위구간은 컨베이어 시스템 내에서 제어구간단위(제어반 설치 단위)로 구분함. 다만, 필요한 경우 공정구간단위로 구분할 수 있음
산업용 로봇	3개 이상의 회전관절을 가지는 다관절 로봇이 포함된 산업용 로봇 셀에 적용. 다만, 다음 각 목의 어느 하나에 해당하는 경우는 제외 가. 공구중심점(TCP)의 최대 속도가 250mm/s 이하인 로봇으로만 구성된 산업용 로봇 셀 나. 각 구동부 모터의 정격출력이 80W 이하인 로봇으로만 구성된 산업용 로봇 셀 다. 최대 동작영역(툴 장착면 또는 설치 플랜지 Wrist Plates 기준)이 로봇 중심축으로부터 0.5m 이하인 로봇으로만 구성된 산업용 로봇 셀 라. 설비 내부에 설치되어 사람의 접근이 불가능한 셀. 이 경우 설비는 밀폐되어 로봇과의 접촉이 불가능하며, 점검문 등에는 연동장치가 설치되어 있고 이를 개방할 경우 운전이 정지되는 경우에 한함 마. 재료 등의 투입구와 배출구를 제외한 상 · 하 · 측면이 모두 격벽으로 둘러싸인 셀. 이 경우 투입구와 배출구에는 감응형 방호장치가 설치되고, 격벽에 점검문이 있더라도 점검문을 열면 정지하는 경우에 한함 바. 도장공정 등 생산 품질 등을 위하여 정상운전 중 사람의 출입이 금지되는 장소에 설치된 셀. 이 경우 출입문에는 연동장치 및 잠금장치가 설치되고, 출입문 이외의 개구부에는 감응형 방호장치 등이 설치되어 사람이 접근할 우려가 없는 경우에 한함

대상	적용범위
	사. 로봇 주위 전 둘레에 높이 1.8m 이상의 방책이 설치된 것으로 방책의 출입문을 열면 로봇이 정지되는 셀. 이 경우 출입문 이외의 개구부가 없고, 출입문 연동장치는 문을 닫아도 바로 재기동이 되지 않고 별도의 기동장치에 의해 재기동되는 구조에 한함 아. 연속적으로 연결된 셀과 셀 사이에 인접한 셀로서, 셀 사이에는 방책, 감응형 방호장치 등이 설치되고, 셀 사이를 제외한 측면에 높이 1.8m 이상의 방책이 설치된 것으로 출입문을 열면 로봇이 정지되는 셀. 이 경우 방책이 설치된 구간에는 출입문 이외의 개구부가 없는 경우에 한정

안전검사, 자율검사프로그램인정 주기

안전검사 대상품	안전검사	자율검사프로그램인정
크레인 (이동식 제외) 리프트 (이삿짐운반용 제외) 곤돌라	사업장에 설치가 끝난 날부터 3년 이내에 최초 안전검사를 실시하되, 그 이후부터 2년마다 실시 ※ 건설현장에서 사용하는 것은 최초로 설치한 날부터 6개월마다 실시	안전검사 주기의 2분의 1 ※ 다만, 크레인 중 건설 현장 외에서 사용하는 크레인의 경우 6개월 주기
이동식 크레인 이삿짐운반용 리프트 고소작업대	자동차관리법 제8조에 따른 신규 등록 이후 3년 이내에 최초 안전검사를 실시하되, 그 이후부터 2년마다 실시	
압력용기	사업장에 설치가 끝난 날부터 3년 이내에 최초 안전검사를 실시하되, 그 이후부터 2년마다 실시 ※ 공정안전보고서를 제출하여 확인을 받은 압력용기는 4년마다 실시	
프레스		
전단기		
롤러기		
사출성형기		
원심기		
국소배기장치		
컨베이어		
산업용 로봇		

CHAPTER 05

동력기계설비의 이해 및 작성

01 고시에 따른 동력기계설비 작성 요구사항

1. 동력기계 목록(고시 제21조 ①)

① 유해 · 위험설비 중 동력기계 목록은 별지 제14호서식의 동력기계 목록에 다음 각 호의 사항에 따라 작성하여야 한다.

1. 대상 설비에 포함되는 동력기계는 모두 기재한다.
2. "명세"란에는 펌프 및 압축기의 시간당 처리량, 토출측의 압력, 분당회전속도 등, 교반기의 임펠러의 반경, 분당회전속도 등, 양중기의 들어 올릴 수 있는 무게, 높이 등 그 밖에 동력기계의 시간당 처리량 등을 기재한다.
3. "주요 재질"란에는 해당 기계의 주요 부분의 재질을 재질분류기호로 기재한다.
4. "방호장치의 종류"란에는 해당 설비에 필요한 모든 방호장치의 종류를 기재한다.

2. 작성양식과 작성요구사항(고시 서식 14호)

(1) 작성양식

동력기계 번호	동력 기계명	명세	주요재질	전동기용량 (kW)	방호 · 보호 장치의 종류	비고

(2) 작성 요구사항

① 방호 · 보호장치의 종류에는 법적인 안전/방호장치와 모터 보호장치(THT＼R, EOCR, EMPR 등) 등을 기재한다.

② 비고에는 인버터 또는 기동방식 등을 기재한다.

02 명세서 작성방법

1. 동력기계번호 : Equipment 번호를 기입한다.
   - 일치사항 : P&ID Symbol & Legend와 PFD, P&ID Short Spec
   - 작성대상 : 교반기, 펌프, 압축기, 팬, 호이스트, 콘베이어, 원심기 등 작성

2. 동력기계명 : 사업장에서 관리하고 있는 동력기계명을 기입한다.

3. 명세
   - 펌프류 : 용량(m^3/h), 토출압력(MPa), 분당회전수(rpm)
   - 압축기류 : 용량(m^3/h), 토출압력(MPa), 분당회전수(rpm)
   - 팬류 : 용량(m^3/h), 토출압력(MPa), 분당회전수(rpm)
   - 교반기 : 임펠러 반경(mm), 분당회전수(rpm)
   - 양중기 : 정격용량(ton), 양정(mm), 스펜(mm), 주행거리

4. 주요재질 : Casing, Impeller, Shaft 등으로 구분하여 KS 재질로 기입

5. 전동기용량(kW)

6. 방호장치의 종류
   - 회전기계 : 덮개, 동력차단장치 등 기입
   - 정량펌프, 압축기 : 안전밸브 설치여부
   - 양중기 : 과부하 방지장치, 권과 방지장치, 비상정지 스위치, Stopper
   - 모터보호장치(THT\R, EOCR, EMPR 등) 기입

7. 비고 : 펌프/압축기 형식, 모터기동방식 등 기입

03 동력기계설비에 대한 기본설명

1. 모터 기동방식

(1) 직입기동 : 전동기에 처음부터 전압을 인가하여 기동

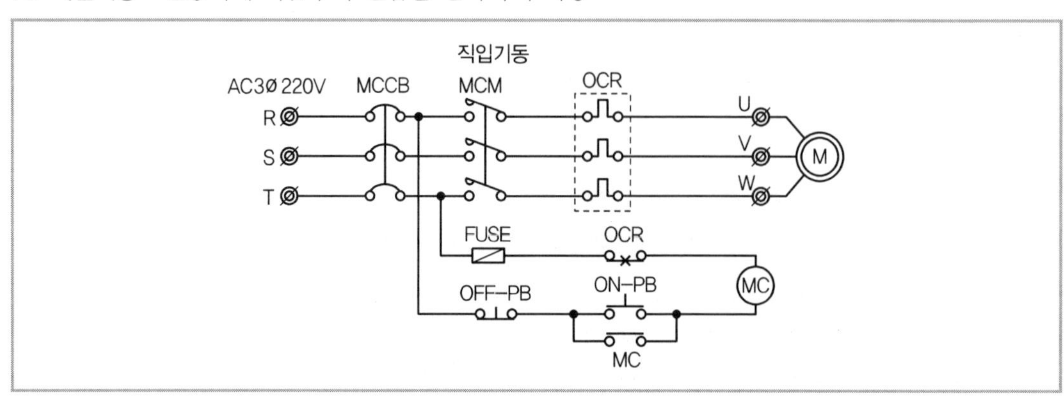

(2) Y-Δ 기동 : Δ결선으로 운전하는 전동기를 기동 시만 Y결선으로 기동. 최대기동전류, 최소 기동 토크는 전 전압의 1/3이다.

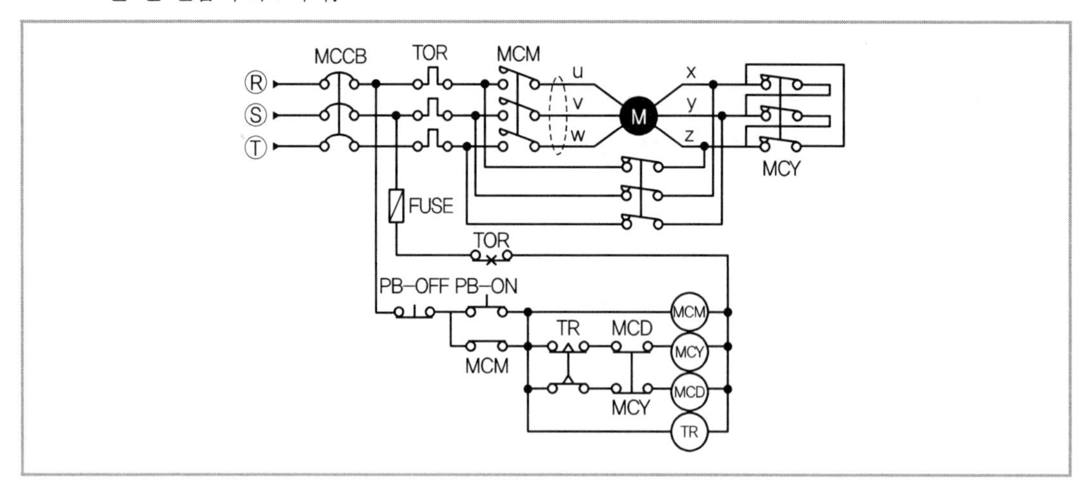

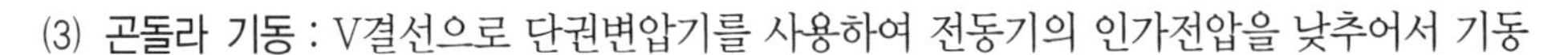

⑶ **곤돌라 기동** : V결선으로 단권변압기를 사용하여 전동기의 인가전압을 낮추어서 기동

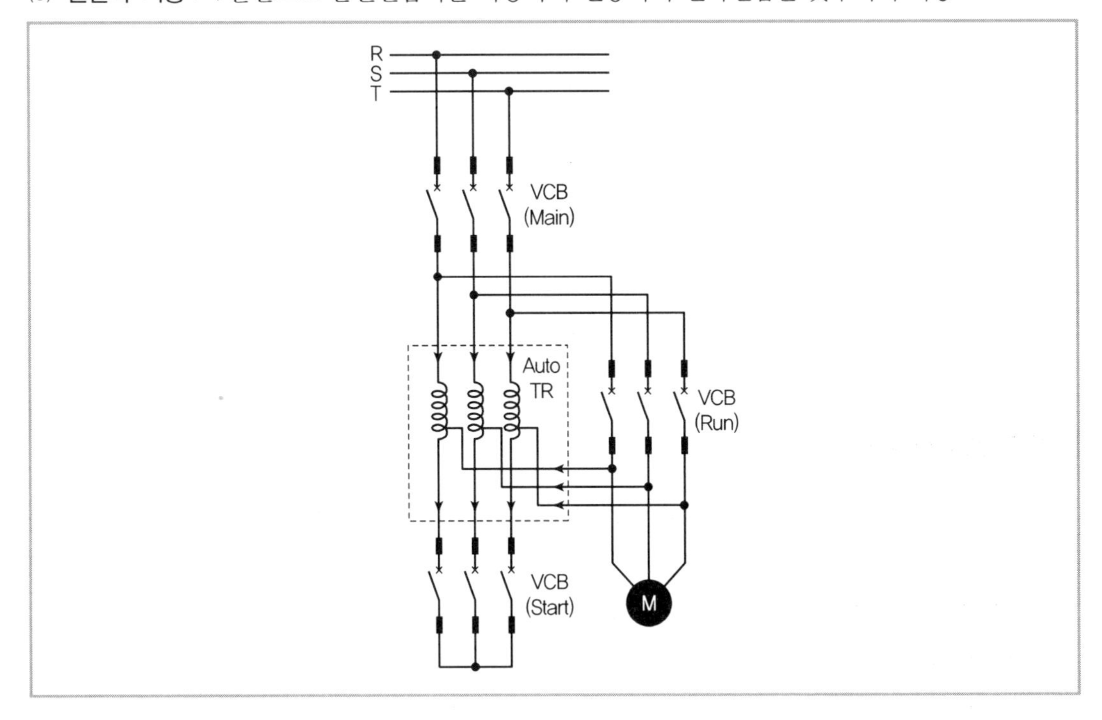

⑷ **리액터 기동** : 전동기의 1차측에 리액터를 넣어 기동 시 전동기의 전압을 리액터의 전압강하분만큼 낮추어서 기동

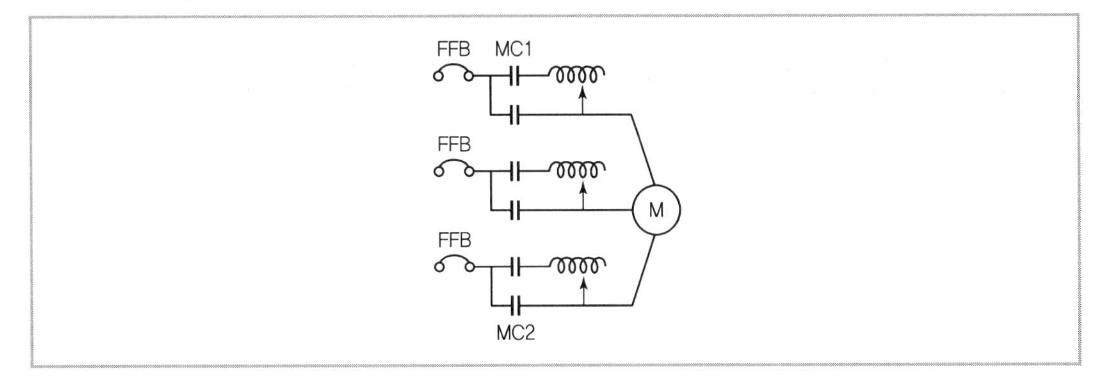

(5) 1차 저항 기동 : 리액터기동의 리액터 대신 저항기를 넣은 것

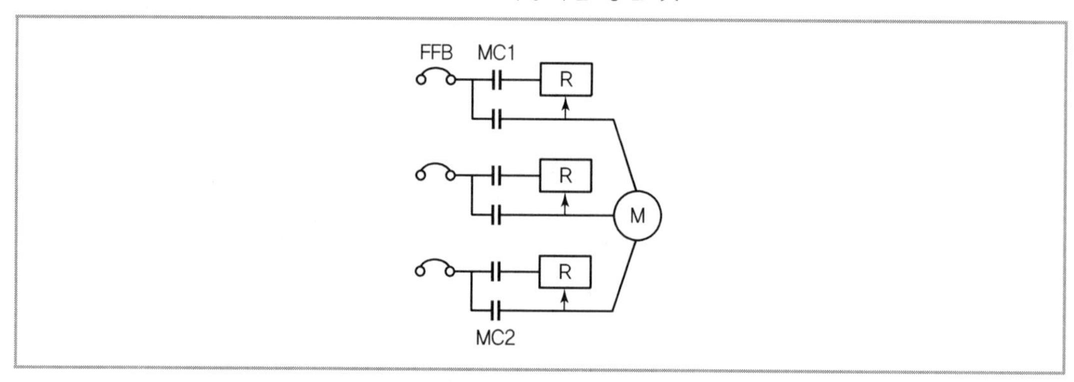

2. 모터 보호회로 방식

(1) 열동형 과부하 계전기(THR ; Thermal Overload Relay) : 바이메탈 반곡특성을 이용하여 과부하 차단

(2) 전자식 모터보호계전기(EMPR ; Electronic Motor Protection Relay) : MCU(Microprocesson Control Unit)가 내장된 디지털형 보호계전기

(3) 전자식 과전류계전기(EOCR ; Electronic Overcurrent Relay) : 과부하, 저부하, 결상, 역상, 불평형, 지락, 단락, 구속 등 여러 가지 기능

3. 펌프의 종류

유체이송 형식	모양/형태	종류
터보형	원심식	볼류트
		디퓨저형
	사류식	볼류트형
		디퓨저형
	축류식	축류
용적형 (정량펌프)	왕복식	피스톤
		플런저
		다이어프램
	회전식	기어
		베인
		나사
		스크루
특수형		제트, 진공

(1) 터보형 원심식 볼류트 · 터빈펌프

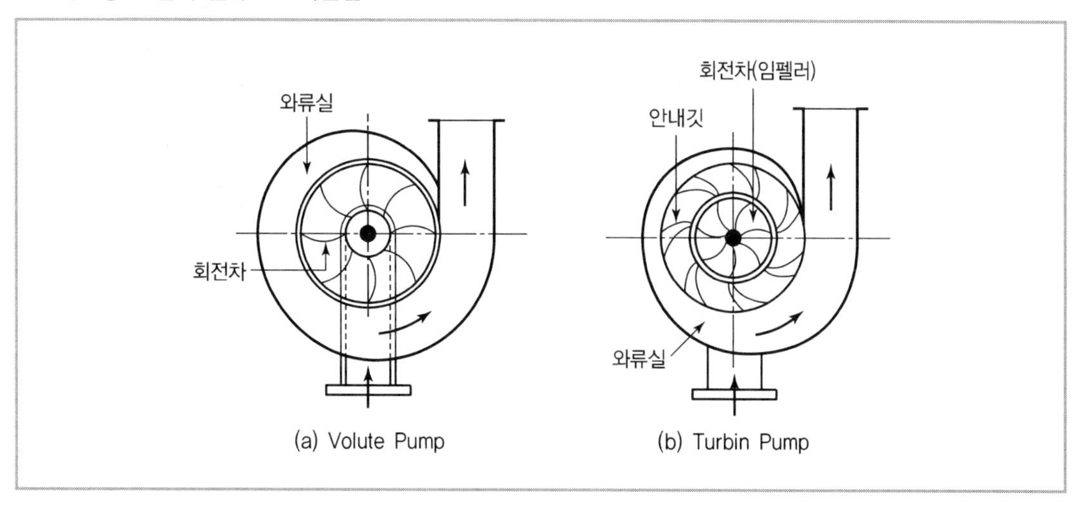

(a) Volute Pump (b) Turbin Pump

(2) 원심력식, 사류식, 축류식

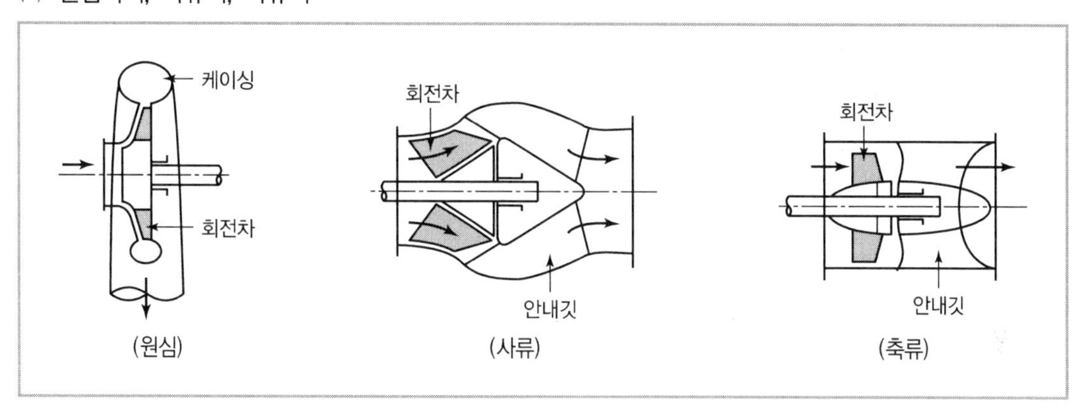

(원심) (사류) (축류)

(3) 피스톤, 플런저

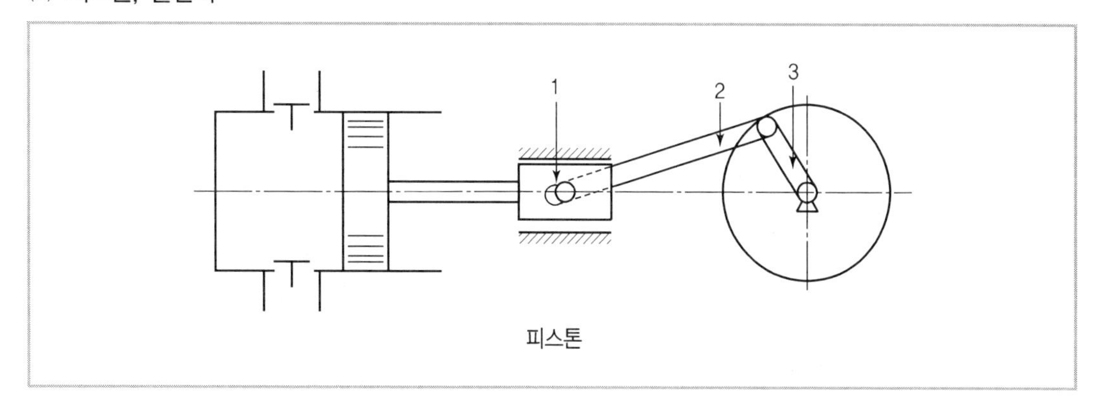

피스톤

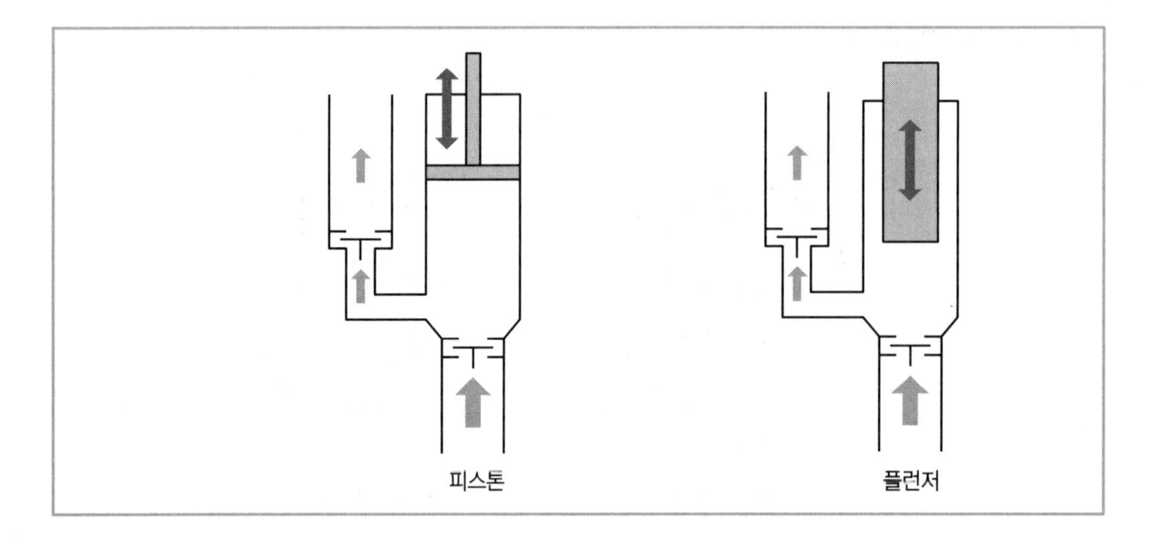

(4) 다이어프램

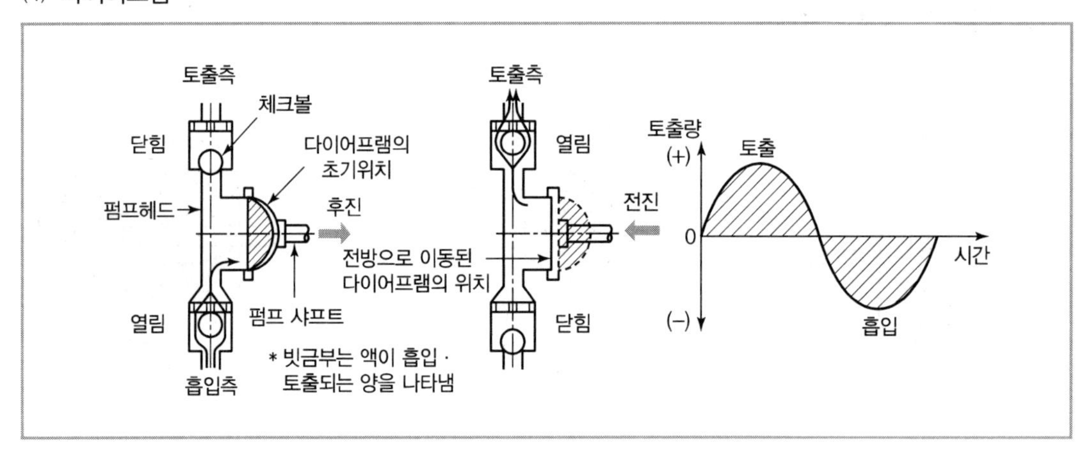

(5) 기어, 베인, 나사

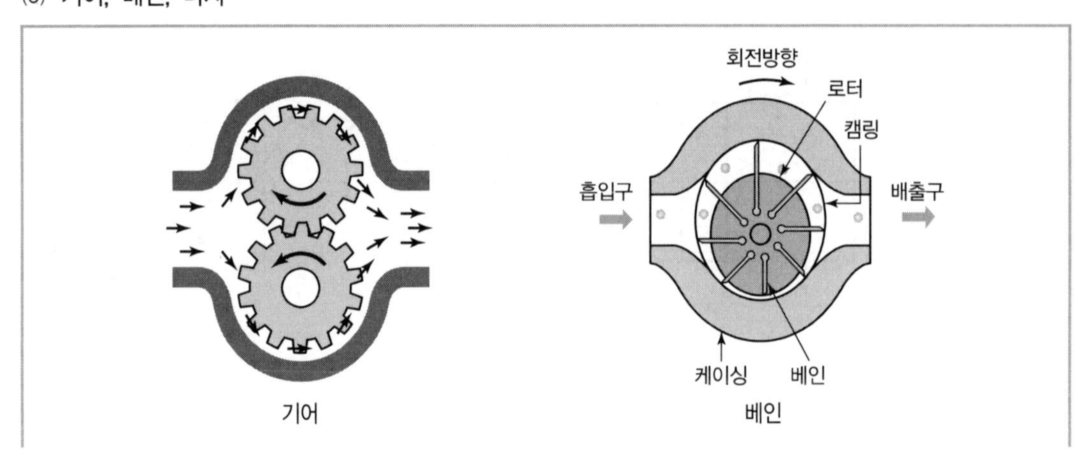

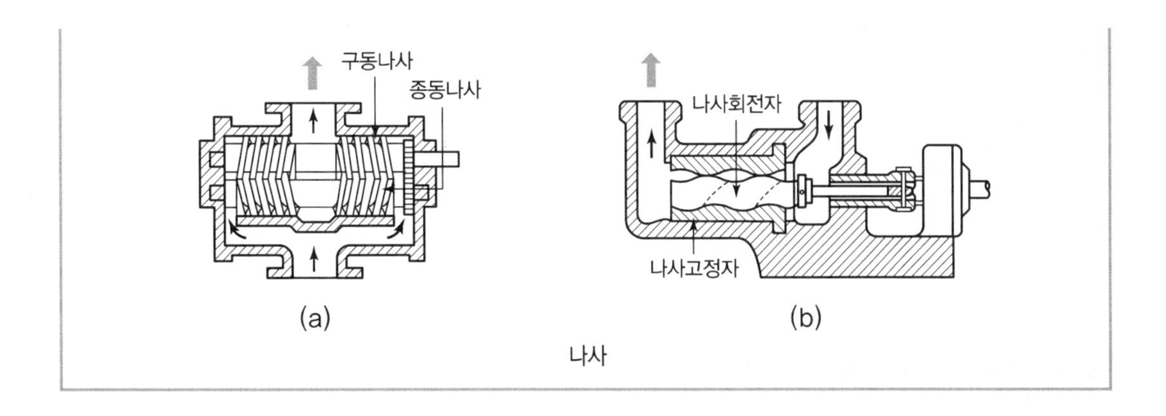

나사

⑹ 스크루

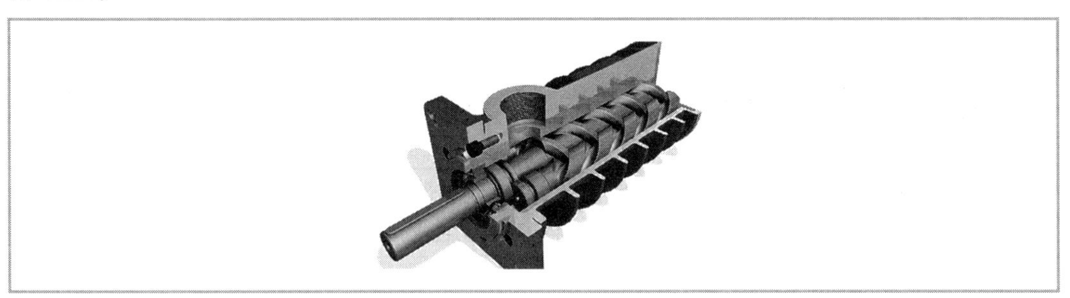

4. 펌프의 선정 시 고려사항

⑴ 정량펌프의 경우 출구 밸브 설치 시 안전밸브 설치

산업안전보건기준에 관한 규칙 제261조(안전밸브 등의 설치)제1항제3호

정변위 펌프(토출축에 차단밸브가 설치된 것만 해당한다)

⑵ 유량, 양정, 동력

- 유량 : 단위시간당 흐르는 질량, 체적(비압축성)
- 양정 : 흡입 양정 및 토출 압력
- 동력 : 동력전달에 따른 모터 동력 계산

⑶ 부식성 확인 : 취급물질에 대한 부식성을 확인하여 부식을 방지하는 재질 또는 방법을 강구하여야 한다.

5. 기타 확인 사항

호이스트 등 안전인증, 자율안전확인신고 대상여부를 확인하여 대상인 경우 제작/납품업체에 이에 대해 요청하여야 하며, 유지관리 시 안전검사 대상여부를 확인 관리하여야 한다.

CHAPTER 06

장치설비의 이해 및 작성

01 장치설비의 이해

1. 반응기 관련 사항

(1) 반응기의 부속설비

부속설비	설명
교반장치	반응기 내 투입된 물질의 화학반응을 위하여 잘 섞이도록 하는 장치
계측장치	온도, 압력, 유량, 액위, 조성 등을 측정하여 통제하기 위한 설비
긴급차단 장치	정상상태를 벗어난 상태에서 물질공급을 차단하기 위한 설비
원료, 촉매 등의 물질 투입과 배출 설비	반응기 내에서의 반응을 위하여 원료, 촉매 등의 물질을 투입하고 제품 또는 반제품을 배출하는 설비
맨홀	반응기 내부의 청소, 보수 등을 위하여 설치된 장치
압력 배출장치	반응기 내부의 압력이 규정압력 이상으로 상승할 경우 이를 배출하는 장치
불활성 가스 투입장치	반응기 내부에서의 이상화학반응이 발생하였을 경우 반응속도를 감소시키기 위해 불활성 가스 또는 반응억제제를 투입하는 장치

(2) 반응기 설계 시 주요인자

주요인자	설명
상의 형태	반응기 내부로 투입되는 물질, 반응 중 생성물질, 제품의 상은 물질의 취급과 반응활성도 측면에서 기체, 액체, 고체의 물질상의 형태가 대단히 중요하다.
온도범위	반응기 내부에서의 운전온도 범위는 제품의 품질과 위험성 측면을 고려하여 설정하게 된다.
압력범위	반응기 내부의 운전압력범위는 반응과 위험성 측면 및 반응기의 압력에 대한 안전성 측면을 고려하여 설정하게 된다.
체류시간 (공간속도)	반응기 내부에서 물질이 반응이 일어나는 물질의 양과 반응지속시간을 고려하여야 하며 이는 위험성과 제품 양에 관계가 있다.
부식성	반응기 내부의 설비, 장치들은 반응물질, 투입물질, 배출(제품)물질과의 반응을 통하여 부식작용을 일으키지 않아야 한다.
열전달	열전달은 열수지로 작성되며 투입, 발생, 손실열량을 고려하여 설계되어야 한다.
반응기 종류	반응기의 종류는 위험성과 제품생산율에 관계가 있으며, 연속식, 회분식 등이 있다.
수율	반응기에 투입되는 물질의 제품 생산율을 의미하며, 수율이 좋을수록 반응기는 효율성이 있다.

(3) 반응기 설계 시 안전상 고려사항

고려사항	설명
온도, 압력제어 장치	이상 발열반응, 이상압력 및 온도 발생 시 이를 감시하고 냉각장치, 차단장치 등의 제어장치와 연동되는 장치를 설치한다.
차단장치	투입물질과 촉매물질 등을 감시장치와 연동하여 차단하는 장치이다.
안전밸브 및 파열판	이상압력이 발생할 경우 안전을 위하여 압력을 배출하는 설비이며, 부식이 심한 물질의 경우에는 안전밸브 전단에 파열판을 설치한다.
방폭설비	화재, 폭발위험이 있는 물질을 다루는 공정에서는 방폭 안전설비를 설치한다.
감시경보장치	압력 및 온도 감시장치, 냉각수 공급장치, 반응억제제 공급장치, 반응기 외부의 가스 누설경보장치 등은 항상 작동상태를 감시할 수 있고 이상 시 경보를 발할 수 있도록 하여야 한다.
세척시설	물질을 저장, 취급, 보관하는 장소에는 물질이 누출될 경우 이를 세척하기 위한 설비를 설치한다.
접지설비	화재, 폭발위험성이 있는 물질을 취급, 저장, 생산하는 경우 설비는 적합한 접지설비를 설치하여야 한다.
반응제어장치	이상반응을 제어하기 위하여 불활성 가스 또는 반응억제제 투입장치를 설치하며, 감시 장치와 연동되도록 한다.

2. 열교환기

열교환기는 열의 전달현상을 이용하여 고온도의 물질에서 저온도의 물질로 열이 이동할 수 있도록 하는 장치로서 열 이동이 잘 이루어질수록 효율이 높고 좋은 설비라 할 수 있다.

(1) 목적에 따른 종류

종류	설명
열교환기	열을 교환하는 설비의 총칭이며, 대부분 폐열 회수장치의 경우 열교환기라고 한다.
냉각기(Cooler)	고온장치, 물질의 온도를 낮추기 위하여 설치하는 설비
가열기(Heater)	저온의 물질에 대하여 온도를 올리기 위한 목적으로 설치하는 설비
응축기(Condenser)	증기를 액체로 응축하기 위하여 사용하는 설비
증발기(Vaporizer)	액체를 증기로 증발시키기 위한 목적으로 사용하는 설비

(2) 구조에 따른 종류 및 사용 장소

종류	설명/특성
원통형	통속에 여러 개의 관을 배치하여 통 속의 유체와 관 속의 유체가 열교환되도록 하는 설비 • 특징 : 화학장치에 널리 사용되며, 저압 및 저온부터 고압 및 고온까지 많이 사용된다.
이중관식	하나의 관 속에 다른 관을 하나 더 배치하여 열교환이 되도록 한 설비 • 특징 : 구조가 간단하며, 저렴하고 열전달량이 작은 경우에 사용한다.
다관식	여러 개의 관으로 구성되어 서로 열교환이 되는 형식을 총칭하는 설비 • 특징 : 고온, 고압 또는 부식성 유체에 주로 사용한다.
공랭식	공기의 유동에 의해 열교환이 되도록 한 설비 • 특징 : 공기의 온도로써 냉각되는 경우로 열전달량이 작은 경우에 사용한다.

3. 배출처리 시스템

구분	설명
대기방출(Vent Stack)	굴뚝을 통하여 대기로 방출시키는 방법으로 환경오염이 없는 경우에 가능하다.
연소배출(Flare Stack)	가연성 가스 또는 증기를 Stack에서 연소시켜 대기로 방출시키는 것으로 연소 후 대기오염에 영향이 없어야 하며, Flare Stack 전단에 녹아웃 드럼을 설치해야 한다.
흡수, 흡착에 의한 회수법	기체, 증기, 분진 등의 물질에 대하여 액체, 고체에 흡수 및 흡착하도록 하는 방법이다.
포집법	분진 등에 대하여 집진장치, 필터 등 기계 또는 전기적인 방법으로 포집되도록 하는 방법이다.
Blow Down 시스템	기계 또는 액체를 밸브 등을 이용하여 외부로 방출하는 시스템

4. 건조설비

(1) 설비구분

1) 연소실 : 기체연료 또는 액체연료 등을 점화 · 연소시켜 열을 발생시키는 공간을 말한다.
2) 건조실 : 피건조물이 건조되는 공간을 말한다.
3) 간접가열식 건조설비 : 연료의 연소가스가 건조실 내부로 들어가지 않고 복사 또는 열교환 등 간접방식으로 건조하는 건조설비를 말한다.
4) 연소식 건조설비 : 연료의 연소가스가 건조실 내부를 통하여 피건조물과 직접 접촉하게 되는 건조설비를 말한다.
5) 폭발방산구 : 건조실 내부 압력 상승 시 내부 압력을 외부로 안전하게 분출시키기 위하여 설치하는 설비 등을 말한다

(2) 법적 건조설비 대상

1) 건조 대상물이 위험물질로 내용적이 $1m^3$ 이상인 건조설비
2) 위험물질외의 대상물을 건조하는 경우
   - 고체 또는 액체연료 최대사용량 : 10kg/h 이상
   - 기체연료 최대사용량 : $1m^3$/h 이상
   - 전기사용 정격용량 : 10kW 이상

(3) 건조설비의 종류

고체 건조 장치	상자 건조기, 터널 건조기, 회전 건조기
연속 Sheet 재료의 건조장치	원통, 조하식 건조기 : 직물 등 건조
용액 및 슬러리 건조장치	드럼, 교반, 분무 건조기
특수 건조 장치	유동층, 적외선 복사, 고주파 가열 건조기 등

5. 증류장치

증류장치는 증기압의 차이가 있는 액체혼합물의 끓는점 차이를 활용하여 가열 · 기화시켜 목적성분을 분리하는 장치이다.

(1) 증류 원리 : 증류 장치 내부에서 액체, 기체를 접촉시켜 물질이동과 열 이동이 일어나도록 하는 것

(2) 증류의 분류

증류방식	증류방식	취급방법 분류	증류탑의 종류
1. 단증류 : 환류 없음 2. 정류 : 환류 있음	1. 회분식 2. 연속식	감압, 상압, 고압, 추출, 공비, 수증기 증류	1. 충전탑 : 탑 내부에 고체의 충전물을 두어 증기와 액체의 접촉면적을 크게 한 것 2. 단탑 : 여러 개의 단으로 구성되어 있어 단별로 증기와 액체의 접촉이 행해진다. 예 포종탑, 다공판탑, 니플트레이, 밸런스 트레이

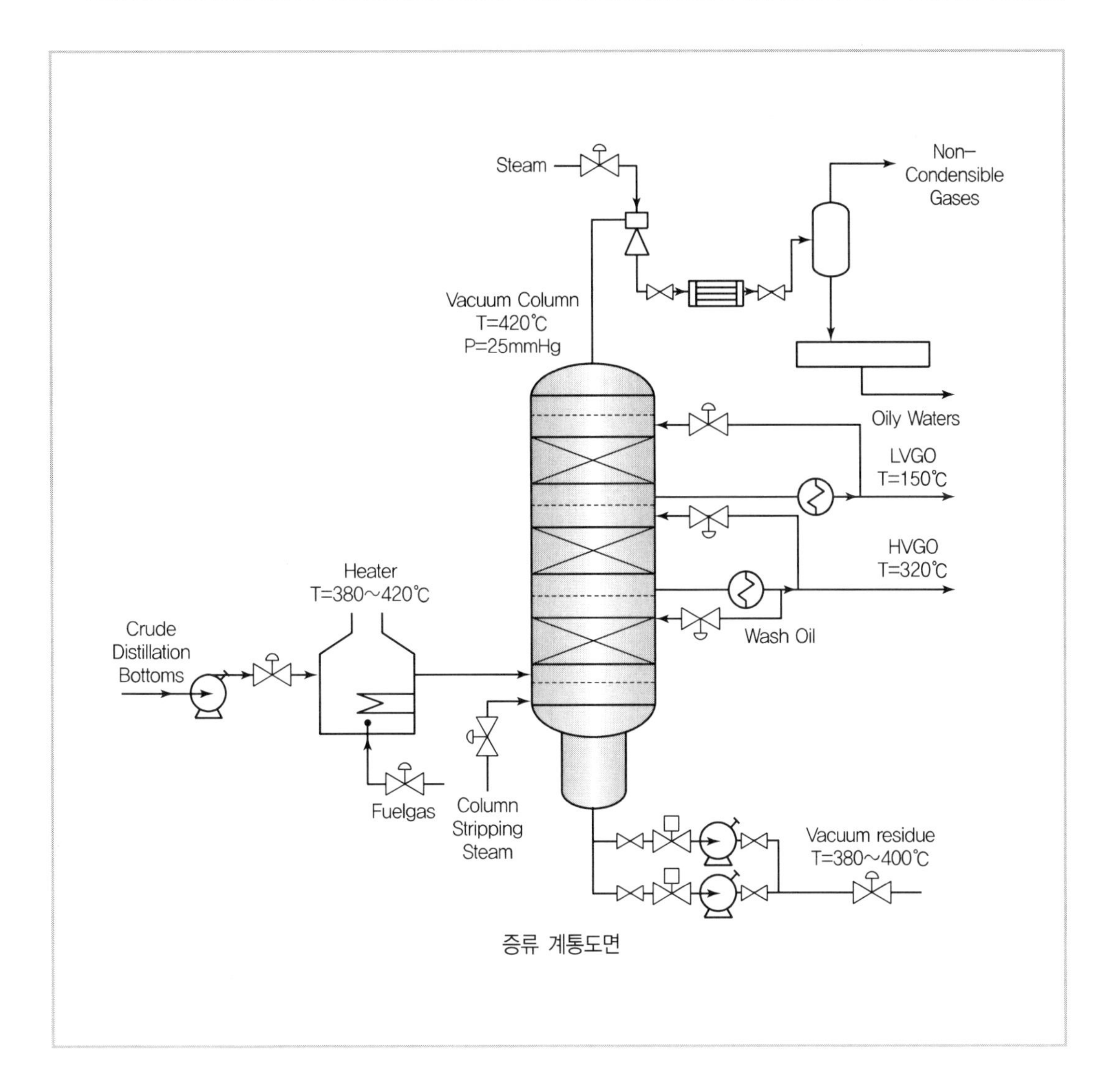

증류 계통도면

6. 압력용기 두께 계산(고압가스 안전관리법 기준)

(1) 원통형 동체

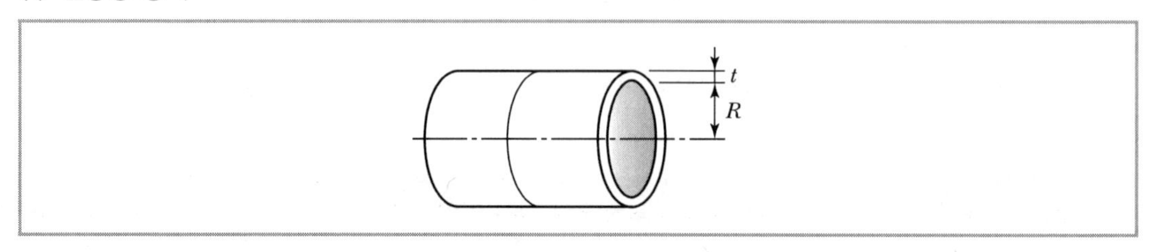

부식여유를 제외한 최소두께가 동체의 안지름의 1/4 이하인 경우

$$t = \frac{PD_i}{2\sigma_a\eta - 1.2P}$$

여기서, t : 동판의 최소두께(mm)
P : 설계압력(MPa)
D_i : 동체의 안지름(mm)
σ_a : 설계온도에서 재료의 허용응력(N/mm^2)
η : 용접이음매효율(비파괴 검사율에 따른 0.7~1)

부식여유를 제외한 최소두께가 동체의 안지름의 1/4을 초과하는 경우

$$t = \frac{D_i}{2}\left(\sqrt{\frac{\sigma_a\eta + P}{\sigma_a\eta - P}} - 1\right)$$

(2) 오목면 압력을 받는 접시형 또는 온반구형 경판

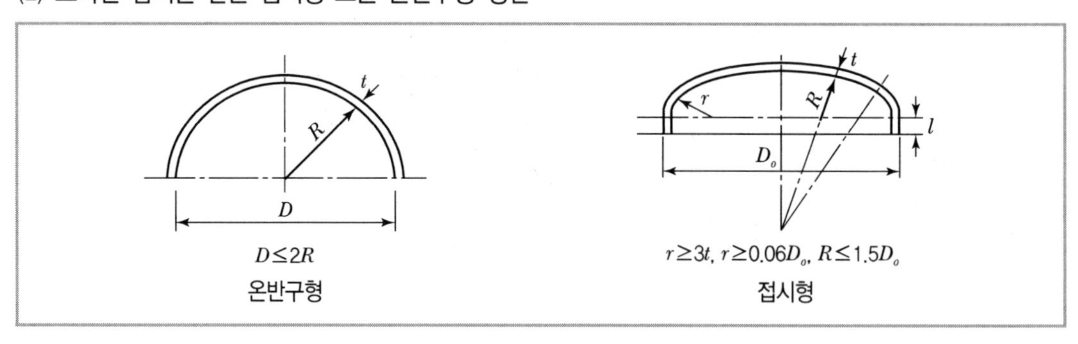

여기서, r : 경판 구석 둥근부분의 안쪽 반지름(mm)
t : 경판의 최소두께(mm)
D_0 : 경판의 바깥지름(mm)
R : 접시형 경판 중앙부의 안쪽 반지름(mm)
l : 동체의 설계길이(mm)
D : 경판 안지름(mm)

$$t = \frac{PRW}{2\sigma_a \eta - 0.2P}$$

여기서, t : 경판의 최소두께(mm)
P : 설계압력(MPa)
R : 접시형 경판 중앙부의 안쪽 반지름 또는 온반구형 경판의 부식 여유를 제외한 안쪽 반지름(mm)
W : 접시형 경판의 형상계수로서 다음 계산식에 따라 구한 수치(온반구형 경판은 1)

$$W = \frac{1}{4}\left(3 + \sqrt{\frac{R}{r}}\right)$$

여기서, r : 접시형 경판의 부식여유를 제외한 경판 가장자리 단곡부의 안쪽 반지름(mm)
σ_a : 설계온도에서 재료의 허용인장응력(MPa)
η : 용접이음매(동체와 접합부의 용접이음매를 제외한다) 효율(용접이음매가 없는 것은 1)

(3) 내면에 압을 받는 배관

$$t = \frac{PD_0}{2\sigma_a \eta + 0.8P}$$

여기서, t : 관의 최소두께(mm)
P : 설계압력(MPa)
D_0 : 관의 바깥지름(mm)
σ_a : 설계온도에서 재료의 허용인장응력(N/mm^2)
η : 용접이음매 효율

(4) 재료별 온도에 따른 허용응력(KGS AC111 Code 참조)

규격명칭	종류 및 기호	제조 방법 등	규정최소 인장강도 (N/mm²)	규정최소 항복점 또는 내력	최대허용인장응력(N/mm²)																				
					-10	-5	0	40	75	100	125	150	175	200	225	250	275	300	325	350	375	400	425	450	475
KS D 3031 저온 압력용기용 오스테나이트계 고망간 강판	SLMN 400A	(66)	800	400	228	228	228	228	–	–	–	–	–	–	–	–	–	–	–	–	–	–	–	–	–
KS D 3503 일반 구조용 압연강재	SS 330	(1),(2)	330	205	–	–	94	94	94	94	94	94	94	94	94	94	94	94	94	94	–	–	–	–	–
		(2),(3)	330	195	–	–	94	94	94	94	94	94	94	94	94	94	94	94	94	94	–	–	–	–	–
		(2),(53)	330	175	–	–	94	94	94	94	94	94	94	94	94	94	94	91	88	86	–	–	–	–	–
	SS 400	(1),(2)	400	245	–	–	114	114	114	114	114	114	114	114	114	114	114	114	114	114	–	–	–	–	–
		(2),(3)	400	235	–	–	114	114	114	114	114	114	114	114	114	114	114	114	114	114	–	–	–	–	–
		(2),(53)	400	215	–	–	114	114	114	114	114	114	114	114	114	114	114	112	109	105	–	–	–	–	–
KS D 3560 보일러 및 압력 용기용 탄소강 및 몰리브덴 강판	SB 410	–	410	225	–	–	118	118	118	118	118	118	118	118	118	118	117	114	112	108	103	89	75	62	–
	SB 450	–	450	245	–	–	128	128	128	128	128	128	128	128	128	128	127	125	122	118	112	95	80	63	–
	SB 480	–	480	265	–	–	138	138	138	138	138	138	138	138	138	138	137	135	132	128	122	101	84	67	–
	SB 450M	–	450	255	–	–	128	128	128	128	128	128	128	128	128	128	128	128	128	128	128	128	127	124	102
	SB 480M	–	480	275	–	–	138	138	138	138	138	138	138	138	138	138	138	138	138	138	138	138	137	134	104
KS D 3515 용접구조용 압연강재	SM 400A	(1),(2)	400	245	–	–	114	114	114	114	114	114	114	114	114	114	114	114	114	114	–	–	–	–	–
		(2),(3)	400	235	–	–	114	114	114	114	114	114	114	114	114	114	114	114	114	114	–	–	–	–	–
		(2),(4)	400	215	–	–	114	114	114	114	114	114	114	114	114	114	114	112	109	105	–	–	–	–	–
		(2),(5)	400	205	–	–	114	114	114	114	114	114	114	114	114	112	110	107	104	101	–	–	–	–	–
		(2),(6)	400	195	–	–	114	114	114	114	114	114	113	111	109	107	104	101	99	96	–	–	–	–	–
	SM 400B	(1),(2)	400	245	–	114	114	114	114	114	114	114	114	114	114	114	114	114	114	114	–	–	–	–	–
		(2),(3)	400	235	–	114	114	114	114	114	114	114	114	114	114	114	114	114	114	114	–	–	–	–	–
		(2),(4)	400	215	–	114	114	114	114	114	114	114	114	114	114	114	114	112	109	105	–	–	–	–	–
		(2),(5)	400	205	–	114	114	114	114	114	114	114	114	114	114	112	110	107	104	101	–	–	–	–	–
		(2),(6)	400	195	–	114	114	114	114	114	114	114	113	111	109	107	104	101	99	96	–	–	–	–	–
	SM 400C	(1),(2)	400	245	114	114	114	114	114	114	114	114	114	114	114	114	114	114	114	114	–	–	–	–	–
		(2),(3)	400	235	114	114	114	114	114	114	114	114	114	114	114	114	114	114	114	114	–	–	–	–	–
		(2),(4)	400	215	114	114	114	114	114	114	114	114	114	114	114	114	114	112	109	105	–	–	–	–	–
	SM 490A	(1),(2)	490	325	–	–	140	140	140	140	139	138	138	137	137	137	137	137	137	137	–	–	–	–	–
		(2),(3)	490	315	–	–	140	140	140	140	139	138	138	137	137	137	137	137	137	137	–	–	–	–	–
		(2),(4)	490	295	–	–	140	140	140	140	140	140	140	140	140	140	140	140	140	140	–	–	–	–	–
		(2),(5)	490	285	–	–	140	140	140	140	140	140	140	140	140	140	140	140	140	140	–	–	–	–	–
		(2),(6)	490	275	–	–	140	140	140	140	140	140	140	140	140	140	140	140	139	135	–	–	–	–	–

규격명칭	종류 및 기호	제조 방법 등	규정최소 인장강도 (N/mm²)	규정최소 항복점 또는 내력	최대허용인장응력(N/mm²)															
					−10	−5	0	40	75	100	125	150	175	200	225	250	275	300	325	350
KS D 3515 용접구조용 압연강재	SM 490B	(1),(2)	490	325	–	140	140	140	140	140	139	138	138	137	137	137	137	137	137	137
		(2),(3)	490	315	–	140	140	140	140	140	139	138	138	137	137	137	137	137	137	137
		(2),(4)	490	295	–	140	140	140	140	140	140	140	140	140	140	140	140	140	140	140
		(2),(5)	490	285	–	140	140	140	140	140	140	140	140	140	140	140	140	140	140	140
		(2),(6)	490	275	–	140	140	140	140	140	140	140	140	140	140	140	140	140	139	135
	SM 490C	(1), (2)	490	325	140	140	140	140	140	140	139	138	138	137	137	137	137	137	137	137
		(2), (3)	490	315	140	140	140	140	140	140	139	138	138	137	137	137	137	137	137	137
		(2), (4)	490	295	140	140	140	140	140	140	140	140	140	140	140	140	140	140	140	140
	SM 490YA	(1), (2)	490	365	–	–	140	140	140	140	139	138	138	137	137	137	137	137	137	137
		(2), (3)	490	355	–	–	140	140	140	140	139	138	138	137	137	137	137	137	137	137
		(2), (7)	490	335	–	–	140	140	140	140	139	138	138	137	137	137	137	137	137	137
		(2), (8)	490	325	–	–	140	140	140	140	139	138	138	137	137	137	137	137	137	137
	SM 490YB	(1), (2)	490	365	–	140	140	140	140	140	139	138	138	137	137	137	137	137	137	137
		(2), (3)	490	355	–	140	140	140	140	140	139	138	138	137	137	137	137	137	137	137
		(2), (7)	490	335	–	140	140	140	140	140	139	138	138	137	137	137	137	137	137	137
		(2), (8)	490	325	–	140	140	140	140	140	139	138	138	137	137	137	137	137	137	137
	SM 520B	(1), (2)	520	365	–	–	149	149	149	148	147	147	146	145	145	145	145	145	145	145
		(2), (3)	520	355	–	–	149	149	149	148	147	147	146	145	145	145	145	145	145	145
		(2), (7)	520	335	–	–	149	149	149	148	147	147	146	145	145	145	145	145	145	145
		(2), (8)	520	325	–	–	149	149	149	148	147	147	146	145	145	145	145	145	145	145
	SM 520C	(1), (2)	520	365	149	149	149	149	149	148	147	147	146	145	145	145	145	145	145	145
		(2), (3)	520	355	149	149	149	149	149	148	147	147	146	145	145	145	145	145	145	145
		(2), (7)	520	335	149	149	149	149	149	148	147	147	146	145	145	145	145	145	145	145
		(2), (8)	520	325	149	149	149	149	149	148	147	147	146	145	145	145	145	145	145	142
	SM 570	(1), (2)	570	460	163	163	163	163	163	163	162	161	160	159	159	159	159	159	159	159
		(2), (3)	570	450	163	163	163	163	163	163	162	161	160	159	159	159	159	159	159	159
		(2), (7)	570	430	163	163	163	163	163	163	162	161	160	159	159	159	159	159	159	159
		(2), (8)	570	420	163	163	163	163	163	163	162	161	160	159	159	159	159	159	159	159

규격명칭	종류 및 기호	제조 방법 등	규정최소 인장강도 (N/mm²)	규정최소 항복점 또는 내력	최대허용인장응력(N/mm²)															
					-10	-5	0	40	75	100	125	150	175	200	225	250	275	300	325	350
KS D 3521 압력용기용 강판	SPPV 235	(2), (9)	400	235	114	114	114	114	114	114	114	114	114	114	114	114	114	114	114	114
		(2), (10)	400	215	114	114	114	114	114	114	114	114	114	114	114	114	114	112	109	105
		(2), (11)	400	195	114	114	114	114	114	114	114	114	113	111	109	107	104	101	99	96
	SPPV 315	(2), (9)	490	315	140	140	140	140	140	140	139	138	138	137	137	137	137	137	137	137
		(66), (67)	490	315	142	142	142	142	142	132	130	127	127	126	126	126	126	126	126	126
		(2), (10)	490	295	140	140	140	140	140	140	140	140	140	140	140	140	140	140	140	140
		(2), (11)	490	275	140	140	140	140	140	140	140	140	140	140	140	140	140	140	139	135
	SPPV 355	(2), (9)	520	355	149	149	149	149	149	148	147	147	146	145	145	145	145	145	145	145
		(66), (67)	520	355	160	160	160	160	155	151	147	143	143	143	143	143	143	143	143	143
		(2), (10)	520	335	149	149	149	149	149	148	147	147	146	145	145	145	145	145	145	145
		(2), (11)	520	315	149	149	149	149	149	148	147	147	146	145	145	145	145	144	141	138
	SPPV 450	(2), (9)	570	450	163	163	163	163	163	163	162	161	160	159	159	159	159	159	159	159
		(66), (67)	570	450	182	182	182	182	177	173	169	163	163	163	163	163	163	163	163	163
		(2), (10)	570	430	163	163	163	163	163	163	162	161	160	159	159	159	159	159	159	159
		(2), (11)	570	410	163	163	163	163	163	163	162	161	160	159	159	159	159	159	159	159
	SPPV 490	(2), (9)	610	490	174	174	174	174	174	174	173	172	171	170	170	170	170	170	170	170
		(66), (67)	610	490	195	195	195	195	189	185	179	175	175	175	175	175	175	175	175	175
		(2), (10)	610	470	174	174	174	174	174	174	173	172	171	170	170	170	170	170	170	170
		(2), (11)	610	450	174	174	174	174	174	174	173	172	171	170	170	170	170	170	170	170

규격명칭	종류 및 기호	제조 방법 등	규정최소 인장강도 (N/mm²)	규정최소 항복점 또는 내력	최대허용인장응력(N/mm²)																			
					-30	-10	-5	0	40	75	100	125	150	175	200	225	250	275	300	325	350	375	400	425
KS D 3507 배관용 탄소강 강관	SPP	E	–	–	–	–	–	61	61	61	61	61	61	61	61	61	61	61	61	61	61	–	–	–
		B	–	–	–	–	–	47	47	47	47	47	47	47	47	47	47	47	47	47	47	–	–	–
KS D 3562 압력배관용 탄소강관 〈개정 16.3.9〉	SPPS 370	S (2)	370	215	–	–	106	106	106	106	106	106	106	106	106	106	106	106	106	106	106	–	–	–
		E (2)	370	215	–	–	90	90	90	90	90	90	90	90	90	90	90	90	90	90	90	–	–	–
	SPPS 410	S	410	245	–	–	118	118	118	118	118	118	118	118	118	118	118	118	118	118	115	105	89	75
		E	410	245	–	–	101	101	101	101	101	101	101	101	101	101	101	101	101	101	99	90	76	64
KS D 3564 고압배관용 탄소강관 〈개정 16.3.9〉	SPPH 370	S (2)	370	215	–	106	106	106	106	106	106	106	106	106	106	106	106	106	106	106	106	–	–	–
	SPPH 410	S	410	245	–	118	118	118	118	118	118	118	118	118	118	118	118	118	118	118	115	105	89	75
	SPPH 480	S	480	275	–	138	138	138	138	138	138	138	138	138	138	138	138	138	138	137	134	123	101	84
SPS-KOSA0013-D3570-5078 고온배관용 탄소강관[1] 〈개정 16.3.9〉	SPHT 370	S	370	215	–	–	–	106	106	106	106	106	106	106	106	106	106	106	106	106	92	89	80	70
		E	370	215	–	–	–	90	90	90	90	90	90	90	90	90	90	90	90	90	78	76	68	60
	SPHT 410	S	410	245	–	–	–	118	118	118	118	118	118	118	118	118	118	118	118	118	115	105	89	75
		E	410	245	–	–	–	100	100	100	100	100	100	100	100	100	100	100	100	100	98	89	76	64
	SPHT 480	S	480	275	–	–	–	138	138	138	138	138	138	138	138	138	138	138	138	137	134	123	101	84
KS D 3583 배관용아크용접 탄소강관〈개정 16.3.9〉	SPW 400	A (2),(24)	400	225	–	–	–	80	80	80	80	80	80	80	80	80	80	80	80	80	78	–	–	–
SPS-KOSA0015-D3573-5080 배관용 합금강 강관[2] 〈개정 16.3.9〉	SPA 12	S	380	205	–	–	–	108	108	108	108	108	108	108	108	108	108	108	108	108	108	108	106	103
	SPA 20	S (13)	410	205	–	–	118	118	118	118	118	118	118	118	118	117	117	116	114	112	110	108	106	103
	SPA 22	S (17)	410	205	–	–	118	118	118	117	116	115	114	114	114	114	114	113	113	112	110	109	107	106
	SPA 23	S (17)	410	205	–	–	118	118	118	118	118	118	118	117	116	114	112	111	109	108	106	104	102	99
	SPA 24	S (17)	410	205	–	–	118	118	118	118	117	116	114	114	114	114	114	114	114	114	114	114	114	114
	SPA 25	S (17)	410	205	–	–	118	118	118	118	117	116	114	114	114	114	113	113	112	111	109	107	104	100
	SPA 26	S (17)	410	205	–	–	118	118	118	118	117	116	114	114	114	114	113	113	112	111	109	107	104	100
KS D 3576 배관용 스테인리스 강관 〈개정 16.3.9〉	STS 304TP	S (19),(20)	520	205	137	137	137	137	137	123	114	108	103	100	96	93	90	88	86	84	82	80	79	77
		S (19),(20),(21)	520	205	138	138	138	138	138	138	137	134	130	128	127	124	122	119	116	114	111	109	107	105
		W (19),(20),(25)	520	205	116	116	116	116	116	104	97	92	87	84	81	79	77	75	73	71	70	69	68	66
		W (19),(20),(21),(25)	520	205	117	117	117	117	117	117	116	114	111	109	107	105	103	101	99	97	95	93	91	89
	STS 304HTP	S	520	205	137	137	137	137	137	123	114	108	103	100	96	93	90	88	86	84	82	80	79	77
		S (21)	520	205	138	138	138	138	138	138	137	134	130	128	127	124	122	119	116	114	111	109	107	105
		W (25)	520	205	116	116	116	116	116	104	97	92	87	84	81	79	77	75	73	71	70	69	68	66
		W (21),(25)	520	205	117	117	117	117	117	117	116	114	111	109	107	105	103	101	99	97	95	93	91	89
	STS 304LTP	S	480	175	114	114	114	114	114	104	97	93	88	85	81	79	76	74	73	71	70	69	68	67
		S (21)	480	175	115	115	115	115	115	115	115	115	115	112	109	106	103	100	98	96	94	93	92	90
		W (25)	480	175	97	97	97	97	97	88	82	79	75	72	69	67	65	63	62	60	59	58	57	57
		W (21),(25)	480	175	98	98	98	98	98	98	98	98	98	95	93	90	87	85	83	82	80	79	78	77

(5) 용접효율

분류 번호	용접이음매의 종류	방사선투과시험 비율(%)	용접효율 (η)
1	맞대기 양면용접 또는 이와 동등이라고 할 수 있는 맞대기 한면용접이음매	100	1.00
		100 미만 20 이상	0.85
		해당 없음	0.70
2	받침쇠를 사용한 맞대기 한면용접이음매로 받침쇠를 남기는 것	100	0.90
		100 미만 20 이상	0.80
		해당 없음	0.65
3	상기 2를 제외한 맞대기 한면용접이음매	해당 없음	0.60
4	외통의 맞대기 한면용접이음매	해당 없음	0.65
5	양면전두께 필렛용접이음매	해당 없음	0.55
6	플러그용접을 하는 한면전두께 필렛용접이음매	해당 없음	0.50
7	플러그용접을 하지 아니하는 한면전두께 필렛용접이음매	해당 없음	0.45

7. 상압저장탱크의 두께 계산(KOSHA GUIDE D-35-2017)

(1) 부식여유

1) 상압저장탱크의 내부 또는 내 · 외부의 보강재에 부식이 우려되는 경우에는 상압저장탱크의 밑판, 옆판, 지붕 및 보강재에 부식 여유를 고려한다.

2) 상압저장탱크의 모재 부식속도(mm/연) 자료를 이용할 수 있는 경우에는 20년 동안 부식되는 두께를 부식 여유로 한다.

3) 모재의 부식속도 자료가 없는 때에는 다음 기준을 적용한다.

가) 탄소강 재질의 탱크에 부식성이 있는 물질을 저장하는 경우 : 최소 3mm

나) 탄소강 재질의 탱크에 부식성이 없는 물질을 저장하는 경우 : 최소 1.5mm

다) 합금강 재질의 탱크에 부식성 물질을 저장하는 경우 : 최소 1.2mm

라) 합금강 재질의 탱크에 부식성이 없는 물질을 저장하는 경우 : 0mm

(2) 밑판 두께

상압저장탱크 밑판의 두께는 최소한 6mm 이상으로 한다.

(3) 옆판 두께

1) 최대허용 설계응력 : 설계 시에 적용되는 철판의 최대허용설계응력(Maximum Allowable Design Stress)은 한국산업규격 또는 제조자가 보증하는 항복점 또는 내구력 최솟값의 60%를 적용한다.

2) 최소두께 계산

$$t_s = \frac{D(H-0.3)\rho}{0.2fm} + c$$

여기서, t_s : 옆판의 최소 필요 두께(mm)

D : 저장탱크의 안지름(mm)

m : 방사선투과 시험에 의한 상수

- 옆면 최하단 0.85
- 최하단 이외의 단에서 등급 1시험 0.85
- 최하단 이외의 단에서 등급 2시험 1.0

c : 부식여유(mm)

H : 판두께를 구하려고 하는 단의 아래 끝에서 최고사용액면까지의 높이(m)

ρ : 저장액체의 비중(저장유체의 비중이 1 이하인 때에는 1로 한다.)

f : 재료의 설계 인장응력으로서, 한국산업표준 또는 제조자가 보증하는 항복점 또는 내구력 최소값의 60%를 취한다(MPa).

02 고시에 따른 장치설비명세 작성 요구사항

1. 장치설비 목록(고시 제21조 ②)

② 장치 및 설비 명세는 별지 제15호서식의 장치 및 설비 명세에 다음 각 호의 사항에 따라 작성하여야 한다.

1. "용량"란에는 탑류의 직경 · 전체길이 및 처리단수 또는 높이, 반응기 및 드럼류의 직경 · 길이 및 처리량, 열교환기류의 시간당 열량 · 직경 및 높이, 탱크류의 저장량 · 직경 및 높이 등을 기재한다.
2. 이중 구조형 또는 내외부의 코일이 설치되어 있는 반응기 및 드럼류는 동체 및 자켓 또는 코일에 대하여 구분하여 각각 기재한다.
3. "사용 재질"란에는 재질분류 기호로 기재한다.
4. "개스킷의 재질"란에는 상품명이 아닌 일반명을 기재한다.
5. "계산 두께"란에 부식여유를 제외한 수치를 기재한다.
6. "비고"란에는 안전인증, 안전검사 등 적용받는 법령명을 기재한다.

2. 장치설비명세 서식(고시 서식 15호)

장치번호	장치명	내용물	용량	압력(MPa)		온도(℃)		사용재질			용접효율	계산두께(㎜)	부식여유(㎜)	사용두께(㎜)	후열처리여부	비파괴율검사(%)	비고
				운전	설계	운전	설계	본체	부속품	개스킷							

주) ① 압력용기, 증류탑, 반응기, 열교환기, 탱크류 등 고정기계에 해당합니다.
② 부속물은 증류탑의 충진물, 데미스터(Demister), 내부의 지지물 등을 말합니다.
③ 용량에는 장치 및 설비의 직경 및 높이 등을 기재합니다.
④ 열교환기류는 동체측과 튜브측을 구별하여 기재합니다.
⑤ 자켓이 있는 압력용기류는 동체측과 자켓측을 구별하여 기재합니다.

03 장치설비명세의 작성

1. 장치번호

P&ID Symbol & Legend Numbering System과 확인 작성 후 PFD, P&ID, Plot Plan과 일치여부를 확인한다.

2. 장치명

사업장에서 사용하는 장치명을 기입한다.

- 반응기, 탱크, 드럼, 열교환기, 응축기, 히터, 집진기 등 기입
- 열교환기류는 동체와 튜브를 분리하여 기입
- 혼합기, 탱크, 반응기, 용기 등에 Jacket, Coil 등이 설치된 경우 이를 구분하여 기입

3. 내용물

사용되는 내용물을 기입하며, 동체, 튜브, Jacket으로 구분되는 경우 각각 내용물을 기입한다.

4. 용량

장치설비의 직경, 높이 등과 내용적 등을 기입한다.

- 타워류 : 직경(mm), 길이 H(mm), 단수
- 반응기류 : 직경(mm), 길이 H(mm)
- 드럼류 : 직경(mm), 길이 H(mm)
- 열교환기류 : 전열량(kcal/h), 전열면적(m^2), 형식
- 가열로류 : 전열량(kcal/h), 직경(mm), 높이, PA 개수
- 탱크류 : 저장량(m^3), 직경(mm), 높이(mm)

• 열교환기류의 형식

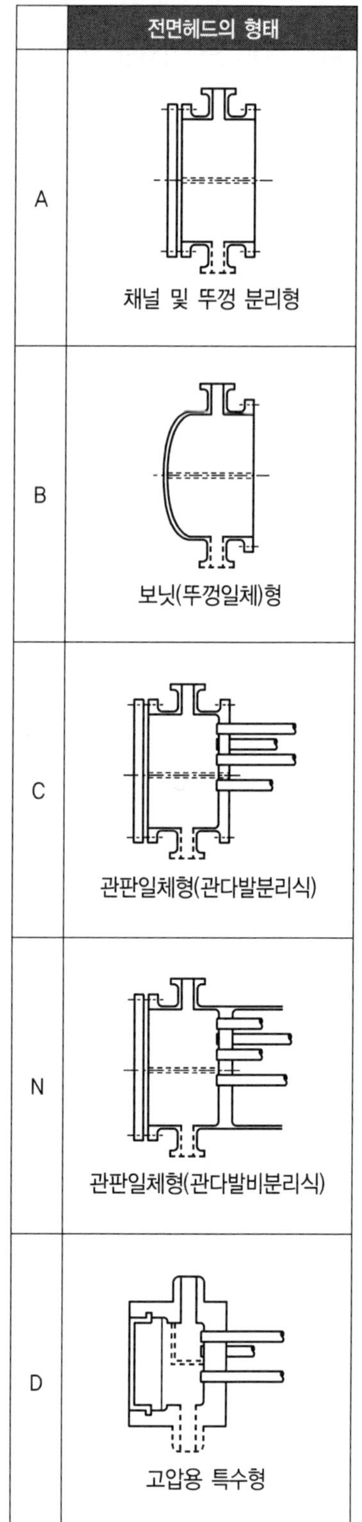
전면헤드의 형태
A
채널 및 뚜껑 분리형
B
보닛(뚜껑일체)형
C
관판일체형(관다발분리식)
N
관판일체형(관다발비분리식)
D
고압용 특수형

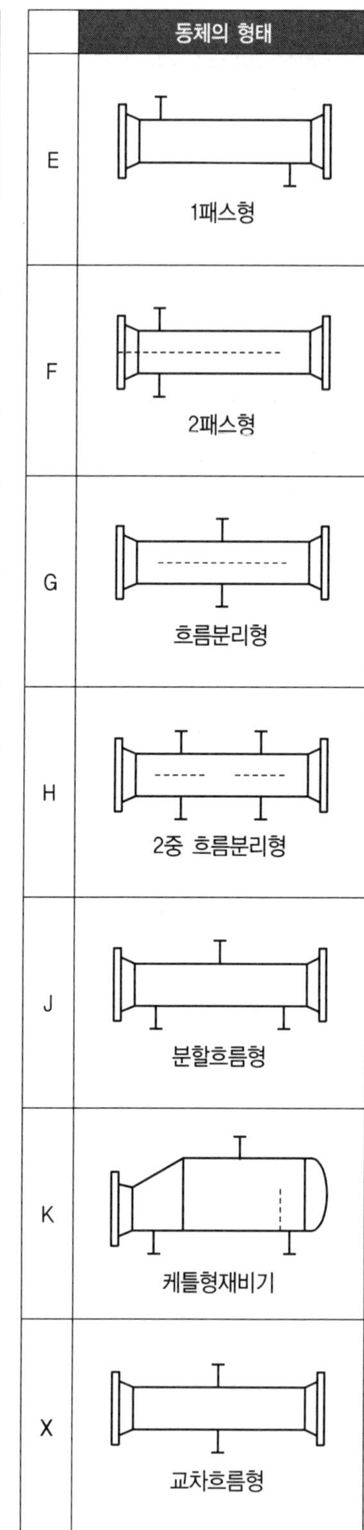
동체의 형태
E
1패스형
F
2패스형
G
흐름분리형
H
2중 흐름분리형
J
분할흐름형
K
케틀형재비기
X
교차흐름형

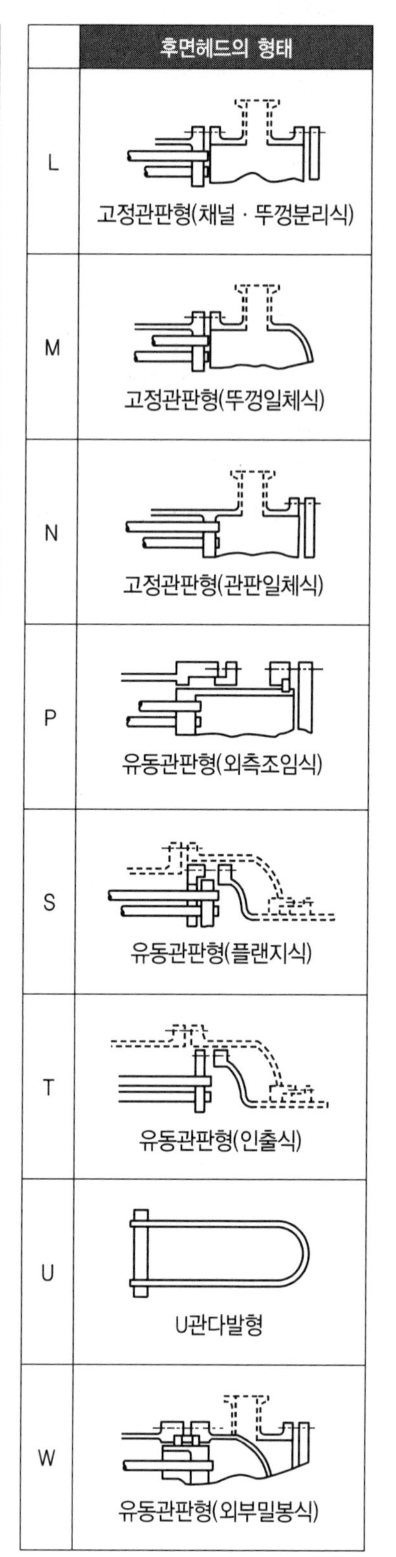
후면헤드의 형태
L
고정관판형(채널 · 뚜껑분리식)
M
고정관판형(뚜껑일체식)
N
고정관판형(관판일체식)
P
유동관판형(외측조임식)
S
유동관판형(플랜지식)
T
유동관판형(인출식)
U
U관다발형
W
유동관판형(외부밀봉식)

5. 압력 : 장치설비의 운전압력과 설계압력을 기입한다.

(1) 운전압력 : 공정의 운전압력

(2) 설계압력 : 공정의 최대운전압력에 따라 기입

가. 최대운전압력이 7MPa,g 이하일 때
Max [최대운전압력의 1.1배, 최대운전압력+0.18MPa]

나. 최대운전압력이 7MPa,g 초과하는 경우
Max [최대운전압력의 1.05배, 최대운전압력+0.7MPa]

다. 진공운전 : Vaccum

▸확인사항 : Vendor Print(설계도/제작도)의 운전 · 설계압력을 확인한다.
▸ATM : Atmospheric Pressure, F.L. : Fully Water

6. 온도

장치설비의 운전온도와 설계온도을 기입한다.

(1) 운전온도 : 공정의 운전온도

(2) 설계온도 : 공정의 최대운전온도 + 30℃ 값 기입

▸확인사항 : Vendor Print(설계도/제작도)의 운전, 설계온도를 확인한다.
▸AMB : Ambient Temperature

7. 사용재질

사용되는 본체, 부속품, 개스킷의 명칭을 기입한다.

(1) 사용재질은 KS 규격으로 작성하며, 불가능한 경우 ASTM 규격을 기입한다.

(2) 개스킷 : 일반 명칭을 아래 표를 참고하여 작성한다.

▸개스킷의 세부 사항은 배관 및 개스킷 명세편을 참고한다.

8. 계산두께

제작도면(Vendor Print)에 명시된 계산두께를 기재하며, 제작사에 계산근거를 요청하여야 한다. 장치설비 두께 계산에 대한 부분을 참고한다.

9. 부식여유

제작도면(Vendor Print)에 명시된 부식여유를 기재하며, STS 및 플라스틱 계열을 제외하고 부식여유는 1 ~ 1.5mm가 반영되어야 한다.

10. 사용두께

사용두께는 계산두께와 부식여유를 합한 두께 이상이어야 한다.

11. 용접효율

용접효율은 설계 시 반영되는 사항으로 제작도면(Vendor Print)에 명시된 용접효율을 기재하며, 두께 계산 시 사용된 용접을 참고한다.

■ 비파괴시험 실시 대상(위험기계기구 안전인증 고시 및 KS B 6750－3 일반산업용 압력용기 기준)
- 급성독성물질 취급 압력용기
- 두께 38mm 초과하는 탄소강 압력용기
- 두께 25mm 초과하는 저합금강 및 오스테나이트계 스테인리스강 압력용기
- 유해화학물질 취급용기(화학물질관리법에서 요구됨)
- 페라이트계 스테인리스강

12. 후열처리

제작도면(Vendor Print)에 명시된 후열처리 여부를 확인 후 기재한다.

(1) 후열처리 : 용접 후 일정시간 동안 일정온도를 유지하는 열처리

(2) 후열처리 대상(위험기계 · 기구 안전인증 고시 및 KS B 6750 압력용기 기준)

CHAPTER 07

배관 및 개스킷의 이해 및 작성

01 고시에 따른 배관 및 개스킷 명세 작성 요구사항

1. 배관 및 개스킷 목록(고시 제21조 ③)

③ 배관 및 개스킷 명세는 별지 제16호서식의 배관 및 개스킷 명세에 다음 각 호의 사항에 따라 작성하여야 한다.

1. 해당 설비에서 사용되는 배관에 관련된 사항은 공정 배관 · 계장도(Piping & Instrument Diagram, P&ID)상의 배관 재질 코드별로 기재한다.
2. "분류코드"란에는 공정 배관 · 계장도상의 배관분류 코드를 기재한다.
3. "유체의 명칭 또는 구분"란에는 관련 배관에 흐르는 유체의 종류 또는 이름을 기재한다.
4. "배관 재질"란에는 사용 재질을 재질분류 기호로 기재한다.
5. "개스킷 재질 및 형태"란에는 상품명이 아닌 일반적인 명칭 및 형태를 기재한다.

2. 배관 및 개스킷 명세(고시 서식 16호)

분류 코드	유체의 명칭 또는 구분	설계 온도	설계 압력	배관 재질	개스킷 재질 및 형태	비파괴검사율	후열처리여부	비고

주) ① 분류코드란에는 공정배관계장 도면상의 배관분류 코드를 기재합니다.
② 배관재질란은 KS/ASTM 등의 기호로 기재합니다.
③ 개스킷 재질 및 형태란에는 일반명 및 형태를 기재하고 상품번호는 기재하지 아니합니다.

02 배관 및 개스킷 명세 작성방법

1. 분류코드

P&ID Symbol & Legend Numbering System과 확인 작성 후 PFD, P&ID, Plot Plan과 일치여부를 확인한다.

▸ 물질별로 분류 Code가 구분되어야 한다.

2. 유체명칭 또는 구분

P&ID Symbol & Legend Numbering System과 확인 작성 후 PFD, P&ID, Plot Plan과 일치여부를 확인한다.

3. 설계압력 및 설계온도

가. 설계압력 : 그 배관이 연결되는 설비의 최대설계압력
나. 설계온도 : 그 배관이 연결되는 설비의 최대설계온도

4. 배관재질

KS 규격을 기준으로 작성하며, 불가피한 경우 ASTM 규격을 기입한다.

(1) 국가별 배관재질 분류

재질	KS		JIS		ASTM		비고
일반탄소강	D3562	SPPS370	G3454	STPG370	A53/135	GrA	
		SPPS410		STPG410	A53/135	GrB	
킬드강	D3570	SPHT370	G3456	STPG370	A106	GrA	
		SPHT410		STPG410	A106	GrB	
		SPHT480		STPG480	A106	GrC	
	D3564	SPPH370	G3455	STS370	A524	Gr I	
		SPPH410		STS410	A524	Gr II	
	D3569	SPLT380	G3460	STPL380	A333	Gr1	
$3\frac{1}{2}$Ni강		SPLT450		STPL450	A333	Gr3	
특수저합금		SPLT380		STPL380	A333	Gr6	
9Ni강		SPLT690		STPL690	A333	Gr8	
C－Mo강	D3573	SPA12	G3458	STPA12	A335	P1	

재질	KS	JIS	ASTM	비고
$\frac{1}{2}$Cr－$\frac{1}{2}$Mo강	SPA20	STPA20	P2	
1Cr－$\frac{1}{2}$Mo강	SPA21	STPA21	P12	
1$\frac{1}{4}$Cr－$\frac{1}{2}$Mo강	SPA22	STPA22	P11	
2$\frac{1}{4}$Cr－1Mo강	SPA23	STPA23	P22	
5Cr－$\frac{1}{2}$Mo강	SPA24	STPA24	P5	
7Cr－$\frac{1}{2}$Mo강			P7	
9Cr－$\frac{1}{2}$Mo강	SPA25	STPA25	P9	

(2) 배관재질별 사용온도

재질	ASTM 기호	등급	사용온도(℃/℉)	비고
일반탄소강	A53	A, B	－29~399/－20~750	
	A135	A, B	－29~482/－20~900	호칭압력 150 이하에서 사용
	API5L	A, B	－29~538/－20~1000	
킬드강	A106	A, B	－29~454/－20~850	
	A106	C	－29~427/－20~800	
	A524	Ⅰ, Ⅱ	－29~371/－20~700	
	A333	1	－46~343/－50~650	
특수저합금	A333	6	－101~343/－150~650	
3$\frac{1}{2}$Ni강	A333	3	－101~343/－150~650	
9Ni강	A333	8	－196~121/－320~250	
C－$\frac{1}{2}$Mo강	A335	P1	－29~538/－20~1000	
$\frac{1}{2}$Cr－$\frac{1}{2}$Ni강	A335	P2	－29~538/－20~1000	
1Cr－$\frac{1}{2}$Mo강	A335	P12	－29~649/－20~1200	
1$\frac{1}{4}$Cr－$\frac{1}{2}$Mo강	A335	P11	－29~649/－20~1200	
2$\frac{1}{4}$Cr－1Mo강	A335	P22	－29~649/－20~1200	
5Cr－$\frac{1}{2}$Mo강	A335	P5	－29~649/－20~1200	
7Cr－$\frac{1}{2}$Mo강	A335	P7	－29~649/－20~1200	
9Cr－1Mo강	A335	P9	－29~649/－20~1200	

재질	ASTM 기호	등급	사용온도(℃/℉)	비고
오스테나이트계 스테인리스강	A312	ALL	−198~816/−325~1500	
Incoloy	B−407/514	800/800H	−198~816/−325~1500	
Monel	B−165	400	−198~482/−325~900	
Hastelloy	B−619	B−2	−198~427/−325~800	
	B−619	C−276	−198~538/−325~1000	
Carpenter	B−464	20Cb−3	−198~427/−325~800	
Cu−Ni	B466	060	−198~316/−325~600	
		H55		
		H80		
Inconel	B167	600	−198~649/−325~1200	
Titanium	B338	1/2/3/7	−59~316/−75~600	

(3) 작성된 재질규격에 따른 압력, 온도

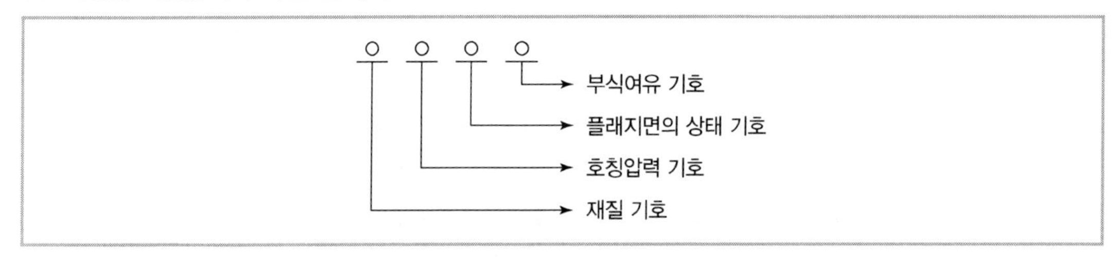

1) 재질기호

기호	재질의 종류	기호	재질의 종류
A	일반탄소 강	M	TP316
B	킬드 강	N	TP316L
E	$1\frac{1}{4}$Cr−$\frac{1}{2}$Mo 강	O	TP316H
F	$2\frac{1}{4}$Cr−1Mo 강	P	TP317
G	3Cr−1Mo 강	Q	TP321/347
H	5Cr−$\frac{1}{2}$Mo 강	R	Monel
J	9Cr−1Mo 강	S	$3\frac{1}{2}$Nikel
K	TP304	T	저온용 탄소 강
L	TP304L		

2) 호칭압력 기호

기호	호칭압력	기호	호칭압력
1	150(PN20, 10K)	5	900(PN150, 63K)
2	300(PN50, 20K)	6	1500(PN250)
3	400(PN68)	7	2500(PN420)
4	600(PN100, 40K)	8	특수설계

3) 플랜지면의 상태 기호

기호	플랜지면의 상태	기호	플랜지면의 상태
A	돌출면(RF)	C	링 조인트(RJ)
B	매끄럽게 마감한 돌출면(RFSF)	D	평면(FF)

4) 부식여유 기호

기호	부식여유	기호	부식여유
0	0	3	0.188″(4.8mm)
1	0.063″(1.6mm)	4	0.250″(6.4mm)
2	0.125″(3.2mm)		

5) 기호 구분에 따른 압력, 온도범위 사양

재질사양	재질	호칭압력	플랜지면 상태	부식여유	취급유체의 종류	온도범위(℃/℉)
A1A1	일반탄소 강	150	RF	0.063″	일반유체	−29~371/−20~700
A1A2	〃	150	RF	0.125″	〃	〃
A1A3	〃	150	RF	0.188″	〃	〃
A1A4	〃	150	RF	0.250″	〃	〃
A2A1	〃	300	RF	0.063″	〃	−29~482/−20~900
A2A2	〃	300	RF	0.125″	〃	〃
A2A3	〃	300	RF	0.188″	〃	〃
A2A4	〃	300	RF	0.250″	〃	〃
A4A1	〃	600	RF	0.063″	〃	−29~482/−20~900
A4A2	〃	600	RF	0.125″	〃	〃
A4A3	〃	600	RF	0.188″	〃	〃
A4A4	〃	600	RF	0.250″	〃	〃
B1B1	킬드 강	150	RFSF	0.063″	공정유체	−29~371/−20~700
B1B2	〃	150	RFSF	0.125″	〃	〃
B2B2	〃	300	RFSF	0.125″	〃	〃

재질사양	재질	호칭압력	플랜지면 상태	부식여유	취급유체의 종류	온도범위(℃/℉)
B4B1	〃	600	RFSF	0.063″	〃	〃
B4B2	〃	600	RFSF	0.125″	〃	〃
B5A1	〃	900	RF	0.063″	〃	−29~482/−20~900
B5A2	〃	900	RF	0.125″	〃	〃
B5B2	〃	900	RFSF	0.125″	〃	−29~371/−20~700
B5C2	〃	900	RJ	0.125″	〃	〃
B6A2	〃	1500	RF	0.125″	〃	−29~482/−20~900
B6B2	킬드 강	1500	RFSF	0.125″	〃	−29~371/−20~700
B6C2	〃	150	RJ	0.125″	〃	〃
B7C2	〃	2500	RJ	0.125″	〃	〃
E1B1	$1\frac{1}{4}$Cr−$\frac{1}{2}$Mo	150	RFSF	0.063″	〃	〃
E2A2	$1\frac{1}{4}$Cr−$\frac{1}{2}$Mo	300	RF	0.125″	〃	−29~551/−20~1025
E2B1	$1\frac{1}{4}$Cr−$\frac{1}{2}$Mo	300	RFSF	0.063″	〃	〃
E2B2	$1\frac{1}{4}$Cr−$\frac{1}{2}$Mo	300	RFSF	0.125″	〃	〃
E2B3	$1\frac{1}{4}$Cr−$\frac{1}{2}$Mo	300	RFSF	0.188″	〃	〃
E2B4	$1\frac{1}{4}$Cr−$\frac{1}{2}$Mo	300	RFSF	0.250″	〃	〃
E4A2	$1\frac{1}{4}$Cr−$\frac{1}{2}$Mo	600	RF	0.125″	공정유체	−29~551/−20~1025
E4B1	$1\frac{1}{4}$Cr−$\frac{1}{2}$Mo	600	RFSF	0.063″	〃	〃
E4B2	$1\frac{1}{4}$Cr−$\frac{1}{2}$Mo	600	RFSF	0.125″	〃	〃
E4B3	$1\frac{1}{4}$Cr−$\frac{1}{2}$Mo	600	RFSF	0.188″	〃	〃
E4B4	$1\frac{1}{4}$Cr−$\frac{1}{2}$Mo	600	RFSF	0.250″	〃	〃
E5B1	$1\frac{1}{4}$Cr−$\frac{1}{2}$Mo	900	RFSF	0.063″	〃	〃
E5B2	$1\frac{1}{4}$Cr−$\frac{1}{2}$Mo	900	RFSF	0.125″	〃	〃
E5B3	$1\frac{1}{4}$Cr−$\frac{1}{2}$Mo	900	RFSF	0.188″	〃	〃
E5B4	$1\frac{1}{4}$Cr−$\frac{1}{2}$Mo	900	RFSF	0.250″	〃	〃
E5C1	$1\frac{1}{4}$Cr−$\frac{1}{2}$Mo	900	RJ	0.063″	〃	〃
E5C2	$1\frac{1}{4}$Cr−$\frac{1}{2}$Mo	900	RJ	0.125″	〃	〃

재질사양	재질	호칭압력	플랜지면 상태	부식여유	취급유체의 종류	온도범위(℃/℉)
E5C3	$1\frac{1}{4}$Cr－$\frac{1}{2}$Mo	900	RJ	0.188″	〃	〃
E5C4	$1\frac{1}{4}$Cr－$\frac{1}{2}$Mo	900	RJ	0.250″	〃	〃
E6B2	$1\frac{1}{4}$Cr－$\frac{1}{2}$Mo	1500	RFSF	0.125″	〃	〃
E6C2	$1\frac{1}{4}$Cr－$\frac{1}{2}$Mo	1500	RJ	0.125″	〃	〃
F4B2	$2\frac{1}{4}$Cr－1Mo	600	RFSF	0.125″	〃	－29~482/－20~900
F5B2	$2\frac{1}{4}$Cr－1Mo	900	RFSF	0.125″	〃	〃
F5C2	$2\frac{1}{4}$Cr－1Mo	900	RJ	0.125″	〃	〃
F6B2	$2\frac{1}{4}$Cr－1Mo	1500	RFSF	0.125″	〃	〃
F6C2	$2\frac{1}{4}$Cr－1Mo	1500	RJ	0.125″	〃	〃
F7C2	$2\frac{1}{4}$Cr－1Mo	2500	RJ	0.125″	〃	〃
H1A2	5Cr－$\frac{1}{2}$Mo	150	RF	0.125″	〃	－29~371/－20~700
H1A3	5Cr－$\frac{1}{2}$Mo	150	RF	0.188″	〃	〃
H1A4	5Cr－$\frac{1}{2}$Mo	150	RF	0.250″	〃	〃
H2A2	5Cr－$\frac{1}{2}$Mo	300	RF	0.125″	〃	－29~593/－20~1100
H2A3	5Cr－$\frac{1}{2}$Mo	300	RF	0.188″	〃	〃
H2A4	5Cr－$\frac{1}{2}$Mo	300	RF	0.250″	〃	〃
H2B2	5Cr－$\frac{1}{2}$Mo	300	RFSF	0.125″	〃	〃
H2B3	5Cr－$\frac{1}{2}$Mo	300	RFSF	0.188″	〃	〃
H2B4	5Cr－$\frac{1}{2}$Mo	300	RFSF	0.250″	〃	〃
H4A2	5Cr－$\frac{1}{2}$Mo	600	RF	0.125″	〃	〃
H4A3	5Cr－$\frac{1}{2}$Mo	600	RF	0.188″	〃	〃
H4A4	5Cr－$\frac{1}{2}$Mo	600	RF	0.250″	〃	〃
H4B2	5Cr－$\frac{1}{2}$Mo	600	RFSF	0.125″	〃	－29~593/－20~1100
H4B3	5Cr－$\frac{1}{2}$Mo	600	RFSF	0.188″	〃	〃

재질사양	재질	호칭압력	플랜지면 상태	부식여유	취급유체의 종류	온도범위(℃/℉)
H4B4	5Cr $-\frac{1}{2}$Mo	600	RFSF	0.250″	〃	〃
H4C2	5Cr $-\frac{1}{2}$Mo	600	RJ	0.125″	공정유체	〃
H4C3	5Cr $-\frac{1}{2}$Mo	600	RJ	0.188″	〃	〃
H4C4	5Cr $-\frac{1}{2}$Mo	600	RJ	0.250″	〃	〃
K1A1	TP304	150	RF	0.063″	〃	−198~816/−32~1500
K2A1	TP304	300	RF	0.063″	〃	〃
K2B1	TP304	300	RFSF	0.063″	〃	〃
K2B1	TP304	600	RFSF	0.063″	〃	〃
L1A1	TP304L	150	RF	0.063″	〃	〃
L4A1	TP304L	600	RF	0.063″	〃	〃
L5B1	TP304L	900	RFSF	0.063″	〃	〃
L6B1	TP304L	1500	RFSF	0.063″	〃	〃
L6C1	TP304L	1500	RJ	0.063″	〃	〃
L7C1	TP304L	2500	RJ	0.063″	〃	〃
M1A1	TP316	150	RF	0.063″	부식성 물	〃
M2A1	TP316	300	RF	0.063″	〃	〃
N1A1	TP316L	150	RF	0.063″	탄화수소/인산	−198~816/−32~1500
N2A1	TP316L	300	RF	0.063″	〃	〃
O5B1	TP316H	900	RFSF	0.063″	수소 다량 함유 탄화수소	〃
O5C1	TP316H	900	RJ	0.063″	〃	〃
O6B1	TP316H	1500	RFSF	0.063″	〃	〃
O6C1	TP316H	1500	RJ	0.063″	〃	〃
O7C1	TP316H	2500	RJ	0.063″	〃	〃
O8C1	TP316H	Specia Design	RJ	0.063″	〃	〃
Q1A1	TP321/347	150	RF	0.063″	부식성 공정유체	〃
Q2A1	TP321/347	300	RF	0.063″	〃	〃
Q4B1	TP321/347	600	RFSF	0.063″	수소 다량 함유 탄화수소/수소	〃
Q5B1	TP321/347	900	RFSF	0.063″	수소 다량 함유 탄화수소/수소	−198~816/−32~1500
Q5C1	TP321/347	900	RJ	0.063″	〃	〃

재질사양	재질	호칭압력	플랜지면 상태	부식여유	취급유체의 종류	온도범위(℃/℉)
Q6B1	TP321/347	1500	RFSF	0.063″	〃	〃
Q6C1	TP321/347	1500	RJ	0.063″	〃	〃
Q7C1	TP321/347	2500	RJ	0.063″	〃	〃
R1A1	Monel	150	RF	0.063″	염화수소 함유 공정유체	-198~482/-32~900
R1B1	Monel	150	RFSF	0.063″	〃	〃
R2A1	Monel	300	RF	0.063″	〃	〃
R2B1	Monel	300	RFSF	0.063″	〃	〃
S1A1	$3\frac{1}{2}$Ni	150	RF	0.063″	저온 공정유체	-48~100/-55~150
T1A1	C.S. Heat Treated	150	RF	0.063″	안전밸브 토출 유체	-48~-29/-55~-20
PR-1	$1\frac{1}{4}$Cr-$\frac{1}{2}$Mo	300	RFSF	-	촉매(제거)	-29~551/-20~1025
PR-2	일반탄소 강	150	RF	-	촉매(공급)	-29~288/-20~550
PR-3	Inconel	150	RF	0.063″	염소화가스	198~816/-32~1500
PR-4	TP304	150	RF	-	촉매(추가)	-198~816/-32~1500
PR-5	Monel	150	RF	-	염화수소	-198~482/-32~900
PR-6	TP304H	300	RF	0.063″	뜨거운 공기	-198~816/-32~1500
FG-1	$1\frac{1}{4}$Cr-$\frac{1}{2}$Mo	300	RF	0.125″	연소가스	-29~647/-20~1200
FG-2	일반탄소 강	150	RF	0.063″	연소가스	-29~427/-20~800
MS-1	일반탄소 강	150	RF/FF	-	공기, 물, 저압스팀	-29~177/-20~350
MS-2	아연도 강	150	FF	-	계장용 공기	-29~66/-20~150
MS-3	구리/일반탄소 강	150	-	-	스팀트레이싱	-29~427/-20~800
MS-4	일반탄소강/알로이20	150	RF	0.063″	66° 보메 황산	-29~66/-20~150
MS-5	일반탄소 강	900	RF	0.063″	스팀	-29~427/-20~800
MS-6	아연도강/브론즈	150	RF	0.063″	소화용수	최대 66/150
MS-7	$1\frac{1}{4}$Cr-$\frac{1}{2}$Mo	900	RF	0.063″	과열증기	-29~510/-20~950
MS-8	일반탄소 강	300	RF	0.063″	열매체유	-29~371/-20~700

5. 개스킷 재질 및 형태

일반명 및 형태를 기입한다.

(1) 개스킷의 형태별 재질

<table>
<tr><th>개스킷의
종류</th><th colspan="2">재질</th><th>최고사용온도
(℃)</th><th>최고사용압력
(호칭압력)</th><th>비고</th></tr>
<tr><td>판형 개스킷
(Sheet
gasket)</td><td colspan="2">압축석면
비석면 압축 Sheet
테프론
순흑연(Graphite)
고무</td><td>400
400
230
800
100~250</td><td>300
(PN 50)</td><td></td></tr>
<tr><td rowspan="2">스파이럴형
개스킷
(Spiral
wound
gasket)</td><td>파형박판
(Hoop)</td><td>STS 304
STS 316
STS 316L
STS 321/347
Monel
Inconel600
Titanium</td><td>500
600
800
850
800
850
500</td><td rowspan="2">2500
(PN 420)</td><td rowspan="2">다음과 같은 조건에서 사용되는 가스킷은 내·외면 붙이가 있는 것이어야 한다.
1. 호칭지름>600mm(24″)이며,
호칭압력>900(PN150)
2. 350mm<호칭지름
<600mm이며,
호칭압력>1500(PN250)
3. 100mm<호칭지름
<350mm이며,
호칭압력>2500(PN 420)</td></tr>
<tr><td>충진재
Filler</td><td>석면
테프론
순흑연</td><td>600
230
850</td></tr>
<tr><td>금속피복형
개스킷
(Metal
jacket
gasket)</td><td colspan="2">연강(Soft iron)
5Cr-0.5Mo강
STS 304/304L
STS 316/316L
구리
알루미늄
티타늄
Monel
STS 321/347</td><td>530
650
800
800
400
430
800
800
850</td><td>300(PN 50)</td><td></td></tr>
<tr><td>금속 개스킷
(Metal
gasket)</td><td colspan="2">연강(Soft iron)
5Cr-0.5Mo강
STS 304/304L
STS 316/316L
구리
알루미늄
티타늄
Monel
STS 321/347</td><td>530
650
800
800
400
430
800
800
850</td><td>1. 주름형
(Corrugated)
; 300(PN50)
2. 톱니형
(Serrated) ;
600(PN100)
3. 링형
(Ring Joint) ;
모든압력범위</td><td></td></tr>
</table>

(2) 개스킷의 선정

유체의 종류에 따라 개스킷을 선정할 경우 아래의 내용을 참고하여 선정한다.

1) 유체에 따른 개스킷 선정구분

구분	대표적 유체
수계 유체	물, 해수, 온수, 끓는 물, 수증기, 과열증기 등
오일계 유체	• 석유공업에서 취급되는 일반적인 기름, 유가스 및 탄화수소류 등 • 원유, 휘발유, 나프타, 등유, 경유, 중유 LPG, 알코올, 푸르푸랄, 에틸렌글리콜, 에틸렌, 프로필렌, 페놀, 부타디엔, 암모니아수, 아크릴로니트릴 등 • 아세톤, 아세트알데히드, 벤젠, 톨루엔, 자일렌, 에틸벤젠, 시클로헥산, 설폰, 테트라에틸납 등
부식성 유체	염산, 황산, 질산, 혼상 등의 고농도의 무기산 용액, 부식성유기물 및 알칼리류 등
가스계 유체(1)	공기, 질소가스 등
가스계 유체(2)	가스계 유체(1) 이외의 가연성가스, 지연성가스, 불연성가스, 독성가스 등
저온 유체	액화석유가스, 액화에틸렌가스, 액화천연가스, 액체산소, 액체공기, 액체질소 등

2) 수계 유체를 사용하는 경우

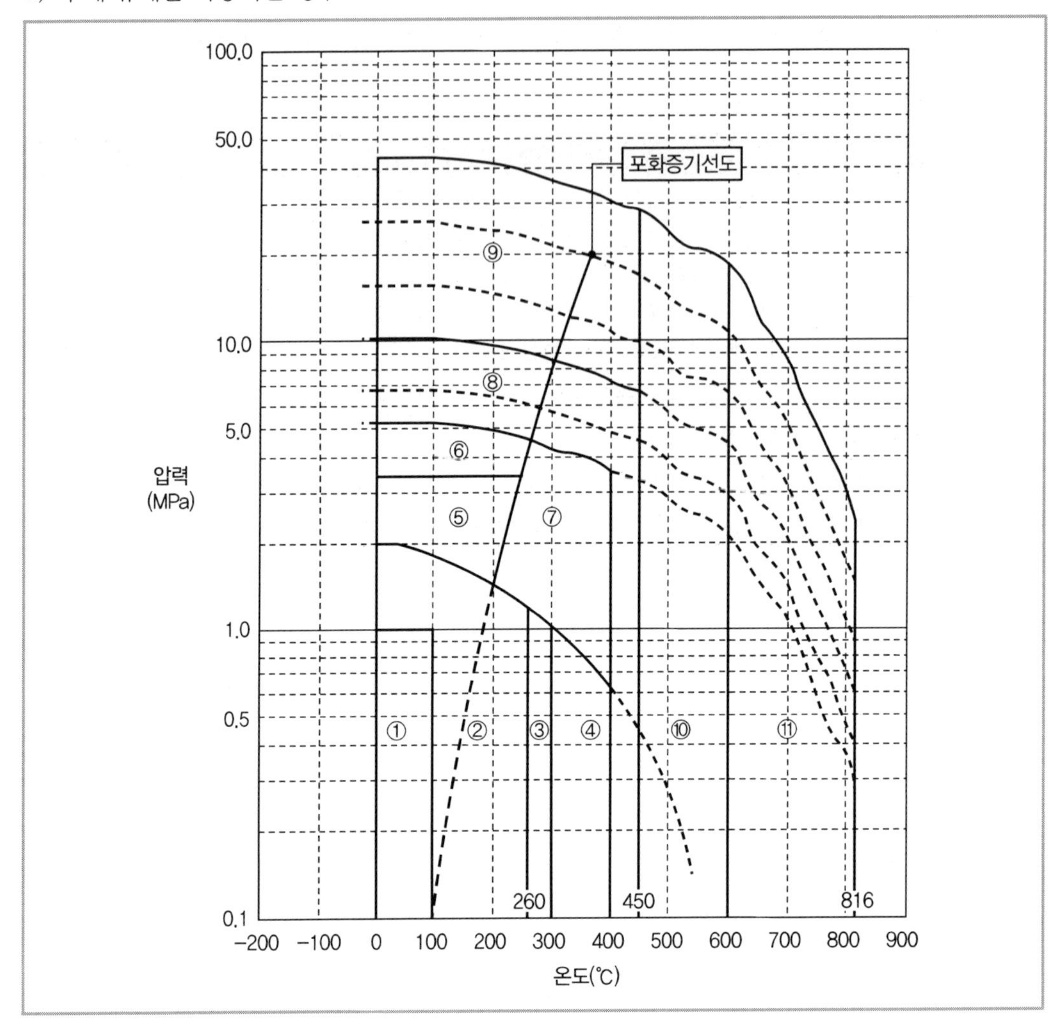

구분번호	선정 개스킷		
①	비석면 조인트시트	고무시트	팽창 흑연시트
②	비석면 조인트시트	팽창 흑연시트	–
③	스파이럴형(비석면, 팽창흑연타입)	비석면 조인트시트	팽창 흑연시트
④	스파이럴형(비석면, 팽창흑연타입)	팽창 흑연시트	–
⑤	비석면 조인트시트	스파이럴형	팽창 흑연시트
⑥	스파이럴형	링 조인트	팽창 흑연시트
⑦	스파이럴형(비석면, 팽창흑연타입)	팽창 흑연시트	링 조인트
⑧	스파이럴형(비석면, 팽창흑연타입)	링 조인트	–
⑨	링 조인트	스파이럴형(비석면, 팽창흑연타입)	–
⑩	링 조인트	스파이럴형(팽창흑연타입)	–
⑪	링 조인트	–	–

3) 오일계 유체를 사용하는 경우

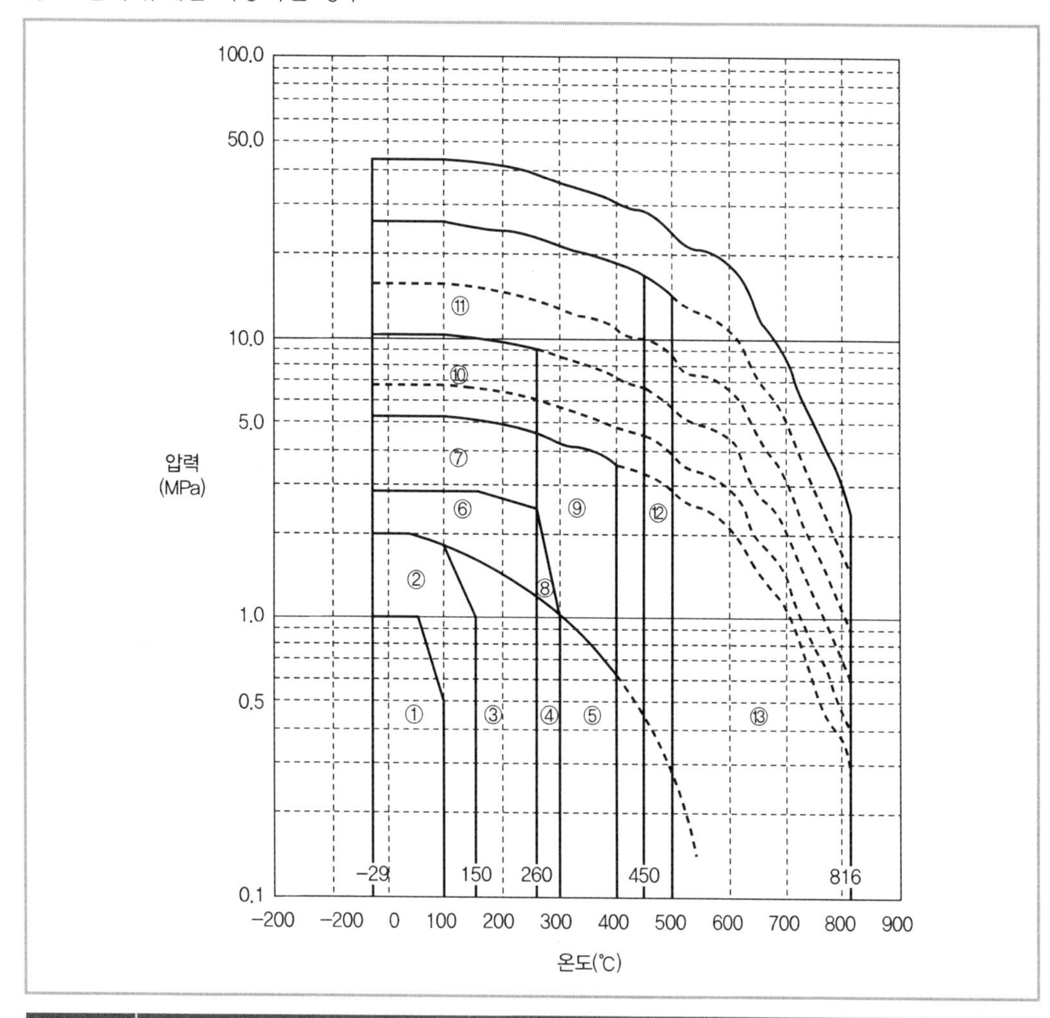

구분 번호	선정 개스킷			
①	비석면 조인트 시트[1]	팽창 흑연시트	PTFE 시트	PTFE 피복
②	비석면 조인트 시트[1]	팽창 흑연시트	PTFE 시트	PTFE 피복
③	비석면 조인트 시트[1]	스파이럴형	팽창 흑연시트	-
④	스파이럴형(비석면, 팽창흑연타입)	비석면 조인트 시트[1]	팽창 흑연시트	-
⑤	스파이럴형(비석면, 팽창흑연타입)	팽창 흑연시트	-	-
⑥	스파이럴형	비석면 조인트 시트[1]	팽창 흑연시트	-
⑦	스파이럴형	팽창 흑연시트	링 조인트	-
⑧	스파이럴형(비석면, 팽창흑연타입)	비석면 조인트 시트[1]	팽창 흑연시트	-
⑨	스파이럴형(비석면, 팽창흑연타입)	팽창 흑연시트	링 조인트	-
⑩	스파이럴형	링 조인트(비석면 타입)	-	-
⑪	링 조인트	스파이럴형(팽창흑연타입)	-	-
⑫	링 조인트	스파이럴형(팽창흑연타입)	-	-
⑬	링 조인트	-	-	-

(비고) 1. 독성이 높은 유체(유독물질 등) 및 용제 등(예 벤젠, 톨루엔, 크실렌, 아세톤, 에틸벤젠, 아세트알데히드, 시클로헥산, 페놀, 암모니아액 등)은 제품에 영향을 주는 유체로 구분 번호 ①의 범위 이외에는 사용하지 않음
2. 구분번호 ①~③에서 사용 가능한 유체는 알코올, 프로필렌, 에틸렌, 부타디엔 등

4) 부식성 유체를 사용하는 경우

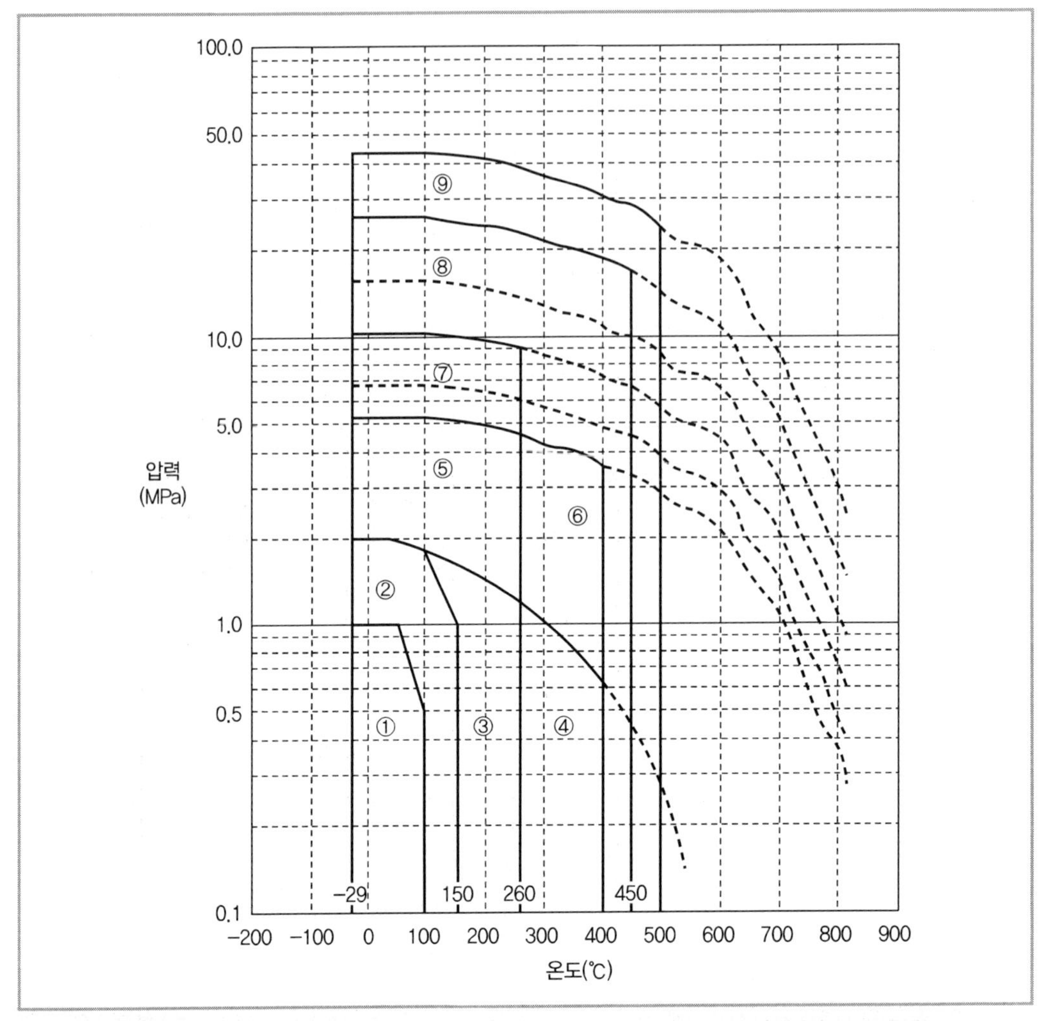

구분 번호	선정 개스킷			
①	PTFE 피복	PTFE 시트	팽창 흑연시트[2)]	비석면 조인트 시트
②	팽창 흑연시트[2)]	PTFE 시트	PTFE 피복	비석면 조인트 시트
③	팽창 흑연시트[2)]	스파이럴형[1), 2)]	비석면 조인트 시트	−
④	스파이럴형(비석면, 팽창흑연타입)[1), 2)]	팽창 흑연시트[2)]	−	−
⑤	스파이럴형[1), 2)]	팽창 흑연시트[2)]	링 조인트	−
⑥	스파이럴형(비석면, 팽창흑연타입)[1), 2)]	팽창 흑연시트[2)]	−	−
⑦	스파이럴형	링 조인트	−	−
⑧	링 조인트	스파이럴형(비석면, 팽창흑연타입)[1), 2)]	−	−
⑨	링 조인트	−	−	−

(비고) 1. 스파이럴형(비석면 타입) 개스킷은 산성유체에는 사용을 권하지 않음
2. 스파이럴형(팽창흑연타입) 및 팽창흑연시트 개스킷은 산화성산(농류산, 크롬산, 중크롬산, 혼산 등), 산화염(아염소산나트륨, 차아염소산나트륨, 차아염소산칼슘 등)에는 사용을 권하지 않음

5) 가스계 1 유체를 사용하는 경우

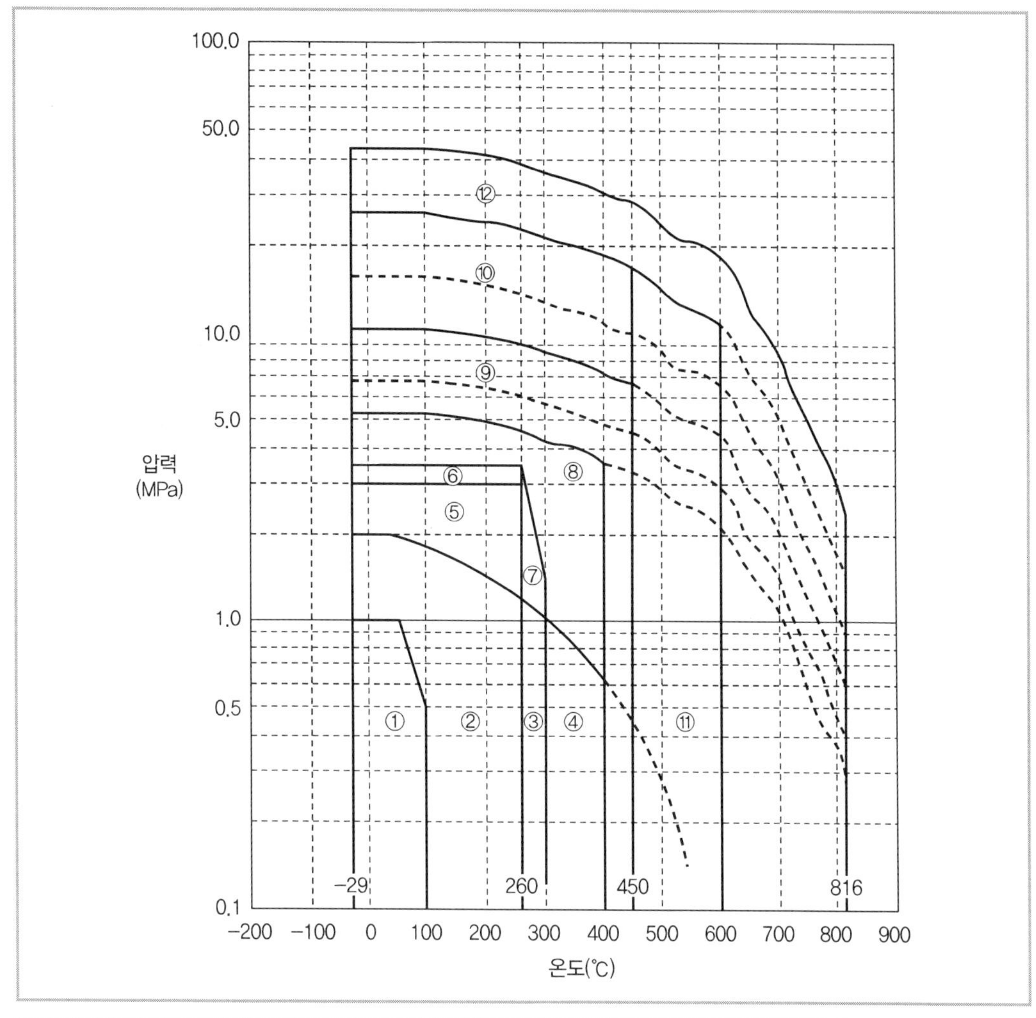

구분 번호	선정 개스킷		
①	비석면 조인트 시트	PTFE 시트	팽창 흑연시트
②	비석면 조인트 시트	팽창 흑연시트	-
③	스파이럴형	비석면 조인트 시트	팽창 흑연시트
④	스파이럴형	팽창 흑연시트	-
⑤	비석면 조인트 시트	스파이럴형	팽창 흑연시트
⑥	스파이럴형	비석면 조인트 시트	팽창 흑연시트
⑦	스파이럴형	비석면 조인트 시트	팽창 흑연시트
⑧	스파이럴형	팽창 흑연시트	링 조인트
⑨	스파이럴형	링 조인트	-
⑩	링 조인트	스파이럴형	-
⑪	링 조인트	스파이럴형	-
⑫	링 조인트	-	-

6) 가스계 2 유체를 사용하는 경우

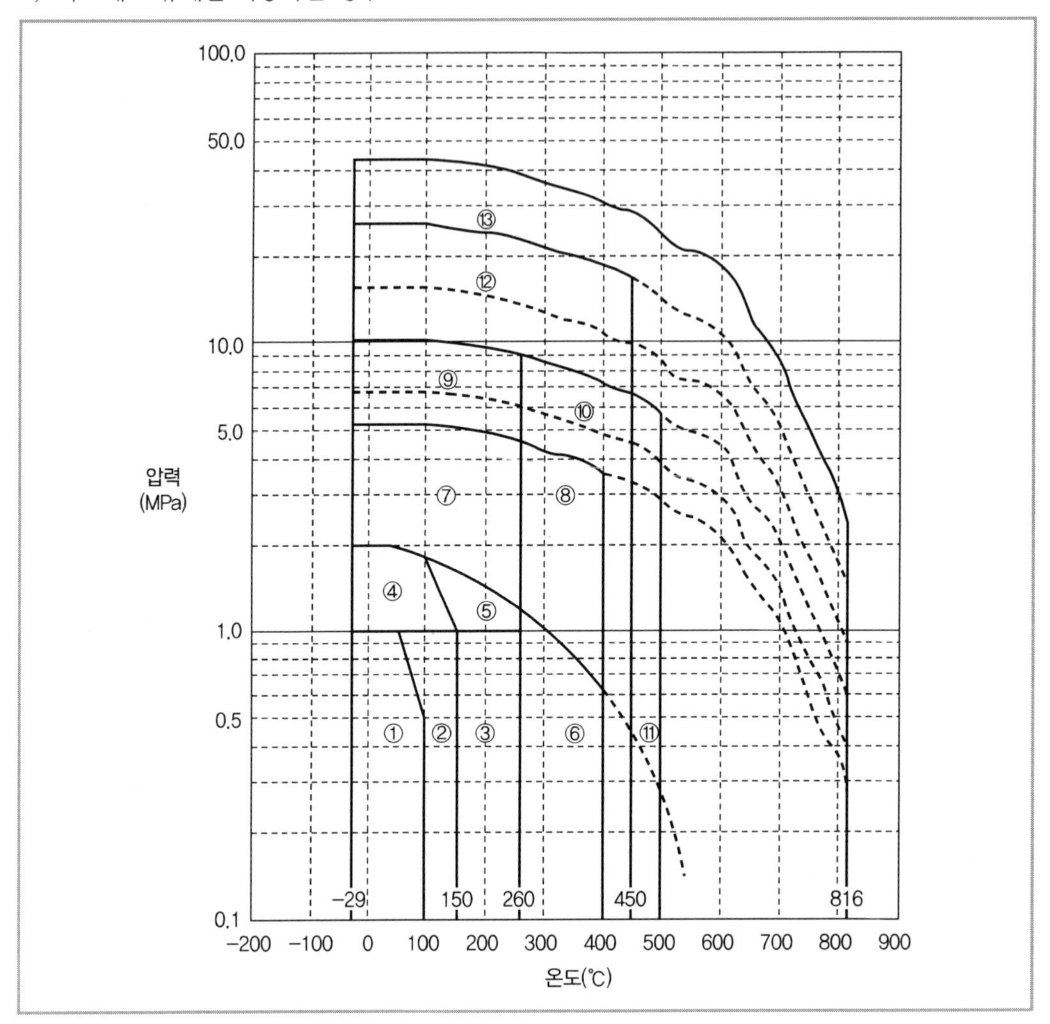

구분번호	선정 개스킷				
①	비석면 조인트 시트[2]	팽창 흑연시트[3]	PTFE 시트	링 조인트	고무시트
②	비석면 조인트 시트[2]	팽창 흑연시트[3]	PTFE 시트	링 조인트	
③	팽창 흑연시트[3]	비석면 조인트 시트[2]	스파이럴형[3]		
④	팽창 흑연시트[3]	PTFE 피복	PTFE 시트		
⑤	팽창 흑연시트[3]	스파이럴형[3]	-		
⑥	팽창 흑연시트[3]	스파이럴형(비석면, 팽창흑연타입)[3]	-		

구분번호	선정 개스킷				
⑦	스파이럴형[3]	링 조인트	팽창 흑연시트[3]	-	-
⑧	-	-	-	-	-
⑨	-	-	-	-	-
⑩	-	-	-	-	-
⑪	-	-	-	-	-
⑫	-	-	-	-	-
⑬	-	-	-	-	-

(비고) 1. 산소가스를 함유하는 지연성 가스에서는 가연성 재료를 함유하는 고무시트, 팽창 흑연시트, 비석면 조인트시트, 스파이럴형(비석면, 팽창흑연타입) 개스킷은 사용하지 않음

2. PTFE 피복 개스킷은 피복재가 파손되는 경우를 고려하여 50℃ 이하에서 사용을 권함

3. 암모니아, 에틸렌옥사이드, 시안화수소, 일산화탄소 등의 독성가스에는 사용을 권하지 않음

4. 스파이럴형(팽창흑연타입) 및 팽창 흑연시트 개스킷은 일부 할로겐화합물(불소, 이산화염소 등) 등에서 사용을 권하지 않음

7) 저온 유체를 사용하는 경우

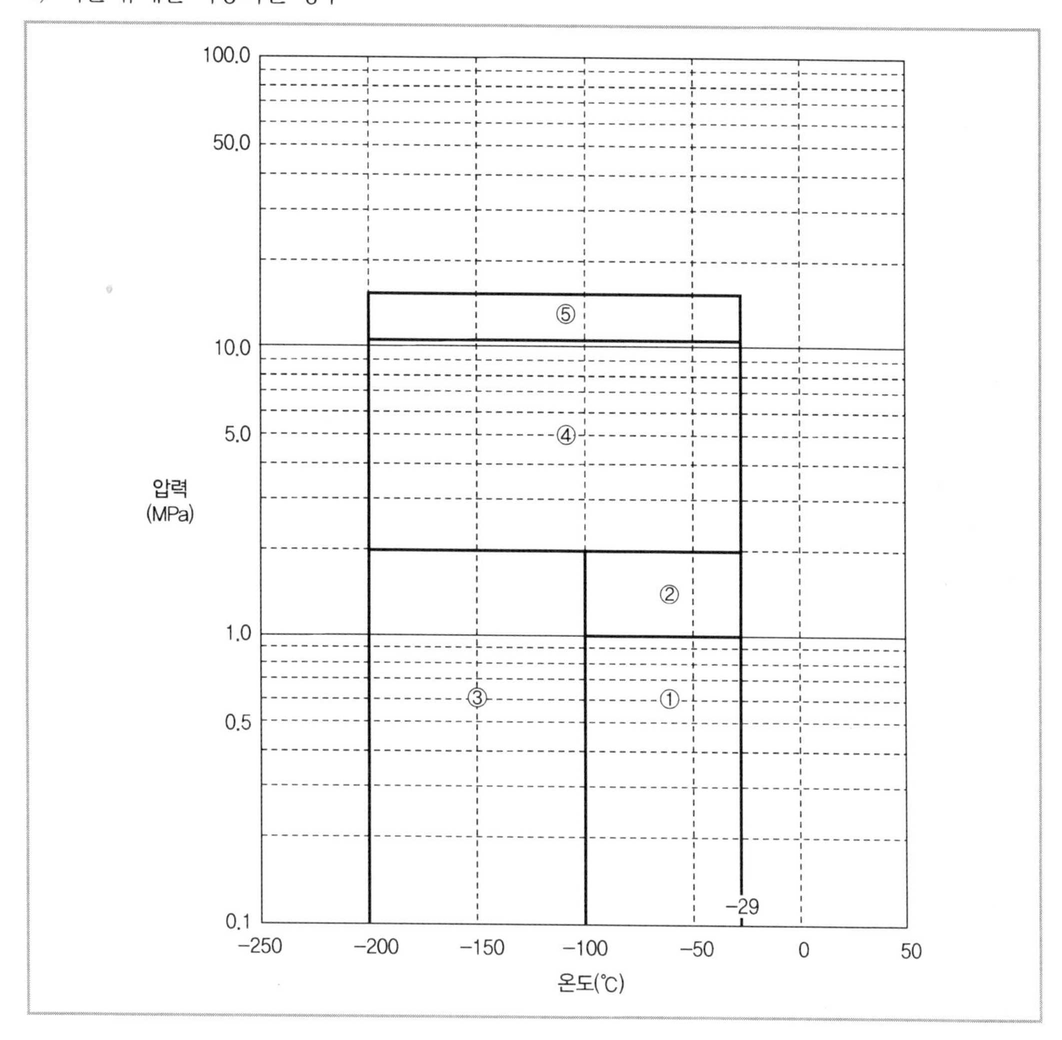

구분 번호	선정 개스킷				
①	비석면 조인트 시트	팽창 흑연시트	PTFE 시트	PTFE 피복	스파이럴형 (팽창흑연, PTFE 타입)
②	스파이럴형 (팽창흑연, PTFE 타입)	팽창 흑연시트	PTFE 피복	–	–
③	스파이럴형 (팽창흑연, PTFE 타입)	팽창 흑연시트	–	–	–
④	스파이럴형 (팽창흑연, PTFE 타입)	링 조인트	–	–	–
⑤	스파이럴형 (팽창흑연, PTFE 타입)	링 조인트	–	–	–

6. 비파괴 검사율

비파괴 검사율을 기입한다.

(1) 배관 비파괴 검사 기준(KOSHA Guide D-10-2023)

(2) 비파괴 검사율 선정기준

1) 배관 용접부에 대한 비파괴 검사율을 취급하는 유체의 종류 및 취급조건에 따라 〈별표 1〉과 같이 적용할 수 있다. 다만, 사업장에서 공정 또는 물질 특성을 고려하여 이 기준을 다르게 적용할 수 있다.

〈별표 1〉

배관 용접부의 비파괴 검사율 적용 기준표

유체 또는 배관 종류	독성기준	플랜지 압력등급(lb) 또는 설계압력 등	NDE (RT%) 전체					고려사항
			전체	사내배관		사외배관		
			VT%	지상	지하	지상	지하	
1. 저위험유체(비인화성, 저독성, 저온 및 저압 유체) : 다음의 조건을 모두 만족하는 유체 ① 비인화성 : 위험물안전관리법의 위험물 및 산업안전보건법의 인화성 가스(또는 인화성 액체)에 해당되지 않는 물질, 인화점 이상으로 취급되지 않는 물질 ② 저독성 : 화학물질관리법의 유해화학물질, 산업안전보건기준에 관한 규칙 별표 1(위험물의 종류) 및 별표 12(관리대상유해물질의 종류)에 해당되지 않는 물질 ③ 온도조건 : 설계온도의 범위(-29~176℃) ④ 압력조건 : 설계압력이 1MPa 미만	-	150 (PN 20)	100	5	10	5	10	중요시스템용 물질 (반응기용 냉각수 등)
			100	10	20	10	20	소방배관
			100	0	10	0	10	기타배관
2. 일반유체 : 저위험유체, 고위험유체, 고압유체, 고온유체 및 가혹 반복응력 조건의 유체를 제외한 유체	-	150 (PN 20)	100	5	20	5	20	
		300 (PN 50)	100	10	20	10	20	
		600 이상 (PN 110 이상)	100	20	100	20	100	압력 등급에 따라 조정 가능
3. 고위험유체(독성물질) : 다음의 어느 하나에 해당되는 유체 ① 산업안전보건기준에 관한 규칙 별표 1의 7호(LD_{50}, LC_{50})에 해당되는 물질 ② 고압가스안전관리법의 독성가스 ③ NFPA 704의 건강위험성 지수 4인 경우 * 혼합물질은 혼합독성을 계산하여 적용 가능	LD_{50} 기준	0.1MPa 미만 (대구경 배관)	100	5	20	10	20	배관 내부에서 용접 및 육안검사가 가능한 경우
			100	20	100	20	100	배관 내부에서 용접 및 육안검사가 곤란한 경우
		150 (PN 20)	100	20	100	20	100	
		300 이상 (PN 50 이상)	100	100	100	100	100	

유체 또는 배관 종류		독성 기준	플랜지 압력 등급(lb) 또는 설계압력 등	NDE (RT%)					고려사항
				전체	사내배관		사외배관		
				VT%	지상	지하	지상	지하	
		LC50 기준	0.1MPa 미만 (대구경 배관)	100	5	20	10	20	배관 내부에서 용접 및 육안검사가 가능한 경우
				100	20	100	20	100	배관 내부에서 용접 및 육안검사가 곤란한 경우
			0.2MPa 미만	100	20	100	20	100	설계압력 기준
			0.2MPa 이상	100	100	100	100	100	설계압력 기준
4. 고압 유체 : 설계압력이 ASME B16.5 규격의 압력등급(Class)이 2500lb를 초과하는 유체		–		100	100	100	100	100	
5. 가혹 반복응력 조건의 유체		–	전체	100	100	100	100	100	
6. 용접후열처리 요구 배관		–	전체	100	100	100	100	100	후열처리 배관
7. 고온배관(설계온도 400℃ 초과)		–	전체	100	100	100	100	100	호주 기준, ANSI B31.1
8. 가스/석유 이송배관 (사외배관)	Class 1 지역 (1.6km 이내 10 가구 미만)	–	저밀집 지역	100	20	100	20	100	일반유체의 기준 등을 적용할 수 있음
	Class 2 지역 (1.6km 이내 46 가구 미만)	–	중밀집 지역	100	20	100	20	100	
	Class 3 지역 (1.6km 이내 46 가구 이상)	–	고밀집 지역	100	20	100	20	100	
	Class 4 지역 (4층 이상 빌딩 등)	–	과밀집 지역	100	100	100	100	100	
	특수지역 (압축기, 강 및 철도 횡단 등)	–	특수지역	100	100	100	100	100	
비고	1) 위의 표에 제시된 비파괴 검사율을 사업장의 공정 특성 등에 따라 다르게 적용할 수 있다. 2) 관련 법령에서 요구하는 사항에 대해서는 법령의 기준을 따라야 한다.								

2) 개별 법령에서 배관의 조건에 따라 비파괴 검사율을 요구하는 경우에는 개별 법령의 요구조건을 따라야 한다.

3) 유체의 종류에 따라 비파괴 검사율을 적용할 때 다음 사항을 고려할 것을 권장한다.

가. 다음 표에서 저위험유체로 구분되는 경우에도 다음과 같은 경우에는 용접부의 건전성을 확보하기 위해 최소한의 비파괴 검사율(예 : 5%)을 적용할 것을 권장한다.

① 지하배관(예 : 소방배관)

② 화학공정의 유틸리티 배관(예 : 냉각수 배관, 스팀 및 응축수 배관 등), 공정의 운전 중에 누출될 때 운전 중의 용접이 곤란한 배관

③ 암거(Culvert)와 같은 공간 등에 설치되는 배관 등

나. 대구경 배관인 경우 배관 내부에서 용접 및 육안검사가 가능한 경우에는 비파괴 검사율을 줄

일 수 있다.

다. 라이닝(Lining) 배관은 내부의 라이닝이 손상되면 용접부와 상관없이 라이닝이 손상된 지점에서 핀홀이 생겨 누출되기 때문에 라이닝 배관의 용접부에는 비파괴검사를 적용할 필요가 없다.

라. 이중배관인 경우에는 비파괴 검사율을 더 줄일 수 있다.

■ 유체 종류 또는 취급조건

유체 종류 또는 조건	설명
저위험유체(비인화성, 저독성, 저온 및 저압조건)	다음의 조건을 모두 만족하는 유체 ① 비인화성 : 위험물안전관리법의 위험물 및 산업안전보건법의 인화성 가스(또는 인화성 액체)에 해당되지 않는 물질, 인화점 이상으로 취급되지 않는 물질 ② 저독성 : 화학물질관리법의 유해화학물질, 산업안전보건기준에 관한 규칙 별표 1(위험물의 종류) 및 별표 12(관리대상유해물질의 종류)에 해당되지 않는 물질 ③ 온도조건 : 설계온도의 범위(−29~176℃) ④ 압력조건 : 설계압력이 1MPa 미만
일반유체	저위험유체, 고위험유체, 고압유체, 고온유체 및 가혹 반복응력 조건의 유체를 제외한 유체
고위험유체(독성물질)	다음의 어느 하나에 해당되는 유체 ① 산업안전보건기준에 관한 규칙 별표 1의 7호(LD_{50}, LC_{50})에 해당되는 물질 ② 고압가스안전관리법의 독성가스 ③ NFPA 704의 건강위험성 지수 4인 경우 * 혼합물질은 혼합독성을 계산하여 적용 가능
고압유체	설계압력이 ASME B16.5 규격의 압력등급(Class)이 2500lb를 초과하는 유체
가혹 반복하중 조건의 유체	ASME B31.3의 가혹 반복하중 조건(Severe Cyclic Condition)에 해당되는 유체
고온유체	설계온도가 400℃ 이상인 유체
용접후열처리(PWHT) 요구 배관	용접후열처리를 요구하는 배관

7. 후열처리 여부

배관 후열처리 여부를 기입한다.

■ 후열처리 대상(KOSHA Guide D-10-2023)

모재의 구분	모재의 종류	관의 두께 (mm)	최소규격 인장강도 (kg/mm^2)	후열 처리 여부	후열처리 온도범위 (℃)	열처리 요구시간		브리넬 최대 경도치 (주6)
						관두께 25mm당 요구시간(hr)	최소 요구 시간(hr)	
P-1, 2	탄소강	≤20	전체	미실시	-	-	-	-
		>20	전체	실시	600~650	1	1	-
P-3	저합금강 Cr≤$\frac{1}{2}$%	≤20	≤49	미실시	-	-	-	-
		>20	전체	실시	600~720	1	1	225
		전체	>49	실시	600~720	1	1	225
P-4	저합금강 $\frac{1}{2}$%<Cr≤2% ≤2%	≤13	≤49	미실시	-	-	-	-
		>13	전체	실시	700~750	1	2	225
		전체	>49	실시	700~750	1	2	225
P-5	저합금강 2$\frac{1}{4}$%<Cr≤10% ≤10%	≤13	전체	미실시	-	-	-	-
		>13	전체	실시	700~750	1	2	241
P-6	고합금강 (마르텐사이트계)	전체	전체	실시	730~800(주1)	1	2	241
P-7	고합금강 (페라이트계)	전체	전체	미실시	-	-	-	-
P-8	고합금강 (오오스테나이트계)	전체	전체	미실시	-	-	-	-
P-9A, 9B	저온용합금강	≤20	전체	미실시	-	-	-	-
		>20	전체	실시	600~640	$\frac{1}{2}$	1	-
-	Cr-Cu강	전체	전체	실시	760~820(주2)	$\frac{1}{2}$	$\frac{1}{2}$	-
-	Mn-V강	≤20	≤49	미실시	-	-	-	-
		>20	전체	실시	600~700	1	1	225
		전체	>49	실시	600~700	1	1	225
-	27Cr강	전체	전체	실시	660~700(주3)	1	1	-
-	Cr-Ni-Mo강	전체	전체	선택사양	1000~1040	$\frac{1}{2}$	$\frac{1}{2}$	-
-	5Ni, 8Ni, 9Ni강	≤50	전체	미실시	-	-	-	-
		>50	전체	실시	550~600(주4)	1	1	-
-	Zr R60705	전체	전체	실시	540~600(주5)	$\frac{1}{2}$	1	-

■ 강관 참조

구분	KS번호	P-1	P-2	P-3	P-4	P-5	P-9
강관 (강재)	D3503	SS 330 SS 400 SS 490 SS 540					
	D3560	SB 410 SB 450 SB 480		SB 450 SB 480			
	D3515	SM 400 SM 490 SM 520	SM 570				
	D3529	SMA 400 SMA 490	SMA 570				
	D3542	SPA-H SPA-C					
	D3611		SHY 685 SHY 685 N SHY 685 NS				
	D3521	SPPV 235 SPPV 351 SPPV 355	SPPV 450 SPPV 490				
	D3540	SGV 410 SGV 450 SGV 480					
	D3538			SBV 1A · B SBV 2 SBV 3			
	D3539			SQV 1A · B SQV 2A · B SQV 3A · B			
	D3610			SEV 245 SEV 295 SEV 3435			
	D3541	SLAI 235 SLAI 325 SLAI 360	SLAI 325 SLAI 360				
	D3586						SL 2 N 26 SL 3 N 26
	D3543			SCMV 1	SVMV 2 SCMV 3	SVMV 4 SVMV 5 SVMV 6	

CHAPTER 08

안전밸브 및 파열판의 이해 및 작성

01 안전밸브 및 파열판 개요

1. 안전밸브 및 파열판 용어설명

용어	설명
안전밸브 (Safety Valve)	밸브 입구 쪽의 압력이 설정압력에 도달하면 자동적으로 스프링이 작동하면서 유체가 분출되고 일정압력 이하가 되면 정상상태로 복원되는 밸브
파열판 (Rupture Disc)	판 입구 측의 압력이 설정압력에 도달하면 판이 파열하면서 유체가 분출하도록 용기 등에 설치된 얇은 판
설정압력 (Set Pressure)	용기 등에 이상 과압이 형성되는 경우, 안전밸브가 작동되도록 설정한 안전밸브 입구 측에서의 게이지 압력
소요 분출량 (Required Capacity)	발생 가능한 모든 압력상승 요인에 의하여 각각 분출될 수 있는 유체의 양
배출용량 (Relieving Capacity)	각각의 소요 분출량 중 가장 큰 소요 분출량
설계압력 (Design Pressure)	용기 등의 최소 허용두께 또는 용기의 여러 부분의 물리적인 특성을 결정하기 위하여 설계 시에 사용되는 압력
최고허용압력(Maximum Allowable Working Pressure)	용기의 제작에 사용된 재질의 두께(부식여유 제외)를 기준으로 하여 산출된 용기 상부에서의 허용 가능한 최고의 압력
축적압력 (Accumulated Pressure)	안전밸브 등이 작동될 때 안전밸브에 의하여 축적되는 압력으로서 그 설비 내에서 순간적으로 허용될 수 있는 최대 압력
배압(Back Pressure)	안전밸브 등의 토출 측에 걸리는 압력
시건조치	차단밸브를 함부로 열고 닫을 수 없도록 경고 조치하는 것을 말하며, 방법으로는 CSO(Car Sealed Open : 밸브가 열려 시건 조치된 상태), CSC(Car Sealed Close : 밸브가 닫혀 시건 조치 된 상태)가 있음
긴급차단밸브	배관상에 설치되어 주위의 화재 또는 배관에서 위험물질 누출 시 원격조작스위치를 누르면 공기 또는 전기 등의 구동원에 의하여 유체의 흐름을 원격으로 차단할 수 있는 밸브로서 긴급차단 기능을 갖는 조절밸브(Control Valve)
자동긴급차단밸브	배관상에 설치되어 운전조건 이상 시 자동으로 유체의 흐름을 차단하는 밸브
정체량	탑 하부로부터 최대운전 액면까지의 액량

용어	설명
탑류	증류탑 · 흡수탑 · 추출탑 · 감압탑 등 화학물질 분리장치
탱크	저장탱크 · 계량탱크 · 호퍼 · 사일로 등 화학물질 저장설비 또는 계량설비
파열압력(Bursting Pressure)	파열판이 파열 시의 파열판 전 · 후단에 걸리는 차압, 명판에 표시된 압력
호칭압력(Pressure Rating)	플랜지의 압력등급을 나타내기 위하여 사용하는 수치
임계흐름(Critical Flow)	파열판 토출 측에서의 유체 속도가 음속보다 큰 경우를 말하며, 임계흐름압력(Critical Flow Pressure)이 배압 이상인 경우
아임계흐름(Subcritical Flow)	파열판 토출 측에서의 유체속도가 음속보다 작은 경우를 말하며, 임계흐름압력(Critical Flow Pressure)이 배압 미만인 경우
파열압력의 최대 허용치(Maximum Limit Of Bursting Pressure)	최대로 허용되는 파열판의 파열압력
파열압력의 최소 허용치(Minimum Limit Of Bursting Pressure)	최소로 허용되는 파열판의 파열압력
운전비(Operating Ratio)	운전압력과 파열압력의 최소 허용치와의 비

2. 작동방식에 의한 안전밸브 분류

일반형 안전밸브 (Conventional Safety Valve)	밸브의 토출 측 배압의 변화에 의하여 직접적으로 성능특성에 영향을 받도록 만들어진 스프링 직동식 안전밸브
벨로스형 안전밸브 (Balanced Bellows Safety Valve)	밸브의 토출 측 배압의 변화에 의하여 성능특성에 영향을 받지 않도록 만들어진 스프링 직동식 안전밸브로 벨로스에 의해 스프링이 보호되는 형태
파일럿 조작형 안전밸브 (Pilot-Operated Safety Valve)	안전밸브 자체에 내장된 보조의 안전밸브 작동에 의하여 작동되는 안전밸브

3. 산업안전보건기준에 관한 규칙에 따른 안전밸브 설치

■ **제261조(안전밸브 등의 설치)**

① 사업주는 다음 각 호의 어느 하나에 해당하는 설비에 대해서는 과압에 따른 폭발을 방지하기 위하여 폭발 방지 성능과 규격을 갖춘 안전밸브 또는 파열판(이하 "안전밸브 등"이라 한다)을 설치하여야 한다. 다만, 안전밸브 등에 상응하는 방호장치를 설치한 경우에는 그러하지 아니하다.

1. 압력용기(안지름이 150밀리미터 이하인 압력용기는 제외하며, 압력용기 중 관형 열교환기의 경우에는 관의 파열로 인하여 상승한 압력이 압력용기의 최고사용압력을 초과할 우려가 있는 경우만 해당한다)
2. 정변위 압축기
3. 정변위 펌프(토출측에 차단밸브가 설치된 것만 해당한다)
4. 배관(2개 이상의 밸브에 의하여 차단되어 대기온도에서 액체의 열팽창에 의하여 파열될 우려가 있는 것으로 한정한다)

5. 그 밖의 화학설비 및 그 부속설비로서 해당 설비의 최고사용압력을 초과할 우려가 있는 것

② 제1항에 따라 안전밸브 등을 설치하는 경우에는 다단형 압축기 또는 직렬로 접속된 공기압축기에 대해서는 각 단 또는 각 공기압축기별로 안전밸브 등을 설치하여야 한다.

③ 제1항에 따라 설치된 안전밸브에 대해서는 다음 각 호의 구분에 따른 검사주기마다 국가교정기관에서 교정을 받은 압력계를 이용하여 설정압력에서 안전밸브가 적정하게 작동하는지를 검사한 후 납으로 봉인하여 사용하여야 한다. 다만, 공기나 질소취급용기 등에 설치된 안전밸브 중 안전밸브 자체에 부착된 레버 또는 고리를 통하여 수시로 안전밸브가 적정하게 작동하는지를 확인할 수 있는 경우에는 검사하지 아니할 수 있고 납으로 봉인하지 아니할 수 있다.

1. 화학공정 유체와 안전밸브의 디스크 또는 시트가 직접 접촉될 수 있도록 설치된 경우 : 매년 1회 이상
2. 안전밸브 전단에 파열판이 설치된 경우 : 2년마다 1회 이상
3. 영 제43조에 따른 공정안전보고서 제출 대상으로서 고용노동부장관이 실시하는 공정안전보고서 이행상태 평가결과가 우수한 사업장의 안전밸브의 경우 : 4년마다 1회 이상

④ 제3항 각 호에 따른 검사주기에도 불구하고 안전밸브가 설치된 압력용기에 대하여 「고압가스 안전관리법」 제17조제2항에 따라 시장 · 군수 또는 구청장의 재검사를 받는 경우로서 압력용기의 재검사주기에 대하여 같은 법 시행규칙 별표 22 제2호에 따라 산업통상자원부장관이 정하여 고시하는 기법에 따라 산정하여 그 적합성을 인정받은 경우에는 해당 안전밸브의 검사주기는 그 압력용기의 재검사주기에 따른다.

⑤ 사업주는 제3항에 따라 납으로 봉인된 안전밸브를 해체하거나 조정할 수 없도록 조치하여야 한다.

■ **제262조(파열판의 설치)**

사업주는 제261조제1항 각 호의 설비가 다음 각 호의 어느 하나에 해당하는 경우에는 파열판을 설치하여야 한다.

1. 반응 폭주 등 급격한 압력 상승 우려가 있는 경우
2. 급성 독성물질의 누출로 인하여 주위의 작업환경을 오염시킬 우려가 있는 경우
3. 운전 중 안전밸브에 이상 물질이 누적되어 안전밸브가 작동되지 아니할 우려가 있는 경우

■ **제263조(파열판 및 안전밸브의 직렬설치)**

사업주는 급성 독성물질이 지속적으로 외부에 유출될 수 있는 화학설비 및 그 부속설비에 파열판과 안전밸브를 직렬로 설치하고 그 사이에는 압력지시계 또는 자동경보장치를 설치하여야 한다.

■ **제264조(안전밸브 등의 작동요건)**

사업주는 제261조제1항에 따라 설치한 안전밸브 등이 안전밸브 등을 통하여 보호하려는 설비의 최고사용압력 이하에서 작동되도록 하여야 한다. 다만, 안전밸브 등이 2개 이상 설치된 경우에 1개는 최고사용압력의 1.05배(외부화재를 대비한 경우에는 1.1배) 이하에서 작동되도록 설치할 수 있다.

■ 제265조(안전밸브 등의 배출용량)

사업주는 안전밸브 등에 대하여 배출용량은 그 작동원인에 따라 각각의 소요분출량을 계산하여 가장 큰 수치를 해당 안전밸브 등의 배출용량으로 하여야 한다.

■ 제266조(차단밸브의 설치 금지)

사업주는 안전밸브 등의 전단 · 후단에 차단밸브를 설치해서는 아니 된다. 다만, 다음 각 호의 어느 하나에 해당하는 경우에는 자물쇠형 또는 이에 준하는 형식의 차단밸브를 설치할 수 있다.

1. 인접한 화학설비 및 그 부속설비에 안전밸브 등이 각각 설치되어 있고, 해당 화학설비 및 그 부속설비의 연결배관에 차단밸브가 없는 경우
2. 안전밸브 등의 배출용량의 2분의 1 이상에 해당하는 용량의 자동압력조절밸브(구동용 동력원의 공급을 차단하는 경우 열리는 구조인 것으로 한정한다)와 안전밸브 등이 병렬로 연결된 경우
3. 화학설비 및 그 부속설비에 안전밸브 등이 복수방식으로 설치되어 있는 경우
4. 예비용 설비를 설치하고 각각의 설비에 안전밸브 등이 설치되어 있는 경우
5. 열팽창에 의하여 상승된 압력을 낮추기 위한 목적으로 안전밸브가 설치된 경우
6. 하나의 플레어 스택(Flare Stack)에 둘 이상의 단위공정의 플레어 헤더(Flare Header)를 연결하여 사용하는 경우로서 각각의 단위공정의 플레어헤더에 설치된 차단밸브의 열림 · 닫힘 상태를 중앙제어실에서 알 수 있도록 조치한 경우

■ 제267조(배출물질의 처리)

사업주는 안전밸브 등으로부터 배출되는 위험물은 연소 · 흡수 · 세정(洗淨) · 포집(捕集) 또는 회수 등의 방법으로 처리하여야 한다. 다만, 다음 각 호의 어느 하나에 해당하는 경우에는 배출되는 위험물을 안전한 장소로 유도하여 외부로 직접 배출할 수 있다.

1. 배출물질을 연소 · 흡수 · 세정 · 포집 또는 회수 등의 방법으로 처리할 때에 파열판의 기능을 저해할 우려가 있는 경우
2. 배출물질을 연소처리할 때에 유해성가스를 발생시킬 우려가 있는 경우
3. 고압상태의 위험물이 대량으로 배출되어 연소 · 흡수 · 세정 · 포집 또는 회수 등의 방법으로 완전히 처리할 수 없는 경우
4. 공정설비가 있는 지역과 떨어진 인화성 가스 또는 인화성 액체 저장탱크에 안전밸브 등이 설치될 때에 저장탱크에 냉각설비 또는 자동소화설비 등 안전상의 조치를 하였을 경우
5. 그 밖에 배출량이 적거나 배출 시 급격히 분산되어 재해의 우려가 없으며, 냉각설비 또는 자동소화설비를 설치하는 등 안전상의 조치를 하였을 경우

4. 안전밸브 등의 설정압력과 축적압력

(1) 설정압력

1) 안전밸브 등의 설정압력은 보호하려는 용기 등의 설계압력 또는 최고허용압력 이하이어야 한다. 다만, 다음의 경우와 같이 배출용량이 커서 2개 이상의 안전밸브 등을 설치하는 경우에는 그러하지 아니하다.

가. 외부 화재가 아닌 다른 압력상승 요인에 대비하여 둘 이상의 안전밸브 등을 설치할 경우에는 하나의 안전밸브 등은 용기 등의 설계압력 또는 최고허용압력 이하로 설정하여야 하고 다른 것은 용기 등의 설계압력 또는 최고허용압력의 105% 이하에 설정할 수 있다.

나. 외부 화재에 대비하여 둘 이상의 안전밸브 등을 설치할 경우에는 하나의 안전밸브 등은 용기 등의 설계압력 또는 최고허용압력 이하로 설정하여야 하고 다른 것은 용기 등의 설계압력 또는 최고허용압력의 110% 이하로 설정할 수 있다.

2) 파열판과 안전밸브를 직렬로 설치하는 경우 안전밸브의 설정압력 및 파열판의 파열압력은 다음과 같이 한다.

가. 안전밸브 전단에 파열판을 설치하는 경우 파열판의 파열압력은 안전밸브의 설정압력 이하에서 파열되도록 한다.

원인	하나의 안전밸브 설치 시		여러개의 안전밸브 설치 시	
	설정압력	축적압력	설정압력	축적압력
화재 시가 아닌 경우				
첫 번째 밸브	100% 이하	110% 이하	100% 이하	116% 이하
나머지 밸브	–	–	105% 이하	116% 이하
화재 시인 경우				
첫 번째 밸브	100% 이하	121% 이하	100% 이하	121% 이하
나머지 밸브	–	–	110% 이하	121% 이하

주) 모든 수치는 설계압력 또는 최고허용압력에 대한 %임

(2) 축적압력

안전밸브의 축적압력은 상기 표와 같아야 한다.

1) 설치 목적이 화재로부터의 보호가 아닌 경우

가. 안전밸브를 1개 설치하는 경우에는 안전밸브의 축적압력은 설계압력 또는 최고허용압력의 110% 이하이어야 한다.

나. 안전밸브를 2개 이상 설치하는 경우에는 안전밸브의 축적압력은 설계압력 또는 최고허용압력의 116% 이하로 하여야 한다.

2) 설치 목적이 화재로부터의 보호인 경우에는 안전밸브의 수량에 관계없이 설계압력 또는 최고허용압력의 121% 이하이어야 한다.

5. 안전밸브 소요 분출량 계산

(1) 분출량 계산 기준

1) 안전밸브 등의 배출용량을 결정할 때에는 가능한 한 모든 압력상승 요인에 의해 분출될 수 있는 각각의 소요 분출량을 우선적으로 구하여야 한다.

2) 가능한 한 모든 압력상승 요인에 의해 분출될 수 있는 각각의 소요 분출량은 다음 각 목의 기준에 의하여 계산하여야 한다.

가. 정변위 펌프 및 정변위 압축기의 토출 측 배관에 설치된 밸브가 차단된 경우 펌프 및 압축기의 최대 용량

나. 용기 등의 모든 출구가 차단된 경우(Closed Outlets)

① 유입되는 유체가 액체인 경우 : 최대 토출량

② 유입되는 유체가 스팀 또는 증기인 경우 : 유입되는 스팀 또는 증기의 유량에 최대 운전조건에서 발생되는 양을 추가한 양

다. 응축기로 유입되는 냉각수 또는 환류액의 공급이 중단된 경우 에너지 및 물질수지를 고려하여 소요 분출량을 결정하여야 하며 아래와 같은 방법을 사용하여 소요 분출량을 결정한다.

① 완전 응축인 경우 : 응축기로 유입되는 증기의 전량

② 부분 응축인 경우 : 응축기로 유입되는 증기의 전량에서 응축되지 않는 증기량을 감한 양

라. 공랭식 냉각기 팬의 작동이 중단된 경우 공랭식 냉각기의 열 교환용량의 70%에 해당하는 양을 산정한다.

마. 자동제어밸브가 고장난 경우

① 용기 등의 인입배관에 설치된 자동밸브가 고장 시에 열린 상태(Failure Open)로 되는 경우 : 자동제어밸브의 최대 유입량과 용기 등에서 정상적으로 배출되는 유출량과의 차

② 용기 등의 인입배관 및 출구배관에 설치된 각각의 자동제어밸브가 고장 시에 열린 상태로 되는 경우 : 최대 유입량과 최대 유출량과의 차

③ 용기 등의 출구배관에 설치된 자동제어밸브가 고장 시에 닫힌 상태(Failure Close)로 되는 경우 : 최대 유입량

바. 외부 화재의 경우

① 취급하는 유체에 액체가 포함되어 있는 경우

$$W=\frac{Q}{\lambda} \cdots\cdots\cdots\cdots (1)$$

여기서, W : 소요분출량(kg/h)

Q : 총입열량(kcal/h)

$Q=37{,}000FA_w^{0.82}$: 적절한 배유설비 또는 적절한 소화설비(2시간)가 있는 경우

$Q=61{,}000FA_w^{0.82}$: 적절한 배유설비 또는 적절한 소화설비가 없는 경우

λ : 증발잠열(kcal/kg)

A_w : 내부 액체에 접촉하고 있는 용기 등의 면적(m^2)

F : 아래 내용에 따른 계수

㉮ 용기 등에 보온 · 보랭을 한 경우는 다음과 같이 적용한다. 다만, 보온 · 보랭 재질과 외부덮개의 재질은 화재 시 화염에 견딜 수 있는 것에 한한다.

㉠ 보온 · 보랭재의 두께를 기준으로 하는 경우

두께(mm)	F
25	0.3
50	0.15
100	0.075

㉡ 보온 · 보랭재의 전열계수를 기준으로 하는 경우

전열계수(kcal/hr · m² · ℃)	F
19.5	0.3
9.8	0.15
4.9	0.075
3.3	0.05
2.4	0.0376
2.0	0.03
1.6	0.026

㉢ 계산에 의한 경우

$$F=\frac{k(904-T_f)}{57{,}000t} \cdots\cdots\cdots\cdots (2)$$

여기서, k : 보온 · 보랭재의 열전도도(kcal/hr · m^2 · ℃/mm)

T_f : 용기 등에서 취급 · 저장하는 유체의 분출 시 온도(℃)

t : 보온 · 보랭재의 두께(mm)

㉯ 용기 등을 지하에 매설한 경우에는 0.00

㉰ 용기 등을 지상에 흙 등으로 덮은 경우에는 0.03

㉱ 그 밖의 경우에는 1.0

② 취급하는 유체가 가스 또는 증기상인 경우

$$W = 8.769\sqrt{M_w \cdot P_1} \times \left[\frac{A_u(T_w - T_1)^{1.25}}{T_1^{\ 1.1506}}\right] \cdots\cdots\cdots\cdots\cdots\cdots (3)$$

여기서, W : 분출량(kg/hr)

M_w : 분자량

P_1 : 설정압력+축적압력+대기압(MPa(abs))

A_u : 화재 시에 노출되는 용기 등의 면적(m^2)

T_w : 안전밸브 작동 시의 용기 등의 표면온도(K)

T_1 : 안전밸브 작동 시의 유체온도(K), $(P_1/P_n) \times T_n$

T_n : 정상운전온도(K)

P_n : 정상운선압력(MPa(abs))

사. 전원공급이 중단된 경우

전원공급 중단으로 인한 영향을 고려하여 소요 분출량을 결정하여야 한다.

아. 관형 열교환기의 관 파열의 경우

열교환기의 동체의 압력, 동체 측 유체의 종류 및 관측 유체의 종류에 따라 소요 분출량을 결정하여야 하며 일반적으로 관 단면적에서 흐를 수 있는 유량의 2배로 한다.

(2) 화재 시의 영향범위

1) 화재 시에는 최소한 지표면으로부터 수직 높이 7.5m까지 화재의 영향을 받는 것으로 가정하여 용기 등의 내부액체 접촉면적을 계산하여야 한다.

다만, 타원형 또는 구형 용기인 경우에는 지표면으로부터 최대 수평 직경까지의 높이 또는 7.5m 이내의 높이 중 큰 수치를 적용하여 용기 등의 내부액체 접촉면적을 계산하여야 한다.

2) 화재 시에는 점화원을 중심으로 230~460m^2 이내의 면적이 화재의 영향을 받는 것으로 간주하여 소요 분출량을 계산하여야 한다.

(3) 안전밸브 등의 배출용량

안전밸브 등의 배출용량은 5.항에서 산출한 각각의 소요 분출량 중에서 가장 큰 수치를 당해 안전밸브 등의 배출용량으로 하여야 한다.

(4) 주요 단열재의 열전도도

단열재의 평균온도 (℃)	주요 단열재에 대한 열전도도(kcal/hr · m^2 · ℃)						
	칼슘실리카 I 형	칼슘실리카 II형	광물섬유 메쉬담요 /블록[a]	유리섬유 I 형 Gr2	성형확장 펄라이트 블록	경량 시멘트[b]	중량 시멘트[b]
−18	−			38.45		446.47	1,513
38	−		33.49	45.89		446.47	1,488
93	55.81	66.97	42.17	54.57	68.21	446.47	1,463
149	62.01	76.93	54.57	64.49	74.41	446.47	1,439
204	68.21	75.65	68.21	78.13	81.85	446.47	1,426
260	74.41	79.37	86.81		91.78	446.47	1,401
315	81.85	83.09	110.38		99.22	446.47	1,389
371	88.05	86.81	140.14		109.14	446.47	1,364
427		90.53				446.47	1,352
482		93.02				446.47	1,327
538		95.50				446.47	1,302
593						446.47	1,277
649						446.47	1,265
최고사용 온도[d]	649	927	649	c	c	870	1,090

a 용융 상태에서 섬유 형태로 가공된 암석, 슬래그 또는 유리를 포함
표에 표기된 열전도율은 지시된 최고 사용 온도에 적합한 다양한 형태의 단열재에 대한 가장 높은 값
b 경량 및 중량시멘트 재료의 열전도율은 개략적인 값
c 최고 사용 온도가 ASTM C552 [24] 및 ASTM C610 [27]에 제시되지 않음
d 더 높은 최고 온도를 가진 다른 등급의 단열재가 있을 수 있음

02 안전밸브의 오리피스 사이즈 계산

필요자료 리스트

(1) 설정압력	(4) 취급유체의 비중 및 분자량
(2) 배출용량	(5) 토출온도 및 설계온도
(3) 취급유체의 특성	(6) 배압

1. 가스 및 증기인 경우

(1) 임계흐름인 경우($P_B \leq P_{cf} = P_1\left[\frac{2}{(k+1)}\right]^{k/(k-1)}$)

MKS 단위	FPS 단위
$A = \frac{131.6\,W\sqrt{TZ}}{CK_dP_1K_bK_c\sqrt{M}}$	$A = \frac{W\sqrt{TZ}}{CK_dP_1K_bK_c\sqrt{M}}$
$A = \frac{352.5\,V\sqrt{TZM}}{CK_dP_1K_bK_c}$	$A = \frac{V\sqrt{TZM}}{6.32\,CK_dP_1K_bK_c}$
$A = \frac{189.75\,V\sqrt{TZG}}{CK_dP_1K_bK_c}$	$A = \frac{V\sqrt{TZG}}{1.175\,CK_dP_1K_bK_c}$

기호	MKS 단위	FPS 단위
A(필요한 오리피스의 면적)	mm^2	in^2
W(필요 분출량)	kg/hr	1b/hr
T(인입 측에서 배출유체의 온도)	K	R
P_1(인입 측 배출압력=설정압력+초과압력)	bara	psia
Z(유체의 압축계수)	–	–
V(필요 분출량)	Nm^2/min at 1bara & 0℃	ft^3/min at 14.7psia & 60℉
M(배출유체의 분자량)	–	–
C(비열용량계수)		
K_b(배압용량계수)	벨로스형 안전밸브는 그림 참조, 일반형 및 파일럿 조작형 안전밸브는 1임	
K_c(결합보정계수)	1 : 안전밸브만 설치하는 경우 0.9 : 안전밸브와 파열판을 직렬로 설치하는 경우	
K_d(분출계수)	0.975	
G(유체의 비중)	공기를 1로 기준한 비중	

(2) 임계흐름이 아닌 경우($P_B \le P_{cf} = P_1\left[\frac{2}{(k+1)}\right]^{k/(k-1)}$)

1) 일반형 및 파일럿 운전형 안전밸브인 경우

MKS 단위	FPS 단위
$A=\frac{0.179\times W}{F_2K_dK_c}\sqrt{\frac{ZT}{MP_1(P_1-P_2)}}$	$A=\frac{W}{735F_2K_dK_c}\sqrt{\frac{ZT}{MP_1(P_1-P_2)}}$
$A=\frac{0.4795\,V}{F_2K_dK_c}\sqrt{\frac{ZTM}{P_1(P_1-P_2)}}$	$A=\frac{V}{4645F_2K_dK_c}\sqrt{\frac{ZTM}{P_1(P_1-P_2)}}$
$A=\frac{2.58\times V}{F_2K_dK_c}\sqrt{\frac{ZTG}{P_1(P_1-P_2)}}$	$A=\frac{V}{864F_2K_dK_c}\sqrt{\frac{ZTG}{P_1(P_1-P_2)}}$

$$F_2=\sqrt{\left(\frac{k}{k-1}\right)r^{2/k}\left[\frac{1-r^{(k-1)/k}}{(1-r)}\right]}$$

기호	MKS 단위	FPS 단위
A(필요한 오리피스의 면적)	mm^2	in^2
W(필요 분출량)	kg/hr	lb/hr
V(필요 분출량)	Nm^3/min at 1bara & 80℃	ft^3/min at 14.7psia & 60℉
M(분자량)	–	–
F_2(비임계흐름계수)	–	–
k(비열비)		
r(배압비율)	P_2/P_1	
T(인입 측에서 배출유체의 온도)	K	R
P_1(인입 측 배출압력=설정압력+초과압력)	bara	psia
P_2(총배압=배압(P_B)+초과압력)	bara	psia
Z(유체의 압축계수)	–	–
K_c(결합보정계수)	1 : 안전밸브만 설치하는 경우 0.9 : 안전밸브와 파열판을 직렬로 설치하는 경우	
K_d(분출계수)	0.975	
G(유체의 비중)	공기를 1로 기준한 비중	

2) 벨로스형인 경우

(1)항의 임계흐름인 경우의 식을 이용하여 계산

2. 액체인 경우

MKS 단위	FPS 단위
$A = \dfrac{0.1178Q\sqrt{G}}{K_dK_wK_cK_v\sqrt{(P_1-P_B)}}$	$A = \dfrac{Q\sqrt{G}}{38K_dK_wK_cK_v\sqrt{(P_1-P_B)}}$

기호	MKS 단위	FPS 단위
A(필요한 오리피스의 면적)	mm^2	in^2
P_1(인입 측 배출압력=설정압력+초과압력)	barg	psig
P_B(배압)	barg	psig
Q(필요 분출량)	l/min	gpm
G(운전온도에서의 유체비중)	–	–
K_c(결합보정계수)	1 : 안전밸브만 설치하는 경우 0.9 : 안전밸브와 파열판을 직렬로 설치하는 경우	
K_d(유체의 분출계수)	0.65	
K_w(벨로스형 안전밸브의 보정계수)	아래 그림에서 얻은 값	
K_v(점도에 대한 보정계수)	파열판 계산 참조	

주) 일반형 안전밸브의 경우에는 $K_w = 1$임

3. 수증기인 경우

MKS 단위	FPS 단위
$A = \dfrac{1.904W}{P_1K_dK_bK_cK_nK_{sh}}$ $K_n = 1$, P_1이 103bara 이하인 경우 $K_n = \dfrac{2.764P_1 - 1000}{3.324P_1 - 1061}$, P_1이 103bara를 초과하는 경우	$A = \dfrac{W}{51.5P_1K_dK_bK_cK_nK_{sh}}$ $K_n = 1$, P_1이 1,515psia 이하인 경우 $K_n = \dfrac{0.1906P_1 - 1000}{0.2292P_1 - 1061}$ P_1이 1,515psia를 초과하는 경우

기호	MKS 단위	FPS 단위
A(필요한 오리피스의 면적)	mm^2	in^2
W(필요 분출량)	kg/hr	1b/hr
P_1(인입 측 배출압력=설정압력+초과압력)	bar	psia
K_b(배압용량계수)	벨로스형 안전밸브는 그림 참조, 일반형 및 파일럿 조작형 안전밸브는 1임	
K_c(결합보정계수)	1 : 안전밸브만 설치하는 경우 0.9 : 안전밸브와 파열판을 직렬로 설치하는 경우	
K_d(분출계수)	0.975	
K_n(Napier 방정식에 의한 보정계수)	–	–
K_{sh}(과열수증기 보정계수)	–	

비열용량계수 C

k(비열비)	C	k(비열비)	C	k(비열비)	C	k(비열비)	C
1.01	317	1.31	348	1.61	373	1.91	395
1.02	318	1.32	349	1.62	374	1.92	395
1.03	319	1.33	350	1.63	375	1.93	396
1.04	320	1.34	351	1.64	376	1.94	397
1.05	321	1.35	352	1.65	376	1.95	397
1.06	322	1.36	353	1.66	377	1.96	398
1.07	323	1.37	353	1.67	378	1.97	378
1.08	325	1.38	354	1.68	379	1.98	379
1.09	326	1.39	355	1.69	379	1.99	400
1.10	327	1.40	356	1.70	380	2.00	400
1.11	328	1.41	357	1.71	381	–	–
1.12	329	1.42	368	1.72	382	–	–
1.13	330	1.43	369	1.73	382	–	–
1.14	331	1.44	360	1.74	383	–	–
1.15	332	1.45	360	1.75	384	–	–
1.16	333	1.46	361	1.76	384	–	–
1.17	334	1.47	362	1.77	385	–	–
1.18	335	1.48	363	1.78	386	–	–
1.19	336	1.49	364	1.79	386	–	–
1.20	337	1.50	365	1.80	387	–	–
1.21	338	1.51	365	1.81	388	–	–
1.22	339	1.52	366	1.82	389	–	–
1.23	340	1.53	377	1.83	399	–	–
1.24	341	1.54	378	1.84	390	–	–
1.25	342	1.55	379	1.85	391	–	–
1.26	343	1.56	379	1.86	391	–	–
1.27	344	1.57	370	1.87	392	–	–
1.28	345	1.58	371	1.88	393	–	–
1.29	346	1.59	372	1.89	393	–	–
1.30	347	1.60	373	1.90	394	–	–

과열수증기 보정계수

설정압력		온도(℃/℉)									
bar	psig	149/300	204/400	260/500	316/600	371/700	427/800	482/900	538/1000	593/1100	649/1200
1.03	15	1.00	0.98	0.93	0.88	0.84	0.80	0.77	0.74	0.72	0.70
1.38	20	1.00	0.98	0.93	0.88	0.84	0.80	0.77	0.74	0.72	0.70
2.76	40	1.00	0.99	0.93	0.88	0.84	0.81	0.77	0.74	0.72	0.70
4.14	60	1.00	0.99	0.93	0.88	0.84	0.81	0.77	0.75	0.72	0.70
5.52	80	1.00	0.99	0.93	0.88	0.84	0.81	0.77	0.75	0.72	0.70
6.90	100	1.00	0.99	0.94	0.89	0.84	0.81	0.77	0.75	0.72	0.70
8.28	120	1.00	0.99	0.94	0.89	0.84	0.81	0.78	0.75	0.72	0.70
9.06	140	1.00	0.99	0.94	0.89	0.85	0.81	0.78	0.75	0.72	0.70
11.0	160	1.00	0.99	0.94	0.89	0.85	0.81	0.78	0.75	0.72	0.70
12.4	180	1.00	0.99	0.94	0.89	0.85	0.81	0.78	0.75	0.72	0.70
13.8	200	1.00	0.99	0.95	0.89	0.85	0.81	0.78	0.75	0.72	0.70
15.2	220	1.00	0.99	0.95	0.89	0.85	0.81	0.78	0.75	0.72	0.70
16.6	240	–	1.00	0.95	0.90	0.85	0.81	0.78	0.75	0.72	0.70
17.9	260	–	1.00	0.95	0.90	0.85	0.81	0.78	0.75	0.72	0.70
19.3	280	–	1.00	0.96	0.90	0.85	0.81	0.78	0.75	0.72	0.70
20.7	300	–	1.00	0.96	0.90	0.85	0.81	0.78	0.75	0.72	0.70
24.1	350	–	1.00	0.96	0.90	0.86	0.82	0.78	0.75	0.72	0.70
27.6	400	–	1.00	0.96	0.91	0.86	0.82	0.78	0.75	0.72	0.70
34.5	500	–	1.00	0.96	0.92	0.86	0.82	0.78	0.75	0.73	0.70
41.4	600	–	1.00	0.97	0.92	0.87	0.82	0.79	0.75	0.73	0.70
55.2	800	–	–	1.00	0.95	0.88	0.83	0.79	0.76	0.73	0.70
69.0	1000	–	–	1.00	0.96	0.89	0.84	0.78	0.76	0.73	0.71
86.2	1250	–	–	1.00	0.97	0.91	0.85	0.80	0.77	0.74	0.71
103	1500	–	–	–	1.00	0.93	0.86	0.81	0.77	0.74	0.71
121	1750	–	–	–	1.00	0.94	0.86	0.81	0.77	0.73	0.70
138	2000	–	–	–	1.00	0.95	0.86	0.80	0.76	0.72	0.69
172	2500	–	–	–	1.00	0.95	0.85	0.78	0.73	0.69	0.66
207	3000	–	–	–	–	1.00	0.82	0.74	0.69	0.65	0.62

벨로스형 안전밸브 배압용량계수

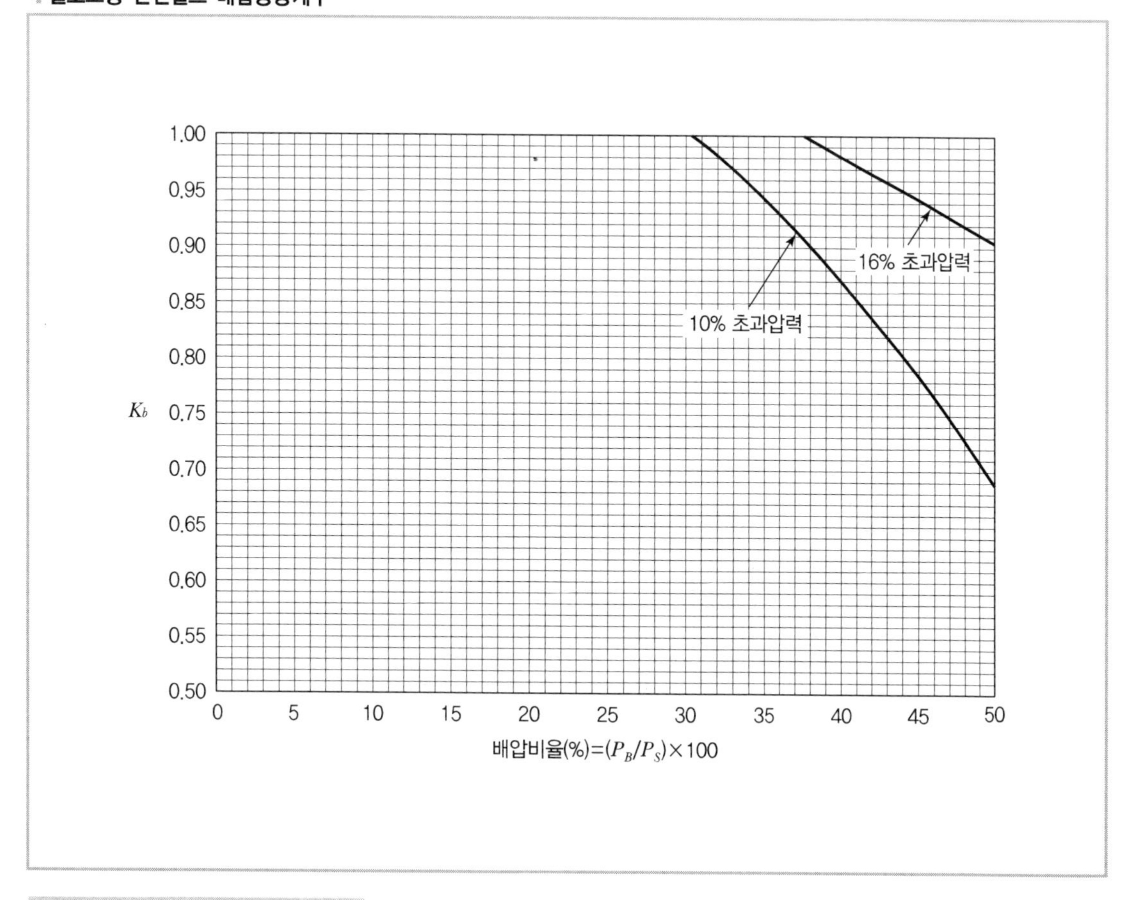

P_B : 배압(게이지압력)
P_S : 설정압력(게이지압력)

(주) 1. 초과압력이 21%인 경우에는 배압비율 50%까지는 K_b는 1임

(주) 2. 이 그림은 설정압력이 3.5bara(50psig) 이상인 경우에만 사용가능함
그렇지 않은 경우에는 제조자의 결정에 따름

| 벨로스형 안전밸브 보정계수

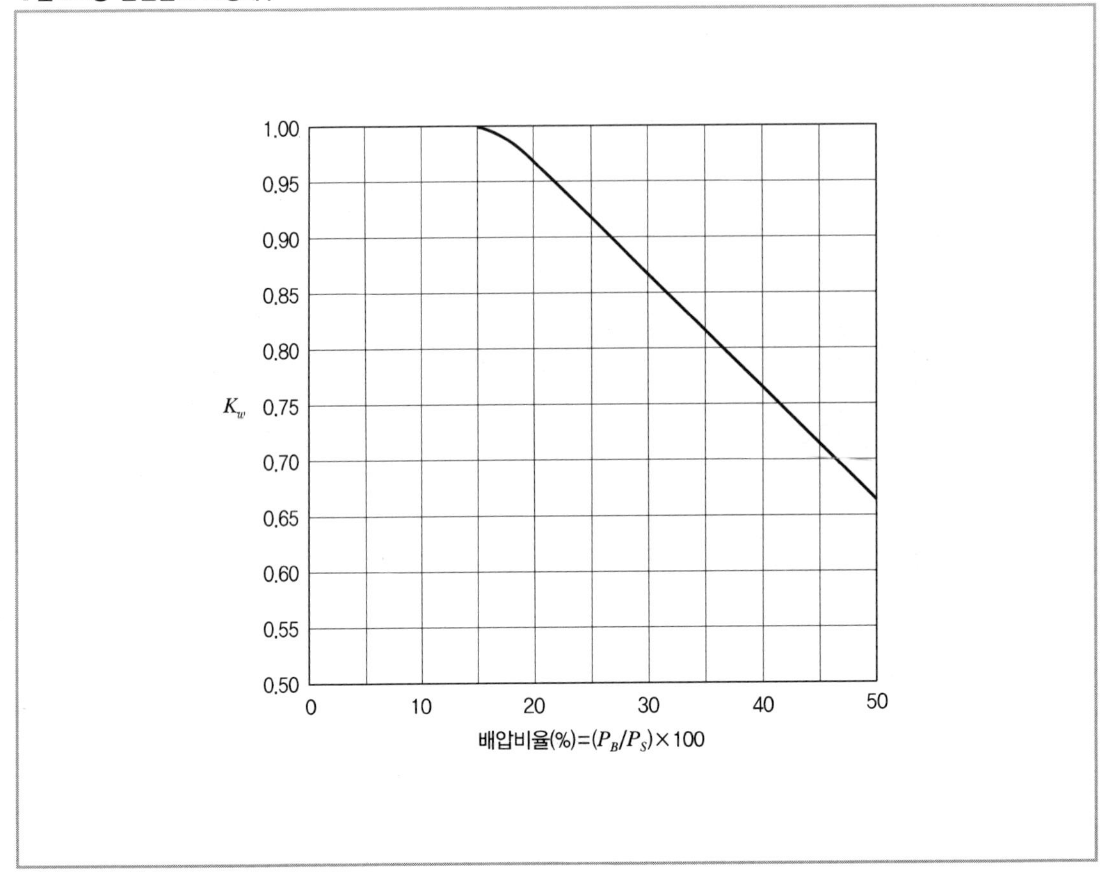

P_B=배압(게이지압력)
P_S=설정압력(게이지압력)

03 파열판 면적 계산

필요자료

분출용량(안전밸브와 동일), 분출압력, 분출온도, 취급유체의 특성, 취급유체의 비중 및 분자량

1. 압축성 유체인 경우

(1) 임계흐름 여부 결정

1) 임계흐름

$$\frac{P_b}{P_0} \leq \left(\frac{2}{k+1}\right)^{\frac{k}{k-1}} \text{이면 임계흐름으로 간주}$$

여기서, P_b : 배압(bar abs)
P_0 : 배출압력(bar abs)
k : 열용량계수

2) 아임계흐름

$$\frac{P_b}{P_0} > \left(\frac{2}{k+1}\right)^{\frac{k}{k-1}} \text{이면 아임계흐름으로 간주}$$

(2) 파열판에서 흐름이 임계흐름인 경우

1) 가스 또는 증기

$$A_0 = 3.469\frac{W}{Ca}\sqrt{\frac{v_0}{P_0}} = \frac{W}{CaP_0}\sqrt{\frac{T_0 Z_0}{M}}$$

여기서, A_0 : 파열판의 분출면적(mm^2)
W : 분출용량(kg/h)
C : $3.948\sqrt{k\left(\frac{2}{k+1}\right)^{(k+1)/(k-1)}}$
k : 열용량계수
α : 분출계수
P_0 : 분출압력(bar abs)
T_0 : 분출온도(K)
v_0 : 유체의 비체적(Specific volume, m^3/kg)
Z_0 : 분출온도 및 압력에서의 압축계수
M : 유체의 분자량(kg/kmol)

파열판 설치 노즐의 모양	분출계수(α)
D, $0.2D$ max	0.68
	0.73
$R \geq 0.25\ D$, D, R	0.80

2) 수증기

가. 포화수증기(Dry Saturated Steam) 또는 과열수증기(Superheated Steam)의 경우에는 임계흐름－가스, 증기 계산식을 이용하여 계산한다.

나. 습한 수증기의 경우에는 임계흐름－가스, 증기 계산식을 이용하여 계산하여 얻은 수치에 수증기의 건조도(Dryness)의 제곱근을 곱한 값으로 한다. 다만, 수증기의 건조도는 0.9 이상이어야 한다.

(3) 파열판에서 흐름이 아임계흐름(Subcritical flow)인 경우 필요한 파열판의 크기(분출면적)는 아래의 식을 이용하여 계산한다.

$$A_0 = 3.469\frac{W}{CK_b\alpha}\sqrt{\frac{v_0}{P_0}} = \frac{W}{CK_b\alpha P_0}\sqrt{\frac{P_0 Z_0}{M}}$$

여기서, A_0 : 파열판의 분출면적(mm^2)

W : 분출용량(kg/h)

C : $3.948\sqrt{k\left(\frac{2}{k+1}\right)^{(k+1)/(k-1)}}$

k : 열용량계수

α : 분출계수 값에 (P_b/P_0)을 곱한 값

P_0 : 분출압력(bar abs)

T_0 : 분출온도(K)

v_0 : 유체의 비체적(Specific volume, m^3/kg)

Z_0 : 분출온도 및 압력에서의 압축계수

M : 유체의 분자량(kg/kmol)

K_b : $\sqrt{\dfrac{\left(\frac{2k}{k-1}\right)\left(\left(\frac{P_b}{P_0}\right)^{2/k}-\left(\frac{P_b}{P_0}\right)^{(k+1)/k}\right)}{k\left(\frac{2}{k+1}\right)^{(k+1)/(k-1)}}}$

P_b : 배압(bar abs)

2. 비압축성 유체인 경우

$$A_0 = 0.621 \frac{W}{K_v \alpha \sqrt{\rho(P_0 - P_b)}}$$

여기서, A_0 : 파열판의 분출면적(mm^2)
W : 분출용량(kg/h)
α : 분출계수(0.62)
ρ : 유체의 비중(kg/m^3)
K_v : 점도보정계수

- 유체의 점도가 20℃의 물의 점도 이하인 경우 : $K_v = 1$,
- 유체의 점도가 20℃의 물의 점도를 초과하는 경우 : 아래 그림 참조

P_0 : 분출압력(bar abs)
P_b : 배압(bar abs)

점도보정계수를 구하는 데 필요한 레이놀드 수는

$$Re = 0.3134 \frac{W}{\mu \sqrt{A_0}}$$

여기서, Re : 레이놀드 수(Reynolds number)
μ : 유체의 점도(Pa · s)

아래의 그래프에서 Re 값에 따른 점도 보정계수를 구한다.

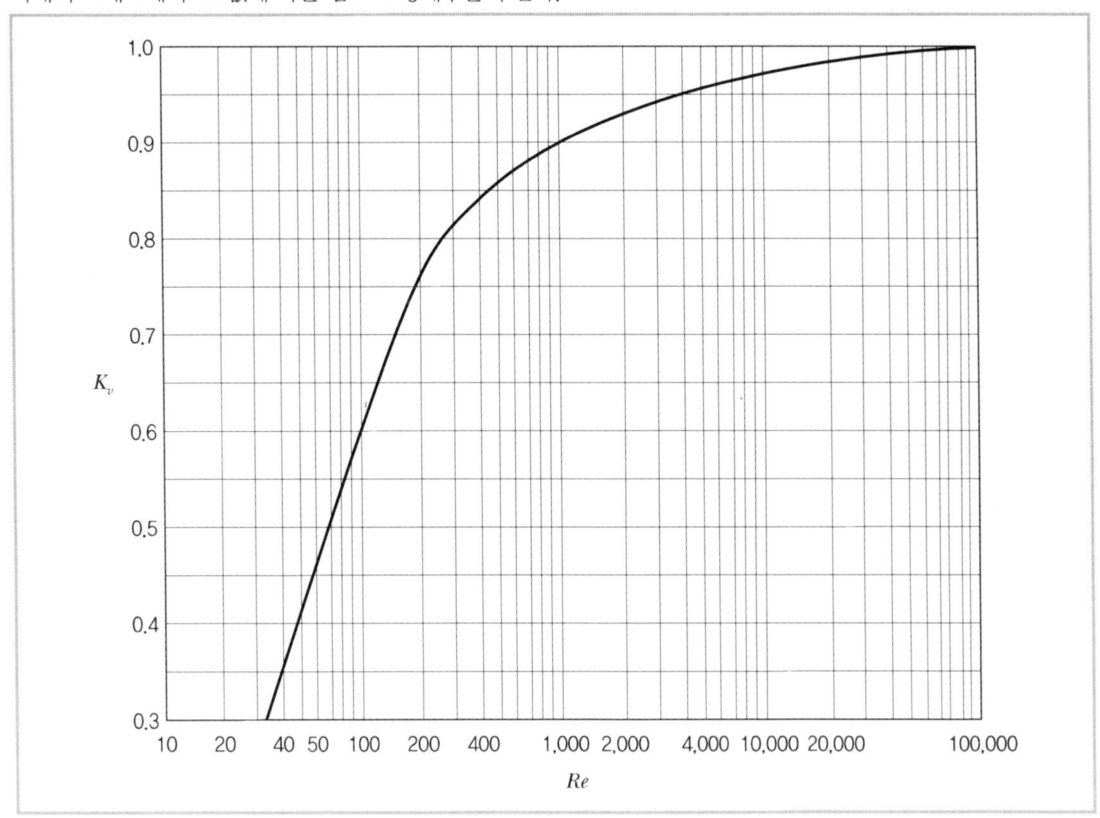

▎압축계수 그래프

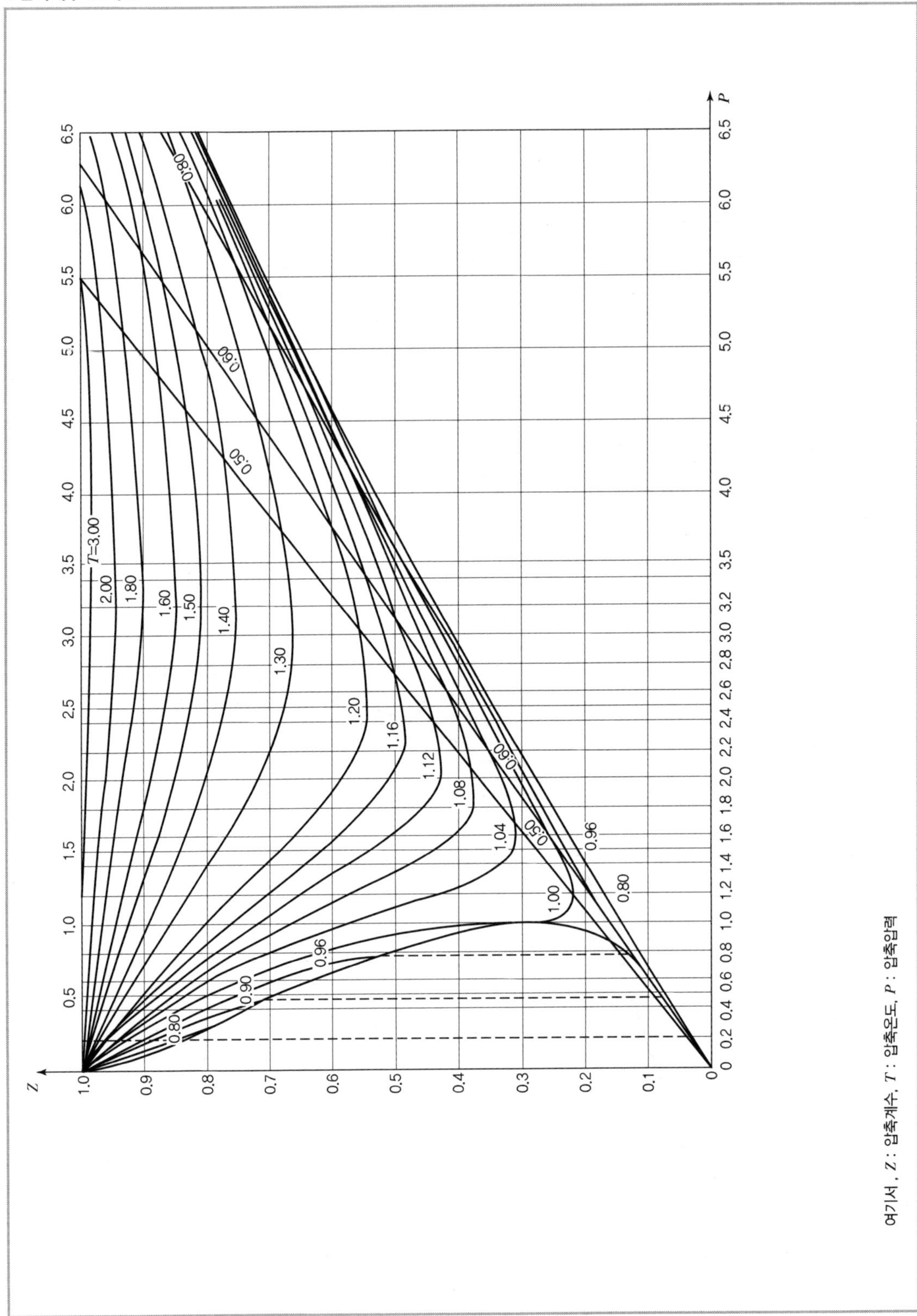

여기서, Z : 압축계수, T : 압축온도, P : 압축압력

04 법적 요구사항

1. 고시에 따른 요구사항(고시 제21조 ④)

④ 안전밸브 및 파열판 명세는 별지 제17호서식의 안전밸브 및 파열판 명세에 다음 각 호의 사항에 따라 작성하여야 한다.

1. 설정압력 및 배출용량은 안전보건규칙 제264조 및 제265조에 따라 산출하여 설정한다.
2. "보호기기 번호"란에는 안전밸브 또는 파열판이 설치되는 장치 및 설비의 번호를 기재한다.
3. 보호기기의 운전압력 및 설계압력은 별지 제15호서식의 장치 및 설비 명세에 기록된 운전압력 및 설계압력과 일치하여야 한다.
4. 안전밸브 및 파열판의 트림(Trim)은 취급하는 물질에 대하여 내식성 및 내마모성을 가진 재질을 사용하여야 한다.
5. 안전밸브와 파열판의 정밀도 오차범위는 아래 기준에 적합하여야 한다.

구분	설정압력	설정압력 대비 오차범위
안전밸브	0.5MPa 미만	±0.015MPa 이내
	0.5MPa 이상 2.0MPa 미만	±3% 이내
	2.0MPa 이상 10.0MPa 미만	±2% 이내
	10.0MPa 이상	±1.5% 이내
파열판	0.3MPa 미만	±0.015MPa 이내
	0.3MPa 이상	±5% 이내

6. "배출구 연결 부위"란에는 배출물 처리 설비에 연결된 경우에는 그 설비 이름을 기재하고, 그렇지 않은 경우에는 대기방출이라고 기재한다.
7. 〈삭제〉
8. "정격용량"란에는 안전밸브의 정격용량을 기재한다.

2. 안전밸브 및 파열판 명세 서식(고시 서식 17호)

계기번호	내용물	상태	배출용량(kg/hr)	정격용량(kg/hr)	노즐크기		보호기기압력			안전밸브 등			정밀도(오차범위)	배출연결부위	배출원인	형식
					입구	출구	기기번호	운전(MPa)	설계(MPa)	설정(MPa)	몸체재질	TRIM재질				

주) ① 배출원인에는 안전밸브의 작동원인(냉각수 차단, 전기공급중단, 화재, 열팽창 등) 중 최대로 배출되는 원인을 기재합니다.
② 형식에는 안전밸브의 형식(일반형, 벨로스형, 파일럿 조작형)을 기재합니다.

05 안전밸브 명세서의 작성 및 계산실습

1. 계기번호, 내용물, 상태

계기번호는 관리번호를 기입하며, 내용물은 물질안전보건자료에 따른 물질명과 상태(기체, 액체, 증기로 구분하며, 배출 시 상태를 뜻한다.)를 기입한다.

2. 배출용량(kg/hr)

배출용량은 과압이 걸리는 최대 배출용량으로 산정하며, P&ID와 Material Balance를 확인 후 배출용량을 산정하여야 한다.

- 반응기 : 이상반응 시 발생되는 최고 압력 및 물질 배출 요구량
  * 반응에 대한 분석이 불가능한 경우 외부화재 Case 필수 적용
- 펌프 : Valve Block에 의한 펌프 정격용량
- 압력조정기 : Regulator Fail 시 배출 요구량
- 압축기 : Valve Block에 의한 압축기 정격용량
- 보일러 : Valve Block에 의한 보일러 발생 증기량
- 외부화재로 분석하는 경우 높이 7.5m, 수평거리 15m 이내 동시 분출 고려

3. 정격용량(kg/hr)

안전밸브, 파열판 Vendor에서 제공하는 정격용량으로 배출용량 이상의 용량이어야 한다. 또한 Vendor사에서 안전밸브 계산서를 제공하므로 이를 요구하여 보관하도록 한다.

4. 노즐크기, 보호기기압력, 안전밸브 등, 정밀도, 배출연결부위, 배출원인

노즐크기는 입 · 출구 연결배관의 Size를 기입하며, 보호기기압력은 안전밸브를 통하여 보호하려는 기기, 즉 용기, 펌프, 배관 등의 운전, 설계압력(장치설비 명세와 일치 등)을 기입하며, 안전밸브의 배출압력은 보호기기의 설계압력 이하로 설정하여야 한다.

안전밸브 등의 정보는 안전밸브 제작사로부터 기기 Data를 확인하고 작성하며, 정밀도는 고시에 따라 제작된 기기의 정밀도를 기입한다. 배출연결부위는 안전한 장소(Safety Area)에 연결되어야 하며, 환경처리설비 등 연결기기를 기입하고 배출용량에서 검토한 배출원인(외부화재, 열팽창, 냉각수 중단, 전원공급 중단, Valve Block, Regulator Fail 등)을 기입한다.

- KOSHA Guide에서 제공하는 일반적인 안전밸브 정보는 다음과 같으며, 파열판의 경우는 제작사가 제작하여 Test 후 제공하므로 성적서를 보관하고 정해진 제작사양 기준은 규정하지 않고 있다.

▸ 참고사항

오리피스의 명칭별 면적

오리피스의 명칭	오리피스의 면적(구멍의 면적)	
	mm^2	in^2
D	71	0.110
E	125	0.196
F	198	0.307
G	325	0.503
H	506	0.785
J	830	1.287
K	1,186	1.838
L	1,841	2.853
M	2,323	3.600
N	2,800	4.340
P	4,116	6.380
Q	7,129	11.050
R	10,323	16.000
T	16,774	26.000

안전밸브의 규격

규격		오리피스의 면적(mm^2)	규격별 해당 여부										
오리피스의 크기	D	71	●	●	●								
	E	125	●	●	●								
	F	198	●	●	●								
	G	325			●	●	●						
	H	506				●	●						
	J	830					●	●	●				
	K	1,186							●				
	L	1,841							●	●			
	M	2,323								●			
	N	2,800								●			
	P	4,116								●			
	Q	7,129									●		
	R	10,323									●	●	
	T	16,774											●
	size		1×2	$1\frac{1}{2}$×2	$1\frac{1}{2}$×$2\frac{1}{2}$	$1\frac{1}{2}$×3	2×3	$2\frac{1}{2}$×4	3×4	4×6	6×8	6×10	8×10
			밸브 몸체 규격(인입 측 호칭 구경 × 토출 측 호칭 규격, inch)										

안전밸브의 최대 허용토출압력 및 중심면 간 거리

오리피스			플랜지의 크기						38℃에서 최대허용 토출압력		중심면 간 거리	
명칭	면적	직경	인입 측			토출 측			일반형	벨로스형	인입 측	토출 측
			공칭직경		호칭압력	공칭직경		호칭압력				
	mm^2	mm	in	mm		in	mm		bar	bar	mm	mm
			1	25	150	2	50	150	19.7		105	114
			1	25	300	2	50	150	19.7		105	114
			1	25	300	2	50	150	19.7		105	114
			1	25	600	2	50	150	19.7		105	114
D	71	9.51	$1\frac{1}{2}$	40	900	2	50	300	41.4		105	140
			$1\frac{1}{2}$	40	1,500	2	50	300	41.4		105	140
			$1\frac{1}{2}$	40	2,500	$2\frac{1}{2}$	65	300	51.0		140	165
			1	25	150	2	50	150	19.7		105	114
			1	25	300	2	50	150	19.7		105	114
			1	25	300	2	50	150	19.7		105	114
			1	25	600	2	50	150	19.7		105	114
E	126	12.7	$1\frac{1}{2}$	40	900	2	50	300	51.0		105	140
			$1\frac{1}{2}$	40	1,500	2	50	300	51.0		105	140
			$1\frac{1}{2}$	40	2,500	$2\frac{1}{2}$	65	300	51.0		140	165
			$1\frac{1}{2}$	40	150	2	50	150	19.7	15.9	124	121
			$1\frac{1}{2}$	40	300	2	50	150	19.7	15.9	124	121
			$1\frac{1}{2}$	40	300	2	50	150	19.7	15.9	124	152
F	198	15.88	$1\frac{1}{2}$	40	600	2	50	150	19.7	15.9	124	152
			$1\frac{1}{2}$	40	900	$2\frac{1}{2}$	65	300	51.0	34.5	124	152
			$1\frac{1}{2}$	40	1,500	$2\frac{1}{2}$	65	300	51.0	34.5	124	152
			$1\frac{1}{2}$	40	2,500	$2\frac{1}{2}$	65	300	51.0	34.5	140	165

오리피스			플랜지의 크기						38℃에서 최대허용 토출압력		중심면 간 거리	
명칭	면적	직경	인입 측			토출 측			일반형	벨로스형	인입 측	토출 측
			공칭직경		호칭압력	공칭직경		호칭압력				
	mm²	mm	in	mm		in	mm		bar	bar	mm	mm
G	325	20.33	$1\frac{1}{2}$	40	150	$2\frac{1}{2}$	65	150	19.7	15.9	124	121
			$1\frac{1}{2}$	40	300	$2\frac{1}{2}$	65	150	19.7	15.9	124	121
			$1\frac{1}{2}$	40	300	$2\frac{1}{2}$	65	150	19.7	15.9	124	152
			$1\frac{1}{2}$	40	600	$2\frac{1}{2}$	65	150	19.7	15.9	124	152
			$1\frac{1}{2}$	40	900	$2\frac{1}{2}$	65	300	51.0	32.4	124	152
			2	50	1,500	3	80	300	51.0	32.4	156	171
			2	50	2,500	3	80	300	51.0	32.4	156	171
H	506	25.4	$1\frac{1}{2}$	40	150	3	80	150	19.7	15.9	130	124
			$1\frac{1}{2}$	40	300	3	80	150	19.7	15.9	130	124
			2	50	300	3	80	150	19.7	15.9	130	124
			2	50	600	3	80	150	19.7	15.9	154	162
			2	50	900	3	80	150	19.7	15.9	154	162
			2	50	1,500	3	80	300	51.0	28.6	154	162
J	830	32.5	2	50	150	3	80	150	19.7	15.9	137	124
			2	50	300	3	80	150	19.7	15.9	137	124
			$2\frac{1}{2}$	65	300	4	100	150	19.7	15.9	137	143
			$2\frac{1}{2}$	65	600	4	100	150	19.7	15.9	156	171
			3	80	900	4	100	150	19.7	15.9	184	181
			3	80	1,500	4	100	300	41.4	15.9	184	181
K	1,186	38.86	3	80	150	4	100	150	19.7	10.3	156	162
			3	80	300	4	100	150	19.7	10.3	156	162
			3	80	300	4	100	150	19.7	10.3	156	162
			3	80	600	4	100	150	19.7	13.8	184	181
			3	80	900	6	150	150	19.7	13.8	198	216
			3	80	1,500	6	150	300	41.4	13.8	197	216

오리피스			플랜지의 크기						38℃에서 최대허용 토출압력		중심면 간 거리	
명칭	면적	직경	인입 측			토출 측			일반형	벨로스형	인입 측	토출 측
			공칭직경		호칭압력	공칭직경		호칭압력				
	mm^2	mm	in	mm		in	mm		bar	bar	mm	mm
L	1,841	48.41	3	80	150	4	100	150	19.7	6.9	156	165
			3	80	300	4	100	150	19.7	6.9	156	165
			4	100	300	6	150	150	19.7	11.7	179	181
			4	100	600	6	150	150	19.7	11.7	179	203
			4	100	900	6	150	150	19.7	11.7	197	222
			4	100	1,500	6	150	150	19.7	11.7	197	222
M	2,323	54.38	4	100	150	6	150	150	19.7	5.5	178	184
			4	100	300	6	150	150	19.7	5.5	178	184
			4	100	300	6	150	150	19.7	11.0	178	184
			4	100	600	6	150	150	19.7	11.0	178	203
			4	100	900	6	150	150	19.7	11.0	197	222
N	2,800	59.71	4	100	150	6	150	150	19.7	5.5	197	210
			4	100	300	6	150	150	19.7	5.5	197	210
			4	100	300	6	150	150	19.7	11.0	197	210
			4	100	600	6	150	150	19.7	11.0	197	222
			4	100	900	6	150	150	19.7	11.0	197	222
P	4,116	72.39	4	100	150	6	150	150	19.7	5.5	181	229
			4	100	300	6	150	150	19.7	5.5	181	229
			4	100	300	6	150	150	19.7	10.3	225	254
			4	100	600	6	150	150	19.7	10.3	225	254
			4	100	900	6	150	150	19.7	10.3	225	254
Q	7,129	95.27	6	150	150	8	200	150	7.9	4.8	240	241
			6	150	300	8	200	150	7.9	4.8	240	241
			6	150	300	8	200	150	7.9	7.9	240	241
			6	150	600	8	200	150	7.9	7.9	240	241
R	10,323	114.64	6	150	150	8	200	150	4.1	4.1	240	241
			6	150	300	8	200	150	4.1	4.1	240	241
			6	150	300	10	250	150	6.9	6.9	240	267
			6	150	600	10	250	150	6.9	6.9	240	267
T	16,774	146.14	8	200	150	10	250	150	2.1	2.1	276	279
			8	200	300	10	250	150	2.1	2.1	276	279
			8	200	300	10	250	150	4.1	4.1	276	279
			8	200	300	10	250	150	6.9	6.9	276	279

※ 1. 최대허용 토출압력은 게이지압력임
2. 중심면 간 거리의 허용오차는 인입 측 공칭직경이 100mm 이하인 것은 ±1.5mm, 100mm를 초과하는 것은 ±3.0mm 이하이어야 한다.

사용온도 및 재질별 최대설정 압력(D형 오리피스)

KOSHA GUIDE
D-26-2023

사용온도 및 재질별 최대설정압력(D오리피스)

재질	밸브의 크기	플랜지	호칭압력	최대압력(barg/psig)					
				일반형 및 벨로스형 안전밸브					
				스프링 재질					
몸체/보닛 (ASME/KS)	인입측/오리피스/토출측	인입측	토출측	저온용 합금강	탄소강/Cr합금강	탄소강/Cr합금강	탄소강/Cr합금강	고온용 합금강	고온용 합금강
				−267.7℃(−450℉) ~−60℃(−76℉)	−59.4℃(−75℉) ~29.2℃(−21℉)	−28.6℃(−20℉) ~37.8℃(100℉)	38.3℃(101℉) ~232.2℃(450℉)	232.7℃(451℉) ~426.7℃(800℉)	427.2℃(801℉) ~537.8℃(1000℉)
[−28.8℃(−20℉)<T≤426.7℃(800℉)]									
탄소강 (SA218 WCB/SCPH2)	1D2	150	150			19.7/285	12.6/185	5.5/80	
	1D2(3)	300	150			19.7/285	19.7/285	19.7/285	
	1D2	300	150			51.0/740	42.4/615	28.3/410	
	1D2	600	150			102.0/1480	85.2/1236	56.9/825	
	1 1/2 D2	900	300			153.0/2220	127.2/1645	65.2/1235	
	1 1/2 D2	1500	300			255.5/3705	212.4/3080	142.0/2060	
	1 1/2 D3	2500	300			413.7/8000	354.0/5135	236.5/3430	
[−426.7℃(−800℉)<T≤537.8℃(1000℉)]									
Cr–Mo강 (SA217 WC6/SCPH21)	1D2	300	150					35.2/510	14.8/215
	1D2	600	150					70.0/1015	29.6/430
	1 1/2 D2	900	300					105.1/1525	44.8/650
	1 1/2 D2	1500	300					175.1/2540	74.5/1080
	1 1/2 D3	2500	300					291.6/4230	124.1/1800
[−267.7℃(−450℉)<T≤537.8℃(1000℉)]									
오스테나이트계 스테인레스강 (SA351 CF8M /SSC14A)	1D2	150	150	19.0/275	19.0/275	19.0/275	12.4/180	5.5/80	1.4/20
	1 D2(3)	300	150	19.0/275	19.0/275	19.0/275	12.4/180	5.5/80	1.4/20
	1D2	300	150	49.6/720	49.6/720	49.6/720	34.1/495	29.0/420	24.1/350
	1D2	600	150	99.3/1440	99.3/1440	99.3/1440	68.3/990	68.3/845	48.3/700
	1 1/2 D2	900	300	148.9/2160	148.9/2160	148.9/2160	102.4/1485	87.2/1266	72.4/1050
	1 1/2 D2	1500	300	248.2/3600	248.2/3600	248.2/3600	171.0/2480	145.5/2110	120.7/1760
	1 1/2 D3	2500	300	275.8/4000	275.8/4000	413.7/6000	284.8/4130	242.7/3520	201.0/2915
[−28.8℃(−20℉)<T≤315.6℃(600℉)]									
NI/Cu 합금강(1) (SA494 M35-1/–)	1D2	150	150			9.7/140	9.7/140	9.7/140	
	1D2(3)	300	150			9.7/140	9.7/140	9.7/140	
	1D2	300	150			24.6/360	24.6/360	24.6/360	
	1D2	600	150			49.6/720	49.6/720	49.6/720	
[−28.8℃(−20℉)<T≤146.9℃(300℉)]									
합금강 20(2) (SA351 CN7M/–)	1D2	150	150			15.9/230	12.4/160		
	1D2(3)	300	150			15.9/230	12.4/160		
	1D2	300	150			41.4/600	32.1/465		
	1D2	600	150			82.7/1200	64.1/930		
	1 1/2 D2	900	300			124.1/1600	96.2/1395		
	1 1/2 D2	1500	300			208.8/3000	180.6/2330		
	1 1/2 D3	2500	300			344.7/5000	267.5/3880		

주) 1. 이 재질의 온도사용범위는 315.6℃(600℉)까지임
2. 이 재질의 온도사용범위는 148.9℃(300℉)까지임
3. 인입 측 플랜지의 호칭압력이 150인 것을 사용하여도 되나 호칭압력 300인 것을 사용하는 경우에 적용

사용온도 및 재질별 최대설정 압력(E형 오리피스)

KOSHA GUIDE
D-26-2023

사용온도 및 재질별 최대설정압력(E오리피스)

재질	밸브의 크기	플랜지	호칭압력	최대압력(barg/psig)					
				일반형 및 벨로스형 안전밸브					
				스프링 재질					
몸체/보닛 (ASME/KS)	인입측/오리피스/토출측	인입측	토출측	저온용 합금강	탄소강/Cr합금강	탄소강/Cr합금강	탄소강/Cr합금강	고온용 합금강	고온용 합금강
				-267.7℃(-450℉) ~-60℃(-76℉)	-59.4℃(-75℉) ~29.2℃(-21℉)	-28.6℃(-20℉) ~37.8℃(100℉)	38.3℃(101℉) ~232.2℃(450℉)	232.7℃(451℉) ~426.7℃(800℉)	427.2℃(801℉) ~537.8℃(1000℉)
[-28.8℃(-20℉)<T≤426.7℃(800℉)]									
탄소강 (SA218 WCB/SCPH2)	1E2	150	150			19.7/285	12.8/185	5.5/80	
	1E2(3)	300	150			19.7/285	19.7/285	19.7/285	
	1E2	300	150			51.0/740	42.4/315	28.3/410	
	1E2	600	150			102.0/1480	85.2/1235	56.9/825	
	1 1/2 E2	900	300			153.0/2220	127.2/1845	85.2/1235	
	1 1/2 E2	1500	300			255.5/3705	212.4/3080	142.0/2060	
	1 1/2 E3	2500	300			413.7/6000	354.0/5135	236.5/3430	
[-426.7℃(-800℉)<T≤537.5℃(1000℉)]									
Cr-Mo강 (SA217 WC6 / SCPH21)	1E2	300	150					35.2/510	14.5/215
	1E2	600	150					70.0/1015	29.6/430
	1 1/2 E2	900	300					105.1/1525	44.8/650
	1 1/2 E2	1500	300					175.1/2540	74.5/1080
	1 1/2 E3	2500	300					291.6/4230	124.1/1800
[-267.7℃(-450℉)<T≤537.8℃(1000℉)]									
오스테나이트계 스테인레스강 (SA351 CF8M /SSC14A)	1E2	150	150	19.0/275	19.0/275	19.0/275	12.4/180	5.5/80	1.4/20
	1 E2(3)	300	150	19.0/275	19.0/275	19.0/275	12.4/180	5.5/80	1.4/20
	1E2	300	150	49.6/720	49.6/720	49.6/720	34.1/495	29.0/420	24.1/350
	1E2	600	150	99.3/1440	99.3/1440	99.3/1440	67.2/975	58.3/845	48.3/700
	1 1/2 E2	900	300	148.9/2160	148.9/2160	148.9/2160	102.4/1485	87.2/1265	72.4/1050
	1 1/2 E2	1500	300	248.2/3600	248.2/3600	248.2/3600	171.0/2480	145.5/2110	120.7/1750
	1 1/2 E3	2500	300	275.8/4000	413.7/6000	413.7/6000	284.8/4130	242.7/3520	201.0/2915
[-28.8℃(-20℉)<T≤315.6℃(600℉)]									
Ni/Cu 합금강(1) (SA494 M35-1/-)	1E2	150	150			9.7/140	9.7/140	9.7/140	
	1E2(3)	300	150			9.7/140	9.7/140	9.7/140	
	1E2	300	150			24.8/360	24.8/360	24.8/360	
	1E2	600	150			49.6/720	49.6/720	49.6/720	
[-28.8℃(-20℉)<T≤146.9℃(300℉)]									
합금강 20(2) (SA351 CN7M/-)	1E2	150	150			15.9/230	12.4/180		
	1E2(3)	300	150			15.9/230	12.4/180		
	1E2	300	150			41.4/600	32.1/465		
	1E2	600	150			82.7/1200	64.1/930		
	1 1/2 E2	900	300			124.1/1800	96.2/1395		
	1 1/2 E2	1500	300			206.8/3000	160.6/2330		
	1 1/2 E3	2500	300			344.7/5000	267.6/3880		

주) 1. 이 재질의 온도사용범위는 315.6℃(600℉)까지임
2. 이 재질의 온도사용범위는 148.9℃(300℉)까지임
3. 인입 측 플랜지의 호칭압력이 150인 것을 사용하여도 되나 호칭압력 300인 것을 사용하는 경우에 적용

사용온도 및 재질별 최대설정 압력(F형 오리피스)

KOSHA GUIDE
D-26-2023

사용온도 및 재질별 최대설정압력(F오리피스)

재질	밸브의 크기	플랜지	호칭압력	최대압력(barg/psig)					
				일반형 및 벨로스형 안전밸브					
				스프링 재질					
몸체/보닛 (ASME/KS)	인입측/오리피스/토출측	인입측	토출측	저온용 합금강	탄소강/Cr합금강	탄소강/Cr합금강	탄소강/Cr합금강	고온용 합금강	고온용 합금강
				−267.7℃(−450℉) ~−60℃(−76℉)	−59.4℃(−75℉) ~29.2℃(−21℉)	−28.6℃(−20℉) ~37.8℃(100℉)	38.3℃(101℉) ~232.2℃(450℉)	232.7℃(451℉) ~426.7℃(800℉)	427.2℃(801℉) ~537.8℃(1000℉)
[−28.8℃(−20℉)<T≤426.7℃(800℉)]									
탄소강 (SA218 WCB/SCPH2)	1F2	150	150			19.7/285	12.8/185	5.5/80	
	1F2(3)	300	150			19.7/285	19.7/285	19.7/285	
	1F2	300	150			51.0/740	42.4/615	28.3/410	
	1F2	600	150			102.0/1480	65.2/1235	56.9/825	
	1 1/2 F3	900	300			153.0/2220	127.2/1845	85.2/1235	
	1 1/2 F3	1500	300			255.5/3705	212.4/3080	142.0/2060	
	1 1/2 F3	2500	300			344.7/5000	344.7/5000	236.5/3430	
[−426.7℃(−800℉)<T≤537.8℃(1000℉)]									
Cr-Mo강 (SA217 WC6 / SCPH21)	1F2	300	150					35.2/510	14.8/215
	1F2	600	150					70.0/1015	29.6/430
	1 1/2 F3	900	300					105.1/1525	44.8/650
	1 1/2 F3	1500	300					175.1/2540	74.5/1080
	1 1/2 F3	2500	300					291.6/4230	124.1/1800
[−267.7℃(−450℉)<T≤537.8℃(1000℉)]									
오스테나이트계 스테인레스강 (SA351 CF8M /SSC14A)	1F2	150	150	19.0/275	19.0/275	19.0/275	12.4/180	5.5/80	1.4/20
	1 F2(3)	300	150	19.0/275	19.0/275	19.0/275	12.4/180	5.5/80	1.4/20
	1F2	300	150	49.6/720	49.6/720	49.6/720	34.1/495	29.0/420	24.1/350
	1F2	600	150	99.3/1440	99.3/1440	99.3/1440	67.2/975	58.3/845	48.3/700
	1 1/2 F3	900	300	148.9/2160	148.9/2160	148.9/2160	102.4/1485	87.2/1265	72.4/1050
	1 1/2 F3	1500	300	151.7/2200	248.2/3600	248.2/3600	171.0/2480	145.5/2110	120.7/1750
	1 1/2 F3	2500	300	234.4/3400	344.7/5000	344.7/5000	284.8/4130	242.7/3520	201.0/2915
[−28.8℃(−20℉)<T≤315.6℃(600℉)]									
NI/Cu 합금강(1) (SA494 M35-1/-)	1F2	150	150			9.7/140	9.7/140	9.7/140	
	1F2(3)	300	150			9.7/140	9.7/140	9.7/140	
	1F2	300	150			24.6/360	24.8/360	24.8/360	
	1F2	600	150			49.6/720	49.6/720	49.6/720	
[−28.8℃(−20℉)<T≤146.9℃(300℉)]									
합금강 20(2) (SA351 CN7M/-)	1F2	150	150			15.9/230	12.4/180		
	1F2(3)	300	150			15.9/230	12.4/180		
	1F2	300	150			41.4/600	32.1/465		
	1F2	600	150			82.7/1200	64.1/930		
	1 1/2 F3	900	300			124.1/1800	96.2/1395		
	1 1/2 F3	1500	300			14.3/206	160.6/2330		
	1 1/2 F3	2500	300			344.7/5000	267.6/3880		

주) 1. 이 재질의 온도사용범위는 315.6℃(600℉)까지임
2. 이 재질의 온도사용범위는 148.9℃(300℉)까지임
3. 인입 측 플랜지의 호칭압력이 150인 것을 사용하여도 되나 호칭압력 300인 것을 사용하는 경우에 적용

사용온도 및 재질별 최대설정 압력(G형 오리피스)

KOSHA GUIDE
D-26-2023

사용온도 및 재질별 최대설정압력(G오리피스)

재질	밸브의 크기	플랜지	호칭압력	최대압력(barg/psig)					
				일반형 및 벨로스형 안전밸브					
				스프링 재질					
몸체/보닛 (ASME/KS)	인입측/오리피스/토출측	인입측	토출측	저온용 합금강 −267.7℃(−450℉) ~−60℃(−76℉)	탄소강/Cr합금강 −59.4℃(−75℉) ~−29.2℃(−21℉)	탄소강/Cr합금강 −28.6℃(−20℉) ~37.8℃(100℉)	탄소강/Cr합금강 38.3℃(101℉) ~232.2℃(450℉)	고온용 합금강 232.7℃(451℉) ~426.7℃(800℉)	고온용 합금강 427.2℃(801℉) ~537.8℃(1000℉)
[−28.8℃(−20℉)<T≤426.7℃(800℉)]									
탄소강 (SA218 WCB/SCPH2)	1 1/2 G3	150	150			19.7/285	12.8/185	5.5/80	
	1 1/2 G3(3)	300	150			19.7/285	19.7/285	19.7/285	
	1 1/2 G3	300	150			51.0/740	42.4/615	28.3/410	
	1 1/2 G3	600	150			102.0/1480	85.2/1236	56.9/825	
	1 1/2 G3	900	300			153.1/2220	127.2/1845	85.2/1235	
	2 G3	1500	300			255.5/3705	212.4/3080	142.0/2060	
	2 G3	2500	300			255.5/3705	255.5/3705	236.5/3430	
[−426.7℃(−800℉)<T≤537.8℃(1000℉)]									
Cr−Mo강 (SA217 WC6 / SCPH21)	1 1/2 G3	300	150					35.2/510	14.8/215
	1 1/2 G3	600	150					70.0/1015	29.6/430
	1 1/2 G3	900	300					106.1/1525	44.8/650
	2 G3	1500	300					175.1/2540	74.5/1080
	2 G3	2500	300					255.5/3705	124.1/1800
[−267.7℃(−450℉)<T≤537.8℃(1000℉)]									
오스테나이트계 스테인레스강 (SA351 CF8M /SSC14A)	1 1/2 G3	150	150	19.0/275	19.0/275	19.0/275	12.4/180	5.5/80	1.4/20
	1 1/2 G3(3)	300	150	19.0/275	19.0/275	19.0/275	12.4/180	5.5/80	1.4/20
	1 1/2 G3	300	150	49.6/720	49.6/720	49.6/720	34.1/495	29.0/420	24.1/350
	1 1/2 G3	600	150	99.3/1440	99.3/1440	99.3/1440	67.2/975	58.3/845	48.3/700
	1 1/2 G3	900	300	148.9/2160	148.9/2160	148.9/2160	102.4/1485	87.2/1265	72.4/1050
	2 G3	1500	300	169.5/2450	246.2/3600	246.2/3600	171.0/2480	146.6/2110	120.7/1750
	2 G3	2500	300	178.7/2600	248.2/3600	248.2/3600	248.2/3600	242.7/3520	201.0/2815
[−28.8℃(−20℉)<T≤315.6℃(600℉)]									
NI/Cu 합금강(1) (SA494 M35−1/−)	1 1/2 G3	150	150			9.7/140	9.7/140	9.7/140	
	1 1/2 G3(3)	300	150			9.7/140	9.7/140	9.7/140	
	1 1/2 G3	300	150			24.8/360	24.8/360	24.8/360	
	1 1/2 G3	600	150			49.6/720	49.6/720	49.6/720	
[−28.8℃(−20℉)<T≤146.9℃(300℉)]									
합금강 20(2) (SA351 CN7M/−)	1 1/2 G3	150	150			16.9/230	12.4/180		
	1 1/2 G3(3)	300	150			15.9/230	12.4/180		
	1 1/2 G3	300	150			41.4/600	32.1/465		
	1 1/2 G3	600	150			82.7/1200	64.1/930		
	1 1/2 G3	900	300			124.1/1800	96.2/1396		
	2 G3	1500	300			206.2/3000	160.6/2330		
	2 G3	2500	300			344.7/5000	267.6/3880		

주) 1. 이 재질의 온도사용범위는 315.6℃(600℉)까지임
2. 이 재질의 온도사용범위는 148.9℃(300℉)까지임
3. 인입 측 플랜지의 호칭압력이 150인 것을 사용하여도 되나 호칭압력 300인 것을 사용하는 경우에 적용

사용온도 및 재질별 최대설정 압력(H형 오리피스)

KOSHA GUIDE
D-26-2023

사용온도 및 재질별 최대설정압력(H오리피스)

재질	밸브의 크기	플랜지	호칭압력	최대압력(barg/psig)					
				일반형 및 벨로스형 안전밸브					
				스프링 재질					
몸체/보닛 (ASME/KS)	인입측/오리피스/토출측	인입측	토출측	저온용 합금강	탄소강/Cr합금강	탄소강/Cr합금강	탄소강/Cr합금강	고온용 합금강	고온용 합금강
				−267.7℃(−450℉) ~−60℃(−76℉)	−59.4℃(−75℉) ~29.2℃(−21℉)	−28.6℃(−20℉) ~37.8℃(100℉)	38.3℃(101℉) ~232.2℃(450℉)	232.7℃(451℉) ~426.7℃(800℉)	427.2℃(801℉) ~537.8℃(1000℉)
[−28.8℃(−20℉)<T≤426.7℃(800℉)]									
탄소강 (SA218 WCB/SCPH2)	1 1/2 H3	150	150			19.7/285	12.6/185	5.5/80	
	1 1/2 H3(3)	300	150			19.7/285	19.7/285	19.7/285	
	2 H3	300	150			51.0/740	42.4/615	28.3/410	
	2 H3	600	150			102.0/1480	85.2/1236	56.9/825	
	2 H3	900	150			153.1/2220	127.2/1845	85.2/1235	
	2 H3	1500	300			169.6/2750	189.6/2750	142.0/2060	
[−426.7℃(−800℉)<T≤537.8℃(1000℉)]									
Cr-Mo강 (SA217 WC6 / SCPH21)	2 H3	300	150					35.2/510	14.8/216
	2 H3	600	150					70.0/1015	29.6/430
	2 H3	900	150					106.1/1525	44.8/650
	2 H3	1500	300					175.1/2540	74.5/1080
[−267.7℃(−450℉)<T≤537.8℃(1000℉)]									
오스테나이트계 스테인레스강 (SA351 CF8M /SSC14A)	1 1/2 H3	150	150	19.0/275	19.0/275	19.0/275	12.4/180	5.5/80	1.4/20
	1 1/2 H3(3)	300	150	19.0/275	19.0/275	19.0/275	12.4/180	5.5/80	1.4/20
	2 H3	300	150	49.6/720	49.6/720	49.6/720	34.1/495	29.0/420	24.1/350
	2 H3	600	150	99.3/1440	99.3/1440	99.3/1440	67.2/975	58.3/845	48.3/700
	2 H3	900	150	102.4/1485	148.9/2160	148.9/2160	102.4/1485	87.2/1265	72.4/1050
	2 H3	1500	300	110.3/1600	189.6/2750	189.6/2750	171.0/2480	145.5/2110	120.7/1760
[−28.8℃(−20℉)<T≤315.6℃(600℉)]									
NI/Cu 합금강(1) (SA494 M35-1/-)	1 1/2 H3	150	150			9.7/140	9.7/140	9.7/140	
	1 1/2 H3(3)	300	150			9.7/140	9.7/140	9.7/140	
	2 H3	300	150			24.6/360	24.8/360	24.8/360	
	2 H3	600	150			49.6/720	49.6/720	49.6/720	
[−28.8℃(−20℉)<T≤146.9℃(300℉)]									
합금강 20(2) (SA351 CN7M/-)	1 1/2 H3	150	150			15.9/230	12.4/180		
	1 1/2 H3(3)	300	150			15.9/230	12.4/180		
	1 1/2 H3	300	150			41.4/600	32.1/465		
	2 H3	600	150			82.7/1200	64.1/930		
	2 H3	900	150			124.1/1800	96.2/1395		
	2 H3	1500	300			206.8/3000	160.6/2330		

주) 1. 이 재질의 온도사용범위는 315.6℃(600℉)까지임
2. 이 재질의 온도사용범위는 148.9℃(300℉)까지임
3. 인입 측 플랜지의 호칭압력이 150인 것을 사용하여도 되나 호칭압력 300인 것을 사용하는 경우에 적용

사용온도 및 재질별 최대설정 압력(J형 오리피스)

KOSHA GUIDE
D-26-2023

사용온도 및 재질별 최대설정압력(J오리피스)

재질	밸브의 크기	플랜지	호칭압력	최대압력(barg/psig)					
				일반형 및 벨로스형 안전밸브					
				스프링 재질					
몸체/보닛 (ASME/KS)	인입측/오리피스/토출측	인입측	토출측	저온용 합금강	탄소강/Cr합금강	탄소강/Cr합금강	탄소강/Cr합금강	고온용 합금강	고온용 합금강
				−267.7℃(−450℉) ~−60℃(−76℉)	−59.4℃(−75℉) ~29.2℃(−21℉)	−28.6℃(−20℉) ~37.8℃(100℉)	38.3℃(101℉) ~232.2℃(450℉)	232.7℃(451℉) ~426.7℃(800℉)	427.2℃(801℉) ~537.8℃(1000℉)
[−28.8℃(−20℉)<T≤426.7℃(800℉)]									
탄소강 (SA218 WCB/SCPH2)	2 J3	150	150			19.7/285	12.6/185	5.5/80	
	2 J3(3)	300	150			19.7/285	19.7/285	19.7/285	
	3 J4	300	150			51.0/740	42.4/615	28.3/410	
	3 J4	600	150			102.0/1480	85.2/1235	58.9/825	
	3 J4	900	150			153.1/2220	127.2/1845	85.2/1235	
	3 J4	1500	300			186.2/2700	186.2/2700	142.0/2060	
[−426.7℃(−800℉)<T≤537.8℃(1000℉)]									
Cr-Mo강 (SA217 WC6 / SCPH21)	3 J4	300	150					35.2/510	14.8/216
	3 J4	600	150					70.0/1015	29.6/430
	3 J4	900	300					105.1/1525	44.8/650
	3 J4	1500	300					175.1/2540	74.5/1080
[−267.7℃(−450℉)<T≤537.8℃(1000℉)]									
오스테나이트계 스테인레스강 (SA351 CF8M /SSC14A)	2 J3	150	150	19.0/275	19.0/275	19.0/275	12.4/180	5.5/80	1.4/20
	2 J3(3)	300	150	19.0/275	19.0/275	19.0/275	12.4/180	5.5/80	1.4/20
	3 J4	300	150	34.5/500	49.6/720	49.6/720	34.1/495	29.0/420	24.1/350
	3 J4	600	150	43.1/625	99.3/1440	99.3/1440	67.2/975	58.3/845	48.3/700
	3 J4	900	150	55.2/800	146.9/2160	146.9/2160	102.4/1485	87.2/1265	72.4/1050
	3 J4	1500	300	55.2/800	166.2/2700	166.2/2700	171.0/2480	145.5/2110	120.7/1750
[−28.8℃(−20℉)<T≤315.6℃(600℉)]									
NI/Cu 합금강(1) (SA494 M35-1/-)	2 Jj3	150	150			9.7/140	9.7/140	9.7/140	
	2 J3(3)	300	150			9.7/140	9.7/140	9.7/140	
	3 J4	300	150			24.6/360	24.8/360	24.8/360	
	3 J4	600	150			49.6/720	49.6/720	49.6/720	
[−28.8℃(−20℉)<T≤146.9℃(300℉)]									
합금강 20(2) (SA351 CN7M/-)	2 J3	150	150		15.9/230	15.9/230	12.4/180		
	2 J3(3)	300	150		15.9/230	15.9/230	12.4/180		
	3 J4	300	150		41.4/600	41.4/600	32.1/465		
	3 J4	600	150		82.7/1200	82.7/1200	64.1/930		
	3 J4	900	150		124.1/1800	124.1/1800	96.2/1395		
	3 J4	1500	300		206.8/3000	206.8/3000	160.6/2330		

주) 1. 이 재질의 온도사용범위는 315.6℃(600℉)까지임
2. 이 재질의 온도사용범위는 148.9℃(300℉)까지임
3. 인입 측 플랜지의 호칭압력이 150인 것을 사용하여도 되나 호칭압력 300인 것을 사용하는 경우에 적용

사용온도 및 재질별 최대설정 압력(K형 오리피스)

KOSHA GUIDE
D-26-2023

사용온도 및 재질별 최대설정압력(K오리피스)

재질	밸브의 크기	플랜지	호칭압력	최대압력(barg/psig)					
				일반형 및 벨로스형 안전밸브					
				스프링 재질					
몸체/보닛 (ASME/KS)	인입측/오리피스/토출측	인입측	토출측	저온용 합금강	탄소강/Cr합금강	탄소강/Cr합금강	탄소강/Cr합금강	고온용 합금강	고온용 합금강
				-267.7℃(-450℉) ~-60℃(-76℉)	-59.4℃(-75℉) ~29.2℃(-21℉)	-28.6℃(-20℉) ~37.8℃(100℉)	38.3℃(101℉) ~232.2℃(450℉)	232.7℃(451℉) ~426.7℃(800℉)	427.2℃(801℉) ~537.8℃(1000℉)
[-28.8℃(-20℉)<T≤426.7℃(800℉)]									
탄소강 (SA218 WCB/SCPH2)	3 K4	150	150			19.7/285	12.8/185	5.5/80	
	3 K4(3)	300	150			19.7/285	19.7/285	19.7/285	
	3 K4	300	150			51.0/740	42.4/615	28.3/410	
	3 K4	600	150			102.0/1480	85.2/1235	56.9/825	
	3 K6	900	150			153.0/2220	127.2/1845	85.2/1235	
	3 K8	1500	300			153.1/2220	153.1/2220	142.0/2060	
[-426.7℃(-800℉)<T≤537.8℃(1000℉)]									
Cr-Mo강 (SA217 WC6 / SCPH21)	3 K4	300	150					35.2/510	14.8/215
	3 K4	600	150					70.0/1015	29.6/430
	3 K6	900	150					105.1/1525	44.8/650
	3 K8	1500	300					153.1/2220	74.5/1080
[-267.7℃(-450℉)<T≤537.8℃(1000℉)]									
오스테나이트계 스테인레스강 (SA351 CF8M /SSC14A)	3 K4	150	150	19.0/275	19.0/275	19.0/275	12.4/180	5.5/80	1.4/20
	3 K4(3)	300	150	19.0/275	19.0/275	19.0/275	12.4/180	5.5/80	1.4/20
	3 K4	300	150	36.2/525	49.6/720	49.6/720	34.1/495	29.0/420	24.1/350
	3 K4	600	150	41.4/600	99.3/1440	99.3/1440	67.2/975	58.3/845	48.3/700
	3 K6	800	150	41.4/600	148.9/2160	148.9/2160	102.4/1485	87.2/1265	72.4/1050
	3 K6	1500	300	61.7/750	153.1/2220	153.1/2220	171.0/2480	145.5/2110	120.7/1760
[-28.8℃(-20℉)<T≤315.6℃(600℉)]									
NI/Cu 합금강(1) (SA494 M35-1/-)	3 K4	150	150			9.7/140	9.7/140	9.7/140	
	3 K4(3)	300	150			9.7/140	9.7/140	9.7/140	
	3 K4	300	150			24.6/360	24.8/360	24.8/360	
	3 K4	600	150			49.6/720	49.6/720	49.6/720	
[-28.8℃(-20℉)<T≤146.9℃(300℉)]									
합금강 20(2) (SA351 CN7M/-)	3 K4	150	150			15.9/230	12.4/180		
	3 K4(3)	300	150			15.9/230	12.4/180		
	3 K4	300	150			41.4/600	32.1/465		
	3 K4	600	150			82.7/1200	64.1/930		
	3 K6	900	150			124.1/1800	96.2/1395		
	3 K6	1500	300			206.8/3000	160.6/2330		

주) 1. 이 재질의 온도사용범위는 315.6℃(600℉)까지임
2. 이 재질의 온도사용범위는 148.9℃(300℉)까지임
3. 인입 측 플랜지의 호칭압력이 150인 것을 사용하여도 되나 호칭압력 300인 것을 사용하는 경우에 적용

사용온도 및 재질별 최대설정 압력(L형 오리피스)

KOSHA GUIDE
D-26-2023

사용온도 및 재질별 최대설정압력(L오리피스)

재질	밸브의 크기	플랜지	호칭압력	최대압력(barg/psig)					
				일반형 및 벨로스형 안전밸브					
				스프링 재질					
몸체/보닛 (ASME/KS)	인입측/오리피스/ 토출측	인입측	토출측	저온용 합금강	탄소강/Cr합금강	탄소강/Cr합금강	탄소강/Cr합금강	고온용 합금강	고온용 합금강
				-267.7℃(-450℉) ~-60℃(-76℉)	-59.4℃(-75℉) ~29.2℃(-21℉)	-28.6℃(-20℉) ~37.8℃(100℉)	38.3℃(101℉) ~232.2℃(450℉)	232.7℃(451℉) ~426.7℃(800℉)	427.2℃(801℉) ~537.8℃(1000℉)
[-28.8℃(-20℉)<T≤426.7℃(800℉)]									
탄소강 (SA218 WCB/SCPH2)	3 L4 3 L4(3) 4 L6 4 L6 4 L6 4 L6	150 300 300 600 900 1500	150 150 150 150 150 150			19.7/285 19.7/285 51.0/740 68.9/1000 103.4/1500	12.8/185 19.7/285 42.4/615 68.9/1000 103.4/1500	5.5/80 19.7/285 28.3/410 56.9/825 85.2/1235 103.4/1500	
[-426.7℃(-800℉)<T≤537.8℃(1000℉)]									
Cr-Mo강 (SA217 WC6 / SCPH21)	4 L6 4 L6 4 L6 4 L6	300 600 900 1500	150 150 150 150					35.2/510 68.9/1000 103.4/1500 103.4/1500	14.8/215 29.6/430 44.8/650 74.5/1080
[-267.7℃(-450℉)<T≤537.8℃(1000℉)]									
오스테나이트계 스테인레스강 (SA351 CF8M /SSC14A)	3 L4 3 L4(3) 4 L6 4 L6 4 L6	150 300 300 600 900	150 150 150 150 150	19.0/275 19.0/275 36.9/535 36.9/535 48.3/700	19.0/275 19.0/275 49.6/720 66.9/1000 103.4/1600	19.0/275 19.0/275 49.6/720 68.8/1000 103.4/1600	12.4/180 12.4/180 34.1/495 67.2/975 102.4/1485	5.5/80 5.5/80 29.0/420 58.3/845 87.2/1265	1.4/20 1.4/20 24.1/350 48.3/700 72.4/1050
[-28.8℃(-20℉)<T≤315.6℃(600℉)]									
NI/Cu 합금강(1) (SA494 M35-1/-)	3 L4 3 L4(3) 4 L6 4 L6	150 300 300 600	150 150 150 150			9.7/140 9.7/140 24.6/360 49.6/720	9.7/140 9.7/140 24.8/360 49.6/720	9.7/140 9.7/140 24.8/360 49.6/720	
[-28.8℃(-20℉)<T≤146.9℃(300℉)]									
합금강 20(2) (SA351 CN7M/-)	3 L4 3 L4(3) 4 L6 4 L6 4 L6 4 L6	150 300 300 600 900 1500	150 150 150 150 150 150			15.9/230 15.9/230 41.4/600 82.7/1200 124.1/1800 206.8/3000	12.4/180 12.4/180 32.1/465 64.1/930 96.2/1395 160.6/2330		

주) 1. 이 재질의 온도사용범위는 315.6℃(600℉)까지임
2. 이 재질의 온도사용범위는 148.9℃(300℉)까지임
3. 인입 측 플랜지의 호칭압력이 150인 것을 사용하여도 되나 호칭압력 300인 것을 사용하는 경우에 적용

사용온도 및 재질별 최대설정 압력(M형 오리피스)

KOSHA GUIDE
D-26-2023

사용온도 및 재질별 최대설정압력(M오리피스)

재질	밸브의 크기	플랜지	호칭압력	최대압력(barg/psig)					
				일반형 및 벨로스형 안전밸브					
				스프링 재질					
몸체/보닛 (ASME/KS)	인입측/오리피스/ 토출측	인입측	토출측	저온용 합금강	탄소강/Cr합금강	탄소강/Cr합금강	탄소강/Cr합금강	고온용 합금강	고온용 합금강
				-267.7℃(-450℉) ~-60℃(-76℉)	-59.4℃(-75℉) ~29.2℃(-21℉)	-28.6℃(-20℉) ~37.8℃(100℉)	38.3℃(101℉) ~232.2℃(450℉)	232.7℃(451℉) ~426.7℃(800℉)	427.2℃(801℉) ~537.8℃(1000℉)
[-28.8℃(-20℉)<T≤426.7℃(800℉)]									
탄소강 (SA218 WCB/SCPH2)	4 M6 4 M6(3) 4 M6 4 M6 4 M6	150 300 300 600 900	150 150 150 150 150			19.7/285 19.7/285 61.0/740 75.8/1100	12.8/185 19.7/285 42.4/615 75.8/1100	5.5/80 19.7/285 28.3/410 56.9/825 75.8/1100	
[-426.7℃(-800℉)<T≤537.8℃(1000℉)]									
Cr-Mo강 (SA217 WC6 / SCPH21)	4 M6 4 M6 4 M6	300 600 900	150 150 150					35.2/510 68.9/1000 75.8/1100	14.8/215 29.6/430 44.8/650
[-267.7℃(-450℉)<T≤537.8℃(1000℉)]									
오스테나이트계 스테인레스강 (SA351 CF8M /SSC14A)	4 M6 4 M6(3) 4 M6 4 M6	150 300 300 600	150 150 150 150	19.0/275 19.0/275 36.2/525 41.4/600	19.0/275 19.0/275 49.6/720 68.9/1000	19.0/275 19.0/275 49.6/720 68.9/1000	12.4/180 12.4/180 34.1/495 67.2/975	6.5/80 5.5/80 29.0/420 58.3/845	1.4/20 1.4/20 24.1/350 48.3/700
[-28.8℃(-20℉)<T≤315.6℃(600℉)]									
NI/Cu 합금강(1) (SA494 M35-1/-)	4 M6 4 M6(3) 4 M6 4 M6	150 300 300 600	150 150 150 150			9.7/140 9.7/140 24.6/360 49.6/720	9.7/140 9.7/140 24.8/360 49.6/720	9.7/140 9.7/140 24.8/360 49.6/720	
[-28.8℃(-20℉)<T≤146.9℃(300℉)]									
합금강 20(2) (SA351 CN7M/-)	4 M6 4 M6(3) 4 M6 4 M6 4 M6	150 300 300 600 900	150 150 150 150 150			15.9/230 15.9/230 41.4/600 75.8/1100 75.8/1100	12.4/180 12.4/180 32.1/465 64.1/930 75.8/1100		

주) 1. 이 재질의 온도사용범위는 315.6℃(600℉)까지임
2. 이 재질의 온도사용범위는 148.9℃(300℉)까지임
3. 인입 측 플랜지의 호칭압력이 150인 것을 사용하여도 되나 호칭압력 300인 것을 사용하는 경우에 적용

사용온도 및 재질별 최대설정 압력(N형 오리피스)

KOSHA GUIDE
D-26-2023

사용온도 및 재질별 최대설정압력(N오리피스)

재질	밸브의 크기	플랜지	호칭압력	최대압력(barg/psig)					
				일반형 및 벨로스형 안전밸브					
				스프링 재질					
몸체/보닛 (ASME/KS)	인입측/오리피스/토출측	인입측	토출측	저온용 합금강	탄소강/Cr합금강	탄소강/Cr합금강	탄소강/Cr합금강	고온용 합금강	고온용 합금강
				-267.7℃(-450℉) ~-60℃(-76℉)	-59.4℃(-75℉) ~29.2℃(-21℉)	-28.6℃(-20℉) ~37.8℃(100℉)	38.3℃(101℉) ~232.2℃(450℉)	232.7℃(451℉) ~426.7℃(800℉)	427.2℃(801℉) ~537.8℃(1000℉)
[-28.8℃(-20℉)<T≤426.7℃(800℉)]									
탄소강 (SA218 WCB/SCPH2)	4 N6 4 N6(3) 4 N6 4 N6 4 N6	150 300 300 600 900	150 150 150 150 150			19.7/285 19.7/285 51.0/740 68.9/1000	12.8/185 19.7/285 42.4/615 68.9/1000	5.5/80 19.7/285 28.3/410 56.9/825 68.9/825	
[-426.7℃(-800℉)<T≤537.8℃(1000℉)]									
Cr-Mo강 (SA217 WC6 / SCPH21)	4 N6 4 N6 4 N6	300 600 900	150 150 150					35.2/510 68.9/1000 68.9/1000	14.8/215 29.6/430 44.8/650
[-267.7℃(-450℉)<T≤537.8℃(1000℉)]									
오스테나이트계 스테인레스강 (SA351 CF8M /SSC14A)	4 N6 4 N6(3) 4 N6 4 N6	150 300 300 600	150 150 150 150	19.0/275 19.0/275 31.0/450 34.5/500	19.0/275 19.0/275 49.6/720 68.9/1000	19.0/275 19.0/275 49.6/720 68.9/1000	12.4/180 12.4/180 34.1/495 87.2/975	5.5/80 5.5/80 29.0/420 58.3/845	1.4/20 1.4/20 24.1/350 48.3/700
[-28.8℃(-20℉)<T≤315.6℃(600℉)]									
NI/Cu 합금강(1) (SA494 M35-1/-)	4 N6 4 N6(3) 4 N6 4 N6	150 300 300 600	150 150 150 150			9.7/140 9.7/140 24.6/360 49.6/720	9.7/140 9.7/140 24.8/360 49.6/720	9.7/140 9.7/140 24.8/360 49.6/720	
[-28.8℃(-20℉)<T≤146.9℃(300℉)]									
합금강 20(2) (SA351 CN7M/-)	4 N6 4 N6(3) 4 N6 4 N6 4 N6	150 300 300 600 900	150 150 150 150 150			15.9/230 15.9/230 41.4/600 68.9/1000 68.9/1000	12.4/180 12.4/180 32.1/465 64.1/930 68.9/1000		

주) 1. 이 재질의 온도사용범위는 315.6℃(600℉)까지임
2. 이 재질의 온도사용범위는 148.9℃(300℉)까지임
3. 인입 측 플랜지의 호칭압력이 150인 것을 사용하여도 되나 호칭압력 300인 것을 사용하는 경우에 적용

사용온도 및 재질별 최대설정 압력(P형 오리피스)

KOSHA GUIDE
D-26-2023

사용온도 및 재질별 최대설정압력(P오리피스)

재질	밸브의 크기	플랜지	호칭압력	최대압력(barg/psig)					
				일반형 및 벨로스형 안전밸브					
				스프링 재질					
몸체/보닛 (ASME/KS)	인입측/오리피스/ 토출측	인입측	토출측	저온용 합금강	탄소강/Cr합금강	탄소강/Cr합금강	탄소강/Cr합금강	고온용 합금강	고온용 합금강
				-267.7℃(-450℉) ~-60℃(-76℉)	-59.4℃(-75℉) ~29.2℃(-21℉)	-28.6℃(-20℉) ~37.8℃(100℉)	38.3℃(101℉) ~232.2℃(450℉)	232.7℃(451℉) ~426.7℃(800℉)	427.2℃(801℉) ~537.8℃(1000℉)
[-28.8℃(-20℉)<T≤426.7℃(800℉)]									
탄소강 (SA218 WCB/SCPH2)	4 P6 4 P6(3) 4 P6 4 P6 4 P6	150 300 300 600 900	150 150 150 150 150			19.7/285 19.7/285 36.2/625 68.9/1000	12.8/185 19.7/285 36.2/626 68.9/1000	5.5/80 19.7/285 28.3/410 56.9/825 68.9/1000	
[-426.7℃(-800℉)<T≤537.8℃(1000℉)]									
Cr-Mo강 (SA217 WC6 / SCPH21)	4 P6 4 P6 4 P6	300 600 900	150 150 150					35.2/510 68.9/1000 68.9/1000	14.8/215 29.6/430 44.8/650
[-267.7℃(-450℉)<T≤537.8℃(1000℉)]									
오스테나이트계 스테인레스강 (SA351 CF8M /SSC14A)	4 P6 4 P6(3) 4 P6 4 P6	150 300 300 600	150 150 150 150	12.1/175 12.1/175 20.7/300 33.1/480	19.0/275 19.0/275 36.2/525 68.9/1000	19.0/275 19.0/275 36.2/525 68.9/1000	12.4/180 12.4/180 34.1/495 67.2/975	5.5/80 5.5/80 29.0/420 58.3/845	1.4/20 1.4/20 24.1/350 48.3/700
[-28.8℃(-20℉)<T≤315.6℃(600℉)]									
NI/Cu 합금강(1) (SA494 M35-1/-)	4 P6 4 P6(3) 4 P6 4 P6	150 300 300 600	150 150 150 150			9.7/140 9.7/140 24.6/360 49.6/720	9.7/140 9.7/140 24.8/360 49.6/720	9.7/140 9.7/140 24.8/360 49.6/720	
[-28.8℃(-20℉)<T≤146.9℃(300℉)]									
합금강 20(2) (SA351 CN7M/-)	4 P6 4 P6(3) 4 P6 4 P6 4 P6	150 300 300 600 900	150 150 150 150 150			15.9/230 15.9/230 36.2/525 68.9/1000 68.9/1000	12.4/180 12.4/180 32.1/465 64.1/930 68.9/1000		

주) 1. 이 재질의 온도사용범위는 315.6℃(600℉)까지임
2. 이 재질의 온도사용범위는 148.9℃(300℉)까지임
3. 인입 측 플랜지의 호칭압력이 150인 것을 사용하여도 되나 호칭압력 300인 것을 사용하는 경우에 적용

사용온도 및 재질별 최대설정 압력(Q형 오리피스)

KOSHA GUIDE
D-26-2023

사용온도 및 재질별 최대설정압력(Q오리피스)

재질	밸브의 크기	플랜지	호칭압력	최대압력(barg/psig)					
				일반형 및 벨로스형 안전밸브					
				스프링 재질					
몸체/보닛 (ASME/KS)	인입측/오리피스/토출측	인입측	토출측	저온용 합금강	탄소강/Cr합금강	탄소강/Cr합금강	탄소강/Cr합금강	고온용 합금강	고온용 합금강
				−267.7℃(−450℉) ~−60℃(−76℉)	−59.4℃(−75℉) ~29.2℃(−21℉)	−28.6℃(−20℉) ~37.8℃(100℉)	38.3℃(101℉) ~232.2℃(450℉)	232.7℃(451℉) ~426.7℃(800℉)	427.2℃(801℉) ~537.8℃(1000℉)
[−28.8℃(−20℉)<T≤426.7℃(800℉)]									
탄소강 (SA218 WCB/SCPH2)	6 Q8 6 Q8 6 Q8(3) 6 Q8	150 300 300 600	150 150 150 150			11.4/165 11.4/165 20.7/300 41.4/600	11.4/165 11.4/165 20.7/300 41.4/600	5.5/80 11.4/165 20.7/300 41.4/600	
[−426.7℃(−800℉)<T≤537.8℃(1000℉)]									
Cr−Mo강 (SA217 WC6 / SCPH21)	6 Q8 6 Q8	300 600	150 150					11.4/165 41.4/600	11.4/165 29.6/430
[−267.7℃(−450℉)<T≤537.8℃(1000℉)]									
오스테나이트계 스테인레스강 (SA351 CF8M /SSC14A)	6 Q8 6 Q8(3) 6 Q8 6 Q8	150 300 300 600	150 150 150 150	11.4/165 11.4/165 17.2/250 20.7/300	11.4/165 11.4/165 20.7/300 41.4/600	11.4/165 11.4/165 20.7/300 41.4/600	11.4/165 11.4/165 20.7/300 41.4/600	5.5/80 5.5/80 20.7/300 41.4/600	1.4/20 1.4/20 20.7/300 41.4/600
[−28.8℃(−20℉)<T≤315.6℃(600℉)]									
NI/Cu 합금강(1) (SA494 M35−1/−)	6 Q8 6 Q8(3) 6 Q8 6 Q8	150 300 300 600	150 150 150 150			9.7/140 9.7/140 24.8/360 49.6/720	9.7/140 9.7/140 24.8/360 49.6/720	9.7/140 9.7/140 24.8/360 49.6/720	
[−28.8℃(−20℉)<T≤146.9℃(300℉)]									
합금강 20(2) (SA351 CN7M/−)	6 Q8 6 Q8(3) 6 Q8 6 Q8	150 300 300 600	150 150 150 150			11.4/165 11.4/165 20.7/300 41.4/600	11.4/165 11.4/165 20.7/300 41.4/600		

주) 1. 이 재질의 온도사용범위는 315.6℃(600℉)까지임
2. 이 재질의 온도사용범위는 148.9℃(300℉)까지임
3. 인입 측 플랜지의 호칭압력이 150인 것을 사용하여도 되나 호칭압력 300인 것을 사용하는 경우에 적용

사용온도 및 재질별 최대설정 압력(R형 오리피스)

KOSHA GUIDE
D-26-2023

사용온도 및 재질별 최대설정압력(R오리피스)

재질	밸브의 크기	플랜지	호칭압력	최대압력(barg/psig)					
				일반형 및 벨로스형 안전밸브					
				스프링 재질					
몸체/보닛 (ASME/KS)	인입측/오리피스/토출측	인입측	토출측	저온용 합금강	탄소강/Cr합금강	탄소강/Cr합금강	탄소강/Cr합금강	고온용 합금강	고온용 합금강
				−267.7℃(−450℉) ~−60℃(−76℉)	−59.4℃(−75℉) ~29.2℃(−21℉)	−28.6℃(−20℉) ~37.8℃(100℉)	38.3℃(101℉) ~232.2℃(450℉)	232.7℃(451℉) ~426.7℃(800℉)	427.2℃(801℉) ~537.8℃(1000℉)
[−28.8℃(−20℉)<T≤426.7℃(800℉)]									
탄소강 (SA218 WCB/SCPH2)	6 R8 6 R8(3) 6 R10 6 R10	150 300 300 600	150 150 150 150			6.9/100 6.9/100 15.9/230 20.7/300	6.9/100 6.9/100 15.9/230 20.7/300	5.5/80 6.8/100 15.9/230 20.7/300	
[−426.7℃(−800℉)<T≤537.8℃(1000℉)]									
Cr-Mo강 (SA217 WC6 / SCPH21)	6 R8 6 R10	300 600	150 150					6.9/100 20.7/300	6.9/100 20.7/300
[−267.7℃(−450℉)<T≤537.8℃(1000℉)]									
오스테나이트계 스테인레스강 (SA351 CF8M /SSC14A)	6 R8 6 R8(3) 6 R10 6 R10	150 300 300 600	150 150 150 150	3.8/55 3.8/55 10.3/150 13.8/200	6.9/100 6.9/100 15.9/230 20.7/300	6.9/100 6.9/100 15.9/230 20.7/300	6.9/100 6.9/100 15.9/230 20.7/300	6.5/80 5.5/80 15.9/203 20.7/300	1.4/20 1.4/20 15.9/230 20.7/300
[−28.8℃(−20℉)<T≤315.6℃(600℉)]									
NI/Cu 합금강(1) (SA494 M35-1/-)	6 R8 6 R8(3) 6 R10 6 R10	150 300 300 600	150 150 150 150			6.9/100 6.9/100 15.9/230 20.7/300	6.9/100 6.9/100 15.9/230 20.7/300	6.9/100 6.9/100 15.9/230 20.7/300	
[−28.8℃(−20℉)<T≤146.9℃(300℉)]									
합금강 20(2) (SA351 CN7M/-)	6 R8 6 R8(3) 6 R10 6 R10	150 300 300 600	150 150 150 150			6.9/100 6.9/100 15.9/230 20.7/300	6.9/100 6.9/100 15.9/230 20.7/300		

주) 1. 이 재질의 온도사용범위는 315.6℃(600℉)까지임
2. 이 재질의 온도사용범위는 148.9℃(300℉)까지임
3. 인입 측 플랜지의 호칭압력이 150인 것을 사용하여도 되나 호칭압력 300인 것을 사용하는 경우에 적용

사용온도 및 재질별 최대설정 압력(T형 오리피스)

KOSHA GUIDE
D-26-2023

사용온도 및 재질별 최대설정압력(T오리피스)

재질	밸브의 크기	플랜지	호칭압력	최대압력(barg/psig)					
				일반형 및 벨로스형 안전밸브					
				스프링 재질					
몸체/보닛 (ASME/KS)	인입측/오리피스/ 토출측	인입측	토출측	저온용 합금강	탄소강/Cr합금강	탄소강/Cr합금강	탄소강/Cr합금강	고온용 합금강	고온용 합금강
				-267.7℃(-450℉) ~-60℃(-76℉)	-59.4℃(-75℉) ~29.2℃(-21℉)	-28.6℃(-20℉) ~37.8℃(100℉)	38.3℃(101℉) ~232.2℃(450℉)	232.7℃(451℉) ~426.7℃(800℉)	427.2℃(801℉) ~537.8℃(1000℉)
[-28.8℃(-20℉)<T≤426.7℃(800℉)]									
탄소강 (SA218 WCB/SCPH2)	8 T10 8 T10(3) 8 T10 8 T10	150 300 300 300	150 150 150 150			4.5/65 4.5/65 8.3/120 20.7/300	4.5/65 4.5/65 8.3/120 20.7/300	4.5/65 4.5/65 8.3/120 20.7/300	
[-426.7℃(-800℉)<T≤537.8℃(1000℉)]									
Cr-Mo강 (SA217 WC6 / SCPH21)	8 T10 8 T10	300 300	150 150					8.3/120 20.7/300	6.9/100 15.5/225
[-267.7℃(-450℉)<T≤537.8℃(1000℉)									
오스테나이트계 스테인레스강 (SA351 CF8M /SSC14A)	8 T10 8 T10(3) 8 T10	150 300 300	150 150 150	3.4/50 3.4/50 4.5/65	4.5/65 4.5/65 8.3/120	4.5/65 4.5/65 8.3/120	4.5/65 4.5/65 8.3/120	4.5/65 4.5/65 8.3/120	1.4/20 1.4/20 8.3/120
[-28.8℃(-20℉)<T≤315.6℃(600℉)]									
Ni/Cu 합금강(1) (SA494 M35-1/-)	8 T10 8 T10(3)	150 300 300	150 150 150			4.5/65 4.5/65 8.3/120	4.5/65 4.5/65 8.3/120	4.5/65 4.5/65 8.3/120	
[-28.8℃(-20℉)<T≤146.9℃(300℉)]									
합금강 20(2) (SA351 CN7M/-)	8 T10 8 T10(3) 8 T10	150 300 300	150 150 150			4.5/65 4.5/65 8.3/120	4.5/65 4.5/65 8.3/120		

주) 1. 이 재질의 온도사용범위는 315.6℃(600℉)까지임
2. 이 재질의 온도사용범위는 148.9℃(300℉)까지임
3. 인입 측 플랜지의 호칭압력이 150인 것을 사용하여도 되나 호칭압력 300인 것을 사용하는 경우에 적용

파열판의 형태와 성능허용 오차 및 최대 운전비

파열판의 형태	파열압력 (P_s, barg)	성능허용오차	최대 운전비
일반 단순 돔형(Conventional Simple Domed), 일반 슬로트 돔형(Conventional Slotted Domed) 및 일반 칼자국 낸 단순 돔형(Conventional Scored Simple Domed)	P_s<0.5	±50%	0.8
	0.5≤P_s<1.5	±30%~±15%	
	1.5≤P_s	±10%	
칼날이 있는 일반 단순 돔형 (Conventional Simple Domed With Knife Blades)	P_s<2.0	±0.1bar	0.7
	2.0≤P_s	±5%	
칼자국 낸 역 돔형 (Reverse Domed Scored)	P_s<3	±0.15bar	0.9
	3≤P_s	±5%	
홈이 있도록 설계된 역 돔형 (Reverse Domed Having Slip Or Tear-Away Design)	P_s<1	±15%	0.9
	1≤P_s<2	±10%	
	2≤P_s	±5%	
칼날이 있는 역 돔형 (Reverse Domed With Knife Blades)	P_s<1	±0.15bar	0.9
	1≤P_s<3	±15%	
	3≤P_s	±5%	
전단기능 역 돔형 (Reverse Domed That Functions By Shearing)	P_s<3	±0.15bar	0.9
	3≤P_s	±5%	
혼합/다층 구조 역 돔형 (Reverse Domed Composite Or Multilayered)	P_s<0.5	±15%	0.9
	0.5≤P_s<3	±10%	
	3≤P_s	±5%	
그라파이트로 된 부품 교체형, 그라파이트 모노블록형 (Graphite Replaceable Element, Graphite Monobloc)	P_s<0.5	±25% 이하	0.8
	0.5≤P_s	±10%	
슬로트 선이 있는 평판형(Flat Slotted Lined)	P_s<0.5	±50%	0.5
	0.5≤P_s<1.5	±30%~±15%	
	1.5≤P_s	±10%	

주) 1. 성능허용오차의 % 수치는 파열압력의 %임
2. 일반 단순 돔형의 최대 운전비는 0.7임
3. 운전비=(운전압력-배압)/파열압력의 최소 허용치(단위는 bar abs임)

| 파열판 성능허용 오차 관련 차트

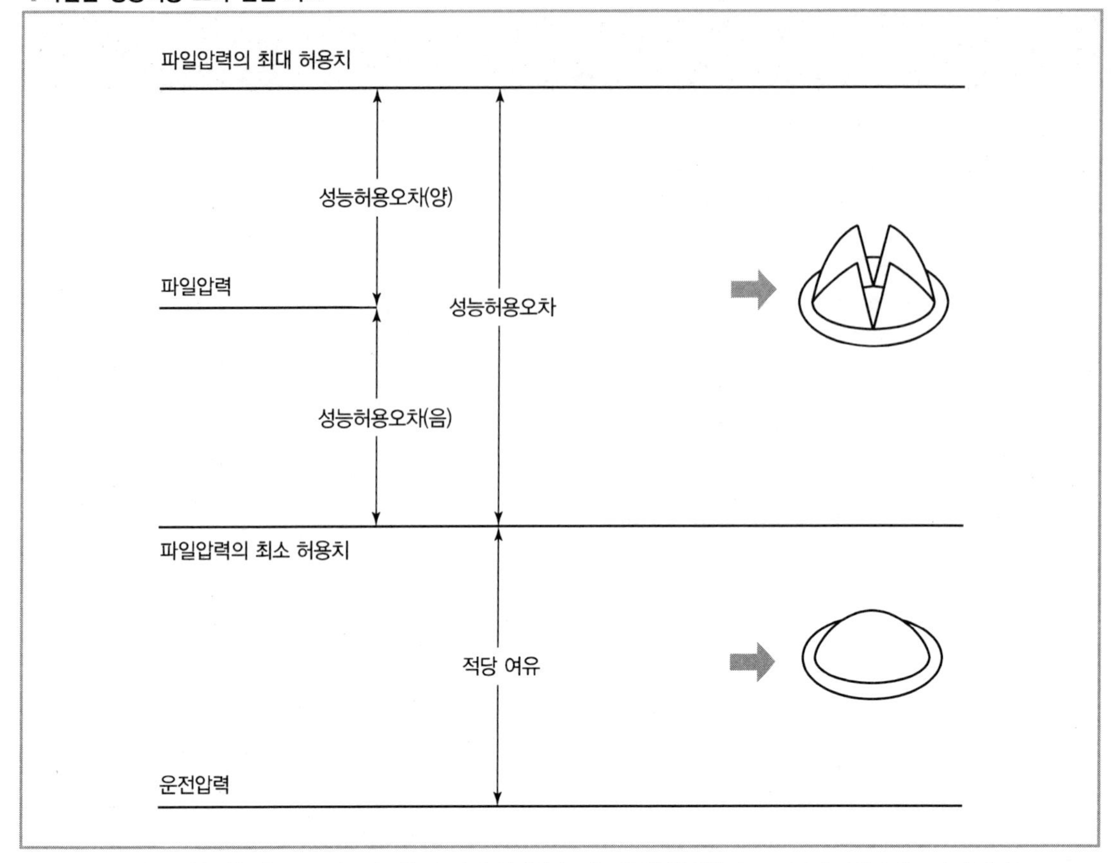

주) 1. 파열압력의 최대 허용치는 보호하고자 하는 용기의 설계압력 또는 최대허용압력의 110%를 초과하여서는 아니 된다.

5. 형식

안전밸브 등의 형식은 일반형, 벨로스형, 파일럿 조작형을 기입한다.

6. 안전밸브 계산 예시

(1) 가스용 안전밸브 계산 예(임계흐름인 경우)

다음 조건의 탄화수소 유체에 필요한 일반형 안전밸브의 크기를 계산하시오.

- 배출량(W) : 53,500lb/hr
- 분자량(M) : 65
- 배출유체의 온도(T) : 627R
- 설정압력 : 75psig
- 배압(P_2) : 14.7psia
- 유체의 압축계수(Z) : 0.84
- 유체의 비열비(k) : 1.09
- 초과압력 : 10%

1) P_1 계산

$$P_1 = \text{설정압력} + \text{초과압력}$$
$$= 75 \times (1 + 0.1)$$
$$= 82.5\text{psig}$$
$$= 97.2\text{psia}$$

2) 임계흐름압력 계산

$$P_{cf} = P_1 \times \left[\frac{2}{k+1}\right]^{k/(k-1)}$$
$$= 97.2 \times \left[\frac{2}{1.09+1}\right]^{1.09/(1.09-1)}$$
$$= 97.2 \times 0.59$$
$$= 57.3\text{psia}$$

3) 임계흐름 여부 결정

$P_B = 14.7\text{psia}$

P_B가 P_{cf}보다 작으므로 임계흐름임

4) 계수의 결정

$C = 326$

$K_b = 1$(일반형 안전밸브)

$K_c = 1$(안전밸브만 설치)

$K_d = 0.975$

5) 오리피스 면적 산출

$$A = \frac{W\sqrt{TZ}}{CK_dP_1K_bK_c\sqrt{M}} \text{(가스 및 증기인 경우의 임계흐름)}$$

$$= \frac{53,500\sqrt{627 \times 0.84}}{326 \times 0.975 \times 97.2 \times 1.0 \times 1.0\sqrt{65}}$$

$$= 4.93\text{in}^2$$

⑵ 가스용 안전밸브 계산 예(임계흐름이 아닌 경우)

다음 조건의 탄화수소 유체에 필요한 일반형 안전밸브의 크기를 계산하시오.

- 배출량(W) : 53,500lb/hr
- 분자량(M) : 65
- 배출유체의 온도(T) : 627R
- 설정압력 : 75psig
- 배압(P_B) : 55psig
- 유체의 압축계수(Z) : 0.84
- 유체의 비열비(k) : 1.09
- 초과압력 : 10%

1) P_1 및 P_2 계산

P_1 = 설정압력 + 초과압력
= 75×(1+0.1)
= 82.5psig
= 97.2psia

P_2 = 배압 + 초과압력
= 55+75×0.1
= 62.5psig
= 77.2psia

2) 임계흐름압력 계산

$$P_{cf} = P_1 \times \left[\frac{2}{k+1}\right]^{k/(k-1)}$$

$$= 97.2 \times \left[\frac{2}{1.09+1}\right]^{1.09/(1.09-1)}$$

$$= 57.3\text{psia}$$

3) 임계흐름 여부 결정

$P_B = 55\text{psig} = 69.7\text{psia}$

P_B가 P_{cf}보다 크므로 임계흐름이 아님

4) 계수의 결정

$K_d = 0.975$

$K_c = 1$ (안전밸브만 설치)

$r = P_2/P_1 = 77.2/97.2 = 0.794$

$$F_2 = \sqrt{\left(\frac{k}{k-1}\right) r^{2/k} \left[\frac{1-r^{(k-1)/k}}{(1-r)}\right]}$$

$$= \sqrt{\frac{1.09}{1.09-1}(0.794)^{2/1.09}\left[\frac{1-0.794^{(1.09-1)/1.09}}{1-0.794}\right]}$$

$$= 0.85$$

5) 오리피스 면적 산출

$$A = \frac{W}{735 F_2 K_d K_c}\sqrt{\frac{ZT}{MP_1(P_1-P_2)}}$$

$$= \frac{53,500}{735\times 0.85\times 0.975\times 1.0}\sqrt{\frac{0.84\times 627}{65\times 97.2(97.2-77.2)}}$$

$$= 5.6\text{in}^2$$

(3) 액체용 안전밸브 계산 예

다음 조건의 원유를 취급하는 용기에 필요한 안전밸브의 크기를 계산하시오.

- 배출량(Q) : 1,800gpm
- 비중(G) : 0.9
- 설정압력 : 250psig
- 배압(P_B) : 0~50psig
- 초과압력 : 10%
- 점도(U) : 2000Saybolt

1) 안전밸브의 종류

배압이 변하므로 벨로스형 안전밸브로 선정

2) P_1 및 P_B 계산

P_1 = 설정압력 + 초과압력

$= 250\times 1.1 = 275$psig

P_B = 배압 = 50psig

3) 계수의 결정

$K_c = 1$(안전밸브만 설치)

$K_d = 0.65$

$K_w = 0.97$(배압비율 $= P_B/P_S\times 100 = 50/250\times 100 = 20$)

4) 점도 보정계수를 1로 가정하고 오리피스 면적 계산

$$A_R = \frac{Q\sqrt{G}}{38K_dK_wK_cK_v\sqrt{P_1 - P_B}}$$

$$= \frac{1{,}800\sqrt{0.9}}{38\times0.65\times0.97\times1\times1\sqrt{275-50}}$$

$$= 4.752\text{in}^2$$

5) 오리피스 크기의 선정

필요한 오리피스 면적(A_R)보다 크고 가장 근사치인 P 오리피스를 선정하면 선정된 오리피스 면적은 6.38in^{2}임

6) 레이놀드 수 계산 및 K_v 선정

$$R = \frac{12{,}700\times Q}{U\times\sqrt{A}}$$

$$= \frac{12{,}700\times1{,}800}{2{,}000\times\sqrt{6.38}}$$

$$= 4{,}525$$

$$K_v = 0.964$$

7) 최종면적 계산 및 확인

$$A = \frac{A_R}{K_v}$$

$$= \frac{4.752}{0.964}$$

$$= 4.93\text{in}^2$$

A가 선정된 오리피스의 면적보다 작으므로 P 오리피스로 최종 선정

(4) 수증기용 안전밸브 계산 예

다음 조건의 포화수증기를 취급하는 용기에 필요한 일반형 안전밸브의 크기를 계산하시오.

- 배출량(W) : 153,500lb/hr
- 설정압력 : 1,600psig
- 초과압력 : 10%
- 배압 : 0psia

1) P_1 계산

$$P_1 = \text{설정압력} + \text{초과압력}$$
$$= 1,600 \times 1.1$$
$$= 1,760\text{psig}$$
$$= 1,774.7\text{psia}$$

2) 계수의 결정

$$K_d = 0.975$$

$$K_b = 1(\text{일반형 안전밸브})$$

$$K_c = 1(\text{안전밸브만 설치})$$

$$K_n = \frac{0.1906P_1 - 1,000}{0.2292P_1 - 1,061}$$

$$= \frac{0.1906 \times 1,774.7 - 1,000}{0.2292 \times 1,774.7 - 1,061} = 1.01$$

$$K_{sh} = 1$$

3) 필요한 오리피스 면적 산출

$$A = \frac{W}{51.5\ P_1\ K_d\ K_b\ K_c\ K_n\ K_{sh}}$$

$$= \frac{153,500}{51.5 \times 1774.7 \times 0.975 \times 1 \times 1 \times 1.01 \times 1}$$

$$= 1.705\,\text{in}^2$$

(5) 안전밸브 계산 실습

1) 에어컴프레서 후단에 안전밸브를 설치하려고 한다. 아래 기준에 따른 안전밸브 분출량 및 오리피스 사이즈를 계산하시오.

가. 대상시설

설비명	분출물질	상태	배관 설계압력	공급압력	운전 온도	보호기기	분출원인
에어컴프레서	AIR	GAS	10kg/cm^2.G	10 → 5 kg/cm^2.G	AMB	배관	REGULATOR FAIL

나. 계산기준

(가) 설정압력 : 8 barg
(나) 초과압력 : 10%
(다) 공기 비열비(k) : 1.4
(라) 배압 : 1bara
(마) 유체비중 : 1

2) 정량펌프 후단에 안전밸브를 설치하려고 한다. 아래 기준에 따른 안전밸브 분출량 및 오리피스 사이즈를 계산하시오.

가. 대상시설

설비명	분출물질 정격유량	상태	배관 설계압력	공급압력	운전온도	보호기기	분출원인
스크루 펌프 (정량)	AAA 400lpm	액체	10kg/cm^2.G	10kg/cm^2.G	AMB	배관	Valve Block

나. 계산기준

(가) 설정압력 : 9barg
(나) 초과압력 : 10%
(다) 점도 : 0.76cp
(라) 배압 : 0
(마) 유체비중 : 0.873

CHAPTER 09

공정설명서의 이해 및 작성

01 공정설명서의 법적 요구사항

1. 공정안전보고서 작성, 제출 등에 관한 고시 제22조(공정도면)

① 공정개요에는 해당 설비에서 일어나는 화학반응 및 처리방법 등이 포함된 공정에 대한 운전조건, 반응조건, 반응열, 이상반응 및 그 대책, 이상 발생 시의 인터록 및 조업중지조건 등의 사항들이 구체적으로 기술되어야 하며, 이 중 이상 발생 시의 인터록 작동조건 및 가동중지 범위 등에 관한 사항은 별지 제17호의2 서식의 이상 발생 시 인터록 작동조건 및 가동중지 범위에 작성하여야 한다.

2. 공정안전보고서 작성, 제출 등에 관한 고시 서식(제17호의2 서식)

이상 발생 시 인터록 작동조건 및 가동중지 범위

인터록 번호	대상설비 번호	설정값				감지기 번호	최종 작동설비	가동중지 범위	점검주기	비고
		온도 (℃)	압력 (MPa)	액위 (m)	기타					

주) ① 인터록 번호는 다른 인터록과 구분되는 번호를 기재한다.
② 대상설비는 인터록 및 조업중지가 되는 설비명을 기재한다.
③ 설정 값에는 미리 설정한 온도, 압력, 액위 등을 순차적으로 기재한다.
④ 감지기번호(계기번호)는 설정된 온도, 압력, 액위 등의 감지기의 번호를 기재한다.
⑤ 최종작동설비는 인터록에 의해 최종 작동되는 설비를 기재한다.
⑥ 가동중지범위는 인터록에 의해 가동 중지되는 범위를 기재한다.
⑦ 점검주기는 감지기, 최종작동설비 등의 점검주기를 기재한다.

02 작성방법

1. 공정설명서(공정개요)에 포함되어야 하는 사항

(1) 전체 공정개요

- 전체공정에 대한 설명
  - 설비(명세서 번호), 물질명(MSDS)을 구분하여 공정별로 작성한다.
  - 공정개략도(Flow Chart)를 작성하여 공정을 확인할 수 있도록 한다.
    여기서, PSM 대상공정을 표시한다.
- 공정안전보고서 대상설비와 공정시설에 대해 설명한다.
- 전체공정 및 PSM 대상공정 Flow Chart 작성 예

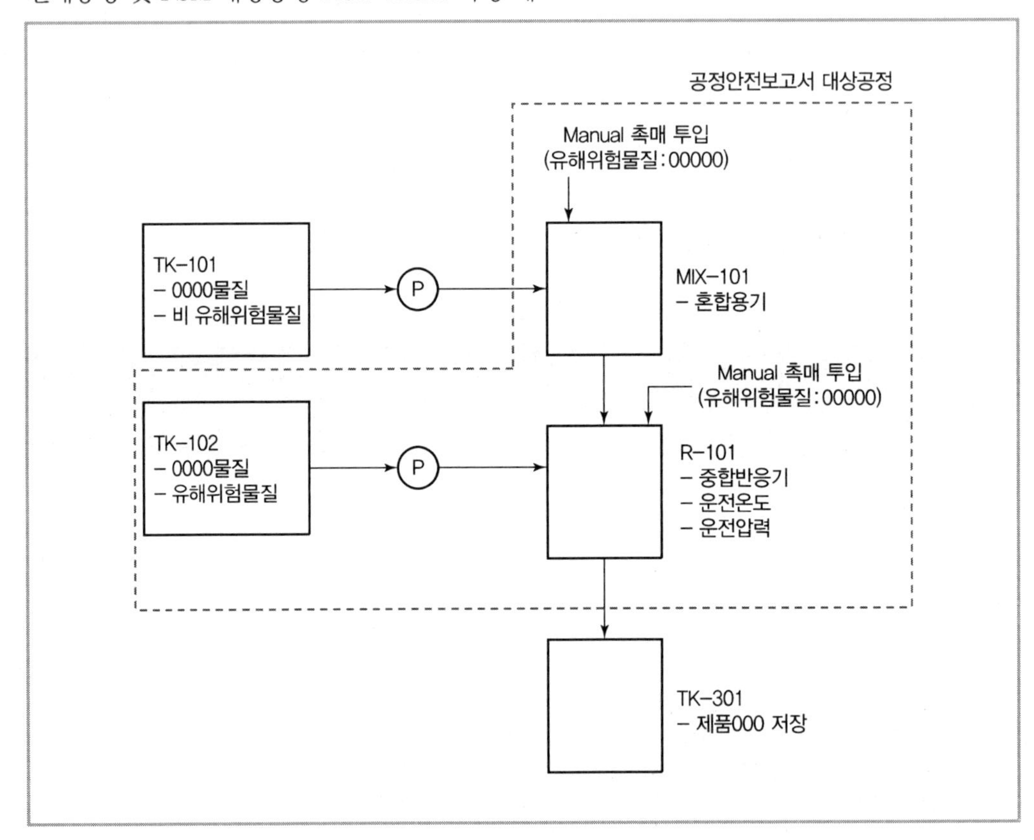

(2) 공정안전보고서 대상공정

- 공정별로 사용 유해 · 위험물질, 화학반응식, 운전조건, 반응조건, 반응열, 이상반응 등을 설명한다.
- 발열반응의 경우 아래의 사항을 확인해야 한다.
  - 시간－반응 온도 곡선(온도상승/단위시간)
  - 이상반응 제어를 위한 제어방법(냉각, 부촉매 투입 등)

(3) 공정 위험성 및 대책

- 공정별로 위험성과 그 대책을 기술한다.

(4) 이상 발생 시 인터록 작동조건 및 가동중지 범위

인터록 명세를 첨부한다.

인터록 명세 예시

인터록 번호	대상 설비 번호	설정 값				감지기 번호	최종작동 설비	가동중지 범위	점검 주기	비고
		온도 (℃)	압력 (MPa)	액위 (m)	기타					
NG－B01	BU－01 (버너)	－	－	－	미착화	UV－01	ESV－001 FD－001	버너 가동중지 (연료공급 차단)	1회/년	
R－C－01	R－101	120	－	－	－	TE－101	MOV－01 (냉각수 공급)	반응기 운전중지	1회/6개월	
R－C－02	R－101	150	－	－	－	TE－101	MOV－02 (부촉매 공급)	공정 가동중지	1회/6개월	

CHAPTER 10

공정흐름도와 배관계장도

01 공정흐름도와 배관계장도 법적사항

1. 공정안전보고서 작성 등에 관한 고시 제22조(공정도면)

② 공정흐름도(Process Flow Diagram ; PFD)에는 주요 동력기계, 장치 및 설비의 표시 및 명칭, 주요 계장설비 및 제어설비, 물질 및 열 수지, 운전온도 및 운전압력 등의 사항들이 포함되어야 한다. 다만, 영 제43조제1항제1호부터 제7호까지에 해당하지 아니하는 사업장으로서 공정특성상 공정흐름도와 공정배관 · 계장도를 분리하여 작성하기 곤란한 경우에는 공정흐름도와 공정배관 · 계장도를 하나의 도면으로 작성할 수 있다.

참고 영 제43조 제1항, 제1호부터 제7호 사업장

1. 원유 정제처리업
2. 기타 석유정제물 재처리업
3. 석유화학계 기초화학물질 제조업 또는 합성수지 및 기타 플라스틱물질 제조업. 다만, 합성수지 및 기타 플라스틱물질 제조업은 별표 13의 제1호 또는 제2호에 해당하는 경우로 한정한다.
4. 질소 화합물, 질소 · 인산 및 칼리질 화학비료 제조업 중 질소질 화학비료 제조업
5. 복합비료 및 기타 화학비료 제조업 중 복합비료 제조업(단순혼합 또는 배합에 의한 경우는 제외한다)
6. 화학 살균 · 살충제 및 농업용 약제 제조업(농약 원제 제조만 해당한다)
7. 화약 및 불꽃제품 제조업

③ 공정배관 · 계장도에는 다음 각 호의 사항을 상세히 표시하여야 한다.

1. 모든 동력기계와 장치 및 설비의 명칭, 기기번호 및 주요 명세(예비기기를 포함한다) 등
2. 모든 배관의 공칭직경, 라인번호, 재질, 플랜지의 공칭압력 등
3. 설치되는 모든 밸브류 및 모든 배관의 부속품 등
4. 배관 및 기기의 열 유지 및 보온 · 보랭
5. 모든 계기류의 번호, 종류 및 기능 등
6. 제어밸브(Control Valve)의 작동 중지 시의 상태
7. 안전밸브 등의 크기 및 설정압력

8. 인터록 및 조업 중지 여부

④ 유틸리티 계통도에는 유틸리티의 종류별로 사용처, 사용처별 소요량 및 총 소요량, 공급설비 및 제어개념 등의 사항을 포함하여야 한다.

⑤ 유틸리티 배관 계장도(Utility Flow Diagram ; UFD)에는 공정 배관 · 계장도에 표시되는 모든 것을 포함하여야 한다.

02 공정흐름도(PFD)

1. 공정흐름도(PFD ; Process Flow Diagram)의 정의

공정계통과 장치설계기준을 나타내는 도면으로 주요 장치와 장치 간의 공정연관성, 운전조건, 운전변수, 물질 및 에너지 수지, 제어 설비 및 연동장치 등에 대한 기술적 정보를 이해할 수 있도록 연계된 도면이다.

2. 공정흐름도 표시사항

공정설계의 기본적인 사항인 제조공정 개요와 공정흐름, 공정제어의 원리, 제조설비의 종류 및 기본사양 등이 표시되어야 하며, 주요사항은 아래와 같다.

(1) 공정 처리순서 및 흐름의 방향(Flow Scheme & Direction)
(2) 주요 동력기계, 장치 및 설비 류의 배열
(3) 기본 제어논리(Basic Control Logic)
(4) 기본설계를 바탕으로 한 온도, 압력, 물질수지 및 열수지 등
(5) 압력용기, 저장탱크 등 주요 용기류의 간단한 사양
(6) 열교환기, 가열로 등의 간단한 사양
(7) 펌프, 압축기 등 주요 동력기계의 간단한 사양
(8) 회분식 공정인 경우에는 작업순서 및 작업시간

3. 물질수지와 열수지

(1) 물질수지와 열수지의 정의

1) 물질수지(Material Balance) : 공정 중에 사용되는 주원료 및 부원료의 양과 제품이나 부산물의 양 또는 폐가스, 폐액 등으로 배출되는 손실량 간의 수지계산이다.

2) 열수지(Heat Balance) : 원하는 공정조건을 충족시키기 위하여 가열, 냉각시키거나 화학반응의 결과로 반응열이 발생 또는 흡수되는 등 공정 중 물질계의 상태변화에 따른 열 및 에너지 변화량

에 대한 수지 계산이다.

• 화공, 발전플랜트의 경우 열수지는 생산물질의 품질과 에너지 효율에 중요한 부분으로 엔지니어링 단계에서부터 작성되나 일반 산업플랜트에서는 열수지를 작성하는 것은 어려운 부분이다.

(2) 물질수지와 열수지의 표시사항

1) 공정흐름도에는 유체의 조성, 유량, 상(Phase), 온도, 압력 등 중요한 물리적 특성과 주요 장치에 있어서의 열 교환량이나 에너지 소비량 등 기본적인 공정흐름의 설계개념을 표시한다.

2) 물질수지 및 열수지, 기타 관련 정보들은 공정흐름 순서와 위치를 식별할 수 있도록 흐름번호(Stream Number)를 부여하고, 대응되는 물질수지 및 열수지는 도면 하단부 또는 기타 여백에 표기하며, 필요에 따라 별지에 작성할 수도 있다.

3) 물질수지는 다음과 같은 내용을 표시한다.

가. 흐름번호

나. 흐름별 유체의 종류(기체, 액체) 및 조성

다. 유체의 조성비율

라. 유량

마. 유체 특성 : 비중, 점도, 밀도, 분자량 등

바. 운전압력

4) 열수지는 주요 흐름별 운전온도, 엔탈피, 열용량 등을 표시한다.

5) 흐름번호는 주 공정흐름을 우선하여 원료의 공급에서부터 제품 생산에 이르기까지 순차적으로 부여하고, 정제 및 회수공정 등 부속 공정흐름에 대해서도 계통별로 부여한다.

6) 연속적인 공정벤트나 드레인도 빠짐없이 포함시켜 원료 및 부원료의 총 투입량과 중간 손실을 포함한 제품의 총 생산량 등이 일치하도록 하여야 한다.

7) 다품종의 제품을 생산하는 공정인 경우에는 원료, 제품 등 구성성분 및 운전조건의 변경에 따라 공정흐름도와 물질수지를 별도로 작성하여야 한다.

예시 도면

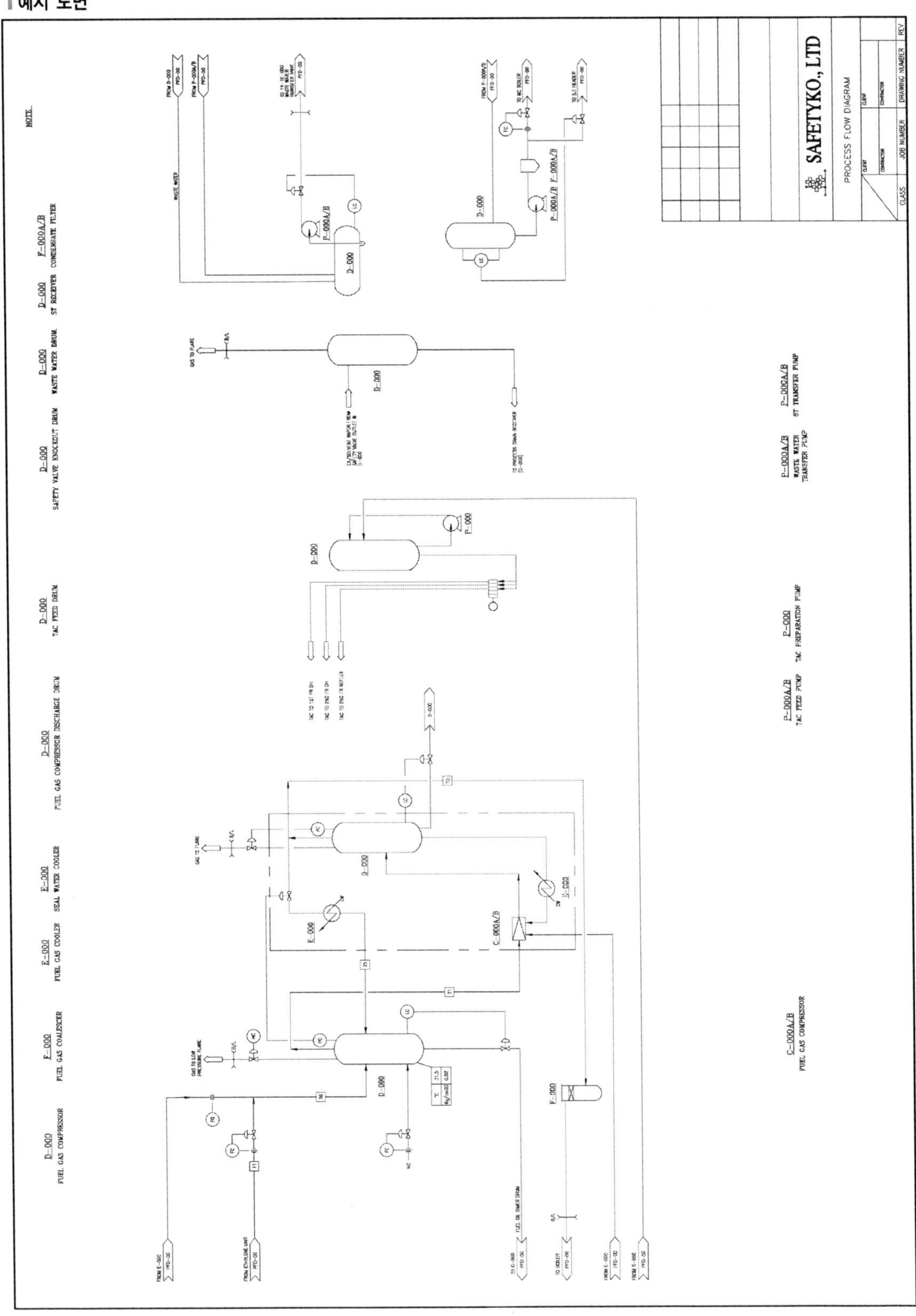
NOTE
D-000 FUEL GAS COMPRESSOR
F-000 FUEL GAS COALESCER
E-000 FUEL GAS COOLER
E-000 SEAL WATER COOLER
D-000 FUEL GAS COMPRESSOR DISCHARGE DRUM
D-000 TAC FEED DRUM
D-000 SAFETY VALVE KNOCKOUT DRUM
D-000 WASTE WATER DRUM
D-000 ST RECEIVER
F-000A/B CONDENSATE FILTER
C-000A/B FUEL GAS COMPRESSOR
P-000A/B TAC FEED PUMP
P-000 TAC PREPARATION PUMP
P-000A/B WASTE WATER TRANSFER PUMP
P-000A/B ST TRANSFER PUMP
SAFETYKO., LTD
PROCESS FLOW DIAGRAM
CLASS
JOB NUMBER
DRAWING NUMBER
REV

4. 작성방법에 대한 상세

공정흐름도(PFD)는 공정물질의 흐름을 파악하고 간단한 기기류의 Spec을 확인하며, 공정흐름도를 통해 물질밸런스와 열밸런스를 확인하기 위한 도면이다. 따라서 작성방법이 공정의 중요도와 위험도 등에 따라 공장별로 다르게 작성될 수 있으며, 간단히 작성된 도면으로 설명하면 아래와 같다.

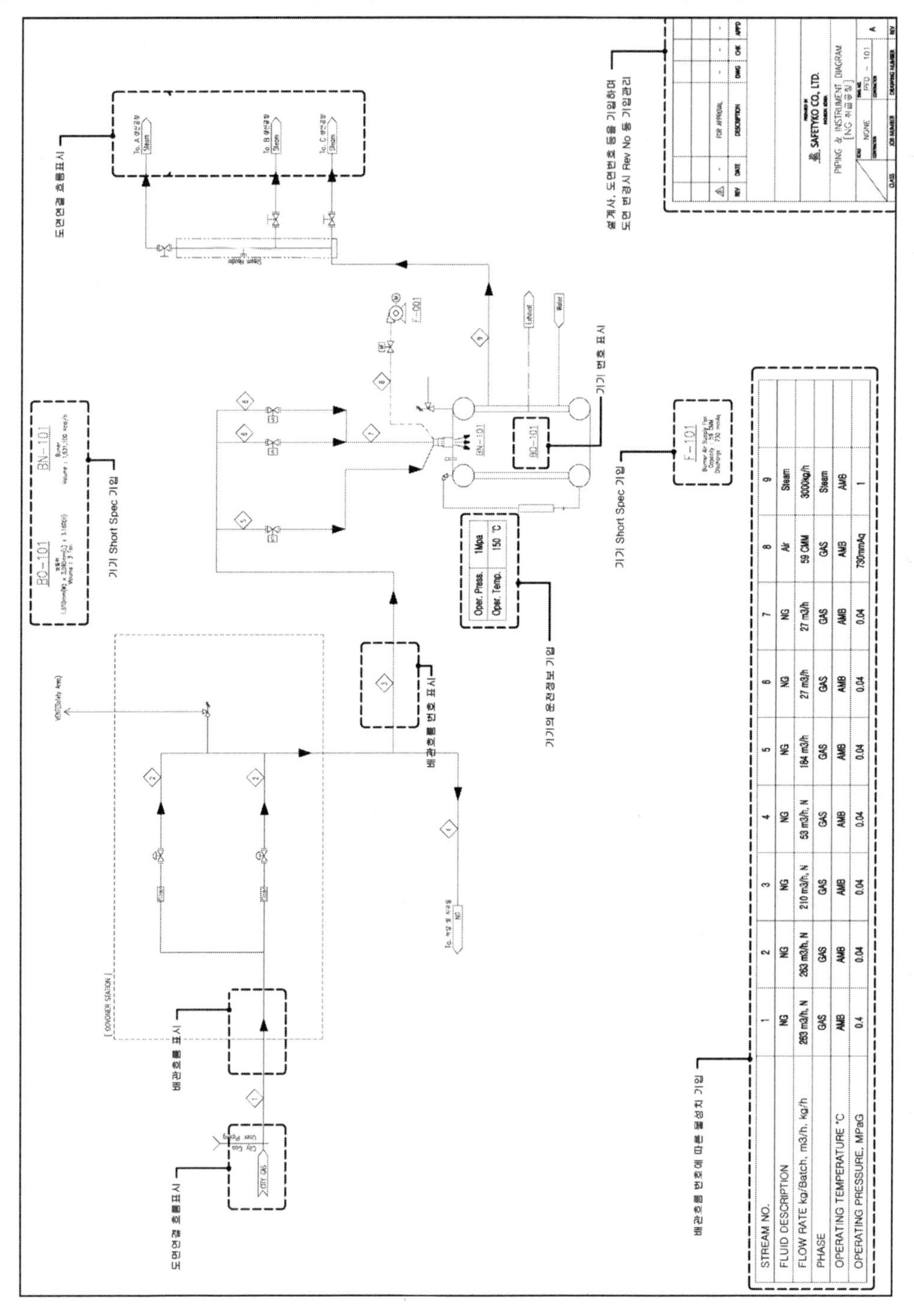

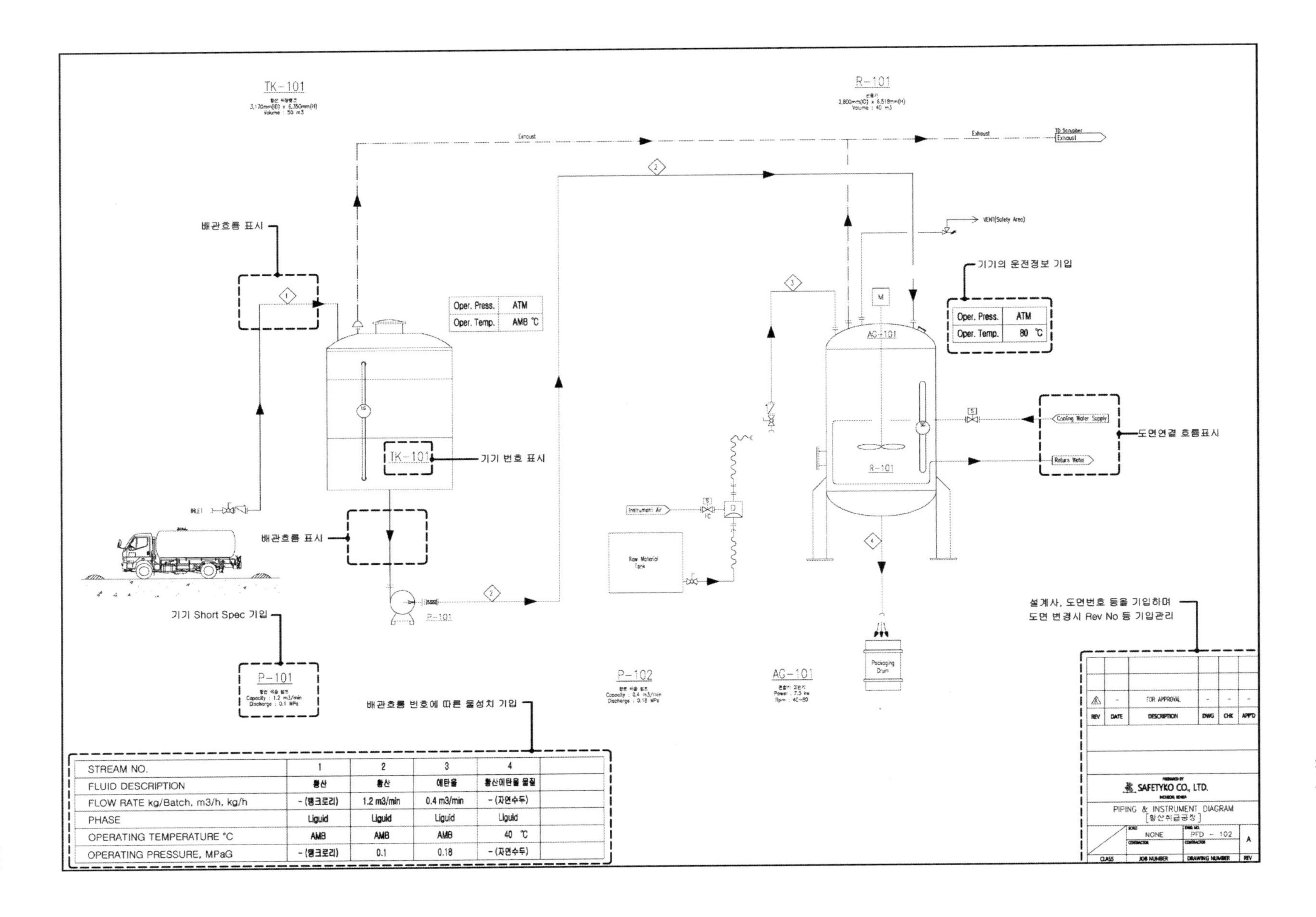
TK-101
P-101
P-102
R-101
AG-101
Oper. Press.
ATM
Oper. Temp.
AMB °C
80 °C
Cooling Water Supply
Return Water
TO Scrubber Exhaust
Exhaust
VENT(Safety Area)
Packaging Drum
Raw Material Tank
Instrument Air
배관흐름 표시
기기 Short Spec 기입
배관흐름 표시
기기 번호 표시
기기의 운전정보 기입
도면연결 흐름표시
배관흐름 번호에 따른 물성치 기입
설계사, 도면번호 등을 기입하며
도면 변경시 Rev No 등 기입관리
STREAM NO. | 1 | 2 | 3 | 4
FLUID DESCRIPTION | 황산 | 황산 | 에탄올 | 황산에탄올 용액
FLOW RATE kg/Batch, m3/h, kg/h | -(탱크로리) | 1.2 m3/min | 0.4 m3/min | -(자연수두)
PHASE | Liquid | Liquid | Liquid | Liquid
OPERATING TEMPERATURE °C | AMB | AMB | AMB | 40 °C
OPERATING PRESSURE, MPaG | -(탱크로리) | 0.1 | 0.18 | -(자연수두)
REV
DATE
DESCRIPTION
DWG
CHK
APP'D
FOR APPROVAL
SAFETYKO CO., LTD.
PIPING & INSTRUMENT DIAGRAM
NONE
PFD - 102
A
JOB NUMBER
DRAWING NUMBER

03 공정배관계장도(P&ID)

1. 공정배관계장도(P&ID ; Piping & Instrument Diagram)의 정의

공정의 시운전(Start－up Operation), 정상운전(Normal Operation), 운전정지(Shutdown) 및 비상운전(Emergency Operation) 시에 필요한 모든 공정장치, 동력기계, 배관, 공정제어 및 계기 등을 표시하고 이들 상호 간에 연관 관계를 나타내 주며 상세설계, 건설, 변경, 유지보수 및 운전 등을 하는 데 필요한 기술적 정보를 파악할 수 있는 도면이다.

2. 공정배관계장도 표시사항

항목	표시사항(검토사항)
일반사항	공정배관계장도의 이해를 위한 기본사항 (1) 공정배관 계장도에 사용되는 부호(Symbol) 및 범례도(Legend) (2) 장치 및 기계, 배관, 계장 등 고유번호 부여 체계 (3) 약어, 약자 등의 정의 (4) 기타 특수 요구사항
장치 및 동력기계	설치되는 모든 공정장치 및 동력기계가 표시되며, 표시 내용은 아래와 같다. (1) 모든 장치와 장치의 고유번호, 명칭, 용량, 전열량 및 재질 등의 주요명세 (2) 모든 동력기계와 동력기계의 고유번호, 명칭, 용량 및 동력원(전동기, 터빈, 엔진 등) 등의 주요명세 (3) 탑류, 반응기 및 드럼 등의 경우에는 맨홀, 트레이(Tray)의 단수, 분배기(Distributor) 등 내부의 간단한 구조 및 부속품 (4) 모든 벤트, 드레인의 크기와 위치 (5) 장치 및 동력기계의 연결부 (6) 장치 및 동력기계의 보온, 보랭, 트레이싱(Heat Tracing)
배관	모든 배관 및 덕트와 유체의 흐름방향 등이 표시되며, 표시 내용은 아래와 같다. (1) 배관, 덕트의 호칭지름, 배관번호, 재질, 플랜지 호칭압력, 보온, 보랭 등 (2) 정상운전, 시운전 시에 필요한 모든 배관에 설치되어 있는 벤트, 드레인 (3) 모든 차단밸브, 밸브의 종류별 위치 (4) 특별한 부속품류, 시료 채취배관, 시운전용 및 운전중지에 필요한 배관 (5) 스팀이나 전기에 의한 트레이싱(Heat Tracing) (6) 보온, 보랭 종류 구분 (7) 배관의 재질이 바뀌는 위치 및 크기 (8) 공급범위 등 기타 특수조건 등의 표기
계측기기	모든 계기, 자동조절밸브 등이 표시되며, 표시 내용은 아래와 같다. (1) 센서, 조절기, 지시계, 기록계, 경보계 등을 포함한 제어 계통 (2) 분산제어시스템(DCS) 또는 아날로그 등 제어장치의 구분 (3) 현장설치계기, 현장 판넬 표시 계기, 분산제어시스템 표시계기 등의 구분 (4) 고유번호, 종류, 형식, 기능 (5) 자동조절밸브와 긴급차단밸브의 크기, 형태 등 규격, 정전과 같은 이상 시 밸브의 개폐 (6) 공기, 전기, 유압 등 신호라인(Signal Line) (7) 안전밸브의 크기, 설정압력 및 토출 측 연결부위의 조건 (8) 계장용 배관, 계기의 보온 종류 (9) 비정상운전, 안전운전을 위한 연동시스템

3. 공정설계 배관계통 주의사항

탄화수소, 가스, 증기, 물, 공기 및 인화성 액체를 이송하는 공정배관 및 유틸리티 배관에 대해서는 위해 위험성이 있어 아래의 사항에 대하여 검토하여야 한다.

구분	내용
공정서비스의 범위	프로세스 설계 부분을 확인해야 하며, Equipment 중 계측기기에 신호를 보내는 Instrument에 대하여 누락된 부분이 있는지 확인해야 한다.
재료의 사용 제한	재료의 부식과 관련하여 배관 Spec.을 확인하고 동결의 우려가 있는 장소에 대하여 보온이 반영되었는지 확인해야 한다.
밸브의 선정 등	1. 설계 시 일반적인 고려 사항 (1) 안전한 밸브의 선정과 설치를 위하여 일반 사양을 작성한다. (2) 밸브는 개 · 폐 (On/Off), 조절, 역류방지의 기능, 압력손실, 밸브조작 방법, 기밀 고려 등에 따라 게이트, 볼, 글로브, 니들, 콕, 버터플라이, 다이어프램 등 형식을 선정한다. -개 · 폐(On/Off) 밸브 : 게이트 밸브, 플러그 밸브, 볼밸브 -조절 밸브 : 글로브 밸브, 버터플라이 밸브, 다이어프램 밸브, 핀치밸브 -역지 밸브 : 체크밸브 -혼합 밸브 : 자동조절밸브, 솔레노이드 등 계기와 연동되는 밸브 (3) 게이트 밸브 스템, 버터플라이, 플러그와 볼밸브 개도율과 같이 밸브가 열리고 닫힘을 시각적으로 알 수 있도록 하는 것이 안전상 도움이 되며, 필요한 경우에는 꼬리표를 제작하여 부착한다. (4) 화학물질의 종류, 상, 온도, 압력 및 유량 등 공정유체의 조건에 적합하여야 하며, 압력-온도 등급, 연결방법과 부식, 마모 및 온도 스트레스 등을 고려하여 밸브의 몸체와 부속품의 재질을 결정한다. 2. 자동조절밸브의 고장모드(Failure Mode) 배관계장도(P&ID) 및 밸브의 사양에 다음의 고장 모드 중 하나를 명기하여야 한다. - 고장 시 열림(Fail Open ; FO) 예 공정밸브 작동을 위한 작동유체(공기, 유류 등)의 공급배관 밸브는 Fail Open 방식으로 한다. - 고장 시 닫힘(Fail Close ; FC) 예 공정밸브 중 위험물질의 반응기 공급배관 등은 고장 시 Fail Close로 고려한다. - 고장 시 상태로 있음(Fail in Place) 3. 긴급차단밸브(Emergency Isolation Valve) - 긴급차단밸브는 인화성 유체 또는 독성물질의 대량 손실을 막기 위하여 설치한다. - 대량의 누출이 우려되는 곳은 펌프 주변, 드레인 포인트 및 호스 연결부 등이 있다.

4. Numbering System

플랜트 건설 시 사용되는 모든 문서체계는 프로젝트마다 Numbering System을 확정하여 사용하게 되며, Numbering System은 문서, 도면, 장치의 표시 등에 대하여 규정하는 문서이다. 따라서 프로젝트를 시작할 경우 Numbering System을 꼭 확인하고 업무를 진행해야 한다.

- Documents and Drawing Numbering 기준
- 기계, 계장, 전기 등 Equipment Numbering 기준
- 기타 도장 등 기준

5. P&ID(Piping & Instrument Diagram)의 종류

구분	설명
Process P&ID	Process P&ID는 On-site Process Unit, Off-site, Tankage System을 포함하여 작성한다.
Utility P&ID	Process Unit에 공급되는 유틸리티들에 대한 생산 및 공급시설을 포함한다. 유틸리티의 주요시설은 수처리, 냉각수, 스팀 및 응축수 회수, 공기 공급, 불활성 가스공급, 폐수처리, 대기배출 등이다.
Relief and Blowdown P&ID	공정시스템에서 방출되는 Flare Gas 또는 Blowdown의 수집, 처리 설비를 포함하며, Collection Header, K.O. Drum, Flare, Vent Stack 등이 이러한 P&ID에 포함된다.
Special Control Diagram	제어시스템이 복잡하여 본 Process P&ID에 포함될 수 없을 때 추가적으로 작성되는 P&ID의 종류이다. 예로 2개 이상의 Compressor, Fired Heater 등 설비 제어시스템에서 작성된다.
Auxiliary P&ID	펌프, 압축기, Package Item 등의 장치들에 필요한 부속설비를 나타내기 위해 작성한다.

P&ID 작성 예시

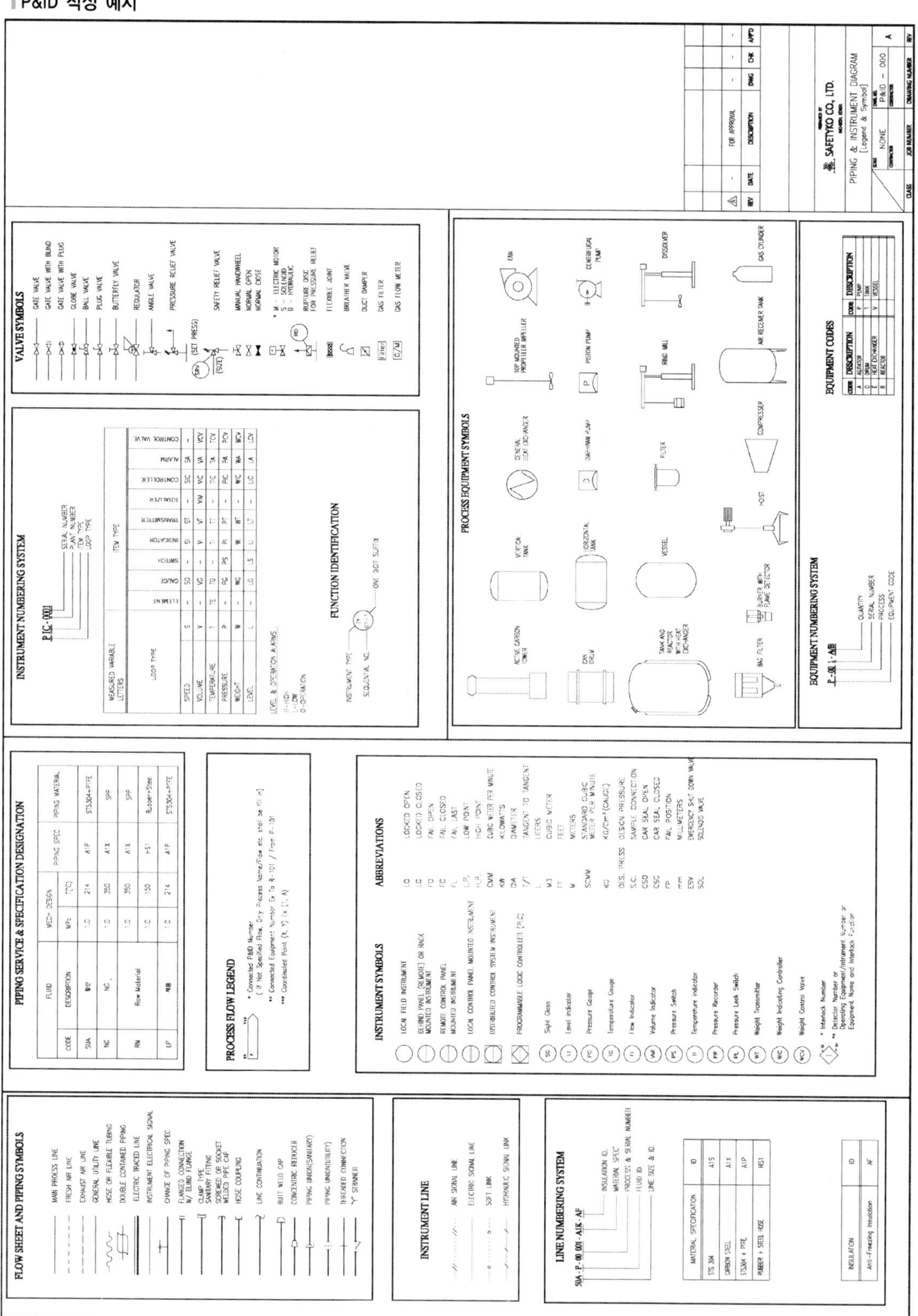

INSTRUMENT LINE

- AIR SIGNAL LINE
- ELECTRIC SIGNAL LINE
- SOFT LINK
- HYDRAULIC SIGNAL LINK

FLOW SHEET AND PIPING SYMBOLS

LINE NUMBERING SYSTEM

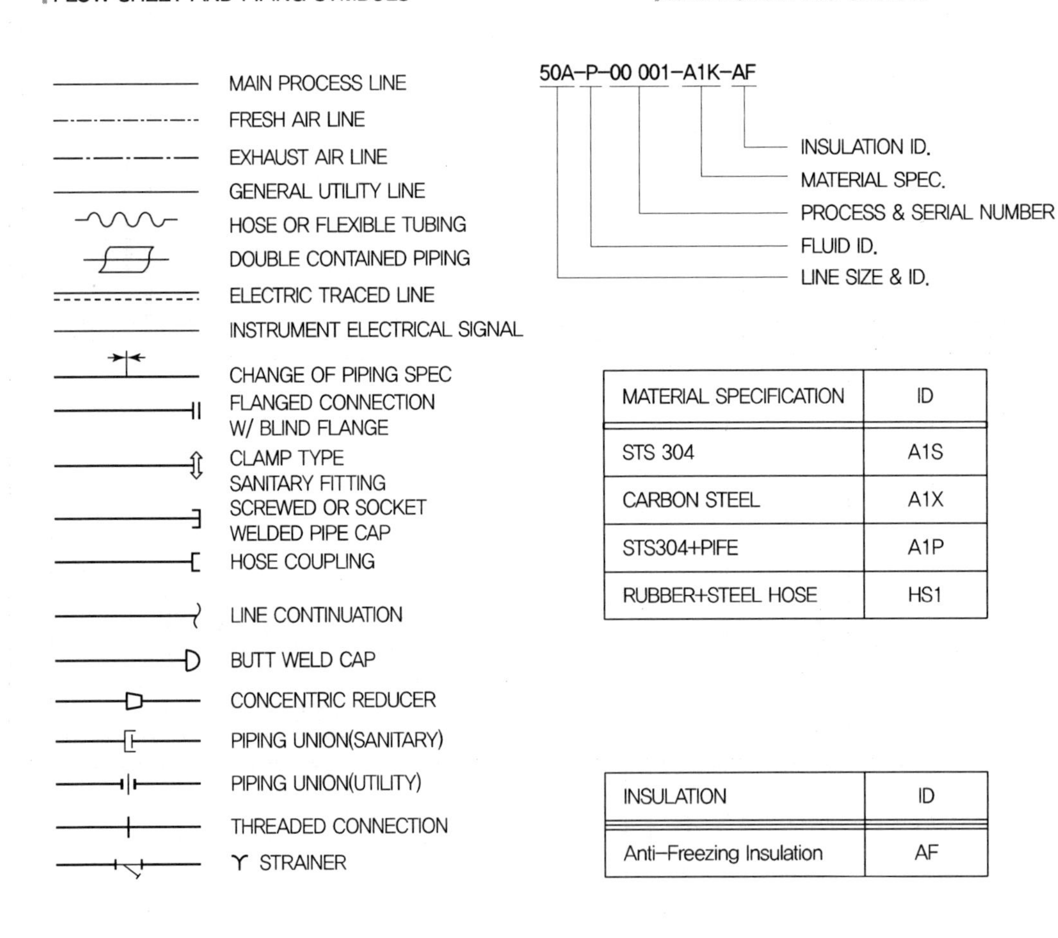

MATERIAL SPECIFICATION	ID
STS 304	A1S
CARBON STEEL	A1X
STS304+PIFE	A1P
RUBBER+STEEL HOSE	HS1

INSULATION	ID
Anti-Freezing Insulation	AF

PIPING SERVICE & SPECIFICATION DESIGNATION

FLUID		MECH DESIGN		PIPING SPEC.	PIPING MATERIAL
CODE	DESCRIPTION	MPa	T(℃)		
SUA	황산	1.0	214	A1P	STS304+PTFE
NG	NG	1.0	350	A1X	SPP
RM	Raw Material	1.0	350	A1X	SPP
		1.0	150	HS1	Rubber+Steel
LP	제품	1.0	214	A1P	STS304+PTFE

PROCESS FLOW LEGEND

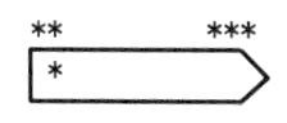

* Connected P&ID Number
(if Not Specified Flow, Only Process Name/Flow etc. shall be fill in)

** Connected Equipment Number Ex To R-101/From P-101

*** Coordinated Point (X, Y) Ex (1, A)

INSTRUMENT NUMBERING SYSTEM

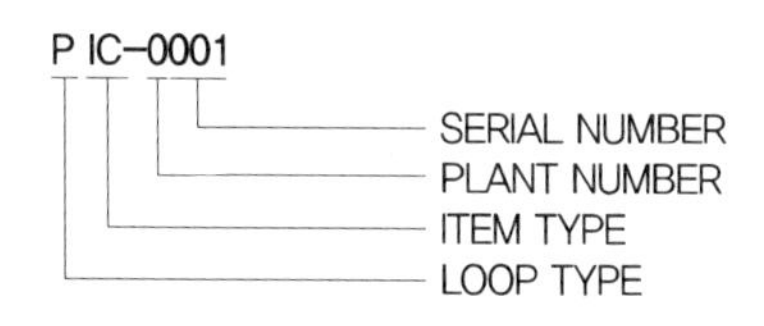

MEASURED VARIABLE LETTERS		ITEM TYPE								
LOOP TYPE		ELEMENT	GAUGE	SWITCH	INDICATOR	TRANSMITTER	TOTALIZER	CONTROLLER	ALARM	CONTROL VALVE
SPEED	S	–	SG	–	SI	ST	–	SIC	SA	–
VOLUME	V	–	VG	–	VI	VT	VIM	VIC	VA	VCV
TEMPERATURE	T	TE	TG	–	TI	TT	–	TIC	TA	TCV
PRESSURE	P	–	PG	PS	PI	PT	–	PIC	PA	PCV
WEIGHT	W	–	WG		WI	WT	–	WIC	WA	WCV
LEVEL	L	–	LG	LS	LI	LT	–	LIC	LA	LCV

LEVEL & OPERATION ALARMS

H-HIGH
L-LOW
O-OPERATION

FUNCTION IDENTIFICATION

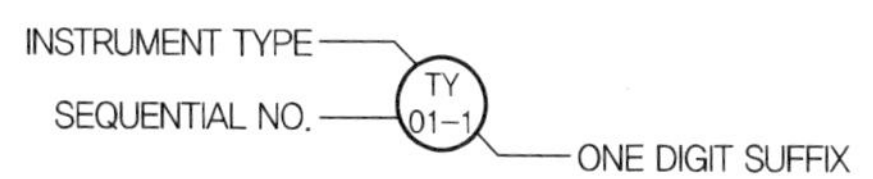

VALVE SYMBOLS

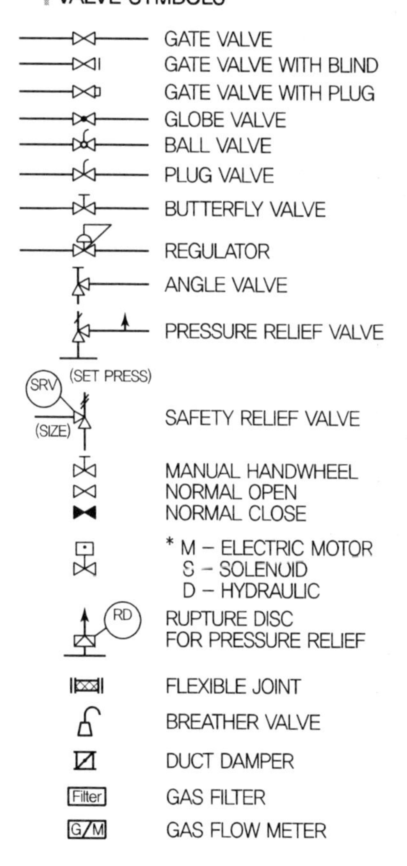

INSTRUMENT SYMBOLS

◯	LOCAL FIELD INSTRUMENT
◯	BEHIND PANEL (REMOTE) OR RACK MOUNTED INSTRUMENT
◯	REMOTE CONTROL PANEL MOUNTED INSTRUMENT
◯	LOCAL CONTROL PANEL MOUNTED INSTRUMENT
◯	DISTRIBUTED CONTROL SYSTEM INSTRUMENT
◇	PROGRAMMABLE LOGIC CONTROLLER (PLC)
SG	SIGHT GLASS
LI	LEVEL INDICATOR
PG	PRESSURE GAUGE
TG	TEMPERATURE GAUGE
FI	FLOW INDICATOR
VMI	VOLUME INDICATOR
PS	PRESSURE SWITCH
TI	TEMPERATURE INDICATOR
PR	PRESSURE RECORDER
PL	PRESSURE LEAK SWITCH
WT	WEIGHT TRANSMITTER
WIC	WEIGHT INDICATING CONTROLLER
WCV	WEIGHT CONTROL VALVE

I *∞ **UV

* Interlock Number

** Detector Number or Operating Equipment/Intrument Number or Equipment Name and Interlock Function

ABBREVIATIONS

LO	LOCKED OPEN
LC	LOCKED CLOSED
FO	FAIL OPEN
FC	FAIL CLOSED
FL	FAIL LAST
L.P.	LOW POINT
H.P.	HIGH POINT
CMM	CUBIC METER PER MINUTE
KW	KILOWATTS
DIA	DIAMETER
T/T	TANGENT TO TANGENT
L	LITERS
M3	CUBIC METER
FT	FEET
M	METERS
SCMM	STANDARD CUBIC METER PER MINUTE
KG	KG/cm^2(GAUGE)
DES. PRESS	DESIGN PRESSURE
S.C.	SAMPLE CONNECTION
CSO	CAR SEAL OPEN
CSC	CAR SEAL CLOSED
FP	FAIL POSITION
mm	MILLIMETERS
ESV	EMERGENCY SHUT DOWN VALVE
SOL	SOLENOID VALVE

PROCESS EQUIPMENT SYMBOLS

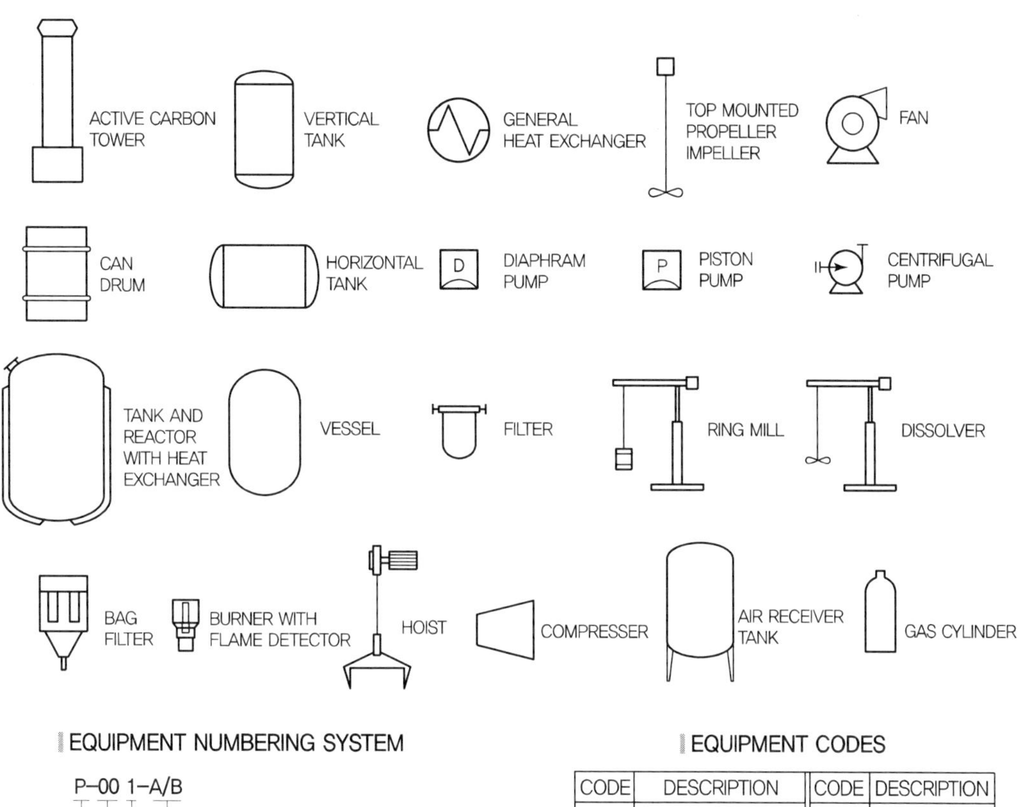

EQUIPMENT NUMBERING SYSTEM

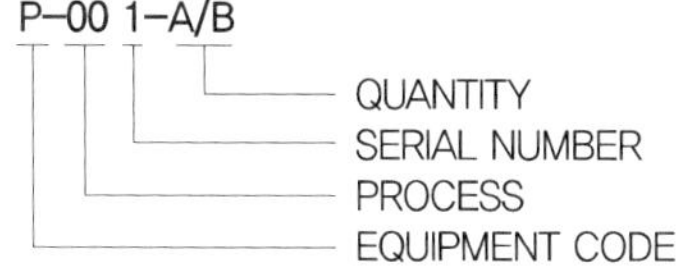

EQUIPMENT CODES

CODE	DESCRIPTION	CODE	DESCRIPTION
A	AGITATOR	P	PUMP
D	DRUM	T	TANK
E	HEAT EXCHANGER	V	VESSEL
R	REACTOR		

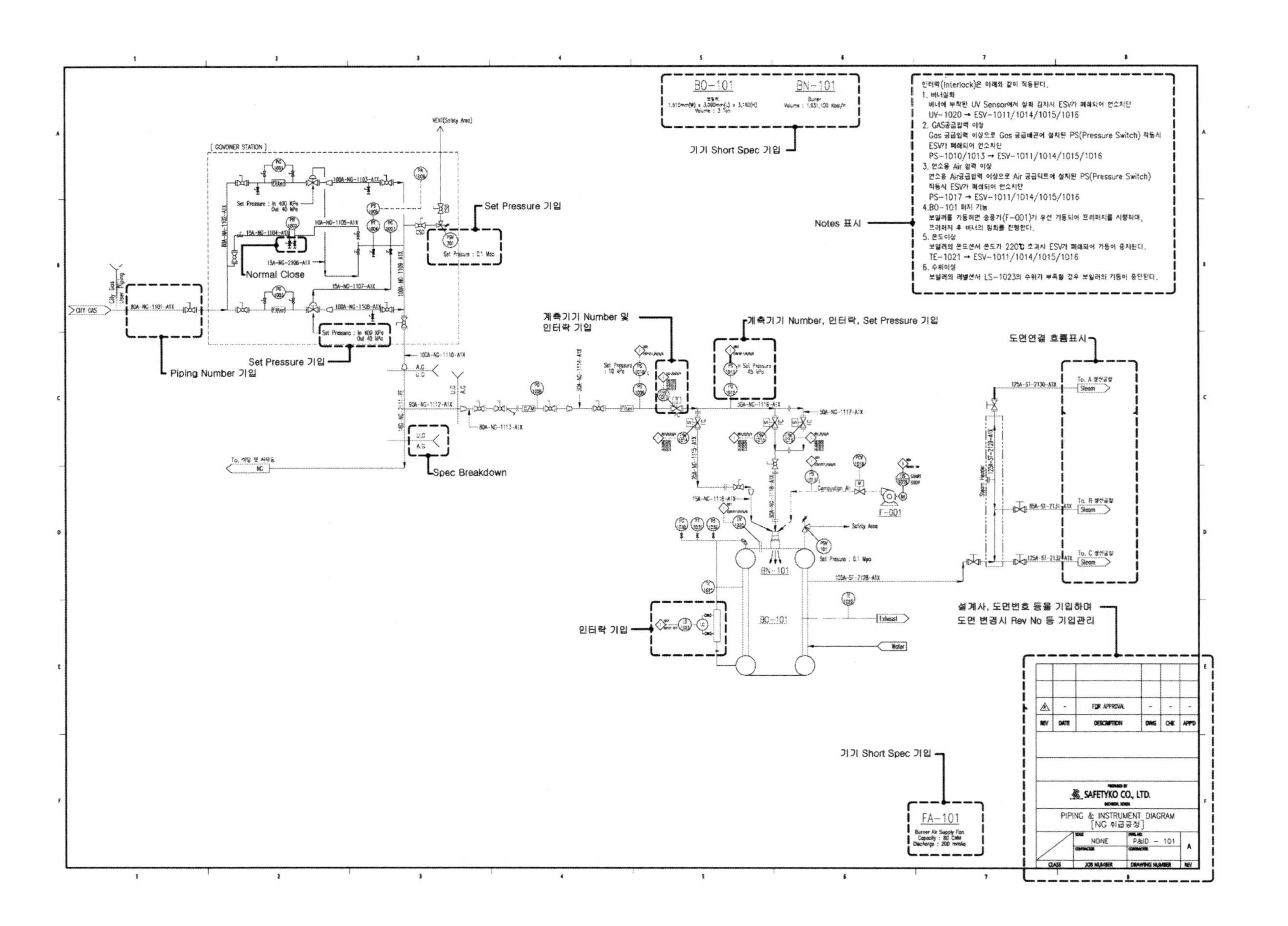
BO-101
Volume : 3 Ton
BN-101
Burner
기기 Short Spec 기입
인터락(Interlock)은 아래와 같이 작동된다.
1. 버너실화
버너에 부착된 UV Sensor에서 실화 감지시 ESV가 폐쇄되어 연소차단
UV-1020 → ESV-1011/1014/1015/1016
2. GAS공급압력 이상
Gas 공급압력 이상으로 Gas 공급배관에 설치된 PS(Pressure Switch) 작동시
ESV가 폐쇄되어 연소차단
PS-1010/1013 → ESV-1011/1014/1015/1016
3. 연소용 Air 압력 이상
연소용 Air공급압력 이상으로 Air 공급덕트에 설치된 PS(Pressure Switch)
작동시 ESV가 폐쇄되어 연소차단
PS-1017 → ESV-1011/1014/1015/1016
4.BO-101 퍼지 기능
보일러를 가동하면 송풍기(F-001)가 우선 가동되어 프리퍼지를 시행하며,
프리퍼지 후 버너의 점화를 진행한다.
5. 온도이상
보일러의 온도센서 온도가 220℃ 초과시 ESV가 폐쇄되어 가동이 중지된다.
TE-1021 → ESV-1011/1014/1015/1016
6. 수위이상
보일러의 레벨센서 LS-1023의 수위가 부족할 경우 보일러의 가동이 중단된다.
Notes 표시
VENT(Safety Area)
[GOVONER STATION]
Set Pressure 기입
Set Pressure : 0.1 Mpa
Normal Close
CITY GAS
80A-NG-1101-A1X
Piping Number 기입
Set Pressure 기입
계측기기 Number 및
인터락 기입
계측기기 Number, 인터락, Set Pressure 기입
도면연결 흐름표시
Spec Breakdown
To. A 생산공정
Steam
To. B 생산공정
Steam
To. C 생산공정
Steam
Steam Header
F-001
Combustion Air
Safety Area
BN-101
BO-101
Exhaust
Water
인터락 기입
설계사, 도면번호 등을 기입하며
도면 변경시 Rev No 등 기입관리
기기 Short Spec 기입
FA-101
Burner Air Supply Fan
FOR APPROVAL
REV
DATE
DESCRIPTION
DWG
CHK
APPD
SAFETYKO CO., LTD.
PIPING & INSTRUMENT DIAGRAM
[NG 취급공정]
NONE
P&ID - 101
A
CLASS
JOB NUMBER
DRAWING NUMBER
REV

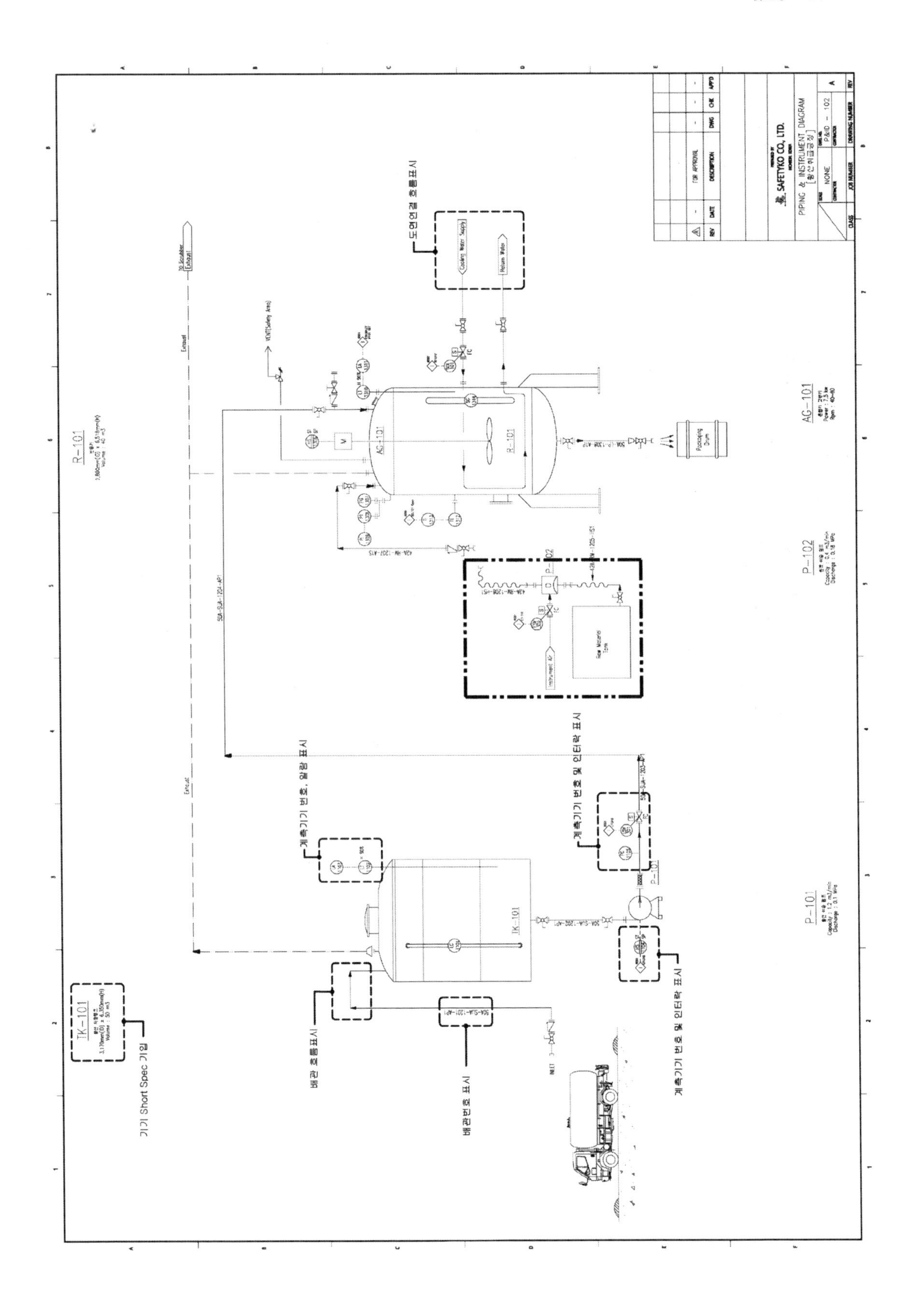

도면연결 흐름표시
계측기기 번호, 알람 표시
계측기기 번호 및 인터락 표시
계측기기 번호 및 인터락 표시
배관 흐름표시
배관번호 표시
기기 Short Spec 기입
R-101
AG-101
TK-101
P-101
P-102
Cooling Water Supply
Return Water
Packaging Drum
Raw Material Tank
Instrument Air
To Scrubber Exhaust
Exhaust
INLET
SAFETYKO CO., LTD.
PIPING & INSTRUMENT DIAGRAM
FOR APPROVAL
NONE
P&ID - 102

CHAPTER 11

건축설비의 배치도 등

01 기본학습 사항

1. 건축 및 내화관련 사항

(1) 건축법 시행령에 따른 용어설명과 건축물의 용도

용어설명

용어	설명
내화구조	화재에 견딜 수 있는 성능을 가진 구조로서 국토교통부령으로 정하는 기준에 적합한 구조
방화구조	화염의 확산을 막을 수 있는 성능을 가진 구조로서 국토교통부령으로 정하는 기준에 적합한 구조
난연재료	불에 잘 타지 아니하는 성능을 가진 재료로서 국토교통부령으로 정하는 기준에 적합한 재료
불연재료	불에 타지 아니하는 성질을 가진 재료로서 국토교통부령으로 정하는 기준에 적합한 재료
준불연재료	불연재료에 준하는 성질을 가진 재료로서 국토교통부령으로 정하는 기준에 적합한 재료
부속건축물	대지에서 주된 건축물과 분리된 부속용도의 건축물로서 주된 건축물을 이용 또는 관리하는 데에 필요한 건축물
부속용도	건축물의 주된 용도의 기능에 필수적인 용도로서 다음 각 목의 어느 하나에 해당하는 용도를 말한다. 가. 건축물의 설비, 대피, 위생, 그 밖에 이와 비슷한 시설의 용도 나. 사무, 작업, 집회, 물품저장, 주차, 그 밖에 이와 비슷한 시설의 용도 다. 구내식당 · 직장어린이집 · 구내운동시설 등 종업원 후생복리시설, 구내소각시설, 그 밖에 이와 비슷한 시설의 용도

건축물의 용도, 건축법 시행령 별표 1

용도	설명
1. 단독주택	단독주택, 다중주택, 다가구주택, 공관(公館)
2. 공동주택	아파트, 연립주택, 다세대주택, 기숙사
3. 제1종 근린생활시설	(1) 식품 · 잡화 · 의류 · 완구 · 서적 · 건축자재 등 (2) 변전소, 도시가스배관시설, 통신용 시설(해당 용도로 쓰는 바닥면적의 합계가 1천 제곱미터 미만인 것에 한정한다), 정수장, 양수장 등 주민의 생활에 필요한 에너지공급 · 통신서비스제공이나 급수 · 배수와 관련된 시설
4. 제2종 근린생활시설	(1) 공연장, 종교집회장, 다중생활시설 등(500제곱미터 미만) (2) 제조업소, 수리점 등 물품의 제조 · 가공 · 수리 등을 위한 시설로서 같은 건축물에 해당 용도로 쓰는 바닥면적의 합계가 500제곱미터 미만이고, 다음 요건 중 어느 하나에 해당하는 것 1) 「대기환경보전법」, 「수질 및 수생태계 보전에 관한 법률」 또는 「소음 · 진동관리법」에 따른 배출시설의 설치 허가 또는 신고의 대상이 아닌 것 2) 「물환경보전법」 제33조제1항 본문에 따라 폐수배출시설의 설치 허가를 받거나 신고해야 하는 시설로서 발생되는 폐수를 전량 위탁 처리하는 것
5. 문화 및 집회시설	공연장으로서 제2종 근린생활시설에 해당하지 아니하는 것 등
6. 종교시설	종교집회장으로서 제2종 근린생활시설에 해당하지 아니하는 것 등
7. 판매시설	도매시장, 소매시장, 상점 등
8. 운수시설	여객자동차터미널, 철도시설, 공항시설 등
9. 의료시설	병원(종합병원, 병원, 치과병원, 한방병원, 정신병원 등)
10. 교육연구시설	(1) 학교(유치원, 초등학교, 중학교, 고등학교, 전문대학, 대학, 대학교 등) (2) 연구소(연구소에 준하는 시험소와 계측계량소를 포함한다)
11. 노유자시설	아동 관련 시설, 노인복지시설 등
12. 수련시설	생활권 수련시설 등
13. 운동시설	탁구장, 체육도장, 테니스장, 체력 단련장 등
14. 업무시설	공공업무시설, 일반업무시설 등
15. 숙박시설	일반숙박시설 및 생활숙박시설 등
16. 위락시설	단란주점, 유흥주점 등
17. 공장	물품의 제조 · 가공[염색 · 도장(塗裝) · 표백 · 재봉 · 건조 · 인쇄 등을 포함한다] 또는 수리에 계속적으로 이용되는 건축물로서 제1종 근린생활시설, 제2종 근린생활시설, 위험물저장 및 처리시설, 자동차 관련 시설, 자원순환 관련 시설 등으로 따로 분류되지 아니한 것
18. 창고시설	(1) 위험물 저장 및 처리 시설 또는 그 부속용도에 해당하는 것은 제외한다 (2) 창고, 하역장 등

용도	설명
19. 위험물 저장 및 처리 시설	「위험물안전관리법」, 「석유 및 석유대체연료 사업법」, 「도시가스사업법」, 「고압가스 안전관리법」, 「액화석유가스의 안전관리 및 사업법」, 「총포 · 도검 · 화약류 등 단속법」, 「화학물질관리법」 등에 따라 설치 또는 영업의 허가를 받아야 하는 건축물로서 다음 각 목의 어느 하나에 해당하는 것. 다만, 자가 난방, 자가발전, 그 밖에 이와 비슷한 목적으로 쓰는 저장시설은 제외한다. 가. 주유소(기계식 세차설비를 포함한다) 및 석유 판매소 나. 액화석유가스 충전소 · 판매소 · 저장소(기계식 세차설비를 포함한다) 다. 위험물 제조소 · 저장소 · 취급소 라. 액화가스 취급소 · 판매소 마. 유독물 보관 · 저장 · 판매시설 바. 고압가스 충전소 · 판매소 · 저장소 사. 도료류 판매소 아. 도시가스 제조시설 자. 화약류 저장소 차. 그 밖에 가목부터 자목까지의 시설과 비슷한 것
20. 자동차 관련 시설	주차장, 세차장, 폐차장
21. 동물 및 식물 관련 시설	축사(양잠 · 양봉 · 양어 · 양돈 · 양계 · 곤충사육 시설 및 부화장 등)
22. 자원순환 관련 시설	하수 등 처리시설, 고물상, 폐기물재활용시설, 폐기물처분시설, 폐기물감량화시설
23. 교정 및 군사 시설	교정시설(보호감호소, 구치소 및 교도소를 말한다) 등
24. 방송통신시설	방송국, 전신전화국 등
25. 발전시설	발전소(집단에너지 공급시설을 포함한다)로 사용되는 건축물 등
26. 묘지 관련 시설	화장시설, 봉안당 등
28. 장례시설	장례식장 등
29. 야영장시설	「관광진흥법」에 따른 야영장 시설 등

(2) 건축물의 피난, 방화구조 등의 기준에 관한 규칙

국토교통부령에 따른 기준에 적합한 구조

구분	다음 각 목 사항
1. 벽의 경우 다음 각 목의 1에 해당하는 것	가. 철근콘크리트조 또는 철골철근콘크리트조로서 두께가 10센티미터 이상인 것 나. 골구를 철골조로 하고 그 양면을 두께 4센티미터 이상의 철망모르타르(그 바름 바탕을 불연재료로 한 것에 한한다. 이하 이 조에서 같다) 또는 두께 5센티미터 이상의 콘크리트블록·벽돌 또는 석재로 덮은 것 다. 철재로 보강된 콘크리트블록조·벽돌조 또는 석조로서 철재에 덮은 콘크리트블록 등의 두께가 5센티미터 이상인 것 라. 벽돌조로서 두께가 19센티미터 이상인 것 마. 고온·고압의 증기로 양생된 경량기포 콘크리트패널 또는 경량기포 콘크리트블록조로서 두께가 10센티미터 이상인 것
2. 외벽 중 비내력벽의 경우 제1호의 규정에도 불구하고 다음 각 목의 1에 해당하는 것	가. 철근콘크리트조 또는 철골철근콘크리트조로서 두께가 7센티미터 이상인 것 나. 골구를 철골조로 하고 그 양면을 두께 3센티미터 이상의 철망모르타르 또는 두께 4센티미터 이상의 콘크리트블록·벽돌 또는 석재로 덮은 것 다. 철재로 보강된 콘크리트블록조·벽돌조 또는 석조로서 철재에 덮은 콘크리트블록 등의 두께가 4센티미터 이상인 것 라. 무근콘크리트조·콘크리트블록조·벽돌조 또는 석조로서 그 두께가 7센티미터 이상인 것
3. 기둥의 경우 그 작은 지름이 25센티미터 이상인 것으로서 다음 각 목의 1에 해당하는 것. 다만, 고강도 콘크리트(설계 기준강도 50MPa 이상)를 사용하는 경우에는 고강도 콘크리트 내화성능 관리기준에 적합하여야 한다.	가. 철근콘크리트조 또는 철골철근콘크리트조 나. 철골을 두께 6센티미터(경량골재를 사용하는 경우에는 5센티미터) 이상의 철망모르타르 또는 두께 7센티미터 이상의 콘크리트블록·벽돌 또는 석재로 덮은 것 다. 철골을 두께 5센티미터 이상의 콘크리트로 덮은 것
4. 바닥의 경우 다음 각 목의 1에 해당하는 것	가. 철근콘크리트조 또는 철골철근콘크리트조로서 두께가 10센티미터 이상인 것 나. 철재로 보강된 콘크리트블록조·벽돌조 또는 석조로서 철재에 덮은 콘크리트블록 등의 두께가 5센티미터 이상인 것 다. 철재의 양면을 두께 5센티미터 이상의 철망모르타르 또는 콘크리트로 덮은 것
5. 보(지붕틀을 포함한다)의 경우 다음 각 목의 1에 해당하는 것. 다만, 고강도 콘크리트(설계 기준강도 50MPa 이상)를 사용하는 경우에는 고강도 콘크리트 내화성능 관리기준에 적합하여야 한다.	가. 철근콘크리트조 또는 철골철근콘크리트조 나. 철골을 두께 6센티미터(경량골재를 사용하는 경우에는 5센티미터) 이상의 철망모르타르 또는 두께 5센티미터 이상의 콘크리트로 덮은 것 다. 철골조의 지붕틀(바닥으로부터 그 아랫부분까지의 높이가 4미터 이상인 것에 한한다)로서 바로 아래에 반자가 없거나 불연재료로 된 반자가 있는 것
6. 지붕의 경우 다음 각 목의 1에 해당하는 것	가. 철근콘크리트조 또는 철골철근콘크리트조 나. 철재로 보강된 콘크리트블록조·벽돌조 또는 석조 다. 철재로 보강된 유리블록 또는 망입유리로 된 것

<table>
<tr><th>구분</th><th>다음 각 목 사항</th></tr>
<tr><td>7. 계단의 경우
다음 각 목의 1에 해당하는 것</td><td>가. 철근콘크리트조 또는 철골철근콘크리트조
나. 무근콘크리트조 · 콘크리트블록조 · 벽돌조 또는 석조
다. 철재로 보강된 콘크리트블록조 · 벽돌조 또는 석조
라. 철골조</td></tr>
<tr><td colspan="2">8. 한국건설기술연구원장이 국토교통부장관이 정하여 고시하는 방법에 따라 품질을 시험한 결과 별표 1에 따른 성능기준에 적합할 것</td></tr>
<tr><td>9. 다음 각 목의 어느 하나에 해당하는 것으로서 한국건설기술연구원장이 국토교통부장관으로부터 승인받은 기준에 적합한 것으로 인정하는 것</td><td>가. 한국건설기술연구원장이 인정한 내화구조 표준으로 된 것
나. 한국건설기술연구원장이 인정한 성능설계에 따라 내화구조의 성능을 검증할 수 있는 구조로 된 것</td></tr>
<tr><td colspan="2">10. 한국건설기술연구원장이 제27조제1항에 따라 정한 인정기준에 따라 인정하는 것</td></tr>
</table>

〈내화구조 성능기준, 별표 1〉

성능기준은 다음 표와 같으며, 적용기준은 다음과 같다.

■ **적용기준**

가. 용도

1) 건축물이 하나 이상의 용도로 사용될 경우 위 표의 용도구분에 따른 기준 중 가장 높은 내화시간의 용도를 적용한다.

2) 건축물의 부분별 높이 또는 층수가 다를 경우 최고 높이 또는 최고 층수를 기준으로 제1호에 따른 구성 부재별 내화시간을 건축물 전체에 동일하게 적용한다.

3) 용도규모에서 건축물의 층수와 높이의 산정은 「건축법 시행령」 제119조에 따른다. 다만, 승강기탑, 계단탑, 망루, 장식탑, 옥탑 그 밖에 이와 유사한 부분은 건축물의 높이와 층수의 산정에서 제외한다.

나. 구성 부재

1) 외벽 중 비내력벽으로서 연소우려가 있는 부분은 제22조제2항에 따른 부분을 말한다.

2) 외벽 중 비내력벽으로서 연소우려가 없는 부분은 제22조제2항에 따른 부분을 제외한 부분을 말한다.

3) 내벽 중 비내력벽인 간막이벽은 건축법령에 따라 내화구조로 해야 하는 벽을 말한다.

다. 그 밖의 기준

1) 화재의 위험이 적은 제철 · 제강공장 등으로서 품질확보를 위해 불가피한 경우에는 지방건축위원회의 심의를 받아 주요구조부의 내화시간을 완화하여 적용할 수 있다.

2) 외벽의 내화성능 시험은 건축물 내부면을 가열하는 것으로 한다.

내화구조의 성능기준(제3조제8호 관련)

(단위 : 시간)

용도		용도규모 층수/최고 높이(m)		벽: 외벽: 내력벽	벽: 외벽: 비내력벽: 연소 우려가 있는 부분	벽: 외벽: 비내력벽: 연소 우려가 없는 부분	벽: 내벽: 내력벽	벽: 내벽: 비내력벽: 간막이벽	벽: 내벽: 비내력벽: 승강기·계단실의 수직벽	보·기둥	바닥	지붕·지붕틀
일반시설	제1종 근린생활시설, 제2종 근린생활시설, 문화 및 집회시설, 종교시설, 판매시설, 운수시설, 교육연구시설, 노유자시설, 수련시설, 운동시설, 업무시설, 위락시설, 자동차 관련 시설(정비공장 제외), 동물 및 식물 관련 시설, 교정 및 군사시설, 방송통신시설, 발전시설, 묘지 관련 시설, 관광휴게시설, 장례시설	12/50	초과	3	1	0.5	3	2	2	3	2	1
			이하	2	1	0.5	2	1.5	1.5	2	2	0.5
		4/20 이하		1	1	0.5	1	1	1	1	1	0.5
주거시설	단독주택, 공동주택, 숙박시설, 의료시설	12/50	초과	2	1	0.5	2	2	2	3	2	1
			이하	2	1	0.5	2	1	1	2	2	0.5
		4/20 이하		1	1	0.5	1	1	1	1	1	0.5
산업시설	공장, 창고시설, 위험물 저장 및 처리시설, 자동차 관련 시설 중 정비공장, 자연순환 관련 시설	12/50	초과	2	1.5	0.5	2	1.5	1.5	3	2	1
			이하	2	1	0.5	2	1	1	2	2	0.5
		4/20 이하		1	1	0.5	1	1	1	1	1	0.5

〈방화구조, 난연재료, 불연재료, 준불연재료의 기준〉

■ **제4조(방화구조)**

영 제2조제8호에서 "국토교통부령이 정하는 기준에 적합한 구조"란 다음 각 호의 어느 하나에 해당하는 것을 말한다.

1. 철망모르타르로서 그 바름두께가 2센티미터 이상인 것
2. 석고판 위에 시멘트모르타르 또는 회반죽을 바른 것으로서 그 두께의 합계가 2.5센티미터 이상인 것
3. 시멘트모르타르 위에 타일을 붙인 것으로서 그 두께의 합계가 2.5센티미터 이상인 것
4.~ 5. 삭제
6. 심벽에 흙으로 맞벽치기한 것
7. 「산업표준화법」에 따른 한국산업표준이 정하는 바에 따라 시험한 결과 방화 2급 이상에 해당하는 것

■ **제5조(난연재료)**

영 제2조제9호에서 "국토교통부령이 정하는 기준에 적합한 재료"라 함은 한국산업표준에 따라 시험한 결과 가스 유해성, 열방출량 등이 국토교통부장관이 정하여 고시하는 난연재료의 성능기준을 충족하는 것을 말한다.

■ **제6조(불연재료)**

영 제2조제10호에서 "국토교통부령이 정하는 기준에 적합한 재료"라 함은 다음 각 호의 어느 하나에 해당하는 것을 말한다.

1. 콘크리트 · 석재 · 벽돌 · 기와 · 철강 · 알루미늄 · 유리 · 시멘트모르타르 및 회. 이 경우 시멘트모르타르 또는 회 등 미장재료를 사용하는 경우에는 「건설기술 진흥법」 제44조제1항제2호에 따라 제정된 건축공사표준시방서에서 정한 두께 이상인 것에 한한다.
2. 「산업표준화법」에 의한 한국산업규격이 정하는 바에 의하여 시험한 결과 질량감소율 등이 국토교통부장관이 정하여 고시하는 불연재료의 성능기준을 충족하는 것
3. 그 밖에 제1호와 유사한 불연성의 재료로서 국토교통부장관이 인정하는 재료. 다만, 제1호의 재료와 불연성재료가 아닌 재료가 복합으로 구성된 경우를 제외한다.

■ **제7조(준불연재료)**

영 제2조제11호에서 "국토교통부령이 정하는 기준에 적합한 재료"란 한국산업표준에 따라 시험한 결과 가스 유해성, 열방출량 등이 국토교통부장관이 정하여 고시하는 준불연재료의 성능기준을 충족하는 것을 말한다.

2. 소방시설 관련사항

(1) 소방시설 설치 및 관리에 관한 법률 시행령

소방시설, 별표 1

구분	종류
소화설비	물 또는 그 밖의 소화약제를 사용하여 소화하는 기계·기구 또는 설비로서 다음 각 목의 것 가. 소화기구 1) 소화기 2) 간이소화용구 : 에어로졸식 소화용구, 투척용 소화용구 및 소화약제 외의 것을 이용한 간이소화용구 3) 자동확산소화기 나. 자동소화장치 1) 주거용 주방자동소화장치 2) 상업용 주방자동소화장치 3) 캐비닛형 자동소화장치 4) 가스자동소화장치 5) 분말자동소화장치 6) 고체에어로졸 자동소화장치 다. 옥내소화전설비(호스릴 옥내소화전 설비를 포함한다) 라. 스프링클러설비 등 1) 스프링클러설비 2) 간이스프링클러설비(캐비닛형 간이스프링클러설비를 포함한다) 3) 화재조기진압용 스프링클러설비 마. 물분무등소화설비 1) 물분무소화설비 2) 미분무소화설비 3) 포소화설비 4) 이산화탄소소화설비 5) 할론소화설비 6) 할로겐화합물 및 불활성기체(다른 원소와 화학반응을 일으키기 어려운 기체를 말한다. 이하 같다) 소화설비 7) 분말소화설비 8) 강화액소화설비 9) 고체에어로졸소화설비 바. 옥외소화전설비
경보설비	화재발생 사실을 통보하는 기계·기구 또는 설비로서 다음 각 목의 것 가. 단독경보형 감지기 나. 비상경보설비 1) 비상벨설비 2) 자동식사이렌설비 다. 자동화재탐지설비 라. 시각경보기 마. 화재알림설비 바. 비상방송설비 사. 자동화재속보설비

구분	종류
경보설비	아. 통합감시시설 자. 누전경보기 차. 가스누설경보기
피난구조 설비	화재가 발생할 경우 피난하기 위하여 사용하는 기구 또는 설비로서 다음 각 목의 것 가. 피난기구 1) 피난사다리 2) 구조대 3) 완강기 4) 간이완강기 5) 그 밖에 화재안전기준으로 정하는 것 나. 인명구조기구 1) 방열복, 방화복(안전헬멧, 보호장갑 및 안전화를 포함한다) 2) 공기호흡기 3) 인공소생기 다. 유도등 1) 피난유도선 2) 피난구유도등 3) 통로유도등 4) 객석유도등 5) 유도표지 라. 비상조명등 및 휴대용비상조명등
소화용수 설비	화재를 진압하는 데 필요한 물을 공급하거나 저장하는 설비로서 다음 각 목의 것 가. 상수도소화용수설비 나. 소화수조 · 저수조, 그 밖의 소화용수설비
소화활동 설비	화재를 진압하거나 인명구조활동을 위하여 사용하는 설비로서 다음 각 목의 것 가. 제연설비 나. 연결송수관설비 다. 연결살수설비 라. 비상콘센트설비 마. 무선통신보조설비 바. 연소방지설비

소방시설, 별표 1, 공장관련 내용

구분	시설	대상
소화설비	소화기구	1) 연면적 33㎡ 이상인 것 2) 1)에 해당하지 않는 시설로서 지정문화재 및 가스시설, 발전시설 중 전기저장시설 및 문화재 3) 터널 4) 지하구
	옥내소화전 설비	1) 연면적 3천㎡ 이상이거나 지하층 · 무창층 또는 층수가 4층 이상인 것 중 바닥면적이 600㎡ 이상인 층이 있는 것은 모든 층 2) 1)에 해당하지 않는 근린생활시설 등, 공장, 창고시설, 항공기 및 자동차 관련 시설, 발전시설로서 연면적 1천5백㎡ 이상이거나 지하층 · 무창층 또는 층수가 4층 이상인 층 중 바닥면적이 300㎡ 이상인 층이 있는 것은 모든 층 3) 1) 및 2)에 해당하지 않는 공장 또는 창고시설로서 「화재의 예방 및 안전관리에 관한 법률 시행령」 별표 2에서 정하는 수량의 750배 이상의 특수가연물을 저장 · 취급하는 것
	스프링클러 설비	1) 창고시설(물류터미널)로서 바닥면적의 합계가 5천㎡ 이상이거나 수용인원이 500명 이상인 경우에는 모든 층 2) 층수가 6층 이상인 특정소방대상물의 경우에는 모든 층 3) 창고시설(물류터미널 제외)로서 바닥면적 합계가 5천㎡ 이상인 경우에는 모든 층 4) 천장 또는 반자의 높이가 10m를 넘는 랙식 창고(rack warehouse)로서 바닥면적의 합계가 1천5백㎡ 이상인 것 5) 1)부터 4)까지의 특정소방대상물에 해당하지 않는 특정소방대상물의 지하층 · 무창층 또는 층수가 4층 이상인 층으로서 바닥면적이 1천㎡ 이상인 층 6) 4)에 해당하지 않는 공장 또는 창고시설로서 「화재의 예방 및 안전관리에 관한 법률 시행령」 별표 2에서 정하는 수량의 500배 이상의 특수가연물을 저장 · 취급하는 시설 7) 지붕 또는 외벽이 불연재료가 아니거나 내화구조가 아닌 공장 또는 창고시설로서 다음의 어느 하나에 해당하는 것 가) 창고시설(물류터미널) 중 2)에 해당하지 않는 것으로서 바닥면적의 합계가 2천5백㎡ 이상이거나 수용인원이 250명 이상인 것 나) 창고시설(물류터미널) 중 3)에 해당하지 않는 것으로서 바닥면적의 합계가 2천5백㎡ 이상인 것 다) 랙식 창고시설 중 4)에 해당하지 않는 것으로서 바닥면적의 합계가 750㎡ 이상인 것 라) 공장 또는 창고시설 중 5)에 해당하지 않는 것으로서 지하층 · 무창층 또는 층수가 4층 이상인 것 중 바닥면적이 500㎡ 이상인 경우에는 모든 층 마) 공장 또는 창고시설 중 6)에 해당하지 않는 것으로서 「화재의 예방 및 안전관리에 관한 법률 시행령」 별표 2에서 정하는 수량의 500배 이상의 특수가연물을 저장 · 취급하는 시설 8) 1)부터 7)까지의 특정소방대상물에 부속된 보일러실 또는 연결통로 등

구분	시설	대상
소화설비	물분무 등 소화설비	1) 항공기 및 자동차 관련 시설 중 항공기격납고 2) 특정소방대상물에 설치된 전기실 · 발전실 · 변전실(가연성 절연유를 사용하지 않는 기기 등의 전기기기와 가연성 피복을 사용하지 않은 전선 및 케이블만을 설치한 전기실 · 발전실 및 변전실 제외) · 축전지실 · 통신기기실 또는 전산실, 그 밖에 이와 비슷한 것으로서 바닥면적이 300㎡ 이상인 것 [하나의 방화구획 내에 둘 이상의 실(室)이 설치되어 있는 경우 이를 하나의 실로 보아 바닥면적 산정]. 다만, 내화구조로 된 공정제어실 내에 설치된 주조정실로서 양압시설이 설치되고 전기기기에 220볼트 이하인 저전압이 사용되며 종업원이 24시간 상주하는 곳은 제외한다.
	옥외소화전 설비	1) 지상 1층 및 2층의 바닥면적의 합계가 9천㎡ 이상인 것 2) 1)에 해당하지 않는 공장 또는 창고시설로서 「소방기본법 시행령」 별표 2에서 정하는 수량의 750배 이상의 특수가연물을 저장 · 취급하는 것
경보설비	비상경보 설비	1) 연면적 400㎡ 이상인 것은 모든 층 2) 지하층 또는 무창층의 바닥면적이 150㎡ 이상인 것은 모든 층 3) 50명 이상의 근로자가 작업하는 옥내 작업장
	비상방송 설비	1) 연면적 3천5백㎡ 이상인 것 2) 지하층의 층수가 3층 이상인 것
	자동화재탐지 설비	1) 근린생활시설로서 연면적 600㎡ 이상인 경우에는 모든 층 2) 업무시설, 공장, 창고시설, 위험물 저장 및 처리 시설, 항공기 및 자동차 관련 시설, 발전시설로서 연면적 1천㎡ 이상인 경우에는 모든 층 3) 교육연구시설로서 연면적 2천㎡ 이상인 경우에는 모든 층 4) 2)에 해당하지 않는 공장 및 창고시설로서 「화재의 예방 및 안전관리에 관한 법률 시행령」 별표 2에서 정하는 수량의 500배 이상의 특수가연물을 저장 · 취급하는 것

(2) 위험물안전관리법 시행규칙 별표 17 소화설비, 경보설비, 피난설비의 기준

| 소화난이도등급 Ⅰ에 해당하는 제조소 등

제조소 등의 구분	제조소 등의 규모, 저장 또는 취급하는 위험물의 품명 및 최대수량 등
제조소 일반취급소	연면적 1,000㎡ 이상인 것
	지정수량의 100배 이상인 것(고인화점위험물만을 100℃ 미만의 온도에서 취급하는 것 및 제48조의 위험물을 취급하는 것은 제외)
	지반면으로부터 6m 이상의 높이에 위험물 취급설비가 있는 것(고인화점위험물만을 100℃ 미만의 온도에서 취급하는 것은 제외)
	일반취급소로 사용되는 부분 외의 부분을 갖는 건축물에 설치된 것(내화구조로 개구부 없이 구획된 것, 고인화점위험물만을 100℃ 미만의 온도에서 취급하는 것 및 별표 16 Ⅹ의 2의 화학실험의 일반취급소는 제외)
주유취급소	별표 13 Ⅴ의 제2호에 따른 면적의 합이 500㎡를 초과하는 것
옥내 저장소	지정수량의 150배 이상인 것(고인화점위험물만을 저장하는 것 및 제48조의 위험물을 저장하는 것은 제외)
	연면적 150㎡를 초과하는 것(150㎡ 이내마다 불연재료로 개구부 없이 구획된 것 및 인화성고체 외의 제2류 위험물 또는 인화점 70℃ 이상의 제4류 위험물만을 저장하는 것은 제외)
	처마높이가 6m 이상인 단층건물의 것
	옥내저장소로 사용되는 부분 외의 부분이 있는 건축물에 설치된 것(내화구조로 개구부 없이 구획된 것 및 인화성고체 외의 제2류 위험물 또는 인화점 70℃ 이상의 제4류 위험물만을 저장하는 것은 제외)
옥외 탱크 저장소	액 표면적이 40㎡ 이상인 것(제6류 위험물을 저장하는 것 및 고인화점위험물만을 100℃ 미만의 온도에서 저장하는 것은 제외)
	지반면으로부터 탱크 옆판의 상단까지 높이가 6m 이상인 것(제6류 위험물을 저장하는 것 및 고인화점위험물만을 100℃ 미만의 온도에서 저장하는 것은 제외)
	지중탱크 또는 해상탱크로서 지정수량의 100배 이상인 것(제6류 위험물을 저장하는 것 및 고인화점위험물만을 100℃ 미만의 온도에서 저장하는 것은 제외)
	고체위험물을 저장하는 것으로서 지정수량의 100배 이상인 것
옥내 탱크 저장소	액 표면적이 40㎡ 이상인 것(제6류 위험물을 저장하는 것 및 고인화점위험물만을 100℃ 미만의 온도에서 저장하는 것은 제외)
	바닥면으로부터 탱크 옆판의 상단까지 높이가 6m 이상인 것(제6류 위험물을 저장하는 것 및 고인화점위험물만을 100℃ 미만의 온도에서 저장하는 것은 제외)
	탱크전용실이 단층건물 외의 건축물에 있는 것으로서 인화점 38℃ 이상 70℃ 미만의 위험물을 지정수량의 5배 이상 저장하는 것(내화구조로 개구부 없이 구획된 것은 제외한다)
옥외 저장소	덩어리 상태의 유황을 저장하는 것으로서 경계표시 내부의 면적(2 이상의 경계표시가 있는 경우에는 각 경계표시의 내부의 면적을 합한 면적)이 100㎡ 이상인 것
	별표 11 Ⅲ의 위험물을 저장하는 것으로서 지정수량의 100배 이상인 것
암반 탱크 저장소	액 표면적이 40㎡ 이상인 것(제6류 위험물을 저장하는 것 및 고인화점위험물만을 100℃ 미만의 온도에서 저장하는 것은 제외)
	고체위험물만을 저장하는 것으로서 지정수량의 100배 이상인 것
이송 취급소	모든 대상

| 소화난이도등급 Ⅰ의 제조소 등에 설치하여야 하는 소화설비

제조소 등의 구분			소화설비
제조소 및 일반취급소			옥내소화전설비, 옥외소화전설비, 스프링클러설비 또는 물분무등소화설비(화재발생 시 연기가 충만할 우려가 있는 장소에는 스프링클러설비 또는 이동식 외의 물분무등소화설비에 한한다)
주유취급소			스프링클러설비(건축물에 한정한다), 소형수동식소화기 등(능력단위의 수치가 건축물 그 밖의 공작물 및 위험물의 소요단위의 수치에 이르도록 설치할 것)
옥내저장소	처마높이가 6m 이상인 단층건물, 다른 용도의 부분이 있는 건축물에 설치한 옥내저장소		스프링클러설비 또는 이동식 외의 물분무등소화설비
	그 밖의 것		옥외소화전설비, 스프링클러설비, 이동식 외의 물분무등소화설비 또는 이동식 포소화설비(포소화전을 옥외에 설치하는 것에 한한다)
옥외탱크저장소	지중탱크 또는 해상탱크 외의 것	유황만을 저장취급하는 것	물분무소화설비
		인화점 70℃ 이상의 제4류 위험물만을 저장취급하는 것	물분부소화설비 또는 고정식 포소화설비
		그 밖의 것	고정식 포소화설비(포소화설비가 적응성이 없는 경우에는 분말소화설비)
	지중탱크		고정식 포소화설비, 이동식 이외의 불활성 가스소화설비 또는 이동식 이외의 할로겐화합물소화설비
	해상탱크		고정식 포소화설비, 물분무소화설비, 이동식 이외의 불활성 가스소화설비 또는 이동식 이외의 할로겐화합물소화설비
옥내탱크저장소	유황만을 저장취급하는 것		물분무소화설비
	인화점 70℃ 이상의 제4류 위험물만을 저장취급하는 것		물분무소화설비, 고정식 포소화설비, 이동식 이외의 불활성 가스소화설비, 이동식 이외의 할로겐화합물소화설비 또는 이동식 이외의 분말소화설비
	그 밖의 것		고정식 포소화설비, 이동식 이외의 불활성 가스소화설비, 이동식 이외의 할로겐화합물소화설비 또는 이동식 이외의 분말소화설비
옥외저장소 및 이송취급소			옥내소화전설비, 옥외소화전설비, 스프링클러설비 또는 물분무등소화설비(화재발생 시 연기가 충만할 우려가 있는 장소에는 스프링클러설비 또는 이동식 이외의 물분무등소화설비에 한한다)
암반탱크저장소	유황만을 저장취급하는 것		물분무소화설비
	인화점 70℃ 이상의 제4류 위험물만을 저장취급하는 것		물분부소화설비 또는 고정식 포소화설비
	그 밖의 것		고정식 포소화설비(포소화설비가 적응성이 없는 경우에는 분말소화설비)

소화난이도등급Ⅱ에 해당하는 제조소 등

제조소 등의 구분	제조소 등의 규모, 저장 또는 취급하는 위험물의 품명 및 최대수량 등
제조소 일반취급소	연면적 600㎡ 이상인 것
	지정수량의 10배 이상인 것(고인화점위험물만을 100℃ 미만의 온도에서 취급하는 것 및 제48조의 위험물을 취급하는 것은 제외)
	별표 16 Ⅱ · Ⅲ · Ⅳ · Ⅴ · Ⅷ · Ⅸ · Ⅹ 또는 Ⅹ의2의 일반취급소로서 소화난이도등급 Ⅰ의 제조소 등에 해당하지 아니하는 것(고인화점위험물만을 100℃ 미만의 온도에서 취급하는 것은 제외)
옥내저장소	단층건물 이외의 것
	별표 5 Ⅱ 또는 Ⅳ 제1호의 옥내저장소
	지정수량의 10배 이상인 것(고인화점위험물만을 저장하는 것 및 제48조의 위험물을 저장하는 것은 제외)
	연면적 150㎡ 초과인 것
	별표 5 Ⅲ의 옥내저장소로서 소화난이도등급 Ⅰ의 제조소 등에 해당하지 아니하는 것
옥외 탱크저장소 옥내 탱크저장소	소화난이도등급 Ⅰ의 제조소 등 외의 것(고인화점위험물만을 100℃ 미만의 온도로 저장하는 것 및 제6류 위험물만을 저장하는 것은 제외)
옥외저장소	덩어리 상태의 유황을 저장하는 것으로서 경계표시 내부의 면적(2 이상의 경계표시가 있는 경우에는 각 경계표시의 내부의 면적을 합한 면적)이 5㎡ 이상 100㎡ 미만인 것
	별표 11 Ⅲ의 위험물을 저장하는 것으로서 지정수량의 10배 이상 100배 미만인 것
	지정수량의 100배 이상인 것(덩어리 상태의 유황 또는 고인화점위험물을 저장하는 것은 제외)
주유취급소	옥내주유취급소로서 소화난이도등급 Ⅰ의 제조소 등에 해당하지 아니하는 것
판매취급소	제2종 판매취급소

소화난이도등급Ⅱ의 제조소 등에 설치하여야 하는 소화설비

제조소 등의 구분	소화설비
제조소 옥내저장소 옥외저장소 주유취급소 판매취급소 일반취급소	방사능력범위 내에 당해 건축물, 그 밖의 공작물 및 위험물이 포함되도록 대형수동식소화기를 설치하고, 당해 위험물의 소요단위의 1/5 이상에 해당되는 능력단위의 소형수동식소화기 등을 설치할 것
옥외탱크저장소 옥내탱크저장소	대형수동식소화기 및 소형수동식소화기 등을 각각 1개 이상 설치할 것

소화난이도등급Ⅲ에 해당하는 제조소 등

제조소등의 구분	제조소 등의 규모, 저장 또는 취급하는 위험물의 품명 및 최대수량 등
제조소 일반취급소	제48조의 위험물을 취급하는 것
	제48조의 위험물 외의 것을 취급하는 것으로서 소화난이도등급Ⅰ 또는 소화난이도등급Ⅱ의 제조소 등에 해당하지 아니하는 것
옥내저장소	제48조의 위험물을 취급하는 것
	제48조의 위험물 외의 것을 취급하는 것으로서 소화난이도등급Ⅰ 또는 소화난이도등급Ⅱ의 제조소 등에 해당하지 아니하는 것
지하 탱크저장소 간이 탱크저장소 이동 탱크저장소	모든 대상
옥외저장소	덩어리 상태의 유황을 저장하는 것으로서 경계표시 내부의 면적(2 이상의 경계표시가 있는 경우에는 각 경계표시의 내부의 면적을 합한 면적)이 5㎡ 미만인 것
	덩어리 상태의 유황 외의 것을 저장하는 것으로서 소화난이도등급Ⅰ 또는 소화난이도등급Ⅱ의 제조소 등에 해당하지 아니하는 것
주유취급소	옥내주유취급소 외의 것으로서 소화난이도등급Ⅰ의 제조소 등에 해당하지 아니하는 것
제1종 판매취급소	모든 대상

소화난이도등급Ⅲ의 제조소 등에 설치하여야 하는 소화설비

제조소 등의 구분	소화설비	설치기준	
지하탱크 저장소	소형 수동식 소화기 등	능력단위의 수치가 3 이상	2개 이상
이동탱크저장소	자동차용소화기	무상의 강화액 8ℓ 이상	2개 이상
		이산화탄소 3.2킬로그램 이상	
		일브롬화 일염화 이플루오르화 메탄(CF_2ClBr) 2ℓ 이상	
		일브롬화 삼플루오르화 메탄(CF_3Br) 2ℓ 이상	
		이브롬화 사플루오르화 에탄 ($C_2F_4Br_2$) 1ℓ 이상	
		소화분말 3.3킬로그램 이상	
	마른 모래 및 팽창질석 또는 팽창진주암	마른모래 150ℓ 이상	
		팽창질석 또는 팽창진주암 640ℓ 이상	
그 밖의 제조소 등	소형수동식소화기 등	능력단위의 수치가 건축물 그 밖의 공작물 및 위험물의 소요단위의 수치에 이르도록 설치할 것. 다만, 옥내소화전설비, 옥외소화전설비, 스프링클러설비, 물분무등소화설비 또는 대형수동식소화기를 설치한 경우에는 당해 소화설비의 방사 능력범위 내의 부분에 대하여는 수동식소화기 등을 그 능력단위의 수치가 당해 소요단위의 수치의 1/5 이상이 되도록 하는 것으로 족하다.	

소화설비의 적응성

소화설비의 구분			건축물 · 그 밖의 공작물	전기설비	제1류 위험물: 알칼리금속 과산화물 등	제1류 위험물: 그 밖의 것	제2류 위험물: 철분 · 금속분 · 마그네슘 등	제2류 위험물: 인화성고체	제2류 위험물: 그 밖의 것	제3류 위험물: 금수성 물품	제3류 위험물: 그 밖의 것	제4류 위험물	제5류 위험물	제6류 위험물
옥내소화전, 옥외소화전설비			○			○		○	○		○		○	○
스프링클러설비			○			○		○	○		○	△	○	○
물분무등 소화설비	물분무소화설비		○	○		○		○	○		○	○	○	○
	포소화설비		○			○		○	○		○	○	○	○
	불활성 가스소화설비			○				○				○		
	할로겐화합물소화설비			○				○				○		
	분말 소화 설비	인산염류 등	○	○		○		○	○			○		○
		탄산수소염류 등		○	○		○	○		○		○		
		그 밖의 것			○		○			○				
대형 · 소형 수동식 소화기	봉상수(棒狀水)소화기		○			○		○	○		○		○	○
	무상수(霧狀水)소화기		○	○		○		○	○		○		○	○
	봉상강화액소화기		○			○		○	○		○		○	○
	무상강화액소화기		○	○		○		○	○		○	○	○	○
	포소화기		○			○		○	○		○	○	○	○
	이산화탄소소화기			○				○				○		△
	할로겐화합물소화기			○				○				○		
	분말 소화기	인산염류소화기	○	○		○		○	○			○		○
		탄산수소 염류소화기		○	○		○	○		○		○		
		그 밖의 것			○		○			○				
기타	물통 또는 수조		○			○		○	○		○		○	○
	건조사				○	○	○	○	○	○	○	○	○	○
	팽창질석, 팽창진주암				○	○	○	○	○	○	○	○	○	○

3. 국소배기설비 관련사항

국소배기설비는 급성독성, 관리대상물질, 분진 등 위험물질의 근로자 흡입을 방지하기 위하여 근로자 취급 시 설치하며, 배기물질의 처리는 대기환경보존법에 따라 처리하기 위해 방지시설을 설치하게 된다. 그 설비의 구성은 후드, 덕트, 팬, 방지시설로 구분할 수 있으며, 그 개략도는 아래와 같다.

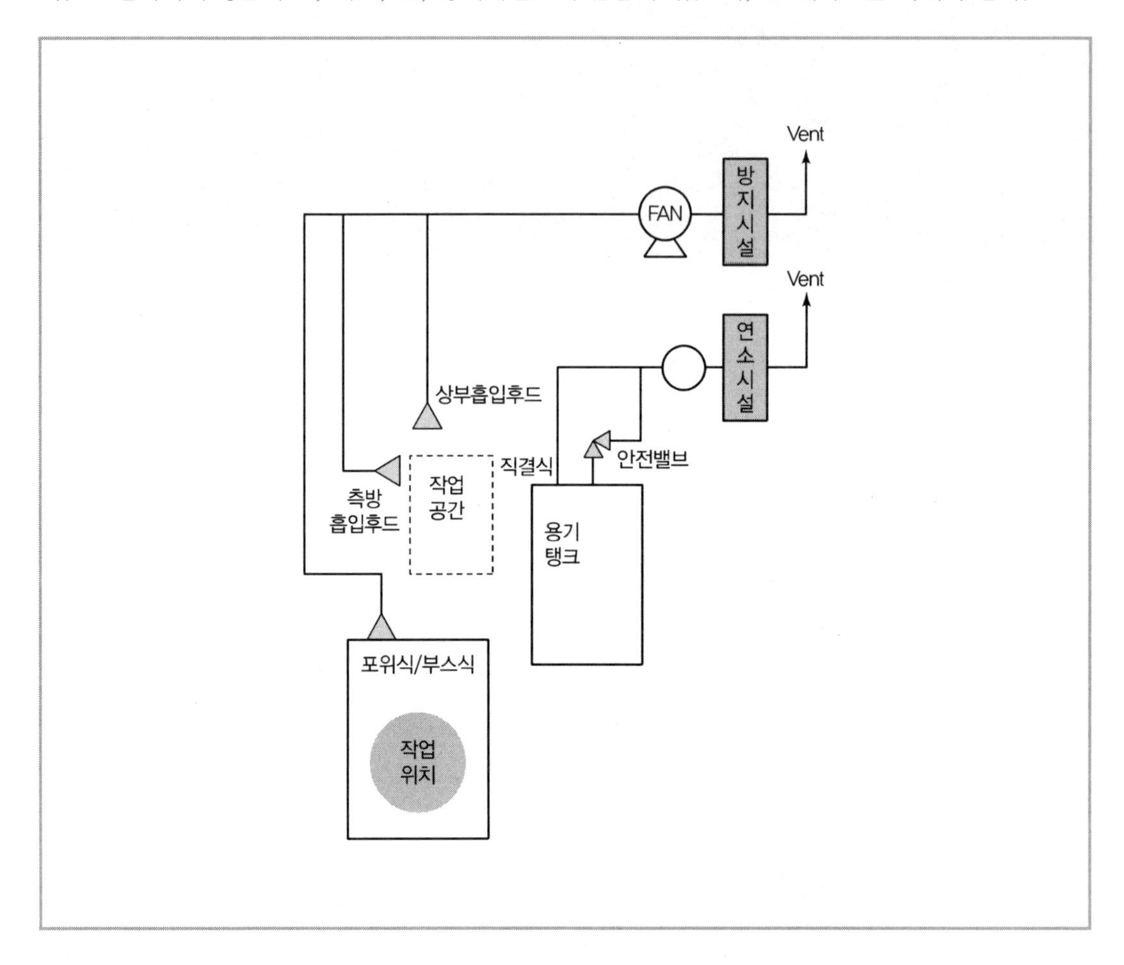

02 산업안전보건기준에 관한 규칙에 따른 관련 사항

1. 건축물과 내화 관련

■ 제270조(내화기준)

① 사업주는 제230조제1항에 따른 가스폭발 위험장소 또는 분진폭발 위험장소에 설치되는 건축물 등에 대해서는 다음 각 호에 해당하는 부분을 내화구조로 하여야 하며, 그 성능이 항상 유지될 수 있도록 점검 · 보수 등 적절한 조치를 하여야 한다. 다만, 건축물 등의 주변에 화재에 대비하여 물 분무시설 또는 폼 헤드(Foam Head) 설비 등의 자동소화설비를 설치하여 건축물 등이 화재 시에 2시간 이상 그 안전성을 유지할 수 있도록 한 경우에는 내화구조로 하지 아니할 수 있다.

1. 건축물의 기둥 및 보 : 지상 1층(지상 1층의 높이가 6미터를 초과하는 경우에는 6미터)까지
2. 위험물 저장 · 취급용기의 지지대(높이가 30센티미터 이하인 것은 제외한다) : 지상으로부터 지지대의 끝부분까지
3. 배관 · 전선관 등의 지지대 : 지상으로부터 1단(1단의 높이가 6미터를 초과하는 경우에는 6미터)까지

② 내화재료는 한국산업표준으로 정하는 기준에 적합하거나 그 이상의 성능을 가지는 것이어야 한다.

참고 1시간 이상 내화기준 적용 페인트의 경우 성적서를 확인해야 하며, 그 두께가 0.7~0.8mm 정도이다.

■ 제271조(안전거리)

사업주는 별표 1 제1호부터 제5호까지의 위험물을 저장 · 취급하는 화학설비 및 그 부속설비를 설치하는 경우에는 폭발이나 화재에 따른 피해를 줄일 수 있도록 별표 8에 따라 설비 및 시설 간에 충분한 안전거리를 유지하여야 한다. 다만, 다른 법령에 따라 안전거리 또는 보유공지를 유지하거나, 법 제44조에 따른 공정안전보고서를 제출하여 피해최소화를 위한 위험성 평가를 통하여 그 안전성을 확인받은 경우에는 그러하지 아니하다.

참고 별표 8

안전거리(제271조 관련)

구분	안전거리
1. 단위공정시설 및 설비로부터 다른 단위공정시설 및 설비의 사이	설비의 바깥 면으로부터 10미터 이상
2. 플레어스택으로부터 단위공정시설 및 설비, 위험물질 저장탱크 또는 위험물질 하역설비의 사이	플레어스택으로부터 반경 20미터 이상. 다만, 단위공정시설 등이 불연재로 시공된 지붕 아래에 설치된 경우에는 그러하지 아니하다.
3. 위험물질 저장탱크로부터 단위공정시설 및 설비, 보일러 또는 가열로의 사이	저장탱크의 바깥 면으로부터 20미터 이상. 다만, 저장탱크의 방호벽, 원격 조종화 설비 또는 살수설비를 설치한 경우에는 그러하지 아니하다.
4. 사무실 · 연구실 · 실험실 · 정비실 또는 식당으로부터 단위공정시설 및 설비, 위험물질 저장탱크, 위험물질 하역설비, 보일러 또는 가열로의 사이	사무실 등의 바깥 면으로부터 20미터 이상. 다만, 난방용 보일러인 경우 또는 사무실 등의 벽을 방호구조로 설치한 경우에는 그러하지 아니하다.

참고 별표 7

화학설비 및 그 부속설비의 종류(제227조부터 제229조까지, 제243조 및 제2편제2장제4절 관련)

1. 화학설비
   가. 반응기 · 혼합조 등 화학물질 반응 또는 혼합장치
   나. 증류탑 · 흡수탑 · 추출탑 · 감압탑 등 화학물질 분리장치
   다. 저장탱크 · 계량탱크 · 호퍼 · 사일로 등 화학물질 저장설비 또는 계량설비
   라. 응축기 · 냉각기 · 가열기 · 증발기 등 열교환기류
   마. 고로 등 점화기를 직접 사용하는 열교환기류
   바. 캘린더(Calender) · 혼합기 · 발포기 · 인쇄기 · 압출기 등 화학제품 가공설비
   사. 분쇄기 · 분체분리기 · 용융기 등 분체화학물질 취급장치
   아. 결정조 · 유동탑 · 탈습기 · 건조기 등 분체화학물질 분리장치
   자. 펌프류 · 압축기 · 이젝터(Ejector) 등의 화학물질 이송 또는 압축설비

2. 화학설비의 부속설비
   가. 배관 · 밸브 · 관 · 부속류 등 화학물질 이송 관련 설비
   나. 온도 · 압력 · 유량 등을 지시 · 기록 등을 하는 자동제어 관련 설비
   다. 안전밸브 · 안전판 · 긴급차단 또는 방출밸브 등 비상조치 관련 설비
   라. 가스누출감지 및 경보 관련 설비
   마. 세정기, 응축기, 벤트스택(Bent Stack), 플레어스택(Flare Stack) 등 폐가스 처리설비
   바. 사이클론, 백필터(Bag Filter), 전기집진기 등 분진처리설비
   사. 가목부터 바목까지의 설비를 운전하기 위하여 부속된 전기 관련 설비
   아. 정전기 제거장치, 긴급 샤워설비 등 안전 관련 설비

■ 제272조(방유제 설치)

사업주는 별표 1 제4호부터 제7호까지의 위험물을 액체상태로 저장하는 저장탱크를 설치하는 경우에는 위험물질이 누출되어 확산되는 것을 방지하기 위하여 방유제(防油堤)를 설치하여야 한다.

■ 제280조(위험물 건조설비를 설치하는 건축물의 구조)

사업주는 다음 각 호의 어느 하나에 해당하는 위험물 건조설비(이하 "위험물 건조설비"라 한다) 중 건조실을 설치하는 건축물의 구조는 독립된 단층 건물로 하여야 한다. 다만, 해당 건조실을 건축물의 최상층에 설치하거나 건축물이 내화구조인 경우에는 그러하지 아니하다.

1. 위험물 또는 위험물이 발생하는 물질을 가열 · 건조하는 경우 내용적이 1세제곱미터 이상인 건조설비
2. 위험물이 아닌 물질을 가열 · 건조하는 경우로서 다음 각 목의 어느 하나의 용량에 해당하는 건조설비
   가. 고체 또는 액체연료의 최대사용량이 시간당 10킬로그램 이상
   나. 기체연료의 최대사용량이 시간당 1세제곱미터 이상
   다. 전기사용 정격용량이 10킬로와트 이상

■ 제244조(방화조치)

사업주는 화로, 가열로, 가열장치, 소각로, 철제굴뚝, 그 밖에 화재를 일으킬 위험이 있는 설비 및 건축물과 그 밖에 인화성 액체와의 사이에는 방화에 필요한 안전거리를 유지하거나 불연성 물체를 차열(遮熱)재료로 하여 방호하여야 한다.

■ 제255조(화학설비를 설치하는 건축물의 구조)

사업주는 별표 7의 화학설비(이하 "화학설비"라 한다) 및 그 부속설비를 건축물 내부에 설치하는 경우에는 건축물의 바닥 · 벽 · 기둥 · 계단 및 지붕 등에 불연성 재료를 사용하여야 한다.

■ 제281조(건조설비의 구조 등)

사업주는 건조설비를 설치하는 경우에 다음 각 호와 같은 구조로 설치하여야 한다. 다만, 건조물의 종류, 가열건조의 정도, 열원(熱源)의 종류 등에 따라 폭발이나 화재가 발생할 우려가 없는 경우에는 그러하지 아니하다.

1. 건조설비의 바깥 면은 불연성 재료로 만들 것
2. 건조설비(유기과산화물을 가열 건조하는 것은 제외한다)의 내면과 내부의 선반이나 틀은 불연성 재료로 만들 것
3. 위험물 건조설비의 측벽이나 바닥은 견고한 구조로 할 것
4. 위험물 건조설비는 그 상부를 가벼운 재료로 만들고 주위상황을 고려하여 폭발구를 설치할 것
5. 위험물 건조설비는 건조하는 경우에 발생하는 가스 · 증기 또는 분진을 안전한 장소로 배출시킬 수 있는 구조로 할 것

6. 액체연료 또는 인화성 가스를 열원의 연료로 사용하는 건조설비는 점화하는 경우에는 폭발이나 화재를 예방하기 위하여 연소실이나 그 밖에 점화하는 부분을 환기시킬 수 있는 구조로 할 것
7. 건조설비의 내부는 청소하기 쉬운 구조로 할 것
8. 건조설비의 감시창 · 출입구 및 배기구 등과 같은 개구부는 발화 시에 불이 다른 곳으로 번지지 아니하는 위치에 설치하고 필요한 경우에는 즉시 밀폐할 수 있는 구조로 할 것
9. 건조설비는 내부의 온도가 부분적으로 상승하지 아니하는 구조로 설치할 것
10. 위험물 건조설비의 열원으로서 직화를 사용하지 아니할 것
11. 위험물 건조설비가 아닌 건조설비의 열원으로서 직화를 사용하는 경우에는 불꽃 등에 의한 화재를 예방하기 위하여 덮개를 설치하거나 격벽을 설치할 것

2. 소화설비 관련

■ **제243조(소화설비)**

① 사업주는 건축물, 별표 7의 화학설비 또는 제5절의 위험물 건조설비가 있는 장소, 그 밖에 위험물이 아닌 인화성 유류 등 폭발이나 화재의 원인이 될 우려가 있는 물질을 취급하는 장소(이하 이 조에서 "건축물 등"이라 한다)에는 소화설비를 설치하여야 한다.

② 제1항의 소화설비는 건축물 등의 규모 · 넓이 및 취급하는 물질의 종류 등에 따라 예상되는 폭발이나 화재를 예방하기에 적합하여야 한다.

3. 누출방지 및 감지설비 관련

■ **제299조(독성이 있는 물질의 누출 방지)**

사업주는 급성 독성물질의 누출로 인한 위험을 방지하기 위하여 다음 각 호의 조치를 하여야 한다.

1. 사업장 내 급성 독성물질의 저장 및 취급량을 최소화할 것
2. 급성 독성물질을 취급 저장하는 설비의 연결 부분은 누출되지 않도록 밀착시키고 매월 1회 이상 연결부분에 이상이 있는지를 점검할 것
3. 급성 독성물질을 폐기 · 처리하여야 하는 경우에는 냉각 · 분리 · 흡수 · 흡착 · 소각 등의 처리공정을 통하여 급성 독성물질이 외부로 방출되지 않도록 할 것
4. 급성 독성물질 취급설비의 이상 운전으로 급성 독성물질이 외부로 방출될 경우에는 저장 · 포집 또는 처리설비를 설치하여 안전하게 회수할 수 있도록 할 것
5. 급성 독성물질을 폐기 · 처리 또는 방출하는 설비를 설치하는 경우에는 자동으로 작동될 수 있는 구조로 하거나 원격조정할 수 있는 수동조작구조로 설치할 것
6. 급성 독성물질을 취급하는 설비의 작동이 중지된 경우에는 근로자가 쉽게 알 수 있도록 필요한 경보설비를 근로자와 가까운 장소에 설치할 것
7. 급성 독성물질이 외부로 누출된 경우에는 감지 · 경보할 수 있는 설비를 갖출 것

■ 제232조(폭발 또는 화재 등의 예방)

① 사업주는 인화성 액체의 증기, 인화성 가스 또는 인화성 고체가 존재하여 폭발이나 화재가 발생할 우려가 있는 장소에서 해당 증기 · 가스 또는 분진에 의한 폭발 또는 화재를 예방하기 위해 환풍기, 배풍기(排風機) 등 환기장치를 적절하게 설치해야 한다.

② 사업주는 제1항에 따른 증기나 가스에 의한 폭발이나 화재를 미리 감지하기 위하여 가스 검지 및 경보 성능을 갖춘 가스 검지 및 경보 장치를 설치하여야 한다. 다만, 한국산업표준에 따른 0종 또는 1종 폭발위험장소에 해당하는 경우로서 제311조에 따라 방폭구조 전기기계 · 기구를 설치한 경우에는 그렇지 않다.

4. 국소배기설비 관련 사항

■ 제72조(후드)

사업주는 인체에 해로운 분진, 흄(Fume), 미스트(Mist), 증기 또는 가스 상태의 물질(이하 “분진 등”이라 한다)을 배출하기 위하여 설치하는 국소배기장치의 후드가 다음 각 호의 기준에 맞도록 하여야 한다.

1. 유해물질이 발생하는 곳마다 설치할 것
2. 유해인자의 발생형태와 비중, 작업방법 등을 고려하여 해당 분진 등의 발산원(發散源)을 제어할 수 있는 구조로 설치할 것
3. 후드(Hood) 형식은 가능하면 포위식 또는 부스식 후드를 설치할 것
4. 외부식 또는 리시버식 후드는 해당 분진 등의 발산원에 가장 가까운 위치에 설치할 것

■ 제73조(덕트)

사업주는 분진 등을 배출하기 위하여 설치하는 국소배기장치(이동식은 제외한다)의 덕트(Duct)가 다음 각 호의 기준에 맞도록 하여야 한다.

1. 가능하면 길이는 짧게 하고 굴곡부의 수는 적게 할 것
2. 접속부의 안쪽은 돌출된 부분이 없도록 할 것
3. 청소구를 설치하는 등 청소하기 쉬운 구조로 할 것
4. 덕트 내부에 오염물질이 쌓이지 않도록 이송속도를 유지할 것
5. 연결 부위 등은 외부 공기가 들어오지 않도록 할 것

■ 제74조(배풍기)

사업주는 국소배기장치에 공기정화장치를 설치하는 경우 정화 후의 공기가 통하는 위치에 배풍기(排風機)를 설치하여야 한다. 다만, 빨아들여진 물질로 인하여 폭발할 우려가 없고 배풍기의 날개가 부식될 우려가 없는 경우에는 정화 전의 공기가 통하는 위치에 배풍기를 설치할 수 있다.

■ 제75조(배기구)

사업주는 분진 등을 배출하기 위하여 설치하는 국소배기장치(공기정화장치가 설치된 이동식 국소배기장치는 제외한다)의 배기구를 직접 외부로 향하도록 개방하여 실외에 설치하는 등 배출되는 분진 등이 작업장으로 재유입되지 않는 구조로 하여야 한다.

■ 제76조(배기의 처리)

사업주는 분진 등을 배출하는 장치나 설비에는 그 분진 등으로 인하여 근로자의 건강에 장해가 발생하지 않도록 흡수 · 연소 · 집진(集塵) 또는 그 밖의 적절한 방식에 의한 공기정화장치를 설치하여야 한다.

■ 제77조(전체환기장치)

사업주는 분진 등을 배출하기 위하여 설치하는 전체환기장치가 다음 각 호의 기준에 맞도록 하여야 한다.

1. 송풍기 또는 배풍기(덕트를 사용하는 경우에는 그 덕트의 흡입구를 말한다)는 가능하면 해당 분진 등의 발산원에 가장 가까운 위치에 설치할 것
2. 송풍기 또는 배풍기는 직접 외부로 향하도록 개방하여 실외에 설치하는 등 배출되는 분진 등이 작업장으로 재유입되지 않는 구조로 할 것

■ 제78조(환기장치의 가동)

① 사업주는 분진 등을 배출하기 위하여 국소배기장치나 전체환기장치를 설치한 경우 그 분진 등에 관한 작업을 하는 동안 국소배기장치나 전체환기장치를 가동하여야 한다.

② 사업주는 국소배기장치나 전체환기장치를 설치한 경우 조정판을 설치하여 환기를 방해하는 기류를 없애는 등 그 장치를 충분히 가동하기 위하여 필요한 조치를 하여야 한다.

■ 제83조(가스 등의 발산 억제 조치)

사업주는 가스 · 증기 · 미스트 · 흄 또는 분진 등(이하 “가스 등”이라 한다)이 발산되는 실내작업장에 대하여 근로자의 건강장해가 발생하지 않도록 해당 가스 등의 공기 중 발산을 억제하는 설비나 발산원을 밀폐하는 설비 또는 국소배기장치나 전체 환기장치를 설치하는 등 필요한 조치를 하여야 한다.

■ 제422조(관리대상 유해물질과 관계되는 설비)

사업주는 근로자가 실내작업장에서 관리대상 유해물질을 취급하는 업무에 종사하는 경우에 그 작업장에 관리대상 유해물질의 가스 · 증기 또는 분진의 발산원을 밀폐하는 설비 또는 국소배기장치를 설치하여야 한다. 다만, 분말상태의 관리대상 유해물질을 습기가 있는 상태에서 취급하는 경우에는 그러하지 아니하다.

참고 별표 12

관리대상 유해물질의 종류(제420조, 제439조 및 제440조 관련)

1. 유기화합물(123종)

1) 글루타르알데히드
2) 니트로글리세린
3) 니트로메탄
4) 니트로벤젠
5) p-니트로아닐린
6) p-니트로클로로벤젠
7) 2-니트로톨루엔
8) 디(2-에틸헥실)프탈레이트
9) 디니트로톨루엔
10) N,N-디메틸아닐린
11) 디메틸아민
12) N,N-디메틸아세트아미드
13) 디메틸포름아미드
14) 디부틸 프탈레이트
15) 디에탄올아민
16) 디에틸 에테르
17) 디에틸렌트리아민
18) 2-디에틸아미노에탄올
19) 디에틸아민
20) 1,4-디옥산
21) 디이소부틸케톤
22) 1,1-디클로로-1-플루오로에탄
23) 디클로로메탄
24) o-디클로로벤젠
25) 1,2-디클로로에탄
26) 1,2-디클로로에틸렌
27) 1,2-디클로로프로판
28) 디클로로플루오로메탄
29) p-디히드록시벤젠
30) 메탄올
31) 2-메톡시에탄올
32) 2-메톡시에틸 아세테이트
33) 메틸 n-부틸 케톤
34) 메틸 n-아밀 케톤
35) 메틸 아민
36) 메틸 아세테이트
37) 메틸 에틸 케톤
38) 메틸 이소부틸 케톤
39) 메틸 클로라이드
40) 메틸 클로로포름
41) 메틸렌 비스(페닐 이소시아네이트)
42) o-메틸시클로헥사논
43) 메틸시클로헥사놀
44) 무수 말레산
45) 무수 프탈산
46) 벤젠(특별관리물질)
47) 벤조(a)피렌(특별관리물질)
48) 1,3-부타디엔(특별관리물질)
49) n-부탄올
50) 2-부탄올
51) 2-부톡시에탄올
52) 2-부톡시에틸 아세테이트
53) n-부틸 아세테이트
54) 1-브로모프로판(특별관리물질)
55) 2-브로모프로판(특별관리물질)
56) 브롬화 메틸
57) 브이엠 및 피 나프타
58) 비닐 아세테이트
59) 사염화탄소(특별관리물질)
60) 스토다드 솔벤트(벤젠을 0.1% 이상 함유한 경우만 특별관리물질)
61) 스티렌
62) 시클로헥사논
63) 시클로헥사놀
64) 시클로헥산
65) 시클로헥센
66) 시클로헥실아민
67) 아닐린 및 그 동족체
68) 아세토니트릴
69) 아세톤
70) 아세트알데히드
71) 아크릴로니트릴(특별관리물질)
72) 아크릴아미드(특별관리물질)
73) 알릴 글리시딜 에테르

74) 에탄올아민
75) 2-에톡시에탄올(특별관리물질)
76) 2-에톡시에틸 아세테이트(특별관리물질)
77) 에틸 벤젠
78) 에틸 아세테이트
79) 에틸 아크릴레이트
80) 에틸렌 글리콜
81) 에틸렌 글리콜 디니트레이트
82) 에틸렌 클로로히드린
83) 에틸렌이민(특별관리물질)
84) 에틸아민
85) 2,3-에폭시-1-프로판올(특별관리물질)
86) 1,2-에폭시프로판(특별관리물질)
87) 에피클로로히드린(특별관리물질)
88) 와파린(특별관리물질)
89) 요오드화 메틸
90) 이소부틸 아세테이트
91) 이소부틸 알코올
92) 이소아밀 아세테이트
93) 이소아밀 알코올
94) 이소프로필 아세테이트
95) 이소프로필 알코올
96) 이황화탄소
97) 크레졸
98) 크실렌
99) 2-클로로-1,3-부타디엔
100) 클로로벤젠
101) 1,1,2,2-테트라클로로에탄
102) 테트라히드로푸란
103) 톨루엔
104) 톨루엔-2,4-디이소시아네이트
105) 톨루엔-2,6-디이소시아네이트
106) 트리에틸아민
107) 트리클로로메탄
108) 1,1,2-트리클로로에탄
109) 트리클로로에틸렌(특별관리물질)
110) 1,2,3-트리클로로프로판(특별관리물질)
111) 퍼클로로에틸렌(특별관리물질)
112) 페놀(특별관리물질)
113) 페닐 글리시딜 에테르
114) 포름아미드(특별관리물질)
115) 포름알데히드(특별관리물질)
116) 프로필렌이민(특별관리물질)
117) n-프로필 아세테이트
118) 피리딘
119) 헥사메틸렌 디이소시아네이트
120) n-헥산
121) n-헵탄
122) 황산 디메틸(특별관리물질)
123) 히드라진 및 그 수화물(특별관리물질)
124) 1)부터 123)까지의 물질을 중량비율 1%[N,N-디메틸아세트아미드(특별관리물질), 디메틸포름아미드(특별관리물질), 디부틸 프탈레이트(특별관리물질), 2-메톡시에탄올(특별관리물질), 2-메톡시에틸 아세테이트(특별관리물질), 1-브로모프로판(특별관리물질), 2-브로모프로판(특별관리물질), 2-에톡시에탄올(특별관리물질), 2-에톡시에틸 아세테이트(특별관리물질), 와파린(특별관리물질), 페놀(특별관리물질) 및 포름아미드(특별관리물질)는 0.3%, 그 밖의 특별관리물질은 0.1%] 이상 함유한 혼합물

2. 금속류(25종)

1) 구리 및 그 화합물
2) 납 및 그 무기화합물(특별관리물질)
3) 니켈 및 그 무기화합물, 니켈 카르보닐(불용성화합물만 특별관리물질)
4) 망간 및 그 무기화합물
5) 바륨 및 그 가용성 화합물
6) 백금 및 그 화합물
7) 산화마그네슘
8) 산화붕소(특별관리물질)
9) 셀레늄 및 그 화합물
10) 수은 및 그 화합물(특별관리물질. 다만, 아릴화합물 및 알킬화합물은 특별관리물질에서 제외한다)
11) 아연 및 그 화합물
12) 안티몬 및 그 화합물(삼산화안티몬만 특별관리물질)
13) 알루미늄 및 그 화합물
14) 오산화바나듐
15) 요오드 및 요오드화물
16) 은 및 그 화합물

17) 이산화티타늄
18) 인듐 및 그 화합물
19) 주석 및 그 화합물
20) 지르코늄 및 그 화합물
21) 철 및 그 화합물
22) 카드뮴 및 그 화합물(특별관리물질)
23) 코발트 및 그 무기화합물
24) 크롬 및 그 화합물(6가크롬 화합물만 특별관리물질)
25) 텅스텐 및 그 화합물
26) 1)부터 25)까지의 물질을 중량비율 1%[납 및 그 무기화합물(특별관리물질), 산화붕소(특별관리물질), 수은 및 그 화합물(특별관리물질. 다만, 아릴화합물 및 알킬화합물은 특별관리물질에서 제외한다)은 0.3%, 그 밖의 특별관리물질은 0.1%] 이상 함유한 혼합물

3. 산 · 알칼리류(18종)

1) 개미산
2) 과산화수소
3) 무수 초산
4) 불화수소
5) 브롬화수소
6) 사붕소산 나트륨(무수물, 오수화물)(특별관리물질)
7) 수산화 나트륨
8) 수산화 칼륨
9) 시안화 나트륨
10) 시안화 칼륨
11) 시안화 칼슘
12) 아크릴산
13) 염화수소
14) 인산
15) 질산
16) 초산
17) 트리클로로아세트산
18) 황산(pH 2.0 이하인 강산은 특별관리물질)
19) 1)부터 18)까지의 물질을 중량비율 1%[사붕소산나트륨(무수물, 오수화물)(특별관리물질)은 0.3%, pH 2.0 이하인 황산(특별관리물질)은 0.1%] 이상 함유한 혼합물

4. 가스 상태 물질류(15종)

가. 불소
나. 브롬
다. 산화에틸렌(특별관리물질)
라. 삼수소화비소
마. 시안화수소
바. 암모니아
사. 염소
아. 오존
자. 이산화질소
차. 이산화황
카. 일산화질소
타. 일산화탄소
파. 포스겐
하. 포스핀
거. 황화수소
너. 가목부터 거목까지의 물질을 용량비율 1퍼센트(특별관리물질은 0.1퍼센트) 이상 함유한 제제

■ **제423조(임시작업인 경우의 설비 특례)**

① 사업주는 실내작업장에서 관리대상 유해물질 취급업무를 임시로 하는 경우에 제422조에 따른 밀폐설비나 국소배기장치를 설치하지 아니할 수 있다.

② 사업주는 유기화합물 취급 특별장소에서 근로자가 유기화합물 취급업무를 임시로 하는 경우로서 전체환기장치를 설치한 경우에 제422조에 따른 밀폐설비나 국소배기장치를 설치하지 아니할 수 있다.

③ 제1항 및 제2항에도 불구하고 관리대상 유해물질 중 별표 12에 따른 특별관리물질을 취급하는 작업장에는 제422조에 따른 밀폐설비나 국소배기장치를 설치하여야 한다.

■ **제424조(단시간작업인 경우의 설비 특례)**

① 사업주는 근로자가 전체환기장치가 설치되어 있는 실내작업장에서 단시간 동안 관리대상 유해물질을 취급하는 작업에 종사하는 경우에 제422조에 따른 밀폐설비나 국소배기장치를 설치하지 아니할 수 있다.

② 사업주는 유기화합물 취급 특별장소에서 단시간 동안 유기화합물을 취급하는 작업에 종사하는 근로자에게 송기마스크를 지급하고 착용하도록 하는 경우에 제422조에 따른 밀폐설비나 국소배기장치를 설치하지 아니할 수 있다.

③ 제1항 및 제2항에도 불구하고 관리대상 유해물질 중 별표 12에 따른 특별관리물질을 취급하는 작업장에는 제422조에 따른 밀폐설비나 국소배기장치를 설치하여야 한다.

■ **제425조(국소배기장치의 설비 특례)**

사업주는 다음 각 호의 어느 하나에 해당하는 경우로서 급기(給氣)·배기(排氣) 환기장치를 설치한 경우에 제422조에 따른 밀폐설비나 국소배기장치를 설치하지 아니할 수 있다.

1. 실내작업장의 벽·바닥 또는 천장에 대하여 관리대상 유해물질 취급업무를 수행할 때 관리대상 유해물질의 발산 면적이 넓어 제422조에 따른 설비를 설치하기 곤란한 경우
2. 자동차의 차체, 항공기의 기체, 선체(船體) 블록(block) 등 표면적이 넓은 물체의 표면에 대하여 관리대상 유해물질 취급업무를 수행할 때 관리대상 유해물질의 증기 발산 면적이 넓어 제422조에 따른 설비를 설치하기 곤란한 경우

■ **제426조(다른 실내 작업장과 격리되어 있는 작업장에 대한 설비 특례)**

사업주는 다른 실내작업장과 격리되어 근로자가 상시 출입할 필요가 없는 작업장으로서 관리대상 유해물질 취급업무를 하는 실내작업장에 전체환기장치를 설치한 경우에 제422조에 따른 밀폐설비나 국소배기장치를 설치하지 아니할 수 있다.

■ **제427조(대체설비의 설치에 따른 특례)**

사업주는 발산원 밀폐설비, 국소배기장치 또는 전체환기장치 외의 방법으로 적정 처리를 할 수 있는 설비(이하 이 조에서 "대체설비"라 한다)를 설치하고 고용노동부장관이 해당 대체설비가 적정하다고 인정하는 경우에 제422조에 따른 밀폐설비나 국소배기장치 또는 전체 환기장치를 설치하지 아니할 수 있다.

■ **제428조(유기화합물의 설비 특례)**

사업주는 전체환기장치가 설치된 유기화합물 취급작업장으로서 다음 각 호의 요건을 모두 갖춘 경우에 제422조에 따른 밀폐설비나 국소배기장치를 설치하지 아니할 수 있다.

1. 유기화합물의 노출기준이 100피피엠(ppm) 이상인 경우
2. 유기화합물의 발생량이 대체로 균일한 경우
3. 동일한 작업장에 다수의 오염원이 분산되어 있는 경우
4. 오염원이 이동성(移動性)이 있는 경우

■ 제429조(국소배기장치의 성능)

사업주는 국소배기장치를 설치하는 경우에 별표 13에 따른 제어풍속을 낼 수 있는 성능을 갖춘 것을 설치하여야 한다.

참고 **별표 13**

관리대상 유해물질 관련 국소배기장치 후드의 제어풍속(제429조 관련)

물질의 상태	후드 형식	제어풍속(m/sec)
가스 상태	포위식 포위형	0.4
	외부식 측방흡인형	0.5
	외부식 하방흡인형	0.5
	외부식 상방흡인형	1.0
입자 상태	포위식 포위형	0.7
	외부식 측방흡인형	1.0
	외부식 하방흡인형	1.0
	외부식 상방흡인형	1.2

비고
1. "가스 상태"란 관리대상 유해물질이 후드로 빨아들여질 때의 상태가 가스 또는 증기인 경우를 말한다.
2. "입자 상태"란 관리대상 유해물질이 후드로 빨아들여질 때의 상태가 흄, 분진 또는 미스트인 경우를 말한다.
3. "제어풍속"이란 국소배기장치의 모든 후드를 개방한 경우의 제어풍속으로서 다음 각 목에 따른 위치에서의 풍속을 말한다.
   가. 포위식 후드에서는 후드 개구면에서의 풍속
   나. 외부식 후드에서는 해당 후드에 의하여 관리대상 유해물질을 빨아들이려는 범위 내에서 해당 후드 개구면으로부터 가장 먼 거리의 작업위치에서의 풍속

■ 제430조(전체 환기장치의 성능 등)

① 사업주는 단일 성분의 유기화합물이 발생하는 작업장에 전체환기장치를 설치하려는 경우에 다음 계산식에 따라 계산한 환기량(이하 이 조에서 "필요 환기량"이라 한다) 이상으로 설치하여야 한다.

작업시간 1시간당 필요환기량
$= 24.1 \times$ 비중 $\times$ 유해물질의 시간당 사용량 $\times K/$(분자량 $\times$ 유해물질의 노출기준) $\times 10^6$

주) 1. 시간당 필요환기량 단위 : m^3/hr
  2. 유해물질의 시간당 사용량 단위 : L/hr
  3. K : 안전계수로서
   가. K=1 : 작업장 내의 공기 혼합이 원활한 경우
   나. K=2 : 작업장 내의 공기 혼합이 보통인 경우
   다. K=3 : 작업장 내의 공기 혼합이 불완전한 경우

② 제1항에도 불구하고 유기화합물의 발생이 혼합물질인 경우에는 각각의 환기량을 모두 합한 값을 필요 환기량으로 적용한다. 다만, 상가작용(相加作用)이 없을 경우에는 필요 환기량이 가장 큰 물질의 값을 적용한다.

③ 사업주는 전체 환기장치를 설치하려는 경우에 전체 환기장치의 배풍기(덕트를 사용하는 전체 환기장치의 경우에는 해당 덕트의 개구부를 말한다)를 관리대상 유해물질의 발산원에 가장 가까운 위치에 설치하여야 한다.

■ 제441조(사용 전 점검 등)

① 사업주는 국소배기장치를 설치한 후 처음으로 사용하는 경우 또는 국소배기장치를 분해하여 개조하거나 수리한 후 처음으로 사용하는 경우에는 다음 각 호에서 정하는 사항을 사용 전에 점검하여야 한다.

1. 덕트와 배풍기의 분진 상태
2. 덕트 접속부가 헐거워졌는지 여부
3. 흡기 및 배기 능력
4. 그 밖에 국소배기장치의 성능을 유지하기 위하여 필요한 사항

② 사업주는 제1항에 따른 점검 결과 이상이 발견되었을 때에는 즉시 청소·보수 또는 그 밖에 필요한 조치를 하여야 한다.

③ 제1항에 따른 점검을 한 후 그 기록의 보존에 관하여는 제555조를 준용한다.

■ 제453조(설비기준 등)

① 사업주는 허가대상 유해물질(베릴륨 및 석면은 제외한다)을 제조하거나 사용하는 경우에 다음 각 호의 사항을 준수하여야 한다.

1. 허가대상 유해물질을 제조하거나 사용하는 장소는 다른 작업장소와 격리시키고 작업장소의 바닥과 벽은 불침투성의 재료로 하되, 물청소로 할 수 있는 구조로 하는 등 해당 물질을 제거하기 쉬운 구조로 할 것
2. 원재료의 공급·이송 또는 운반은 해당 작업에 종사하는 근로자의 신체에 그 물질이 직접 닿지 않는 방법으로 할 것
3. 반응조(Batch Reactor)는 발열반응 또는 가열을 동반하는 반응에 의하여 교반기(攪拌機) 등의 덮개부분으로부터 가스나 증기가 새지 않도록 개스킷 등으로 접합부를 밀폐시킬 것
4. 가동 중인 선별기 또는 진공여과기의 내부를 점검할 필요가 있는 경우에는 밀폐된 상태에서 내부를 점검할 수 있는 구조로 할 것
5. 분말 상태의 허가대상 유해물질을 근로자가 직접 사용하는 경우에는 그 물질을 습기가 있는 상태로 사용하거나 격리실에서 원격조작하거나 분진이 흩날리지 않는 방법을 사용하도록 할 것

② 사업주는 근로자가 허가대상 유해물질(베릴륨 및 석면은 제외한다)을 제조하거나 사용하는 경우에 허가대상 유해물질의 가스·증기 또는 분진의 발산원을 밀폐하는 설비나 포위식 후드 또는 부스식 후드의 국소배기장치를 설치하여야 한다. 다만, 작업의 성질상 밀폐설비나 포위식 후드 또는 부스식 후드를 설치하기 곤란한 경우에는 외부식 후드의 국소배기장치(상방 흡인형은 제외한다)를 설치할 수 있다.

■ **제454조(허가대상 유해물질 국소배기장치의 설치 · 성능)**

제453조제2항에 따라 설치하는 국소배기장치의 성능은 물질의 상태에 따라 아래 표에서 정하는 제어풍속 이상이 되도록 하여야 한다.

물질의 상태	제어풍속(미터/초)
가스상태	0.5
입자상태	1.0

비고
1. 이 표에서 제어풍속이란 국소배기장치의 모든 후드를 개방한 경우의 제어풍속을 말한다.
2. 이 표에서 제어풍속은 후드의 형식에 따라 다음에서 정한 위치에서의 풍속을 말한다.
   가. 포위식 또는 부스식 후드에서는 후드의 개구면에서의 풍속
   나. 외부식 또는 리시버식 후드에서는 유해물질의 가스 · 증기 또는 분진이 빨려 들어가는 범위에서 해당 개구면으로부터 가장 먼 작업 위치에서의 풍속

■ **제455조(배출액의 처리)**

사업주는 허가대상 유해물질의 제조 · 사용 설비로부터 오염물이 배출되는 경우에 이로 인한 근로자의 건강장해를 예방할 수 있도록 배출액을 중화 · 침전 · 여과 또는 그 밖의 적절한 방식으로 처리하여야 한다.

■ **제480조(국소배기장치의 설치 등)**

① 사업주는 석면이 들어있는 포장 등의 개봉작업, 석면의 계량작업, 배합기(配合機) 또는 개면기(開綿機) 등에 석면을 투입하는 작업, 석면제품 등의 포장작업을 하는 장소 등 석면분진이 흩날릴 우려가 있는 작업을 하는 장소에는 국소배기장치를 설치 · 가동하여야 한다.

② 제1항에 따른 국소배기장치의 성능에 관하여는 제500조에 따른 입자 상태 물질에 대한 국소배기장치의 성능기준을 준용한다.

■ **제499조(설비기준 등)**

① 법 제117조제2항에 따라 금지유해물질을 시험 · 연구 목적으로 제조하거나 사용하는 자는 다음 각 호의 조치를 하여야 한다.

1. 제조 · 사용 설비는 밀폐식 구조로서 금지유해물질의 가스, 증기 또는 분진이 새지 않도록 할 것. 다만, 밀폐식 구조로 하는 것이 작업의 성질상 현저히 곤란하여 부스식 후드의 내부에 그 설비를 설치한 경우는 제외한다.
2. 금지유해물질을 제조 · 저장 · 취급하는 설비는 내식성의 튼튼한 구조일 것
3. 금지유해물질을 저장하거나 보관하는 양은 해당 시험 · 연구에 필요한 최소량으로 할 것
4. 금지유해물질의 특성에 맞는 적절한 소화설비를 갖출 것
5. 제조 · 사용 · 취급 조건이 해당 금지유해물질의 인화점 이상인 경우에는 사용하는 전기 기계 · 기구는 적절한 방폭구조(防爆構造)로 할 것
6. 실험실 등에서 가스 · 액체 또는 잔재물을 배출하는 경우에는 안전하게 처리할 수 있는 설비를 갖출 것

② 사업주는 제1항제1호에 따라 설치한 밀폐식 구조라도 금지유해물질을 넣거나 꺼내는 작업 등을 하는 경우에 해당 작업장소에 국소배기장치를 설치하여야 한다. 다만, 금지유해물질의 가스 · 증기 또는 분진이 새지 않는 방법으로 작업하는 경우에는 그러하지 아니하다.

■ 제500조(금지 유해물질 국소배기장치의 성능 등)

사업주는 제499조제1항제1호 단서에 따라 부스식 후드의 내부에 해당 설비를 설치하는 경우에 다음 각 호의 기준에 맞도록 하여야 한다.

1. 부스식 후드의 개구면 외의 곳으로부터 금지유해물질의 가스 · 증기 또는 분진 등이 새지 않는 구조로 할 것
2. 부스식 후드의 적절한 위치에 배풍기를 설치할 것
3. 제2호에 따른 배풍기의 성능은 부스식 후드 개구면에서의 제어풍속이 아래 표에서 정한 성능 이상이 되도록 할 것

물질의 상태	제어풍속(미터/초)
가스상태	0.5
입자상태	1.0

비고 : 이 표에서 제어풍속이란 모든 부스식 후드의 개구면을 완전 개방했을 때의 풍속을 말한다.

■ 제607조(국소배기장치의 설치)

사업주는 별표 16 제5호부터 제25호까지의 규정에 따른 분진작업을 하는 실내작업장(갱 내를 포함한다)에 대하여 해당 분진작업에 따른 분진을 줄이기 위하여 밀폐설비나 국소배기장치를 설치하여야 한다.

참고 별표 16

분진작업의 종류(제605조제2호 관련)

1. 토석 · 광물 · 암석(이하 "암석 등"이라 하고, 습기가 있는 상태의 것은 제외한다. 이하 이 표에서 같다)을 파내는 장소에서의 작업. 다만, 다음 각 목의 어느 하나에서 정하는 작업은 제외한다.
   가. 갱 밖의 암석 등을 습식에 의하여 시추하는 장소에서의 작업
   나. 실외의 암석 등을 동력 또는 발파에 의하지 않고 파내는 장소에서의 작업
2. 암석 등을 싣거나 내리는 장소에서의 작업
3. 갱 내에서 암석 등을 운반, 파쇄 · 분쇄하거나 체로 거르는 장소(수중작업은 제외한다) 또는 이들을 쌓거나 내리는 장소에서의 작업
4. 갱 내의 제1호부터 제3호까지의 규정에 따른 장소와 근접하는 장소에서 분진이 붙어 있거나 쌓여 있는 기계설비 또는 전기설비를 이설(移設) · 철거 · 점검 또는 보수하는 작업
5. 암석 등을 재단 · 조각 또는 마무리하는 장소에서의 작업(화염을 이용한 작업은 제외한다)
6. 연마재의 분사에 의하여 연마하는 장소나 연마재 또는 동력을 사용하여 암석 · 광물 또는 금속을 연마 · 주물 또는 재단하는 장소에서의 작업(화염을 이용한 작업은 제외한다)
7. 갱 내가 아닌 장소에서 암석 등 · 탄소원료 또는 알루미늄박을 파쇄 · 분쇄하거나 체로 거르는 장소에서의 작업

8. 시멘트 · 비산재 · 분말광석 · 탄소원료 또는 탄소제품을 건조하는 장소, 쌓거나 내리는 장소, 혼합 · 살포 · 포장하는 장소에서의 작업
9. 분말 상태의 알루미늄 또는 산화티타늄을 혼합 · 살포 · 포장하는 장소에서의 작업
10. 분말 상태의 광석 또는 탄소원료를 원료 또는 재료로 사용하는 물질을 제조 · 가공하는 공정에서 분말 상태의 광석, 탄소원료 또는 그 물질을 함유하는 물질을 혼합 · 혼입 또는 살포하는 장소에서의 작업
11. 유리 또는 법랑을 제조하는 공정에서 원료를 혼합하는 작업이나 원료 또는 혼합물을 용해로에 투입하는 작업(수중에서 원료를 혼합하는 장소에서의 작업은 제외한다)
12. 도자기, 내화물(耐火物), 형사토 제품 또는 연마재를 제조하는 공정에서 원료를 혼합 또는 성형하거나, 원료 또는 반제품을 건조하거나, 반제품을 차에 싣거나 쌓은 장소에서의 작업이나 가마 내부에서의 작업. 다만, 다음 각 목의 어느 하나에 정하는 작업은 제외한다.
   가. 도자기를 제조하는 공정에서 원료를 투입하거나 성형하여 반제품을 완성하거나 제품을 내리고 쌓은 장소에서의 작업
   나. 수중에서 원료를 혼합하는 장소에서의 작업
13. 탄소제품을 제조하는 공정에서 탄소원료를 혼합하거나 성형하여 반제품을 노(爐)에 넣거나 반제품 또는 제품을 노에서 꺼내거나 제작하는 장소에서의 작업
14. 주형을 사용하여 주물을 제조하는 공정에서 주형(鑄型)을 해체 또는 탈사(脫砂)하거나 주물모래를 재생하거나 혼련(混鍊)하거나 주조품 등을 절삭하는 장소에서의 작업
15. 암석 등을 운반하는 암석전용선의 선창(船艙) 내에서 암석 등을 빠뜨리거나 한군데로 모으는 작업
16. 금속 또는 그 밖의 무기물을 제련하거나 녹이는 공정에서 토석 또는 광물을 개방로에 투입 · 소결(燒結) · 탕출(湯出) 또는 주입하는 장소에서의 작업(전기로에서 탕출하는 장소나 금형을 주입하는 장소에서의 작업은 제외한다)
17. 분말 상태의 광물을 연소하는 공정이나 금속 또는 그 밖의 무기물을 제련하거나 녹이는 공정에서 노(爐) · 연도(煙道) 또는 연돌 등에 붙어 있거나 쌓여 있는 광물찌꺼기 또는 재를 긁어내거나 한곳에 모으거나 용기에 넣는 장소에서의 작업
18. 내화물을 이용한 가마 또는 노 등을 축조 또는 수리하거나 내화물을 이용한 가마 또는 노 등을 해체하거나 파쇄하는 작업
19. 실내 · 갱내 · 탱크 · 선박 · 관 또는 차량 등의 내부에서 금속을 용접하거나 용단하는 작업
20. 금속을 녹여 뿌리는 장소에서의 작업
21. 동력을 이용하여 목재를 절단 · 연마 및 분쇄하는 장소에서의 작업
22. 면(綿)을 섞거나 두드리는 장소에서의 작업
23. 염료 및 안료를 분쇄하거나 분말 상태의 염료 및 안료를 계량 · 투입 · 포장하는 장소에서의 작업
24. 곡물을 분쇄하거나 분말 상태의 곡물을 계량 · 투입 · 포장하는 장소에서의 작업
25. 유리섬유 또는 암면(巖綿)을 재단 · 분쇄 · 연마하는 장소에서의 작업
26. 「기상법 시행령」 제8조제2항제8호에 따른 황사 경보 발령지역 또는 「대기환경보전법 시행령」 제2조제3항제1호 및 제2호에 따른 미세먼지(PM-10, PM-2.5) 경보 발령지역에서의 옥외 작업

■ 제608조(전체환기장치의 설치)

사업주는 분진작업을 하는 때에 분진 발산 면적이 넓어 제607조에 따른 설비를 설치하기 곤란한 경우에 전체환기장치를 설치할 수 있다.

■ 제609조(국소배기장치의 성능)

제607조 또는 제617조제1항 단서에 따라 설치하는 국소배기장치는 별표 17에서 정하는 제어풍속 이상의 성능을 갖춘 것이어야 한다.

참고 별표 17

분진작업장소에 설치하는 국소배기장치의 제어풍속(제609조 관련)

1. 제607조 및 제617조제1항 단서에 따라 설치하는 국소배기장치(연삭기, 드럼 샌더(Drum Sander) 등의 회전체를 가지는 기계에 관련되어 분진작업을 하는 장소에 설치하는 것은 제외한다)의 제어풍속

분진 작업 장소	제어풍속(미터/초)			
	포위식 후드의 경우	외부식 후드의 경우		
		측방 흡인형	하방 흡인형	상방 흡인형
암석 등 탄소원료 또는 알루미늄박을 체로 거르는 장소	0.7	-	-	-
주물모래를 재생하는 장소	0.7	-	-	-
주형을 부수고 모래를 터는 장소	0.7	1.3	1.3	-
그 밖의 분진작업장소	0.7	1.0	1.0	1.2

비고
제어풍속이란 국소배기장치의 모든 후드를 개방한 경우의 제어풍속으로서 다음 각 목의 위치에서 측정한다.
가. 포위식 후드에서는 후드 개구면
나. 외부식 후드에서는 해당 후드에 의하여 분진을 빨아들이려는 범위에서 그 후드 개구면으로부터 가장 먼 거리의 작업위치

2. 제607조 및 제617조제1항 단서의 규정에 따라 설치하는 국소배기장치 중 연삭기, 드럼 샌더 등의 회전체를 가지는 기계에 관련되어 분진작업을 하는 장소에 설치된 국소배기장치의 후드의 설치방법에 따른 제어풍속

후드의 설치방법	제어풍속(미터/초)
회전체를 가지는 기계 전체를 포위하는 방법	0.5
회전체의 회전으로 발생하는 분진의 흩날림방향을 후드의 개구면으로 덮는 방법	5.0
회전체만을 포위하는 방법	5.0

비고
제어풍속이란 국소배기장치의 모든 후드를 개방한 경우의 제어풍속으로서, 회전체를 정지한 상태에서 후드의 개구면에서의 최소풍속을 말한다.

참고 허가대상 유해물질(산업안전보건법 시행령 제88조)

1. α-나프틸아민 및 그 염
2. 디아니시딘 및 그 염
3. 디클로로벤지딘 및 그 염
4. 베릴륨
5. 벤조트리클로라이드
6. 비소 및 그 무기화합물
7. 염화비닐
8. 콜타르피치 휘발물
9. 크롬광 가공(열을 가하여 소성 처리하는 경우만 해당한다)
10. 크롬산 아연
11. o-톨리딘 및 그 염
12. 황화니켈류
13. 제1호부터 제4호까지 또는 제6호부터 제12호까지의 어느 하나에 해당하는 물질을 포함한 혼합물(포함된 중량의 비율이 1퍼센트 이하인 것은 제외한다)
14. 제5호의 물질을 포함한 혼합물(포함된 중량의 비율이 0.5퍼센트 이하인 것은 제외한다)
15. 그 밖에 보건상 해로운 물질로서 산업재해보상보험 및 예방심의 위원회의 심의를 거쳐 고용노동부장관이 정하는 유해물질

참고 제조 등이 금지되는 유해물질(산업안전보건법 시행령 제87조)

1. β-나프틸아민과 그 염
2. 4-니트로디페닐과 그 염
3. 백연을 포함한 페인트(포함된 중량의 비율이 2퍼센트 이하인 것은 제외한다)
4. 벤젠을 포함하는 고무풀(포함된 중량의 비율이 5퍼센트 이하인 것은 제외한다)
5. 석면
6. 폴리클로리네이티드 터페닐
7. 황린(黃燐) 성냥
8. 제1호, 제2호, 제5호 또는 제6호에 해당하는 물질을 포함한 혼합물(포함된 중량의 비율이 1퍼센트 이하인 것은 제외한다)
9. 「화학물질관리법」 제2조제5호에 따른 금지물질(같은 법 제3조제1항제1호부터 제12호까지의 규정에 해당하는 화학물질은 제외한다)
10. 그 밖에 보건상 해로운 물질로서 산업재해보상보험 및 예방심의 위원회의 심의를 거쳐 고용노동부장관이 정하는 유해물질

■ **제32조(보호구의 지급 등)**

① 사업주는 다음 각 호의 어느 하나에 해당하는 작업을 하는 근로자에 대해서는 다음 각 호의 구분에 따라 그 작업조건에 맞는 보호구를 작업하는 근로자 수 이상으로 지급하고 착용하도록 하여야 한다.

1. 물체가 떨어지거나 날아올 위험 또는 근로자가 추락할 위험이 있는 작업 : 안전모
2. 높이 또는 깊이 2미터 이상의 추락할 위험이 있는 장소에서 하는 작업 : 안전대(安全帶)
3. 물체의 낙하 · 충격, 물체에의 끼임, 감전 또는 정전기의 대전(帶電)에 의한 위험이 있는 작업 : 안전화
4. 물체가 흩날릴 위험이 있는 작업 : 보안경
5. 용접 시 불꽃이나 물체가 흩날릴 위험이 있는 작업 : 보안면
6. 감전의 위험이 있는 작업 : 절연용 보호구
7. 고열에 의한 화상 등의 위험이 있는 작업 : 방열복
8. 선창 등에서 분진(粉塵)이 심하게 발생하는 하역작업 : 방진마스크
9. 섭씨 영하 18도 이하인 급냉동어창에서 하는 하역작업 : 방한모 · 방한복 · 방한화 · 방한장갑
10. 물건을 운반하거나 수거 · 배달하기 위하여 「자동차관리법」 제3조제1항제5호에 따른 이륜자동차(이하 "이륜자동차"라 한다)를 운행하는 작업 : 「도로교통법 시행규칙」 제32조제1항 각 호의 기준에 적합한 승차용 안전모

② 사업주로부터 제1항에 따른 보호구를 받거나 착용지시를 받은 근로자는 그 보호구를 착용하여야 한다.

5. 보호구 및 기타사항

■ **제33조(보호구의 관리)**

① 사업주는 이 규칙에 따라 보호구를 지급하는 경우 상시 점검하여 이상이 있는 것은 수리하거나 다른 것으로 교환해 주는 등 늘 사용할 수 있도록 관리하여야 하며, 청결을 유지하도록 하여야 한다. 다만, 근로자가 청결을 유지하는 안전화, 안전모, 보안경의 경우에는 그러하지 아니하다.

② 사업주는 방진마스크의 필터 등을 언제나 교환할 수 있도록 충분한 양을 갖추어 두어야 한다.

■ **제34조(전용 보호구 등)**

사업주는 보호구를 공동사용 하여 근로자에게 질병이 감염될 우려가 있는 경우 개인 전용 보호구를 지급하고 질병 감염을 예방하기 위한 조치를 하여야 한다.

■ **제254조(화상 등의 방지)**

① 사업주는 용광로, 용선로 또는 유리 용해로, 그 밖에 다량의 고열물을 취급하는 작업을 하는 장소에 대하여 해당 고열물의 비산 및 유출 등으로 인한 화상이나 그 밖의 위험을 방지하기 위하여 적절한 조치를 하여야 한다.

② 사업주는 제1항의 장소에서 화상, 그 밖의 위험을 방지하기 위하여 근로자에게 방열복 또는 적합한

보호구를 착용하도록 하여야 한다.

■ **제450조(호흡용 보호구의 지급 등)**

① 사업주는 근로자가 다음 각 호의 어느 하나에 해당하는 업무를 하는 경우에 해당 근로자에게 송기마스크를 지급하여 착용하도록 하여야 한다.

1. 유기화합물을 넣었던 탱크(유기화합물의 증기가 발산할 우려가 없는 탱크는 제외한다) 내부에서의 세척 및 페인트칠 업무
2. 제424조제2항에 따라 유기화합물 취급 특별장소에서 유기화합물을 취급하는 업무

② 사업주는 근로자가 다음 각 호의 어느 하나에 해당하는 업무를 하는 경우에 해당 근로자에게 송기마스크나 방독마스크를 지급하여 착용하도록 하여야 한다.

1. 제423조제1항 및 제2항, 제424조제1항, 제425조, 제426조 및 제428조제1항에 따라 밀폐설비나 국소배기장치가 설치되지 아니한 장소에서의 유기화합물 취급업무
2. 유기화합물 취급 장소에 설치된 환기장치 내의 기류가 확산될 우려가 있는 물체를 다루는 유기화합물 취급업무
3. 유기화합물 취급 장소에서 유기화합물의 증기 발산원을 밀폐하는 설비(청소 등으로 유기화합물이 제거된 설비는 제외한다)를 개방하는 업무

③ 사업주는 제1항과 제2항에 따라 근로자에게 송기마스크를 착용시키려는 경우에 신선한 공기를 공급할 수 있는 성능을 가진 장치가 부착된 송기마스크를 지급하여야 한다.

④ 사업주는 금속류, 산·알칼리류, 가스상태 물질류 등을 취급하는 작업장에서 근로자의 건강장해 예방에 적절한 호흡용 보호구를 근로자에게 지급하여 필요 시 착용하도록 하고, 호흡용 보호구를 공동으로 사용하여 근로자에게 질병이 감염될 우려가 있는 경우에는 개인 전용의 것을 지급하여야 한다.

⑤ 근로자는 제1항, 제2항 및 제4항에 따라 지급된 보호구를 사업주의 지시에 따라 착용하여야 한다.

■ **제451조(보호복 등의 비치 등)**

① 사업주는 근로자가 피부 자극성 또는 부식성 관리대상 유해물질을 취급하는 경우에 불침투성 보호복·보호장갑·보호장화 및 피부보호용 바르는 약품을 갖추어 두고, 이를 사용하도록 하여야 한다.

② 사업주는 근로자가 관리대상 유해물질이 흩날리는 업무를 하는 경우에 보안경을 지급하고 착용하도록 하여야 한다.

③ 사업주는 관리대상 유해물질이 근로자의 피부나 눈에 직접 닿을 우려가 있는 경우에 즉시 물로 씻어낼 수 있도록 세면·목욕 등에 필요한 세척시설을 설치하여야 한다.

④ 근로자는 제1항 및 제2항에 따라 지급된 보호구를 사업주의 지시에 따라 착용하여야 한다.

03 공정안전보고서 작성 등에 관한 고시 사항

1. 건물 설비의 배치도 등(제23조)

각종 건물, 설비 등의 전체 배치도에 관련된 사항들은 다음 각 호의 사항에 따라 작성하여야 한다.

1) 각종 건물, 설비의 전체 배치도에는 건물 및 설비위치, 건물과 건물 사이의 거리, 건물과 단위설비 간의 거리 및 단위설비와 단위설비 간의 거리 등의 사항들이 표시되어야 하고 도면은 축척에 의하여 표시한다.

   참고 설비 배치도에 안전거리 표시

2) 설비 배치도에는 각 기기 간의 거리, 기기의 설치 높이 등을 축척에 의하여 표시한다.
3) 기기 설치용 철구조물, 배관 설치용 철구조물, 제어실(Control Room) 및 전기실 등의 평면도 및 입면도 등을 각각 작성한다.
4) 철구조물의 내화처리에 관한 사항은 다음 각 목의 사항에 따라 작성한다.
   가. 설비 내의 철구조물에 대한 내화(Fire Proofing) 처리 여부를 별지 제18호서식의 내화구조 명세에 기재하고 이와 관련된 상세도면을 작성한다.
   나. 상세도면에는 기둥 및 보 등에 대한 내화 처리방법 및 부위를 명확히 표시한다.
   다. 내화처리 기준은 안전보건규칙 제270조를 참조하여 작성하되 이 기준은 내화에 대한 최소의 기준이므로 사업장의 상황에 따라 이 기준 이상으로 실시하여야 한다.
5) 소화설비 설치계획을 별지 제17호의3서식 또는 소방 관련법(위험물안전관리법 등) 서식의 소화설비 설치계획에 작성하고 소화설비 용량산출 근거 및 설계기준, 소화설비 계통도 및 계통 설명서, 소화설비 배치도 등의 서류 및 도면 등을 작성한다.

   참고 소방시설에 대한 작동기능점검표, 정밀종합점검표 등을 활용하여 작성

6) 화재탐지 · 경보설비 설치계획을 별지 제17호의4서식 또는 소방 관련법(위험물안전관리법 등) 서식 화재탐지 · 경보설비 설치계획에 작성하고 화재탐지 및 경보설비 명세 배치도 등의 서류 및 도면 등을 작성한다.
7) 심사대상 설비에서 취급 · 저장하는 화학물질의 누출로 인한 화재 · 폭발 및 독성물질의 중독 등에 의한 피해를 방지하기 위하여 누출이 예상되는 장소에는 해당 화학물질에 적합한 가스누출감지 경보기 설치계획을 별지 제17호의5서식의 가스누출감지경보기 설치계획에 작성하고 감지대상 화학물질별 수량 및 감지기의 종류 · 형식, 감지기 종류 · 형식별 배치도 등의 서류 및 도면 등을 작성한다.
8) 심사대상 설비에서 취급 · 저장하는 화학물질에 근로자가 다량 노출되었을 경우에 대한 세척 · 세안시설 및 안전보호 장구 등의 설치계획 · 배치에 관하여 안전 보호장구의 수량 및 확보계획, 세척 · 세안시설 설치계획 및 배치도 등의 서류 및 도면 등을 작성한다.

9) 해당 설비에 설치하는 국소배기장치 설치계획은 별지 제19호서식의 국소배기장치 개요에 작성하되, 다음 각 목의 사항을 포함하여야 한다.
가. 덕트, 배풍기, 공기정화장치 등의 설계근거
나. 제어 및 인터록 장치
다. 후드, 덕트, 배풍기, 공기정화장치(제진설비, 세정설비 및 흡착설비 등), 배기구 등의 배관 및 계장도(Piping & Instrument Diagram ; P&ID)
라. 그 밖의 유해물질 · 분진작업 관련 설비별 특성에 따른 사항
마. 비상정지 시 발생원 처리대책

2. 서식관련 사항(별지 제17호의3, 4, 5 제18호)

별지 제17호의3 서식

소화설비 설치계획

설치 지역	소화기	자동확산 소화기	자동소화 장치	옥내 소화전	스프링 클러	물분무 소화설비	포 소화설비	CO_2 소화설비	할로겐 화합물 소화설비	청정 소화약제 소화설비	옥외 소화전

주) ① 설치지역별로 소화기 등 소화설비의 설치개수를 기재한다.
② 스프링클러 등 수계소화설비는 Deluge(델루지) 밸브 등의 설치개수를 기재한다.
③ CO_2 소화설비 등 가스계 소화설비는 기동용기 등의 설치개수를 기재한다.
④ 「소방시설 설치 · 유지 및 안전관리에 관한 법률 시행령」 별표 1 및 「위험물안전관리법 시행규칙」 별표 17에 따라 분만소화설비 등 다른 형태의 소화설비를 추가하여 기재한다.

별지 제17호의4 서식

화재탐지경보설비 설치계획

설치 지역	단독경보형 감지기	비상 경보설비	시각 경보기	자동화재 탐지설비	비상 방송설비	자동화재 속보설비	통합감시 시설	누전 경보기

주) 「소방시설 설치 · 유지 및 안전관리에 관한 법률 시행령」 별표 1 및 「위험물안전관리법 시행규칙」 별표 17에 따라 다른 형태의 경보설비가 설치된 경우에는 추가하여 기재한다.

별지 제17호의5 서식

가스누출감지경보기 설치계획

감지기 번호	감지 대상	설치 장소	작동 시간	측정 방식	경보 설정값	경보기 위치	정밀도	경보 시 조치내용	유지 관리	비고

주) ① 감지대상은 감지하고자 하는 물질을 기재한다.
② 설치장소는 구체적인 화학설비 및 부속설비의 주변 등으로 구체적으로 기재한다.
③ 경보설정치는 폭발하한계(LEL)의 25% 이하, 허용농도 이하 등으로 기재한다.
④ 경보 시 조치내용은 경보가 발생할 경우 근로자의 조치내용을 기재한다.
⑤ 유지관리에는 교정 주기 등을 기재한다.

별지 제18호 서식

내화구조 명세

내화설비 또는 지역	내화부위	내화시험기준 및 시간	비고

주) ① 내화설비 또는 지역은 건축물명, 배관지지대명, 설비명 등을 기재한다.
② 내화부위는 내화의 범위(예 배관지지대 등)를 기재한다.
③ 내화시험기준 및 시간은 한국산업규격에 따른 내화시험방법에 의하여 기재한다.

04 작성예시

1. 전체 배치도

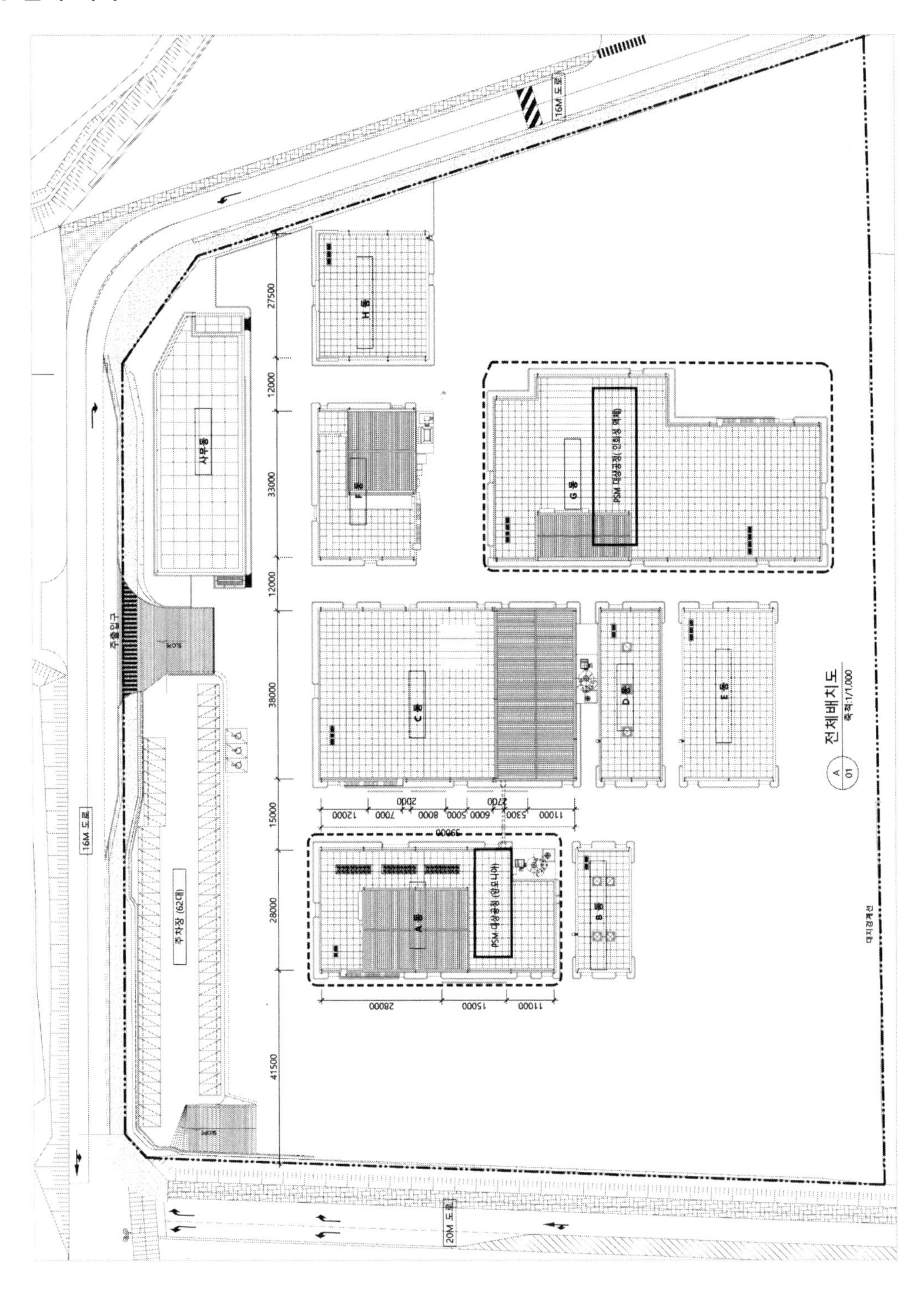

2. 설비배치도(Plot Plan : 장치설비명세와 동력설비 명세 일치)

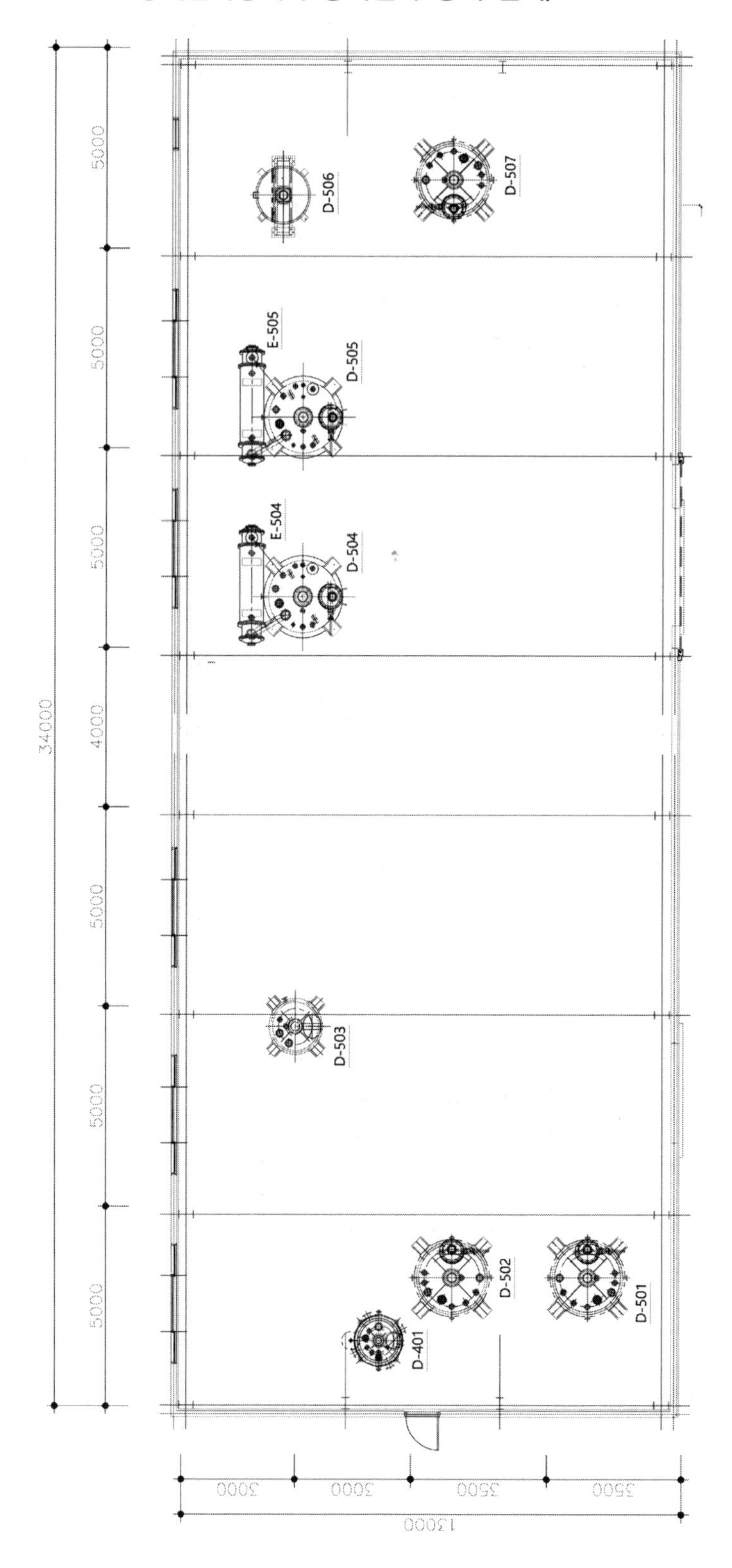

3. 건물 및 철구조물의 평면도, 입면도(건축도면 첨부)

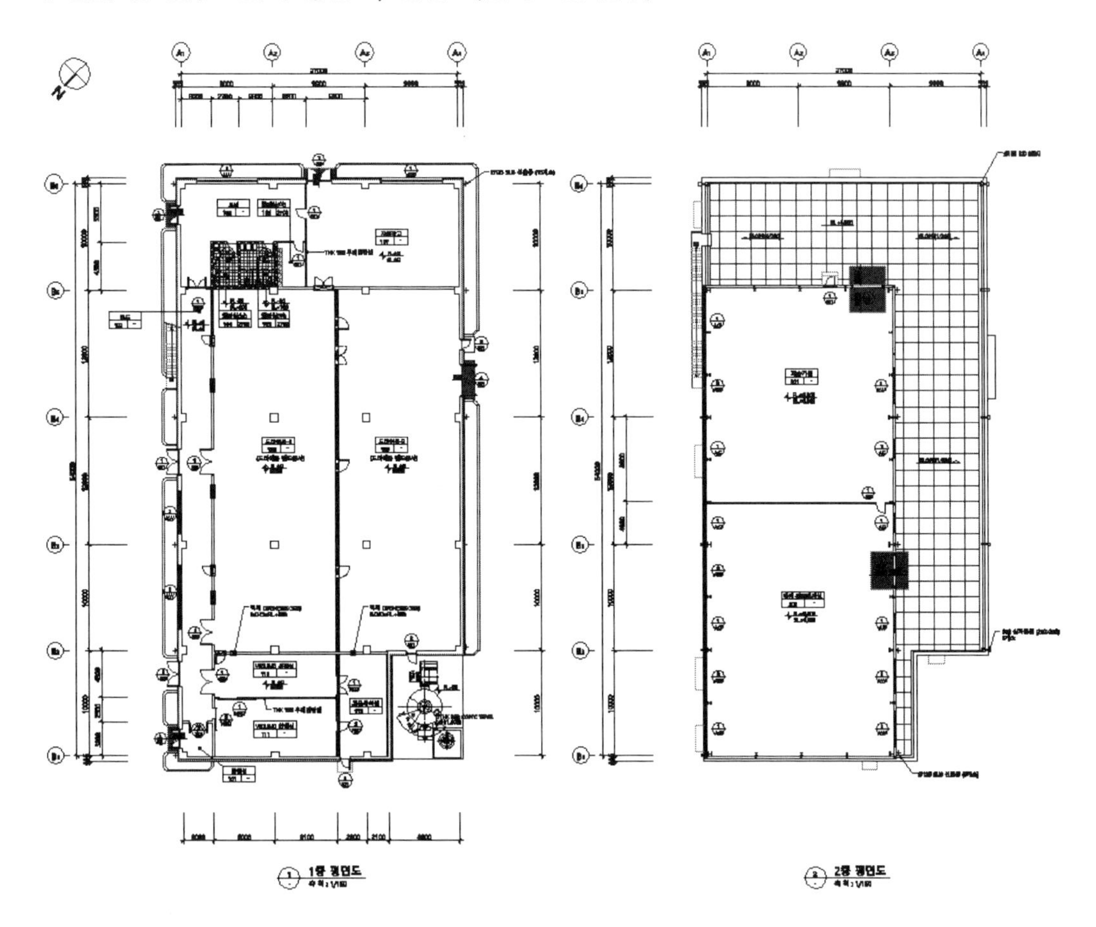

05 국소배기설비 관련 기술지침 및 계산

1. 국소배기장치 관련 KOSHA Guide(G-115-2014)

(1) 용어설명

1) 국소배기장치(Local Exhaust Ventilation) : 작업장 내 발생한 유해물질이 근로자에게 노출되기 전에 포집 · 제거 · 배출하는 장치로서 후드, 덕트, 공기정화장치, 송풍기, 배기구로 구성된 것
2) 후드(Hood) : 유해물질을 함유한 공기를 덕트에 흡인하기 위해 만들어진 흡입구
3) 덕트(Duct) : 후드에서 흡인한 기류를 운반하기 위한 관
4) 공기정화장치(Air Cleaner) : 후드에서 흡인한 공기 속에 포함된 유해물질을 제거하여 공기를 정화하는 장치
5) 배풍기(혹은 송풍기)(Fan) : 공기를 이송하기 위하여 에너지를 주는 장치
6) 배기구(Stack) : 공기를 최종적으로 실외로 이송시키는 배출구
7) 댐퍼(Damper) : 공기가 흐르는 통로에 저항체를 넣어 유량을 조절하는 장치
8) 제어풍속(Control Velocity 또는 Capture Velocity) : 발생원에서 근로자를 향해 오는 유해물질을 잡아 횡단방해기류를 극복하고 후드 방향으로 흡인하는 데 필요한 기류의 속도
9) 반송속도(Transport Velocity) : 유해물질이 덕트 내에서 퇴적이 일어나지 않고 이동하기 위하여 필요한 최소 속도
10) 양압(Positive Pressure) : 작업장 내 압력이 외기보다 높은 상태
11) 음압(Negative Pressure) : 작업장 내 압력이 외기보다 낮은 상태
12) 보충용 공기(Make-Up Air) : 배기로 인하여 부족해진 공기를 작업장에 공급하는 공기
13) 플레넘(혹은 공기충만실)(Plenum) : 공기의 흐름을 균일하게 유지시켜 주기 위한 후드나 덕트의 큰 공간

(2) 후드의 형태

1) 포위식 후드 : 유해 · 위험물질이 가스, 증기, 분진 형태로 근로자에게 노출될 수 있어 발생가능 시설, 설비를 밀폐(개구부 있는 형태)하여 후드로 흡입하는 형식
2) 상방형, 측방형, 하방형 후드 : 후드를 상부, 측면부, 하부에서 후드를 통해 흡입하는 형태
3) 푸시-풀(Push-Pull) : 증기, 가스의 발생면이 넓고 길어 보조 공기를 불어넣고 반대편에서 흡입하는 형태

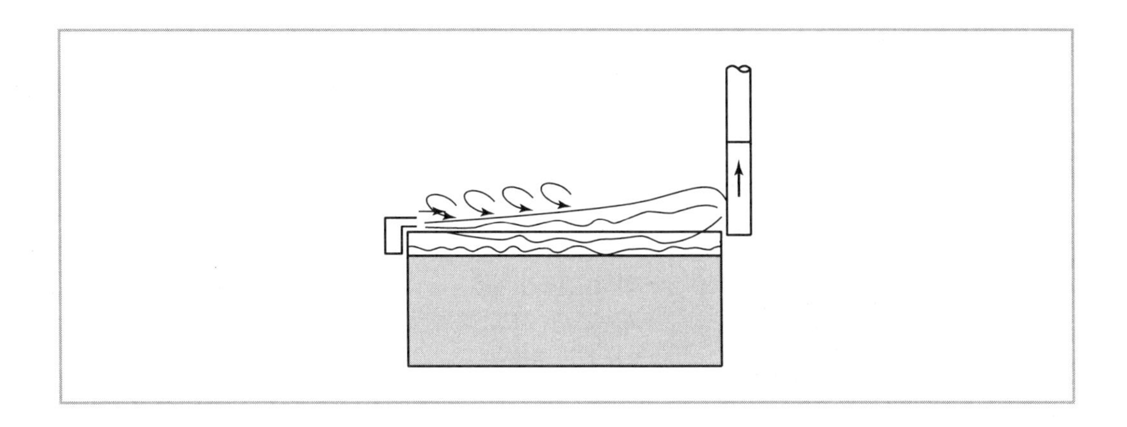

(3) 유해 · 위험물질의 특성에 따른 반송속도(덕트 내 속도)

유해물질의 특성	실제사례	반송속도, m/sec
증기, 가스, 연기	모든 증기, 가스 및 연기	5~10
흄	용접흄	10~13
아주 작고 가벼운 분진	가벼운 면분진, 목분진, 암석가루	13~15
건조한 분진이나 분말	고무분진, 황마분진, 보통의 면분진, 이발분진, 비누가루, 면도분진	15~20
보통의 산업분진	톱밥가루, 마쇄가루, 가죽분진, 모직물류, 커피가루, 구두먼지, 화강암 분진, 락카분진, 파쇄블록가루, 흙가루, 석회가루	18~20
무거운 분진	금속가루, 주물가루, 모래분진, 무거운 톱밥, 가축똥 분진, 황동분진, 주철분진, 납분진	20~23
무겁고 습한 분진	습한 납분진, 습한 시멘트가루, 석면섬유, 끈적이는 가죽분진, 생석회 가루	23 이상

(4) 배풍기(팬)의 종류별 특성

종류	모양	특성	용도
전향날개형 (다익형, 시로코형)		• 길이가 짧고 깃폭이 넓은 여러 개의 날개(36~64매) • 낮은 효율(60%) • 과부하 걸리기 쉬움 • 회전속도가 낮으나 빠른 배출속도 • 소음 발생 적음 • 가격이 저렴	• HVAC 시스템 • 낮은 정압에 적합 • 날개에 부착된 부착물 제거가 어려워 분진 작업에 부적합
평판형 (방사형)		• 길이가 길고 폭이 좁은 가장 적은 수의 날개(6~12매) • 간단한 구조 • 회전차는 내마모성의 강한 재질 필요 • 고속회전이 가능 • 중간 정도의 최고속도와 소음 발생 • 가격이 비쌈	• 높은 정압(500mmHg)에 적합 • 무겁고 고농도의 분진에 적합(시멘트, 톱밥, 연마 등) • 부착성이 강한 분진
후향날개형 (터보형)		• 길이와 폭은 방사형과 동일하며 중간 수의 날개(12~24매) • 효율이 좋고(85%) 안정적인 성능 • 과부하가 걸리지 않음 • 소음은 낮으나 가장 큰 구조	• 가장 광범위하게 사용 • 압력변동이 심한 경우 적합 • 비교적 깨끗한 공기에 적합
익형		• 깃 모양이 익형(Airfoil)인 날개(9~16매) • 송풍량이 많아도 동력 증가하지 않음 • 기계효율이 가장 우수하며 소음도 가장 적음	• 비교적 깨끗한 공기의 환기장치나 HVAC 시스템에 적합 • 분진 작업에 부적합

2. 개략적인 국소배기장치의 ISO 도면

국소배기장치의 제어풍속은 산업안전보건기준에 관한 규칙에 따라 만족하여야 하며, 이에 대한 성능을 확인하기 위하여 차압계산서와 개략적인 ISO 도면이 필요하다.

참고 대기방지시설에서의 배기량 계산은 총탄화수소 처리시설 용량을 계산하기 위한 계산서로 산업안전보건기준에 관한 규칙에서의 근로자 흡입 등을 방지하기 위한 제어풍속과 그 계산이 다르기 때문에 산업안전보건기준에 관한 규칙에 따라 재계산이 필요하다.

(1) 개략 ISO 도면의 구성요소

1) 덕트의 Size와 길이, 전체 계통, 동력(Fan), 장치설비 사양
2) 후드의 형태(국소배기대상설비 연결 표현)와 설치장소 표시
3) 개략 ISO 도면은 차압계산서의 근거 도면으로 검토구간을 표시하여 차압계산서와 일치시킨다.

(2) 개략 ISO 도면 예시

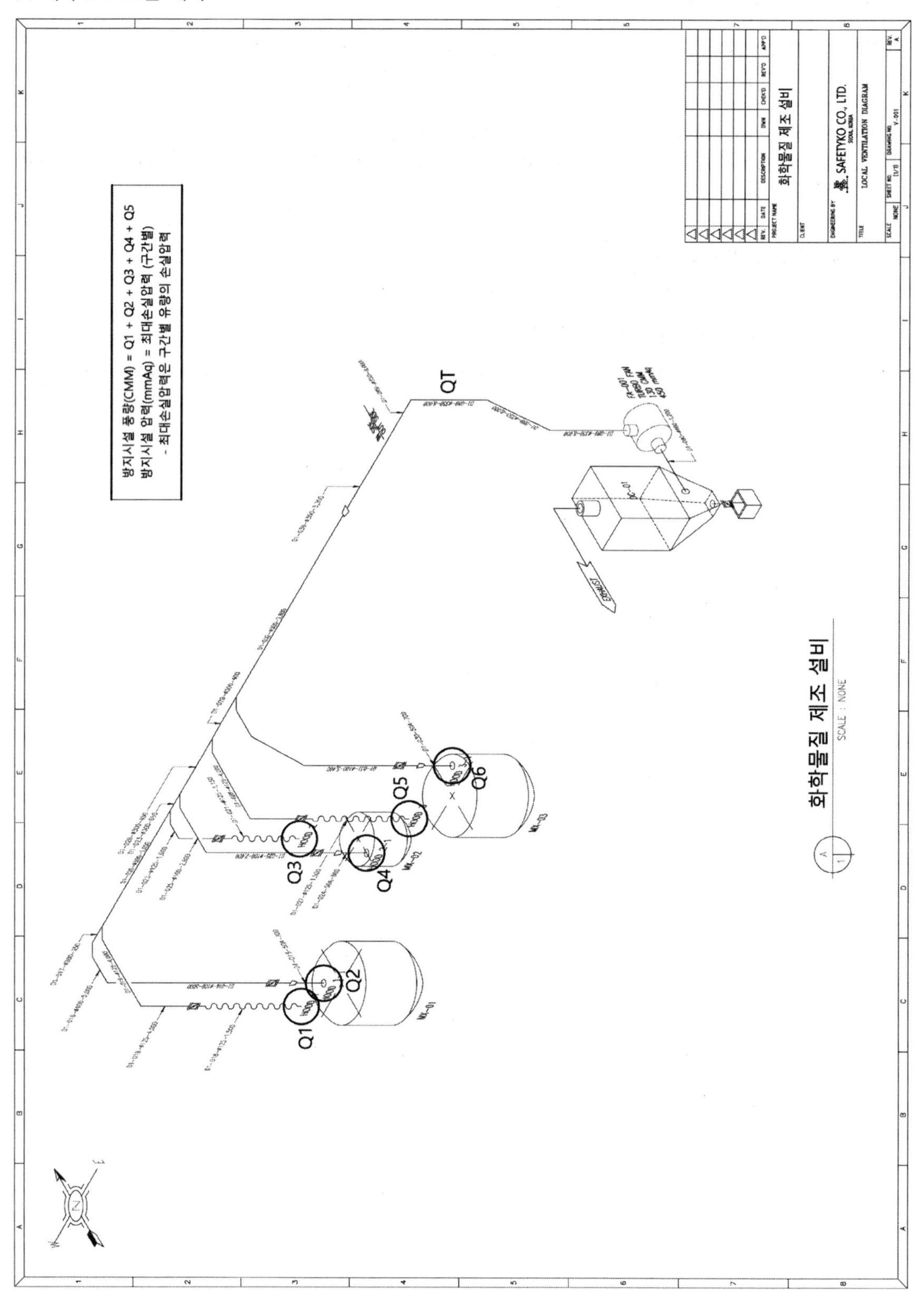
방지시설 총풍량(CMM) = Q1 + Q2 + Q3 + Q4 + Q5
방지시설 압력(mmAq) = 최대손실압력 (구간별)
- 최대손실압력은 구간별 유량의 손실압력
QT
Q1
Q2
Q3
Q4
Q5
Q6
화학물질 제조 설비
SCALE : NONE
화학물질 제조 설비
SAFETYKO CO., LTD.
LOCAL VENTILATION DIAGRAM
V-001

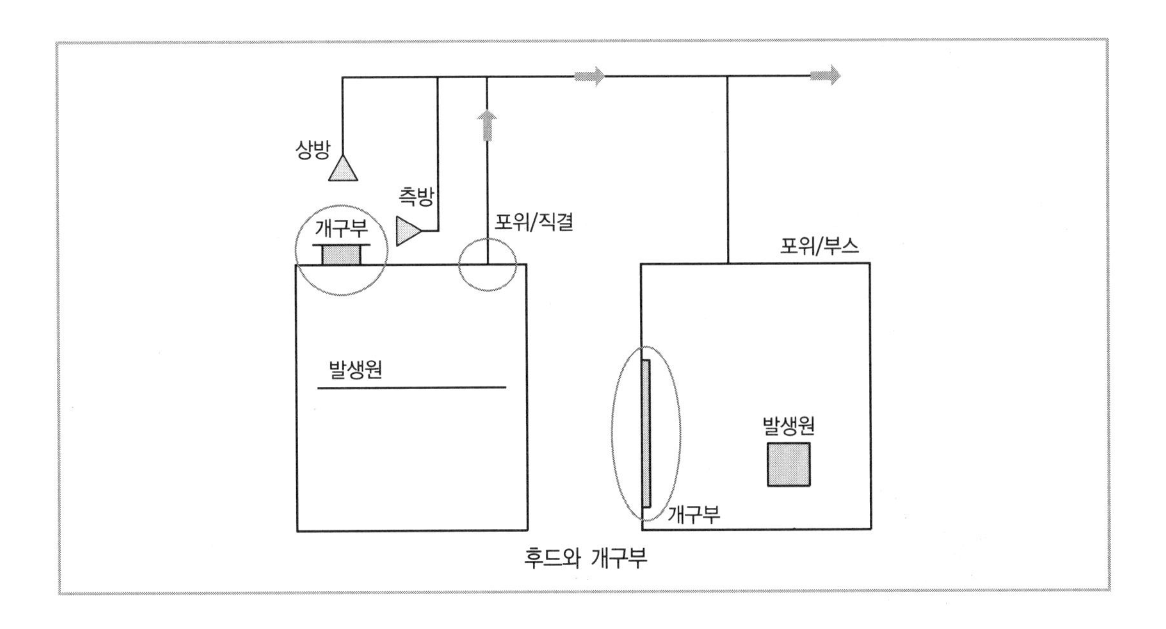

후드와 개구부

3. 산업안전보건기준에 관한 규칙 적용을 위한 국소배기장치의 차압, 송풍량 계산

(1) 설계기준

1) 각 후드에서의 배풍량은 유해물질의 종류에 따라 법정 제어풍속 이상을 유지하여야 한다.
2) 설계 조건은 21℃, 1기압을 기준으로 하여야 한다.
3) 기타 설계기준은 미국 ACGHI에서 권고하는 설계기준에 따른다.

(2) 설계 요령

국소배기장치는 후드, 덕트, 공기정화장치, 배풍기 및 배기구의 순으로 설치하는 것을 원칙으로 한다. 다만, 배풍기의 케이싱이나 임펠러가 유해물질에 의하여 부식, 마모, 폭발 등이 발생하지 아니한다고 인정되는 경우에는 배풍기의 설치위치를 공기정화장치의 전단에 둘 수 있다. 국소배기장치의 설치과정은 다음과 같다.

1) 후드의 형식선정
2) 제어풍속 결정
3) 설계 환기량 계산
4) 이송속도 결정
5) 덕트 직경 산출
6) 덕트의 배치와 설치장소 선정
7) 공기정화장치 선정
8) 총 압력손실 계산
9) 배풍기 선정

(3) 후드 배풍량 계산

1) 설비명(작업명), 후드형식, 후드규격, 수량, 제어풍속, 포착거리, 배풍량 산출 근거 등을 기재

2) 후드형태별 배풍량 산정방법

후드의 형태	개요	종횡비율(W/L)	배풍량 산정
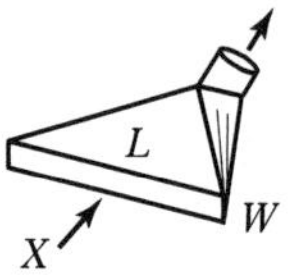	Slot (슬롯형)	0.2 or less	Q=3.7LVX
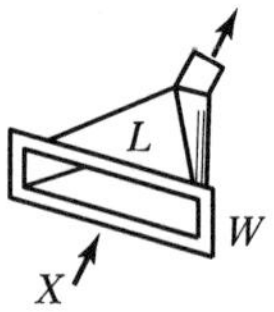	Flanged Slot (플랜지 슬롯형)	0.2 or less	Q=2.6LVX
 $A=WL$(sq.ft.)	Plain Opening (편평개구형)	0.2 or greater and round	Q=V(10X^2+A)
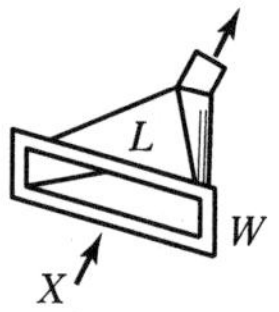	Flanged Opening (플랜지 개구형)	0.2 or greater and round	Q=0.75V(10X^2+A)
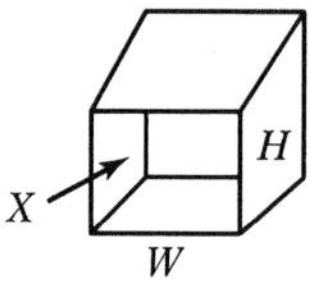	Booth (밀폐형)	to suit work	Q=VA=VWH
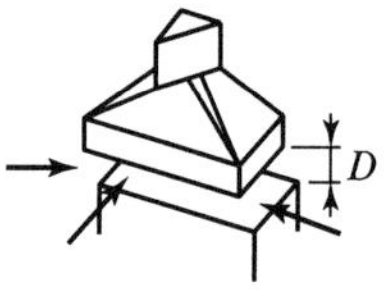	Canopy (천정형)	to suit work	Q=1.4PVD P=perimeter(오염원둘레) D=height above work(포집거리)

후드의 형태	개요	종횡비율(W/L)	배풍량 산정
L W X	Plain Multiple Slot Opening 2 or More Slots (복수슬롯형)	0.2 or greater	$Q=V(10X^2+A)$
L W X	Flanged Multiple Slot Opening 2 or More Slots (프랜지 복수개구형)	0.2 or greater	$Q=0.75V(10X^2+A)$

(4) 압력손실 설계 계산

1) 각 부분별 압력손실을 계산하여 나열하거나 ACGIH 설계 계산용지를 이용하여 작성

가. 후드유입손실(후드정압)의 설계

나. 덕트 마찰손실의 설계(합류점에서는 정압 평형유지법으로 설계)

다. 곡관손실의 설계

라. 공기정화장치의 압력손실(설정 값)

마. 배풍기 앞까지의 총 압력손실 설계 : 후드유입손실, 가속손실, 덕트마찰손실, 곡관손실, 공기정화장치 압력손실의 합

바. 배풍기 뒷부분의 압력손실 설계 : 배풍기－최종배기구

2) 압력손실 계산

압력손실은 후드에서 흡입된 배기가스가 방지시설을 통하여 외부로 방출되는 동안에 기류가 가지고 있는 기계적 에너지가 덕트 내벽면의 마찰 또는 덕트 내벽면의 상태와 관의 모양(곡관, 관수축, 관확대 등)에 의해 발생되는 손실을 총칭한다. 방지시설에서 다루는 송풍관 내의 기류는 일반적으로 난류로서 압력손실은 속도의 제곱에 비례한다. 즉, 속도압에 비례한다. 속도압은 다음과 같이 정의된다.

$$P_V = \frac{r \cdot V^2}{2g}$$

가. 원형직관의 압력손실(식에 의한 방법)

$$\Delta P = \lambda \cdot \frac{\ell}{D} \cdot \frac{r \cdot V^2}{2g} = 4f \cdot \frac{\ell}{D} \cdot P_V$$

여기서, λ : 관 마찰손실계수 ($\lambda = 4f$, f =마찰계수)

l : 관의 길이(m)

D : 관의 직경(m)
g : 중력가속도(m/sec^2)
r : 공기의 밀도(kg/m^3)
V : 유속(m/sec)
ΔP : 압력손실(mm · Aq)
P_V : 속도압

※ 마찰계수 λ는 Reynold 수의 함수로 마찰계수와 Reynold 수는 아래와 같다.

(a) 층류에서의 마찰계수 $\lambda = \frac{64}{Re}$

(b) $R_c \leq 10^5$일 때의 마찰계수 $\lambda = \frac{0.3164}{Re^{0.25}}$

(c) $10^5 < R_e < 3 \times 10^6$일 때의 마찰계수 $\lambda = 0.0032 + \frac{0.221}{Re^{0.237}}$

(d) $Re = \frac{V \cdot D}{\nu} = \frac{\rho VD}{\mu}$

여기서, V : 속도(m^2/sec), ν : 동점성계수(m^2/sec), D : 직경(m)
μ : 유체의 절대점성계수(kg/sec · m), ρ : 공기의 밀도(kg/m^3)

※ 공기의 밀도, 동점성계수 등은 아래를 참고한다.

온도 T(℃)	밀도 ρ(kg/m^3)	비열 C_p(kcal/kg · ℃)	점성계수 μ(kg · sec/m^2)	동점성계수 ν(m^2/sec)
−100	1.984	0.241	1.21×10^{-6}	0.0598×10^{-4}
−50	1.533	0.240	1.49×10^{-6}	0.0953×10^{-4}
−20	1.348	0.240	1.65×10^{-6}	0.120×10^{-4}
0	1.251	0.240	1.76×10^{-6}	0.138×10^{-4}
20	1.166	0.240	1.86×10^{-6}	0.156×10^{-4}
40	1.091	0.241	1.95×10^{-6}	0.175×10^{-4}
60	1.026	0.241	2.05×10^{-6}	0.196×10^{-4}
80	0.968	0.241	2.14×10^{-6}	0.217×10^{-4}
100	0.916	0.242	2.23×10^{-6}	0.239×10^{-4}
120	0.869	0.242	2.32×10^{-6}	0.262×10^{-4}
140	0.827	0.243	2.40×10^{-6}	0.285×10^{-4}
160	0.789	0.243	2.48×10^{-6}	0.308×10^{-4}
180	0.754	0.244	2.56×10^{-6}	0.333×10^{-4}
200	0.722	0.245	2.64×10^{-6}	0.359×10^{-4}

나. 장방형직관의 압력손실

덕트가 원형관이 아닐 때는 상당직경을 구하여 원형관의 계산법을 사용한다. 이 상당직경은 동일 유량, 동일 관길이에 대해 같은 압력손실을 표시하는 원형관의 직경이다. 장방형직관의 압력손실은 장방형관의 상당직경을 구한 다음, 원형직관 압력손실 계산과 같은 방법으로 압력손실을 계산한다.

다음 식은 상당직경을 구하는 공식이다.

$$D_{eq} = 1.3 \times \sqrt[8]{\frac{(AB)^5}{(A+B)^2}} = 1.3 \times \frac{(A \times B)^{0.625}}{(A+B)^{0.25}}$$

여기서, D_{eq} : 상당직경(m)
A : 장방형 덕트의 가로(m)
B : 장방형 덕트의 세로(m)

다. 곡관의 압력손실

곡관의 압력손실은 덕트의 크기, 모양, 속도, 관경과 곡률반경의 비(R/D), 그리고 곡관에 연결된 송풍관의 상태에 따라 달라지며, 원형곡관과 장방형곡관으로 나눌 수 있다.

(가) 원형곡관의 압력손실 : 원형곡관의 압력손실은 곡관의 반경비에 따른 압력손실계수를 표에서 구하여, 여기에 속도압을 곱하여 압력손실을 구하거나, 곡관에 대한 상당길이(Equvalent Length)를 구하여 원형직관의 압력손실로 구한다.

① 곡관의 반경비와 압력손실계수에 의한 압력손실 계산
압력손실 ΔP와 압력손실계수 ζ는 다음과 같은 관계가 있다. 곡관각 θ가 90°가 아니고 45°, 60° 등일 때에는 90° 곡관의 압력손실 ΔP에 $\frac{\theta}{90}$를 곱하면 구할 수 있다. 장방형곡관의 압력손실 ΔP는 다음 식에 의해 구해진다.

$$\zeta = \frac{\Delta P}{P_V} \qquad \therefore \ \Delta P = \zeta \times P_V$$

여기서, ζ : 압력손실계수
P_V : 속도압
ΔP : 압력손실(mmH_2O)

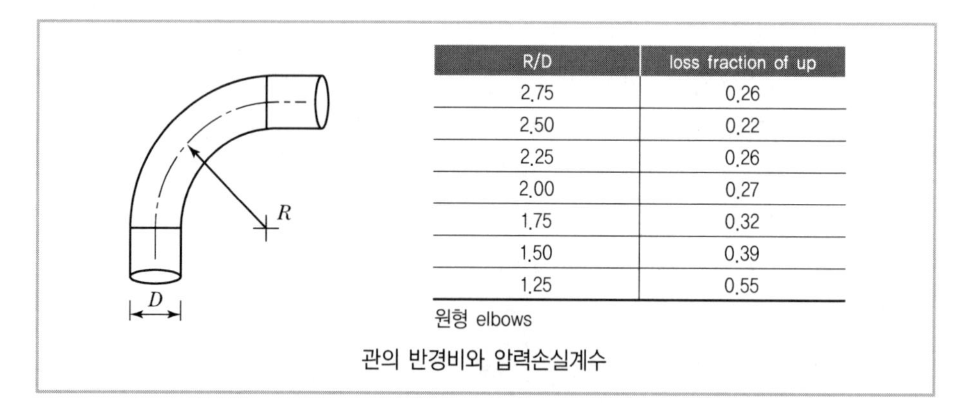

R/D	loss fraction of up
2.75	0.26
2.50	0.22
2.25	0.26
2.00	0.27
1.75	0.32
1.50	0.39
1.25	0.55

원형 elbows

관의 반경비와 압력손실계수

② 상당길이에 의한 압력손실

곡관에서 관경과 중심반경에 따른 상당길이(Equvalent Length)를 구하고, 이 길이에 대한 원형직관의 압력손실을 구하여 이 값을 원형곡관의 압력손실로 한다.

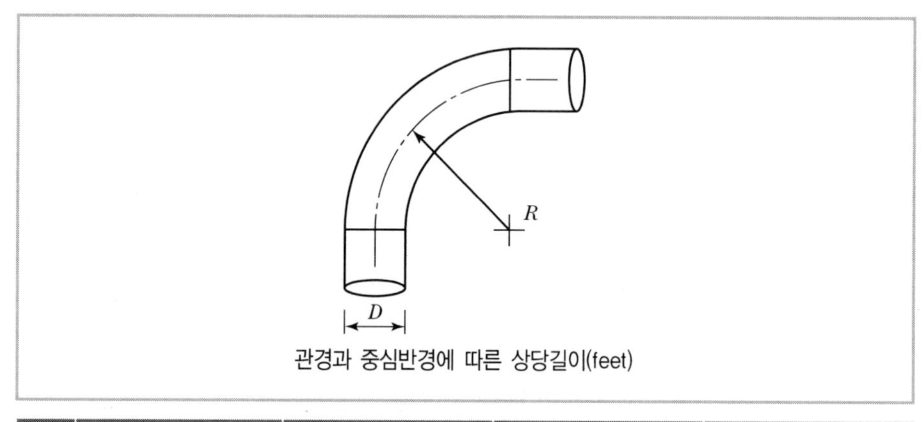

관경과 중심반경에 따른 상당길이(feet)

관경 D	90°elbow 중심반경(R)			60°elbow (90°elbow×0.67)			45°elbow (90°elbow×0.5)			30°elbow (90°elbow×0.33)		
	1.5D	2.0D	2.5D	1.5D	2.0D	2.5D	1.5D	2.0D	2.5D	1.5D	2.0D	2.5D
3″	5	3	3	3.35	2.0	2.0	2.5	1.5	1.5	1.67	1	1
4″	6	4	4	4	2.68	2.68	3	2	2	2	1.33	1.33
5″	9	6	5	6	4	3.33	4.5	3	2.5	3	2	1.67
6″	12	7	6	8	4.67	4	6	3.5	3	4	2.33	2
7″	13	9	7	8.67	6	4.67	6.5	4.5	3.5	4.33	3	2.33
8″	15	10	8	10	6.67	5.33	7.5	5	4	5	3.33	2.67
10″	20	14	11	13.33	9.33	7.33	10	7	5.5	6.67	4.67	3.67
12″	25	17	14	16.67	11.33	9.33	12.5	8.5	7	8.33	5.67	4.67
14″	30	21	17	20	14	11.33	15	10.5	8.5	10	7	5.67
16″	36	24	20	24	16	13.33	18	12	10	12	8	6.67
18″	41	28	23	27.33	18.67	15.33	20.5	14	11.5	13.67	9.33	7.67
20″	46	32	26	30.67	21.33	17.33	23	16	13	15.33	10.67	8.67
24″	57	40	32	38	26.67	21.33	28.5	20	16	19	13.33	10.67
30″	74	51	41	49.33	34	27.33	37	25.5	20.5	24.67	17	13.67
36″	93	64	52	62	42.67	34.67	46.5	32	26	31	21.33	17.33
40″	105	72	59	70	48	39.33	52.5	36	29.5	35	24	19.67
48″	130	89	73	86.67	59.33	48.67	65	44.5	36.5	43.33	29.67	24.33

(나) 장방형곡관의 압력손실

장방형곡관의 압력손실은 면비(W/D)와 반경비(R/D)에 따른 압력손실계수를 아래 표에 의해 구하고 여기에 속도압을 곱하여 압력손실을 구한다.

$$\Delta P = \zeta \times P_V$$

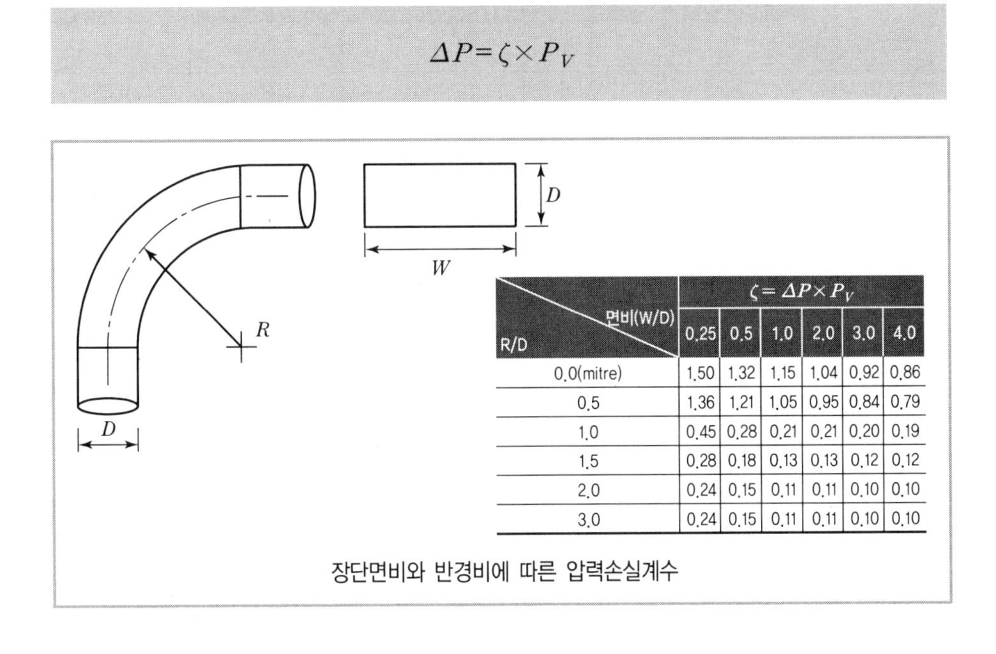

R/D \ 면비(W/D)	$\zeta = \Delta P \times P_V$					
	0.25	0.5	1.0	2.0	3.0	4.0
0.0(mitre)	1.50	1.32	1.15	1.04	0.92	0.86
0.5	1.36	1.21	1.05	0.95	0.84	0.79
1.0	0.45	0.28	0.21	0.21	0.20	0.19
1.5	0.28	0.18	0.13	0.13	0.12	0.12
2.0	0.24	0.15	0.11	0.11	0.10	0.10
3.0	0.24	0.15	0.11	0.11	0.10	0.10

장단면비와 반경비에 따른 압력손실계수

라. 합류관의 압력손실

합류관에서 합류점 P부분의 압력손실은 아래 표에서 주관과 지관의 압력손실계수를 구하고, 이 계수에 속도압(P_V)을 곱하여 주관과 지관의 압력손실(ΔP)을 구해 두 값을 합산한다.

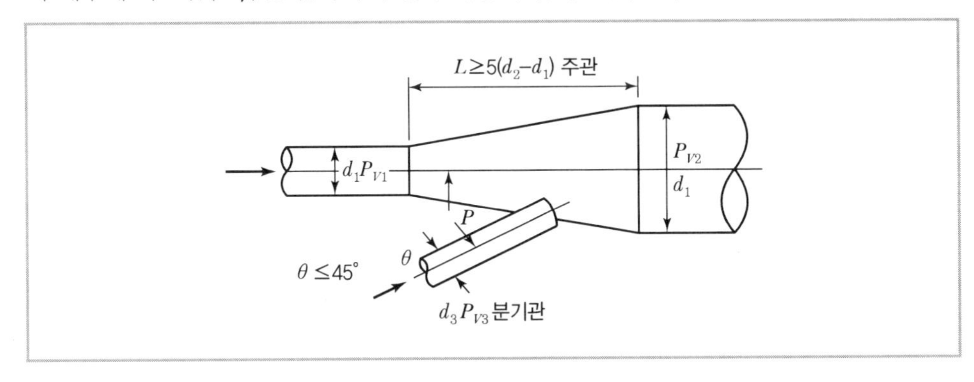

| 원형합류관의 압력손실계수

<table>
<tr><th rowspan="2">θ(각도)</th><th>지덕트</th><th>주덕트</th><th rowspan="2">θ(각도)</th><th>지덕트</th><th>주덕트</th></tr>
<tr><th>$\zeta=\frac{\Delta P}{P_{V2}}$</th><th>$\zeta=\frac{\Delta P}{P_{V1}}$</th><th>$\zeta=\frac{\Delta P}{P_{V2}}$</th><th>$\zeta=\frac{\Delta P}{P_{V1}}$</th></tr>
<tr><td>10</td><td>0.06</td><td rowspan="6">0.2</td><td>40</td><td>0.25</td><td rowspan="2">0.2</td></tr>
<tr><td>15</td><td>0.09</td><td>45</td><td>0.28</td></tr>
<tr><td>20</td><td>0.12</td><td>50</td><td>0.32</td><td rowspan="2">0.2</td></tr>
<tr><td>25</td><td>0.15</td><td>60</td><td>0.44</td></tr>
<tr><td>30</td><td>0.18</td><td>90</td><td>1.00</td><td>0.7</td></tr>
<tr><td>35</td><td>0.21</td><td></td><td></td><td></td></tr>
</table>

① 주관의 압력손실 : $\Delta P_1 = \zeta \times P_{V1}$

② 지관의 압력손실 : $\Delta P_2 = \zeta \times P_{V2}$

③ 합류점의 압력손실 : $\Delta P = \Delta P_1 + \Delta P_2$

마. 확대 · 축소관의 압력손실

① 확대관의 압력손실

아래 그림과 같은 원형확대관의 압력손실은 아래 수식에 의해 구할 수 있다.

$$\text{압력손실} = (P_{V1} - P_{V2}) \times \zeta(P_{V1} - P_{V2})$$

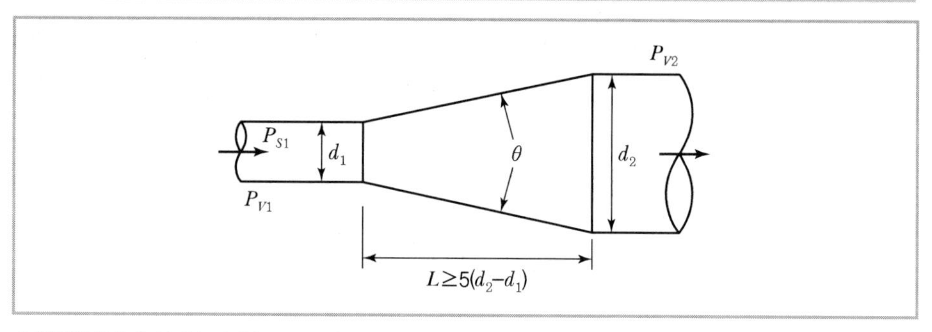

| 원형확대관의 압력손실계수

각도(A°)	ζ	각도(A°)	ζ
5	0.17	35	0.65
7	0.22	40	0.72
10	0.28	45	0.80
15	0.37	50	0.87
20	0.44	55	0.93
25	0.51	60 이상	1.00
30	0.58		

② 축소관의 압력손실

아래 그림과 같은 원형축소관의 압력손실(ΔP)은 아래 표에서 구한 압력손실계수에 속도압(P_V)을 곱하여 구한다.

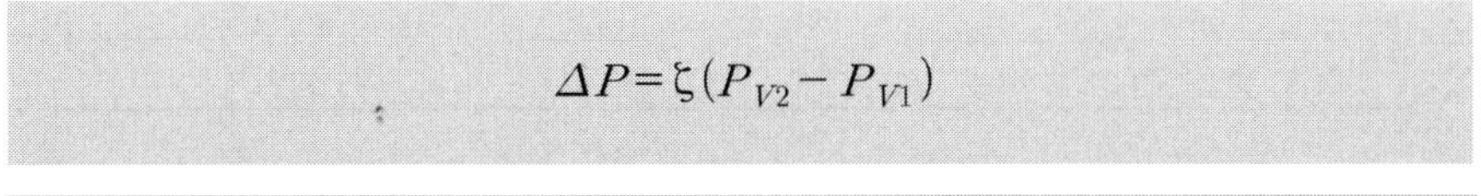

$$\Delta P = \zeta(P_{V2} - P_{V1})$$

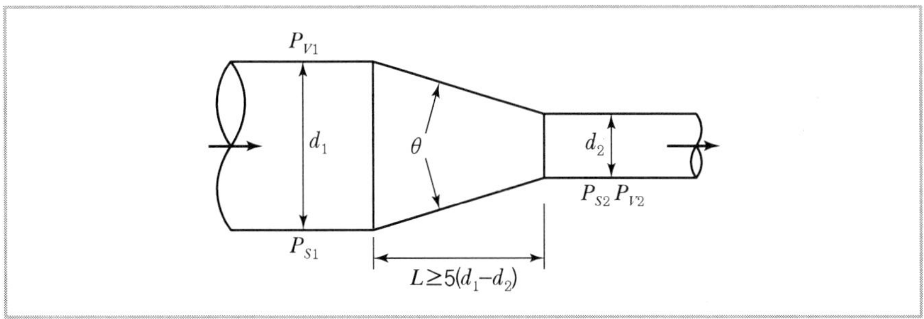

원형축소관의 압력손실계수

θ(도)	$\zeta = \frac{\Delta P}{(P_{V2} - P_{V1})}$
5	0.04
10	0.05
20	0.06
30	0.08
40	0.10
50	0.11
60	0.13
90	0.20
120	0.30

폭발위험지역 구분

01 방폭개념

1. 연속누출

대기 개방형 통기관이 설치된 지붕고정식 탱크의 내부에 저장되어 있는 가연성 액화가스의 표면으로 연속적으로 또는 장기간에 걸쳐 대기에 개방되어 있는 가연성 액화가스의 표면

2. 1차 누출

정상운전 상태에서 가연성 가스의 누출이 일어날 수 있는 펌프, 압축기 또는 밸브의 밀봉부, 정상운전 상태에서 물을 드레인하는 때에 가연성 가스가 공기 중으로 누출될 수 있는 가연성 가스 또는 액체 저장용기의 드레인 포인트(Drainage Point), 정상운전 상태에서 가연성 가스의 대기 누출이 일어날 수 있는 샘플링 포인트(Sample Point), 정상운전 상태에서 가연성 가스의 대기 누출이 일어날 수 있는 릴리프밸브, 통기관 및 기타 개구부

3. 2차 누출

정상운전 상태에서 가연성 가스의 누출이 일어날 가능성이 없는 펌프, 압축기 또는 밸브의 밀봉부, 정상운전 상태에서 가연성 가스의 누출이 일어날 가능성이 없는 플랜지, 이음부 및 배관 피팅, 정상운전 상태에서 가연성 가스의 대기 누출이 일어날 가능성이 없는 샘플링 포인트(Sample Point), 정상운전 상태에서 가연성 가스의 대기 누출이 일어날 가능성이 없는 릴리프밸브, 통기관 및 기타 개구부

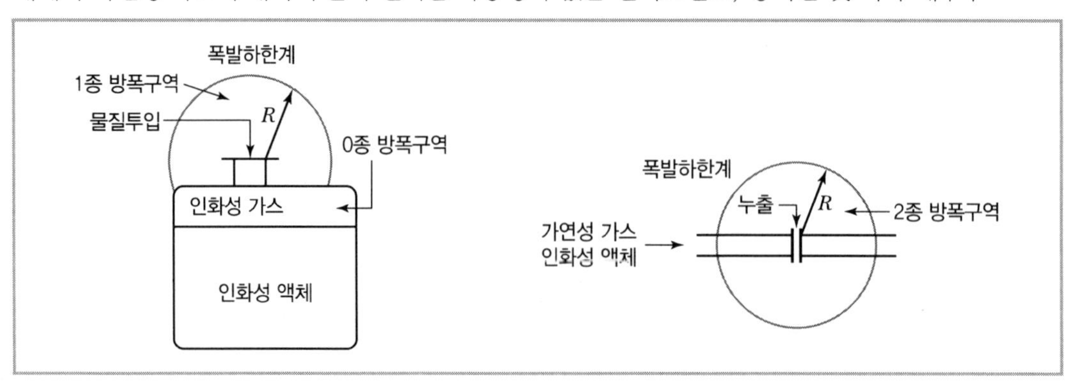

02 산업안전보건법에 따른 기준

1. 산업안전보건기준에 관한 규칙

■ 제230조(폭발위험이 있는 장소의 설정 및 관리)

① 사업주는 다음 각 호의 장소에 대하여 폭발위험장소의 구분도(區分圖)를 작성하는 경우에는 한국산업표준으로 정하는 기준에 따라 가스 폭발위험장소 또는 분진 폭발위험장소로 설정하여 관리하여야 한다.

1. 인화성 액체의 증기나 인화성 가스 등을 제조·취급 또는 사용하는 장소
2. 인화성 고체를 제조·사용하는 장소

② 사업주는 제1항에 따른 폭발위험장소의 구분도를 작성·관리하여야 한다.

■ 제232조(폭발 또는 화재 등의 예방)

① 사업주는 인화성 액체의 증기, 인화성 가스 또는 인화성 고체가 존재하여 폭발이나 화재가 발생할 우려가 있는 장소에서 해당 증기·가스 또는 분진에 의한 폭발 또는 화재를 예방하기 위해 환풍기, 배풍기(排風機) 등 환기장치를 적절하게 설치해야 한다.

② 사업주는 제1항에 따른 증기나 가스에 의한 폭발이나 화재를 미리 감지하기 위하여 가스 검지 및 경보 성능을 갖춘 가스 검지 및 경보 장치를 설치해야 한다. 다만, 한국산업표준에 따른 0종 또는 1종 폭발위험장소에 해당하는 경우로서 제311조에 따라 방폭구조 전기기계·기구를 설치한 경우에는 그렇지 않다.

■ 제311조(폭발위험장소에서 사용하는 전기 기계·기구의 선정 등)

① 사업주는 제230조제1항에 따른 가스 폭발위험장소 또는 분진 폭발위험장소에서 전기 기계·기구를 사용하는 경우에는 한국산업표준에서 정하는 기준으로 그 증기, 가스 또는 분진에 대하여 적합한 방폭성능을 가진 방폭구조 전기 기계·기구를 선정하여 사용하여야 한다.

② 사업주는 제1항의 방폭구조 전기 기계·기구에 대하여 그 성능이 항상 정상적으로 작동될 수 있는 상태로 유지·관리되도록 하여야 한다.

2. 공정안전보고서 작성, 제출 등 관련 고시

■ 제24조(폭발위험장소 구분도 및 전기단선도 등)

① 가스 폭발위험장소 또는 분진 폭발위험장소에 해당되는 경우에는 「한국산업표준(KS)」에 따라 폭발위험장소 구분도 및 방폭기기 선정기준을 다음 각 호의 사항에 따라 작성하여야 한다.

1. 폭발위험장소 구분도에는 가스 또는 분진 폭발위험장소 구분도와 각 위험원별 폭발위험장소 구분도표를 포함한다.

2. 방폭기기 선정기준은 별지 제20호 서식의 방폭전기/계장 기계 · 기구 선정기준에 작성하되, 각 공장 또는 공정별로 구분하여 해당되는 모든 전기 · 계장기계 · 기구를 품목별로 기재한다.
3. 방폭기기 형식 표시기호는 「한국산업표준(KS)」에 따라 기재한다.

별지 제20호 서식

방폭전기/계장 기계 · 기구 선정기준

설치장소 또는 공정	전기/계장기계 · 기구명	폭발위험장소별 선정기준(방폭형식)		
		0종 장소	1종 장소	2종 장소

주) ① 전기/계장기계 · 기구명에는 전동기, 계측장치 및 스위치 등 폭발위험장소 내에 설치될 모든 전기/계장기계 · 기구를 품목별 또는 공정별, 품목별로 기재한다.
② 방폭형식 표시기호는 한국산업규격에 따른다.(예 내압방폭형 누름스위치-Exd II B T4 등)

03 폭발위험범위 계산 및 방폭구역도 작성

1. 폭발위험범위 계산

(1) 적용예외

저압의 연료가스가 취사, 물의 가열(Water Heating), 기타 유사한 용도로 사용되는 상업용 및 산업용 기기(Appliances). 다만, 해당설비(Installation)가 관련 가스 코드 부합되는 경우에 한한다.

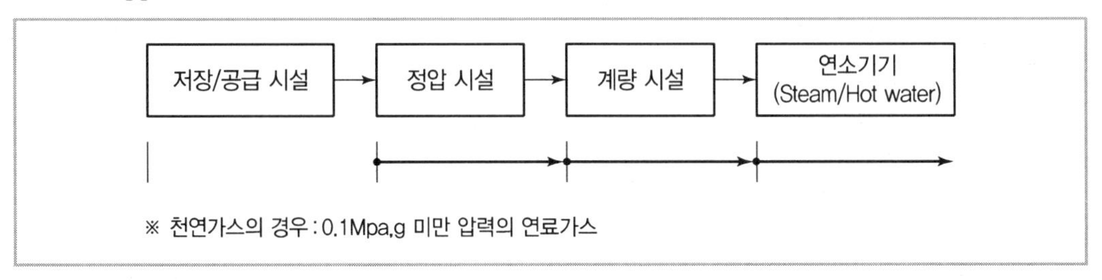

(2) 저압 가스/증기, 고압 가스/증기, 액화 가스/증기, 인화성 액체 등에 따른 폭발위험장소의 형태

※ 누출의 충돌 및 지형학적 영향에 대해서는 고려

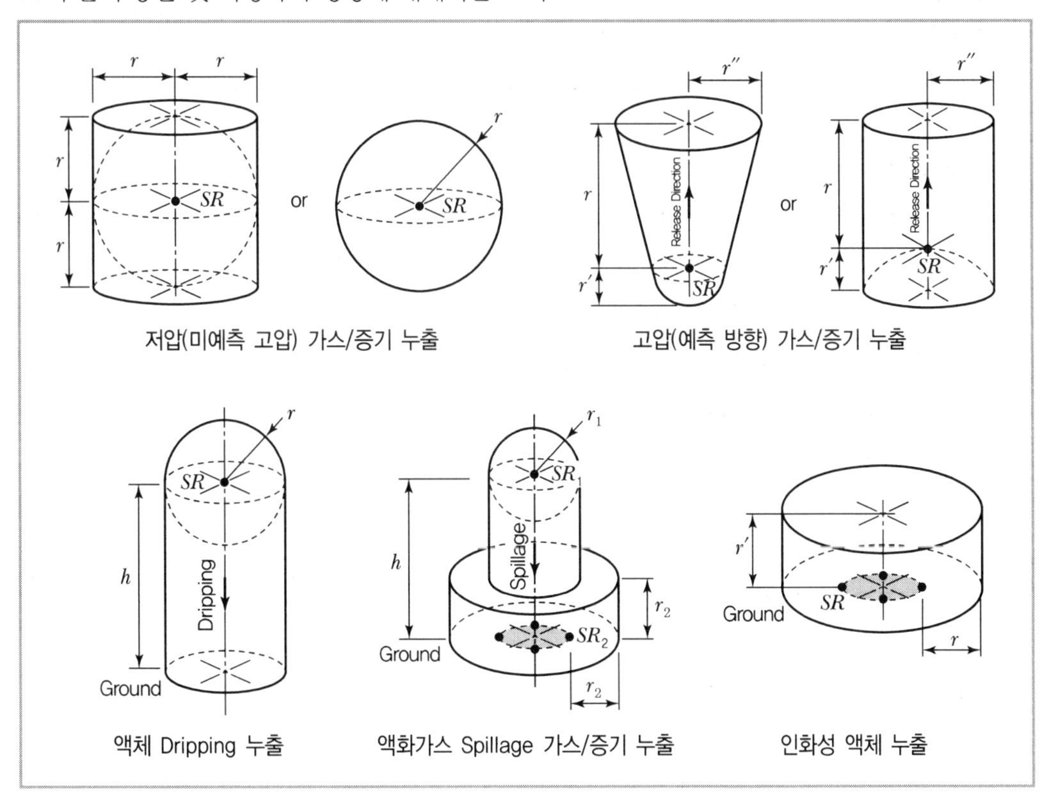

(3) 누출공에 대한 기준 적용

구분	항목	누출고려사항 S(mm²)		
		누출 개구부가 확대되지 않는 조건에서의 일반 값	누출 개구부가 부식 등에 의해 확대될 수 있는 조건에서의 일반 값	누출 개구부가 심한 고장 등에 의해 확대될 수 있는 조건에 대한 일반 값
고정부의 기밀 부위	압축섬유 개스킷류의 플랜지	≥0.025~0.25	>0.25~2.5	(두 볼트 사이의 거리)×(개스킷 두께) 보통≥1mm
	나선형 개스킷류의 플랜지	0.025	0.25	(두 볼트 사이의 거리)×(개스킷 두께) 보통≥0.5mm
	링 형태 조인트 연결 부품	0.1	0.25	0.5
	50mm 이하 구멍 연결부	≥0.025~0.1	>0.1~0.25	1.0
저속 구동 부품류의 기밀 부위	밸브스템 패킹	0.25	2.5	제조사 자료 또는 공정설비 배치에 따라 결정, 2.5mm² 미만
	압력방출밸브	0.1×(오리피스 부위)	NA	NA
고속 구동 부품류의 기밀 부위	펌프, 압축기	NA	≥1~5	제조사 자료 또는 공정설비 배치에 따라 결정, 최소 5mm²

(4) 누출 계수 기준

1) 인화성 물질이 누출되는 개구부의 길이가 그 폭에 비해 긴 경우에는, 물질의 점도가 누출률을 상당히 많이 감소시킬 수 있다. 이러한 요소는 일반적으로 누출계수(C_d ≤ 1)로 고려한다.
2) 누출계수 C_d는 특정 오리피스에서 특정 누출 사례에 대한 일련의 실험을 통하여 구한 경험 값으로, 결론적으로 C_d는 각각의 특정 누출에 따라 다양한 값을 갖게 된다.
3) 누출 구멍 평가에 관련된 적절한 정보가 없다면, C_d의 값은 통기구(Vent)와 같이 원형 형태를 가진 누출 구멍은 최소한 0.99, 기타 원형이 아닌 누출 구멍은 0.75로 하면 타당한 안전 근삿값을 갖게 된다.
4) 모난 오리피스는 0.5 ~ 0.75, 원형 오리피스는 0.95 ~ 0.99(단위 없음). 다만, C_d 값이 정확히 알 수 없는 경우에는 1을 사용한다.

(5) KOSHA Guide에 의한 일반사항

1) 인화성 액체의 휘발성

가. 휘발성은 증기 압력과 증발 엔탈피(열)에 주로 관련된다. 증기압이 알려지지 않은 경우, 끓는 점과 인화점을 가이드로 사용할 수 있다.

나. 폭발분위기는 해당 인화성 액체의 인화점보다 낮은 온도에서 사용한다면 존재하지 않는다.

비고)

인화성 액체가 사용 중에 인화점 이상으로 특별히 가열 등이 이루어지지 않는다면 인화점이 40℃ 이하의 경우에만 적용한다.[NFPA 479의 4.2.6(Flammable Liquids), API RP 505의 5.2.2(Class I)에서 37.8℃ 이하인 경우에만 폭발위험장소설정, 참조]

다. 인화점이 낮으면 낮을수록 폭발분위기의 범위는 더 커질 수 있다. 그러나 인화성 물질이 안개(분무) 형태로 누출된다면, 폭발위험분위기는 그 물질의 인화점 이하에서도 형성될 수 있다.

비고)

a. 인화점에 대해 주어진 실험값이나 발행본이 정확히 기록되지 않을 수 있고 시험 데이터도 달라질 수 있다. 인화점이 정확하게 알려져 있지 않는 한 인용 값에 대한 약간의 오차는 허용된다. 혼합물의 경우, 순수 액체의 인화점 보다 ±5℃를 넘는 허용오차는 일반적이지 않다.
b. 인화점은 두 가지 측정, 즉 밀폐 컵(Closed cup)과 개방 컵(Open Cup)에 의한다. 밀폐된 설비는 밀폐 컵에 의한 인화점을 사용한다. 개방 장소에서의 인화성 액체의 경우, 개방 컵 인화점을 사용할 수 있다.
c. 일부 액체들(예 할로겐화 탄화수소 등)은 폭발성 가스분위기를 생성할 수 있음에도 불구하고 인화점을 갖고 있지 않다. 이 경우, 최저 인화한계(LFL)에서 포화농도에 상응하는 등가 액체 온도를 최대 액체 온도와 상대적으로 비교하도록 한다.

2) 액체 온도

액체는 온도증가에 따라 증기압이 상승하는데 이는 증발에 따라 누출률이 증가하기 때문이다.

비고)

액체의 온도는 누출이 발생한 후 상승할 수도 있다(예 고온의 표면이나 외기온도). 그러나 증기화는 에너지의 인가와 액체의 엔탈피에 기초한 등가조건에 도달될 때까지 액체를 냉각시키는 경향이 있다.

(6) 누출률의 계산

1) 액체의 누출률

가. 액체의 누출률은 아래의 근사식을 이용하여 추정할 수 있다.

$$W = C_d S \sqrt{2\rho \Delta p} \ (\mathrm{kg/s})$$

여기서, W : 액체의 누출률(시간당 질량, kg/s)
S : 유체가 누출되는 개구부(구멍)의 단면적(m^2)
ΔP : 개구부에서의 누설 압력 차(Pa)
ρ : 액체밀도(kg/m^3)

나. 액체누설의 증발량 결정은 액체의 누설이 다양한 형태로서 누설상태와 증기 또는 가스가 어떻게 생성되느냐는 다양한 변수에 의하여 결정된다.

- 2상의 누출(예 액체와 가스의 복합 누출)

액화석유가스(LPG)와 같은 액체는 열역학적 또는 기계적 상호 작용의 변화에 따라 오리피스에서 누출되기 전 또는 누출 후 즉시 가스와 액체의 두 개의 상이 존재할 수도 있다. 이는 증기운 발생에 기여하는 액체를 끓게 하는 기름방울 또는 풀(Pool) 형성에 영향을 줄 수도 있다.

- 1상의 누출(Single Phase Release of a Non-Flashing Liquid)
  ① 비점이 높은(대기 범위 이상) 액체의 누설은 누출원 인근에서 증발될 수도 있는 중요한 액체 성분이 일반적으로 포함된다. 누출은 제트 분출 결과로서 작은 방울로 쪼개질 수도 있다. 이어서 누출된 증기는 누출점으로 부터 작은 방울 또는 이어지는 풀 형성으로부터 제트 형성과 증기화가 이루어진다.
  ② 많은 조건 및 변수로 인하여 액체 누출의 증기 조건 평가 방법들은 사용자가 모델의 한계를 판단하고 그 결과의 적절한 보수적인 접근을 통하여 적합한 모델로 선택한다.

2) 가스 또는 증기의 누출률

가. 일반 사항

- 아래 방정식은 가스 누출률을 합리적으로 추정하기 위한 것으로, 만약 가스밀도가 액화가스의 밀도에 근접하는 경우, 2상을 고려하여야 한다.
- 가압된 기체 밀도가 액화 가스 농도보다 훨씬 낮다면, 용기의 가스 누출률은 이상 기체의 단열 팽창을 기초하여 추정할 수 있다.
  ① 가스용기의 내부압력이 임계압력(P_c)보다 높다면, 누출 가스의 속도는 음속(Sonic, Choked)이다. 임계압력은 아래 방정식에 의하여 정해진다.

$$P_c = p_a\left(\frac{\gamma+1}{2}\right)^{\gamma(\gamma-1)} \text{(Pa)}$$

이상기체에서 방정식 $\gamma = \dfrac{M_{c_p}}{M_{c_p} - R}$ 을 사용할 수 있다.

여기서, P_c : 임계압력(Pa)

P_a : 대기압(101,325Pa)

γ : 단열 팽창 또는 비열비의 폴리트로픽 지수(단위 없음)

M_{cp} : 일정압력에서의 가스 또는 증기의 몰 질량(kg/kmol)

② 대부분의 가스에서 빠른 계산을 위해 근삿값을 $P_c \approx 1.89$Pa로 한다.

- 임계압력은 산업공정에서 사용되는 통상 압력에 비해 일반적으로 낮다.
- 임계압력 미만의 압력은 가스 공급배관에서 히터 · 오븐 · 반응기 · 소각로 · 기화기 · 증기 발생기 · 보일러 및 기타 공정설비와 같은 열 설비, 그리고 과압[통상 50,000Pa(0.5bar)]을 억제하는 대기압 저장탱크에서도 나타난다.

- 상기 계산에서 이상기체의 압축계수는 1.0이다. 실제 가스에서 압축계수는 관련 가스의 압

력, 온도 및 유형에 따라 1.0 이하 또는 그 이상의 값을 갖는다.

- 중간 압력까지의 낮은 압력에서 $Z = 1.0$은 보수적일 수도 있으나 합리적인 근사 값으로써 사용될 수 있다. 보다 높은 압력, 예를 들어, 500kPa(5bar) 이상의 압력의 경우에는 개선된 정확성이 필요하고 실제의 압축계수를 적용하도록 한다. 압축계수의 값은 가스 특성 데이터 북에서 찾을 수 있다.

나. 아음속 누설[Non Choked Gas Velocity(Subsonic Releases)]의 가스 누출률

아음속 가스속도는 가스가 음속 미만의 속도로 누출되는 속도를 말하며, 이때의 용기의 가스 누출률은 아래 식으로 구한다.

$$W_g = C_d S p \sqrt{\frac{M}{ZRT}\frac{2\gamma}{\gamma-1}\left[1-\left(\frac{p_a}{p}\right)^{(\gamma-1)/\gamma}\right]}\left(\frac{p_a}{p}\right)^{1/\gamma} \quad \text{(kg/s)}$$

다. 음속 누설[Choked Gas Velocity(Sonic Releases)]의 가스 누출률

음속 누설가스는 가스속도가 음속인 것을 말하며, 이론적으로 최대 누출속도이다. 가스속도가 음속과 같다면, 용기에서의 가스 누출률은 아래 식으로 구한다.

$$W_g = C_d S p \sqrt{\gamma \frac{M}{ZRT}\left(\frac{2}{\gamma+1}\right)^{(\gamma+1)(\gamma-1)}} \quad \text{(kg/s)}$$

가스의 시간당 부피 유량(m^3/s)은 아래와 같다.

$$Q_g = \frac{W_g}{\rho_g} \quad (m^3/s)$$

여기서, $\rho_g = \frac{p_a M}{R T_a}$은 가스의 비중(kg/$m^3$)이다

비고)
누출부에서의 가스온도가 주위 온도 이하일 경우, T_a는 보다 쉬운 계산을 위하여 근사 값으로 제공되는 가스온도를 사용하기도 한다.

(7) 액체 Pool 증발률 적용

1) 증발률 계산 가정

가. 대기온도에서 상 변화(Phase Change)와 플룸(Plume)이 없다.

나. 누출된 인화성 물질은 중간 정도의 부력을 갖는다.

다. 다량의 연속 누출의 경우에는 이 분석에서 고려하지 않는다.

라. 용기에서 흘러나오는 액체는 즉시 1cm 깊이의 풀(Pool)로써 평평한 표면을 형성하고 대기조건에서 증발된다.

2) 증발률 계산

$$W_e = \frac{6.55 u_w^{0.78} A_p p_v M^{0.667}}{R \times T} \text{(kg/s)},\ Q_g = \frac{6.5 u_w^{0.78} A_p p_v}{10^5 M^{0.333}} \times \frac{T_a}{T} \text{(m}^3\text{/s)}$$

여기서, A_p : 풀 표면적(m^2)
p_v : 온도 T에서의 액체 증기압(kPa)
R : 이상기체상수(8,314J/kmol · K)
T_a : 주위 온도(K)
W_e : 액체의 증발률(kg/s)
M : 가스 또는 증기의 몰 질량(kg/kmol)
Q_g : 누출원에서의 인화성 가스의 부피유량(m^3/s)
T : 유체, 기체 또는 액체의 절대온도(K)
u_w : 액체 풀 표면의 풍속(m/s)

(8) 희석등급에 의한 방폭 결정

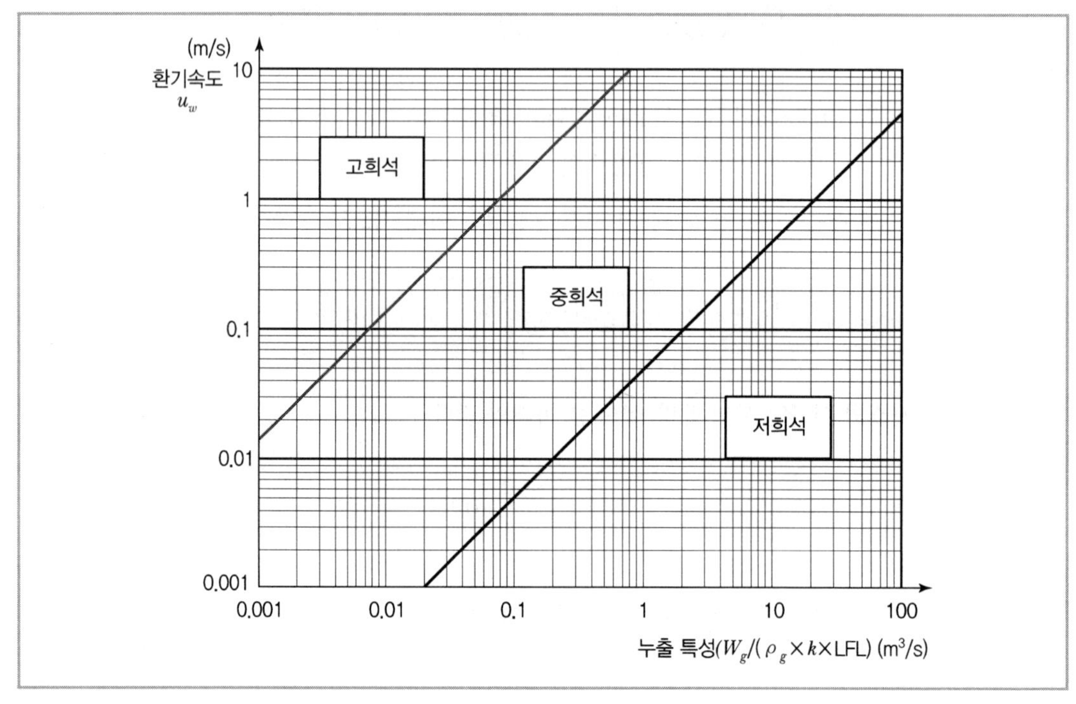

여기서, $\frac{W_g}{\rho_g k LFL}$: 누출 특성(m^3/s)

$\rho_g = \frac{P_a M}{R T_a}$: 가스/증기의 밀도(kg/m^3)

k : LFL 안전계수(일반적으로 0.5~1.0 값)

(9) 폭발범위 결정

1) 환기이용도의 결정

가. 환기이용도의 3가지 등급

- 우수 : 환기가 실제적으로 지속되는 상태
- 양호 : 환기의 정상작동이 지속됨이 예측되는 상태. 빈번하지 않은 단기간 중단은 허용됨
- 미흡 : 환기가 양호 또는 우수 기준을 충족하지 않지만, 장기간 중단이 발생하는 것으로 예상되지 않는 상태

나. 환기 유효성 적용 조건

- 요구사항을 만족시키지 못하는 미흡한 환기이용도는 그 지역의 환기, 즉 저희석.
- 옥내 자연환기의 이용도는 외기조건(즉, 외기 온도와 바람 등)에 의하여 크게 영향을 받기 때문에 절대로 우수하다고 할 수 없다.
- 폭발 조건이 노출된 지역에서의 강제환기는 이용도가 높은 기술적 수단을 제공할 수 있기 때문에 통상 '우수(Good)' 이용도로 한다.
- 옥외 가스 제트 누출 희석은 외기 바람과 무관하게 이루어지기 때문에 옥내 환기이용도의 '우수'와 동등하게 간주할 수 있다.

누출 등급	환기유효성						
	고희석			중희석			저희석
	환기 이용도						
	우수	양호	미흡	우수	양호	미흡	우수, 양호, 미흡
연속	비위험 (0종 NE)[a]	2종 (0종 NE)[a]	1종 (0종 NE)[a]	0종	0종+1종	0종+1종	0종
1차	비위험 (1종 NE)[a]	2종 (1종 NE)[a]	2종 (1종 NE)[a]	1종	1종+2종	1종+2종	1종 또는 0종[c]
2차b	비위험 (1종 NE)[a]	비위험 (2종 NE)[a]	2종	2종	2종	2종	1종 및 0종[c]

※ 상기 표에 대한 주석

a) 0종 NE, 1종 NE, 2종 NE는 정상조건에서는 무시할 수 있는 범위의 이론적 폭발위험장소를 말한다.

b) 2차 누출등급으로 형성된 2종 장소가 1차 또는 연속 누출등급에 의한 범위보다 클 수 있다. 이 경우, 더 큰 거리를 선정하는 것이 바람직하다.

c) 환기가 아주 약하고 실제로 폭발성 가스 분위기가 지속되는 누출의 경우(즉, 환기 없는 것에 가까운 상태)에는 0종 장소에 할 수 있다.

2) 폭발위험범위 결정 : 다음 중 하나에 속하는 누출 유형에 따라 적절한 곡선을 선택한다.

가. 방해받지 않는 고속 제트 누출

나. 저속의 확산누출 또는 누출 형상이나 주위 표면의 충돌로 인한 속도 손실 제트 누출

다. 수평 표면(예 지표면)을 따라 확산되는 무거운 가스 또는 증기

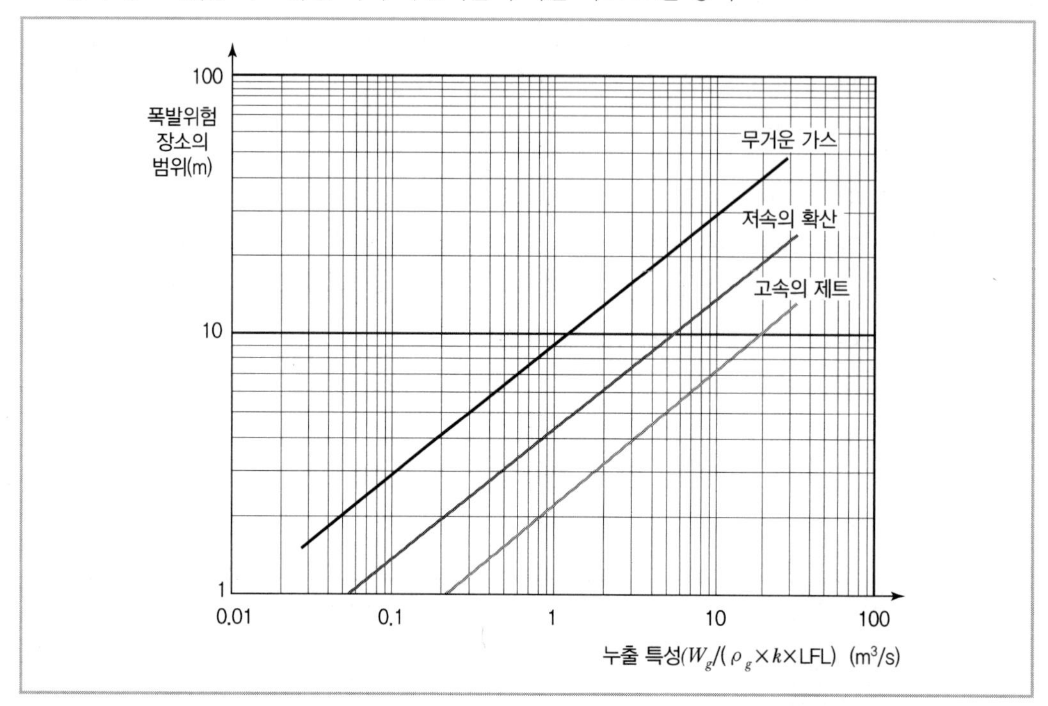

여기서, $\dfrac{W_g}{\rho_g kLFL}$: 누출 특성(m³/s)

$\rho_g = \dfrac{\rho_a M}{RT_a}$: 가스/증기의 밀도(kg/m³)

k : LFL 안전계수(일반적으로 0.5~1.0 값)

(10) 폭발범위 결정의 Flow Chart

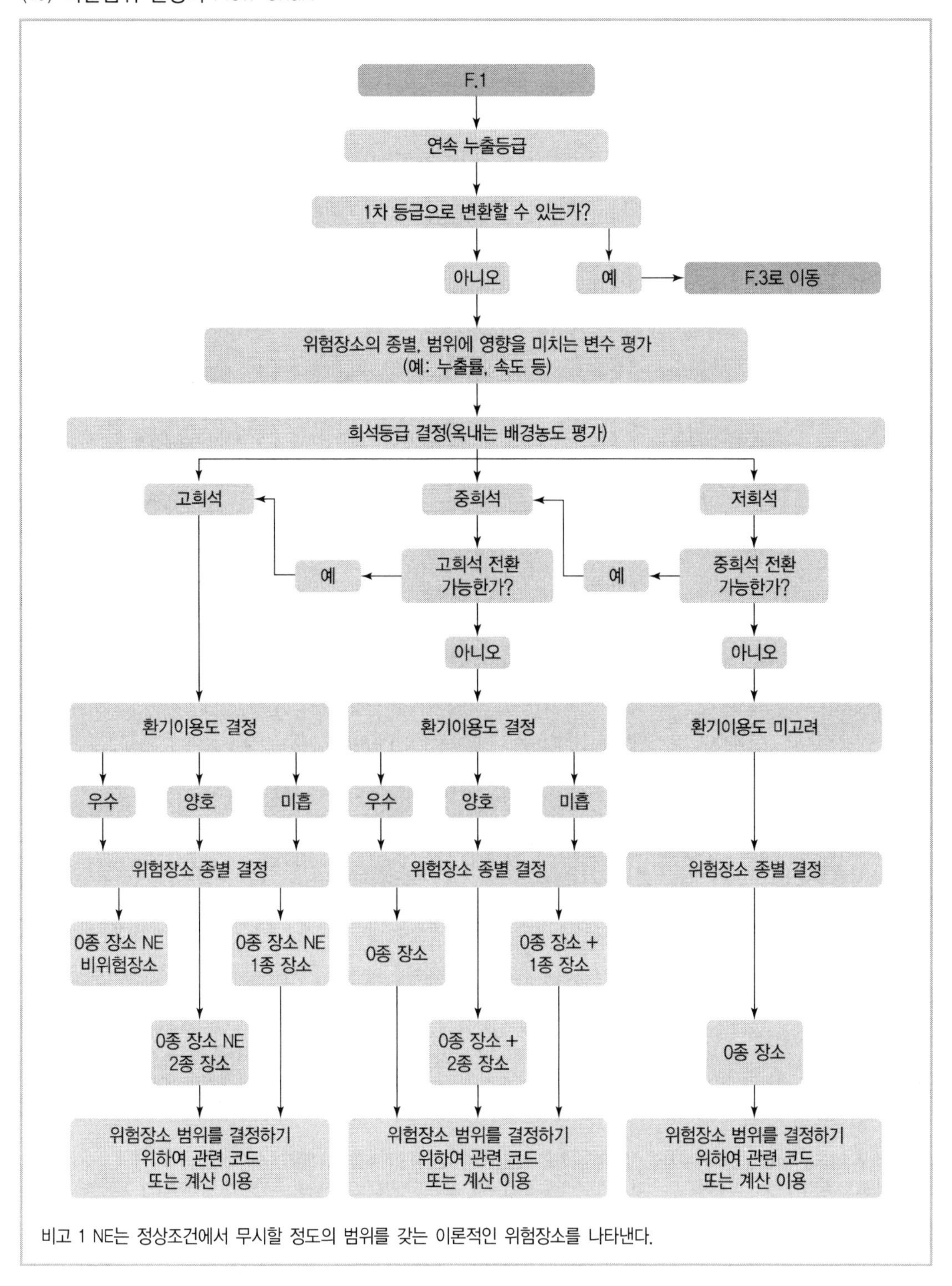

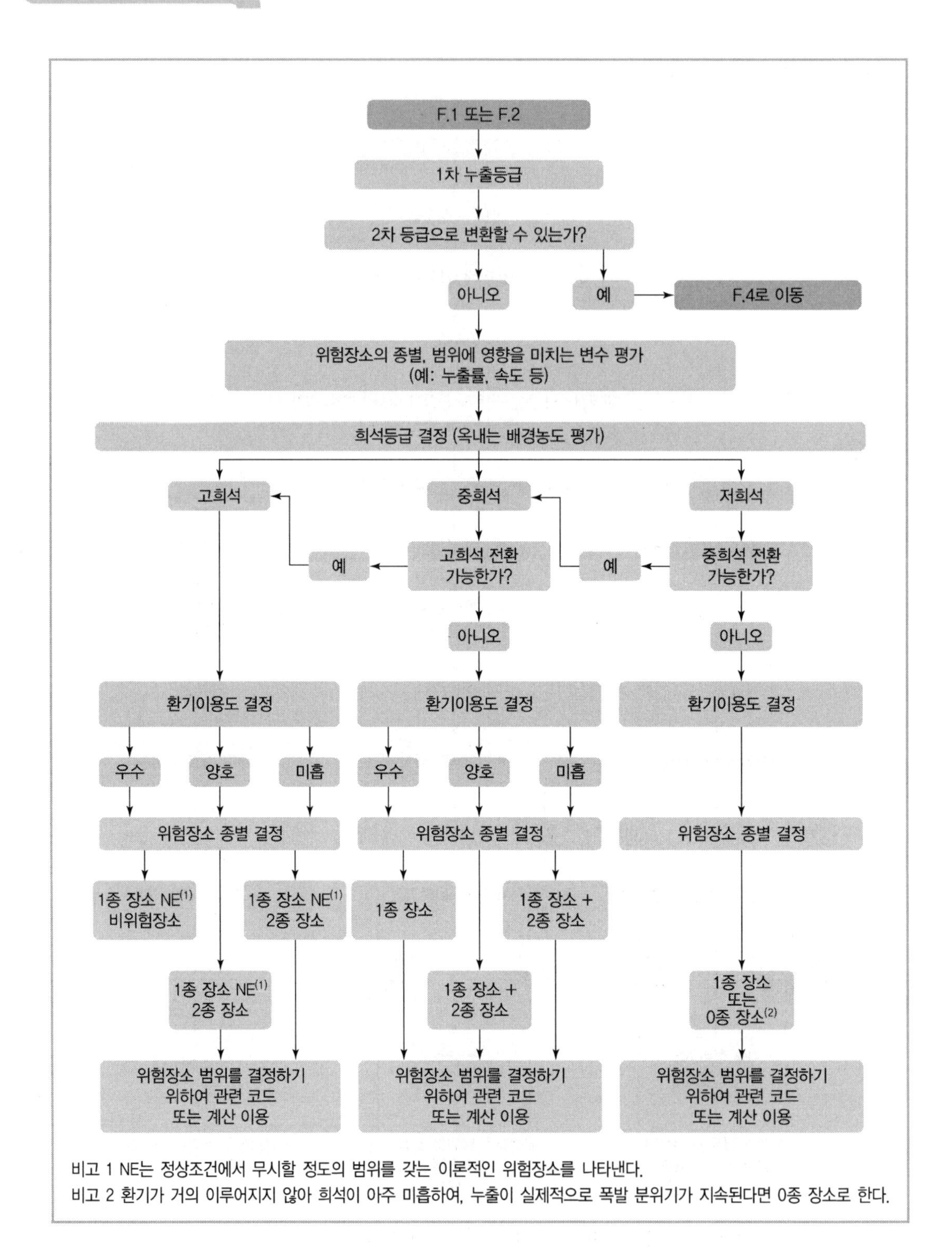
F.1 또는 F.2
1차 누출등급
2차 등급으로 변환할 수 있는가?
아니오
예
F.4로 이동
위험장소의 종별, 범위에 영향을 미치는 변수 평가
(예: 누출률, 속도 등)
희석등급 결정 (옥내는 배경농도 평가)
고희석
중희석
저희석
예
고희석 전환
가능한가?
예
중희석 전환
가능한가?
아니오
아니오
환기이용도 결정
환기이용도 결정
환기이용도 결정
우수
양호
미흡
우수
양호
미흡
위험장소 종별 결정
위험장소 종별 결정
위험장소 종별 결정
1종 장소 NE(1)
비위험장소
1종 장소 NE(1)
2종 장소
1종 장소
1종 장소 +
2종 장소
1종 장소 NE(1)
2종 장소
1종 장소 +
2종 장소
1종 장소
또는
0종 장소(2)
위험장소 범위를 결정하기
위하여 관련 코드
또는 계산 이용
위험장소 범위를 결정하기
위하여 관련 코드
또는 계산 이용
위험장소 범위를 결정하기
위하여 관련 코드
또는 계산 이용
비고 1 NE는 정상조건에서 무시할 정도의 범위를 갖는 이론적인 위험장소를 나타낸다.
비고 2 환기가 거의 이루어지지 않아 희석이 아주 미흡하여, 누출이 실제적으로 폭발 분위기가 지속된다면 0종 장소로 한다.

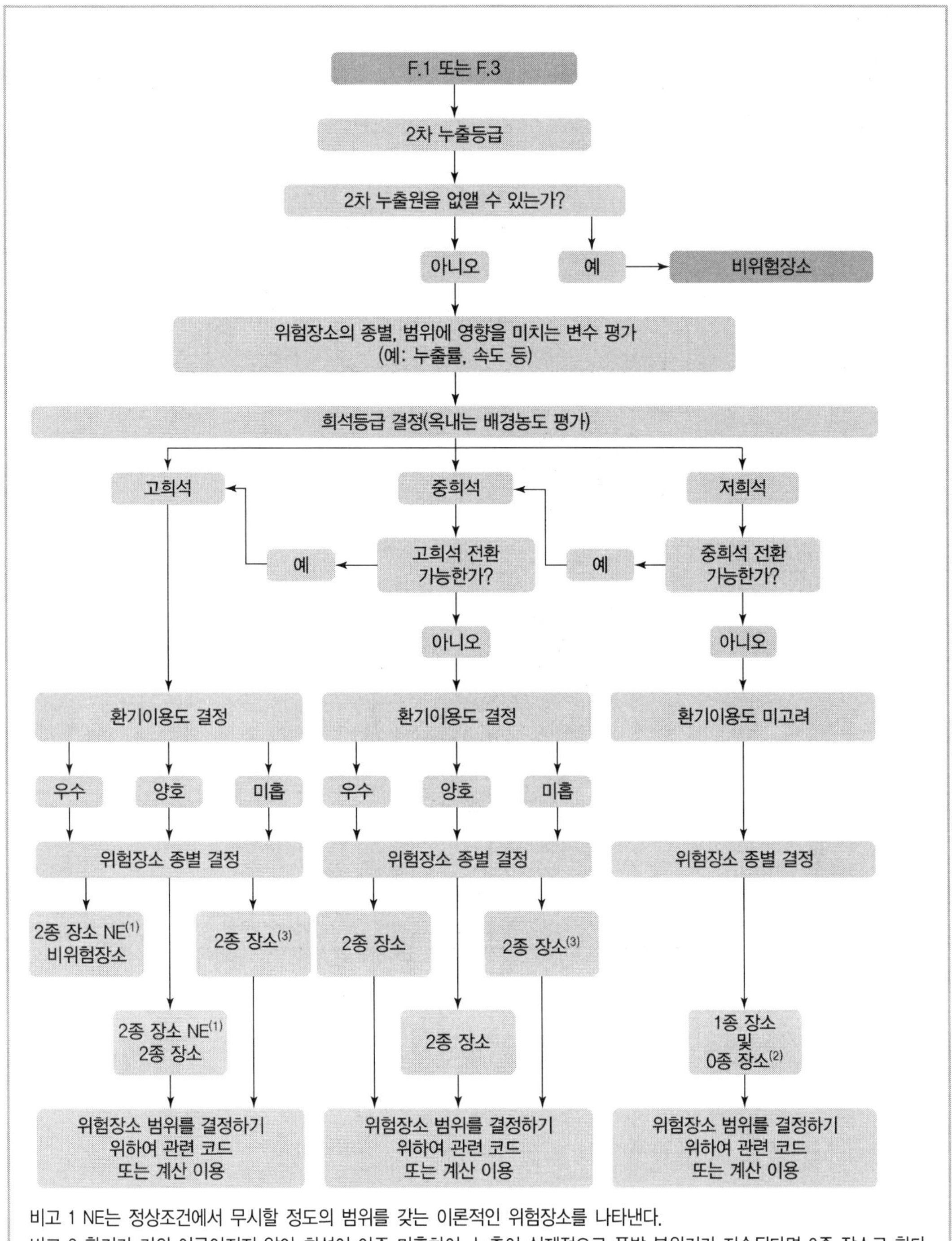

비고 1 NE는 정상조건에서 무시할 정도의 범위를 갖는 이론적인 위험장소를 나타낸다.
비고 2 환기가 거의 이루어지지 않아 희석이 아주 미흡하여, 누출이 실제적으로 폭발 분위기가 지속된다면 0종 장소로 한다.
비고 3 1차 또는 연속등급에 기인하는 2차 누출등급에 의한 2종 장소는 그 범위를 넓게 할 수 있다.

2. 방폭구역도

방폭구역도는 계산결과(방폭거리)에 따라 0종, 1종, 2종을 도면에 표시하여 개략적인 Scale을 확인할 수 있도록 나타내며, 평면도와 단면도를 작성, 관리해야 한다.

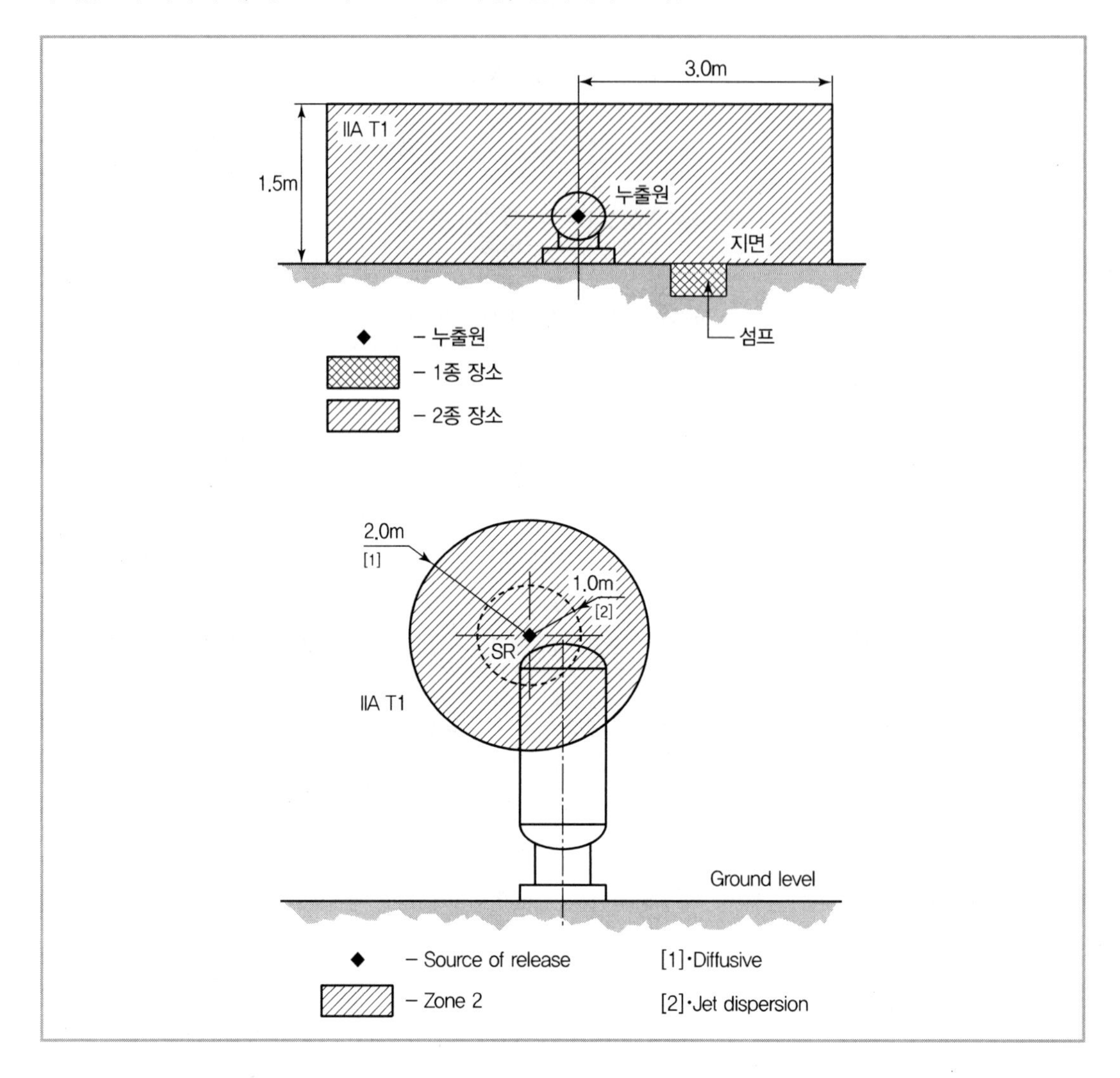

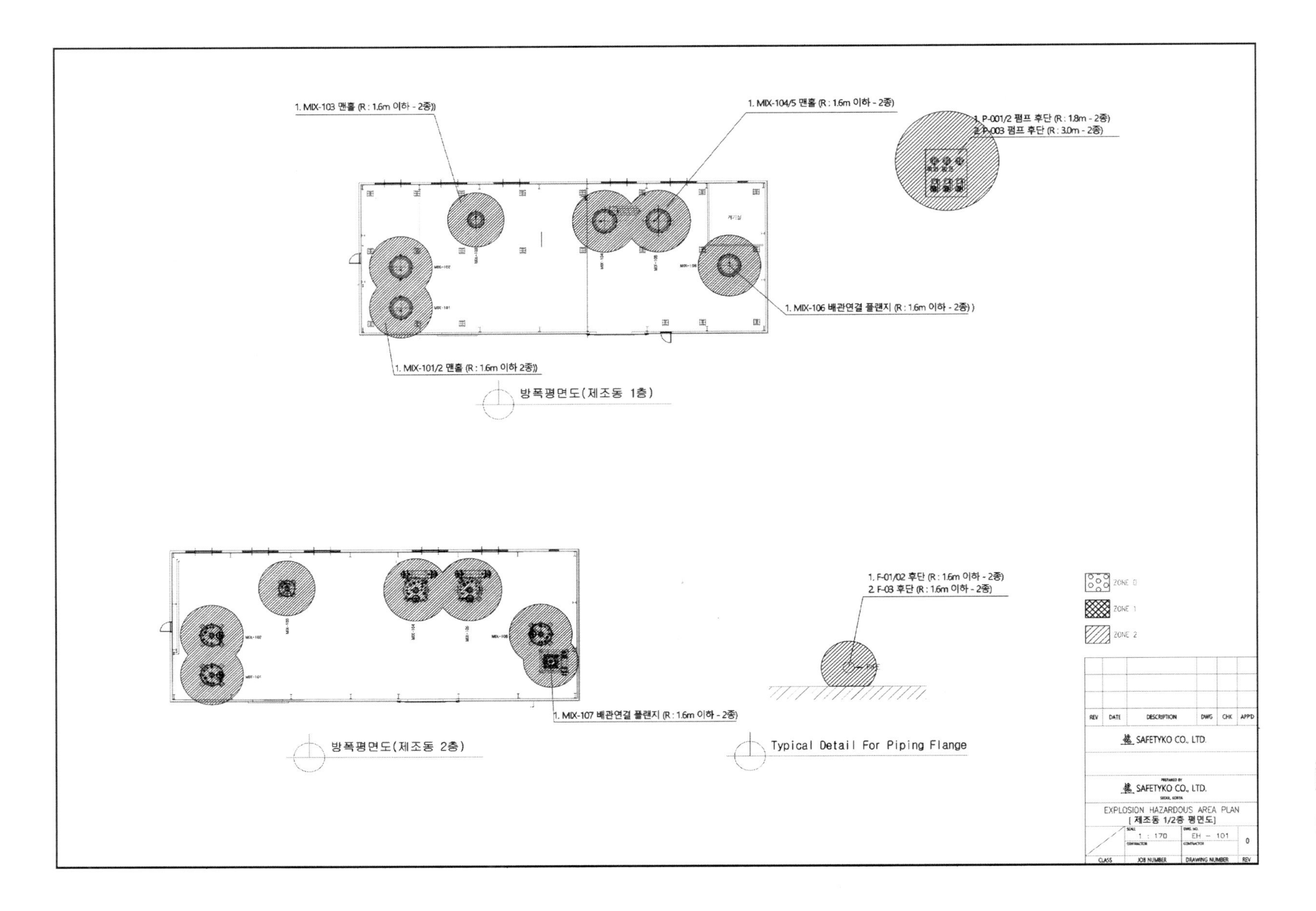
1. MIX-103 맨홀 (R : 1.6m 이하 - 2종))
1. MIX-104/5 맨홀 (R : 1.6m 이하 - 2종)
1. P-001/2 펌프 후단 (R : 1.8m - 2종)
2. P-003 펌프 후단 (R : 3.0m - 2종)
1. MIX-106 배관연결 플랜지 (R : 1.6m 이하 - 2종))
1. MIX-101/2 맨홀 (R : 1.6m 이하 2종))
방폭평면도(제조동 1층)
1. F-01/02 후단 (R : 1.6m 이하 - 2종)
2. F-03 후단 (R : 1.6m 이하 - 2종)
ZONE 0
ZONE 1
ZONE 2
1. MIX-107 배관연결 플랜지 (R : 1.6m 이하 - 2종)
방폭평면도(제조동 2층)
Typical Detail For Piping Flange
REV
DATE
DESCRIPTION
DWG
CHK
APP'D
SAFETYKO CO., LTD.
SAFETYKO CO., LTD.
EXPLOSION HAZARDOUS AREA PLAN
[제조동 1/2층 평면도]
1 : 170
EH - 101
0
CLASS
JOB NUMBER
DRAWING NUMBER
REV

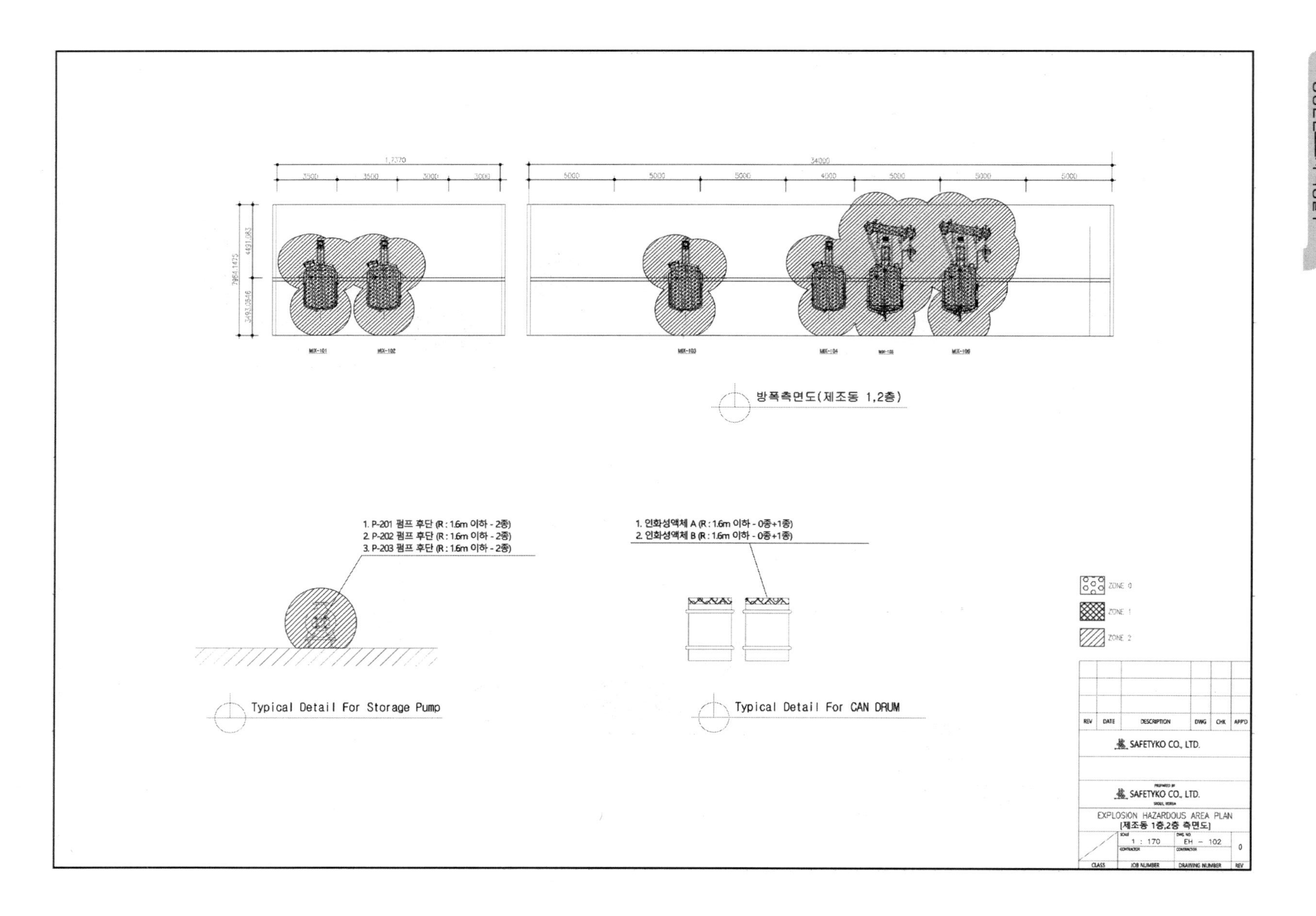
MIX-101
MIX-102
MIX-103
MIX-104
MIX-106
방폭측면도(제조동 1,2층)
1. P-201 펌프 후단 (R : 1.6m 이하 - 2종)
2. P-202 펌프 후단 (R : 1.6m 이하 - 2종)
3. P-203 펌프 후단 (R : 1.6m 이하 - 2종)
1. 인화성액체 A (R : 1.6m 이하 - 0종+1종)
2. 인화성액체 B (R : 1.6m 이하 - 0종+1종)
ZONE 0
ZONE 1
ZONE 2
Typical Detail For Storage Pump
Typical Detail For CAN DRUM
REV
DATE
DESCRIPTION
DWG
CHK
APP'D
SAFETYKO CO., LTD.
SAFETYKO CO., LTD.
EXPLOSION HAZARDOUS AREA PLAN
[제조동 1층,2층 측면도]
1 : 170
EH - 102
0
CLASS
JOB NUMBER
DRAWING NUMBER
REV

(계산 예 1) 산업용 펌프[기계 실(다이어프램)]를 이용, 옥외 및 지면 설치, 인화성 액체를 펌핑

누출특성 :

인화성 물질	벤젠(CAS no. 71-43-2)
몰 질량	78.11kg/kmol
인화하한, LFL	1.2% vol.(0.012 vol./vol.)
자연발화온도, AIT	498℃
가스밀도, ρ_g	3.25kg/m^3(대기조건에서 계산) 가스밀도는 그래프 참조
누출원, SR	기계 실
누출등급	2차(실 손상으로 인한 누출)
액체누출률, W	0.19kg/s(누출계수 C_d=0.75, 구멍크기 S=5mm^2, 액체밀도 ρ=876.5kg/m^3, 압력차 Δp=15bar)
가스누출률, W_g	3.85×10^{-3}kg/s, 누출지점에서 증기화된 액체비율을 고려하여 결정(W의 2%) ; 남은 액체는 배출
누출특성, $W_g/(\rho_g \times k \times LFL)$	0.1m^3/s
안전계수, k	1.0

위치 특성 :

옥외 상황	탁 트인 장소(장애물 없음)
대기압, p_a	101,325Pa
대기온도, T	20℃(293K)
환기속도, u_w	0.3m/s
환기이용도	우수(기상학적으로 안정된 풍속)

누출영향(결과) :

희석등급(그래프 참조)	중희석
폭발위험장소 종별	2종 장소
설비그룹 및 등급	IIA T1

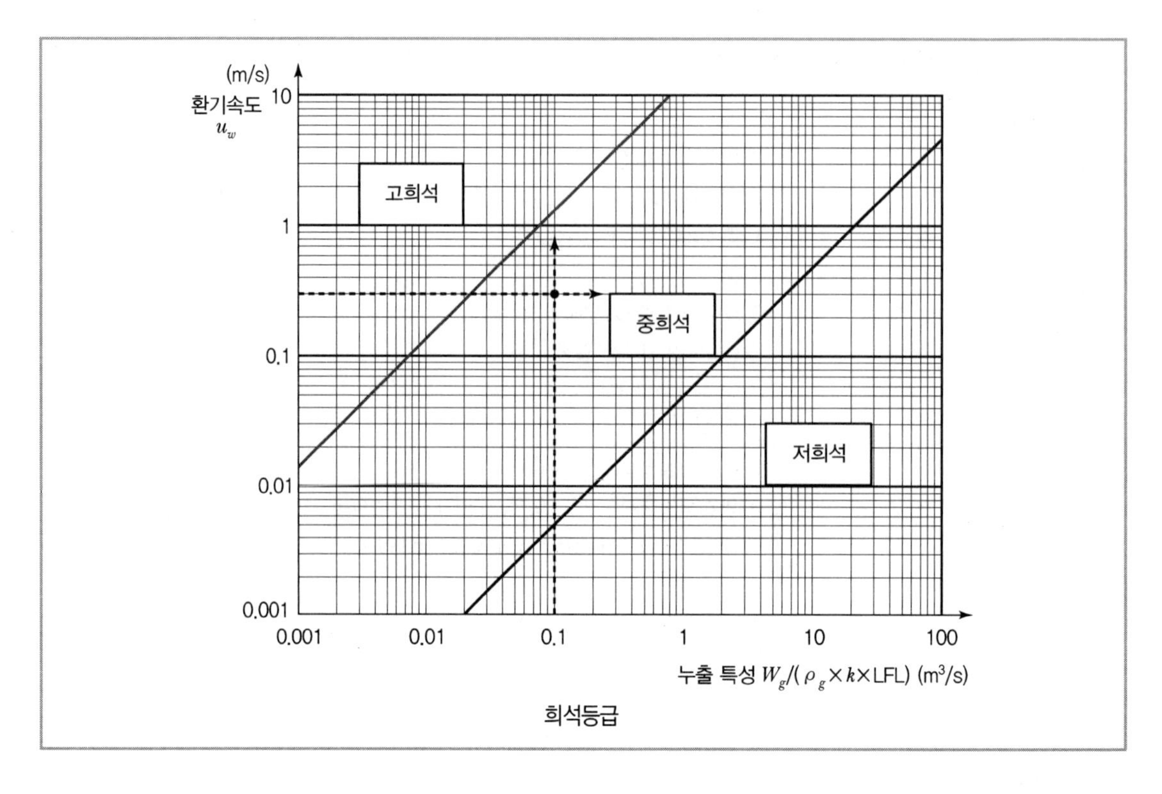

희석등급

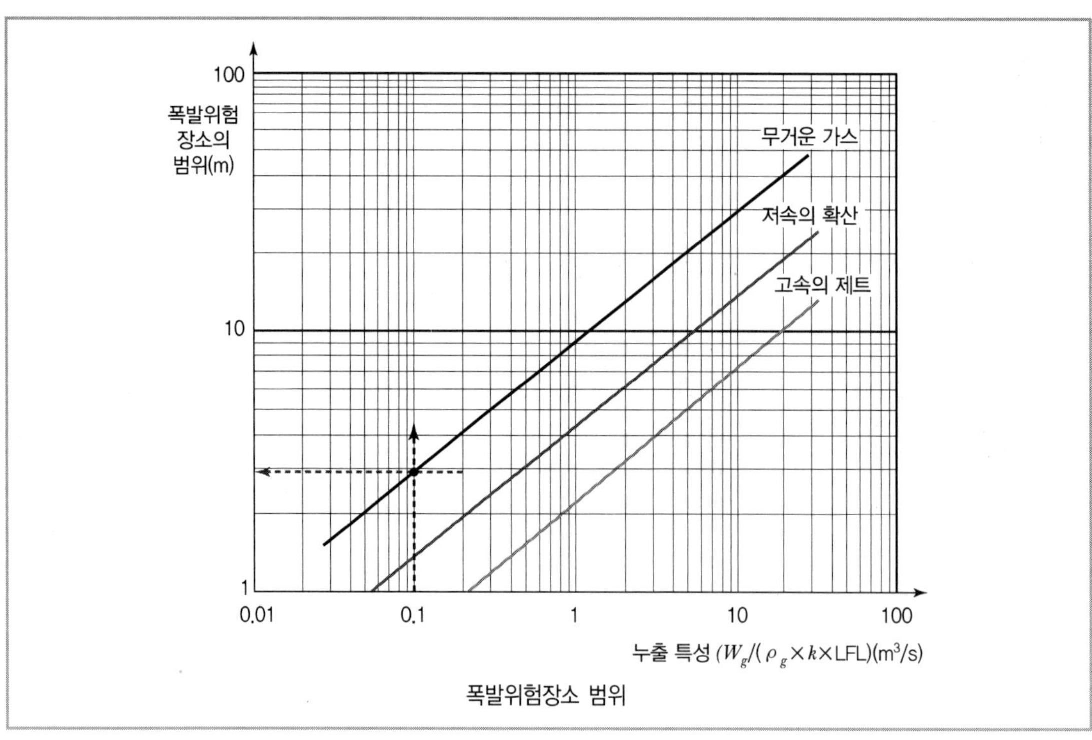

폭발위험장소 범위

• 폭발위험장소 구분 : 그림은 설비의 정면도를 나타낸다. 이 그림은 공기보다 무거운 증기에서의 폭발위험장소 구분도이며, 수직거리는 수평거리보다 짧다.

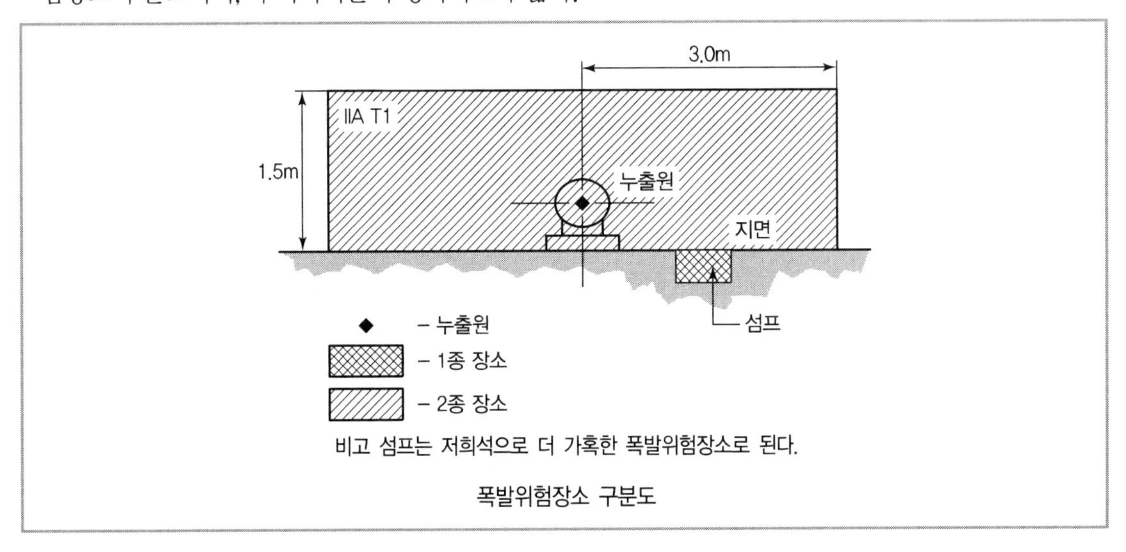

폭발위험장소 구분도

(계산 예 2) 인화성 가스 운송 밀폐 배관시스템에 설치되어 있는 제어 밸브

누출특성 :

인화성 물질	프로판 가스 혼합물
몰 질량	44.1kg/kmol
인화하한, LFL	1.7% vol.(0.017 vol./vol.)
자연발화온도, AIT	450℃
가스밀도, ρ_g	1.83kg/m^3(대기조건에서 계산), 가스밀도는 그래프 참조
누출원, SR	밸브 스템 패킹
누출등급	2차(패킹 손상으로 인한 누출)
누출률, W_g	5.57×10^{-3}kg/s(사용압력 P=10bar, 온도 T=15℃, 구멍크기 S=2.5mm^2, 압축계수 Z=1, 단열팽창 폴리트로프 지수 γ=1.1, 누출계수 C_d=0.75로 계산)
안전계수, k	0.8(LFL의 불확실성으로)
누출특성, $W_g/(\rho_g \times k \times LFL)$	0.22m^3/s

위치 특성 :

옥외	탁 트인 장소
대기압, P_a	101,325Pa
대기온도, T	20℃(293K)
환기속도, u_w	0.3m/s
환기이용도	우수(안정된 조건에서의 풍속)

누출결과 :

희석등급(그래프 참조)	중희석
폭발위험장소 종별	2종 장소
기기그룹 및 온도등급	IIA T1

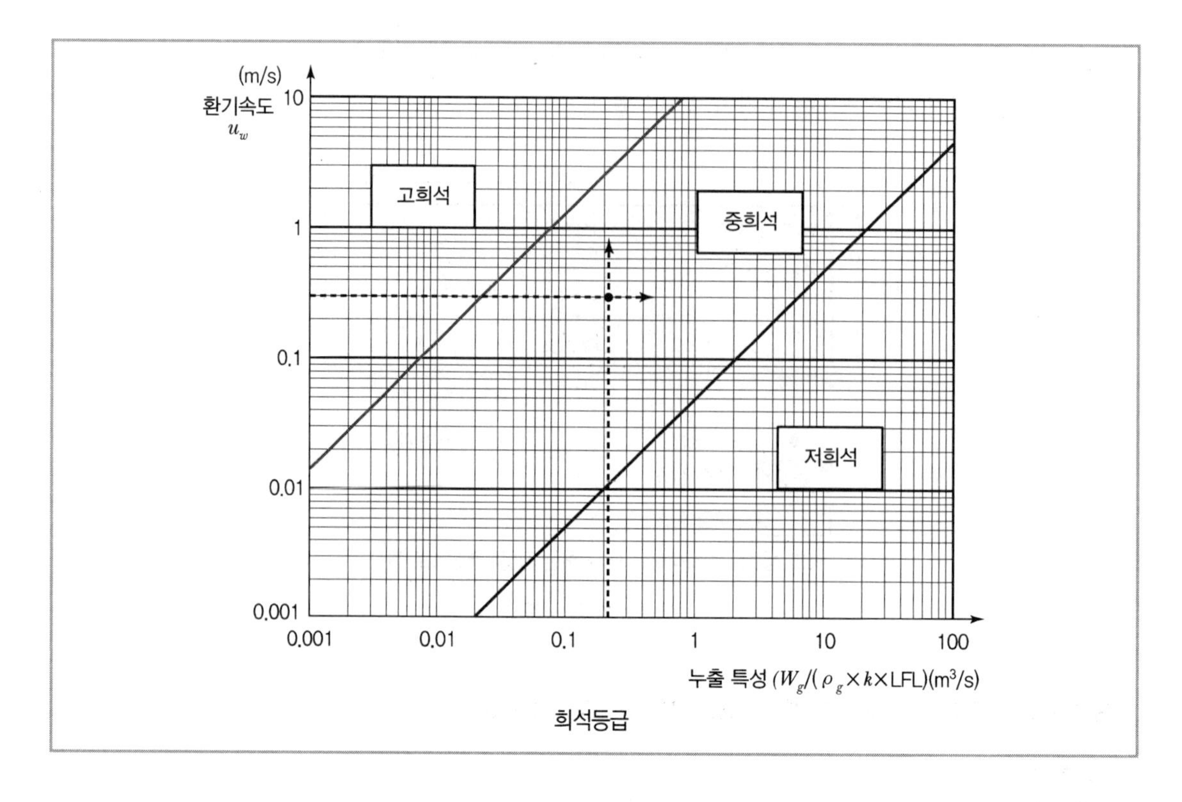

희석등급

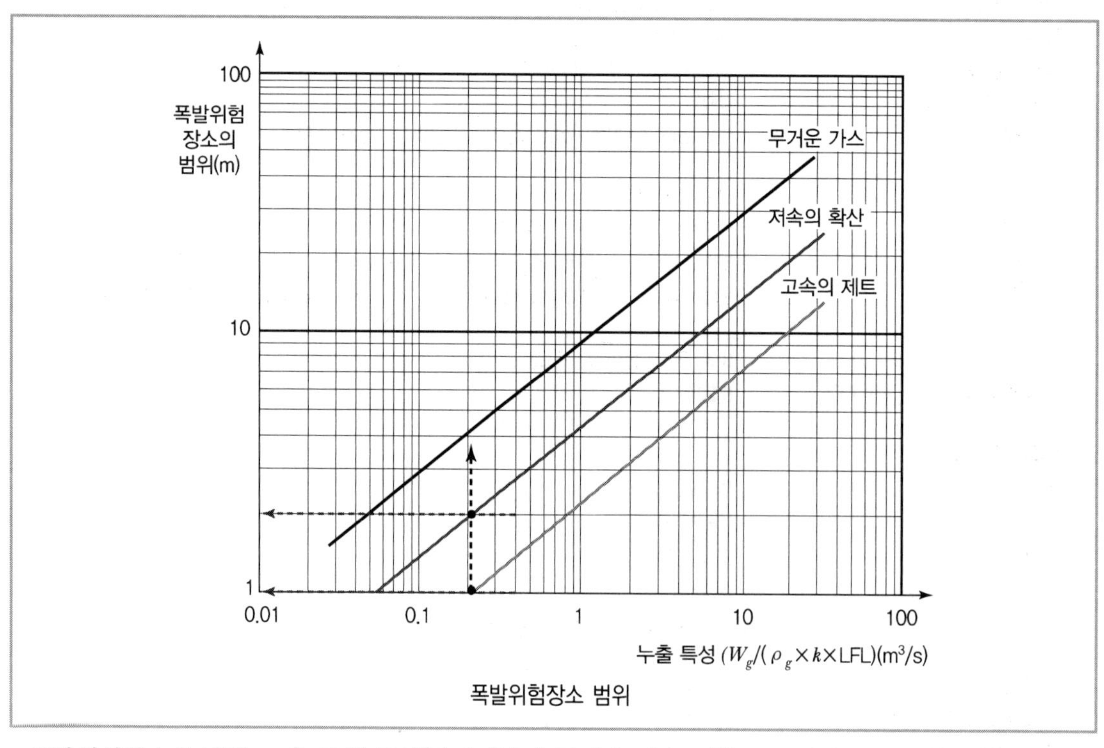

폭발위험장소 범위

• 폭발위험장소의 범위 : r은 주위 독성(방해여부와 무관한 제트누출)으로 인해 폭발위험장소의 범위를 1.0~2.0m로 한다.

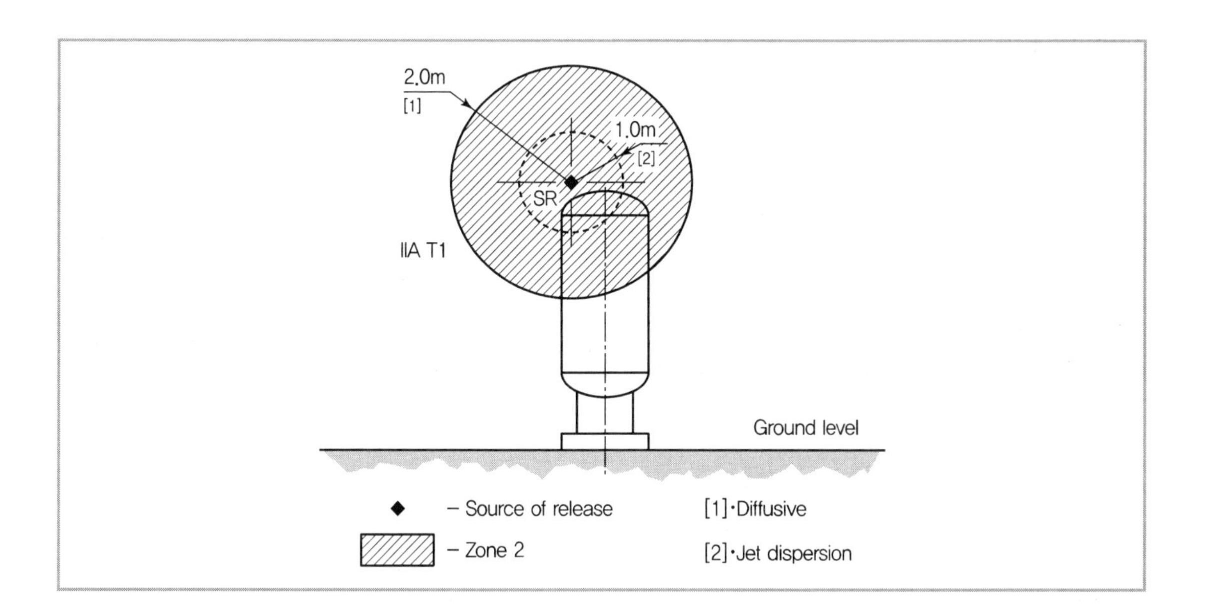
2.0m
[1]
1.0m
[2]
SR
IIA T1
Ground level
– Source of release
– Zone 2
[1]·Diffusive
[2]·Jet dispersion

실무작성 예시

산업안전환경 전문기업 ㈜ 셉티코	폭발위험장소 구분 계산	분류번호	
		제정일자	
		개정일자	

번호	물질명	CAS NO.	분자식	분자량	비중 (가스/공기)	단열팽창 폴리트로프지수 γ	인화점 (℃)	발화점 (℃)	휘발성		인화하한값 (LFL)		방폭특성		비고 (기타)
									비점 (℃)	증기압 20℃ kPa	Vol%	kg/m³	기기 그룹	온도 등급	
1	천연가스 (NG)	8006-14-2	CH_4 (99.96%)	17.5	-188	1.320	-188	540	-161.67 ~160.44	8.7 (-185℃)	5	0.036	IIA	T1 이상	
		110-01-0	C_4H_8S (0.03%)												
		75-66-1	$C_4H_{10}S$ (0.01%)												

산업안전환경 전문기업 ㈜ 셉티코	폭발위험장소 구분 계산	분류번호	
		제정일자	
		개정일자	

구분	누출원					인화성 물질				환기			위험범위				비고
	설비명	위치	누출 등급	누출률 (kg/s)	누출 특성 (m³/s)	참조 (물질)	운전온도 및 압력 ℃	운전온도 및 압력 MPa	상태	형태	희석 등급	이용도	위험장소 종별 (0,1,2)	위험장소 범위(m) 수직	위험장소 범위(m) 수평	참조	
1	보일러실 (버너배관)	배관연결 플랜지, 밸브 부위	2차	0.0006	0.03	NG	40	0.039	가스	실내	고희석	미흡	2종 장소	1.5	1.5	KS C IEC 60079-10-1	

산업안전환경 전문기업 ㈜ 셉티코	**폭발위험장소 구분 계산**	분류번호	
		제정일자	
		개정일자	

1. 폭발위험지역 계산서

(1) 계산조건 : 당 지역은 다음과 같은 누출 예상 부위 및 물질특성을 가진다.

설비공정	누출원		운전조건		인화성 물질					
	누출부위	누출등급	운전온도 (℃)	운전 압력 (MPa)	물질	분자량	인화하한(LFL) % vol	인화하한(LFL) vol/vol	상태	Polytropic Index
보일러실(버너배관)	배관연결 플랜지, 밸브부위	2차	40	0.039	NG	17.5	5.0	0.050	인화성 기체	1.32

(2) 누출 시나리오 : 보일러실(버너배관)의 연결배관 피팅, 밸브부위부분에서 NG가 누출되는 경우의 폭발위험성 범위를 가진다.

2. 폭발위험지역 계산

(1) 누출률 계산(음속)

용기내부 압력(P)	140,325Pa
대기압력(P_a)	101,325Pa
가스 또는 증기의 몰 질량(M)	17.5kg/kmol
polytrophic index of adiabatic expansion(γ)	1.32
구멍크기(S)	2.50E-06m^2

* 연속 및 1차 누출등급에서의 누출 구멍 크기는 오리피스의 형태 및 크기에 의해 결정되나, 2차 누출등급에서는 하기 표에 의한다. (출처 : KS CIEC 60079-10-1)

구분	항목	누출 고려 사항		
		누출 개구부가 확대되지 않는 조건에서의 일반 값 S(mm^2)	누출 개구부가 부식 등에 의해 확대될 수 있는 조건에서의 일반 값 S(mm^2)	누출 개구부가 심한 고장 등에 의해 확대될 수 있는 조건에 대한 일반 값 S(mm^2)
고정부의 기밀부위	압축섬유 개스킷류의 플랜지	≥0.025~0.25	>0.25~2.5	(두 볼트 사이의 거리)× (개스킷 두께) 보통≥1mm
	나선형 개스킷류의 플랜지	0.025	0.25	(두 볼트 사이의 거리)× (개스킷 두께) 보통≥0.5mm
	링 형태 조인트 연결 부품	0.1	0.25	0.5
	50mm 이하 구멍 연결부[a]	≥0.025~0.1	>0.1~0.25	1.0
저속 구동 부품류의 기밀부위	밸브 스템 패킹	0.25	2.5	제조사 자료 또는 공정설비 배치에 따라 결정, 2.5mm^2 미만[d]
	압력방출밸브[b]	0.1×(오리피스 부위)	NA	NA
고속 구동 부품류의 기밀부위	펌프, 압축기[c]	NA	≥1~5	제조사 자료 또는 공정설비 배치에 따라 결정, 5mm^2 [d,e]

비고
기타 일반적인 값은 특정 응용에 대한 관련 국가 또는 산업코드에서 구할 수 있다.
a) 소구경 배관의 링 조인트, 나사연결, 압축 조인트(예 금속압축피팅) 및 래피드 조인트에 제안되는 누출 구멍 단면적
b) 여기에서는 밸브의 완전 개방을 전제하지는 않지만, 밸브 부품의 고장으로 다양한 누설이 있을 수 있다. 특이한 경우, 제안된 것보다 큰 누출 구멍 단면적을 가질 수 있다.
c) 왕복압축기 – 압축기의 프레임과 실린더에서는 통상 누설이 일어나지 않지만, 공정설비의 피스톤 로드 패킹과 다양한 배관 연결부에서 누설이 일어난다.
d) 장비 제조자 데이터 – 예산되는 고장의 경우, 그 영향을 평가하기 위하여 장비 제조자의 협력 필요
(예 : 밀봉장치 관련 세부도면의 이용성)
e) 공정설비 배치 – 특정 상황(예 사전 연구), 인화성 물질의 최대허용 누출률로 정의하는 운전 분석은 장비 제조자 데이터의 부족을 보완할 수 있다.

주위온도(T_a)	313K
이상기체상수(R)	8,314 J kmol^{-1}K^{-1}
누출계수(C_d)	1

※ 누출계수(C_d) : 원형 형태의 누출구멍은 0.99, 원형이 아닌 누출 구멍은 0.75, 다만, C_d 값을 정확히 알 수 없는 경우에는 1을 사용한다.

압축인자(Z)	1
안전계수(K)	0.5

※ K : LFL 안전계수(일반적으로 0.5~1.0)

1) $p > p_c$ CHECK

$p_c = p_0((r+1)/2)^{(\gamma/(\gamma-1))} = 186.899$Pa

$\therefore\ p < p_c$(임계압력) : 누출된 가스의 방출속도가 비초크 가스속도이다.

2) 가스의 누출량 계산(W_q) : 해당 경우는 방출속도가 초크상태로 되는 경우로 누출량은 다음과 같이 구한다.

W_q = 가스의 누출량(단위 시간당 질량, kg/s)

$$= C_d S p \sqrt{\frac{M}{ZRT}\frac{2\gamma}{\gamma-1}\left[1-\left(\frac{p_0}{p}\right)^{(\gamma-1)/\gamma}\right]}\left(\frac{p_0}{p}\right)^{1/\gamma}$$

$$= 5.625\mathrm{E}-04\text{kg/s}$$

3) 가스의 밀도(ρ_g)

$$\rho_g = \frac{p_a M}{RT_a}\text{kg/m}^3 = 0.68\text{kg/m}^3$$

4) 시간당 부피유량(Q_g)

$$Q_g = \frac{W_g}{\rho_g}\text{m}^3/\text{s} = 0.0008\text{m}^3/\text{s}$$

(2) 환기속도계산

위치특성	옥내(자연환기)
대기압(p_a)	101,325Pa
환기이용도	미흡
환기속도	0.50m/s

* 환기속도의 값은 하기 표를 활용

옥외 위치의 형태	장애물 없는 지역 m/s			장애물 있는 지역 m/s		
지표면의 고도	≤2m	>2m~5m	>5m	≤2m	>2m~5m	>5m
공기보다 가벼운 가스/증기의 누출을 추정하기 위한 환기속도	0.5	1.0	2.0	0.5	0.5	1.0
공기보다 무거운 가스/증기의 누출을 추정하기 위한 환기속도	0.3	0.6	1.0	0.15	0.3	1.0
모든 고도에서 액체 풀(pool) 증발률을 추정하기 위한 환기속도	>0.25			>0.1		

일반적으로 표의 값은 양호한 환기로 간주한다.
옥내의 경우, 일반적으로 평가는 최소 공기속도 0.05m/s의 가정을 근거로 하며, 이는 실제로 어디서나 해당된다. 특정 상황에서는 다양한 값을 가정할 수 있다(예 공기 인입구/배출구 입구에 가까운 곳). 환기배치를 제어할 수 있는 경우, 최소 환기속도를 계산할 수 있다.

임계농도(X_{crit}, 0.25×LFL)	0.0125vol/vol
환기유효계수(f)	5

※ $f=1$(이상적인 조건)에서 $f=5$(공기흐름 장애)의 범위가 된다.

가스부피누출률(Q_g)	0.0008m³/s
밀폐공간의 크기(V_0)	617.4m³
환기횟수(C)	0.001/s
배경농도($X_b=\dfrac{f\times Q_g}{CV_0}$)	0.005vol/vol

(3) 누출특성 계산

가스 누출률(W_g)	5.63.E−04kg/s
가스의 밀도(ρ_g)	0.68kg/m³
안전계수(K)	0.5

※ K : LFL 안전계수(일반적으로 0.5~1.0)

인화하한(LFL)	5.0%vol
인화하한(LFL)	0.050vol/vol

누출특성 계산

$\dfrac{W_g}{\rho_g kLFL}$: 누출특성(m³/s)

3. 계산결과

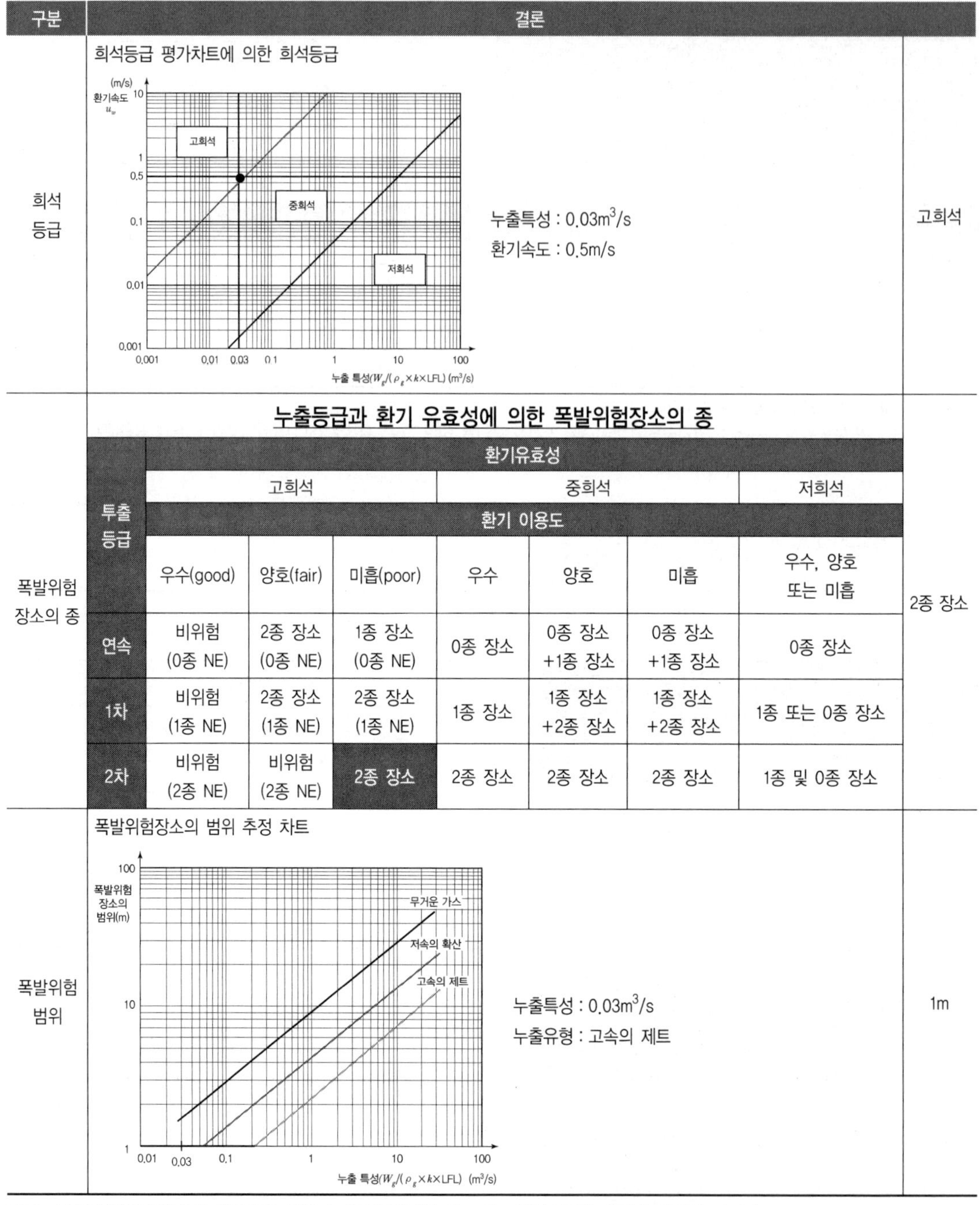

구분	결론	
희석 등급	희석등급 평가차트에 의한 희석등급 누출특성 : 0.03m³/s 환기속도 : 0.5m/s	고희석
폭발위험 장소의 종	누출등급과 환기 유효성에 의한 폭발위험장소의 종	2종 장소
폭발위험 범위	폭발위험장소의 범위 추정 차트 누출특성 : 0.03m³/s 누출유형 : 고속의 제트	1m

누출등급과 환기 유효성에 의한 폭발위험장소의 종

투출 등급	환기유효성						
	고희석			중희석			저희석
	환기 이용도						
	우수(good)	양호(fair)	미흡(poor)	우수	양호	미흡	우수, 양호 또는 미흡
연속	비위험 (0종 NE)	2종 장소 (0종 NE)	1종 장소 (0종 NE)	0종 장소	0종 장소 +1종 장소	0종 장소 +1종 장소	0종 장소
1차	비위험 (1종 NE)	2종 장소 (1종 NE)	2종 장소 (1종 NE)	1종 장소	1종 장소 +2종 장소	1종 장소 +2종 장소	1종 또는 0종 장소
2차	비위험 (2종 NE)	비위험 (2종 NE)	2종 장소	2종 장소	2종 장소	2종 장소	1종 및 0종 장소

결과 : 보일러실(버너배관)의 배관연결 플랜지, 밸브부위에서 약1m의 2종장소폭발 위험성 범위를 가진다.

CHAPTER 13

전기단선도, 안전설계 제작 및 설치관련 지침서, 그 밖에 관련 자료

01 전기단선도 등 관련 법령

1. 산업안전보건기준에 관한 규칙

■ 제228조(가솔린이 남아 있는 설비에 등유 등의 주입)

사업주는 별표 7의 화학설비로서 가솔린이 남아 있는 화학설비(위험물을 저장하는 것으로 한정한다. 이하 이 조와 제229조에서 같다), 탱크로리, 드럼 등에 등유나 경유를 주입하는 작업을 하는 경우에는 미리 그 내부를 깨끗하게 씻어내고 가솔린의 증기를 불활성 가스로 바꾸는 등 안전한 상태로 되어 있는지를 확인한 후에 그 작업을 하여야 한다. 다만, 다음 각 호의 조치를 하는 경우에는 그러하지 아니하다.

1. 등유나 경유를 주입하기 전에 탱크 · 드럼 등과 주입설비 사이에 접속선이나 접지선을 연결하여 전위차를 줄이도록 할 것
2. 등유나 경유를 주입하는 경우에는 그 액표면의 높이가 주입관의 선단의 높이를 넘을 때까지 주입속도를 초당 1미터 이하로 할 것

■ 제276조(예비동력원 등)

사업주는 특수화학설비와 그 부속설비에 사용하는 동력원에 대하여 다음 각 호의 사항을 준수하여야 한다.

1. 동력원의 이상에 의한 폭발이나 화재를 방지하기 위하여 즉시 사용할 수 있는 예비동력원을 갖추어 둘 것
2. 밸브 · 콕 · 스위치 등에 대해서는 오조작을 방지하기 위하여 잠금장치를 하고 색채표시 등으로 구분할 것

■ 제302조(전기 기계 · 기구의 접지)

① 사업주는 누전에 의한 감전의 위험을 방지하기 위하여 다음 각 호의 부분에 대하여 접지를 하여야 한다.

1. 전기 기계 · 기구의 금속제 외함, 금속제 외피 및 철대
2. 고정 설치되거나 고정배선에 접속된 전기기계 · 기구의 노출된 비충전 금속체 중 충전될 우려가 있는 다음 각 목의 어느 하나에 해당하는 비충전 금속체

   가. 지면이나 접지된 금속체로부터 수직거리 2.4미터, 수평거리 1.5미터 이내인 것

나. 물기 또는 습기가 있는 장소에 설치되어 있는 것
다. 금속으로 되어 있는 기기접지용 전선의 피복 · 외장 또는 배선관 등
라. 사용전압이 대지전압 150볼트를 넘는 것

3. 전기를 사용하지 아니하는 설비 중 다음 각 목의 어느 하나에 해당하는 금속체
가. 전동식 양중기의 프레임과 궤도
나. 전선이 붙어 있는 비전동식 양중기의 프레임
다. 고압(1.5천볼트 초과 7천볼트 이하의 직류전압 또는 1천볼트 초과 7천볼트 이하의 교류전압을 말한다. 이하 같다) 이상의 전기를 사용하는 전기 기계 · 기구 주변의 금속제 칸막이 · 망 및 이와 유사한 장치

4. 코드와 플러그를 접속하여 사용하는 전기 기계 · 기구 중 다음 각 목의 어느 하나에 해당하는 노출된 비충전 금속체
가. 사용전압이 대지전압 150볼트를 넘는 것
나. 냉장고 · 세탁기 · 컴퓨터 및 주변기기 등과 같은 고정형 전기기계 · 기구
다. 고정형 · 이동형 또는 휴대형 전동기계 · 기구
라. 물 또는 도전성(導電性)이 높은 곳에서 사용하는 전기기계 · 기구, 비접지형 콘센트
마. 휴대형 손전등

5. 수중펌프를 금속제 물탱크 등의 내부에 설치하여 사용하는 경우 그 탱크(이 경우 탱크를 수중펌프의 접지선과 접속하여야 한다)

② 사업주는 다음 각 호의 어느 하나에 해당하는 경우에는 제1항을 적용하지 않을 수 있다.
1. 「전기용품안전 관리법」에 따른 이중절연구조 또는 이와 동등 이상으로 보호되는 전기기계 · 기구
2. 절연대 위 등과 같이 감전 위험이 없는 장소에서 사용하는 전기기계 · 기구
3. 비접지방식의 전로(그 전기기계 · 기구의 전원측의 전로에 설치한 절연변압기의 2차 전압이 300볼트 이하, 정격용량이 3킬로볼트암페어 이하이고 그 절연전압기의 부하측의 전로가 접지되어 있지 아니한 것으로 한정한다)에 접속하여 사용되는 전기기계 · 기구

③ 사업주는 특별고압(7천볼트를 초과하는 직교류전압을 말한다. 이하 같다)의 전기를 취급하는 변전소 · 개폐소, 그 밖에 이와 유사한 장소에서 지락(地絡) 사고가 발생하는 경우에는 접지극의 전위상승에 의한 감전위험을 줄이기 위한 조치를 하여야 한다.

④ 사업주는 제1항에 따라 설치된 접지설비에 대하여 항상 적정상태가 유지되는지를 점검하고 이상이 발견되면 즉시 보수하거나 재설치하여야 한다.

■ **제304조(누전차단기에 의한 감전방지)**

① 사업주는 다음 각 호의 전기 기계 · 기구에 대하여 누전에 의한 감전위험을 방지하기 위하여 해당 전로의 정격에 적합하고 감도가 양호하며 확실하게 작동하는 감전방지용 누전차단기를 설치하여야 한다.

1. 대지전압이 150볼트를 초과하는 이동형 또는 휴대형 전기기계 · 기구
2. 물 등 도전성이 높은 액체가 있는 습윤장소에서 사용하는 저압(1.5천볼트 이하 직류전압이나 1천볼트 이하의 교류전압을 말한다)용 전기기계 · 기구
3. 철판 · 철골 위 등 도전성이 높은 장소에서 사용하는 이동형 또는 휴대형 전기기계 · 기구
4. 임시배선의 전로가 설치되는 장소에서 사용하는 이동형 또는 휴대형 전기기계 · 기구

② 사업주는 제1항에 따라 감전방지용 누전차단기를 설치하기 어려운 경우에는 작업시작 전에 접지선의 연결 및 접속부 상태 등이 적합한지 확실하게 점검하여야 한다.

③ 다음 각 호의 어느 하나에 해당하는 경우에는 제1항과 제2항을 적용하지 아니한다.

1. 「전기용품안전관리법」에 따른 이중절연구조 또는 이와 동등 이상으로 보호되는 전기기계 · 기구
2. 절연대 위 등과 같이 감전위험이 없는 장소에서 사용하는 전기기계 · 기구
3. 비접지방식의 전로

④ 사업주는 제1항에 따라 전기기계 · 기구를 사용하기 전에 해당 누전차단기의 작동상태를 점검하고 이상이 발견되면 즉시 보수하거나 교환하여야 한다.

⑤ 사업주는 제1항에 따라 설치한 누전차단기를 접속하는 경우에 다음 각 호의 사항을 준수하여야 한다.

1. 전기기계 · 기구에 설치되어 있는 누전차단기는 정격감도전류가 30밀리암페어 이하이고 작동시간은 0.03초 이내일 것. 다만, 정격 전부하 전류가 50암페어 이상인 전기기계 · 기구에 접속되는 누전차단기는 오작동을 방지하기 위하여 정격감도전류는 200밀리암페어 이하로, 작동시간은 0.1초 이내로 할 수 있다.
2. 분기회로 또는 전기기계 · 기구마다 누전차단기를 접속할 것. 다만, 평상시 누설전류가 매우 적은 소용량 부하의 전로에는 분기회로에 일괄하여 접속할 수 있다.
3. 누전차단기는 배전반 또는 분전반 내에 접속하거나 꽂음접속기형 누전차단기를 콘센트에 접속하는 등 파손이나 감전사고를 방지할 수 있는 장소에 접속할 것
4. 지락보호전용 기능만 있는 누전차단기는 과전류를 차단하는 퓨즈나 차단기 등과 조합하여 접속할 것

■ **제305조(과전류차단장치)**

사업주는 과전류(정격전류를 초과하는 전류로서 단락(短絡)사고전류, 지락사고전류를 포함하는 것을 말한다. 이하 같다)로 인한 재해를 방지하기 위하여 다음 각 호의 방법으로 과전류차단장치(차단기 · 퓨즈 또는 보호계전기 등과 이에 수반되는 변성기(變成器)를 말한다. 이하 같다)를 설치하여야 한다.

1. 과전류차단장치는 반드시 접지선이 아닌 전로에 직렬로 연결하여 과전류 발생 시 전로를 자동으로 차단하도록 설치할 것
2. 차단기 · 퓨즈는 계통에서 발생하는 최대 과전류에 대하여 충분하게 차단할 수 있는 성능을 가질 것
3. 과전류차단장치가 전기계통상에서 상호 협조 · 보완되어 과전류를 효과적으로 차단하도록 할 것

■ 제308조(비상전원)

① 사업주는 정전에 의한 기계 · 설비의 갑작스러운 정지로 인하여 화재 · 폭발 등 재해가 발생할 우려가 있는 경우에는 해당 기계 · 설비에 비상발전기, 비상전원용 수전(受電)설비, 축전지 설비, 전기저장장치 등 비상전원을 접속하여 정전 시 비상전력이 공급되도록 하여야 한다.

② 비상전원의 용량은 연결된 부하를 각각의 필요에 따라 충분히 가동할 수 있어야 한다.

■ 제325조(정전기로 인한 화재 폭발 등 방지)

① 사업주는 다음 각 호의 설비를 사용할 때에 정전기에 의한 화재 또는 폭발 등의 위험이 발생할 우려가 있는 경우에는 해당 설비에 대하여 확실한 방법으로 접지를 하거나, 도전성 재료를 사용하거나 가습 및 점화원이 될 우려가 없는 제전(除電)장치를 사용하는 등 정전기의 발생을 억제하거나 제거하기 위하여 필요한 조치를 하여야 한다.

1. 위험물을 탱크로리 · 탱크차 및 드럼 등에 주입하는 설비
2. 탱크로리 · 탱크차 및 드럼 등 위험물저장설비
3. 인화성 액체를 함유하는 도료 및 접착제 등을 제조 · 저장 · 취급 또는 도포(塗布)하는 설비
4. 위험물 건조설비 또는 그 부속설비
5. 인화성 고체를 저장하거나 취급하는 설비
6. 드라이클리닝설비, 염색가공설비 또는 모피류 등을 씻는 설비 등 인화성 유기용제를 사용하는 설비
7. 유압, 압축공기 또는 고전위정전기 등을 이용하여 인화성 액체나 인화성 고체를 분무하거나 이송하는 설비
8. 고압가스를 이송하거나 저장 · 취급하는 설비
9. 화약류 제조설비
10. 발파공에 장전된 화약류를 점화시키는 경우에 사용하는 발파기(발파공을 막는 재료로 물을 사용하거나 갱도발파를 하는 경우는 제외한다)

② 사업주는 인체에 대전된 정전기에 의한 화재 또는 폭발 위험이 있는 경우에는 정전기 대전방지용 안전화 착용, 제전복(除電服) 착용, 정전기 제전용구 사용 등의 조치를 하거나 작업장 바닥 등에 도전성을 갖추도록 하는 등 필요한 조치를 하여야 한다.

③ 생산공정상 정전기에 의한 감전 위험이 발생할 우려가 있는 경우의 조치에 관하여는 제1항과 제2항을 준용한다.

■ 제6조(오물의 처리 등)

① 사업주는 해당 작업장에서 배출하거나 폐기하는 오물을 일정한 장소에서 노출되지 않도록 처리하고, 병원체(病原體)로 인하여 오염될 우려가 있는 바닥 · 벽 및 용기 등을 수시로 소독하여야 한다.

■ 제76조(배기의 처리)

사업주는 분진 등을 배출하는 장치나 설비에는 그 분진 등으로 인하여 근로자의 건강에 장해가 발생하지 않도록 흡수 · 연소 · 집진(集塵) 또는 그 밖의 적절한 방식에 의한 공기정화장치를 설치하여야 한다.

■ 제267조(배출물질의 처리)

사업주는 안전밸브 등으로부터 배출되는 위험물은 연소 · 흡수 · 세정(洗淨) · 포집(捕集) 또는 회수 등의 방법으로 처리하여야 한다. 다만, 다음 각 호의 어느 하나에 해당하는 경우에는 배출되는 위험물을 안전한 장소로 유도하여 외부로 직접 배출할 수 있다.

1. 배출물질을 연소 · 흡수 · 세정 · 포집 또는 회수 등의 방법으로 처리할 때에 파열판의 기능을 저해할 우려가 있는 경우
2. 배출물질을 연소처리할 때에 유해성 가스를 발생시킬 우려가 있는 경우
3. 고압상태의 위험물이 대량으로 배출되어 연소 · 흡수 · 세정 · 포집 또는 회수 등의 방법으로 완전히 처리할 수 없는 경우
4. 공정설비가 있는 지역과 떨어진 인화성 가스 또는 인화성 액체 저장탱크에 안전밸브 등이 설치될 때에 저장탱크에 냉각설비 또는 자동소화설비 등 안전상의 조치를 하였을 경우
5. 그 밖에 배출량이 적거나 배출 시 급격히 분산되어 재해의 우려가 없으며, 냉각설비 또는 자동소화설비를 설치하는 등 안전상의 조치를 하였을 경우

■ 제455조(배출액의 처리)

사업주는 허가대상 유해물질의 제조 · 사용 설비로부터 오염물이 배출되는 경우에 이로 인한 근로자의 건강장해를 예방할 수 있도록 배출액을 중화 · 침전 · 여과 또는 그 밖의 적절한 방식으로 처리하여야 한다

■ 제499조(설비기준 등)

① 법 제117조제2항에 따라 금지유해물질을 시험 · 연구 목적으로 제조하거나 사용하는 자는 다음 각 호의 조치를 하여야 한다.

6. 실험실 등에서 가스 · 액체 또는 잔재물을 배출하는 경우에는 안전하게 처리할 수 있는 설비를 갖출 것

2. 대기환경보전법

■ 제2조(정의)

1. "대기오염물질"이란 대기 중에 존재하는 물질 중 제7조에 따른 심사 · 평가 결과 대기오염의 원인으로 인정된 가스 · 입자상물질로서 환경부령으로 정하는 것을 말한다.
9. "특정대기유해물질"이란 유해성대기감시물질 중 제7조에 따른 심사 · 평가 결과 저농도에서도 장기적인 섭취나 노출에 의하여 사람의 건강이나 동식물의 생육에 직접 또는 간접으로 위해를 끼칠

수 있어 대기 배출에 대한 관리가 필요하다고 인정된 물질로서 환경부령으로 정하는 것을 말한다.

10. "휘발성유기화합물"이란 탄화수소류 중 석유화학제품, 유기용제, 그 밖의 물질로서 환경부장관이 관계 중앙행정기관의 장과 협의하여 고시하는 것을 말한다
11. "대기오염물질배출시설"이란 대기오염물질을 대기에 배출하는 시설물, 기계, 기구, 그 밖의 물체로서 환경부령으로 정하는 것을 말한다.
12. "대기오염방지시설"이란 대기오염물질배출시설로부터 나오는 대기오염물질을 연소조절에 의한 방법 등으로 없애거나 줄이는 시설로서 환경부령으로 정하는 것을 말한다.

■ **제23조(배출시설의 설치 허가 및 신고)**

① 배출시설을 설치하려는 자는 대통령령으로 정하는 바에 따라 시 · 도지사의 허가를 받거나 시 · 도지사에게 신고하여야 한다. 다만, 시 · 도가 설치하는 배출시설, 관할 시 · 도가 다른 둘 이상의 시 · 군 · 구가 공동으로 설치하는 배출시설에 대해서는 환경부장관의 허가를 받거나 환경부장관에게 신고하여야 한다.

② 제1항에 따라 허가를 받은 자가 허가받은 사항 중 대통령령으로 정하는 중요한 사항을 변경하려면 변경허가를 받아야 하고, 그 밖의 사항을 변경하려면 변경신고를 하여야 한다.

③ 제1항에 따라 신고를 한 자가 신고한 사항을 변경하려면 환경부령으로 정하는 바에 따라 변경신고를 하여야 한다.

④ 제1항부터 제3항까지의 규정에 따라 허가 · 변경허가를 받거나 신고 · 변경신고를 하려는 자가 제26조제1항 단서, 제28조 단서, 제41조제3항 단서, 제42조 단서에 해당하는 경우와 제29조에 따른 공동 방지시설을 설치하거나 변경하려는 경우에는 환경부령으로 정하는 서류를 제출하여야 한다.

⑤ 환경부장관 또는 시 · 도지사는 제1항부터 제3항까지의 규정에 따른 신고 또는 변경신고를 받은 날부터 환경부령으로 정하는 기간 내에 신고 또는 변경신고 수리 여부를 신고인에게 통지하여야 한다.

⑥ 환경부장관 또는 시 · 도지사가 제5항에서 정한 기간 내에 신고수리 여부 또는 민원 처리 관련 법령에 따른 처리기간의 연장 여부를 신고인에게 통지하지 아니하면 그 기간(민원 처리 관련 법령에 따라 처리기간이 연장 또는 재연장된 경우에는 해당 처리기간을 말한다)이 끝난 날의 다음 날에 신고를 수리한 것으로 본다.

⑦ 제1항과 제2항에 따른 허가 또는 변경허가의 기준은 다음 각 호와 같다.

1. 배출시설에서 배출되는 오염물질을 제16조나 제29조제3항에 따른 배출허용기준 이하로 처리할 수 있을 것
2. 다른 법률에 따른 배출시설 설치제한에 관한 규정을 위반하지 아니할 것

⑧ 환경부장관 또는 시 · 도지사는 배출시설로부터 나오는 특정대기유해물질이나 특별대책지역의 배출시설로부터 나오는 대기오염물질로 인하여 환경기준의 유지가 곤란하거나 주민의 건강 · 재산, 동식물의 생육에 심각한 위해를 끼칠 우려가 있다고 인정되면 대통령령으로 정하는 바에 따라 특정대기유해물질을 배출하는 배출시설의 설치 또는 특별대책지역에서의 배출시설 설치를 제한할 수 있다.

⑨ 환경부장관 또는 시 · 도지사는 제1항 및 제2항에 따른 허가 또는 변경허가를 하는 경우에는 대통령령으로 정하는 바에 따라 주민 건강이나 주변환경의 보호 및 배출시설의 적정관리 등을 위하여 필요한 조건(이하 "허가조건"이라 한다)을 붙일 수 있다. 이 경우 허가조건은 허가 또는 변경허가의 시행에 필요한 최소한도의 것이어야 하며, 허가 또는 변경허가를 받는 자에게 부당한 의무를 부과하는 것이어서는 아니 된다.

■ **제25조(사업장의 분류)**

① 환경부장관은 배출시설의 효율적인 설치 및 관리를 위하여 그 배출시설에서 나오는 오염물질 발생량에 따라 사업장을 1종부터 5종까지로 분류하여야 한다.

② 제1항에 따른 사업장 분류기준은 대통령령으로 정한다.

■ **제26조(방지시설의 설치 등)**

① 제23조제1항부터 제3항까지의 규정에 따라 허가 · 변경허가를 받은 자 또는 신고 · 변경신고를 한 자(이하 "사업자"라 한다)가 해당 배출시설을 설치하거나 변경할 때에는 그 배출시설로부터 나오는 오염물질이 제16조의 배출허용기준 이하로 나오게 하기 위하여 대기오염방지시설(이하 "방지시설"이라 한다)을 설치하여야 한다. 다만, 대통령령으로 정하는 기준에 해당하는 경우에는 설치하지 아니할 수 있다.

② 제1항 단서에 따라 방지시설을 설치하지 아니하고 배출시설을 설치 · 운영하는 자는 다음 각 호의 어느 하나에 해당하는 경우에는 방지시설을 설치하여야 한다.

1. 배출시설의 공정을 변경하거나 사용하는 원료나 연료 등을 변경하여 배출허용기준을 초과할 우려가 있는 경우
2. 그 밖에 배출허용기준의 준수 가능성을 고려하여 환경부령으로 정하는 경우

③ 환경부장관은 연소조절에 의한 시설 설치를 지원할 수 있으며, 업무의 효율적 추진을 위하여 연소조절에 의한 시설의 설치 지원 업무를 관계 전문기관에 위탁할 수 있다.

■ **제28조(방지시설의 설계와 시공)**

방지시설의 설치나 변경은 「환경기술 및 환경산업 지원법」 제15조에 따른 환경전문공사업자가 설계 · 시공하여야 한다. 다만, 환경부령으로 정하는 방지시설을 설치하는 경우 및 환경부령으로 정하는 바에 따라 사업자 스스로 방지시설을 설계 · 시공하는 경우에는 그러하지 아니하다.

■ **제43조(비산먼지의 규제)**

① 비산배출되는 먼지(이하 "비산먼지"라 한다)를 발생시키는 사업으로서 대통령령으로 정하는 사업을 하려는 자는 환경부령으로 정하는 바에 따라 특별자치시장 · 특별자치도지사 · 시장 · 군수 · 구청장(자치구의 구청장을 말한다. 이하 같다)에게 신고하고 비산먼지의 발생을 억제하기 위한 시설을 설치하거나 필요한 조치를 하여야 한다. 이를 변경하려는 경우에도 또한 같다.

② 제1항에 따른 사업의 구역이 둘 이상의 특별자치시 · 특별자치도 · 시 · 군 · 구(자치구를 말한다)에

걸쳐 있는 경우에는 그 사업 구역의 면적이 가장 큰 구역(제1항에 따른 신고 또는 변경신고를 할 때 사업의 규모를 길이로 신고하는 경우에는 그 길이가 가장 긴 구역을 말한다)을 관할하는 특별자치시장 · 특별자치도지사 · 시장 · 군수 · 구청장에게 신고하여야 한다.

③ 특별자치시장 · 특별자치도지사 · 시장 · 군수 · 구청장은 제1항에 따른 신고 또는 변경신고를 받은 경우 그 내용을 검토하여 이 법에 적합하면 신고 또는 변경신고를 수리하여야 한다.

④ 제3항에 따라 신고 또는 변경신고를 수리한 특별자치시장 · 특별자치도지사 · 시장 · 군수 · 구청장은 제1항에 따른 비산먼지의 발생을 억제하기 위한 시설의 설치 또는 필요한 조치를 하지 아니하거나 그 시설이나 조치가 적합하지 아니하다고 인정하는 경우에는 그 사업을 하는 자에게 필요한 시설의 설치나 조치의 이행 또는 개선을 명할 수 있다.

⑤ 제3항에 따라 신고 또는 변경신고를 수리한 특별자치시장 · 특별자치도지사 · 시장 · 군수 · 구청장은 제4항에 따른 명령을 이행하지 아니하는 자에게는 그 사업을 중지시키거나 시설 등의 사용 중지 또는 제한하도록 명할 수 있다.

⑥ 제2항 및 제3항에 따라 신고 또는 변경신고를 수리한 특별자치시장 · 특별자치도지사 · 시장 · 군수 · 구청장은 해당 사업이 걸쳐 있는 다른 구역을 관할하는 특별자치시장 · 특별자치도지사 · 시장 · 군수 · 구청장이 그 사업을 하는 자에 대하여 제4항 또는 제5항에 따른 조치를 요구하는 경우 그에 해당하는 조치를 명할 수 있다.

⑦ 환경부장관 또는 시 · 도지사는 제6항에 따른 요구를 받은 특별자치시장 · 특별자치도지사 · 시장 · 군수 · 구청장이 정당한 사유 없이 해당 조치를 명하지 않으면 해당 조치를 이행하도록 권고할 수 있다. 이 경우 권고를 받은 특별자치시장 · 특별자치도지사 · 시장 · 군수 · 구청장은 특별한 사유가 없으면 이에 따라야 한다.

■ 제44조(휘발성유기화합물의 규제)

① 다음 각 호의 어느 하나에 해당하는 지역에서 휘발성유기화합물을 배출하는 시설로서 대통령령으로 정하는 시설을 설치하려는 자는 환경부령으로 정하는 바에 따라 시 · 도지사 또는 대도시 시장에게 신고하여야 한다.

1. 특별대책지역
2. 대기관리지역
3. 제1호 및 제2호의 지역 외에 휘발성유기화합물 배출로 인한 대기오염을 개선할 필요가 있다고 인정되는 지역으로 환경부장관이 관계 중앙행정기관의 장과 협의하여 지정 · 고시하는 지역(이하 "휘발성유기화합물 배출규제 추가지역"이라 한다)

② 제1항에 따라 신고를 한 자가 신고한 사항 중 환경부령으로 정하는 사항을 변경하려면 변경신고를 하여야 한다.

③ 시 · 도지사 또는 대도시 시장은 제1항에 따른 신고 또는 제2항에 따른 변경신고를 받은 날부터 7일 이내에 신고 또는 변경신고 수리 여부를 신고인에게 통지하여야 한다.

④ 시 · 도지사 또는 대도시 시장이 제3항에서 정한 기간 내에 신고수리 여부 또는 민원 처리 관련 법령에 따른 처리기간의 연장 여부를 신고인에게 통지하지 아니하면 그 기간(민원 처리 관련 법령에 따라 처리기간이 연장 또는 재연장된 경우에는 해당 처리기간을 말한다)이 끝난 날의 다음 날에 신고를 수리한 것으로 본다.

⑤ 제1항에 따른 시설을 설치하려는 자는 휘발성유기화합물의 배출을 억제하거나 방지하는 시설을 설치하는 등 휘발성유기화합물의 배출로 인한 대기환경상의 피해가 없도록 조치하여야 한다.

⑥ 제5항에 따른 휘발성유기화합물의 배출을 억제 · 방지하기 위한 시설의 설치 기준 등에 필요한 사항은 환경부령으로 정한다.

⑦ 시 · 도 또는 대도시는 그 시 · 도 또는 대도시의 조례로 제6항에 따른 기준보다 강화된 기준을 정할 수 있다.

⑧ 제7항에 따라 강화된 기준이 적용되는 시 · 도 또는 대도시에 제1항에 따라 시 · 도지사 또는 대도시 시장에게 설치신고를 하였거나 설치신고를 하려는 시설이 있으면 그 시설의 휘발성유기화합물 억제 · 방지시설에 대하여도 제7항에 따라 강화된 기준을 적용한다.

⑨ 시 · 도지사 또는 대도시 시장은 제5항을 위반하는 자에게 휘발성유기화합물을 배출하는 시설 또는 그 배출의 억제 · 방지를 위한 시설의 개선 등 필요한 조치를 명할 수 있다.

⑩ 시 · 도지사 또는 대도시 시장은 휘발성유기화합물을 배출하는 시설을 설치 · 운영하는 자가 다음 각 호의 어느 하나에 해당하는 경우에는 6개월 이내의 기간을 정하여 해당 시설의 조업정지를 명할 수 있다.

1. 제1항 및 제2항에 따른 신고 또는 변경신고를 하지 아니한 경우
2. 제5항에 따른 조치를 하지 아니하거나, 조치를 하였으나 제6항 또는 제7항에 따른 기준에 미치지 못하는 경우
3. 제9항에 따른 조치명령을 이행하지 아니한 경우

⑪ 시 · 도지사 또는 대도시 시장은 휘발성유기화합물을 배출하는 시설을 설치 · 운영하는 자에 대하여 제10항에 따라 조업정지를 명하여야 하는 경우로서 그 조업정지가 주민의 생활, 대외적인 신용 · 고용 · 물가 등 국민경제, 그 밖의 공익에 현저한 지장을 줄 우려가 있다고 인정되는 경우에는 조업정지처분을 갈음하여 과징금을 부과할 수 있다. 이 경우 과징금 처분의 부과기준 및 절차 등에 관하여는 제37조제1항 및 제3항부터 제6항까지를 준용한다.

⑫ 제11항에도 불구하고 과징금 처분을 받은 날부터 2년이 경과되기 전에 제10항에 따른 조업정지처분 대상이 되는 경우에는 조업정지처분을 갈음하여 과징금을 부과할 수 없다.

⑬ 제1항에 따라 신고를 한 자는 휘발성유기화합물의 배출을 억제하기 위하여 환경부령으로 정하는 바에 따라 휘발성유기화합물을 배출하는 시설에 대하여 휘발성유기화합물의 배출 여부 및 농도 등을 검사 · 측정하고, 그 결과를 기록 · 보존하여야 한다.

⑭ 제1항제3호에 따른 휘발성유기화합물 배출규제 추가지역의 지정에 필요한 세부적인 기준 및 절차 등에 관한 사항은 환경부령으로 정한다.

■ 제44조의2(도료의 휘발성유기화합물함유기준 등)

① 도료(塗料)에 대한 휘발성유기화합물의 함유기준(이하 "휘발성유기화합물함유기준"이라 한다)은 환경부령으로 정한다. 이 경우 환경부장관은 관계 중앙행정기관의 장과 협의하여야 한다.

② 다음 각 호의 어느 하나에 해당하는 자는 휘발성유기화합물함유기준을 초과하는 도료를 공급하거나 판매하여서는 아니 된다.

1. 도료를 제조하거나 수입하여 공급하거나 판매하는 자
2. 제1호 외에 도료를 공급하거나 판매하는 자

③ 환경부장관은 제2항제1호에 해당하는 자가 휘발성유기화합물함유기준을 초과하는 도료를 공급하거나 판매하는 경우에는 대통령령으로 정하는 바에 따라 그 도료의 공급 · 판매 중지 또는 회수 등 필요한 조치를 명할 수 있다.

④ 환경부장관은 제2항제2호에 해당하는 자가 휘발성유기화합물함유기준을 초과하는 도료를 공급하거나 판매하는 경우에는 대통령령으로 정하는 바에 따라 그 도료의 공급 · 판매 중지를 명할 수 있다.

3. 대기환경보전법 시행령

■ 제11조(배출시설의 설치허가 및 신고 등)

① 법 제23조제1항에 따라 설치허가를 받아야 하는 배출시설은 다음 각 호와 같다.

1. 특정대기유해물질이 환경부령으로 정하는 기준 이상으로 발생되는 배출시설
2. 「환경정책기본법」 제38조에 따라 지정 · 고시된 특별대책지역(이하 "특별대책지역"이라 한다)에 설치하는 배출시설. 다만, 특정대기유해물질이 제1호에 따른 기준 이상으로 배출되지 아니하는 배출시설로서 별표 1의3에 따른 5종사업장에 설치하는 배출시설은 제외한다.

② 법 제23조제1항에 따라 제1항 각 호 외의 배출시설을 설치하려는 자는 배출시설 설치신고를 하여야 한다.

③ 법 제23조제1항에 따라 배출시설 설치허가를 받거나 설치신고를 하려는 자는 배출시설 설치허가신청서 또는 배출시설 설치신고서에 다음 각 호의 서류를 첨부하여 시 · 도지사에게 제출하여야 한다.

1. 원료(연료를 포함한다)의 사용량 및 제품 생산량과 오염물질 등의 배출량을 예측한 명세서
2. 배출시설 및 방지시설의 설치명세서
3. 방지시설의 일반도(一般圖)
4. 방지시설의 연간 유지관리 계획서
5. 사용 연료의 성분 분석과 황산화물 배출농도 및 배출량 등을 예측한 명세서(법 제41조제3항 단서에 해당하는 배출시설의 경우에만 해당한다)
6. 배출시설설치허가증(변경허가를 신청하는 경우에만 해당한다)

④ 법 제23조제2항에서 "대통령령으로 정하는 중요한 사항"이란 다음 각 호와 같다.

1. 법 제23조제1항 또는 제2항에 따라 설치허가 또는 변경허가를 받거나 변경신고를 한 배출시설 규

모의 합계나 누계의 100분의 50 이상(제1항제1호에 따른 특정대기유해물질 배출시설의 경우에는 100분의 30 이상으로 한다) 증설. 이 경우 배출시설 규모의 합계나 누계는 배출구별로 산정한다.

2. 법 제23조제1항 또는 제2항에 따른 설치허가 또는 변경허가를 받은 배출시설의 용도 추가

⑤ 법 제23조제2항에 따른 변경신고를 하여야 하는 경우와 변경신고의 절차 등에 관한 사항은 환경부령으로 정한다.

⑥ 환경부장관 또는 시·도지사는 법 제23조제1항에 따라 배출시설 설치허가를 하거나 배출시설 설치신고를 수리한 경우(법 제23조제6항에 따라 신고를 수리한 것으로 보는 경우를 포함한다)에는 배출시설 설치허가증 또는 배출시설 설치신고증명서를 신청인에게 내주어야 한다. 다만, 법 제23조제2항에 따라 배출시설의 설치변경을 허가한 경우에는 이미 발급된 허가증의 변경사항 란에 변경허가사항을 적는다.

⑦ 환경부장관 또는 시·도지사는 법 제23조제9항에 따라 다음 각 호의 사항을 같은 조 제1항 및 제2항에 따른 허가 또는 변경허가의 조건으로 붙일 수 있다.

1. 배출구 없이 대기중에 직접 배출되는 대기오염물질이나 악취, 소음 등을 줄이기 위하여 필요한 조치 사항
2. 배출시설의 법 제16조나 제29조제3항에 따른 배출허용기준 준수 여부 및 방지시설의 적정한 가동 여부를 확인하기 위하여 필요한 조치 사항

■ **제12조(배출시설 설치의 제한)**

법 제23조제6항에 따라 시·도지사가 배출시설의 설치를 제한할 수 있는 경우는 다음 각 호와 같다.

1. 배출시설 설치 지점으로부터 반경 1킬로미터 안의 상주 인구가 2만 명 이상인 지역으로서 특정대기유해물질 중 한 가지 종류의 물질을 연간 10톤 이상 배출하거나 두 가지 이상의 물질을 연간 25톤 이상 배출하는 시설을 설치하는 경우
2. 대기오염물질(먼지·황산화물 및 질소산화물만 해당한다)의 발생량 합계가 연간 10톤 이상인 배출시설을 특별대책지역(법 제22조에 따라 총량규제구역으로 지정된 특별대책지역은 제외한다)에 설치하는 경우

■ **제13조(사업장의 분류기준)**

법 제25조제2항에 따른 사업장 분류 기준은 별표 1의3과 같다.

별표 1의3

사업장 분류기준(제13조 관련)

종별	오염물질발생량 구분
1종사업장	대기오염물질발생량의 합계가 연간 80톤 이상인 사업장
2종사업장	대기오염물질발생량의 합계가 연간 20톤 이상 80톤 미만인 사업장
3종사업장	대기오염물질발생량의 합계가 연간 10톤 이상 20톤 미만인 사업장
4종사업장	대기오염물질발생량의 합계가 연간 2톤 이상 10톤 미만인 사업장
5종사업장	대기오염물질발생량의 합계가 연간 2톤 미만인 사업장

비고 : "대기오염물질발생량"이란 방지시설을 통과하기 전의 먼지, 황산화물 및 질소산화물의 발생량을 환경부령으로 정하는 방법에 따라 산정한 양을 말한다.

■ 제32조(부과금의 부과면제 등)

① 법 제35조의2제1항제1호에 따라 다음 각 호의 연료를 사용하여 배출시설을 운영하는 사업자에 대하여는 황산화물에 대한 부과금을 부과하지 아니한다. 다만, 제1호 또는 제2호의 연료와 제1호 또는 제2호 외의 연료를 섞어서 연소시키는 배출시설로서 배출허용기준을 준수할 수 있는 시설에 대하여는 제1호 또는 제2호의 연료사용량에 해당하는 황산화물에 대한 부과금을 부과하지 아니한다.

1. 발전시설의 경우에는 황 함유량이 0.3퍼센트 이하인 액체연료 및 고체연료, 발전시설 외의 배출시설(설비용량이 100메가와트 미만인 열병합발전시설을 포함한다)의 경우에는 황 함유량이 0.5퍼센트 이하인 액체연료 또는 황 함유량이 0.45퍼센트 미만인 고체연료를 사용하는 배출시설로서 배출허용기준을 준수할 수 있는 시설. 이 경우 고체연료의 황 함유량은 연소기기에 투입되는 여러 고체연료의 황 함유량을 평균한 것으로 한다.
2. 공정상 발생되는 부생(附生)가스로서 황 함유량이 0.05퍼센트 이하인 부생가스를 사용하는 배출시설로서 배출허용기준을 준수할 수 있는 시설
3. 제1호 및 제2호의 연료를 섞어서 연소시키는 배출시설로서 배출허용기준을 준수할 수 있는 시설

② 법 제35조의2제1항제1호에 따라 액화천연가스나 액화석유가스를 연료로 사용하는 배출시설을 운영하는 사업자에 대하여는 먼지와 황산화물에 대한 부과금을 부과하지 아니한다.

③ 법 제35조의2제1항제2호에서 "대통령령으로 정하는 최적의 방지시설"이란 배출허용기준을 준수할 수 있고 설계된 대기오염물질의 제거 효율을 유지할 수 있는 방지시설로서 환경부장관이 관계 중앙행정기관의 장과 협의하여 고시하는 시설을 말한다.

④ 국방부장관은 법 제35조의2제1항제3호에 따른 협의를 하려는 경우에는 부과금을 면제받으려는 군사시설의 용도와 면제 사유 등을 환경부장관에게 제출하여야 한다. 다만, 「군사기지 및 군사시설 보호법」 제2조제2호에 따른 군사시설은 그러하지 아니하다.

⑤ 법 제35조의2제2항제1호에서 "대통령령으로 정하는 배출시설"이란 다음 각 호의 어느 하나에 해당하는 시설을 말한다.

1. 법 제32조제1항에 따른 측정기기 부착사업장 중 「중소기업기본법」 제2조에 따른 중소기업의 배출시설 및 별표 1의3의 구분에 따른 4종사업장과 5종사업장의 배출시설로서 배출허용기준을 준수하는 시설
2. 대기오염물질의 배출을 줄이기 위한 계획과 그 이행 등에 대하여 환경부장관 또는 시 · 도지사(해당 사업장과의 협약에 대하여 환경부장관과 사전 협의를 거친 시 · 도지사만 해당한다)와 협약을 체결한 사업장의 배출시설로서 배출허용기준을 준수하는 시설

⑥ 법 제35조의2에 따른 부과금의 면제 또는 감면의 절차 등에 필요한 사항은 환경부령으로 정한다.

■ **제44조(비산먼지 발생사업)**

법 제43조제1항 전단에서 "대통령령으로 정하는 사업"이란 다음 각 호의 사업 중 환경부령으로 정하는 사업을 말한다.

1. 시멘트 · 석회 · 플라스터 및 시멘트 관련 제품의 제조업 및 가공업
2. 비금속물질의 채취업, 제조업 및 가공업
3. 제1차 금속 제조업
4. 비료 및 사료제품의 제조업
5. 건설업(지반 조성공사, 건축물 축조 및 토목공사, 조경공사로 한정한다)
6. 시멘트, 석탄, 토사, 사료, 곡물 및 고철의 운송업
7. 운송장비 제조업
8. 저탄시설(貯炭施設)의 설치가 필요한 사업
9. 고철, 곡물, 사료, 목재 및 광석의 하역업 또는 보관업
10. 금속제품의 제조업 및 가공업
11. 폐기물 매립시설 설치 · 운영 사업

■ **제45조(휘발성유기화합물의 규제 등)**

① 법 제44조제1항 각 호 외의 부분에서 "대통령령으로 정하는 시설"이란 다음 각 호의 시설(법 제44조제1항제3호에 따른 휘발성유기화합물 배출규제 추가지역의 경우에는 제2호에 따른 저유소의 출하시설 및 제3호의 시설만 해당한다)을 말한다. 다만, 제38조의2에서 정하는 업종에서 사용하는 시설의 경우는 제외한다.

1. 석유정제를 위한 제조시설, 저장시설 및 출하시설(出荷施設)과 석유화학제품 제조업의 제조시설, 저장시설 및 출하시설
2. 저유소의 저장시설 및 출하시설
3. 주유소의 저장시설 및 주유시설
4. 세탁시설
5. 그 밖에 휘발성유기화합물을 배출하는 시설로서 환경부장관이 관계 중앙행정기관의 장과 협의하여 고시하는 시설

② 제1항 각 호에 따른 시설의 규모는 환경부장관이 관계 중앙행정기관의 장과 협의하여 고시한다.

③ 법 제45조제4항에서 "대통령령으로 정하는 사유"란 다음 각 호의 어느 하나에 해당하는 사유를 말한다.

1. 국내에서 확보할 수 없는 특수한 기술이 필요한 경우
2. 천재지변이나 그 밖에 특별시장 · 광역시장 · 특별자치시장 · 도지사(그 관할구역 중 인구 50만 명 이상의 시는 제외한다) · 특별자치도지사 또는 특별시 · 광역시 및 특별자치시를 제외한 인구 50만 명 이상의 시장이 부득이하다고 인정하는 경우

■ **제45조의2(도료의 휘발성유기화합물함유기준 초과 시 조치명령 등)**

① 환경부장관은 법 제44조의2제3항 또는 제4항에 따라 조치명령을 하는 경우에는 조치명령의 내용 및 10일 이내의 이행기간 등을 적은 서면으로 하여야 한다.

② 법 제44조의2제3항에 따른 조치명령을 받은 자는 그 이행기간 이내에 다음 각 호의 사항을 구체적으로 밝힌 이행완료보고서를 환경부령으로 정하는 바에 따라 환경부장관에게 제출하여야 한다.

1. 해당 도료의 공급 · 판매 기간과 공급량 또는 판매량
2. 해당 도료의 회수처리량, 회수처리 방법 및 기간
3. 그 밖에 공급 · 판매 중지 또는 회수 사실을 증명할 수 있는 자료에 관한 사항

③ 법 제44조의2제4항에 따른 조치명령을 받은 자는 그 이행기간 이내에 다음 각 호의 사항을 구체적으로 밝힌 이행완료보고서를 환경부령으로 정하는 바에 따라 환경부장관에게 제출하여야 한다.

1. 해당 도료의 공급 · 판매 기간과 공급량 또는 판매량
2. 해당 도료의 보유량 및 공급 · 판매 중지 사실을 증명할 수 있는 자료에 관한 사항

4. 대기환경보전법 시행규칙

■ **제4조(특정대기유해물질)**

법 제2조제9호에 따른 특정대기유해물질은 별표 2와 같다.

■ **제5조(대기오염물질배출시설)**

법 제2조제11호에 따른 대기오염물질배출시설(이하 "배출시설"이라 한다)은 별표 3과 같다.

■ **제6조(대기오염방지시설)**

법 제2조제12호에 따른 대기오염방지시설(이하 "방지시설"이라 한다)은 별표 4와 같다.

■ **제15조(배출허용기준)**

법 제16조제1항에 따른 대기오염물질의 배출허용기준은 별표 8과 같다.

별표 2

특정대기유해물질(제4조 관련)

1. 카드뮴 및 그 화합물	13. 염화비닐	25. 1,3-부타디엔
2. 시안화수소	14. 다이옥신	26. 다환 방향족 탄화수소류
3. 납 및 그 화합물	15. 페놀 및 그 화합물	27. 에틸렌옥사이드
4. 폴리염화비페닐	16. 베릴륨 및 그 화합물	28. 디클로로메탄
5. 크롬 및 그 화합물	17. 벤젠	29. 스틸렌
6. 비소 및 그 화합물	18. 사염화탄소	30. 테트라클로로에틸렌
7. 수은 및 그 화합물	19. 이황화메틸	31. 1,2-디클로로에탄
8. 프로필렌 옥사이드	20. 아닐린	32. 에틸벤젠
9. 염소 및 염화수소	21. 클로로포름	33. 트리클로로에틸렌
10. 불소화물	22. 포름알데히드	34. 아크릴로니트릴
11. 석면	23. 아세트알데히드	35. 히드라진
12. 니켈 및 그 화합물	24. 벤지딘	

| 별표 3

대기오염물질 배출시설(제5조 관련)

1. 2019년 12월 31일까지 적용되는 대기오염물질배출시설

가. 배출시설 적용기준

1) 배출시설의 규모는 그 시설의 중량 · 면적 · 용적 · 열량 · 동력(kW) 등으로 하되 최대시설규모를 말하고, 동일 사업장에 그 규모 미만의 동종시설(지름 1밀리미터 이상인 고체입자상물질 저장시설과 영업을 목적으로 하지 아니하는 연구시설로서 시 · 도지사가 주변 환경여건을 고려하여 인정하는 시설은 제외한다)이 2개 이상 설치된 경우로서 그 시설의 총 규모가 나목의 대상 배출시설란에서 규정하고 있는 규모 이상인 경우에는 그 시설들을 배출시설에 포함한다. 다만, 하나의 동력원에 2개 이상의 배출시설이 연결되어 동시에 가동되는 경우에는 각 배출시설의 동력 소요량에 비례하여 배출시설의 규모를 산출한다.

2) 나목에도 불구하고 다음의 시설은 대기오염물질배출시설에서 제외한다.

가) 전기만을 사용하는 간접가열시설

나) 가스류 또는 경질유[경유 · 등유 · 부생연료유1호(등유형) · 휘발유 · 나프타 · 정제연료유(「폐기물관리법 시행규칙」 별표 5의3에 따른 열분해방법 또는 감압증류방법으로 재생처리한 정제연료유만 해당한다)]만을 사용하여 시간당 열량이 1,238,000킬로칼로리 미만의 간접 가열하는 연소시설. 다만, 원유의 정제과정이나 금속의 용융 · 제련과정에서 부수적으로 발생하는 가스를 사용하는 석유정제시설의 연소시설과 금속의 용융 · 제련 · 열처리시설의 연소시설 및 발전시설은 배출시설에 포함한다.

다) 건조시설 중 옥내에서 태양열 등을 이용하여 자연 건조시키는 시설

라) 용적규모가 5만 세제곱미터 이상인 도장시설

마) 선박건조공정의 야외구조물 및 선체외판 도장시설

바) 수상구조물 제작공정의 도장시설

사) 액체여과기 제조업 중 해수담수화설비 도장시설

아) 금속조립구조제 제조업 중 교량제조 등 대형 야외구조물 완성품을 부분적으로 도장하는 야외도장시설

자) 제품의 길이가 100미터 이상인 야외도장시설

차) 붓 또는 롤러만을 사용하는 도장시설

카) 습식시설로서 대기오염물질이 배출되지 않는 시설

타) 밀폐, 차단시설 설치 등으로 대기오염물질이 배출되지 않는 시설로서 시 · 도지사가 인정하는 시설

파) 이동식 시설(해당 시설이 해당 사업장의 부지경계선을 벗어나는 시설을 말한다)

하) 환경부장관이 정하여 고시하는 밀폐된 진공기반의 용해시설로서 대기오염물질이 배출되지 않는 시설

나. 배출시설의 분류

배출시설	대상 배출시설
1) 섬유제품 제조시설	가) 동력이 2.25kW 이상인 선별(혼타)시설 나) 연료사용량이 시간당 60킬로그램 이상이거나 용적이 5세제곱미터 이상인 다음의 시설 ① 다림질(텐터)시설 ② 코팅시설(실리콘 · 불소수지 외의 유연제 또는 방수용 수지를 사용하는 시설만 해당한다) 다) 연료사용량이 일일 20킬로그램 이상이거나 용적이 1세제곱미터 이상인 모소시설(모직물만 해당한다) 라) 동력이 7.5kW 이상인 기모(식모, 전모)시설
2) 가죽 · 모피가공시설 및 모피제품 · 신발 제조시설	용적이 3세제곱미터 이상인 다음의 시설 가) 염색시설　　나) 접착시설 다) 건조시설(유기용제를 사용하는 시설만 해당한다)

배출시설	대상 배출시설
3) 펄프, 종이 및 종이제품 제조시설과 인쇄 및 각종 기록 매체 제조(복제)시설	가) 용적이 3세제곱미터 이상인 다음의 시설 ① 증해(蒸解)시설 ② 표백(漂白)시설 나) 연료사용량이 시간당 30킬로그램 이상인 다음의 시설 ① 석회로시설 ② 가열시설 다) 연료사용량이 시간당 30킬로그램 이상이거나 합계용적이 1세제곱미터 이상인 인쇄 · 건조시설(유기용제류를 사용하는 그라비아 인쇄시설과 이 시설과 연계되어 유기용제류를 사용하는 코팅시설, 건조시설만 해당한다)
4) 코크스 제조시설 및 관련제품 저장시설	연료사용량이 시간당 30킬로그램 이상인 석탄 코크스 제조시설(코크스로 · 인출시설 · 냉각시설을 포함한다. 다만, 석탄 장입시설 및 코크스 오븐가스 방산시설은 제외한다), 석유 코크스 제조시설 및 저장시설
5) 석유 정제품 제조시설 및 관련제품 저장시설	가) 용적이 1세제곱미터 이상인 다음의 시설 ① 반응(反應)시설 ② 흡수(吸收)시설 ③ 응축시설 ④ 정제(精製)시설[분리(分離)시설, 증류(蒸溜)시설, 추출(抽出)시설 및 여과(濾過)시설을 포함한다] ⑤ 농축(濃縮)시설 ⑥ 표백시설 나) 용적이 1세제곱미터 이상이거나 연료사용량이 시간당 30킬로그램 이상인 다음의 시설 ① 용융 · 용해시설 ② 소성(燒成)시설 ③ 가열시설 ④ 건조시설 ⑤ 회수(回收)시설 ⑥ 연소(燃燒)시설(석유제품의 연소시설, 중질유 분해시설의 일산화탄소 소각시설 및 황 회수장치의 부산물 연소시설만 해당한다) ⑦ 촉매재생시설 ⑧ 황산화물제거시설 다) 용적이 50세제곱미터 이상인 유기화합물(원유 · 휘발유 · 나프타) 저장시설(주유소 저장시설은 제외한다)
6) 기초유기화합물제조시설 및 가스 제조시설	가) 용적이 1세제곱미터 이상인 다음의 시설 ① 반응시설 ② 흡수시설 ③ 응축시설 ④ 정제시설(분리 · 증류 · 추출 · 여과시설을 포함한다) ⑤ 농축시설 ⑥ 표백시설 나) 용적이 1세제곱미터 이상이거나 연료사용량이 시간당 30킬로그램 이상인 다음의 시설 ① 용융 · 용해시설 ② 소성시설 ③ 가열시설 ④ 건조시설 ⑤ 회수시설 ⑥ 연소(燃燒)시설(중질유 분해시설의 일산화탄소 소각시설 및 황 회수장치의 부산물 연소시설을 포함한 기초유기화합물 제조시설의 연소시설만 해당한다) ⑦ 촉매재생시설 ⑧ 황산화물제거시설 다) 37.5kW 이상인 성형(射出)시설[압출(壓出)방법, 압연(壓延)방법 또는 사출방법에 의한 시설을 포함한다] 라) 용적이 1세제곱미터 이상이거나 연료사용량이 시간당 30킬로그램 이상인 석탄가스화 연료 제조시설 중 다음의 시설 ① 건조시설 ② 분쇄시설 ③ 가스화시설 ④ 제진시설 ⑤ 황 회수시설(황산제조시설, 황산화물제거시설을 포함한다) ⑥ 연소시설(석탄가스화 연료 제조시설의 각종 부산물 연소시설만 해당한다) ⑦ 용적이 50세제곱미터 이상인 고체입자상물질 및 유 · 무기산 저장시설

배출시설	대상 배출시설
7) 기초무기화합물 제조시설	가) 용적이 1세제곱미터 이상인 다음의 시설 ① 반응시설 ② 흡수시설 ③ 응축시설 ④ 정제시설(분리 · 증류 · 추출 · 여과시설을 포함한다) ⑤ 농축시설 ⑥ 표백시설 나) 용적이 1세제곱미터 이상이거나 연료사용량이 시간당 30킬로그램 이상인 다음의 시설 ① 용융 · 용해시설 ② 소성시설 ③ 가열시설 ④ 건조시설 ⑤ 회수시설 ⑥ 연소시설(기초무기화합물의 연소시설만 해당한다) ⑦ 촉매재생시설 ⑧ 황산화물제거시설 다) 염산제조시설 및 폐염산정제시설(염화수소 회수시설을 포함한다) 라) 황산제조시설 마) 형석의 용융 · 용해시설 및 소성시설, 불소화합물 제조시설 바) 과인산암모늄 제조시설 사) 인광석의 용융 · 용해시설 및 소성시설, 인산제조시설 아) 용적이 1세제곱미터 이상이거나 원료사용량이 시간당 30킬로그램 이상인 다음의 카본블랙 제조시설 ① 반응시설 ② 분쇄시설 ③ 가열시설 ④ 저장시설 ⑤ 분리정제시설 ⑥ 성형시설 ⑦ 건조시설 ⑧ 포장시설
8) 무기안료 · 염료 · 유연제 제조시설 및 기타 착색제 제조시설	가) 용적이 1세제곱미터 이상인 다음의 시설 ① 반응시설 ② 흡수시설 ③ 응축시설 ④ 정제시설(분리 · 증류 · 추출 · 여과시설을 포함한다) ⑤ 농축시설 ⑥ 표백시설 나) 연료사용량이 시간당 30킬로그램 이상이거나 용적이 1세제곱미터 이상인 다음의 시설 ① 연소시설(무기안료 · 염료 · 유연제 연소시설과 그 밖의 착색제 연소시설만 해당한다) ② 용융 · 용해시설 ③ 소성시설 ④ 가열시설 ⑤ 건조시설 ⑥ 회수시설
9) 화학비료 및 질소화합물 제조시설	가) 용적이 1세제곱미터 이상인 다음의 시설 ① 반응시설 ② 흡수시설 ③ 응축시설 ④ 정제시설(분리 · 증류 · 추출 · 여과시설을 포함한다) ⑤ 농축시설 ⑥ 표백시설 나) 연료사용량이 시간당 30킬로그램 이상이거나 용적이 1세제곱미터 이상인 다음의 시설 ① 연소시설 ② 용융 · 용해시설 ③ 소성시설 ④ 가열시설 ⑤ 건조시설 ⑥ 회수시설 다) 용적이 3세제곱미터 이상이거나 동력이 7.5kW 이상인 다음의 시설 ① 혼합시설 ② 입자상물질 계량시설 라) 질소화합물 및 질산 제조시설
10) 의료용 물질 및 의약품 제조시설	가) 용적이 1세제곱미터 이상인 다음의 시설 ① 반응시설 ② 흡수시설 ③ 응축시설 ④ 정제시설(분리 · 증류 · 추출 · 여과시설을 포함한다) ⑤ 농축시설 ⑥ 표백시설 나) 연료사용량이 시간당 30킬로그램 이상이거나 용적이 1세제곱미터 이상인 다음의 시설 ① 연소시설(의약품의 연소시설만 해당한다) ② 용융 · 용해시설 ③ 소성시설 ④ 가열시설 ⑤ 건조시설 ⑥ 회수시설

배출시설	대상 배출시설
11) 기타 화학제품 제조시설 및 탄화시설	가) 용적이 1세제곱미터 이상인 다음의 시설 ① 반응시설 ② 흡수시설 ③ 응축시설 ④ 정제시설(분리 · 증류 · 추출 · 여과시설을 포함한다) ⑤ 농축시설 ⑥ 표백시설 나) 연료사용량이 시간당 30킬로그램 이상이거나 용적이 1세제곱미터 이상인 다음의 시설 ① 연소시설(화학제품의 연소시설만 해당한다) ② 용융 · 용해시설 ③ 소성시설 ④ 가열시설 ⑤ 건조시설 ⑥ 회수시설 다) 용적이 30세제곱미터 이상인 탄화(炭火)시설 라) 목재를 연료로 사용하는 용적이 30세제곱미터 이상인 욕장업의 숯가마 · 찜질방 및 그 부대시설 마) 용적이 150세제곱미터 이상인 숯 및 목초액을 제조하는 전통식 숯가마
12) 화학섬유 제조시설	가) 용적이 1세제곱미터 이상인 다음의 시설 ① 반응시설 ② 흡수시설 ③ 응축시설 ④ 정제시설(분리 · 증류 · 추출 · 여과시설을 포함한다) ⑤ 농축시설 ⑥ 표백시설 나) 연료사용량이 시간당 30킬로그램 이상이거나 용적이 1세제곱미터 이상인 다음의 시설 ① 연소시설(화학섬유의 연소시설만 해당한다) ② 용융 · 용해시설 ③ 소성시설 ④ 건조시설 ⑤ 회수시설 ⑥ 가열시설
13) 고무 및 고무제품 제조시설	가) 용적이 1세제곱미터 이상인 다음의 시설 ① 반응시설 ② 흡수시설 ③ 응축시설 ④ 정제시설(분리 · 증류 · 추출 · 여과시설을 포함한다) ⑤ 농축시설 ⑥ 표백시설 나) 연료사용량이 시간당 30킬로그램 이상이거나 용적이 1세제곱미터 이상인 다음의 시설 ① 연소시설(고무제품의 연소시설만 해당한다) ② 용융 · 용해시설 ③ 소성시설 ④ 가열시설 ⑤ 건조시설 ⑥ 회수시설 다) 용적이 3세제곱미터 이상이거나 동력이 7.5kW 이상인 다음의 시설 ① 소련시설 ② 분리시설 ③ 정련시설 ④ 접착시설 라) 용적이 3세제곱미터 이상이거나 동력이 15kW 이상인 가황시설(열과 압력을 가하여 제품을 성형하는 시설을 포함한다)
14) 합성고무, 플라스틱물질 및 플라스틱제품 제조시설	가) 용적이 1세제곱미터 이상인 다음의 시설 ① 반응시설 ② 흡수시설 ③ 응축시설 ④ 정제시설(분리 · 증류 · 추출 · 여과시설을 포함한다) ⑤ 농축시설 ⑥ 표백시설 나) 연료사용량이 시간당 30킬로그램 이상이거나 용적이 1세제곱미터 이상인 다음의 시설 ① 연소시설(플라스틱제품의 연소시설만 해당한다) ② 용융 · 용해시설 ③ 소성시설 ④ 가열시설 ⑤ 건조시설 ⑥ 회수시설 다) 용적이 3세제곱미터 이상이거나 동력이 7.5kW 이상인 다음의 시설 ① 소련(蘇鍊)시설 ② 분리시설 ③ 정련시설 라) 폴리프로필렌 또는 폴리에틸렌 외의 물질을 원료로 사용하는 동력이 187.5kW 이상인 성형시설(압출방법, 압연방법 또는 사출방법에 의한 시설을 포함한다)

배출시설	대상 배출시설
15) 비금속광물제품 제조시설	가) 유리 및 유리제품 제조시설[재생(再生)용 원료가공시설을 포함한다] 중의 연료사용량이 시간당 30킬로그램 이상이거나 용적이 3세제곱미터 이상인 다음의 시설 ① 혼합시설 ② 용융 · 용해시설 ③ 소성시설 ④ 유리제품 산처리시설(부식시설을 포함한다) ⑤ 입자상물질 계량시설 나) 도자기 · 요업(窯業)제품 제조시설(재생용 원료가공시설을 포함한다) 중의 연료사용량이 시간당 30킬로그램 이상이거나 용적이 3세제곱미터 이상인 다음의 시설 ① 혼합시설 ② 용융 · 용해시설 ③ 소성시설(예열시설을 포함하되, 나무를 연료로 사용하는 시설은 제외한다) ④ 건조시설 ⑤ 입자상물질 계량시설 다) 시멘트 · 석회 · 플라스터 및 그 제품 제조시설 중 연료사용량이 시간당 30킬로그램 이상이거나 용적이 3세제곱미터 이상인 다음의 시설 ① 혼합시설(습식은 제외한다) ② 소성(燒成)시설(예열시설을 포함한다) ③ 건조시설(시멘트 양생시설은 제외한다) ④ 용융 · 용해시설 ⑤ 냉각시설 ⑥ 입자상물질 계량시설 라) 기타 비금속광물제품 제조시설 ① 연료사용량이 시간당 30킬로그램 이상이거나 용적이 3세제곱미터 이상인 다음의 시설 ㉮ 혼합시설(습식은 제외한다) ㉯ 용융 · 용해시설 ㉰ 소성시설(예열시설을 포함한다) ㉱ 건조시설 ㉲ 입자상물질 계량시설 ② 석면 및 암면제품 제조시설의 권취(卷取)시설, 압착시설, 탈판시설, 방사(紡絲)시설, 집면(集綿)시설, 절단(切斷)시설 ③ 아스콘(아스팔트 포함) 제조시설 중 연료사용량이 시간당 30킬로그램 이상이거나 용적이 3세제곱미터 이상인 다음의 시설 ㉮ 가열 · 건조시설 ㉯ 선별(選別)시설 ㉰ 혼합시설 ㉱ 용융 · 용해시설
16) 1차금속 제조시설	가) 금속의 용융 · 용해 또는 열처리시설 ① 시간당 300킬로와트 이상인 전기아크로[유도로(誘導爐)를 포함한다] ② 노상면적이 4.5제곱미터 이상인 반사로(反射爐) ③ 1회 주입 연료 및 원료량의 합계가 0.5톤 이상이거나 풍구(노복)면의 횡단면적이 0.2제곱미터 이상인 다음의 시설 ㉮ 용선로(鎔銑爐) 또는 제선로 ㉯ 용융 · 용광로 및 관련시설[원료처리시설, 성형탄 제조시설, 열풍로 및 용선출탕시설을 포함하되, 고로(高爐)슬래그 냉각시설은 제외한다] ④ 1회 주입 원료량이 0.5톤 이상이거나 연료사용량이 시간당 30킬로그램 이상인 도가니로 ⑤ 연료사용량이 시간당 30킬로그램 이상이거나 용적이 1세제곱미터 이상인 다음의 시설 ㉮ 전로 ㉯ 정련로 ㉰ 배소로(焙燒爐) ㉱ 소결로(燒結爐) 및 관련시설(원료 장입, 소결광 후처리시설을 포함한다) ㉲ 환형로(環形爐) ㉳ 가열로 ㉴ 용융 · 용해로 ㉵ 열처리로[소둔로(燒鈍爐), 소려로(燒戾爐)를 포함한다] ㉶ 전해로(電解爐) ㉷ 건조로

배출시설	대상 배출시설
	나) 금속 표면처리시설 ① 용적이 1세제곱미터 이상인 다음의 시설 ㉮ 도금시설 ㉯ 탈지시설 ㉰ 산 · 알칼리 처리시설 ㉱ 화성처리시설 ② 연료사용량이 시간당 30킬로그램 이상이거나 용적이 3세제곱미터 이상인 금속의 표면처리용 건조시설[수세(水洗) 후 건조시설은 제외한다] 다) 주물사(鑄物砂) 사용 및 처리시설 중 시간당 처리능력이 0.1톤 이상이거나 용적이 1세제곱미터 이상인 다음의 시설 ① 저장시설 ② 혼합시설 ③ 코어(Core) 제조시설 및 건조(乾燥)시설 ④ 주형 장입 및 해체시설 ⑤ 주물사 재생시설
17) 금속가공제품 · 기계 · 기기 · 장비 · 운송장비 · 가구 제조시설	가) 금속의 용융 · 용해 또는 열처리시설 ① 시간당 300킬로와트 이상인 전기아크로(유도로를 포함한다) ② 노상면적이 4.5제곱미터 이상인 반사로 ③ 1회 주입 원료량이 0.5톤 이상이거나 연료사용량이 시간당 30킬로그램 이상인 도가로 ④ 연료사용량이 시간당 30킬로그램 이상이거나 용적이 1세제곱미터 이상인 다음의 시설 ㉮ 전로 ㉯ 정련로 ㉰ 용융 · 용해로 ㉱ 가열로 ㉲ 열처리로(소둔로 · 소려로를 포함한다) ㉳ 전해로 ㉴ 건조로 나) 표면 처리시설 ① 용적이 1세제곱미터 이상인 다음의 시설 ㉮ 도금시설 ㉯ 탈지시설 ㉰ 산 · 알칼리 처리시설 ㉱ 화성처리시설 ② 연료사용량이 시간당 30킬로그램 이상이거나 용적이 3세제곱미터 이상인 금속 또는 가구의 표면처리용 건조시설[수세(水洗) 후 건조시설은 제외한다] 다) 주물사(鑄物砂) 사용 및 처리시설 중 시간당 처리능력이 0.1톤 이상이거나 용적이 1세제곱미터 이상인 다음의 시설 ① 저장시설 ② 혼합시설 ③ 코어(Core) 제조시설 및 건조(乾燥)시설 ④ 주형 장입 및 해체시설 ⑤ 주물사 재생시설
18) 전자부품 · 컴퓨터 · 영상 · 음향 · 통신장비 및 전기장비 제조시설	가) 반도체 및 기타 전자부품 제조시설 중 용적이 3세제곱미터 이상인 다음의 시설 ① 증착시설(진공 속에서 금속 화합물을 가열하여 증기로 만들어 다른 물체에 부착시키는 시설) ② 식각(蝕刻)시설 나) 금속의 용융 · 용해 또는 열처리시설 ① 시간당 300킬로와트 이상인 전기아크로(유도로를 포함한다) ② 노상면적이 4.5제곱미터 이상인 반사로 ③ 1회 주입 원료량이 0.5톤 이상이거나 연료사용량이 시간당 30킬로그램 이상인 도가로

배출시설	대상 배출시설
	④ 연료사용량이 시간당 30킬로그램 이상이거나 용적이 1세제곱미터 이상인 다음의 시설 ㉮ 전로 ㉯ 정련로 ㉰ 용융 · 용해로 ㉱ 가열로 ㉲ 열처리로(소둔로 · 소려로를 포함한다) ㉳ 전해로 ㉴ 건조로 다) 표면 처리시설 ① 용적이 1세제곱미터 이상인 다음의 시설 ㉮ 도금시설 ㉯ 탈지시설 ㉰ 산 · 알칼리 처리시설 ㉱ 화성처리시설 ② 연료사용량이 시간당 30킬로그램 이상이거나 용적이 3세제곱미터 이상인 금속의 표면처리용 건조시설[수세(水洗) 후 건조시설은 제외한다]
19) 발전시설(수력, 원자력 발전시설은 제외한다)	가) 화력발전시설 나) 열병합발전시설(120kW 이상) 다) 120kW 이상인 발전용 내연기관(도서지방용 · 비상용, 수송용을 제외한다) 라) 120kW 이상인 발전용 매립 · 바이오가스 사용시설 마) 120kW 이상인 발전용 석탄가스화 연료 사용시설 바) 120kW 이상인 카본블랙 제조시설의 폐가스재이용시설 사) 120kW 이상인 린번엔진 발전시설
20) 폐수 · 폐기물 · 폐가스소각시설(소각보일러를 포함한다)	가) 시간당 소각능력이 25킬로그램 이상인 폐수 · 폐기물소각시설 나) 연료사용량이 시간당 30킬로그램 이상이거나 용적이 1세제곱미터 이상인 폐가스소각시설 · 폐가스소각보일러 또는 소각능력이 시간당 100킬로그램 이상인 폐가스소각시설. 다만, 별표 10의 2 제3호 가목1)나)(2)(다), 같은 호 다목1)나)(2)(나) 및 같은 호 라목1)라)에 따른 직접연소에 의한 시설 및 별표 16에 따른 기준에 맞는 휘발성유기화합물 배출억제 · 방지시설 및 악취소각시설은 제외한다. 다) 가)와 나)의 공정에 일체되거나 부대되는 시설로서 동력 15kW 이상인 다음의 시설 ① 분쇄시설 ② 파쇄시설 ③ 용융시설
21) 폐수 · 폐기물 처리시설	가) 시간당 처리능력이 0.5세제곱미터 이상인 폐수 · 폐기물 증발시설 및 농축시설, 용적이 0.15세제곱미터 이상인 폐수 · 폐기물 건조시설 및 정제시설 나) 연료사용량이 시간당 30킬로그램 이상이거나 동력이 15kW 이상인 다음의 시설 ① 분쇄시설(멸균시설 포함) ② 파쇄시설 ③ 용융시설 다) 1일 처리능력이 100킬로그램 이상인 음식물류 폐기물 처리시설 중 연료사용량이 시간당 30킬로그램 이상이거나 동력이 15kW 이상인 다음의 시설(습식 및 「악취방지법」 제8조에 따른 악취배출시설로 설치 신고된 시설은 제외한다) ① 분쇄 및 파쇄시설 ② 건조시설
22) 보일러	가) 산업용 보일러와 업무용 보일러만 해당하며, 다른 배출시설에서 규정한 보일러는 제외한다. 나) 시간당 증발량이 0.5톤 이상이거나 시간당 열량이 309,500킬로칼로리 이상인 보일러. 다만, 환경부장관이 고체연료 사용금지 지역으로 고시한 지역에서는 시간당 증발량이 0.2톤 이상이거나 시간당 열량이 123,800킬로칼로리 이상인 보일러를 말한다. 다) 나)에도 불구하고 가스(바이오가스를 포함한다) 또는 경질유[경유 · 등유 · 부생(副生)연료유1호(등유형) · 휘발유 · 나프타 · 정제연료유(「폐기물관리법 시행규칙」 별표 5의3에 따른 열분해방법 또는 감압증류(減壓蒸溜)방법으로 재생처리한 정제연료유만 해당한다)]만을 연료로 사용하는 시설의 경우에는 시간당 증발량이 2톤 이상이거나 시간당 열량이 1,238,000킬로칼로리 이상인 보일러만 해당한다.

배출시설	대상 배출시설
23) 고형연료 · 기타연료 제품 제조 · 사용시설 및 관련시설	가) 고형(固形)연료제품 제조시설 「자원의 절약과 재활용촉진에 관한 법률」 제25조의8에 따른 일반 고형연료제품[SRF(Solid Refuse Fuel)] 제조시설 및 바이오 고형연료제품[BIO-SRF(Biomass-Solid Refuse Fuel)] 제조시설 중 연료사용량이 시간당 30킬로그램 이상이거나 용적이 3세제곱미터 이상이거나 동력이 2.25kW 이상인 다음의 시설 ① 선별시설 ② 건조 · 가열시설 ③ 파쇄 · 분쇄시설 ④ 압축 · 성형시설 나) 바이오매스 연료제품{「자원의 절약과 재활용촉진에 관한 법률」 제25조의8에 따른 바이오 고형연료제품[BIO-SRF(Biomass-Solid Refuse Fuel)]을 제외한다} 및 「목재의 지속가능한 이용에 관한 법률 시행령」 제14조에 따른 목재펠릿(Wood Pellet) 제조시설 중 연료사용량이 시간당 30킬로그램 이상이거나 용적이 3세제곱미터 이상이거나 동력이 2.25kW(파쇄 · 분쇄시설은 15kW) 이상인 다음의 시설 ① 선별시설 ② 건조 · 가열시설 ③ 파쇄 · 분쇄시설 ④ 압축 · 성형시설 다) 제품 생산량이 시간당 1Nm³ 이상인 바이오가스 제조시설 라) 고형(固形)연료제품 사용시설 중 연료제품 사용량이 시간당 200킬로그램 이상이고 사용비율이 30퍼센트 이상인 다음의 시설(「자원의 절약과 재활용촉진에 관한 법률」 제25조의7에 따른 시설만 해당한다) ① 일반 고형연료제품[SRF(Solid Refuse Fuel)] 사용시설 ② 바이오 고형연료제품[BIO-SRF(Biomass-Solid Refuse Fuel)] 사용시설 마) 바이오매스 연료제품{「자원의 절약과 재활용촉진에 관한 법률」 제25조의7에 따른 바이오 고형연료제품[BIO-SRF(Biomass-Solid Refuse Fuel)]을 제외한다} 및 「목재의 지속가능한 이용에 관한 법률 시행령」 제14조에 따른 목재펠릿(Wood Pellet) 사용시설 중 연료제품 사용량이 시간당 200킬로그램 이상인 시설. 다만, 다른 연료와 목재펠릿을 함께 연소하는 시설 및 발전시설은 제외한다. 바) 연료 사용량이 시간당 1Nm³ 이상인 바이오가스 사용시설
24) 화장로 시설	「장사 등에 관한 법률」에 따른 화장시설
25) 도장시설	용적이 5세제곱미터 이상이거나 동력이 2.25kW 이상인 도장시설(분무 · 분체 · 침지도장시설, 건조시설을 포함한다)
26) 입자상물질 및 가스상물질 발생시설	가) 동력이 15kW 이상인 다음의 시설. 다만, 습식은 제외한다. ① 연마시설 ② 제재시설 ③ 제분시설 ④ 선별시설 ⑤ 분쇄시설 ⑥ 탈사(脫砂)시설 ⑦ 탈청(脫靑)시설 나) 용적이 3세제곱미터 이상이거나 동력이 7.5kW 이상인 다음의 시설 ① 고체입자상물질 계량시설 ② 혼합시설(농산물 가공시설은 제외한다) 다) 처리능력이 시간당 100kg 이상인 고체입자상물질 포장시설 라) 동력이 52.5kW 이상인 도정(搗精)시설 마) 용적이 50세제곱미터 이상인 다음의 시설 ① 고체입자상물질 저장시설 ② 유 · 무기산 저장시설 ③ 유기화합물(알켄족 · 알킨족 · 방향족 · 알데히드류 · 케톤류가 50퍼센트 이상 함유된 것만 해당한다) 저장시설

배출시설	대상 배출시설
	바) 가)부터 마)까지의 배출시설 외에 연료사용량이 시간당 60킬로그램 이상이거나 용적이 5세제곱미터 이상이거나 동력이 2.25kW 이상인 다음의 시설 ① 건조시설(도포시설 및 분리시설을 포함한다) ② 기타로(其他爐) ③ 훈증시설 ④ 산 · 알칼리 처리시설 ⑤ 소성시설 사) 용적이 1세제곱미터 이상인 다음의 시설 ① 반응시설 ② 흡수시설 ③ 응축시설 ④ 정제시설(분리, 증류, 추출, 여과시설을 포함한다) ⑤ 농축시설 ⑥ 표백시설 ⑦ 화학물질 저장탱크 세척시설
27) 기타시설	다음의 물질을 제조하거나 해당 대기오염물질을 발생시켜 배출하는 모든 시설. 다만, 대기오염물질이 해당 물질 배출허용기준의 30퍼센트 미만으로 배출되는 시설은 제외한다. 가) 암모니아 나) 이황화탄소 다) 황화수소 라) 불소화물 마) 포름알데히드 바) 시안화수소 및 시안화물 사) 브롬 및 그 화합물 아) 벤젠 자) 페놀 및 그 화합물 차) 염소(수질정화용은 제외한다) 및 그 화합물 카) 염화비닐 타) 탄화수소 파) 비소 및 그 화합물 하) 수은 및 그 화합물 거) 카드뮴 및 그 화합물 너) 납 및 그 화합물 더) 크롬 및 그 화합물 러) 구리 및 그 화합물 머) 니켈 및 그 화합물 버) 아연 및 그 화합물

비고

1. 위 표의 각 목에 따른 배출시설에서 발생된 대기오염물질이 일련의 공정작업이나 연속된 공정작업을 통하여 밀폐된 상태로 배출시설을 거쳐 대기 중으로 배출되는 경우로서 해당 배출구가 설치된 최종시설에 대하여 허가(변경허가를 포함한다)를 받거나 신고(변경신고를 포함한다)를 한 경우에는 그 최종시설과 일련의 공정 또는 연속된 공정에 설치된 모든 배출시설은 허가를 받거나 신고를 한 배출시설로 본다.
2. "연료사용량"이란 연료별 사용량에 무연탄을 기준으로 한 고체연료환산계수를 곱하여 산정한 양을 말하며, 고체연료환산계수는 다음 표와 같다(다음 표에 없는 연료의 고체연료환산계수는 사업자가 국가 및 그 밖의 국가공인기관에서 발급받아 제출한 증명서류에 적힌 해당 연료의 발열량을 무연탄발열량으로 나누어 산정한다. 이 경우 무연탄 1킬로그램당 발열량은 4,600킬로칼로리로 한다).
3. "습식"이란 해당 시설을 이용하여 수중에서 작업을 하거나 물을 분사시켜 작업을 하는 경우[인장 · 압축 · 절단 · 비틀림 · 충격 · 마찰력 등을 이용하는 조분쇄기(크러셔 · 카드 등)를 사용하는 석재분쇄시설의 경우에는 물을 분무시켜 작업을 하는 경우만 해당한다] 또는 원료 속에 수분이 항상 15퍼센트 이상 함유되어 있는 경우를 말한다.
4. 위 표에 따른 배출시설의 분류에 해당하지 않는 배출시설은 26) 또는 27)의 배출시설로 본다. 다만, 배출시설의 분류 중 26) 또는 27)은 「통계법」 제22조에 따라 통계청장이 고시하는 한국표준산업분류에 따른 다음 각 목의 항목에만 적용한다.
   가. 광업
   나. 제조업
   다. 자동차 및 모터사이클 수리업
   라. 운수업
   마. 항공 운송지원 서비스업
   바. 폐기물 수집운반, 처리 및 원료재생업
   사. 폐수처리업
   아. 전기, 가스, 증기 및 공기조절 공급업(발전업(3511), 가스 제조 및 배관 공급업(3520), 증기 · 냉온수 및 공기조절 공급업(3530)만 해당된다)
   자. 사업시설 및 산업용품 청소업(74212)

고체연료 환산계수

연료 또는 원료명	단위	환산 계수	연료 또는 원료명	단위	환산 계수
무연탄	kg	1.00	유연탄	kg	1.34
코크스	kg	1.32	갈탄	kg	0.90
이탄	kg	0.80	목탄	kg	1.42
목재	kg	0.70	유황	kg	0.46
중유(C)	L	2.00	중유(A, B)	L	1.86
원유	L	1.90	경유	L	1.92
등유	L	1.80	휘발유	L	1.68
나프타	L	1.80	엘피지	kg	2.40
액화 천연가스	Sm^3	1.56	석탄타르	kg	1.88
메탄올	kg	1.08	에탄올	kg	1.44
벤젠	kg	2.02	톨루엔	kg	2.06
수소	Sm^3	0.62	메탄	Sm^3	1.86
에탄	Sm^3	3.36	아세틸렌	Sm^3	2.80
일산화탄소	Sm^3	0.62	석탄가스	Sm^3	0.80
발생로가스	Sm^3	0.2	수성가스	Sm^3	0.54
혼성가스	Sm^3	0.60	도시가스	Sm^3	1.42
전기	kW	0.17			

다. 삭제 〈2019. 5. 2.〉

2. 2020년 1월 1일부터 적용되는 대기오염물질배출시설

가. 배출시설 적용기준

1) 배출시설의 규모는 그 시설의 중량 · 면적 · 용적 · 열량 · 동력(킬로와트) 등으로 하되 최대시설규모를 말하고, 동일 사업장에 그 규모 미만의 동종시설이 2개 이상 설치된 경우로서 그 시설의 총 규모가 나목의 대상 배출시설란에서 규정하고 있는 규모 이상인 경우에는 그 시설들을 배출시설에 포함한다. 다만, 나목의 대상 배출시설란에서 규정하고 있는 규모 미만의 다음의 시설은 시 · 도지사가 주변 환경여건을 고려하여 인정하는 경우에는 동종시설 총 규모 산정에서 제외할 수 있다.

가) 지름이 1밀리미터 이상인 고체입자상물질 저장시설

나) 영업을 목적으로 하지 않는 연구시설

다) 설비용량이 1.5메가와트 미만인 도서지방용 발전시설

라) 시간당 증발량이 0.1톤 미만이거나 열량이 61,900킬로칼로리 미만인 보일러로서 「환경기술 및 환경산업 지원법」 제17조에 따른 환경표지 인증을 받은 보일러

2) 하나의 동력원에 2개 이상의 배출시설이 연결되어 동시에 가동되는 경우에는 각 배출시설의 동력 소요량에 비례하여 배출시설의 규모를 산출한다.

3) 나목에도 불구하고 다음의 시설은 대기오염물질배출시설에서 제외한다.

가) 전기만을 사용하는 간접가열시설

나) 건조시설 중 옥내에서 태양열 등을 이용하여 자연 건조시키는 시설

다) 용적이 5만세제곱미터 이상인 도장시설

라) 선박건조공정의 야외구조물 및 선체외판 도장시설

마) 수상구조물 제작공정의 도장시설

바) 액체여과기 제조업 중 해수담수화설비 도장시설

사) 금속조립구조제 제조업 중 교량제조 등 대형 야외구조물 완성품을 부분적으로 도장하는 야외도장시설
아) 제품의 길이가 100미터 이상인 야외도장시설
자) 붓 또는 롤러만을 사용하는 도장시설
차) 습식시설로서 대기오염물질이 배출되지 않는 시설
카) 밀폐, 차단시설 설치 등으로 대기오염물질이 배출되지 않는 시설로서 시 · 도지사가 인정하는 시설
타) 이동식 시설(해당 시설이 해당 사업장의 부지경계선을 벗어나는 시설을 말한다)
파) 환경부장관이 정하여 고시하는 밀폐된 진공기반의 용해시설로서 대기오염물질이 배출되지 않는 시설

나. 배출시설의 분류

배출시설	대상 배출시설
1) 섬유제품 제조시설	가) 동력이 2.25킬로와트 이상인 선별(혼타)시설 나) 연료사용량이 시간당 60킬로그램 이상이거나 용적이 5세제곱미터 이상인 다음의 시설 (1) 다림질(텐터)시설 (2) 코팅시설(실리콘 · 불소수지 외의 유연제 또는 방수용 수지를 사용하는 시설만 해당한다) 다) 연료사용량이 일일 20킬로그램 이상이거나 용적이 1세제곱미터 이상인 모소시설(모직물만 해당한다) 라) 동력이 7.5킬로와트 이상인 기모(식모, 전모)시설
2) 가죽 · 모피가공시설 및 모피제품 · 신발 제조시설	용적이 3세제곱미터 이상인 다음의 시설 가) 염색시설 나) 접착시설 다) 건조시설(유기용제를 사용하는 시설만 해당한다)
3) 펄프, 종이 및 판지 제조시설	가) 용적이 3세제곱미터 이상인 다음의 시설 (1) 증해(蒸解)시설 (2) 표백(漂白)시설 나) 연료사용량이 시간당 30킬로그램 이상인 다음의 시설 (1) 석회로시설 (2) 가열시설(연소시설을 포함한다)
4) 기타 종이 및 판지 제품 제조시설	가) 용적이 3세제곱미터 이상인 다음의 시설 (1) 증해시설 (2) 표백시설 나) 연료사용량이 시간당 30킬로그램 이상인 다음의 시설 (1) 석회로시설 (2) 가열시설(연소시설을 포함한다)
5) 인쇄 및 각종 기록 매체 제조(복제)시설	연료사용량이 시간당 30킬로그램 이상이거나 합계용적이 1세제곱미터 이상인 그라비아 인쇄 · 건조시설(유기용제류를 사용하는 인쇄시설과 이 시설들과 연계되어 유기용제류를 사용하는 코팅시설, 건조시설만 해당한다)
6) 코크스 제조시설 및 관련제품 저장시설	연료사용량이 시간당 30킬로그램 이상인 석탄 코크스 제조시설(코크스로 · 인출시설 · 냉각시설을 포함한다. 다만, 석탄 장입시설 및 코크스 오븐가스 방산시설은 제외한다), 석유 코크스 제조시설 및 저장시설
7) 석유 정제품 제조시설 및 관련 제품 저장시설	가) 용적이 1세제곱미터 이상인 다음의 시설 (1) 반응(反應)시설 (2) 흡수(吸收)시설 (3) 응축시설 (4) 정제(精製)시설[분리(分離)시설, 증류(蒸溜)시설, 추출(抽出)시설 및 여과(濾過)시설을 포함한다] (5) 농축(濃縮)시설 (6) 표백시설 나) 용적이 1세제곱미터 이상이거나 연료사용량이 시간당 30킬로그램 이상인 다음의 시설 (1) 용융 · 용해시설 (2) 소성(燒成)시설 (3) 가열시설 (4) 건조시설 (5) 회수(回收)시설 (6) 연소(燃燒)시설(석유제품의 연소시설, 중질유 분해시설의 일산회탄소 소각시설 및 황 회수장치의 부산물 연소시설만 해당한다) (7) 촉매재생시설 (8) 황산화물제거시설

배출시설	대상 배출시설
	다) 용적이 50세제곱미터 이상인 유기화합물(원유 · 휘발유 · 나프타) 저장시설(주유소의 저장시설은 제외한다)
8) 기초유기화합물 제조시설	가) 용적이 1세제곱미터 이상인 다음의 시설 (1) 반응시설 (2) 흡수시설 (3) 응축시설 (4) 정제시설(분리 · 증류 · 추출 · 여과시설을 포함한다) (5) 농축시설 (6) 표백시설 나) 용적이 1세제곱미터 이상이거나 연료사용량이 시간당 30킬로그램 이상인 다음의 시설 (1) 용융 · 용해시설 (2) 소성시설 (3) 가열시설 (4) 건조시설 (5) 회수시설 (6) 연소시설(중질유 분해시설의 일산화탄소 소각시설 및 황 회수장치의 부산물 연소시설을 포함한 기초유기화합물 제조시설의 연소시설만 해당한다) (7) 촉매재생시설 (8) 황산화물제거시설 다) 37.5킬로와트 이상인 성형(成形)시설[압출(壓出)방법, 압연(壓延)방법 또는 사출(射出)방법에 의한 시설을 포함한다]
9) 가스 제조시설	가) 용적이 1세제곱미터 이상인 다음의 시설 (1) 반응시설 (2) 흡수시설 (3) 응축시설 (4) 정제시설(분리 · 증류 · 추출 · 여과시설을 포함한다) (5) 농축시설 (6) 표백시설 나) 용적이 1세제곱미터 이상이거나 연료사용량이 시간당 30킬로그램 이상인 다음의 시설 (1) 용융 · 용해시설 (2) 소성시설 (3) 가열시설(연소시설을 포함한다) (4) 건조시설 (5) 회수시설 (6) 촉매재생시설 (7) 황산화물제거시설 다) 37.5킬로와트 이상인 성형시설(압출방법, 압연방법 또는 사출방법에 의한 시설을 포함한다) 라) 용적이 1세제곱미터 이상이거나 연료사용량이 시간당 30킬로그램 이상인 석탄가스화 연료 제조시설 중 다음의 시설 (1) 건조시설 (2) 분쇄시설 (3) 가스화시설 (4) 제진시설 (5) 황 회수시설(황산제조시설, 황산화물제거시설을 포함한다) (6) 연소시설(석탄가스화 연료 제조시설의 각종 부산물 연소시설만 해당한다) (7) 용적이 50세제곱미터 이상인 고체입자상물질 및 유 · 무기산 저장시설
10) 기초무기화합물 제조시설	가) 용적이 1세제곱미터 이상인 다음의 시설 (1) 반응시설 (2) 흡수시설 (3) 응축시설 (4) 정제시설(분리 · 증류 · 추출 · 여과시설을 포함한다) (5) 농축시설 (6) 표백시설 나) 용적이 1세제곱미터 이상이거나 연료사용량이 시간당 30킬로그램 이상인 다음의 시설 (1) 용융 · 용해시설 (2) 소성시설 (3) 가열시설 (4) 건조시설 (5) 회수시설 (6) 연소시설(기초무기화합물의 연소시설만 해당한다) (7) 촉매재생시설 (8) 탈황시설 다) 염산제조시설 및 폐염산정제시설(염화수소 회수시설을 포함한다) 라) 황산제조시설 마) 형석의 용융 · 용해시설 및 소성시설, 불소화합물 제조시설

배출시설	대상 배출시설
	바) 과인산암모늄 제조시설 사) 인광석의 용융 · 용해시설 및 소성시설, 인산제조시설 아) 용적이 1세제곱미터 이상이거나 원료사용량이 시간당 30킬로그램 이상인 다음의 카본블랙 제조시설 (1) 반응시설 (2) 분리정제시설 (3) 분쇄시설 (4) 성형시설 (5) 가열시설(연소시설을 포함한다) (6) 건조시설 (7) 저장시설 (8) 포장시설
11) 무기안료 기타 금속산화물 제조시설	가) 용적이 1세제곱미터 이상인 다음의 시설 (1) 반응시설 (2) 흡수시설 (3) 응축시설 (4) 정제시설(분리 · 증류 · 추출 · 여과시설을 포함한다) (5) 농축시설 (6) 표백시설 나) 연료사용량이 시간당 30킬로그램 이상이거나 용적이 1세제곱미터 이상인 다음의 시설 (1) 용융 · 용해시설 (2) 소성시설 (3) 가열시설(연소시설을 포함한다) (4) 건조시설 (5) 회수시설
12) 합성염료, 유연제 및 기타 착색제 제조시설	가) 용적이 1세제곱미터 이상인 다음의 시설 (1) 반응시설 (2) 흡수시설 (3) 응축시설 (4) 정제시설(분리 · 증류 · 추출 · 여과시설을 포함한다) (5) 농축시설 (6) 표백시설 나) 연료사용량이 시간당 30킬로그램 이상이거나 용적이 1세제곱미터 이상인 다음의 시설 (1) 용융 · 용해시설 (2) 소성시설 (3) 가열시설(연소시설을 포함한다) (4) 건조시설 (5) 회수시설
13) 비료 및 질소화합물 제조시설	가) 용적이 1세제곱미터 이상인 다음의 시설 (1) 반응시설 (2) 흡수시설 (3) 응축시설 (4) 정제시설(분리 · 증류 · 추출 · 여과시설을 포함한다) (5) 농축시설 (6) 표백시설 나) 연료사용량이 시간당 30킬로그램 이상이거나 용적이 1세제곱미터 이상인 다음의 시설 (1) 용융 · 용해시설 (2) 소성시설 (3) 가열시설(연소시설을 포함한다) (4) 건조시설 (5) 회수시설 다) 용적이 3세제곱미터 이상이거나 동력이 7.5킬로와트 이상인 다음의 시설 (1) 혼합시설 (2) 입자상물질 계량시설 라) 질소화합물 및 질산 제조시설
14) 의료용 물질 및 의약품 제조시설	가) 용적이 1세제곱미터 이상인 다음의 시설 (1) 반응시설 (2) 흡수시설 (3) 응축시설 (4) 정제시설(분리 · 증류 · 추출 · 여과시설을 포함한다) (5) 농축시설 (6) 표백시설 나) 연료사용량이 시간당 30킬로그램 이상이거나 용적이 1세제곱미터 이상인 다음의 시설 (1) 용융 · 용해시설 (2) 소성시설 (3) 가열시설(의약품의 연소시설을 포함한다) (4) 건조시설 (5) 회수시설

배출시설	대상 배출시설
15) 그 밖의 화학제품 제조시설	가) 용적이 1세제곱미터 이상인 다음의 시설 (1) 반응시설 (2) 흡수시설 (3) 응축시설 (4) 정제시설(분리 · 증류 · 추출 · 여과시설을 포함한다) (5) 농축시설 (6) 표백시설 나) 연료사용량이 시간당 30킬로그램 이상이거나 용적이 1세제곱미터 이상인 다음의 시설 (1) 용융 · 용해시설 (2) 소성시설 (3) 가열시설(화학제품의 연소시설을 포함한다) (4) 건조시설 (5) 회수시설
16) 탄화시설	가) 용적이 30세제곱미터 이상인 탄화(炭火)시설 나) 목재를 연료로 사용하는 용적이 30세제곱미터 이상인 욕장업의 숯가마 · 찜질방 및 그 부대시설 다) 용적이 100세제곱미터 이상인 숯 및 목초액을 제조하는 전통식 숯가마 및 그 부대시설
17) 화학섬유 제조시설	가) 용적이 1세제곱미터 이상인 다음의 시설 (1) 반응시설 (2) 흡수시설 (3) 응축시설 (4) 정제시설(분리 · 증류 · 추출 · 여과시설을 포함한다) (5) 농축시설 (6) 표백시설 나) 연료사용량이 시간당 30킬로그램 이상이거나 용적이 1세제곱미터 이상인 다음의 시설 (1) 용융 · 용해시설 (2) 소성시설 (3) 건조시설 (4) 회수시설 (5) 가열시설(화학섬유의 연소시설을 포함한다)
18) 고무 및 고무제품 제조시설	가) 용적이 1세제곱미터 이상인 다음의 시설 (1) 반응시설 (2) 흡수시설 (3) 응축시설 (4) 정제시설(분리 · 증류 · 추출 · 여과시설을 포함한다) (5) 농축시설 (6) 표백시설 나) 연료사용량이 시간당 30킬로그램 이상이거나 용적이 1세제곱미터 이상인 다음의 시설 (1) 용융 · 용해시설 (2) 소성시설 (3) 가열시설(고무제품의 연소시설을 포함한다) (4) 건조시설 (5) 회수시설 다) 용적이 3세제곱미터 이상이거나 동력이 7.5킬로와트 이상인 다음의 시설 (1) 소련(蘇錬)시설 (2) 분리시설 (3) 정련시설 (4) 접착시설 라) 용적이 3세제곱미터 이상이거나 동력이 15킬로와트 이상인 가황시설(열과 압력을 가하여 제품을 성형하는 시설을 포함한다)
19) 합성고무 및 플라스틱물질 제조시설	가) 용적이 1세제곱미터 이상인 다음의 시설 (1) 반응시설 (2) 흡수시설 (3) 응축시설 (4) 정제시설(분리 · 증류 · 추출 · 여과시설을 포함한다) (5) 농축시설 (6) 표백시설 나) 연료사용량이 시간당 30킬로그램 이상이거나 용적이 1세제곱미터 이상인 다음의 시설 (1) 용융 · 용해시설 (2) 소성시설 (3) 가열시설(플라스틱물질의 연소시설을 포함한다) (4) 건조시설 (5) 회수시설 다) 용적이 3세제곱미터 이상이거나 동력이 7.5킬로와트 이상인 다음의 시설 (1) 소련시설 (2) 분리시설 (3) 정련시설

배출시설	대상 배출시설
20) 플라스틱제품 제조시설	가) 용적이 1세제곱미터 이상인 다음의 시설 (1) 반응시설 (2) 흡수시설 (3) 응축시설 (4) 정제시설(분리 · 증류 · 추출 · 여과시설을 포함한다) (5) 농축시설 (6) 표백시설 나) 연료사용량이 시간당 30킬로그램 이상이거나 용적이 1세제곱미터 이상인 다음의 시설 (1) 용융 · 용해시설 (2) 소성시설 (3) 가열시설(연소시설을 포함한다) (4) 건조시설 (5) 회수시설 다) 용적이 3세제곱미터 이상이거나 동력이 7.5킬로와트 이상인 다음의 시설 (1) 소련시설 (2) 분리시설 (3) 정련시설 라) 폴리프로필렌 또는 폴리에틸렌 외의 물질을 원료로 사용하는 동력이 187.5킬로와트 이상인 성형시설(압출방법, 압연방법 또는 사출방법에 의한 시설을 포함한다)
21) 비금속광물제품 제조시설	가) 유리 및 유리제품 제조시설[재생(再生)용 원료가공시설을 포함한다] 중 연료사용량이 시간당 30킬로그램 이상이거나 용적이 3세제곱미터 이상인 다음의 시설 (1) 혼합시설 (2) 용융 · 용해시설 (3) 소성시설 (4) 유리제품 산처리시설(부식시설을 포함한다) (5) 입자상물질 계량시설 나) 도자기 · 요업(窯業)제품 제조시설(재생용 원료가공시설을 포함한다) 중 연료사용량이 시간당 30킬로그램 이상이거나 용적이 3세제곱미터 이상인 다음의 시설 (1) 혼합시설 (2) 용융 · 용해시설 (3) 소성시설(예열시설을 포함하되, 나무를 연료로 사용하는 시설은 제외한다) (4) 건조시설 (5) 입자상물질 계량시설 다) 시멘트 · 석회 · 플라스터 및 그 제품 제조시설 중 연료사용량이 시간당 30킬로그램 이상이거나 용적이 3세제곱미터 이상인 다음의 시설 (1) 혼합시설(습식은 제외한다) (2) 소성시설(예열시설을 포함한다) (3) 건조시설(시멘트 양생시설은 제외한다) (4) 융 · 용해시설 (5) 냉각시설 (6) 입자상물질 계량시설 라) 그 밖의 비금속광물제품 제조시설 (1) 연료사용량이 시간당 30킬로그램 이상이거나 용적이 3세제곱미터 이상인 다음의 시설 (가) 혼합시설(습식은 제외한다) (나) 용융 · 용해시설 (다) 소성시설(예열시설을 포함한다) (라) 건조시설 (마) 입자상물질 계량시설 (2) 석면 및 암면제품 제조시설의 권취(卷取)시설, 압착시설, 탈판시설, 방사(紡絲)시설, 집면(集綿)시설, 절단(切斷)시설 (3) 아스콘(아스팔트를 포함한다) 제조시설 중 연료사용량이 시간당 30킬로그램 이상이거나 용적이 3세제곱미터 이상인 다음의 시설 (가) 가열 · 건조시설 (나) 선별(選別)시설 (다) 혼합시설 (라) 용융 · 용해시설
22) 1차 철강 제조시설	가) 금속의 용융 · 용해 또는 열처리시설 (1) 시간당 300킬로와트 이상인 전기아크로[유도로(誘導爐)를 포함한다] (2) 노상면적이 4.5제곱미터 이상인 반사로(反射爐) (3) 회 주입 연료 및 원료량의 합계가 0.5톤 이상이거나 풍구면의 횡단면적이 0.2제곱미터 이상인 다음의 시설

배출시설	대상 배출시설
	(가) 용선로(鎔銑爐) 또는 제선로 (나) 용융 · 용광로 및 관련시설[원료처리시설, 성형탄 제조시설, 열풍로 및 용선출탕시설을 포함하되, 고로(高爐)슬래그 냉각시설은 제외한다] (4) 1회 주입 원료량이 0.5톤 이상이거나 연료사용량이 시간당 30킬로그램 이상인 도가니로 (5) 연료사용량이 시간당 30킬로그램 이상이거나 용적이 1세제곱미터 이상인 다음의 시설 (가) 전로 (나) 정련로 (다) 배소로(焙燒爐) (라) 소결로(燒結爐) 및 관련시설(원료 장입, 소결광 후처리시설을 포함한다) (마) 환형로(環形爐) (바) 가열로(연소시설을 포함한다) (사) 용융 · 용해로 (아) 열처리로[소둔로(燒鈍爐), 소려로(燒戾爐)를 포함한다] (자) 전해로(電解爐) (차) 건조로 나) 금속 표면처리시설 (1) 용적이 1세제곱미터 이상인 다음의 시설 (가) 도금시설 (나) 탈지시설 (다) 산 · 알칼리 처리시설 (라) 화성처리시설 (2) 연료사용량이 시간당 30킬로그램 이상이거나 용적이 3세제곱미터 이상인 금속의 표면처리용 건조시설[수세(水洗) 후 건조시설은 제외한다]
23) 1차 비철금속 제조시설	가) 금속의 용융 · 용해 또는 열처리시설 (1) 시간당 300킬로와트 이상인 전기아크로(유도로를 포함한다) (2) 노상면적이 4.5제곱미터 이상인 반사로 (3) 1회 주입 연료 및 원료량의 합계가 0.5톤 이상이거나 풍구면의 횡단면적이 0.2제곱미터 이상인 다음의 시설 (가) 용선로 또는 제선로 (나) 용융 · 용광로 및 관련 시설(원료처리시설, 성형탄 제조시설, 열풍로 및 용선출탕시설을 포함하되, 고로슬래그 냉각시설은 제외한다) (4) 1회 주입 원료량이 0.5톤 이상이거나 연료사용량이 시간당 30킬로그램 이상인 도가니로 (5) 연료사용량이 시간당 30킬로그램 이상이거나 용적이 1세제곱미터 이상인 다음의 시설 (가) 전로 (나) 정련로 (다) 배소로 (라) 소결로 및 관련시설(원료 장입, 소결광 후처리시설을 포함한다) (마) 환형로 (바) 가열로(연소시설을 포함한다) (사) 용융 · 용해로 (아) 열처리로(소둔로, 소려로를 포함한다) (자) 전해로 (차) 건조로 나) 금속 표면처리시설 (1) 용적이 1세제곱미터 이상인 다음의 시설 (가) 도금시설 (나) 탈지시설 (다) 산 · 알칼리 처리시설 (라) 화성처리시설 (2) 연료사용량이 시간당 30킬로그램 이상이거나 용적이 3세제곱미터 이상인 금속의 표면처리용 건조시설(수세 후 건조시설은 제외한다) 다) 주물사(鑄物砂) 사용 및 처리시설 중 시간당 처리능력이 0.1톤 이상이거나 용적이 1세제곱미터 이상인 다음의 시설 (1) 저장시설 (2) 혼합시설 (3) 코어(Core) 제조시설 및 건조(乾燥)시설 (4) 주형 장입 및 해체시설 (5) 주물사 재생시설

배출시설	대상 배출시설
24) 금속가공제품 · 기계 · 기기 · 장비 · 운송장비 · 가구 제조시설	가) 금속의 용융 · 용해 또는 열처리시설 (1) 시간당 300킬로와트 이상인 전기아크로(유도로를 포함한다) (2) 노상면적이 4.5제곱미터 이상인 반사로 (3) 1회 주입 원료량이 0.5톤 이상이거나 연료사용량이 시간당 30킬로그램 이상인 도가니로 (4) 연료사용량이 시간당 30킬로그램 이상이거나 용적이 1세제곱미터 이상인 다음의 시설 (가) 전로 (나) 정련로 (다) 용융 · 용해로 (라) 가열로(연소시설을 포함한다) (마) 열처리로(소둔로 · 소려로를 포함한다) (바) 전해로 (사) 건조로 나) 표면 처리시설 (1) 용적이 1세제곱미터 이상인 다음의 시설 (가) 도금시설 (나) 탈지시설 (다) 산 · 알칼리 처리시설 (라) 화성처리시설 (2) 연료사용량이 시간당 30킬로그램 이상이거나 용적이 3세제곱미터 이상인 금속 또는 가구의 표면처리용 건조시설(수세 후 건조시설은 제외한다) 다) 주물사 사용 및 처리시설 중 시간당 처리능력이 0.1톤 이상이거나 용적이 1세제곱미터 이상인 다음의 시설 (1) 저장시설 (2) 혼합시설 (3) 코어(Core) 제조시설 및 건조시설 (4) 주형 장입 및 해체시설 (5) 주물사 재생시설
25) 자동차 부품 제조시설	가) 금속의 용융 · 용해 또는 열처리시설 (1) 시간당 300킬로와트 이상인 전기아크로(유도로를 포함한다) (2) 노상면적이 4.5제곱미터 이상인 반사로 (3) 1회 주입 원료량이 0.5톤 이상이거나 연료사용량이 시간당 30킬로그램 이상인 도가니로 (4) 연료사용량이 시간당 30킬로그램 이상이거나 용적이 1세제곱미터 이상인 다음의 시설 (가) 전로 (나) 정련로 (다) 용융 · 용해로 (라) 가열로(연소시설을 포함한다) (마) 열처리로(소둔로 · 소려로를 포함한다) (바) 전해로 (사) 건조로 나) 표면 처리시설 (1) 용적이 1세제곱미터 이상인 다음의 시설 (가) 도금시설 (나) 탈지시설 (다) 산 · 알칼리 처리시설 (라) 화성처리시설 (2) 연료사용량이 시간당 30킬로그램 이상이거나 용적이 3세제곱미터 이상인 금속 또는 가구의 표면처리용 건조시설(수세 후 건조시설은 제외한다)
26) 컴퓨터 · 영상 · 음향 · 통신장비 및 전기장비 제조시설	가) 용적이 3세제곱미터 이상인 다음의 시설 (1) 증착(蒸着)시설 (2) 식각(蝕刻)시설 나) 금속의 용융 · 용해 또는 열처리시설 (1) 시간당 300킬로와트 이상인 전기아크로(유도로를 포함한다) (2) 노상면적이 4.5제곱미터 이상인 반사로 (3) 1회 주입 원료량이 0.5톤 이상이거나 연료사용량이 시간당 30킬로그램 이상인 도가니로 (4) 연료사용량이 시간당 30킬로그램 이상이거나 용적이 1세제곱미터 이상인 다음의 시설 (가) 전로 (나) 정련로 (다) 용융 · 용해로 (라) 가열로(연소시설을 포함한다)

배출시설	대상 배출시설
	(마) 열처리로(소둔로 · 소려로를 포함한다) (바) 전해로 (사) 건조로 다) 표면 처리시설 (1) 용적이 1세제곱미터 이상인 다음의 시설 (가) 도금시설 (나) 탈지시설 (다) 산 · 알칼리 처리시설 (라) 화성처리시설 (2) 연료사용량이 시간당 30킬로그램 이상이거나 용적이 3세제곱미터 이상인 금속의 표면처리용 건조시설(수세 후 건조시설은 제외한다)
27) 전자부품 제조시설(반도체 제조시설은 제외한다)	가) 용적이 3세제곱미터 이상인 다음의 시설 (1) 증착시설 (2) 식각시설 나) 금속의 용융 · 용해 또는 열처리시설 (1) 시간당 300킬로와트 이상인 전기아크로(유도로를 포함한다) (2) 노상면적이 4.5제곱미터 이상인 반사로 (3) 1회 주입 원료량이 0.5톤 이상이거나 연료사용량이 시간당 30킬로그램 이상인 도가니로 (4) 연료사용량이 시간당 30킬로그램 이상이거나 용적이 1세제곱미터 이상인 다음의 시설 (가) 전로 (나) 정련로 (다) 용융 · 용해로 (라) 가열로(연소시설을 포함한다) (마) 열처리로(소둔로 · 소려로를 포함한다) (바) 전해로 (사) 건조로 다) 표면 처리시설 (1) 용적이 1세제곱미터 이상인 다음의 시설 (가) 도금시설 (나) 탈지시설 (다) 산 · 알칼리 처리시설 (라) 화성처리시설 (2) 연료사용량이 시간당 30킬로그램 이상이거나 용적이 3세제곱미터 이상인 금속의 표면처리용 건조시설(수세 후 건조시설은 제외한다)
28) 반도체 제조시설	가) 용적이 3세제곱미터 이상인 다음의 시설 (1) 증착시설 (2) 식각시설 나) 금속의 용융 · 용해 또는 열처리시설 (1) 시간당 300킬로와트 이상인 전기아크로(유도로를 포함한다) (2) 노상면적이 4.5제곱미터 이상인 반사로 (3) 1회 주입 원료량이 0.5톤 이상이거나 연료사용량이 시간당 30킬로그램 이상인 도가니로 (4) 연료사용량이 시간당 30킬로그램 이상이거나 용적이 1세제곱미터 이상인 다음의 시설 (가) 전로 (나) 정련로 (다) 용융 · 용해로 (라) 가열로(연소시설을 포함한다) (마) 열처리로(소둔로 · 소려로를 포함한다) (바) 전해로 (사) 건조로 다) 표면 처리시설 (1) 용적이 1세제곱미터 이상인 다음의 시설 (가) 도금시설 (나) 탈지시설 (다) 산 · 알칼리 처리시설 (라) 화성처리시설 (2) 연료사용량이 시간당 30킬로그램 이상이거나 용적이 3세제곱미터 이상인 금속의 표면처리용 건조시설(수세 후 건조시설은 제외한다)

배출시설	대상 배출시설
29) 발전시설(수력, 원자력 발전시설은 제외한다)	가) 화력발전시설 나) 설비용량이 120킬로와트 이상인 열병합발전시설 다) 설비용량이 120킬로와트 이상인 발전용 내연기관(비상용, 수송용 또는 설비용량이 1.5메가와트 미만인 도서지방용은 제외한다) 라) 설비용량이 120킬로와트 이상인 발전용 매립 · 바이오가스 사용시설 마) 설비용량이 120킬로와트 이상인 발전용 석탄가스화 연료 사용시설 바) 설비용량이 120킬로와트 이상인 카본블랙 제조시설의 폐가스재이용시설 사) 설비용량이 120킬로와트 이상인 린번엔진 발전시설
30) 폐수 · 폐기물 · 폐가스 소각시설 · 동물장묘시설(소각보일러를 포함한다)	가) 시간당 소각능력이 25킬로그램 이상인 폐수 · 폐기물소각시설 나) 「동물보호법」 제32조에 따른 동물화장시설 다) 연료사용량이 시간당 30킬로그램 이상이거나 용적이 1세제곱미터 이상인 폐가스소각시설 · 폐가스소각보일러 또는 소각능력이 시간당 100킬로그램 이상인 폐가스소각시설. 다만, 별표 10의2 제3호가목1)나)(2)(다), 같은 호 다목1)나)(2)(나) 및 같은 호 라목1)라)에 따른 직접연소에 의한 시설 및 별표 16에 따른 기준에 맞는 휘발성유기화합물 배출억제 · 방지시설 및 악취소각시설은 제외한다. 라) 가), 나) 및 다)의 부대시설(해당 시설의 공정에 일체되는 경우를 포함한다)로서 동력 15킬로와트 이상인 다음의 시설 (1) 분쇄시설 (2) 파쇄시설 (3) 용융시설
31) 폐수 · 폐기물 처리시설	가) 시간당 처리능력이 0.5세제곱미터 이상인 폐수 · 폐기물 증발시설 및 농축시설, 용적이 0.15세제곱미터 이상인 폐수 · 폐기물 건조시설 및 정제시설 나) 연료사용량이 시간당 30킬로그램 이상이거나 동력이 15킬로와트 이상인 다음의 시설 (1) 분쇄시설(멸균시설을 포함한다) (2) 파쇄시설 (3) 용융시설 다) 1일 처리능력이 100킬로그램 이상인 음식물류 폐기물 처리시설 중 연료사용량이 시간당 30킬로그램 이상이거나 동력이 15킬로와트 이상인 다음의 시설(「악취방지법」 제8조에 따른 악취배출시설로 설치 신고된 시설은 제외한다) (1) 분쇄 및 파쇄시설 (2) 건조시설
32) 보일러 · 흡수식 냉 · 온수기	가) 다른 배출시설에서 규정한 보일러 및 흡수식 냉 · 온수기는 제외한다. 나) 시간당 증발량이 0.5톤 이상이거나 시간당 열량이 309,500킬로칼로리 이상인 보일러와 흡수식 냉 · 온수기. 다만, 환경부장관이 고체연료 사용금지 지역으로 고시한 지역에서는 시간당 증발량이 0.2톤 이상이거나 시간당 열량이 123,800킬로칼로리 이상인 보일러와 흡수식 냉 · 온수기를 말한다. 다) 나)에도 불구하고 가스(바이오가스를 포함한다) 또는 경질유[경유 · 등유 · 부생(副生)연료유1호(등유형) · 휘발유 · 나프타 · 정제연료유(「폐기물관리법 시행규칙」 별표 5의3에 따른 열분해방법 또는 감압증류(減壓蒸溜)방법으로 재생처리한 정제연료유만 해당한다)]만을 연료로 사용하는 시설의 경우에는 시간당 증발량이 2톤 이상이거나 시간당 열량이 1,238,000킬로칼로리 이상인 보일러와 흡수식 냉 · 온수기만 해당한다. 라) 가스열펌프(Gas Heat Pump : 액화천연가스나 액화석유가스를 연료로 사용하는 가스엔진을 이용하여 압축기를 구동하는 열펌프식 냉 · 난방기를 말한다. 이하 같다). 다만, 가스열펌프에서 배출되는 대기오염물질이 배출허용기준의 30퍼센트 미만인 경우나 가스열펌프에 환경부장관이 정하여 고시하는 기준에 따라 인증 받은 대기오염물질 저감장치를 부착한 경우는 제외한다.
33) 고형연료 · 기타 연료 제품 제조 · 사용시설 및 관련 시설	가) 고형(固形)연료제품 제조시설 「자원의 절약과 재활용촉진에 관한 법률」 제25조의8에 따른 일반 고형연료제품[SRF(Solid Refuse Fuel)] 제조시설 및 바이오 고형연료제품[BIO-SRF(Biomass-Solid Refuse Fuel)] 제

배출시설	대상 배출시설
	조시설 중 연료사용량이 시간당 30킬로그램 이상이거나 용적이 3세제곱미터 이상이거나 동력이 2.25킬로와트 이상인 다음의 시설 (1) 선별시설 (2) 건조 · 가열시설 (3) 파쇄 · 분쇄시설 (4) 압축 · 성형시설 나) 바이오매스 연료제품(「자원의 절약과 재활용촉진에 관한 법률」 제25조의8에 따른 바이오 고형연료제품을 제외한다) 및 「목재의 지속가능한 이용에 관한 법률 시행령」 제14조에 따른 목재펠릿(Wood Pellet) 제조시설 중 연료사용량이 시간당 30킬로그램 이상이거나 용적이 3세제곱미터 이상이거나 동력이 2.25킬로와트(파쇄 · 분쇄시설은 15킬로와트) 이상인 다음의 시설 (1) 선별시설 (2) 건조 · 가열시설 (3) 파쇄 · 분쇄시설 (4) 압축 · 성형시설 다) 제품 생산량이 시간당 1N㎥ 이상인 바이오가스 제조시설 라) 고형연료제품 사용시설 중 연료제품 사용량이 시간당 200킬로그램 이상이고 사용비율이 30퍼센트 이상인 다음의 시설(「자원의 절약과 재활용촉진에 관한 법률」 제25조의7에 따른 시설만 해당한다) (1) 일반 고형연료제품 사용시설 (2) 바이오 고형연료제품 사용시설 마) 바이오매스 연료제품(「자원의 절약과 재활용촉진에 관한 법률」 제25조의7에 따른 바이오 고형연료제품을 제외한다) 및 「목재의 지속가능한 이용에 관한 법률 시행령」 제14조에 따른 목재펠릿(wood pellet) 사용시설 중 연료제품 사용량이 시간당 200킬로그램 이상인 시설. 다만, 다른 연료와 목재펠릿을 함께 연소하는 시설 및 발전시설은 제외한다. 바) 연료 사용량이 시간당 1N㎥ 이상인 바이오가스 사용시설
34) 화장로 시설	「장사 등에 관한 법률」에 따른 화장시설
35) 도장시설	용적이 5세제곱미터 이상이거나 동력이 2.25킬로와트 이상인 도장시설(분무 · 분체 · 침지도장시설, 건조시설을 포함한다)
36) 입자상물질 및 가스상물질 발생시설	가) 동력이 15킬로와트 이상인 다음의 시설 (1) 연마시설 (2) 제재시설 (3) 제분시설 (4) 선별시설 (5) 파쇄 · 분쇄시설 (6) 탈사(脫砂)시설 (7) 탈청(脫靑)시설 나) 용적이 3세제곱미터 이상이거나 동력이 7.5킬로와트 이상인 다음의 시설 (1) 고체입자상물질 계량시설 (2) 혼합시설(농산물 가공시설은 제외한다) 다) 처리능력이 시간당 100킬로그램 이상인 포장시설(소분시설을 포함한다) 라) 동력이 52.5킬로와트 이상인 도정(搗精)시설 마) 용적이 50세제곱미터 이상인 다음의 시설 (1) 고체입자상물질 저장시설 (2) 유 · 무기산 저장시설 (3) 유기화합물(알켄족 · 알킨족 · 방향족 · 알데히드류 · 케톤류가 50퍼센트 이상 함유된 것만 해당한다) 저장시설 바) 연료사용량이 시간당 30킬로그램 이상이거나 용적이 1세제곱미터 이상인 다음의 시설 (1) 반응시설 (2) 흡수시설 (3) 응축시설 (4) 정제시설(분리, 증류, 추출, 여과시설을 포함한다) (5) 농축시설 (6) 표백시설

배출시설	대상 배출시설
	(7) 화학물질 저장탱크 세척시설 (8) 가열시설(연소시설을 포함한다) (9) 성형시설 사) 가)부터 바)까지의 배출시설 외에 연료사용량이 시간당 60킬로그램 이상이거나 용적이 5세제곱미터 이상이거나 동력이 2.25킬로와트 이상인 다음의 시설 (1) 건조시설(도포시설 및 분리시설을 포함한다) (2) 훈증시설 (3) 산 · 알칼리 처리시설 (4) 소성시설 (5) 그 밖의 로(爐)
37) 그 밖의 시설	별표 8에 따라 배출허용기준이 설정된 대기오염물질을 제조하거나 해당 대기오염물질을 발생시켜 배출하는 모든 시설. 다만, 대기오염물질이 해당 물질 배출허용기준의 30퍼센트 미만으로 배출되는 시설은 제외한다.

비고

1. 위 표의 1)부터 37)까지에 따른 배출시설에서 발생된 대기오염물질이 일련의 공정작업이나 연속된 공정작업을 통하여 밀폐된 상태로 배출시설을 거쳐 대기 중으로 배출되는 경우로서 해당 배출구가 설치된 최종시설에 대하여 허가(변경허가를 포함한다)를 받거나 신고(변경신고를 포함한다)를 한 경우에는 그 최종시설과 일련의 공정 또는 연속된 공정에 설치된 모든 배출시설은 허가를 받거나 신고를 한 배출시설로 본다.
2. "연료사용량"이란 연료별 사용량에 무연탄을 기준으로 한 고체연료환산계수를 곱하여 산정한 양을 말하며, 고체연료환산계수는 다음 표와 같다(다음 표에 없는 연료의 고체연료환산계수는 사업자가 국가 및 그 밖의 국가공인기관에서 발급받아 제출한 증명서류에 적힌 해당 연료의 발열량을 무연탄발열량으로 나누어 산정한다. 이 경우 무연탄 1킬로그램당 발열량은 4,600킬로칼로리로 한다).

고체연료 환산계수

연료 또는 원료명	단위	환산 계수	연료 또는 원료명	단위	환산 계수
무연탄	kg	1.00	유연탄	kg	1.34
코크스	kg	1.32	갈탄	kg	0.90
이탄	kg	0.80	목탄	kg	1.42
목재	kg	0.70	유황	kg	0.46
중유(C)	L	2.00	중유(A, B)	L	1.86
원유	L	1.90	경유	L	1.92
등유	L	1.80	휘발유	L	1.68
나프타	L	1.80	엘피지	kg	2.40
액화 천연가스	Sm^3	1.56	석탄타르	kg	1.88
메탄올	kg	1.08	에탄올	kg	1.44
벤젠	kg	2.02	톨루엔	kg	2.06
수소	Sm^3	0.62	메탄	Sm^3	1.86
에탄	Sm^3	3.36	아세틸렌	Sm^3	2.80
일산화탄소	Sm^3	0.62	석탄가스	Sm^3	0.80
발생로가스	Sm^3	0.2	수성가스	Sm^3	0.54
혼성가스	Sm^3	0.60	도시가스	Sm^3	1.42
전기	kW	0.17			

3. "습식"이란 해당 시설을 이용하여 수중에서 작업을 하거나 물을 분사시켜 작업을 하는 경우[인장 · 압축 · 절단 · 비틀림 · 충격 · 마찰력 등을 이용하는 조분쇄기(크러셔 · 카드 등)를 사용하는 석재분쇄시설의 경우에는 물을 분무시켜 작업을 하는 경우만 해당한다] 또는 원료 속에 수분이 항상 15퍼센트 이상 함유되어 있는 경우를 말한다.
4. 위 표에 따른 배출시설의 분류에 해당하지 않는 배출시설은 36) 또는 37)의 배출시설로 본다. 다만, 배출시설의 분류 중 36) 또는 37)은 「통계법」 제22조에 따라 통계청장이 고시하는 한국표준산업분류에 따른 다음 각 목의 항목에만 적용한다.
   가. 대분류에 따른 광업
   나. 대분류에 따른 제조업
   다. 대분류에 따른 수도, 하수 및 폐기물 처리, 원료 재생업
   라. 대분류에 따른 운수 및 창고업
   마. 소분류에 따른 자동차 및 모터사이클 수리업
   바. 소분류에 따른 연료용 가스 제조 및 배관공급업
   사. 소분류에 따른 증기, 냉 · 온수 및 공기조절 공급업
   아. 세분류에 따른 발전업
   사. 세세분류에 따른 산업설비, 운송장비 및 공공장소 청소업

다. 2020년 1월 1일 당시 배출시설을 설치 · 운영하고 있는 자로서 법 제23조에 따른 허가 · 변경허가 또는 신고 · 변경신고의 대상이 된 경우에는 2021년 12월 31일까지 법 제23조에 따라 허가 · 변경허가를 받거나 신고 · 변경신고를 해야 한다. 다만, 흡수식 냉 · 온수기로서 2011년 1월 1일 이후 설치된 시설은 2022년 12월 31일까지 법 제23조에 따라 허가 · 변경허가를 받거나 신고 · 변경신고를 해야 한다.

라. 다목에도 불구하고 13) 비료 및 질소화합물 제조시설에 해당하는 배출시설 중 「비료관리법」 제2조제3호의 부숙유기질비료 제조시설이 법 제23조에 따른 허가 · 변경허가 또는 신고 · 변경신고의 대상이 된 경우에는 다음의 구분에 따른 기한까지 법 제23조에 따라 허가 · 변경허가를 받거나 신고 · 변경신고를 해야 한다.
   1) 「가축분뇨의 관리 및 이용에 관한 법률」 제2조제9호에 따른 공공처리시설 중 퇴비 및 액비 자원화시설 : 2023년 12월 31일까지
   2) 「가축분뇨의 관리 및 이용에 관한 법률」 제27조제1항 본문에 따른 가축분뇨 재활용신고를 한 자가 설치 · 운영하는 시설 중 공동자원화시설 및 「농업협동조합법」 제2조제2호에 따른 지역조합에서 설치 · 운영하는 시설 : 2024년 12월 31일까지
   3) 「가축분뇨의 관리 및 이용에 관한 법률」 제27조제1항 본문에 따른 가축분뇨 재활용신고를 한 자가 설치 · 운영하는 시설 중 2) 이외의 시설(「비료관리법」 제11조에 따라 가축분퇴비 또는 퇴비를 비료의 한 종류로 등록한 제조장을 포함한다) : 2025년 12월 31일까지

별표 4

대기오염방지시설(제6조 관련)

1. 중력집진시설
2. 관성력집진시설
3. 원심력집진시설
4. 세정집진시설
5. 여과집진시설
6. 전기집진시설
7. 음파집진시설
8. 흡수에 의한 시설
9. 흡착에 의한 시설
10. 직접연소에 의한 시설
11. 촉매반응을 이용하는 시설
12. 응축에 의한 시설
13. 산화 · 환원에 의한 시설
14. 미생물을 이용한 처리시설
15. 연소조절에 의한 시설
16. 위 제1호부터 제15호까지의 시설과 같은 방지효율 또는 그 이상의 방지효율을 가진 시설로서 환경부장관이 인정하는 시설

비고 : 방지시설에는 대기오염물질을 포집하기 위한 장치(후드), 오염물질이 통과하는 관로(덕트), 오염물질을 이송하기 위한 송풍기 및 각종 펌프 등 방지시설에 딸린 기계 · 기구류 (예비용을 포함한다) 등을 포함한다.

별표 8

대기오염물질의 배출허용기준(제15조 관련)

1. 2019년 12월 31일부터 적용되는 배출허용기준

가. 가스형태의 물질

1) 일반적인 배출허용기준

대기오염물질	배출시설	배출허용기준
암모니아 (ppm)	1) 화학비료 및 질소화합물 제조시설	20 이하
	2) 무기안료 · 염료 · 유연제 · 착색제 제조시설	20 이하
	3) 폐수 · 폐기물 · 폐가스 소각처리시설(소각보일러를 포함한다) 및 고형연료제품 사용시설	30(12) 이하
	4) 시멘트 제조시설 중 소성시설	30(13) 이하
	5) 그 밖의 배출시설	50 이하
일산화탄소 (ppm)	1) 폐수 · 폐기물 · 폐가스 소각처리시설(소각보일러를 포함한다)	
	가) 소각용량이 시간당 2톤(의료폐기물 처리시설은 시간당 200kg) 이상인 시설	50(12) 이하
	나) 소각용량 시간당 2톤 미만인 시설	200(12) 이하
	2) 석유 정제품 제조시설 중 중질유분해시설의 일산화탄소 소각보일러	200(12) 이하
	3) 고형연료제품 제조 · 사용시설 및 관련시설	
	가) 고형연료제품 사용량이 시간당 2톤 이상인 시설	50(12) 이하
	나) 고형연료제품 사용량이 시간당 200킬로그램 이상 2톤 미만인 시설	200(12) 이하
	다) 일반 고형연료제품(SRF) 제조시설 중 건조 · 가열시설	300(15) 이하
	라) 바이오매스 및 목재펠릿 사용시설	200(12) 이하
	4) 화장로시설	
	가) 2009년 12월 31일 이전에 설치한 시설	200(12) 이하
	나) 2010년 1월 1일 이후에 설치한 시설	80(12) 이하
염화수소 (ppm)	1) 기초무기화합물 제조시설 중 염산 제조시설(염산, 염화수소 회수시설을 포함한다) 및 저장시설	6 이하
	2) 기초무기화합물 제조시설 중 폐염산 정제시설(염산 및 염화수소 회수시설을 포함한다) 및 저장시설	15 이하
	3) 1차 금속제조시설, 금속가공제품 · 기계 · 기기 · 운송장비 · 가구 제조시설의 표면처리시설 중 탈지시설, 산 · 알칼리 처리시설	3 이하
	4) 폐수 · 폐기물 · 폐가스 소각처리시설(소각보일러를 포함한다)	
	가) 소각용량이 시간당 2톤(의료폐기물 처리시설은 시간당 200kg) 이상인 시설	15(12) 이하
	나) 소각용량 시간당 2톤 미만인 시설	20(12) 이하
	5) 유리 및 유리제품 제조시설 중 용융 · 용해시설	2(13) 이하
	6) 시멘트 · 석회 · 플라스터 및 그 제품 제조시설, 기타 비금속광물제품 제조시설 중 소성시설(예열시설을 포함한다), 용융 · 용해시설, 건조시설	12(13) 이하
	7) 반도체 및 기타 전자부품 제조시설 중 증착(蒸着)시설, 식각(蝕刻)시설 및 표면처리시설	5 이하
	8) 고형연료제품 사용시설	
	가) 고형연료제품 사용량이 시간당 2톤 이상인 시설	15(12) 이하
	나) 고형연료제품 사용량이 시간당 200킬로그램 이상 2톤 미만인 시설	20(12) 이하
	9) 화장로시설	20(12) 이하
	10) 그 밖의 배출시설	6 이하

대기오염물질	배출시설	배출허용기준
	1) 일반보일러	
	가) 액체연료사용시설(기체연료 혼합시설을 포함한다)	
	(1) 증발량이 시간당 40톤 이상이거나 열량이 시간당 24,760,000킬로칼로리 이상인 시설	
	(가) 2004년 12월 31일 이전 설치시설	
	① 0.3% 이하 저황유 사용지역	180(4) 이하
	② 그 밖의 지역	270(4) 이하
	(나) 2005년 1월 1일 이후 설치시설	100(4) 이하
	(다) 2015년 1월 1일 이후 설치시설	50(4)
	(2) 증발량이 시간당 10톤 이상 40톤 미만인 시설, 열량이 시간당 6,190,000킬로칼로리 이상 24,760,000킬로칼로리 미만인 시설	
	(가) 2014년 12월 31일 이전 설치시설	
	① 0.3% 이하 저황유 사용지역	180(4) 이하
	② 0.5% 이하 저황유 사용지역	270(4) 이하
	③ 그 밖의 지역	540(4) 이하
	(나) 2015년 1월 1일 이후 설치시설	70(4) 이하
	(3) 증발량이 시간당 10톤 미만이거나 열량이 시간당 6,190,000킬로칼로리 미만인 시설	
	(가) 0.3% 이하 저황유 사용지역	180(4) 이하
	(나) 0.5% 이하 저황유 사용지역	270(4) 이하
	(다) 그 밖의 지역	540(4) 이하
	나) 고체연료 사용시설(액체연료 혼합시설을 포함한다)	
황산화물 (SO_2로서) (ppm)	(1) 2001년 6월 30일 이전 설치시설	180(6) 이하
	(2) 2001년 7월 1일 이후 설치시설	150(6) 이하
	(3) 2015년 1월 1일 이후 설치시설	70(6) 이하
	다) 기체연료사용시설	
	(1) 2014년 12월 31일 이전 설치시설	100(4)이하
	(2) 2015년 1월 1일 이후 설치시설	50(4) 이하
	라) 바이오가스 사용시설	180(4) 이하
	2) 발전시설	
	가) 액체연료 사용시설	
	(1) 발전용 내연기관	
	(가) 설비용량 100MW 이상	
	① 1996년 6월 30일 이전 설치시설	30(15) 이하
	② 1996년 7월 1일 이후 설치시설	25(15) 이하
	③ 2015년 1월 1일 이후 설치시설	20(15) 이하
	(나) 설비용량 100MW 미만	
	① 1996년 6월 30일 이전 설치시설	60(15) 이하
	② 1996년 7월 1일 이후 설치시설	25(15) 이하
	③ 2015년 1월 1일 이후 설치시설	20(15) 이하
	(2) 그 밖의 발전시설	
	(가) 설비용량 100MW 이상	
	① 1996년 6월 30일 이전 설치시설	80(4) 이하
	② 1996년 7월 1일 이후 설치시설	70(4) 이하
	③ 2015년 1월 1일 이후 설치시설	50(4) 이하

대기오염물질	배출시설	배출허용기준
	(나) 설비용량 100MW 미만	
	① 1996년 6월 30일 이전 설치시설	180(4) 이하
	② 1996년 7월 1일 이후 설치시설	70(4) 이하
	③ 2015년 1월 1일 이후 설치시설	50(4) 이하
	나) 고체연료 사용시설(액체연료 혼합시설을 포함한다)	
	(1) 설비용량 100MW 이상	
	(가) 1996년 6월 30일 이전 설치시설	60(6) 이하
	(나) 2014년 12월 31일 이전 설치시설	50(6) 이하
	(다) 2015년 1월 1일 이후 설치시설	25(6) 이하
	(2) 설비용량 100MW 미만	
	(가) 1996년 6월 30일 이전 설치시설	130(6) 이하
	(나) 2014년 12월 31일 이전 설치시설	80(6) 이하
	(다) 2015년 1월 1일 이후 설치시설	50(6) 이하
	다) 국내생산 무연탄 사용시설	
	(1) 1996년 6월 30일 이전 설치시설	
	(가) 설비용량 100MW 이상	100(6) 이하
	(나) 설비용량 100MW 미만	150(6) 이하
	(2) 2014년 12월 31일 이전 설치시설	80(6) 이하
	(3) 2015년 1월 1일 이후 설치시설	50(6) 이하
	라) 국내에서 생산되는 석유코크스 사용시설	
황산화물 (SO_2로서) (ppm)	(1) 2014년 12월 31일 이전 설치시설	210(6) 이하
	(2) 2015년 1월 1일 이후 설치시설	50(6) 이하
	마) 기체연료 사용시설	
	(1) 2014년 12월 31일 이전 설치시설	
	(가) 발전용 내연기관(가스터빈을 포함한다)	35(15) 이하
	(나) 열병합 발전시설 중 카본블랙 제조시설의 폐가스 재이용시설	300(6) 이하
	(다) 그 밖의 발전시설	100(4) 이하
	(2) 2015년 1월 1일 이후 설치시설	
	(가) 발전용 내연기관(가스터빈을 포함한다)	20(15) 이하
	(나) 열병합 발전시설 중 카본블랙 제조시설의 폐가스 재이용시설	180(6) 이하
	(다) 그 밖의 발전시설	100(4) 이하
	바) 바이오가스 사용시설	180(4) 이하
	3) 1차 금속제조시설, 금속가공제품 · 기계 · 기기 · 운송장비 · 가구 제조시설의 용융 · 용해로 또는 열처리시설	
	가) 배소로(焙燒爐), 용광로(鎔鑛爐) 및 용선로(鎔銑爐)의 연소가스시설	
	(1) 2007년 1월 31일 이전 설치시설	200 이하
	(2) 2007년 2월 1일 이후 설치시설	130 이하
	(3) 2015년 1월 1일 이후 설치시설	65 이하
	나) 소결로(燒結爐)의 연소시설	
	(1) 2007년 1월 31일 이전 설치시설	140(15) 이하
	(2) 2007년 2월 1일 이후 설치시설	90(15) 이하
	(3) 2015년 1월 1일 이후 설치시설	45(15) 이하
	4) 기초무기화합물 제조시설 중 황산제조시설	250(8) 이하

대기오염물질	배출시설	배출허용기준
황산화물 (SO_2로서) (ppm)	5) 화학비료 및 질소화합물 제조시설 중 혼합시설, 반응시설, 정제시설 및 농축시설	120 이하
	6) 석유정제품 제조시설	
	가) 황 회수시설	
	(1) 2014년 12월 31일 이전 설치시설	240(4) 이하
	(2) 2015년 1월 1일 이후 설치시설	150(4) 이하
	나) 가열시설	
	(1) 0.3% 이하 저황유 사용지역	120(4) 이하
	(2) 그 밖의 지역	120(4) 이하
	다) 중질유 분해시설의 일산화탄소 소각보일러 중 건식 황산회수시설	
	(1) 2014년 12월 31일 이전 설치시설	360(12) 이하
	(2) 2015년 1월 1일 이후 설치시설	50(12) 이하
	라) 중질유 분해시설의 일산화탄소 소각보일러 중 습식황산화물제거시설	
	(1) 2014년 12월 31일 이전 설치시설	50(12) 이하
	(2) 2015년 1월 1일 이후 설치시설	50(12) 이하
	7) 기초유기화합물 제조시설 중 가열시설	380(4) 이하
	8) 석탄가스화 연료 제조시설	
	가) 건조시설 및 분쇄시설	
	(1) 2014년 12월 31일 이전 설치시설	120(8) 이하
	(2) 2015년 1월 1일 이후 설치시설	50(8) 이하
	나) 연소시설	120(7) 이하
	다) 황 회수시설	
	(1) 2014년 12월 31일 이전 설치시설	240(4) 이하
	(2) 2015년 1월 1일 이후 설치시설	150(4) 이하
	라) 황산 제조시설	
	(1) 2014년 12월 31일 이전 설치시설	250(8) 이하
	(2) 2015년 1월 1일 이후 설치시설	120(8) 이하
	9) 코크스 제조시설 중 연소시설	120(7) 이하
	10) 폐수 · 폐기물 · 폐가스 소각처리시설(소각보일러를 포함한다)	
	가) 소각용량이 시간당 2톤(의료폐기물 처리시설은 200킬로그램) 이상인 시설	30(12) 이하
	나) 소각용량이 시간당 200킬로그램 이상 2톤(의료폐기물 처리시설은 200킬로그램) 미만인 시설	40(12) 이하
	다) 소각용량이 시간당 200킬로그램 미만인 시설	50(12) 이하
	11) 시멘트 · 석회 · 플라스터 및 그 제품 제조시설 중 시멘트 소성시설(예열시설을 포함한다), 용융 · 용해시설, 건조시설	
	가) 2007년 1월 31일 이전 설치시설	
	(1) 크링커 생산량이 연 200,000톤 이상인 시설	15(13) 이하
	(2) 크링커 생산량이 연 200,000톤 미만인 시설	80(13) 이하
	나) 2007년 2월 1일 이후 설치시설	
	(1) 크링커 생산량이 연 200,000톤 이상인 시설	15(13) 이하
	(2) 크링커 생산량이 연 200,000톤 미만인 시설	35(13) 이하
	다) 2015년 1월 1일 이후 설치시설	
	(1) 크링커 생산량이 연 200,000톤 이상인 시설	10(13) 이하
	(2) 크링커 생산량이 연 200,000톤 미만인 시설	20(13) 이하

대기오염물질	배출시설	배출허용기준
황산화물 (SO_2로서) (ppm)	12) 유리 및 유리제품 제조시설(재생용 원료가공시설을 포함한다) 중 용융 · 용해로	
	가) 2014년 12월 31일 이전 설치시설	
	(1) 「수도권 대기환경개선에 관한 특별법」에 따른 대기관리권역, 대기환경규제지역, 대기보전 특별대책지역	250(13) 이하
	(2) 그 밖의 지역	300(13) 이하
	나) 2015년 1월 1일 이후 설치시설	
	(1) 「수도권 대기환경개선에 관한 특별법」에 따른 대기관리권역, 대기환경규제지역, 대기보전 특별대책지역	200(13) 이하
	(2) 그 밖의 지역	200(13) 이하
	13) 고형연료제품 제조 사용시설 및 관련시설	
	가) 고형연료제품 사용량이 시간당 2톤 이상인 시설	30(12) 이하
	나) 고형연료제품 사용량이 시간당 200킬로그램 이상 2톤 미만인 시설	40(12) 이하
	다) 일반 고형연료제품(SRF) 제조시설 중 건조 · 가열시설	100(15) 이하
	14) 화장로시설	
	가) 2009년 12월 31일 이전에 설치한 시설	70(12) 이하
	나) 2010년 1월 1일 이후에 설치한 시설	30(12) 이하
	15) 그 밖의 배출시설	400 이하
질소산화물 (NO_2로서) (ppm)	1) 일반보일러	
	가) 액체연료(경질유는 제외한다) 사용시설	
	(1) 증발량이 시간당 40톤 이상이거나 열량이 시간당 24,760,000킬로칼로리 이상인 시설	
	(가) 2001년 6월 30일 이전 설치시설	130(4) 이하
	(나) 2001년 7월 1일 이후 설치시설	70(4) 이하
	(다) 2015년 1월 1일 이후 설치시설	50(4) 이하
	(2) 증발량이 시간당 10톤 이상 40톤 미만인 시설, 열량이 시간당 6,190,000킬로칼로리 이상 24,760,000킬로칼로리 미만인 시설	
	(가) 2007년 1월 31일 이전 설치시설	180(4) 이하
	(나) 2007년 2월 1일 이후 설치시설	100(4) 이하
	(다) 2015년 1월 1일 이후 설치시설	70(4) 이하
	(3) 증발량이 시간당 10톤 미만이거나 열량이 시간당 6,190,000킬로칼로리 미만인 시설	
	(가) 2007년 1월 31일 이전 설치시설	180(4) 이하
	(나) 2007년 2월 1일 이후 설치시설	180(4) 이하
	(다) 2015년 1월 1일 이후 설치시설	70(4) 이하
	나) 고체연료 사용시설	
	(1) 2007년 1월 31일 이전 설치시설	120(6) 이하
	(2) 2007년 2월 1일 이후 설치시설	70(6) 이하
	다) 국내에서 생산되는 석유코크스 사용시설	
	(1) 2014년 12월 31일 이전 설치시설	120(6) 이하
	(2) 2015년 1월 1일 이후 설치시설	70(6) 이하
	라) 기체연료 사용시설	
	(1) 증발량이 시간당 40톤 이상이거나 열량이 시간당 24,760,000킬로칼로리 이상인 시설	
	(가) 2014년 12월 31일 이전 설치시설	150(4) 이하
	(나) 2015년 1월 1일 이후 설치시설	40(4) 이하

대기오염물질	배출시설	배출허용기준
	(2) 증발량이 시간당 10톤 이상 40톤 미만인 시설, 열량이 시간당 6,190,000킬로칼로리 이상 24,760,000킬로칼로리 미만인 시설	
	(가) 2014년 12월 31일 이전 설치시설	150(4) 이하
	(나) 2015년 1월 1일 이후 설치시설	60(4) 이하
	(3) 증발량이 시간당 10톤 미만이거나 열량이 시간당 6,190,000킬로칼로리 미만인 시설	
	(가) 2014년 12월 31일 이전 설치시설	150(4) 이하
	(나) 2015년 1월 1일 이후 설치시설	60(4) 이하
	마) 바이오가스 사용시설	160(4) 이하
	바) 그 밖의 배출시설	
	(1) 2014년 12월 31일 이전 설치시설	250 이하
	(2) 2015년 1월 1일 이후 설치시설	60 이하
	2) 발전시설	
	가) 액체연료 사용시설	
	(1) 발전용 내연기관	
	(가) 가스터빈	
	① 2001년 6월 30일 이전 설치시설	80(15) 이하
	② 2001년 7월 1일 이후 설치시설	70(15) 이하
	③ 2015년 1월 1일 이후 설치시설	50(15) 이하
	(나) 디젤기관	
	① 2001년 6월 30일 이전 설치시설	530(15) 이하
질소산화물 (NO_2로서) (ppm)	② 2001년 7월 1일 이후 설치시설	270(15) 이하
	③ 2015년 1월 1일 이후 설치시설	90(15) 이하
	(2) 그 밖의 발전시설	
	(가) 설비용량 100MW 이상	
	① 2001년 6월 30일 이전 설치시설	90(4) 이하
	② 2001년 7월 1일 이후 설치시설	70(4) 이하
	③ 2015년 1월 1일 이후 설치시설	50(4) 이하
	(나) 설비용량 100MW 미만	
	① 2001년 6월 30일 이전 설치시설	140(4) 이하
	② 2001년 7월 1일 이후 설치시설	70(4) 이하
	③ 2015년 1월 1일 이후 설치시설	50(4) 이하
	나) 고체연료 사용시설	
	(1) 설비용량 100MW 이상	
	(가) 1996년 6월 30일 이전 설치시설	70(6) 이하
	(나) 1996년 7월 1일 이후 설치시설	50(6) 이하
	(다) 2015년 1월 1일 이후 설치시설	15(6) 이하
	(2) 설비용량 100MW 미만	
	(가) 1996년 6월 30일 이전 설치시설	140(6) 이하
	(나) 1996년 7월 1일 이후 설치시설	70(6) 이하
	(다) 2015년 1월 1일 이후 설치시설	50(6) 이하
	다) 기체연료 사용시설	
	(1) 발전용 내연기관(가스터빈을 포함한다)	
	(가) 2001년 6월 30일 이전 설치시설	80(15) 이하

대기오염물질	배출시설	배출허용기준
	(나) 2001년 7월 1일 이후 설치시설	50(15) 이하
	(다) 2015년 1월 1일 이후 설치시설	20(15) 이하
	(2) 열병합 발전시설 중 카본블랙 제조시설의 폐가스 재이용시설	
	(가) 2001년 6월 30일 이전 설치시설	220(6) 이하
	(나) 2001년 7월 1일 이후 설치시설	220(6) 이하
	(다) 2015년 1월 1일 이후 설치시설	180(6) 이하
	(3) 매립가스와 바이오가스를 사용하지 않는 린번엔진 발전용 내연기관	
	(가) 2001년 6월 30일 이전 설치시설	80(15)
	(나) 2001년 7월 1일 이후 설치시설	50(15)
	(4) 매립가스와 바이오가스를 사용하는 린번엔진 발전용 내연기관	95(15)
	(5) 바이오가스 사용시설	160(4)
	(6) 그 밖의 발전시설	
	(가) 2001년 6월 30일 이후 설치시설	60(4) 이하
	(나) 2001년 7월 1일 이후 설치시설	50(4) 이하
	(다) 2015년 1월 1일 이후 설치시설	25(4) 이하
	3) 폐수 · 폐기물 · 폐가스 소각처리시설	
	가) 소각용량이 시간당 2톤(의료폐기물 처리시설은 200킬로그램) 이상인 시설	70(12) 이하
	나) 소각용량이 시간당 2톤(의료폐기물 처리시설은 200킬로그램) 미만인 시설	90(12) 이하
	4) 1차금속 제조시설, 금속가공제품 제조시설의 용융 · 용해로 또는 열처리시설	
	가) 배소로	
질소산화물 (NO_2로서) (ppm)	(1) 2007년 1월 31일 이전 설치시설	120 이하
	(2) 2007년 2월 1일 이후 설치시설	120 이하
	(3) 2015년 1월 1일 이후 설치시설	80 이하
	나) 용선로의 연소가스시설	
	(1) 2007년 1월 31일 이전 설치시설	100 이하
	(2) 2007년 2월 1일 이후 설치시설	100 이하
	(3) 2015년 1월 1일 이후 설치시설	80 이하
	다) 소결로	
	(1) 2007년 1월 31일 이전 설치시설	170(15) 이하
	(2) 2007년 2월 1일 이후 설치시설	100(15) 이하
	(3) 2015년 1월 1일 이후 설치시설	60(15) 이하
	라) 가열로, 열처리로, 소둔로(燒鈍爐), 건조로, 열풍로	
	(1) 2007년 1월 31일 이전 설치시설	200(11) 이하
	(2) 2007년 2월 1일 이후 설치시설	150(11) 이하
	(3) 2015년 1월 1일 이후 설치시설	80(11) 이하
	5) 석유 정제품 제조시설	
	가) 가열시설	
	(1) 증발량이 시간당 50톤 이상인 시설	
	(가) 2001년 6월 30일 이전 설치시설	130(4) 이하
	(나) 2001년 7월 1일 이후 설치시설	50(4) 이하
	(2) 증발량이 시간당 50톤 미만인 시설	130(4) 이하
	나) 중질유분해시설의 일산화탄소 소각시설	150(12) 이하
	6) 유리 · 유리제품 제조시설(재생용 원료가공시설을 포함한다) 중 용융 · 용해시설	

대기오염물질	배출시설	배출허용기준
	가) 개별배출 용량이 일 10톤 이상인 시설	
	(1) 2014년 12월 31일 이전 설치시설	230(13) 이하
	(2) 2015년 1월 1일 이후 설치시설	180(13) 이하
	나) 개별배출 용량이 일 10톤 미만인 시설	
	(1) 2014년 12월 31일 이전 설치시설	330(13) 이하
	(2) 2015년 1월 1일 이후 설치시설	180(13) 이하
	다) 순산소를 사용하는 유리섬유 생산시설	
	(1) 2014년 12월 31일 이전 설치시설	260 이하
	(2) 2015년 1월 1일 이후 설치시설	180 이하
	7) 시멘트 · 석회 · 플라스터 및 그 제품 제조시설 중 소성시설(예열시설을 포함한다), 용융 · 용해시설, 건조시설	
	가) 2007년 1월 31일 이전 설치시설	270(13) 이하
	나) 2007년 2월 1일 이후 설치시설	200(13) 이하
	다) 2015년 1월 1일 이후 설치시설	80(13) 이하
	8) 석탄가스화 연료 제조시설	
	가) 건조시설 및 분쇄시설	200(8) 이하
	나) 연소시설	150(7) 이하
	다) 황 회수시설	200(4) 이하
	라) 황산 제조시설	180(8) 이하
	9) 코크스제조시설 및 관련제품 저장시설 중 연소시설	
질소산화물 (NO_2로서) (ppm)	가) 2006년 12월 31일 이전 설치시설	250(7) 이하
	나) 2007년 1월 1일 이후 설치시설	150(7) 이하
	10) 고형연료제품 제조 · 사용시설 및 관련시설	
	가) 고형연료제품 사용량이 시간당 2톤 이상인 시설	70(12) 이하
	나) 고형연료제품 사용량이 시간당 200킬로그램 이상 2톤 미만인 시설	80(12) 이하
	다) 생활폐기물 고형연료제품(RDF) 제조시설 중 건조 · 가열시설	100(15) 이하
	라) 바이오매스 및 목재펠릿 제조시설 중 건조 · 가열시설	100 이하
	마) 바이오매스 및 목재펠릿 사용시설	150(12) 이하
	11) 화장로시설	
	가) 2009년 12월 31일 이전에 설치한 시설	100(12) 이하
	나) 2010년 1월 1일 이후에 설치한 시설	70(12) 이하
	12) 기초유기화합물 제조시설	
	가) 가열시설	
	(1) 액체연료 사용시설	
	(가) 증발량이 시간당 50톤 이상인 시설	
	① 2001년 6월 30일 이전 설치시설	180(4) 이하
	② 2001년 7월 1일 이후 설치시설	70(4) 이하
	(나) 증발량이 시간당 50톤 미만인 시설	180(4) 이하
	(2) 기체연료 사용시설	
	(가) 증발량이 시간당 50톤 이상인 시설	
	① 2001년 6월 30일 이전 설치시설	150(4) 이하
	② 2001년 7월 1일 이후 설치시설	100(4) 이하
	(나) 증발량이 시간당 50톤 미만인 시설	150(4) 이하

대기오염물질	배출시설	배출허용기준
질소산화물 (NO_2로서) (ppm)	나) 중질유분해시설의 일산화탄소 소각시설	150(12) 이하
	13) 그 밖의 배출시설	200 이하
이황화탄소 (ppm)	모든 배출시설	30 이하
포름알데히드 (ppm)	모든 배출시설	10 이하
황화수소 (ppm)	1) 폐수 · 폐기물 · 폐가스 소각처리시설(소각보일러를 포함한다)	
	가) 소각용량이 시간당 200킬로그램 이상인 시설	2(12) 이하
	나) 소각용량이 시간당 200킬로그램 미만인 시설	10(12) 이하
	2) 시멘트제조시설 중 소성시설	2(13) 이하
	3) 석유 정제품 제조시설 및 기초유기화합물 제조시설 중 가열시설, 황산화물제거시설 및 폐가스소각시설	6(4) 이하
	4) 펄프 · 종이 및 종이제품 제조시설	5 이하
	5) 고형연료제품 사용시설	
	가) 고형연료제품 사용량이 시간당 2톤 이상인 시설	2(12) 이하
	나) 고형연료제품 사용량이 시간당 200킬로그램 이상 2톤 미만인 시설	10(12) 이하
	6) 석탄가스화 연료 제조시설	
	가) 황 회수시설	6(4) 이하
	나) 황산 제조시설	6(8) 이하
	7) 그 밖의 배출시설	10 이하
불소화합물 (F로서) (ppm)	1) 도자기 · 요업제품 제조시설의 소성시설(예열시설을 포함한다), 용융 · 용해시설	5(13) 이하
	2) 기초무기화합물 제조시설과 화학비료 및 질소화합물 제조시설의 습식인산 제조시설, 복합비료 제조시설, 과인산암모늄 제조시설, 인광석 · 형석의 용융 · 용해시설 및 소성시설, 불소화합물 제조시설	3 이하
	3) 폐수 · 폐기물 · 폐가스 소각처리시설(소각보일러를 포함한다)	
	가) 소각용량이 시간당 200킬로그램 이상인 시설	2(12) 이하
	나) 소각용량이 시간당 200킬로그램 미만인 시설	3(12) 이하
	4) 시멘트제조시설 중 소성시설	2(13) 이하
	5) 반도체 및 기타 전자부품 제조시설 중 표면처리시설(증착시설, 식각시설을 포함한다)	
	가) 2014년 12월 31일 이전 설치시설	5 이하
	나) 2015년 1월 1일 이후 설치시설	3 이하
	6) 1차금속 제조시설, 금속가공제품 제조시설의 표면처리시설 중 탈지시설, 산 · 알칼리처리시설, 화성처리시설, 건조시설, 불산처리시설, 무기산저장시설	3 이하
	7) 고형연료제품 사용시설	
	가) 고형연료제품 사용량이 시간당 2톤 이상인 시설	2(12) 이하
	나) 고형연료제품 사용량이 시간당 200킬로그램 이상 2톤 미만인 시설	3(12) 이하
	8) 그 밖의 배출시설	3 이하
시안화수소 (ppm)	1) 아크릴로니트릴 제조시설의 폐가스 소각시설	10 이하
	2) 그 밖의 배출시설	5 이하
브롬화합물 (ppm)	모든 배출시설	3 이하

대기오염물질	배출시설	배출허용기준
벤젠 (ppm)	모든 배출시설(내부부상 지붕형 또는 외부부상 지붕형 저장시설은 제외한다)	10 이하
페놀화합물 (C_6H_5OH) (ppm)	모든 배출시설	5 이하
수은화합물 (Hg로서) (㎎/S㎥)	1) 폐수 · 폐기물 · 폐가스 소각처리시설(소각보일러를 포함한다) 및 고형연료제품 사용시설 2) 발전시설(고체연료 사용시설) 3) 1차금속 제조시설 중 소결로 4) 시멘트 · 석회 · 플라스터 및 그 제품 제조시설 중 시멘트 소성시설 5) 그 밖의 배출시설	0.08(12) 이하 0.05(6) 이하 0.05(15) 이하 0.08(13) 이하 2 이하
비소화합물 (As로서) (ppm)	1) 폐수 · 폐기물 · 폐가스 소각처리시설(소각보일러를 포함한다) 및 고형연료제품 사용시설 2) 시멘트제조시설 중 소성시설 3) 그 밖의 배출시설	0.25(12) 이하 0.25(13) 이하 2 이하
염화비닐 (ppm)	이염화에틸렌 · 염화비닐 및 PVC 제조시설 중 중합반응시설 가) 1996년 6월 30일 이전 설치시설 (1) 현탁중합반응시설 (2) 괴상중합반응시설 (3) 유화중합반응시설 (4) 공중합반응시설 (5) 그 밖의 배출시설 나) 1996년 7월 1일 이후 설치시설 (1) 현탁중합반응시설 (2) 괴상중합반응시설 (3) 유화중합반응시설 (4) 공중합반응시설 (5) 그 밖의 배출시설	 50 이하 80 이하 150 이하 180 이하 10 이하 10 이하 30 이하 100 이하 180 이하 10 이하
탄화수소 (THC로서) (ppm)	1) 연속식 도장시설(건조시설과 분무 · 분체 · 침지도장시설을 포함한다) 2) 비연속식 도장시설(건조시설과 분무 · 분체 · 침지도장시설을 포함한다) 3) 인쇄 및 각종 기록매체 제조(복제)시설 4) 시멘트 제조시설 중 소성시설(예열시설을 포함하며, 폐기물을 연료로 사용하는 시설만 해당한다)	40 이하 200 이하 200 이하 60(13) 이하
디클로로메탄 (ppm)	모든 배출시설	50 이하
트리클로로에틸렌(ppm)	1) 2016년 12월 31일 이전 설치시설 2) 2017년 1월 1일 이후 설치시설	85 이하 50 이하
1,3-부타디엔 (ppm)	모든 배출시설	6 이하

2) 1)에도 불구하고 단일한 특정대기유해물질을 연간 10톤 이상 배출하는 사업장에 대하여 해당 특정대기유해물질의 배출허용기준을 적용할 때에는 다음 표의 기준을 따른다.

대기오염물질	배출시설	배출허용기준
염화수소 (ppm)	1) 기초무기화합물 제조시설 중 염산 제조시설(염산, 염화수소 회수시설을 포함한다) 및 저장시설	5 이하
	2) 기초무기화합물 제조시설 중 폐염산 정제시설(염산 및 염화수소 회수시설을 포함한다) 및 저장시설	8 이하
	3) 1차금속 제조시설, 금속가공제품 · 기계 · 기기 · 운송장비 · 가구 제조시설의 표면처리시설 중 탈지시설, 산 · 알칼리 처리시설	2 이하
	4) 폐수 · 폐기물 · 폐가스 소각처리시설(소각보일러를 포함한다)	
	가) 소각용량이 시간당 2톤(의료폐기물 처리시설은 시간당 200kg) 이상인 시설	12(12) 이하
	나) 소각용량 시간당 2톤 미만인 시설	15(12) 이하
	5) 유리 및 유리제품 제조시설 중 용융 · 용해시설	1(13) 이하
	6) 시멘트 · 석회 · 플라스터 및 그 제품 제조시설, 기타 비금속광물제품 제조시설 중 소성시설(예열시설을 포함한다), 용융 · 용해시설, 건조시설	10(13) 이하
	7) 반도체 및 기타 전자부품 제조시설 중 증착(蒸着)시설, 식각(蝕刻)시설 및 표면처리시설	3 이하
	8) 고형연료제품 사용시설	12(12) 이하
	9) 화장로시설	10(12) 이하
	10) 그 밖의 배출시설	5 이하
포름알데히드 (ppm)	모든 배출시설	5 이하
불소화합물 (F로서) (ppm)	1) 도자기 · 요업제품 제조시설의 소성시설(예열시설을 포함한다), 용융 · 용해시설	3(13) 이하
	2) 기초무기화합물 제조시설과 화학비료 및 질소화합물 제조시설의 습식인산 제조시설, 복합비료 제조시설, 과인산암모늄 제조시설, 인광석 · 형석의 용융 · 용해시설 및 소성시설, 불소화합물 제조시설	2 이하
	3) 폐수 · 폐기물 · 폐가스 소각처리시설(소각보일러를 포함한다)	
	가) 소각용량이 시간당 200킬로그램 이상인 시설	1(12) 이하
	나) 소각용량이 시간당 200킬로그램 미만인 시설	2(12) 이하
	4) 시멘트제조시설 중 소성시설	1(13) 이하
	5) 반도체 및 기타 전자부품 제조시설 중 표면처리시설(증착시설, 식각시설을 포함한다)	
	가) 2014년 12월 31일 이전 설치시설	5 이하
	나) 2015년 1월 1일 이후 설치시설	2 이하
	6) 1차금속 제조시설, 금속가공제품 제조시설의 표면처리시설 중 탈지시설, 산 · 알칼리처리시설, 화성처리시설, 건조시설, 불산처리시설, 무기산저장시설	2 이하
	7) 고형연료제품 사용시설	
	가) 고형연료제품 사용량이 시간당 2톤 이상인 시설	1(12) 이하
	나) 고형연료제품 사용량이 시간당 200킬로그램 이상 2톤 미만인 시설	2(12) 이하
	8) 그 밖의 배출시설	2 이하
시안화수소 (ppm)	1) 아크릴로니트릴 제조시설의 폐가스 소각시설	10 이하
	2) 그 밖의 배출시설	3 이하
벤젠(ppm)	모든 배출시설(내부부상 지붕형 또는 외부부상 지붕형 저장시설은 제외한다)	5 이하

대기오염물질	배출시설	배출허용기준
페놀화합물 (C_6H_5OH) (ppm)	모든 배출시설	3 이하
수은화합물 (Hg로서) (㎎/S㎥)	1) 폐수 · 폐기물 · 폐가스 소각처리시설(소각보일러를 포함한다) 및 고형연료제품 사용시설	0.03(12) 이하
	2) 발전시설(고체연료 사용시설)	0.03(6) 이하
	3) 1차금속 제조시설 중 소결로	0.03(15) 이하
	4) 시멘트 · 석회 · 플라스터 및 그 제품 제조시설 중 시멘트 소성시설	0.05(13) 이하
	5) 그 밖의 배출시설	1 이하
비소화합물 (As로서) (ppm)	1) 폐수 · 폐기물 · 폐가스 소각처리시설(소각보일러를 포함한다) 및 고형연료제품 사용시설	0.15(12) 이하
	2) 시멘트제조시설 중 소성시설	0.15(13) 이하
	3) 그 밖의 배출시설	1 이하
염화비닐 (ppm)	이염화에틸렌 · 염화비닐 및 PVC 제조시설 중 중합반응시설	
	가) 1996년 6월 30일 이전 설치시설	
	(1) 현탁중합반응시설	30 이하
	(2) 괴상중합반응시설	50 이하
	(3) 유화중합반응시설	120 이하
	(4) 공중합반응시설	180 이하
	(5) 그 밖의 배출시설	7 이하
	나) 1996년 7월 1일 이후 설치시설	
	(1) 현탁중합반응시설	10 이하
	(2) 괴상중합반응시설	25 이하
	(3) 유화중합반응시설	75 이하
	(4) 공중합반응시설	180 이하
	(5) 그 밖의 배출시설	5 이하

비고

1. 배출허용기준 난의 ( )는 표준산소농도(O_2의 백분율)를 말하며, 유리용해시설에서 공기 대신 순산소를 사용하는 경우, 폐가스소각시설 중 직접연소에 의한 시설, 촉매반응을 이용하는 시설 및 구리제련시설의 건조로, 질소산화물(NO_2로서)의 7)에 해당하는 시설(시멘트 제조시설은 고로슬래그 시멘트 제조시설만 해당한다) 중 열풍을 이용하여 직접 건조하는 시설은 표준산소농도(O_2의 백분율)를 적용하지 아니한다. 다만, 실측산소농도가 12% 미만인 직접연소에 의한 시설은 표준산소농도(O_2의 백분율)를 적용한다.
2. "고형연료제품 사용시설"이란 「자원의 절약과 재활용촉진에 관한 법률」 제25조의7에 따른 시설로서 연료사용량 중 고형연료제품 사용 비율이 30퍼센트 이상인 시설을 말한다.
3. 황산화물(SO_2로서)의 1)가)에서 "저황유 사용지역"이란 영 제40조제1항에 따른 저황유의 공급지역을 말한다.
4. 다음 표에 따른 시설의 황산화물(SO_2로서)에 대해서는 본문의 배출허용기준에 우선하여 각 시설별로 설정된 예외인정 허용기준을 적용한다.

구분	본문 적용 예외 인정시설	본문 적용 예외인정 허용기준 및 인정기간
가	1)가)에 해당하는 시설 중 「석유 및 석유대체 연료사업법」 제2조제2호에 따른 등유 및 경유만을 사용하는 시설	배출허용기준을 적용하지 아니한다.
나	2)가)(2)(나)① 시설과 2)가)(2)(나)② 시설 중 열병합발전시설	1)가)의 기준을 적용한다. 다만, 「집단에너지사업법」에 따른 한국지역난방공사의 열병합 발전시설 중 2000년 12월 31일 이전 설치시설은 150(4)ppm 이하, 청주지역의 2005년 1월 1일 이후 설치시설은 50(4)ppm 이하를 적용한다.
다	2)가)(2)(가)① 시설과 2)가)(2)(나)① 시설 중 울산화력발전소	4호기, 5호기, 6호기는 150(4)ppm 이하를 적용한다.
라	2)나)(1)(가) 해당 시설 중 삼천포화력발전소, 보령화력발전소, 호남화력발전소, 동해화력발전소	1) 삼천포화력발전소 1호기 및 2호기는 70(6)ppm 이하를 적용하고, 3호기 및 4호기는 50(6)ppm 이하를 적용하며, 5호기 및 6호기는 140(6)ppm 이하를 적용한다. 2) 보령화력발전소 1호기 및 2호기는 100(6)ppm 이하를 적용한다. 3) 호남화력발전소 1호기 및 2호기는 100(6)ppm 이하를 적용한다. 4) 동해화력발전소 1호기 및 2호기는 120(6)ppm 이하를 적용한다.
마	2)나)(2)(가) 해당 시설 중 부산염색공단 열병합발전소	부산염색공단 열병합발전소는 150(6)ppm 이하를 적용한다. 다만, 기존 시설을 신규로 교체하는 경우에는 2)나)(2)(가)에 따른 기준을 적용한다.
바	2)나)(2)(가) 해당 시설 중 고려아연	1호기 열병합발전시설은 200(6)ppm 이하를 적용한다.
사	2)나) 또는 2)다) 해당 시설 중 영흥화력발전소, 당진에코파워발전소, 신서천화력발전소, 강릉안인화력발전소, 삼척화력발전소 및 고성하이화력발전소	영흥화력발전소 제1호기 · 제2호기는 45(6)ppm 이하, 같은 발전소 제3호기부터 제6호기까지는 25(6)ppm 이하를 각각 적용하고, 당진에코파워발전소 제1호기 · 제2호기, 신서천화력발전소 제1호기, 강릉안인화력발전소 제1호기 · 제2호기, 삼척화력발전소 제1호기 · 제2호기 및 고성하이화력발전소 제1호기 · 제2호기는 각각 25(6)ppm 이하를 적용한다.
아	2)나)(1)(나) 해당 시설 중 삼척그린화력발전소	삼척그린화력발전소 1호기 및 2호기는 40(6)ppm 이하를 적용한다.
자	2)나)(2)(가) 해당 시설 중 대구염색산업단지 열병합발전소	대구염색산업단지 열병합발전소 1호기, 2호기 및 3호기는 80(6)ppm 이하를 적용한다.
차	3) 해당 시설	약품정제연료유를 사용하는 시설 중 2007년 1월 31일 이전 설치시설은 270ppm 이하, 2007년 2월 1일 이후 설치시설은 180ppm 이하를 적용한다. 다만, 소결로의 연소시설은 표준산소농도 15%를 적용한다.
카	삭제 〈2019. 5. 2〉	
타	삭제 〈2018. 6. 28.〉	
파	삭제 〈2019. 5. 2.〉	
하	2)가)(2)(가)① 시설 중 평택화력발전소	1호기, 2호기, 3호기 및 4호기는 100(4)ppm 이하를 적용한다.
거	2)나)(1)(가) 해당 시설 중 영동화력발전소	영동화력발전소 1호기는 30(6)ppm 이하를 적용한다.
너	3)나)(1) 해당 시설 중 현대제철 당진제철소	현대제철 당진제철소의 소결로의 연소시설 중 2007년 1월 31일 이전 설치시설은 200(15)ppm 이하를 적용한다.

5. 다음 표에 따른 시설의 질소산화물(NO_2로서)에 대해서는 본문의 배출허용기준에 우선하여 각 시설별로 설정된 예외인정 허용기준을 적용한다.

구분	본문 적용 예외 인정시설	본문 적용 예외인정 허용기준 및 인정기간
가	2)가)(1)(가) 해당 시설 중 제주도의 기존 시설	400(15)ppm 이하를 적용한다.
나	2)가)(2)(가)① 해당 시설 중 울산화력발전소	4호기, 5호기, 6호기는 150(4)ppm 이하를 적용한다.
다	2)가)(2)(나)① 해당 시설 중 (주)한주	(주)한주의 벙커시유를 사용하는 예비용 발전시설(보일러 200톤/시) 9호기, 10호기는 250(4)ppm 이하를 적용한다.
라	2)나)(1)(가) 해당 시설 중 영동화력발전소	영동화력발전소 1호기는 90(6)ppm 이하를 적용한다.
마	2)나)(2)(가) 해당 시설 중 부산염색공단 열병합발전소	부산염색공단 열병합발전소는 150(6)ppm 이하를 적용한다. 다만, 기존 시설을 신규로 교체하는 경우에는 2)나)(2)(가)에 따른 기준을 적용한다.
바	2)나) 해당 시설 중 영흥화력발전소, 당진에코파워발전소, 신서천화력발전소, 강릉안인화력발전소, 삼척화력발전소 및 고성하이화력발전소	영흥화력발전소 제1호기 · 제2호기는 55(6)ppm 이하, 같은 발전소 제3호기부터 제6호기까지는 15(6)ppm 이하를 각각 적용하고, 당진에코파워발전소 제1호기 · 제2호기, 신서천화력발전소 제1호기, 강릉안인화력발전소 제1호기 · 제2호기, 삼척화력발전소 제1호기 · 제2호기 및 고성하이화력발전소 제1호기 · 제2호기는 각각 15(6)ppm 이하를 적용한다.
사	2)나)(2)(가) 해당 시설 중 대구염색단지 열병합발전소	대구염색산업단지 열병합발전소 1호기, 2호기 및 3호기는 80(6)ppm 이하를 적용한다.
아	3)가) 해당 시설 중 폐수소각처리시설	80(12)ppm 이하를 적용한다.
자	6)가) 해당 시설 중 2007년 1월 31일 이전에 SCR를 설치하여 운영하는 경우	300(13)ppm 이하를 적용한다.
차	2)나)(1) 해당 시설 중 삼천포화력발전소, 보령화력발전소, 호남화력발전소, 동해화력발전소	1) 삼천포화력발전소 1호기, 2호기, 5호기 및 6호기는 2020년 12월 31일까지 140(6)ppm 이하를 적용한다. 2) 보령화력발전소 1호기 및 2호기는 2022년 5월 31일까지 140(6)ppm 이하를 적용한다. 3) 호남화력발전소 1호기, 2호기는 2021년 1월 31일까지 140(6)ppm 이하를 적용한다. 4) 동해화력발전소 1호기 및 2호기는 80(6)ppm 이하를 적용한다.
카	4)다) 해당 시설 중 현대제철 당진제철소 및 포스코 포항제철소	1) 현대제철 당진제철소의 소결로 중 2007년 1월 31일 이전 설치시설은 200(15)ppm 이하를 적용한다. 2) 현대제철 당진제철소의 소결로 중 2007년 2월 1일 이후 설치시설은 120(15)ppm 이하를 적용한다. 3) 포스코 포항제철소의 소결로 중 2호기, 3호기 및 4호기는 2019년 7월 1일부터 190(15) ppm 이하를 적용한다.
타	7)가) 해당 시설	2019년 6월 30일까지 300(13)ppm 이하를 적용한다.

6. 탄화수소(THC로서)의 1)의 "연속식 도장시설"이란 1일 8시간 이상 연속하여 가동하는 시설이며, 2)의 "비연속식 도장시설"이란 연속식 도장시설 외의 시설을 말한다.
7. 탄화수소(THC로서)의 도장시설(건조시설을 포함한다) 중 자동차제작자의 도장시설(건조시설을 포함하며, 유기용제 사용량이 연 15톤 이상인 시설만 해당한다)에 대한 배출허용기준은 다음과 같다.

차종		생산규모	적용기간 및 배출허용기준	
			2004년 12월 31일 이전 설치시설	2005년 1월 1일 이후 설치시설
승용자동차		1) 5,000대/년 미만	70g/㎡ 이하	50g/㎡ 이하
		2) 5,000대/년 이상	60g/㎡ 이하	45g/㎡ 이하
소형상용 자동차		3) 5,000대/년 미만	110g/㎡ 이하	65g/㎡ 이하
		4) 5,000대/년 이상	90g/㎡ 이하	60g/㎡ 이하
트럭	운전석	5) 2,500대/년 미만	85g/㎡ 이하	65g/㎡ 이하
		6) 2,500대/년 이상	75g/㎡ 이하	55g/㎡ 이하
	차체	7) 2,500대/년 미만	110g/㎡ 이하	80g/㎡ 이하
		8) 2,500대/년 이상	90g/㎡ 이하	70g/㎡ 이하
버스		9) 2,000대/년 미만	250g/㎡ 이하	200g/㎡ 이하
		10) 2,000대/년 이상	225g/㎡ 이하	150g/㎡ 이하
차체부품			225g/㎡ 이하	150g/㎡ 이하

비고

가) 차종의 분류기준은 다음과 같다.

차종	분류기준
승용자동차	차량 총중량이 3.5톤 미만으로 승차인원이 5명 이하인 자동차
소형상용자동차	차량 총중량이 3.5톤 미만이고 승차인원이 15명 이하인 자동차 또는 적재중량이 1톤 이하인 자동차
트럭운전석	차량 총중량이 3.5톤 이상이고 적재중량이 1톤을 초과하는 화물자동차의 운전석
트럭차체	차량 총중량이 3.5톤 이상이고 적재중량이 1톤을 초과하는 화물자동차의 운전석을 제외한 차체
버스	차량 총중량이 3.5톤 이상이고 승차인원이 15명을 초과하는 자동차
차체부품	위의 분류기준에 따른 차종의 차체부품

나) 적용기간 및 배출허용기준란의 g/㎡는 자동차 표면 도장부위의 단위면적당 사용되는 유기용제로부터 배출되는 탄화수소(THC로서)의 양을 말한다.

다) "기존시설"이란 2004년 12월 31일 이전에 설치되었거나 설치 중인 시설을 말하며, "신규시설"이란 기존시설 외의 시설을 말한다.

라) 생산규모에 따른 차종별 배출량의 산정방법 등 필요한 사항은 환경부장관이 정하여 고시한다.

8. 배출시설란에서 "이전 설치시설"이란 해당 연월일 이전에 배출시설을 설치 중인 시설 및 환경영향평가협의를 요청한 시설을 말하며, "이후 설치시설"이란 해당 연월일 이후에 배출시설 설치허가(신고를 포함한다)를 받은 시설 및 환경영향평가 협의를 요청한 시설을 말한다. 다만, 2015년 1월 1일 이후부터 신규로 설치되는 대기오염물질 배출시설은 해당 배출시설 설치허가(신고를 포함한다)를 받은 연월일을 기준으로 한다.
9. 삭제 〈2019. 5. 2.〉

나. 입자형태의 물질

1) 일반적인 배출허용기준

대기오염물질	배출시설	배출허용기준
먼지 (mg/Sm³)	1) 일반보일러	
	가) 액체연료 사용시설	
	(1) 증발량이 시간당 150톤 이상 또는 열량이 시간당 92,850,000킬로칼로리 이상인 시설	
	(가) 2001년 6월 30일 이전 설치시설	25(4) 이하
	(나) 2001년 7월 1일 이후 설치시설	20(4) 이하
	(다) 2015년 1월 1일 이후 설치시설	10(4) 이하
	(2) 증발량이 시간당 20톤 이상 150톤 미만인 시설 또는 열량이 시간당 12,380,000킬로칼로리 이상 92,850,000킬로칼로리 미만인 시설	
	(가) 2007년 1월 31일 이전 설치시설	30(4) 이하
	(나) 2007년 2월 1일 이후 설치시설	30(4) 이하
	(다) 2015년 1월 1일 이후 설치시설	20(4) 이하
	(3) 증발량이 시간당 5톤 이상 20톤 미만인 시설 또는 열량이 3,095,000킬로칼로리 이상 12,380,0000킬로칼로리 미만인 시설	
	(가) 2014년 12월 31일 이전 설치시설	40(4) 이하
	(나) 2015년 1월 1일 이후 설치시설	20(4) 이하
	(4) 증발량이 시간당 5톤 미만 또는 열량이 3,095,000킬로칼로리 미만인 시설	
	(가) 2014년 12월 31일 이전 설치시설	50(4) 이하
	(나) 2015년 1월 1일 이후 설치시설	20(4) 이하
	나) 고체연료 사용시설(액체연료 혼합시설을 포함한다)	
	(1) 증발량이 시간당 20톤 이상 또는 열량이 시간당 12,380,000킬로칼로리 이상인 시설	
	(가) 2014년 12월 31일 이전 설치시설	20(6) 이하
	(나) 2015년 1월 1일 이후 설치시설	10(6) 이하
	(2) 증발량이 시간당 5톤 이상 20톤 미만인 시설 또는 열량이 3,095,000킬로칼로리 이상 12,380,000킬로칼로리 미만인 시설	
	(가) 2014년 12월 31일 이전 설치시설	40(6) 이하
	(나) 2015년 1월 1일 이후 설치시설	20(6) 이하
	(3) 증발량이 시간당 5톤 미만 또는 열량이 시간당 3,095,000킬로칼로리 미만인 시설	
	(가) 2014년 12월 31일 이전 설치시설	50(6) 이하
	(나) 2015년 1월 1일 이후 설치시설	20(6) 이하
	2) 발전시설	
	가) 액체연료 사용시설	
	(1) 발전용 내연기관	
	(가) 2001년 6월 30일 이전 설치시설	30(15) 이하
	(나) 2001년 7월 1일 이후 설치시설	30(15) 이하
	(다) 2015년 1월 1일 이후 설치시설	20(15) 이하

대기오염물질	배출시설	배출허용기준
	(2) 그 밖의 발전시설	
	(가) 설비용량이 100MW 이상인 그 밖의 발전시설	
	① 2001년 6월 30일 이전 설치시설	20(4) 이하
	② 2001년 7월 1일 이후 설치시설	20(4) 이하
	③ 2015년 1월 1일 이후 설치시설	10(4) 이하
	(나) 설비용량이 100MW 미만인 그 밖의 발전시설	
	① 2001년 6월 30일 이전 설치시설	30(4) 이하
	② 2001년 7월 1일 이후 설치시설	20(4) 이하
	③ 2015년 1월 1일 이후 설치시설	20(4) 이하
	나) 고체연료 사용시설(액체연료 혼합시설을 포함한다)	
	(1) 설비용량이 100MW 이상인 시설	
	(가) 2001년 6월 30일 이전 설치시설	12(6) 이하
	(나) 2001년 7월 1일 이후 설치시설	10(6) 이하
	(다) 2015년 1월 1일 이후 설치시설	5(6) 이하
	(2) 설비용량이 100MW 미만인 시설	
	(가) 2001년 6월 30일 이전 설치시설	40(6) 이하
	(나) 2001년 7월 1일 이후 설치시설	30(6) 이하
	(다) 2015년 1월 1일 이후 설치시설	30(6) 이하
먼지 (㎎/S㎥)	다) 기체연료 사용시설	
	(1) 2001년 6월 30일 이전 설치시설	
	(가) 발전용 내연기관(가스터빈을 포함한다)	15(15) 이하
	(나) 열병합 발전시설 중 카본블랙 제조시설의 폐가스 재이용시설	35(6) 이하
	(다) 그 밖의 발전시설	40(4) 이하
	(2) 2001년 7월 1일 이후 설치시설	
	(가) 발전용 내연기관(가스터빈을 포함한다)	15(15) 이하
	(나) 열병합 발전시설 중 카본블랙 제조시설의 폐가스 재이용시설	35(6) 이하
	(다) 그 밖의 발전시설	40(4) 이하
	(3) 2015년 1월 1일 이후 설치시설	
	(가) 발전용 내연기관(가스터빈을 포함한다)	10(15) 이하
	(나) 열병합 발전시설 중 카본블랙 제조시설의 폐가스 재이용시설	15(6) 이하
	(다) 그 밖의 발전시설	10(4) 이하
	3) 폐수 · 폐기물 · 폐가스 소각처리시설(소각보일러를 포함한다)	
	가) 2014년 12월 31일 이전 설치시설	
	(1) 소각용량이 시간당 2톤(의료폐기물 처리시설은 200킬로그램) 이상인 시설	20(12) 이하
	(2) 소각용량이 시간당 200킬로그램 이상 2톤(의료폐기물 처리시설은 200킬로그램) 미만인 시설	30(12) 이하
	(3) 소각용량이 200킬로그램 미만인 시설	40(12) 이하

대기오염물질	배출시설	배출허용기준
	나) 2015년 1월 1일 이후 설치시설	
	(1) 소각용량이 시간당 2톤(의료폐기물 처리시설은 200킬로그램) 이상인 시설	10(12) 이하
	(2) 소각용량이 시간당 200킬로그램 이상 2톤(의료폐기물 처리시설은 200킬로그램) 미만인 시설	20(12) 이하
	(3) 소각용량이 200킬로그램 미만인 시설	20(12) 이하
	4) 1차금속 제조시설 · 금속가공제품 · 기계 · 기기 · 운송장비 · 가구 제조시설의 용융 · 용해시설 또는 열처리시설	
	가) 전기아크로(유도로를 포함한다)	
	(1) 1998년 12월 31일 이전 설치시설	20 이하
	(2) 1999년 1월 1일 이후 설치시설	10 이하
	(3) 2015년 1월 1일 이후 설치시설	10 이하
	나) 용선로, 용광로, 용선 예비처리시설, 전로, 정련로, 제선로, 용융로, 용해로, 도가니로 및 전해로	
	(1) 2007년 1월 31일 이전 설치시설	40 이하
	(2) 2007년 2월 1일 이후 설치시설	20 이하
	(3) 2015년 1월 1일 이후 설치시설	10 이하
	다) 소결로, 배소로, 환형로	
	(1) 2014년 12월 31일 이전 설치시설	
먼지 (mg/Sm³)	(가) 소결로	20(15) 이하
	(나) 원료장입, 소결광 후처리시설, 배소로, 환형로	30 이하
	(2) 2015년 1월 1일 이후 설치시설	
	(가) 소결로	10(15) 이하
	(나) 원료장입, 소결광 후처리시설, 배소로, 환형로	20 이하
	라) 가열로, 열처리로, 소둔로, 건조로, 열풍로	
	(1) 2014년 12월 31일 이전 설치시설	30(11) 이하
	(2) 2015년 1월 1일 이후 설치시설	20(11) 이하
	마) 주물사처리시설, 탈사시설 및 탈청시설	
	(1) 2014년 12월 31일 이전 설치시설	50 이하
	(2) 2015년 1월 1일 이후 설치시설	20 이하
	5) 화학비료 및 질소화합물 제조시설 중 소성시설, 건조시설	40(10) 이하
	6) 코크스 제조시설 및 저장시설	
	가) 석탄코크스 제조시설	
	(1) 코크스로	20(7) 이하
	(2) 인출시설, 건식냉각시설, 저장시설	20 이하
	나) 석유코크스 제조시설	
	(1) 연소시설	30(4) 이하
	(2) 인출시설, 건식냉각시설, 저장시설	20 이하
	7) 아스콘(아스팔트 포함) 제조시설 중 가열 · 건조 · 선별 · 혼합시설	40(10) 이하

대기오염물질	배출시설	배출허용기준
먼지 (mg/Sm³)	8) 석유 정제품 제조시설, 기초유기화합물 제조시설	
	가) 황 회수시설(석탄가스화시설을 포함한다)	30(4) 이하
	나) 가열시설 및 촉매재생시설	15(4) 이하
	다) 중질유 분해시설의 일산화탄소 소각보일러	50(12) 이하
	9) 석탄가스화 연료 제조시설	
	가) 건조시설 및 분쇄시설	40(8) 이하
	나) 연소시설	20(7) 이하
	다) 황 회수시설	30(4) 이하
	라) 황산 제조시설	20(8) 이하
	10) 유리 및 유리제품 제조시설(재생용 원료가공시설을 포함한다)의 용융 · 용해시설	
	가) 연속식 탱크로 또는 전기로(상부 개폐형 전기로는 제외한다)	50(13) 이하
	나) 그 밖의 배출시설	50 이하
	11) 도자기 · 요업제품 제조시설 중 용융 · 용해시설, 소성시설 및 냉각시설	70(13) 이하
	12) 시멘트 · 석회 · 플라스터 및 그 제품 제조시설	
	가) 소성시설(예열시설을 포함한다), 용융 · 용해시설, 건조시설	
	(1) 2001년 6월 30일 이전 설치시설	15(13) 이하
	(2) 2001년 7월 1일 이후 설치시설	15(13) 이하
	나) 냉각시설(직접 배출시설만 해당한다)	30 이하
	다) 슬래그 시멘트 열풍 건조시설	30 이하
	13) 그 밖의 비금속광물제품 제조시설의 석면 및 암면제품제조 가공시설	
	가) 방사시설, 집면시설 및 탈판시설	30 이하
	나) 그 밖의 배출시설	50 이하
	14) 도장시설(분무 · 분체 · 침지도장시설, 도장의 경우 동력을 이용한 연마시설을 포함한다) 및 부속 건조시설	50 이하
	15) 반도체 및 기타 전자부품 제조시설 중 표면가공 및 처리시설(증착시설, 식각시설을 포함한다)	50 이하
	16) 연마 · 연삭시설, 고체입자상물질 포장 · 저장 · 혼합시설, 탈사시설 및 탈청시설	50 이하
	17) 선별시설 및 분쇄시설	50 이하
	18) 고형연료제품 제조 · 사용시설 및 관련시설	
	가) 고형연료제품 사용량이 시간당 2톤 이상인 시설	20(12) 이하
	나) 고형연료제품 사용량이 시간당 200킬로그램 이상 2톤 미만인 시설	30(12) 이하
	다) 일반 고형연료제품(SRF) 제조시설 중 생활폐기물 건조 · 가열시설	50(15) 이하
	라) 바이오매스 및 목재펠릿 제조시설 중 건조 · 가열시설	50 이하
	마) 바이오매스 및 목재펠릿 사용시설	50(12) 이하
	19) 금속 표면처리시설	40 이하
	20) 화장로시설	
	가) 2009년 12월 31일 이전에 설치한 시설	70(12) 이하
	나) 2010년 1월 1일 이후에 설치한 시설	20(12) 이하
	21) 그 밖의 배출시설	50 이하

대기오염물질	배출시설	배출허용기준
카드뮴 화합물 (Cd로서) (㎎/S㎥)	1) 폐수 · 폐기물 · 폐가스 소각처리시설(소각보일러를 포함한다)	
	가) 소각용량이 시간당 2톤(의료폐기물 처리시설은 200킬로그램) 이상인 시설	0.02(12) 이하
	나) 소각용량이 시간당 200킬로그램 이상 2톤 미만인 시설	0.1(12) 이하
	다) 소각용량이 시간당 200킬로그램 미만인 시설	0.2(12) 이하
	2) 고형연료제품 사용시설	
	가) 고형연료제품 사용량이 시간당 2톤 이상인 시설	0.02(12) 이하
	나) 고형연료제품 사용량이 시간당 200킬로그램 이상 2톤 미만인 시설	0.1(12) 이하
	3) 시멘트제조시설 중 소성시설	0.02(13) 이하
	4) 그 밖의 배출시설	0.5 이하
납화합물 (Pb로서) (㎎/S㎥)	1) 폐수 · 폐기물 · 폐가스 소각처리시설(소각보일러를 포함한다)	
	가) 소각용량이 시간당 2톤(의료폐기물 처리시설은 200킬로그램) 이상인 시설	0.2(12) 이하
	나) 소각용량이 시간당 200킬로그램 이상 2톤 미만인 시설	0.5(12) 이하
	다) 소각용량이 시간당 200킬로그램 미만인 시설	1(12) 이하
	2) 시멘트제조시설 중 소성시설	0.2(13) 이하
	3) 1차금속 제조시설, 금속가공제품 제조시설의 용융 · 제련 및 열처리시설 중 용융 · 용해로, 용광로 및 정련시설, 도가니로, 전해로	2 이하
	4) 고형연료제품 사용시설	
	가) 고형연료제품 사용량이 시간당 2톤 이상인 시설	0.2(12) 이하
	나) 고형연료제품 사용량이 시간당 200킬로그램 이상 2톤 미만인 시설	0.5(12) 이하
	5) 그 밖의 배출시설	1 이하
크롬화합물 (Cr로서) (㎎/S㎥)	1) 폐수 · 폐기물 · 폐가스 소각처리시설	0.3(12) 이하
	2) 고형연료 사용시설	0.3(12) 이하
	3) 시멘트제조시설 중 소성시설	0.3(13) 이하
	4) 그 밖의 배출시설	0.5 이하
구리화합물 (Cu로서) (㎎/S㎥)	모든 배출시설	5 이하
니켈 및 그 화합물 (㎎/S㎥)	모든 배출시설	2 이하
아연화합물 (Zn로서) (㎎/S㎥)	모든 배출시설	5 이하
비산먼지 (㎎/S㎥)	1) 시멘트 제조시설	0.3 이하
	2) 그 밖의 배출시설	0.5 이하
매연	모든 배출시설	링겔만비탁표 2도 이하

2) 1)에도 불구하고 단일한 특정대기유해물질을 연간 10톤 이상 배출하는 사업장에 대하여 해당 특정대기유해물질의 배출허용기준을 적용할 때에는 다음 표의 기준을 따른다.

대기오염물질	배출시설	배출허용기준
카드뮴 화합물 (Cd로서) (㎎/Sm³)	1) 폐수 · 폐기물 · 폐가스 소각처리시설(소각보일러를 포함한다)	
	가) 소각용량이 시간당 2톤(의료폐기물 처리시설은 200킬로그램) 이상인 시설	0.01(12) 이하
	나) 소각용량이 시간당 200킬로그램 이상 2톤 미만인 시설	0.05(12) 이하
	다) 소각용량이 시간당 200킬로그램 미만인 시설	0.1(12) 이하
	2) 고형연료제품 사용시설	
	가) 고형연료제품 사용량이 시간당 2톤 이상인 시설	0.01(12) 이하
	나) 고형연료제품 사용량이 시간당 200킬로그램 이상 2톤 미만인 시설	0.05(12) 이하
	3) 시멘트제조시설 중 소성시설	0.02(13) 이하
	4) 그 밖의 배출시설	0.25 이하
납화합물 (Pb로서) (㎎/Sm³)	1) 폐수 · 폐기물 · 폐가스 소각처리시설(소각보일러를 포함한다)	
	가) 소각용량이 시간당 2톤(의료폐기물 처리시설은 200킬로그램) 이상인 시설	0.1(12) 이하
	나) 소각용량이 시간당 200킬로그램 이상 2톤 미만인 시설	0.3(12) 이하
	다) 소각용량이 시간당 200킬로그램 미만인 시설	0.5(12) 이하
	2) 시멘트제조시설 중 소성시설	0.1(13) 이하
	3) 1차금속 제조시설, 금속가공제품 제조시설의 용융 · 제련 및 열처리시설 중 용융 · 용해로, 용광로 및 정련시설, 도가니로, 전해로	1 이하
	4) 고형연료제품 사용시설	
	가) 고형연료제품 사용량이 시간당 2톤 이상인 시설	0.1(12) 이하
	나) 고형연료제품 사용량이 시간당 200킬로그램 이상 2톤 미만인 시설	0.3(12) 이하
	5) 그 밖의 배출시설	1 이하
크롬화합물 (Cr로서) (㎎/Sm³)	1) 폐수 · 폐기물 · 폐가스 소각처리시설	0.2(12) 이하
	2) 고형연료 사용시설	0.2(12) 이하
	3) 시멘트제조시설 중 소성시설	0.2(13) 이하
	4) 그 밖의 배출시설	0.3 이하
니켈 및 그 화합물 (㎎/Sm³)	모든 배출시설	1 이하

비고

1. 배출허용기준 난의 ( )는 표준산소농도(O_2의 백분율)를 말하며, 다음 각 목의 시설에 대하여는 표준산소농도(O_2의 백분율)를 적용하지 아니한다.
   가. 폐가스소각시설 중 직접연소에 의한 시설과 촉매반응을 이용하는 시설. 다만, 실측산소농도가 12% 미만인 직접연소에 의한 시설은 표준산소농도(O_2의 백분율)를 적용한다.
   나. 먼지의 5) 및 12)(시멘트 제조시설은 고로슬래그 시멘트 제조시설만 해당한다)에 해당하는 시설 중 열풍을 이용하여 직접 건조하는 시설
   다. 공기 대신 순산소를 사용하는 시설
   라. 구리제련시설의 건조로
   마. 그 밖에 공정의 특성상 표준산소농도 적용이 불가능한 시설로서 시 · 도지사가 인정하는 시설

2. 일반보일러의 경우에는 시설의 고장 등을 대비하여 허가를 받거나 신고하여 예비로 설치된 시설의 시설용량은 포함하지 아니한다.
3. "고형연료제품 사용시설"이란 「자원의 절약과 재활용촉진에 관한 법률」 제25조의7에 따른 해당 시설로서 연료사용량 중 고형연료제품 사용비율이 30퍼센트 이상인 시설을 말한다.
4. 「집단에너지사업법」에 따른 지역난방 열병합발전시설 중 영 제43조제3항에 따라 환경부장관으로부터 청정연료 외의 연료사용을 인정받은 시설(안산지역)의 먼지에 대하여는 20(4)mg/Sm³ 이하의 기준을 적용하고, 청주지역 시설의 먼지에 대하여는 25(4)mg/Sm³ 이하를 적용한다.
5. 먼지의 2)나)에 해당하는 시설 중 영흥화력발전소 제1호기 및 제2호기는 20(6)mg/Sm³ 이하, 같은 발전소 제3호기부터 제6호기까지, 당진에코파워발전소 제1호기 · 제2호기, 신서천화력발전소 제1호기, 강릉안인화력발전소 제1호기 · 제2호기, 삼척화력발전소 제1호기 · 제2호기 및 고성하이화력발전소 제1호기 · 제2호기는 5(6)mg/Sm³ 이하를 각각 적용한다.
6. 먼지의 2)나)에 해당하는 시설 중 삼척그린화력발전소 제1호기 및 제2호기는 각각 15(6)mg/Sm³ 이하를 적용한다.
7. 먼지의 2)나)에 해당하는 시설 중 영동화력발전소 제1호기는 10(6)mg/Sm³ 이하를 적용한다.
8. 배출시설란에서 "이전 설치시설"이란 해당 연월일 이전에 배출시설을 설치 중인 시설 및 환경영향평가협의를 요청한 시설을 말하며, "이후 설치시설"이란 해당 연월일 이후에 배출시설 설치허가(신고를 포함한다)를 받은 시설 및 환경영향평가협의를 요청한 시설을 말한다. 다만, 2015년 1월 1일 이후부터 신규로 설치되는 대기오염물질 배출시설은 해당 배출시설 설치허가(신고를 포함한다)를 받은 연월일을 기준으로 한다.
9. 삭제 〈2019. 5. 2.〉

2. 2020년 1월 1일부터 적용되는 배출허용기준

가. 가스형태의 물질

1) 일반적인 배출허용기준

대기오염물질	배출시설	배출허용기준
암모니아 (ppm)	1) 비료 및 질소화합물 제조시설	
	가) 비료 및 질소화합물 제조시설	12 이하
	나) 유기질비료 제조시설	30 이하
	2) 무기안료 · 염료 · 유연제 · 착색제 제조시설	12 이하
	3) 폐수 · 폐기물 · 폐가스 소각처리시설 및 동물화장시설(소각보일러를 포함한다)	20(12) 이하
	4) 고형연료제품 사용시설	15(12) 이하
	5) 시멘트 제조시설 중 소성시설	20(13) 이하
	6) 그 밖의 배출시설	30 이하
일산화탄소 (ppm)	1) 폐수 · 폐기물 · 폐가스 소각처리시설(소각보일러를 포함한다)	
	가) 소각용량이 시간당 2톤(의료폐기물 처리시설은 시간당 200킬로그램) 이상인 시설	50(12) 이하
	나) 소각용량 시간당 2톤 미만인 시설	200(12) 이하
	2) 석유 정제품 제조시설 중 중질유분해시설의 일산화탄소 소각보일러	200(12) 이하
	3) 고형연료제품 제조 · 사용시설 및 관련시설	
	가) 고형연료제품 사용량이 시간당 2톤 이상인 시설	50(12) 이하
	나) 고형연료제품 사용량이 시간당 200킬로그램 이상 2톤 미만인 시설	150(12) 이하
	다) 일반 고형연료제품(SRF) 제조시설 중 건조 · 가열시설	300(15) 이하
	라) 바이오매스 및 목재펠릿 사용시설	200(12) 이하
	4) 가스열 펌프	300(0) 이하
	5) 화장로시설	
	가) 2009년 12월 31일 이전 설치시설	200(12) 이하
	나) 2010년 1월 1일 이후 설치시설	80(12) 이하

대기오염물질	배출시설	배출허용기준
염화수소 (ppm)	1) 기초무기화합물 제조시설 중 염산 제조시설(염산 및 염화수소 회수시설을 포함한다) 및 저장시설	4 이하
	2) 기초무기화합물 제조시설 중 폐염산 정제시설(염산 및 염화수소 회수시설을 포함한다) 및 저장시설	9 이하
	3) 1차 금속제조시설, 금속가공제품 · 기계 · 기기 · 운송장비 · 가구 제조시설의 표면처리시설 중 탈지시설, 산 · 알칼리 처리시설	3 이하
	4) 폐수 · 폐기물 · 폐가스 소각처리시설 및 동물화장시설(소각보일러를 포함한다)	
	가) 소각용량이 시간당 2톤(의료폐기물 처리시설은 시간당 200킬로그램) 이상인 시설	12(12) 이하
	나) 소각용량이 시간당 2톤 미만인 시설	15(12) 이하
	5) 유리 및 유리제품 제조시설 중 용융 · 용해시설	2(13) 이하
	6) 시멘트 · 석회 · 플라스터 및 그 제품 제조시설, 기타 비금속광물제품 제조시설 중 소성시설(예열시설을 포함한다), 용융 · 용해시설, 건조시설	9(13) 이하
	7) 반도체 및 기타 전자부품 제조시설 중 증착(蒸着)시설, 식각(蝕刻)시설 및 표면처리시설	4 이하
	8) 고형연료제품 사용시설	
	가) 고형연료제품 사용량이 시간당 2톤 이상인 시설	10(12) 이하
	나) 고형연료제품 사용량이 시간당 200킬로그램 이상 2톤 미만인 시설	15(12) 이하
	9) 화장로시설	10(12) 이하
	10) 그 밖의 배출시설	4 이하
황산화물 (SO_2로서) (ppm)	1) 일반보일러(흡수식 냉 · 온수기를 포함한다)	
	가) 액체연료사용시설(기체연료 혼합시설을 포함한다)	
	(1) 증발량이 시간당 40톤 이상이거나 열량이 시간당 24,760,000킬로칼로리 이상인 시설	
	(가) 2004년 12월 31일 이전 설치시설	
	① 0.3% 이하 저황유 사용지역	140(4) 이하
	② 그 밖의 지역	210(4) 이하
	(나) 2005년 1월 1일 이후 설치시설	80(4) 이하
	(다) 2015년 1월 1일 이후 설치시설	50(4) 이하
	(2) 증발량이 시간당 10톤 이상 40톤 미만인 시설, 열량이 시간당 6,190,000킬로칼로리 이상 24,760,000킬로칼로리 미만인 시설	
	(가) 2014년 12월 31일 이전 설치시설	
	① 0.3% 이하 저황유 사용지역	140(4) 이하
	② 0.5% 이하 저황유 사용지역	210(4) 이하
	③ 그 밖의 지역	210(4) 이하
	(나) 2015년 1월 1일 이후 설치시설	50(4) 이하
	(3) 증발량이 시간당 10톤 미만이거나 열량이 시간당 6,190,000킬로칼로리 미만인 시설	
	(가) 2019년 12월 31일 이전 설치시설	
	① 0.3% 이하 저황유 사용지역	140(4) 이하
	② 그 밖의 지역	210(4) 이하
	(나) 2020년 1월 1일 이후 설치시설	50(4) 이하
	나) 고체연료 사용시설(액체연료 혼합시설을 포함한다)	
	(1) 2001년 6월 30일 이전 설치시설	120(6) 이하
	(2) 2001년 7월 1일 이후 설치시설	100(6) 이하
	(3) 2015년 1월 1일 이후 설치시설	50(6) 이하

대기오염물질	배출시설	배출허용기준
	(4) 2020년 1월 1일 이후 설치시설	20(6) 이하
	다) 기체연료사용시설	
	(1) 2014년 12월 31일 이전 설치시설	70(4) 이하
	(2) 2015년 1월 1일 이후 설치시설	35(4) 이하
	(3) 2020년 1월 1일 이후 설치시설	10(4) 이하
	라) 바이오가스 사용시설	125(4) 이하
	2) 발전시설	
	가) 액체연료 사용시설	
	(1) 발전용 내연기관	
	(가) 설비용량이 100메가와트 이상인 시설	
	① 1996년 6월 30일 이전 설치시설	20(15) 이하
	② 1996년 7월 1일 이후 설치시설	20(15) 이하
	③ 2015년 1월 1일 이후 설치시설	20(15) 이하
	(나) 설비용량이 100메가와트 미만인 시설	
	① 1996년 6월 30일 이전 설치시설	40(15) 이하
	② 1996년 7월 1일 이후 설치시설	25(15) 이하
	③ 2015년 1월 1일 이후 설치시설	20(15) 이하
	(2) 그 밖의 발전시설	
	(가) 설비용량이 100메가와트 이상인 시설	
	① 1996년 6월 30일 이전 설치시설	50(4) 이하
황산화물 (SO_2로서) (ppm)	② 1996년 7월 1일 이후 설치시설	50(4) 이하
	③ 2015년 1월 1일 이후 설치시설	35(4) 이하
	④ 2020년 1월 1일 이후 설치시설	25(4) 이하
	(나) 설비용량이 100메가와트 미만인 시설	
	① 1996년 6월 30일 이전 설치시설	140(4) 이하
	② 1996년 7월 1일 이후 설치시설	50(4) 이하
	③ 2015년 1월 1일 이후 설치시설	35(4) 이하
	나) 고체연료 사용시설(액체연료 혼합시설을 포함한다)	
	(1) 설비용량이 100메가와트 이상인 시설	
	(가) 1996년 6월 30일 이전 설치시설	60(6) 이하
	(나) 2014년 12월 31일 이전 설치시설	50(6) 이하
	(다) 2015년 1월 1일 이후 설치시설	25(6) 이하
	(2) 설비용량이 100메가와트 미만인 시설	
	(가) 1996년 6월 30일 이전 설치시설	90(6) 이하
	(나) 2014년 12월 31일 이전 설치시설	60(6) 이하
	(다) 2015년 1월 1일 이후 설치시설	35(6) 이하
	다) 국내에서 생산되는 무연탄 사용시설	
	(1) 1996년 6월 30일 이전 설치시설	
	(가) 설비용량이 100메가와트 이상인 시설	60(6) 이하
	(나) 설비용량이 100메가와트 미만인 시설	100(6) 이하
	(2) 2014년 12월 31일 이전 설치시설	50(6) 이하
	(3) 2015년 1월 1일 이후 설치시설	35(6) 이하
	라) 국내에서 생산되는 석유코크스 사용시설	

대기오염물질	배출시설	배출허용기준
	(1) 2014년 12월 31일 이전 설치시설	140(6) 이하
	(2) 2015년 1월 1일 이후 설치시설	50(6) 이하
	(3) 2020년 1월 1일 이후 설치시설	35(6) 이하
	마) 기체연료 사용시설	
	(1) 2014년 12월 31일 이전 설치시설	
	(가) 발전용 내연기관(가스터빈을 포함한다)	20(15) 이하
	(나) 열병합 발전시설 중 카본블랙 제조시설의 폐가스 재이용시설	200(6) 이하
	(다) 그 밖의 발전시설	60(4) 이하
	(2) 2015년 1월 1일 이후 설치시설	
	(가) 발전용 내연기관(가스터빈을 포함한다)	15(15) 이하
	(나) 열병합 발전시설 중 카본블랙 제조시설의 폐가스 재이용시설	100(6) 이하
	(다) 그 밖의 발전시설	60(4) 이하
	(3) 2020년 1월 1일 이후 설치시설	
	(가) 발전용 내연기관(가스터빈을 포함한다)	10(15) 이하
	(나) 열병합 발전시설 중 카본블랙 제조시설의 폐가스 재이용시설	50(6) 이하
	(다) 그 밖의 발전시설	10(4) 이하
	바) 바이오가스 사용시설	120(4) 이하
	3) 1차 금속제조시설, 금속가공제품 · 기계 · 기기 · 운송장비 · 가구 제조시설의 용융 · 용해로 또는 열처리시설	
	가) 배소로(焙燒爐), 용광로(鎔鑛爐) 및 용선로(鎔銑爐)의 연소가스시설	
황산화물 (SO_2로서) (ppm)	(1) 2007년 1월 31일 이전 설치시설	140 이하
	(2) 2007년 2월 1일 이후 설치시설	90 이하
	(3) 2015년 1월 1일 이후 설치시설	45 이하
	나) 소결로(燒結爐)의 연소시설	
	(1) 2007년 1월 31일 이전 설치시설	140(15) 이하
	(2) 2007년 2월 1일 이후 설치시설	90(15) 이하
	(3) 2015년 1월 1일 이후 설치시설	45(15) 이하
	4) 기초무기화합물 제조시설 중 황산제조시설	180(8) 이하
	5) 비료 및 질소화합물 제조시설 중 혼합시설, 반응시설, 정제시설 및 농축시설	90 이하
	6) 석유정제품 제조시설	
	가) 황 회수장치의 폐가스 소각시설(석탄가스화시설의 황 회수시설을 포함한다)	
	(1) 2014년 12월 31일 이전 설치시설	180(4) 이하
	(2) 2015년 1월 1일 이후 설치시설	120(4) 이하
	(3) 2020년 1월 1일 이후 설치시설	80(4) 이하
	나) 가열시설	
	(1) 0.3% 이하 저황유 사용지역	120(4) 이하
	(2) 그 밖의 지역	120(4) 이하
	다) 중질유 분해시설의 일산화탄소 소각보일러 중 건식 황산회수시설	
	(1) 2014년 12월 31일 이전 설치시설	250(12) 이하
	(2) 2015년 1월 1일 이후 설치시설	50(12) 이하
	라) 중질유 분해시설의 일산화탄소 소각보일러 중 습식황산화물제거시설	
	(1) 2014년 12월 31일 이전 설치시설	50(12) 이하
	(2) 2015년 1월 1일 이후 설치시설	50(12) 이하

대기오염물질	배출시설	배출허용기준
황산화물 (SO_2로서) (ppm)	7) 기초유기화합물 제조시설 중 가열시설	210(4) 이하
	8) 석탄가스화 연료 제조시설	
	가) 건조시설 및 분쇄시설	
	(1) 2014년 12월 31일 이전 설치시설	80(8) 이하
	(2) 2015년 1월 1일 이후 설치시설	30(8) 이하
	나) 연소시설	80(7) 이하
	다) 황 회수시설	
	(1) 2014년 12월 31일 이전 설치시설	180(4) 이하
	(2) 2015년 1월 1일 이후 설치시설	120(4) 이하
	라) 황산 제조시설	
	(1) 2014년 12월 31일 이전 설치시설	180(8) 이하
	(2) 2015년 1월 1일 이후 설치시설	80(8) 이하
	9) 코크스 제조시설 중 연소시설	85(7) 이하
	10) 폐수 · 폐기물 · 폐가스 소각처리시설 및 동물화장시설(소각보일러를 포함한다)	
	가) 소각용량이 시간당 2톤(의료폐기물 처리시설은 200킬로그램) 이상인 시설	20(12) 이하
	나) 소각용량이 시간당 200킬로그램 이상 2톤(의료폐기물 처리시설은 200킬로그램) 미만인 시설	30(12) 이하
	다) 소각용량이 시간당 200킬로그램 미만인 시설	35(12) 이하
	11) 시멘트 및 그 제품 제조시설 중 시멘트 소성시설(예열시설을 포함한다), 용융 · 용해시설, 건조시설	
	가) 2007년 1월 31일 이전 설치시설	
	(1) 크링커 생산량이 연 200,000톤 이상인 시설	15(13) 이하
	(2) 크링커 생산량이 연 200,000톤 미만인 시설	80(13) 이하
	나) 2007년 2월 1일 이후 설치시설	
	(1) 크링커 생산량이 연 200,000톤 이상인 시설	15(13) 이하
	(2) 크링커 생산량이 연 200,000톤 미만인 시설	35(13) 이하
	다) 2015년 1월 1일 이후 설치시설	
	(1) 크링커 생산량이 연 200,000톤 이상인 시설	10(13) 이하
	(2) 크링커 생산량이 연 200,000톤 미만인 시설	20(13) 이하
	12) 석회 · 플라스터 및 그 제품 제조시설 중 소성시설(예열시설을 포함한다), 용융 · 용해, 건조시설	
	가) 2007년 1월 31일 이전 설치시설	
	(1) 제품 생산량이 연 200,000톤 이상인 시설	15(13) 이하
	(2) 제품 생산량이 연 200,000톤 미만인 시설	80(13) 이하
	나) 2007년 2월 1일 이후 설치시설	
	(1) 제품 생산량이 연 200,000톤 이상인 시설	15(13) 이하
	(2) 제품 생산량이 연 200,000톤 미만인 시설	35(13) 이하
	다) 2015년 1월 1일 이후 설치시설	
	(1) 제품 생산량이 연 200,000톤 이상인 시설	10(13) 이하
	(2) 제품 생산량이 연 200,000톤 미만인 시설	20(13) 이하
	13) 유리 및 유리제품 제조시설(재생용 원료가공시설을 포함한다) 중 용융 · 용해로	
	가) 2014년 12월 31일 이전 설치시설	

대기오염물질	배출시설	배출허용기준
황산화물 (SO_2로서) (ppm)	(1) 「수도권 대기환경개선에 관한 특별법」에 따른 대기관리권역, 「대기환경보전법」에 따른 대기환경규제지역 또는 「환경정책기본법」에 따른 특별대책지역에 설치된 시설	200(13) 이하
	(2) 그 밖의 지역에 설치된 시설	230(13) 이하
	나) 2015년 1월 1일 이후 설치시설	150(13) 이하
	다) 2020년 1월 1일 이후 설치시설	65(13) 이하
	14) 고형연료제품 제조 사용시설 및 관련 시설	
	가) 고형연료제품 사용량이 시간당 2톤 이상인 시설	20(12) 이하
	나) 고형연료제품 사용량이 시간당 200킬로그램 이상 2톤 미만인 시설	25(12) 이하
	다) 일반 고형연료제품(SRF) 제조시설 중 건조 · 가열시설	70(15) 이하
	15) 화장로시설	
	가) 2009년 12월 31일 이전 설치시설	50(12) 이하
	나) 2010년 1월 1일 이후 설치시설	20(12) 이하
	16) 그 밖의 배출시설	200 이하
질소산화물 (NO_2로서) (ppm)	1) 일반보일러(흡수식 냉 · 온수기를 포함한다)	
	가) 액체연료 사용시설	
	(1) 증발량이 시간당 40톤 이상이거나 열량이 시간당 24,760,000킬로칼로리 이상인 시설	
	(가) 2001년 6월 30일 이전 설치시설	70(4) 이하
	(나) 2001년 7월 1일 이후 설치시설	70(4) 이하
	(다) 2015년 1월 1일 이후 설치시설	50(4) 이하
	(2) 증발량이 시간당 10톤 이상 40톤 미만인 시설, 열량이 시간당 6,190,000킬로칼로리 이상 24,760,000킬로칼로리 미만인 시설	
	(가) 2007년 1월 31일 이전 설치시설	100(4) 이하
	(나) 2007년 2월 1일 이후 설치시설	80(4) 이하
	(다) 2015년 1월 1일 이후 설치시설	50(4) 이하
	(3) 증발량이 시간당 10톤 미만이거나 열량이 시간당 6,190,000킬로칼로리 미만인 시설	
	(가) 2007년 1월 31일 이전 설치시설	140(4) 이하
	(나) 2007년 2월 1일 이후 설치시설	120(4) 이하
	(다) 2015년 1월 1일 이후 설치시설	70(4) 이하
	나) 고체연료 사용시설	
	(1) 2007년 1월 31일 이전 설치시설	70(6) 이하
	(2) 2007년 2월 1일 이후 설치시설	60(6) 이하
	(3) 2020년 1월 1일 이후 설치시설	50(6) 이하
	다) 국내에서 생산되는 석유코크스 사용시설	
	(1) 2014년 12월 31일 이전 설치시설	70(6) 이하
	(2) 2015년 1월 1일 이후 설치시설	60(6) 이하
	(3) 2020년 1월 1일 이후 설치시설	50(6) 이하
	라) 기체연료 사용시설	

대기오염물질	배출시설	배출허용기준
질소산화물 (NO_2로서) (ppm)	(1) 증발량이 시간당 40톤 이상이거나 열량이 시간당 24,760,000킬로칼로리 이상인 시설	
	(가) 2014년 12월 31일 이전 설치시설	60(4) 이하
	(나) 2015년 1월 1일 이후 설치시설	40(4) 이하
	(다) 2020년 1월 1일 이후 설치시설	20(4) 이하
	(2) 증발량이 시간당 10톤 이상 40톤 미만, 열량이 시간당 6,190,000킬로칼로리 이상 24,760,000킬로칼로리 미만인 시설	
	(가) 2014년 12월 31일 이전 설치시설	60(4) 이하
	(나) 2015년 1월 1일 이후 설치시설	40(4) 이하
	(3) 증발량이 시간당 10톤 미만이거나 열량이 시간당 6,190,000킬로칼로리 미만인 시설	
	(가) 2014년 12월 31일 이전 설치시설	60(4) 이하
	(나) 2015년 1월 1일 이후 설치시설	40(4) 이하
	마) 바이오가스 사용시설	70(4) 이하
	바) 그 밖의 배출시설	
	(1) 2014년 12월 31일 이전 설치시설	150 이하
	(2) 2015년 1월 1일 이후 설치시설	60 이하
	2) 발전시설	
	가) 액체연료 사용시설	
	(1) 발전용 내연기관	
	(가) 가스터빈	
	① 2001년 6월 30일 이전 설치시설	55(15) 이하
	② 2001년 7월 1일 이후 설치시설	50(15) 이하
	③ 2015년 1월 1일 이후 설치시설	50(15) 이하
	(나) 디젤기관	
	① 2001년 6월 30일 이전 설치시설	250(15) 이하
	② 2001년 7월 1일 이후 설치시설	200(15) 이하
	③ 2015년 1월 1일 이후 설치시설	90(15) 이하
	(2) 그 밖의 발전시설	
	(가) 설비용량이 100메가와트 이상인 시설	
	① 2001년 6월 30일 이전 설치시설	70(4) 이하
	② 2001년 7월 1일 이후 설치시설	55(4) 이하
	③ 2015년 1월 1일 이후 설치시설	50(4) 이하
	(나) 설비용량이 100메가와트 미만인 시설	
	① 2001년 6월 30일 이전 설치시설	90(4) 이하
	② 2001년 7월 1일 이후 설치시설	55(4) 이하
	③ 2015년 1월 1일 이후 설치시설	50(4) 이하
	나) 고체연료 사용시설	
	(1) 설비용량이 100메가와트 이상인 시설	
	(가) 1996년 6월 30일 이전 설치시설	70(6) 이하
	(나) 1996년 7월 1일 이후 설치시설	50(6) 이하
	(다) 2015년 1월 1일 이후 설치시설	15(6) 이하
	(2) 설비용량이 100메가와트 미만인 시설	
	(가) 1996년 6월 30일 이전 설치시설	90(6) 이하

대기오염물질	배출시설	배출허용기준
	(나) 1996년 7월 1일 이후 설치시설	60(6) 이하
	(다) 2015년 1월 1일 이후 설치시설	30(6) 이하
	다) 기체연료 사용시설	
	(1) 발전용 내연기관(가스터빈을 포함한다)	
	(가) 2001년 6월 30일 이전 설치시설	40(15) 이하
	(나) 2001년 7월 1일 이후 설치시설	25(15) 이하
	(다) 2015년 1월 1일 이후 설치시설	20(15) 이하
	(라) 2020년 1월 1일 이후 설치시설	10(15) 이하
	(2) 열병합 발전시설 중 카본블랙 제조시설의 폐가스 재이용시설	
	(가) 2001년 6월 30일 이전 설치시설	180(6) 이하
	(나) 2001년 7월 1일 이후 설치시설	180(6) 이하
	(다) 2015년 1월 1일 이후 설치시설	100(6) 이하
	(3) 매립가스와 바이오가스를 사용하지 않는 린번엔진 발전용 내연기관	
	(가) 2001년 6월 30일 이전 설치시설	40(15) 이하
	(나) 2001년 7월 1일 이후 설치시설	40(15) 이하
	(4) 매립가스와 바이오가스를 사용하는 린번엔진 발전용 내연기관	95(15) 이하
	(5) 바이오가스 사용시설	120(4) 이하
	(6) 그 밖의 발전시설	
	(가) 2001년 6월 30일 이후 설치시설	40(4) 이하
	(나) 2001년 7월 1일 이후 설치시설	30(4) 이하
질소산화물 (NO_2로서) (ppm)	(다) 2015년 1월 1일 이후 설치시설	20(4) 이하
	3) 폐수 · 폐기물 · 폐가스 소각처리시설 및 동물화장시설(소각보일러를 포함한다)	
	가) 소각용량이 시간당 2톤(의료폐기물 처리시설은 200킬로그램) 이상인 시설	50(12) 이하
	나) 소각용량이 시간당 2톤(의료폐기물 처리시설은 200킬로그램) 미만인 시설	70(12) 이하
	4) 1차금속 제조시설, 금속가공제품 제조시설의 용융 · 용해로 또는 열처리시설	
	가) 배소로	
	(1) 2007년 1월 31일 이전 설치시설	60 이하
	(2) 2007년 2월 1일 이후 설치시설	60 이하
	(3) 2015년 1월 1일 이후 설치시설	60 이하
	나) 용선로의 연소가스시설	
	(1) 2007년 1월 31일 이전 설치시설	60 이하
	(2) 2007년 2월 1일 이후 설치시설	60 이하
	(3) 2015년 1월 1일 이후 설치시설	60 이하
	다) 소결로	
	(1) 2007년 1월 31일 이전 설치시설	170(15) 이하
	(2) 2007년 2월 1일 이후 설치시설	100(15) 이하
	(3) 2015년 1월 1일 이후 설치시설	60(15) 이하
	라) 가열로, 열처리로, 소둔로(燒鈍爐), 건조로, 열풍로	
	(1) 2007년 1월 31일 이전 설치시설	150(11) 이하
	(2) 2007년 2월 1일 이후 설치시설	115(11) 이하
	(3) 2015년 1월 1일 이후 설치시설	80(11) 이하
	5) 석유 정제품 제조시설	
	가) 가열시설	

대기오염물질	배출시설	배출허용기준
	(1) 증발량이 시간당 50톤 이상인 시설	
	(가) 2001년 6월 30일 이전 설치시설	130(4) 이하
	(나) 2001년 7월 1일 이후 설치시설	50(4) 이하
	(2) 증발량이 시간당 50톤 미만인 시설	130(4) 이하
	나) 중질유분해시설의 일산화탄소 소각보일러	110(12) 이하
	6) 기초유기화합물 제조시설	
	가) 가열시설	
	(1) 액체연료 사용시설	
	(가) 증발량이 시간당 50톤 이상인 시설	
	① 2001년 6월 30일 이전 설치시설	130(4) 이하
	② 2001년 7월 1일 이후 설치시설	50(4) 이하
	(나) 증발량이 시간당 50톤 미만인 시설	130(4) 이하
	(2) 기체연료 사용시설	
	(가) 증발량이 시간당 50톤 이상인 시설	
	① 2001년 6월 30일 이전 설치시설	130(4) 이하
	② 2001년 7월 1일 이후 설치시설	
	㉮ 나프타 크래킹 관련 시설	75(4) 이하
	㉯ 그 외 가열시설	50(4) 이하
	(나) 증발량이 시간당 50톤 미만인 시설	130(4) 이하
	나) 중질유분해시설의 일산화탄소 소각보일러	110(12) 이하
질소산화물 (NO_2로서) (ppm)	7) 유리 · 유리제품 제조시설(재생용 원료가공시설을 포함한다) 중 용융 · 용해시설	
	가) 개별배출 용량이 일 10톤 이상인 시설	
	(1) 2014년 12월 31일 이전 설치시설	180(13) 이하
	(2) 2015년 1월 1일 이후 설치시설	135(13) 이하
	나) 개별배출 용량이 일 10톤 미만인 시설	
	(1) 2014년 12월 31일 이전 설치시설	250(13) 이하
	(2) 2015년 1월 1일 이후 설치시설	135(13) 이하
	다) 순산소를 사용하는 유리섬유 생산시설	
	(1) 2014년 12월 31일 이전 설치시설	195 이하
	(2) 2015년 1월 1일 이후 설치시설	135 이하
	8) 시멘트 소성시설(예열시설을 포함한다), 용융 · 용해시설, 건조시설	
	가) 2007년 1월 31일 이전 설치시설	270(13) 이하
	나) 2007년 2월 1일 이후 설치시설	200(13) 이하
	다) 2015년 1월 1일 이후 설치시설	80(13) 이하
	9) 석회 · 플라스터 및 그 제품 제조시설 중 소성시설(예열시설을 포함한다), 용융 · 용해시설, 건조시설	
	가) 2007년 1월 31일 이전 설치시설	210(13) 이하
	나) 2007년 2월 1일 이후 설치시설	170(13) 이하
	다) 2015년 1월 1일 이후 설치시설	80(13) 이하
	10) 석탄가스화 연료 제조시설	
	가) 건조시설 및 분쇄시설	150(8) 이하
	나) 연소시설	115(7) 이하
	다) 황 회수시설	150(4) 이하

대기오염물질	배출시설	배출허용기준
질소산화물 (NO_2로서) (ppm)	라) 황산 제조시설	135(8) 이하
	11) 코크스제조시설 및 관련 제품 저장시설 중 연소시설	
	가) 2006년 12월 31일 이전 설치시설	190(7) 이하
	나) 2007년 1월 1일 이후 설치시설	115(7) 이하
	12) 고형연료제품 제조 · 사용시설 및 관련 시설	
	가) 고형연료제품 사용량이 시간당 2톤 이상인 시설	50(12) 이하
	나) 고형연료제품 사용량이 시간당 200킬로그램 이상 2톤 미만인 시설	60(12) 이하
	다) 일반 고형연료제품 제조시설 중 건조 · 가열시설	75(15) 이하
	라) 바이오매스 및 목재펠릿 제조시설 중 건조 · 가열시설	75 이하
	마) 바이오매스 및 목재펠릿 사용시설	90(12) 이하
	13) 화장로시설	
	가) 2009년 12월 31일 이전 설치시설	75(12) 이하
	나) 2010년 1월 1일 이후 설치시설	60(12) 이하
	14) 그 밖의 배출시설	150 이하
이황화탄소 (ppm)	모든 배출시설	10 이하
포름알데히드 (ppm)	모든 배출시설	8 이하
황화수소 (ppm)	1) 폐수 · 폐기물 · 폐가스 소각처리시설 및 동물화장시설(소각보일러를 포함한다)	
	가) 소각용량이 시간당 200킬로그램 이상인 시설	2(12) 이하
	나) 소각용량이 시간당 200킬로그램 미만인 시설	4(12) 이하
	2) 시멘트제조시설 중 소성시설	2(13) 이하
	3) 석유 정제품 제조시설 및 기초유기화합물 제조시설 중 가열시설, 황산화물제거시설 및 폐가스소각시설	4(4) 이하
	4) 펄프 · 종이 및 종이제품 제조시설	4 이하
	5) 고형연료제품 사용시설	
	가) 고형연료제품 사용량이 시간당 2톤 이상인 시설	2(12) 이하
	나) 고형연료제품 사용량이 시간당 200킬로그램 이상 2톤 미만인 시설	3(12) 이하
	6) 석탄가스화 연료 제조시설	
	가) 황 회수시설	5(4) 이하
	나) 황산 제조시설	5(8) 이하
	7) 그 밖의 배출시설	6 이하
불소화합물 (F로서) (ppm)	1) 도자기 · 요업제품 제조시설의 소성시설(예열시설을 포함한다), 용융 · 용해시설	2(13) 이하
	2) 기초무기화합물 제조시설과 화학비료 및 질소화합물 제조시설의 습식인산 제조시설, 복합비료 제조시설, 과인산암모늄 제조시설, 인광석 · 형석의 용융 · 용해시설 및 소성시설, 불소화합물 제조시설	3 이하
	3) 폐수 · 폐기물 · 폐가스 소각처리시설 및 동물화장시설(소각보일러를 포함한다)	
	가) 소각용량이 시간당 200킬로그램 이상인 시설	2(12) 이하
	나) 소각용량이 시간당 200킬로그램 미만인 시설	2(12) 이하
	4) 시멘트제조시설 중 소성시설	2(13) 이하
	5) 반도체 및 기타 전자부품 제조시설 중 표면처리시설(증착시설, 식각시설을 포함한다)	

대기오염물질	배출시설	배출허용기준
불소화합물 (F로서) (ppm)	가) 2014년 12월 31일 이전 설치시설	3 이하
	나) 2015년 1월 1일 이후 설치시설	2 이하
	6) 1차금속 제조시설, 금속가공제품 제조시설의 표면처리시설 중 탈지시설, 산 · 알칼리처리시설, 화성처리시설, 건조시설, 불산처리시설, 무기산저장시설	2 이하
	7) 고형연료제품 사용시설	
	가) 고형연료제품 사용량이 시간당 2톤 이상인 시설	2(12) 이하
	나) 고형연료제품 사용량이 시간당 200킬로그램 이상 2톤 미만인 시설	2(12) 이하
	8) 그 밖의 배출시설	2 이하
시안화수소 (ppm)	1) 아크릴로니트릴 제조시설의 폐가스 소각시설	8 이하
	2) 그 밖의 배출시설	4 이하
브롬화합물 (ppm)	모든 배출시설	3 이하
벤젠 (ppm)	모든 배출시설(내부부상 지붕형 또는 외부부상 지붕형 저장시설은 제외한다)	6 이하
페놀화합물 (ppm)	모든 배출시설	4 이하
수은화합물 (Hg로서) (㎎/S㎥)	1) 폐수 · 폐기물 · 폐가스 소각처리시설, 동물화장시설(소각보일러를 포함한다) 및 고형연료제품 사용시설	0.05(12) 이하
	2) 발전시설(고체연료 사용시설만 해당한다)	0.04(6) 이하
	3) 1차 금속제조시설 중 배소로, 소결로, 용광로(용광용반사로를 포함함다), 용해로, 전로 및 건조로	0.04(15) 이하
	4) 시멘트 · 석회 · 플라스터 및 그 제품 제조시설 중 시멘트 소성시설	0.05(13) 이하
	5) 그 밖의 배출시설	0.1 이하
비소화합물 (As로서) (ppm)	1) 폐수 · 폐기물 · 폐가스 소각처리시설, 동물화장시설(소각보일러를 포함한다) 및 고형연료제품 사용시설	0.2(12) 이하
	2) 시멘트제조시설 중 소성시설	0.2(13) 이하
	3) 그 밖의 배출시설	0.5 이하
염화비닐 (ppm)	이염화에틸렌 · 염화비닐 및 PVC 제조시설 중 중합반응시설	
	1) 1996년 6월 30일 이전 설치시설	
	가) 현탁중합반응시설	25 이하
	나) 괴상중합반응시설	40 이하
	다) 유화중합반응시설	70 이하
	라) 공중합반응시설	90 이하
	마) 그 밖의 배출시설	10 이하
	2) 1996년 7월 1일 이후 설치시설	
	가) 현탁중합반응시설	10 이하
	나) 괴상중합반응시설	25 이하
	다) 유화중합반응시설	70 이하
	라) 공중합반응시설	90 이하
	마) 그 밖의 배출시설	10 이하

대기오염물질	배출시설	배출허용기준
탄화수소 (THC로서) (ppm)	1) 연속식 도장시설(건조시설과 분무 · 분체 · 침지도장시설을 포함한다) 2) 비연속식 도장시설(건조시설과 분무 · 분체 · 침지도장시설을 포함한다) 3) 인쇄 및 각종 기록매체 제조(복제)시설 4) 시멘트 제조시설 중 소성시설(예열시설을 포함하며, 폐기물을 연료로 사용하는 시설만 해당한다) 5) 세정시설(탈지시설, 산 · 알칼리 처리시설, 화성처리시설을 포함한다), 건조시설, 저장시설(내부부상 지붕형 또는 외부부상 지붕형 저장시설은 제외한다) 6) 가스열펌프	40 이하 110 이하 110 이하 60(13) 이하 200 이하 300(0) 이하
디클로로메탄 (ppm)	모든 배출시설	50 이하
트리클로로에틸렌(ppm)	모든 배출시설	50 이하
1,3-부타디엔 (ppm)	모든 배출시설	6 이하
아크릴로니트릴 (ppm)	모든 배출시설(저장시설은 제외한다)	3 이하
	저장시설	20 이하
1,2-디클로로에탄(ppm)	모든 배출시설	12 이하
클로로포름 (ppm)	모든 배출시설	5 이하
테트라클로로에틸렌(ppm)	모든 배출시설	10 이하
스틸렌(ppm)	모든 배출시설	23 이하
에틸벤젠 (ppm)	모든 배출시설	23 이하
사염화탄소 (ppm)	모든 배출시설	3 이하
아닐린(ppm)	기초유기화합물제조시설(방향족 공정은 제외한다), 의료용 물질 및 의약품제조시설	25 이하
프로필렌옥사이드(ppm)	기초유기화합물제조시설(방향족 공정은 제외한다)	90 이하
아세트알데히드(ppm)	석유정제품 제조시설 및 관련제품 저장시설, 기초유기화합물 제조시설, 폐수 · 폐기물 · 폐가스 소각시설, 고형 및 기타연료 제품 제조시설	10 이하
이황화메틸 (ppm)	기초유기화합물제조시설, 의료용 물질 및 의약품 제조시설, 폐수 · 폐기물 · 폐가스 소각시설	3 이하
히드라진 (ppm)	기초유기화합물제조시설(방향족 공정은 제외한다)	15 이하
에틸렌옥사이드(ppm)	기초유기화합물제조시설(방향족 공정은 제외한다)	3 이하
벤지딘(ppm)	무기안료 · 염료 · 유연제 및 기타 착색제 제조시설 중 벤지딘을 사용하는 시설	2 이하

2) 1)에도 불구하고 단일한 특정대기유해물질을 연간 10톤 이상 배출하는 사업장에 대하여 해당 특정대기유해물질의 배출허용기준을 적용할 때에는 다음 표의 기준을 따른다.

대기오염물질	배출시설	배출허용기준
염화수소 (ppm)	1) 기초무기화합물 제조시설 중 염산 제조시설(염산 및 염화수소 회수시설을 포함한다) 및 저장시설	3 이하
	2) 기초무기화합물 제조시설 중 폐염산 정제시설(염산 및 염화수소 회수시설을 포함한다) 및 저장시설	5 이하
	3) 1차금속 제조시설, 금속가공제품 · 기계 · 기기 · 운송장비 · 가구 제조시설의 표면처리시설 중 탈지시설, 산 · 알칼리 처리시설	2 이하
	4) 폐수 · 폐기물 · 폐가스 소각처리시설 및 동물화장시설(소각보일러를 포함한다)	
	가) 소각용량이 시간당 2톤(의료폐기물 처리시설은 시간당 200킬로그램) 이상인 시설	8(12) 이하
	나) 소각용량이 시간당 2톤 미만인 시설	10(12) 이하
	5) 유리 및 유리제품 제조시설 중 용융 · 용해시설	1(13) 이하
	6) 시멘트 · 석회 · 플라스터 및 그 제품 제조시설, 기타 비금속광물제품 제조시설 중 소성시설(예열시설을 포함한다), 용융 · 용해시설, 건조시설	8(13) 이하
	7) 반도체 및 기타 전자부품 제조시설 중 증착(蒸着)시설, 식각(蝕刻)시설 및 표면처리시설	2 이하
	8) 고형연료제품 사용시설	7(12) 이하
	9) 화장로시설	5(12) 이하
	10) 그 밖의 배출시설	3 이하
포름알데히드 (ppm)	모든 배출시설	4 이하
불소화합물 (F로서) (ppm)	1) 도자기 · 요업제품 제조시설의 소성시설(예열시설을 포함한다), 용융 · 용해시설	1(13) 이하
	2) 기초무기화합물 제조시설과 화학비료 및 질소화합물 제조시설의 습식인산 제조시설, 복합비료 제조시설, 과인산암모늄 제조시설, 인광석 · 형석의 용융 · 용해시설 및 소성시설, 불소화합물 제조시설	2 이하
	3) 폐수 · 폐기물 · 폐가스 소각처리시설 및 동물화장시설(소각보일러를 포함한다)	
	가) 소각용량이 시간당 200킬로그램 이상인 시설	1(12) 이하
	나) 소각용량이 시간당 200킬로그램 미만인 시설	1(12) 이하
	4) 시멘트제조시설 중 소성시설	1(13) 이하
	5) 반도체 및 기타 전자부품 제조시설 중 표면처리시설(증착시설, 식각시설을 포함한다)	
	가) 2014년 12월 31일 이전 설치시설	2 이하
	나) 2015년 1월 1일 이후 설치시설	1 이하
	6) 1차금속 제조시설, 금속가공제품 제조시설의 표면처리시설 중 탈지시설, 산 · 알칼리처리시설, 화성처리시설, 건조시설, 불산처리시설, 무기산저장시설	1 이하
	7) 고형연료제품 사용시설	
	가) 고형연료제품 사용량이 시간당 2톤 이상인 시설	1(12) 이하
	나) 고형연료제품 사용량이 시간당 200킬로그램 이상 2톤 미만인 시설	1(12) 이하
	8) 그 밖의 배출시설	1 이하
시안화수소 (ppm)	1) 아크릴로니트릴 제조시설의 폐가스 소각시설	6 이하
	2) 그 밖의 배출시설	2 이하
벤젠 (ppm)	모든 배출시설(내부부상 지붕형 또는 외부부상 지붕형 저장시설은 제외한다)	3 이하
페놀화합물 (ppm)	모든 배출시설	3 이하

대기오염물질	배출시설	배출허용기준
수은화합물 (Hg로서) (㎎/Sm³)	1) 폐수 · 폐기물 · 폐가스 소각처리시설, 동물화장시설(소각보일러를 포함한다) 및 고형연료제품 사용시설 2) 발전시설(고체연료 사용시설만 해당한다) 3) 1차 금속제조시설 중 배소로, 소결로, 용광로(용광용반사로를 포함한다), 용해로, 전로 및 건조로 4) 시멘트 · 석회 · 플라스터 및 그 제품 제조시설 중 시멘트 소성시설 5) 그 밖의 배출시설	0.03(12) 이하 0.02(6) 이하 0.02(15) 이하 0.03(13) 이하 0.05 이하
비소화합물 (As로서) (ppm)	1) 폐수 · 폐기물 · 폐가스 소각처리시설, 동물화장시설(소각보일러를 포함한다) 및 고형연료제품 사용시설 2) 시멘트제조시설 중 소성시설 3) 그 밖의 배출시설	0.1(12) 이하 0.1(13) 이하 0.3 이하
염화비닐 (ppm)	이염화에틸렌 · 염화비닐 및 PVC 제조시설 중 중합반응시설 1) 1996년 6월 30일 이전 설치시설 가) 현탁중합반응시설 나) 괴상중합반응시설 다) 유화중합반응시설 라) 공중합반응시설 마) 그 밖의 배출시설 2) 1996년 7월 1일 이후 설치시설 가) 현탁중합반응시설 나) 괴상중합반응시설 다) 유화중합반응시설 라) 공중합반응시설 마) 그 밖의 배출시설	15 이하 25 이하 50 이하 90 이하 7 이하 10 이하 20 이하 50 이하 90 이하 5 이하
디클로로메탄 (ppm)	모든 배출시설	25 이하
트리클로로에틸렌(ppm)	모든 배출시설	25 이하
1,3-부타디엔 (ppm)	모든 배출시설	3 이하
아크릴로니트릴 (ppm)	모든 배출시설	2 이하
1,2-디클로로에탄(ppm)	모든 배출시설	6 이하
클로로포름 (ppm)	모든 배출시설	3 이하
테트라클로로에틸렌(ppm)	모든 배출시설	5 이하
스틸렌(ppm)	모든 배출시설	12 이하
에틸벤젠 (ppm)	모든 배출시설	12 이하
사염화탄소 (ppm)	모든 배출시설	2 이하

비고
1. 배출허용기준란의 ( )는 표준산소농도(O_2의 백분율을 말한다. 이하 같다)를 말하며, 다음 각 목의 시설에 대해서는 표준산소농도를 적용하지 않는다.
   가. 폐가스소각시설 중 직접연소에 의한 시설(실측산소농도가 12퍼센트 미만인 시설은 제외한다)과 촉매반응을 이용하는 시설
   나. 질소산화물(NO_2로서)(ppm)의 배출시설란의 8) · 9)에 해당하는 시설(시멘트 제조시설은 고로슬래그 시멘트 제조시설만 해당한다) 중 열풍을 이용하여 직접 건조하는 시설
   다. 공기 대신 순산소를 사용하는 유리용해시설
   라. 구리제련시설의 건조로
   마. 그 밖에 공정의 특성상 표준산소농도 적용이 불가능한 시설로서 유역환경청장, 지방환경청장, 수도권대기환경청장 또는 시 · 도지사가 인정하는 시설
2. "고형연료제품 사용시설"이란 「자원의 절약과 재활용촉진에 관한 법률」 제25조의7에 따른 시설로서 연료사용량 중 고형연료제품 사용 비율이 30퍼센트 이상인 시설을 말한다.
3. 황산화물(SO_2로서)의 1)가)에서 "저황유 사용지역"이란 영 제40조제1항에 따른 저황유의 공급지역을 말한다.
4. 다음 표에 따른 시설의 황산화물(SO_2로서)에 대해서는 제2호가목1)에 따른 배출허용기준에 우선하여 각 시설별로 설정된 예외인정 허용기준을 적용한다.

구분	대상시설	예외인정 허용기준 및 인정기간
가	2)가)(2)(나)① 해당 시설과 2)가)(2)(나)② 해당 시설 중 열병합발전시설	1)가)의 기준을 적용한다. 다만, 「집단에너지사업법」에 따른 한국지역난방공사의 열병합 발전시설 중 2000년 12월 31일 이전 설치시설은 140(4)ppm 이하, 청주지역의 시설은 50(4)ppm 이하를 적용한다.
나	2)가)(2)(가)① 해당 시설과 2)가)(2)(나)① 해당 시설 중 울산화력발전소	울산화력발전소 4호기, 5호기 및 6호기는 2022년 1월 31일까지 80(4)ppm 이하를 적용한다.
다	2)나)(1)(가) 해당 시설 중 삼천포화력발전소, 보령화력발전소, 호남화력발전소, 동해화력발전소	1) 삼천포화력발전소 3호기 및 4호기는 50(6)ppm 이하를 적용하고, 5호기 및 6호기는 2020년 12월 31일까지는 140(6)ppm 이하, 2021년 1월 1일부터는 25(6)ppm 이하를 적용한다. 2) 보령화력발전소 1호기 및 2호기는 2022년 5월 31일까지 100(6)ppm 이하를 적용한다. 3) 호남화력발전소 1호기 및 2호기는 2021년 1월 31일까지 100(6)ppm 이하를 적용한다. 4) 동해화력발전소 1호기 및 2호기는 120(6)ppm 이하를 적용한다.
라	2)나)(2)(가) 해당 시설 중 부산염색공단 열병합발전소	부산염색공단 열병합발전소는 130(6)ppm 이하를 적용한다. 다만, 기존 시설을 신규로 교체하는 경우에는 2)나)(2)(가)에 따른 기준을 적용한다.
마	2)나)(2)(가) 해당 시설 중 고려아연	고려아연의 1호기 열병합발전시설은 140(6)ppm 이하를 적용한다.
바	2)나) 또는 2)다) 해당 시설 중 영흥화력발전소, 당진에코파워발전소, 신서천화력발전소, 강릉안인화력발전소, 삼척화력발전소 및 고성하이화력발전소	1) 영흥화력발전소 1호기 및 2호기는 45(6)ppm 이하, 3호기부터 6호기까지는 25(6)ppm 이하를 각각 적용한다. 2) 당진에코파워발전소 1호기 · 2호기, 신서천화력발전소 1호기, 강릉안인화력발전소 1호기 · 2호기, 삼척화력발전소 1호기 · 2호기 및 고성하이화력발전소 1호기 · 2호기는 각각 25(6)ppm 이하를 적용한다.
사	2)나)(1)(나) 해당 시설 중 삼척그린화력발전소	삼척그린화력발전소 1호기 및 2호기는 40(6)ppm 이하를 적용한다.
아	2)나)(2)(가) 해당 시설 중 대구염색산업단지 열병합발전소	대구염색산업단지 열병합발전소 1호기, 2호기 및 3호기는 60(6)ppm 이하를 적용한다.
자	3) 해당 시설	약품정제연료유를 사용하는 시설 중 2007년 1월 31일 이전 설치시설은 190ppm 이하, 2007년 2월 1일 이후 설치시설은 130ppm 이하를 적용한다. 다만, 소결로의 연소시설은 표준산소농도 15퍼센트를 적용한다.

구분	대상시설	예외인정 허용기준 및 인정기간
차	2)가)(2)(가)① 해당 시설 중 평택화력발전소	평택화력발전소 1호기, 2호기, 3호기 및 4호기는 60(4)ppm 이하를 적용한다.
카	2)나)(1)(가) 해당 시설 중 영동화력발전소	영동화력발전소 1호기 및 2호기는 10(6)ppm 이하를 적용한다.
타	3)나)(1) 해당 시설 중 현대제철 당진제철소	현대제철 당진제철소의 소결로의 연소시설 중 2007년 1월 31일 이전 설치시설은 120(15)ppm 이하를 적용한다.

5. 다음 표에 따른 시설의 질소산화물(NO_2로서)에 대해서는 제2호가목1)에 따른 배출허용기준에 우선하여 각 시설별로 설정된 예외인정 허용기준을 적용한다.

구분	대상시설	예외인정 허용기준 및 인정기간
가	1)가)(1)(가) 해당 시설 중 한국난방공사의 수원, 용인, 대구 및 청주지사 액체연료보일러	「집단에너지사업법」에 따른 한국지역난방공사의 수원 및 용인지사는 2020년 12월 31일까지, 대구지사는 2022년 12월 31일까지, 청주지사는 2023년 12월 31일까지 130(4)ppm 이하를 적용한다.
나	1)라)(1)(가) 해당 시설 중 「집단에너지사업법」에 따른 기체연료 보일러, 대구염색공단 및 부산염색공단의 기체연료사용보일러	연간 누계 72시간 이내로 운영하는 기체연료를 사용하는 보일러는 100(4)ppm 이하를 적용한다.
다	2)가)(1)(가) 해당 시설 중 제주특별자치도에 2004년 12월 31일 이전에 설치되었거나 2004년 12월 31일 당시 설치 중이었던 시설	250(15)ppm 이하를 적용한다.
라	2)가)(2)(가)① 해당 시설 중 울산화력발전소	울산화력발전소 4호기, 5호기, 6호기는 2022년 1월 31일까지 100(4)ppm 이하를 적용한다.
마	2)가)(2)(나)① 해당 시설 중 대구 및 청주 열병합발전시설, 무림피앤피	「집단에너지사업법」에 따른 한국지역난방공사의 열병합발전시설 중 대구지사 시설은 2022년 12월 31일까지, 청주지사 시설은 2023년 12월 31일까지 140(4)ppm 이하를 적용하고, 무림피앤피 2호기는 2021년 12월 31일까지 120(4)ppm 이하를 적용한다.
바	2)나)(1)(가) 해당 시설 중 영동화력발전소	영동화력발전소 2호기는 40(6)ppm 이하를 적용한다.
사	2)나)(2)(가) 해당 시설 중 부산염색공단 열병합발전소, 대구 염색산업단지 열병합 발전소	1) 부산염색공단 열병합발전소는 130(6)ppm 이하를 적용한다. 다만, 기존 시설을 신규로 교체하는 경우에는 2)나)(2)(가)에 따른 기준을 적용한다. 2) 대구염색산업단지 열병합 발전소 1호기, 2호기 및 3호기는 70(6)ppm 이하를 적용한다.
아	2)나) 해당 시설 중 영흥화력발전소, 당진에코파워발전소, 신서천화력발전소, 강릉안인화력발전소, 삼척화력발전소 및 고성하이화력발전소	1) 영흥화력발전소 1호기 및 2호기는 55(6)ppm 이하, 3호기부터 6호기까지는 15(6)ppm 이하를 각각 적용한다. 2) 당진에코파워발전소 1호기 · 2호기, 신서천화력발전소 1호기, 강릉안인화력발전소 1호기 · 2호기, 삼척화력발전소 1호기 · 2호기 및 고성하이화력발전소 1호기 · 2호기는 각각 15(6)ppm 이하를 적용한다.
자	2)다)(1)(가) 해당 시설 중 GS파워 안양열병합발전소	GS파워 안양열병합발전소 1호기, 2호기, 3호기 및 4호기는 2021년 12월 31일까지 60(15)ppm 이하를 적용한다.
차	2)다)(6) 해당 시설 중 포스코 포항제철소 및 광양제철소	1) 포스코 포항제철소 1호기, 2호기, 3호기, 4호기, 5호기 및 6호기는 2021년 12월 31일까지 60(4)ppm 이하를 적용한다. 2) 포스코 포항제철소 10호기 및 11호기, 포스코 광양제철소 1호기 및 4호기는 2020년 12월 31일까지 60(4)ppm 이하를 적용하고, 2021년 1월 1일부터 30(4)ppm 이하를 적용한다.

구분	대상시설	예외인정 허용기준 및 인정기간
		3) 포스코 포항제철소 9호기, 포스코 광양제철소 2호기 및 6호기는 2021년 6월 30일까지 60(4)ppm 이하를 적용하고, 2021년 7월 1일부터 30(4)ppm 이하를 적용한다. 4) 포스코 광양제철소 중 3호기 및 8호기는 2020년 6월 30일까지 60(4)ppm 이하를 적용하고, 2020년 7월 1일부터 30(4)ppm 이하를 적용한다.
카	3)가) 해당 시설 중 폐수소각처리시설	60(12)ppm 이하를 적용한다.
타	6)가) 해당 시설 중 2007년 1월 31일 이전에 촉매반응을 이용하는 시설(SCR)을 설치하여 운영하는 경우	230(13)ppm 이하를 적용한다.
파	2)나)(1) 해당 시설 중 삼천포화력발전소, 보령화력발전소, 호남화력발전소, 동해화력발전소	1) 삼천포화력발전소 5호기 및 6호기는 2020년 12월 31일까지 140(6)ppm 이하를 적용하고, 2021년 1월 1일부터는 15(6)ppm 이하를 적용한다. 2) 보령화력발전소 1호기 및 2호기는 2022년 5월 31일까지 140(6)ppm 이하를 적용한다. 3) 호남화력발전소 1호기 및 2호기는 2021년 1월 31일까지 140(6)ppm 이하를 적용한다. 4) 동해화력발전소 1호기 및 2호기는 80(6)ppm 이하를 적용한다.
하	4)다) 해당 시설 중 현대제철 당진제철소, 포스코 포항제철소	1) 현대제철 당진제철소의 소결로 중 2007년 1월 31일 이전 설치시설은 150(15)ppm 이하를 적용한다. 2) 포스코 포항제철소의 소결로 중 2호기, 3호기 및 4호기는 2020년 6월 30일까지 190(15) ppm 이하를 적용하고, 2020년 7월 1일부터 145(15) ppm 이하를 적용한다.
거	6)가)(2)(가)②㈏ 해당 시설 중 ㈜현대케미칼	납사개질공정의 가열시설은 70(4)ppm 이하를 적용하고, 에틸렌크래킹공정의 가열시설은 45(4)ppm 이하를 적용한다.

6. 탄화수소(THC로서)의 1)의 "연속식 도장시설"이란 1일 8시간 이상 연속하여 가동하는 시설을 말하고, 2)의 "비연속식 도장시설"이란 연속식 도장시설 외의 시설을 말한다.
7. 탄화수소(THC로서)의 도장시설(건조시설을 포함한다) 중 자동차제작자의 도장시설(건조시설을 포함하며, 유기용제 사용량이 연 15톤 이상인 시설만 해당한다)에 대한 배출허용기준은 다음과 같다.

차종		생산규모	적용기간 및 배출 허용기준	
			2004년 12월 31일 이전 설치시설	2005년 1월 1일 이후 설치시설
승용자동차		1) 5,000대/년 미만	60g/㎡ 이하	45g/㎡ 이하
		2) 5,000대/년 이상	55g/㎡ 이하	40g/㎡ 이하
소형상용 자동차		3) 5,000대/년 미만	90g/㎡ 이하	55g/㎡ 이하
		4) 5,000대/년 이상	80g/㎡ 이하	50g/㎡ 이하
트럭	운전석	5) 2,500대/년 미만	70g/㎡ 이하	55g/㎡ 이하
		6) 2,500대/년 이상	60g/㎡ 이하	45g/㎡ 이하
	차체	7) 2,500대/년 미만	90g/㎡ 이하	65g/㎡ 이하
		8) 2,500대/년 이상	75g/㎡ 이하	60g/㎡ 이하
버스		9) 2,000대/년 미만	215g/㎡ 이하	170g/㎡ 이하
		10) 2,000대/년 이상	195g/㎡ 이하	125g/㎡ 이하
차체부품			195g/㎡ 이하	125g/㎡ 이하

비고

1. 차종의 분류기준은 다음과 같다.

차종	분류기준
승용자동차	차량 총중량이 3.5톤 미만이고 승차인원이 5명 이하인 자동차
소형상용자동차	차량 총중량이 3.5톤 미만이고 승차인원이 15명 이하인 자동차 또는 적재중량이 1톤 이하인 자동차
트럭	차량 총중량이 3.5톤 이상이고 적재중량이 1톤을 초과하는 화물자동차
버스	차량 총중량이 3.5톤 이상이고 승차인원이 15명을 초과하는 자동차

2. 위 표 트럭의 차종란 중 "차체"란 운전석을 제외한 차체를 말하고, 같은 표 중 "차체부품"이란 비고 제1호의 차종의 분류기준에 따른 차종의 차체부품을 말한다.
3. 적용기간 및 배출허용기준란의 g/㎡는 자동차 표면 도장부위의 단위면적당 사용되는 유기용제로부터 배출되는 탄화수소(THC로서)의 양을 말한다.
4. 생산규모에 따른 차종별 배출량의 산정방법 등 필요한 사항은 환경부장관이 정하여 고시한다.

8. 배출시설란에서 "이전 설치시설" 및 "이후 설치시설"은 다음 각 목의 구분에 따른다. 다만, 2015년 1월 1일 이후에 설치된 대기오염물질 배출시설은 해당 배출시설 설치허가(신고를 포함한다)를 받은 날을 기준으로 한다.
   가. 이전 설치시설 : 다음의 어느 하나에 해당하는 시설
      1) 기준일 당시 배출시설을 설치 중이었던 경우
      2) 기준일 이전에 「환경영향평가법」 제16조, 제27조 또는 제44조에 따른 전략환경영향평가, 환경영향평가, 또는 소규모 환경영향평가의 협의를 요청한 경우
   나. 이후 설치시설 : 다음의 어느 하나에 해당하는 시설
      1) 기준일 이후에 배출시설 설치허가(신고를 포함한다)를 받은 경우
      2) 기준일 이후에 「환경영향평가법」 제16조, 제27조 또는 제44조에 따른 전략환경영향평가, 환경영향평가, 또는 소규모 환경영향평가 협의를 요청한 경우
9. 2019년 12월 31일 이전부터 배출시설을 운영하고 있는 자로서 부득이한 사정으로 배출허용기준을 지키기 어렵다고 시 · 도지사가 인정하는 자에 대하여는 2020년 12월 31일까지는 기간을 정하여 제1호가목에 따른 배출허용기준을 적용할 수 있다.
10. 도서지역 액체연료 사용 발전시설 중 백령도에 설치된 시설은 2023년 9월 1일부터, 연평도 및 울릉도에 설치된 시설은 2022년 1월 1일부터 제2호가목에 따른 배출허용기준을 적용한다.
11. 「통계법」 제22조에 따라 통계청장이 고시하는 한국표준산업분류의 소분류에 따른 석유 정제품 제조업 및 세분류에 따른 기초유기화학물질 제조업, 합성고무 및 플라스틱 물질 제조업에 해당하는 사업장에서 설치 · 운영 중인 저장시설의 탄화수소(THC)의 배출허용기준은 사업장별 저장시설의 50%에 대해서는 2024년 1월 1일부터 적용하며, 나머지 저장시설에 대해서는 2026년 1월 1일부터 적용한다. 다만, 다음의 어느 하나에 해당하는 경우로서 탄화수소(THC) 농도를 95% 이상 줄이는 경우에는 배출허용기준을 적용하지 않는다.
    1) 방지시설에 내부부상지붕(Internal Floating Roof)형 저장시설을 연결하는 경우
    2) 안전상의 이유 등 부득이한 사정으로 배출허용기준을 지키기 어렵다고 환경부장관 또는 시 · 도지사가 인정하는 경우

나. 입자형태의 물질

1) 일반적인 배출허용기준

대기오염물질	배출시설	배출허용기준
먼지 (mg/Sm³)	1) 일반보일러(흡수식 냉·온수기를 포함한다)	
	가) 액체연료 사용시설	
	(1) 증발량이 시간당 150톤 이상 또는 열량이 시간당 92,850,000킬로칼로리 이상인 시설	
	(가) 2001년 6월 30일 이전 설치시설	15(4) 이하
	(나) 2001년 7월 1일 이후 설치시설	15(4) 이하
	(다) 2015년 1월 1일 이후 설치시설	10(4) 이하
	(2) 증발량이 시간당 20톤 이상 150톤 미만인 시설 또는 열량이 시간당 12,380,000킬로칼로리 이상 92,850,000킬로칼로리 미만인 시설	
	(가) 2007년 1월 31일 이전 설치시설	20(4) 이하
	(나) 2007년 2월 1일 이후 설치시설	20(4) 이하
	(다) 2015년 1월 1일 이후 설치시설	16 이하
	(3) 증발량이 시간당 5톤 이상 20톤 미만인 시설 또는 열량이 3,095,000킬로칼로리 이상 12,380,000킬로칼로리 미만인 시설	
	(가) 2014년 12월 31일 이전 설치시설	25(4) 이하
	(나) 2015년 1월 1일 이후 설치시설	16(4) 이하
	(4) 증발량이 시간당 5톤 미만 또는 열량이 3,095,000킬로칼로리 미만인 시설	
	(가) 2014년 12월 31일 이전 설치시설	30(4) 이하
	(나) 2015년 1월 1일 이후 설치시설	16(4) 이하
	나) 고체연료 사용시설(액체연료 혼합시설을 포함한다)	
	(1) 증발량이 시간당 20톤 이상 또는 열량이 시간당 12,380,000킬로칼로리 이상인 시설	
	(가) 2014년 12월 31일 이전 설치시설	16(6) 이하
	(나) 2015년 1월 1일 이후 설치시설	10(6) 이하
	(2) 증발량이 시간당 5톤 이상 20톤 미만인 시설 또는 열량이 3,095,000킬로칼로리 이상 12,380,000킬로칼로리 미만인 시설	
	(가) 2014년 12월 31일 이전 설치시설	25(6) 이하
	(나) 2015년 1월 1일 이후 설치시설	16(6) 이하
	(3) 증발량이 시간당 5톤 미만 또는 열량이 시간당 3,095,000킬로칼로리 미만인 시설	
	(가) 2014년 12월 31일 이전 설치시설	30(6) 이하
	(나) 2015년 1월 1일 이후 설치시설	16(6) 이하
	2) 발전시설	
	가) 액체연료 사용시설	
	(1) 발전용 내연기관	
	(가) 2001년 6월 30일 이전 설치시설	20(15) 이하
	(나) 2001년 7월 1일 이후 설치시설	20(15) 이하
	(다) 2015년 1월 1일 이후 설치시설	12(15) 이하
	(2) 그 밖의 발전시설	
	(가) 설비용량이 100메가와트 이상인 발전시설	
	① 2001년 6월 30일 이전 설치시설	12(4) 이하
	② 2001년 7월 1일 이후 설치시설	12(4) 이하

대기오염물질	배출시설	배출허용기준
	③ 2015년 1월 1일 이후 설치시설	10(4) 이하
	(나) 설비용량이 100메가와트 미만인 발전시설	
	① 2001년 6월 30일 이전 설치시설	20(4) 이하
	② 2001년 7월 1일 이후 설치시설	12(4) 이하
	③ 2015년 1월 1일 이후 설치시설	12(4) 이하
	나) 고체연료 사용시설(액체연료 혼합시설을 포함한다)	
	(1) 설비용량이 100메가와트 이상인 시설	
	(가) 2001년 6월 30일 이전 설치시설	12(6) 이하
	(나) 2001년 7월 1일 이후 설치시설	10(6) 이하
	(다) 2015년 1월 1일 이후 설치시설	5(6) 이하
	(2) 설비용량이 100메가와트 미만인 시설	
	(가) 2001년 6월 30일 이전 설치시설	20(6) 이하
	(나) 2001년 7월 1일 이후 설치시설	15(6) 이하
	(다) 2015년 1월 1일 이후 설치시설	10(6) 이하
	다) 기체연료 사용시설	
	(1) 2001년 6월 30일 이전 설치시설	
	(가) 발전용 내연기관(가스터빈을 포함한다)	10(15) 이하
	(나) 열병합 발전시설 중 카본블랙 제조시설의 폐가스 재이용시설	20(6) 이하
	(다) 그 밖의 발전시설	20(4) 이하
	(2) 2001년 7월 1일 이후 설치시설	
먼지 (mg/Sm^3)	(가) 발전용 내연기관(가스터빈을 포함한다)	10(15) 이하
	(나) 열병합 발전시설 중 카본블랙 제조시설의 폐가스 재이용시설	20(6) 이하
	(다) 그 밖의 발전시설	20(4) 이하
	(3) 2015년 1월 1일 이후 설치시설	
	(가) 발전용 내연기관(가스터빈을 포함한다)	10(15) 이하
	(나) 열병합 발전시설 중 카본블랙 제조시설의 폐가스 재이용시설	15(6) 이하
	(다) 그 밖의 발전시설	10(4) 이하
	3) 폐수 · 폐기물 · 폐가스 소각처리시설 및 동물화장시설(소각보일러를 포함한다)	
	가) 2014년 12월 31일 이전 설치시설	
	(1) 소각용량이 시간당 2톤(의료폐기물 처리시설은 200킬로그램) 이상인 시설	15(12) 이하
	(2) 소각용량이 시간당 200킬로그램 이상 2톤(의료폐기물 처리시설은 200킬로그램) 미만인 시설	20(12) 이하
	(3) 소각용량이 200킬로그램 미만인 시설	25(12) 이하
	나) 2015년 1월 1일 이후 설치시설	
	(1) 소각용량이 시간당 2톤(의료폐기물 처리시설은 200킬로그램) 이상인 시설	10(12) 이하
	(2) 소각용량이 시간당 200킬로그램 이상 2톤(의료폐기물 처리시설은 200킬로그램) 미만인 시설	15(12) 이하
	(3) 소각용량이 200킬로그램 미만인 시설	15(12) 이하
	4) 1차금속 제조시설 · 금속가공제품 · 기계 · 기기 · 운송장비 · 가구 제조시설의 용융 · 용해시설 또는 열처리시설	
	가) 전기아크로(유도로를 포함한다)	
	(1) 1998년 12월 31일 이전 설치시설	15 이하

대기오염물질	배출시설	배출허용기준
먼지 (mg/Sm³)	(2) 1999년 1월 1일 이후 설치시설	10 이하
	(3) 2015년 1월 1일 이후 설치시설	10 이하
	나) 용선로, 용광로, 용선 예비처리시설, 전로, 정련로, 제선로, 용융로, 용해로, 도가니로 및 전해로	
	(1) 2007년 1월 31일 이전 설치시설	25 이하
	(2) 2007년 2월 1일 이후 설치시설	15 이하
	(3) 2015년 1월 1일 이후 설치시설	10 이하
	다) 소결로, 배소로, 환형로	
	(1) 2014년 12월 31일 이전 설치시설	
	(가) 소결로	20(15) 이하
	(나) 원료장입, 소결광 후처리시설, 배소로, 환형로	20 이하
	(2) 2015년 1월 1일 이후 설치시설	
	(가) 소결로	10(15) 이하
	(나) 원료장입, 소결광 후처리시설, 배소로, 환형로	10 이하
	라) 가열로, 열처리로, 소둔로, 건조로, 열풍로	
	(1) 2014년 12월 31일 이전 설치시설	20(11) 이하
	(2) 2015년 1월 1일 이후 설치시설	10(11) 이하
	마) 주물사처리시설, 탈사시설 및 탈청시설	
	(1) 2014년 12월 31일 이전 설치시설	30 이하
	(2) 2015년 1월 1일 이후 설치시설	15 이하
	5) 화학비료 및 질소화합물 제조시설 중 소성시설, 건조시설	25(10) 이하
	6) 코크스 제조시설 및 저장시설	
	가) 석탄코크스 제조시설	
	(1) 코크스로	15(7) 이하
	(2) 인출시설, 건식냉각시설, 저장시설	15 이하
	나) 석유코크스 제조시설	
	(1) 연소시설	20(4) 이하
	(2) 인출시설, 건식냉각시설, 저장시설	15 이하
	7) 아스콘(아스팔트를 포함한다) 제조시설 중 가열 · 건조 · 선별 · 혼합시설	25(10) 이하
	8) 석유 정제품 제조시설, 기초유기화합물 제조시설	
	가) 황 회수장치의 폐가스 소각시설(석탄 가스화시설을 포함한다)	20(4) 이하
	나) 가열시설 및 촉매재생시설	15(4) 이하
	다) 중질유 분해시설의 일산화탄소 소각보일러	30(12) 이하
	9) 석탄가스화 연료 제조시설	
	가) 건조시설 및 분쇄시설	25(8) 이하
	나) 연소시설	15(7) 이하
	다) 황 회수시설	20(4) 이하
	라) 황산 제조시설	15(8) 이하
	10) 유리 및 유리제품 제조시설(재생용 원료가공시설을 포함한다)의 용융 · 용해시설	
	가) 연속식 탱크로 또는 전기로(상부 개폐형 전기로는 제외한다)	30(13) 이하
	나) 그 밖의 배출시설	30 이하
	11) 도자기 · 요업제품 제조시설 중 용융 · 용해시설, 소성시설 및 냉각시설	50(13) 이하
	12) 시멘트 · 석회 · 플라스터 및 그 제품 제조시설	

대기오염물질	배출시설	배출허용기준
먼지 (mg/Sm³)	가) 소성시설(예열시설을 포함한다), 용융 · 용해시설, 건조시설	
	(1) 2001년 6월 30일 이전 설치시설	15(13) 이하
	(2) 2001년 7월 1일 이후 설치시설	15(13) 이하
	나) 냉각시설(직접 배출시설만 해당한다)	30 이하
	다) 슬래그 시멘트 열풍 건조시설	20 이하
	13) 그 밖의 비금속광물제품 제조시설의 석면 및 암면제품제조 가공시설	
	가) 방사시설, 집면시설 및 탈판시설	20 이하
	나) 그 밖의 배출시설	30 이하
	14) 도장시설(분무 · 분체 · 침지도장시설, 도장의 경우 동력을 이용한 연마시설을 포함한다) 및 부속 건조시설	30 이하
	15) 반도체 및 기타 전자부품 제조시설 중 표면가공 및 처리시설(증착시설, 식각시설을 포함한다)	30 이하
	16) 연마 · 연삭시설, 고체입자상물질 포장 · 저장 · 혼합시설, 탈사시설 및 탈청시설	30 이하
	17) 선별시설 및 분쇄시설	30 이하
	18) 고형연료제품 제조 · 사용시설 및 관련 시설	
	가) 고형연료제품 사용량이 시간당 2톤 이상인 시설	10(12) 이하
	나) 고형연료제품 사용량이 시간당 200킬로그램 이상 2톤 미만인 시설	15(12) 이하
	다) 일반 고형연료제품(SRF) 제조시설 중 생활폐기물 건조 · 가열시설	25(15) 이하
	라) 바이오매스 및 목재펠릿 제조시설 중 건조 · 가열시설	25 이하
	마) 바이오매스 및 목재펠릿 사용시설	25(12) 이하
	19) 금속 표면처리시설	30 이하
	20) 화장로시설	
	가) 2009년 12월 31일 이전 설치시설	30(12) 이하
	나) 2010년 1월 1일 이후 설치시설	15(12) 이하
	21) 그 밖의 배출시설	30 이하
카드뮴화합물 (Cd로서) (mg/Sm³)	1) 폐수 · 폐기물 · 폐가스 소각처리시설 및 동물화장시설(소각보일러를 포함한다)	
	가) 소각용량이 시간당 2톤(의료폐기물 처리시설은 200킬로그램) 이상인 시설	0.02(12) 이하
	나) 소각용량이 시간당 200킬로그램 이상 2톤 미만인 시설	0.08(12) 이하
	다) 소각용량이 시간당 200킬로그램 미만인 시설	0.15(12) 이하
	2) 고형연료제품 사용시설	
	가) 고형연료제품 사용량이 시간당 2톤 이상인 시설	0.02(12) 이하
	나) 고형연료제품 사용량이 시간당 200킬로그램 이상 2톤 미만인 시설	0.06(12) 이하
	3) 시멘트제조시설 중 소성시설	0.02(13) 이하
	4) 그 밖의 배출시설	0.2 이하

대기오염물질	배출시설	배출허용기준
납화합물 (Pb로서) (mg/Sm^3)	1) 폐수 · 폐기물 · 폐가스 소각처리시설 및 동물화장시설(소각보일러를 포함한다)	
	가) 소각용량이 시간당 2톤(의료폐기물 처리시설은 200킬로그램) 이상인 시설	0.2(12) 이하
	나) 소각용량이 시간당 200킬로그램 이상 2톤 미만인 시설	0.4(12) 이하
	다) 소각용량이 시간당 200킬로그램 미만인 시설	0.8(12) 이하
	2) 시멘트제조시설 중 소성시설	0.2(13) 이하
	3) 1차금속 제조시설, 금속가공제품 제조시설의 용융 · 제련 및 열처리시설 중 용융 · 용해로, 용광로, 도가니로, 전해로	1.5 이하
	4) 고형연료제품 사용시설	
	가) 고형연료제품 사용량이 시간당 2톤 이상인 시설	0.15(12) 이하
	나) 고형연료제품 사용량이 시간당 200킬로그램 이상 2톤 미만인 시설	0.3(12) 이하
	5) 그 밖의 배출시설	0.8 이하
크롬화합물 (Cr로서) (mg/Sm^3)	1) 폐수 · 폐기물 · 폐가스 소각처리시설 및 동물화장시설(소각보일러를 포함한다)	0.2(12) 이하
	2) 고형연료 사용시설	0.15(12) 이하
	3) 시멘트제조시설 중 소성시설	0.2(13) 이하
	4) 그 밖의 배출시설	0.4 이하
구리화합물 (Cu로서) (mg/Sm^3)	모든 배출시설	4 이하
니켈 및 그 화합물 (mg/Sm^3)	모든 배출시설	2 이하
아연화합물 (Zn로서) (mg/Sm^3)	모든 배출시설	4 이하
비산먼지 (mg/Sm^3)	1) 시멘트 제조시설	0.3 이하
	2) 그 밖의 배출시설	0.4 이하
매연	모든 배출시설	링겔만비탁표 2도 이하 또는 불투명도 40% 이하
다환방향족탄화수소류 (벤조a피렌으로서) (mg/Sm^3)	모든 배출시설	0.05 이하
베릴륨화합물 (Be로서) (mg/Sm^3)	1) 폐수 · 폐기물 · 폐가스 소각시설	0.05 이하
	2) 석탄발전시설	0.04 이하
	3) 1차 금속제조시설 중 배소로, 소결로, 용광로(용광용반사로를 포함한다), 용해로, 전로 및 건조로, 1차 비철금속 제조시설	0.04 이하

2) 1)에도 불구하고 단일한 특정대기유해물질을 연간 10톤 이상 배출하는 사업장에 대하여 해당 특정대기유해물질의 배출허용기준을 적용할 때에는 다음 표의 기준을 따른다.

대기오염물질	배출시설	배출허용기준
카드뮴화합물 (Cd로서) (mg/Sm^3)	1) 폐수 · 폐기물 · 폐가스 소각처리시설 및 동물화장시설(소각보일러를 포함한다)	
	가) 소각용량이 시간당 2톤(의료폐기물 처리시설은 200킬로그램) 이상인 시설	0.01(12) 이하
	나) 소각용량이 시간당 200킬로그램 이상 2톤 미만인 시설	0.04(12) 이하
	다) 소각용량이 시간당 200킬로그램 미만인 시설	0.08(12) 이하
	2) 고형연료제품 사용시설	
	가) 고형연료제품 사용량이 시간당 2톤 이상인 시설	0.01(12) 이하
	나) 고형연료제품 사용량이 시간당 200킬로그램 이상 2톤 미만인 시설	0.03(12) 이하
	3) 시멘트제조시설 중 소성시설	0.02(13) 이하
	4) 그 밖의 배출시설	0.1 이하
납화합물 (Pb로서) (mg/Sm^3)	1) 폐수 · 폐기물 · 폐가스 소각처리시설 및 동물화장시설(소각보일러를 포함한다)	
	가) 소각용량이 시간당 2톤(의료폐기물 처리시설은 200킬로그램) 이상인 시설	0.1(12) 이하
	나) 소각용량이 시간당 200킬로그램 이상 2톤 미만인 시설	0.2(12) 이하
	다) 소각용량이 시간당 200킬로그램 미만인 시설	0.4(12) 이하
	2) 시멘트제조시설 중 소성시설	0.1(13) 이하
	3) 1차금속 제조시설, 금속가공제품 제조시설의 용융 · 제련 및 열처리시설 중 용융 · 용해로, 용광로 및 정련시설, 도가니로, 전해로	0.8 이하
	4) 고형연료제품 사용시설	
	가) 고형연료제품 사용량이 시간당 2톤 이상인 시설	0.08(12) 이하
	나) 고형연료제품 사용량이 시간당 200킬로그램 이상 2톤 미만인 시설	0.2(12) 이하
	5) 그 밖의 배출시설	0.5 이하
크롬화합물 (Cr로서) (mg/Sm^3)	1) 폐수 · 폐기물 · 폐가스 소각처리시설 및 동물화장시설(소각보일러를 포함한다)	0.15(12) 이하
	2) 고형연료 사용시설	0.1(12) 이하
	3) 시멘트제조시설 중 소성시설	0.15(13) 이하
	4) 그 밖의 배출시설	0.2 이하
니켈 및 그 화합물 (mg/Sm^3)	모든 배출시설	1 이하
다환방향족탄화수소류 (벤조a피렌으로서) (mg/Sm^3)	모든 배출시설	0.03 이하

비고

1. 배출허용기준란의 ( )는 표준산소농도를 말하며, 다음 각 목의 시설에 대하여는 표준산소농도를 적용하지 않는다.
   가. 폐가스소각시설 중 직접연소에 의한 시설과 촉매반응을 이용하는 시설. 다만, 실측산소농도가 12퍼센트 미만인 직접연소에 의한 시설은 표준산소농도를 적용한다.
   나. 먼지의 5) 및 12)(시멘트 제조시설은 고로슬래그 시멘트 제조시설만 해당한다)에 해당하는 시설 중 열풍을 이용하여 직접 건조하는 시설
   다. 공기 대신 순산소를 사용하는 시설
   라. 구리제련시설의 건조로
   마. 그 밖에 공정의 특성상 표준산소농도 적용이 불가능한 시설로서 시 · 도지사가 인정하는 시설
2. 일반보일러(흡수식 냉 · 온수기를 포함한다)의 경우에는 시설의 고장 등을 대비하여 허가를 받거나 신고하여 예비로 설치된 시설의 시설용량은 포함하지 아니한다.

3. "고형연료제품 사용시설"이란 「자원의 절약과 재활용촉진에 관한 법률」 제25조의7에 따른 시설로서 연료사용량 중 고형연료제품 사용 비율이 30퍼센트 이상인 시설을 말한다.
4. 다음 표에 따른 시설의 먼지에 대해서는 제2호나목1)에 따른 배출허용기준에 우선하여 각 시설별로 설정된 예외인정 허용기준을 적용한다.

구분	대상시설	예외인정 허용기준 및 인정기간
가	2)나) 해당 시설 중 영흥화력발전소, 당진에코파워발전소, 신서천화력발전소, 강릉안인화력발전소, 삼척화력발전소, 고성하이화력발전소, 삼척그린화력발전소 및 영동화력발전소	1) 영흥화력발전소 1호기 및 2호기는 10(6)mg/Sm^3 이하, 3호기부터 6호기까지는 5(6)mg/Sm^3 이하를 각각 적용한다. 2) 당진에코파워발전소 1호기 · 2호기, 신서천화력발전소 1호기, 강릉안인화력발전소 1호기 · 2호기, 삼척화력발전소 1호기 · 2호기 및 고성하이화력발전소 1호기 · 2호기는 5(6)mg/Sm^3 이하를 각각 적용한다. 3) 삼척그린화력발전소 1호기 및 2호기는 15(6)mg/Sm^3 이하를 각각 적용한다. 4) 영동화력발전소 1호기는 10(6)mg/Sm^3 이하, 2호기는 5(6)mg/Sm^3 이하를 적용한다.

5. 배출시설란에서 "이전 설치시설" 및 "이후 설치시설"은 다음 각 목의 구분에 따른다. 다만, 2015년 1월 1일 이후에 설치된 대기오염물질 배출시설은 해당 배출시설 설치허가(신고를 포함한다)를 받은 날을 기준으로 한다.
   가. 이전 설치시설 : 다음의 어느 하나에 해당하는 시설
      1) 기준일 당시 배출시설을 설치 중이었던 경우
      2) 기준일 이전에 「환경영향평가법」 제16조, 제27조 또는 제44조에 따른 전략환경영향평가, 환경영향평가, 또는 소규모 환경영향평가의 협의를 요청한 경우
   나. 이후 설치시설 : 다음의 어느 하나에 해당하는 시설
      1) 기준일 이후에 배출시설 설치허가(신고를 포함한다)를 받은 경우
      2) 기준일 이후에 「환경영향평가법」 제16조, 제27조 또는 제44조에 따른 전략환경영향평가, 환경영향평가, 또는 소규모 환경영향평가 협의를 요청한 경우
6. 2019년 12월 31일 이전부터 배출시설을 운영하고 있는 자로서 부득이한 사정으로 배출허용기준을 지키기 어렵다고 시 · 도지사가 인정하는 자에 대하여는 2020년 12월 31일까지는 기간을 정하여 제1호나목에 따른 배출허용기준을 적용할 수 있다.
7. 도서지역 액체연료 사용 발전시설 중 백령도에 설치된 시설은 2023년 9월 1일부터, 연평도 및 울릉도에 설치된 시설은 2022년 1월 1일부터 제2호나목에 따른 배출허용기준을 적용한다.

3. 굴뚝 원격감시체계 관제센터로 측정결과를 자동 전송하는 배출시설에 대한 특례

가. 법 제32조제1항에 따라 굴뚝 자동측정기기를 부착하여 영 제19조제1항제1호의 굴뚝 원격감시체계 관제센터(이하 "관제센터"라 한다)로 측정결과를 자동 전송하는 사업장의 배출시설(이하 "자동전송배출시설" 이라 한다)에 대한 배출허용기준 초과 여부의 판단은 매 30분 평균치를 기준으로 한다.

나. 자동전송배출시설이 라목1), 2) 및 4)부터 6)까지의 어느 하나에 해당하는 경우로서 영 제23조제2항 및 제24조제1항제2호에 따른 초과부과금 부과대상에 해당하는 경우에는 배출허용기준 초과율별 부과계수 및 위반횟수별 부과계수를 1로 하여 초과부과금을 산정한다.

다. 자동전송배출시설이 라목3)에 해당하는 경우에는 초과부과금을 부과하지 않는다.

라. 자동전송배출시설이 제134조에 따른 행정처분 대상이 되는 경우는 정상적으로 측정된 30분 평균치가 연속 3회 이상 또는 1주 8회 이상(일산화탄소의 경우 연속 3회 이상) 배출허용기준을 초과하는 경우로 한다. 다만, 다음의 어느 하나에 해당되는 경우에는 행정처분 대상에서 제외한다.

   1) 천재지변 등 불가항력적인 사고의 발생으로 가동을 중지하는 경우에는 사고 발생 후 8시간 이내에 관제센터에 그 발생 사실을 통지하고 조치내용을 48시간 이내(토요일 또는 공휴일에 해당하는 날의 0시부터 24시까지의 시간은 제외한다)에 통지한 경우

2) 설비의 불가피한 고장(고장 난 설비를 대체할 예비 설비가 있는 경우, 동일한 설비가 반복적으로 고장 나는 경우 등 점검으로 사전에 예방이 가능한 경우와 운영 미숙으로 인한 고장 등은 제외한다)으로 배출허용기준을 초과하여 8시간 이내에 정상화 조치(가동중지를 포함한다)를 한 경우로서, 그 발생원인 및 조치내역을 48시간 이내(토요일 또는 공휴일에 해당하는 날의 0시부터 24시까지의 시간은 제외한다)에 시 · 도지사에게 통지한 경우
3) 표준산소농도가 적용되는 시설이 다음의 가)부터 마)까지의 어느 하나에 해당하는 사유로 배출가스 중의 산소농도가 (21－표준산소농도)÷(21－측정산소농도)로 계산한 값이 3 이상인 경우[라) 및 마)의 경우에는 설비의 이상이나 일부 시설의 재가동 · 가동중지 등에 대한 자료를 관제센터에 제출하여야 한다]
   가) 가동개시
   나) 재가동
   다) 가동중지
   라) 돌발적인 설비의 이상
   마) 보일러 및 가열시설 등 같은 종류의 연소시설이 하나의 배출구에 연결된 시설로서 일부 시설의 재가동 · 가동중지
4) 폐수 · 폐기물 · 폐가스 소각시설과 석유제품 제조시설 중 중질유 분해시설의 일산화탄소 소각시설에서 측정(전송) 항목이 해당 소각물질 투입 전에 배출허용기준을 초과하는 경우
5) 고형연료제품 사용시설에서 측정(전송) 항목이 해당 고형연료 투입 전에 배출허용기준을 초과하는 경우
6) 배출시설 및 방지시설의 가동개시, 가동중지 또는 재가동 8시간 전까지(전력수급상 부득이한 발전인 경우에는 가동개시, 가동중지 또는 재가동 직전까지를 말한다. 다만, 가동개시, 가동중지 또는 재가동 2시간 이내에 관제센터에 그 일정을 통지하는 경우에는 「전기사업법」 제35조에 따라 설립된 한국전력거래소의 긴급 요청을 증빙하는 자료를 그 요청을 받은 후 24시간 이내에 관제센터에 제출해야 한다) 관제센터에 그 일정을 통지한 경우로서 다음 표의 배출시설별 배출허용기준 초과인정 시간(기준초과 인정시점부터 기준초과 인정시간까지의 시간)에 해당하는 경우

배출시설별 배출허용기준 초과 인정시간

배출시설	기준초과 인정시간		기준초과 인정시점	
	가동개시·재가동	가동 중지	가동개시·재가동 시	가동중지 시
(1) 코크스 또는 관련제품 제조시설	8시간	6시간	버너 점화	원료 투입 중지
(2) 석유제품 제조시설				
(가) 가열시설	5시간	2시간	버너 점화	버너 소화
(나) 촉매 재생시설	5시간	2시간	버너 점화	버너 소화
(다) 황산화물제거시설 또는 황 회수시설	8시간	6시간	버너 점화	원료 투입 중지
(라) 중질유 분해시설의 일산화탄소 소각시설	5시간	2시간	원료 투입	원료 투입 중지
(3) 기초유기화합물 제조시설				
(가) 가열시설	5시간	2시간	버너 점화	버너 소화
(나) 촉매 재생시설	5시간	2시간	버너 점화	버너 소화
(다) 황산화물제거시설 또는 황 회수시설	8시간	6시간	버너 점화	원료 투입 중지
(라) 중질유 분해시설의 일산화탄소 소각시설	5시간	2시간	버너 점화	버너 소화
(4) 기초무기화합물 제조시설				
(가) 황산제조시설(황연소, 비철금속제련, 중질유 분해시설)	5시간	6시간	원료 투입	원료 투입 중지
(나) 황산을 제외한 무기산 제조시설				
① 인산 제조시설	3시간	3시간	원료 투입	원료 투입 중지
② 불소화합물 제조시설	3시간	3시간	원료 투입	원료 투입 중지
③ 염산 제조시설 또는 염화수소 회수시설	4시간	5시간	원료 투입	원료 투입 중지
(다) 인광석 소성시설	3시간	2시간	원료 투입	원료 투입 중지
(라) 용융·용해시설 또는 소성시설	3시간	2시간	원료 투입	원료 투입 중지
(마) 가열시설	5시간	2시간	버너 점화	버너 소화
(5) 무기안료·염료·유연제 제조시설 및 기타 착색제 제조시설				
(가) 용융·용해시설 또는 소성시설	3시간	2시간	원료 투입	원료 투입 중지
(나) 가열시설	5시간	2시간	버너 점화	버너 소화
(6) 화학비료 및 질소화합물 제조시설				
(가) 화학비료 제조시설				
① 질소질비료(요소비료를 포함한다) 제조시설	3시간	3시간	원료 투입	원료 투입 중지
② 복합비료 제조시설	3시간	3시간	원료 투입	원료 투입 중지
(나) 질산 제조시설 및 질산 회수·재생시설	2시간	3시간	원료 투입	원료 투입 중지
(다) 용융·용해시설 또는 소성시설	3시간	2시간	원료 투입	원료 투입 중지
(라) 가열시설	5시간	2시간	버너 점화	버너 소화
(7) 의약품 제조시설				
(가) 용융·용해시설 또는 소성시설	3시간	2시간	원료 투입	원료 투입 중지
(나) 가열시설	5시간	2시간	버너 점화	버너 소화
(8) 기타 화학제품 제조시설				
(가) 용융·용해시설 또는 소성시설	3시간	2시간	원료 투입	원료 투입 중지
(나) 가열시설	5시간	2시간	버너 점화	버너 소화

배출시설	기준초과 인정시간		기준초과 인정시점	
	가동개시 · 재가동	가동 중지	가동개시 · 재가동 시	가동중지 시
(9) 화학섬유 제조시설				
(가) 용융 · 용해시설 또는 소성시설	3시간	2시간	원료 투입	원료 투입 중지
(나) 가열시설	5시간	2시간	버너 점화	버너 소화
(10) 고무 및 고무제품 제조시설				
(가) 용융 · 용해시설 또는 소성시설	3시간	2시간	원료 투입	원료 투입 중지
(나) 가열시설	5시간	2시간	버너 점화	버너 소화
(11) 합성고무, 플라스틱물질 및 플라스틱제품 제조시설				
(가) 용융 · 용해시설 또는 소성시설	3시간	2시간	원료 투입	원료 투입 중지
(나) 가열시설	5시간	2시간	버너 점화	버너 소화
(12) 유리 및 유리제품 제조시설				
(가) 유리(유리섬유를 포함한다)제조 용융 · 용해시설	8시간	3시간	원료 투입	원료 투입 중지
(나) 산처리시설	3시간	2시간	원료 투입	원료 투입 중지
(13) 도자기 · 요업제품 제조시설 소성시설 및 용융 · 용해시설	8시간	3시간	원료 투입	원료 투입 중지
(14) 시멘트 · 석회 · 플라스터 및 그 제품 제조시설				
(가) 시멘트제조시설의 소성시설	8시간	2시간	버너 점화	원료 투입 중지
(나) 시멘트제조시설의 냉각시설	8시간	6시간	소성로 버너	소성로 원료 투입 중지
(다) 석회 제조시설의 소성시설	5시간	3시간	점화원료 투입	원료 투입 중지
(15) 기타 비금속광물제품 제조시설(아스팔트제품 제조시설은 제외한다)				
(가) 소성시설 및 용융 · 용해시설	8시간	3시간	원료 투입	원료 투입 중지
(나) 석고제조시설의 소성시설 및 건조시설	2시간	4시간	원료 투입	원료 투입 중지
(16) 아스팔트제품 제조시설 용융 · 용해시설	8시간	3시간	원료 투입	원료 투입 중지
(17) 제1차 금속 제조시설				
(가) 전기로(아크로만 해당한다)	2시간	2시간	원료 투입	원료 투입 중지
(나) 소결로	6시간	4시간	원료 투입	원료 투입 중지
(다) 가열로	5시간	5시간	원료 투입	원료 투입 중지
(라) 용광로, 용선로, 전로, 용융 · 용해로 또는 배소로(焙燒爐)	2시간	4시간	원료 투입	원료 투입 중지
(마) 산처리시설	3시간	2시간	원료 투입	원료 투입 중지
(바) 주물사 처리시설	2시간	2시간	원료 투입	원료 투입 중지

배출시설	기준초과 인정시간		기준초과 인정시점	
	가동개시 · 재가동	가동 중지	가동개시 · 재가동 시	가동중지 시
(18) 조립금속제품 · 기계 · 기기 · 장비 · 운송장비 · 가구 제조시설				
(가) 전기로(아크로만 해당한다)	2시간	2시간	원료 투입	원료 투입 중지
(나) 가열로	5시간	5시간	원료 투입	원료 투입 중지
(다) 전로 또는 용융 · 용해로	2시간	4시간	원료 투입	원료 투입 중지
(라) 산처리시설	3시간	2시간	원료 투입	원료 투입 중지
(마) 주물사 처리시설	2시간	2시간	원료 투입	원료 투입 중지
(바) 반도체 및 기타 전자부품 제조시설 중 증착시설 및 식각시설	3시간	2시간	원료 투입	원료 투입 중지
(19) 발전시설(수력, 원자력 발전시설은 제외한다)				
(가) 발전용 내연기관	4시간	2시간	버너 점화	연료 투입 중지
(나) 복합화력 형식의 발전시설	5시간	2시간	버너 점화	연료 투입 중지
(다) 그 외의 발전시설	9시간	2시간	버너 점화	연료 투입 중지
(20) 폐수 · 폐기물 · 폐가스 소각시설(소각보일러를 포함한다)				
(가) 사업장폐기물 소각시설	5시간	3시간	폐기물 투입	폐기물 투입 중지
(나) 생활폐기물 소각시설	5시간	3시간	폐기물 투입	폐기물 투입 중지
(다) 폐가스 소각시설	2시간	2시간	폐가스 투입	폐가스 투입 중지
(라) 의료폐기물 소각시설	5시간	3시간	폐기물 투입	폐기물 투입 중지
(마) 폐수 소각시설	3시간	3시간	폐수 투입	폐수 투입 중지
(21) 공통시설 중 보일러	5시간	2시간	버너 점화	연료 투입 중지
(22) 고형연료제품 사용시설	5시간	3시간	연료 투입	연료 투입 중지
(23) 입자상 물질 및 가스상 물질 발생시설				
(가) 탈사 · 탈청시설	2시간	2시간	원료 투입	원료 투입 중지
(나) 증발시설	2시간	2시간	버너 점화	버너 소화
(24) 그 밖의 업종의 가열시설	3시간	2시간	버너 점화	버너 소화
(25) 그 밖에 환경부장관이 필요하다고 인정하는 시설	환경부장관이 인정하는 시간			

비고

1. 가동개시, 가동중지 및 재가동은 다음과 같다.
   가. 가동개시 : 배출시설을 최초로 가동하는 경우와 대보수 등으로 배출시설의 가동을 48시간 이상 중단하였다가 다시 가동하는 경우
   나. 가동중지 및 재가동 : 배출시설의 가동을 4시간(발전시설의 경우에는 2시간) 이상 중단하는 경우를 가동중지라 하며, 가동중지 후 다시 가동하는 경우를 재가동이라 한다.
2. 석유제품 제조시설 및 기초유기화합물 제조시설의 황산화물제거시설 또는 황 회수시설의 기준초과 인정시간은 가동개시 · 재가동 후 24시간 중 8시간, 가동중지 후 120시간 중 6시간으로 하고, 시멘트 · 석회 · 플라스터 및 그 제품 제조시설 중 시멘트 제조시설의 소성시설 및 냉각시설의 기준초과 인정시간은 배출시설의 가동개시 · 재가동 후 72시간 중 8시간을 말한다.
3. 열 사용시설 중 가동개시의 시점이 원료투입부터인 경우 원료투입 전까지의 예열을 위한 연료연소 시간에 대하여는 기준초과 인정시간을 적용하지 아니한다.
4. 발전시설 · 보일러시설 · 가열시설 중 액체, 기체 및 고체연료(미분탄 사용 시설 및 순환유동층 연소시설에 한정한다)를 사용하는 시설은 가동중지 시 기준초과 인정시점을 "연료투입 중지 2시간 전 또는 버너소화 2시간 전"으로 한다.
5. 소각시설 중 일괄 투입방식의 소각시설은 가동중지 시 기준초과 인정시점을 "연소완료 3시간 전"으로 한다.
6. 굴뚝 자동측정기기를 부착한 시설이 위의 시설분류에 포함되어 있지 아니한 경우 환경부장관이 별도로 정하기 전까지는 공정 등이 유사한 시설의 기준을 적용한다.

별표 8의2

설치허가 대상 특정대기유해물질 배출시설의 적용기준(제24조의2 관련)

물질명	기준농도
염소 및 염화수소	0.4ppm
불소화물	0.05ppm
시안화수소	0.05ppm
염화비닐	0.1ppm
페놀 및 그 화합물	0.2ppm
벤젠	0.1ppm
사염화탄소	0.1ppm
클로로포름	0.1ppm
포름알데히드	0.08ppm
아세트알데히드	0.01ppm
1,3-부타디엔	0.03ppm
에틸렌옥사이드	0.05ppm
디클로로메탄	0.5ppm
트리클로로에틸렌	0.3ppm
히드라진	0.45ppm
카드뮴 및 그 화합물	0.01mg/m^3
납 및 그 화합물	0.05mg/m^3
크롬 및 그 화합물	0.1mg/m^3
비소 및 그 화합물	0.003ppm
수은 및 그 화합물	0.0005mg/m^3
니켈 및 그 화합물	0.01mg/m^3
베릴륨 및 그 화합물	0.05mg/m^3
폴리염화비페닐	1pg/m^3
다이옥신	0.001ng-TEQ/m^3
다환방향족 탄화수소류	10ng/m^3
이황화메틸	0.1ppb
총 VOCs (아닐린, 스틸렌, 테트라클로로에틸렌, 1,2-디클로로에탄, 에틸벤젠, 아크릴로니트릴)	0.4mg/m^3

비고 : 별표 2에 따른 특정대기유해물질 중 위 표에서 기준농도가 정해지지 않은 물질의 기준 농도는 0.00으로 한다.

5. 공정안전보고서의 제출 · 심사 · 확인 및 이행상태평가 등에 관한 규정

■ **제24조(폭발위험장소 구분도 및 전기단선도 등)**

② 전기단선도는 수전설비의 책임 분계점부터 저압 변압기의 2차측(부하설비 1차측)까지를 말하며, 이 단선도에는 다음 각 호의 사항을 포함하여야 한다.

1. 부스바 또는 케이블의 종류, 굵기 및 가닥수 등
2. 변압기의 종류, 정격(상수, 1 · 2차 전압), 1 · 2차 결선 및 접지방식, 보호방식, 전동기 등 연동장치와 관련된 기기의 제어회로
3. 각종 보호장치(차단기, 단로기)의 종류와 차단 및 정격용량, 보호방식 등
4. 예비 동력원 또는 비상전원 설비의 용량 및 단선도
5. 각종 보호장치의 단락용량 계산서 및 비상전원 설비용량 산출계산서(해당될 경우에 한정한다)

③ 심사대상기기 · 철구조물 등에 대한 접지계획 및 배치에 관한 서류 · 도면 등은 다음 각 호의 사항에 따라 작성하여야 한다.

1. 접지계획에는 접지의 목적, 적용법규 · 규격, 적용범위, 접지방법, 접지종류(계통접지, 기기접지, 피뢰설비접지, 정밀장비접지 및 정전기 등을 포함) 및 접지설비의 유지관리 등을 포함한다.
2. 접지 배치도에는 접지극의 위치, 접지선의 종류와 굵기 등을 표기한다.

■ **제25조(안전설계 제작 및 설치 관련 지침서)**

모든 유해 · 위험설비에 대해서는 안전설계 · 제작 및 설치 등에 관한 설계 · 제작 · 설치관련 코드 및 기준을 작성하여야 한다.

■ **제26조(그 밖에 관련된 자료)**

① 플레어스택을 포함한 압력방출설비에 대하여는 플레어스택의 용량 산출근거, 플레어스택의 높이 계산근거 및 압력방출설비의 공정상세도면(P&ID) 등의 사항을 작성하여야 한다.

② 환경오염물질의 처리에 관련된 설비에 대하여는 설비 내에서 발생되는 환경 오염물질의 수지, 처리방법 및 최종 배출농도 등의 사항을 작성하여야 한다.

6. 건축물의 설비기준 등에 관한 규칙

■ **제20조(피뢰설비)**

영 제87조제2항에 따라 낙뢰의 우려가 있는 건축물, 높이 20미터 이상의 건축물 또는 영 제118조제1항에 따른 공작물로서 높이 20미터 이상의 공작물(건축물에 영 제118조제1항에 따른 공작물을 설치하여 그 전체 높이가 20미터 이상인 것을 포함한다)에는 다음 각 호의 기준에 적합하게 피뢰설비를 설치하여야 한다.

1. 피뢰설비는 한국산업표준이 정하는 피뢰레벨 등급에 적합한 피뢰설비일 것. 다만, 위험물저장 및 처리시설에 설치하는 피뢰설비는 한국산업표준이 정하는 피뢰시스템레벨 Ⅱ 이상이어야 한다.

2. 돌침은 건축물의 맨 윗부분으로부터 25센티미터 이상 돌출시켜 설치하되, 「건축물의 구조기준 등에 관한 규칙」 제9조에 따른 설계하중에 견딜 수 있는 구조일 것
3. 피뢰설비의 재료는 최소 단면적이 피복이 없는 동선을 기준으로 수뢰부, 인하도선 및 접지극은 50제곱 밀리미터 이상이거나 이와 동등 이상의 성능을 갖출 것
4. 피뢰설비의 인하도선을 대신하여 철골조의 철골구조물과 철근콘크리트조의 철근구조체 등을 사용하는 경우에는 전기적 연속성이 보장될 것. 이 경우 전기적 연속성이 있다고 판단되기 위하여는 건축물 금속 구조체의 최상단부와 지표레벨 사이의 전기저항이 0.2옴 이하이어야 한다.
5. 측면 낙뢰를 방지하기 위하여 높이가 60미터를 초과하는 건축물 등에는 지면에서 건축물 높이의 5분의 4가 되는 지점부터 최상단부분까지의 측면에 수뢰부를 설치하여야 하며, 지표레벨에서 최상단부의 높이가 150미터를 초과하는 건축물은 120미터 지점부터 최상단부분까지의 측면에 수뢰부를 설치할 것. 다만, 건축물의 외벽이 금속부재(部材)로 마감되고, 금속부재 상호간에 제4호 후단에 적합한 전기적 연속성이 보장되며 피뢰시스템레벨 등급에 적합하게 설치하여 인하도선에 연결한 경우에는 측면 수뢰부가 설치된 것으로 본다.
6. 접지(接地)는 환경오염을 일으킬 수 있는 시공방법이나 화학 첨가물 등을 사용하지 아니할 것
7. 급수 · 급탕 · 난방 · 가스 등을 공급하기 위하여 건축물에 설치하는 금속배관 및 금속재 설비는 전위(電位)가 균등하게 이루어지도록 전기적으로 접속할 것
8. 전기설비의 접지계통과 건축물의 피뢰설비 및 통신설비 등의 접지극을 공용하는 통합접지공사를 하는 경우에는 낙뢰 등으로 인한 과전압으로부터 전기설비 등을 보호하기 위하여 한국산업표준에 적합한 서지보호장치(SPD)를 설치할 것
9. 그 밖에 피뢰설비와 관련된 사항은 한국산업표준에 적합하게 설치할 것

7. 관련 고시 및 기준

(1) 건축전기설비 설계 기준(국토해양부 공고 제2011-1198호)

1) 용어설명

- 전류용량(Ampacity) : 온도정격을 초과하지 않으면서 사용 중에 도체가 지속적으로 전류를 전달할 수 있는 용량을 암페어(A)로 표시한 것
- 접지(Ground) : 대지에 이상전류를 방류 또는 계통구성을 위해 의도적이거나 우연하게 전기회로를 대지 또는 대지를 대신하는 전도체에 연결하는 전기적인 접속
- 접지선(Grounding Conductor) : 접지를 할 때 접지전극과 장치, 기구, 배선, 다른 도체를 결합하는 도체
- 배전반(Switch Board) : 전면이나 후면 또는 양면에 개폐기, 과전류차단장치 및 기타 보호장치, 모선 및 계측기 등이 부착되어 있는 하나의 대형 패널 또는 여러 대의 패널. 프레임 또는 패널 조립품으로서, 전면과 후면에서 접근할 수 있는 것

- 분전반(Panel Board) : 하나의 패널로 조립하도록 설계된 단위패널의 집합체로 모선이나 자동 과전류 차단장치, 조명, 온도, 전력회로의 제어용 개폐기가 설치되어 있으며, 벽이나 칸막이 판에 접하여 배치한 캐비닛이나 차단기를 설치할 수 있도록 설계되어 있고 전면에서만 접근할 수 있는 것
- 차단기(Circuit Breaker) : 수동으로 회로를 개폐하고, 미리 설정된 전류의 과부하에서 자동적으로 회로를 개방하는 장치로 정격의 범위 내에서 적절히 사용하는 경우 자체에 어떠한 손상을 일으키지 않도록 설계된 장치
- 과전류차단기(Overcurrent Circuit Breaker) : 정상적인 회로조건에서 전류를 보내면서 차단할 수 있고, 또한 일정한 시간 동안만 전류를 보낼 수도 있으며, 단락회로와 같은 비정상적인 특별 회로조건에서 전류를 차단시키기 위한 장치
- 누전차단기(Residual－current Protective Device, Earth Leakage Breaker) : 지락전류를 영상변류기로 검출하는 전류 동작형으로 지락전류가 미리 정해 놓은 값을 초과할 경우, 설정된 시간 내에 회로나 회로의 일부의 전원을 자동으로 차단하는 장치
- 과전류(Overcurrent) : 장비의 정격전류 또는 도체의 허용전류를 초과하는 전류, 단락전류 및 지락전류를 포괄적으로 지칭

2) 공정안전관련 주요 설계 기준

가. 차단기 설치

- 고압 및 특고압 차단기는 그곳을 통과하는 최대 단락전류를 차단하는 능력이 있어야 한다.
- 저압 차단기는 그곳을 통과하는 최대 단락전류를 차단하는 능력이 있는 것을 사용한다.

나. 차단기의 정격 선정 시 고려할 사항

- 정격전압은 규정한 조건에 따라 그 차단기에 인가할 수 있는 사용회로 전압의 상한을 말하며, 다음 식으로 나타낸다.

$$\text{정격전압} = \text{공칭전압} \times 1.2/1.1(\text{V})$$

- 정격전류는 정격전압 및 정격주파수에서 규정의 온도상승 한도를 초과하지 않고 차단기에 연속적으로 흘릴 수 있는 전류의 상한값을 말하며, 정격전류의 선정은 부하전류에 의하여 결정하지만 장래의 증설계획을 고려하여 여유가 있는 차단기를 선정한다.
- 정격차단전류 또는 정격차단용량은 정격전압, 정격주파수 및 규정한 회로 조건하에서 규정의 표준 동작책무와 동작상태에 따라 차단할 수 있는 늦은 역률의 차단전류의 한도를 말하며, 교류분(실효값)으로 표시한다. 3상의 경우에는 다음과 같이 계산한다.

$$\text{차단용량(MVA)} = 3 \times \text{정격전압(kV)} \times \text{정격차단전류(kA)}$$

또는

$$\text{차단용량(MVA)} = (\text{기준용량}/\%Z) \times 100$$

• 기타 정격 투입전류, 정격 단시간전류, 정격 차단시간 등을 고려하여야 한다.

다. 단선결선도

• 단선결선도는 기기의 정격, 계통의 전기적 접속관계를 간단한 심볼과 약도(단선)로 나타낸 것이다.
• 설계도면에서 사용하는 경우가 드물지만 3선 결선도는 배선을 복선으로 나타내어 복잡한 접속관계를 알 수 있다.
• 설계 시에는 일반적으로 도면을 간략히 하기 위해 단선결선도를 이용한다.

• 단선결선도 표시사항

(가) 수전방식, 수전전압 및 책임 분계점
(나) 수전설비의 계기(수급용, 일반용), 기기(차단기, 개폐기, 피뢰기 등), 보호장치, 모선, 케이블 등에 대한 정격
(다) 변전설비의 용량, 변압방식, 상수, 변압기 종류, 절연계급, 변압기 보호 등에 대한 사항
(라) 모선에 대한 연결 방식, 규격 및 보호에 관한 사항
(마) 배전반의 계기, 기기(차단기, 개폐기 등)에 관련한 정격
(바) 예비전원(또는 다른 전원)과의 연계에 관련한 사항
(사) 기타 역률 조정, 서지 제거 및 수변전설비 자동제어(센서, 기기 등)에 관련한 사항
(아) 고압 등 주요결선도 예시

약어설명

• 차단기 : DS(Disconnecting Switch), CB(Circuit Breaker)
• 변압기(TR) : Transformer
• 진공차단기(VCB) : Vacuum Circuit Breaker
• 배선용차단기(MCCB) : Molded Case Circuit Breaker
• MOF(계기용변성기 : Metering Out Fit) : 전기계기 또는 측정장치와 함께 사용되는 전류 및 전압의 변성용기기로서 계기용변류기(CT)와 계기용변압기(PT)를 총칭한다.
• 전력계통 COS(Cut Out Switch) : FUSE
• 제어회로 COS(Change Over Switch) : 절체 S/W
• LA : 단독접지

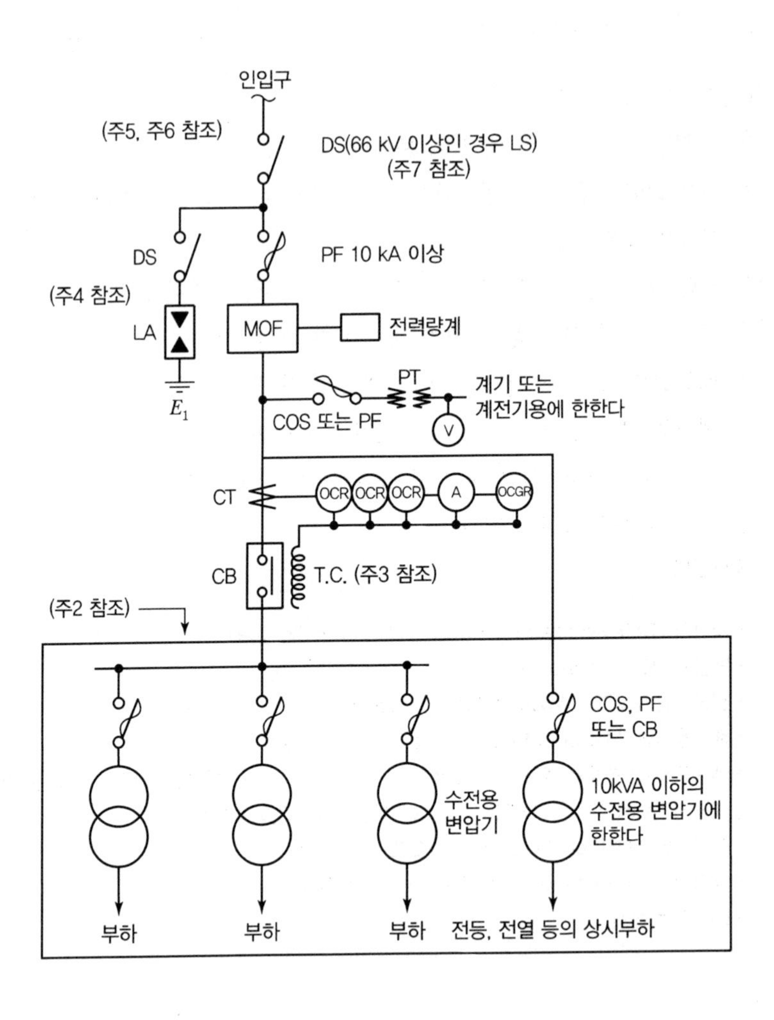
인입구
(주5, 주6 참조)
DS(66 kV 이상인 경우 LS)
(주7 참조)
DS
PF 10 kA 이상
(주4 참조)
LA
MOF
전력량계
E_1
PT
계기 또는
계전기용에 한한다
COS 또는 PF
V
CT
OCR
OCR
OCR
A
OCGR
CB
T.C. (주3 참조)
(주2 참조)
COS, PF
또는 CB
수전용
변압기
10kVA 이하의
수전용 변압기에
한한다
부하
부하
부하
전등, 전열 등의 상시부하

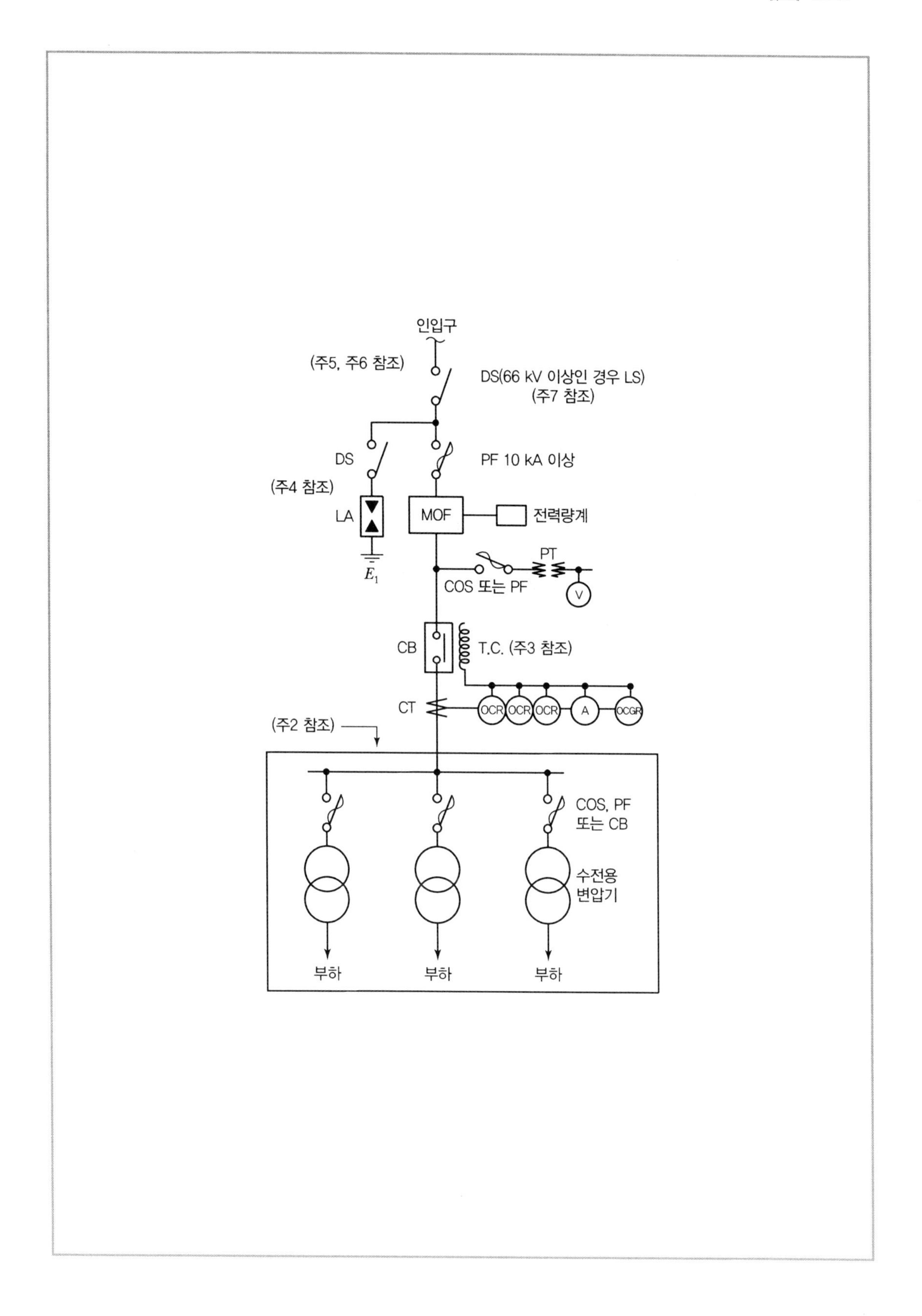
인입구
(주5, 주6 참조)
DS(66 kV 이상인 경우 LS)
(주7 참조)
DS
(주4 참조)
PF 10 kA 이상
LA
MOF
전력량계
E_1
PT
COS 또는 PF
V
CB
T.C. (주3 참조)
CT
OCR
OCR
OCR
A
OCGR
(주2 참조)
COS, PF
또는 CB
수전용
변압기
부하
부하
부하

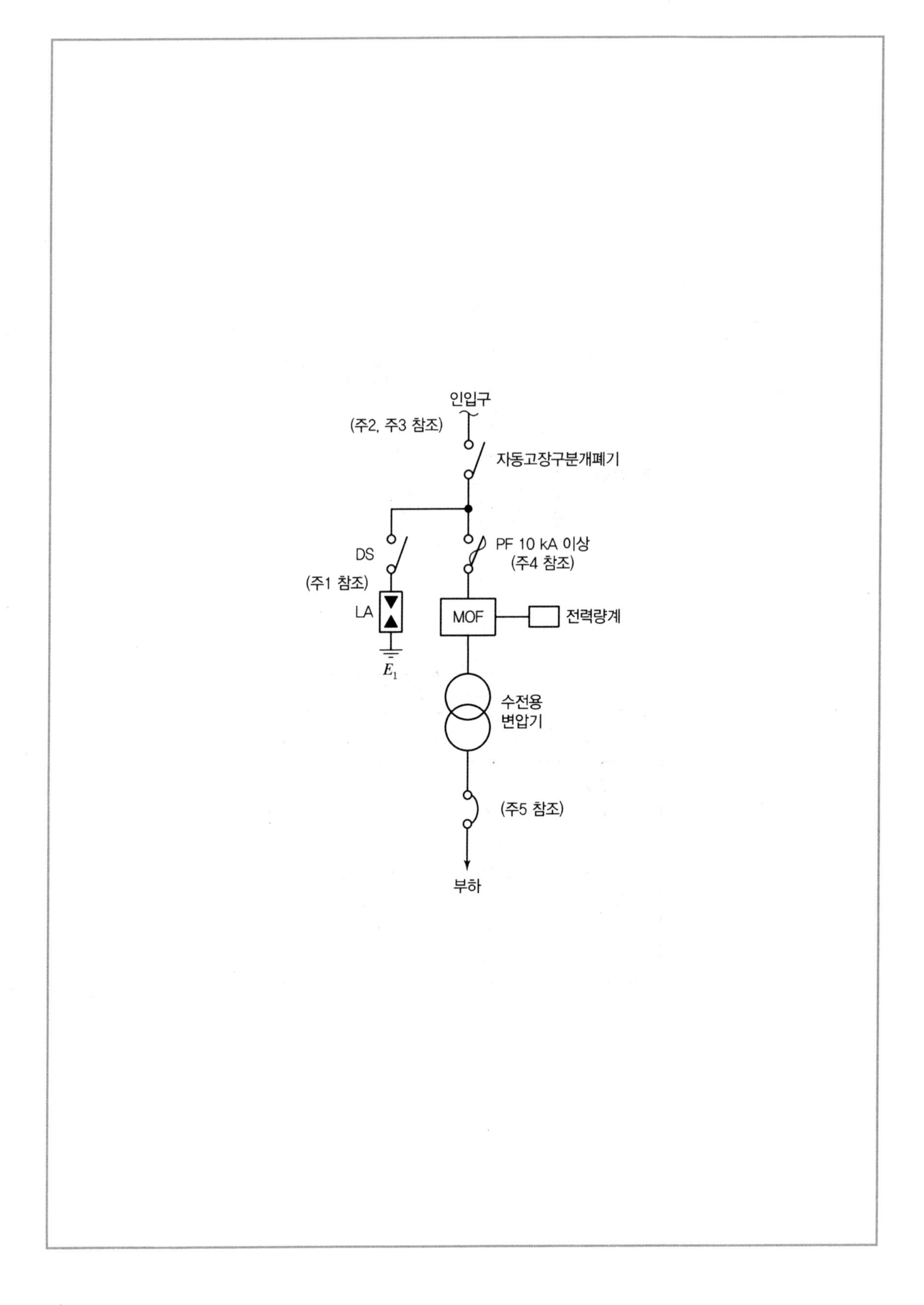

인입구
(주2, 주3 참조)
자동고장구분개폐기
DS
(주1 참조)
LA
E_1
PF 10 kA 이상
(주4 참조)
MOF
전력량계
수전용
변압기
(주5 참조)
부하

(2) 건축전기설비 설계기준(국토해양부 공고 제2011-1198호, 2011.12.16.)
[피뢰시스템 : KS C IEC 62305 기준과 동일]

1) 수뢰부

- 수뢰부 시스템은 돌침, 수평도체, 메시 도체를 각각 사용하거나 조합한 방식으로 설계한다.
- 수뢰부 시스템은 보호범위 산정 방식(보호각, 회전구체법, 메시법)에 따라 설치한다.
- 수뢰부 시스템의 보호범위는 보호각, 회전구체법 및 메시 크기에 의한 방법 중 개별 또는 조합하여 사용하며 이것은 다음 표와 같다.

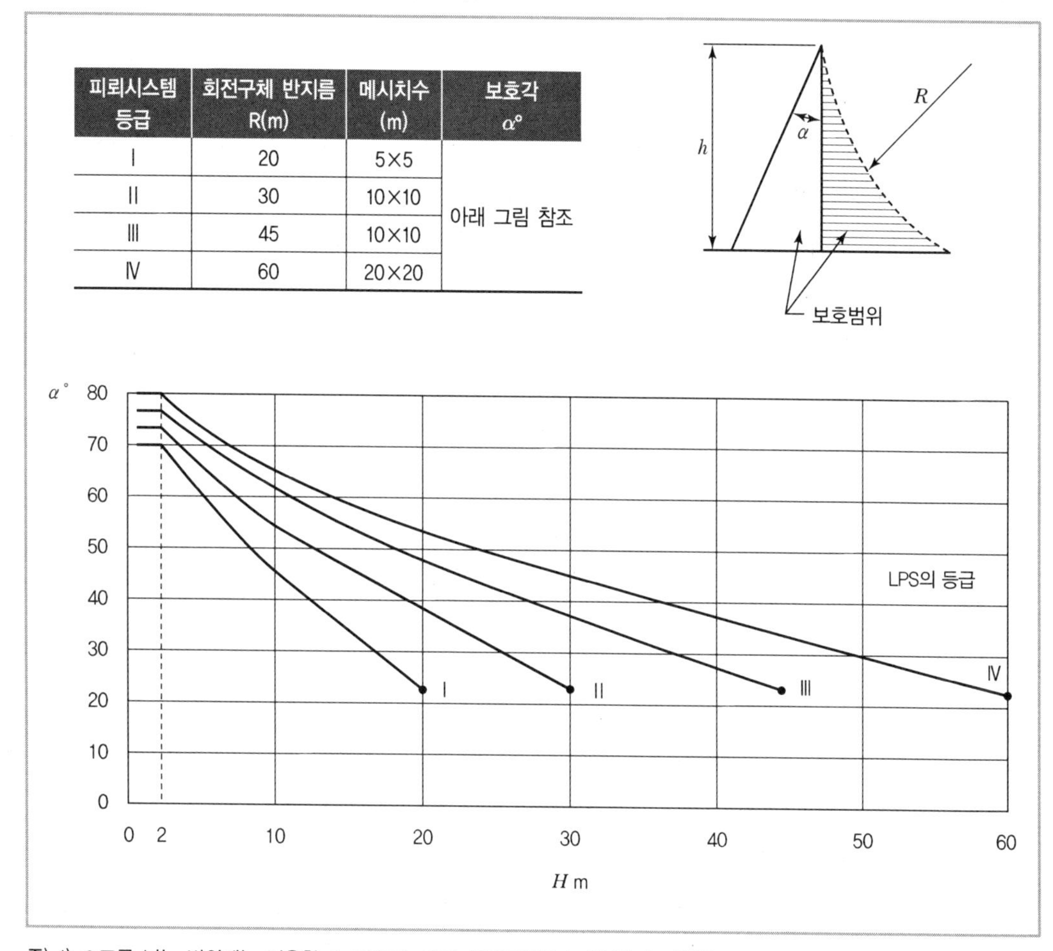

피뢰시스템 등급	회전구체 반지름 R(m)	메시치수 (m)	보호각 $\alpha°$
Ⅰ	20	5×5	아래 그림 참조
Ⅱ	30	10×10	
Ⅲ	45	10×10	
Ⅳ	60	20×20	

주) 1) ●표를 넘는 범위에는 적용할 수 없으며, 단지 회전구체법과 메시법만 적용할 수 있다.
2) H는 보호대상 지역 기준평면으로부터의 높이이다.
3) 높이 H가 2m 이하인 경우, 보호각은 불변이다.
4) 독립 피뢰도체(돌침, 수평도체, 메시도체)는 보호범위 이내의 금속제 시설물과 낙뢰 전류가 흐를 때 방전이 발생되지 않도록 이격하여 시설한다.
5) 높이 60m 이상의 고층 건축물에 대해서는 최상부 20%에 해당되고 60m 이상인 측면에 설치된 설비들을 보호할 수 있도록 수뢰부시스템을 설치한다. 다만, 건축물 등의 높이가 120m를 넘는 모든 부분의 측면은 뇌격으로부터 보호하기 위한 수뢰부시스템을 설치한다.

2) 피뢰보호등급

피뢰보호등급은 위험도를 검토하여 선정하는 것으로 그 내용에 대한 예시는 아래와 같다.

- 1등급 : 발전소, 정유공장, 화학공장, 방위사업체 등 동등위험 건축물
- 2등급 : 정유 및 화학보관 건축물, 변전소, 정보통신용 건축물 등 동등위험 건축물
- 3등급 : 중요문화재, 50층 이상 고층건축물, 학교 등 동등위험 건축물
- 4등급 : 아파트, 일반건축물

(3) 한국전기설비규정(KEC)

※ 기존 전기설비기술기준의 판단기준은 폐지되었으며, 변경된 KEC 규정에 따른다.

1) 접지방식

가. 계통접지[KEC 203] : 전력계통에서 돌발적으로 발생하는 이상현상에 대비하여 대지와 계통을 연결하는 것으로, 중성점을 대지에 접속하는 것

① 저압전로의 보호도체 및 중성선의 접속 방식에 따라 접지계통은 다음과 같이 분류한다.

- TN계통
- TT계통
- IT계통

② 계통접지에서 사용되는 문자의 정의는 다음과 같다.

- 제1문자
  - T : 한 점을 대지에 직접 접속
  - I : 모든 충전부를 대지와 절연시키거나 높은 임피던스를 통하여 한 점을 대지에 직접 접속
- 제2문자
  - T : 노출도전부를 대지로 직접 접속. 전원계통의 접지와는 무관
  - N : 노출도전부를 전원계통의 접지점(교류 계통에서는 통상적으로 중성점, 중성점이 없을 경우는 도체)에 직접 접속
- 그 다음 문자(문자가 있을 경우)
  - S : 중성선 또는 접지된 선도체 외에 별도의 도체에 의해 제공되는 보호 기능
  - C : 중성선과 보호 기능을 한 개의 도체로 겸용(PEN 도체)

T, I	T, N	-S, C
제1문자	제2문자	그 다음 문자 (문자가 있을 경우)
전원계통과 대지의 관계	전기설비의 노출전도부와 대지의 관계	중성선과 보호도체의 배치

③ 각 계통에서 나타내는 그림의 기호는 다음과 같다.

기호 설명	
	중성선(N), 중간도체(M)
	보호도체(PE)
	중성선과 보도체겸용(PEN)

나. 보호접지 : 고장 시 감전에 대한 보호를 목적으로 기기의 한 점 또는 여러 점을 접지하는 것

다. 피뢰시스템접지 : 뇌전류를 대지로 방류시키기 위한 접지

참고 접지도체, 보호도체 최단면적

접지도체 최소단면적(mm²)		보호도체 최소단면적(mm², 구리)		
구리	철	선도체의 단면적 S (mm², 구리)	보호도체의 재질이 선도체와 같은 경우	보호도체의 재질이 선도체와 다른 경우
6	50	$S \leq 16$	S	$(k_1/k_2)\times S$
접지도체에 피뢰시스템이 접속된 경우		$16 < S \leq 35$	16	$(k_1/k_2)\times 16$
16	50	$S > 35$	$S/2$	$(k_1/k_2)\times(S/2)$
		*또는 차단시간 5초 이하인 경우 $S=\frac{\sqrt{I^2t}}{k}$ t : 자동차단을 위한 보호장치의 동작시간(s) k : 보호도체, 절연, 기타 부위의 재질 및 초기온도와 최종온도에 따라 정해지는 계수		

2) 저압전로 중의 개폐기 및 과전류차단장치의 시설(KEC 212.6)

가. 저압전로 중의 개폐기의 시설

① 저압전로 중에 개폐기를 시설하는 경우(이 규정에서 개폐기를 시설하도록 정하는 경우에 한한다)에는 그 곳의 각 극에 설치하여야 한다.

② 사용전압이 다른 개폐기는 상호 식별이 용이하도록 시설하여야 한다.

나. 저압 옥내전로 인입구에서의 개폐기의 시설

① 저압 옥내전로(242.5.1의 1에 규정하는 화약류 저장소에 시설하는 것을 제외한다. 이하 같다)에는 인입구에 가까운 곳으로서 쉽게 개폐할 수 있는 곳에 개폐기(개폐기의 용량이 큰 경우에는 회로를 분할하여 각 회로별로 개폐기를 시설할 수 있다. 이 경우에 각 회로별 개폐기는 집합하여 시설하여야 한다)를 각 극에 시설하여야 한다.

② 사용전압이 400V 이하인 옥내 전로로서 다른 옥내전로(정격전류가 16A 이하인 과전류 차단기 또는 정격전류가 16A를 초과하고 20A 이하인 배선차단기로 보호되고 있는 것에

한한다)에 접속하는 길이 15m 이하의 전로에서 전기의 공급을 받는 것은 제1의 규정에 의하지 아니할 수 있다.

③ 저압 옥내전로에 접속하는 전원측의 전로(그 전로에 가공 부분 또는 옥상 부분이 있는 경우에는 그 가공 부분 또는 옥상 부분보다 부하측에 있는 부분에 한한다)의 그 저압 옥내전로의 인입구에 가까운 곳에 전용의 개폐기를 쉽게 개폐할 수 있는 곳의 각 극에 시설하는 경우에는 제1의 규정에 의하지 아니할 수 있다.

다. 저압전로 중의 전동기 보호용 과전류 보호장치의 시설

① 과전류차단기로 저압전로에 시설하는 과부하 보호장치(전동기가 손상될 우려가 있는 과전류가 발생했을 경우에 자동적으로 이것을 차단하는 것에 한한다)와 단락보호 전용차단기 또는 과부하 보호장치와 단락보호전용퓨즈를 조합한 장치는 전동기에만 연결하는 저압전로에 사용하고 다음 각각에 적합한 것이어야 한다.

- 과부하 보호장치, 단락보호전용 차단기 및 단락보호전용 퓨즈는 「전기용품 및 생활용품 안전관리법」에 적용을 받는 것 이외에는 한국산업표준(이하 "KS"라 한다)에 적합하여야 하며, 다음에 따라 시설할 것
  - 과부하 보호장치로 전자접촉기를 사용할 경우에는 반드시 과부하계전기가 부착되어 있을 것
  - 단락보호전용 차단기의 단락동작설정 전류 값은 전동기의 기동방식에 따른 기동돌입전류를 고려할 것
  - 단락보호전용 퓨즈는 용단 특성에 적합한 것일 것

단락보호전용 퓨즈(aM)의 용단 특성

정격전류의 배수	불용단시간	용단시간
4배	60초 이내	–
6.3배	–	60초 이내
8배	0.5초 이내	–
10배	0.2초 이내	–
12.5배	–	0.5초 이내
19배	–	0.1초 이내

- 과부하 보호장치와 단락보호전용 차단기 또는 단락보호전용 퓨즈를 하나의 전용함 속에 넣어 시설한 것일 것
- 과부하 보호장치가 단락전류에 의하여 손상되기 전에 그 단락전류를 차단하는 능력을 가진 단락보호전용 차단기 또는 단락보호전용 퓨즈를 시설한 것일 것
- 과부하 보호장치와 단락보호전용 퓨즈를 조합한 장치는 단락보호전용 퓨즈의 정격전류가 과부하 보호장치의 설정 전류(Setting Current) 값 이하가 되도록 시설한 것(그 값이

단락보호전용 퓨즈의 표준 정격에 해당하지 아니하는 경우는 단락보호 전용 퓨즈의 정격전류가 그 값의 바로 상위의 정격이 되도록 시설한 것을 포함한다)일 것

② 저압 옥내 시설하는 보호장치의 정격전류 또는 전류 설정 값은 전동기 등이 접속되는 경우에는 그 전동기의 기동방식에 따른 기동전류와 다른 전기사용기계기구의 정격전류를 고려하여 선정하여야 한다.

③ 옥내에 시설하는 전동기(정격 출력이 0.2kW 이하인 것을 제외한다. 이하 여기에서 같다)에는 전동기가 손상될 우려가 있는 과전류가 생겼을 때에 자동적으로 이를 저지하거나 이를 경보하는 장치를 하여야 한다. 다만, 다음의 어느 하나에 해당하는 경우에는 그러하지 아니하다.

- 전동기를 운전 중 상시 취급자가 감시할 수 있는 위치에 시설하는 경우
- 전동기의 구조나 부하의 성질로 보아 전동기가 손상될 수 있는 과전류가 생길 우려가 없는 경우
- 단상전동기[KS C 4204(2013)의 표준정격의 것을 말한다]로써 그 전원측 전로에 시설하는 과전류 차단기의 정격전류가 16A(배선차단기는 20A) 이하인 경우

3) 피뢰기의 시설(KEC 341.13)

가. 고압 및 특고압의 전로 중 다음에 열거하는 곳 또는 이에 근접한 곳에는 피뢰기를 시설하여야 한다.

① 발전소 · 변전소 또는 이에 준하는 장소의 가공전선 인입구 및 인출구

② 특고압 가공전선로에 접속하는 341.2(특고압 배전용 변압기의 시설)의 배전용 변압기의 고압측 및 특고압측

③ 고압 및 특고압 가공전선로로부터 공급을 받는 수용장소의 인입구

④ 가공전선로와 지중전선로가 접속되는 곳

나. 다음의 어느 하나에 해당하는 경우에는 제1의 규정에 의하지 아니할 수 있다.

① 제1의 어느 하나에 해당되는 곳에 직접 접속하는 전선이 짧은 경우

② 제1의 어느 하나에 해당되는 경우 피보호기기가 보호범위 내에 위치하는 경우

4) 피뢰기의 접지(KEC 341.14)

고압 및 특고압의 전로에 시설하는 피뢰기 접지저항 값은 10Ω 이하로 하여야 한다.

8. 전기단선도 작성에 관한 기술지침(KOSHA GUIDE E-46-2013)

(1) 용어설명

- 전기 단선도 : 전기설비에 공급되는 전원에 관련된 모든 사항을 단선으로 작성한 전기계통도로서 계통의 일반적인 접속 상태를 일목요연하게 표시하여 전기설비의 계획, 설계, 공사, 운전 및 유지 보수 등에 활용할 수 있도록 작성된 도면
- 수전설비 : 전기사업자로부터 공급받는 저압 또는 고압, 특별고압의 전압을 부하의 특성에 맞는 전압으로 변성 및 공급하기 위한 설비들
- 책임 분계점 : 전기를 공급하는 전기사업자와 전기를 사용하는 사용자 간에 전기공급시설에 대한 관리 및 재산상의 구분을 하기 위한 경계지점
- 배전반 : 일반적으로 제어, 측정, 보호 및 조정 장비에 관련된 스위칭과 차단기 등의 총칭, 발전, 전력의 전송, 배전, 변환에 관련되는 결합체, 보조물, 상자와 지지 구조 등에 관련된 위의 장치들의 집합체도 포함
- 제어반 : 일반적으로 개폐 장치와 관련되는 제어, 계측, 보호 및 조정 장치의 조합물 외에 연관되는 상호 접속물, 부속품, 밀폐 외함 및 지지 구조물 같은 장치와 설비의 어셈블리를 망라한다.
- 연계차단기(Tie Breaker) : 2개 이상의 수 · 배전 모선선로를 서로 연결 또는 분리시키기 위하여 설치한 차단기
- 유해 · 위험 설비 : 산업안전기준에 관한 규칙 별표 7의 화학설비 및 그 부속설비의 종류

(2) 전기설비별 표시되어야 할 사항

1) 공통사항

- 전기기기는 기호로 표기하고, 해당 기기명의 약어와 다음 "나" 사항을 표기한다. 사업장의 필요에 따라 표기사항을 추가할 수 있다.
- 기기번호가 부여된 경우 해당 번호를 기입한다.
- 배전반, 제어반, 변압기, 충전기반 등의 전기설비가 단위공정, 지역, 용도 등으로 구분이 필요한 경우에는 해당 전기설비를 가는 1점 쇄선으로 구분 표시하고, 좌측 상단에 고유번호를 기입한다. 1점 쇄선으로 구분된 부분과 명확하게 구별이 필요한 경우에는 2점 쇄선을 사용한다.

2) 전기설비별 표시사항

- 인입지점(Incoming) : 전압, 상수, 가닥수, 주파수를 기입하고 인입점을 수전방향으로 향하게 화살표로 나타낸다.
- 모선(Bus) : 도면의 상부에서부터 고압, 저압 모선의 순으로 배열하되, 상용전원 모선과 비상용전원 모선을 구분하여 작성한다. 모선에는 전압, 상수, 가닥수, 주파수, 정격전류, 정격차단전류를 기입하며 다른 선보다 굵게 표시한다.
- 고압배전반 : 수전반, 전동기제어반, 변압기반 등 용도별 배전반 내에 설치할 전기기기를 다음 내용을 참조하여 기호로 표시한다.

(가) 단로기(DS) : 극수, 정격전압, 정격전류
(나) 전력퓨즈(PF) : 수량, 정격전압, 정격전류, 정격차단전류
(다) 차단기(CB) : 차단기 종류, 정격전압, 정격전류, 정격차단전류
(라) 계기용변압기(PT) : 수량, 변압비, 정격부담
(마) 변류기(CT) : 수량, 변류비, 정격부담
(바) 영상변류기(ZCT) : 영상 1 · 2차측 전류
(사) 진공접촉기(VCS) : 정격전압, 정격전류
(아) 피뢰기(LA) : 수량, 정격전압, 공칭방전전류
(자) 서지흡수기(SA) : 수량, 정격전압, 공칭방전전류
(차) 전기계기 : 수량(1개일 경우 생략), 측정범위
(카) 보호계전기 : 수량(1개일 경우 생략)

- 고압전동기 : 기기명, 정격출력, 내부 히터(Space Heater) 유무를 기입한다.
- 변압기 : 변압기종류, 상수, 정격 1 · 2차 전압, 1 · 2차 결선 및 접지방식, 정격용량, 냉각방식, 퍼센트 임피던스(% Impedance), 혼촉 방지판 부착 여부, 보호장치를 기입한다.
- 전력용 콘덴서 : 상수, 용량을 기입한다.
- 저압배전반 : 배전반 내에 설치할 배선용차단기, 전자개폐기, 과부하계전기 등의 전기기기를 기호에 따라 표시한다. 동일한 제어방식인 전동기나 다른 설비가 많을 경우에는 각 제어방식별로 설치할 전기기기를 기호로 표시하고 고유번호를 부여한 후, 그 아래에 일람표를 작성할 수 있다. 일람표에는 기기번호, 기기명, 설비용량, 배선용차단기 용량(AF, AT, KA), 케이블 굵기 및 길이, 제어방식 등을 기입한다.
- 무정전전원장치 및 충전기반 : 수납된 대표적인 기구를 기호로 표시하고 출력전압 및 정격전류를 기입한다. 축전지는 별도로 2점 쇄선으로 구획하여 공칭전압, 정격용량(Ah), 축전지 종류, 셀(Cell) 수량, 정전보상시간을 기입한다.
- 연계차단기(Tie Breaker) : 차단기 종류, 정격전압, 정격전류, 정격차단전류, 평상시 투입여부를 기입한다. 평상시 투입되어 있는 경우 NC(Normal Close), 개방되어 있는 경우 NO(Normal Open)로 표기한다.

- 모선덕트(Bus Duct) : 상수, 가닥수, 정격전압, 정격전류를 기입한다.
- 케이블 : 고압용 케이블, 저압간선용 케이블 및 배전반간의 연결선에 대해서 종류, 정격전압, 심선수, 굵기, 가닥수를 기입한다.
- 발전기 : 상수, 가닥수, 정격전압, 주파수, 정격용량, 역률을 기입한다.

(3) 도면의 작성

1) 작성 범위

전기단선도의 작성범위는 수전설비의 책임분계점부터 저압 변압기의 2차측(부하설비 1차측)까지이며, 다음 사항이 포함되어야 한다.

- 버스바 또는 케이블의 종류, 굵기 및 가닥수 등
- 변압기의 종류, 정격(상수, 1 · 2차 전압), 1 · 2차 결선 및 접지방식, 보호장치 등
- 각종 보호장치(차단기, 단로기)의 종류와 차단 및 정격용량, 보호방식 등
- 예비 동력원 또는 비상전원 설비의 용량 및 단선도
- 각종 보호장치의 단락용량 계산서 및 비상전원 설비용량 산출계산서(해당될 경우에 한정한다)

2) 일반사항

- 전기단선도를 이해하기 위해서 필요한 범례도(Legend)를 작성한다.
- 도면은 범례도에 따라 약어와 기호를 이용하여 간단하고 일목요연하게 작성한다.
- 계통이 대규모인 경우 전체계통도, 고압전기단선도, 저압전기단선도, 비상전원전기단선도로 구분하여 작성한다. 전체계통도는 인입지점부터 비상전원까지 사업장 내 모든 전기기기의 개략적인 접속 형태를 한 장의 도면으로 나타낸 것으로 전기 설비별 표시사항 중 선택해서 표기하고, 전동기 등 부하는 종류별로 간략화하여 표시한다.
- 시공이나 운전상 특별히 필요한 사항은 도면의 우측 상단에 표기한다.
- 기호는 한국산업표준을 사용을 권장하며, 각 사업장별 특성에 따라 유사한 다른 기호를 사용할 수도 있다.
- 동일 사업장 내의 각 공정별 전기단선도는 범례, 기기번호 부여방법, 도면번호 부여방법 등이 통일되어야 한다.

3) 기존 설비로부터 증설

기존 설비로부터 증설하는 경우에는 기존 시설분은 점선으로 표기하여 개략적으로 그리고, 전기계통, 전압, 주파수, 차단기의 위치 정도를 기입한다.

4) 연동회로(Interlock)

아래의 연동회로는 도면에 점선으로 명시한다.

- 상용전원과 예비전원 간의 연동
- 단로기, 접지스위치 등 조작 시의 안전성 및 보호를 위해 필요한 회로

• 변압기 2대 이상에서 모선분리 또는 선택운전을 위한 연동회로

5) 기기번호(Item No.)

• 기기번호는 공사 사양서(Project Spec.)의 원칙대로 기입하되 단위공장, 지역, 기기의 종류, 예비 기기 등을 쉽게 구분할 수 있도록 정한다.

• 기기번호는 다음을 참고하여 사업장의 실정에 맞게 부여할 수 있다.

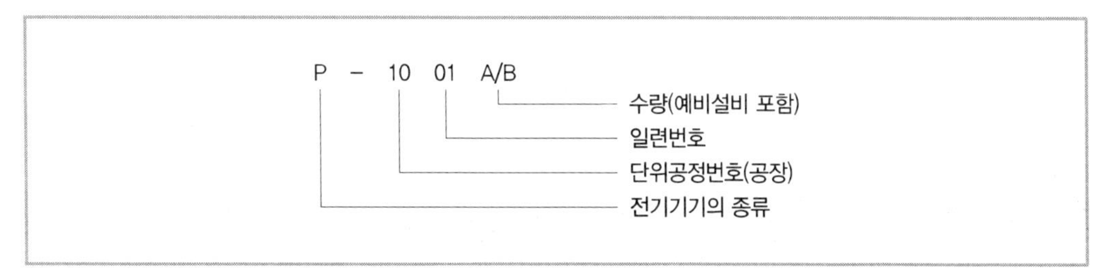

• 기기번호의 머리글자는 기기의 종류에 따라 다음을 참고하여 사업장의 실정에 맞게 표기할 수 있다.

P : 펌프류	WR : 용접용 리셉터클
C : 압축기류	UPS : 무정전전원공급장치
AG : 교반기류	BC : 충전기
LP : 조명	SPARE : 예비용

6) 도면번호(DWG no.)

• 도면에는 공정 또는 지역 등을 포함하여 고유의 도면번호를 부여하여야 한다.

• 2매 이상의 도면으로 연결되는 경우에는 연결되는 도면번호 및 연결 전기기기 등의 고유번호 등을 표기하여 계통의 연결을 쉽게 알아볼 수 있도록 한다.

(4) 범례도(Legend)

범례도에는 전기단선도에서 사용되는 다음과 같은 제반 약속들이 표시되어야 한다.

• 전기단선도에 나타나는 모든 전기기기의 기호

• 전기단선도에서 사용되는 약어

• 1회 이상 사용되는 특별한 사항

참고 **예시 : 전기용 기호**

1. 전류

번호	명칭	기호	적용
1.1	직류	 —	보기  : (A) (G)
1.2	교류	 ∼	보기  : (A) (G)
1.3	고주파		보기 : (A)

2. 도선 및 접속

번호	명칭	기호	적용
2.1	도선		1. 전선 및 모선 등에 널리 사용된다. 2. 필요에 따라 굵기를 구별한다. 3. 도체의 가닥수를 명시하고 싶을 때는 다음과 같이 표시할 수 있다. (a) 2가닥 (b) 3가닥 (c) n가닥 n 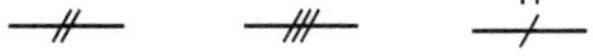
2.2	단자	(a) (b)	보기 : 
2.3	도선의 분기		
2.4	도선의 접속	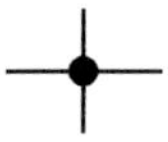	아래 그림과 같이 표시해도 된다. 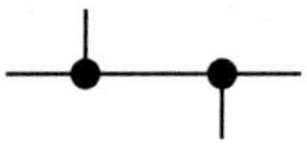
2.5	도선이 접속하지 않는 경우		
2.6	접지		
2.7	케이스에 접속		착오가 생길 염려가 없을 때는 사선의 일부 또는 전부를 생략할 수 있다.

3. 연동, 저항 · 인덕턴스

번호	명칭	기호	적용
3.1	연동을 나타내는 일반기호	- - - - - - - - - - - -	
3.2	저항 또는 저항기	(a) (b)	1. 특히 필요한 경우에는 산의 수를 바꿀 수 있다. 2. (b)는 특히 무유도를 나타낼 때 사용한다.
3.3	가변저항 또는 가변저항기	(a) (b) (c) (d)	1. 특히 필요한 경우에는 산의 수를 바꿀 수 있다. 2. (c), (d)는 특히 무유도를 나타낼 때 사용한다
3.4	탭 붙이 저항기	(a) (b)	1. 특히 필요한 경우에는 산의 수를 바꿀 수 있다. 2. (b)는 특히 무유도를 나타낼 때 사용한다
3.5	임피던스		

4. 회전기

번호	명칭	기호	적용
4.1	직류 분권 전동기	M	1. 타 여자일 경우 다음에 따른다. 2. 파선부는 저항기류를 접속할 경우를 나타내고, 그것이 없을 때는 실선으로 나타낸다. 3. 보극권선 또는 보상권선은 필요에 따라 추가한다.
4.2	직류 직권 전동기	M	보극권선 또는 보상권선은 필요에 따라 추가한다.
4.3	직류 복권 전동기	M	1. 파선부는 저항기류를 접속할 경우를 나타내고, 그것이 없을 때는 실선으로 나타낸다. 2. 보극권선 또는 보상권선은 필요에 따라 추가한다.
4.4	동기 발전기	SG	1. 동기 발전기라는 것이 명확할 때에는 단순히 G로 기입해도 된다. 2. 전기자의 아래쪽에 표시한 선은 중성점측 인출을 나타낸다. 3. 단선도에서 계자 코일의 기호를 필요로 하지 않을 때에는 생략해도 된다.
4.5	동기 전동기	SM	단선도에서 계자 코일의 기호를 필요로 하지 않을 때에는 생략해도 된다.

번호	명칭	기호	적용
4.6	유도 전동기(일반)	IM	유도 전동기란 것이 명확할 때에는 IM이라고 기입해도 된다.
4.7	권선형 유도 전동기	IM	
4.8	유도 발전기	IG	유도 발전기란 것이 명확할 때에는 IG라고 기입해도 된다.

5. 변압기

번호	명칭	기호	적용
5.1	변압기(일반)	(a) (b)	혼촉 방지판이 붙은 것은 다음에 따른다.
5.2	단상 변압기	(a) 1Φ (b) 1Φ (c) 1Φ (d) 1Φ (e) 1Φ	(b), (d), (e)는 3권선 변압기일 경우를 표시한다.

번호	명칭	기호	적용
5.3	3상 변압기	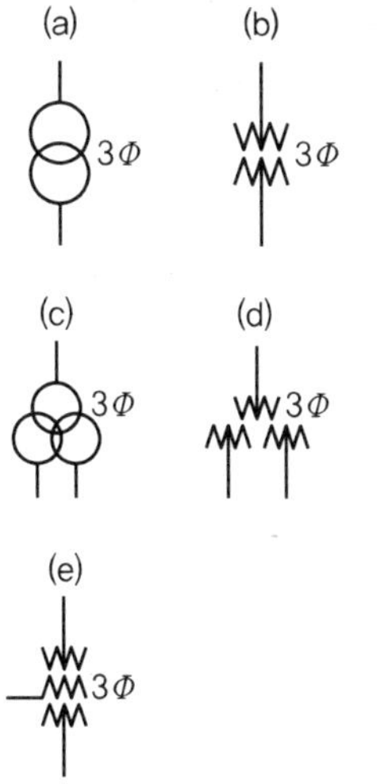 (a) 3Φ (b) 3Φ (c) 3Φ (d) 3Φ (e) 3Φ	(b), (d), (e)는 3권선 변압기일 경우를 표시한다.
5.4	변압기 접속 보기	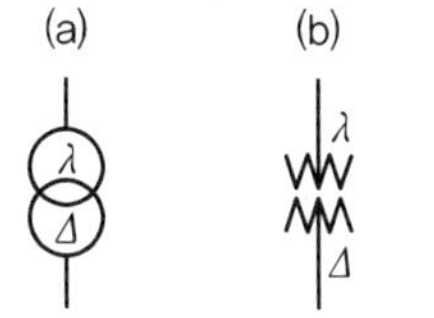 (a) λ Δ (b) λ Δ	1. YΔ 접속일 경우를 표시한다. 2. 특히 3상 변압기를 표시할 필요가 있을 경우는 옆에 3ϕ로 기입한다.
		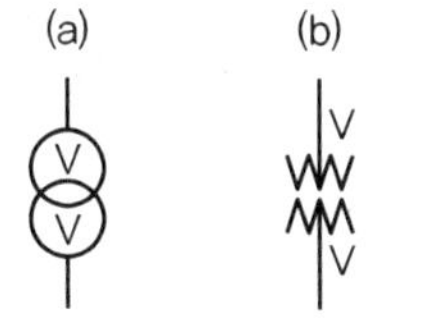 (a) V V (b) V V	1. V 접속일 경우를 표시한다. 2. 특히 3상 변압기를 표시할 필요가 있을 경우는 옆에 3ϕ로 기입한다.
		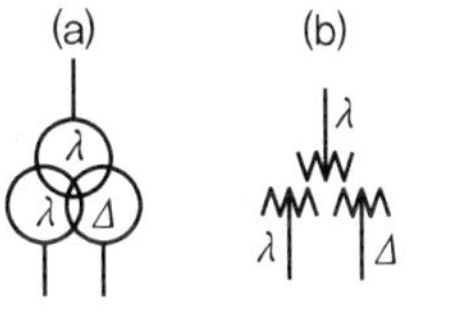 (a) λ λ Δ (b) λ λ Δ (a) Δ Δ λ (b) Δ Δ λ	1. 3권선 변압기일 경우를 표시한다. 2. 특히 3상 변압기를 표시할 필요가 있을 경우는 옆에 3ϕ로 기입한다.
		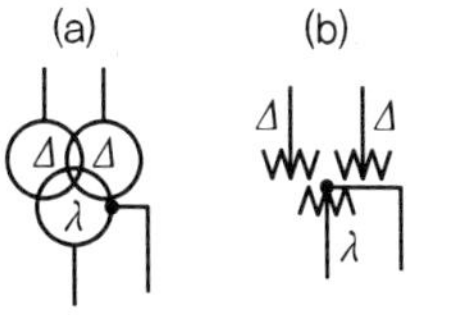 (a) Δ Δ λ (b) Δ Δ λ	1. 3권선 변압기에서 중성점측 인출인 경우를 표시한다. 2. 특히 3상 변압기를 표시할 필요가 있을 경우는 옆에 3ϕ로 기입한다.

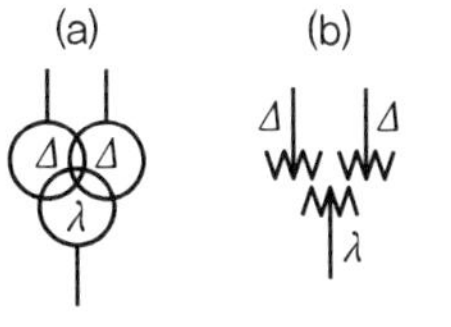

6. 전원 및 장치

번호	명칭	기호	적용
6.1	전지 및 직류전원	─┤├─	1. 혼동될 때에는 다음과 같이 해도 된다. 2. 극성은 긴 선을 양극, 짧은 선을 음극으로 한다. 3. 다수 연결할 때에는 다음과 같이 해도 된다. (a) (3개인 경우) (b)
6.2	정류기(일반)	(a) (b)	화살표는 정삼각형으로 하고 직류가 통하는 방향을 나타낸다.
6.3	변환기(일반)		A에서 B로의 변환을 표시할 때에는 아래 그림과 같이 기입한다. ──▶── 는 신호의 진행 방향을 표시한다. A/B B/A A/B B/A
6.4	전원장치 (정류장치인 경우)	~ / —	

7. 계기용 변압기 및 변류기

번호	명칭	기호	적용
7.1	계기용 변압기(일반)	(a) PT (b) PT (c) PT (d)	1. 주 변압기와 구별하기 위해 그것보다 가늘게 그릴 수 있다. 2. (a)는 2권선인 경우를 표시한다. 3. (b), (c)는 3권선인 경우를 표시한다. 4. 혼돈할 우려가 없는 경우 변압기(일반) 기호인 (d)를 사용할 수 있다. 5. 저압 전동기제어반(MCC)의 제어회로용 변압기는 다음과 같이 표시한다. OP TR
7.2	단상 계기용 변압기	(a) PT 1Φ (b) PT 1Φ (c) PT 1Φ	1. 주 변압기와 구별하기 위해 그것보다 가늘게 그릴 수 있다. 2. 단선도에서는 필요에 따라 접속을 옆에 기입한다. 3. (a)는 2권선, (b), (c)는 3권선의 경우를 표시한다.

번호	명칭	기호	적용
7.3	3상 계기용 변압기	(a) PT 3Φ (b) PT 3Φ (c) PT 3Φ	1. 주 변압기와 구별하기 위해 그것보다 가늘게 그릴 수 있다. 2. 단선도에서는 필요에 따라 접속을 옆에 기입한다. 3. (a)는 2권선, (b), (c)는 3권선의 경우를 표시한다.
7.4	변류기	(a) (b) (c) (d) (e)	1. (a), (b)는 2권선, (c), (d)는 3권선인 경우를 표시한다. 2. (e)는 2중 철심인 경우를 표시한다. 3. 전류계와 조합하는 예는 다음과 같다. A
7.5	영상 변류기	(a) (b)	

8. 배전반 부착기구

번호	명칭	기호	적용
8.1	계기용 절환 개폐기	(a) (b)	1. (a)는 전압 회로용에 쓰인다. 2. (b)는 전류 회로용에 쓰인다.
8.2	전류계용 분류기		
8.3	시험용 전압 단자	(a) (b) (c)	보기 : (a) (b) (c)
8.4	시험용 전류 단자		보기 :

9. 전력용 접점

번호	명칭	기호	적용
9.1	접점(일반) 또는 수동 접점	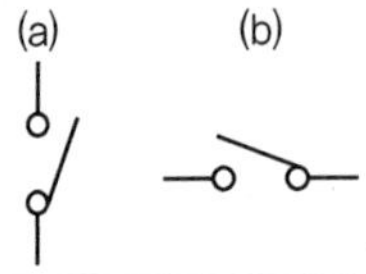 (a) (b)	
9.2	수동조작 자동복귀 접점	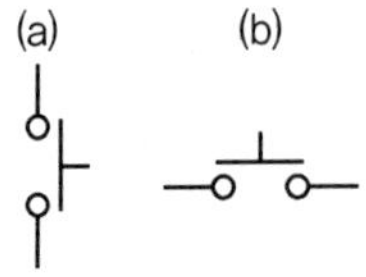 (a) (b)	손을 떼면 복귀하는 접점(누름형, 인장형, 비틀림형에 공통)이며, 단추 스위치, 조작 스위치 등의 접점에 쓰인다.
9.3	기계적 접점	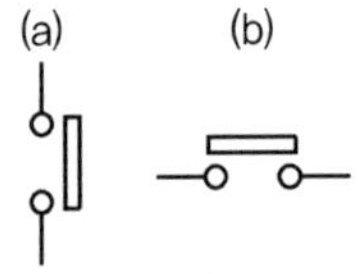 (a) (b)	리밋 스위치와 같이 접점의 개폐가 전기적 이외의 원인에 의해서 이루어지는 것에 쓰인다.
9.4	계전기 접점 또는 보조 스위치 접점	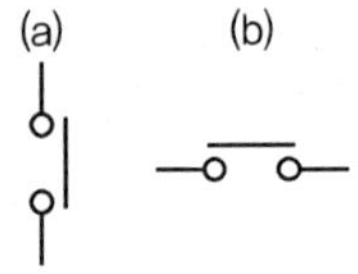 (a) (b)	
9.5	수동 복귀 접점	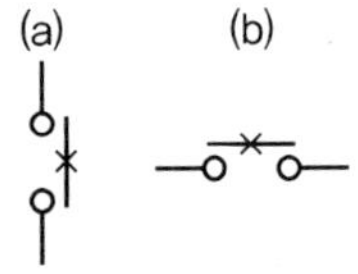 (a) (b)	인위적으로 복귀시키는 것으로 전자석으로 복귀시키는 것도 포함된다. 예를 들면, 수동복귀의 열동 계전기 접점, 전자 복귀식 벨 계전기 접점 등

10. 개폐기 및 제어장치

번호	명칭	기호	적용
10.1	단로기(일반)	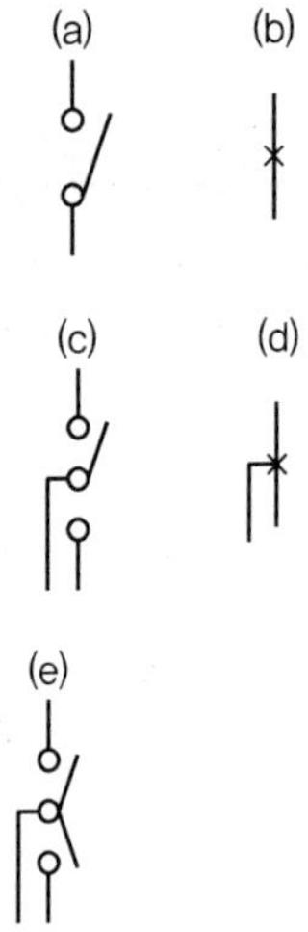 (a) (b) (c) (d) (e)	1. (b), (d)는 특히 간단하게 나타낼 필요가 있는 경우에 쓰인다. 2. (c), (d)는 쌍투형인 경우에 쓰인다. 3. (e)는 쌍투 쌍날형인 경우에 쓰인다.

번호	명칭	기호	적용
10.2	링크(Link) 기구에 의한 수동 조작의 단로기	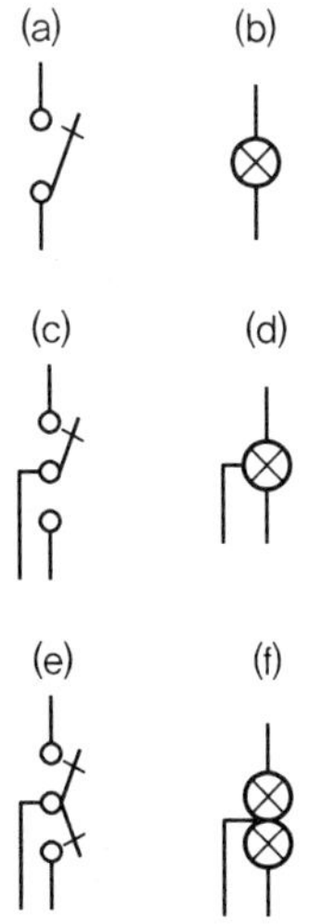 (a) (b) (c) (d) (e) (f)	1. (b), (d), (f)는 특히 간단하게 나타낼 필요가 있는 경우에 쓰인다. 2. (c), (d)는 쌍투형인 경우에 쓰인다. 3. (e), (f)는 쌍투 쌍날형인 경우에 쓰인다. 4. 단선도에 있어서 팬터 그래프형 또는 직립투입형을 나타낼 필요가 있는 경우에는 다음과 같다. 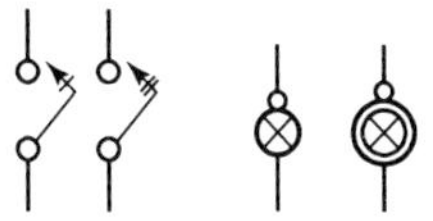 "O"는 고정 접촉부 쪽에 부착한다.
10.3	동력조작의 단로기	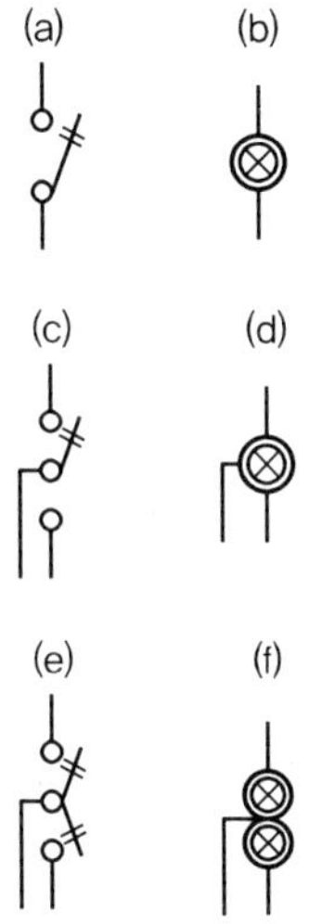 (a) (b) (c) (d) (e) (f)	
10.4	수동 조작의 단로기형 부하개폐기	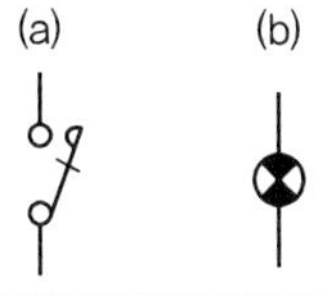 (a) (b)	(b)는 특히 간단하게 나타낼 필요가 있는 경우에 사용한다.
10.5	동력 조작의 단로기형 부하개폐기	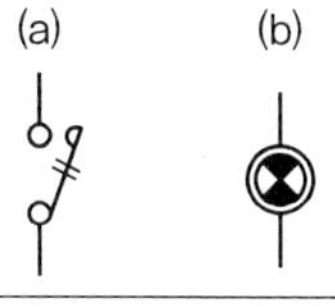 (a) (b)	(b)는 특히 간단하게 나타낼 필요가 있는 경우에 사용한다.
10.6	개폐기(일반)	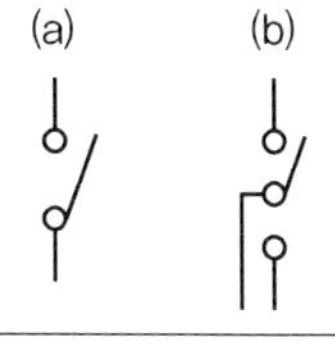 (a) (b)	(b)는 단극 쌍투의 경우에 쓰인다.

번호	명칭	기호	적용
10.7	나이프 스위치		
10.8	기중 차단기(일반)		배선용 차단기도 포함한다. 기호 옆에 다음 글자를 부기한다. 기중 차단기 ACB 배선용 차단기 MCCB
10.9	교류 차단기(일반)	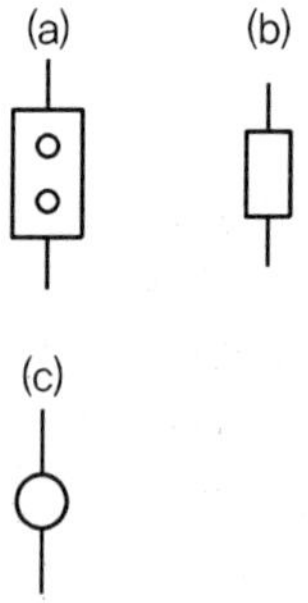 (a) (b) (c)	1. 종류를 나타내는 경우에는 옆에 다음 글자를 부기한다. 기름 차단기 OCB 진공 차단기 VCB 공기 차단기 ABB 가스 차단기 GCB 자기 차단기 MBB 등 2. (b)는 간단히 나타낼 경우에 쓰인다. 3. (c)는 잘못될 우려가 없는 경우에 한해 사용할 수 있다.
10.10	고압 교류 부하 개폐기(일반)	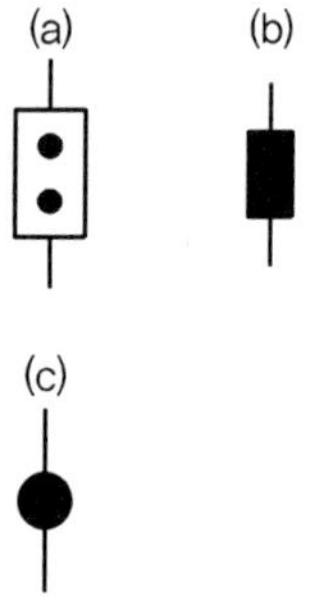 (a) (b) (c)	1. 종류를 나타내는 경우에는 옆에 다음 글자를 부기한다. 기름 부하 개폐기 OS 기중 부하 개폐기 AS 진공 개폐기 VS 가스 개폐기 GS 등 2. (b)는 간단히 나타낼 경우에 쓰인다. 3. (c)는 잘못될 염려가 없는 경우에 한해 쓸수 있다.
10.11	전자 접촉기	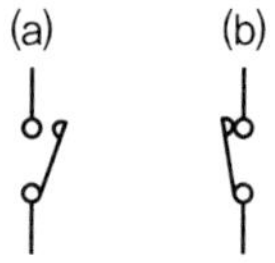 (a) (b)	1. (a)는 휴지(Reset) 상태에서 여는 경우를 나타낸다. 2. (b)는 휴지 상태에서 닫는 경우를 나타낸다.
10.12	열동 과전류 계전기의 히터	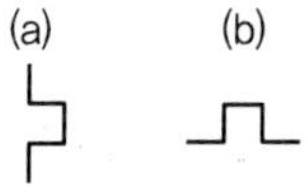 (a) (b)	
10.13	열동 과전류 계전기의 히터	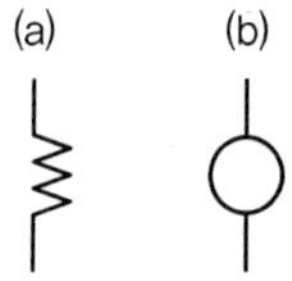 (a) (b)	용도를 나타낼 경우, 다음과 보기와 같이 글자를 부기할 수 있다. 보기1 : 브레이크용 전자석의 경우 (a)는 전압 코일에 의한 경우 (b)는 전류 코일에 의한 경우 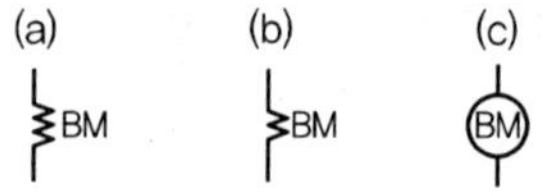 (a) BM (b) BM (c) BM 보기2 : 투입 코일인 경우 보기3 : 트립 코일인 경우 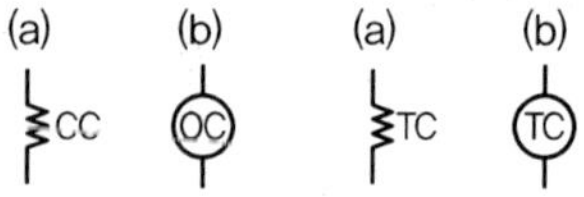 (a) CC (b) OC (a) TC (b) TC

11. 커패시터 및 리액터

번호	명칭	기호	적용
11.1	전력용 커패시터		1. 단선도의 도면상에서 접속되어 있지 않은 경우에는, 다음과 같이 그 선은 생략해도 좋다. 2. 간편 표시인 경우, 다음과 같은 기호를 사용해도 좋다. C
11.2	전력용 분로 리액터	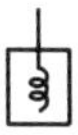	간편 표시인 경우, 다음과 같은 기호를 사용해도 좋다. L

12. 보호장치

번호	명칭	기호	적용
12.1	피뢰기	(a) (b) 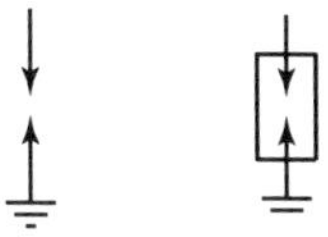	방전캡의 유무에 상관없이 이것으로 나타낸다.
12.2	퓨즈(일반)	(a) (b) 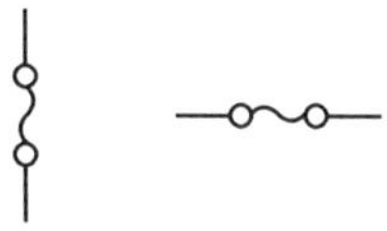	실 퓨즈, 판 퓨즈를 포함한다.
12.3	포장 퓨즈	(a) (b) 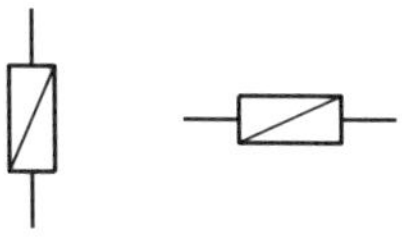	1. 통형 퓨즈, 전력 퓨즈, 플러그 퓨즈를 포함한다. 2. 사선은 우상(右上)으로 한다.
12.4	퓨즈 붙이 단로기	(a) (b) 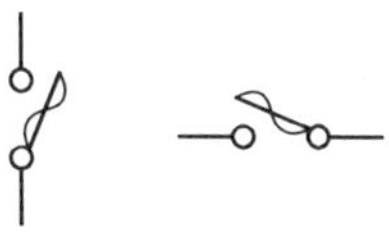	
12.5	한류 리액터	(a) (b) 	

| 전기단선도 예시

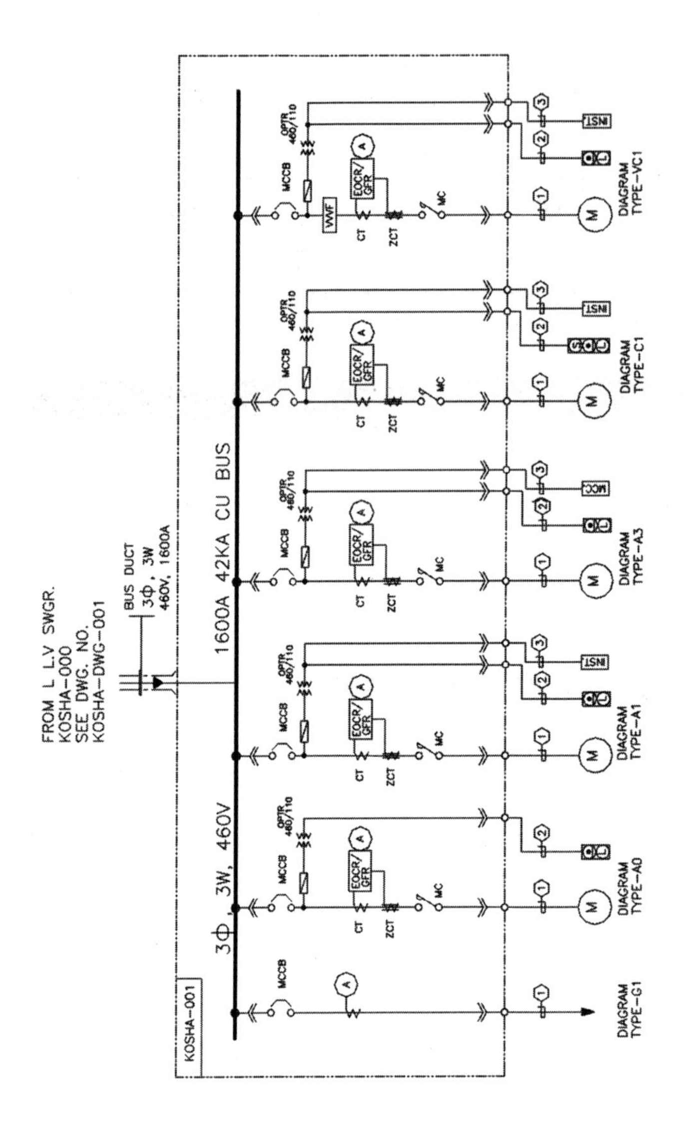

KOSHA-001 UNIT

3PHASE 3WIRE 460V 60HZ		HORIZONTAL BUS: AMPS							VERTICAL BUS: 600 AMPS		
		MIN. INTERRUPT'G RATING: AMPS SYM.							TOTAL CONNECTED LOAD:KW		
NAME PLATE		CONNECTED LOAD (kW, kVA)		BREAKER (MCCB)			CABLE (sqmm, m)			DIAGRAM TYPE	REMARK
ITEM NO.	DESCRIPTION						POWER		CONT.		
		NOR.	S/B	AF	AT	kA	①	LENGTH	②		
AG-01	01 AGITATOR	37		225	125	65	3C-38	100	10C-2	VC1	
C-01	01 COMPRESSOR	30		100	100	65	3C-38	110	10C-2	A1	
P-01 A	01 PUMP A	5.5		100	30	65	3C-8	50	7C-2	A3	
P-01 B	01 PUMP B		5.5	100	30	65	3C-8	65	7C-2	A3	
UPS-01	01 UPS	55		225	200	65	3C-80	30	7C-2	G1	
WR-01	01 WELDING RECEPTACLE	30		100	100	65	3C-38	100	10C-2	G1	
SPARE		5.5		100	30	65	3C-8		7C-2	A3	

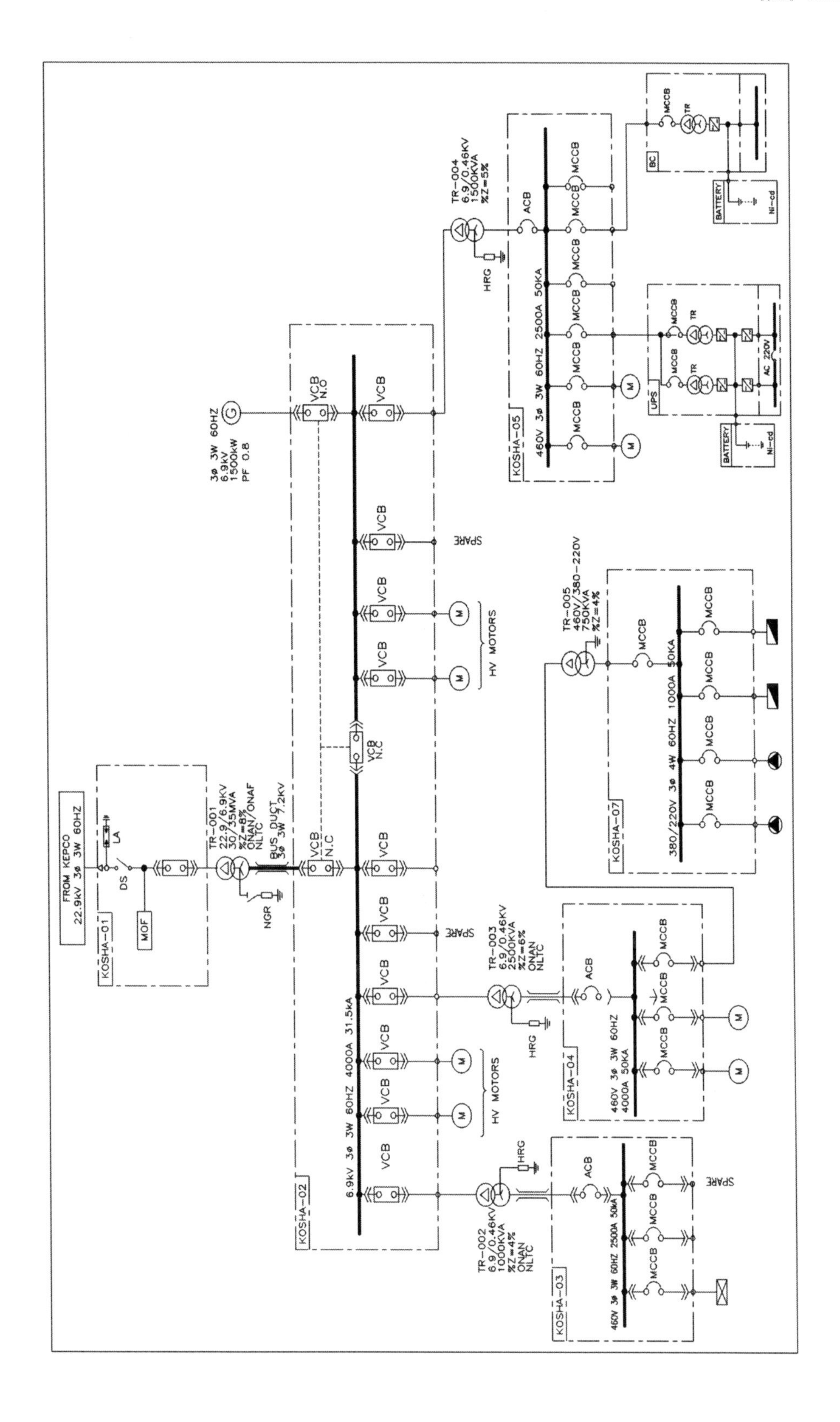

FROM KEPCO
22.9kV 3ø 3W 60HZ
KOSHA-01
DS
LA
MOF
TR-001
22.9/6.9kV
30/35MVA
%Z=8%
ONAN/ONAF
NLTC
NGR
BUS DUCT
3ø 3W 7.2kV
KOSHA-02
6.9kV 3ø 3W 60HZ 4000A 31.5kA
VCB
VCB N.C
VCB N.O
SPARE
HV MOTORS
3ø 3W 60HZ
6.9kV
1500kW
PF 0.8
TR-002
6.9/0.46KV
1000KVA
%Z=4%
ONAN
NLTC
HRG
KOSHA-03
460V 3ø 3W 60HZ 2500A 50KA
ACB
MCCB
TR-003
6.9/0.46KV
2500KVA
%Z=6%
ONAN
NLTC
KOSHA-04
460V 3ø 3W 60HZ
4000A 50KA
TR-004
6.9/0.46KV
1500KVA
%Z=5%
KOSHA-05
460V 3ø 3W 60HZ 2500A 50KA
TR-005
460V/380-220V
750KVA
%Z=4%
KOSHA-07
380/220V 3ø 4W 60HZ 1000A 50KA
UPS
BC
TR
BATTERY
Ni-cd
AC 220V

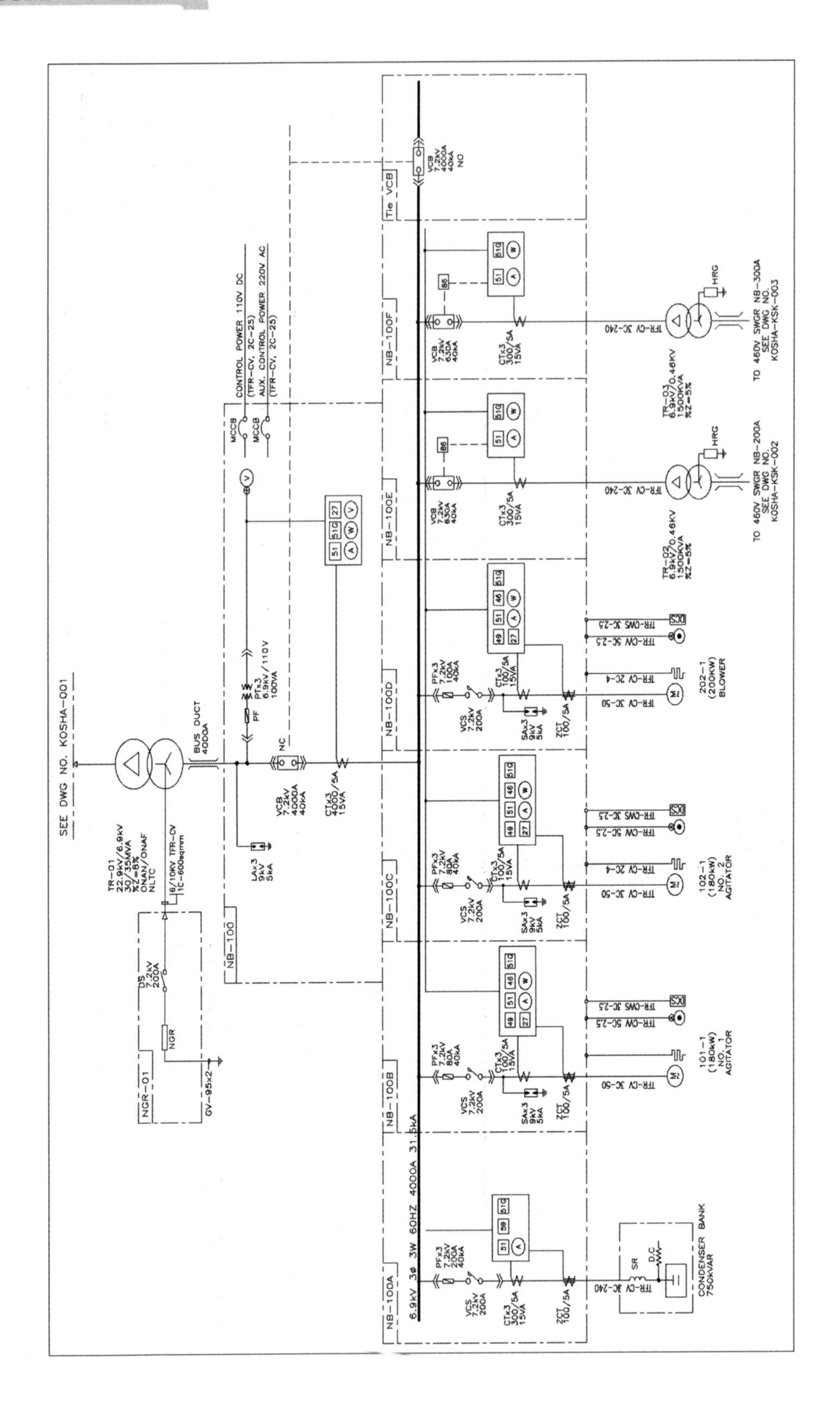
SEE DWG NO. KOSHA-001
TR-01 22.9kV/6.9kV 30/35MVA %Z=8% ONAN/ONAF NLTC
BUS DUCT 4000A
16/10KV TFR-CV 1C-600sqmm
NGR-01
DS 7.2kV 200A
NGR
GV-95x2
NB-100
LAx3 9kV 5kA
VCB 7.2kV 4000A 40kA
CTx3 4000/5A 15VA
NC
PF
PTx3 6.9kV/110V 100VA
MCCB
CONTROL POWER 110V DC (TFR-CV, 2C-25)
AUX. CONTROL POWER 220V AC (TFR-CV, 2C-25)
Tie VCB
VCB 7.2kV 4000A 40kA NO
NB-100A
NB-100B
NB-100C
NB-100D
NB-100E
NB-100F
6.9kV 3ø 3W 60HZ 4000A 31.5kA
SR
D.C
CONDENSER BANK 750kVAR
101-1 (180kW) NO. 1 AGITATOR
102-1 (180kW) NO. 2 AGITATOR
202-1 (200kW) BLOWER
TR-02 6.9kV/0.46KV 1500KVA %Z=5%
TO 460V SWGR NB-200A SEE DWG NO. KOSHA-KSK-002
TR-03 6.9kV/0.46KV 1500KVA %Z=5%
TO 460V SWGR NB-300A SEE DWG NO. KOSHA-KSK-003
HRG

9. 접지설비 계획 및 유지관리에 관한 기술지침(KOSHA GUIDE E-92-2017)

(1) 용어설명

- 접지전극선(GroundinG Electrode Conductor) : 접지전극과 접지선 또는 중성선을 연결하는 도체를 말한다. 접지전극을 단독으로 설치하는 경우에는 접지전극에서 다른 접지선을 접속하는 점까지의 도체
- 접지도체 : 피접지물과 접지전극 또는 접지모선을 연결하는 도체
- 접지전극 : 피접지물과 대지를 전기적으로 접속하기 위하여 지중에 매설한 도체
- 대지저항률 : 접지전극 주위 대지의 전류가 흐르기 어려운 정도를 나타내는 상수로서, 토양의 단위입방 미터당의 고유저항
- 그물망(Mesh)접지 : 보폭전압 및 접촉전압이 문제가 되는 경우 접지선을 그물망으로 매설하여 구내외에 극단적인 전위경도가 생기지 않도록 하는 방식
- 단독접지 : 큰 전류를 흘리거나 정밀을 요하는 전자기기 등에서 기기별로 접지하는 것을 말하며, 피뢰침, 전산실 등에 쓰이는 방식
- 봉상전극 : 접지전극이 막대모양으로 된 것
- 그물망(Mesh)전극 : 접지전극이 그물모양으로 된 것
- 병렬접지 : 동일한 형상의 여러 전극들을 적절한 배열형태로 매설하여 이들을 상호 연결하는 접지방식
- 서지보호장치(Surge Protection Device) : 과도적 과전압을 제한하고 서지전류를 분류하는 것을 목적으로 하는 장치
- 보폭전압 : 접지전극에서 대지로 전류가 흐를 때 접지전극 주위의 지표면에 형성되는 전위분포로 인해, 사람의 양발 사이에 발생되는 전위차

(2) 접지설비계획 수립 시 고려 사항

접지설비계획은 다음의 조건을 고려하여, 해당 접지목적에 적합하도록 수립한다.

- 인체에 대한 허용전류
- 고장전류의 유입에 의하여 국부적으로 발생하는 대지전위의 상승, 고장시간, 접촉전압 및 보폭전압의 계산방법과 그 허용치
- 부록(접지선의 굵기 및 접지저항 값의 계산)에 의거, 필요한 접지저항의 결정
- 대지저항률 및 접지저항의 측정
- 접지전극과 접지선의 크기 및 형상
- 인건비, 재료비, 유지보수 등을 고려한 접지공법 등

(3) 전기기기의 접지

- 전기기기와 연결되는 철제 구조물, 전선과 케이블 트레이 및 덕트 등은 전기적으로 상호 접속한다.
- 케이블 등의 차폐용 외피(Shield) 말단에는 접지를 시행한다.

(4) 계측설비 접지

계측설비에 대한 접지는 단독접지로 한다.

(5) 정전기 장해 방지용 접지

정전기 방전에 의한 화재 · 폭발 및 전격을 방지하기 위하여, 정전기 대전이 우려되는 설비의 경우는 다음 조건에 따라 접지한다.

- 설비와 구조물의 금속 등 도전성의 물질은 정전기용 접지로 활용할 수 있다.
- 인화성 물질 등을 수송하는 배관의 연결부분이 플랜지(Flange) 등으로 인하여, 정전기적으로 절연된 경우에는 플랜지의 양단을 서로 본딩(Bonding)한다.

(6) 이상 전압 방지용 접지

차단기 개폐 시의 서지, 외부 사고 또는 낙뢰로 인하여 이상전압의 발생이 우려되는 경우에는 이상전압 발생원에 근접된 적절한 위치에 피뢰기 또는 서지보호장치(Surge Protection Device)를 설치하여 접지한다.

(7) 접지공사

1) 일반사항

- 모든 전기기기, 배선관 류(트레이 및 덕트)의 노출 금속부분 및 전력계통의 중성선은 관련 도면, 적용 법규 및 시방서에 따라 접지한다.
- 노출된 접지 접속점 등 부식의 우려가 있는 곳은 적절한 방식물질로 도포하거나 테이핑 처리한다.
- 기기 또는 장치 및 철 구조물에 대한 접지선은 용융, 용접, 압착형 볼트 등을 사용하여 접속한다.
- 상기의 모든 접속은 전기적, 기계적으로 완전히 접속되어야 한다.
- 접지공사 완료 후에는 접지저항을 측정하여 기록 · 관리한다.

2) 접지계통의 공사

- 접지계통은 접지전극과 접지 단자(Bus－Bar)를 연결하는 접지 전극선으로 구성된다.
- 접지망을 구성하는 구리도체는 최소한 지하 75cm 이상의 깊이에 매설한다.
- 보폭전압의 경감이 필요한 경우에는 접지봉 또는 접지판을 매설하여 주 접지망에 접속한다.

3) 접지전극과 접지선
- 접지전극은 가스, 산 등에 의하여 부식의 우려가 없는 장소에 설치한다.
- 접지선과 접지전극은 전기적, 기계적으로 확실하게 접속한다.
- 접지선에는 퓨즈 등의 과전류 차단기를 설치하여서는 아니 된다.
- 전산실의 접지계통은 특별히 정하지 않는 한, 주 접지망과는 별도로 구성하는 것이 바람직하며, 독립된 실별로 전용단자에 접속한 후 피복된 절연 케이블에 의하여 접지계통에 연결한다.
- 접지선을 연결하는 부분은 도장이 되어 있지 않아야 하고, 페인트칠 등이 있는 경우에 페인트를 깨끗이 제거한 후 접속한다.

4) 전기기기의 접지
- 발전기 외함은 주접지 계통과 전기적, 기계적으로 확실하게 접속한다.
- 배전반, 전동기 제어반 등에는 최소한 양단에서 주접지 계통과 접속된 접지모선이 설치되어야 한다.
- 전동기의 전원 단자함 또는 본체 외함에 접지선을 접속하기 위한 전용단자를 설치한다.
- 지상에 설치되는 모든 접지선은 녹색 비닐 절연전선을 사용한다.
- 콘센트 및 플러그는 별도로 분리된 접지전극을 구비하여야 한다.

5) 전동기 접지
- 전동기 외함은 가까운 접지망에 연결하여 접지한다.
- 파이프 지지대가 접지계통과 접속되었을 경우 전동밸브는 별도 접지할 필요가 없으나, 접지계통과 연결되지 않은 경우에는 접지를 한다.

6) 변압기 접지
- 전력용 변압기의 외함은 대각선 방향의 2개소에서 각각 접지망과 연결한다.
- 외함 접지선은 변압기 2차 측의 차단기 정격전류 값에 따라 굵기를 결정한다.

7) 배선관류 접지
- 케이블 트레이, 맨홀, 지하 덕트 등을 접지하기 위한 접지선의 굵기는 60mm^2 이상으로 한다.
- 비금속성 전선관과 연결되는 강관은 적어도 한쪽 끝을 적합한 접속 금구를 사용하여 접지 계통과 연결한다.
- 모든 케이블 트레이는 확실한 방법으로 전기적인 연속성이 보장되도록 접지되어야 한다.

8) 철 구조물 접지
- 철 구조물은 볼트 조임만으로는 전기적으로 완전히 접속된 것으로 볼 수 없으므로, 확실한 방법으로 전기적으로 연속성을 보장할 수 있도록 접지한다.
- 철 구조물에 직접 연결되지 않은 난간대는 용접에 의해 고정된 경우는 한쪽에만 접지하고, 용접되지 않은 경우에는 각 부분마다 접지하여야 한다.
- 철 구조물 기둥 접지선의 접속점은 바닥에서 최소한 30cm 높이로 한다.

- 격리된 철 구조물은 가장 가까이 접지된 철 구조물에 접속하거나 직접 소내 접지망에 연결한다.

(8) 정전기 장해 방지용 접지

- 정전기 제거용 접지를 필요로 하는 기기는 정전기 대전이 우려되는 생산장비, 저장용 장치, 수송용 배관 및 부속장치, 열 교환기, 호퍼, 탑류 등이다.
- 철제 구조물, 탱크, 대형용기 등은 정전기의 대전전위와 낙뢰전류로부터 보호되도록 적어도 1개소 이상 접지 계통에 연결한다.
- 각종 본딩을 위한 도체의 최소 굵기는 14mm^{2}로 한다.
- 정전기 대전 방지용 접지설비의 접지저항은 가급적 1,000Ω 이하로 한다.
- 충분한 바닥면적을 가진 탱크나 대형 용기류는 접지계통과 연결된 것으로 간주되며, 이에 접속된 배관류도 정전기 접지가 된 것으로 본다. 다만, 배관이 정전기적으로 절연된 플랜지로 접속되는 경우에는 연속접지가 되도록 플랜지 양단을 본딩하고 접지한다.
- 접지된 구조물에 견고히 부착 설치된 배관 지지물은 접지된 것으로 본다.
- 파이프 랙의 철제 지지물은 일정 간격으로 접지모선과 연결하여 접지시킨다.

(9) 배관 접지

건축물 밖에 설치되는 노출된 금속배관은 30m마다 접지하고 배관의 접속 부분이 정전기적으로 절연된 경우는 본딩을 실시한다.

(10) 탱크 접지

인화성 액체를 취급하는 도전성 탱크를 옥외에 설치하는 경우에는 다음에 따른다.

- 콘크리트 슬래브 위에 설치되는 탱크설비는 대각으로 2개소 이상을 접지하며, 탱크의 저장용량에 따라 접지 개소의 수를 증가시킨다.
  1) 1,000kL 이하 : 2개소 이상
  2) 5,000kL 이하 : 3개소 이상
  3) 20,000kL 이하 : 5개소 이상
  4) 20,000kL 초과 : 8개소 이상
- 기타 열 교환기, 탑조류 등은 최소 1개소 이상 접지한다.

10. 정전기 재해 예방(KOSHA GUIDE E－188－2021)

참고 **도면 참조**

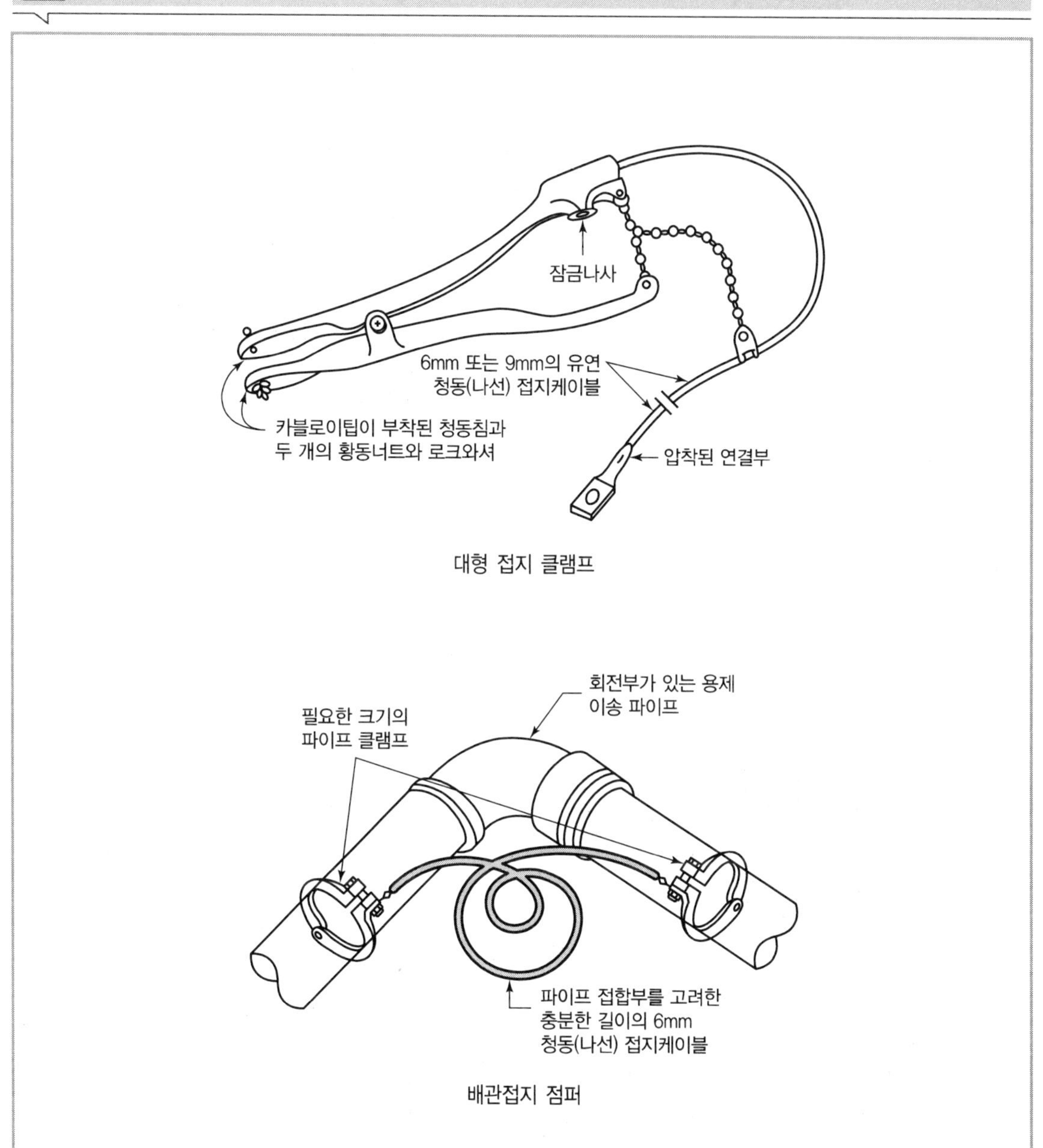

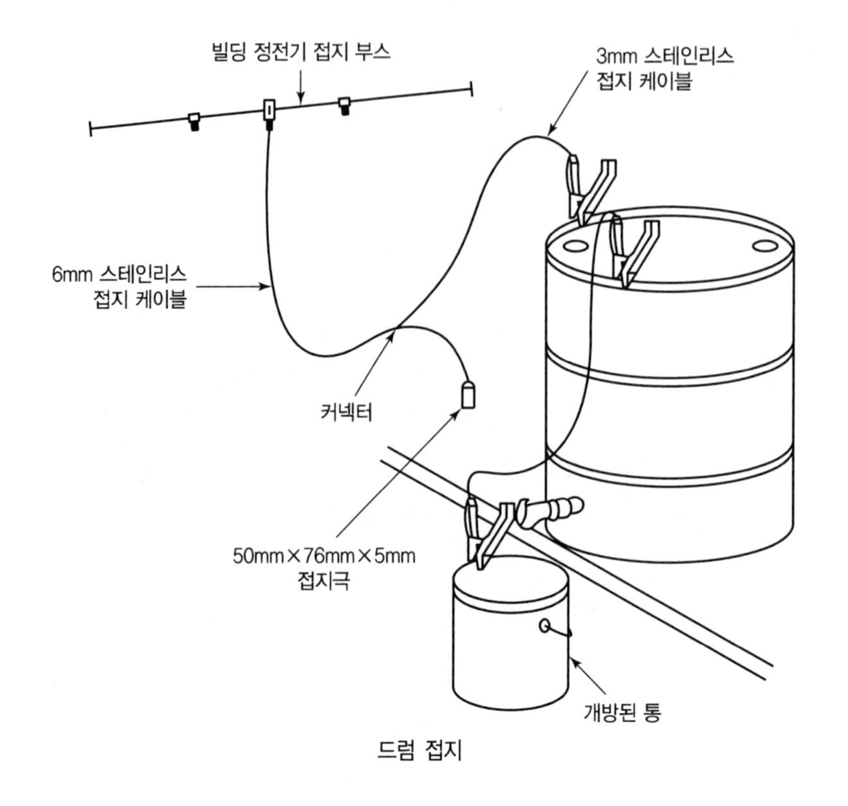
빌딩 정전기 접지 부스
3mm 스테인리스
접지 케이블
6mm 스테인리스
접지 케이블
커넥터
50mm×76mm×5mm
접지극
개방된 통

드럼 접지

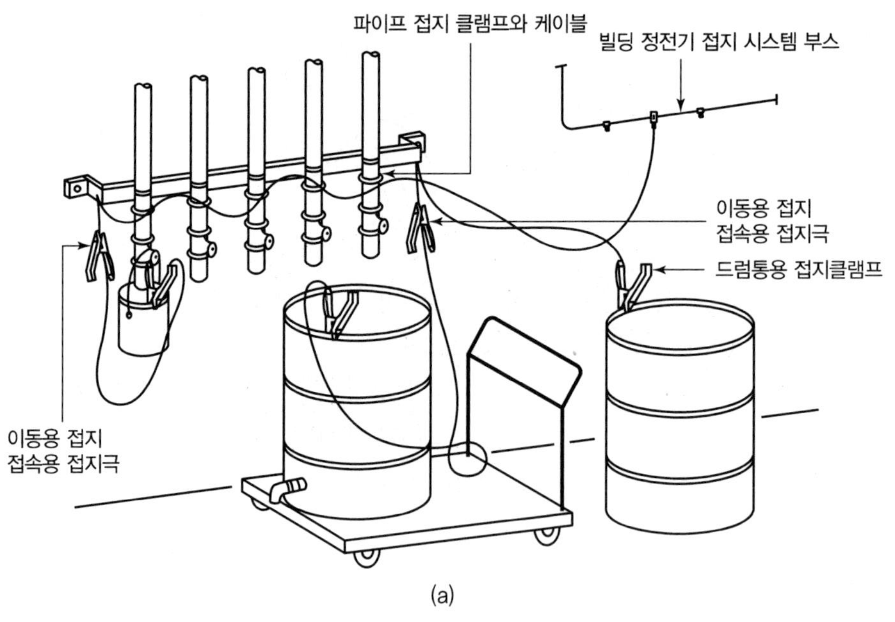
파이프 접지 클램프와 케이블
빌딩 정전기 접지 시스템 부스
이동용 접지
접속용 접지극
드럼통용 접지클램프
이동용 접지
접속용 접지극

(a)

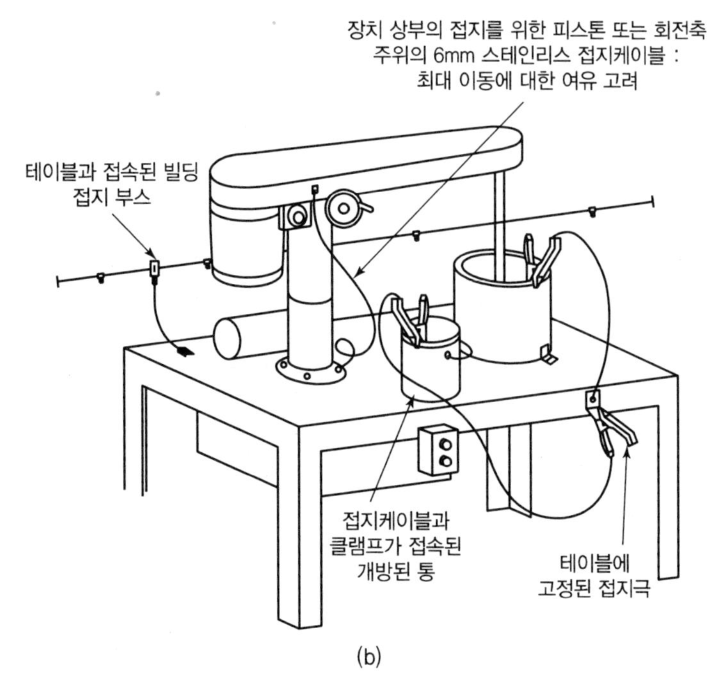
장치 상부의 접지를 위한 피스톤 또는 회전축
주위의 6mm 스테인리스 접지케이블 :
최대 이동에 대한 여유 고려
테이블과 접속된 빌딩
접지 부스
접지케이블과
클램프가 접속된
개방된 통
테이블에
고정된 접지극

(b)

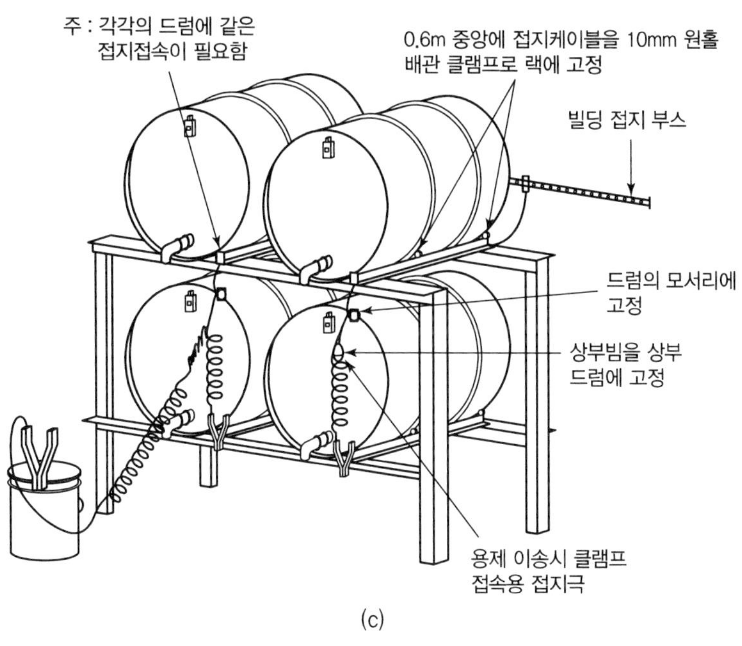
주 : 각각의 드럼에 같은
접지접속이 필요함
0.6m 중앙에 접지케이블을 10mm 원홀
배관 클램프로 랙에 고정
빌딩 접지 부스
드럼의 모서리에
고정
상부빔을 상부
드럼에 고정
용제 이송시 클램프
접속용 접지극

(c)

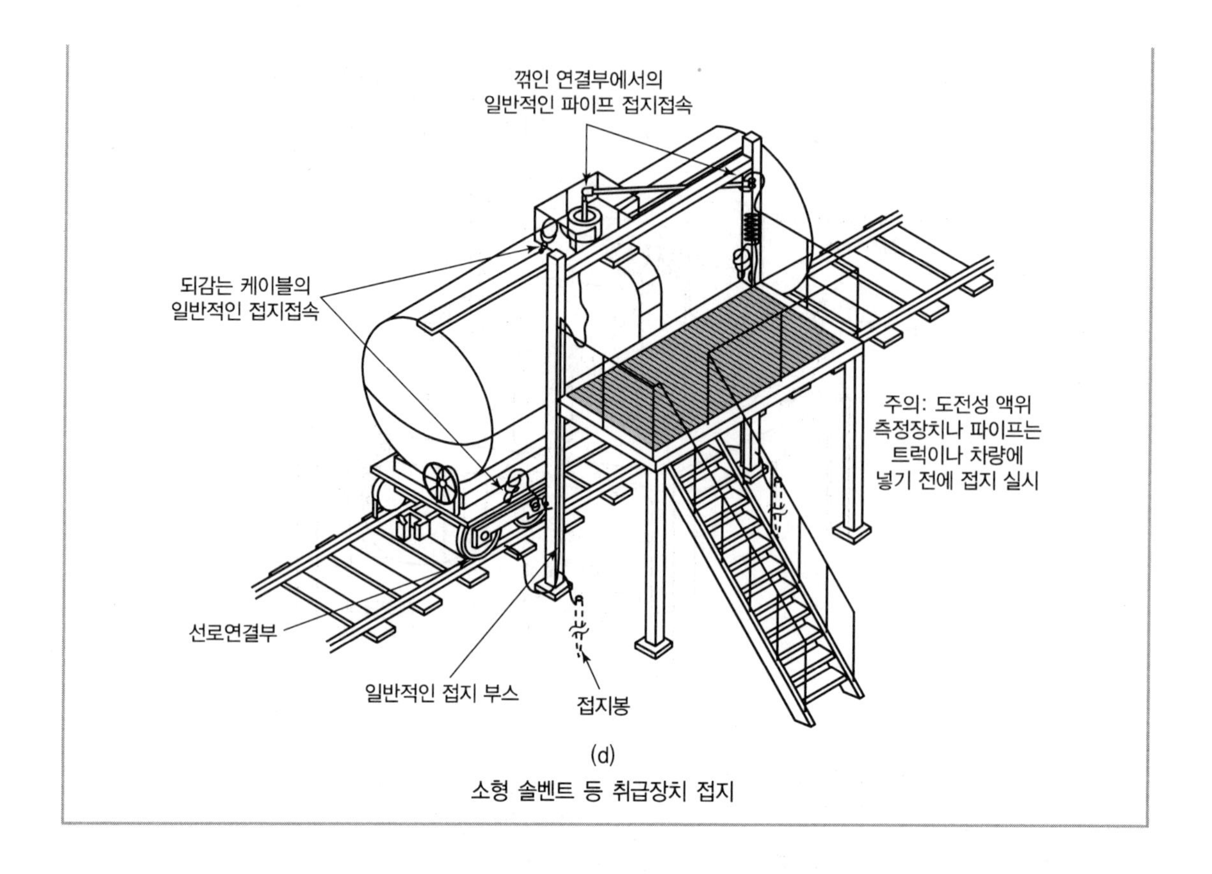

(d)

소형 솔벤트 등 취급장치 접지

02 전기단선도 등 작성 예시

1. 전기단선도

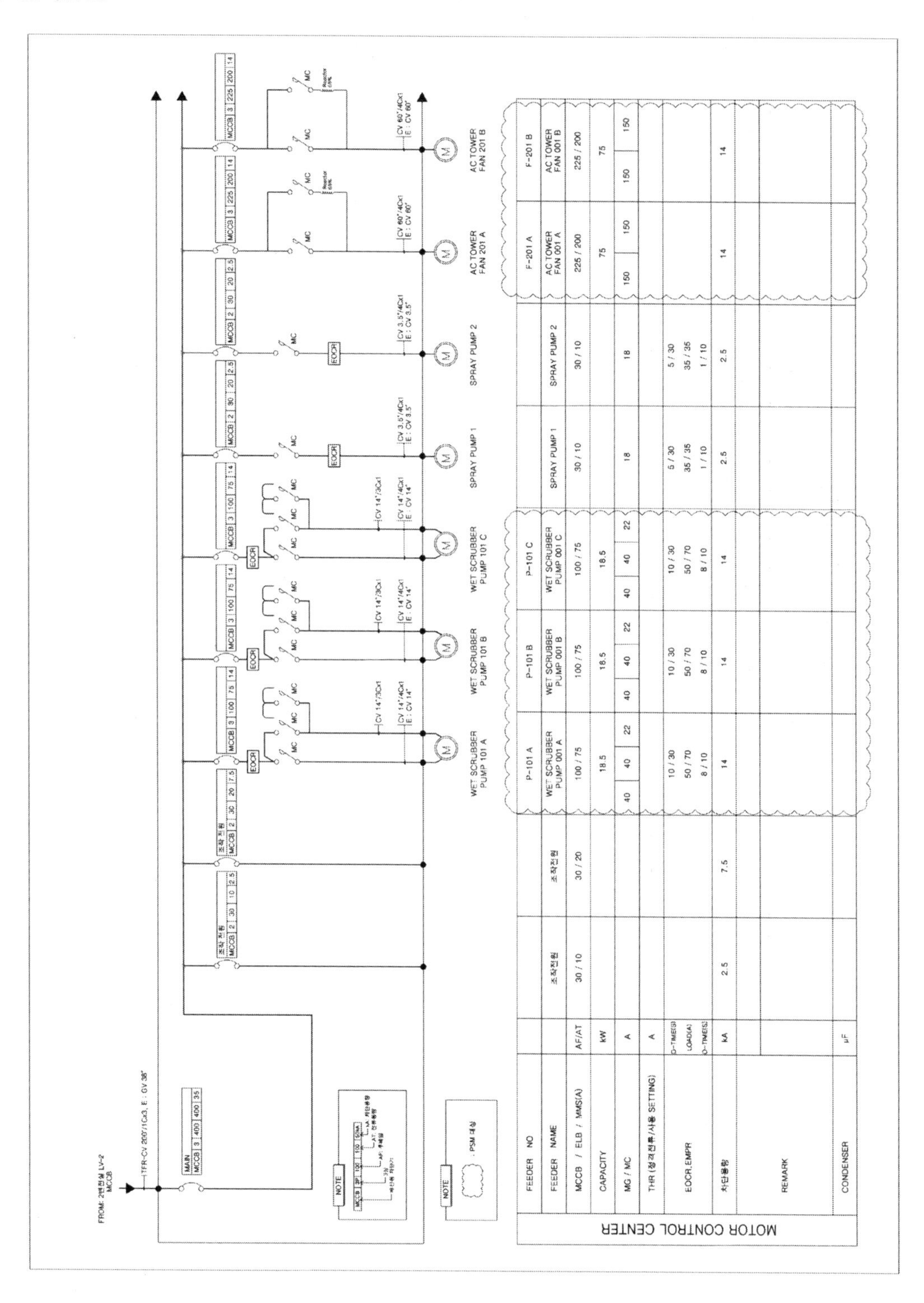

2. 단락용량계산서

단락용량 계산서

CAPACITY 1,000 kVA VOLTAGE 0.46 kV 1,255 A %IMPEDANCE 473 %/Ω

구 분		주 변압기		간선	0.46	주 차단기		간선	0.46	분전반 주차단기		분기 차단기		간선	0.46	분전반 주차단기		분기 차단기		전동기 부하	
FROM	TR	3	Φ	325	㎟	종 류	ACB	325	㎟	종 류	MCCB	3	Φ	250	㎟	종 류	MCCB	3	Φ		
TO	LV-1	2000	kVA	1	m	정 격	1000	75	m	정 격	600	정격	400	86	m	정 격	400	정격	200	%	100
IN	3,038.77	R	X	R	X	R	X	R	X	R	X	R	X	R	X	R	X	R	X	LV-2→ 4L Room #1→ 4L Equipment	
임피던스		1.4	4.8	0.00	0.00	0.00	0.09	0.00	0.01	0.05	0.09	0.09	0.09	0.01	0.01	0.09	0.09	0.25	0.09		
환산 %Z		0.70	2.40	0.03	0.04	0.00	0.09	2.27	3.23	0.05	0.09	0.09	0.09	3.29	3.72	0.09	0.09	0.25	0.09		
구간 %Z 합		0.70	2.40	0.73	2.44	0.73	2.53	3.00	5.77	3.05	5.86	3.14	5.95	6.43	9.66	6.52	9.75	6.77	9.84		
%R + %X		2.50		2.55		2.64		6.50		6.60		6.72		11.61		11.74		11.95			
단락전류		50,204.37		49,221.61		47,609.27		19,308.02		19,007.09		18,663.63		10,810.20		10,695.22		10,502.94			
기여전류		12,155.10		12,155.10		12,155.10		3,038.77		3,038.77		3,038.77		3,038.77		3,038.77		3,038.77			
단락전류합		62,359.47		61,376.71		59,764.37		22,346.79		22,045.86		21,702.41		13,848.98		13,734.00		13,541.72			

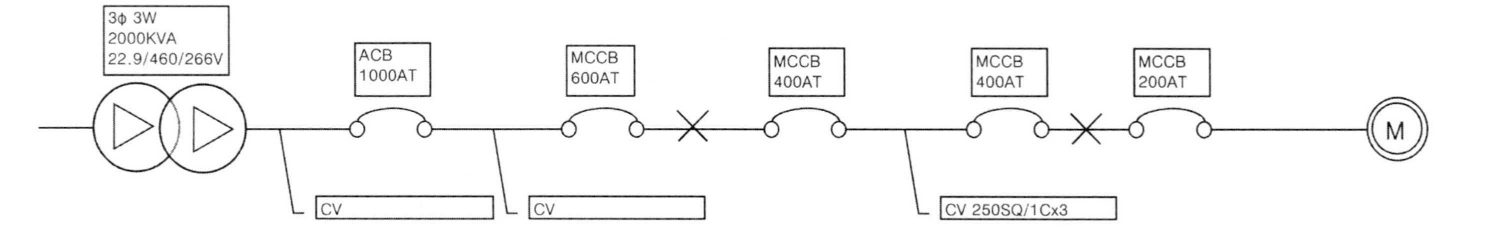

3. 피뢰설비

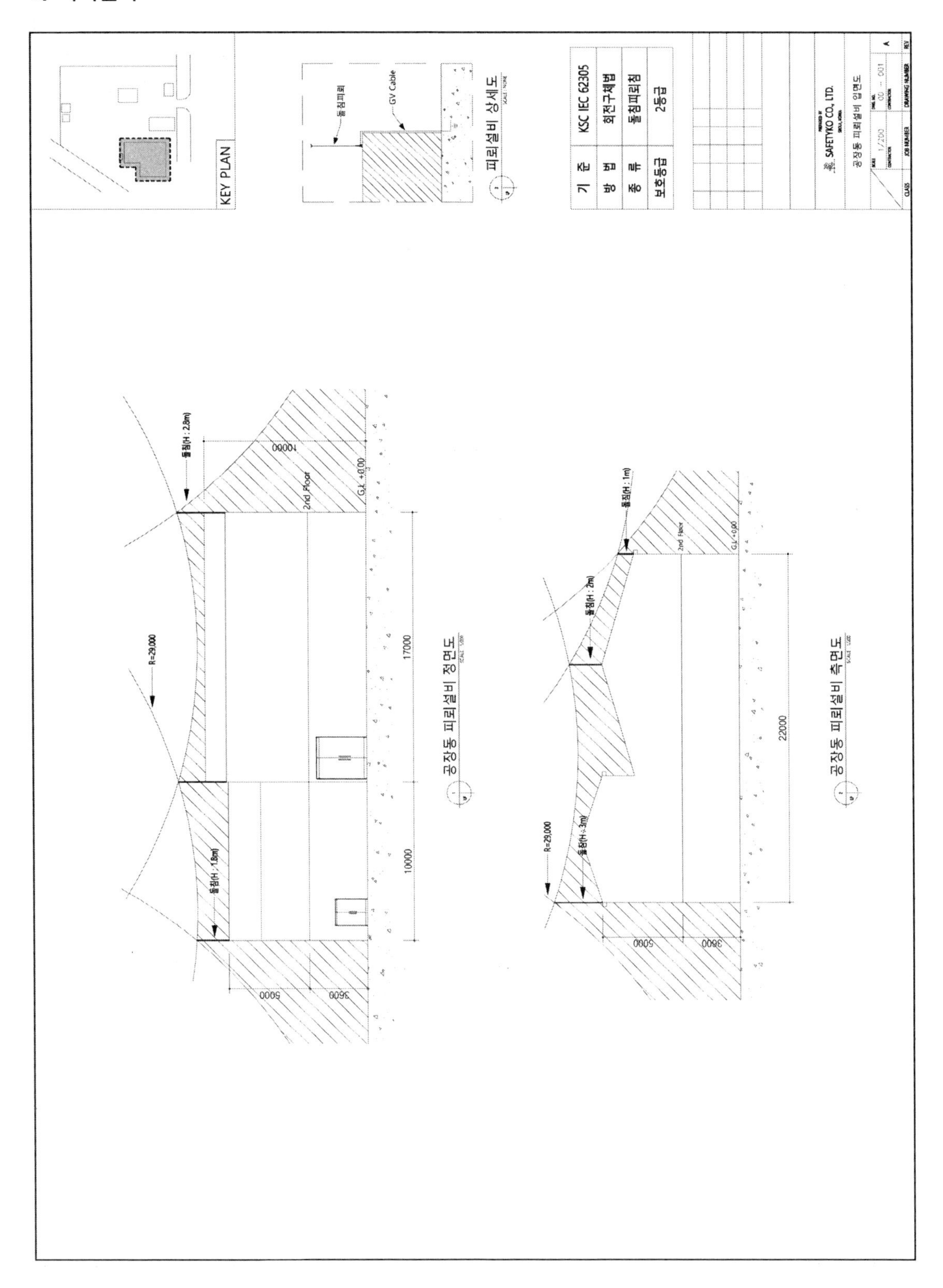
KEY PLAN
돌침피뢰
GV Cable
피뢰설비 상세도
기 준
KSC IEC 62305
방 법
회전구체법
종 류
돌침피뢰침
보호등급
2등급
SAFETYKO CO., LTD.
공장동 피뢰설비 입면도
A
돌침(H : 2.8m)
10000
2nd Floor
G.L +0.00
R=29,000
17000
10000
돌침(H : 1.8m)
5000
3600
공장동 피뢰설비 정면도
돌침(H : 1m)
돌침(H : 2m)
22000
R=29,000
돌침(H : 3m)
공장동 피뢰설비 측면도

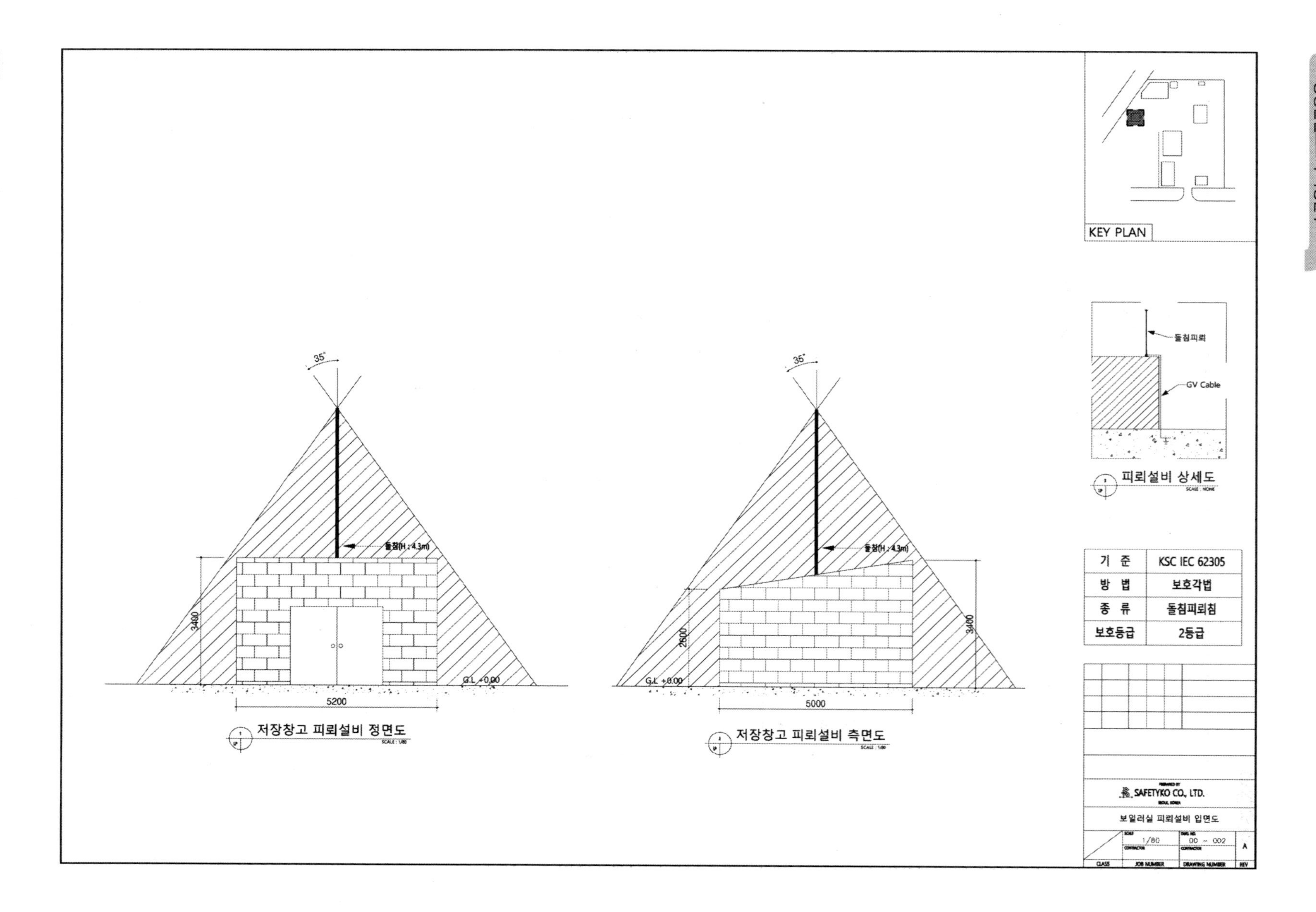
35°
돌침(H : 4.3m)
3400
G.L +0.00
5200
저장창고 피뢰설비 정면도
35°
돌침(H : 4.3m)
2600
3400
G.L +0.00
5000
저장창고 피뢰설비 측면도
KEY PLAN
돌침피뢰
GV Cable
피뢰설비 상세도
기 준 KSC IEC 62305
방 법 보호각법
종 류 돌침피뢰침
보호등급 2등급
SAFETYKO CO., LTD.
보일러실 피뢰설비 입면도
1/80
00 - 002
A
CLASS
JOB NUMBER
DRAWING NUMBER
REV

4. 접지도면

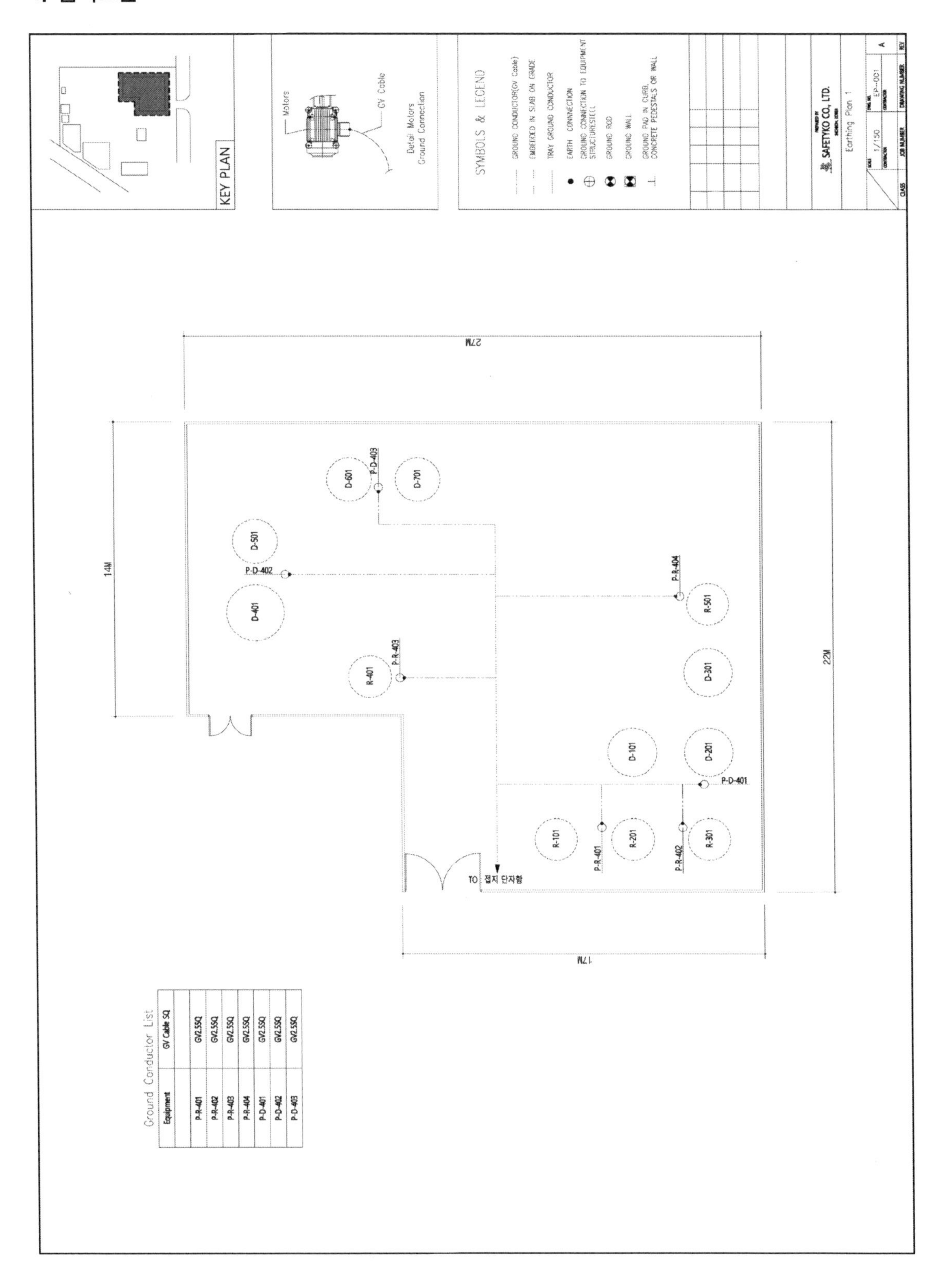

Equipment	GV Cable SQ
P-R-401	GV2.5SQ
P-R-402	GV2.5SQ
P-R-403	GV2.5SQ
P-R-404	GV2.5SQ
P-D-401	GV2.5SQ
P-D-402	GV2.5SQ
P-D-403	GV2.5SQ

PART

02

공정안전 보고서 관리실무

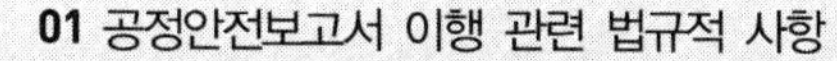

CHAPTER 01

공정안전보고서 이행 관련 법규적 사항

01 개요

공정안전보고서는 공정안전자료, 공정위험성평가서, 안전운전계획, 비상조치계획, 그 외 노동부 고용노동부장관이 필요하다고 인정 · 고시하는 사항에 대해 이행평가를 지속적으로 실시하여 안전하게 사업장이 관리되도록 하는 제도이다.

02 산업안전보건법 관련 사항

1. 공정안전보고서의 작성 · 제출(산업안전보건법 제44조)

① 사업주는 사업장에 대통령령으로 정하는 유해하거나 위험한 설비가 있는 경우 그 설비로부터의 위험물질 누출, 화재 및 폭발 등으로 인하여 사업장 내의 근로자에게 즉시 피해를 주거나 사업장 인근 지역에 피해를 줄 수 있는 사고로서 대통령령으로 정하는 사고(이하 "중대산업사고"라 한다)를 예방하기 위하여 대통령령으로 정하는 바에 따라 공정안전보고서를 작성하고 고용노동부장관에게 제출하여 심사를 받아야 한다. 이 경우 공정안전보고서의 내용이 중대산업사고를 예방하기 위하여 적합하다고 통보받기 전에는 관련된 유해하거나 위험한 설비를 가동해서는 아니 된다.

② 사업주는 제1항에 따라 공정안전보고서를 작성할 때 산업안전보건위원회의 심의를 거쳐야 한다. 다만, 산업안전보건위원회가 설치되어 있지 아니한 사업장의 경우에는 근로자대표의 의견을 들어야 한다.

2. 공정안전보고서의 심사 등(산업안전보건법 제45조)

① 고용노동부장관은 공정안전보고서를 고용노동부령으로 정하는 바에 따라 심사하여 그 결과를 사업주에게 서면으로 알려 주어야 한다. 이 경우 근로자의 안전 및 보건의 유지 · 증진을 위하여 필요하다고 인정하는 경우에는 그 공정안전보고서의 변경을 명할 수 있다.

② 사업주는 제1항에 따라 심사를 받은 공정안전보고서를 사업장에 갖추어 두어야 한다.

3. 공정안전보고서의 이행 등(산업안전보건법 제46조)

① 사업주와 근로자는 제45조제1항에 따라 심사를 받은 공정안전보고서(이 조 제3항에 따라 보완한 공정안전보고서를 포함한다)의 내용을 지켜야 한다.

② 사업주는 제45조제1항에 따라 심사를 받은 공정안전보고서의 내용을 실제로 이행하고 있는지 여부에 대하여 고용노동부령으로 정하는 바에 따라 고용노동부장관의 확인을 받아야 한다.

③ 사업주는 제45조제1항에 따라 심사를 받은 공정안전보고서의 내용을 변경하여야 할 사유가 발생한 경우에는 지체 없이 그 내용을 보완하여야 한다.

④ 고용노동부장관은 고용노동부령으로 정하는 바에 따라 공정안전보고서의 이행 상태를 정기적으로 평가할 수 있다.

⑤ 고용노동부장관은 제4항에 따른 평가 결과 제3항에 따른 보완 상태가 불량한 사업장의 사업주에게는 공정안전보고서의 변경을 명할 수 있으며, 이에 따르지 아니하는 경우 공정안전보고서를 다시 제출하도록 명할 수 있다.

4. 공정안전보고서의 내용(산업안전보건법 시행령 제44조)

법 제44조제1항 전단에 따른 공정안전보고서에는 다음 각 호의 사항이 포함되어야 한다.
공정안전자료/공정위험성 평가서/안전운전계획/비상조치계획/그 밖에 공정상의 안전과 관련하여 고용노동부장관이 필요하다고 인정하여 고시하는 사항

5. 공정안전보고서 이행 상태의 평가(산업안전보건법 시행규칙 제54조)

① 법 제46조제4항에 따라 고용노동부장관은 같은 조 제2항에 따른 공정안전보고서의 확인(신규로 설치되는 유해하거나 위험한 설비의 경우에는 설치 완료 후 시운전 단계에서의 확인을 말한다) 후 1년이 지난날부터 2년 이내에 공정안전보고서 이행 상태의 평가(이하 "이행상태평가"라 한다)를 해야 한다.

② 고용노동부장관은 제1항에 따른 이행상태평가 후 4년마다 이행상태평가를 해야 한다. 다만, 다음 각 호의 어느 하나에 해당하는 경우에는 1년 또는 2년마다 이행상태평가를 할 수 있다.

1. 이행상태평가 후 사업주가 이행상태평가를 요청하는 경우
2. 법 제155조에 따라 사업장에 출입하여 검사 및 안전 · 보건점검 등을 실시한 결과 제50조제1항 제3호사목에 따른 변경요소 관리계획 미준수로 공정안전보고서 이행상태가 불량한 것으로 인정되는 경우 등 고용노동부장관이 정하여 고시하는 경우

③ 이행상태평가는 제50조제1항 각 호에 따른 공정안전보고서의 세부내용에 관하여 실시한다.

④ 이행상태평가의 방법 등 이행상태평가에 필요한 세부적인 사항은 고용노동부장관이 정한다.

6. 공정안전보고서의 제출 · 심사 · 확인 및 이행상태평가 등에 관한 규정(고용노동부 고시)

1) 공정위험성 평가기법

① 위험성평가기법은 다음 각 호의 기준에 따라 선정하여야 한다.

1. 제조공정 중 반응, 분리(증류, 추출 등), 이송시스템 및 전기 · 계장시스템 등의 단위공정
   - 위험과 운전분석기법/공정위험분석기법/이상위험도분석기법/원인결과분석기법/결함수분석기법/사건수분석기법/공정안전성분석기법/방호계층분석기법
2. 저장탱크설비, 유틸리티설비 및 제조공정 중 고체 건조 · 분쇄설비 등 간단한 단위공정
   - 체크리스트기법/작업자실수분석기법/사고예상질문분석기법/위험과 운전분석기법/상대 위험순위결정기법/공정위험분석기법/공정안정성분석기법

② 하나의 공장이 반응공정, 증류 · 분리공정 등과 같이 여러 개의 단위공정으로 구성되어 있을 경우 각 단위 공정특성별로 별도의 위험성 평가기법을 선정할 수 있다.

2) 위험성평가 수행자

위험성 평가를 수행할 때에는 다음 각 호의 전문가가 참여하여야 하며, 위험성 평가에 참여한 전문가 명단을 별지 제21호서식의 위험성 평가 참여 전문가 명단에 기록하여야 한다.

- 위험성 평가 전문가/설계 전문가/공정운전 전문가

3) 안전운전 지침서

안전운전 지침서에는 다음 각 호의 사항을 포함하여야 한다.

- 최초의 시운전/정상운전/비상시 운전/정상적인 운전 정지/비상정지/정비 후 운전 개시/운전범위를 벗어났을 경우 조치 절차/화학물질의 물성과 유해 · 위험성/위험물질 누출 예방 조치/개인보호구 착용방법/위험물질에 폭로 시의 조치요령과 절차/안전설비 계통의 기능 · 운전방법 및 절차 등

4) 설비점검 · 검사 및 보수계획, 유지계획 및 지침서

설비점검 검사 및 보수계획, 유지계획 및 지침서는 공단기술지침 중 「유해 · 위험설비의 점검 · 정비 · 유지관리 지침」을 참조하여 작성하되, 다음 각 호의 사항을 포함하여야 한다.

- 목적/적용범위/구성 기기의 우선순위 등급/기기의 점검/기기의 결함관리/기기의 정비/기기 및 기자재의 품질관리/외주업체 관리/설비의 유지관리 등

5) 안전작업허가

안전작업허가는 공단기술지침 중 「안전작업허가 지침」을 참조하여 작성하되, 다음 각 호의 사항을 포함하여야 한다.

- 목적/적용범위/안전작업허가의 일반사항/안전작업 준비/화기작업 허가/일반위험작업 허가/밀폐공간 출입작업 허가/정전작업 허가/굴착작업 허가/방사선 사용작업 허가 등

6) 도급업체 안전관리계획

도급업체 안전관리 계획은 다음 각 호의 사항을 포함하여야 한다.

① 목적/적용범위/적용대상
사업주의 의무 : 다음 각 목의 사항
가. 법 제63조부터 제66조까지에 따른 조치 사항
나. 도급업체 선정에 관한 사항
다. 도급업체의 안전관리수준 평가
라. 비상조치계획(최악 및 대안의 사고 시나리오 포함)의 제공 및 훈련

② 도급업체 사업주의 의무 : 다음 각 목의 사항
가. 법 제63조부터 제66조까지에 따른 조치 사항의 이행
나. 작업자에 대한 교육 및 훈련
다. 작업표준 작성 및 작업 위험성 평가 실시 등

③ 계획서 작성 및 승인 등

7) 근로자 등 교육계획

근로자 등 교육계획은 다음 각 호의 사항을 포함하여야 한다.
– 목적/적용범위/교육대상/교육의 종류/교육계획의 수립/교육의 실시/교육의 평가 및 사후관리

8) 가동 전 점검지침

가동 전 점검지침에는 다음 각 호의 사항을 포함하여야 한다.
– 목적/적용범위/점검팀의 구성/점검시기/점검표의 작성/점검보고서/점검결과의 처리

9) 변경요소 관리계획

변경요소관리계획은 다음 각 호의 사항을 포함하여야 한다.
– 목적/적용범위/변경요소 관리의 원칙/정상변경 관리절차/비상변경 관리절차/변경관리위원회의 구성/변경 시의 검토항목/변경업무분담/변경에 대한 기술적 근거/변경요구서 서식 등

10) 자체감사 계획

자체감사 계획은 다음 각 호의 사항을 포함하여야 한다.
– 목적/적용범위/감사계획/감사팀의 구성/감사 시행/평가 및 시정/문서화 등

11) 공정사고 조사계획

사고조사 계획은 다음 각 호의 사항을 포함하여야 한다.

– 목적/적용범위/공정사고 조사팀의 구성/공정사고 조사 보고서의 작성/공정사고 조사 결과의 처리

12) 비상조치 계획의 작성

비상조치 계획은 다음 각 호의 사항을 포함하여야 한다.

– 목적/비상사태의 구분/위험성 및 재해의 파악 분석/유해 · 위험물질의 성상 조사/비상조치계획의 수립(최악 및 대안의 사고 시나리오의 피해예측 결과를 구체적으로 반영한 대응계획을 포함한다)/비상조치 계획의 검토/비상대피 계획/비상사태의 발령(중대산업사고의 보고를 포함한다)/비상경보의 사업장 내 · 외부 사고 대응기관 및 피해범위 내 주민 등에 대한 비상경보의 전파/비상사태의 종결/사고조사/비상조치 위원회의 구성/비상통제 조직의 기능 및 책무/장비보유현황 및 비상통제소의 설치/운전정지 절차/비상훈련의 실시 및 조정/주민 홍보계획 등

13) 평가의 종류 및 대상 등

① 이행상태 평가의 종류 및 실시시기는 다음 각 호와 같다.

1. 신규평가 : 보고서의 심사 및 확인 후 1년이 경과한 날부터 2년 이내. 다만, 제5조제2항의 경우에는 사업주가 변경된 날부터 1년 이내에 실시한다.
2. 정기평가 : 신규평가 후 4년마다. 다만, 제3호에 따라 재평가를 실시한 경우에는 재평가일을 기준으로 4년마다 실시한다.
3. 재평가 : 제1호 또는 제2호의 평가일부터 1년이 경과한 사업장에서 다음 각 목의 구분에 따른 시기
   가. 사업주가 재평가를 요청한 경우 : 요청한 날부터 6개월 이내
   나. 제58조에 따른 평가결과가 P등급 또는 S등급인 사업장을 지도 · 점검한 결과 다음의 어느 하나에 해당하는 경우 : 해당 사유 확인일부터 6개월 이내
      1) 유해 · 위험시설에서 위험물질의 제거 · 격리 없이 용접 · 용단 등 화기작업을 수행하는 경우
      2) 화학설비 · 물질변경에 따른 변경관리절차를 준수하지 않은 경우

② 이행상태 평가는 사업장 단위로 평가함을 원칙으로 한다. 다만, 사업장의 규모가 크고 단위공장별로 공정안전관리체제를 구축 · 운영하고 있는 사업장에서 요청하는 경우 단위공장별로 이행상태를 평가할 수 있다.

③ 보고서를 이미 제출하여 평가를 받은 사업장이 영 제33조의6에 따른 유해 · 위험설비를 추가로 설치 · 이전하거나, 제2조제1항제1호에 따른 주요 구조부분의 변경에 따라 보고서를 추가로 제출하는 경우에는 평가를 면제할 수 있다.

14) 평가반 구성 등

① 지방관서의 장은 이행상태평가를 실시할 때에는 중대산업사고예방센터 감독관으로 평가반을 구성하고, 평가책임자를 임명하여야 한다.

② 지방관서의 장은 이행상태평가를 실시함에 있어 전문가의 조언이 필요하다고 인정되는 경우에는 다음 각 호에 해당하는 사람을 평가에 참여시킬 수 있다.

1. 공단소속 직원
2. 외부전문가

15) 평가계획의 수립 등

① 지방관서의 장은 제54조제1항의 평가시기에 따라 평가계획을 수립하고 평가대상 사업장에는 사전에 평가일정을 알려야 한다.

② 이행상태평가는 평가반이 사업장을 방문하여 다음 각 호의 방법으로 실시한다.

1. 사업주 등 관계자 면담
2. 보고서 및 이행 관련 문서 확인
3. 현장 확인

16) 이행상태 평가기준

보고서 이행상태 평가의 세부 평가항목 및 배점기준 등은 다음과 같다.

1. 이행상태평가표의 총배점 및 최고환산점수는 각각 1,620점 및 100점이며, 평가항목, 항목별 배점, 환산계수 및 최고 환산점수 등은 별표 3과 같다.
2. 세부평가항목별 평가점수는 별표 4와 같이 우수(A, 10점), 양호(B, 8점), 보통(C, 6점), 미흡(D, 4점), 불량(E, 2점) 등 5단계로 구분하며, 항목별 평가결과에 따라 해당되는 점수와 평가근거를 면담 또는 확인 결과란에 기재한다.
3. 〈삭제〉
4. 해당 사항이 없는 평가항목의 경우에는 "해당 없음"으로 표기하고 그 항목은 점수가 없는 것으로 본다.
5. 환산점수는 항목별로 평가점수에 환산계수를 곱한 점수를 말하며, 환산점수의 총합은 항목별 환산점수를 모두 합한 점수를 말한다.

17) 평가결과

① 지방관서의 장은 제57조에 따른 평가기준에 의해 부여한 점수에 따라 사업장 또는 단위공장(단위공장별로 이행상태를 실시한 경우에 한정한다)별로 다음 각 호의 어느 하나에 해당하는 등급을 부여하여야 한다.

1. P등급(우수) : 환산점수의 총합이 90점 이상

2. S등급(양호) : 환산점수의 총합이 80점 이상 90점 미만

3. M+등급(보통) : 환산점수의 총합이 70점 이상 80점 미만

4. M-등급(불량) : 환산점수의 총합이 70점 미만

② 지방관서의 장은 제1항의 평가등급, 평가점수 등 평가결과에 대한 소견서를 첨부하여 평가를 마친 날부터 1개월 이내에 사업주에게 알려야 하며 이를 다음 반기부터 적용한다.

18) 평가항목별 배점기준

항목	최고 실배점	환산계수	최고 환산점수	백분율
안전경영과 근로자 참여	370	0.057	21	21%
공정안전자료	70	0.071	5	5%
공정위험성 평가	130	0.041	5.5	6%
안전운전 지침과 절차	80	0.05	4	4%
설비의 점검 · 검사 · 보수계획, 유지계획 및 지침	120	0.046	5.5	6%
안전작업허가 및 절차	80	0.106	8.5	9%
도급업체 안전관리	100	0.08	8	8%
공정운전에 대한 교육 · 훈련	70	0.071	5	5%
가동 전 점검지침	60	0.05	3	3%
변경요소 관리계획	70	0.1	7	7%
자체감사	90	0.044	4	4%
공정사고조사 지침	90	0.033	3	3%
비상조치계획	80	0.044	3.5	4%
현장 확인	210	0.081	17	17%
계	1,620	-	100	-

CHAPTER 02

기술보고서(검토보고서)의 작성

01 개요

산업안전보건법에 따라 공정안전보고서 이행 시 주요항목인 위험성 평가, 안전운전계획, 비상조치계획은 공정안전보고서 내의 지침에 따르는 것으로 주기적인 계획, 검토, 실행, 확인의 절차가 필요하다. 따라서 공정안전보고서를 잘 이행하기 위해서는 기술보고서(검토보고서)의 작성은 필수적인 요소로 본 장에서는 관리자의 기술보고서(검토보고서) 작성에 대해 학습할 수 있도록 하였다.

02 기술보고서의 작성

1. 기술보고서(검토서)의 작성 절차

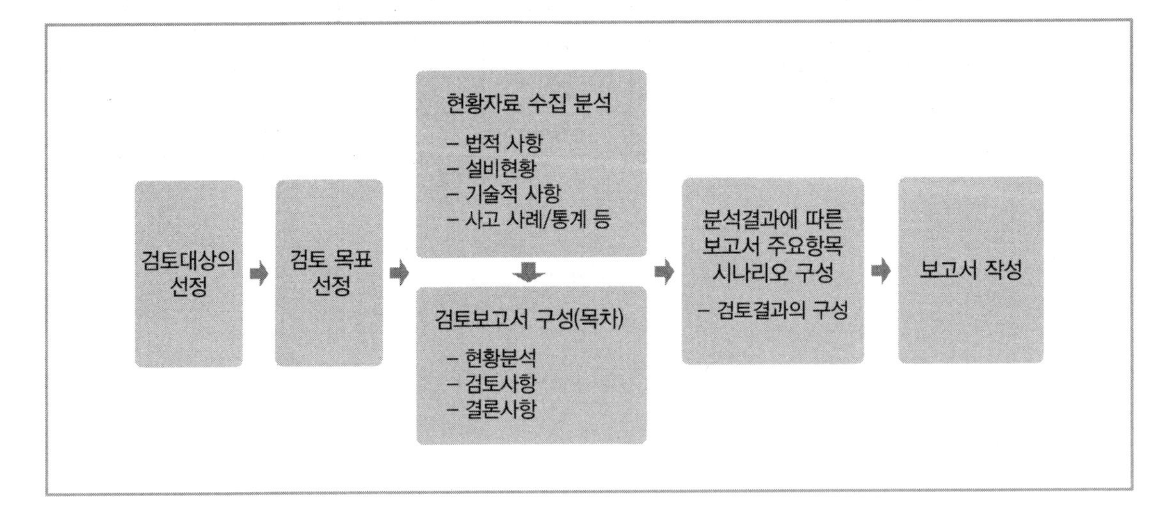

2. 공정안전보고서 관련 검토서 작성 시 검토해야 할 유용한 항목

(1) 법적 검토사항

- 산업안전보건법(영, 시행규칙) 항목 검토
- 산업안전보건기준에 관한 규칙
- KOSHA Guide
- 위험물안전관리법(영, 시행규칙)
- 고압가스안전관리법(영, 시행규칙)

(2) 공정안전보고서 관련 검토사항

공정안전보고서 이행과 관련하여 기술적인 검토 시 필수적으로 다음 사항에 대해 기술적인 변경사항 유무 등의 검토가 필요하며, 해당이 없는 경우에는 검토하지 않는다.

주 항목	검토 사항	비고
유해위험물질 목록	PSM 대상물질 여부 검토	
유해위험설비 목록 및 명세	• 동력기계목록 : 동력기기는 방폭 필요 여부, 펌프의 경우 취급물질, 양정, 유량 등을 검토한다.	
	• 장치설비명세 : 설비의 재질, 압력, 온도, 두께, 비파괴 여부, 취급물질, 부식, 안전밸브 필요 여부, 계측기기 필요 여부, 발열반응 유무 등에 대해 검토한다.	
	• 배관 및 가스킷 사양 : 재질, 압력, 온도, 비파괴, 가스킷 등을 검토한다.	
	• 안전밸브 및 파열판 : 분출시나리오, 필요용량, 재질, 종류 등을 검토한다.	
공정도면	• 공정 개요 : 발열반응, 인터락, 취급물질위험성 등을 검토한다.	
	• 공정흐름도(PFD) : 변경 필요사항을 확인한다.	
	• 공정배관계장도(P&ID) : 변경 필요사항을 확인한다.	
건설설비의 배치도 등	• 전체설비배치도 : 안전거리 확보, 피난대피로 등의 변경사항을 확인한다.	
	• 설비배치도 : 안전거리 확보, 불연재료 필요 여부 등을 검토한다.	
	• 평면도, 입면도 등 : 내화구조 필요 여부 등을 검토한다.	
	• 철구조물의 내화구조 사양 : 변경 필요사항을 확인한다.	
	• 소화설비 계획 : 변경 필요사항을 확인한다.	
	• 화재탐지, 경보설비 계획 : 변경 필요사항을 확인한다.	
	• 가스누출감지기 경보기 설치 : 인화성, 급성독성 물질 여부, 감지형식, 감지기 배치, 감지기 적응성 등을 검토한다.	
	• 세안, 세척, 안전보호장구 : 물질특성에 따른 안전보호장구 확보 여부 및 세안/세척시설의 추가 필요 여부를 검토한다.	
	• 국소배기장치 설치계획 : 제어풍속, 차압계산서, 배풍기 용량, 재질, 비상시 배출 필요 여부 등을 검토한다.	

주 항목	검토 사항	비고
폭발위험지역 구분 및 전기 단선도	• 폭발위험장소 구분도 : 인화성 유무, 방폭계산서, 폭발범위구역도, 방폭 필요기기, 방폭등급, 발화온도 등을 검토한다.	
	• 전기단선도/단락용량 계산 : 동력설비의 변경 여부에 따른 전기단선도, 단락용량 계산서 변경 필요 여부를 검토한다.	
	• 접지계획 및 배치 : 피뢰, 동력, 정전기 접지의 필요 여부를 검토한다.	
안전설계 제작 및 설치 관련	• 안전설계 제작 등 : 변경 필요사항을 확인한다.	
환경처리설비	• 플레어시스템 : 변경 필요사항을 확인한다.	
	• 환경배출시스템 : 인허가 변경 필요 여부를 검토한다.	
위험성평가	• 위험성 평가 : 위험성 평가(일반, JSA 등) 필요 여부를 검토한다.	
사고결과 피해예측 보고서(CA)	• 사고결과 피해예측 보고서(CA) : 변경 필요사항을 확인한다.	
안전운전계획	• 안전운전절차서 : 설비 추가/변경에 따른 절차서 추가/변경 필요 여부를 검토한다. • 설비 중요도 등급 : 설비 추가/변경 시 그 설비의 등급을 검토한다. • 안전작업허가 : 안전작업허가 시 특별히 고려사항 여부에 대해 검토한다.	
비상조치계획	• 비상조치계획서 : 변경 필요 여부에 대해 검토한다.	

3. 검토서 작성 실습

(1) 화학공장에 인화성 액체 혼합탱크(톨루엔, EA 취급) 1기를 신설하려고 한다. 공정안전보고서 이행 관점에서 기술검토서 작성 시 목차와 검토 필요항목에 대해 작성하시오.

(2) 리튬2차 전지를 이용한 비상전원을 공장 내부에 설치하려고 한다. 그러나 현재 리튬2차 전지의 화재가 다수 발생하고 있다. 산업안전 및 화재 측면에서 기술검토서 작성 시 목차와 검토 필요항목에 대해 작성하시오.

(3) 화학공장(인화성 액체, 급성독성 물질 취급) 내에 취급설비 중 혼합탱크의 모터 감속기를 교체하려고 한다. 공정안전보고서 이행 관점에서 기술검토서 작성 시 목차와 검토 필요항목에 대해 작성하시오.

CHAPTER 03

안전경영과 근로자 참여 및 공정안전자료

01 개요

안전경영과 근로자의 참여 평가항목은 공정안전보고서 이행과 관련하여 평가 배점이 높은 항목으로 근로자의 교육 및 평가를 통해 지속적인 관리가 필요하며, 공정안전자료는 공정안전보고서 이행을 위한 기본자료로 그 자료의 최적화가 되어 있어야 좋은 평가를 받을 수 있다.

02 안전경영과 근로자 참여

노동부 고시(공정안전보고서 제출 등)에 따라 평가 항목별로 계획을 세우고 이행하여야 하며, 특히 경영자(공장장) 면담은 사업장의 최근 변경관리, 자체감사, 안전작업허가, 교육 등의 현황과 사업장에서 공정안전을 위해 노력하고 있는 사항에 대해 실제 추진사항을 계획하여 준비하여야 한다.

1. 경영자(공장장) 면담평가

항목		고려사항 예시
1	회사의 경영목표로 안전·보건을 우선적으로 강조하고 실천하는가?	1. 기업경영 목표에 안전보건사항 포함 및 수준 설명 • 간부회의 등 회의 시 안전보건 우선적으로 고려되었는지 설명(회의록 등) 2. 경영방침, 운영계획, 사훈 등 경영사항에 안전보건 고려사항 확인 3. 안전보건 경영방침 실천 여부 확인 • 사내 게시판 및 온라인상 안전보건 경영방침 게시 • 인사제도 안전보건 분야 경력 고과 반영 여부 • 안전부서 인력 배치 및 권한 부여 상태 확인 4. 공장장님의 매일, 매주, 월, 분기, 반기 안전보건 활동설명 5. 공정안전 위해위험작업, 요인에 대한 지속적인 관리 및 안전투자 지속적 관리 등 설명 • 우선순위 및 관리적 주요사항 설명
2	공정안전관리(PSM) 12개 요소의 내용과 목적을 정확하게 이해하고 있는가?	1. 12대 요소 개략 설명할 수 있어야 함 2. 중점관리 항목 설정과 세부 실천계획을 수립하여야 함

항목		고려사항 예시
3	공정위험성 평가, 변경요소 관리, 공정사고 및 자체감사결과의 개선권고 사항 및 처리현황을 정기적으로 확인하고 있는가?	1. 공정위험성 평가방법(HAZOP)과 개선조치사항 처리현황 2. 변경요소 관리절차 및 최근 처리사항 • 안전작업허가, 가동 전 점검, 시운전, 교육 연계 3. 공정 사고현황 (없을 경우) 아차사고 개선사항 현황 4. 자체감사의 목적과 개선권고 사항 처리현황 5. 안전작업허가 절차 및 최근 처리현황
4	사업장 내 · 외부 PSM 관련 안전 · 보건 교육훈련계획을 승인하고 그 결과를 보고 받는가?	1. 사업장 최근 안전보건교육 및 훈련사항 2. PSM 전문교육 현황(이수인원) 3. 향후 교육 추진계획 및 성과평가(의견)
5	도급업체 안전관리의 구체적 내용을 잘 알고 있는가?	1. 도급업체 안전관리 관련절차, 평가 및 반영현황 2. 도급업체 관리주요 업무진행 사항 3. 중점관리방안
6	PSM 이행분위기 확산을 위해 노력하고 있는가?	1. PSM 전문교육 계획 및 전문인력 양성계획 2. 공장운영 정착을 위한 조직관리, 안전투자 등 3. PSM 관련 훈련, 평가 등 포상 등 4. 환경안전팀 등 업무 분장과 권한/책임 정착을 위한 사항 5. 향후 안전문화 정착을 위한 계획과 추진목표
7	안전보건활동(위험성평가, 자체감사, 외부 컨설팅 등)과 안전분야 투자를 연계하여 투자계획을 수립하는가?	1. 공장 PSM 활동사항과 외부기관 평가 후 개선사항 2. 연도별 안전투자 실적 및 계획 3. 지속적인 관리를 위한 내부, 외부 교육, 평가 등 4. 중점 추진목표 및 계획
8	안전에 대한 목표를 설정하고 목표 대비 실적을 평가하며 관련 내용을 근로자들에게 공유하는가?	1. 안전허점을 최소화하기 위해 안전작업허가, 변경관리 등의 관리 중점 목표 및 체계적인 관리방안 등 2. 안전작업허가 시 실제 검토가 가능하도록 작업사항 관리방안 등 3. 도급업체 중점관리 목표, 실적, 계획 등
9	PSM 관련 활동에 근로자(도급업체 포함) 참여를 보장하는가?	1. PSM 실시 시 관련 환경안전팀, 생산팀 조직운영에 의한 PSM 활동 2. 도급업체의 경우 주기적인 미팅, 현장확인, 교육 등 관리사항

2. 근로자 면담평가

(1) 일반사항

근로자 면담은 기술적인 사항과 조직적인 사항, 사업장 추진사항 등 다양한 사항에 대해 면담평가가 이루어짐으로 지속적인 교육 및 평가를 통해 근로자의 공정안전 관련 수준을 향상시켜야 한다. 다만 기본적으로 사업장의 추진사항에 대해 인지하고 있어야 하는 사항은 아래와 같다.

1) PSM 공정안전보고서 주요항목

2) PSM 대상물질 및 주요대상설비 : 물질위험성, 설비위험성 등

3) 위험성평가 실시 시기 및 조치사항 현황 : HAZOP 실시사항, JSA 실시사항

4) 자체감사 실시 시기 및 개선권고/조치사항 현황

5) 변경관리 대상 및 절차(검토 13항목) 및 최근 변경관리 처리 현황 : 지침 및 보고서 확인
6) 안전작업허가 종류/대상 및 절차(검토 항목) 및 최근 현황
7) 교육(관련자 팀별, PSM, 훈련) 관련 사항과 최근 현황
8) PSM 대상설비 설비 중요도 등급과 점검/정비 주기 현황
9) 연도별 검토사항 (예 안전운전절차서 변경사항 유무 검토)
10) 각 부서별 공정안전보고서상 이행사항 지침 숙지

예 생산팀 ; 안전운전지침서의 내용(안전운전종류, 절차 등)

(2) 근로자 면담항목(고시)

부장/과장(관리 감독자)

항목	평가사항
10	공정안전관리(PSM) 12개 요소의 내용과 목적을 정확하게 이해하고 있는가?
11	안전 · 보건문제에 관하여 근로자 의견을 수시로 청취하여 조치하고 상급자에게 보고하는가?
12	공정위험성 평가, 변경요소관리, 공정사고, 및 자체감사 결과의 개선권고사항 및 처리현황을 정기적으로 확인하고 있는가?
13	안전작업허가절차에 대해 구체적으로 잘 알고 있는가?
14	설비의 점검 · 검사 · 보수 계획, 유지계획 및 지침의 내용에 대해 구체적으로 잘 알고 있는가?

조장/반장

항목	평가사항
15	공정안전관리(PSM) 12개 요소의 내용과 목적을 정확하게 이해하고 있는가?
16	안전 · 보건문제에 관하여 근로자 의견을 수시로 청취하여 조치하고 상급자에게 보고하는가?
17	공정위험성평가, 변경요소관리, 공정사고 및 자체감사결과의 개선권고사항 및 처리현황을 정기적으로 확인하고 있는가?
18	안전작업허가 절차에 대해 잘 알고 있는가?
19	설비의 점검 · 검사 · 보수 계획, 유지계획 및 지침의 내용에 대해 잘 알고 있는가?

현장작업자

항목	평가사항
20	업무를 수행할 때 공정안전자료를 수시로 활용하고 있는가?
21	자신이 작업 또는 운전하고 있는 시설에 대해 가동 전 점검 절차를 알고 있는가?
22	보고서에 규정된 안전운전절차를 정확하게 숙지하고 있는가?
23	공정 또는 설비가 변경된 경우 시운전 전에 변경사항에 대한 교육을 받는가?
24	상급자가 자체감사 결과를 설명해 주는가?
25	사업장 내 공정사고에 대한 원인을 알고 있는가?
26	자신이 작업 또는 운전하고 있는 시설에 대한 위험성 평가결과를 알고 있는가?
27	비상시 비상사태를 전파할 수 있는 시스템 및 자신의 역할(임무)을 숙지하고 있는가?

정비보수작업자(도급업체 포함)

항목	평가사항
28	안전한 방법으로 유지 · 보수 작업을 수행할 수 있도록 작업공정의 개요 · 위험성 · 안전작업허가절차 등에 대하여 작업 전에 충분한 교육을 받았는가?
29	화기작업 관련 화재 · 폭발을 막기 위한 안전상의 조치를 잘 알고 있는가?
30	밀폐공간작업 시 유해위험물질의 누출, 근로자중독 및 질식을 막기 위한 안전상의 조치를 잘 알고 있는가?

도급업체 작업자

항목	평가사항
31	작업지역 내에서 지켜야 할 안전수칙 및 출입 시 준수해야 하는 통제규정에 대해 교육을 받았는가?
32	작업하는 공정에 존재하는 중대위험요소에 대해 잘 알고 있는가?
33	작업 중에 비상사태 발생 시 취해야 할 조치사항을 알고 있는가?

안전관리자

항목	평가사항
34	PSM에 대한 충분한 지식을 보유하고, 사업장 내의 PSM 추진체계에 대하여 정확하게 이해하고 있는가?
35	사업장의 PSM 추진상황에 대하여 수시로 조 · 반장 및 근로자 등의 의견을 수렴하고 문제점을 발굴하여 경영진에게 보고하는가?
36	정비부서 근로자, 도급업체 근로자 등이 공정시설에 대한 설치 · 유지 · 보수 등의 작업을 할 때 관련규정의 준수 여부를 확인하는가?
37	연간 PSM 세부추진 계획을 수립 · 시행하는 등 PSM 전반을 감독할 수 있는 권한을 부여받고 있는가?

03 공정안전자료 평가 관련 사항

공정안전자료는 교육, 변경관리, 안전작업허가 등의 기본 자료로 체계적으로 작성 관리되어 있어야 하며, 그 주요사항은 아래와 같다.

항목		주요 관리항목
1	사업장에서 사용하고 있는 유해위험물질의 목록이 누락된 물질 없이 정확히 작성되어 있는가?	1. PFD, Material Balance 물질 일치 2. "자료 없음" 항목에 대한 검토 기입
2	사업장에서 사용하고 있는 유해 · 위험물질에 대한 물질안전보건자료(MSDS)의 작성, 비치, 교육, 경고표지 등이 적절하게 되었는가?	1. 근로자, 도급업체 등 MSDS 교육 등 2. 취급물질(중간재)의 MSDS(위험성) 관리 등
3	유해 · 위험설비 및 목록(동력기계, 장치 및 설비, 배관, 안전밸브 등)이 정확히 작성되어 있으며 현장과 일치하는가?	1. 각 명세의 표시요구사항에 적합 여부 2. 누락설비 여부 3. 안전밸브 계산서, 배출압력, 성능인증서 등
4	공정흐름도(PFD), 공정배관계장도(P&ID), 유틸리티 흐름도(UFD)가 정확히 작성되어 있으며 현장과 일치하는가?	1. PFD, P&ID 작성방법 준수 2. 공정설명서, 인터록 명세 및 도면 표시 일치
5	건물 · 설비의 배치도(가스누출감지경보기 설치계획, 국소배기장치 설치계획 등)가 산업안전보건법령 및 동고시 기준에 따라 작성되어 있으며 현장과 일치하는가?	1. 내화구조, 불연재료 표시 등 기준준수 2. 인화성, 급성독성 물질의 감지기 설치 3. 국소배기제어풍속, 차압계산, 배풍기 용량 등
6	폭발위험장소 구분도, 전기단선도, 접지계획은 정확히 작성되어 있으며 현장과 일치하는가?	1. 방폭계산서, 구역도 2. 전기단선도와 동력설비명세 일치 3. 피뢰, 동력, 정전기 접지도면
7	플레어스택, 환경오염물질 처리설비 등이 산업안전보건법령 및 동고시 기준에 따라 작성되어 있으며 현장과 일치하는가?	1. 환경설비의 인허가 등

CHAPTER 04

위험성 평가

01 개요

공정안전보고서의 제출, 심사, 확인 및 이행상태평가 등의 규정에 의한 위험성 평가는 노동부 고시에 따른 "사업장 위험성평가에 관한 지침"과 다르게 공정안전보고서 작성 대상 유해위험설비에 대해 공정별 평가기법을 규정하고 있으며, 평가를 기준으로 1회/4년를 기본으로 사업장에서 자율적으로 고시된 위험성평가 방법을 통해 그 횟수를 규정하여 실시하도록 하고 있다.

1. 용어의 설명

(1) 공정위험성 평가기법

사업장 내에 존재하는 위험에 대하여 정성(定性)적 또는 정량(定量)적으로 위험성 등을 평가하는 방법으로서 체크리스트기법, 상대위험순위 결정기법, 작업자 실수 분석기법, 사고예상 질문 분석기법, 위험과 운전분석기법, 이상위험도 분석기법, 결함수 분석기법, 사건수 분석기법, 원인결과 분석기법, 예비위험 분석기법, 공정위험 분석기법, 공정안정성 분석기법, 방호계층 분석기법 등을 말한다.

(2) 체크리스트(Checklist)기법

공정 및 설비의 오류, 결함상태, 위험상황 등을 목록화한 형태로 작성하여 경험적으로 비교함으로써 위험성을 파악하는 방법을 말한다.

(3) 상대위험순위 결정(Dow and Mond Indices, DMI)기법

공정 및 설비에 존재하는 위험에 대하여 상대위험 순위를 수치로 지표화하여 그 피해 정도를 나타내는 방법을 말한다.

(4) 작업자 실수분석(Human Error Analysis, HEA)기법

설비의 운전원, 보수반원, 기술자 등의 실수에 의해 작업에 영향을 미칠 수 있는 요소를 평가하고 그 실수의 원인을 파악 · 추적하여 정량(定量)적으로 실수의 상대적 순위를 결정하는 방법을 말한다.

(5) 사고예상질문 분석(What-if)기법

공정에 잠재하고 있는 위험요소에 의해 야기될 수 있는 사고를 사전에 예상 · 질문을 통하여 확인 · 예측하여 공정의 위험성 및 사고의 영향을 최소화하기 위한 대책을 제시하는 방법을 말한다.

(6) 위험과 운전분석(Hazard and Operability Studies, HAZOP)기법

공정에 존재하는 위험 요소들과 공정의 효율을 떨어뜨릴 수 있는 운전상의 문제점을 찾아내어 그 원인을 제거하는 방법을 말한다.

(7) 이상위험도 분석(Failure Modes Effects and Criticality Analysis, FMECA)기법

공정 및 설비의 고장의 형태 및 영향, 고장형태별 위험도 순위 등을 결정하는 방법을 말한다.

(8) 결함수 분석(Fault Tree Analysis, FTA)기법

사고의 원인이 되는 장치의 이상이나 고장의 다양한 조합 및 작업자 실수 원인을 연역적으로 분석하는 방법을 말한다.

(9) 사건수 분석(Event Tree Analysis, ETA)기법

초기사건으로 알려진 특정한 장치의 이상 또는 운전자의 실수에 의해 발생되는 잠재적인 사고결과를 정량(定量)적으로 평가 · 분석하는 방법을 말한다.

(10) 원인결과 분석(Cause-Consequence Analysis, CCA)기법

잠재된 사고의 결과 및 사고의 근본적인 원인을 찾아내고 사고결과와 원인 사이의 상호 관계를 예측하여 위험성을 정량(定量)적으로 평가하는 방법을 말한다.

(11) 예비위험분석(Preliminary Hazard Analysis, PHA)기법

공정 또는 설비 등에 관한 상세한 정보를 얻을 수 없는 상황에서 위험물질과 공정 요소에 초점을 맞추어 초기위험을 확인하는 방법을 말한다.

(12) 공정위험 분석(Process Hazard Review, PHR)기법

기존 설비 또는 공정안전보고서(이하 "보고서"라 한다)를 제출 · 심사받은 설비에 대하여 설비의 설계 · 건설 · 운전 및 정비의 경험을 바탕으로 위험성을 평가 · 분석하는 방법을 말한다.

(13) 공정안전성 분석(K-PSR, KOSHA Process safety review)기법

설치 · 가동 중인 화학공장의 공정안전성(Process Safety)을 재검토하여 사고위험성을 분석(Review)하는 방법을 말한다.

⒁ 방호계층 분석(Layer Of Protection Analysis, LOPA)기법

사고의 빈도나 강도를 감소시키는 독립방호계층의 효과성을 평가하는 방법을 말한다.

⒂ 작업안전 분석(Job Safety Analysis, JSA)기법

특정한 작업을 주요 단계(Key Step)로 구분하여 각 단계별 유해위험요인(Hazards)과 잠재적인 사고(Accidents)를 파악하고 이를 제거, 최소화 또는 예방하기 위한 대책을 개발하기 위해 작업을 연구하는 방법을 말한다.

02 법규적 사항(고시)

1. 공정위험성 평가서의 작성 등(제27조)

① 규칙 제50조제1항에 따라 작성하는 공정위험성 평가서에는 다음 각 호의 사항을 포함하여야 한다.

1. 위험성 평가의 목적
2. 공정 위험특성
3. 위험성 평가결과에 따른 잠재위험의 종류 등
4. 위험성 평가결과에 따른 사고빈도 최소화 및 사고 시의 피해 최소화 대책 등
5. 기법을 이용한 위험성 평가 보고서
6. 위험성 평가 수행자 등

② 제1항에 따른 공정위험성평가서를 작성할 때에는 공정상에 잠재하고 있는 위험을 그 특성별로 구분하여 작성하여야 하고, 잠재된 공정 위험특성에 대하여 필요한 방호방법과 안전시스템을 작성하여야 한다.

③ 선정된 위험성평가기법에 의한 평가결과는 잠재위험의 높은 순위별로 작성하여야 한다.

④ 잠재위험 순위는 사고빈도 및 그 결과에 따라 우선순위를 결정하여야 한다.

⑤ 기존 설비에 대해서 이미 위험성평가를 실시하여 그 결과에 따른 필요한 조치를 취하고 보고서 제출 시점까지 변경된 사항이 없는 경우에는 이미 실시한 공정위험성평가서로 대치할 수 있다.

⑥ 사업주는 공정위험성 평가 외에 화학설비 등의 설치, 개·보수, 촉매 등의 교체 등 각종 작업에 관한 위험성평가를 수행하기 위하여 고용노동부 고시 「사업장 위험성평가에 관한 지침」에 따라 작업안전 분석 기법(Job Safety Analysis, JSA) 등을 활용하여 위험성평가 실시 규정을 별도로 마련하여야 한다.

2. 사고빈도 및 피해 최소화 대책 등(제28조)

① 사업주는 단위공정별로 인화성 가스·액체에 따른 화재·폭발 및 독성물질 누출사고에 대하여 각각 1건의 최악의 사고 시나리오와 각각 1건 이상의 대안의 사고 시나리오를 선정하여 정량적 위험성평가(피해 예측)를 실시한 후 그 결과를 별지 제19호의2서식의 시나리오 및 피해예측 결과에 작성

하고 사업장 배치도 등에 표시하여야 한다.

② 제1항의 시나리오는 공단 기술지침 중 「누출원 모델링에 관한 기술지침」, 「사고 피해예측 기법에 관한 기술지침」, 「최악의 누출 시나리오 선정지침」, 「화학공장의 피해 최소화대책 수립에 관한 기술지침」 등에 따라 작성하여야 한다.

③ 사업주는 제1항의 시나리오별로 사고발생빈도를 최소화하기 위한 대책과 사고 시 피해 정도 및 범위 등을 고려한 피해 최소화 대책을 수립하여야 한다.

3. 공정위험성 평가기법(제29조)

① 위험성평가기법은 규칙 제50조제1항제2호 각 목에 규정된 기법 중에서 해당 공정의 특성에 맞게 사업장 스스로 선정하되, 다음 각 호의 기준에 따라 선정하여야 한다.

1. 제조공정 중 반응, 분리(증류, 추출 등), 이송시스템 및 전기 · 계장시스템 등의 단위공정
   가. 위험과 운전분석기법
   나. 공정위험분석기법
   다. 이상위험도분석기법
   라. 원인결과분석기법
   마. 결함수분석기법
   바. 사건수분석기법
   사. 공정안전성분석기법
   아. 방호계층분석기법
2. 저장탱크설비, 유틸리티설비 및 제조공정 중 고체 건조 · 분쇄설비 등 간단한 단위공정
   가. 체크리스트기법
   나. 작업자실수분석기법
   다. 사고예상질문분석기법
   라. 위험과 운전분석기법
   마. 상대 위험순위결정기법
   바. 공정위험분석기법
   사. 공정안정성분석기법

② 하나의 공장이 반응공정, 증류 · 분리공정 등과 같이 여러 개의 단위공정으로 구성되어 있을 경우 각 단위 공정특성별로 별도의 위험성 평가기법을 선정할 수 있다.

4. 위험성 평가 수행자(제30조)

위험성 평가를 수행할 때에는 다음 각 호의 전문가가 참여하여야 하며, 위험성 평가에 참여한 전문가 명단을 별지 제21호 서식의 위험성 평가 참여 전문가 명단에 기록하여야 한다.

1. 위험성 평가 전문가

2. 설계 전문가
3. 공정운전 전문가

5. 위험성 평가 참여 전문가 명단(별지 21호 서식)

책임분야	성명	소속회사	직책	주요경력

주) ① 책임분야 란에는 전문가가 맡은 분야를 기재합니다.
② 주요경력 란에는 전문가의 주요경력 및 경력 연수를 기재합니다.

6. 위험성평가에 대한 세부평가 항목(별표 4)

	항목	주요사항
1	위험성 평가절차가 산업안전보건법령 및 동 고시 기준에 따라 적절하게 작성되어 있는가?	위험성 평가지침서의 최신규정 반영 여부 확인사항
2	공정 또는 시설 변경 시 변경 부분에 대한 위험성 평가를 실시하고 있는가?	변경관리 위험성 평가 실시사항 확인
3	정기적(4년 주기)으로 공정위험성평가를 재실시하고 있는가?	위험성 평가주기 확인
4	밀폐공간작업, 화기작업, 입·출하작업 등 유해위험작업에 대한 작업위험성 평가를 산업안전보건법령 및 동 고시 기준에 따라 실시하였는가?	작업위험성 평가의 적절한 실시 여부 확인 ▸유해위험 취급 생산작업 + 유해위험시설의 보수, 정비, 공사
5	유해위험작업에 대한 작업위험성 평가를 정기적으로 실시하고 있는가?	안전작업허가서 작성과 작업위험성 평가 확인
6	위험성 평가결과 위험성은 적절하게 발굴하였는가?	유해위험요인 발굴 확인
7	위험성 평가기법 선정은 적절한가?	공정과 단순공정에 따른 위험성 평가 기본의 선정과 시행 여부 확인
8	위험성 평가에 적절한 전문인력, 현장 근로자 등이 참여하는가?	참여인력 확인
9	위험성 평가결과 개선조치사항은 개선완료 시까지 체계적으로 관리되는가?	개선완료 여부 확인
10	정성(定性)적 위험성 평가를 실시한 결과 위험성이 높은 구간에 대해서는 정량(定量)적 위험성 평가를 실시하는가?	CA : 사고의 크기에 대한 정량평가 ▸최근 사고빈도에 대한 정량평가 여부를 확인
11	단위공장별로 최악의 사고 시나리오와 대안의 사고 시나리오를 작성하였는가?	공장별 최악, 대한 시나리오 확인
12	위험성 평가 시 과거의 중대산업사고, 공정사고, 아차사고 등의 내용을 반영하였는가?	위험성 평가 시 과거사고, 아차사고 등을 반영한 항목 확인
13	위험성 평가결과를 해당 공정의 근로자에게 교육시키는가?	평가결과 교육확인

03 위험성 평가 방법론

1. 위험성 평가란?

위험성 평가란 사업장 내 운영하는 설비, 장비와 작업에 대하여 검토구간을 나누어 근로자에게 부상이나 질병 등을 일으킬 수 있는 유해위험요인을 검토하고 위험도가 높을 경우 이에 대한 대책을 세우는 일련의 분석을 뜻한다. 모든 위험성 평가방법에서 기본적인 평가절차는 아래와 같다.

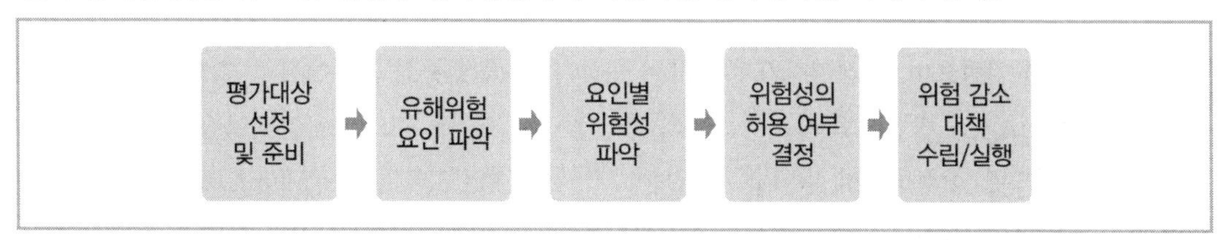

2. 평가대상 선정 및 준비

(1) 사전 준비사항

위험성 평가를 위해서는 사업장에서 행해지는 일련의 기계적 작업, 공정의 흐름, 작업절차를 표현해야 그 공정별 위해위험요인 파악이 가능하다. 따라서 처음 위험성 평가를 실시할 경우 사업장에서 제품생산 등을 위해 일어나는 모든 작업/공정 흐름을 기본적인 차트로 정리해야 그 작업흐름 중 위험성이 있는 작업/공정에 대해 평가대상 선정 및 평가가 가능하다는 것을 인지하여야 한다.

- 공정흐름도 및 P&ID(기계장치에 의해 생산되는 공정)
- 작업흐름도 및 작업절차
- 기계/설비/장비의 제조사 제공 설명서, 사양서, 절차서
- 취급물질의 MSDS
- 안전시설, 안전장비, 보호구 등 안전 관련 사업장 정보
- 기타 자료

(2) 위험성 평가 검토구간의 선정

위험성 평가에서 검토구간의 선정은 위험요인 발생 가능성을 기준으로 구간을 나누며, 이때 검토구간이 넓게 선정하면 위험요소가 중복되어 대책수립이 어려우며, 너무 작게 선정하면 검토구간이 과다하여 많은 시간이 소모될 수 있다. 따라서 검토구간은 작업에 대해서는 각 작업 단계별로 선정하는 것이 타당하며, 연속공정에서는 펌프, 반응기, 혼합기 등 기기를 중심으로 구간을 나누는 것이 타당하다.

(3) 유해위험요인 파악

1) 검토 구간에 대한 공정 및 작업상 유해위험요인을 파악하는 것으로 유해위험요인 파악 시 물질중심 공정 또는 기계적 작업공정으로 구분하여 유해위험요인을 파악하게 된다. 다만, 본 장에서는 기본적인 유해위험요인에 대해 파악하며, 세부적인 사항은 각 위험성 평가방법별로 학습하도록 한다.

2) 물질중심 공정

물질공정이라 하면 공정상의 펌프, 블로어, 장치설비 등에 의해 물질의 이동/작업이 이루어지는 공정을 일컬으며, 설계인자가 존재하는 공정이다. 물질 중심 공정에서의 가장 많이 사용되는 방법은 HAZOP 방법으로 이는 공정상의 변화에 대해 가이드 워드로 구분되고 있기 때문이다. 가이드 워드란 공정상에서 일어날 수 있는 7가지 조건인 NO/LESS/MORE/REVERSE/PARTS OF(부분적)/AS WELL AS(추가적)/OTHER THAN(다른 상태)으로 구분하여 분석하게 된다.

설계인자 (공정변수)	유해위험요인(이탈), O : 발생, × : 미발생						
구분	NO	LESS	MORE	REVERSE	PARTS OF (부분적)	AS WELL AS (부수적)	OTHER THAN (별도)
FLOW	O	O	O	×	×	×	×
PRESSURE	O	O	O	×	×	×	×
TEMPERATURE	×	O	O	×	×	×	×
AGITATION	O	O	O	×	×	×	×
LEVEL	O	O	×	×	×	×	×
REACTION	O	O	O	O	O	O	O
TIME	O	O	O	×	×	×	×
STEP	O	O	O	O	O	O	O
COMPOSITION	O	O	O	×	×	O	O
PHASE	O	O	O	O	O	×	×
ADDITION	O	O	X	×	×	×	×
VISCOSITY	×	O	O	×	×	×	×
ETC							O

3) 기계적 작업공정

작업절차에 의해 단계별로 진행되는 공정으로 기계작업, 가공, 조작 등이 대부분 기계적 작업공정으로 표현된다. 이러한 공정에 대한 유해위험요인은 다음과 같이 설명될 수 있다.

주요요인	유해위험 종류	
기계적 요인	• 협착위험 부분(감김, 끼임) • 위험한 표면(절단, 베임, 긁힘) • 기계(설비)의 낙하, 비래, 전복, 붕괴, 전도 위험부분	• 충돌위험 부분 • 넘어짐(미끄러짐, 걸림, 헛디딤) • 추락위험 부분 • 기타(작성)
전기적 요인	• 감전(안전전압 초과) • 아크	• 정전기 • 기타
화학(물질)적 요인	• 가스 • 증기 • 에어로졸(흄) • 액체*미스트 • 고체(분진)	• 반응성 물질 • 방사선 • 화재/폭발 위험 • 복사열/폭발과압
생물학적 요인	• 병원성 미생물, 바이러스에 의한 감염 • 유전자 변형물질(GMO) • 알러지 및 미생물	• 동물 • 식물 • 기타
작업특성 요인	• 소음 • 초음파, 초저주파음 • 진동 • 근로자 실수(휴먼에러) • 저압 또는 고압상태	• 질식위험, 산소 결핍 • 중량물 취급작업 • 반복작업 • 불안정한 작업자세 • 작업(조작)도구
작업환경 요인	• 기후/고온/한랭 • 조명 • 공간 및 이동통로	• 주변 근로자 • 작업시간 • 조직안전문화

4) 유해위험요인 파악

선정된 평가구간(절차)에 대하여 각 조건별 유해위험(이탈)이 발생가능하지를 분석하는 과정으로 안전장치가 없다는 조건에서 작성하여야 한다. 왜냐하면 유해위험에 따른 안전장치 유무는 추가적으로 조사 반영되기 때문이다.

4) 요인별 위험성 파악

요인별 위험성 파악은 유해위험요인에 대한 사고위험성에 대해 확인하는 것이다. 이 부분은 아주 간단한 로직으로 실무담당자들이 파악할 수 있으며, 아래와 같은 예를 참고하도록 한다.

유해위험요인		위험성(사고)
물질누출	인화성 액체누출	생산지연, 공정정지, 화재, 폭발
	인화성 가스누출	생산지연, 공정정지, 화재, 폭발
	독성물질 누출	생산지연, 공정정지 근로자 등 접촉 사고 근로자 등 독성가스 중독 환경오염
	고온물질/저온물질	생산지연, 공정정지, 화상, 찰과상
	물질비등	생산지연, 공정정지, 과압, 화재, 폭발 사고 환경오염
기계적 요인	협착, 전도, 붕괴, 충돌 낙하, 파열, 소음	생산지연, 공정정지 인적사고 인적질환
작업행동	무리한 동작, 인적오류 작업자세	생산지연, 공정정지 인적사고 인적질환

5) 위험성의 허용 여부 결정

위험성의 허용 여부를 결정하기 위험성 검토대상에서 확인한 위험성에 대해 현장에 설치되어 있는 안전장치를 확인하고 위험발생 시 처리가 가능한 부분에 대하여 조사하여야 하는데, 예를 들면 안전밸브, 파열판, 과압 시 긴급차단장치, 누출감지기 등이 이에 속한다. 이미 공장, 기계설계 시 반영되어 있는 안전장치를 포함하여 위험성의 허용 여부를 확인하여야 한다. 즉 현재의 안전조치를 포함한 위험성의 허용 여부를 결정하는 것이다.

위험성의 허용 여부 결정은 위험의 크기와 발생확률을 선정하는 것으로 위험성 평가를 실시하는 담당자들이 가장 어려워하는 부분 중에 하나이다. 그러나 현재 국내, 해외 등에서도 이에 대한 정확한 통계를 제시하지 못하는 것이 사실이기 때문에 위험성 평가를 실시할 경우 위험의 크기에 대해 논리적으로 설명할 수 있도록 선정하면 된다.

가. 위험의 추정

(가) 행렬(메트릭스)/곱셈기법

위험의 추정에서 가장 많이 사용하는 방법이 행렬(메트릭스) 기법이다. 위험은 발생가능성과 발생 시 위험의 크기의 곱의 형태로 선정하는 방법이다.

위험 = F{위험의 발생가능성, 사고발생 시 크기}

여기서 F는 함수를 나타내며, 함수는 여러 가지 방법을 이용할 수 있으나, 주로 곱셈을 활용한다.

예 1) 3단계 예시

가능성 \ 중대성	대(사망)	중(휴업사고)	소(경상)
상(높음)	Ⅲ	Ⅲ	Ⅱ
중(보통)	Ⅲ	Ⅱ	Ⅰ
하(낮음)	Ⅱ	Ⅰ	Ⅰ

※ Ⅰ, Ⅱ, Ⅲ은 위험성을 나타내고 수치가 클수록 위험성이 높아짐

예 2) 4~5단계 예시

가능성 \ 중대성	최대 (사망)	대 (휴업 1월 이상)	중 (휴업 1월 미만)	소 (휴업 없음)
최상(매우 높음)	Ⅳ	Ⅳ	Ⅳ	Ⅲ
상(높음)	Ⅳ	Ⅳ	Ⅲ	Ⅱ
중(보통)	Ⅳ	Ⅲ	Ⅱ	Ⅱ
하(낮음)	Ⅱ	Ⅱ	Ⅱ	Ⅰ
최하(매우 낮음)	Ⅱ	Ⅱ	Ⅰ	Ⅰ

※ Ⅰ, Ⅱ, Ⅲ, Ⅳ는 부상 및 질병의 위험성 크기를 나타내고 수치가 클수록 위험성은 높아짐

예 3) 곱셈 위험성 추정

노출수준 (가능성) \ 유해성 (중대성)		최대	대	중	소
	단계 \ 단계	4	3	2	1
최상	4	16	12	8	4
상	3	12	9	6	3
중	2	8	6	4	2
하	1	4	3	2	1

가능성 \ 중대성		최대	대	중	소	최소
	단계 \ 단계	5	4	3	2	1
최상	5	25	20	15	10	5
상	4	20	16	12	8	4
중	3	15	12	9	6	3
하	2	10	8	6	4	2
최하	1	5	4	3	2	1

(나) 덧셈법

덧셈법은 부상 또는 질병의 발생 가능성과 중대성(심각성)을 일정한 척도에 의해 각각 추정하여 수치화한 뒤, 이것을 더하여 위험성을 추정하는 방법이다.

위험성의 크기는 가능성(빈도)과 중대성(강도)의 합(+)이다.

예 1) 덧셈식에 의한 위험성 추정(3단계 예시)

가능성(빈도)	
상(높음)	6
중(보통)	3
하(낮음)	1

중대성(강도)	
대(사망)	10
중(휴업사고)	5
소(경상)	1

예 2) 덧셈식에 의한 위험성 추정(4단계 예시)

가능성(빈도)	평가점수	유해·위험 작업의 빈도	평가점수
최상	6	매일	4
상	4	주 1회	2
중	2	월 1회	1
하	1	–	–

중대성(강도)	평가점수
최대(사망)	10
대(휴업 1월 이상)	6
중(휴업 1월 미만)	3
소(휴업 없음)	1

※ 해당하는 평가점수에 O표를 하고 점수를 합산한다.

(다) 분기법

분기(分岐)법은 위험성 평가방법 중 실무담당자가 사용하기에는 조금 어려운 방법으로 장치설비 측면에서는 ETA, FTA가 이러한 방법에 속하며, 부상 또는 질병 측면에서는 발생 가능성과 중대성(심각성)을 단계적으로 분기해 가는 방법으로 위험성을 추정하는 방법이 있다.

아래의 방법은 부상 또는 질병 측면에서 분기법을 사용한 예이다.

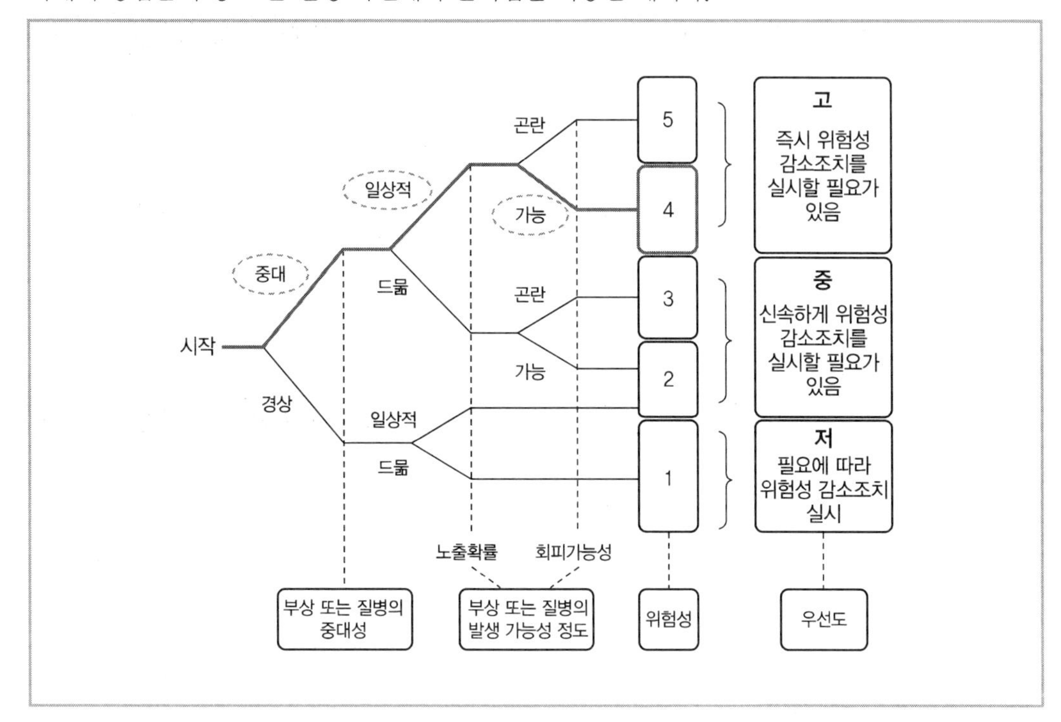

나. 위험의 허용 여부 결정

위험성 허용 여부 결정은 추정된 위험성(크기)이 받아들여질 만한(Acceptable) 수준인지, 즉 허용 가능(Tolerable) 여부를 판단하는 단계이다. 위험성 감소조치가 필요한지 여부를 판단하는 것은 위험성 평가에서 매우 중요한 부분이며, 허용 가능하지 않은 위험성 크기는 안전하지 않은 수준이기 때문에 무엇인가 대책이 필요하다고 할 수 있다. 어떤 사람은 괜찮다고 하지만 어떤 사람은 안 된다고 말하고, 어떤 회사에서는 괜찮지만 다른 회사에서는 안 된다고 하는 것이 발생할 수 있다. 주관성이 많이 개입될 수 있는 단계이므로 자의적인 결정이 되지 않도록 유의하여야 한다. 이 경우 위험성의 크기가 안전한 수준이라고 판단(결정)되면, 잔류 위험성(Residual Risk)이 어느 정도 존재하는지를 명기하고 종료 절차에 들어간다. 안전한 수준이라고 인정되지 않으면 위험성을 감소시키는 조치(대책)를 수립하는 절차를 반복한다.

위험성은 다음을 참조하여 허용 여부를 결정한다.

① 위험성 결정은 3단계에서 행한 유해 · 위험요인별 위험성 추정 결과에 따라 허용할 수 있는 위험인지, 허용할 수 없는 위험인지를 판단한다.
② 위험성 결정은 사업장 특성에 따라 기준을 달리할 수 있다.
③ 곱셈식의 위험성 결정은 다음과 같다.

▌위험성 결정(예시)

위험성 크기		허용 가능 여부	개선방법
16~20	매우 높음	허용 불가능	즉시 개선
15	높음		신속하게 개선
9~12	약간 높음		가급적 빨리 개선
8	보통		계획적으로 개선
4~6	낮음	허용 가능	필요에 따라 개선
1~3	매우 낮음		

▌화학물질의 위험성 결정(예시)

위험성 크기		허용 가능 여부	개선방법
12~16	매우 높음	허용 불가능	즉시 개선
5~11	높음		가능한 한 빨리 개선
3~4	보통	허용 가능 또는 허용 불가능*	연간계획에 따라 개선
1~2	낮음	허용 가능	필요에 따라 개선

* 허용 불가능 : 위험성 추정 결과가 4인 화학물질 중 직업병 유소견자가 발생(노출수준=4)하였거나 해당 화학물질이 CMR 물질(유해성=4)인 경우

④ 덧셈식과 조합의 위험성 결정은 다음과 같다.

▌위험성 결정(3단계 예시)

위험성 크기	허용 가능 여부	위험성 범위	개선방법
Ⅲ	허용 불가능	16~10	즉시 개선
Ⅱ		9~5	개선
Ⅰ	허용 가능	4~2	필요에 따라 개선

▌위험성 결정(4단계 예시)

위험성 크기	허용 가능 여부	위험성 범위	개선방법
Ⅳ	허용 불가능	20~12	즉시 개선
Ⅲ		11~9	가능한 한 빨리 개선
Ⅱ		8~6	연간계획으로 개선
Ⅰ	허용 가능	5~3	필요에 따라 개선

(4) 위험감소대책 수립 및 실행

위험감소대책 수립은 허용 불가능 위험에 대하여 대책을 수립하고 이를 실행하며, 또한 기록으로 보존하는 것이다. 대부분 위험 감소대책은 시설 투자 또는 인력 투입이 필요하기 때문에 일정계획을 수립하고 담당자를 지정하여 계획적으로 이루어질 수 있도록 하는 것이 필요하다.

04 위험성 평가 지침서(예시)

위험성 평가 지침서의 경우 사업장마다 다를 수 있으나 일반적인 형태는 아래와 같다.

제1조(목적)

이 지침은 공정안전관리와 관련하여, 생산공정을 위험성 평가기법으로 체계적으로 분석하여, 공정 내에 잠재된 위험요소 및 운전상의 문제점을 색출, 평가, 관리함으로써 귀중한 인명손실 및 재산손실을 초래할 뿐만 아니라 생산성을 크게 저하시키는 화재, 폭발, 유해위험물질의 누출사고 등을 포함한 제반 사고를 예방하고자 하는 데 그 목적이 있다.

제2조(적용범위)

산업안전보건법에 따라 공정안전보고서 제출 대상 유해위험설비에 대한 신규투자사업 및 공정 개조사업, 기존공정의 변경, 공정 위험분석이 수행되지 않은 기존 공정 또는 재분석 시기가 도래한 공정에 대해 공정 위험성 분석을 수행한다.

제3조(위험성 평가의 의무 및 평가 실시 시기)

(1) PSM 담당팀은 수행하는 모든 공장의 신 · 증설 사업에 대해 상세설계 단계 또는 시운전 전 단계 중 적절한 시기에 위험성 평가가 실시될 수 있도록 계획을 수립하고 분석요청을 하여야 하며, 이를 사업 집행계획에 포함시켜야 한다.

(2) PSM 담당팀은 위험성 평가가 수행되지 않은 기존 공정에 대해 위험 순위 (이하 "위험순위"라 한다)에 따라 위험성 평가가 실시될 수 있도록 업무계획서를 작성하고 이를 발의하여야 한다.

(3) PSM 담당팀은 최초 위험성 평가 실시 후 4년마다 평가서의 내용이 현재의 공정과 일치하는지를 검토, 확인하여 변경사항이 있을 경우 위험성 평가를 실시하여야 한다.

(4) PSM 담당팀은 공정 변경이 필요한 경우 자체적으로 팀을 구성하여 위험성 평가를 실시한다.

(5) PSM 추진팀은 위험성 평가 실시 계획서를 작성하여 실시 계획에 따라 위험성 평가를 실시해야 한다.

(6) 위험성 평가 실시 시기는 다음과 같다.

가. 신 · 증설 공정은 P&ID가 완성된 후 실시한다.

나. 위험성 평가가 끝난 기존 공정에 대해 매 1년마다 평가서의 내용이 현재의 공정과 일치하는지를 검토, 확인하여 변경사항이 있을 경우 위험성 평가를 실시하여야 한다.

다. 기존 공정 중 변경관리 사항이 발생할 경우 즉시 위험성 평가를 실시한다.

라. 위험성 평가 실시 시기는 다음과 같다.

- 신 · 증설 공정은 P&ID가 완성된 후 실시한다.
- 위험성 평가가 끝난 기존 공정에 대해 매 4년마다 재평가를 실시한다.
- 기존 공정 중 변경관리 사항이 발생 할 경우 즉시 위험성 평가를 실시한다.

(7) 위험성 평가에 수반되는 각 팀의 임무 및 권한은 첨부와 같다.

제4조(위험성 평가계획 수립)

(1) 위험 순위결정

가. PSM 추진팀은 위험성 평가가 실시되지 않은 기존 공정에 대해 위험도를 분석하여 위험 순위를 결정하며, 가장 위험 순위가 높은 공정부터 위험성 평가를 실시한다.

나. 위험 순위 선정 시에는 다음 사항을 고려하여 결정한다.

- 취급하는 물질의 위험성과 취급량
- 공정의 위험성
- 사고 발생 시의 피해 정도
- 설비 노후화 정도
- 사고경험 정도
- 공정에 참여하는 종업원 수

(2) 계획서 작성

위험성 평가 실시 계획서에는 다음의 사항들이 포함된다.

- 평가 공정
- 평가 실시일
- 평가 이력 및 범위
- 평가 시 적용기법
- 평가예상 소요시간
- 평가 팀 인적사항

제5조(평가기법 선정)

(1) 공정위험성 평가기법의 선정

가. 산업안전보건법에 따라 공정안전보고서 제출 대상 유해위험설비에 대한 신규투자사업 및 공정 개조사업, 기존공정의 변경, 공정 위험분석이 수행되지 않은 기존 공정 또는 재분석 시기가 도래한 공정에 대해 공정 위험성 분석을 수행한다.

나. 공정위험성 평가기법은 아래의 기법 중 선정하여 실시한다.

① 제조공정 중 반응, 분리(증류, 추출 등), 이송시스템 및 전기 · 계장시스템 등의 단위공정

- 위험과 운전분석기법
- 공정위험분석기법
- 이상위험도분석기법
- 원인결과분석기법
- 결함수분석기법
- 사건수분석기법
- 공정안전성분석기법
- 방호계층분석기법

② 저장탱크설비, 유틸리티설비 및 제조공정 중 고체 건조 · 분쇄설비 등 간단한 단위공정

- 체크리스트기법
- 작업자실수분석기법
- 사고예상질문분석기법
- 위험과 운전분석기법
- 상대 위험순위결정기법
- 공정위험분석기법
- 공정안정성분석기법

다. 사업주는 공정위험성 평가 외에 화학설비 등의 설치, 개 · 보수, 촉매 등의 교체 등 각종 작업 시 작업안전분석 기법(Job Safety Analysis, JSA) 등을 활용하여 위험성 평가를 실시한다.

(2) 기법 선정

가. PSM 추진팀은 위험성 평가를 수행하고자 하는 공정에 대하여 관련 팀과 "위험성 평가기법 개요"를 검토하여 위험성 평가의 목적, 시기, 공정특성에 알맞은 기법을 선정한다.

나. 평가기법 선정 시 신 · 증설 공정, 위험성 평가를 처음 실시하는 기존공정, 주요설비의 구조 변경일 경우 HAZOP과 같은 완전한 위험성 평가기법을 선정한다.

다. 설비 중 저장탱크, 유틸리티 및 간단한 공정 등에는 FMEA 또는 CHECK LIST와 같은 간단한 기법을 적용할 수 있다.

라. 기존 공정 설비의 간단한 변경이나 개선을 위한 운전조건의 변경 등에는 사고 예상 질문법(WHAT-IF) 및 체크리스트(CHECKLIST)는 적용할 수 있다.

제6조(평가 준비)

(1) 평가팀 구성

가. 평가팀은 팀을 이끌어 갈 팀의 리더와 평가내용을 기록할 서기가 임명된다.

나. 평가팀에는 위험성 평가 전문가와 평가할 사업에 관한 기술적 사항을 확실하게 알고 있는 설계팀과 향후 운전을 담당할 운전 팀의 대표가 반드시 참여하여 설계운전방법에 관한 확실한 결정을 할 수 있게 한다.

다. 평가팀에는 공정기술자는 반드시 참여해야 하며 운전팀 및 설계팀 대표 이외에도 전문기술 분야별로 전문가가 참가한다.

라. 기존의 플랜트를 평가하거나 소규모로 공장을 변경할 경우에는 공장 운전팀의 대표, 공정, 계장, 기계, 전기기술자 및 운전조장 등으로 구성한다.

마. 신설 공장의 경우에는 사업 책임자, 공정, 계장, 기계, 전기기술자 및 향후 운전을 담당할 운전자 대표 등으로 구성한다.

바. 서기는 회의의 내용을 충분히 이해하고 기록할 수 있는 사람이어야 한다.

사. 위험성 평가에 참여한 전문가 명단을 기록하여야 하며 명단 작성 시 책임분야, 성명, 소속회사, 직책, 주요 경력 등을 기록한다.

(2) 위험성 평가에 활용한 자료목록

- MSDS
- PLOT PLAN
- DESIGN PHILOSOPHY
- PROCESS DESCRIPTION
- AREA CLASSIFICATION
- MECHANICAL DRAWING
- 과거의 공정안전 사고 사례
- OPERATION INSTRUCTION
- PROCESS FLOW DIAGRAM
- P&ID(PIPE &INSTRUMENT DIAGRAM)
- EQUIPMENT SPECIFICATION / DATA SHEET

(3) 일정 계획의 수립

가. 위험성 평가의 검토 일정에는 다음 사항을 포함시켜 수립하였다.

- 회의일자
- 각각의 플랜트마다 검토되어야 할 도면 및 기기
- 매 회의에 참석하는 팀 구성원의 파악과 예비 구성원의 파악
- 중간보고 및 최종보고에 포함될 사항
- 후속조치에 대한 계획

나. 시스템 중 똑같은 기기들을 활용한 여러 개의 트레인(Train)이 있을 경우에는 하나의 트레인만을 검토하고 나머지 트레인에 대한 검토는 생략하거나 일부 변경되는 사항에 대해서만 검토하였다.

제7조(작업위험성 평가)

(1) 작업위험성평가 적용범위 및 실시

가. 유해위험설비(화학설비 등)의 설치, 개 · 보수, 촉매 등의 교체 등 각종 작업에 관한 위험성 평가는 작업안전 분석기법에 의해 위험성 평가를 수행한다.

나. 작업위험성 평가는 유해위험설비에 대해 작업 전 실시한다.

(2) 작업위험성 평가 작성 등

가. 작업에 대한 정보의 기입

나. 작업단계별 유해위험요인의 작성

다. 유해위험요인별 대책, 조치일정, 담당자 지정

라. 작업위험성 평가는 아래와 같은 양식을 사용한다.

작업명		작업번호		개정일자	
		작 성 자		작성일자	
부서명		검 토 자		검토일자	
작업지역		승 인 자		승인일자	
필요한 보호구	예 안전화, 안전모, 방독마스크, 보안경, 송기마스크 등				
필요한 장비/공구	예 지게차, 체인블록 등				
필요한 자료	예 작업계획서, 작업허가서, MSDS, 도면(P&ID, 전기단선도) 등				
필요한 안전장비	예 가스감지기, 소화기 등				

번호	작업단계 (Steps)	유해위험요인 (Hazards)	대책 (Controls)	조치일정	담당

제8조(위험성평가 시 적용기준)

〈표 1〉 위험등급 대조표

빈도 \ 치명도	1 (치명적)	2 (보통)	3 (경미)	4 (운전상)
1 (최상)	1	2	3	4
2 (상)	2	3	4	5
3 (중)	3	4	5	5
4 (하)	4	5	5	5

〈표 2〉 발생빈도의 구분

빈도	내용
1 (최상)	1년에 1회 이상 발생할 가능성이 있음
2 (상)	10년에 1회 이상 발생할 가능성이 있음
3 (중)	50년에 1회 이상 발생할 가능성이 있음
4 (하)	발생할 가능성이 없음

〈표 3〉 치명도의 구분

치명도	내용
1(치명적)	사상자 : 사망, 다수의 부상 손해액 : 설비파손 3억 원 이상 조업중지 : 15일 이상
2(보통)	사상자 : 사망자 없음, 부상1명, 손해액 : 설비파손 5천만 원 이상 -3억 원 미만 조업중지 : 1일 이상 15일 미만
3(경미)	사상자 : 부상자 없음 손해액 : 설비파손 5천만 원 미만 조업중지 : 1일 미만
4(운전상)	안전설계, 운전성 향상을 위한 개선 필요

〈표 4〉 위험등급(순위) 결정기준

위험등급	결과 수용여부 및 후속조치 기준
1	허용(수용) 불가능한 위험도 • 즉각적인 긴급조치가 필요하다. • 사고영향 평가 및 정량적 위험성 평가를 실시하여 개선요구 사항에 대하여는 최단기일 이내에 위험도 순위를 4등급 이하로 낮추어야 함
2	우려할 정도의 위험도 • 사고영향 평가 및 정량적 위험성 평가를 실시하여 개선요구 사항에 대하여 6개월 이내 또는 당해 정기보수 시까지 개선하여 위험도 순위를 4등급 이하로 낮추어야 함
3	조정하여 수용 • 개선요구 사항에 대하여 1년 이내 또는 차기연도 정기 보수 시까지 개선하여야 하며, 통제장치, 안전장치, 절차서가 적절한지를 재확인하여 위험등급을 4등급 이하로 낮추어야 함
4	선별적 수용 가능 • 개선요구 사항에 대하여 당해 연도 또는 차기연도 보수계획에 반영하여 개선하되, 안전 및 환경에 영향이 없는 생산 및 품질관리 사항 등은 실정에 따라 선별시행 가능
5	그대로 수용 가능 • 안전 및 운전성 향상을 위하여 개선하거나 관리적 대책으로 보안 또는 개선유보 가능

제9조(보고서 작성 및 관리)

(1) 공정위험성평가서 작성 시 다음 사항들을 포함하여야 한다.

가. 위험성 평가의 목적

나. 공정 위험특성

다. 위험성 평가결과에 따른 잠재위험의 종류 등

라. 위험성 평가결과에 따른 사고빈도 최소화 및 사고 시의 피해 최소화 대책 등
단, 정량적 위험성 평가를 실시한 사고빈도 및 최소화 대책 그 사항을 포함할 수 있다.

마. 기법을 이용한 위험성 평가보고서

바. 위험성 평가 참여 및 수행자 명단

(2) 공정위험성 평가서 작성 시 고려사항

가. 9-(1)항에 따른 공정위험성평가서를 작성할 때에는 공정상에 잠재하고 있는 위험을 그 특성별로 구분하여 작성하여야 하고, 잠재된 공정 위험특성에 대하여 필요한 방호방법과 안전 시스템을 작성하여야 한다.

나. 선정된 위험성평가기법에 의한 평가결과는 잠재위험의 높은 순위별로 작성하여야 한다.

다. 잠재위험 순위는 사고빈도 및 그 결과에 따라 우선순위를 결정하여야 한다.

(3) 공정위험성 평가결과에는 다음 사항들을 포함하여야 한다.

가. 잠재위험이 있는 공정 또는 설비

나. 위험이 있다면 사고 발생 가능성에 대한 검토

다. 사고 발생 시 피해 예측에 대한 검토

라. 위험 제거 또는 발생확률 감소방안

마. 사고 발생 시 피해 최소화 대책

바. 잠재적 위험 제거방안에 대한 실행일정 계획

(4) 공정위험성평가 이행계획에는 다음 사항들을 포함하여야 한다.

가. 행위가 취해질 구체적 내용

나. 각 행위별 완료 일정

다. 각 행위 내용을 사전에 해당 공정관계자, 운전원, 정비원, 행위 결과로 영향을 받는 자에게 알릴 방법과 일정

(5) 공정위험성평가 확인사항

가. 모든 팀 구성원에게 해당 공정기술, 공정설계, 정상 및 이상 운전절차, 경보시스템, 이상 조작절차, 계측제어, 정비절차, 비상시 운전절차 등 관련자료를 평가 이전에 상호 교환하고, 필요시 설명하여 팀 모두가 이해할 수 있도록 함으로써 평가업무가 원활히 시행되었는지 여부

나. 동종의 사업장에서 발생한 공정사고에 대한 유사설비와 위험성 평가 여부

다. 팀의 평가과정에서 잠재 위험성을 도출하고 개선 대책을 토론한 내용을 체계적으로 정리하고 문서화하여 관리하고 있는지 여부

제10조(후속 조치)

(1) 위험등급이 1이나 2인 경우 경영자는 회사의 표준에 따라 반드시 조치를 취해야 하며 나머지 등급의 것에 대해서는 위험성을 기준으로 조치를 검토한다.

(2) 경영자는 공정안전관리 담당 팀에게 평가 결과 보고서의 내용들이 적절하게 추진되고 있는지를 감시하게 하여야 한다.

(3) 후속조치의 책임 부서는 회사의 특성에 따라 정비부, 기술부, 사업부 등에서 각각 시행할 수 있도록 책임 부서를 지정하여야 한다.

제11조(개정 및 재승인)

(1) PSM 담당팀장은 해당 공정의 변경 사항이 발생할 경우 공정안전관리(PSM)의 변경관리 지침에 따라 위험성 평가를 실시하며, 기존 위험성 평가결과 보고서에 변경사항을 반영하여 개정한다.

(2) PSM 담당 팀장은 기존의 위험성 평가결과 보고서가 현재의 공정과 일치하고 위험성 평가절차에서 언급한 모든 사항을 만족하고 있는가를 확인하여 결과 보고서가 유효하다는 것을 매 1년마다 재승인한다.

(3) PSM 담당 팀장은 기존의 위험성 평가결과 보고서 재승인을 위한 검토 일정을 작성하여 수행한다.

(4) 변경사항 발생으로 위험성 평가를 실시할 경우 기존의 결과 보고서는 매 1년 주기의 재승인을 득한 것으로 간주되고 재승인 시기는 다시 1년 뒤로 연장된다.

(5) 개정이 필요한 경우 자체적으로 팀을 구성하여 위험성 평가를 실시하며, 만일 자체 평가가 어려울 경우 PSM 담당 팀장에게 개정을 요청한다.
(6) PSM 담당팀은 위험성 평가결과 보고서의 개정 시 가능하며 그 공정의 위험성 평가에 참여한 사람들로 팀을 구성하여 위험성 평가를 실시한다.

〈첨부 1〉 팀의 임무 및 권한

공정위험성 평가의 운영과 관련하여 각 책임/관련부서는 다음과 같이 구분한다.

(1) 기술검토부서 : 설계전담부서, 기술관련부서, 생산기술부서, 설비전담부서, 연구전담부서
(2) ● : 책임부서
(3) ○ : 관련부서
(책임부서의 협조가 있을 경우, 반드시 요청기한 내에 관련사항에 대하여 협조함을 원칙으로 한다.)

〈첨부2〉 위험성 평가 참여 전문가 명단

부서 구분 / 공정위험성 평가 운영의 관련 업무구분	신규투자사업, 공정개조사업, 기존공정의 변경, 위험성 평가를 하지 않은 기존 공정, 재분석 시기가 도래한 공정				
	운영부서	사업 집행부서	안전 전담부서	위험성 평가팀	기술 검토부서[1]
위험성 평가 계획수립 / 평가 요청	●[2]	●	○[3]		
연간 일정 수립	○	○	●		
예산 취득	○	●	●		
분석기법 선정	○	○	●		○
위험성 평가팀 구성방안 수립	○	○	●		○
평가 기간 산정			●	●	○
위험성 평가 수행계획표 작성	○	○		●	
위험성 평가 수행자료 확보	●	●	○		○
위험성 평가 수행	●		○	●	○
위험성 평가 결과보고서 작성 및 경영층 보고	○	○		●	○
평가 결과보고서 관련 부서 배포			○	●	
평가 결과보고서 검토 및 해결방안 검토 요청	●	●		○	○
해결방안 수립 및 수행	●	●			○
해결방안 수행현황 중간보고	●	●			
해결방안 수행에 따른 자료수정 및 교육 수행	●	●			○
위험성 평가결과보고서 관리/보존	●				

05 위험과 운전분석기법 : 단위/단순공정 적용(HAZOP ; Hazard and Operability Study)

1. 개요

(1) 위험성 평가방법 중 위험과 운전분석(HAZOP) 기법은 위험을 확인하고 정성적인 계량화를 통해 위험을 관리하는 방법으로 가장 많이 사용되는 방법이다.

(2) 위험과 운전분석의 성공적인 수행을 위해서는 전문가와 운전자를 포함하는 조직을 구성하고 그 조직에서 위험요인에 대한 토론을 통해 위험요인을 빠짐없이 검토하는 것이 가장 중요한 요소이다.

(3) 용어설명

용어	설명
위험과 운전분석 [Hazard and operability (HAZOP) Study]	공정에 존재하는 위험요인과 공정의 효율을 떨어뜨릴 수 있는 운전상의 문제점을 찾아내어 그 원인을 제거하는 방법
위험요인	인적 · 물적손실 및 환경피해를 일으키는 요인(요소) 또는 이들 요인이 혼재된 잠재적 위험요인으로 실제 사고(손실)로 전환되기 위해서는 자극이 필요하며 이러한 자극으로는 기계적 고장, 시스템의 상태, 작업자의 실수 등 물리 · 화학적, 생물학적, 심리적, 행동적 원인이 있음
운전성	운전자가 공장을 안전하게 운전할 수 있는 상태
설계의도 (Design Intention)	설계자가 바라고 있는 운전조건
검토구간(Node)	위험성 평가를 하고자 하는 설비구간
변수(Parameter)	유량, 압력, 온도, 물리량이나 공정의 흐름 조건을 나타내는 변수
가이드 워드 (Guide Word)	변수의 질이나 양을 표현하는 간단한 용어
이탈(Deviation)	가이드 워드와 변수가 조합되어, 유체 흐름의 정지 또는 과잉상태와 같이 설계의도로부터 벗어난 상태
원인(Cause)	이탈이 일어나는 이유
결과(Consequence)	이탈이 일어남으로써 야기되는 상태
현재 안전조치	이탈에 대한 안전장치의 역할을 하고 있는 이미 설치된 장치나 현재의 관리상황
위험도(Risk)	특정한 위험요인이 위험한 상태로 노출되어 특정한 사건으로 이어질 수 있는 사고의 빈도(가능성)와 사고의 강도(중대성) 조합으로서 위험의 크기 또는 위험의 정도
개선권고사항	이탈에 대한 현재 안전조치가 부족하다고 판단될 때 추가적인 안전성을 확보하기 위해 도출된 장치 또는 활동

2. 연속식과 회분식 공정

(1) 연속식과 회분식

연속식 공정은 공정제어에 의해 제조공정이 자동적으로 이루어지는 공정으로 가장 쉬운 예는 보일러로서 보일러를 기동하면 자동으로 스팀, 온수 등을 지속적으로 공급하게 되는 시스템의 공정이다. 이러한 공정은 위험성 평가 시 물질특성 및 위험성을 기준으로 공정별로 검토구간을 설정하여 위험성 평가를 실시하게 된다.

회분식 공정은 근로자가 제조를 위해 펌프를 기동하고 물질을 투입하며 교반기를 가동하는 등 생산/제조 공정이 근로자의 작업순서에 따라서 정해진 작업이 이루어지는 공정으로 생산되는 제품의 양이 작업에 의한 순서에 의해서만 결정되는 공정이다. 이러한 공정의 예는 탱크로리를 통한 물질의 입고, 혼합기 및 반응기 등에 물질을 투입, 반응기/혼합기 가동 등 작업자의 순서에 따라 진행되는 공정이다.

(2) 회분식 공정의 특정변수

회분식 공정에 사용되는 변수는 연속식에서 사용되는 유량, 액위, 온도, 압력 등 외에 단계별로 운전되는 특성에 따라 시간(Time)과 시퀀스(Sequence)를 추가하여 다음과 같이 가이드 워드와 조합된 이탈을 찾아야 한다.

1) 시간 관련 이탈

이탈	정의
시간생략(No Time)	사건 또는 조치가 이루어지지 않음
시간지연(More Time)	조작 또는 행위가 예상보다 오래 지속됨
시간단축(Less Time)	조작 또는 행위가 예상보다 짧게 지속됨

2) 시퀀스 관련 이탈

이탈	정의
조작지연(Action Too Late)	허용범위(시간, 조건)보다 늦게 시작함
조기조작(Action Too Early)	허용범위(시간, 조건)보다 일찍 시작함
조작생략(Action Left Out)	조작을 생략함
역행조작(Action Backwards)	전 단계 단위공정으로 역행함
부분조작(Part of Action Missed)	한 단계 조작 내에서 하나의 부수 조치 생략됨
다른 조작(Extraction Included)	한 단계 조작 중 불필요한 다른 단계의 조작을 행함
기타 오조작(Wrong Action Taken)	예측 불가능한 기타 오조작

3. 위험성 평가조직의 구성과 역할

팀 구성원	주요 임무
팀 리더	• 팀 리더는 위험성 평가의 전반적인 책임을 짐 • 리더는 관계법규 및 표준들을 잘 숙지하고 있어야 함 • 리더는 경영진과 협의하여 평가의 목적과 범위를 정함 • 검토예정 일정의 결정 • 팀구성 및 협조 요청 • 필요한 자료 파악 및 수집 • 수집된 자료에 익숙해지는 것 • 편의시설이나 컴퓨터 등 검토장비의 준비 • 팀구성원 및 회사 내의 관리자에 대한 교육 • 평가회의의 진행 • 최종보고서의 작성 • 대외적인 홍보
기록자	• 각 권고사항의 모든 배경을 이해할 수 있도록 상세히 기록 • 검토에 참여하지 않는 사람들이 이해하고 시행할 수 있도록 권고사항을 상세하게 기록 • 기록하는 데 시간이 필요한 경우 리더에게 알려주는 일 • 불확실한 경우 팀에게 용어를 확인받는 일
공정기사	• 각 검토구간이 시작될 때마다 공정을 간략하게 설명 • 각 시스템의 계획된 운전에 대한 자료 제공 • 공정 및 설계조건에 대한 자료 제공
기계설계 기사	• 기기사양 및 배관사양 • 일괄 공급기기의 상세 사양 제공 • 기기 및 배관 배치도면 제공 • 기기설계에 적용되는 기준 제공
계장 및 제어기사	• 상세한 제어 및 연동 개념의 설명 • 제어시스템의 하드웨어 및 소프트웨어에 대한 정보 제공 • 하드웨어에 대한 신뢰성 및 일반적인 고장 형태 제공 • 제어시퀀스, 경보/트립의 설정치, 비상정지 및 기타 다른 안전조치 등에 대한 자료 제공 • 제어 및 계장기기의 시험, 조정 및 보수 시 필요사항 등에 대한 자료 제공
운전자 대표	• 공정의 운전이 의도된 운전과 부합되는지 확인 • 현재의 공정 조건이 도면에 반영되었는지 확인 • 상세한 운전실무와 절차의 제공 • 운전팀이 가지고 있는 관심사의 반영
안전부서 대표	• 모든 회사의 안전표준이 반영되었는지 확인 • 회사 내의 모든 설비에 대한 안전조치가 일관성 있게 결정되었는지 확인 • 정책적 계기가 되는 모든 주요 안전문제가 역점을 두어 다루어지고 있는지 확인
화학 기사	• 공정화학자료의 제공 • 이상반응, 부산물, 부식 등 화학적 성질에 의한 잠재위험성에 관한 자료 제공
사업담당 기사	• 다른 팀 구성원에게 사업배경에 관련된 정보 제공 • 여러 가지 발견된 사항이나 권고사항이 공장조업계획에 어떠한 영향을 미칠 수 있는지에 대한 자료 제공 • 제안된 설계 변동사항을 어떻게 조속히 반영할 것인가에 대한 신속한 답변

4. 위험성 평가에 필요한 자료, 세부계획 및 회의 진행

위험성 평가의 설계도서는 최신 자료로 하며, 기존 공장의 위험성 평가에 사용되는 설계도서는 현장과 일치되어야 한다.

항목	내용
자료 목록	(1) 설계 개념 (2) 공정흐름도면(PFD), 물질 및 열수지 (3) 주요기계장치의 기본 설계자료 (4) 공정 설명서 및 제어계통 개념과 제어 시스템 설명서 (5) 설비 배치도면 (6) 공정배관 · 계장도면(P&ID) (7) 정상 및 비정상 운전절차 (8) 모든 경보 및 자동 운전정지 설정치 목록 (9) 유해 · 위험물질의 물질안전보건자료(MSDS) (10) 안전밸브 등의 설정치 및 용량 산출 자료 (11) 배관 표준 및 명세서 (12) 과거의 중대산업사고, 공정사고 및 아차사고 사례 등 (13) 회분식 공정에 대한 조업절차(Sequence of Operations) 조업절차가 운전자 조업방식(Manual Operation)일 경우에는 조업절차서에, 컴퓨터 운전일 경우는 흐름도(Flow chart)로 표시되어야 하며 주요 내용은 다음과 같다. ① 모든 단계가 표시되고 각 상황에 대한 공정상태 표시 ② 각 단계에서의 인터록(예 용기에 주입 시 교반기의 정지 등) ③ 다음 단계로 넘어가기 전의 필요 조건 ④ 운전 중 주요 확인사항 및 확인시간
위험성 평가 세부계획 수립	위험성 평가 소요시간은 경험적 또는 검토구간의 숫자를 기준하여 산출하며, 동일한 설비로 구성된 단위공장이 여러 개 있는 경우에는 하나의 단위공장에 대한 위험성 평가만을 수행하고 나머지 단위공장에 대한 평가는 생략할 수 있다. 위험성 평가 세부계획에 포함하여야 하는 내용은 다음과 같다. (1) 회의일자 및 시간 (2) 평가 대상 단위 공정의 도면 및 설비 (3) 팀 구성원 (4) 보고서 작성 (5) 후속조치에 대한 계획
위험성 평가 회의 진행요령	(1) 팀 리더는 회의를 진행하는 동안 팀원으로 하여금 모든 공정의 이탈 상황을 평가하도록 하고, 서기가 토의결과를 빠짐없이 서류로 작성하도록 한다. (2) 팀 리더는 팀원 각자가 이탈에 대한 결과 또는 문제점에 대한 의견을 제시하도록 하고 서로 다른 의견이 있을 경우에는 리더가 직접 결정하지 말고 팀원들에게 다시 물어보든가 분야별 전문가의 의견을 들어 상반된 의견을 조정한다. (3) 개선 권고사항은 팀 전원의 동의가 필요하며 다수결에 의해 처리하지 않도록 한다.

5. 위험성 평가 수행

(1) 위험성 평가 수행절차

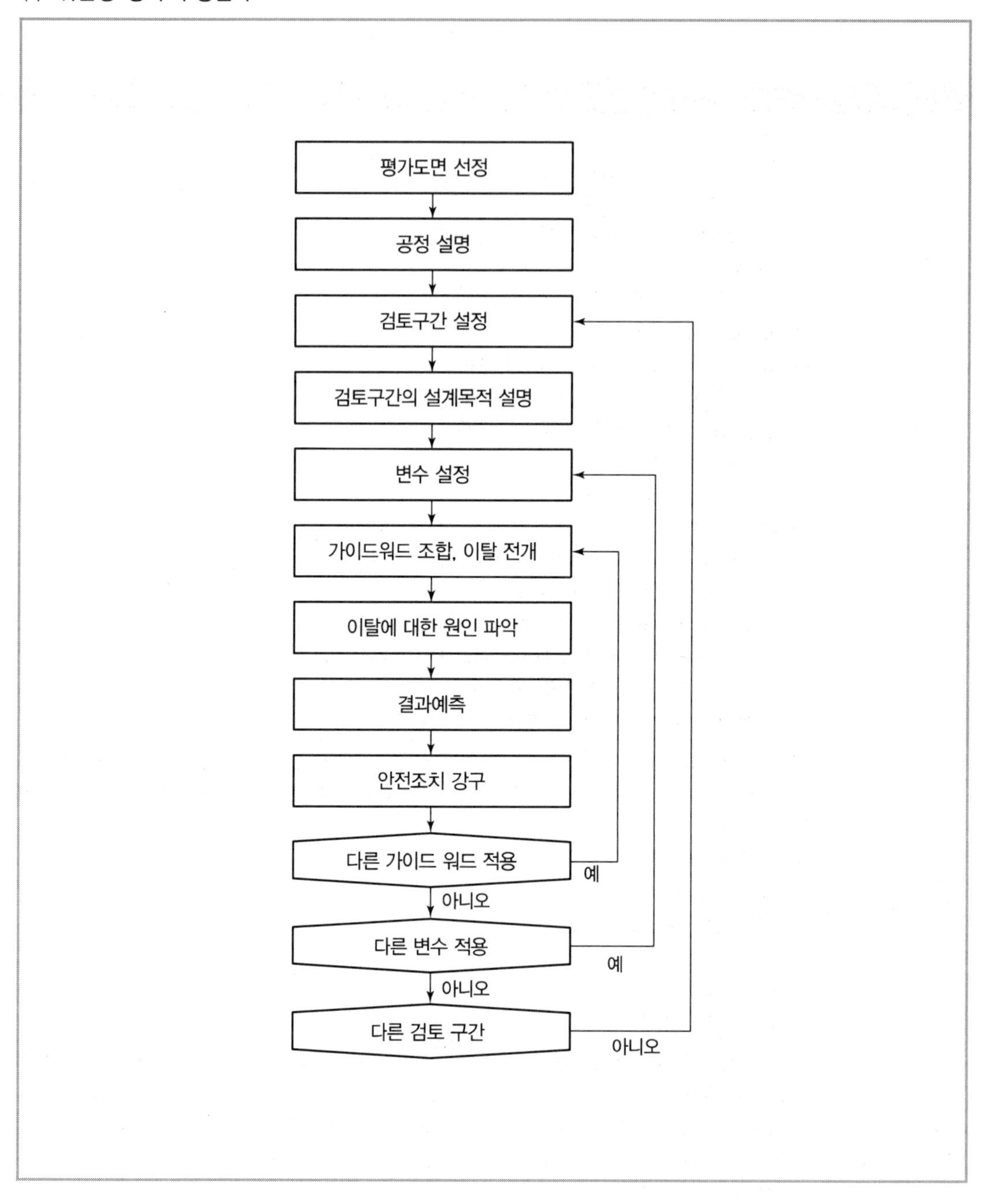

(2) 위험성 평가 수행

절차	수행사항
1. 도면 선정 및 공정설명	(1) 위험성 평가 대상 도면을 선정한 후 공정정보 목록과 도면목록 작성 (2) 위험성 평가 개요와 목적을 명확히 하고 팀원에게 설명 (3) 도면의 모든 장치 및 설비에 대한 목적과 특성을 설명하고 토의한다.
2. 검토구간 선정 및 관련 정보 작성	(1) 검토구간 결정 : 공정의 복잡성(공정설비에 연결된 배관의 수량 등) 및 위험성 평가 팀의 경험에 따라 결정 (2) 검토구간은 공정의 설계목적(유체의 흐름방향, 온도, 압력, 액위의 증감 등)과 공정의 복잡성(화학반응, 제어 논리 등)에 따라 구분하며, 설계목적에 따라 검토구간을 설정할 때 다음 사항을 고려하여야 한다. (가) 가능한 한 공정흐름 순서를 따른다. (나) 원료가 투입되는 배관 주변을 첫 번째 검토구간으로 정한다. (다) 아래와 같은 경우에는 검토구간을 변경한다. ① 설계목적이 변경될 때 ② 온도, 압력, 유량 등 공정 운전조건의 변경이 있을 때 ③ 다음에 연결되는 공정설비가 있을 때 (라) 다음 도면으로 바뀌어도 배관으로 계속 연결되는 경우에는 동일한 검토구간으로 간주한다. (3) 검토구간에 대하여 검토구간 정보를 작성한다. (4) 검토구간별 가이드 워드를 작성하여 구간별로 적용할 이탈을 정한다. (5) 회분식 위험과 운전분석의 준비 (가) 각 공정의 운전단계와 설비의 운전상태를 조합한 설비운전상태 조합표를 만든다. (나) 평가 수행 시 단계/검토구간 조합표를 사용하며 이것은 각각의 단계(Step)에 연관되는 설비들을 그룹으로 묶거나 또는 연관 설비군을 구간(Node)화한다. (다) 회분식 공정에서는 하나의 제조설비에서 운전절차와 시퀀스를 변경함으로써 수많은 종류의 제품을 생산한다. 평가시간을 줄이기 위하여 동일 성격의 제품은 그룹화하여 각각의 제품 대신 각 그룹별로 평가를 수행함으로써 위험성 평가를 단순화할 수 있다.
3. 위험성 평가 실시	(1) 검토구간을 정하고 가이드 워드와 변수를 조합한 이탈을 도출하여 정상운전 상태로부터 벗어날 수 있는 가능한 원인과 결과를 조사한다. 위험과 공정위험분석에 사용되는 가이드 워드는 아래와 같다. (2) 위험성 평가결과 수정이나 변경이 필요한 경우에는 도면에 적색으로 표시하고 평가가 끝난 구간은 녹색으로 표시하는 등 색깔을 달리하여 구분한다. (3) 모든 검토구간에 대한 위험성 평가가 완료되면 도면에 평가를 완료하였다는 서명을 한 후 다음 도면을 평가한다. (4) 과거 유사설비 또는 공정에서 발생했던 중대산업사고, 공정사고 및 아차사고에 대하여도 위험성 평가를 수행한다.
4. 위험성 평가 결과 기록지의 작성	위험성 평가결과를 기록하는 때에는 6하 원칙에 따라 기기, 장치, 설비 및 계기의 고유번호를 사용하여 작성하며, 위험성 평가결과 기록지 작성방법은 아래와 같다. (1) "이탈번호" 란에는 이탈에 대한 일련번호를 기재한다. (2) "이탈" 란에는 관련 공정배관 · 계장도면에서 정한 검토구간에 대하여 가이드 워드와 변수를 적용하여 발생 가능한 이탈을 기록한다. (3) "원인" 란에는 이탈이 일어날 수 있는 원인을 찾아서 열거한다. 하나의 이탈에 대하여 하나 이상의 원인이 있는 경우에는 이들 원인 모두를 기록한다. (4) "결과" 란에는 각각의 원인에 대하여 예상되는 결과를 모두 기록한다. 예상되는 결과도 원인과 마찬가지로 하나의 원인에 대하여 2개 이상의 결과가 예상되는 경우에는 이들 모두를 기록한다. 또한 각각의 서로 다른 원인에 의해 같은 결과가 예상되는 경우에도 원인별로 예상되는 결과를 각각 구분하여 기록한다. (5) "현재 안전조치" 란에는 각각의 예상되는 결과에 대비한 안전장치가 설계도면 상에 어떻게 반영되었는지를 기록한다.

절차	수행사항
	(6) "위험도" 란에는 예상되는 발생빈도와 강도를 조합한 위험도를 기록한다. (7) "개선번호" 란에는 개선조치 우선순위를 기록한다. (8) "개선권고사항" 란에는 예상되는 결과에 대비한 현재의 안전조치 이외에 추가적으로 필요한 안전조치내용 등을 기록한다.
5. 위험도의 구분	(1) 위험도를 구분하는 방법은 위험도 대조표 예시와 같이 사고의 발생빈도와 강도를 조합하여 1에서 5까지 구분할 수 있으며, 위험도 기준은 아래의 예시를 참고하여 실정에 맞도록 변경하여 사용한다. (2) 발생빈도 및 강도의 구분은 실정에 맞게 사용한다. (3) 위험도를 결정하는 경우 발생빈도는 현재 안전조치를 고려하여 결정하나, 강도는 현재 안전조치를 고려하지 않는다.
6. 개선 권고 사항의 작성	(1) 위험성 평가 보고서에 각각의 개선권고사항에 대한 우선조치 순위를 정하여 경영진에게 보고한다. (2) 개선권고사항에 대한 후속조치를 담당할 부서에서 후속조치를 할 수 있도록 다음과 같은 자료를 개선권고사항에 첨부한다. (가) 위험성 평가 팀이 검토하였던 시나리오 (나) 이탈에 따른 가능한 결과 (다) 위험성 평가 팀이 제안한 개선권고의 요지 (3) 모든 개선권고사항은 다음과 같은 사항을 고려하여 작성한다. (가) 무슨 조치가 필요한가? (나) 어디에 이 조치가 필요한가? (다) 왜 이 조치가 시행되어야 하나? (4) 개선권고사항의 예시는 아래와 같다.
7. 위험성 평가 보고서 작성	(1) 위험성 평가 보고서에는 다음과 같은 사항이 포함되어야 한다. (가) 공정 및 설비 개요 (나) 공정의 위험 특성 (다) 검토 범위와 목적 (라) 위험성 평가 팀 구성원 인적사항 (마) 위험성 평가결과 기록지 (바) 위험성 평가결과 조치계획 (2) 위험성 평가회의 시에 사용하였던 공정흐름도면, 공정배관 · 계장도면, 운전절차 등의 공정안전자료는 위험성 평가서류에 철하여 보관한다. (3) 서기는 위험성 평가회의에서 논의된 내용을 작업 일자별로 서류화하고 논의된 내용과 결과를 기록하여야 한다. (4) 위험성 평가회의 결과 사본을 팀 구성원들에게 배포하여 검토를 거친다.
8. 개선 권고 사항의 후속조치	(1) 위험관리 기준을 바탕으로 하여 개선권고사항을 검토한 후, 후속조치가 필요한 개선권고사항은 우선순위를 정하여 조치하여야 한다. (가) 경영자는 위험도가 높은 위험성 평가결과에 대하여 회사의 허용 가능한 위험도 이하로 낮추기 위한 안전조치를 반드시 취하여야 한다. (나) 위험관리기준 작성은 아래의 예시를 참고한다. (2) 개선권고사항에 대한 후속조치는 회사의 특성에 따라 정비부, 기술부 또는 사업부 등에서 각각 시행할 수 있도록 책임부서를 지정하여야 한다. (3) 경영자는 개선권고사항에 대한 후속조치가 적절히 이행되는지 여부를 확인하여야 한다.

(3) 가이드 워드

연속식 공정

가이드 워드	정의	예
없음 (No, Not, None)	설계 의도에 완전히 반하여 변수의 양이 없는 상태	흐름 없음(No flow)이라고 표현할 경우 : 검토구간 내에서 유량이 없거나 흐르지 않는 상태를 뜻함
증가 (More)	변수가 양적으로 증가되는 상태	흐름 증가(More flow)라고 표현할 경우 : 검토구간 내에서 유량이 설계의도보다 많이 흐르는 상태를 뜻함
감소 (Less)	변수가 양적으로 감소되는 상태	증가(More)의 반대이며, 적은 경우에는 없음(No)으로 표현될 수도 있음
반대 (Reverse)	설계의도와 정반대로 나타나는 상태	유량이나 반응 등에 흔히 적용되며 반대흐름(Reverse flow)이라고 표현할 경우 : 검토구간 내에서 유체가 정반대 방향으로 흐르는 상태
부가 (As well as)	설계의도 외에 다른 변수가 부가되는 상태	오염(Contamination) 등과 같이 설계의도 외에 부가로 이루어지는 상태를 뜻함
부분 (Parts of)	설계의도 대로 완전히 이루어지지 않는 상태	조성 비율이 잘못된 것과 같이 설계의도대로 되지 않은 상태
기타 (Other than)	설계의도 대로 설치되지 않거나 운전 유지되지 않는 상태	밸브가 잘못 설치되거나 다른 원료가 공급되는 상태 등

회분식 공정

공정	가이드워드						
변수	증가	감소	없음	역	부분	부가	대체
유량	유량 증가	유량 감소	유량 없음	유체역류	부분 유량	유체부가	틀린 유체
압력	압력 증가	압력 감소	진공				
온도	온도 증가	온도 감소					
액면	액면 증가	액면 감소	액면 없음				
반응	고속반응	저속반응	무반응	분체	미반응	무반응	틀린 반응
시간	시간지연	시간단축	시간 생략				
시퀀스	조작지연	조기조작	조작 생략	역행조작	부가 조작	틀린 조작	틀린 조작
조성	과농도	저농도				별도 조성	틀린 조성
상(Phase)	많은 상	적은 상	단상		에멀션		
혼합	과혼합	저혼합					

(4) 위험도 대조표(예)

강도 \ 발생빈도	3(상)	2(중)	1(하)
4(치명적)	5	5	3
3(중대함)	4	4	2
2(보통)	3	2	1
1(경미)	2	1	1

(5) 위험도 기준(예)

5	허용불가 위험
4	중대한 위험
3	상당한 위험
2	경미한 위험
1	무시할 수 있는 위험

(6) 발생빈도

발생빈도	내용
3(상)	설비 수명기간에 공정사고가 1회 이상 발생
2(중)	설비 수명기간에 공정사고가 발생할 가능성이 있음
1(하)	설비 수명기간에 공정사고가 발생할 가능성이 희박함

(7) 발생강도

강도	내용
4(치명적)	사망, 부상 2명 이상, 재산손실 10억 원 이상, 설비 운전정지기간 10일 이상
3(중대함)	부상 1명, 재산손실 1억 원 이상 10억 원 미만, 설비 운전정지기간 1일 이상 10일 미만
2(보통)	부상자 없음, 재산손실 1억 원 미만, 설비 운전정지기간 1일 미만
1(경미)	안전설계, 운전성 향상을 위한 개선 필요, 손실일수 없음

(8) 개선항목과 개선권고사항(예)

개선항목	개선권고사항
차단밸브의 제거	대기압으로 운전되는 저장탱크 T-000에 압력 또는 진공이 형성되지 않도록 벤트배관에 설치된 차단밸브 제거할 것
여과기에 압력계 설치	여과기 개방 전, 압력을 확인할 수 있도록 여과기에 압력계를 추가 설치할 것
시료채취 시 운전원 보호장치 설치	시료채취 시 운전원이 시료에 노출되지 않도록 시료 채취방법을 수동에서 자동으로 변경할 것
비상조치계획	반응기 폭발 시의 피해를 최소화할 수 있도록, 반응기 폭발 시의 피해예측을 수행하고 그 결과를 비상조치계획에 반영할 것
안전밸브의 용량 재검토	안전밸브 PSV-0000의 용량 검토 시 화재에 대비한 검토가 누락되었으므로, 안전밸브 PSV-0000의 화재 시 분출 용량과 토출 측 배관의 크기를 재검토할 것

(9) 위험성 평가 보고서 구성
- 공정 및 설비 개요
- 공정의 위험특성
- 검토 범위와 목적
- 위험성 평가 팀 구성원 인적사항
- 위험성 평가결과 기록지
- 위험성 평가결과 조치계획

6. 기타 참고자료

(1) 연속공정 이탈 및 가능한 원인 예시

변수	이탈	가능한 원인
유량 (Flow)	유량 없음 (No Flow)	잘못된 흐름, 배관 막힘, 맹판 설치, 반대방향으로 설치된 체크밸브, 배관 파열, 계기·기기 결함, 잠김, 배관 동결 등
	유체 역류 (Reverse Flow)	체크밸브 결함, 사이펀(Siphon) 영향, 부적절한 압력차이, 2방향 흐름, 긴급벤트 등
	유량 증가 (More Flow)	증가된 펌핑능력, 흡입 측 압력 증가, 토출 측 압력 감소, 열교환기 튜브 누설, 오리피스 제거, 밸브의 정렬 잘못, 제어밸브의 고장, 제어시스템의 결함, 제어밸브의 트림 재질 변경, 2대의 펌프 가동
	유량 감소 (Less Flow)	배관 막힘. 배관 내 스케일 축적, 필터 막힘, 펌프결함, 지저분함, 밀도 또는 점도 증가, 소량 누출, 배관 동결 등
	오염 (Contamination)	차단밸브 또는 열교환기 튜브 누설, 잘못 정렬된 밸브, 잘못된 배관 연결, 배관 부식, 잘못된 첨가제 투입, 공기의 유입, 비정상적 밸브 작동 등
	조성 변화 (Composition Change)	차단밸브 또는 열교환기 튜브 누설, 상변화, 부정확한 공급원료, 품질관리 부족, 공정 이상, 반응중간체/부산물, 층상화(Stratification)
액면 (Level)	액면 증가 (More Level)	출구 흐름 차단, 유입>유출, 액면 제어 실패, 액면 지시계 고장 및 오지시
	액면 감소 (Less Level)	입구 흐름 차단, 누설, 유출>유입, 액면 제어 실패, 액면지시계 고장 및 오지시, 드레인 개방
압력 (Pressure)	압력 증가 (More Pressure)	배관 서징(Surging), 고압시스템으로 잘못 연결, 부적절한 벤트, 릴리프 밸브 차단, 온도 상승에 따른 과압, 정변위 펌프 토출 측 배관 차단, 제어밸브 고장
	압력 감소 (Less Pressure)	진공 생성, 스팀 배출, 용해되지 않는 액체, 펌프/압축기 흡입 측 배관의 제한, 온도 감소, 발견되지 않은 누설, 벤트 개방 등
온도 (Temperature)	온도 증가 (More Temperature)	태양 복사열, 열교환기의 튜브 막힘 또는 파열, 화재, 냉각수 차단, 반응폭주, 열매 누설
	온도 감소 (Less Temperature)	낮은 대기온도, 동절기 보온 미흡, 감소된 압력, 냉각수 공급 과잉, 열매 공급 부족

변수	이탈	가능한 원인
혼합 (Mixing)	혼합 없음/감소 (No/Less Mixing)	교반기 고장, 전력공급 중단, 체류시간 감소, 물질의 점도 증가
반응 (Reaction)	반응 없음/감소 (No/Less Reaction)	반응물의 조성 변화, 운전조건 변화, 반응 개시제 미투입, 체류시간, 촉매 이상
	반응지연 (Reaction Too Far)	열매 공급 지연, 체류시간 감소
	부반응 (Side Reaction)	원료 조성비율 오류, 운전조건 변화, 오염
	역반응 (Reverse Reaction)	운전조건 변화, 조성 변화
점도 (Viscosity)	증가/감소 (More/Less)	부적절한 물질 또는 조성, 온도제어 실패, 농도 변화
압력방출 (Relief)	부적절한 압력방출	압력방출장치 용량 오류, 압력방출장치 선정 오류, 신뢰도, 2상 흐름, 공정 증설 영향
계측장비 (Instrumentation)	부적절한 계측장비	운전개념, 계기위치, 응답시간, 경보/Trip 설정치, 화재예방, 접근, 개입시간, 경보/Trip시험, 증폭기, 판넬배열, 자동/수동 설비, 유틸리티 공급 실패
시료 채취 (Sampling)	부적절한 시료채취	운전절차, 안전, 교정, 신뢰도/정확도
부식(Corrosion 침식(Erosion)	부식/침식 발생	내외부 부식, 입계부식(Intergranular Corrosion), 응력부식균열(Stress Corrosion Cracking), 유체속도 증가(특히 공장 증설 후)
서비스 실패 (Service Failure)	서비스 실패	계장용 공기/스팀/질소/냉각/물/수력학/전기/천연가스 등의 공급 실패, 물질의 오염, 통신체계, 비상연락체계. 가열 및 환기 시스템 실패 등
비정상운전 (Abnormal Operation)	비정상 운전	퍼징(Purging), 순간증발(Flushing), 시운전, 정상적인 운전정지, 비상정지, 비상운전
유지보수 (Maintenance)	유지보수 미흡	접근, 차단 개념, 오염 제거, 구출, 교육훈련, 시험, 작업허가 시스템
점화원(Ignition) 정전기(Static)	점화원 제공/ 정전기 발생	접지, 보온, 전도성이 낮은 유체, 충전 시 튀김, 분진발생, 분말취급, 폭발위험장소 구분도, 화염방지기, 고온표면
예비장비(Spare Equipment)	예비장비 미흡	예비품 미확보, 예비품 불량
안전 (Safety)	안전조치 미흡	독성 물질 취급, 화재/가스 감지기, 비상경보, 비상정지능력, 소방 대응시간, 누설 감지 및 감식 훈련, 비상설비의 시험 등

(2) 회분식 공정의 이탈과 가능한 원인(예)

변수	이탈	가능한 원인
유량 (Flow)	유량 없음 (No Flow)	잘못된 루트, 반대방향으로 설치된 체크밸브, 배관누출, 기기결함
	유체 역류 (Back Flow)	불안전한 체크밸브, 사이폰 영향, 부적절한 압력차이, 비상용 벤트 등
	유량 증가 (More Flow)	증가된 펌핑능력, 흡입 측 압력 증가, 토출 측 압력감소, 열교환기 튜브 누설 밸브의 조치 잘못, 제어시스템 잘못
	유량 감소 (Less Flow)	배관부분 막힘, 여과기 봉쇄, 지저분함, 밀도 혹은 정도변화
	오염 (Contamination)	차단밸브 또는 열교환기 튜브 누설, 부적합한 공급연결, 부식, 공기의 유입, 비정상적 작동
액면 (Level)	액면 증가 (More Level)	억제된 출구 흐름, 유입>유출, 제어능력 실패, 잘못된 액위지시계
	액면 감소 (Less Level)	억제된 입구 흐름, 유입<유출, 제어실패 잘못된 액위지시계
압력 (Pressure)	압력 증가 (More Pressure)	서징, 불완전한 분리 밸브, 온도에 의한 고압력, 정변위 펌프, 조절밸브 파손
	압력 감소 (Less Pressure)	진공 생성, 스팀벤트, 발견되지 않는 누출
온도 (Temperature)	온도 증가 (More Temperature)	높은 대기 온도, 잘못 되거나 고장난 열교환기 튜브 화재, 냉각수 고장, 갑작스런 반응
	온도 감소 (Less Temperature)	낮은 대기온도, 감소된 압력
혼합 (Mixing)	혼합 불가 (No Mixing)	교반기 고장, 전력기 고장, 물질 점도율
반응 (Reaction)	무반응 (No Reaction)	운전조건, 개시제 불투입, 촉매문제
	지연반응 (Reaction Too Far)	온도, 체류시간 영향
	부반응 (Side Reaction)	조성, 운전조건, 오염
	역반응 (Reverse Reaction)	운전조건, 조성
점도 (Viscosity)		부적절한 물질이나 혼합물, 온도, 고체농도
압력방출 (Relief)		방출기 사이징, 방출기 형태, 신뢰도, 두상 흐름, 입구와 출구의 파이핑

(3) 회분식 공정의 관련 서식

설비운전상태 조합표(Facility Status Matrix)

설비 (Facility) / 단계 (Step)								

단계/검토구간 조합표(Step/Node Matrix)

검토구간 (Node) / 단계 (Step)								

검토결과 기록지

단위공정번호 : 검토일 : 페이지 :

도면번호 : 설계의도 :

검토구간 :

이탈	원인	결과	현재안전조치	위험도	개선권고사항

검토 구간별 가이드 워드 정보

검토구간		변수	설계 의도	가이드 워드						
번호	설명			없음	증가	감소	반대	부가	부분	기타

(4) 연속식 공정의 관련 서식

공정 정보 목록

쪽 :

공정번호	단위공정	특성

도면목록

공정 :

쪽 :

도면번호	도면이름

검토구간 정보

공정 :

쪽 :

도면번호	구간번호	검토구간 표시	설계의도	검토일자	검토자	공정 종류

검토구간별 가이드 워드

공정 : 쪽 :

구간 번호	변수	설계의도	없 음	증 가	감 소	반 대	부 가	부 분	기 타	잘 못	기타 1	기타 2

(5) 위험성평가 결과 기록지/조치계획서

위험성 평가 결과 기록지

공정 :
도면 : 검토일 :
구간 : 쪽 :

이탈 번호	이탈	원인	결과	현재 안전조치	위험도	개선 번호	개선권고사항

위험평가 결과 조치계획

쪽 :

번호	우선순위	위험도	개선권고사항	책임부서	일정	진행결과	완료확인	비고

회분식 위험성 평가 예시

1. 서론

H화학공장의 연구팀은 고강도의 엔지니어링 플라스틱 개발계획에 따라 신종의 고분자 물질을 개발하고 시험과 소규모 생산을 동시에 실시하기 위한 설비를 계획하고 한다.

2. 공정개요

2.1 반응

A	+ B	→ C
원료	원료	제품
80l	20l	100l

2.2 작업공정

단계	작업내용	주요사항
원료 투입	• 원료 A 80l 투입	• 일시 투입 • 펌프 A 사용
반응	• 원료 B의 적하 • 작업온도 80℃ 유지 • 주입시간 : 10분	• 이상반응으로 인한 과압 발생 가능 – 적하 중 교반정지 시 – 온도 95℃ 이상 시 • 펌프 B 사용
정제	• 용매 제거 • 냉각	• 진공, 20분
포장	• 드럼 포장	• 진공해제 후 작업

2.3 반응기 특성

(1) 재질 : STS 316, 120l

(2) 기능 : 온도조절 : 가열 → 스팀코일(10kg/cm^{2}g 스팀)

냉각 → 재킷

(3) 안전장치 : 가열용 스팀의 과압 방출을 위한 배관이 지붕을 통과하여 대기로 방출

2.4 기타사항

(1) 반응기로 질소봉입 상태에서 운전한다.

(2) 진공은 이젝터로 하며 이젝터의 배출가스는 소각로에서 소각 처리한다.

(3) 실링(Sealing)용 질소는 봄베에서 압력조절기를 거쳐 반응기로 공급된다.

(4) 공정도면은 다음 그림을 참조한다.

3. 평가진행

3.1 설비운전상태 조합표를 만들어 각 기기의 운전상태를 이해한다.

〈별표 7 참조〉

3.2 단계/검토구간 조합표를 만들어 검토구간을 단순화하고 검토구간별 가이드 워드 정보를 작성한다.

〈별표 8, 9 참조〉

3.3 각 구간별로 (총 구간 개수 : 6단계×8시스템=48구간) 이탈의 행렬(총 48매의 이탈의 행렬)을 만들어 이탈을 파악한다.

〈별표 10, 11 참조〉

3.4 이탈의 행렬상에서 파악된 각 이탈에 따른 원인, 결과, 개선권고사항 등을 기술하여 위험성 평가결과 기록지를 작성한다.

〈별표 12, 13 참조〉

공정도면

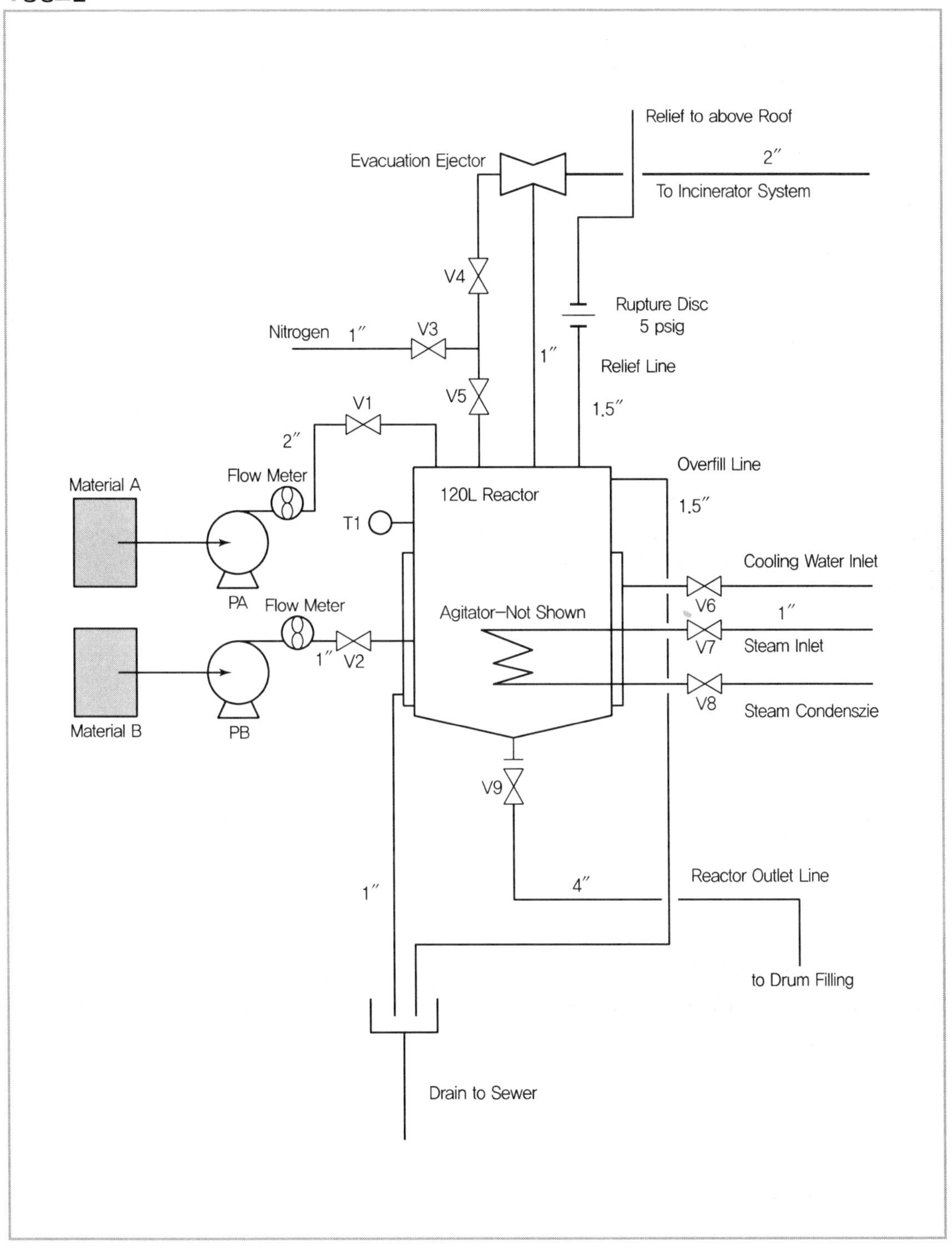
Relief to above Roof
Evacuation Ejector
2″
To Incinerator System
V4
Rupture Disc
5 psig
Nitrogen 1″
V3
1″
Relief Line
V1
V5
1.5″
2″
Overfill Line
Material A
Flow Meter
120L Reactor
1.5″
T1
Cooling Water Inlet
PA
Flow Meter
Agitator–Not Shown
V6
1″
1″
V2
V7
Steam Inlet
Material B
PB
V8
Steam Condenszie
V9
Reactor Outlet Line
1″
4″
to Drum Filling
Drain to Sewer

설비운전상태 조합표(Facility Status Matrix)

단계/설비 (Step/Facility)	V_1	V_2	V_3	V_4	V_5	V_6	V_7	V_8	V_9	PA	PB	AGT
A 주입, 교반	O	C	O	C	O	C	O	O	C	On	Off	On
B 주입, 교반	C	O	O	C	O	C	O	O	C	Off	On	On
반응, 교반, 가열	C	O	O	C	O	C	O	O	C	Off	Off	On
반응, 교반, 냉각	C	C	O	C	O	O	C	C	C	Off	Off	On
반응, 교반, 냉각, 솔벤트 제거	C	C	O	O	C	O	C	C	C	Off	Off	On
반응물 이송	C	C	O	C	O	C	C	C	O	Off	Off	Off

주) : 1) O는 열림을 의미한다.
2) C는 닫힘을 의미한다.

단계/검토구간 조합표(Step/Node Matrix)

단계/검토구간 (Step/Node)	A 주입배관	B 주입배관	반응기	가열	냉각	제품이송 배관	질소 이젝터	질소퍼지
A 주입, 교반	O	F	O	O	F	F	F	O
B 주입, 교반	F	O	O	O	F	F	F	O
반응, 교반, 가열	F	F	O	O	F	F	F	O
반응, 교반, 냉각	F	F	O	F	O	F	F	O
반응, 교반, 냉각, 솔벤트 제거	F	F	O	F	O	F	O	F
반응물 이송	F	F	O	F	F	O	F	O

주) : 1) O는 관련설비가 운전 중임을 의미한다.
2) F는 관련설비가 운전되고 있지 않음을 의미한다.

검토구간		변수	설계의도	가이드 워드						
번호	설명			없음	증가	감소	반대	부가	부분	기타
1-1	Ch'g A step A feed line	유량	80l/Batch	O	O	O	×	×	×	×
		온도	상온	×	O	O	×	×	×	×
1-2	Ch'g A step B feed line	유량	0/Batch	×	×	×	×	×	×	×
1-11	Ch'g A step time	시간	10분	O	O	O	×	×	×	O
1-12	Ch'g A step sequence	시퀀스	–	O	O	O	O	O	O	O

구간 1 : A주입－A주입배관

이탈의 행렬(Deviation Chart)

공정변수	가이드 워드							
	증가	감소	없음	반대	부분	부가	대체	기타
유량	O	O	O					
압력		O	O					
온도		O	O					
혼합			O					
액면		O	O					
반응								
시간		O	O					
시퀀스								
조성								
상(Phase)								

구간 2 : A주입－B주입배관

이탈의 행렬(Deviation Chart)

공정변수	가이드 워드							
	없음	증가	감소	반대	부분	부가	대체	기타
유량								O
압력								
온도								
혼합								
액면								
반응								
시간								
시퀀스			O					
조성								
상(Phase)								

검토결과 기록지

단위공정번호 : ××
도면번호 : ××××
검토구간 : 구간 1(A주입－A주입배관)

검토일 : 20××.8.31　　페이지 : 1/1
설계의도 : 규정시간에 규정량주입

이탈	원인	결과	현재 안전조치	위험등급	개선권고사항
유량 증가	V_1 밸브 완전 개방	위험상황 없음	해당 무	－	
유량 감소	V_1 밸브 중간 잠김	주입시간 과다	해당 무	－	
유량 없음	V_1 밸브 완전 잠김	원료투입 중단	없음	5	운전교범에 기술하고 교육
(계속)					

주) 구간 1의 이탈의 행렬 내의 모든 이탈을 결과 기록지에 표시

검토결과 기록지

단위공정번호 : ××
도면번호 : ××××
검토구간 : 구간 2(A주입－B주입배관)
구간 : 구간 2(A주입－B주입배관)

검토일 : 20××.8.31　　페이지 : 1/1
설계의도 : B주입 배관은 잠김

이탈	원인	결과	현재 안전조치	위험등급	개선권고사항
비정상유체	V_2 밸브 열림	이상반응	파열판	5	운전교범에 기술하고 교육
조기조작	V_2 밸브 열림	이상반응	파열판	5	운전교범에 기술하고 교육
(계속)					

주) 구간 2의 이탈의 행렬 내의 모든 이탈을 결과 기록지에 표시

연속식 및 회분식 실습

1. 바탕화면의 시트 사용
2. 제공도면 확인

위험성 평가 보고서 예시

위험성 평가결과 기록지 및 도면(구간표시)은 별도로 첨부가 필요합니다.

보고서

개정번호	개정일	개정내용	비고

목차

1. 위험성 평가의 목적
2. 공정위험의 특성
3. 잠재위험의 종류
4. 위험성 평가의 대상
5. 위험성 평가 기준표
6. 위험성 평가 조치계획
7. 위험성 평가 실시사항
8. 위험성 평가 참여인원 명단

1. 위험성 평가의 목적

(주)셉티코는 유기화학물 제조/판매하는 공정으로 자일렌, 톨루엔 등 인화성 액체 등을 배합, 혼합하여 제품을 생산하는 공정으로 유해위험물질 중 인화성 액체와 가연성 가스는 누출 시 화재, 폭발의 위험이 있어 공정위험성 평가를 실시하며, 사용설비의 유해위험물질 누출 시 화재, 폭발의 위험에 대비하고, 항상 취급에 주의해야 한다.

따라서 위험성 평가는 내재되어 있는 잠재위험요소를 미리 발견, 분석 및 평가를 하여 이에 대한 대책을 세우고 위험요소를 제거하거나 감소시켜 안전성을 확보해야 한다. 그러므로 운전상의 문제점들을 노출시켜 확인과정을 거치면서 그에 대한 해결방안을 수립하여 안전운전을 하게 함으로써 가스 누출 및 화재, 폭발 등에 의한 인명피해나 재산상의 손실을 최소화하는 데 평가의 목적이 있다. 즉, 위험성 평가는 내재되어 있는 위험도를 미리 발견, 그에 대한 대책을 세움으로써 높은 위험도를 완화하여 Control 범위 내에 들어올 수 있도록 조치를 하는 것이다.

*** 위험성 평가방법으로 HAZOP 법을 선정한 이유**

가. 운전원의 실수 혹은 공정 기기의 결함에 의하여 발생할 수 있는 모든 위험요소와 운전상의 문제점을 규명하는 데 체계적 접근이 가능하고,

나. 위험요소와 운전상의 문제점을 발견하고 평가하여 사고의 발생 빈도와 가능성 및 그 결과에 따른 피해를 최소화하기 위한 대책수립이 용이하며

다. 각 분야별로 전문가로 구성되어 공정의 위험성을 종합적으로 검토가 가능하다.

라. 공정위험성 평가자들의 경험과 지식을 추가적으로 보완함으로써 보다 철저한 공정의 안전성 확보를 기할 수 있으며,

마. 공정위험성 평가 시 평가 누락의 가능성을 배제하고 객관성 있는 평가를 하기 위하여

바. 공정위험성 평가기법으로 널리 보급되어 있으며 관련 자료의 활용이 용이하므로 HAZOP 평가방법을 선택하였음

2. 공정위험의 특성

(주)셉티코에서는 유기화학물질을 생산하기 위한 저장탱크(TK-101,201,301), 혼합탱크(MIX-101/102)에서 인화성 액체인 자일렌, 톨루엔과 급성독성 물질인 황산을 사용하고 있어 연결배관 및 취급설비에서 누출 시 독성중독, 화재, 폭발의 위험이 있다. 또한 스팀을 사용하기 위해 연료인 천연가스를 사용하는 보일러(BO-001)를 가동하고 있어 천연가스의 사용에 따라 천연가스를 취급하는 배관 및 기기에서의 인화성 가스(천연가스) 누출이 발생할 경우 화재, 폭발의 위험이 있다. 따라서 (주)셉티코에서는 유해위험물질에 대한 저장, 취급, 사용에 있어 위험요인을 파악하고 위험성을 원천적으로 차단하여 공정안전에 만전을 기해야 한다.

3. 잠재위험의 종류

(주)셉티코는 사용하는 유해위험물질의 관리에 주의하여야 하며, 상기 물질의 저장, 취급 설비에 대한 잠재위험은 다음과 같다.

(1) 인화성 액체 : 자일렌, 톨루엔
 가. 취급시설 : TK-101, 201, MIX-101, 102
 나. 잠재위험 : 누출 시 화재, 폭발 위험

(2) 인화성 가스 : 천연가스
 가. 취급시설 : BO-001
 나. 잠재위험 : 누출 시 화재, 폭발 위험

(3) 급성독성 물질 : 황산
 가. 취급시설 : TK-301, MIX-102
 나. 잠재위험 : 누출 시 독성중독

4. 위험성 평가의 대상

인화성 액체, 독성 물질, 가연성 가스가 산업안전보건법에 따라 공정안전보고서 제출, 이행 대상인 유해위험물질로 분류됨에 따라 위험성 평가를 실시한다. 위험성 평가 대상에 대해 공정별로 위험성 평가보고서를 작성(P&ID 참조)하였으며 그 대상을 요약하면 다음과 같다.

위험성 평가 대상

공정 유형	대상 주요 설비	특징	기타
저장탱크 설비	TK-101, 201, 301	인화성 액체, 독성 물질 공급설비	회분식
혼합설비	MIX-101, 102	인화성 액체, 독성 물질 혼합설비	회분식
NG 보일러	BO-001	Utility 설비, 천연가스 사용 시설	연속식

5. 위험성 평가 기준표
   위험성 평가 기준표는 당 사업장의 위험성 평가지침에 따라 아래와 같은 평가기준으로 평가한다.

발생빈도 구분(발생빈도 : Likelihood="L")

등급	발생빈도
L1	6개월 이내에 1회
L2	연1회 정도 발생
L3	1년~10년에 한 번 정도
L4	10년~50년에 한 번 정도
L5	발생 가능성이 거의 희박함

치명도 구분(치명도 : Severity="S")

구분	인체상해	장치손실(원)	공정휴지(Day)
S1(Very High)	사망재해(1명 이상)	1억 이상	10일 이상
S2(High)	4일 이상 입원치료	1억~5천만 원	1~10일
S3(Medium)	통원치료	5천만 원~천만 원	24시간 이내
S4(Low)	응급조치상해	천만 원~백만 원	생산 감소
S5(Very Low)	상해 없음	백만 원 미만	공정향 없음

위험등급 대조표(위험등급 : Risk Rank="R")

발생빈도 / 치명도	L1	L2	L3	L4	L5
S1	R1	R1	R2	R2	R3
S2	R1	R2	R2	R3	R3
S3	R2	R2	R3	R4	R4
S4	R2	R3	R4	R4	R4
S5	R3	R4	R4	R4	R4

| 권고사항 위험등급 관리기준

위험등급	권고사항 위험등급 관리기준
R1	위험성이 매우 커서 즉각적으로 보완책이 필요하므로, 위험도 등급을 3 이하로 낮출 수 있도록 권고사항을 제시함
R2	위험성이 커서 가능한 빨리 보완책이 필요하므로, 위험도 등급을 3 이하로 낮출 수 있도록 권고사항을 제시함
R3	위험성이 약하므로 보완책이 반드시 필요하지는 않으나, 운전성 측면에서 권고사항을 제시할 수 있음
R4	위험성이 없으므로 보완책이 필요 없으나, 위험성 측면에서 권고사항을 제시할 수 있음

6. 위험성 평가결과 조치계획
(조치계획서를 첨부한다.)

7. 위험성 평가 실시사항(첨부 참조)
(1) 위험성 평가결과 기록지
(2) 위험성 평가실시 P&ID 도면

8. 위험성 평가 참여인원 명단

책임분야	성명	소속회사	직책	주요경력
화공, 안전, 전기계장, 기계	홍길동	(주)셉티코	엔지니어	공정안전/환경 경력 OO년 기술사(화공안전/소방/가스) 산업안전지도사(화공안전)

참고 회분식 주요공정의 위험성 고려사항

공정	공정위험성	세부항목
증류	(1) 증류온도 및 증류시간의 영향에 따른 열안정성 (2) 부산물, 불순물 농축에 따른 위험 (3) 과열에 의한 위험 (4) 공기의 접촉위험 등	1. 증류설비의 안전장치 (1) 증류기가 설치된 장소 주위에는 환기설비, 가스누출 감지기, 경보설비, 소화설비 그리고 통신설비를 설치한다. (2) 이상온도 상승에 대비하여 온도제어기, 온도기록계, 온도경보장치 등을 설치하고 온도계는 2개소 이상 설치한다. (3) 이상압력 상승에 대비하여 압력측정기와 압력경보장치를 설비한다. (4) 냉각수 공급장치, 유량 조절기, 계장설비 등에는 예비동력원을 설치한다. (5) 냉각수 공급펌프에는 정지경보장치 또는 ON-OFF 감시등을 설치한다. (6) 불활성 가스 주입설비를 설치한다. (7) 접지시설을 한다. 2. 증류작업 시 안전사항 (1) 가열온도와 가열시간을 적정하게 한다. 즉 일정한 온도상승곡선으로 가열하고 급격한 가열을 하지 않는다. (2) 완전증류 또는 증류잔여물을 과도하게 농축시키지 않는다. 과도 농축 시에는 과열분해 또는 냉각 시 잔류물이 배출밸브 등을 차단시킬 위험이 있다. (3) 공기혼입 방지를 위해 기밀유지를 한다. 특히 감압증류나 산화 발열성 잔여물을 취출할 때 주의한다. (4) 증류잔여물이 방치, 축적되지 않게 세척한다. 잔여물 누적 시는 이물질 혼입으로 인한 위험뿐만 아니라 전열효율의 저하로 인한 돌비 등의 위험이 있다. (5) 작업 중 항상 액위를 확인한다.
건조	(1) 건조온도 및 건조시간 영향에 따른 열안정성 (2) 건조 시에 발생되는 용매 등의 위험 (3) 정전기에 의한 착화위험 (4) 과열의 위험 등	1. 건조설비의 안전장치 (1) 가스, 증기 또는 분진의 농도는 폭발하한계 값의 25% 이하로 유지할 수 있는 환기장치를 설치한다. 다만, 농도를 연속적으로 지시하거나 조절하는 장치가 설치된 경우는 50%로 유지가 가능하다. (2) 설비 내부의 온도를 지시, 기록하거나 일정 온도로 유지 · 조절할 수 있는 장치를 설치한다. (3) 환기장치에는 가동 중 공기유량을 검출할 수 있는 유량계측장치를 설치한다. (4) 설비 내부는 운전 시에 항상 음압이 유지되도록 배기설비를 설치한다. (5) 폭발위험이 높은 설비에는 불활성 가스 주입설비를 설치한다. (6) 위험물건조설비 내부에 사용하는 전기설비는 방폭성능이 있는 것을 설치한다. (7) 위험물건조설비 또는 분진이 발생되는 건조설비에는 정전기가 발생할 수 있는 곳에 접지 외에 도전성재료를 사용하거나 제전장치를 설치하여 정전기 발생을 억제한다. (8) 위험물건조설비나 분진 등으로 인한 화재 · 폭발위험이 있는 설비에는 폭발 압력 방산구를 설치한다. (9) 배기 및 재순환용 송풍기는 가열장치 건조물공급 설비, 경보장치 등과 인터록하는 등 필요시 안전을 위하여 각종 인터록 장치를 설치한다. (10) 배기덕트는 배기량을 수동 또는 자동으로 조절할 수 있는 댐퍼를 설치한다. 2. 건조설비의 구조 (1) 건조설비의 내부는 온도가 국부적으로 상승되지 않는 구조로 한다. (2) 내부표면에 분진 등의 축적을 최소화할 수 있고 청소가 용이한 구조로 한다. 이는 배기덕트류에도 적용되며 청소구는 분진이 축적되기 쉬운 곳에 설치한다.

공정	공정위험성	세부항목
		3. 건조작업 시 안전사항 (1) 폭발 하한계를 억제하기 위하여 휘발성이 크고 발생량이 많은 경우에는 공급량을 줄이거나 예비건조(상온)한 후 건조기에 넣는다. (2) 건조설비 내부는 청소 등을 철저하게 함으로써 잔류물이나 기타 가연물질의 자연발화 등을 방지한다. (3) 고온으로 가열 건조한 가연성 물질은 발화위험이 없는 온도로 냉각시킨 후에 보관한다. (4) 건조방법, 건조물의 종류 변경 시 등에는 사전에 작업내용을 주지시키고 관리자가 직접 지휘한다. (5) 내부온도, 환기상태 및 건조물의 상태를 수시로 점검하고 이상현상 발견 시 즉각 조치한다. (6) 연료가스 배관의 플랜지, 밸브 등 가스누출 우려가 있는 장소에는 정기적으로 가스검지 등을 행한다.
분쇄	(1) 피분쇄물의 충격 · 마찰 · 가열 등에 따른 위험 (2) 이물질 혼입에 따른 위험	분쇄설비에는 다음 설비를 설치한다. (1) 필요시에는 불활성 가스 주입설비를 설치한다. (2) 가연성분진의 발생되는 경우는 집진설비를 설치한다. (3) 분쇄, 집진설비 및 부속 덕트류 등에는 폭발압력 방산구를 설치한다. (4) 필요시는 컨베이어 등 공급설비에 금속파편 등 이물질 제거장치를 설치한다. (5) 정전기 등으로 인한 폭발 · 화재위험이 있는 경우에는 접지 외에 도전성 재료를 사용하고 제전장치 등을 설치한다. (6) 전동기 등 전기설비는 방폭성능이 있는 것을 사용한다.
혼합	(1) 혼합순서 착오 등에 의한 혼합 위험 (2) 이물질 혼입에 따른 위험 (3) 충격 · 마찰 · 가열 등에 따른 위험 등	1. 반응기의 안전장치 (1) 반응기가 설치된 장소 주위에는 환기설비, 가스누출 검지기 및 경보설비, 소화설비, 물분무설비, 비상조명설비, 통신설비 등을 설치한다. (2) 주위에 원재료를 보관하고 있을 경우는 비상세척시설을 설치한다. (3) 내부의 이상사태 파악을 온도계, 압력계, 유량계 등의 계측 또는 기록 장치를 설치한다. (4) 이상온도 상승에 대비하여 반응기 본체 및 냉각수 회수부위에 온도경보장치를 설치한다. (5) 이상압력 상승 등에 대비하여 압력경보장치를 설치한다. (6) 이상압력 상승으로 인한 보호를 위하여 안전밸브를 설치한다. (7) 내부물질이 부식성이거나 고형물 생성이 예상될 경우에는 안전밸브의 전단에 파열판을 설치하고 그 사이에 압력 지시계를 설치한다. (8) 인화성 액체 및 가연성 가스를 취급하는 경우에는 전동기 등 전기기계 · 기구는 방폭형을 설치한다. (9) 원료 등 공급배관에는 긴급차단장치를 설치한다. (10) 불활성 가스 주입설비를 설치한다. (11) 이상 시 반응기 내 반응물을 안전하게 방출하기 위한 장치를 설치한다. (12) 중합반응기의 경우 중합억제제 투입장치를 설치한다. (13) 냉각 및 교반장치, 계장 및 조명설비 등 안전상 필요한 설비에는 예비동력원을 설치한다. 이들 장치들은 가능한 이상온도 상승과 이상압력 상승 시 적절하게 작동되도록 인터록시켜야 한다. (14) 접지시설을 한다. (15) 냉각수 펌프용량, 냉각수 공급배관의 직경, 냉각수의 온도, 냉각형식 등은 이상반응 등에 기인된 열적 최악조건을 예상하여 설계한다.

공정	공정위험성	세부항목
		(16) 교반기의 형상, 회전수, 회전력 등의 성능은 반응 중 발생열을 균일하게 할 수 있도록 설계한다. (17) 배기시스템에는 필요시 역화방지기를 설치한다. 2. 반응작업 시 안전사항 (1) 폭발분위기의 형성을 방지한다. 특히 주입 시, 반응 중 또는 생산물 취출 시 등 필요시는 불활성 가스를 이용한다. (2) 반응 잔류물 등의 방치, 축척 등으로 인한 혼합위험을 방지한다. (3) 인화성 액체 등 위험물질을 드럼으로 반응기에 주입하는 경우 드럼을 접지하고 전도성 파이프를 사용한다. (4) 원료의 계량기 고장 또는 오조작에 의한 계량측정오류가 없도록 주의한다. (5) 주입원료의 총량은 교반 시에도 그 액면이 상방향의 온도감지기 위치보다 높게 한다. (6) 반응 중에는 반응기 내의 온도와 교반상황을 확인한다. (7) 작업조건을 임의로 변경하여서는 아니 된다.
저장	(1) 저장시간, 온도의 영향, 중합 억제제, 분산 억제제 등의 자기 반응성에 의한 위험 (2) 물 등의 이물질 혼입에 따른 위험 등	1. 저장시설의 안전장치 (1) 원료 및 제품을 저장하는 장소 주위에는 환기설비, 소화설비, 필요시 가스 누출검지 및 경보설비 등을 설치한다. (2) 저장탱크 등에는 외부에서 액위를 측정할 수 있는 액면계 및 액위 상승 시에 대비하여 경보장치를 설치한다. (3) 저장설비에는 필요시 내부온도와 압력을 측정할 수 있는 온도계와 압력계 및 경보장치를 설치한다. (4) 저장설비에는 필요시 냉각을 위한 살수설비를 설치하고 저온저장이 필요한 경우는 보온, 보냉을 위한 단열처리를 하여야 한다. (5) 이상사태에 대비하여 저장설비의 출구배관에는 긴급차단밸브를 설치하고 내부 인입 배관에는 역류방지밸브를 설치한다. (6) 저장설비에는 필요시 역화방지기와 통기밸브를 설치한다. (7) 저장설비에는 필요시 불활성 가스 밀봉설비를 한다. (8) 저장물질의 어는점이 대기온도일 경우는 동결방지조치를 한다. (9) 실내 저장설비의 통기구는 옥외의 안전한 곳으로 배출되도록 설치한다. (10) 저장설비 주위에는 필요시 방유제를 설치한다. (11) 저장설비에는 필요시 안전밸브를 설치하되 고장을 대비하여 두 개를 설치한다. (12) 본체, 펌프, 배관 등 필요한 곳에는 접지시설을 한다. 2. 반입 및 반출작업 시 안전사항 (1) 배관 등을 통하여 반입 및 반출 시 유속제한 및 정치시간을 준수하며 「위험물주입 중」, 「화기엄금」 등의 표시물을 게시한다. (2) 탱크로리 등 위험물 운송설비 및 주입설비 등에는 접지 등 제전조치를 한 후 작업한다. (3) 필요시는 내부를 불활성 가스 등으로 치환한 후 주입작업을 한다. (4) 위험물질을 탱크에 주입할 때는 책임자의 입회하에 실시한다. (5) 드럼 등으로 위험물을 저장설비에 주입하는 경우는 드럼을 접지하고 필요시는 전도성 파이프 등을 사용한다. (6) 위험물질을 반입, 반출 시는 호스의 결합부 등을 확실하게 연결한 후 작업한다. (7) 접촉으로 인하여 발화 등의 위험이 있는 물질 등은 별도로 구분 저장하거나 적재한다.

06 ETA(Event Tree Analysis)와 FTA(Fault Tree Analysis)

1. 적용대상 및 시기

구분	ETA	FTA
적용대상	신규 공장의 설계, 공정의 개발단계, 초기 시운전 단계에 적용가능하며, 기존 공장에 대하여는 공정과 운전절차의 변경 및 개선이 필요한 경우에 적용한다.	설계, 건설 중 공장에 대하여 공정 개발단계, 초기 시운전 단계에 적용하며, 기존 공장은 공정, 운전절차 변경 및 개선이 필요한 경우에 적용한다. (1) 공정수준(Process Level)에 대한 위험성 평가 (2) 계통수준(System Level)에 대한 위험성 평가 (3) 구간수준(Node Level)에 대한 위험성 평가 (4) 단락수준(Segment Level)에 대한 위험성 평가 (5) 기기수준(Component Level)에 대한 위험성 평가 (6) 작업자 실수 및 일반적 고장원인에 대한 분석 (7) 기타 결함수 분석기법의 적용이 가능한 항목
적용시기	(가) 공정개발단계 (나) 설계 및 건설단계 (다) 시운전단계 (라) 운전단계 (마) 공정 및 운전절차의 변경단계 (바) 예상되는 사고나 사고원인 조사단계	(가) 공정개발단계 (나) 설계 및 건설단계 (다) 시운전단계 (라) 운전단계 (마) 공정 및 운전절차의 수정 또는 변경 시 (바) 예상되는 사고나 사고원인 조사 시

2. 용어의 이해

(1) ETA

1) 초기사건(Initiating Event) : 시스템 또는 기기의 결함, 운전원의 실수 등을 뜻한다.
2) 안전요소(Safety Function) : 초기의 사건이 실제 사건으로 발전되지 않도록 하는 안전장치, 운전원의 조치 등을 뜻한다.

(2) FTA

1) 정상사상(Top Event) : 재해의 위험도를 고려하여 결함수 분석을 하기로 결정한 사고나 결과
2) 기본사상(Basic Event) : 더 이상 원인을 독립적으로 전개할 수 없는 기본적인 사고의 원인으로서 기기의 기계적 고장, 보수와 시험 이용불능 및 작업자 실수사상
3) 중간사상(Intermediate Event) : 정상사상과 기본사상 중간에 전개되는 사상
4) 결함수(Fault Tree) 기호 : 결함에 대한 각각의 원인을 기호로서 연결하는 표현수단
5) 컷셋(Cut Set) : 정상사상을 발생시키는 기본사상의 집합
6) 최소 컷셋(Minimal Cut Set) : 정상사상을 발생시키는 기본사상의 최소집합
7) 계통분석(System Analysis) : 계통의 기능 상실을 초래하는 모든 사상조합을 체계적으로 분석하고 그 발생가능성을 평가하는 작업

8) 고장률(Failure Rate) : 설비가 시간당 또는 작동 횟수당 고장이 발생하는 확률

9) 이용불능도(Unavailability) : 주어진 시간에 설비가 보수 등의 이유로 인하여 이용할 수 없는 가능성

3. 필요자료

ETA	FTA
(1) 설계개념 및 공정설명서	(1) 단위 기기 및 설비에 대한 고장률
(2) 주요기계장치 기본설계자료(Equipment Data Sheet)	(2) 단위 기기 및 설비에 대한 이용불능도
(3) 설계개념을 포함한 제어시스템 및 계통설명서	(3) 작업자 실수 관련 자료
(4) 안전운전절차	(4) 일반원인 고장확률자료(Common Cause Failure Probability)
(5) 배치도(Plot Plan) 및 기기배치도(Equipment Layout DWG)	(5) 공정배관계장도(P&Id)
(6) 공정흐름도(PFD) 및 물질수지(Material Balance)	(6) 안전운전절차
(7) 배관 및 계장 도면(P&ID)	(7) 설계개념 및 공정설명서
(8) 배관재료 등 표준 및 사양서	(8) 주요기계장치 기본설계자료(Equipment Data Sheet)
(9) 경보 및 자동운전정지 설정치 목록	(9) 설계개념을 포함한 제어시스템 및 계통설명서
(10) 안전밸브의 설정치 및 용량 산출자료	(10) 경보 및 자동운전정지 설정치 목록
(11) 유틸리티 사양서	(11) 배치도(Plot Plan) 및 기기배치도(Equipment Layout Drawing)
(12) 물질안전보건자료	(12) 배관재료 등 표준 및 사양서
(13) 정비절차서	(13) 안전밸브의 설정치 및 용량 산출자료
(14) 운전자의 책무	(14) 물질안전보건자료
(15) 비상조치계획	(15) 공정흐름도(PFD) 및 물질수지(Material Balance)
(16) 단위 기기 및 설비에 대한 고장률	(16) 유틸리티 사양서
(17) 단위 기기 및 설비에 대한 이용불능도	(17) 정비절차서
(18) 작업자 실수 관련 자료	(18) 운전자의 책무
(19) 일반원인 고장확률자료(Common Cause Failure Probability)	(19) 비상조치계획
(20) 기타 사건수 분석에 필요한 자료	(20) 기타 결함수 분석에 필요한 서류

4. ETA 평가절차

(1) 평가절차

- 초기 사건의 정의
- 안전요소에 대한 확인
- 사건수의 구성
- 사고결과의 확인
- 사고결과 상세분석
- 결과 보고서 작성

(2) 단계별 수행내용

단계	수행내용
[1단계] 발생 가능한 초기사건의 선정	정성적인 위험성 평가기법(HAZOP, Checklist 등), 과거의 기록, 경험 등을 통하여 초기사건을 선정한다. 초기사건으로는 관심의 대상이 될 수 있는 것으로서 시스템 또는 운전원이 초기사건에 얼마나 잘 대처하느냐에 따라 결과가 다르게 나타날 수 있는 것을 선정토록 한다. 초기 사건의 예로는 다음과 같다. (가) 배관에서의 독성물질 누출 (나) 용기의 파열 (다) 내부 폭발 (라) 공정 이상
[2단계] 초기사건을 완화시킬 수 있는 안전요소 확인	초기사건으로 인한 영향을 완화시킬 수 있는 모든 안전요소를 확인하여 이를 시간별 작동 · 조치순서대로 도표의 상부에 나열하고 문자 또는 알파벳으로 표기한다. 안전요소에는 여러 형태가 있으나 다음과 같이 대부분 그 작동결과가 성공 또는 실패의 형태로 나타난다. (가) 초기사건에 자동으로 대응하는 안전 시스템(예 가동정지 시스템) (나) 경보 장치 (다) 운전원의 조치 (라) 완화장치(예 냉각시스템, 압력방출 시스템, 세정 시스템) (마) 초기사건으로 인한 사고의 영향을 완화시킬 수 있는 시스템(예 LNG 탱크 주위의 수막설비, 방유제 등) (바) 주변의 상황(예 점화원 유무 및 지연 여부, 바람의 방향 등)
[3단계] 사건수 구성	(1) 선정된 초기사건을 사건수 도표의 왼쪽에 기입하고 관련 안전 요소를 시간에 따른 대응순서대로 상부에 기입하고 초기사건에 따른 첫 번째 안전요소를 평가하여 이 안전요소가 성공할 것인지 또는 실패할 것인지 결정하여 도표에 표시한다. (2) 통상적으로 안전요소의 성공은 도표의 상부에, 실패는 하부에 표시한다. 이때 첫 번째 안전요소의 성공 또는 실패가 최종 사고에 이르는 경로에 영향을 주는지 여부를 판단하여 영향을 받는 경우에는 사건수가 성공 실패의 두 가지 경로로 갈라지며 영향을 받지 않는 경우에는 다음의 안전요소까지 그대로 진행하게 된다. 가. 첫 번째 안전요소의 작동/대응 결과를 평가한 후에는 위와 동일한 방법으로 한다. 나. 두 번째 안전요소를 평가하고 마지막으로 최종 안전요소를 평가하여 도표에 사건수를 표시한다.
[4단계] 사고결과 확인	(1) 사건수의 구성이 끝난 후에는 초기사건에 따른 관련 안전요소의 성공 또는 실패의 경로별로 사고의 형태 및 그 결과를 도표의 우측에 서술식으로 기술하며 이와 함께 경로별로 관련된 안전요소를 문자 또는 알파벳으로 함께 표기한다. (2) 각 안전요소의 성공 및 실패는, 문자 또는 알파벳으로 표기된 안전요소 상부의 막대 유무로 표시된다. 즉, 안전요소가 성공하였을 경우에는 안전요소의 상부에 막대를 표시하지 않으나, 실패한 경우에는 안전요소의 상부에 막대를 표시한다. (3) 초기사건으로부터 여러 경로를 통하여 진행된 각종 형태의 사고 및 그 결과를 확인하여 도표의 오른쪽에 기술한다.
[5단계] 사고결과 상세 분석	(1) 사건수 분석기법의 사고결과 분석은 평가항목, 수용수준, 평가결과, 개선요소로 이루어진다. (2) 평가항목은 안전-비정상조업, 폭주반응, 증기운 폭발 등과 같이 사고형태나 회사의 안전관리 목표 등을 고려하여 결정한다. (3) 수용수준은 회사에서 목표로 정한 위험수준으로서 발생빈도나 확률을 나타낸다. (4) 평가결과는 사건수 분석으로 예측된 사고형태를 평가항목별로 분류하여 각 평가항목별로 사고발생빈도를 합한 값을 나타낸다. 개선요소는 평가항목별로 각 사고형태의 발생에 해당하는 안전요소들을 나타낸다. 수용수준과 평가결과를 비교하여 평가결과가 수용수준을 만족하지 못할 경우에는 개선권고사항을 작성하여야 한다. (5) 평가항목별로 각 개선요소의 신뢰도 향상방안과 새로운 안전요소의 추가 등을 분석하여 수용수준을 만족할 수 있는 개선권고사항을 작성한다.
[6단계] 결과 문서화	사건수 분석의 최종결과를 작성한다.

5. ETA 실시 예시

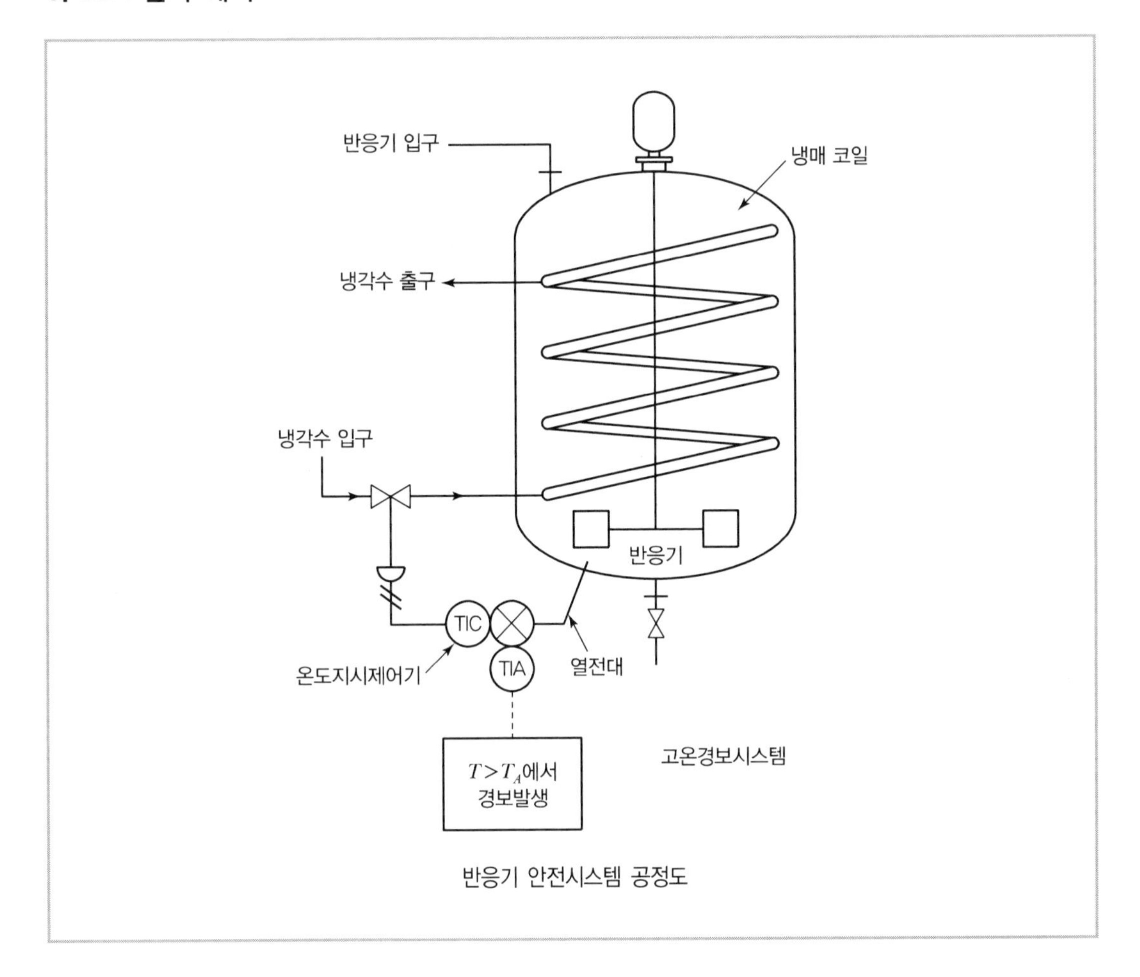

반응기 안전시스템 공정도

▎ETA 분석결과

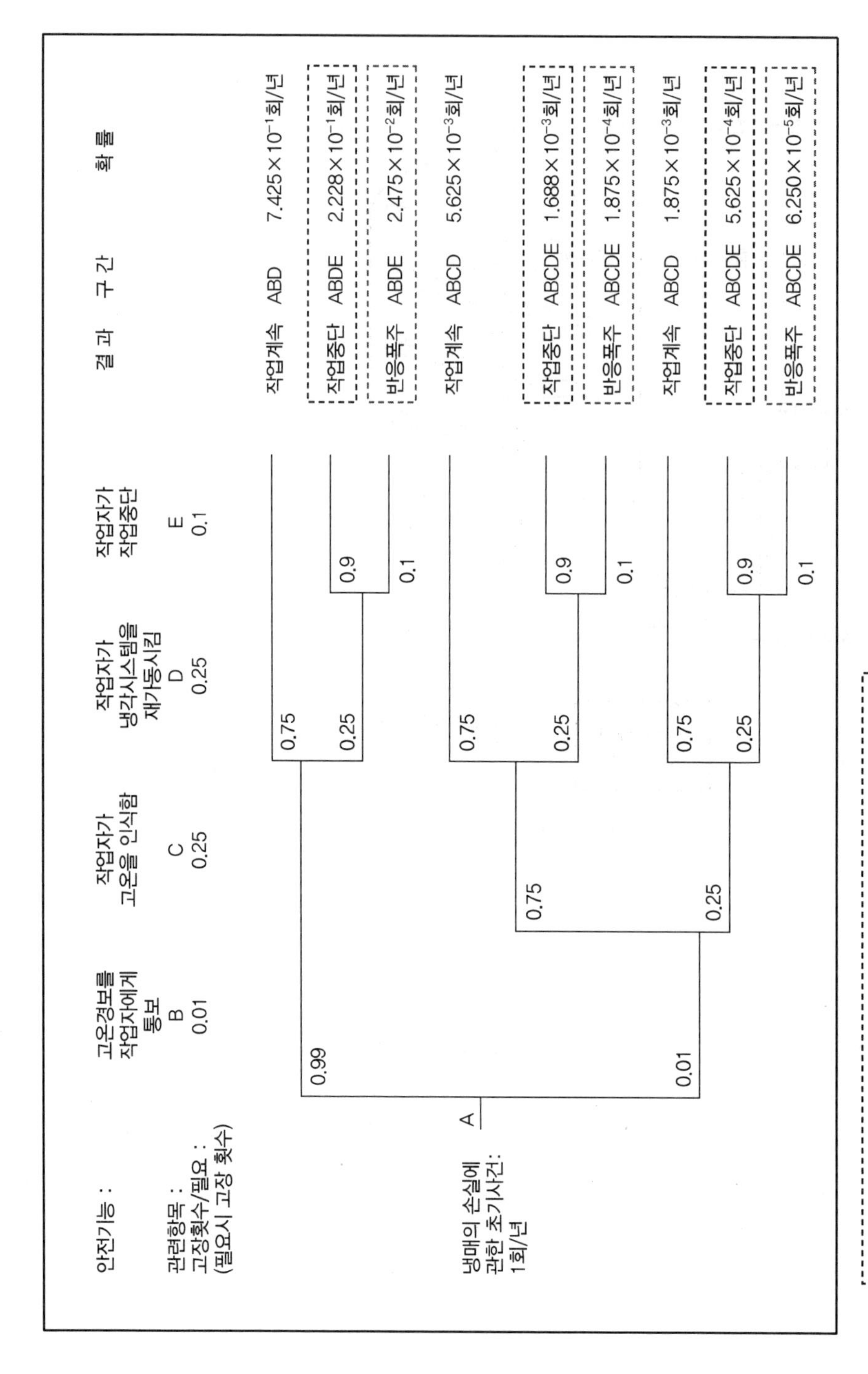

작업중단 = $2.228\times10^{-1}+1.688\times10^{-3}+5.625\times10^{-4}=2.25\times10^{-1}$ 회/년

반응폭주 = $2.475\times10^{-2}+1.875\times10^{-4}+6.25\times10^{-5}=2.5\times10^{-2}$ 회/년

차폐 안전 추가 분석결과

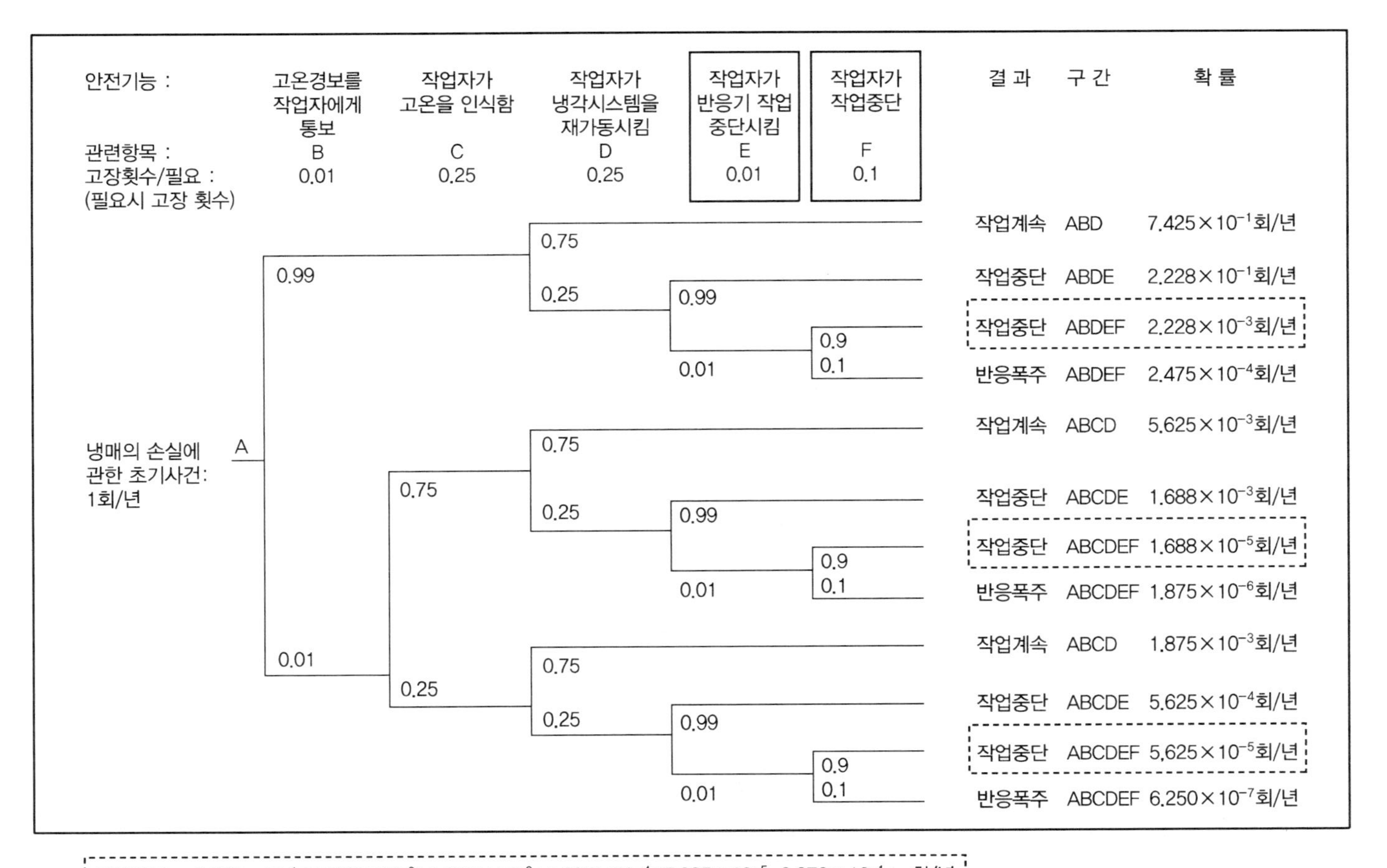

작업중단 = $2.228\times10^{-1}+2.228\times10^{-3}+1.688\times10^{-3}+5.625\times10^{-4}+5.625\times10^{-5}=2.273\times10^{-1}+$ 회/년

반응폭주 = $2.475\times10^{-4}+1.875\times10^{-6}+6.25\times10^{-7}=2.5\times10^{-4}$ 회/년

6. FTA(Fault Tree Analysis) 평가절차와 일반기호

(1) 결함수 분석절차

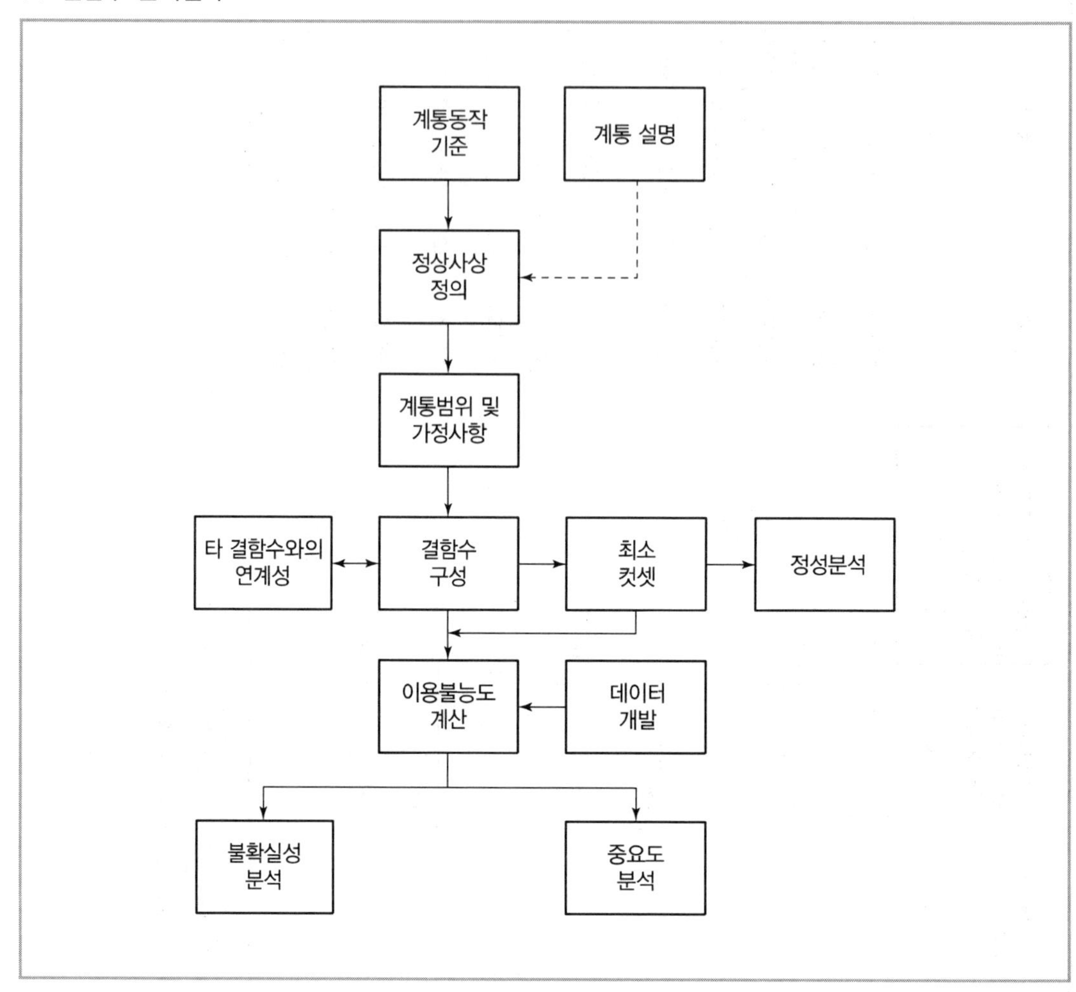

(2) 결함수 분석에 사용되는 기호

기호	명명	기호설명
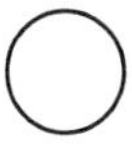	기본사상 (Basic Event)	더 이상 전개할 수 없는 사건의 원인
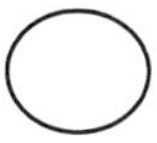	조건부 사상 (Conditional Event)	논리게이트에 연결되어 사용되며, 논리에 적용되는 조건이나 제약 등을 명시(우선적 억제 게이트에 우선적으로 적용)
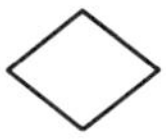	생략사상 (Undeveloped Event)	사고결과나 관련정보가 미비하여 계속 개발될 수 없는 특정 초기사상
	통상사상 (External Event)	유동계통의 층 변화와 같이 일반적으로 발생이 예상되는 사상
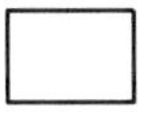	중간사상 (Intermediate Event)	한 개 이상의 입력사상에 의해 발생된 고장사상으로서 주로 고장에 대한 설명서술
	OR 게이트 (OR Gate)	한 개 이상의 입력사상이 발생하면 출력사상이 발생하는 논리게이트
	And 게이트 (And Gate)	입력사상이 전부 발생하는 경우에만 출력사상이 발생하는 논리게이트
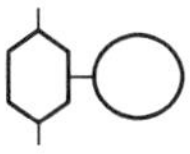	억제 게이트 (Inhibit Gate)	AND 게이트의 특별한 경우로서 이 게이트의 출력사상은 한 개의 입력사상에 의해 발생하며, 입력사상이 출력사상을 생성하기 전에 특정조건을 만족하여야 하는 논리게이트
	배타적 OR 게이트 (Exclusive OR Gate)	OR 게이트의 특별한 경우로서 입력사상 중 오직 한 개의 발생으로만 출력사상이 생성되는 논리게이트
	우선적 And 게이트 (Priority And Gate)	AND 게이트의 특별한 경우로서 입력사상이 특정 순서별로 발생한 경우에만 출력사상이 발생하는 논리게이트
	전이기호 (Transfer Symbol)	다른 부분에 있는(예 : 다른 페이지) 게이트와의 연결관계를 나타내기 위한 기호. 전입(Transfer In)과 전출(Transfer Out) 기호가 있음

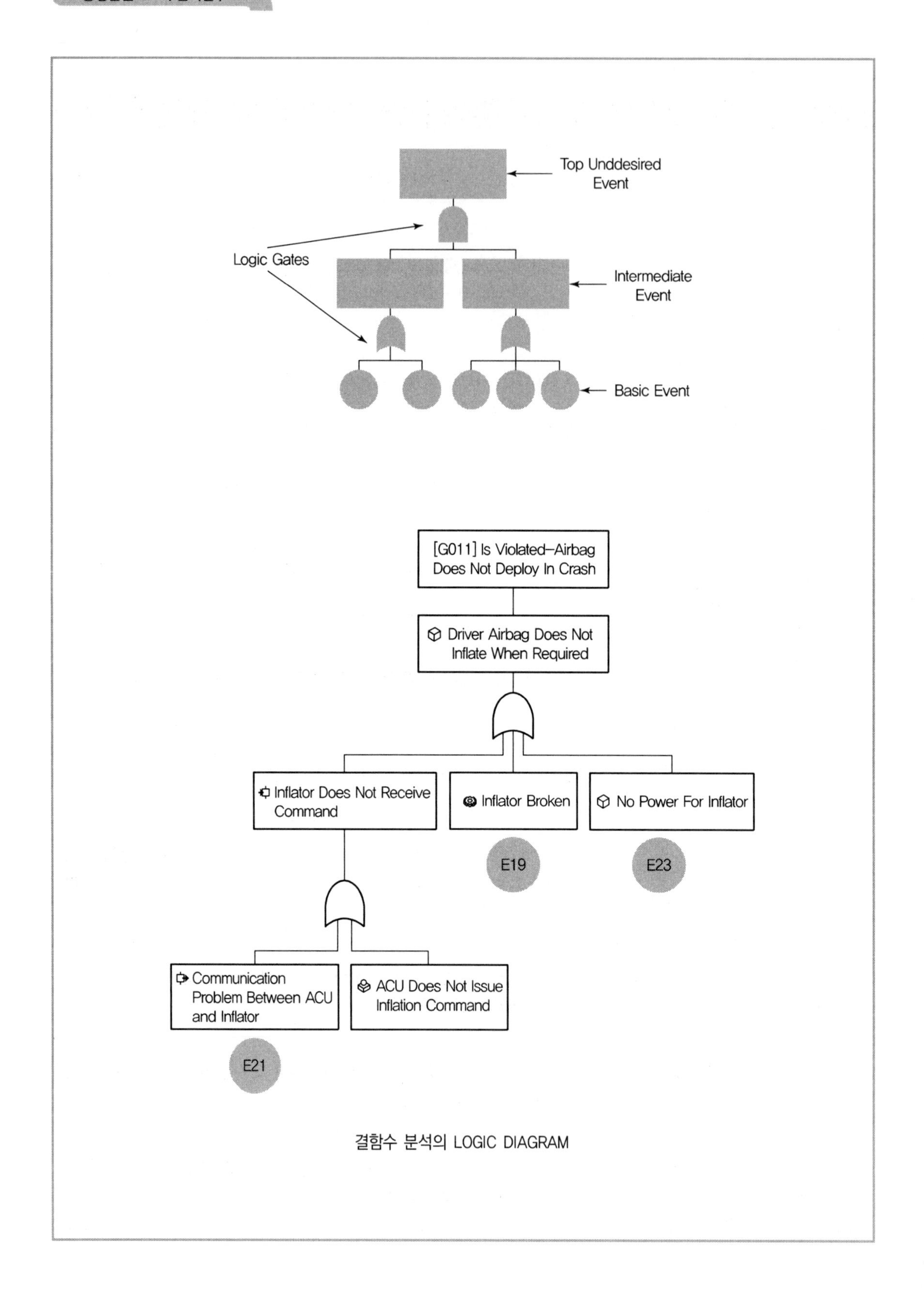

결함수 분석의 LOGIC DIAGRAM

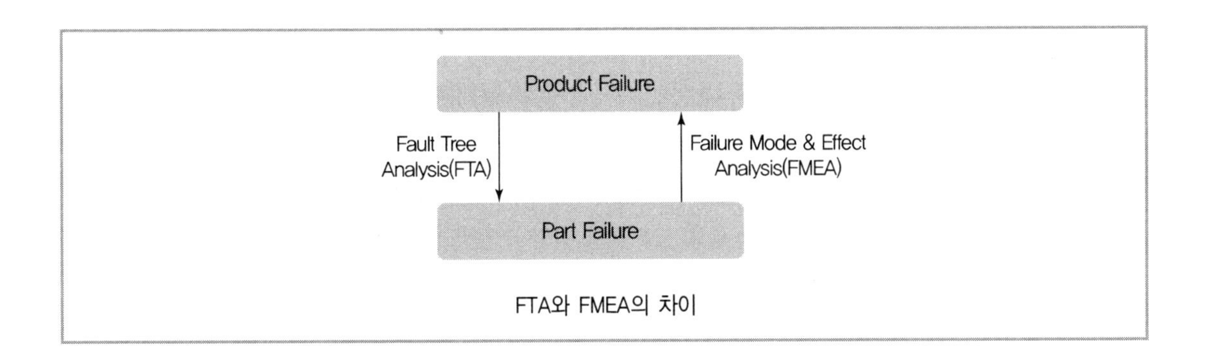

FTA와 FMEA의 차이

(3) 이용불가능도(확률)의 정량화

결함수 분석에서 정량화 단계는 입력된 모든 기본사상들의 이용불능도 계산에 필요한 고장률, 작동시간 등의 관련정보를 입력하는 것과 정상사상, 이용불능도의 계산 및 결과해석을 수행하는 것을 말한다.

1) 신뢰도 자료

기본사상의 고장률, 이용불능도 등의 신뢰도 자료는 다음의 이용 가능한 자료 중에서 신뢰성이 높은 것을 선택하여 사용한다.

가. 해당 공정의 운전, 정비 자료로부터 계산한 신뢰도 자료
나. 화학설비 신뢰도 자료(한국산업안전보건공단, K-RDB 참조)
다. 국내 · 외 신뢰도 자료
라. 설비 제작자가 제공하는 신뢰도 자료
마. 기타 객관적으로 증명이 가능한 설비 신뢰도 자료

2) 기본사상의 정량화 방법

결함수 분석에 필요한 기본사상의 정량화 방법은 다음과 같다.

가. 기계적 고장(Hardware Failures)으로 인한 이용불능도
(A) 대기 중 기동실패(Standby Failure)
(B) 운전 중 기동실패(Running Failure)

나. 보수정지로 인한 이용불능도(Maintenance Outage Unavailability)
기기의 보수정지로 인한 이용불능도는 시험, 예방보수, 수리 등으로 인하여 사용할 수 없는 상황을 의미하며 다음과 같이 분류한다.
(A) 주기적인 시험과 계획예방 보수로 인한 계획 보수정지
(B) 고장기기의 수리로 인한 비계획 보수정지

다. 시험으로 인한 이용불능도(Test Outage Unavailability)

라. 작업자 실수확률(Human Error Probability)

작업자에 대한 인간 신뢰도 분석은 사고경위 전개과정에서 발생가능한 모든 실수를 파악하여 이를 모델링하고 정량화한다.

마. 공통원인 고장확률(Common Cause Failure Probability)

중복설계는 계통의 신뢰도를 향상시키기 위한 것이나 이 중복설계의 효과를 감소시키는 것이 공통원인 고장으로서 유사한 환경에서 운전되는 동일 기기는 모두 일반 원인 고장의 대상이 될 수 있다.

참고 보고서 양식 참고

기본사상(Basic Event) 정보표(예)

번호	기본사상		고장확률(회/년)			비고
	명칭[1]	내용[2]	개선전[3]	개선후[4]	참고문헌[5]	
1	DMPF1234	P-101 기동실패	5.7×10^{-7}	8.6×10^{-8}	K-RDB	
2	RKPF3267	P-306 작동 중 정지	3.6×10^{-8}	2.1×10^{-9}	CCPS	

최소컷셋(Minimal Cutsets) 계산결과표(예)

총 컷셋 : 146개
중복컷셋 : 40개
최소컷셋 : 106개

계산범위 : 1×10^{-8}
정상사상 발생확률 : 2.7×10^{-3}회/년

번호	컷셋확률	f-v	f-N	기본사상구성내용
1	5.7×10^{-7}	0.3333	0.3333	DMPF1234
2	3.6×10^{-8}	0.1000	0.4333	RKPF3267

예상사고 시나리오(예)

컷셋			예상사고 시나리오	재해발생확률(회/년)
번호	기본사상 구성요소	결함수[1] 분석도		
1	P-101 기동 실패	4쪽	냉각수 펌프 기동실패로 인한 반응기 온도제어 불능	5.7×10^{-7}
2	P-306 작동 중 정지	6쪽	배출펌프 작동 중 정지로 인한 반응기 압력상승	3.6×10^{-8}

위험성 평가결과 조치계획(예)

번호	컷셋			재해발생확률(회/년)		개선권고사항	책임 부서	조치 일정	결과
	우선순위		기본사상 구성요소	개선 전	개선 후				
	개선 전	개선 후							
1	1	4	DMPF1234	5.7×10^{-7}	8.6×10^{-8}	예비펌프 신설	공무	'19.11	완료
2	2	6	RKPF3267	3.6×10^{-8}	2.1×10^{-9}	배출배관에 By-pass 신설	공무	'19.12	완료

07 예비위험 분석기법(PHA ; Preliminary Hazard Analysis)

1. 분석절차

PHA는 다음과 같이 검토준비, 검토수행, 결과에 대한 문서화와 같은 3단계 절차에 의해 진행된다.

절차	내용
검토의 준비	(가) 주요 플랜트, 시스템, 유사한 장비, 물질 정보 수집 (나) 가능한 한 많은 리스크 근원을 확인 (다) 최소한 공정의 개념, 설계, 화학 물질, 반응, 공정변수, 장비 파악 (라) 수행요건, 운전환경 파악
검토	(가) 주요 공정에서 리스크를 확인하고 이러한 리스크와 관련된 잠재적인 사고의 가능한 원인과 영향을 평가하여야 한다. (나) 사고의 신뢰성을 충분히 판단할 수 있는 경우의 수를 열거한다. (다) 각각의 사고에 대한 영향을 평가한다. 영향은 잠재적인 사고와 관련된 최악의 경우의 충격을 표시하여야 한다. (라) 잠재적인 각 사고상황을 사고의 원인과 영향의 중요성에 따라 아래의 유해, 위험요인 범주(Hazard Category) 중에서 하나를 결정하여 유해, 위험요인을 교정하거나 완화시킬 수 있는 방안을 기록한다. ① 유해위험요인 범주 Ⅰ : 무시할 수 있음 ② 유해위험요인 범주 Ⅱ : 별로 중요하지 않음 ③ 유해위험요인 범주 Ⅲ : 위험한 상태 ④ 유해위험요인 범주 Ⅳ : 큰 재해
문서화	PHA의 결과는 확인된 리스크, 원인, 잠재적인 결과, 리스크 종류 및 확인된 교정 또는 예방 수단을 양식에 알맞게 기록하고 후속조치와 중요한 문제의 시행 일정, 플랜트 작업자가 이행한 실제의 조치를 반영한다.

2. PHA를 수행할 때 고려해야 하는 요소

	구분	고려 요소의 예
1	위험한 플랜트 설비 및 원재료	원료, 반응성이 높은 화학물질, 독성물질, 폭발물, 고압장치, 기타 에너지 저장 시스템
2	플랜트 설비와 원재료 사이의 안전 관련 문제	물질의 상호작용, 화재/폭발 시작과 전파, 제어/방지장치
3	플랜트 설비와 원재료에 영향을 미칠 수 있는 환경인자	지진, 진동, 홍수, 극한온도, 정전기, 작업자 보호
4	운전, 시험, 보수, 비상절차	인적오류의 중요성, 완성할 운전자의 기능, 장비 배치도와 접근 가능성, 작업자의 안전보호장치
5	시설물 지지대	저장, 시험장비, 훈련, 유틸리티
6	안전 관련 설비	완화시스템, 화재진압, 작업자 개인보호구

3. 유해위험요인 분석 양식(예 : H_2S 시스템 사례의 PHA 결과)

지역 : H_2S 공정　　　　회의날짜 : 20××/03/07

도면 : 없음　　　　분석자 :

유해위험 요인	원인	주 영향	유해위험 요인범주	교정/예방 수단
독성물질 누출	1. H_2S 저장 실린더 파열	1.1 대형 누출로 인한 사망 가능성	Ⅳ	1.1.1 경고 시스템 제공 1.1.2 현장 저장 최소화 1.1.3 실린더 검사를 위한 절차 개발
	2. H_2S 반응제어 손실	2.1 대형 누출로 인한 사망 가능성	Ⅲ	2.1.1 초과된 H_2S의 수집과 소각하기 위한 시스템 설계 2.1.2 초과된 H_2S를 탐지하고 공정의 조업을 정지하기 위한 제어장치 설계 2.1.3 플랜트를 시동하기 전에 여분의 소각시스템의 사용 가능성을 보장하기 위한 절차 개발

[a] 리스크 범주 : Ⅰ-무시할 수 있음, Ⅱ-별로 중요하지 않음, Ⅲ-위험한 상태, Ⅳ-큰 재해

08 고장형태와 영향분석(FMEA ; Failure Mode and Effect Analysis)

1. 용어 설명

(1) 고장형태(Failure Mode) : 고장이 일어나는 형태

(2) 고장영향(Failure Effect) : 고장이 장치의 운전, 기능 또는 상태에 미치는 결과

(3) 심각도(Severity) : 고장에 의한 인적 · 물적 피해 정도

2. 조직과 필요자료

조직	필요자료
(가) 팀 리더 (나) 리스크 평가 전문가 (다) 공정운전 엔지니어 (라) 공정설계 엔지니어 (마) 공정제어 엔지니어 (바) 검사 및 정비 엔지니어 (사) 전기 및 계장 엔지니어 (아) 비상계획 및 안전관리자	리스크 평가 목적과 범위가 확정되어야 하며, 현장과 일치하는 설계도 등 공정안전 자료 수집하여야 한다. 필요자료 목록은 아래와 같다. (가) 과거의 리스크 평가 실시 결과서　(나) 공정설명서 (다) 공정흐름도(PFD) 및 물질수지　(라) 공정배관 계장도(P&ID) (마) 기기사양서　(바) 전체배치도(Plot plan) 및 기기배치도 (사) 물질안전보건자료(MSDS)　(아) 정상 및 비정상 운전절차서 (자) 안전밸브 및 파열판 명세 (차) 경보 및 자동운전정지 설정치 목록을 포함한 인터록 및 자동운전 정지 로직 (카) 전기단선도(SLD), 방폭 및 접지 등 전기안전 관련 자료 (타) 점검, 정비 및 유지관리 지침서　(파) 안전장치 및 설비 고장률 자료 (하) 작업자 실수 관련 자료　(거) 비상조치계획 (너) 과거의 중대산업사고, 공정사고 및 아차사고 사례 (더) 기타 리스크 평가를 위한 자료

3. 평가절차

구분	절차설명
(1) 기기명	① 분석해야 할 대상 장치로서 공정도면, 기기배치도 등에서 확인하고, 시스템 내에 다른 기능을 가진 장치가 있을 때는 이를 구분하여야 한다. ② 가동 중인 공장은 P&ID 등의 장치번호를 사용하며, 식별자의 체계는 사용자 등이 쉽게 이해하고 구분할 수 있도록 만들어져야 한다.
(2) 기기의 설명 (Equipment Description)	기기의 종류, 운전형태, 고장형태와 그 영향 및 영향에 의한 다른 특징(고온, 고압, 부식성 등)도 포함되어야 한다.
(3) 고장형태 (Failure Mode)	각 장치의 모든 고장형태를 분석하여야 하며, 각 장치의 정상 조업조건을 바꿀 수 있는 모든 상황의 고장을 고려하여야 한다.
(4) 고장영향 (Failure Effect)	각 고장형태가 고장 위치에 미칠 영향과 다른 장치, 전체 공정에 미칠 영향도 고려하여야 한다.
(5) 현재 안전조치 (Safeguards)	각 고장형태에 대하여 고장 발생가능성을 낮추거나 고장의 영향을 완화할 수 있는 안전조치를 검토, 작성한다.
(6) 개선권고사항 (Actions)	각 고장형태의 고장영향을 줄일 수 있는 개선권고사항을 작성한다.
(7) 후속조치	① 후속조치 : 개선권고사항에 대한 후속조치를 한다. ② 감사(Audit) : 평가결과 내용이 추진되고 있는지 감사한다. ③ 관리부서의 지정 : 후속조치에 대한 각 관련 부서를 관리한다.

4. 기타 양식

(1) FMEA 결과기록지

날짜 : 20××/08/02　　페이지 : 5
공장 : DAP Plant　　시스템 : Reaction System
FMEA팀 : FMEA팀　　팀 리더 : 홍 길 동

번호	장치	설명	고장형태	고장영향	현재 안전조치	개선권고사항
4.1	인산 공급라인의 밸브B	모터식, 정상 열림	Fail open	• 반응기로의 인산 공급과잉 • 암모니아 공급유량도 상승할 경우 반응기 온도 및 압력 상승 • 반응기 또는 DAP 탱크의 수위 상승 규격 외 제품	• 인산 공급라인에 유량지시계 • 반응기 압력방출용 안전밸브 • 조업자의 DAP 탱크 감시	• 인산유량 과다 시 경보/자동조업정지 고려 • 반응기 고온고압 시 경보/자동조업 정지 고려 • 반응기 압력방출용 안전밸브의 용량 적정성 확인 • 반응기 압력/온도지시계, DAP 탱크 수위지시계 설치 고려 • DAP 탱크의 고수위 시 경보/자동조업 정지 고려
4.2	인산 공급라인의 밸브 B	모터식, 정상 열림	Fail closed	• 반응기로의 인산 공급 없음 • 암모니아 DAP 탱크로 넘어가고 밀폐된 작업구역으로 누출	• 인산 공급라인에 유량지시계 • 암모니아 감지기 및 경보	• 인산유량 낮은 경우 경보/자동조업 정지 고려 • DAP 저장을 위해 밀폐식 탱크 사용/밀폐된 작업구역에 적절한 환기의 고려
4.3	인산 공급라인의 밸브 B	모터식, 정상 열림	누출(외부)	• 밀폐된 작업구역으로 인산의 소량 누출	• 주기적 보수 • 산 공급용 밸브	• 밸브에 대한 주기적 보수 및 검사 확인
4.4	인산 공급라인의 밸브 B	모터식, 정상 열림	파열	• 밀폐된 작업구역으로 인산의 다량 누출	• 주기적 보수 • 산 공급용 밸브	• 밸브에 대한 주기적 보수 및 검사 확인

(2) FMEA 표준항목지(예)

FMEA 표준항목	예시
고장형태	정상폐쇄밸브(Normally Closed Valve)에서 가능한 고장형태는 다음과 같다. ① 폐쇄되어 고정됨 ② 부주의로 개방됨 ③ 외부로 누출됨 ④ 내부로 누출됨 ⑤ 밸브 몸체가 깨짐
고장영향	펌프 누출의 즉각적인 영향은 펌프 구역에 유체가 엎질러지는 것이다. 유체가 가연성이면 펌프가 점화원이 되어 화재가 발생하게 되고 주변 장치의 소실 및 인명 사상도 예상될 수 있다. Fmea에서는 기존 안전조치가 작동하지 않는다는 최악의 상황에서의 고장영향을 다루는 것이 일반적이다. 다만 모든 고장형태를 동일한 조건으로 분석할 수 있다면 좀 더 낙관적인 조건에서 분석할 수도 있다.
현재 안전조치	반응기의 고압비상정지 인터록은 고압으로 인해 반응기에 손상을 줄 수 있는 고장의 가능성을 낮출 수 있고, 적당한 크기의 압력방출용 안전밸브(Pressure Relief Valve)는 반응기에서 고압으로 인한 사고의 중대성을 완화시킬 수 있다.
개선권고사항	반응기에 고압경보(High Pressure Alarm)를 추가로 설치할 수 있다. 특정 장치에 대한 개선권고사항은 특정 고장형태의 원인이나 영향에 대한 것일 수도 있고 모든 고장형태에 대해 적용할 수도 있다.

09 이상위험도분석기법(FMECA ; Failure Modes, Effects and Criticality Analysis)

1. 용어설명

(1) 이상위험도 분석(FMECA) : 부품, 장치, 설비 및 시스템의 고장 또는 기능 상실에 따른 원인과 영향을 분석하여 치명도에 따라 분류하고, 각각의 잠재된 고장형태에 따른 피해 결과를 분석하여 이에 대한 적절한 개선조치를 도출하는 절차.

(2) 치명도 분석(CA, Criticality Analysis) : 고장형태에 따른 영향을 분석한 후 중요한 고장에 대해 그 피해의 크기와 고장 발생률을 이용하여 치명도를 분석하는 절차

2. 조직과 필요자료

조직	자료
(1) 팀장 (2) 공정운전기술자 (3) 공정설계기술자 (4) 계장설계 또는 계장운전기술자 (5) 정비기술자 (6) 안전관리기술자	(1) 공정설명서(화학반응, 에너지 및 물질수지 등) (2) 설계자료(장치 및 공정, 압력방출시스템, 안전시스템의 설계 및 설계기준 등) (3) 제조 공정도면(공정흐름도, 공정배관계장도 등) (4) 물질안전보건자료 (5) 안전운전지침서 (6) 점검, 정비, 유지관리 지침서 (7) 신뢰도 자료(부품의 신뢰도자료, 고장 및 사고기록 관련자료 등) (8) 기타 이상위험도 분석에 필요한 서류

3. 이상위험도 분석단계

(1) 제1단계 : 고장형태에 따른 영향분석

각각의 잠재된 고장형태에 따른 영향을 확인하여 체계적으로 분류한다.

(2) 제2단계 : 치명도 분석

고장형태에 따른 영향분석에 따라 확인된 주요 고장에 대하여 피해와 고장발생률을 적용하여 치명도를 분석한다.

4. 분석대상 시스템 구성과 전개도 작성

이상위험도 분석대상 시스템의 구성	전개도의 작성
분석대상 시스템 구성은 시스템의 내부 또는 외부기능, 접속기능, 시스템의 제한조건 그리고 고장 형태를 포함한다.	시스템의 운전과 사용단계에서 외부와의 접속관계를 포함한 기능전개도를 작성하여야 한다.

5. 분석절차

(1) 기본고려사항

1) 이상위험도 분석은 설비의 부품으로부터 전체 시스템에 이르기까지 체계적으로 수행되어야 한다.
2) 이상위험도 분석기법은 고장 또는 사고발생 시 취하여야 할 조치사항의 우선순위를 결정하여 설계 시에 반영하여야 한다.

(2) 고장의 형태에 따른 영향분석

1) 분석방법의 결정

시스템 운전 시 부품 및 장치의 발생 가능한 각각의 고장형태를 분석하고 고장에 따른 영향 또는 결과를 분석하며, 설계의 복잡성과 활용 가능한 자료의 중요도에 따라 분석방법을 결정한다.

하드웨어 분석법	기능 분석법	복합 분석법
A. 각각의 하드웨어의 목록을 작성하여 발생 가능한 고장 및 영향을 분석하는 방법 B. 하드웨어 품목을 도면과 설계자료를 이용하여 하위단계에서 상위단계로 분석을 전개하여 전체 시스템을 분석한다. C. 확인된 고장형태에 따라 피해의 크기 등급을 결정하고 설계자료를 참고하여 필요한 개선 권고사항을 도출한다.	A. 각각의 부품 및 시스템의 기능을 목록화하고 기능을 수행하지 못하는 고장 및 영향을 분석하는 방법이다. B. 기능분석방법은 시스템이 복잡하여 하드웨어 품목으로 단계 설정이 어려워 각각의 부품 및 시스템의 기능을 이용하여 분석한다. C. 피해의 크기 등급 설정 등의 분석방법은 하드웨어 분석방법과 동일하다.	하드웨어 분석방법과 기능 분석방법을 복합적으로 사용하는 방법

2) 고장의 형태에 따른 영향분석표 작성

고장의 형태에 따른 영향분석표는 아래의 내용을 포함하여 작성한다.

가. 식별번호 및 품명 또는 기능명 : 분석대상

나. 기능 : 분석대상의 부품, 장치 또는 시스템 기능을 작성한다.

다. 고장형태 및 원인 : 기능을 고려하여 발생 가능한 모든 잠재적 고장을 작성

라. 고장형태에 따른 영향의 분석 : 각각의 고장형태에 따른 영향을 최초 영향, 최종 영향 작성

마. 고장의 검지방법 : 고장 발생 시 고장의 검지방법 작성

바. 조치방법 : 고장수리 또는 권고 및 조치방법 작성

사. 피해의 크기 : 각각의 고장형태 피해크기 작성

(3) 치명도 분석

확인된 중요한 고장에 대한 치명도를 분석하여 고장을 사전에 예방하며, 고장을 피할 수 없는 경우에는 그 피해를 최소화하는 대책을 수립하여야 한다.

1) 분석방법 선정

부품의 구조 및 고장률 자료의 확보 여부에 따라서 분석방법이 선택되어야 한다.

정성적 분석	정량적 분석
(가) 등급 A－매우 높다. 고장발생확률이 20% 이상 (나) 등급 B－높다. 고장발생확률이 10% 이상 20% 미만 (다) 등급 C－보통이다. 고장발생확률이 1% 이상 10% 미만 (라) 등급 D－낮다. 고장발생확률이 1% 미만	특정 부품의 구조 및 고장률 자료를 치명도 분석표에 입력하여 분석한다.

2) 치명도 분석표의 포함내용

가. 식별번호　나. 명칭　다. 기능　라. 고장형태 및 원인

마. 운전단계　바. 고장률　사. 고장파급확률　아. 고장형태비율

자. 부속품 고장률　차. 운전시간　카. 고장형태별 치명도　타. 시스템의 치명도

파. 위험등급

6. 참고자료

(1) 고장형태에 따른 영향분석표(예)

고장형태에 따른 영향분석표(예)

시 스 템 ________

단　계 ________

참고도면 ________

기　능 ________

연 월 일 ________

SHEET ___of_____

작 성 자 ________

확 인 자 ________

식별번호	품명	기능	고장형태 (별표 3)	고장원인	고장영향		고장검지방법	조치방법	피해의 크기 (별표 4)	비고
					최초영향	최종영향				

(2) 치명도 분석표(예)

치명도분석표(예)

시 스 템 ____________　　　　　　　　　　연 월 일 ____________

단　　계 ____________　　　　　　　　　　SHEET ____of_____

참고도면 ____________　　　　　　　　　　작 성 자 ____________

기　　능 ____________　　　　　　　　　　확 인 자 ____________

식별번호	명칭	기능	고장형태 및 원인	운전단계	고장률	고장 파급 확률 (β)	고장 형태 비율 (α)	부속품 고장률 ($\lambda\rho$)	운전 시간 (t)	고장형태별 치명도 $C_m = \beta \cdot \alpha \cdot \lambda\rho \cdot t$	시스템의 치명도	위험등급 (별표 6)	비고
					고장률 자료원								

10 공정안전성 분석(K-PSR ; Process Safety Review)

1. 용어설명

(1) **공정안전성 분석기법** : 설치, 가동 중인 기존 화학공장의 공정안전성(Process Safety)을 재검토하여 사고위험성을 분석(Review)하는 방법이다.

(2) **가이드 워드(Guide Words)** : 공정상의 잠재위험을 찾아내는 데 도움을 주는 용어를 말하며, 위험형태와 원인으로 표현된다.

(3) **위험형태** : 사업장에서 발생한 사고로 인하여 직 · 간접적으로 인적, 물적, 환경적 피해를 입히는 원인이 될 수 있는 잠재적인 위험의 종류를 말하며 본 지침에서는 누출, 화재 · 폭발, 공정 트러블 및 상해 등 4가지로 표현된다.

(4) **원인 · 결과** : 위험형태가 발생될 수 있는 사고 원인 및 이로 인하여 발생 가능한 사고결과이다.

(5) **관련 문제사항** : 해당 위험 및 원인 · 결과 사항에 대한 주요 관심사항 및 팀원 또는 경영진에서 생각하는 주요 쟁점사항 등을 뜻한다.

2. 주요 고려사항

(1) 검토항목은 공정의 복잡성(공정배관계 장도의 수량 등) 및 팀의 경험에 따라 그 크기를 정해야 한다.

(2) 검토항목은 기능상의 구분과 시스템의 복잡성에 따라 구분할 수 있다.

(3) 기능상으로 검토항목을 설정할 때 고려할 사항은 아래와 같다.

1) 가능한 한 공정을 따른다.

2) 공정배관계장도(P&ID) 전반을 고려한다.

3) 아래와 같은 경우에는 검토항목을 변경한다.

① 설계목적이 변경될 때

② 공정 조건에 중요한 변경이 있을 때

③ 이전 검토항목 다음에 주요 기기가 있을 때

(4) 검토항목을 정하고 관련 정보를 작성한다.

(5) 검토항목별로 가이드 워드에 따라 원인 · 결과 및 관련 문제사항을 도출한다.

3. 평가절차

구분	내용
위험성 평가 진행방법	(1) 검토항목을 선정한다. (2) 잠재적인 위험물질 누출 가능성을 확인한다. (3) 그 사고의 원인·결과를 평가한다. (4) 잠재된 사고가 심각한 위험형태인지를 결정한다. (5) 심각하지 않으면, 다음의 가이드 워드로 계속 진행한다. (6) 위험형태별 원인·결과 및 현재 안전조치를 기록한다. (7) 이러한 평가사항들이 다음 4가지 범주에 부합하는지 여부를 평가한다. (가) 위험물질 누출의 가능성 (나) 현재의 설계 및 운전기준에 불일치 (다) 중요 안전절차의 필요성 또는 사용 유무 (라) 정량적 위험성 평가 등 추가 검토의 필요성 (8) 현재안전조치가 충분하지 않을 경우 개선권고사항을 준비한다.
평가 진행의 기록	(1) 도출된 개선권고사항은 조치가 가능하도록 우선순위를 정하여 최종보고서에 포함시켜 경영진에게 보고한다. (2) 후속조치의 이행 팀이 이해할 수 있도록 아래의 자료들을 개선권고사항에 포함시켜 전달한다. (가) 평가 팀이 검토하였던 시나리오 (나) 평가 팀에 의해 파악된 가능한 결과 (다) 평가 팀이 제안한 변경의 요지 (라) 변경대상 또는 권고되는 검토사항 (3) 모든 개선권고사항은 다음 사항을 고려하여 작성한다. (가) 무슨 조치가 필요한가? (나) 어디에 이 조치가 필요한가? (다) 왜 이 조치가 시행되어야 하나?
평가결과 보고서 작성	(1) 평가결과보고서에는 다음 사항을 포함한다. (가) 공정 및 설비 개요 (나) 공정의 위험 특성 (다) 검토 범위와 목적 (라) 팀 리더 및 구성원의 인적사항 (마) 검토 결과 (바) 우선순위 및 일정이 포함된 조치계획 (2) 모든 타당성 있는 자료를 모아 위험성평가 서류철을 작성한다. (3) 공정흐름도 및 운전절차 등 검토회의 시에 사용하였던 공정안전자료의 사본과 사용했던 주요기기가 표시된 공정배관 계장도 등은 위험성 평가서류에 철하여 보관한다. (4) 평가회의에서 논의된 내용은 작업일자별로 서류화하여야 한다. 또한 서기는 검토과정에서 논의된 내용과 회의 결과를 기록하여야 한다. (5) 회의결과 사본은 검토를 위하여 팀 구성원에 배포되어야 한다.
개선권고 사항의 후속조치	(1) 평가결과 보고서가 발행된 이후 1개월 이내에 후속조치 책임부서를 포함한 이행조치 계획을 수립하여 승인을 받는다. (2) 경영자는 평가결과보고서의 내용들이 적절하게 추진되고 있는지를 관리하여야 한다.

4. 양식 및 참고자료

(1) 회분식 공정의 가이드 워드

누출 가이드 워드

위험형태	원인(대분류)	원인(소분류)
누출	부식	내 · 외부부식, 응력부식, 크리프(Creep), 열적 반복 등으로 인한 사항
	침식	마모 등으로 발생한 사항 모두 포함
	누설	플랜지, 밸브, 샘플링 포인트, 펌프 등에서 누유 및 누수되는 사항 등
	기타	위 사항 외 기타 원인

화재 · 폭발 가이드 워드

위험형태	원인(대분류)	원인(소분류)
화재 · 폭발	물리적 과압	입구 · 출구 측 밸브 등의 폐쇄, 압력방출장치의 고장 등에 의한 과압
	취급제한 화학물질 및 분진	인화성 혼합물에 의한 화재, 폭주 반응, 촉매 이상에 의한 화재/폭발, 오염물질에 의한 조성 변화 등
	점화원	정전기, 스파크, 용접, 마찰열, 복사열, 차량 등에 의한 착화
	기타	위 사항 외 기타 원인

공정 트러블 가이드 워드

위험형태	원인(대분류)	원인(소분류)
공정 트러블	조업상 문제	온도, 압력, 농도, pH, 교반, 조업절차, 냉각 실패 등 조업상 실수 등
	원료 및 촉매 등 물질	원료 및 촉매 등 이상에 의한 원인 등
	기타	위 사항 외 기타 원인

상해 가이드 워드

위험형태	원인(대분류)	원인(소분류)
상해	추락	장치설비, 리프트, 플랫폼 등 구조물, 사다리, 계단 및 개구부 등에서의 추락 재료더미 및 적재물 등에서의 추락 등
	전도	누유 빙결 등에 의해 바닥에서의 미끄러짐, 바닥의 돌출물에 걸려 넘어짐, 장치설비, 계단에서의 전도 등
	협착	가동 중인 설비, 기계장치에 협착, 물체의 전도, 전복에 의한 협착, 교반기, 임펠러 등 회전체에 감김 등
	충돌	중량물, 파이프랙 등 돌출부에 접촉 및 충돌, 구르는 물체나 흔들리는 물체에 접촉 및 충돌, 차량 등과의 접촉 및 충돌 등
	유해위험물질 접촉	뜨거운 물체에 접촉하여 화상, 부식성 물질 등에 접촉하여 피부손상 등
	질식	유해가스 발생, 산소 부족 등에 의한 질식
	기타	전류 접촉에 의한 감전사고, 낙하 · 비래 · 비산 · 붕괴 · 도괴 사고, 중량물 취급 및 원재료 투입 시 요통 발생, 압박 · 진동 등 위 사항 외 기타 원인

(2) 연속식 공정의 가이드 워드

누출 가이드 워드

위험형태	원인(대분류)	원인(소분류)
누출	부식	내 · 외부 부식, 응력부식, 크리프(Creep), 열적 반복 등으로 인한 사항 포함
	침식	마모 등으로 발생한 사항 모두 포함
	누설	플랜지, 밸브, 샘플링 포인트, 펌프 등에서 누유 및 누수되는 사항 모두 포함
	파열	오염, 내부 폭굉, 물리적 과압, 팽창, 벤트 막힘, 제어 실패, 과충전, 롤오버(Rollover), 수격현상, 순간증발(Flashing)
	펑크	기계적 에너지 발생, 충돌, 기계진동, 과속 등
	개방구 오조작	벤트, 드레인, 압력방출 후단, 정비실수, 계기정비, 샘플링 포인트, 블로우 다운, 호스, 탱크입하 및 출하 작업 실수
	기타	위 사항 외 기타 원인

화재 · 폭발 가이드 워드

위험형태	원인(대분류)	원인(소분류)
화재 · 폭발	물리적 과압	입구 · 출구 측 밸브 등의 폐쇄, 압력방출장치의 고장 등에 의한 과압
	취급제한 화학물질 및 분진	인화성 혼합물에 의한 화재, 폭주반응, 촉매 이상에 의한 화재 · 폭발, 오염물질에 의한 조성 변화 등
	점화원	정전기, 스파크, 용접, 마찰열, 복사열, 차량 등에 의한 착화
	누설	플랜지, 밸브, 샘플링 포인트, 펌프 등에서 누유 및 누수되는 사항 모두 포함
	파열	오염, 내부 폭굉, 물리적 과압, 팽창, 벤트 막힘, 제어 실패, 과충전, 롤오버(Rollover), 수격현상, 순간증발(Flashing)
	펑크	기계적 에너지 발생, 충격, 충돌, 기계진동, 과속 등
	개방구 오조작	벤트, 드레인, 압력방출 후단, 정비실 수, 계기 정비, 샘플링 포인트, 블로 다운, 호스, 탱크입하 및 출하 작업 실수
	기타	위 사항 외 기타 원인

공정 트러블 가이드 워드

위험형태	원인(대분류)	원인(소분류)
공정 트러블	조업상 문제	온도, 압력, 농도, pH, 교반, 조업 절차, 냉각 실패 등 조업상 실수 등
	원료 및 촉매 등 물질	원료 및 촉매 등 이상에 의한 원인 등
	기타	위 사항 외 기타 원인

상해 가이드 워드

위험형태	원인(대분류)	원인(소분류)
상해	추락	장치설비, 리프트, 플랫폼 등 구조물, 사다리, 계단 및 개구부 등에서의 추락 재료더미 및 적재물 등에서의 추락 등
	전도	누유 빙결 등에 의해 바닥에서의 미끄러짐, 바닥의 돌출물에 걸려 넘어짐, 장치설비, 계단에서의 전도 등
	협착	가동 중인 설비, 기계장치에 협착 물체의 전도, 전복에 의한 협착, 교반기, 임펠러 등 회전체에 감김 등
	충돌	중량물, 파이프랙 등 돌출부에 접촉, 충돌 구르는 물체나 흔들리는 물체에 접촉, 충돌 차량 등과의 접촉 및 충돌 등
	유해위험물질 접촉	뜨거운 물체에 접촉하여 화상, 부식성 물질 등에 접촉하여 피부손상 등
	질식	유해가스 발생, 산소 부족 등에 의한 질식
	기타	전류 접촉에 의한 감전사고, 낙하 · 비래 · 비산 · 붕괴 · 도괴사고, 중량물 취급 및 원재료 투입 시 요통 발생, 압박 · 진동 등 위 사항 외 기타 원인

(3) 공정안전성 분석(K-PSR) 평가서 등

공정안전성 분석(K-PSR)기법 평가서

1. 공장 또는 공정명 :
2. 팀 원 :
3. 검토항목(공정 및 주요설비) :
4. 수행일자 :
5. 도면번호 :

위험형태	원인 · 결과	관련 문제사항	현재 안전조치	개선권고사항

연속식 공정에 대한 K-PSR 기법 적용 사례

1. 공장 또는 공정명 : OOO공정(연속식)
2. 팀원 : KOSHA OOO, OOO
3. 검토항목 : ×× 반응기
4. 수행일자 :
5. 도면번호

위험형태	원인 · 결과	관련 문제사항	현재 안전조치	개선권고사항
누출	1. 개스킷 노후화 및 조립 실수에 의한 개스킷 파열로 유해물질이 방출되어 환경오염 및 인체 유해 가능성	1.1 보수작업 후 작업자 실수로 개스킷 조립 불량 및 명세에 맞지 않는 개스킷 사용 1.2 플랜지 및 개스킷 명세(Spec.)의 이력관리 미흡	1. 작업감독자의 적정 개스킷 확인 후 설치	1. 플랜지 및 개스킷 등급관리 실시
	2. 반응 저하에 의한 과압으로 압력이 상승하여 화재, 폭발 가능성	2. 없음	2.1 안전밸브 설치 2.2 압력조절장치 설치 2.3 압력경보장치 설치 2.4 고압경보스위치에 의한 연동장치 작동	2. 없음
	3. 원료주입 펌프 실 누설로 벤젠이 누출되어 환경오염 및 인체유해 가능성	3. 넌실형(Non-seal type) 펌프는 안전성이 우수하나 가격이 고가임	3.1 가스검지기 설치 3.2 2시간 간격의 순찰 실시	3. 넌실형(Non-seal type) 펌프의 설치검토
	4. 운전 시작 시 열적반복에 의한 배관 및 플랜지 변형으로 유해물질이 누출되어 환경오염 및 인체유해 가능성	4. 없음	4. 표준운전절차 준수	4. 없음
	5. 정비작업 후 펌프 얼라이먼트 불량에 의한 진동으로 배관 및 플랜지가 파열되어 위험물질 누출 위험성	5. 없음	5. 보수 후 펌프시험 실시	5. 없음
	6. 부식성 원료에 의한 내부 부식 가능성	6. 없음	6. 특수재질(Hastelloy-B) 사용	6. 없음

회분식 공정에 대한 K-PSR 기법 적용 사례

1. 공장 또는 공정명 : ○○○공정(연속식)
2. 팀원 : KOSHA ○○○, ○○○
3. 검토항목 : △△ 반응기
4. 수행일자 : 20××. ××. ××.
5. 도면번호

위험형태	원인 · 결과	관련 문제사항	현재 안전조치	개선권고사항
반응물질 누출 (Powder)	1. 원료투입 과정 중 작업자 실수에 의한 원료(분말) 누출에 의한 화재 및 인체 상해 가능성	1. 원료가 분말상일 경우 자동화 투입 불가능	1. 분말소화기 현장 비치, 세안 · 세척 시설 설치, 개인보호 장구(불침투성 보호의 등)착용	1.1 소화기 추가 배치 1.2 안전작업수칙 보완 (누출 시 대책)

11 사고피해 예측기법(CA)

1. 용어설명

(1) 위험물질 : 안전보건규칙 별표1의 제4호 인화성 액체, 제5호 인화성 가스 및 제7호 급성 · 독성물질을 뜻한다.

(2) 퍼프(Puff) : 순간 누출에 의하여 형성되는 증기운을 뜻한다.

(3) 플름(Plume) : 연속누출에 의하여 형성되는 증기운을 뜻한다.

(4) 물리적 폭발(Physical Explosion) : 압력용기가 과압방지장치의 고장, 부식 · 마모 · 화학적 침식 등에 의한 두께의 감소 및 과열 · 재질의 결합 등에 의한 용기의 강도 감소 등에 의하여 내부압력에 견디지 못하고 폭발하는 현상을 뜻한다.

(5) 폭발파(Blast Wave) : 폭발에 의하여 형성되는 압력 파동을 뜻한다.

2. 사고피해 예측절차

가상사고를 중심으로 사고피해 예측을 수행하되 그중 사고 발생 빈도 또는 가능성이 높은 가상사고를 중점적으로 분석한다.

단계	내용
1단계 (근본적인 위험 요소 확인)	정성적인 위험성 평가 단계로서 주로 위험과 운전분석기법 또는 체크리스트 기법 등에 의하여 공정 내에 잠재하고 있는 위험요소를 확인한다.
2단계 (누출 모델 작성)	누출 모델은 물질이 어떻게 누출되는지를 분석하는 것으로서 배관의 파손, 플랜지 누출, 안전밸브 작동, 운전원 실수 등에 의한 잠재적인 누출원 등을 확인하여 방출되는 위험물질의 양, 온도, 밀도, 시간, 누출상태(가스, 증기, 액체, 혼합물) 등을 계산한다.
3단계 (확산 모델)	2단계의 누출 모델을 근거로 하여 대기 중으로 확산되는 위험물질의 거리에 따른 농도, 확산되는 증기운 구름의 크기, 농도, 형태를 예측한다.
4단계 (피해 예측)	누출되는 위험물질이 인화성 가스 또는 인화성 액체인 경우에는 화재 · 폭발로 인하여 사업장 내의 근로자 및 주변 시설에 미치는 화재 · 폭발의 영향을 계산하며 독성 물질인 경우에는 작업자, 인근 주민 또는 주변 환경에 미치는 영향을 계산한다.

3. 분석방법

구분	분석방법	
확산	가벼운 가스	(1) 가우시안 플룸(Gaussian Plume) 모델 (2) 가우시안 퍼프(Gaussian Puff) 모델 (3) 기타
	무거운 가스	(1) BM(Britter & McQuaid) 모델 (2) HMP(Hoot, Meroney & Peterka) 모델 (3) Degadis 모델 (4) 기타
액면 화재/증기운 화재/고압분출 화재	(1) 액면 화재 시에는 TNO 모델 등의 적절한 액면화재 모델을 사용한다. (2) 고압분출 화재는 미국석유협회(API) 또는 TNO 모델을 사용하여 복사열을 예측한다.	
비등액체 팽창증기폭발 · 화구	TNT 당량 또는 단열팽창 모델 등을 사용하여 계산한다.	
물리적 폭발	(1) TNT 당량 모델 (2) 기타	
증기운 폭발	(1) TNT 당량 모델 (2) TNO 상관 모델 (3) TNO 멀티에너지 모델 (4) 기타	
밀폐계 증기운 폭발	(1) TNT 당량 모델 (2) TNO 상관 모델 (3) TNO 멀티에너지 모델 (4) 기타	

4. 위험기준의 정립

화재, 폭발 또는 독성물질의 누출 등과 같은 중대산업사고의 발생시 복사열, 과압 또는 공기 중에 확산되어 있는 독성 물질에 의하여 사업장 내의 근로자, 인근 주민 또는 주변 시설물 등에 어느 정도의 위험이 미치는지 또는 이 위험을 받아들일 수 있는지 여부를 판단할 수 있는 위험기준을 작성한다.

구분	위험기준	
확산	독성 물질	화학물질 폭로 영향지수 산정에 관한 기술지침(KOSHA GUIDE)에서 규정하는 ERPG-2 농도에 도달할 수 있는 거리로 한다.
	인화성 가스 및 인화성 액체	물질의 폭발하한농도가 되는 최대거리로 한다.
화재(복사열)	복사열에 의하여 근로자 또는 주변 기기에 미치는 영향을 판단할 수 있는 기준은 5kW/m^2 (1,585Btu/hr/ft^2)의 복사열이 미치는 거리로 한다.	
폭발(과압)	주변 기기 및 근로자 등에 미치는 영향을 판단할 수 있는 기준은 0.07kgf/cm^2(6.9kPa, 1psi)의 과압이 도달하는 거리로 한다.	

5. 피해예측 보고서

피해예측 보고서에는 아래의 사항이 포함되도록 한다.

구분	세부사항	
기상 자료	풍향, 풍속, 온도, 습도 등 사업장의 기상자료	
	누출 물질의 정보	(1) 누출 물질의 명칭 및 양 (2) 누출 시간
피해예측 결과	확산	(1) 누출물질의 농도, 온도, 밀도 (2) 거리에 따른 농도 등
	액면 화재	(1) 액면의 크기(지름) (2) 불꽃의 기울기 (3) 복사열량 (4) 거리에 따른 복사열 강도 등
	증기운 화재	(1) 가연성 증기운의 크기(지름) (2) 증기운의 밀도 및 온도 (3) 복사열량 (4) 거리에 따른 복사열 강도 등
	고압분출 화재	(1) 거리에 따른 복사열 강도 (2) 불꽃의 기울기 (3) 복사열량 등
	비등액체 팽창증기폭발	(1) 복사열량 (2) 화구의 지름 (3) 화구의 높이 등 (4) 거리에 따른 복사열 강도 등
	증기운 폭발	(1) 증기운의 크기 (2) 증기운의 밀도 및 온도 (3) 거리에 따른 과압 (4) 최대 과압 등
	밀폐계 증기운 폭발	(1) 거리에 따른 과압 (2) 파편의 비산에 의한 영향 등
	물리적 폭발	(1) 거리에 따른 과압 (2) 파편의 비산에 의한 영향 등

6. 참고자료

(1) 복사열 영향 판단표

1) 통증을 느끼기 시작하는 시간(인용 : API 521)

복사열 강도		고통을 느끼기 시작하는 시간 (sec)
($Btu/hr/ft^2$)	(kW/m^2)	
500	1.6	60
740	2.3	40
920	2.9	30
1500	4.7	16
2200	6.9	9
3000	9.5	6
3700	11.7	4
6300	19.9	2

2) 허용 설계기준

복사열		조건
($Btu/hr/ft^2$)	(kW/m^2)	
5000	15.8	건축물 내에서도 운전원이 임무 수행 곤란하며 건축물 내의 기기에도 복사열이 전달
3000	9.5	보호의를 착용하고 최대 30초간 간헐적으로 노출될 수 있음
2000	6.3	개인 방호물 없이 보호의를 착용하고 1분간 노출될 수 있는 복사열
1500	4.7	개인 방호물 없이 평상복을 착용하고 1분간 노출될 수 있는 복사열
500	1.6	연속적으로 노출 가능

3) 복사열의 영향 (인용 : World Bank)

복사열 강도		영향
($Btu/hr/ft^2$)	(kW/m^2)	
11900	37.5	장치 및 설비가 손상됨
7900	25	오랫동안 노출되면 최소한의 에너지에 의해 목재가 발화됨
4000	12.5	목재 또는 플라스틱 튜브의 착화를 유도하는 데 충분한 최소의 에너지
3000	9.5	8초 후에는 심한 고통을 느끼며, 20초 후에는 2도 화상을 입음
1300	4	20초 내에 보호되지 않으면 통증을 느끼며 피부가 부풀어 오름
500	1.6	장기간 노출되면 불편함을 느낌

(2) 폭발 과압 영향 판단표

폭발 과압의 영향 판단 표

과압		영향
kPa	(psi)	
0.15	0.02	소음 발생
0.2	0.03	유리창 일부 파손
0.3	0.04	큰 소음 발생
1	0.15	유리파열 압력
2	0.3	집의 지붕과 유리창의 10% 파손
3	0.4	구조물의 가벼운 손상
3.5–7	0.5–1.0	유리창이 부서지며 일부 창틀이 파손
5	0.7	주택의 구조물 파손
7	1.0	주택의 일부 파손(복구 불가능)
9	1.3	철구조물이 약간 손상
15	2	주택의 벽과 지붕이 약간 파손
15–20	2–3	비강화콘트리트 벽 파손
16	2.3	구조물이 심하게 손상되기 시작
18	2.5	주택의 블록이 50% 정도 파손
20	3	건축물의 철구조물이 손상되며 기초에서 이탈
20–28	3–4	지지대가 없는 철제 건축물 또는 기름 저장 탱크 파손
30	4	공장건물의 파손
35	5	나무 기둥이 부러짐
35–50	5–7	주택의 완파
50	7	짐 실은 화물차가 전복
50–55	7–8	두께 20~30cm의 벽돌벽이 붕괴
60	9	대형 화물차의 전파
70	10	대부분의 건축물 전파

(3) 피해예측 결과요약

* 공정안전보고서의 제출, 심사. 고시 별지 제19호의 2서식

시나리오 및 피해예측 결과

구분	최악의 사고 시나리오			대안의 사고 시나리오		
기상 및 지형자료						
풍속(m/s)						
대기안정도(A~F)						
대기온도(℃)						
습도(%)						
표면거칠기(m)	□ 시골 □ 도시 □ 물위 또는 (　)m			□ 시골 □ 도시 □ 물위 또는 (　)m		
물질 및 설비						
물질명						
물질의 상태	□ 기체 □ 액체 □ 2상(액체+기체)			□ 기체 □ 액체 □ 2상(액체+기체)		
설비명(또는 배관부위)						
운전압력(MPa)						
운전온도(℃)						
누출구의 크기(mm^2)						
웅덩이 크기(m^2)						
피해예측 결과						
누출결과						
직접계산(kg/s or kg)						
웅덩이(kg/s)						
설비/배관(kg/s)						
피해결과						
화재-복사열이 미치는 거리(m)	4 kW/m^2	12.5 kW/m^2	37.5 kW/m^2	4 kW/m^2	12.5 kW/m^2	37.5 kW/m^2
폭발-과압이 미치는 거리(m)	7 kPa	21 kPa	70 kPa	7 kPa	21 kPa	70 kPa
확산결과-인화성(m)	25% LEL	LEL	UEL	25% LEL	LEL	UEL
확산결과-독성(m)	ERPG 1	ERPG 2	ERPG 3	ERPG 1	ERPG 2	ERPG 3

주) ① 풍속은 1.5m/s 또는 통상의 풍속　② 대기안정도는 F 또는 통상의 대기안정도
③ 대기온도는 지난 3년간 낮동안의 최대 온도 또는 통상 온도　④ 습도는 지난 3년간 낮 동안의 평균 습도 또는 통상 습도
⑤ 표면거칠기는 시골, 도시, 물위 중 하나를 체크하거나 실제 표면거칠기 기재
⑥ 물질의 상태는 기체, 액체, 2상 중 하나를 체크　⑦ 누출구의 크기는 탱크 또는 배관 누출의 경우에 한해 기재
⑧ 웅덩이 크기는 액면을 형성한 경우에 한해 기재
⑨ 직접계산에는 직접 계산한 누출속도(kg/s) 또는 누출량(kg)을 기재
⑩ 웅덩이, 설비, 배관에는 누출속도(증발속도) 또는 연소속도를 기재
⑪ 화재-복사열에는 4, 12.5, 37.5kw/m^2의 복사열이 미치는 거리 기재(관심 복사열은 임의로 선정 가능)
⑫ 폭발-과압에는 7, 21, 70kPa의 과압이 미치는 거리 기재(관심 과압은 임의로 선정 가능)
⑬ 확산-인화성에는 인화성 액체나 가스의 농도가 25% LEL, LEL(폭발하한계), UEL(폭발상한계)이 되는 거리 기재(관심 농도는 임의로 선정 가능)
⑭ 확산-독성에는 독성물질의 농도가 ERPG 1, ERPG 2, ERPG 3가 되는 거리 기재(관심 농도는 임의로 선정 가능)
⑮ 영향을 미치는 복사열, 과압, 확산 농도는 변경 가능　⑯ 해당 사항이 없는 항목은 생략 가능

12 작업안전분석(Job Safety Analysis)

1. 용어설명

(1) 작업안전분석(Job Safety Analysis, JSA) 기법 : 특정한 작업을 주요 단계(Key Step)로 구분하여 각 단계별 유해위험요인(Hazards)과 잠재적인 사고(Accidents)를 파악하고, 유해위험요인과 사고를 제거, 최소화 및 예방하기 위한 대책을 개발하기 위해 작업을 연구하는 기법이다.

(2) 주요 단계(Key Step) : 작업을 진행순서에 따라 작업자의 직접적인 행동을 기준으로 구분하는 주요 단계를 뜻한다.

(3) 유해위험 요인(Hazard) : 유해의 잠재적 근원을 말하며, 유해위험 요인은 리스크 근원(Risk Source)이 될 수 있다.

2. 작업안전분석(JSA) 기법

(1) 분석 일반사항

JSA 적용시기	(1) 작업을 수행하기 전 (2) 사고발생 시 원인을 파악하고, 대책의 적절성을 평가할 경우 (3) 공정 또는 작업방법을 변경할 경우	(4) 새로운 물질을 사용할 경우 (5) 이해당사자에게 사용하는 설비의 안전성을 쉽게 설명하고자 할 경우
JSA 필요성 확인	(1) 작업에 대한 계획, 승인, 실행 및 작업허가와 관련된 모든 직원은 JSA가 필요한지를 확인하여야 한다. (2) 각 작업에 대해 새로이 JSA를 실행하여야 한다. (3) JSA 필요성이 확인된 경우에는 JSA 실행절차에 따라 실행하여야 한다.	
JSA 적용작업	(1) 사고(아차사고 포함) 또는 질병이 발생된 작업 (2) 심각한 상해를 일으킬 잠재성을 가진 작업 (3) 하나의 단순한 휴먼 에러가 상해를 일으킬 수 있는 작업 (4) 문서화된 지침서가 있을 정도로 충분히 복잡한 작업 (4) 새로운 공정, 기법, 절차, 설비 및 화학물질을 포함하는 작업 (5) 작업자, 공정, 원료, 절차서 및 설비 등이 변경되는 작업 (6) 법적 요구사항을 위반하고 있는 작업 (7) 판단과 경험을 요하는 작업 (8) 작업교대가 높은 작업 (9) 작업자 또는 감독자가 JSA가 필요하다고 요구하는 작업 (10) 유해위험물질을 취급하는 작업 (11) 위험한 작업환경(고소, 고소음, 고온, 저온, 제한공간 등)에서 행하는 작업 (12) 안전대책으로 안전보호구 사용을 요구하는 작업 (13) 협력업체 직원에 의해 수행되는 작업	
JSA 실행에 필요한 사항	(1) 과거의 리스크 평가 실시 결과서 (2) 관련 작업에 대한 정상 및 비정상 운전절차서 (3) 공정배관계장도(P&ID) 등 도면 (4) 기기사양 및 유지보수이력 (5) 물질안전보건자료(MSDS) (6) 작업자 실수 관련 자료	(7) 과거의 사고(아차사고 포함) 사례 (8) 작업환경 측정 결과 (9) 공정 및 품질상의 문제점에 대한 트러블 슈팅 등의 자료 (10) 작업자 불만사항 (11) 기타 JSA를 위한 자료

(2) JSA 실행 절차

1) 진행 흐름도

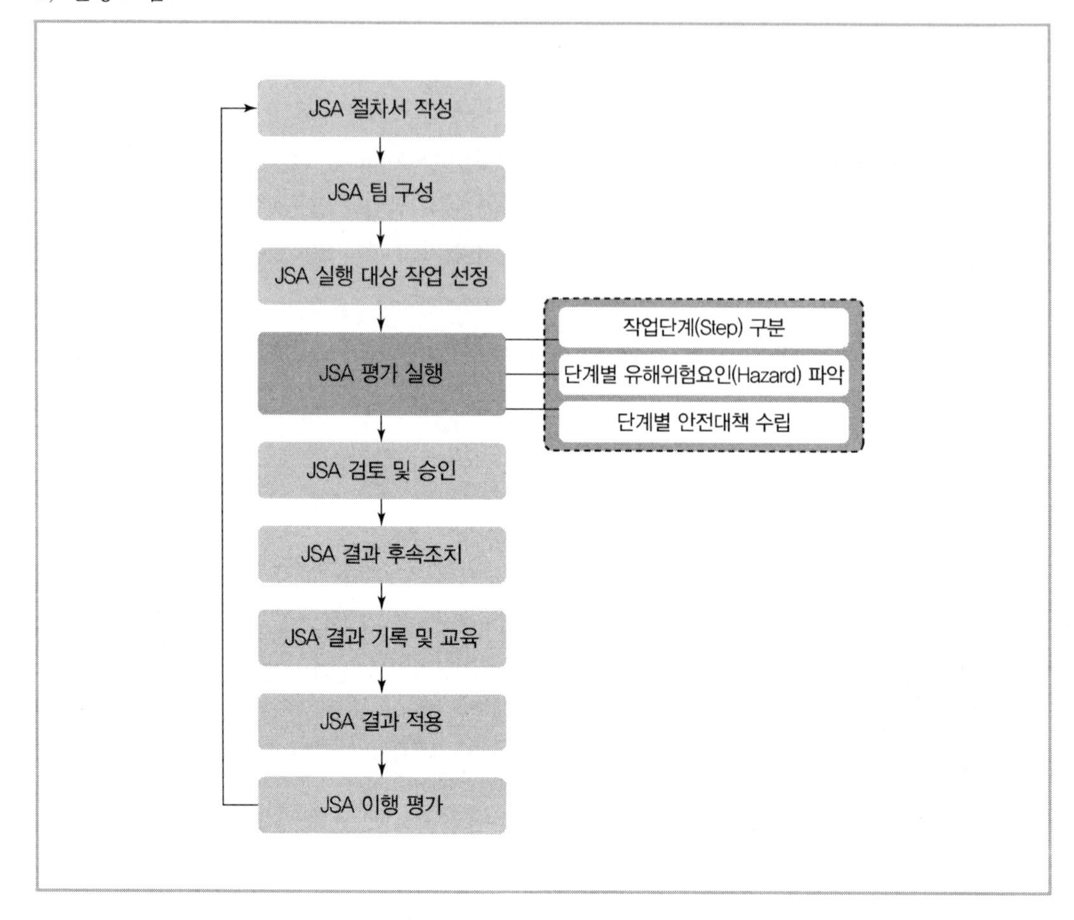

2) JSA 실행절차

(1) JSA 실행절차서 작성	사업장 내에서 JSA를 효과적으로 추진하기 위해서는 JSA 실행 절차서를 작성한다.
(2) JSA 팀 구성	JSA 팀을 구성한다.
(3) 대상작업 선정	대상작업을 선정한다.
(4) JSA 평가 실행	(가) 작업단계 구분, 유해위험요인 파악 및 대책수립을 포함한다. (나) 리스크 평가는 대책 수립에 포함하거나 별도로 수행할 수 있다.
(5) JSA 검토 및 승인	(가) 관리감독자가 JSA 팀에서 작성한 결과를 검토한다. (나) JSA를 실행한 운영부서장이 결과를 승인한다. (다) JSA 검토 및 승인 시에 안전부서장의 조언을 들을 수 있다.
(6) JSA 결과의 후속조치	(가) JSA 실행 결과 제시된 대책들이 작업 수행 전에 실행되었는지 확인한다. (나) 효과적인 대책 추진을 위해 대책을 수행하고, 확인할 담당자를 지정한다.
(7) JSA 결과의 기록 및 교육	(가) JSA 결과는 문서로 등록하여 관리한다. (나) 작업을 수행하기 전에 해당 작업과 관련된 모든 작업자에게 JSA 결과를 교육시킨다.

(8) JSA 결과 적용	(가) 작업을 수행하기 전에 작업과 관련된 모든 작업자 및 관리감독자는 JSA 결과서의 내용을 숙지하여야 한다. (나) 작업 전 또는 작업 중 작업조건, 작업방법, 작업내용 등이 변경되어 새로운 유해위험요인이 발생될 가능성이 있는 경우에는 즉시 작업을 중지하고, JSA 평가를 다시 실행하여야 한다.
(9) JSA 이행 평가	(가) 운영부서의 자체 평가 관리감독자는 작성된 JSA 결과의 내용을 작업자들이 숙지하고 지키는지 관찰하여 작업자들이 JSA 결과의 내용을 지키도록 관리하여야 하고, 수행에 문제를 파악하여 검토하여야 한다. (나) 안전부서의 정기 평가 안전부서장은 JSA 절차서의 전 과정에 대해 최소한 연 1회 이상 부서별로 JSA 이행 상태를 평가하여 반영한다.

3) JSA 평가

(1) 작업단계 구분	(가) 작업의 진행순서대로 단계를 구분한다. (나) 각 작업단계는 작업의 변화가 있고 관찰 가능하도록 구분한다. (다) 각 작업단계별로 특별한 위험이 없는 경우에는 해당 단계를 합쳐서 구분할 수 있다. (라) 일반적으로 작업단계는 10단계 내외가 적당하다. (마) 작업단계가 10개를 초과하는 경우에는 중분류의 작업단계를 설정하여 중분류별로 작업단계를 구분할 필요가 있다.
(2) 유해위험요인 파악	가. 각 작업단계별로 존재하거나 발생 가능한 유해위험요인을 파악한다. 나. 유해위험요인을 파악에는 아래의 요인을 참조하여 파악할 수 있다. (가) 기계적 요인 (나) 전기적 요인 (다) 물질(화학물질, 방사선) 요인 (라) 생물학적 요인 (마) 화재 및 폭발 위험요인 (바) 고열 및 한랭 요인 (사) 물리학적 작용에 의한 요인 (아) 작업환경조건으로 인한 요인 (자) 육체적 작업부담/작업의 어려움 요인 (차) 인지 및 조작능력 요인 (카) 정신적 작업부담 요인 (타) 조직 관련 요인 (파) 그 밖의 요인
(3) 단계별 안전대책 수립	가. 파악된 각각의 유해위험요인에 대한 예방 또는 감소대책을 파악한다. 나. 대책에는 유해위험요인의 제거, 기술적 대책, 관리적 대책, 교육적 대책 등이 모두 포함되도록 한다. 다. 일반적으로 대책을 수립하는 순서는 아래와 같다. (가) 유해위험요인의 제거(근본적인 대책) (나) 기술적(공학적) 대책 (다) 관리적 대책(절차서, 지침서 등) (라) 교육적 대책 라. 각각의 유해위험요인이 제거되거나, 허용할 수 있는 수준으로 감소되도록 대책을 수립하여야 한다. 마. 구체적이고, 실행 가능하도록 대책을 수립하여야 한다.
(4) 리스크 평가	발생빈도, 결과의 심각도를 고려하여 리스크 평가를 한다.

3. JSA 기법의 확대 적용

표준운전절차(SOP, Standard Operating Procedure)에 JSA 기법 적용	안전작업허가제도에 JSA의 적용
(1) 유사 또는 동일한 작업이 반복될 경우에는 JSA 기법을 적용하여 SOP를 작성할 수 있다. (2) SOP에 JSA 기법을 적용하는 방법은 아래와 같다. (가) 작성된 SOP에 포함되어 있는 작업절차(또는 작업내용)를 제외한 목차, 목적, 적용범위, 용어의 정의, 참고문헌 및 제·개정 이력 등과 같은 사항은 그대로 사용한다. (나) 아래의 사항은 SOP에 별도의 장(Chapter)으로 구분하거나 안전작업절차의 내용에 표시할 수 있다. ① 필요한 보호구 ② 필요한 장비/공구 ③ 필요한 자료 ④ 필요한 안전장비 및 준비물 (다) 작업절차 또는 작업내용을 JSA 양식을 사용하여 안전작업절차로 정리한다	(1) 안전한 작업을 위한 JSA의 실행효과를 높이기 위해서는 안전작업허가제도와 JSA 절차를 연계할 필요가 있다. (2) 안전작업허가서 제출 시에 JSA 결과를 첨부하도록 안전작업허가절차서에 포함시키는 방법이 바람직하다. (3) 안전작업허가서에 작업단계별 유해위험요인을 파악하고 대책을 수립하는 점검항목이 포함되어 있으면 안전작업허가서만 사용해도 JSA 기법에서 요구하는 사항을 만족시킬 수 있으며, 이 경우 해당 사항에 대해서는 작업 전에 작업자에게 교육을 시켜야 한다.

4. JSA 검토 및 승인 점검표 기법의 확대 적용

1. 문서 및 경험(Documentation and Experience)
이 작업은 작업자에게 친숙한가?
이 작업에 적합한 절차서, 지침서 또는 작업요령이 있는가?
이 작업과 유사한 활동 또는 작업에 대한 경험/사고를 인식하고 있는가?
2. 직원의 능력(Competence)
이 작업을 위한 숙련자 및 필요한 직원이 있는가?
JSA 회의에 다른 부서도 참석해야 하는가?
3. 의사소통 및 협조(Communication and Coordination)
여러 부서가 협조해야 할 작업이 있는가?
의사소통이 양호하며, 적절한 의사소통 수단이 있는가?
동시적인 활동(작동)으로 시스템, 지역 및 시설에서 잠재적인 논쟁이 있는가?
작업의 담당자가 누구인지를 명확하게 되었는가?
작업활동 계획 시 충분한 시간이 허용되었는가?
팀은 발생가능한 경보 및 비상 상황에 대한 조치를 고려했고, 비상조치 기능에 대한 가능한 방법 및 조치내용을 알리고 있는가?
4. 물리적인 핵심 안전시스템(Key Physical Safety Systems)
원하지 않는 누출과 같은 사고의 가능성을 줄이기 위한 대책이 있는가?(안전밸브, 컨트롤 시스템 등)
탄화수소 누출 시 점화가능성을 줄이기 위한 대책이 있는가?(가스누설감지기, 점화원 제거 등)
누출물질 격리 또는 위험물질을 안전한 장소로 배출시키기 위한 대책이 있는가?(긴급차단밸브, 비상방출시스템 등)
화재/폭발의 확산을 제한 또는 소화기 위한 대책이 있는가? (긴급차단밸브, 가스누설감지 및 경보장치, 소방펌프, 소화시스템/기구, 내화설비)
직원들이 안전한 대피를 위한 대책이 있는가?(비상전원/조명등, 경보설비, 비상대피로)
5. 작업에 관련된 설비(Equipment Worked On/Involved in the Job)
모든 에너지원(전기, 압력, 위치에너지 등)이 반드시 분리되는가?
고온의 위험성이 있는가?
충분한 설비방호 및 차폐장치가 있는가?
6. 작업용 설비(Equipment for the Execution of the Job)
작업에 필요한 인양 설비, 특별한 공구/설비/재료가 사용자에게 사용 가능하고, 익숙하고, 적절히 점검되는가?
관련 작업자는 적절한 보호구를 착용하고 있는가?
설비 및 공구는 통제되지 않는 가동/회전의 위험성이 있는가?
7. 작업장소(Working Place)
작업장 접근 및 작업조건 등을 확인하기 위해 작업장 점검이 필요한가?
고소작업, 상하간 작업 및 낙하물 등에 대해 고려하였는가?
해당 지역의 인화성 가스/액체/물질이 고려되었는가?
소음, 진동, 독성가스/액체, 연기, 분진, 증기, 화학물질 또는 방사선의 폭로 가능성을 고려하였는가?
작업장은 깨끗하고, 정리정돈이 되는가?
꼬리표/표지/방호장치의 필요성이 고려되었는가?
작업장으로의 운반 및 접근의 필요성이 고려되었는가?
어려운 작업 위치 및 작업 관련성 질병에 대한 잠재성이 고려되었는가?
현장의 의문사항이 추가적으로 고려되는가?

5. JSA 평가 서식

| 양식 1

<table>
<tr><td rowspan="2">작업명</td><td rowspan="2"></td><td>작업번호</td><td></td><td>개정일자</td><td></td></tr>
<tr><td>작성자</td><td></td><td>작성일자</td><td></td></tr>
<tr><td>부서명</td><td></td><td>검토자</td><td></td><td>검토일자</td><td></td></tr>
<tr><td>작업지역</td><td></td><td>승인자</td><td></td><td>승인일자</td><td></td></tr>
<tr><td>필요한 보호구</td><td colspan="5">예 안전화, 안전모, 방독마스크, 보안경, 송기마스크 등</td></tr>
<tr><td>필요한 장비/공구</td><td colspan="5">예 지게차, 체인블록 등</td></tr>
<tr><td>필요한 자료</td><td colspan="5">예 작업계획서, 작업허가서, MSDS, 도면(P&ID, 전기단선도) 등</td></tr>
<tr><td>필요한 안전장비</td><td colspan="5">예 가스감지기, 소화기 등</td></tr>
</table>

번호	작업단계 (Steps)	유해위험요인 (Hazards)	대책 (Controls)	조치일정	담당

| 양식 2

<table>
<tr><td rowspan="2">번호</td><td rowspan="2">작업단계
(Steps)</td><td rowspan="2">유해위험요인
(Hazards)</td><td rowspan="2">대책
(Controls)</td><td colspan="3">리스크 평가</td><td rowspan="2">개선일정</td><td rowspan="2">담당자</td></tr>
<tr><td>발생빈도</td><td>심각도</td><td>리스크</td></tr>
<tr><td></td><td></td><td></td><td></td><td></td><td></td><td></td><td></td><td></td></tr>
<tr><td></td><td></td><td></td><td></td><td></td><td></td><td></td><td></td><td></td></tr>
<tr><td></td><td></td><td></td><td></td><td></td><td></td><td></td><td></td><td></td></tr>
</table>

▌예시

번호	작업단계	유해위험요인	대책(또는 안전작업방법)
1	차를 주차한다.	다른 자동차에 의한 추돌 위험	비상등을 작동시킨다.
			100m 후방에 비상경고용 안전삼각대를 설치한다.
			100m 후방에 안내자를 배치시켜 수신호를 한다.(안전삼각대가 없을 경우)
			고속도로의 갓길에는 주정차를 금지한다.
		경사지에 주차 시 차량의 미끄러짐 위험	평평한 지면에 주차한다.
			주차 브레이크와 기어를 작동시킨다.
			바퀴에 받침목을 설치한다.
		견고하지 않은 곳에 주차 시 침하위험	단단한 지면에 주차한다.
2	잭과 바퀴를 트렁크에서 꺼낸다	허리를 숙여 꺼낼 때 요통 위험	차체에 몸을 붙이고 잭과 타이어를 꺼낸다.
			무리한 동작이나 자세를 피한다.
		클램프 또는 너트를 풀 때 손이 부딪칠 위험	장갑을 착용한다.
		바퀴 운반 시 요통 위험	트렁크에서 꺼낸 바퀴는 굴러서 운반한다.

13 체크리스트 기법

1. 위험성 평가 수행

평가기준 작성	(1) 위험성 평가 체크리스트 공정 및 설비개요 예시를 참고하여 위험성 평가를 수행하려는 공정 및 설비에 해당하는 위험성 평가 체크리스트 공정 및 설비개요를 작성한다. (2) 팀 리더는 위험성 평가 개요와 목적을 팀 구성원들에게 충분히 설명하고 다음과 같은 절차에 따라 위험성 평가 결과 기록지의 평가기준을 작성하도록 한다. (가) 공정의 흐름을 따라서 검토구간(Node)을 설정한다. (나) 각 검토구간별 해당 검토구간에 속한 장치 및 설비, 동력기계, 배관, 계기, 전기설비 등에 대한 평가기준을 작성하는 것을 원칙으로 하되 공통사항은 별도로 작성할 수 있다. (다) 원료, 중간제품, 최종제품, 첨가제 등 모든 화학물질은 종류별로 각각 작성한다. (라) 검토구간으로 구분할 수 없는 공장배치, 운전절차, 검사 및 정비, 안전관리 등은 하나 또는 수개의 항목으로 묶어서 일반 사항으로 분리 · 작성한다. (마) (가)에서 (라)까지의 평가기준은 각 사업장별로 대상공정, 설비 및 장치의 특성에 따라 필요한 내용을 변경, 보완 또는 추가하고 위험성 평가 체크리스트 공정 및 설비개요에서 작성한 평가 대상이 모두 포함되도록 한다.
체크리스트의 평가 및 기록	(1) 팀 리더는 팀 구성원과 함께 평가기준에 따른 현재의 안전조치를 모두 기입하고 각 평가기준에 따른 현재의 안전조치가 적정한지 여부를 검토한 평가결과를 적정 또는 보완으로 분류 표기한다. (2) 위험도는 예상되는 발생빈도와 강도를 조합한 위험도를 기록한다. (3) 개선번호는 개선조치 우선순위를 기록한다. (4) 평가결과 보완이 필요한 경우 위험도를 고려하여 개선권고사항을 기록한다.
위험도의 평가	(1) 사고의 발생빈도와 유해위험물질의 누출량, 인명 및 재산피해, 가동정지기간 등의 강도를 조합하여 위험도를 구분한다. (2) 발생빈도 및 강도의 구분을 규정한다. (3) 위험도를 결정하는 경우 발생빈도는 현재 안전조치를 고려하여 결정하나, 강도는 현재 안전조치를 고려하지 않는다. (4) 위험도에 따른 위험관리기준에 따라 평가한다.
위험성 평가 결과 조치계획 작성	(1) 위험성평가에서 제시된 위험도 및 개선권고사항을 고려하여 조치계획을 수립한다. (2) 검토결과 별도의 조치계획이 필요 없다고 결론을 내린 경우에는 비고란에 조치계획이 필요 없는 사유를 기입한다. (3) 조치계획을 필요로 하는 항목에 대하여는 우선순위, 책임부서, 일정, 진행결과 등을 기입하고, 조치가 완료된 후에는 완료 확인란에 표시한다.
후속조치	(1) 개선권고사항을 검토한 후, 후속조치가 필요한 개선권고사항은 우선순위를 정하여 조치하여야 한다. (2) 개선권고사항에 대한 후속조치는 회사의 특성에 따라 정비부, 기술부 또는 사업부 등에서 각각 시행할 수 있도록 책임부서를 지정하여야 한다. (3) 사업주는 개선권고사항에 대한 후속조치가 적절히 이행되는지 여부를 확인하여야 한다.

2. 참고자료

(1) 위험성 평가결과 기록지

검토구간 :

평가항목 : 작성일자 : 평가검토일자 :

번호	평가기준①	현재 안전조치	평가 결과②		위험도	개선번호	개선권고사항
			적정	보완			

주) ① 평가기준은 검토구간 내의 배관 및 장치 등을 기입함
② 평가결과는 해당란에 v로 표시함

(2) 위험성 평가결과 조치계획

<u>위험성 평가결과 조치계획</u>

번호	우선 순위	위험도	개선권고사항	조치계획	책임 부서	일정	진행 결과	완료 확인	비고

14 사고예상 질문분석 기법

1. 기본사항

구분	내용
적용 대상 공정	1. 사고예상질문 분석 기법의 적용 대상 공정은 다음과 같다. (1) 저장탱크 설비 (2) 유티리티 설비 (3) 제조공정 중 고체건조 · 분쇄설비 등 간단한 단위공정 (4) 공정, 원료, 제품 및 공정설비 등과 같이 주요 구조부분의 변경 시 2. 대상 공정의 위험성을 완전히 평가할 수 없는 경우에는 체크리스트기법으로 보완하여야 한다.
필요한 자료	(1) 공정설명서(화학반응 특성을 포함한다.) (2) 제조공정 도면(공정흐름도, 배관계장시스템 도면을 포함한다.) (3) 운전절차서(시운전, 정상운전, 가동정지 및 비상운전을 포함한다.) (4) 정비절차서(검사, 예방점검 및 보수절차를 포함한다.) (5) 운전자의 책무 (6) 물질안전보건자료(유해 · 위험물질의 저장 및 취급량 명세를 포함한다.) (7) 공장배치도(기계설비 배치도, 방폭지역구분 도면을 포함한다.) (8) 비상조치계획 (9) 기타 사고예상질문의 작성에 필요한 서류
작성 기준	1. 공정의 흐름을 따라서 검토구간(NODE)을 설정한다. 2. 기계장치(예 가열로, 반응기, 증류탑, 열교환기, 저장조, 압축기, 펌프 등)와 배관류, 기계류, 전기계통 등이 모여서 하나의 공정을 구성하는 경우에는 세부 공정단위 또는 공정부문별로 묶어서 작성할 수 있다. 3. 사고예상질문의 내용에는 다음 사항을 포함한다. (1) 장치의 고장 (2) 공정조건의 이상 (3) 계기 및 제어계통의 고장 (4) 유티리티 계통의 고장 및 사고 (5) 운전자의 태만 및 부주의로 인한 실수 (6) 시운전, 정상운전, 가동정지 시에 운전절차로부터의 이탈 (7) 정비와 관련된 사고 (8) 원료, 중간제품, 최종생산품의 저장, 취급 및 수송 중의 사고 (9) 외부요인에 의한 사고(항공기 충돌, 폭동, 폭풍, 낙뢰 등) (10) (1)항부터 (9)항까지의 복합요인에 의한 고장 및 사고 (11) 기타 위험을 야기할 수 있는 사고

2. 평가수행절차 등

수행절차	1. 사고예상질문 분석의 평가를 위한 수행절차 (1) 공정 설명 (2) 대상공정에 대한 서류검토 및 현장확인 (3) 평가팀이 회합을 가지고 사고예상질문과 답변을 통하여 위험성 평가를 실시 2. 평가팀은 도면 목록을 작성한다. 3. 평가팀은 검토구간별로 평가를 수행한 후 그 결과를 기입한다. 4. 평가팀은 평가수행이 완료되면 조치계획을 작성한다.
요건	사고예상질문 분석의 결과는 목록의 형태로 나타내며 다음 사항을 반드시 포함하여야 한다. (1) 사고예상질문 : 사고를 일으킬 수 있는 가능성을 질문의 형태로 작성 (2) 사고 및 결과 : (1)항에 대한 답변으로 사고의 내용과 그 결과 및 영향을 기술한다. (3) 위험등급 : 유해 · 위험물질의 누출량, 인명 및 재산피해, 가동정지기간 등의 치명도와 발생빈도를 감안하여 1에서 5까지 위험등급을 표시한다. 위험등급, 발생빈도, 치명도는 사업장의 특성에 맞도록 표준을 정한다. (4) 개선권고사항 : 위험으로부터의 보호수단 및 위험을 줄일 수 있는 방법 또는 사고대책 등을 기술한다. (5) 조치계획 : 대책의 우선순위, 책임부서, 대책마련 시한 및 진행결과 등을 기술한다.
후속조치	(1) 위험등급이 1이나 2인 경우 경영자는 회사의 표준에 따라 반드시 조치를 취해야 하며 나머지 등급의 것에 대한 조치도 강구한다. (2) 경영자는 공정안전관리 추진팀에게 평가결과보고서의 내용들이 적절하게 추진되어 있는지를 감시하게 하여야 한다. (3) 후속조치의 책임부서는 회사의 특성에 따라 정비부, 기술부, 사업부 등에서 각각 시행할 수 있도록 책임부서를 지정하여야 한다.

3. 참고자료

사고예상 질문 분석표 / 조치계획표

<u>사고예상질문 분석표</u>

공정 :
도면 : 검토일 :
구간 : PAGE :

번호	사고 예상 질문	사고 및 결과	안전조치	위험등급	개선권고사항

조 치 계 획

PAGE :

번호	우선순위	위험등급	개선권고사항	책임부서	일정	진행결과	완료확인	비고

15 방호계층분석(LOPA) 기법

1. 용어설명

(1) **초기사고** : 원하지 않는 결과로 유도하는 시나리오를 개시시키는 사고를 말한다.

(2) **시나리오** : 원하지 않는 결과를 가져오는 사건이나 사건의 연속을 말한다.

(3) **기본공정제어시스템(Basic Process Control System, BPCS)** : 공정이나 운전원으로 부터 나온 입력 신호에 대응하는 시스템으로서 출력 신호를 발생시켜 공정이 원하는 형태로 운전되도록 하는 것을 말한다. 기본공정제어시스템은 센서, 논리연산기, 공정제어기 및 최종 제어요소로 구성되며 공정을 정상 생산범위 내에서 운전되도록 제어한다. HMI(Human Machine Interface)도 포함한다. 또한 공정제어시스템으로도 간주된다.

(4) **공통원인고장 또는 공통형태고장** : 다중시스템에서는 동시고장을 야기하고 다중체널 시스템에서는 2이상의 다른 채널에서의 동시 고장을 야기하여 시스템 고장으로 유도하는 하나 이상의 사고결과인 고장을 말한다. 공통 원인고장의 출처는 영향을 받는 시스템의 내부나 외부일 수 있다. 공통원인 고장은 초기 사고 및 하나 이상의 방호장치 또는 여러 개의 방호장치의 상호관계를 포함할 수 있다.

(5) **최종 조작요소(Final Control Element)** : 제어를 달성하기 위하여 공정 변수를 조작하는 장치를 말한다.

(6) **논리해결기(Logic Solver)** : 상태제어, 즉 논리함수를 실행하는 기본공정제어시스템이나 안전계장시스템의 일부분을 말한다. 안전계장시스템의 논리해결기는 일반석으로 고장이 허용되는 프로그램 가능 논리제어기(Programmable Logic Controller, PLC)이다. 기본공정 제어시스템상의 단일 중앙처리장치는 연속식 공정제어와 상태제어기능을 수행할 수도 있다.

(7) 작동요구 시 고장확률(Probability of Failure on Demand, PFD) : 시스템이 특정한 기능을 작동하도록 요구받았을 때 실패할 확률을 말한다.
(8) 방호계층(Protection Layer) : 시나리오가 원하지 않는 방향으로 진행하지 못하도록 방지할 수 있는 장치, 시스템, 행위를 말한다.
(9) 안전계장기능(Safety Instrumented Function, SIF) : 한계를 벗어나는(비정상적인) 조건을 감지하거나, 공정을 인간의 개입 없이 기능적으로 안전한 상태로 유도하거나 경보에 대하여 훈련받은 운전원을 대응하도록 하는 특정한 안전무결수준(SIL)을 가진 감지장치, 논리해결장치 그리고 최종 요소의 조합을 말한다.
(10) 안전계장시스템(Safety Instrumented System, SIS) : 하나 이상의 안전계장기능을 수행하는 센서, 논리해결기, 최종 요소의 조합을 말한다.
(11) 안전무결수준(Safety Integrity Level, SIL) : 작동 요구 시 그 기능을 수행하는 데 실패한 안전계장기능의 확률을 규정하는 안전계장기능에 대한 성능기준을 말한다.

2. 조직구성 및 필요자료

조직구성	필요자료
(가) 관련공정을 운전한 경험이 있는 운전원 (나) 공정 엔지니어 (다) 공정제어 엔지니어 (라) 생산관리 엔지니어 (마) 관련 공정에 경험이 있는 계장/전기 보수전문가 (바) 위험성평가 전문가	(1) 위험성 평가의 목적과 범위를 정한 후 평가에 필요한 자료를 수집한다. (2) 위험성 평가에 사용되는 설계도서는 최신의 것이어야 한다. (3) 기존공장의 위험성 평가에 사용되는 설계도서는 현장과 일치되어야 한다. (4) 방호계층분석에 필요한 자료 목록은 다음과 같다. (가) 위험과 운전분석 등의 정성적 위험성평가 실시 결과서 (나) 안전장치 및 설비 고장률 자료 (다) 인간실수율 자료 (라) 정해진 위험허용기준 (마) 공정흐름도면(PFD), 물질 및 열수지 (바) 공정배관 · 계장도면(P&ID) (사) 공정 설명서 및 제어계통 개념과 제어 시스템 (아) 정상 및 비정상 운전절차 (자) 모든 경보 및 자동운전정지 설정치 목록 (차) 유해 · 위험물질의 물질안전보건자료(MSDS) (카) 설비배치도면 (타) 배관 표준 및 명세서 (파) 안전밸브 및 파열판 사양 (하) 과거의 중대산업사고, 공정사고 및 아차사고 사례 등

3. 방호계층 분석 수행

(1) 수행 흐름도

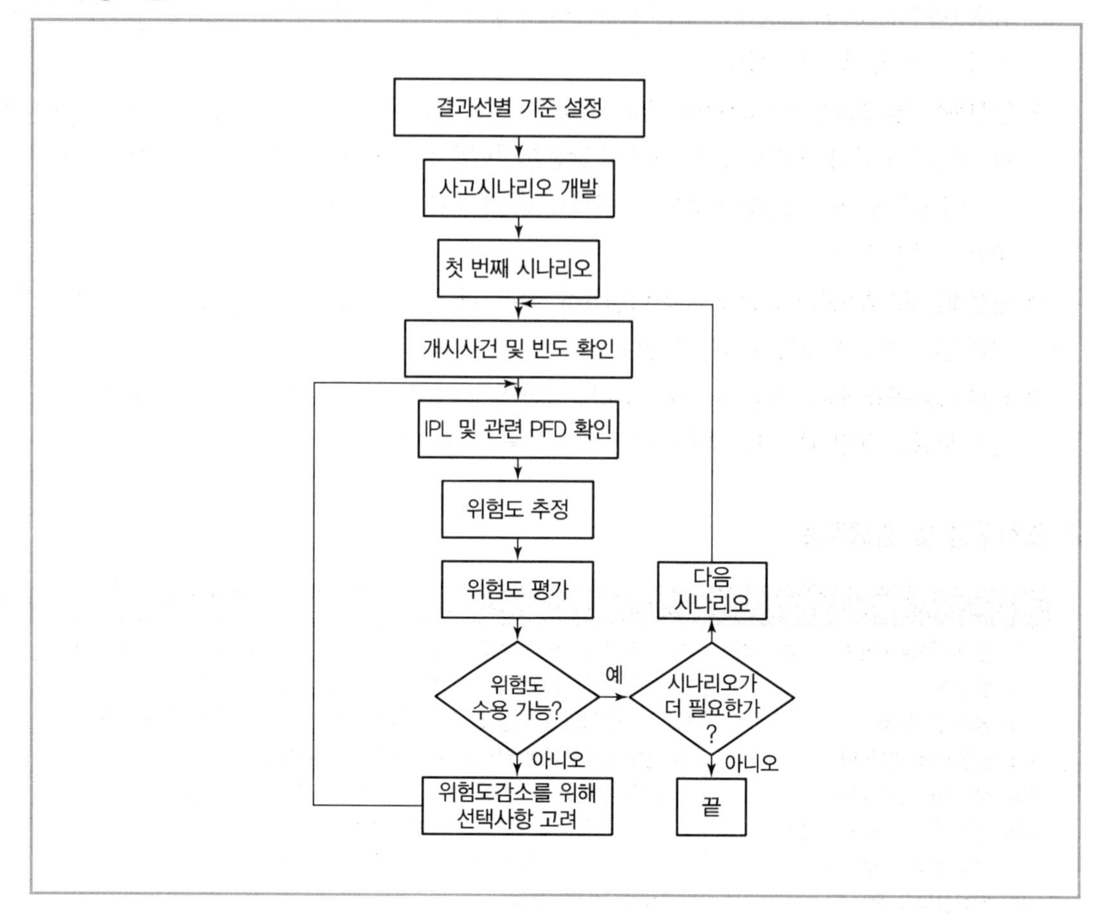

(2) 세부 수행절차

1단계	시나리오를 선별하기 위해 영향을 확인	(가) 방호계층 분석은 이전에 실시한 위험성 평가에서 개발된 시나리오를 이용하여 평가 한다. (나) 방호계층 분석평가의 첫 번째 단계는 시나리오를 선별하는 것이다. 시나리오를 선별하는 방법은 영향을 기반으로 한다. (다) 영향은 보통 위험과 운전분석 평가와 같은 정성적 위험성 평가에서 확인한다. (라) 다음으로 영향을 평가하고 그 크기를 추정한다.
2단계	사고 시나리오의 선택	(가) 방호계층 분석은 한 번에 한 시나리오에만 적용한다. (나) 시나리오는 하나의 원인(초기사고)과 쌍을 이루는 하나의 결과로 제한한다.
3단계	시나리오의 초기사고를 확인하고 초기사고빈도(연간 사고수)를 정한다.	(가) 초기 사고는 반드시 영향을 나타내어야 한다.(모든 안전장치가 실패한 경우). (나) 빈도는 시나리오가 타당하게 적용될 수 있는 운전형태의 빈도와 같은 시나리오의 배경적인 면을 포함하여야 한다. (다) 평가팀은 방호계층 분석결과와의 일관성을 얻기 위해 빈도를 평가하는 것에 관한 지침을 별도로 만드는 것이 필요하다.
4단계	독립방호계층을 규명하고 각 독립방호계층의 작동요구 시 고장확률을 평가한다.	(가) 몇몇의 사고 시나리오는 하나의 독립된 방호계층만을 필요로 하고, 다른 사고 시나리오는 시나리오에 대한 허용 가능한 위험을 얻기 위해 많은 독립방호계층 또는 아주 낮은 작동 요구 시 고장확률을 가진 독립방호계층을 필요로 한다. (나) 주어진 시나리오에 대해 독립방호계층의 필요조건을 충족하는 기존의 안전장치를 알아내는 것이 방호계층분석의 핵심이다. (다) 평가팀은 평가 시 사용할 수 있도록 이미 결정된 독립 방호계층 값들을 준비하여야 한다. 따라서 평가팀은 분석 대상인 시나리오에 가장 잘 맞는 값을 선택할 수 있다.
5단계	영향, 초기사고, 독립방호계층 데이터를 결합하여 시나리오의 위험을 수학적으로 평가한다.	(가) 사고영향의 정의에 따라 다른 요소들도 계산 과정에 포함할 수 있다. 접근 방법에는 산술적 공식과 그래프식의 방법이 있다. (나) (가)항의 방법과는 상관없이 평가팀은 결과를 문서화하는 표준형식을 자체적으로 만들어 사용할 수도 있다.
6단계	시나리오에 관련된 결정에 도달하기 위한 위험도를 평가한다.	(가) 방호계층 분석으로 위험도 결정을 해야 하는 방법을 기술한다. (나) 이 방법은 시나리오의 위험을 사업장의 허용위험기준이나 관련된 목표와의 비교를 포함하여야 한다.

4. 방호계층 분석보고서

(1) 보고서에 포함사항

1) 영향
2) 강도수준
3) 개시 원인
4) 초기 사고빈도
5) 방호계층
6) 추가적인 완화대책
7) 독립방호계층
8) 중간 사고빈도
9) 안전계장기능 무결성 수준
10) 완화된 사고빈도
11) 전체위험도

(2) 방호계층 분석결과서 양식

#	1	2	3	4	5			6	7	8	9	10	11
					방호계층								
순서	영향 설명	강도 수준	초기 사고 원인	초기 사고 빈도	일반 적인 공정 설계	기본 공정 제어 시스템	경보 등	추가적인 완화대책, 접근 제한 등	독립방호 계층, 추가적인 완화대책, 다이크, 압력방출	중간 단계의 사고 빈도	안전계장 기능무결 수준	완화된 사고 발생 빈도	비고
1													
2													

예시

방호계층분석 결과서(예시)

#	1	2	3	4	5			6	7	8	9	10	11
					방호계층								
순서	영향설명	강도 수준	초기 사고 원인	초기 사고 빈도	일반적인 공정 설계	기본 공정 제어 시스템	경보 등	추가 적인 완화대책, 접근제한 등	독립방호 계층, 추가적인 완화대책, 다이크, 압력방출	중간 단계의 사고 빈도	안전계장 기능무결 수준	완화된 사고 발생 빈도	비고
1	증류탑 파열로 인한 화재	심각	냉각수 손실	0.1	0.1	0.1	0.1	0.1	PRV 01	10^{-7}	10^{-2}	10^{-9}	고압으로 인한 증류탑 파손
2	증류탑 파열로 인한 화재	심각	스팀 제어 루프 고장	0.1	0.1		0.1	0.1	PRV 01	10^{-6}	10^{-2}	10^{-8}	위와 동일
N													

CHAPTER 05

플랜트 공사관리의 이해

01 플랜트 건설사업의 개요

플랜트 EPC 공사는 입찰, 계약, 설계, 구매, 공사, 시운전, 인계로 이어지는 절차로 발주처, 건설사, 플랜트의 종류에 따라 약간의 차이가 있으나, 이를 개략적인 업무와 산출물로 정리하면 다음과 같이 요약할 수 있다.

1. 입찰

입찰단계는 사업주가 플랜트공사에 대한 기준을 정리한 문서인 ITB를 작성하고 건설공사가 가능한 또는 참여의사가 있는 업체를 대상으로 자격(주로 건설이력)을 검토한 후 이를 통과한 업체들에게 ITB를 제공 또는 구매할 수 있도록 함으로써 입찰이 이루어진다.

건설업체에서는 ITB를 입수하고 입찰여부를 결정한 후 입찰하기로 결정되면 입찰팀을 구성하여 현장조사를 하고 현장조건을 반영하여 설계－견적을 거친 직접비와 간접비를 산정하여 입찰서를 작성한다. 입찰서는 통상 기술입찰서와 상업입찰서로 구성되는 경우가 많으며, 이를 작성하여 입찰서를 입찰보증(금)과 함께 발주처에 제출한다.

2. 계약

사업주는 입찰서를 기준으로 평가기준에 따라 평가한 후 우선협상대상자를 선정하여 발표하며, 선정된 업체에 LOI를 발송하고, 우선협상대상자와 기술적, 상업적인 세부 사항에 대하여 협상을 시작하며, 협상결과를 반영한 계약서를 작성하게 된다.

3. 설계

설계는 기본설계와 상세설계로 나누어지며, 대체로 화공플랜트와 원자력의 경우에는 기본설계사가 별도로 있으며, 타 플랜트의 경우에는 초기 입찰 시 제출한 설계서에 따라 기본설계와 상세설계를 하게 된다. 설계단계에서는 현장조사를 통해 반영된 조건을 설계에 반영하여 설계도, 계산서, 물량산출서, 기자재사양 등을 작성하게 되며, 이를 발주처로부터 승인을 얻은 후 기자재 업체로부터 견적된 사양에 대하여 TBE를 한 후 구매부서로 결과를 송부한다. 또한 설계 시 참여한 기술자는 현장공사 및 시운전 시 현장을 지원하여 Field Engineer로 참여하기도 하며, 공사 준공 시 제공되어야 하는 이관문서(설계도면, 기자재사양서, Vendor Document)를 정리하여 현장에 송부한다.

4. 구매

기자재 사양서를 기준으로 기자재 견적을 공종별로 진행하며, 설계자와 견적참여업체 담당자와 TBE Meeting을 진행 또는 TBE 결과서를 반영한 최적의 가격으로 구매조건이 명시된 계약서를 기자재업체와 작성하게 된다. 계약된 기자재에 대하여 제조사별로 직접 방문하여 납품되는 기자재에 대해 검사를 실시하고 납품일정과 해상, 육상운송에 따른 현장 도착 일정을 지속적으로 관리한다.

5. 공사

설계도서와 공사 물량을 파악하여 하도급업체를 선정하고, AFC(건설승인)가 이루어진 공종을 기준으로 공사를 시행한다. 이때 공종상 토목 및 건축이 먼저 착수하고 이후 기계, 전기, 계장 등의 공종이 착수된다. 건설공사 시 건설사 지급품(자재)에 대해서는 현장도착 시부터 자재검수를 하고 시공 전까지 관리하여야 한다. 또한 건설공사에 대해서는 품질(용접검사 등) 및 안전관리 부서를 두고 현장 건설공사가 문제없이 이루어질 수 있도록 관리한다. 또한 시운전 부서에 건설공사가 완료된 사항에 대하여 자료를 이관하는데 이때 시공상의 문제가 발생할 수 있는 부분에 대해서는 시운전부서에서 공사부서에서 보완 후 시운전에 이관하여야 한다.

6. 시운전

시운전은 건설된 플랜트를 발주처와 함께 운전하며, 성능과 품질을 확인하는 것으로 플랜트 시운전이 끝나게 되면 공장을 발주처에 승인을 얻어 인계하게 된다. EPC 건설공사의 특성상 인계가 된 이후에도 하자보수를 위하여 몇 명의 인원이 상주하며 해당 플랜트를 관리하는 것이 통상적이다.

구분	입찰	계약	설계	구매	공사	시운전
업무	사전자격심사 ITB 입수/구매 현장조사 물량/견적작성 입찰서 작성 입찰	협상대상자 선정 EPC 조건 협상 계약서 작성 계약	현장조사 기본설계 상세설계 물량산출 공사 지원 시운전 지원 이관문서	기자재 견적 Vendor 협상 발주/검사 납기/운송관리	현장조사 하도급 업체선정 가설/본공사 공정/원가관리 기자재관리 품질관리 안전관리 준공	시운전 성능검사 공장인계
산출물	입찰서	계약서 협상결과물	설계/시공 도면 설계 계산서 기자재 사양서 자재물량 집계표 TBE 결과서 이관문서	기자재 계약 발주/검사문서 납기/운송문서	하도급 계약서 공사시방서 공사관련 서류	시운전 매뉴얼 시운전 계획서

02 플랜트 건설사업 업무절차

플랜트 건설사업의 진행절차는 대부분 유사하나 플랜트 EPC 수행회사 및 발주처에 따라 다소 차이가 있을 수 있다. 개략적인 플랜트 건설사업의 업무절차를 정리하면 아래와 같다.

1. 입찰단계

입찰단계에서 일어나는 업무절차를 정리하면 다음과 같이 정리될 수 있다.

구분	내용	참여 공종	비고
사전 자격심사(PQ)	발주처 요구사항 작성 제출	영업부서	기술적 제안 요청 시 설계부서 엔지니어 참여
ITB 입수/구매 입찰조직구성	1. ITB를 입수하여 입찰 프로젝트의 조직 구성(PM－EM－LE 등) 2. 입찰설계 및 물량산출 3. 기자재 견적	사업관리(입찰)/영업 엔지니어링 (공종별) 구매부서	ITB 초기 검토 후 입찰결정
입찰서 작성	직접비 산정 : 공종별 물량 및 금액 산정 간접비 산정 : 관리비 등 물량 및 입찰가 검토 입찰서 작성 수주심의(Risk 제거)	사업관리 엔지니어링 부서	ITB를 토대로 설계 발주처 질의 및 회신 반영 기자재 물량에 대한 검토 (과거자료를 통한 검증) Vendor 견적가 확인/협상
입찰서 제출	입찰서 발주처 제출	사업관리/영업	

2. 계약단계

계약단계는 우선협상자로 선정된 후 발주처와 협의를 통하여 실제 공사금액 협상 및 주요사항에 대한 조정을 한 후 계약서를 작성하고 계약을 하게 된다.

구분	내용	참여 공종	비고
LOI 접수	발주처로부터 LOI 접수 입찰 시 발주처의 질의결과 정리 발주처와의 협의 미팅 준비	영업부서 엔지니어링	기술사항에 대하여 각 공종별 LE 참여
발주처 Meeting	1. EPC에 대한 설명 2. 발주처 요구사항에 대한 협상 －Technical & Commercial 3. 협상결과 최종결정	사업관리(입찰)/영업 엔지니어링(공종별) 기자재 업체(필요시)	ITB 및 입찰질의 결과에 따라 변경사항 세부검토 기술 및 금액분석 필요
계약	1. 계약서 작성 －협의사항(Meeting) 첨부 필요 2. 계약서 검토 3. 계약서 사인	사업관리(입찰)/영업 법무팀	계약문구와 계약사항에 대하여 법적사항 검토 필요

3. 사업수행 준비 단계

사업수행을 위한 조직(사업관리－설계－구매－공사－시운전)을 구성하는데, 초기에는 사업관리 부서만 구성하고 수행조건과 EPC 공사비를 검토한 후 PM과 EM이 사업수행이 진행되어 가면서 참여 엔지니어를 지속적으로 추가시키는 방법으로 조직이 확장된다.

구분	내용	참여 공종	비고
사업수행조직 구성	PD, PM, EM 등 기본조직을 구성하고, 추후 설계조직을 구성한다.	사업관리(수행) 엔지니어링	공사 및 시운전은 추후 조직 구성
내부 K/O Meeting (Kick Off Meeting)	EPC 프로젝트 조직인원 미팅 기본 스케줄 작성 각종 양식/절차 준비	사업관리(수행) 엔지니어링(공종별)	
발주처 K/O, Definition Meeting	1. EPC 주요사항 확인 2. 양식 / 절차 확정 3. 사업수행 기본계획 협의	사업관리(수행) 엔지니어링(공종별)	
Planning & Scheduling	작업분류체계(준) 확정 사업수행 일정 확정	사업관리(수행) 엔지니어링(공종별)	
실행예산 확정	1. 각 공종별로 실행예산을 추가 검토하여 확정하고 EPC 실행예산 품의 후 실행 2. 실행원가와 일정에 대한 세부검토 실시	사업관리(수행) 엔지니어링(공종별)	실행예산이 확정되면 Project 진행

4. 설계

설계는 대부분 엔지니어링 부서에서 진행하며 각 공종별로 엔지니어를 참여시켜 조직을 구성하게 된다. 플랜트 EPC 공사는 Matrix 조직으로 구성하게 되며, 각 공종별 부서에 소속된 하위 엔지니어는 프로젝트 팀에(계약된 EPC 건설공사) 소속되어 업무를 진행하게 된다.

플랜트 EPC 프로젝트의 설계는 기자재 사양과 물량의 기준이 되기 때문에 초기에 명확하게 정의를 내리고 설계하지 않으면 추후 설계변경에 따른 자원(인적, 물적)의 낭비가 예상되기 때문에 발주처 또는 발주처의 권한을 위임받은 PMC(기술회사)와 지속적 확인 절차를 거쳐 진행해야 한다.

구분	내용	참여 공종	비고
기본설계	공정흐름도(PFD), 물질수지, 열수지 기자재에 대한 기본사양 확정 기본 배치도 확정	엔지니어링	공사 및 시운전은 추후 조직구성
상세설계	현장조사 설계기준서 작성 발주처(PMC, 기술사) 기준협의 설계도면 작성 공정별 협의(설계사항) 물량산출 및 기자재 사양서 작성 기자재 TBE(Vendor Document) –기술사양/납기조건 확인 필요 관련공종과 기자재 납기조건에 따른 공사일정 확인	엔지니어링	현장조사는 설계 및 사업관리를 위한 현장조사로 사업관리, 토목, 건축 부서를 중심으로 이루어짐
현장설계	1. 공사 시 현장여건에 따른 변경사항 2. 발주처 요구사항 협의 반영	공사엔지니어링 (공종별)	
시운전 지원 Turn Over 지원	1. 시운전 시 지원(요청 시) 2. Turn Over 문서 지원	엔지니어링 (공종별)	

5. 구매

구매업무는 엔지니어링 부서와 협조에 의해 이루어지며, 업무 Scope는 EPC 건설회사마다 다르게 구성되어 있으나, 필요업무는 동일하기 때문에 대략적인 구매업무는 아래와 같다. 다만, 구매 기자재 중 현장에서 구매가 용이한 품목에 대해서는 현장에서 구매가 이루어지며, 이때 구매업무는 사업관리조직에서 수행하게 된다.

구분	내용	참여 공종	비고
견적	1. 엔지니어링 부서로부터 RFQ(견적요청서류) 접수 2. 기자재업체 공개 또는 비공개 입찰 3. Vendor Document 중 Technical Parts 관련 설계공종에 전달 4. Vendor Document 중 Commercial Parts 검토	구매 엔지니어링	견적서는 금액위주로 작성된 Commercial Parts와 사양위주로 작성된 Technical Parts로 통상 나누어짐
TBE 확인 /협상	엔지니어링 부서로부터 접수한 TBE 결과서를 확인 견적업체 중 최저가 업체 선정(초기 하도급 가능업체만 견적 요청함) 금액협상(필요시 설계공종 참여)	구매 엔지니어링	기자재의 규모에 따라 업체와 TBE 미팅을 하기도 함
기자재 계약/발주/ 검사	기자재 계약서 작성 및 발주 생산 중 기자재 검사(상주/비상주) 제작상태 지속 확인	구매	검사는 검사양식에 따라 납품기자재를 검사함 제작이 지연되면 EPC 공기지연이 될 수 있어 항상 제작상태를 확인하여야 함
선적/통관/ 현장 도착 관리	1. 보험/통관/운송 관리 2. 현지입고 검사 관리	구매 현장 사업관리	현장 입고 시 현장 사업관리 또는 공사 공종담당자가 입고 검사를 하며, 현장 도착 후 자재관리 담당자가 인수 관리 함

6. 공사

공사업무는 설계도서를 기준으로 공사업체를 선정하며, 현장에서 공사를 관리하게 된다. 이때 공사 중 필요할 경우 Field Engineer(설계 인원 중 해당공종)를 요청하게 되고, 기자재 설치 시 Super Visor(기자재 설치 감독인원, 기자재 납품사 소속)를 요청하여 공사를 진행하게 된다. 대부분 EPC 건설공사는 대규모 공사로서 품질관리부서와 안전관리부서가 기자재 설치검사와 현장 안전관리를 수행한다. 그리고 이와 별도로 관리부서 및 사업관리(공무)부서가 현장에 설치되는데 이는 공사를 진행하기 위해 대관업무, 대발주처 업무, 현장운영, 비용집행, 인원관리, 비자 등의 업무를 현장에서 처리하기 위해서 설치되는 조직이다.

구분	내용	참여 공종	비고
발주처 계약	공사물량 및 공종별 발주사항 확인 공사일정 및 범위 확정	사업관리 공사	-
기초 공사수행 계획	현장조직 구성 공사물량 산정 인력 및 공사 협력사 투입계획 수립 작업분류(WBS) 작성 공사일정 계획 확정	사업관리 공사 엔지니어링	현장조직은 공사의 진행에 따라 공종별 인력을 추가하여 주별 또는 월별로 작성한다.
공사 수행계획	일력수급 계획 작성 협력업체 선정 및 계약 장비 투입계획 수립 공사 실행예산 확정	사업관리 엔지니어링	인력수급은 자체 공사 인력과 협력사 공사인력에 대해 확인 필요(숙박, 식사 제공 등 역할확인)
공사수행	1. 공종별 현장 투입 2. 가설공사 및 현장 개설공사 3. 본 공사 실시 4. 시공설비 검사 5. 준공	사업관리 현장 사업관리	원가/일정/품질 관리 발주처/협력업체 관리

7. 시운전

시운전 시 공사 진행 상황에 따라 계획표에 의해 시운전 인원을 투입하게 된다. 시공완료 전 인력이 투입되어 공사현황을 파악하고 시운전을 준비하고 시공완료 후 공종별로 시운전을 하고 성능에 대한 시험을 수행 후 공장을 발주처에 인도하게 된다.

구분	내용	참여 공종	비고
시운전 조직구성/작업준비	공정도 검토 / 소요자재 확정 시운전 조직구성	시운전	조직은 공종별로 필요 인원을 산정하며, 총괄자를 둠
시운전 계획 수립	시운전 Activity와 일정계획 수립 시운전 매뉴얼 작성 발주처 운전원 교육계획 수립	시운전 엔지니어링 기자재 납품사	시운전 필요자료에 대하여 엔지니어링 및 기자재 납품사 필요시 제공
시운전 수행	공종별 운전 정상운전	시운전 공사	공사완료 일정에 맞추어 공종별 운전 및 정상운전 시행
성능시험 / 공장인도	준공설비 성능확인 Turn Over 서류 제출	시운전 사업관리(현장)/ 공사/ 엔지니어링/Vendor	사업관리는 Turn Over를 위해 정산준비/협의/정산 실시

CHAPTER 06

안전운전 절차서의 작성

01 산업안전보건법에 따른 규정

1. 공정위험성 평가서의 작성 등 관련고시

■ **제31조(안전운전 지침서)** 규칙 제50조제1항제3호 가목의 안전운전 지침서에는 다음 각 호의 사항을 포함하여야 한다.

1. 최초의 시운전
2. 정상운전
3. 비상시 운전
4. 정상적인 운전 정지
5. 비상정지
6. 정비 후 운전 개시
7. 운전범위를 벗어났을 경우 조치 절차
8. 화학물질의 물성과 유해 · 위험성
9. 위험물질 누출 예방 조치
10. 개인보호구 착용방법
11. 위험물질에 폭로 시의 조치요령과 절차
12. 안전설비 계통의 기능 · 운전방법 및 절차 등

2. 공정위험성 평가서의 작성 등 고시 심사 기준

■ **제44조(안전운전 지침과 절차)** 안전운전지침과 절차는 다음 각 호의 기준에 따라 준수되고 있는지를 심사하여야 한다.

1. 안전운전 지침과 절차(이하 "운전 절차"라 한다)가 공정안전 기술자료, 도면 및 공정 설비 기술자료의 내용과 일치하고 있는지 여부
2. 운전절차는 안전운전을 위하여 명확하고 구체적으로 쉽게 알 수 있도록 서류화하여 관리하고 있는지 여부

3. 모든 운전절차에 운전자의 운전담당 설비 및 운전분야가 명확하게 기술되고 또한 운전자의 운전 위치가 분명하게 기술되어 있는지의 여부
4. 운전절차에는 각 운전공정 및 설비별 운전조건 범위가 명확히 기술되어 있는지 여부
5. 다음 각 목의 사항이 포함된 운전단계별 운전 절차의 기술 여부
   가. 최초의 시운전
   나. 정상 운전
   다. 비상시 운전(비상시 운전정지 절차, 운전정지를 하지 아니하고 운전되어야 할 분야에 대한 운전방법, 제한적인 운전분야 및 절차, 운전장소, 담당자 등이 포함되어야 한다)
   라. 정상적인 운전 정지
   마. 비상 정지 및 정비 후의 운전 개시
6. 운전범위에서 벗어났을 경우의 조치 절차의 기술 여부
   가. 운전범위에서 벗어났을 경우 예상되는 결과
   나. 운전범위에서 벗어났을 경우 정상 운전이 되도록 하기 위한 방법 및 절차 또는 운전범위에서 벗어나지 않도록 하기 위한 사전 조치 방법 및 절차
7. 다음과 같은 안전운전을 위해 유의해야 할 사항의 기술
   가. 운전공정에 취급되는 화학물질의 물성과 유해 · 위험성
   나. 위험물질 누출 예방을 위하여 취해야 할 사항
   다. 위험물 누출 시 각종 개인 보호구 착용 방법
   라. 작업자가 위험물에 접촉되거나 흡입하였을 때 취해야 할 행동 요령과 절차
   마. 원료 물질의 순도 등 품질유지와 위험물 저장량 조절 등 관리에 관한 사항
8. 안전설비 계통의 기능과 운전방법 및 절차의 기술 여부
9. 운전절차에 관한 서류는 운전원, 검사원 및 정비원이 항상 쉽게 볼 수 있는 장소에 갖추어 두었는지 여부
10. 운전실에 운전자가 공정을 쉽게 이해할 수 있도록 주요 공정장치, 주요 배관별 유량 · 온도 · 압력 등이 포함된 공정 개략도를 보기 쉬운 곳에 갖추어 두었는지 여부
11. 운전절차는 장치, 설비 등의 변경 시에 즉시 보완하여 현재의 장치, 설비 등과 일치되게 관리되고 있는지 여부
12. 사업장 안전보건총괄책임자는 매년 현재의 운전절차가 현재의 설비와 일치되게 작성되었고 안전하게 운전할 수 있는 절차임을 검토하여 확인하고 그 결과를 서면으로 기록하여 보관하고 있는지 여부

3. 공정위험성 평가서의 작성 등 고시 별표 4 평가항목과 주요사항

항목		주요사항
1	안전운전절차서 작성 지침이 산업안전보건법령, 동 고시 및 공단 기술지침을 참조하여 적절하게 작성되어 있는가?	▸필요항목의 작성 ▸안전운전절차서의 검토(매년) –중점검토사항 확인 ▸안전운전절차서의 변경관리 ▸안전운전절차서의 주기적인 교육 –교육/평가/재교육
2	운전절차서는 취급 물질의 물성과 유해 · 위험성, 누출 예방조치, 보호구착용법, 노출 시 조치요령 및 절차, 안전설비계통의 기능 · 운전방법 · 절차 등의 내용이 포함되어 있는가?	▸각 항목에 맞춘 안전운전절차서 작성
3	운전절차서는 최초의 시운전, 정상운전, 비상시 운전, 정상적인 운전정지, 비상정지, 정비 후 운전개시, 운전범위를 벗어난 경우 등을 구체적으로 포함하고 있는가?	▸패널 사진, 밸브 개폐(번호) 등이 포함되어 있는 구체적이고 인지하기 쉽게 작성
4	운전절차서는 운전원이 쉽게 이해할 수 있도록 작성되어 있는가?	▸신규 직원이 개략적으로 운전이 가능할 수 있도록 패널 사진, 밸브 개폐(번호) 등이 표현된 안전운전 절차서 작성
5	안전운전 절차서는 공정안전자료와 일치하는가?	▸공정안전자료의 Tagged Item 번호와 일치하게 작성
6	연동설비의 바이패스 절차를 작성 · 시행하고 있는가?	▸연동 바이패스 절차의 이행 기록
7	변경요소관리 등 사유 발생 시 지침과 절차의 수정은 이루어지고 있는가?	▸세부사항이 검토된 변경관리절차에 따른 절차서 수정 및 교육 실시
8	안전운전지침과 절차 변경 시 근로자 교육은 적절히 이루어지고 있는가?	

02 안전운전절차서 작성지침 및 절차서 관련 주요 예시

1. 안전운전절차서 작성 지침 예시

제1조(목적)

이 지침은 산업안전보건법 제44조(공정안전보고서의 작성 · 제출), 같은 법 시행령 제44조(공정안전보고서의 내용) 및 같은 법 시행규칙 제50조(공정안전보고서의 세부 내용 등)의 규정에 의해 사업주가 작성해야 할 공정안전보고서 중 안전운전 절차서를 작성하는데 필요한 사항을 정하는데 목적이 있다.

제2조(적용 범위)

이 지침은 사용할 운전절차서 작성, 사용, 변경 등의 관리에 적용하고 법 제44조 및 같은 법 시행령 제43조의 규정에 의하여 공정안전보고서를 제출하여야 하는 사업장에 적용한다.

제3조(용어의 정의)

1. '안전운전 절차서'라 함은 공정운전 중에 발생할 수 있는 모든 경우에 대비하여 운전자가 안전하게 공장을 운전하는 데 필요한 모든 운전 절차를 정해 놓은 운전지침서를 말한다.
2. 그 밖의 이 지침에서 사용하는 용어의 정의는 특별한 규정이 있는 경우를 제외하고는 법, 같은 법 시행령, 같은 법 시행규칙, 산업안전보건기준에 관한 규칙 및 고용노동부 고시에서 정하는 바에 따른다.

제4조(안전운전절차서에 대한 책임)

1. 공장장
   공장장은 매년 현재의 운전절차가 설비와 일치되게 작성되었고, 안전하게 운전할 수 있는 절차임을 검토하여 승인하고, 그 결과를 서면으로 기록 · 보관한다.
2. 각 부서팀장
   안전운전절차서에 대한 각 부서팀장의 책임은 다음과 같다.
   (1) 안전운전절차서의 작성
   (2) 안전운전절차서의 변경
   (3) 안전운전절차서에 관한 운전원의 교육 · 훈련

제5조(안전운전절차서의 작성요령)

1. 운전절차서는 공정운전을 담당하고 있는 사람들뿐만 아니라 해당공정에 운전경험이 없는 운전원이라도 최소한의 지도 또는 다른 운전원의 도움을 받아 누구든지 그 절차에 의거하여 운전할 수 있도록 구체적이고 명확하게 기술되어야 하며, 공정안전정보와 일치하여야 한다.
2. 해당공정에 대한 문서화된 운전절차서를 작성하여 공정운전을 담당하고 있는 사람들이 그들의 업무를 안전하게 수행할 수 있도록 하여야 한다.
3. 운전절차서는 다음과 같이 각각 구성하여 작성하여야 한다.
   (1) 최초의 시운전
   (2) 정상운전
   (3) 비상시 운전
   (4) 정상적인 운전 정지
   (5) 비상정지
   (6) 정비 후 운전 개시
   (7) 운전범위를 벗어났을 경우 조치 절차

(8) 화학물질 물성과 유해 위험성
(9) 위험물질 누출 예방 조치
(10) 개인보호구 착용방법
(11) 위험물질에 폭로 시의 조치요령과 절차
(12) 안전설비 계통의 기능 운전 방법 및 절차 등

4. 공정의 변경 시에는 현재의 설비와 일치하게 안전운전절차서를 보완하여야 한다.

제6조(안전운전절차서의 승인)

1. 안전운전절차서의 승인
   공장장은 운전절차가 현재의 운전상태를 잘 반영하고 있고, 안전운전을 유지하는 데 이상이 없는지를 매년 검토하여 승인하여야 한다.
2. 각 부서팀장이 승인하는 운전절차의 중점검토 사항은 다음과 같다.
   (1) 안전운전절차서가 공정안전 기술자료, 도면 및 공정설비 기술 자료의 내용과 일치하는지 여부
   (2) 공정에서 사용하는 화학물질이나 공정기술, 운전방법, 장치 및 설비 등의 변경에 따라 운전절차가 적기에 수정되는지 여부
   (3) 사고사례 및 공정위험분석을 통해 도출된 결과가 반영되는지 여부

제7조(안전운전 절차서의 변경관리)

1. 운전절차에 영향을 주는 변경이 발생하는 경우 변경관리절차에 따라 관리하여야 하며 안전운전절차서에 반영하여야 할 변경사항은 아래와 같다.
   (1) 화학물질, 장치 및 공정 기술상의 변경
   (2) 운전방법의 변경
   (3) 공정위험성평가로부터 나온 새로운 정보
   (4) 설계기준의 변경
   (5) 사고조사 결과 발견된 개선 사항
2. 공정의 변경 시 즉시 보완하여야 한다.

제8조(안전운전 절차서의 관리 등)

1. 안전운전절차서는 운전원, 정비원이 항상 쉽게 볼 수 있는 장소에 비치한다.
2. 안전운전절차서는 운전실에 운전자가 공정을 쉽게 이해할 수 있도록, 주요 공정장치, 주요배관별 유량, 온도, 압력 등이 포함된 공정 개략도를 보기 쉬운 곳에 비치토록 한다.
3. 안전운전절차서는 승인된 원본 1부와 사본의 배포를 하여야 한다.
4. 생산부서장은 해당 공정의 운전원 및 신입, 전입 운전원을 교육훈련규칙에 따라 교육을 시켜야 하며 운전원의 운전설자서 숙지상태를 수시로 확인하여야 한다.
5. 책임자는 매년 현재의 운전절차가 설비와 일치되게 작성되었고, 안전하게 운전할 수 있는 절차임을 검토하여 확인하고, 그 결과를 서면으로 기록, 보관한다.

제9조(안전운전절차서)

순서	제목	절차서 관리번호	비고
1			
2			
3			

2. 안전운전절차서 관련 주요사항

(1) 사진을 통한 절차서 작성[패널, 밸브(번호기입) 등]

주입구를 연결한다.

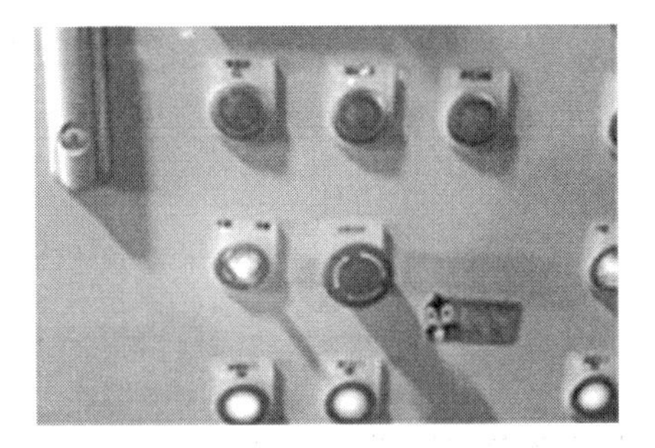

OO패널의 전원을 ON 한다.

메인밸브(V201)를 차단한다.

(2) MSDS 편집을 통한 화학물질 물성과 유해 위험성/누출예방조치 작성

물질	특징	
액화 석유가스 (LPG)	성상 색상	가스, 액화가스, 무채색
	냄새	무취(부취제 주입 전) 또는 독특한 냄새(부취제 주입 후)
	폭발범위	폭발하한계 2.1 ~ 폭발상한계 9.5%
	인화점	−104℃
	비중	0.508kg/L
	유해성	눈과 피부에 자극을 주며, 화재 시 유독가스 발생
	위험성	누출 시 화재 폭발의 위험성
	경고표시	

구분	계획	상세 내용	
시설 안전 점검 계획	작업 전·중·후 일상점검요령	작업 전	안전수칙에 따라 시설물의 이상 유무를 확인한다.
		작업 중	작업 중 시설물의 이상 유무를 확인하고 이상발생 시 즉시 기장에게 보고하여 조치한다.
		작업 후	모든 시설물이 이상 있는지를 확인하고 시설물을 작업 전 상태로 유지시킨다.
	운전 중 이상발생 시 조치사항 및 점검 요령	① 이상발생 시 운행을 즉시 책임자 또는 관리자에게 연락한다. ② 간단하게 조치할 수 있을 경우 보호구를 이용하여 조치한다. ③ 조치하지 못할 경우 필요시 가동을 중단하고 가까운 소방서 또는 시,군, 환경관련업무 담당자에게 연락을 한다. ④ 관련시설에 대한 점검은 운전자 또는 관리책임자가 각 부분을 점검한다.	
	점검기록	점검은 주기적으로 시행한다.	

(3) 세부적인 보호구 착용시기, 착용법 작성

보호구 종류		사용시기	착용 작업 구분				주의사항
			작업 시	누출 시	정비 시	착용 공정	
호흡기 보호용 마스크	방진마스크 (3M)	분진, 흄, 미스트의 흡입을 방지하기 위함	●			기계 공정	면, 모, 합성섬유, 유리섬유 등을 사용하여 여과성능이 좋고 흡배기저항이 적어야 한다.
호흡기 보호용 마스크	방독마스크	인체에 해로운 가스, 증기 발생지역에서 사용		●		보일러 공정	흡착되는 물질에 따라 다르게 사용하므로 주의해야 한다. 산소농도 16% 이하일 경우 사용 금지

1 마스크를 얼굴 위에 대고 머리끈을 머리 위로 넘긴 뒤 목 뒤에서 목끈의 고리를 끼운다.

2 목끈을 당겨서 얼굴에 밀착되게 조절한다.

3 손바닥으로 배기밸브를 막은 후 부드럽게 숨을 내쉰다. 면체가 부풀어 오르고 얼굴과 면체 사이로 공기가 새는 것이 느껴지지 않도록 양압 밀착검사를 실시한다.

4 손바닥으로 정화통을 막은 후 부드럽게 숨을 들이쉰다. 면체가 얼굴 쪽으로 오그라들고 면체와 얼굴 사이로 공기가 새는 것이 느껴지지 않도록 음압 밀착검사를 실시한다.

1 보호복의 다리부분을 착용한 뒤 보호복을 들어올린다.

2 보호복의 팔부분을 착용한다.

3 보호복 뒤쪽에 부착되어 있는 모자를 착용한다.

4 목 부근까지 지퍼를 최대한 올린다.

5 지퍼 측면에 있는 벨크로(일명 : 찍찍이)를 부착한다.

6 착용 이상유무를 확인한다.

(4) MSDS 확인을 통한 폭로 시의 응급조치사항

1) 폭로 시의 응급조치

	폭로 시 응급조치
눈에 들어갔을 경우	지속적인 자극이 발생하는 경우 긴급 의료조치를 받는다.
피부 접촉 시	지속적인 자극이 발생하는 경우 긴급 의료조치를 받는다.
흡입 시	① 누출 시 즉시 신선한 공기를 흡입시키기 위해 환기가 잘 통하는 곳으로 옮긴다. ② 호흡이 힘들면 산소를 공급하며, 이때 산소공급은 의료진이 실시한다. ③ 호흡하지 않는 경우 인공호흡을 실시한다. ④ 따뜻하게 하고 안정되게 해준다.
섭취 시	물질을 먹거나 흡입하였을 경우, 구강 대 구강법으로 인공호흡을 하지 말고 적절한 호흡 의료장비를 이용한다.

2) 누출사고 시 대처방법

가. 최초 현장목격자는 신속하게 생산부에 상황을 보고한다.

나. 비상정지 절차에 의해여 설비를 정지시킨다.

다. 자체 초기 차단이 가능 시 누출부위를 처리하여 초기차단 활동을 시행한다.

라. 비상상황 시 비상조직을 가동하고 조직별 업무를 분장에 따라 안전보호장구를 갖추고 방재 활동을 실시한다.

마. 안전보호장구를 갖춘 방재팀을 투입하여 누출을 체크하고 수리한다.

03 연동 바이패스 절차

1. 관련기준

연동 바이패스 절차는 공정안전보고서 작성 등 고시의 사항에는 명시가 없으나 인터록 우회에 대한 해지절차 등을 통한 작업관리를 위해 점검, 평가 시 요청되는 사항으로 KOSHA Guide P－133－2013에 따라 작성 관리하여야 한다.

2. 연동 바이패스 지침 예시

(1) 용어 설명

1) 우회(Bypass) : 인터록 장치를 정상적으로 작동되지 않도록 조작하는 행위

2) 해지(Release) : 우회시켰던 인터록 장치를 설계의 개념에 준하여 인터록이 정상적으로 작동되도록 조치하는 행위

3) 점퍼(Jumper) 작업 : 인터록 우회 스위치가 설치되어 있지 않은 인터록의 변환에 필요한 제반작업

(2) 인터록 우회 승인의 책임 및 권한

인터록 우회 승인에 대한 책임과 권한은 아래와 같다.

인터록 변경내용	승인자
우회를 하더라도 공정 및 안전에 위험요인이 없거나, 동일한 목적의 다른 로직이 존재하는 경우	단위공장 교대조 책임자
비상정지 등 비정상 조업의 경우 우회를 해야만 설비의 테스트(Test) 또는 설비의 가동이 가능한 경우	단위공장 교대조 책임자
화재, 폭발 등 공정안전환경에 영향을 줄 수 있는 인터록 우회	사업장 안전관리 총괄자

(3) 정상운전 시 우회절차

1) 공장의 정상운전 시 계기의 오작동 및 작업 등으로 인터록의 우회가 필요한 경우 에는 인터록 우회가 안전에 영향이 없는지를 확인하고, 승인자의 승인을 얻은 다음에 작업부서에 작업허가서 형태로 요청한다.
2) 작업부서는 작업허가서가 접수된 다음 책임자의 작업승인을 얻은 후에 다음과 같이 작업을 수행한다.
   가. 작업 요청부서는 작업의 안전한 진행을 위하여 입회자를 배치시킨다.
   나. 작업자는 입회자로부터 작업시작 허가를 얻은 후 작업을 수행하되, 한 가지 작업이 완료되면 작업결과에 대하여 이상 유무를 입회자에게 확인하고, 입회자의 다음 작업지시에 따라 다음 작업을 수행한다.
   다. 작업이 완료되면 작업자는 작업승인자(또는 입회자)에게 작업이 완료되었음을 통보하고, 작업 승인자(또는 입회자)는 이를 확인한 후 작업허가서에 완료 서명을 한다.
   라. 인터록 우회 공정의 안전운전을 위하여 우회 기기에 대한 설정값의 변경은 불가하며, 현장 점검활동을 강화하여 운전값이 설정값을 이탈하지 않도록 하여야 한다.

(4) 긴급사항 발생 시 우회절차

1) 인터록 우회 스위치가 있는 경우에 긴급상황의 발생으로, 공정의 연속적인 안전운전이 불가능하고, 재해의 발생 가능성이 높아서 우회작업을 요청하거나, 절차에 따를 시간적인 여유가 없는 경우에 단위공장 운전책임자는 즉시 인터록을 우회하여 공정의 안전화를 유도하여야 한다. 다만, 야간근무 시에 운전책임자의 결정이 어려운 경우에는 단위공장 교대조 책임자가 수행할 수 있다.
2) 인터록 스위치가 없는 경우에 점퍼작업에 의한 인터록 우회를 작업부서에 즉시 요청하여 조치하도록 하고, 그 결과를 승인자에게 사후에 보고하여야 한다.

(5) 인터록 우회 해지절차

1) 인터록 우회 해지를 위하여 단위공장 운전책임자는 우회된 모든 인터록의 원인 소멸과 공정의 정상화를 위하여 노력하고, 조속히 우회를 해지하여야 한다.
2) 오작동에 의한 이상 발생 시 오작동 발생요인이 완전 제거되면 즉시 해지한다.
3) 인터록 우회는 다음과 같이 실시한다.
   가. 작업부서에 작업허가서 형태로 우회를 요청한다.
   나. 작업 요청부서는 작업의 안전한 진행을 위하여 입회자를 배치시킨다.
   다. 작업자는 우회할 항목에 대해 설정값이 정확한지를 우선적으로 점검하고, 이상이 없을 경우에 우회를 해지한다.
   라. 작업자는 입회자로부터 작업개시 허가를 얻은 후 작업을 수행하되, 한 가지 작업이 완료되면 작업결과에 대하여 이상 유무를 입회자에게 확인하고, 다음 지시에 따라 다음 작업을 수행한다.
   마. 작업이 완료되면 작업자는 작업승인자(또는 입회자)에게 작업이 완료되었음을 통보하고, 작업 승인자(또는 입회자)는 이를 확인한 후 작업허가서에 서명을 한다.
4) 인터록 우회가 신호전송 캐비넷에서 점퍼작업 형태로 진행된 경우 1주에 1회 이상 신호전송 캐비넷의 점퍼가 인터록 관리대장 내용과 일치하는지 확인하여야 한다.
5) 인터록 우회가 현장 스위치에 의하여 진행된 경우에는 해당 스위치에 식별표시를 하여야 한다.
6) 인터록 우회기간은 다음 경우를 제외하고, 1일을 초과하지 않도록 하여야 한다.
   가. 우회를 하더라도 공정 및 안전에 위험요인이 없는 경우
   나. 동일한 목적의 다른 로직이 존재하는 경우
   다. 장치 및 설비의 교체와 보수작업의 경우
7) 위의 "6)항"의 경우를 제외하고, 우회기간이 1일을 초과하는 경우에는 그 사유와 추가 안전조치 등의 방안을 기록하여 사업장 안전관리 총괄자의 승인을 얻어야 한다.
8) 인터록 우회 및 해지 사항은 교대근무 시에 발생한 경우 반드시 기록으로 다음 교대조에 인수인계를 하여야 한다.

(6) 작업관련자의 책임 및 의무

작업관련자는 아래와 같은 책임 또는 의무를 수행하여야 한다.

작업관련자	책임 또는 권한	
작업승인자	1. 작업 항목 결정 및 승인 2. 작업입회자 결정 및 승인	3. 작업 시 안전조치 사항 승인 4. 작업완료 최종 승인
작업입회자	1. 작업 전 안전조치 사항 확인 2. 작업개시 지시 및 불안전 요소 발견 시 작업중지 명령	3. 작업결과 현장 확인 4. 작업 후 안전조치 사항 및 작업 완료 확인
작업자	1. 작업허가서에 따른 안전사항 준수 2. 작업내용 숙지 및 절차 준수	3. 작업결과 확인 및 결과 보고

(7) 기록 관리

1) 인터록 우회 관리를 위하여 인터록 우회관리대장을 작성하여 다음과 같이 운영하여야 한다.

가. 인터록 우회를 실질적으로 실행하고 정상화하는 단위공장 교대조 책임자는 인터록 우회관리대장을 작성하여야 한다.

나. 일련번호와 인터록 항목명을 기록하여야 한다.

다. 사유, 우회 시 예상되는 영향(문제점), 대책 등을 기록하여야 한다.

라. 우회 실시 날짜를 기록하여야 한다.

마. 우회 실시 기록자와 책임자(단위공장 운전책임자)의 서명을 기록하여야 한다.

바. 우회 해지 시 해지일자 및 기록자와 책임자(단위공장 운전책임자)의 서명과 서명일자를 기록하여야 한다.

2) 기록된 인터록 우회관리대장은 공장 조정실에 비치하여 교대조를 비롯한 모든 근무자가 알 수 있도록 인수인계하여야 한다.

| 연동바이패스 리스트 예시

번호	by-pass				TAG	by-pass 대상	비고
	관리명	P&ID상	DCS상	기타			
1							
2							
3							

우회 작업허가서 예시

<u>우회(Bypass)작업허가서</u>

<table>
<tr><td>허가번호</td><td colspan="2"></td><td>신청
일자</td><td colspan="2">20××년 월 일 (요일)</td></tr>
<tr><td>신청자</td><td>부서 :</td><td>성명 : (서명)</td><td>승인
자</td><td>부서 :</td><td>성명 : (서명)</td></tr>
<tr><td>작업 설비</td><td colspan="2"></td><td>우회
작업
신청
사유</td><td colspan="2"></td></tr>
<tr><td>작업개요</td><td colspan="2"></td><td>안전
조치
요구
일반
사항
확인</td><td colspan="2">1. 안전보호구착용여부 □
2. 장비(수공구)상태 □
3. 정리정돈상태 □
4. 복장 상태 □
5. 지정장소 외 흡연여부 □</td></tr>
<tr><td>예상되는
영향
(문제점)</td><td colspan="5"></td></tr>
<tr><td>대책</td><td colspan="5"></td></tr>
<tr><td rowspan="3">우회 작업
해지 확인</td><td colspan="2" rowspan="3">확인 후, □에 V 표시

1. 작업결과 이상
유무 확인 □
2. 운전값의 설정값
이탈여부 확인 □
3. 우회 사유 제거 확인 □</td><td rowspan="2">우회
작업
시간</td><td colspan="2">년 월 일 (요일),
시 분부터</td></tr>
<tr><td colspan="2">년 월 일 (요일),
시 분까지(일 시간 이내)</td></tr>
<tr><td>해지
및
작업
완료
확인</td><td colspan="2">(서명)</td></tr>
</table>

실습 : 아래의 사항에 대하여 우회 발생항목 및 우회작업허가서를 작성하시오.

- 질화로에 알루미늄 봉을 호이스트로 넣어 생산하는 공정에서 호이스트의 고장으로 인하여 생산이 중단되었다. 이때 지게차에 의해 알루미늄 봉을 넣을 수 있는 대체 공정의 운영이 가능하며 운영이 생산일정상 꼭 필요한 경우에 대하여 우회작업허가서를 작성하여 진행하려고 한다.

CHAPTER 07

설비점검 · 검사 및 보수계획, 유지계획 및 지침서

01 설비 산업안전보건기준에 관한 규칙 등 관련 규정

1. 산업안전보건기준에 관한 규칙 사항

■ **제299조(독성이 있는 물질의 누출 방지)**

사업주는 급성 독성물질의 누출로 인한 위험을 방지하기 위하여 다음 각 호의 조치를 하여야 한다.

1. 사업장 내 급성 독성물질의 저장 및 취급량을 최소화할 것
2. 급성 독성물질을 취급 저장하는 설비의 연결 부분은 누출되지 않도록 밀착시키고 매월 1회 이상 연결부분에 이상이 있는지를 점검할 것
7. 급성 독성물질이 외부로 누출된 경우에는 감지 · 경보할 수 있는 설비를 갖출 것

참고 감지설비의 경우 성능을 유지하기 위한 검교정 주기가 대부분 1년 이하로 감지기에 대한 검교정을 1년 주기로 확인하고 있으나 제조사의 기준에 따라 검교정이 필요하다.

■ **제116조(압력방출장치 : 보일러)**

② 제1항의 압력방출장치는 매년 1회 이상 「국가표준기본법」 제14조제3항에 따라 산업통상자원부장관의 지정을 받은 국가교정업무 전담기관(이하 "국가교정기관"이라 한다)에서 교정을 받은 압력계를 이용하여 설정압력에서 압력방출장치가 적정하게 작동하는지를 검사한 후 납으로 봉인하여 사용하여야 한다. 다만, 영 제43조에 따른 공정안전보고서 제출 대상으로서 고용노동부장관이 실시하는 공정안전보고서 이행상태 평가결과가 우수한 사업장은 압력방출장치에 대하여 4년마다 1회 이상 설정압력에서 압력방출장치가 적정하게 작동하는지를 검사할 수 있다.

■ **제261조(안전밸브 등의 설치)**

③ 제1항에 따라 설치된 안전밸브에 대해서는 다음 각 호의 구분에 따른 검사주기마다 국가교정기관에서 교정을 받은 압력계를 이용하여 설정압력에서 안전밸브가 적정하게 작동하는지를 검사한 후 납으로 봉인하여 사용하여야 한다. 다만, 공기나 질소취급용기 등에 설치된 안전밸브 중 안전밸브 자체에 부착된 레버 또는 고리를 통하여 수시로 안전밸브가 적정하게 작동하는지를 확인할 수 있는 경우에는 검사하지 아니할 수 있고 납으로 봉인하지 아니할 수 있다.

1. 화학공정 유체와 안전밸브의 디스크 또는 시트가 직접 접촉될 수 있도록 설치된 경우 : 매년 1회

이상

2. 안전밸브 전단에 파열판이 설치된 경우 : 2년마다 1회 이상
3. 영 제43조에 따른 공정안전보고서 제출 대상으로서 고용노동부장관이 실시하는 공정안전보고서 이행상태 평가결과가 우수한 사업장의 안전밸브의 경우 : 4년마다 1회 이상

④ 제3항 각 호에 따른 검사주기에도 불구하고 안전밸브가 설치된 압력용기에 대하여 「고압가스 안전관리법」 제17조제2항에 따라 시장 · 군수 또는 구청장의 재검사를 받는 경우로서 압력용기의 재검사주기에 대하여 같은 법 시행규칙 별표 22 제2호에 따라 산업통상자원부장관이 정하여 고시하는 기법에 따라 산정하여 그 적합성을 인정받은 경우에는 해당 안전밸브의 검사주기는 그 압력용기의 재검사주기에 따른다.

⑤ 사업주는 제3항에 따라 납으로 봉인된 안전밸브를 해체하거나 조정할 수 없도록 조치하여야 한다.

■ 제119조(폭발위험의 방지)

사업주는 보일러의 폭발 사고를 예방하기 위하여 압력방출장치, 압력제한스위치, 고저수위 조절장치, 화염 검출기 등의 기능이 정상적으로 작동될 수 있도록 유지 · 관리하여야 한다.

■ 제232조(폭발 또는 화재 등의 예방)

② 사업주는 제1항에 따른 증기나 가스에 의한 폭발이나 화재를 미리 감지하기 위하여 가스 검지 및 경보 성능을 갖춘 가스 검지 및 경보 장치를 설치하여야 한다. 다만, 「산업표준화법」의 한국산업표준에 따른 0종 또는 1종 폭발위험장소에 해당하는 경우로서 제311조에 따라 방폭구조 전기기계 · 기구를 설치한 경우에는 그러하지 아니하다.

2. 전기안전관리자의 직무(산업통상자원부) 고시

■ 제3조(안전관리규정의 작성)

② 전기안전관리자는 해당 사업장의 특성에 따라 점검종류에 따른 측정 주기 및 시험항목을 반영하여 제1항의 안전관리규정을 작성하고 매년 점검 계획을 세워 점검을 실시하여야 한다.

| 점검 종류별 측정 및 시험항목 예시

구분		주기						기록서식
		월차	분기	반기	연차	공사중	감리	
외관 점검 및 부하측정		○				○	○	별지 제1호
저압 전기설비 점검								별지 제2호
- 절연저항 측정		–	–	△	○	–	–	
- 누설전류 측정		–	△	△	–	–	–	
- 접지저항 측정		–	–	○		–	–	
고압 이상 전기설비 점검								별지 제3호
- 절연저항 측정		–	–	–	○	–	–	
- 접지저항 측정		–	–	–	○	–	–	
- 절연내력 측정		–	–	–	○	–	–	
변압기 점검		–	–	–	–	–	–	별지 제4호
- 절연저항		–	–	–	○	–	–	
- 절연내력, 산가도 측정(절연유)		–	–	–	△	–	–	
계전기 및 차단기 동작시험		–	–	–	○	–	–	별지 제5호
예비발전설비	절연 및 접지저항 측정	–	–	○		–	–	별지 제6호
	축전지 및 충전장치 점검	–	–	○		–	–	
	발전기 무부하 또는 부하시험	–	○			–	–	
적외선 열화상 측정		–	○			–	–	별지 제7호
전원품질분석		–	–	–	○	–	–	별지 제8호

[비고] ○ : 필수, △ : 필요시

■ 제6조(점검에 관한 기록 · 보존)

① 전기안전관리자는 제3조제2항에 따라 수립한 점검을 실시하고, 다음 각 호의 내용을 기록하여야 한다. 다만, 전기안전관리자와 점검자가 같은 경우 별지 서식(제2호~제8호)의 서명을 생략할 수 있다.

1. 점검자
2. 점검 연월일, 설비명(상호) 및 설비용량
3. 점검 실시 내용(점검항목별 기준치 및 측정치, 그 밖에 점검 활동 내용 등)
4. 점검의 결과

5. 그 밖에 전기설비 안전관리에 관한 의견

② 전기안전관리자는 제1항에 따라 기록한 서류(전자문서를 포함한다)를 전기설비 설치장소 또는 사업장마다 갖추어 두고, 그 기록서류를 4년간 보존하여야 한다.

③ 전기안전관리자는 법 제11조에 따른 정기검사 시 제1항에 따라 기록한 서류(전자문서를 포함한다)를 제출하여야 한다. 다만, 법 제38조에 따른 전기안전종합정보시스템에 매월 1회 이상 안전관리를 위한 확인 · 점검 결과 등을 입력한 경우에는 제출하지 아니할 수 있다.

참고 별지 제2호 서식

저압 전기설비 점검기록표(분기 · 반기 · 연차)

□ 절연저항 · 누설전류 측정기록표

측정자 : (서명) 년 월 일

점검 대상	사용 전압 (V)	기준치	□ 절연저항(MΩ) □ 누설전류(mA)		비고	점검 대상	사용 전압 (V)	기준치	□ 절연저항(MΩ) □ 누설전류(mA)		비고
			측정치	결과					측정치	결과	

[비고] 1. 절연저항 : SELV(비접지회로) 및 PELV(1차와 2차가 절연된 접지회로) – 0.5MΩ, PELV(1차와 2차가 전기적으로 절연되지 않는 접지회로 – 1MΩ) 적용
다만, 2020.12.31. 이전의 전기설비는 대지전압 150V 이하 – 0.1MΩ, 300V 이하 – 0.2MΩ, 400V 미만 – 0.3MΩ, 400V 이상 – 0.4MΩ 적용
2. 저항성 누설전류 : 1mA 이하

□ 접지저항 측정기록표

측정자 : (서명) 년 월 일

측정 대상	사용전압 (V)	기준치 (Ω)	측정치 (Ω)	결과	비고	측정 대상	사용전압 (V)	기준치 (Ω)	측정치 (Ω)	결과	비고

참고 별지 제3호 서식

고압 전기설비 점검기록표

□ 절연저항 측정기록표

측정자 : (서명) 년 월 일

측정회로 및 기기	전선 · 대지 (MΩ)	전선상호간(MΩ)			결과	비고
		A–B	B–C	C–A		
전선로						
고압모선						

□ 접지저항 측정기록표

측정자 : (서명) 년 월 일

설비명칭	접지선 종류 및 굵기	기준치 [Ω]	측정치 [Ω]	결과	비고
개폐기					
피뢰기					
MOF 외함					
변압기 외함					
차단기 외함					
철구 및 가공지선					
제2종 접지					
보호울타리					

□ 절연내력 측정기록표

측정자 : (서명) 년 월 일

시험전압(kV) / 시험항목									
	누설 전류(μA)								
	절연 저항(MΩ)								
	누설 전류(μA)								
	절연 저항(MΩ)								
	누설 전류(μA)								
	절연 저항(MΩ)								

02 관련 고시 및 기준

1. 공정위험성 평가서의 작성 등 고시 작성기준(제32조)

규칙 제50조제1항제3호 나목의 설비점검 검사 및 보수계획, 유지계획 및 지침서는 공단기술지침 중 「유해 · 위험설비의 점검 · 정비 · 유지관리 지침」을 참조하여 작성하되, 다음 각 호의 사항을 포함하여야 한다.

1. 목적 2. 적용범위 3. 구성 기기의 우선순위 등급
4. 기기의 점검 5. 기기의 결함관리 6. 기기의 정비
7. 기기 및 기자재의 품질관리 8. 외주업체 관리
9. 설비의 유지관리 등

2. 고시 평가 항목에 대한 주요사항 설명

	항목	주요사항 설명
1	설비의 점검 · 검사 · 보수 및 유지지침이 산업안전보건법령, 동 고시 및 공단 기술지침을 참조하여 적절하게 작성되어 있는가?	▸ 법적 기준 및 기술지침 반영
2	설비의 점검 · 검사 · 보수 계획, 유지계획에 따라 예방점검 및 정비 · 보수를 시행하고 있는가?	▸ 연간 계획을 세우고 지침에 따른 점검, 정비 등 시행
3	부속설비(배관, 밸브 등)와 전기계장설비(MCC, 계기, 경보기 등)에 대한 점검 · 검사 · 보수 계획, 유지계획이 작성되어 시행되고 있는가?	▸ 부속설비, 전기계장설비에 대한 점검, 검사, 보수 계획, 유지계획 작성 및 시행
4	비상가동정지 및 플레어스택 부하(Flare load) 관련 SIS(안전계장시스템) 설비는 별도로 적절하게 관리되고 있는가?	▸ 안전계장설비의 관리
5	위험설비의 유지 · 보수에 참여하는 근로자들에게 공정개요 및 위험성, 안전한 유지 · 보수작업을 위한 작업절차 등에 대하여 교육을 실시하는가?	▸ 주기적인 교육의 실시 –유지, 보수작업 등 포함
6	공정조건, 위험성평가 등을 고려한 중요도에 따라 위험설비의 등급을 구분하고, 이에 따라 점검 및 검사주기를 결정하여 관리하고 있는가?	▸ 설비중요도 등급의 위험성평가 등 실시 등급 부여, 주기 결정
7	각 설비에 대한 검사기록을 관리하고 있는가?	▸ 접지저항, 감지기 검교정, 퍼핑테스트 등 검사기록 관리
8	설비의 잔여수명을 관리하여 수명이 다한 설비를 적절한 시기에 교체하거나 적절한 조치를 취하는가?	▸ 잔여수명관리 및 교체 여부
9	구매 사양서에 기기의 품질을 확보하기 위한 재료의 최소두께, 비파괴검사, 열처리 및 수압시험을 하도록 규정하고 있는가?	▸ 구매사양서에 따라 두께, 비파괴검사, 열처리 및 수압시험 규정 및 시행
10	설계사양과 제작자 지침에 따라 장치 및 설비가 올바르게 설치되었는지를 확인하기 위한 절차를 마련하여 시행하고 있는가?	▸ 설계사양과 제작자 지침에 따른 설치 확인 절차 및 시행
11	각 기기별로 유지 · 보수에 필요한 예비품 목록을 관리하고 있는가?	▸ 예비품 목록 관리
12	설비의 정비이력을 기록 · 관리하고 이를 분석하여 예방정비에 활용하고 있는가?	▸ 정비이력 기록 관리 및 분석 예방정비 활용 여부

03 검사 및 보수·유지계획 지침 예시

1. 설비 검사 및 보수·유지계획 지침

(1) 용어설명

1) 점검

유해·위험설비에 대하여 설계명세 및 적용코드에 따라 사용조건에서 적합한 성능을 유지하고 있는지 여부를 확인하기 위하여 사업주가 일정주기마다 자율적으로 실시하는 자체검사 및 시험

2) 정비

기기의 성능점검결과 이상의 징후가 있거나 또는 허용범위를 벗어난 결함 및 고장이 있을 경우 기기의 성능을 지속적으로 유지하기 위하여 이상이나 결함을 제거하는 정비 또는 교체작업을 말하며 다음과 같이 분류한다.

① 예방정비 : 기기별로 제작자가 추천한 정비주기 또는 정비이력에 따라서 사전에 정해진 정비주기에 따라 행하는 정기정비로서 윤활유 주입과 같이 운전 중에 행하는 운전정비(Operating Maintenance)와 연차보수 시와 같이 기기 운전을 정지하고 행하는 가동정지정비(Shut－down Maintenance)가 있다.

② 예측정비 : 주요압축기 등과 같이 특정기기에 대하여 실시간으로 기기의 성능상태를 모니터링 하여 정비일자를 예측하여 행하는 정비

③ 고장정비 : 기기가 갑작스럽게 제기능을 발휘하지 못하거나 고장이 났을 때 행하는 정비

3) 유지관리

각 기기에 대하여 실시한 점검 및 정비에 대한 이력을 기록·유지하고 이 이력기록을 다시 점검 및 정비에 반영하여 공정기기의 안전성을 지속적으로 유지시키기 위한 모든 조직적 행위

(2) 구성기기의 우선순위 등급

1) 설비의 분류

단위공장을 구성하는 공정설비 또는 기기는 다음과 같이 대분류하고, 대분류에 속한 기기류를 분류한다.

분류번호	대분류명
1	압력용기와 저장탱크 계통설비
2	배관 계통설비
3	압력방출 계통설비
4	비상정지 계통설비
5	전기 및 계측제어 계통설비
6	회전기기(펌프, 압축기, 송풍기 등)

분류번호	대분류명	기기번호	기기명
1	압력용기와 저장탱크 계통설비	1.1	반응기(Reactors)
		1.2	압력용기(Drums)
		1.3	탑조류(Columns)
		1.4	열교환기(Heat Exchangers)
		1.5	공기냉각기(Air Coolers)
		1.6	저장탱크(Storage Tanks)
		1.7	히터(Fired Heaters)
		1.8	건조기(Dryers)
2	배관계통설비	2.1	배관(Pipings) (3″ & Over)
		2.2	밸브류(Valves)
		2.3	여과기(Filters/Strainers)
		2.4	오리피스(Orifices)
3	압력방출 계통설비	3.1	압력방출밸브(Pressure Relief Valves)
		3.2	릴리프밸브(Vacuum Relief Valves)
		3.3	파열판(Rupture Disks)
		3.4	플레어(Flares)
4	비상정지 계통설비	4.1	가스감지기(Gas Detection and Alarm Systems)
		4.2	화재감지기(Fire Detection and Alarm Systems)
		4.3	비상정지장치(Emergency Shut Down Systems)
		4.4	화재진압장치(Emergency Suppression Systems) (Firewater, Deluge, Inert Gas)
5	전기 및 계측제어 계통설비	5.1	전동제어반(Motors & Motor Controller)
		5.2	변압기(Transformers)
		5.3	전력차단시스템(Switch Gears)
		5.4	비상발전기(Emergency Generators)
		5.6	배전반(Power Distribution System)
		5.7	지시기(Sensor-Indicators) (Pressure, Temperature, Level, Flow)
		5.8	센서지시전송기 (Sensor-Indicator-Transmitter-Alarms) (Pressure, Temperature, Level, Flow)
		5.9	자동조절밸브(Control Valves & Controllers)
		5.10	인터록(Interlocks)
		5.11	스위치(Switches)
		5.12	타이머(Timers)
		5.13	분석기기(Analysers)

분류번호	대분류명	기기번호	기기명
6	회전기기	6.1	원심펌프(Centrifugal Pumps)
		6.2	피스톤펌프(Reciprocating(Piston) Pumps)
		6.3	왕복식펌프(Rotary Pumps)
		6.4	미터링펌프(Metering/Proportioning Pumps)
		6.5	다이어프램펌프(Diaphragm Pumps)
		6.6	압축기(Centrifugal Compressors)
		6.7	진공펌프(Vacuum Pumps)
		6.8	블로어(Blowers)
		6.9	팬(Fans)
		6.10	스팀터빈(Steam Turbines)
		6.11	가스터빈(Gas Expansion Turbines)

2) 대분류별 기기 목록 작성

단위공장을 상기의 분류를 참고하여 기기의 유형별로 기기를 그룹화 분류한다.

3) 기기 그룹별 중요도 등급화와 점검주기

공정운전 및 위험성평가 결과를 고려하여 중요도에 따라 등급별로 기기를 다음과 같이 그룹화한다.

기기의 중요도 등급 및 점검주기(예시)

사업장명 : 단위공장명 :

대분류	소분류	중요도 등급	해당 기기 번호 (Item No)	점검주기						정비구분				비고
				일상 점검	2주	1 개월	3 개월	6 개월	연차 보수	운전 정비	예방 정비	예측 정비	고장 정비	
압력 용기와 저장 탱크 계통 설비	Reactor	A	R-101, R-102, R-103	O	O				O	O	O	O	O	
		B	R-104, R-105	O		O			O	O	O		O	
		C	R-106	O			O			O			O	
		D	-	O				O					O	
회전 기기	Centrifugal pump	A	P-101, P-102, P-103, P-104	O	O				O	O	O	O	O	
		B	P-106, P-109, P-115	O		O			O	O	O		O	
		C	P-105, P-107, P-108	O			O			O	O		O	
		D	P-110, P-111, P-112, P-113, P-114	O				O					O	

등급화는 A ~ D등급으로 아래의 사항을 고려하여 작성한다.

- A급은 기기고장이 공장의 운전(부분 또는 전부)정지 또는 중대 산업사고를 일으킬 수 있는 경우
- B급은 기기고장이 운전의 부분정지를 일으키거나 또는 근로자 안전에 영향을 주는 경우
- C급은 기기고장이 운전의 부분정지를 가져오지만 안전상 문제가 없는 경우
- D급은 공정의 운전 및 안전상 문제가 없는 경우

점검주기는 아래의 사항을 고려하여 결정한다.

- 기기 제작자가 제공하는 고장을 일으키는 평균시간
- 사용자의 경험, 즉 기기 이력기록상 고장을 일으키는 빈도의 추이
- 부식 또는 마모속도의 추이
- 사용되는 취급물질 및 운전조건 상태(온도, 압력, 기계적부하, 운전시간 등)

(3) 기기의 점검(검사 및 시험)

1) 기기의 점검계획

가. 단위기기는 연간 점검(검사 및 시험) 계획서를 작성한다. 다만, 기기의 유형과 기능이 같은 경우는 기기를 그룹화하여 점검계획서를 작성할 수 있다.

나. 점검계획서에는 다음 사항을 포함한다.

(가) 점검 기기명 및 식별번호

(나) 우선순위 등급번호

(다) 점검항목 및 점검주기

(라) 점검자 자격

(마) 점검방법

(바) 적용코드 및 허용범위

(사) 계획의 승인 및 배포

2) 점검작업 절차서

가. 기기의 중요도 등급이 A 또는 B급에 해당하는 기기는 제조자 등이 제공한 설비 유지보수 절차서, 국내 · 외 관련 법규 등을 참조하여 점검계획서와 함께 필요시 점검작업 절차서를 작성한다. 다만, 기기의 유형과 기능이 같은 경우는 유형의 그룹별로 점검작업 절차서를 작성할 수 있다.

나. 점검작업 절차서에는 다음 사항을 포함한다.

(가) 점검항목

(나) 점검자 자격

(다) 점검방법 및 절차(점검기구의 사용방법 및 점검순서)

(라) 해당설비와 관련된 법적인 검사기준, 적용코드 및 허용범위

(마) 점검작업에 필요한 자료, 도면 및 관련 법규
(바) 교체, 수리 등에 필요한 예비품, 소모품 등의 목록
(사) 점검 시 안전에 관한 사항
(아) 결과보고 절차
(자) 점검결과에 대한 처리절차
(차) 승인 및 배포

3) 점검실시 및 결과보고

가. 기기의 점검은 승인된 점검계획서 또는 점검작업 절차서에 따라 해당분야 자격자가 정해진 점검주기 또는 운전 중 이상의 징후가 있을 때 수행한다.

나. 기기의 점검을 실시한 후 적합여부를 판정하고 기기의 중요도 등급이 A 또는 B급의 기기는 점검결과 보고서를 작성한다.

다. 점검결과 보고서에는 다음 사항을 포함한다.

(가) 점검일
(나) 점검자 성명 및 자격
(다) 기기의 이름 및 식별번호 / 우선순위등급
(라) 점검항목에 대한 점검내용 기술
(마) 점검방법
(바) 허용범위 대비 점검결과 및 조사하여야 할 사항
(사) 점검결과 및 판정
(아) 해당설비와 관련된 법적인 검사기준 준수 여부
(자) 점검결과에 따른 조치사항
(차) 기기의 내구연수 대비 잔여수명
(카) 관리자의 서명

4) 점검결과에 대한 조치사항

점검결과 허용범위를 벗어난 결함에 대하여는 안전운전을 보장하도록 적절한 시기에 안전한 방법으로 결함의 정비 등 필요한 조치를 한다. 다만, 점검결과 중대한 결함이 있는 경우에는 사용을 중지하고 결함사항을 보완한 후 운전하여야 한다.

5) 점검결과 보고서의 보관

(가) 압력용기에 대한 점검결과 보고서는 용기의 내구년한까지 보관한다.

(나) 기타 기기에 대한 결과보고서는 점검주기변경 및 예방점검의 기초자료를 사용할 수 있도록 다음 점검주기 또는 2년에서 긴 기간을 보관한다. 다만, 결함사항이 있는 기기의 보고서는 그 결함에 대하여 보완조치를 완료한 후 다음 점검주기 또는 2년에서 긴 기간을 보관한다.

6) 점검에 대한 교육

가. 점검에 대한 교육은 기기의 형식 및 성능이 동일한 경우 기기를 그룹화하여 교육을 실시하며, 아래 사항을 포함한다.

(가) 기기의 중요도 등급과 점검주기

(나) 직무공통교육 : 점검기기에 대한 제조공정, 안전운전 지침 및 절차 등에 관한 내용

(다) 직무교육 : 점검작업 절차서에 포함되는 내용

(라) 안전교육 : 점검자의 직무 및 공정과 관련된 위험성에 대한 교육

(마) 법적인 직무교육 : 해당설비와 관련된 법적인 검사기준, 점검자의 자격 등

나. 교육의 주기

점검에 대한 교육은 3년마다 1회 이상 실시함을 원칙으로 하되, 기기의 중요도 등급 및 운전경험 등을 고려하여 조정할 수 있다.

다. 교육기록 및 보관

교육실시에 대한 기록은 교육계획안 및 참석자의 서명과 함께 3연간 보관한다.

(4) 기기의 결함관리

1) 결함관리의 책임

점검결과에 따라 결함으로 확인이 된 경우 결함의 등록, 수정 및 이력관리 등을 수행하는 결함관리 담당부서를 정하여 책임을 부여한다.

2) 결함관리 절차

가. 결함관리 담당부서는 결함관리 절차서를 작성하고 결함수정에 필요한 각종 절차서 작성에 대한 책임부서 및 협조부서를 명시한다.

나. 결함관리 절차서에는 다음 사항을 포함한다.

(가) 결함관리 기준에 관한 사항

(나) 결함관리 절차에 관한 사항

(다) 정비 및 보수계획 작성에 관한 사항

(라) 정비 및 보수절차 작성에 관한 사항

(마) 특수작업 절차서 작성에 관한 사항

(바) 안전관련 절차서 작성에 관한 사항

3) 결함관리 기준

결함관리 부서는 운전부서 등 관련부서와 협의하여 결함의 종류 및 중요도에 따라 보고수준 및 승인자와 결함을 수정할 시기를 정하여야 하며, 결함은 각 기기별로 관리한다.

(5) 기기의 정비

1) 기기정비의 대상

기기의 정비대상에는 다음 경우를 포함한다.

가. 기기의 이상이나 결함이 없어도 제작자가 추천한 내구연수를 초과 포함한 기기 및 부품에 대하여 예방차원의 교체가 필요한 경우

나. 점검결과 허용범위를 벗어나 결함을 정비할 경우

다. 특정한 중요기기의 예측 · 예방정비를 위하여 기기의 상태를 실시간(Realtime)으로 모니터링의 결과, 주기적으로 측정한 결과, 필요시 측정한 결과 등으로 예측 · 예방정비가 필요하다고 판단한 경우

2) 정비계획

가. 정비대상 중 기기의 중요도 등급이 A 또는 B급에 해당하는 기기는 적절한 시기에 안전한 방법으로 정비를 수행하기 위한 정비계획서를 작성한다.

나. 정비계획서에는 다음 사항을 포함한다.

(가) 정비작업 요청 및 처리에 관한 절차

(나) 정비항목

(다) 정비분류 및 시기

(라) 정비작업 준비계획(유자격자, 기자재 및 공구)

(마) 공정상 타기기에 대한 조치 및 협조사항

(바) 필요시 기기별 정비작업 절차

(사) 밀폐공간 작업 프로그램의 수립 · 시행 등의 정비작업과 관련된 안전보건교육계획

(아) 해당설비와 관련된 법적인 검사기준, 적용코드 및 허용범위

(자) 정비작업에 필요한 자료, 도면 및 관련 법규

(차) 정비 시 교체, 수리 등에 필요한 예비품, 소모품 등의 목록

(카) 각종 안전작업허가 절차

3) 정비작업 절차서

가. 정비작업 절차서에는 다음 사항을 포함한다.

(가) 정비작업 준비(유자격자, 기자재, 공구)

(나) 정비착수 전 안전조치 사항과 확인 사항

(다) 정비작업 절차

(라) 정비완료 후 점검에 대한 사항

(마) 정비완료 후 안전조치 사항 및 확인 사항

(바) 정비 및 보수에 필요한 기술적이고, 전문적인 사항에 대한 교육

(사) 정비결과 보고

(아) 정비작업 중 비상시 응급조치 사항

(자) 작업자 간의 통신연락 사항

(차) 정비작업과 관련된 안전보건교육 실시여부

(카) 해당설비와 관련된 법적인 검사기준, 적용코드 및 허용범위

(타) 정비작업에 필요한 자료, 도면 및 관련 법규

(파) 정비 시 교체, 수리 등에 필요한 예비품, 소모품 등의 목록

나. 특수작업 절차서

정비 및 보수작업의 규모가 큰 경우 다음과 같은 안전작업허가 또는 특수작업 절차서를 별도로 작성하여 정비작업 절차서의 일부로 사용할 수 있다.

(가) 안전작업 허가의 종류

① 화기작업 허가

② 일반 위험작업 허가

③ 밀폐공간 출입 허가

④ 정전작업 허가

⑤ 굴착작업 허가

⑥ 방사선사용 허가

⑦ 고소작업 허가

⑧ 중장비작업 허가 등

(나) 특수작업에 관한 절차서

① 권양작업(Jack－up) 절차서

② 용접작업 절차서

③ 열처리작업 절차서

④ 비파괴검사 절차서

⑤ 기밀시험, 내압시험, 수압시험 절차서

⑥ 압력용기 보수작업 절차서

⑦ 방폭전기 설비의 보수작업 절차서

4) 정비작업 수행 및 결과보고

가. 결함이 있는 기기는 승인된 정비작업 절차서 또는 특수작업 절차서에 따라 수행한다.

나. 정비작업이 완료되면 수행한 정비작업에 대한 결과보고서를 작성한다.

다. 정비작업 결과보고서에는 다음 사항을 포함한다.

(가) 기기이름 및 식별번호

(나) 작업자성명 및 자격사항

(다) 정비항목 및 정비내용
(라) 정비 후 점검결과(허용범위 대비 적합 판정)
(마) 관리자의 검토 및 확인
(바) 안전밸브 작동시험은 재닫힘(Reset) 압력을 확인하고, 기록

5) 정비결과 보고서의 보관

예측정비, 예방정비 등을 위하여 전문화된 자료를 포함한 정비작업 결과보고서는 2년 또는 다음 정비예정일까지의 기간 중 긴 기간 이상을 보관한다.

6) 정비에 대한 교육기록 및 보관

가. 정비작업에 대한 교육은 정비원이 정비작업을 숙지할 수 있도록 정비작업 전에 실시하며, 아래 사항을 포함한다.
(가) 공정 및 운전에 관한 내용
(나) 정비작업 절차서에 포함되는 내용
(다) 정비작업 및 공정과 관련된 위험성에 대한 내용

나. 교육은 정비책임자의 책임하에 실시하며, 교육실시에 대한 기록은 3연간 보관한다.

(6) 기기 및 자재의 품질관리

기기 및 자재의 품질관리는 정비에 있어서 운전성능에 영향을 미치는 설계, 구매 및 제작, 설치에 적용한다.

1) 기자재의 품질관리 절차서

부품을 포함한 기기의 교체 및 보수와 관련된 품질관리 절차서는 회사의 설계, 구매 및 제작에 대한 품질보증 체제와 일관성이 유지되도록 작성한다.

가. 설계

사용 중 기기의 교체 및 보수를 위하여 해당 기기를 설계할 때에는 당초 기기의 설계사양을 적용하여 사용될 공정조건에 알맞도록 한다.

나. 구매 및 제작

(가) 기자재 구매 : 중요한 기기 또는 부품의 구매사양서는 당초 기자재 구매사양서와 적용코드에 일치하도록 작성하고 구매한다.
(나) 기기의 제작 : 중요한 기기 또는 부품은 유자격 제작업체에서 제작되어야 하며, 사용재질 및 제작은 설계사양과 일치하고 사용될 공정조건에 적합하여야 한다. 특히, 압력용기, 보일러 등의 안전인증대상 기계, 방호장치, 보호구 등은 관련 법에서 정하는 안전인증을 받아야 한다.

다. 기기의 검사

(가) 기기는 검사계획 및 관련법규 요구에 따라 제작 중 중간검사 및 제작완료 후 성능검사를 수행한다.

(나) 가능하면 공장검사보고서(Shop Inspection Report)를 실시하여 검사시 발견된 결함, 보완사항 등을 공장에서 완료하고 반입하는 것을 권장한다.

(다) 제작된 기기가 현장에 도착하면, 공장검사보고서의 확인을 포함하여 인수검사(Receiving Inspection)를 실시한다.

라. 기기(부품)의 설치

(가) 기기의 설치는 설계사양과 제작자의 지침에 따라 유자격업체의 유자격자에 의하여 설치되어야 하며, 시운전 전에 설치가 올바르게 되었는지 확인검사를 한다.

(나) 과압의 압력방출 등 안전장치의 설치에 대해서는 각 단계마다 필요한 확인검사를 수행한다.

마. 품질기록서의 관리

기기의 구매와 관련한 품질 기록서는 각 기기별로 다음 서류를 문서화하여 일정 기간 보관한다.

(가) 구매사양서

(나) 최종설계 및 설치(As-Built)도면

(다) 공장검사 보고서

(라) 인수검사 보고서

(마) 설치 후 확인검사 보고서

2) 변경관리

가. 기기의 정비 또는 보수 시 어떤 기기를 당초 기기설계 사양과 다르게 어떤 변경(재질, 구조 및 제어)을 하고자 할 때에는 변경요소 관리에 관한 지침에 따른다.

나. 변경이 있을 때는 설계에서부터 설치에 이르기까지의 모든 서류 변경에 대하여 승인자가 서명한다.

3) 정비용 기자재의 관리

가. 정비용 기자재

정비용 기자재로 사용되는 자재 및 예비품은 사용될 기기에 적합하여야 하며, 설계사양과 제작자 지침과 일치하도록 한다.

나. 예비품 목록

기기의 중요도 등급이 A 또는 B급에 해당하거나 공정의 연속운전에 필요한 기기의 예비품은 필요시 언제든지 구매할 수 있도록 예비품 목록에 다음 사항을 포함하여 유지한다.

(가) 기기식별 번호 및 이름

(나) 제작회사 및 형식번호

(다) 예비품 번호, 사양, 이름, 제조자, 제조자 부품 번호, 연간 재고 수량, 보관대 번호, 구매 소요기간

(라) 기기 제작회사 주소 및 연락처

(마) 부품을 나타내는 조립도 또는 단면도(첨부)

다. 예비품 구매

예비품은 당초 설계사양에 일치하도록 제작자의 추천에 따라 필요한 품명과 수량을 확보한다.

라. 예비품의 보관 및 재고수량

예비품은 쉽게 찾을 수 있도록 별도의 보관창고 내에 각 기기 및 부품별로 보관하며, 품명 및 수량은 항상 파악 가능하도록 예비품 목록을 유지한다.

(7) 외주업체의 관리

1) 외주업체의 선정 및 등록

가. 기기의 제작 또는 설치를 하는 외주업체는 품질심사를 통하여 자격 있는 업체로 한정하여 선정한다. 품질심사에 포함될 사항은 아래와 같다.

(가) 품질보증계획 및 실행여부 실사

(나) 보유장비 리스트 및 제작(설치)능력 검토

(다) 보유 유자격 기술자 및 작업자 명단

(라) 기기제작(설치) 실적

나. 가항에 따라 유자격 외주업체로 선정이 되면 유자격 업체로서의 등록을 한다.

2) 유자격 업체의 유지관리

등록된 업체는 자격이 유지되기 위해 매년 작업품질에 대한 실사와 평가를 통하여 유자격 업체로서의 자격유지 적부판정을 받고 그 결과가 유지 관리되어야 한다.

(8) 설비의 유지관리

각 기기의 점검(결함 또는 고장) 및 정비에 대한 이력을 기록으로 유지하여 이를 기초로 기기보전계획을 수립하고 실행함으로써 기기의 안전성을 지속적으로 유지한다.

1) 기기의 이력관리

기기의 중요도가 A 또는 B급인 기기는 각 기기에 대한 기기 이력 기록서를 작성하여 기기수명이 다 할 때까지 유지한다.

2) 기기 이력 기록서

가. 기기의 중요도가 A 또는 B급인 기기는 기기의 점검 결과보고서 및 기기의 정비작업 결과보고서를 요약하여 기기 이력 기록서에 점검과 정비이력을 유지한다.

나. 기기 이력 기록서에는 다음 내용이 포함되도록 한다.

(가) 기기의 설계사양 및 데이터

(나) 기기 이력기록서

① 일자

② 구분(점검, 정비)

③ 정비형식(예방, 예측, 고장)

④ 점검 · 정비원인

⑤ 점검 · 정비내용

⑥ 점검 · 정비시간

⑦ 운전정지시간

⑧ 보고서번호

⑨ 관리자 확인

⑩ 고장심각도

⑪ 고장모드

⑫ 이용불능시간

⑬ 누계횟수

⑭ 총가동시간

3) 기기 이력기록서의 평가

기기의 결함관리 책임부서는 1년에 한 번씩 기기 이력기록서를 평가하여 이상이나 고장의 발생빈도가 증가하는 기기는 점검의 주기를 증가시키도록 한다.

2. 설비 검사 및 보수 · 유지계획 서식 예시

기기의 중요도 및 점검 주기(예시)

대분류	소분류	중요도 등급	해당 기기번호 (ITEM NO.)	점검주기 검토결과						정비구분 검토결과				비고
				일상 점검	2주	1 개월	3 개월	6 개월	연차 보수	운전 정비	예방 정비	예측 정비	고장 정비	
장치설비	1.1 보일러	A		○					○		○			
		B												
		C												
	1.2 저장탱크	A		○					○				○	
		B												
		C							○				○	
	1.3 Filter	A												
		B												
		C												
	1.4 스크러버	A					○				○		○	
		B												
		C												

연간 점검 계획서(예시)

대분류	소분류	해당 기기번호(ITEM No)	추진일정											
			1	2	3	4	5	6	7	8	9	10	11	12
1. 장치설비	1.1 보일러													
	1.2 저장탱크													
	1.3 Filter													
2. 회전설비	2.1 보일러계통													

점검 교육 계획(안)(예시)

월별	종류	기기 형식	교육 내용 (기기의 중요도 등급 / 점검주기 / 점검기기에 대한 제조공정 등)	교육시기	교육주관	강사	교육기자재	교육장소	비고
1월	직무 공통 교육								
2월									
3월									
4월									
5월									
6월									
7월									
8월									
9월									
10월									
11월									
12월									

정비 담당자	정비 책임자

정 비 교 육 계 획 (안)(예시)

(　　년　　월　　일)

주관 부서	교육 대상자	교육 내용	교육 시간	교육 목표	참가 인원	비고

예비품 목록표(예시)

품명				규격		저장위치			
번호	일자	단위	입고	출고	사용처	재고	확인	승인	비고

품질심사 대장(예시)

번호	외주업체명	능력 검토				평가				외주업체 선정 여부	비고
		품질보증 계획	보유 장비 및 제작능력	보유 기술자 명단	실적	품질보증 계획	보유 장비 및 제작능력	보유 기술자 명단	실적		

※ 품질심사 평가는 A(100~90점), B(90~80점), C(80~70점)로 평가한다.

기 기 이 력 카 드(예시)

기기명	한글		관리번호	
			TAG NO.	
	영문		설치일	
용량/Material			양정	
SIZE(ID, H/LDH)			소모전력	
Jacket/T			종류	
Nozzle/D			AG/직경	
Insulation			형식	
MAKER			방폭구분	

년 월 일	보수내용	소요자재	비고

년 월 일	보수내용	소요자재	비고

설비중요도 등급 평가표

설비중요도 등급 평가표

중요도 등급 검토대상 : (평가점수 : 1 ~ 5점으로 반영)

공종	번호	평가항목	가중치	평가기준 및 평가결과		비고
				기준(1~5점)	점수(가중치×점수)	
화재 폭발	1	공장 재산피해 영향	1	예) 0.5억 원 이하 : 1 1억 원 이하 : 2 5억 원 이하 : 3 10억 원 이하 : 4 10억 원 초과 : 5		
	2	근로자에 대한 영향	2			
	3	공장 인근 지역의 재산 대한 영향	1			
	4	공장 인근 지역의 사람에 대한 영향	3			
	5	고장의 발생 빈도	1			
	6	피해 최소화 대체설비, 완화설비 보유여부	1			
	7	고장으로 인한 생산중지 예상 기간	1			
	8	생산중지, 품질저하로 인한 손실	1			
건강 유해성	1	공장 재산피해 영향	1			
	2	근로자에 대한 영향	2			
	3	공장 인근 지역의 재산 대한 영향	1			
	4	공장 인근 지역의 사람에 대한 영향	3			
	5	고장의 발생 빈도	1			
	6	대체설비 및 완화설비 보유 여부	1			
	7	고장으로 인한 생산중지 예상 기간	1			
	8	생산중지, 품질저하로 인한 손실	1			
환경 유해성	1	대기환경에 미치는 영향	3			
	2	토지에 미치는 영향	2			
	3	수질에 미치는 영향	3			
합계			30			
평가 결과 등급					A 등급	

[등급 산정기준]
점수에 따른 설비 등급 기준 : 130점 이상 A등급, 110점 이상 B등급 ....

| 점검결과 보고서(예시)

<table>
<tr><td colspan="2" rowspan="4">점검결과 보고서</td><td>점검일자</td><td colspan="2"></td></tr>
<tr><td>기 기 명</td><td colspan="2"></td></tr>
<tr><td>기기번호</td><td colspan="2"></td></tr>
<tr><td>등급</td><td colspan="2"></td></tr>
<tr><td colspan="6">대상기기 :</td></tr>
<tr><td colspan="6">대상밸브 :</td></tr>
<tr><td colspan="6">대상배관 :</td></tr>
<tr><td>점검항목</td><td>점검내용</td><td>점검결과
및 판정</td><td>조치사항</td><td>비 고</td></tr>
<tr><td></td><td></td><td></td><td></td><td></td></tr>
<tr><td></td><td></td><td></td><td></td><td></td></tr>
<tr><td></td><td></td><td></td><td></td><td></td></tr>
<tr><td></td><td></td><td></td><td></td><td></td></tr>
<tr><td></td><td></td><td></td><td></td><td></td></tr>
<tr><td>특기사항</td><td colspan="4"></td></tr>
<tr><td rowspan="2">점검자
(자격)</td><td colspan="4">부서 :
(자격 :) 성명 : (서명)</td></tr>
<tr><td colspan="4">부서 :
(자격 :) 성명 : (서명)</td></tr>
<tr><td>관 리 자</td><td colspan="4">부서 :
성명 : (서명)</td></tr>
</table>

▌기기의 정비계획서(예시)

기 기 의 정 비 계 획 서

<table>
<tr><td rowspan="14">사
전
준
비
계
획</td><td rowspan="2">정비일자</td><td rowspan="2">년 월 일</td><td colspan="2">정비자</td><td colspan="2">직위 : 성명 :</td></tr>
<tr><td colspan="2">정비자 교육이수여부</td><td colspan="2">이수( ) 미이수( )</td></tr>
<tr><td rowspan="2">정비분류</td><td>운전정비</td><td>예방정비</td><td colspan="2">예측정비</td><td>고장정비</td></tr>
<tr><td></td><td></td><td colspan="2"></td><td></td></tr>
<tr><td rowspan="7">정비항목</td><td>분류</td><td colspan="4">해당기기번호(ITEM NO.)</td></tr>
<tr><td>장치</td><td colspan="4"></td></tr>
<tr><td>배관</td><td colspan="4"></td></tr>
<tr><td>압력방출</td><td colspan="4"></td></tr>
<tr><td>비상정지</td><td colspan="4"></td></tr>
<tr><td>계측제어</td><td colspan="4"></td></tr>
<tr><td>전기</td><td colspan="4"></td></tr>
<tr><td rowspan="3">정비 외
기기 조치
및
협조 사항
(시스템상)</td><td>기기번호</td><td colspan="4"></td></tr>
<tr><td>조치내용</td><td colspan="4"></td></tr>
<tr><td>협조내용</td><td colspan="4"></td></tr>
<tr><td rowspan="5">후
속
조
치</td><td>정비완료 확인</td><td>적합판정</td><td colspan="4">적합 ( ) 미적합 ( )</td></tr>
<tr><td>정비내용</td><td colspan="5"></td></tr>
<tr><td rowspan="2">정비작업
절차</td><td>정비작업 절차</td><td colspan="4"></td></tr>
<tr><td>참조 문서 번호</td><td colspan="4"></td></tr>
<tr><td>소요자재</td><td colspan="5"></td></tr>
<tr><td colspan="4">장 비 담 당 자 : ________ (서명)
시 설 팀 책 임 자 : ________ (서명)</td><td colspan="3">작업완료확인
완료시간 :
입 회 자 :</td></tr>
<tr><td colspan="4">승인자 부서________직책________
성명________________(서명)</td><td colspan="3">관련부서 협조자
부서________직책________
성명________________(서명)</td></tr>
</table>

▎정비작업 결과보고서(예시)

<table>
<tr><td colspan="6">정비작업 결과보고서</td></tr>
<tr><td colspan="2">정 비 결 과 일 자</td><td>년 월 일</td><td colspan="2">정 비 기 기 명 칭</td><td></td></tr>
<tr><td colspan="2">기기 우선순위등급</td><td></td><td colspan="2">정 비 기 기 번 호</td><td></td></tr>
<tr><td rowspan="4">점검자</td><td>구분</td><td>성명</td><td>자격구분</td><td>자격번호</td><td>서명</td></tr>
<tr><td>주 인력</td><td></td><td></td><td></td><td></td></tr>
<tr><td>보조인력</td><td></td><td></td><td></td><td></td></tr>
<tr><td>보조인력</td><td></td><td></td><td></td><td></td></tr>
<tr><td rowspan="11">정비사항</td><td>정비항목</td><td colspan="2">정비내용 및 방법</td><td>점검결과</td><td>판정</td></tr>
<tr><td></td><td colspan="2"></td><td></td><td></td></tr>
<tr><td></td><td colspan="2"></td><td></td><td></td></tr>
<tr><td></td><td colspan="2"></td><td></td><td></td></tr>
<tr><td></td><td colspan="2"></td><td></td><td></td></tr>
<tr><td></td><td colspan="2"></td><td></td><td></td></tr>
<tr><td></td><td colspan="2"></td><td></td><td></td></tr>
<tr><td></td><td colspan="2"></td><td></td><td></td></tr>
<tr><td></td><td colspan="2"></td><td></td><td></td></tr>
<tr><td></td><td colspan="2"></td><td></td><td></td></tr>
<tr><td></td><td colspan="2"></td><td></td><td></td></tr>
<tr><td colspan="3">장 비 담 당 자 : ________ (서명)
시 설 팀 책 임 자 : ________ (서명)</td><td colspan="3">관련부서 협조자
부서________직책________
성명________________(서명)</td></tr>
<tr><td colspan="6">승인자 부서__________직책__________성명________________(서명)</td></tr>
</table>

동력/장치설비의 잔여수명 관리(예시)

1. 동력설비 : 위험등급 A, B등급에 대해서는 잔여수명 이력대장을 관리한다.
   (1) 잔여수명관리 기준
   동력설비는 신규설치 시 RBI 표준 8년을 기준으로 하며, 4년마다 설비검사를 통하여 다음과 같이 유지보수이력을 근간으로 설비 내용연수를 검토 관리한다.

   (2) 잔여수명관리 이력대장

설비번호 /설비명	설치연도 /월/일	보수건수 1년차/2년차/3년차/4년차	검사년도/월/일 검사결과	차기 검사예정 연도	교체예정 연도(수명)

2. 장치설비 : 위험등급 A, B등급에 대해서는 잔여수명 이력대장을 관리한다.

(1) 잔여수명관리 기준

장치설비의 초음파 두께측정(3point)을 통해 잔여수명을 아래 기준으로 관리한다.

$$잔여수명 = \frac{t_{실제두께} - t_{요구두께}}{부식률(mm/year)}$$

여기서, $t_{실제두께}$: 가장 최근 초음파 두께측정 실제두께(mm)

$t_{요구두께}$: 구성품의 요구두께(mm)

부식률(mm/year) : 연도별 측정 시 감소두께의 최댓값(mm)

(2) 잔여수명관리 이력대장

설비번호 /설비명	설치 연도 /월/일	설치 시 두께 (mm)	요구 두께 (mm)	1차 년도	2차 년도	3차 년도	4차 년도	5차 년도	평균 부식률 (mm/year)	예상교체 연도 (수명)

실습 1

하기의 내용을 근간으로 PSM 기자재 품질관리 절차 체크리스트를 작성하시오.

> 설계사양과 제작자 지침에 따라 장치 및 설비가 올바르게 설치되었는지를 확인하기 위한 절차임
> (품질관리절차서 고려사항)

가. 기자재의 품질관리 절차서

부품을 포함한 기기의 교체 및 보수와 관련된 품질관리 절차서는 회사의 설계, 구매 및 제작에 대한 품질보증 체제와 일관성이 유지되도록 작성한다.

(가) 설계

사용 중 기기의 교체 및 보수를 위하여 해당 기기를 설계할 때에는 당초 기기의 설계사양을 적용하여 사용될 공정조건에 알맞도록 한다.

(나) 구매 및 제작

가) 기자재 구매

중요한 기기 또는 부품의 구매사양서는 당초 기자재 구매사양서와 적용코드에 일치하도록 작성하고 구매한다.

나) 기기의 제작

중요한 기기 또는 부품은 유자격 제작업체에서 제작되어야 하며, 사용재질 및 제작은 설계사양과 일치하고 사용될 공정조건에 적합하여야 한다.

(다) 기기의 검사

가) 기기는 검사계획 및 관련법규 요구에 따라 제작 중 중간검사 및 제작완료 후 성능검사를 수행한다.

나) 제작된 기기가 현장에 도착하면, 공장검사보고서(Shop Inspection Report)의 확인을 포함하여 인수검사(Receiving Inspection)를 실시한다.

(라) 기기(부품)의 설치

가) 기기의 설치는 설계사양과 제작자의 지침에 따라 유자격업체의 유자격자에 의하여 설치되어야 하며, 시운전 전에 설치가 올바르게 되었는지 확인검사를 한다.

나) 과압의 압력방출 등 안전장치의 설치에 대해서는 각 단계마다 필요한 확인검사를 수행한다.

(마) 품질기록서의 관리

기기의 구매와 관련한 품질 기록서는 각 기기별로 다음 서류를 문서화하여 일정 기간 보관한다.

가) 구매사양서

나) 최종설계 및 설치(As-Built)도면

다) 공장검사 보고서

라) 인수검사 보고서

마) 설치 후 확인검사 보고서

| 실습 2

PSM 대상 사업장의 기자재 구매사양서(General Form, 표)을 작성하시오.

각 기자재의 Spec은 공정안전보고서의 기자재 사양을 기준으로 한다.
–기자재, 요구 사양, 납기장소, 검수, 검사 등 포함

CHAPTER 08

안전작업허가 및 절차

01 안전작업허가 관련 법령

1. 산업안전보건법

■ **제14조(관리감독자)**

① 사업주는 사업장의 관리감독자(경영조직에서 생산과 관련되는 업무와 그 소속 직원을 직접 지휘·감독하는 부서의 장 또는 그 직위를 담당하는 자를 말한다. 이하 같다)로 하여금 직무와 관련된 안전·보건에 관한 업무로서 안전·보건점검 등 대통령령으로 정하는 업무를 수행하도록 하여야 한다. 다만, 위험 방지가 특히 필요한 작업으로서 대통령령으로 정하는 작업에 대하여는 소속 직원에 대한 특별교육 등 대통령령으로 정하는 안전·보건에 관한 업무를 추가로 수행하도록 하여야 한다.

② 제1항에 따른 관리감독자가 있는 경우에는 「건설기술 진흥법」 제64조제1항제2호에 따른 안전관리책임자 및 같은 항 제3호에 따른 안전관리담당자를 각각 둔 것으로 본다.

■ **제17조(안전관리자)**

① 사업주는 사업장에 제15조제1항 각 호의 사항 중 안전에 관한 기술적인 사항에 관하여 사업주 또는 안전보건관리책임자를 보좌하고 관리감독자에게 지도·조언하는 업무를 수행하는 사람(이하 "안전관리자"라 한다)을 두어야 한다.

② 안전관리자를 두어야 하는 사업의 종류와 사업장의 상시근로자 수, 안전관리자의 수·자격·업무·권한·선임방법, 그 밖에 필요한 사항은 대통령령으로 정한다.

③ 대통령령으로 정하는 사업의 종류 및 사업장의 상시근로자 수에 해당하는 사업장의 사업주는 안전관리자에게 그 업무만을 전담하도록 하여야 한다.

④ 고용노동부장관은 산업재해 예방을 위하여 필요한 경우로서 고용노동부령으로 정하는 사유에 해당하는 경우에는 사업주에게 안전관리자를 제2항에 따라 대통령령으로 정하는 수 이상으로 늘리거나 교체할 것을 명할 수 있다.

⑤ 대통령령으로 정하는 사업의 종류 및 사업장의 상시근로자 수에 해당하는 사업장의 사업주는 제21조에 따라 지정받은 안전관리 업무를 전문적으로 수행하는 기관(이하 "안전관리전문기관"이라 한다)에 안전관리자의 업무를 위탁할 수 있다.

■ **제20조(안전관리자 등의 지도 · 조언)**

제17조에 따른 안전관리자 또는 제18조에 따른 보건관리자가 제15조제1항 각 호의 사항 중 안전 또는 보건에 관한 기술적인 사항에 관하여 사업주 또는 관리책임자에게 건의하거나 관리감독자에게 지도 · 조언하는 경우에 사업주 · 관리책임자 및 관리감독자는 이에 상응하는 적절한 조치를 하여야 한다.

2. 산업안전보건법 시행령

■ **제15조(관리감독자의 업무 등)**

① 법 제16조제1항에서 "대통령령으로 정하는 업무"란 다음 각 호의 업무를 말한다.

1. 사업장 내 법 제16조제1항에 따른 관리감독자(이하 "관리감독자"라 한다)가 지휘 · 감독하는 작업(이하 이 조에서 "해당작업"이라 한다)과 관련된 기계 · 기구 또는 설비의 안전 · 보건 점검 및 이상 유무의 확인
2. 관리감독자에게 소속된 근로자의 작업복 · 보호구 및 방호장치의 점검과 그 착용 · 사용에 관한 교육 · 지도
3. 해당작업에서 발생한 산업재해에 관한 보고 및 이에 대한 응급조치
4. 해당작업의 작업장 정리 · 정돈 및 통로 확보에 대한 확인 · 감독
5. 사업장의 다음 각 목의 어느 하나에 해당하는 사람의 지도 · 조언에 대한 협조
   가. 법 제17조제1항에 따른 안전관리자(이하 "안전관리자"라 한다) 또는 같은 조 제5항에 따라 안전관리자의 업무를 같은 항에 따른 안전관리전문기관(이하 "안전관리전문기관"이라 한다)에 위탁한 사업장의 경우에는 그 안전관리전문기관의 해당 사업장 담당자
   나. 법 제18조제1항에 따른 보건관리자(이하 "보건관리자"라 한다) 또는 같은 조 제5항에 따라 보건관리자의 업무를 같은 항에 따른 보건관리전문기관(이하 "보건관리전문기관"이라 한다)에 위탁한 사업장의 경우에는 그 보건관리전문기관의 해당 사업장 담당자
   다. 법 제19조제1항에 따른 안전보건관리담당자(이하 "안전보건관리담당자"라 한다) 또는 같은 조 제4항에 따라 안전보건관리담당자의 업무를 안전관리전문기관 또는 보건관리전문기관에 위탁한 사업장의 경우에는 그 안전관리전문기관 또는 보건관리전문기관의 해당 사업장 담당자
   라. 법 제22조제1항에 따른 산업보건의(이하 "산업보건의"라 한다)
6. 법 제36조에 따라 실시되는 위험성평가에 관한 다음 각 목의 업무
   가. 유해 · 위험요인의 파악에 대한 참여
   나. 개선조치의 시행에 대한 참여
7. 그 밖에 해당작업의 안전 및 보건에 관한 사항으로서 고용노동부령으로 정하는 사항

② 관리감독자에 대한 지원에 관하여는 제14조제2항을 준용한다. 이 경우 "안전보건관리책임자"는 "관리감독자"로, "법 제15조제1항"은 "제1항"으로 본다.

■ 제16조(안전관리자의 선임 등)

① 법 제17조제1항에 따라 안전관리자를 두어야 하는 사업의 종류와 사업장의 상시근로자 수, 안전관리자의 수 및 선임방법은 별표 3과 같다.

② 법 제17조제3항에서 "대통령령으로 정하는 사업의 종류 및 사업장의 상시근로자 수에 해당하는 사업장"이란 제1항에 따른 사업 중 상시근로자 300명 이상을 사용하는 사업장[건설업의 경우에는 공사금액이 120억 원(「건설산업기본법 시행령」 별표 1의 종합공사를 시공하는 업종의 건설업종란 제1호에 따른 토목공사업의 경우에는 150억 원) 이상인 사업장]을 말한다.

③ 제1항 및 제2항을 적용할 경우 제52조에 따른 사업으로서 도급인의 사업장에서 이루어지는 도급사업의 공사금액 또는 관계수급인의 상시근로자는 각각 해당 사업의 공사금액 또는 상시근로자로 본다. 다만, 별표 3의 기준에 해당하는 도급사업의 공사금액 또는 관계수급인의 상시근로자의 경우에는 그렇지 않다.

④ 제1항에도 불구하고 같은 사업주가 경영하는 둘 이상의 사업장이 다음 각 호의 어느 하나에 해당하는 경우에는 그 둘 이상의 사업장에 1명의 안전관리자를 공동으로 둘 수 있다. 이 경우 해당 사업장의 상시근로자 수의 합계는 300명 이내[건설업의 경우에는 공사금액의 합계가 120억 원(「건설산업기본법 시행령」 별표 1의 종합공사를 시공하는 업종의 건설업종란 제1호에 따른 토목공사업의 경우에는 150억 원) 이내]이어야 한다.

1. 같은 시 · 군 · 구(자치구를 말한다) 지역에 소재하는 경우
2. 사업장 간의 경계를 기준으로 15킬로미터 이내에 소재하는 경우

⑤ 제1항부터 제3항까지의 규정에도 불구하고 도급인의 사업장에서 이루어지는 도급사업에서 도급인이 고용노동부령으로 정하는 바에 따라 그 사업의 관계수급인 근로자에 대한 안전관리를 전담하는 안전관리자를 선임한 경우에는 그 사업의 관계수급인은 해당 도급사업에 대한 안전관리자를 선임하지 않을 수 있다.

⑥ 사업주는 안전관리자를 선임하거나 법 제17조제5항에 따라 안전관리자의 업무를 안전관리전문기관에 위탁한 경우에는 고용노동부령으로 정하는 바에 따라 선임하거나 위탁한 날부터 14일 이내에 고용노동부장관에게 그 사실을 증명할 수 있는 서류를 제출해야 한다. 법 제17조제4항에 따라 안전관리자를 늘리거나 교체한 경우에도 또한 같다.

■ 제18조(안전관리자의 업무 등)

① 안전관리자의 업무는 다음 각 호와 같다.

1. 법 제24조제1항에 따른 산업안전보건위원회(이하 "산업안전보건위원회"라 한다) 또는 법 제75조제1항에 따른 안전 및 보건에 관한 노사협의체(이하 "노사협의체"라 한다)에서 심의 · 의결한 업무와 해당 사업장의 법 제25조제1항에 따른 안전보건관리규정(이하 "안전보건관리규정"이라 한다) 및 취업규칙에서 정한 업무
2. 법 제36조에 따른 위험성평가에 관한 보좌 및 지도 · 조언

3. 법 제84조제1항에 따른 안전인증대상기계등(이하 "안전인증대상기계등"이라 한다)과 법 제89조 제1항 각 호 외의 부분 본문에 따른 자율안전확인대상기계등(이하 "자율안전확인대상기계등"이라 한다) 구입 시 적격품의 선정에 관한 보좌 및 지도·조언
4. 해당 사업장 안전교육계획의 수립 및 안전교육 실시에 관한 보좌 및 지도·조언
5. 사업장 순회점검, 지도 및 조치 건의
6. 산업재해 발생의 원인 조사·분석 및 재발 방지를 위한 기술적 보좌 및 지도·조언
7. 산업재해에 관한 통계의 유지·관리·분석을 위한 보좌 및 지도·조언
8. 법 또는 법에 따른 명령으로 정한 안전에 관한 사항의 이행에 관한 보좌 및 지도·조언
9. 업무 수행 내용의 기록·유지
10. 그 밖에 안전에 관한 사항으로서 고용노동부장관이 정하는 사항

② 사업주가 안전관리자를 배치할 때에는 연장근로·야간근로 또는 휴일근로 등 해당 사업장의 작업 형태를 고려해야 한다.

③ 사업주는 안전관리 업무의 원활한 수행을 위하여 외부전문가의 평가·지도를 받을 수 있다.

④ 안전관리자는 제1항 각 호에 따른 업무를 수행할 때에는 보건관리자와 협력해야 한다.

⑤ 안전관리자에 대한 지원에 관하여는 제14조제2항을 준용한다. 이 경우 "안전보건관리책임자"는 "안전관리자"로, "법 제15조제1항"은 "제1항"으로 본다.

3. 산업안전보건기준에 관한 규칙

■ 제35조(관리감독자의 유해·위험 방지 업무 등)

① 사업주는 법 제16조제1항에 따른 관리감독자(건설업의 경우 직장·조장 및 반장의 지위에서 그 작업을 직접 지휘·감독하는 관리감독자를 말하며, 이하 "관리감독자"라 한다)로 하여금 별표 2에서 정하는 바에 따라 유해·위험을 방지하기 위한 업무를 수행하도록 하여야 한다.

② 사업주는 별표 3에서 정하는 바에 따라 작업을 시작하기 전에 관리감독자로 하여금 필요한 사항을 점검하도록 하여야 한다.

③ 사업주는 제2항에 따른 점검 결과 이상이 발견되면 즉시 수리하거나 그 밖에 필요한 조치를 하여야 한다.

■ 제36조(사용의 제한)

사업주는 법 제80조·제81조에 따른 방호조치 등의 조치를 하지 않거나 법 제83조제1항에 따른 안전인증기준, 법 제89조제1항에 따른 자율안전기준 또는 법 제93조제1항에 따른 안전검사기준에 적합하지 않은 기계·기구·설비 및 방호장치·보호구 등을 사용해서는 아니 된다.

■ 제37조(악천후 및 강풍 시 작업 중지)

① 사업주는 비 · 눈 · 바람 또는 그 밖의 기상상태의 불안정으로 인하여 근로자가 위험해질 우려가 있는 경우 작업을 중지하여야 한다. 다만, 태풍 등으로 위험이 예상되거나 발생되어 긴급 복구작업을 필요로 하는 경우에는 그러하지 아니하다.

② 사업주는 순간풍속이 초당 10미터를 초과하는 경우 타워크레인의 설치 · 수리 · 점검 또는 해체 작업을 중지하여야 하며, 순간풍속이 초당 15미터를 초과하는 경우에는 타워크레인의 운전작업을 중지하여야 한다.

■ 제38조(사전조사 및 작업계획서의 작성 등)

① 사업주는 다음 각 호의 작업을 하는 경우 근로자의 위험을 방지하기 위하여 별표 4에 따라 해당 작업, 작업장의 지형 · 지반 및 지층 상태 등에 대한 사전조사를 하고 그 결과를 기록 · 보존하여야 하며, 조사결과를 고려하여 별표 4의 구분에 따른 사항을 포함한 작업계획서를 작성하고 그 계획에 따라 작업을 하도록 하여야 한다.

1. 타워크레인을 설치 · 조립 · 해체하는 작업
2. 차량계 하역운반기계 등을 사용하는 작업(화물자동차를 사용하는 도로상의 주행작업은 제외한다. 이하 같다)
3. 차량계 건설기계를 사용하는 작업
4. 화학설비와 그 부속설비를 사용하는 작업
5. 제318조에 따른 전기작업(해당 전압이 50볼트를 넘거나 전기에너지가 250볼트암페어를 넘는 경우로 한정한다)
6. 굴착면의 높이가 2미터 이상이 되는 지반의 굴착작업
7. 터널굴착작업
8. 교량(상부구조가 금속 또는 콘크리트로 구성되는 교량으로서 그 높이가 5미터 이상이거나 교량의 최대 지간 길이가 30미터 이상인 교량으로 한정한다)의 설치 · 해체 또는 변경 작업
9. 채석작업
10. 구축물, 건축물, 그 밖의 시설물 등(이하 "구축물등"이라 한다)의 해체작업
11. 중량물의 취급작업
12. 궤도나 그 밖의 관련 설비의 보수 · 점검작업
13. 열차의 교환 · 연결 또는 분리 작업(이하 "입환작업"이라 한다)

② 사업주는 제1항에 따라 작성한 작업계획서의 내용을 해당 근로자에게 알려야 한다.

③ 사업주는 항타기나 항발기를 조립 · 해체 · 변경 또는 이동하는 작업을 하는 경우 그 작업방법과 절차를 정하여 근로자에게 주지시켜야 한다.

④ 사업주는 제1항제12호의 작업에 모터카(Motor Car), 멀티플타이탬퍼(Multiple Tie Tamper), 밸러스트 콤팩터(Ballast Compactor, 철도자갈다짐기), 궤도안정기 등의 작업차량(이하 "궤도작업

차량"이라 한다)을 사용하는 경우 미리 그 구간을 운행하는 열차의 운행관계자와 협의하여야 한다.

■ **제39조(작업지휘자의 지정)**

① 사업주는 제38조제1항제2호 · 제6호 · 제8호 · 제10호 및 제11호의 작업계획서를 작성한 경우 작업지휘자를 지정하여 작업계획서에 따라 작업을 지휘하도록 하여야 한다. 다만, 제38조제1항제2호의 작업에 대하여 작업장소에 다른 근로자가 접근할 수 없거나 한 대의 차량계 하역운반기계 등을 운전하는 작업으로서 주위에 근로자가 없어 충돌 위험이 없는 경우에는 작업지휘자를 지정하지 아니할 수 있다.

② 사업주는 항타기나 항발기를 조립 · 해체 · 변경 또는 이동하여 작업을 하는 경우 작업지휘자를 지정하여 지휘 · 감독하도록 하여야 한다.

■ **제91조(고장난 기계의 정비 등)**

① 사업주는 기계 또는 방호장치의 결함이 발견된 경우 반드시 정비한 후에 근로자가 사용하도록 하여야 한다.

② 제1항의 정비가 완료될 때까지는 해당 기계 및 방호장치 등의 사용을 금지하여야 한다.

■ **제92조(정비 등의 작업 시의 운전정지 등)**

① 사업주는 공작기계 · 수송기계 · 건설기계 등의 정비 · 청소 · 급유 · 검사 · 수리 · 교체 또는 조정 작업 또는 그 밖에 이와 유사한 작업을 할 때에 근로자가 위험해질 우려가 있으면 해당 기계의 운전을 정지하여야 한다. 다만, 덮개가 설치되어 있는 등 기계의 구조상 근로자가 위험해질 우려가 없는 경우에는 그러하지 아니하다.

② 사업주는 제1항에 따라 기계의 운전을 정지한 경우에 다른 사람이 그 기계를 운전하는 것을 방지하기 위하여 기계의 기동장치에 잠금장치를 하고 그 열쇠를 별도 관리하거나 표지판을 설치하는 등 필요한 방호 조치를 하여야 한다.

③ 사업주는 작업하는 과정에서 적절하지 아니한 작업방법으로 인하여 기계가 갑자기 가동될 우려가 있는 경우 작업지휘자를 배치하는 등 필요한 조치를 하여야 한다.

④ 사업주는 기계 · 기구 및 설비 등의 내부에 압축된 기체 또는 액체 등이 방출되어 근로자가 위험해질 우려가 있는 경우에 제1항부터 제3항까지의 규정 따른 조치 외에도 압축된 기체 또는 액체 등을 미리 방출시키는 등 위험 방지를 위하여 필요한 조치를 하여야 한다.

■ **제94조(작업모 등의 착용)**

사업주는 동력으로 작동되는 기계에 근로자의 머리카락 또는 의복이 말려 들어갈 우려가 있는 경우에는 해당 근로자에게 작업에 알맞은 작업모 또는 작업복을 착용하도록 하여야 한다.

■ **제186조(고소작업대 설치 등의 조치)**

① 사업주는 고소작업대를 설치하는 경우에는 다음 각 호에 해당하는 것을 설치하여야 한다.

1. 작업대를 와이어로프 또는 체인으로 올리거나 내릴 경우에는 와이어로프 또는 체인이 끊어져 작

업대가 떨어지지 아니하는 구조여야 하며, 와이어로프 또는 체인의 안전율은 5 이상일 것
2. 작업대를 유압에 의해 올리거나 내릴 경우에는 작업대를 일정한 위치에 유지할 수 있는 장치를 갖추고 압력의 이상저하를 방지할 수 있는 구조일 것
3. 권과방지장치를 갖추거나 압력의 이상상승을 방지할 수 있는 구조일 것
4. 붐의 최대 지면경사각을 초과 운전하여 전도되지 않도록 할 것
5. 작업대에 정격하중(안전율 5 이상)을 표시할 것
6. 작업대에 끼임 · 충돌 등 재해를 예방하기 위한 가드 또는 과상승방지장치를 설치할 것
7. 조작반의 스위치는 눈으로 확인할 수 있도록 명칭 및 방향표시를 유지할 것

② 사업주는 고소작업대를 설치하는 경우에는 다음 각 호의 사항을 준수하여야 한다.
1. 바닥과 고소작업대는 가능하면 수평을 유지하도록 할 것
2. 갑작스러운 이동을 방지하기 위하여 아웃트리거 또는 브레이크 등을 확실히 사용할 것

③ 사업주는 고소작업대를 이동하는 경우에는 다음 각 호의 사항을 준수하여야 한다.
1. 작업대를 가장 낮게 내릴 것
2. 작업자를 태우고 이동하지 말 것. 다만, 이동 중 전도 등의 위험예방을 위하여 유도하는 사람을 배치하고 짧은 구간을 이동하는 경우에는 제1호에 따라 작업대를 가장 낮게 내린 상태에서 작업자를 태우고 이동할 수 있다.
3. 이동통로의 요철상태 또는 장애물의 유무 등을 확인할 것

④ 사업주는 고소작업대를 사용하는 경우에는 다음 각 호의 사항을 준수하여야 한다.
1. 작업자가 안전모 · 안전대 등의 보호구를 착용하도록 할 것
2. 관계자가 아닌 사람이 작업구역에 들어오는 것을 방지하기 위하여 필요한 조치를 할 것
3. 안전한 작업을 위하여 적정수준의 조도를 유지할 것
4. 전로(電路)에 근접하여 작업을 하는 경우에는 작업감시자를 배치하는 등 감전사고를 방지하기 위하여 필요한 조치를 할 것
5. 작업대를 정기적으로 점검하고 붐 · 작업대 등 각 부위의 이상 유무를 확인할 것
6. 전환스위치는 다른 물체를 이용하여 고정하지 말 것
7. 작업대는 정격하중을 초과하여 물건을 싣거나 탑승하지 말 것
8. 작업대의 붐대를 상승시킨 상태에서 탑승자는 작업대를 벗어나지 말 것. 다만, 작업대에 안전대 부착설비를 설치하고 안전대를 연결하였을 때에는 그러하지 아니하다.

■ 제233조(가스용접 등의 작업)

사업주는 인화성 가스, 불활성 가스 및 산소(이하 "가스 등"이라 한다)를 사용하여 금속의 용접 · 용단 또는 가열작업을 하는 경우에는 가스 등의 누출 또는 방출로 인한 폭발 · 화재 또는 화상을 예방하기 위하여 다음 각 호의 사항을 준수하여야 한다.

1. 가스 등의 호스와 취관(吹管)은 손상 · 마모 등에 의하여 가스 등이 누출할 우려가 없는 것을 사용

할 것

2. 가스 등의 취관 및 호스의 상호 접촉부분은 호스밴드, 호스클립 등 조임기구를 사용하여 가스 등이 누출되지 않도록 할 것
3. 가스 등의 호스에 가스 등을 공급하는 경우에는 미리 그 호스에서 가스 등이 방출되지 않도록 필요한 조치를 할 것
4. 사용 중인 가스 등을 공급하는 공급구의 밸브나 콕에는 그 밸브나 콕에 접속된 가스 등의 호스를 사용하는 사람의 이름표를 붙이는 등 가스 등의 공급에 대한 오조작을 방지하기 위한 표시를 할 것
5. 용단작업을 하는 경우에는 취관으로부터 산소의 과잉방출로 인한 화상을 예방하기 위하여 근로자가 조절밸브를 서서히 조작하도록 주지시킬 것
6. 작업을 중단하거나 마치고 작업장소를 떠날 경우에는 가스 등의 공급구의 밸브나 콕을 잠글 것
7. 가스 등의 분기관은 전용 접속기구를 사용하여 불량체결을 방지하여야 하며, 서로 이어지지 않는 구조의 접속기구 사용, 서로 다른 색상의 배관 · 호스의 사용 및 꼬리표 부착 등을 통하여 서로 다른 가스배관과의 불량체결을 방지할 것

■ 제234조(가스 등의 용기)

사업주는 금속의 용접 · 용단 또는 가열에 사용되는 가스 등의 용기를 취급하는 경우에 다음 각 호의 사항을 준수하여야 한다.

1. 다음 각 목의 어느 하나에 해당하는 장소에서 사용하거나 해당 장소에 설치 · 저장 또는 방치하지 않도록 할 것
   가. 통풍이나 환기가 불충분한 장소
   나. 화기를 사용하는 장소 및 그 부근
   다. 위험물 또는 제236조에 따른 인화성 액체를 취급하는 장소 및 그 부근
2. 용기의 온도를 섭씨 40도 이하로 유지할 것
3. 전도의 위험이 없도록 할 것
4. 충격을 가하지 않도록 할 것
5. 운반하는 경우에는 캡을 씌울 것
6. 사용하는 경우에는 용기의 마개에 부착되어 있는 유류 및 먼지를 제거할 것
7. 밸브의 개폐는 서서히 할 것
8. 사용 전 또는 사용 중인 용기와 그 밖의 용기를 명확히 구별하여 보관할 것
9. 용해아세틸렌의 용기는 세워 둘 것
10. 용기의 부식 · 마모 또는 변형상태를 점검한 후 사용할 것

■ 제241조(화재위험작업 시의 준수사항)

① 사업주는 통풍이나 환기가 충분하지 않은 장소에서 화재위험작업을 하는 경우에는 통풍 또는 환기를 위하여 산소를 사용해서는 아니 된다.

② 사업주는 가연성물질이 있는 장소에서 화재위험작업을 하는 경우에는 화재예방에 필요한 다음 각 호의 사항을 준수하여야 한다.
1. 작업 준비 및 작업 절차 수립
2. 작업장 내 위험물의 사용 · 보관 현황 파악
3. 화기작업에 따른 인근 가연성물질에 대한 방호조치 및 소화기구 비치
4. 용접불티 비산방지덮개, 용접방화포 등 불꽃, 불티 등 비산방지조치
5. 인화성 액체의 증기 및 인화성 가스가 남아 있지 않도록 환기 등의 조치
6. 작업근로자에 대한 화재예방 및 피난교육 등 비상조치

③ 사업주는 작업시작 전에 제2항 각 호의 사항을 확인하고 불꽃 · 불티 등의 비산을 방지하기 위한 조치 등 안전조치를 이행한 후 근로자에게 화재위험작업을 하도록 해야 한다.

④ 사업주는 화재위험작업이 시작되는 시점부터 종료 될 때까지 작업내용, 작업일시, 안전점검 및 조치에 관한 사항 등을 해당 작업장소에 서면으로 게시해야 한다. 다만, 같은 장소에서 상시 · 반복적으로 화재위험작업을 하는 경우에는 생략할 수 있다.

■ **제241조의2(화재감시자)**

① 사업주는 근로자에게 다음 각 호의 어느 하나에 해당하는 장소에서 용접 · 용단 작업을 하도록 하는 경우에는 화재감시자를 지정하여 용접 · 용단 작업 장소에 배치해야 한다. 다만, 같은 장소에서 상시 · 반복적으로 용접 · 용단작업을 할 때 경보용 설비 · 기구, 소화설비 또는 소화기가 갖추어진 경우에는 화재감시자를 지정 · 배치하지 않을 수 있다.
1. 작업반경 11미터 이내에 건물구조 자체나 내부(개구부 등으로 개방된 부분을 포함한다)에 가연성물질이 있는 장소
2. 작업반경 11미터 이내의 바닥 하부에 가연성물질이 11미터 이상 떨어져 있지만 불꽃에 의해 쉽게 발화될 우려가 있는 장소
3. 가연성물질이 금속으로 된 칸막이 · 벽 · 천장 또는 지붕의 반대쪽 면에 인접해 있어 열전도나 열복사에 의해 발화될 우려가 있는 장소

② 제1항 본문에 따른 화재감시자는 다음 각 호의 업무를 수행한다.
1. 제1항 각 호에 해당하는 장소에 가연성물질이 있는지 여부의 확인
2. 제232조제2항에 따른 가스 검지, 경보 성능을 갖춘 가스 검지 및 경보 장치의 작동 여부의 확인
3. 화재 발생 시 사업장 내 근로자의 대피 유도

③ 사업주는 제1항 본문에 따라 배치된 화재감시자에게 업무 수행에 필요한 확성기, 휴대용 조명기구 및 화재 대피용 마스크(한국산업표준 제품이거나 「소방산업의 진흥에 관한 법률」에 따른 한국소방산업기술원이 정하는 기준을 충족하는 것이어야 한다) 등 대피용 방연장비를 지급해야 한다.

■ **제242조(화기사용 금지)**

사업주는 화재 또는 폭발의 위험이 있는 장소에서 다음 각 호의 화재 위험이 있는 물질을 취급하는 경우

에는 화기의 사용을 금지하여야 한다.

1. 제236조제1항에 따른 물질
2. 별표 1 제1호 · 제2호 및 제5호에 따른 위험물질(폭발성 물질 및 유기과산화물, 물반응성 물질 및 인화성 고체, 인화성 가스)

■ **제245조(화기사용 장소의 화재 방지)**

① 사업주는 흡연장소 및 난로 등 화기를 사용하는 장소에 화재예방에 필요한 설비를 하여야 한다.

② 화기를 사용한 사람은 불티가 남지 않도록 뒤처리를 확실하게 하여야 한다.

■ **제278조(개조 · 수리 등)**

사업주는 화학설비와 그 부속설비의 개조 · 수리 및 청소 등을 위하여 해당 설비를 분해하거나 해당 설비의 내부에서 작업을 하는 경우에는 다음 각 호의 사항을 준수하여야 한다.

1. 작업책임자를 정하여 해당 작업을 지휘하도록 할 것
2. 작업장소에 위험물 등이 누출되거나 고온의 수증기가 새어나오지 않도록 할 것
3. 작업장 및 그 주변의 인화성 액체의 증기나 인화성 가스의 농도를 수시로 측정할 것

■ **제285조(압력의 제한)**

사업주는 아세틸렌 용접장치를 사용하여 금속의 용접 · 용단 또는 가열작업을 하는 경우에는 게이지 압력이 127킬로파스칼을 초과하는 압력의 아세틸렌을 발생시켜 사용해서는 아니 된다.

■ **제286조(발생기실의 설치장소 등)**

① 사업주는 아세틸렌 용접장치의 아세틸렌 발생기(이하 "발생기"라 한다)를 설치하는 경우에는 전용의 발생기실에 설치하여야 한다.

② 제1항의 발생기실은 건물의 최상층에 위치하여야 하며, 화기를 사용하는 설비로부터 3미터를 초과하는 장소에 설치하여야 한다.

③ 제1항의 발생기실을 옥외에 설치한 경우에는 그 개구부를 다른 건축물로부터 1.5미터 이상 떨어지도록 하여야 한다.

■ **제287조(발생기실의 구조 등)**

사업주는 발생기실을 설치하는 경우에 다음 각 호의 사항을 준수하여야 한다.

1. 벽은 불연성 재료로 하고 철근 콘크리트 또는 그 밖에 이와 같은 수준이거나 그 이상의 강도를 가진 구조로 할 것
2. 지붕과 천장에는 얇은 철판이나 가벼운 불연성 재료를 사용할 것
3. 바닥면적의 16분의 1 이상의 단면적을 가진 배기통을 옥상으로 돌출시키고 그 개구부를 창이나 출입구로부터 1.5미터 이상 떨어지도록 할 것
4. 출입구의 문은 불연성 재료로 하고 두께 1.5밀리미터 이상의 철판이나 그 밖에 그 이상의 강도를 가진 구조로 할 것

5. 벽과 발생기 사이에는 발생기의 조정 또는 카바이드 공급 등의 작업을 방해하지 않도록 간격을 확보할 것

■ 제288조(격납실)

사업주는 사용하지 않고 있는 이동식 아세틸렌 용접장치를 보관하는 경우에는 전용의 격납실에 보관하여야 한다. 다만, 기종을 분리하고 발생기를 세척한 후 보관하는 경우에는 임의의 장소에 보관할 수 있다.

■ 제289조(안전기의 설치)

① 사업주는 아세틸렌 용접장치의 취관마다 안전기를 설치하여야 한다. 다만, 주관 및 취관에 가장 가까운 분기관(分岐管)마다 안전기를 부착한 경우에는 그러하지 아니하다.

② 사업주는 가스용기가 발생기와 분리되어 있는 아세틸렌 용접장치에 대하여 발생기와 가스용기 사이에 안전기를 설치하여야 한다.

■ 제290조(아세틸렌 용접장치의 관리 등)

사업주는 아세틸렌 용접장치를 사용하여 금속의 용접 · 용단(溶斷) 또는 가열작업을 하는 경우에 다음 각 호의 사항을 준수하여야 한다.

1. 발생기(이동식 아세틸렌 용접장치의 발생기는 제외한다)의 종류, 형식, 제작업체명, 매시 평균 가스발생량 및 1회 카바이드 공급량을 발생기실 내의 보기 쉬운 장소에 게시할 것
2. 발생기실에는 관계 근로자가 아닌 사람이 출입하는 것을 금지할 것
3. 발생기에서 5미터 이내 또는 발생기실에서 3미터 이내의 장소에서는 흡연, 화기의 사용 또는 불꽃이 발생할 위험한 행위를 금지시킬 것
4. 도관에는 산소용과 아세틸렌용의 혼동을 방지하기 위한 조치를 할 것
5. 아세틸렌 용접장치의 설치장소에는 적당한 소화설비를 갖출 것
6. 이동식 아세틸렌용접장치의 발생기는 고온의 장소, 통풍이나 환기가 불충분한 장소 또는 진동이 많은 장소 등에 설치하지 않도록 할 것

■ 제291조(가스집합장치의 위험 방지)

① 사업주는 가스집합장치에 대해서는 화기를 사용하는 설비로부터 5미터 이상 떨어진 장소에 설치하여야 한다.

② 사업주는 제1항의 가스집합장치를 설치하는 경우에는 전용의 방(이하 "가스장치실"이라 한다)에 설치하여야 한다. 다만, 이동하면서 사용하는 가스집합장치의 경우에는 그러하지 아니하다.

③ 사업주는 가스장치실에서 가스집합장치의 가스용기를 교환하는 작업을 할 때 가스장치실의 부속설비 또는 다른 가스용기에 충격을 줄 우려가 있는 경우에는 고무판 등을 설치하는 등 충격방지 조치를 하여야 한다.

■ 제292조(가스장치실의 구조 등)

사업주는 가스장치실을 설치하는 경우에 다음 각 호의 구조로 설치하여야 한다.

1. 가스가 누출된 경우에는 그 가스가 정체되지 않도록 할 것
2. 지붕과 천장에는 가벼운 불연성 재료를 사용할 것
3. 벽에는 불연성 재료를 사용할 것

■ 제293조(가스집합용접장치의 배관)

사업주는 가스집합용접장치(이동식을 포함한다)의 배관을 하는 경우에는 다음 각 호의 사항을 준수하여야 한다.

1. 플랜지 · 밸브 · 콕 등의 접합부에는 개스킷을 사용하고 접합면을 상호 밀착시키는 등의 조치를 할 것
2. 주관 및 분기관에는 안전기를 설치할 것. 이 경우 하나의 취관에 2개 이상의 안전기를 설치하여야 한다.

■ 제294조(구리의 사용 제한)

사업주는 용해아세틸렌의 가스집합용접장치의 배관 및 부속기구는 구리나 구리 함유량이 70퍼센트 이상인 합금을 사용해서는 아니 된다.

■ 제295조(가스집합용접장치의 관리 등)

사업주는 가스집합용접장치를 사용하여 금속의 용접 · 용단 및 가열작업을 하는 경우에는 다음 각 호의 사항을 준수하여야 한다.

1. 사용하는 가스의 명칭 및 최대가스저장량을 가스장치실의 보기 쉬운 장소에 게시할 것
2. 가스용기를 교환하는 경우에는 관리감독자가 참여한 가운데 할 것
3. 밸브 · 콕 등의 조작 및 점검요령을 가스장치실의 보기 쉬운 장소에 게시할 것
4. 가스장치실에는 관계근로자가 아닌 사람의 출입을 금지할 것
5. 가스집합장치로부터 5미터 이내의 장소에서는 흡연, 화기의 사용 또는 불꽃을 발생할 우려가 있는 행위를 금지할 것
6. 도관에는 산소용과의 혼동을 방지하기 위한 조치를 할 것
7. 가스집합장치의 설치장소에는 적당한 소화설비를 설치할 것
8. 이동식 가스집합용접장치의 가스집합장치는 고온의 장소, 통풍이나 환기가 불충분한 장소 또는 진동이 많은 장소에 설치하지 않도록 할 것
9. 해당 작업을 행하는 근로자에게 보안경과 안전장갑을 착용시킬 것

■ 제296조(지하작업장 등)

사업주는 인화성 가스가 발생할 우려가 있는 지하작업장에서 작업하는 경우(제350조에 따른 터널 등의 건설작업의 경우는 제외한다) 또는 가스도관에서 가스가 발산될 위험이 있는 장소에서 굴착작업(해당 작업이 이루어지는 장소 및 그와 근접한 장소에서 이루어지는 지반의 굴삭 또는 이에 수반한 토사 등의 운반 등의 작업을 말한다)을 하는 경우에는 폭발이나 화재를 방지하기 위하여 다음 각 호의 조치를 하여

야 한다.

1. 가스의 농도를 측정하는 사람을 지명하고 다음 각 목의 경우에 그로 하여금 해당 가스의 농도를 측정하도록 할 것
   가. 매일 작업을 시작하기 전
   나. 가스의 누출이 의심되는 경우
   다. 가스가 발생하거나 정체할 위험이 있는 장소가 있는 경우
   라. 장시간 작업을 계속하는 경우(이 경우 4시간마다 가스 농도를 측정하도록 하여야 한다)
2. 가스의 농도가 인화하한계 값의 25퍼센트 이상으로 밝혀진 경우에는 즉시 근로자를 안전한 장소에 대피시키고 화기나 그 밖에 점화원이 될 우려가 있는 기계 · 기구 등의 사용을 중지하며 통풍 · 환기 등을 할 것

■ 제300조(기밀시험 시의 위험 방지)

① 사업주는 배관, 용기, 그 밖의 설비에 대하여 질소 · 이산화탄소 등 불활성 가스의 압력을 이용하여 기밀(氣密)시험을 하는 경우에는 지나친 압력의 주입 또는 불량한 작업방법 등으로 발생할 수 있는 파열에 의한 위험을 방지하기 위하여 국가교정기관에서 교정을 받은 압력계를 설치하고 내부압력을 수시로 확인하여야 한다.

② 제1항의 압력계는 기밀시험을 하는 배관 등의 내부압력을 항상 확인할 수 있도록 작업자가 보기 쉬운 장소에 설치하여야 한다.

③ 기밀시험을 종료한 후 설비 내부를 점검할 때에는 반드시 환기를 하고 불활성 가스가 남아 있는지를 측정하여 안전한 상태를 확인한 후 점검하여야 한다.

④ 사업주는 기밀시험장비가 주입압력에 충분히 견딜 수 있도록 견고하게 설치하여야 하며, 이상압력에 의한 연결파이프 등의 파열방지를 위한 안전조치를 하고 그 상태를 미리 확인하여야 한다.

■ 제306조(교류아크용접기 등)

① 사업주는 아크용접 등(자동용접은 제외한다)의 작업에 사용하는 용접봉의 홀더에 대하여 한국산업표준에 적합하거나 그 이상의 절연내력 및 내열성을 갖춘 것을 사용하여야 한다.

② 사업주는 다음 각 호의 어느 하나에 해당하는 장소에서 교류아크용접기(자동으로 작동되는 것은 제외한다)를 사용하는 경우에는 교류아크용접기에 자동전격방지기를 설치하여야 한다.

1. 선박의 이중 선체 내부, 밸러스트 탱크(Ballast Tank, 평형수 탱크), 보일러 내부 등 도전체에 둘러싸인 장소
2. 추락할 위험이 있는 높이 2미터 이상의 장소로 철골 등 도전성이 높은 물체에 근로자가 접촉할 우려가 있는 장소
3. 근로자가 물 · 땀 등으로 인하여 도전성이 높은 습윤 상태에서 작업하는 장소

■ **제307조(단로기 등의 개폐)**

사업주는 부하전류를 차단할 수 없는 고압 또는 특별고압의 단로기(斷路機) 또는 선로개폐기(이하 "단로기 등"이라 한다)를 개로(開路)·폐로(閉路)하는 경우에는 그 단로기 등의 오조작을 방지하기 위하여 근로자에게 해당 전로가 무부하(無負荷)임을 확인한 후에 조작하도록 주의 표지판 등을 설치하여야 한다. 다만, 그 단로기 등에 전로가 무부하로 되지 아니하면 개로·폐로할 수 없도록 하는 연동장치를 설치한 경우에는 그러하지 아니하다.

■ **제309조(임시로 사용하는 전등 등의 위험 방지)**

① 사업주는 이동전선에 접속하여 임시로 사용하는 전등이나 가설의 배선 또는 이동전선에 접속하는 가공매달기식 전등 등을 접촉함으로 인한 감전 및 전구의 파손에 의한 위험을 방지하기 위하여 보호망을 부착하여야 한다.

② 제1항의 보호망을 설치하는 경우에는 다음 각 호의 사항을 준수하여야 한다.

1. 전구의 노출된 금속 부분에 근로자가 쉽게 접촉되지 아니하는 구조로 할 것
2. 재료는 쉽게 파손되거나 변형되지 아니하는 것으로 할 것

■ **제310조(전기 기계·기구의 조작 시 등의 안전조치)**

① 사업주는 전기기계·기구의 조작부분을 점검하거나 보수하는 경우에는 근로자가 안전하게 작업할 수 있도록 전기 기계·기구로부터 폭 70센티미터 이상의 작업공간을 확보하여야 한다. 다만, 작업공간을 확보하는 것이 곤란하여 근로자에게 절연용 보호구를 착용하도록 한 경우에는 그러하지 아니하다.

② 사업주는 전기적 불꽃 또는 아크에 의한 화상의 우려가 있는 고압 이상의 충전전로 작업에 근로자를 종사시키는 경우에는 방염처리된 작업복 또는 난연(難燃)성능을 가진 작업복을 착용시켜야 한다.

■ **제315조(통로바닥에서의 전선 등 사용 금지)**

사업주는 통로바닥에 전선 또는 이동전선등을 설치하여 사용해서는 아니 된다. 다만, 차량이나 그 밖의 물체의 통과 등으로 인하여 해당 전선의 절연피복이 손상될 우려가 없거나 손상되지 않도록 적절한 조치를 하여 사용하는 경우에는 그러하지 아니하다.

■ **제316조(꽂음접속기의 설치·사용 시 준수사항)**

사업주는 꽂음접속기를 설치하거나 사용하는 경우에는 다음 각 호의 사항을 준수하여야 한다.

1. 서로 다른 전압의 꽂음 접속기는 서로 접속되지 아니한 구조의 것을 사용할 것
2. 습윤한 장소에 사용되는 꽂음 접속기는 방수형 등 그 장소에 적합한 것을 사용할 것
3. 근로자가 해당 꽂음 접속기를 접속시킬 경우에는 땀 등으로 젖은 손으로 취급하지 않도록 할 것
4. 해당 꽂음 접속기에 잠금장치가 있는 경우에는 접속 후 잠그고 사용할 것

■ **제317조(이동 및 휴대장비 등의 사용 전기 작업)**

① 사업주는 이동 중에나 휴대장비 등을 사용하는 작업에서 다음 각 호의 조치를 하여야 한다.

1. 근로자가 착용하거나 취급하고 있는 도전성 공구 · 장비 등이 노출 충전부에 닿지 않도록 할 것
2. 근로자가 사다리를 노출 충전부가 있는 곳에서 사용하는 경우에는 도전성 재질의 사다리를 사용하지 않도록 할 것
3. 근로자가 젖은 손으로 전기기계 · 기구의 플러그를 꽂거나 제거하지 않도록 할 것
4. 근로자가 전기회로를 개방, 변환 또는 투입하는 경우에는 전기 차단용으로 특별히 설계된 스위치, 차단기 등을 사용하도록 할 것
5. 차단기 등의 과전류 차단장치에 의하여 자동 차단된 후에는 전기회로 또는 전기기계 · 기구가 안전하다는 것이 증명되기 전까지는 과전류 차단장치를 재투입하지 않도록 할 것

② 제1항에 따라 사업주가 작업지시를 하면 근로자는 이행하여야 한다.

■ **제318조(전기작업자의 제한)**

사업주는 근로자가 감전위험이 있는 전기기계 · 기구 또는 전로(이하 이 조와 제319조에서 "전기기기 등"이라 한다)의 설치 · 해체 · 정비 · 점검(설비의 유효성을 장비, 도구를 이용하여 확인하는 점검으로 한정한다) 등의 작업(이하 "전기작업"이라 한다)을 하는 경우에는 「유해위험작업의 취업제한에 관한 규칙」 제3조에 따른 자격 · 면허 · 경험 또는 기능을 갖춘 사람(이하 "유자격자"라 한다)이 작업을 수행하도록 하여야 한다.

■ **제319조(정전전로에서의 전기작업)**

① 사업주는 근로자가 노출된 충전부 또는 그 부근에서 작업함으로써 감전될 우려가 있는 경우에는 작업에 들어가기 전에 해당 전로를 차단하여야 한다. 다만, 다음 각 호의 경우에는 그러하지 아니하다.

1. 생명유지장치, 비상경보설비, 폭발위험장소의 환기설비, 비상조명설비 등의 장치 · 설비의 가동이 중지되어 사고의 위험이 증가되는 경우
2. 기기의 설계상 또는 작동상 제한으로 전로차단이 불가능한 경우
3. 감전, 아크 등으로 인한 화상, 화재 · 폭발의 위험이 없는 것으로 확인된 경우

② 제1항의 전로 차단은 다음 각 호의 절차에 따라 시행하여야 한다.

1. 전기기기 등에 공급되는 모든 전원을 관련 도면, 배선도 등으로 확인할 것
2. 전원을 차단한 후 각 단로기 등을 개방하고 확인할 것
3. 차단장치나 단로기 등에 잠금장치 및 꼬리표를 부착할 것
4. 개로된 전로에서 유도전압 또는 전기에너지가 축적되어 근로자에게 전기위험을 끼칠 수 있는 전기기기 등은 접촉하기 전에 잔류전하를 완전히 방전시킬 것
5. 검전기를 이용하여 작업 대상 기기가 충전되었는지를 확인할 것
6. 전기기기 등이 다른 노출 충전부와의 접촉, 유도 또는 예비동력원의 역송전 등으로 전압이 발생할 우려가 있는 경우에는 충분한 용량을 가진 단락 접지기구를 이용하여 접지할 것

③ 사업주는 제1항 각 호 외의 부분 본문에 따른 작업 중 또는 작업을 마친 후 전원을 공급하는 경우에는 작업에 종사하는 근로자 또는 그 인근에서 작업하거나 정전된 전기기기 등(고정 설치된 것으로

한정한다)과 접촉할 우려가 있는 근로자에게 감전의 위험이 없도록 다음 각 호의 사항을 준수하여야 한다.

1. 작업기구, 단락 접지기구 등을 제거하고 전기기기 등이 안전하게 통전될 수 있는지를 확인할 것
2. 모든 작업자가 작업이 완료된 전기기기 등에서 떨어져 있는지를 확인할 것
3. 잠금장치와 꼬리표는 설치한 근로자가 직접 철거할 것
4. 모든 이상 유무를 확인한 후 전기기기 등의 전원을 투입할 것

■ **제320조(정전전로 인근에서의 전기작업)**

사업주는 근로자가 전기위험에 노출될 수 있는 정전전로 또는 그 인근에서 작업하거나 정전된 전기기기 등(고정 설치된 것으로 한정한다)과 접촉할 우려가 있는 경우에 작업 전에 제319조제2항제3호의 조치를 확인하여야 한다.

■ **제321조(충전전로에서의 전기작업)**

① 사업주는 근로자가 충전전로를 취급하거나 그 인근에서 작업하는 경우에는 다음 각 호의 조치를 하여야 한다.

1. 충전전로를 정전시키는 경우에는 제319조에 따른 조치를 할 것
2. 충전전로를 방호, 차폐하거나 절연 등의 조치를 하는 경우에는 근로자의 신체가 전로와 직접 접촉하거나 도전재료, 공구 또는 기기를 통하여 간접 접촉되지 않도록 할 것
3. 충전전로를 취급하는 근로자에게 그 작업에 적합한 절연용 보호구를 착용시킬 것
4. 충전전로에 근접한 장소에서 전기작업을 하는 경우에는 해당 전압에 적합한 절연용 방호구를 설치할 것. 다만, 저압인 경우에는 해당 전기작업자가 절연용 보호구를 착용하되, 충전전로에 접촉할 우려가 없는 경우에는 절연용 방호구를 설치하지 아니할 수 있다.
5. 고압 및 특별고압의 전로에서 전기작업을 하는 근로자에게 활선작업용 기구 및 장치를 사용하도록 할 것
6. 근로자가 절연용 방호구의 설치 · 해체작업을 하는 경우에는 절연용 보호구를 착용하거나 활선작업용 기구 및 장치를 사용하도록 할 것
7. 유자격자가 아닌 근로자가 충전전로 인근의 높은 곳에서 작업할 때에 근로자의 몸 또는 긴 도전성 물체가 방호되지 않은 충전전로에서 대지전압이 50킬로볼트 이하인 경우에는 300센티미터 이내로, 대지전압이 50킬로볼트를 넘는 경우에는 10킬로볼트당 10센티미터씩 더한 거리 이내로 각각 접근할 수 없도록 할 것
8. 유자격자가 충전전로 인근에서 작업하는 경우에는 다음 각 목의 경우를 제외하고는 노출 충전부에 다음 표에 제시된 접근한계거리 이내로 접근하거나 절연 손잡이가 없는 도전체에 접근할 수 없도록 할 것

   가. 근로자가 노출 충전부로부터 절연된 경우 또는 해당 전압에 적합한 절연장갑을 착용한 경우
   나. 노출 충전부가 다른 전위를 갖는 도전체 또는 근로자와 절연된 경우

다. 근로자가 다른 전위를 갖는 모든 도전체로부터 절연된 경우

충전전로의 선간전압 (단위 : 킬로볼트)	충전전로에 대한 접근 한계거리 (단위 : 센티미터)
0.3 이하	접촉금지
0.3 초과 0.75 이하	30
0.75 초과 2 이하	45
2 초과 15 이하	60
15 초과 37 이하	90
37 초과 88 이하	110
88 초과 121 이하	130
121 초과 145 이하	150
145 초과 169 이하	170
169 초과 242 이하	230
242 초과 362 이하	380
362 초과 550 이하	550
550 초과 800 이하	790

② 사업주는 절연이 되지 않은 충전부나 그 인근에 근로자가 접근하는 것을 막거나 제한할 필요가 있는 경우에는 울타리를 설치하고 근로자가 쉽게 알아볼 수 있도록 하여야 한다. 다만, 전기와 접촉할 위험이 있는 경우에는 도전성이 있는 금속제 울타리를 사용하거나, 제1항의 표에 정한 접근 한계거리 이내에 설치해서는 아니 된다.

③ 사업주는 제2항의 조치가 곤란한 경우에는 근로자를 감전위험에서 보호하기 위하여 사전에 위험을 경고하는 감시인을 배치하여야 한다.

■ **제322조(충전전로 인근에서의 차량 · 기계장치 작업)**

① 사업주는 충전전로 인근에서 차량, 기계장치 등(이하 이 조에서 "차량 등"이라 한다)의 작업이 있는 경우에는 차량 등을 충전전로의 충전부로부터 300센티미터 이상 이격시켜 유지시키되, 대지전압이 50킬로볼트를 넘는 경우 이격시켜 유지하여야 하는 거리(이하 이 조에서 "이격거리"라 한다)는 10킬로볼트 증가할 때마다 10센티미터씩 증가시켜야 한다. 다만, 차량 등의 높이를 낮춘 상태에서 이동하는 경우에는 이격거리를 120센티미터 이상(대지전압이 50킬로볼트를 넘는 경우에는 10킬로볼트 증가할 때마다 이격거리를 10센티미터씩 증가)으로 할 수 있다.

② 제1항에도 불구하고 충전전로의 전압에 적합한 절연용 방호구 등을 설치한 경우에는 이격거리를 절연용 방호구 앞면까지로 할 수 있으며, 차량 등의 가공 붐대의 버킷이나 끝부분 등이 충전전로의 전압에 적합하게 절연되어 있고 유자격자가 작업을 수행하는 경우에는 붐대의 절연되지 않은 부분과 충전전로 간의 이격거리는 제321조제1항제8호의 표에 따른 접근 한계거리까지로 할 수 있다.

③ 사업주는 다음 각 호의 경우를 제외하고는 근로자가 차량 등의 그 어느 부분과도 접촉하지 않도록 방책을 설치하거나 감시인 배치 등의 조치를 하여야 한다.

1. 근로자가 해당 전압에 적합한 제323조제1항의 절연용 보호구 등을 착용하거나 사용하는 경우

2. 차량 등의 절연되지 않은 부분이 제321조제1항의 표에 따른 접근 한계거리 이내로 접근하지 않도록 하는 경우

④ 사업주는 충전전로 인근에서 접지된 차량 등이 충전전로와 접촉할 우려가 있을 경우에는 지상의 근로자가 접지점에 접촉하지 않도록 조치하여야 한다.

■ 제323조(절연용 보호구 등의 사용)

① 사업주는 다음 각 호의 작업에 사용하는 절연용 보호구, 절연용 방호구, 활선작업용 기구, 활선작업용 장치(이하 이 조에서 "절연용 보호구 등"이라 한다)에 대하여 각각의 사용목적에 적합한 종별·재질 및 치수의 것을 사용하여야 한다.

1. 제301조제2항에 따른 밀폐공간에서의 전기작업
2. 제317조에 따른 이동 및 휴대장비 등을 사용하는 전기작업
3. 제319조 및 제320조에 따른 정전 전로 또는 그 인근에서의 전기작업
4. 제321조의 충전전로에서의 전기작업
5. 제322조의 충전전로 인근에서의 차량·기계장치 등의 작업

② 사업주는 절연용 보호구 등이 안전한 성능을 유지하고 있는지를 정기적으로 확인하여야 한다.

③ 사업주는 근로자가 절연용 보호구 등을 사용하기 전에 흠·균열·파손, 그 밖의 손상 유무를 발견하여 정비 또는 교환을 요구하는 경우에는 즉시 조치하여야 한다.

■ 제324조(적용 제외)

제38조제1항제5호, 제301조부터 제310조까지 및 제313조부터 제323조까지의 규정은 대지전압이 30볼트 이하인 전기기계·기구·배선 또는 이동전선에 대해서는 적용하지 아니한다.

■ 제338조(굴착작업 사전조사 등)

사업주는 굴착작업을 할 때에 토사 등의 붕괴 또는 낙하에 의한 위험을 미리 방지하기 위하여 다음 각 호의 사항을 점검해야 한다.

1. 작업장소 및 그 주변의 부석·균열의 유무
2. 함수(含水)·용수(湧水) 및 동결의 유무 또는 상태의 변화

■ 제339조(굴착면의 붕괴 등에 의한 위험방지)

① 사업주는 지반 등을 굴착하는 경우 굴착면의 기울기를 별표 11의 기준에 맞도록 해야 한다. 다만, 「건설기술 진흥법」 제44조제1항에 따른 건설기준에 맞게 작성한 설계도서상의 굴착면의 기울기를 준수하거나 흙막이 등 기울기면의 붕괴 방지를 위하여 적절한 조치를 한 경우에는 그렇지 않다.

② 사업주는 비가 올 경우를 대비하여 측구(側溝)를 설치하거나 굴착경사면에 비닐을 덮는 등 빗물 등의 침투에 의한 붕괴재해를 예방하기 위하여 필요한 조치를 해야 한다.

■ 제340조(굴착작업 시 위험방지)

사업주는 굴착작업 시 토사 등의 붕괴 또는 낙하에 의하여 근로자에게 위험을 미칠 우려가 있는 경우에

는 미리 흙막이 지보공의 설치, 방호망의 설치 및 근로자의 출입 금지 등 그 위험을 방지하기 위하여 필요한 조치를 해야 한다.

■ 제341조(매설물 등 파손에 의한 위험방지)

① 사업주는 매설물 · 조적벽 · 콘크리트벽 또는 옹벽 등의 건설물에 근접한 장소에서 굴착작업을 할 때에 해당 가설물의 파손 등에 의하여 근로자가 위험해질 우려가 있는 경우에는 해당 건설물을 보강하거나 이설하는 등 해당 위험을 방지하기 위한 조치를 하여야 한다.

② 사업주는 굴착작업에 의하여 노출된 매설물 등이 파손됨으로써 근로자가 위험해질 우려가 있는 경우에는 해당 매설물 등에 대한 방호조치를 하거나 이설하는 등 필요한 조치를 하여야 한다.

③ 사업주는 제2항의 매설물 등의 방호작업에 대하여 관리감독자에게 해당 작업을 지휘하도록 하여야 한다.

■ 제342조(굴착기계 등에 의한 위험방지)

사업주는 굴착작업 시 굴착기계 등을 사용하는 경우 다음 각 호의 조치를 해야 한다.

1. 굴착기계 등의 사용으로 가스도관, 지중전선로, 그 밖에 지하에 위치한 공작물이 파손되어 그 결과 근로자가 위험해질 우려가 있는 경우에는 그 기계를 사용한 굴착작업을 중지할 것
2. 굴착기계 등의 운행경로 및 토석(土石) 적재장소의 출입방법을 정하여 관계 근로자에게 주지시킬 것

■ 제344조(굴착기계 등의 유도)

① 사업주는 굴착작업을 할 때에 굴착기계 등이 근로자의 작업장소로 후진하여 근로자에게 접근하거나 굴러 떨어질 우려가 있는 경우에는 유도자를 배치하여 굴착기계 등을 유도하도록 해야 한다.

② 운반기계 등의 운전자는 유도자의 유도에 따라야 한다.

■ 제618조(정의)

이 장에서 사용하는 용어의 뜻은 다음과 같다.

1. "밀폐공간"이란 산소결핍, 유해가스로 인한 질식 · 화재 · 폭발 등의 위험이 있는 장소로서 별표 18에서 정한 장소를 말한다.
2. "유해가스"란 이산화탄소 · 일산화탄소 · 황화수소 등의 기체로서 인체에 유해한 영향을 미치는 물질을 말한다.
3. "적정공기"란 산소농도의 범위가 18퍼센트 이상 23.5퍼센트 미만, 이산화탄소의 농도가 1.5퍼센트 미만, 일산화탄소의 농도가 30피피엠 미만, 황화수소의 농도가 10피피엠 미만인 수준의 공기를 말한다.
4. "산소결핍"이란 공기 중의 산소농도가 18퍼센트 미만인 상태를 말한다.
5. "산소결핍증"이란 산소가 결핍된 공기를 들이마심으로써 생기는 증상을 말한다.

■ 제619조(밀폐공간 작업 프로그램의 수립 · 시행)

① 사업주는 밀폐공간에서 근로자에게 작업을 하도록 하는 경우 다음 각 호의 내용이 포함된 밀폐공간

작업 프로그램을 수립하여 시행하여야 한다.
1. 사업장 내 밀폐공간의 위치 파악 및 관리 방안
2. 밀폐공간 내 질식 · 중독 등을 일으킬 수 있는 유해 · 위험 요인의 파악 및 관리 방안
3. 제2항에 따라 밀폐공간 작업 시 사전 확인이 필요한 사항에 대한 확인 절차
4. 안전보건교육 및 훈련
5. 그 밖에 밀폐공간 작업 근로자의 건강장해 예방에 관한 사항

② 사업주는 근로자가 밀폐공간에서 작업을 시작하기 전에 다음 각 호의 사항을 확인하여 근로자가 안전한 상태에서 작업하도록 하여야 한다.
1. 작업 일시, 기간, 장소 및 내용 등 작업 정보
2. 관리감독자, 근로자, 감시인 등 작업자 정보
3. 산소 및 유해가스 농도의 측정결과 및 후속조치 사항
4. 작업 중 불활성 가스 또는 유해가스의 누출 · 유입 · 발생 가능성 검토 및 후속조치 사항
5. 작업 시 착용하여야 할 보호구의 종류
6. 비상연락체계

③ 사업주는 밀폐공간에서의 작업이 종료될 때까지 제2항 각 호의 내용을 해당 작업장 출입구에 게시하여야 한다.

■ **제619조의2(산소 및 유해가스 농도의 측정)**

① 사업주는 밀폐공간에서 근로자에게 작업을 하도록 하는 경우 작업을 시작(작업을 일시 중단하였다가 다시 시작하는 경우를 포함한다)하기 전 다음 각 호의 어느 하나에 해당하는 자로 하여금 해당 밀폐공간의 산소 및 유해가스 농도를 측정(「전파법」 제2조제1항제5호 · 제5호의2에 따른 무선설비 또는 무선통신을 이용한 원격 측정을 포함한다. 이하 제629조, 제638조 및 제641조에서 같다)하여 적정공기가 유지되고 있는지를 평가하도록 해야 한다.
1. 관리감독자
2. 법 제17조제1항에 따른 안전관리자 또는 법 제18조제1항에 따른 보건관리자
3. 법 제21조에 따른 안전관리전문기관 또는 보건관리전문기관
4. 법 제74조에 따른 건설재해예방전문지도기관
5. 법 제125조제3항에 따른 작업환경측정기관
6. 「한국산업안전보건공단법」에 따른 한국산업안전보건공단이 정하는 산소 및 유해가스 농도의 측정 · 평가에 관한 교육을 이수한 사람

② 사업주는 제1항에 따라 산소 및 유해가스 농도를 측정한 결과 적정공기가 유지되고 있지 아니하다고 평가된 경우에는 작업장을 환기시키거나, 근로자에게 공기호흡기 또는 송기마스크를 지급하여 착용하도록 하는 등 근로자의 건강장해 예방을 위하여 필요한 조치를 하여야 한다.

■ 제620조(환기 등)

① 사업주는 근로자가 밀폐공간에서 작업을 하는 경우에 작업을 시작하기 전과 작업 중에 해당 작업장을 적정공기 상태가 유지되도록 환기하여야 한다. 다만, 폭발이나 산화 등의 위험으로 인하여 환기할 수 없거나 작업의 성질상 환기하기가 매우 곤란한 경우에는 근로자에게 공기호흡기 또는 송기마스크를 지급하여 착용하도록 하고 환기하지 아니할 수 있다.

② 근로자는 제1항 단서에 따라 지급된 보호구를 착용하여야 한다.

■ 제621조(인원의 점검)

사업주는 근로자가 밀폐공간에서 작업을 하는 경우에 그 장소에 근로자를 입장시킬 때와 퇴장시킬 때마다 인원을 점검하여야 한다.

■ 제622조(출입의 금지)

① 사업주는 사업장 내 밀폐공간을 사전에 파악하여 밀폐공간에는 관계 근로자가 아닌 사람의 출입을 금지하고, 별지 제4호서식에 따른 출입금지 표지를 밀폐공간 근처의 보기 쉬운 장소에 게시하여야 한다.

② 근로자는 제1항에 따라 출입이 금지된 장소에 사업주의 허락 없이 출입해서는 아니 된다.

■ 제623조(감시인의 배치 등)

① 사업주는 근로자가 밀폐공간에서 작업을하는 동안 작업상황을 감시할 수 있는 감시인을 지정하여 밀폐공간 외부에 배치하여야 한다.

② 제1항에 따른 감시인은 밀폐공간에 종사하는 근로자에게 이상이 있을 경우에 구조요청 등 필요한 조치를 한 후 이를 즉시 관리감독자에게 알려야 한다.

③ 사업주는 근로자가 밀폐공간에서 작업을 하는 동안 그 작업장과 외부의 감시인 간에 항상 연락을 취할 수 있는 설비를 설치하여야 한다.

■ 제624조(안전대 등)

① 사업주는 밀폐공간에서 작업하는 근로자가 산소결핍이나 유해가스로 인하여 추락할 우려가 있는 경우에는 해당 근로자에게 안전대나 구명밧줄, 공기호흡기 또는 송기마스크를 지급하여 착용하도록 하여야 한다.

② 사업주는 제1항에 따라 안전대나 구명밧줄을 착용하도록 하는 경우에 이를 안전하게 착용할 수 있는 설비 등을 설치하여야 한다.

③ 근로자는 제1항에 따라 지급된 보호구를 착용하여야 한다.

■ 제625조(대피용 기구의 비치)

사업주는 근로자가 밀폐공간에서 작업을 하는 경우에 공기호흡기 또는 송기마스크, 사다리 및 섬유로프 등 비상시에 근로자를 피난시키거나 구출하기 위하여 필요한 기구를 갖추어 두어야 한다.

■ 제627조(유해가스의 처리 등)

사업주는 근로자가 터널 · 갱 등을 파는 작업을 하는 경우에 근로자가 유해가스에 노출되지 않도록 미리 그 농도를 조사하고, 유해가스의 처리방법, 터널 · 갱 등을 파는 시기 등을 정한 후 이에 따라 작업을 하도록 하여야 한다.

■ 제628조(이산화탄소를 사용하는 소화기에 대한 조치)

사업주는 지하실, 기관실, 선창(船倉), 그 밖에 통풍이 불충분한 장소에 비치한 소화기에 이산화탄소를 사용하는 경우에 다음 각 호의 조치를 하여야 한다.

1. 해당 소화기가 쉽게 뒤집히거나 손잡이가 쉽게 작동되지 않도록 할 것
2. 소화를 위하여 작동하는 경우 외에 소화기를 임의로 작동하는 것을 금지하고, 그 내용을 보기 쉬운 장소에 게시할 것

■ 제628조의2(이산화탄소를 사용하는 소화설비 및 소화기에 대한 조치)

사업주는 이산화탄소를 사용한 소화설비를 설치한 지하실, 전기실, 옥내 위험물 저장창고 등 방호구역과 소화약제로 이산화탄소가 충전된 소화용기 보관장소(이하 이 조에서 "방호구역 등"이라 한다)에 다음 각 호의 조치를 해야 한다.

1. 방호구역 등에는 점검, 유지 · 보수 등(이하 이 조에서 "점검 등"이라 한다)을 수행하는 관계 근로자가 아닌 사람의 출입을 금지할 것
2. 점검 등을 수행하는 근로자를 사전에 지정하고, 출입일시, 점검기간 및 점검내용 등의 출입기록을 작성하여 관리하게 할 것. 다만, 다음 각 목의 어느 하나에 해당하는 경우는 제외한다.
   가. 「개인정보보호법」에 따른 영상정보처리기기를 활용하여 관리하는 경우
   나. 카드키 출입방식 등 구조적으로 지정된 사람만이 출입하도록 한 경우
3. 방호구역 등에 점검 등을 위해 출입하는 경우에는 미리 다음 각 목의 조치를 할 것
   가. 적정공기 상태가 유지되도록 환기할 것
   나. 소화설비의 수동밸브나 콕을 잠그거나 차단판을 설치하고 기동장치에 안전핀을 꽂아야 하며, 이를 임의로 개방하거나 안전핀을 제거하는 것을 금지한다는 내용을 보기 쉬운 장소에 게시할 것. 다만, 육안 점검만을 위하여 짧은 시간 출입하는 경우에는 그렇지 않다.
   다. 방호구역 등에 출입하는 근로자를 대상으로 이산화탄소의 위험성, 소화설비의 작동 시 확인방법, 대피방법, 대피로 등을 주지시키기 위해 반기 1회 이상 교육을 실시할 것. 다만, 처음 출입하는 근로자에 대해서는 출입 전에 교육을 하여 그 내용을 주지시켜야 한다.
   라. 소화용기 보관장소에서 소화용기 및 배관 · 밸브 등의 교체 등의 작업을 하는 경우에는 작업자에게 공기호흡기 또는 송기마스크를 지급하고 착용하도록 할 것
   마. 소화설비 작동과 관련된 전기, 배관 등에 관한 작업을 하는 경우에는 작업일정, 소화설비 설치도면 검토, 작업방법, 소화설비 작동금지 조치, 출입금지 조치, 작업 근로자 교육 및 대피로 확보 등이 포함된 작업계획서를 작성하고 그 계획에 따라 작업을 하도록 할 것

4. 점검 등을 완료한 후에는 방호구역 등에 사람이 없는 것을 확인하고 소화설비를 작동할 수 있는 상태로 변경할 것
5. 소화를 위하여 작동하는 경우 외에는 소화설비를 임의로 작동하는 것을 금지하고, 그 내용을 방호구역 등의 출입구 및 수동조작반 등에 누구든지 볼 수 있도록 게시할 것
6. 출입구 또는 비상구까지의 이동거리가 10m 이상인 방호구역과 이산화탄소가 충전된 소화용기를 100개 이상(45kg 용기 기준) 보관하는 소화용기 보관장소에는 산소 또는 이산화탄소 감지 및 경보 장치를 설치하고 항상 유효한 상태로 유지할 것
7. 소화설비가 작동되거나 이산화탄소의 누출로 인한 질식의 우려가 있는 경우에는 근로자가 질식 등 산업재해를 입을 우려가 없는 것으로 확인될 때까지 관계 근로자가 아닌 사람의 방호구역 등 출입을 금지하고 그 내용을 방호구역 등의 출입구에 누구든지 볼 수 있도록 게시할 것

■ 제629조(용접 등에 관한 조치)

① 사업주는 근로자가 탱크 · 보일러 또는 반응탑의 내부 등 통풍이 충분하지 않은 장소에서 용접 · 용단 작업을 하는 경우에 다음 각 호의 조치를 하여야 한다.

1. 작업장소는 가스농도를 측정(아르곤 등 불활성 가스를 이용하는 작업장의 경우에는 산소농도 측정을 말한다)하고 환기시키는 등의 방법으로 적정공기 상태를 유지할 것
2. 제1호에 따른 환기 등의 조치로 해당 작업장소의 적정공기 상태를 유지하기 어려운 경우 해당 작업 근로자에게 공기호흡기 또는 송기마스크를 지급하여 착용하도록 할 것

② 근로자는 제1항제2호에 따라 지급된 보호구를 사업주의 지시에 따라 착용하여야 한다.

■ 제630조(불활성기체의 누출)

사업주는 근로자가 별표 18 제13호에 따른 기체(이하 "불활성기체"라 한다)를 내보내는 배관이 있는 보일러 · 탱크 · 반응탑 또는 선창 등의 장소에서 작업을 하는 경우에 다음 각 호의 조치를 하여야 한다.

1. 밸브나 콕을 잠그거나 차단판을 설치할 것
2. 제1호에 따른 밸브나 콕과 차단판에는 잠금장치를 하고, 이를 임의로 개방하는 것을 금지한다는 내용을 보기 쉬운 장소에 게시할 것
3. 불활성기체를 내보내는 배관의 밸브나 콕 또는 이를 조작하기 위한 스위치나 누름단추 등에는 잘못된 조작으로 인하여 불활성기체가 새지 않도록 배관 내의 불활성기체의 명칭과 개폐의 방향 등 조작방법에 관한 표지를 게시할 것

■ 제631조(불활성기체의 유입 방지)

사업주는 근로자가 탱크나 반응탑 등 용기의 안전판으로부터 불활성기체가 배출될 우려가 있는 작업을 하는 경우에 해당 안전판으로부터 배출되는 불활성기체를 직접 외부로 내보내기 위한 설비를 설치하는 등 해당 불활성기체가 해당 작업장소에 잔류하는 것을 방지하기 위한 조치를 하여야 한다.

■ **제632조(냉장실 등의 작업)**

① 사업주는 근로자가 냉장실·냉동실 등의 내부에서 작업을 하는 경우에 근로자가 작업하는 동안 해당 설비의 출입문이 임의로 잠기지 않도록 조치하여야 한다. 다만, 해당 설비의 내부에 외부와 연결된 경보장치가 설치되어 있는 경우에는 그러하지 아니하다.

② 사업주는 냉장실·냉동실 등 밀폐하여 사용하는 시설이나 설비의 출입문을 잠그는 경우에 내부에 작업자가 있는지를 반드시 확인하여야 한다.

■ **제633조(출입구의 임의잠김 방지)**

사업주는 근로자가 탱크·반응탑 또는 그 밖의 밀폐시설에서 작업을 하는 경우에 근로자가 작업하는 동안 해당 설비의 출입뚜껑이나 출입문이 임의로 잠기지 않도록 조치하고 작업하게 하여야 한다.

■ **제634조(가스배관공사 등에 관한 조치)**

① 사업주는 근로자가 지하실이나 맨홀의 내부 또는 그 밖에 통풍이 불충분한 장소에서 가스를 공급하는 배관을 해체하거나 부착하는 작업을 하는 경우에 다음 각 호의 조치를 하여야 한다.

1. 배관을 해체하거나 부착하는 작업장소에 해당 가스가 들어오지 않도록 차단할 것
2. 해당 작업을 하는 장소는 적정공기 상태가 유지되도록 환기를 하거나 근로자에게 공기호흡기 또는 송기마스크를 지급하여 착용하도록 할 것

② 근로자는 제1항제2호에 따라 지급된 보호구를 사업주의 지시에 따라 착용하여야 한다.

■ **제635조(압기공법에 관한 조치)**

① 사업주는 근로자가 별표 18 제1호에 따른 지층(地層)이나 그와 인접한 장소에서 압기공법(壓氣工法)으로 작업을 하는 경우에 그 작업에 의하여 유해가스가 샐 우려가 있는지 여부 및 공기 중의 산소농도를 조사하여야 한다.

② 사업주는 제1항에 따른 조사 결과 유해가스가 새고 있거나 공기 중에 산소가 부족한 경우에 즉시 작업을 중지하고 출입을 금지하는 등 필요한 조치를 하여야 한다.

③ 근로자는 제2항에 따라 출입이 금지된 장소에 사업주의 허락 없이 출입해서는 아니 된다.

■ **제636조(지하실 등의 작업)**

① 사업주는 근로자가 밀폐공간의 내부를 통하는 배관이 설치되어 있는 지하실이나 피트(pit) 등의 내부에서 작업을 하는 경우에 그 배관을 통하여 산소가 결핍된 공기나 유해가스가 새지 않도록 조치하여야 한다.

② 사업주는 제1항에 따른 작업장소에서 산소가 결핍된 공기나 유해가스가 새는 경우에 이를 직접 외부로 내보낼 수 있는 설비를 설치하는 등 적정공기 상태를 유지하기 위한 조치를 하여야 한다.

■ **제637조(설비 개조 등의 작업)**

사업주는 근로자가 분뇨·오수·펄프액 및 부패하기 쉬운 물질에 오염된 펌프·배관 또는 그 밖의 부속설비에 대하여 분해·개조·수리 또는 청소 등을 하는 경우에 다음 각 호의 조치를 하여야 한다.

1. 작업 방법 및 순서를 정하여 이를 미리 해당 작업에 종사하는 근로자에게 알릴 것
2. 황화수소 중독 방지에 필요한 지식을 가진 사람을 해당 작업의 지휘자로 지정하여 작업을 지휘하도록 할 것

■ **제639조(사고 시의 대피 등)**

① 사업주는 근로자가 밀폐공간에서 작업을 하는 경우에 산소결핍이나 유해가스로 인한 질식 · 화재 · 폭발 등의 우려가 있으면 즉시 작업을 중단시키고 해당 근로자를 대피하도록 하여야 한다.
② 사업주는 제1항에 따라 근로자를 대피시킨 경우 적정공기 상태임이 확인될 때까지 그 장소에 관계자가 아닌 사람이 출입하는 것을 금지하고, 그 내용을 해당 장소의 보기 쉬운 곳에 게시하여야 한다.
③ 근로자는 제2항에 따라 출입이 금지된 장소에 사업주의 허락 없이 출입하여서는 아니 된다.

■ **제640조(긴급 구조훈련)**

사업주는 긴급상황 발생 시 대응할 수 있도록 밀폐공간에서 작업하는 근로자에 대하여 비상연락체계 운영, 구조용 장비의 사용, 공기호흡기 또는 송기마스크의 착용, 응급처치 등에 관한 훈련을 6개월에 1회 이상 주기적으로 실시하고, 그 결과를 기록하여 보존하여야 한다.

■ **제641조(안전한 작업방법 등의 주지)**

사업주는 근로자가 밀폐공간에서 작업을 하는 경우에 작업을 시작할 때마다 사전에 다음 각 호의 사항을 작업근로자(제623조에 따른 감시인을 포함한다)에게 알려야 한다.

1. 산소 및 유해가스농도 측정에 관한 사항
2. 환기설비의 가동 등 안전한 작업방법에 관한 사항
3. 보호구의 착용과 사용방법에 관한 사항
4. 사고 시의 응급조치 요령
5. 구조요청을 할 수 있는 비상연락처, 구조용 장비의 사용 등 비상시 구출에 관한 사항

■ **제642조(의사의 진찰)**

사업주는 근로자가 산소결핍증이 있거나 유해가스에 중독되었을 경우에 즉시 의사의 진찰이나 처치를 받도록 하여야 한다.

■ **제643조(구출 시 공기호흡기 또는 송기마스크의 사용)**

① 사업주는 밀폐공간에서 위급한 근로자를 구출하는 작업을 하는 경우 그 구출작업에 종사하는 근로자에게 공기호흡기 또는 송기마스크를 지급하여 착용하도록 하여야 한다.
② 근로자는 제1항에 따라 지급된 보호구를 착용하여야 한다.

■ **제644조(보호구의 지급 등)**

사업주는 공기호흡기 또는 송기마스크를 지급하는 때에 근로자에게 질병 감염의 우려가 있는 경우에는 개인전용의 것을 지급하여야 한다.

[별표 2]

관리감독자의 유해 · 위험 방지(제35조제1항 관련)

작업의 종류	직무수행 내용
1. 프레스 등을 사용하는 작업(제2편제1장제3절)	가. 프레스 등 및 그 방호장치를 점검하는 일 나. 프레스 등 및 그 방호장치에 이상이 발견 되면 즉시 필요한 조치를 하는 일 다. 프레스 등 및 그 방호장치에 전환스위치를 설치했을 때 그 전환스위치의 열쇠를 관리하는 일 라. 금형의 부착 · 해체 또는 조정작업을 직접 지휘하는 일
2. 목재가공용 기계를 취급하는 작업(제2편제1장제4절)	가. 목재가공용 기계를 취급하는 작업을 지휘하는 일 나. 목재가공용 기계 및 그 방호장치를 점검하는 일 다. 목재가공용 기계 및 그 방호장치에 이상이 발견된 즉시 보고 및 필요한 조치를 하는 일 라. 작업 중 지그(Jig) 및 공구 등의 사용 상황을 감독하는 일
3. 크레인을 사용하는 작업(제2편제1장제9절제2관 · 제3관)	가. 작업방법과 근로자 배치를 결정하고 그 작업을 지휘하는 일 나. 재료의 결함 유무 또는 기구 및 공구의 기능을 점검하고 불량품을 제거하는 일 다. 작업 중 안전대 또는 안전모의 착용 상황을 감시하는 일
4. 위험물을 제조하거나 취급하는 작업(제2편제2장제1절)	가. 작업을 지휘하는 일 나. 위험물을 제조하거나 취급하는 설비 및 그 설비의 부속설비가 있는 장소의 온도 · 습도 · 차광 및 환기 상태 등을 수시로 점검하고 이상을 발견하면 즉시 필요한 조치를 하는 일 다. 나목에 따라 한 조치를 기록하고 보관하는 일
5. 건조설비를 사용하는 작업(제2편제2장제5절)	가. 건조설비를 처음으로 사용하거나 건조방법 또는 건조물의 종류를 변경했을 때에는 근로자에게 미리 그 작업방법을 교육하고 작업을 직접 지휘하는 일 나. 건조설비가 있는 장소를 항상 정리정돈하고 그 장소에 가연성 물질을 두지 않도록 하는 일
6. 아세틸렌 용접장치를 사용하는 금속의 용접 · 용단 또는 가열작업(제2편제2장제6절제1관)	가. 작업방법을 결정하고 작업을 지휘하는 일 나. 아세틸렌 용접장치의 취급에 종사하는 근로자로 하여금 다음의 작업요령을 준수하도록 하는 일 (1) 사용 중인 발생기에 불꽃을 발생시킬 우려가 있는 공구를 사용하거나 그 발생기에 충격을 가하지 않도록 할 것 (2) 아세틸렌 용접장치의 가스누출을 점검할 때에는 비눗물을 사용하는 등 안전한 방법으로 할 것 (3) 발생기실의 출입구 문을 열어 두지 않도록 할 것 (4) 이동식 아세틸렌 용접장치의 발생기에 카바이드를 교환할 때에는 옥외의 안전한 장소에서 할 것 다. 아세틸렌 용접작업을 시작할 때에는 아세틸렌 용접장치를 점검하고 발생기 내부로부터 공기와 아세틸렌의 혼합가스를 배제하는 일 라. 안전기는 작업 중 그 수위를 쉽게 확인할 수 있는 장소에 놓고 1일 1회 이상 점검하는 일 마. 아세틸렌 용접장치 내의 물이 동결되는 것을 방지하기 위하여 아세틸렌 용접장치를 보온하거나 가열할 때에는 온수나 증기를 사용하는 등 안전한 방법으로 하도록 하는 일 바. 발생기 사용을 중지하였을 때에는 물과 잔류 카바이드가 접촉하지 않은 상태로 유지하는 일 사. 발생기를 수리 · 가공 · 운반 또는 보관할 때에는 아세틸렌 및 카바이드에 접촉하지 않은 상태로 유지하는 일 아. 작업에 종사하는 근로자의 보안경 및 안전장갑의 착용 상황을 감시하는 일
7. 가스집합용접장치의 취급작업	가. 작업방법을 결정하고 작업을 직접 지휘하는 일 나. 가스집합장치의 취급에 종사하는 근로자로 하여금 다음의 작업요령을 준수하도록 하는 일

작업의 종류	직무수행 내용
(제2편제2장제6절제2관)	(1) 부착할 가스용기의 마개 및 배관 연결부에 붙어 있는 유류 · 찌꺼기 등을 제거할 것 (2) 가스용기를 교환할 때에는 그 용기의 마개 및 배관 연결부 부분의 가스누출을 점검하고 배관 내의 가스가 공기와 혼합되지 않도록 할 것 (3) 가스누출 점검은 비눗물을 사용하는 등 안전한 방법으로 할 것 (4) 밸브 또는 콕은 서서히 열고 닫을 것 다. 가스용기의 교환작업을 감시하는 일 라. 작업을 시작할 때에는 호스 · 취관 · 호스밴드 등의 기구를 점검하고 손상 · 마모 등으로 인하여 가스나 산소가 누출될 우려가 있다고 인정할 때에는 보수하거나 교환하는 일 마. 안전기는 작업 중 그 기능을 쉽게 확인할 수 있는 장소에 두고 1일 1회 이상 점검하는 일 바. 작업에 종사하는 근로자의 보안경 및 안전장갑의 착용 상황을 감시하는 일
8. 거푸집 및 동바리의 고정 · 조립 또는 해체 작업/노천굴착작업/흙막이 지보공의 고정 · 조립 또는 해체 작업/터널의 굴착작업/구축물 등의 해체작업 (제2편제4장제1절제2관 · 제4장제2절제1관 · 제4장제2절제3관제1속 · 제4장제4절)	가. 안전한 작업방법을 결정하고 작업을 지휘하는 일 나. 재료 · 기구의 결함 유무를 점검하고 불량품을 제거하는 일 다. 작업 중 안전대 및 안전모 등 보호구 착용 상황을 감시하는 일
9. 높이 5미터 이상의 비계(飛階)를 조립 · 해체하거나 변경하는 작업(해체작업의 경우 가목은 적용 제외) (제1편제7장제2절)	가. 재료의 결함 유무를 점검하고 불량품을 제거하는 일 나. 기구 · 공구 · 안전대 및 안전모 등의 기능을 점검하고 불량품을 제거하는 일 다. 작업방법 및 근로자 배치를 결정하고 작업 진행 상태를 감시하는 일 라. 안전대와 안전모 등의 착용 상황을 감시하는 일
10. 달비계 작업 (제1편제7장제4절)	가. 작업용 섬유로프, 작업용 섬유로프의 고정점, 구명줄의 조정점, 작업대, 고리걸이용 철구 및 안전대 등의 결손 여부를 확인하는 일 나. 작업용 섬유로프 및 안전대 부착설비용 로프가 고정점에 풀리지 않는 매듭방법으로 결속되었는지 확인하는 일 다. 근로자가 작업대에 탑승하기 전 안전모 및 안전대를 착용하고 안전대를 구명줄에 체결했는지 확인하는 일 라. 작업방법 및 근로자 배치를 결정하고 작업 진행 상태를 감시하는 일
11. 발파작업 (제2편제4장제2절제2관)	가. 점화 전에 점화작업에 종사하는 근로자가 아닌 사람에게 대피를 지시하는 일 나. 점화작업에 종사하는 근로자에게 대피장소 및 경로를 지시하는 일 다. 점화 전에 위험구역 내에서 근로자가 대피한 것을 확인하는 일 라. 점화순서 및 방법에 대하여 지시하는 일 마. 점화신호를 하는 일 바. 점화작업에 종사하는 근로자에게 대피신호를 하는 일 사. 발파 후 터지지 않은 장약이나 남은 장약의 유무, 용수(湧水)의 유무 및 토사 등의 낙하 여부 등을 점검하는 일 아. 점화하는 사람을 정하는 일 자. 공기압축기의 안전밸브 작동 유무를 점검하는 일 차. 안전모 등 보호구 착용 상황을 감시하는 일

작업의 종류	직무수행 내용
12. 채석을 위한 굴착작업 (제2편제4장제2절제5관)	가. 대피방법을 미리 교육하는 일 나. 작업을 시작하기 전 또는 폭우가 내린 후에는 토사 등의 낙하 · 균열의 유무 또는 함수(含水) · 용수(湧水) 및 동결의 상태를 점검하는 일 다. 발파한 후에는 발파장소 및 그 주변의 토사 등의 낙하 · 균열의 유무를 점검하는 일
13. 화물취급작업 (제2편제6장제1절)	가. 작업방법 및 순서를 결정하고 작업을 지휘하는 일 나. 기구 및 공구를 점검하고 불량품을 제거하는 일 다. 그 작업장소에는 관계 근로자가 아닌 사람의 출입을 금지하는 일 라. 로프 등의 해체작업을 할 때에는 하대(荷臺) 위의 화물의 낙하위험 유무를 확인하고 작업의 착수를 지시하는 일
14. 부두와 선박에서의 하역작업(제2편제6장제2절)	가. 작업방법을 결정하고 작업을 지휘하는 일 나. 통행설비 · 하역기계 · 보호구 및 기구 · 공구를 점검 · 정비하고 이들의 사용 상황을 감시하는 일 다. 주변 작업자간의 연락을 조정하는 일
15. 전로 등 전기작업 또는 그 지지물의 설치, 점검, 수리 및 도장 등의 작업 (제2편제3장)	가. 작업구간 내의 충전전로 등 모든 충전 시설을 점검하는 일 나. 작업방법 및 그 순서를 결정(근로자 교육 포함)하고 작업을 지휘하는 일 다. 작업근로자의 보호구 또는 절연용 보호구 착용 상황을 감시하고 감전재해 요소를 제거하는 일 라. 작업 공구, 절연용 방호구 등의 결함 여부와 기능을 점검하고 불량품을 제거하는 일 마. 작업장소에 관계 근로자 외에는 출입을 금지하고 주변 작업자와의 연락을 조정하며 도로작업 시 차량 및 통행인 등에 대한 교통통제 등 작업전반에 대해 지휘 · 감시하는 일 바. 활선작업용 기구를 사용하여 작업할 때 안전거리가 유지되는지 감시하는 일 사. 감전재해를 비롯한 각종 산업재해에 따른 신속한 응급처치를 할 수 있도록 근로자들을 교육하는 일
16. 관리대상 유해물질을 취급하는 작업(제3편제1장)	가. 관리대상 유해물질을 취급하는 근로자가 물질에 오염되지 않도록 작업방법을 결정하고 작업을 지휘하는 업무 나. 관리대상 유해물질을 취급하는 장소나 설비를 매월 1회 이상 순회점검하고 국소배기장치 등 환기설비에 대해서는 다음 각 호의 사항을 점검하여 필요한 조치를 하는 업무. 단, 환기설비를 점검하는 경우에는 다음의 사항을 점검 (1) 후드(Hood)나 덕트(Duct)의 마모 · 부식, 그 밖의 손상 여부 및 정도 (2) 송풍기와 배풍기의 주유 및 청결 상태 (3) 덕트 접속부가 헐거워졌는지 여부 (4) 전동기와 배풍기를 연결하는 벨트의 작동 상태 (5) 흡기 및 배기 능력 상태 다. 보호구의 착용 상황을 감시하는 업무 라. 근로자가 탱크 내부에서 관리대상 유해물질을 취급하는 경우에 다음의 조치를 했는지 확인하는 업무 (1) 관리대상 유해물질에 관하여 필요한 지식을 가진 사람이 해당 작업을 지휘 (2) 관리대상 유해물질이 들어올 우려가 없는 경우에는 작업을 하는 설비의 개구부를 모두 개방 (3) 근로자의 신체가 관리대상 유해물질에 의하여 오염되었거나 작업이 끝난 경우에는 즉시 몸을 씻는 조치

작업의 종류	직무수행 내용
	(4) 비상시에 작업설비 내부의 근로자를 즉시 대피시키거나 구조하기 위한 기구와 그 밖의 설비를 갖추는 조치 (5) 작업을 하는 설비의 내부에 대하여 작업 전에 관리대상 유해물질의 농도를 측정하거나 그 밖의 방법으로 근로자가 건강에 장해를 입을 우려가 있는지를 확인하는 조치 (6) 제(5)에 따른 설비 내부에 관리대상 유해물질이 있는 경우에는 설비 내부를 충분히 환기하는 조치 (7) 유기화합물을 넣었던 탱크에 대하여 제(1)부터 제(6)까지의 조치 외에 다음의 조치 (가) 유기화합물이 탱크로부터 배출된 후 탱크 내부에 재유입되지 않도록 조치 (나) 물이나 수증기 등으로 탱크 내부를 씻은 후 그 씻은 물이나 수증기 등을 탱크로부터 배출 (다) 탱크 용적의 3배 이상의 공기를 채웠다가 내보내거나 탱크에 물을 가득 채웠다가 내보내거나 탱크에 물을 가득 채웠다가 배출 마. 나목에 따른 점검 및 조치 결과를 기록 · 관리하는 업무
17. 허가대상 유해물질 취급 작업(제3편제2장)	가. 근로자가 허가대상 유해물질을 들이마시거나 허가대상 유해물질에 오염되지 않도록 작업수칙을 정하고 지휘하는 업무 나. 작업장에 설치되어 있는 국소배기장치나 그 밖에 근로자의 건강장해 예방을 위한 장치 등을 매월 1회 이상 점검하는 업무 다. 근로자의 보호구 착용 상황을 점검하는 업무
18. 석면 해체 · 제거작업(제3편제2장제6절)	가. 근로자가 석면분진을 들이마시거나 석면분진에 오염되지 않도록 작업방법을 정하고 지휘하는 업무 나. 작업장에 설치되어 있는 석면분진 포집장치, 음압기 등의 장비의 이상 유무를 점검하고 필요한 조치를 하는 업무 다. 근로자의 보호구 착용 상황을 점검하는 업무
19. 고압작업(제3편제5장)	가. 작업방법을 결정하여 고압작업자를 직접 지휘하는 업무 나. 유해가스의 농도를 측정하는 기구를 점검하는 업무 다. 고압작업자가 작업실에 입실하거나 퇴실하는 경우에 고압작업자의 수를 점검하는 업무 라. 작업실에서 공기조절을 하기 위한 밸브나 콕을 조작하는 사람과 연락하여 작업실 내부의 압력을 적정한 상태로 유지하도록 하는 업무 마. 공기를 기압조절실로 보내거나 기압조절실에서 내보내기 위한 밸브나 콕을 조작하는 사람과 연락하여 고압작업자에 대하여 가압이나 감압을 다음과 같이 따르도록 조치하는 업무 (1) 가압을 하는 경우 1분에 제곱센티미터당 0.8킬로그램 이하의 속도로 함 (2) 감압을 하는 경우에는 고용노동부장관이 정하여 고시하는 기준에 맞도록 함 바. 작업실 및 기압조절실 내 고압작업자의 건강에 이상이 발생한 경우 필요한 조치를 하는 업무
20. 밀폐공간 작업(제3편제10장)	가. 산소가 결핍된 공기나 유해가스에 노출되지 않도록 작업 시작 전에 해당 근로자의 작업을 지휘하는 업무 나. 작업을 하는 장소의 공기가 적절한지를 작업 시작 전에 측정하는 업무 다. 측정장비 · 환기장치 또는 공기호흡기 또는 송기마스크를 작업 시작 전에 점검하는 업무 라. 근로자에게 공기호흡기 또는 송기마스크의 착용을 지도하고 착용 상황을 점검하는 업무

[별표 3]

작업시작 전 점검사항(제35조제2항 관련)

작업의 종류	점검내용
1. 프레스 등을 사용하여 작업을 할 때 (제2편제1장제3절)	가. 클러치 및 브레이크의 기능 나. 크랭크축 · 플라이휠 · 슬라이드 · 연결봉 및 연결 나사의 풀림 여부 다. 1행정 1정지기구 · 급정지장치 및 비상정지장치의 기능 라. 슬라이드 또는 칼날에 의한 위험방지 기구의 기능 마. 프레스의 금형 및 고정볼트 상태 바. 방호장치의 기능 사. 전단기(剪斷機)의 칼날 및 테이블의 상태
2. 로봇의 작동 범위에서 그 로봇에 관하여 교시 등(로봇의 동력원을 차단하고 하는 것은 제외한다)의 작업을 할 때(제2편제1장제13절)	가. 외부 전선의 피복 또는 외장의 손상 유무 나. 매니퓰레이터(Manipulator) 작동의 이상 유무 다. 제동장치 및 비상정지장치의 기능
3. 공기압축기를 가동할 때 (제2편제1장제7절)	가. 공기저장 압력용기의 외관 상태 나. 드레인밸브(Drain Valve)의 조작 및 배수 다. 압력방출장치의 기능 라. 언로드밸브(Unloading Valve)의 기능 마. 윤활유의 상태 바. 회전부의 덮개 또는 울 사. 그 밖의 연결 부위의 이상 유무
4. 크레인을 사용하여 작업을 하는 때 (제2편제1장제9절제2관)	가. 권과방지장치 · 브레이크 · 클러치 및 운전장치의 기능 나. 주행로의 상측 및 트롤리(Trolley)가 횡행하는 레일의 상태 다. 와이어로프가 통하고 있는 곳의 상태
5. 이동식 크레인을 사용하여 작업을 할 때 (제2편제1장제9절제3관)	가. 권과방지장치나 그 밖의 경보장치의 기능 나. 브레이크 · 클러치 및 조정장치의 기능 다. 와이어로프가 통하고 있는 곳 및 작업장소의 지반상태
6. 리프트(자동차정비용 리프트를 포함한다)를 사용하여 작업을 할 때(제2편제1장제9절제4관)	가. 방호장치 · 브레이크 및 클러치의 기능 나. 와이어로프가 통하고 있는 곳의 상태
7. 곤돌라를 사용하여 작업을 할 때 (제2편제1장제9절제5관)	가. 방호장치 · 브레이크의 기능 나. 와이어로프 · 슬링와이어(Sling Wire) 등의 상태
8. 양중기의 와이어로프 · 달기체인 · 섬유로프 · 섬유벨트 또는 훅 · 샤클 · 링 등의 철구(이하 "와이어로프등"이라 한다)를 사용하여 고리걸이작업을 할 때(제2편제1장제9절제7관)	와이어로프 등의 이상 유무
9. 지게차를 사용하여 작업을 하는 때 (제2편제1장제10절제2관)	가. 제동장치 및 조종장치 기능의 이상 유무 나. 하역장치 및 유압장치 기능의 이상 유무 다. 바퀴의 이상 유무 라. 전조등 · 후미등 · 방향지시기 및 경보장치 기능의 이상 유무
10. 구내운반차를 사용하여 작업을 할 때 (제2편제1장제10절제3관)	가. 제동장치 및 조종장치 기능의 이상 유무 나. 하역장치 및 유압장치 기능의 이상 유무 다. 바퀴의 이상 유무

작업의 종류	점검내용
	라. 전조등 · 후미등 · 방향지시기 및 경음기 기능의 이상 유무 마. 충전장치를 포함한 홀더 등의 결합상태의 이상 유무
11. 고소작업대를 사용하여 작업을 할 때 (제2편제1장제10절제4관)	가. 비상정지장치 및 비상하강 방지장치 기능의 이상 유무 나. 과부하 방지장치의 작동 유무(와이어로프 또는 체인구동방식의 경우) 다. 아웃트리거 또는 바퀴의 이상 유무 라. 작업면의 기울기 또는 요철 유무 마. 활선작업용 장치의 경우 홈 · 균열 · 파손 등 그 밖의 손상 유무
12. 화물자동차를 사용하는 작업을 하게 할 때 (제2편제1장제10절제5관)	가. 제동장치 및 조종장치의 기능 나. 하역장치 및 유압장치의 기능 다. 바퀴의 이상 유무
13. 컨베이어 등을 사용하여 작업을 할 때 (제2편제1장제11절)	가. 원동기 및 풀리(Pulley) 기능의 이상 유무 나. 이탈 등의 방지장치 기능의 이상 유무 다. 비상정지장치 기능의 이상 유무 라. 원동기 · 회전축 · 기어 및 풀리 등의 덮개 또는 울 등의 이상 유무
14. 차량계 건설기계를 사용하여 작업을 할 때 (제2편제1장제12절제1관)	브레이크 및 클러치 등의 기능
14의2. 용접 · 용단 작업 등의 화재위험작업을 할 때(제2편제2장제2절)	가. 작업 준비 및 작업 절차 수립 여부 나. 화기작업에 따른 인근 가연성물질에 대한 방호조치 및 소화기구 비치 여부 다. 용접불티 비산방지덮개 또는 용접방화포 등 불꽃 · 불티 등의 비산을 방지하기 위한 조치 여부 라. 인화성 액체의 증기 또는 인화성 가스가 남아 있지 않도록 하는 환기 조치 여부 마. 작업근로자에 대한 화재예방 및 피난교육 등 비상조치 여부
15. 이동식 방폭구조(防爆構造) 전기기계 · 기구를 사용할 때(제2편제3장제1절)	전선 및 접속부 상태
16. 근로자가 반복하여 계속적으로 중량물을 취급하는 작업을 할 때(제2편제5장)	가. 중량물 취급의 올바른 자세 및 복장 나. 위험물이 날아 흩어짐에 따른 보호구의 착용 다. 카바이드 · 생석회(산화칼슘) 등과 같이 온도상승이나 습기에 의하여 위험성이 존재하는 중량물의 취급방법 라. 그 밖에 하역운반기계 등의 적절한 사용방법
17. 양화장치를 사용하여 화물을 싣고 내리는 작업을 할 때(제2편제6장제2절)	가. 양화장치(揚貨裝置)의 작동상태 나. 양화장치에 제한하중을 초과하는 하중을 실었는지 여부
18. 슬링 등을 사용하여 작업을 할 때 (제2편제6장제2절)	가. 훅이 붙어 있는 슬링 · 와이어슬링 등이 매달린 상태 나. 슬링 · 와이어슬링 등의 상태(작업시작 전 및 작업 중 수시로 점검)

[별표 16]

분진작업의 종류(제605조제2호 관련)

1. 토석 · 광물 · 암석(이하 "암석 등"이라 하고, 습기가 있는 상태의 것은 제외한다. 이하 이 표에서 같다)을 파내는 장소에서의 작업. 다만, 다음 각 목의 어느 하나에서 정하는 작업은 제외한다.
   가. 갱 밖의 암석 등을 습식에 의하여 시추하는 장소에서의 작업
   나. 실외의 암석 등을 동력 또는 발파에 의하지 않고 파내는 장소에서의 작업
2. 암석 등을 싣거나 내리는 장소에서의 작업
3. 갱내에서 암석 등을 운반, 파쇄 · 분쇄하거나 체로 거르는 장소(수중작업은 제외한다) 또는 이들을 쌓거나 내리는 장소에서의 작업
4. 갱내의 제1호부터 제3호까지의 규정에 따른 장소와 근접하는 장소에서 분진이 붙어 있거나 쌓여 있는 기계설비 또는 전기설비를 이설(移設) · 철거 · 점검 또는 보수하는 작업
5. 암석 등을 재단 · 조각 또는 마무리하는 장소에서의 작업(화염을 이용한 작업은 제외한다)
6. 연마재의 분사에 의하여 연마하는 장소나 연마재 또는 동력을 사용하여 암석 · 광물 또는 금속을 연마 · 주물 또는 재단하는 장소에서의 작업(화염을 이용한 작업은 제외한다)
7. 갱내가 아닌 장소에서 암석 등 · 탄소원료 또는 알루미늄박을 파쇄 · 분쇄하거나 체로 거르는 장소에서의 작업
8. 시멘트 · 비산재 · 분말광석 · 탄소원료 또는 탄소제품을 건조하는 장소, 쌓거나 내리는 장소, 혼합 · 살포 · 포장하는 장소에서의 작업
9. 분말 상태의 알루미늄 또는 산화티타늄을 혼합 · 살포 · 포장하는 장소에서의 작업
10. 분말 상태의 광석 또는 탄소원료를 원료 또는 재료로 사용하는 물질을 제조 · 가공하는 공정에서 분말 상태의 광석, 탄소원료 또는 그 물질을 함유하는 물질을 혼합 · 혼입 또는 살포하는 장소에서의 작업
11. 유리 또는 법랑을 제조하는 공정에서 원료를 혼합하는 작업이나 원료 또는 혼합물을 용해로에 투입하는 작업(수중에서 원료를 혼합하는 장소에서의 작업은 제외한다)
12. 도자기, 내화물(耐火物), 형사토 제품 또는 연마재를 제조하는 공정에서 원료를 혼합 또는 성형하거나, 원료 또는 반제품을 건조하거나, 반제품을 차에 싣거나 쌓은 장소에서의 작업이나 가마 내부에서의 작업. 다만, 다음 각 목의 어느 하나에 정하는 작업은 제외한다.
    가. 도자기를 제조하는 공정에서 원료를 투입하거나 성형하여 반제품을 완성하거나 제품을 내리고 쌓은 장소에서의 작업
    나. 수중에서 원료를 혼합하는 장소에서의 작업
13. 탄소제품을 제조하는 공정에서 탄소원료를 혼합하거나 성형하여 반제품을 노(爐)에 넣거나 반제품 또는 제품을 노에서 꺼내거나 제작하는 장소에서의 작업
14. 주형을 사용하여 주물을 제조하는 공정에서 주형(鑄型)을 해체 또는 탈사(脫砂)하거나 주물모래를 재생하거나 혼련(混鍊)하거나 주조품 등을 절삭하는 장소에서의 작업
15. 암석 등을 운반하는 암석전용선의 선창(船艙) 내에서 암석 등을 빠뜨리거나 한군데로 모으는 작업
16. 금속 또는 그 밖의 무기물을 제련하거나 녹이는 공정에서 토석 또는 광물을 개방로에 투입 · 소결(燒結) · 탕출(湯出) 또는 주입하는 장소에서의 작업(전기로에서 탕출하는 장소나 금형을 주입하는 장소에서의 작업은 제외한다)
17. 분말 상태의 광물을 연소하는 공정이나 금속 또는 그 밖의 무기물을 제련하거나 녹이는 공정에서 노(爐) · 연도(煙道) 또는 굴뚝 등에 붙어 있거나 쌓여 있는 광물찌꺼기 또는 재를 긁어내거나 한곳에 모으거나 용기에 넣는 장소에서의 작업
18. 내화물을 이용한 가마 또는 노 등을 축조 또는 수리하거나 내화물을 이용한 가마 또는 노 등을 해체하거나 파쇄하는 작업
19. 실내 · 갱내 · 탱크 · 선박 · 관 또는 차량 등의 내부에서 금속을 용접하거나 용단하는 작업
20. 금속을 녹여 뿌리는 장소에서의 작업
21. 동력을 이용하여 목재를 절단 · 연마 및 분쇄하는 장소에서의 작업
22. 면(綿)을 섞거나 두드리는 장소에서의 작업
23. 염료 및 안료를 분쇄하거나 분말 상태의 염료 및 안료를 계량 · 투입 · 포장하는 장소에서의 작업
24. 곡물을 분쇄하거나 분말 상태의 곡물을 계량 · 투입 · 포장하는 장소에서의 작업
25. 유리섬유 또는 암면(巖綿)을 재단 · 분쇄 · 연마하는 장소에서의 작업
26. 「기상법 시행령」 제8조제2항제8호에 따른 황사 경보 발령지역 또는 「대기환경보전법 시행령」 제2조제3항 제1호 및 제2호에 따른 미세먼지(PM-10, PM-2.5) 경보 발령지역에서의 옥외 작업

[별표 18]

밀폐공간(제618조제1호 관련)

1. 다음의 지층에 접하거나 통하는 우물 · 수직갱 · 터널 · 잠함 · 피트 또는 그밖에 이와 유사한 것의 내부
   가. 상층에 물이 통과하지 않는 지층이 있는 역암층 중 함수 또는 용수가 없거나 적은 부분
   나. 제1철 염류 또는 제1망간 염류를 함유하는 지층
   다. 메탄 · 에탄 또는 부탄을 함유하는 지층
   라. 탄산수를 용출하고 있거나 용출할 우려가 있는 지층
2. 장기간 사용하지 않은 우물 등의 내부
3. 케이블 · 가스관 또는 지하에 부설되어 있는 매설물을 수용하기 위하여 지하에 부설한 암거 · 맨홀 또는 피트의 내부
4. 빗물 · 하천의 유수 또는 용수가 있거나 있었던 통 · 암거 · 맨홀 또는 피트의 내부
5. 바닷물이 있거나 있었던 열교환기 · 관 · 암거 · 맨홀 · 둑 또는 피트의 내부
6. 장기간 밀폐된 강재(鋼材)의 보일러 · 탱크 · 반응탑이나 그 밖에 그 내벽이 산화하기 쉬운 시설(그 내벽이 스테인리스강으로 된 것 또는 그 내벽의 산화를 방지하기 위하여 필요한 조치가 되어 있는 것은 제외한다)의 내부
7. 석탄 · 아탄 · 황화광 · 강재 · 원목 · 건성유(乾性油) · 어유(魚油) 또는 그 밖의 공기 중의 산소를 흡수하는 물질이 들어 있는 탱크 또는 호퍼(Hopper) 등의 저장시설이나 선창의 내부
8. 천장 · 바닥 또는 벽이 건성유를 함유하는 페인트로 도장되어 그 페인트가 건조되기 전에 밀폐된 지하실 · 창고 또는 탱크 등 통풍이 불충분한 시설의 내부
9. 곡물 또는 사료의 저장용 창고 또는 피트의 내부, 과일의 숙성용 창고 또는 피트의 내부, 종자의 발아용 창고 또는 피트의 내부, 버섯류의 재배를 위하여 사용하고 있는 사일로(Silo), 그 밖에 곡물 또는 사료종자를 적재한 선창의 내부
10. 간장 · 주류 · 효모 그 밖에 발효하는 물품이 들어 있거나 들어 있었던 탱크 · 창고 또는 양조주의 내부
11. 분뇨, 오염된 흙, 썩은 물, 폐수, 오수, 그 밖에 부패하거나 분해되기 쉬운 물질이 들어있는 정화조 · 침전조 · 집수조 · 탱크 · 암거 · 맨홀 · 관 또는 피트의 내부
12. 드라이아이스를 사용하는 냉장고 · 냉동고 · 냉동화물자동차 또는 냉동컨테이너의 내부
13. 헬륨 · 아르곤 · 질소 · 프레온 · 이산화탄소 또는 그 밖의 불활성기체가 들어 있거나 있었던 보일러 · 탱크 또는 반응탑 등 시설의 내부
14. 산소농도가 18퍼센트 미만 또는 23.5퍼센트 이상, 이산화탄소농도가 1.5퍼센트 이상, 일산화탄소농도가 30피피엠 이상 또는 황화수소농도가 10피피엠 이상인 장소의 내부
15. 갈탄 · 목탄 · 연탄난로를 사용하는 콘크리트 양생장소(養生場所) 및 가설숙소 내부
16. 화학물질이 들어있던 반응기 및 탱크의 내부
17. 유해가스가 들어있던 배관이나 집진기의 내부
18. 근로자가 상주(常住)하지 않는 공간으로서 출입이 제한되어 있는 장소의 내부

4. 공정안전보고서 작성 등 관련 고시

■ 제33조(안전작업허가)

규칙 제50조제1항제3호 다목의 안전작업허가는 다음 각 호의 사항을 포함하여야 한다.

1. 목적
2. 적용범위
3. 안전작업허가의 일반사항
4. 안전작업 준비

5. 화기작업 허가
6. 일반위험작업 허가
7. 밀폐공간 출입작업 허가
8. 정전작업 허가
9. 굴착작업 허가
10. 방사선 사용작업 허가 등

■ **제27조(공정위험성 평가서의 작성 등)**

⑥ 사업주는 공정위험성 평가 외에 화학설비 등의 설치, 개 · 보수, 촉매 등의 교체 등 각종 작업에 관한 위험성평가를 수행하기 위하여 고용노동부 고시 「사업장 위험성평가에 관한 지침」에 따라 작업안전 분석 기법(Job Safety Analysis, JSA) 등을 활용하여 위험성평가 실시 규정을 별도로 마련하여야 한다.

평가서식 항목

항목		주요사항
1	안전작업허가지침이 산업안전보건법령, 동 고시 및 공단 기술지침을 참조하여 적절하게 작성되어 있는가?	▸안전작업허가의 종류, 절차, 허가 등 반영 여부
2	위험작업을 수행할 경우 안전작업허가서를 적절하게 발행하고 있는가?	▸안전작업허가서의 체크사항, 종류별 발행 여부, 첨부사항
3	안전작업허가서를 작성 및 승인할 때 필요한 모든 제반사항을 반드시 확인하는가?	▸안전관련 첨부사항 확인
4	안전작업허가서는 보관기간을 정하여 유지 · 관리하고 있는가?	▸보관기간
5	안전작업허가서에는 해당 작업과 관련이 있는 모든 관련 책임자의 허가를 받도록 하고 있는가?	▸승인관련 사항
6	화기작업 시 작업대상 내 인화성가스농도측정, 가연성분진의 존재 여부 배관관계장도 검토를 통한 맹판설치, 밸브차단 등의 필수조치는 빠짐없이 이루어졌는가?	▸세부 검토사항 확인
7	입조작업 시 작업대상 내 산소농도측정, 유해가스농도측정, 가연성분진의 존재 여부 배관계장도 검토를 통한 맹판설치 · 밸브차단 등의 필수조치는 빠짐없이 이루어졌는가?	▸세부 검토사항 확인 – 세관작업은 밀폐공간 작업
8	굴착작업 허가 시 지하매설물을 확인하기 위한 절차가 마련되어 실행하고 있는가?	▸절차 확인

02 안전작업허가지침 관련 예시

1. 안전작업허가지침(KOSHA GUIDE P-94-2021)

(1) 용어설명

1) 화기작업 : 용접, 용단, 연마, 드릴 등 화염 또는 스파크를 발생시키는 작업 또는 가연성물질의 점화원이 될 수 있는 모든 기기를 사용하는 작업
2) 일반위험작업 : 노출된 화염을 사용하거나 전기, 충격에너지로부터 스파크가 발생하는 장비나 공구를 사용하는 작업 이외의 작업으로서 유해 · 위험물 취급작업, 위험설비 해체작업 등 유해 · 위험이 내재된 작업
3) 보충적인 작업 : 화기작업 또는 일반위험작업을 하는 과정에서 보충적으로 병행하여 수행되는 작업
4) 위험지역 : 산업안전보건기준에 관한규칙 제230조(폭발위험이 있는 장소의 설정 및 관리) 제1항에서 규정하는 장소 및 인근지역, 그리고 그 외의 장소에 설치된 설비 및 그 주위에서 화재 · 폭발을 일으킬 우려가 있는 장소
5) 밀폐공간 : 질식 · 중독 · 화재 · 폭발 등의 위험이 있는 장소로서 산업안전보건기준에 관한 규칙 제618조 제1호에서 정한 장소
6) 일반지역 : 일반행정 또는 정비부서 등과 같은 위험지역 이외의 지역
7) 가연성물질 : 산업안전보건기준에 관한 규칙 별표 1에서 정한 위험물질의 종류 중 6. 부식성 물질과 7. 급성 독성 물질을 제외한 물질 및 위험물질이외 인화성유류, 가연성분진, 단열재 등 가연물
8) 중장비작업 : 이동식 크레인 등을 사용하여 중량물을 매달아 들어 올리고 수리, 점검 등을 수행하는 작업

(2) 안전작업 허가에 대한 일반사항

1) 안전작업 허가의 종류
   가. 화기작업 허가
   나. 일반위험작업 허가
   다. 보충적인 작업 허가
   보충적인 작업허가는 화기작업 허가 또는 일반위험작업 허가와 함께 이루어져야 하며 그 종류는 다음 각 호와 같다.
   (가) 밀폐공간출입작업 허가
   (나) 정전작업 허가
   (다) 굴착작업 허가
   (라) 방사선사용작업 허가
   (마) 고소작업 허가
   (바) 중장비사용작업 허가 등

2) 안전작업허가서의 발급, 승인 및 입회

가. 발급

안전작업허가서(이하 "허가서"라 한다)는 신청자의 서면이나 전자문서 등으로 작업을 할 지역의 운전부서 담당자가 현장확인을 통하여 발급한다. 발급자는 보충작업이 수반되는 경우 확인자의 사전확인여부를 검토한 후 허가서를 발급하여야 한다.

나. 확인, 점검

보충작업을 병행하여 수행하는 경우에는 각 보충작업별 전문지식을 갖춘 자가 내용을 사전에 확인, 점검 후 허가서에 서명한다. 다만, 발급자가 해당 작업에 대한 전문지식을 갖춘 경우에는 본인이 확인, 점검업무를 수행하고 서명은 생략할 수 있다.

다. 승인(허가)

허가서의 승인은 작업하고자 하는 공정지역의 운전부서 책임자 또는 다른 상위조직에서 발급된 허가서의 서면확인을 통하여 승인한다. 다만, 조직 등 인력이 적은 소규모사업장, 위험도가 낮은 일반위험작업 허가 및 정상근무시간 이외에 수행되어 책임자의 승인을 얻기가 어려운 경우 등 사업장 내부 규정에 따라 승인권한을 발급자에게 위임할 수 있다.

라. 입회

작업의 위험정도, 규모 및 복잡성에 따라 작업 중에 현장에서 안전감독이 필요할 경우 운전부서에서 입회하여 제반 안전요구사항에 대한 조치를 확인한다.

3) 책임

가. 운전부서 책임자(운전부서장)는 작업허가의 효력이 발생되는 시간부터 허가기간이 종료될 때가지 작업을 안전하게 수행하고 해당작업 지역을 안전하게 관리할 책임이 있다.

나. 안전관리부서 책임자(안전부서장)는 운전부서 책임자의 요청이 있을 경우 작업전에 해당 작업에 요구되는 모든 안전요구사항에 대한 조치 여부를 확인하고 작업에 필요한 안전장비 등을 준비할 책임이 있다.

다. 작업부서 책임자(정비부서장)는 작업허가서상의 안전조치사항을 확인하고 안전하게 작업을 수행할 책임이 있다.

라. 운전부서에서 입회자로 선임된 자는 작업중 작업허가서의 안전요구사항이 유지되고 있는 지를 확인할 책임이 있다.

4) 허가서의 작성

가. 허가서 발급자는 허가서 발행에 앞서 당해 작업 현장 감독자 또는 작업담당자와 같이 현장을 확인하고, 안전작업에 필요한 조치사항이 무엇인지 확인하여야 한다.

나. 당해 작업의 안전과 관련하여 인근의 다른 공정지역 책임자에게 당해 작업수행을 알릴 필요가 있을 경우에는 관련 운전부서 책임자의 협조를 받아야 한다.

다. 허가서 발급자는 작업허가서 중 작업허가시간, 수행작업 개요, 작업상 취해야 할 안전조치사항 및 작업자에 대한 안전요구사항 등을 기재하여야 한다.

라. 허가서 승인자는 작업담당자 또는 운전부서 담당자 등이 현장을 방문하여 안전보건에 대한 조치를 하였는지를 반드시 확인한 후 작업허가를 승인하여야 한다.

마. 작업이 근무 교대시간 이후까지 연장될 경우에는 발급자 또는 업무를 위임받은 자가 작업현장을 재확인한 후 허가서에 명시된 사항과 일치하는지를 파악하고 안전하다는 판단에 따라 안전작업허가서의 작업시간을 연장하고 다시 확인 서명하여야 한다.

바. 허가서 사본 1부 또는 인쇄본 1부를 해당 작업 현장에 게시한다.

5) 허가서의 보존 등

가. 해당 작업현장에 게시하였던 허가서를 회수하여 보존한다. 다만, 현장에서 측정한 가스농도 등 모든 작성내용을 입력한 전자문서의 경우에는 전자문서로 보존할 수 있다.

나. 허가서의 보존기간은 1년으로 한다.

6) 허가서의 효력 등

가. 허가서의 효력은 허가서상의 허가기간에서만 유지되며, 일일 정상근무시간을 초과할 수 없다. 다만, 작업자 및 허가서 발급자의 변경 없이 허가당일 내에서 작업이 연장될 경우에는 그러하지 않을 수 있다.

나. 작업이 허가 익일까지 지속되거나 작업내용의 변경, 안전요구 사항의 변경 및 기타 조건의 변동이 있을 때에는 재발급하여야 한다.

다. 식사 등으로 인하여 작업이 일시 중단되었다가 다시 작업을 재개하고자 할 때에는 입회자 또는 현장 책임자로부터 안전상태를 다시 확인 받은 후 서명을 득하고 작업하여야 한다.

⑶ 안전작업 준비

1) 작업허가 전 점검사항

작업이 행하여지는 지역의 허가서 발급자와 작업 현장 감독자 또는 작업담당자는 허가서에 서명하기 전에 작업계획서 등 신청서류, 기술자료 및 도면과 현장확인을 통하여 아래 사항을 확인 · 점검하여야 하고, 운전부서 책임자 및 작업부서 책임자는 확인 · 점검한 내용의 적정성을 검토한 후 서명하여야 한다.

가. 수행작업이 밀폐공간 내에서 이루어지는지의 여부

나. 수행작업에 안전상 정전(전기차단)이 필요한지의 여부

다. 수행작업이 굴착작업과 병행하여 수행되는지의 여부

라. 점검 또는 정비, 검사에 방사선사용작업이 수행되는지의 여부

마. 위험지역에서 작업하는 대신 안전한 장소에서의 작업이 가능한지 여부

바. 인화성물질 또는 독성물질 발생 가능성, 처리방법 및 세정방법의 적정성

사. 잠긴 밸브나 막힌 배관 사이에서 액체의 열팽창 가능성

아. 설비 또는 기기의 내부구조(내부포켓 또는 드레인 등)상 유해 · 위험물질이 잔류할 가능성

자. 산소, 유해가스 농도 측정 및 강제환기 필요성

차. 초기 소화설비의 배치계획

카. 출입 제한구역 계획

타. 작업중 현장 입회자를 두어야 할지의 여부

파. 고소 작업으로 인한 사고예방대책

하. 중장비 작업과 관련한 사고예방대책

2) 작업 전 조치사항

가. 작업을 안전하게 하기 위하여 허가서상의 공정 또는 운전과 관련된 안전조치 요구사항에 대한 조치시행

나. 허가서상에서 요구하는 안전장구의 준비

다. 필요한 경우 허가서에 첨부하여야 할 안전에 관한 특수 작업절차서의 작성

(가) 압력용기 및 배관개방 절차서

(나) 내용물 처리절차서 등

라. 작업 전 정비작업자에 대한 공정위험 및 안전교육의 실시

마. 작업 전 위험성평가

(가) 작업 전 해당 작업수행을 위한 절차서가 마련되어 있는 경우는 위험성평가의 생략이 가능하다.

(나) 해당 작업에 대한 절차서가 마련되어 있지 않은 경우에는 반드시 작업 전 위험성평가를 통하여 절차서를 마련하고 그 내용을 작업자에게 교육실시 후 작업을 수행하여야 한다.

(다) 또한, (가)호의 절차서가 작성된 지 오랜 기간이 경과하여 작업시점에 유효하지 않거나 동일한 작업이 아닌 경우 작업 전 변화된 사항에 대한 추가적인 위험성평가를 수행하여 절차서를 제정 또는 개정을 한 후 그 내용을 작업자에게교육을 한 후 작업을 수행하여야 한다.

(라) 허가서 발급자는 상기 각 호에 따라 작업절차서가 위험성평가 실시 및 평가결과 반영여부를 확인한 후 발급하여야 한다.

(4) 안전작업허가별 세부사항

1) 화기작업 허가

가. 화기작업 허가서 발급

위험지역으로 구분되는 장소에서 화기작업을 하고자 할 때에는 화기작업허가서를 발급받아야 한다.

나. 보충적인 작업허가서 발급

화기작업 시 아래 (가) ~ (바)의 작업이 병행하게 될 때에는 해당 보충작업허가의 종류에 체크하고 관련 요구사항 확인 및 관계자의 확인을 받아야 한다.

(가) 밀폐공간에서 작업 시 : 밀폐공간출입작업 허가서

(나) 전기구동기계 또는 전기설비 정비 시 : 정전작업 허가서

(다) 지반굴착에 의한 작업 시 : 굴착작업 허가서

(라) 화기작업 후 방사선사용에 의한 검사 작업이 이루어질 때 : 방사선 사용작업 허가서

(마) 고소작업이 수행 시 : 고소작업 허가서

(바) 중장비 사용 시 : 중장비사용작업 허가서

다. 화기작업 시 사전 안전조치사항

화기작업 시 취하여야 할 안전조치 사항은 아래와 같다.

(가) 작업구역의 설정

화기작업을 수행할 때 발생하는 화염 또는 스파크 등이 인근 공정설비에 영향이 있다고 판단되는 범위의 지역은 작업구역으로 표시하고 통행 및 출입을 제한한다.

(나) 가스농도(인화성 및 독성 등 유해물질) 측정 및 잔류물질 확인

① 측정대상 가스

작업대상기기 및 작업구역 내에서 인화성 물질 및 독성 등 유해물질의 가스농도를 측정하고, 분진 등 가연성물질의 잔류여부를 확인한다.

② 측정자의 수준관리

가스농도 측정은 측정기기 및 작업현장에 대해 충분한 지식을 가지고 있는 자가 측정하여야 한다.

(다) 차량 등의 출입제한

불꽃을 발생하는 내연설비의 장비나 차량 등은 작업구역 내의 출입을 통제한다.

(라) 밸브차단 표시판 부착

화기작업을 수행하기 위하여 밸브를 차단하거나 맹판을 설치할 때에는 차단하는 밸브에 밸브잠금 표지 및 맹판설치 표시판을 부착하여 실수로 작동시키거나 제거하는 일이 없도록 한다.

(마) 위험물질의 방출 및 처리

배관 또는 용기 등의 내부 또는 인접하여 화기작업을 수행할 때에는 배관 및 용기 내의 가연성물질(독성, 불활성 등 유해물질 포함)을 완전히 비우고 세정한 후 가스농도 측정 및 분진 등의 잔류여부를 확인한다.

(바) 환기

밀폐공간에서의 작업을 수행할 때에는 작업 전에 밀폐공간 내의 공기를 외부의 신선한 공기로 충분히 치환하는 등의 조치(강제환기 등)를 하여야 한다.

(사) 비산불티차단막 등의 설치

화기작업중 용접불티 등이 인접 인화성물질에 비산되어 화재가 발생하지 않도록 비산불티차단막 또는 불받이포를 설치하고 개방된 맨홀과 하수구(Sewer) 등을 밀폐한다.

(아) 화기작업의 입회

화기작업 시 입회자로 선임된 자는 화기작업을 시작하기 전 및 작업 도중 현장에 입회하여 안전상태를 확인하여야 하며, 작업 전, 점심식사 후, 휴식 후 등 작업을 다시 시작하기 전에는 주기적인 가스농도 및 분진 농도의 측정 등 안전에 필요한 조치를 취하여야 한다.

(자) 소화설비의 비치

화기작업 전에 비산불티 차단막, 이동식 소화기 등을 비치하고, 필요한 경우 화기작업 현장에 화재진압을 위한 소화전 또는 소방차를 대기시켜야 한다.

라. 화기작업 허가서의 예시

화기작업 허가서는 보충작업이 요구되는 경우 각 작업별 확인 사항을 반영한 각각의 허가서를 별지로 첨부하거나 모든 내용을 반영한 통합서식으로 운영할 수 있다.

2) 일반위험작업 허가

가. 일반위험작업 허가서 발급

(가) 사업장 내에서의 화기작업 이외의 모든 위험한 작업을 수행할 때에는 일반위험작업 허가서를 발급 받아야 한다.

(나) 위험한 작업의 종류는 사업장 또는 공정의 특성을 고려하여 정한다.

나. 보충적인 작업허가

일반위험작업 시 아래 (가) ~ (바)의 작업이 병행하게 될 때에는 해당 보충작업허가의 종류에 체크하고 관련 요구사항 확인 및 관계자의 확인을 받아야 한다.

(가) 밀폐공간에서 작업 시 : 밀폐공간출입작업 허가서

(나) 전기구동기계 또는 전기설비 정비 시 : 정전작업 허가서

(다) 지반굴착 작업 시 : 굴착작업 허가서

(라) 화기작업 후 방사선 사용에 의한 검사 작업이 이루어질 때 : 방사선사용작업 허가서

(마) 고소작업 수행 시 : 고소작업 허가서

(바) 중장비 사용 시 : 중장비사용작업 허가서

다. 일반위험작업 시 사전 안전조치 사항

일반위험작업 시 취하여야 할 최소한의 안전조치사항은 아래와 같다.

(가) 작업구역의 설정

일반위험작업 시 외부로부터 점화원의 유입을 방지하기 위하여 적절한 범위의 지역을 작업구역으로 설정하고 통행 및 차량 등의 출입을 제한한다.

(나) 작업의 제한

압력 · 온도 · 유해위험물질 등이 존재하는 공정설비 또는 부속설비의 점검 · 수리 · 해체작업을 할 때에는 압력 방출, 냉각 및 내용물의 배출 등 위험요인을 제거한 후 안전하게 작업하여야 한다.

(다) 밸브차단 표지 부착

일반위험작업을 수행하기 위하여 밸브를 차단하거나 맹판을 설치할 때에는 밸브차단 표지 및 맹판설치 표지를 부착하여야 한다.

(라) 위험물질의 방출 및 처리

배관 또는 용기 등의 내부 또는 인접하여 작업을 수행할 때에는 배관 및 용기내의 가연성물질(독성, 불활성 등 유해물질 포함)을 완전히 비우고 세정한 후 가스농도 측정 및 분진 등의 잔류여부를 확인한다.

라. 일반위험작업 허가서의 예시

일반위험작업 허가서는 보충작업이 요구되는 경우 각 작업별 확인 사항을 반영한 각각의 허가서를 별지로 첨부하거나 모든 내용을 반영한 통합서식으로 운영할 수 있다.

3) 보충적인 작업허가

보충적인 작업허가는 아래에 규정된 작업을 수행하기 전에 현장상태를 충분히 확인, 화기작업 허가서 또는 일반위험작업 허가서의 양식에 해당사항을 먼저 기록, 서명을 하여 작업에 필요한 안전조치를 사전에 확보하여야 한다.

가. 밀폐공간출입작업 허가

(가) 밀폐공간출입작업 허가서 발급

밀폐공간에서의 작업을 위하여 출입을 할 때에는 안전성 확보를 위하여 밀폐공간 출입 허가서를 발급 받아야 한다.

(나) 밀폐공간출입작업 허가 대상

① 산업안전보건기준에 관한 규칙 제618조제1호에서 정한 장소

② 가열로 및 건조기 내부 등

(다) 밀폐용기의 개방 시 안전조치사항

밀폐용기의 개방 시 취하여야 할 최소한의 안전조치사항은 아래와 같다.

① 고온 또는 고압하에서 운전되었던 밀폐용기에서 작업하고자 할 때에는 압력을 방출시키거나 온도를 낮추어야 한다.

② 공정물질을 제거하고 질소와 공기로 치환하여야 한다. 특히, 용기 내부의 포켓부분 및 드레인라인 등에 잔류될 수 있는 공정물질을 완전히 방출시켜야 한다.

③ 배관을 격리하거나 밸브의 이중잠금 또는 맹판을 설치하는 경우에는 밸브잠금 또는 맹판설치 표지를 부착하여야 하며, 기기 내의 모든 작동부분은 전기 또는 기계적으로 차단되어야 한다.

④ 운전책임자는 개방대상용기와 공정물질의 물질안전보건자료 및 내재된 위험사항에 대하여 작업자에게 특별안전보건교육을 실시하여야 한다.

⑤ 용기 내에 잔류될 수 있는 공정물질에 작업자가 폭로되지 않도록 안전장구 및 개인보호구를 지급하고 착용여부를 확인하여야 한다.

⑥ 배출장치가 설치되어 있지 않는 인화성 물질 또는 독성물질 취급용기를 개방할 때는 별도의 작업절차서를 작성하여 입회자의 감독하에 작업을 하여야 한다.

(라) 밀폐공간 보건작업 프로그램 수립 · 시행

밀폐공간에 근로자를 작업하게 하는 경우에는 다음 각 호의 내용이 포함된 밀폐공간 보건작업 프로그램을 수립 · 시행하여야 한다.

① 작업시작 전 적정한 공기상태 여부의 확인을 위한 측정 · 평가

② 응급조치 등 안전보건 교육 및 훈련

③ 송기마스크 등의 착용 및 관리

(마) 밀폐공간 출입 시 사전 안전보건조치사항

밀폐공간 출입 시 취하여야 할 최소한의 안전보건조치사항은 아래와 같다.

① 용기의 세척과 치환

작업자의 출입에 앞서 용기내부 및 공정물질이 잔류할 수 있는 부분(압력계, 시료채취점 등)은 분리하여 철저하게 세척한다. 세척작업 시 수증기 또는 질소를 사용한 경우에는 반드시 공기 또는 물로 완전히 치환한다.

② 측정대상가스

밀폐공간작업 시 아래와 같은 작업형태와 위험종류에 따라 산소, 탄산가스, 일산화탄소, 황화수소 또는 발생 · 체류 가능한 인화성, 독성 등 유해가스의 농도를 측정하여 작업허가서에 기록한다.

> 예 • 세균의 번식에 의한 유기물부패의 경우 : 산소, 탄산가스, 일산화탄소, 황화수소, 메탄
> • 탄산가스를 사용하는 냉동, 소화설비 사용지역 : 산소, 탄산가스
> • 불활성 가스를 사용하는 공정 : 산소
> • 인화성물질을 취급 설비내부 : 산소, 해당 인화성물질
> • 유해화학물질 취급 설비내부 : 산소, 해당 유해화학물질

③ 산소 농도의 측정

용기내부를 세척한 후 산소 농도 측정기를 사용하여 산소농도를 측정하고 그 결과를 허가서에 기록하고, 산소농도가 18% 이상 23.5% 미만일 때에만 용기 내의 출입을 허가한다.

④ 측정의 빈도

체류가스와 산소 농도의 측정은 작업 전, 점심식사 후, 휴식 후 등 작업자가 밀폐공간에 들어갈 때마다 측정하여야 하며, 또한, 농도의 변화가 의심스러울 경우에도 측정하여야 한다.

⑤ 측정점

체류가스와 산소 농도의 측정점은 밀폐공간을 상 · 중 · 하로 나누어 골고루 측정한다.

⑥ 밀폐공간출입작업의 허가제한

용기 내의 공기질 측정결과가 안전한 상태(산소농도 18% 이상 23.5% 미만, 탄산가스농도 1.5% 미만, 일산화탄소 30ppm 미만, 황화수소농도 10ppm 미만)로 확인될 때까지 용기 내에 출입을 제한하여야 한다. 특히 산소농도가 대기농도보다 낮아진 경우 유입된 가스의 종류, 농도 및 위험도에 대해 정확히 규명한 후 용기 내의 출입을 허가하여야 한다.

⑦ 연락을 취할 수 있는 통신장비의 비치

밀폐공간 내에서의 작업자와 외부 감시인 사이에 상시 연락을 취할 수 있는 통신장비를 비치하여야 한다.

(바) 밀폐공간 내 작업 시의 수칙

밀폐공간 내에서 작업을 허가할 때에는 최소한 다음 사항을 지켜야 한다.

① 송기마스크 등 호흡용 보호구, 사다리 및 섬유로프 등 비상시에 근로자를 대피시키거나 구출하기 위하여 필요한 기구를 비치하여야 한다.

② 작업자가 구명선(Life Line)을 착용할 수 있을 경우 이를 착용하여야 하며, 구명선 착용이 불가능할 경우 다른 구조용 기구가 비치되어야 한다.

③ 작업감시인는 밀폐공간 출입 시 반드시 입회하고, 필요한 경우 출입 시의 안전을 확인한 후 용기의 외부에 안전대기조(2인 1조)를 대기하도록 조치한다.

④ 작업감시인는 안전대 또는 구명선의 이상 유무 확인, 작업자와의 통신 및 비상시 도움을 요청할 수 있도록 통신장비를 휴대한다.

⑤ 용기 내의 환기 등

작업 전에 강제 환기하여 안전한 상태를 확인하고, 작업 중에도 계속적인 강제환기를 통하여 적정공기 상태를 유지하여야 한다.

⑥ 용기 내의 조명

용기 내의 작업 중 조명이 필요할 때에는 저전압방폭등을 사용한다.

⑦ 방폭형 공구의 사용 등

인화성 물질 등으로 인한 폭발의 위험이 있을 경우 공기작동식 공구 또는 방폭형 공구를 사용한다.

⑧ 구출 시 송기마스크 등의 사용

밀폐공간에서 위급한 근로자를 구출하는 작업자는 송기마스크 등을 착용하여야 한다.

(사) 보충작업 허가인 밀폐공간출입 허가는 화기작업, 일반위험작업의 통합양식을 사용가능하며, 별도로 분리하여 작성, 사용할 수 있다.

나. 정전작업 허가

(가) 정전작업 허가서의 발급

전기설비에 의한 불꽃으로 인화성 물질의 점화원이 되거나 전기구동기계 및 전기회로에서 작업하는 작업자가 작업수행 중 감전의 위험이 있다고 판단되는 작업을 할 경우에는 정전작업 허가서를 발급받아야 한다.

(나) 정전작업 허가서

① 정전작업 허가 시에는 사전에 전기단선도에 따라 차단하여야 할 스위치를 확인한다.

② 허가서에 차단하여야 할 기기 번호와 이름을 기재한다.

(다) 정전작업 시 안전조치사항

① 차단하여야 할 기기의 현장 스위치를 현장 운전원이 차단한다.

② ①에 의한 현장스위치를 제외한 주차단 스위치, 기기 차단기, 시험전원 등은 전기담당자가 차단한다.

③ 전기담당자의 주차단기의 조작과 운전원의 현장 스위치의 차단은 상호 연락하여 완전히 차단되었음을 확인하고 잠금장치와 차단표지를 부착한다.

④ 스위치의 잠금장치 열쇠(Key)는 작업자 또는 전기담당자가 보관하고 표지에는 작업명, 작업시간, 작업자, 연락처 등을 기재한다.

⑤ 작업이 완료가 되면 작업자의 확인에 의하여 작업이 완료되었음을 전기담당자에게 알리고 앞의 ①~④의 역순으로 통전한다.

(라) 보충작업 허가인 정전작업 허가는 화기작업, 일반위험작업의 통합양식을 사용가능하며, 별도로 분리하여 작성, 사용할 수 있다.

다. 굴착작업 허가

(가) 굴착작업 허가서 발급

깊이 30cm 이상 지반을 파고 배관, 전기케이블 등의 지하매설 작업을 하고자 할 때는 굴착작업 허가서를 발급받아야 한다.

(나) 굴착작업 허가서

① 굴착작업 허가 시에는 사전에 지하에 설치되어 있는 배관, 전력선, 계장선, 전화선, 접지선 등의 매설위치를 도면에서 검토한다.

② 사전에 당해 지하시설물을 관장하는 부서로부터 안전요구사항에 대하여 확인을 받는다.

③ 필요한 경우 굴착작업에 대한 도면을 첨부한다.

(다) 굴착작업 시 안전조치사항

① 굴착지점 외 지하에 배관, 전력선, 계장선, 전화선 또는 접지선이 있을 때에는 수동굴착으로 작업한다.

② 그 밖에 굴착작업과 관련한 안전에 대한 지침은 KOSHA GUIDE "굴착공사 안전작업지침"을 준용한다.

(라) 보충작업 허가인 굴착작업 허가는 화기작업, 일반위험작업의 통합양식을 사용 가능하며, 별도로 분리하여 작성, 사용할 수 있다.

라. 방사선 사용작업 허가

(가) 방사선사용작업 허가서 발급

방사선을 사용하여 기기의 점검 또는 비파괴검사를 할 때에는 방사선사용작업 허가서를 발급받아야 한다.

(나) 방사선사용작업 허가서

방사선사용작업 허가서에는 방사선 방사위치를 도면에 표시하여 첨부한다.

(다) 방사선 사용 시 안전조치사항

① 방사선 사용작업은 자격이 있는 작업자에 의하여 안전수칙에 따라 수행하여야 한다.

② 작업지역 주위에는 방사선 노출로부터 보호하기 위하여 출입제한 표지를 게시하고 통행 및 출입을 제한한다.

③ 출입제한 표지에는 방사선 위험표지 및 점멸등을 설치한다.

④ 작업이 완료되면 방사선 물질을 즉시 안전하게 수거한다.

(라) 보충작업 허가인 방사선사용작업 허가는 화기작업, 일반위험작업의 통합양식을 사용 가능하며, 별도로 분리하여 작성, 사용할 수 있다.

마. 고소작업 허가

(가) 고소작업 허가서 발급

기계의 점검, 수리 등과 용기 내부점검, 충전물교체 등의 고소작업 중 추락이나 높은 곳에서의 중량물 낙하 등의 위험이 있을 경우에는 고소작업 허가서를 발급받아야 한다.

(나) 고소작업 허가대상

① 2m 이상의 높이에서 정비, 점검 작업

② 2m 이상 시설물 또는 설비의 도장, 보온 작업

③ 높이가 2m 이하이나 고열물, 강산 등 위험물의 상부에서 행하는 작업

(다) 고소작업 시의 안전조치 사항

① 추락의 위험이 있는 장소에는 KOSHA GUIDE "작업발판설치 및 사용안전지침"을 준용하여 비계 및 발판을 견고하게 설치한다.

② 작업자는 안전대를 착용하여야 하며, 이 경우에 일정간격의 안전대 부착설비에 안전대를 부착한 후 작업하여야 한다.

(라) 보충작업 허가인 고소작업 허가는 화기작업, 일반위험작업의 통합양식을 사용 가능하며, 별도로 분리하여 작성, 사용할 수 있다.

바. 중장비사용작업 허가

(가) 중장비사용작업 허가서 발급

보수를 위한 준비, 청소, 정비, 촉매교환 등을 위하여 중장비를 사용할 경우에는 중장비작업 허가서를 발급받아야 한다.

(나) 중장비사용 작업의 구분

① 새로운 기계류, 장치류의 설치, 교체 또는 정비

② 반응기, 흡수탑, 탱크 등의 충전물 교체 또는 점검

③ 보온, 단열, 도장을 위한 케이지 작업

④ 제품 적재 파일 또는 제품의 이송 작업

(다) 중장비 작업 시의 안전조치 사항

① 해당 중장비는 자격을 갖춘 지정된 운전자가 운전하여야 하며 작업전반을 관리할 수 있는 감독자가 배치되어야 한다.

② 시야간섭이 예상되는 지역에서는 통신장비를 휴대한 지정된 신호수(유도자)를 배치한다.

③ 연약지반이나 협소공간에서의 작업은 금한다.

④ 중량물의 이동은 허용하중 및 붐의 안전각도를 유지한다.

⑤ 차량운반구를 적상 또는 적하시 운전자의 탑승을 금한다.

⑥ 장비의 부속 및 부품, 물체를 결속하는 보조달기구는 규정품을 사용한다.

⑦ 중장비는 일상점검을 실시하여야 한다.

⑧ 중장비 작업계획과 내용은 장비투입 전 운전부서 및 관련부서와 상의하여야 한다.

(라) 보충작업 허가인 중장비사용작업 허가는 화기작업, 일반위험작업의 통합양식을 사용 가능하며, 별도로 분리하여 작성, 사용할 수 있다.

| 화기작업 허가서 예시

화기작업 허가서

허가번호 :　　　　　　　　　　　　　　　　　　　　　　허가일자　:

신 청 인 : 부서__________________ 직책__________________ 성명__________________ (서명)

작업허가기간 :　　　　년　　월　　일　시부터　　　시까지

작업장소 및 설비(기기)	정비작업 신청번호 : 작업지역(장소) :	장치번호 : 장 치 명 :
작업 개요		

첨부 서류	• 작업계획서 □ / • 소화기 목록 □ / • 특수작업절차서 □ • 기술자료(도면) □ / • 안전장구 목록 □ / • 굴착도면 □	작업 전 위험성평가 필요	작업절차서 □유 □무 변화, 작업상이 □유 □무

안전조치 요구사항　　* 필요한 부분에 ☑표시, 확인은 ⓥ표시

• 작업구역 설정(출입경고 표지)	□ ○	• 용기개방 및 압력방출	□ ○	• 조명장비	□ ○
• 작업주위 가연성물질 제거	□ ○	• 용기내부 세정 및 처리	□ ○	• 소 화 기	□ ○
• 가스농도 측정	□ ○	• 불활성 가스 치환 및 환기	□ ○	• 안전장구	□ ○
• 밸브차단 및 차단표지부착(도면비교)	□ ○	• 비산불티차단막 설치	□ ○	• 안전교육	□ ○
• 맹판설치 및 표지부착(도면비교)	□ ○	• 환기장비	□ ○	• 운전요원의 입회	□ ○
• 위험물질(가연성분진 포함)방출 및 처리	□ ○				

보충작업허가　　* 필요한 부분에 ☑표시, 확인은 ⓥ표시

구분	내용
밀폐공간 □	• 통신수단 □ ○ / 구명장구(줄, 송기마스크) □ ○ 허가기간 :　～　확인자________(서명) (가스농도 측정결과 1. HC : 0%, 2. O_2 : 18% 이상, 3. CO : 30ppm 미만, 4. CO_2 : 1.5% 미만, 5. H_2S : 10ppm 미만)
정　전 □	• 차단기기 : 제어실(________________) 현장(________________) • 제어실 : 스위치, 차단기 내림 □ ○ / 잠금장치 시건, 표지부착 □ ○ 허가기간 :　～ • 현　장 : 스위치, 차단기 내림 □ ○ / 잠금장치 시건, 표지부착 □ ○ 확인자________(서명) 전원복구 : 모든 작업이 완료된 후 운전부서의 입회자의 요청에 의해서만 전원을 복구하여야 한다. ※ 전원복구 : 요청자__________/ 복구시간__________ 확인자__________
굴　착 □	• 설비 : 가스, 기계, 소방배관 □ ○ 점검자__________ • 설비 : 전기, 계장, 통신 □ ○ 점검자__________ 허가기간 :　～　확인자________(서명)
방 사 선 □	• 비인가자 출입제한 □ ○ / 방사선 위험경고, 표지 □ ○ / 자격증 소지 □ ○ • 방사선 방사점 도면 첨부 □ ○ 허가기간 :　～　확인자________(서명)
고　소 □	• 작업발판, 안전난간 □ ○ / 안전대 착용 · 부착 □ ○ / 추락방지망 □ ○ 허가기간 :　～　확인자________(서명)
중 장 비 □	• 투입장비 : (____________________) / 자격증 소지 □ ○ / 현장책임자 감독 □ ○ • 기상, 노면상태 □ ○ / 전선, 설비 간섭 □ ○ / 신호수배치 □ ○ / 매트 등 부속장구 □ ○ 운전원__________ 허가기간 :　～　확인자________(서명)

가스 농도 측정	물질명	결과	측정시간	측정자/확인자	물질명	결과	측정시간	측정자/확인자

기타 특별사항	
작업완료	시간 :　　, 입회자 :　　, 작업자 :　　복원(조치)상태 :
안전조치 확인	작업(공무)부서 책임자 : ________(서명) 입회자 : ________(서명)

	관련부서 협조자
발급자 부서______ 직책______ 성명______ (서명)	부서______ 직책______ 성명______ (서명)
승인자 부서______ 직책______ 성명______ (서명)	부서______ 직책______ 성명______ (서명)

작업허가 연장	년　월　일　시부터　시까지　발급자　　(서명)

일반위험작업 허가서 예시

일반위험작업 허가서

허가번호 : 허가일자 :

신 청 인 : 부서__________ 직책__________ 성명__________ (서명)

작업허가기간 : 년 월 일 시부터 시까지

작업장소 및 설비(기기)	정비작업 신청번호 : 작업지역(장소) :	장치번호 : 장 치 명 :
작업 개요		

첨부 서류	• 작업계획서 □ / • 소화기 목록 □ / • 특수작업절차서 □ • 기술자료(도면) □ / • 안전장구 목록 □ / • 굴착도면 □	작업 전 위험성평가 필요	작업절차서 □유 □무 변화, 작업상이 □유 □무

안전조치 요구사항 — * 필요한 부분에 ☑표시, 확인은 ⓥ표시

• 작업구역 설정(출입경고 표지)	□ ○	• 용기개방 및 압력방출	□ ○	• 조명장비	□ ○
• 가스농도 측정	□ ○	• 용기내부 세정 및 처리	□ ○	• 소 화 기	□ ○
• 밸브차단 및 차단표지부착(도면비교)	□ ○	• 불활성 가스 치환 및 환기	□ ○	• 안전장구	□ ○
• 맹판설치 및 표지부착(도면비교)	□ ○	• 환기장비	□ ○	• 안전교육	□ ○
• 위험물질(가연성분진 포함)방출 및 처리	□ ○			• 운전요원의 입회	□ ○

보충작업허가	* 필요한 부분에 ☑표시, 확인은 ⓥ표시
밀폐공간 □	• 통신수단 □ ○ / 구명장구(줄, 송기마스크) □ ○ 허가기간 : ~ 확인자______ (서명) (가스농도 측정결과 1. HC : 0%, 2. O_2 : 18% 이상, 3. CO : 30ppm 미만, 4. CO_2 : 1.5% 미만, 5. H_2S : 10ppm 미만)
정 전 □	• 차단기기 : 제어실(______) 현장(______) • 제어실 : 스위치, 차단기 내림 □ ○ / 잠금장치 시건, 표지부착 □ ○ 허가기간 : ~ • 현 장 : 스위치, 차단기 내림 □ ○ / 잠금장치 시건, 표지부착 □ ○ 확인자______ (서명) 전원복구 : 모든 작업이 완료된 후 운전부서의 입회자의 요청에 의해서만 전원을 복구하여야 한다. ※ 전원복구 : 요청자______ / 복구시간______ 확인자______
굴 착 □	• 설비 : 가스, 기계, 소방배관 □ ○ 점검자______ • 설비 : 전기, 계장, 통신 □ ○ 점검자______ 허가기간 : ~ 확인자______ (서명)
방 사 선 □	• 비인가자 출입제한 □ ○ / 방사선 위험경고, 표지 □ ○ / 자격증 소지 □ ○ • 방사선 방사점 도면 첨부 □ ○ 허가기간 : ~ 확인자______ (서명)
고 소 □	• 작업발판, 안전난간 □ ○ / 안전대 착용 · 부착 □ ○ / 추락방지망 □ ○ 허가기간 : ~ 확인자______ (서명)
중 장 비 □	• 투입장비 : (______) / 자격증 소지 □ ○ / 현장책임자 감독 □ ○ • 기상, 노면상태 □ ○ / 전선, 설비 간섭 □ ○ / 신호수배치 □ ○ / 매트 등 부속장구 □ ○ 운전원______ 허가기간 : ~ 확인자______ (서명)

가스 농도 측정	물질명	결과	측정시간	측정자/확인자	물질명	결과	측정시간	측정자/확인자

기타 특별사항	
작업완료	시간 : , 입회자 : , 작업자 : 복원(조치)상태 :
안전조치 확인	작업(공무)부서 책임자 : ______ (서명) 입회자 : ______ (서명)

	관련부서 협조자
발급자 부서____ 직책____ 성명____ (서명)	부서____ 직책____ 성명____ (서명)
승인자 부서____ 직책____ 성명____ (서명)	부서____ 직책____ 성명____ (서명)

작업허가 연장	년 월 일 시부터 시까지 발급자 (서명)

2. 안전작업허가 관련 추가 서식 예시

| 화기작업 허가서 예시

화기작업 허가서

허가번호 : 　　　　　　　　　　　　　　　　　　　　　　허가일자 :

신 청 인 : 부서__________________직책____________________성명____________________(서명)

작업허가기간 : 　　　　　년　　　월　　　일　　시부터　　　　　시까지

작업장소 및 설비(기기)	작 업 개 요	보충적인 허가 필요여부	
정비작업 신청번호 : 작업지역 : 장치번호 : 장 치 명 :		• 밀폐공간출입 : □ • 정전작업 : □ • 굴착작업 : □	• 고소작업 : □ • 중장비작업 : □ • 기타허가 : □

안전조치 요구사항	

* 필요한 부분에 ☑표시, 확인은 ⓥ표시

항목	표시	항목	표시
• 작업구역 설정(출입경고 표지)	□ ○	• 비산불티차단막 설치	□ ○
• 가스농도 측정	□ ○	• 정전/잠금/표지부착	□ ○
• 밸브차단 및 차단표지부착	□ ○	• 환기장비	□ ○
• 맹판설치 및 표지부착	□ ○	• 조명장비	□ ○
• 용기개방 및 압력방출	□ ○	• 소 화 기	□ ○
• 위험물질방출 및 처리	□ ○	• 안전장구	□ ○
• 용기내부 세정 및 처리	□ ○	• 안전교육	□ ○
• 불활성 가스 치환 및 환기	□ ○	• 운전요원의 입회	□ ○

기타특별 요구사항		첨부 서류	• 차단밸브 및 맹판설치 위치표시 도면 □ • 소화기 목록 □ • 소요안전장구 목록 □ • 특수작업절차서 □ • 보충작업허가서 □

가스점검	가스명	결과	점검시간	가스명	결과	점검시간	점검기기명 : 점 검 자 : ______________(서명) 확인자(입회자) : ____________(서명)

안전조치 확인	작업완료확인
시 설 팀 책 임 자 : ______________(서명) 입 회 자 : ______________(서명)	완료시간 : 입 회 자 : 작 업 자 : 조치사항 :
승인자 부서________직책________성명________(서명)	관련부서 협조자 부서________직책________성명________(서명) 부서________직책________성명________(서명)

밀폐공간출입 허가서 예시

밀폐공간출입 허가서

허가번호 : 허가일자 :

신 청 인 : 부서____________ 직책____________ 성명____________ (서명)

작업허가기간 : 년 월 일 시부터 시까지

작업장소 및 설비(기기)	출입사유 : 출입자 명단 : 밀폐장소의 예상위험 :	관련작업허가
정비작업 신청번호 : 장치명 :		· 화기작업허가 : □

안전조치 요구사항	

* 필요한 부분에 Ⓥ표시, 확인은 Ⓥ표시

• 밸브차단 및 차단표식부착	□ ○	• 정전/잠금/표지부착	□ ○
• 가스농도 측정	□ ○	• 환기장비	□ ○
• 맹판설치 및 표지부착	□ ○	• 조명장비	□ ○
• 압력방출	□ ○	• 소 화 기	□ ○
• 용기세착 후 공기/물 치환 및 환기	□ ○	• 안전장구(구명선 등)	□ ○
• 산소농도 측정	□ ○	• 안전교육	□ ○
		• 운전요원의 입회	□ ○

기타특별 요구사항	1. 통신수단	첨부 서류	• 차단밸브 및 맹판설치 위치표시 도면 • 소화기 목록 • 소요안전장구 목록 • 특수작업절차서	□ □ □ □

가스점검	가스명	결과	점검시간	가스명	결과	점검시간	점검기기명 : 점검자 : ____________ (서명) 확인자(입회자) : __________ (서명)

* 가스측정결과 1. H · C : (%)   2. O_2 : 18% 이상 (%)   3. CO : 25ppm 이하

4. CO_2 : 1.5% 미만   5. H_2S : 10ppm 이하

안전조치 확인	작업완료확인
시 설 팀 책 임 자 : __________ (서명) 입 회 자 : ____________ (서명)	완료시간 : 입 회 자 : 조치사항 :
승인자 부서______ 직책______ 성명______ (서명)	관련부서 협조자 부서______ 직책______ 성명______ (서명) 부서______ 직책______ 성명______ (서명)

정전작업 허가서 예시

정전작업 허가서

허가번호 : 허가일자 :

신 청 인 : 부서____________ 직책____________ 성명____________ (서명)

작업허가기간 : 년 월 일 시부터 시까지

전기차단이 요구되는 기기	제어실 차단기 번호	관련 작업허가
		• 화기작업허가 : □

안전조치요구사항	

* 필요한 부분에 ☑표시, 확인은 Ⓥ표시

제어반		현장기기	
• 주 차단 스위치 내림	□ ○	• 현장스위치 내림	□ ○
• 제어차단기 내림	□ ○	• 차단표지판 부착	□ ○
• 잠금장치	□ ○		
• 시험전원 차단	□ ○		
• 차단표지판 부착	□ ○		

기타 특별 사항	1. 잠금장치의 열쇠보관 및 담당자 관리 철저 2. 작업자/운전자/전기담당자의 통신수단 확보	차단확인자 ______ (서명) 전기담당자 ______ (서명) 현장정비자 ______ (서명)

전원복구 : 모든 작업이 완료된 후 운전부서의 입회자의 요청에 의해서만 전원을 복구하여야 한다.

전원복구 요청자 :

전원복구 시 간 :

승인자 부서_____ 직책_____ 성명_____ (서명)	관련부서 협조자 부서_____ 직책_____ 성명_____ (서명) 부서_____ 직책_____ 성명_____ (서명)

굴착작업 허가서 예시

굴착작업 허가서

허가번호 : 　　　　　　　　　　　　　　　　허가일자 :

신 청 인 : 부서____________ 직책____________ 성명____________ (서명)

작업허가기간 : 　　　년　　월　　일　시부터　　　시까지

굴착작업 신청번호 : 작업지역 : 작업장소 :	작업개요	관련 작업허가
		• 화기작업허가 : □

굴착도 스케치 :

※ 필요한 부분에 ☑표시, 확인은 ⓥ표시

관련설비별 확인사항

1. 기계배관 관련 확인사항 : 지하배관 유무　□ ○
2. 소방관련 확인사항 : 소방배관, 배출구 유무　□ ○
3. 전기관련 확인사항 : 전기동력선 유무　□ ○
4. 계장관련 확인사항 : 제어용 케이블 유무　□ ○
5. 기타관련 확인사항 : 전화선 · 접지선 유무　□ ○

확 인 자 성 명 ____________ (서명)

특별 요구 사항		작업완료 확인 : 완 료 시 간 : 확 인 자 : 작 업 자 :

승인자 부서________ 직책________ 성명________ (서명)	관련부서 협조자 부서________ 직책________ 성명________ (서명) 부서________ 직책________ 성명________ (서명)

방사선사용작업 허가서 예시

방사선사용작업 허가서

허가번호 : 허가일자 :

신 청 인 : 부서____________직책____________성명____________(서명)

작업허가기간 : 년 월 일 시부터 시까지

	작업내용	관련 작업허가
방사선사용작업 신청번호 : 작업지역 : 작업장소 :		• 화기작업허가 : □

안전조치 요구사항	

* 필요한 부분에 ☑표시, 확인은 ⓥ표시

1. 작업구역에 차단선 설치 □ ○ 확 인 자 성명____________(서명)
2. 제한구역의 비인가자 출입제한 □ ○
3. 방사선 위험표시 □ ○
4. 경고등(전멸등) □ ○

특별 요구 사항	자격증 소지 여부	작업완료확인 : 완료시간 : 확 인 자 : 작 업 자 :

승인자 부서______직책______성명______(서명)	관련부서 협조자 부서______직책______성명______(서명) 부서______직책______성명______(서명)

고소작업 허가서 예시

고소작업 허가서

허가번호 : 허가일자 :

신 청 인 : 부서________ 직책________ 성명________ (서명)

작업허가기간 : 년 월 일 시부터 시까지

	작업내용	관련 작업허가
고소작업 신청번호 : 작업지역 : 작업장소 :		• 화기작업허가 : □

안전조치 요구사항	

* 필요한 부분에 ☑표시, 확인은 ⓥ표시

1. 작업에 적합한 작업발판 및 안전난간설치 여부 □ ○ 확 인 자 성명________ (서명)
2. 안전대 착용 및 부착 여부 □ ○
3. 추락 방지용 방망 설치 여부 □ ○
4. 비계설치 □ ○
5. 고소작업대 사용 □ ○

특별 요구 사항		작업완료확인 : 완료시간 : 확 인 자 : 작 업 자 :

승인자 부서_____ 직책_____ 성명_____ (서명)	관련부서 협조자 부서_____ 직책_____ 성명_____ (서명) 부서_____ 직책_____ 성명_____ (서명)

| 중장비작업 허가서 예시

중장비작업 허가서

허가번호 : 허가일자 :

신 청 인 : 부서________ 직책________ 성명________ (서명)

작업허가기간 : 년 월 일 시부터 시까지

	작업 내용	관련 작업허가
중장비작업 신청번호 : 작업지역 : 투입장비 :		• 화기작업허가 : □

안전조치요구사항	

* 필요한 부분에 ○, ∨ 표시로 적합, 부적합을 표시

• 기상상태	□ ○	• 전원설비 간섭여부	□ ○
• 신호수배치	□ ○	• 매트 등 부속장구	□ ○
• 조명설비	□ ○	• 노면상태	□ ○
• 통행금지 표지판 부착	□ ○		

특별 요구 사항	• 자격증 소지 여부	안전조치 확인자 : ______ (서명) 장비관리 책임자 : ______ (서명) 운 전 원 : ______ (서명)

감독 : 모든 작업은 장비투입부터 완료 후 철수할 때까지 요청부서와 지원부서의 현장책임자가 감독한다.

요청부서 :

지원부서 :

승인자 부서_____ 직책_____ 성명_____ (서명)	관련부서 협조자 부서_____ 직책_____ 성명_____ (서명) 부서_____ 직책_____ 성명_____ (서명)

일반위험작업 허가서 예시

일반위험작업 허가서

허가번호 : 허가일자 :

신 청 인 : 부서________ 직책________ 성명________ (서명)

작업허가기간 : 년 월 일 시부터 시까지

작업장소 및 설비(기기)	작 업 개 요	보충적인 허가 필요여부
정비작업 신청번호 : 작업지역 : 장치번호 : 장 치 명 :		· 밀폐공간출입 : □　· 고소작업 : □ · 정전작업 : □　· 중장비작업 : □ · 굴착작업 : □　· 기타허가 : □ · 방사선사용작업 : □

안전조치 요구사항

* 필요한 부분에 ☑표시, 확인은 ⓥ표시

항목	표시
• 작업구역 설정(출입경고 표지)	□ ○
• 가스 농도 측정	□ ○
• 분진 농도 측정	□ ○
• 밸브차단 및 차단표지부착	□ ○
• 맹판설치 및 표지부착	□ ○
• 용기개방 및 압력방출	□ ○
• 위험물질방출 및 처리	□ ○
• 용기내부 세정 및 처리	□ ○
• 불활성 가스 치환 및 환기	□ ○
• 정전/잠금/표지부착	□ ○
• 환기장비	□ ○
• 조명장비	□ ○
• 소 화 기	□ ○
• 안전장구	□ ○
• 안전교육	□ ○
• 운전요원의 입회	□ ○

기타특별 요구사항		첨부 서류	• 차단밸브 및 맹판설치 위치표시 도면 □ • 소화기 목록 □ • 소요안전장구 목록 □ • 특수작업절차서 □ • 보충작업허가서 □

안전조치 확인	작업완료확인
시 설 팀 책 임 자 : ________ (서명) 입 회 자 : ________ (서명)	완료시간 : 입 회 자 : 작 업 자 : 조치사항 :
승인자 부서____ 직책____ 성명____ (서명)	관련부서 협조자 부서____ 직책____ 성명____ (서명) 부서____ 직책____ 성명____ (서명)

| 안전작업 교육확인서 예시

안전작업 교육확인서

작업구분	화기작업 □ 밀폐공간출입 □ 정전작업 □ 굴착작업 □ 방사선사용작업 □ 고소작업 □ 중장비작업 □		
교육일시		교육 담당자	
작업 기기명		작업 장소	
작업 내용			

	교육 내용 확인	교육 여부	
		yes	no
공통	작업 시 필요한 보호구와 보호구 착용방법 (안전모, 안전안경, 귀마개, 방독면, 방진마스크, 보호복, 안전화, 기타(　　　))		
	작업 개요(공정 개요) 및 위험성		
	안전한 작업절차		
	취급하는 유해 · 위험물질 정보 및 위험성		
	유해 · 위험 설비 정보		
	비상시 비상연락과 응급조치 방법		
안전 조치사항	화기작업		
	밀폐공간출입작업		
	정전작업		
	굴착작업		
	방사선사용작업		
	고소작업		
	중장비작업		

교육 대상자 (작업자)	부서명	이름	서명

CHAPTER 09

도급업체 관리

01 도급업체 관리 관련 법령

1. 산업안전보건법

■ 제58조(유해한 작업의 도급금지)

① 사업주는 근로자의 안전 및 보건에 유해하거나 위험한 작업으로서 다음 각 호의 어느 하나에 해당하는 작업을 도급하여 자신의 사업장에서 수급인의 근로자가 그 작업을 하도록 해서는 아니 된다.

1. 도금작업
2. 수은, 납 또는 카드뮴을 제련, 주입, 가공 및 가열하는 작업
3. 제118조제1항에 따른 허가대상물질을 제조하거나 사용하는 작업

② 사업주는 제1항에도 불구하고 다음 각 호의 어느 하나에 해당하는 경우에는 제1항 각 호에 따른 작업을 도급하여 자신의 사업장에서 수급인의 근로자가 그 작업을 하도록 할 수 있다.

1. 일시 · 간헐적으로 하는 작업을 도급하는 경우
2. 수급인이 보유한 기술이 전문적이고 사업주(수급인에게 도급을 한 도급인으로서의 사업주를 말한다)의 사업 운영에 필수 불가결한 경우로서 고용노동부장관의 승인을 받은 경우

③ 사업주는 제2항제2호에 따라 고용노동부장관의 승인을 받으려는 경우에는 고용노동부령으로 정하는 바에 따라 고용노동부장관이 실시하는 안전 및 보건에 관한 평가를 받아야 한다.

④ 제2항제2호에 따른 승인의 유효기간은 3년의 범위에서 정한다.

⑤ 고용노동부장관은 제4항에 따른 유효기간이 만료되는 경우에 사업주가 유효기간의 연장을 신청하면 승인의 유효기간이 만료되는 날의 다음 날부터 3년의 범위에서 고용노동부령으로 정하는 바에 따라 그 기간의 연장을 승인할 수 있다. 이 경우 사업주는 제3항에 따른 안전 및 보건에 관한 평가를 받아야 한다.

⑥ 사업주는 제2항제2호 또는 제5항에 따라 승인을 받은 사항 중 고용노동부령으로 정하는 사항을 변경하려는 경우에는 고용노동부령으로 정하는 바에 따라 변경에 대한 승인을 받아야 한다.

⑦ 고용노동부장관은 제2항제2호, 제5항 또는 제6항에 따라 승인, 연장승인 또는 변경승인을 받은 자가 제8항에 따른 기준에 미달하게 된 경우에는 승인, 연장승인 또는 변경승인을 취소하여야 한다.

⑧ 제2항제2호, 제5항 또는 제6항에 따른 승인, 연장승인 또는 변경승인의 기준 · 절차 및 방법, 그 밖

에 필요한 사항은 고용노동부령으로 정한다.

■ **제59조(도급의 승인)**

① 사업주는 자신의 사업장에서 안전 및 보건에 유해하거나 위험한 작업 중 급성 독성, 피부 부식성 등이 있는 물질의 취급 등 대통령령으로 정하는 작업을 도급하려는 경우에는 고용노동부장관의 승인을 받아야 한다. 이 경우 사업주는 고용노동부령으로 정하는 바에 따라 안전 및 보건에 관한 평가를 받아야 한다.

② 제1항에 따른 승인에 관하여는 제58조제4항부터 제8항까지의 규정을 준용한다.

■ **제60조(도급의 승인 시 하도급 금지)**

제58조제2항제2호에 따른 승인, 같은 조 제5항 또는 제6항(제59조제2항에 따라 준용되는 경우를 포함한다)에 따른 연장승인 또는 변경승인 및 제59조제1항에 따른 승인을 받은 작업을 도급받은 수급인은 그 작업을 하도급할 수 없다.

■ **제61조(적격 수급인 선정 의무)**

사업주는 산업재해 예방을 위한 조치를 할 수 있는 능력을 갖춘 사업주에게 도급하여야 한다.

■ **제62조(안전보건총괄책임자)**

① 도급인은 관계수급인 근로자가 도급인의 사업장에서 작업을 하는 경우에는 그 사업장의 안전보건관리책임자를 도급인의 근로자와 관계수급인 근로자의 산업재해를 예방하기 위한 업무를 총괄하여 관리하는 안전보건총괄책임자로 지정하여야 한다. 이 경우 안전보건관리책임자를 두지 아니하여도 되는 사업장에서는 그 사업장에서 사업을 총괄하여 관리하는 사람을 안전보건총괄책임자로 지정하여야 한다.

② 제1항에 따라 안전보건총괄책임자를 지정한 경우에는 「건설기술 진흥법」 제64조제1항제1호에 따른 안전총괄책임자를 둔 것으로 본다.

③ 제1항에 따라 안전보건총괄책임자를 지정하여야 하는 사업의 종류와 사업장의 상시근로자 수, 안전보건총괄책임자의 직무 · 권한, 그 밖에 필요한 사항은 대통령령으로 정한다.

■ **제63조(도급인의 안전조치 및 보건조치)**

도급인은 관계수급인 근로자가 도급인의 사업장에서 작업을 하는 경우에 자신의 근로자와 관계수급인 근로자의 산업재해를 예방하기 위하여 안전 및 보건 시설의 설치 등 필요한 안전조치 및 보건조치를 하여야 한다. 다만, 보호구 착용의 지시 등 관계수급인 근로자의 작업행동에 관한 직접적인 조치는 제외한다.

■ **제64조(도급에 따른 산업재해 예방조치)**

① 도급인은 관계수급인 근로자가 도급인의 사업장에서 작업을 하는 경우 다음 각 호의 사항을 이행하여야 한다.

1. 도급인과 수급인을 구성원으로 하는 안전 및 보건에 관한 협의체의 구성 및 운영

2. 작업장 순회점검
3. 관계수급인이 근로자에게 하는 제29조제1항부터 제3항까지의 규정에 따른 안전보건교육을 위한 장소 및 자료의 제공 등 지원
4. 관계수급인이 근로자에게 하는 제29조제3항에 따른 안전보건교육의 실시 확인
5. 다음 각 목의 어느 하나의 경우에 대비한 경보체계 운영과 대피방법 등 훈련
   가. 작업 장소에서 발파작업을 하는 경우
   나. 작업 장소에서 화재 · 폭발, 토사 · 구축물 등의 붕괴 또는 지진 등이 발생한 경우
6. 위생시설 등 고용노동부령으로 정하는 시설의 설치 등을 위하여 필요한 장소의 제공 또는 도급인이 설치한 위생시설 이용의 협조
7. 같은 장소에서 이루어지는 도급인과 관계수급인 등의 작업에 있어서 관계수급인 등의 작업시기 · 내용, 안전조치 및 보건조치 등의 확인
8. 제7호에 따른 확인 결과 관계수급인 등의 작업 혼재로 인하여 화재 · 폭발 등 대통령령으로 정하는 위험이 발생할 우려가 있는 경우 관계수급인 등의 작업시기 · 내용 등의 조정

② 제1항에 따른 도급인은 고용노동부령으로 정하는 바에 따라 자신의 근로자 및 관계수급인 근로자와 함께 정기적으로 또는 수시로 작업장의 안전 및 보건에 관한 점검을 하여야 한다.

③ 제1항에 따른 안전 및 보건에 관한 협의체 구성 및 운영, 작업장 순회점검, 안전보건교육 지원, 그 밖에 필요한 사항은 고용노동부령으로 정한다.

■ 제65조(도급인의 안전 및 보건에 관한 정보 제공 등)

① 다음 각 호의 작업을 도급하는 자는 그 작업을 수행하는 수급인 근로자의 산업재해를 예방하기 위하여 고용노동부령으로 정하는 바에 따라 해당 작업 시작 전에 수급인에게 안전 및 보건에 관한 정보를 문서로 제공하여야 한다.

1. 폭발성 · 발화성 · 인화성 · 독성 등의 유해성 · 위험성이 있는 화학물질 중 고용노동부령으로 정하는 화학물질 또는 그 화학물질을 포함한 혼합물을 제조 · 사용 · 운반 또는 저장하는 반응기 · 증류탑 · 배관 또는 저장탱크로서 고용노동부령으로 정하는 설비를 개조 · 분해 · 해체 또는 철거하는 작업
2. 제1호에 따른 설비의 내부에서 이루어지는 작업
3. 질식 또는 붕괴의 위험이 있는 작업으로서 대통령령으로 정하는 작업

② 도급인이 제1항에 따라 안전 및 보건에 관한 정보를 해당 작업 시작 전까지 제공하지 아니한 경우에는 수급인이 정보 제공을 요청할 수 있다.

③ 도급인은 수급인이 제1항에 따라 제공받은 안전 및 보건에 관한 정보에 따라 필요한 안전조치 및 보건조치를 하였는지를 확인하여야 한다.

④ 수급인은 제2항에 따른 요청에도 불구하고 도급인이 정보를 제공하지 아니하는 경우에는 해당 도급 작업을 하지 아니할 수 있다. 이 경우 수급인은 계약의 이행 지체에 따른 책임을 지지 아니한다.

■ **제66조(도급인의 관계수급인에 대한 시정조치)**

① 도급인은 관계수급인 근로자가 도급인의 사업장에서 작업을 하는 경우에 관계수급인 또는 관계수급인 근로자가 도급받은 작업과 관련하여 이 법 또는 이 법에 따른 명령을 위반하면 관계수급인에게 그 위반행위를 시정하도록 필요한 조치를 할 수 있다. 이 경우 관계수급인은 정당한 사유가 없으면 그 조치에 따라야 한다.

② 도급인은 제65조제1항 각 호의 작업을 도급하는 경우에 수급인 또는 수급인 근로자가 도급받은 작업과 관련하여 이 법 또는 이 법에 따른 명령을 위반하면 수급인에게 그 위반행위를 시정하도록 필요한 조치를 할 수 있다. 이 경우 수급인은 정당한 사유가 없으면 그 조치에 따라야 한다.

2. 산업안전보건법 시행령

■ **제51조(도급승인 대상 작업)**

법 제59조제1항 전단에서 "급성 독성, 피부 부식성 등이 있는 물질의 취급 등 대통령령으로 정하는 작업"이란 다음 각 호의 어느 하나에 해당하는 작업을 말한다.

1. 중량비율 1퍼센트 이상의 황산, 불화수소, 질산 또는 염화수소를 취급하는 설비를 개조 · 분해 · 해체 · 철거하는 작업 또는 해당 설비의 내부에서 이루어지는 작업. 다만, 도급인이 해당 화학물질을 모두 제거한 후 증명자료를 첨부하여 고용노동부장관에게 신고한 경우는 제외한다.
2. 그 밖에 「산업재해보상보험법」 제8조제1항에 따른 산업재해보상보험 및 예방심의 위원회(이하 "산업재해보상보험 및 예방심의 위원회"라 한다)의 심의를 거쳐 고용노동부장관이 정하는 작업

■ **제52조(안전보건총괄책임자 지정 대상사업)**

법 제62조제1항에 따른 안전보건총괄책임자(이하 "안전보건총괄책임자"라 한다)를 지정해야 하는 사업의 종류 및 사업장의 상시근로자 수는 관계수급인에게 고용된 근로자를 포함한 상시근로자가 100명(선박 및 보트 건조업, 1차 금속 제조업 및 토사석 광업의 경우에는 50명) 이상인 사업이나 관계수급인의 공사금액을 포함한 해당 공사의 총공사금액이 20억 원 이상인 건설업으로 한다.

■ **제53조(안전보건총괄책임자의 직무 등)**

① 안전보건총괄책임자의 직무는 다음 각 호와 같다.
1. 법 제36조에 따른 위험성평가의 실시에 관한 사항
2. 법 제51조 및 제54조에 따른 작업의 중지
3. 법 제64조에 따른 도급 시 산업재해 예방조치
4. 법 제72조제1항에 따른 산업안전보건관리비의 관계수급인 간의 사용에 관한 협의 · 조정 및 그 집행의 감독
5. 안전인증대상기계등과 자율안전확인대상기계 등의 사용 여부 확인

② 안전보건총괄책임자에 대한 지원에 관하여는 제14조제2항을 준용한다. 이 경우 "안전보건관리책임자"는 "안전보건총괄책임자"로, "법 제15조제1항"은 "제1항"으로 본다.

③ 사업주는 안전보건총괄책임자를 선임했을 때에는 그 선임 사실 및 제1항 각 호의 직무의 수행내용을 증명할 수 있는 서류를 갖추어 두어야 한다.

■ **제53조의2(도급에 따른 산업재해 예방조치)**

법 제64조제1항제8호에서 "화재 · 폭발 등 대통령령으로 정하는 위험이 발생할 우려가 있는 경우"란 다음 각 호의 경우를 말한다.

1. 화재 · 폭발이 발생할 우려가 있는 경우
2. 동력으로 작동하는 기계 · 설비 등에 끼일 우려가 있는 경우
3. 차량계 하역운반기계, 건설기계, 양중기(揚重機) 등 동력으로 작동하는 기계와 충돌할 우려가 있는 경우
4. 근로자가 추락할 우려가 있는 경우
5. 물체가 떨어지거나 날아올 우려가 있는 경우
6. 기계 · 기구 등이 넘어지거나 무너질 우려가 있는 경우
7. 토사 · 구축물 · 인공구조물 등이 붕괴될 우려가 있는 경우
8. 산소 결핍이나 유해가스로 질식이나 중독의 우려가 있는 경우

3. 산업안전보건법 시행규칙

■ **제74조(안전 및 보건에 관한 평가의 내용 등)**

① 사업주는 법 제58조제2항제2호에 따른 승인 및 같은 조 제5항에 따른 연장승인을 받으려는 경우 법 제165조제2항, 영 제116조제2항에 따라 고용노동부장관이 고시하는 기관을 통하여 안전 및 보건에 관한 평가를 받아야 한다.

② 제1항의 안전 및 보건에 관한 평가에 대한 내용은 별표 12와 같다.

■ **제75조(도급승인 등의 절차 · 방법 및 기준 등)**

① 법 제58조제2항제2호에 따른 승인, 같은 조 제5항 또는 제6항에 따른 연장승인 또는 변경승인을 받으려는 자는 별지 제31호서식의 도급승인 신청서, 별지 제32호서식의 연장신청서 및 별지 제33호서식의 변경신청서에 다음 각 호의 서류를 첨부하여 관할 지방고용노동관서의 장에게 제출해야 한다.

1. 도급대상 작업의 공정 관련 서류 일체(기계 · 설비의 종류 및 운전조건, 유해 · 위험물질의 종류 · 사용량, 유해 · 위험요인의 발생 실태 및 종사 근로자 수 등에 관한 사항이 포함되어야 한다)
2. 도급작업 안전보건관리계획서(안전작업절차, 도급 시 안전 · 보건관리 및 도급작업에 대한 안전 · 보건시설 등에 관한 사항이 포함되어야 한다)
3. 제74조에 따른 안전 및 보건에 관한 평가 결과(법 제58조제6항에 따른 변경승인은 해당되지 않는다)

② 법 제58조제2항제2호에 따른 승인, 같은 조 제5항 또는 제6항에 따른 연장승인 또는 변경승인의 작업별 도급승인 기준은 다음 각 호와 같다.

1. 공통 : 작업공정의 안전성, 안전보건관리계획 및 안전 및 보건에 관한 평가 결과의 적정성
2. 법 제58조제1항제1호 및 제2호에 따른 작업 : 안전보건규칙 제5조, 제7조, 제8조, 제10조, 제11조, 제17조, 제19조, 제21조, 제22조, 제33조, 제72조부터 제79조까지, 제81조, 제83조부터 제85조까지, 제225조, 제232조, 제299조, 제301조부터 제305조까지, 제422조, 제429조부터 제435조까지, 제442조부터 제444조까지, 제448조, 제450조, 제451조 및 제513조에서 정한 기준
3. 법 제58조제1항제3호에 따른 작업 : 안전보건규칙 제5조, 제7조, 제8조, 제10조, 제11조, 제17조, 제19조, 제21조, 제22조까지, 제33조, 제72조부터 제79조까지, 제81조, 제83조부터 제85조까지, 제225조, 제232조, 제299조, 제301조부터 제305조까지, 제453조부터 제455조까지, 제459조, 제461조, 제463조부터 제466조까지, 제469조부터 제474조까지 및 제513조에서 정한 기준

③ 지방고용노동관서의 장은 필요한 경우 법 제58조제2항제2호에 따른 승인, 같은 조 제5항 또는 제6항에 따른 연장승인 또는 변경승인을 신청한 사업장이 제2항에 따른 도급승인 기준을 준수하고 있는지 공단으로 하여금 확인하게 할 수 있다.

④ 제1항에 따라 도급승인 신청을 받은 지방고용노동관서의 장은 제2항에 따른 도급승인 기준을 충족한 경우 신청서가 접수된 날부터 14일 이내에 별지 제34호서식에 따른 승인서를 신청인에게 발급해야 한다.

■ **제76조(도급승인 변경 사항)**

법 제58조제6항에서 "고용노동부령으로 정하는 사항"이란 다음 각 호의 어느 하나에 해당하는 사항을 말한다.

1. 도급공정
2. 도급공정 사용 최대 유해화학 물질량
3. 도급기간(3년 미만으로 승인 받은 자가 승인일부터 3년 내에서 연장하는 경우만 해당한다)

■ **제77조(도급승인의 취소)**

고용노동부장관은 법 제58조제2항제2호에 따른 승인, 같은 조 제5항 또는 제6항에 따른 연장승인 또는 변경승인을 받은 자가 다음 각 호의 어느 하나에 해당하는 경우에는 승인을 취소해야 한다.

1. 제75조제2항의 도급승인 기준에 미달하게 된 때
2. 거짓이나 그 밖의 부정한 방법으로 승인, 연장승인, 변경승인을 받은 경우
3. 법 제58조제5항 및 제6항에 따른 연장승인 및 변경승인을 받지 않고 사업을 계속한 경우

■ **제78조(도급승인 등의 신청)**

① 법 제59조에 따른 안전 및 보건에 유해하거나 위험한 작업의 도급에 대한 승인, 연장승인 또는 변경승인을 받으려는 자는 별지 제31호서식의 도급승인 신청서, 별지 제32호서식의 연장신청서 및 별지 제33호서식의 변경신청서에 다음 각 호의 서류를 첨부하여 관할 지방고용노동관서의 장에게 제출해야 한다.

1. 도급대상 작업의 공정 관련 서류 일체(기계 · 설비의 종류 및 운전조건, 유해 · 위험물질의 종류 · 사용량, 유해 · 위험요인의 발생 실태 및 종사 근로자 수 등에 관한 사항이 포함되어야 한다)
2. 도급작업 안전보건관리계획서(안전작업절차, 도급 시 안전 · 보건관리 및 도급작업에 대한 안전 · 보건시설 등에 관한 사항이 포함되어야 한다)
3. 안전 및 보건에 관한 평가 결과(변경승인은 해당되지 않는다)

② 제1항에도 불구하고 산업재해가 발생할 급박한 위험이 있어 긴급하게 도급을 해야 할 경우에는 제1항제1호 및 제3호의 서류를 제출하지 않을 수 있다.

③ 법 제59조에 따른 승인, 연장승인 또는 변경승인의 작업별 도급승인 기준은 다음 각 호와 같다.
1. 공통 : 작업공정의 안전성, 안전보건관리계획 및 안전 및 보건에 관한 평가 결과의 적정성
2. 영 제51조제1호에 따른 작업 : 안전보건규칙 제5조, 제7조, 제8조, 제10조, 제11조, 제17조, 제19조, 제21조, 제22조, 제33조, 제42조부터 제44조까지, 제72조부터 제79조까지, 제81조, 제83조부터 제85조까지, 제225조, 제232조, 제297조부터 제299조까지, 제301조부터 제305조까지, 제422조, 제429조부터 제435조까지, 제442조부터 제444조까지, 제448조, 제450조, 제451조, 제513조, 제619조, 제620조, 제624조, 제625조, 제630조 및 제631조에서 정한 기준
3. 영 제51조제2호에 따른 작업 : 고용노동부장관이 정한 기준

④ 제1항제3호에 따른 안전 및 보건에 관한 평가에 관하여는 제74조를 준용하고, 도급승인의 절차, 변경 및 취소 등에 관하여는 제75조제3항, 같은 조 제4항, 제76조 및 제77조의 규정을 준용한다. 이 경우 "법 제58조제2항제2호에 따른 승인, 같은 조 제5항 또는 제6항에 따른 연장승인 또는 변경승인"은 "법 제59조에 따른 승인, 연장승인 또는 변경승인"으로, "제75조제2항의 도급승인 기준"은 "제78조제3항의 도급승인 기준"으로 본다.

■ **제79조(협의체의 구성 및 운영)**

① 법 제64조제1항제1호에 따른 안전 및 보건에 관한 협의체(이하 이 조에서 "협의체"라 한다)는 도급인 및 그의 수급인 전원으로 구성해야 한다.

② 협의체는 다음 각 호의 사항을 협의해야 한다.
1. 작업의 시작 시간
2. 작업 또는 작업장 간의 연락방법
3. 재해발생 위험이 있는 경우 대피방법
4. 작업장에서의 법 제36조에 따른 위험성평가의 실시에 관한 사항
5. 사업주와 수급인 또는 수급인 상호 간의 연락 방법 및 작업공정의 조정

③ 협의체는 매월 1회 이상 정기적으로 회의를 개최하고 그 결과를 기록 · 보존해야 한다.

■ **제80조(도급사업 시의 안전 · 보건조치 등)**

① 도급인은 법 제64조제1항제2호에 따른 작업장 순회점검을 다음 각 호의 구분에 따라 실시해야 한다.
1. 다음 각 목의 사업 : 2일에 1회 이상

가. 건설업

나. 제조업

다. 토사석 광업

라. 서적, 잡지 및 기타 인쇄물 출판업

마. 음악 및 기타 오디오물 출판업

바. 금속 및 비금속 원료 재생업

2. 제1호 각 목의 사업을 제외한 사업 : 1주일에 1회 이상

② 관계수급인은 제1항에 따라 도급인이 실시하는 순회점검을 거부 · 방해 또는 기피해서는 안 되며 점검 결과 도급인의 시정요구가 있으면 이에 따라야 한다.

③ 도급인은 법 제64조제1항제3호에 따라 관계수급인이 실시하는 근로자의 안전 · 보건교육에 필요한 장소 및 자료의 제공 등을 요청받은 경우 협조해야 한다.

■ 제81조(위생시설의 설치 등 협조)

① 법 제64조제1항제6호에서 "위생시설 등 고용노동부령으로 정하는 시설"이란 다음 각 호의 시설을 말한다.

1. 휴게시설
2. 세면 · 목욕시설
3. 세탁시설
4. 탈의시설
5. 수면시설

② 도급인이 제1항에 따른 시설을 설치할 때에는 해당 시설에 대해 안전보건규칙에서 정하고 있는 기준을 준수해야 한다.

■ 제82조(도급사업의 합동 안전 · 보건점검)

① 법 제64조제2항에 따라 도급인이 작업장의 안전 및 보건에 관한 점검을 할 때에는 다음 각 호의 사람으로 점검반을 구성해야 한다.

1. 도급인(같은 사업 내에 지역을 달리하는 사업장이 있는 경우에는 그 사업장의 안전보건관리책임자)
2. 관계수급인(같은 사업 내에 지역을 달리하는 사업장이 있는 경우에는 그 사업장의 안전보건관리책임자)
3. 도급인 및 관계수급인의 근로자 각 1명(관계수급인의 근로자의 경우에는 해당 공정만 해당한다)

② 법 제64조제2항에 따른 정기 안전 · 보건점검의 실시 횟수는 다음 각 호의 구분에 따른다.

1. 다음 각 목의 사업 : 2개월에 1회 이상

가. 건설업

나. 선박 및 보트 건조업

2. 제1호의 사업을 제외한 사업 : 분기에 1회 이상

■ 제83조(안전 · 보건 정보제공 등)

① 법 제65조제1항 각 호의 어느 하나에 해당하는 작업을 도급하는 자는 다음 각 호의 사항을 적은 문서(전자문서를 포함한다. 이하 이 조에서 같다)를 해당 도급작업이 시작되기 전까지 수급인에게 제공해야 한다.

1. 안전보건규칙 별표 7에 따른 화학설비 및 그 부속설비에서 제조 · 사용 · 운반 또는 저장하는 위험물질 및 관리대상 유해물질의 명칭과 그 유해성 · 위험성
2. 안전 · 보건상 유해하거나 위험한 작업에 대한 안전 · 보건상의 주의사항
3. 안전 · 보건상 유해하거나 위험한 물질의 유출 등 사고가 발생한 경우에 필요한 조치의 내용

② 제1항에 따른 수급인이 도급받은 작업을 하도급하는 경우에는 제1항에 따라 제공받은 문서의 사본을 해당 하도급작업이 시작되기 전까지 하수급인에게 제공해야 한다.

③ 제1항 및 제2항에 따라 도급하는 작업에 대한 정보를 제공한 자는 수급인이 사용하는 근로자가 제공된 정보에 따라 필요한 조치를 받고 있는지 확인해야 한다. 이 경우 확인을 위하여 필요할 때에는 해당 조치와 관련된 기록 등 자료의 제출을 수급인에게 요청할 수 있다.

[별표 18]

밀폐공간(제618조제1호 관련)

1. 다음의 지층에 접하거나 통하는 우물 · 수직갱 · 터널 · 잠함 · 피트 또는 그밖에 이와 유사한 것의 내부
   가. 상층에 물이 통과하지 않는 지층이 있는 역암층 중 함수 또는 용수가 없거나 적은 부분
   나. 제1철 염류 또는 제1망간 염류를 함유하는 지층
   다. 메탄 · 에탄 또는 부탄을 함유하는 지층
   라. 탄산수를 용출하고 있거나 용출할 우려가 있는 지층
2. 장기간 사용하지 않은 우물 등의 내부
3. 케이블 · 가스관 또는 지하에 부설되어 있는 매설물을 수용하기 위하여 지하에 부설한 암거 · 맨홀 또는 피트의 내부
4. 빗물 · 하천의 유수 또는 용수가 있거나 있었던 통 · 암거 · 맨홀 또는 피트의 내부
5. 바닷물이 있거나 있었던 열교환기 · 관 · 암거 · 맨홀 · 둑 또는 피트의 내부
6. 장기간 밀폐된 강재(鋼材)의 보일러 · 탱크 · 반응탑이나 그 밖에 그 내벽이 산화하기 쉬운 시설(그 내벽이 스테인리스강으로 된 것 또는 그 내벽의 산화를 방지하기 위하여 필요한 조치가 되어 있는 것은 제외한다)의 내부
7. 석탄 · 아탄 · 황화광 · 강재 · 원목 · 건성유(乾性油) · 어유(魚油) 또는 그 밖의 공기 중의 산소를 흡수하는 물질이 들어 있는 탱크 또는 호퍼(Hopper) 등의 저장시설이나 선창의 내부
8. 천장 · 바닥 또는 벽이 건성유를 함유하는 페인트로 도장되어 그 페인트가 건조되기 전에 밀폐된 지하실 · 창고 또는 탱크 등 통풍이 불충분한 시설의 내부
9. 곡물 또는 사료의 저장용 창고 또는 피트의 내부, 과일의 숙성용 창고 또는 피트의 내부, 종자의 발아용 창고 또는 피트의 내부, 버섯류의 재배를 위하여 사용하고 있는 사일로(Silo), 그 밖에 곡물 또는 사료종자를 적재한 선창의 내부
10. 간장 · 주류 · 효모 그 밖에 발효하는 물품이 들어 있거나 들어 있었던 탱크 · 창고 또는 양조주의 내부
11. 분뇨, 오염된 흙, 썩은 물, 폐수, 오수, 그 밖에 부패하거나 분해되기 쉬운 물질이 들어있는 정화조 · 침전조 · 집수조 · 탱크 · 암거 · 맨홀 · 관 또는 피트의 내부
12. 드라이아이스를 사용하는 냉장고 · 냉동고 · 냉동화물자동차 또는 냉동컨테이너의 내부
13. 헬륨 · 아르곤 · 질소 · 프레온 · 이산화탄소 또는 그 밖의 불활성기체가 들어 있거나 있었던 보일러 · 탱크 또는 반응탑 등 시설의 내부
14. 산소농도가 18퍼센트 미만 또는 23.5퍼센트 이상, 이산화탄소농도가 1.5퍼센트 이상, 일산화탄소농도가 30피피엠 이상 또는 황화수소농도가 10피피엠 이상인 장소의 내부
15. 갈탄 · 목탄 · 연탄난로를 사용하는 콘크리트 양생장소(養生場所) 및 가설숙소 내부
16. 화학물질이 들어있던 반응기 및 탱크의 내부
17. 유해가스가 들어있던 배관이나 집진기의 내부
18. 근로자가 상주(常住)하지 않는 공간으로서 출입이 제한되어 있는 장소의 내부

4. 공정안전보고서 작성 등 관련 고시

■ 제34조(도급업체 안전관리계획)

규칙 제50조제1항제3호 라목의 도급업체 안전관리 계획은 다음 각 호의 사항을 포함하여야 한다.

1. 목적
2. 적용범위
3. 적용대상

4. 사업주의 의무 : 다음 각 목의 사항
   가. 법 제63조부터 제66조까지에 따른 조치 사항
   나. 도급업체 선정에 관한 사항
   다. 도급업체의 안전관리수준 평가
   라. 비상조치계획(최악 및 대안의 사고 시나리오 포함)의 제공 및 훈련
5. 도급업체 사업주의 의무 : 다음 각 목의 사항
   가. 법 제63조부터 제66조까지에 따른 조치 사항의 이행
   나. 작업자에 대한 교육 및 훈련
   다. 작업 표준 작성 및 작업 위험성평가 실시 등
6. 계획서 작성 및 승인 등

평가항목

	항목	주요사항
1	사업주는 도급업체 사업주에게 도급업체 근로자들이 작업하는 공정에서의 누출 · 화재 또는 폭발의 위험성 및 비상조치계획 등을 제공하는가?	▸ 제공여부 확인 자료
2	사업주는 도급업체 선정 시 안전보건 분야에 대한 평가를 실시하고 그에 적정한 도급업체를 선정하는가?	▸ 도급업체 평가 여부 및 자료
3	도급업체 사업주는 도급업체 근로자들의 질병 · 부상 등 재해발생 기록을 관리하는가?	▸ 확인 자료
4	도급업체 사업주는 도급업체 근로자들에게 필요한 직무교육을 실시하고 기록을 유지하고 있는가?	▸ 확인 자료
5	사업주는 도급업체(정비 · 보수) 작업에 대해 위험성평가를 실시하고 그 결과를 근로자에게 알려주는가?	▸ 확인 자료
6	사업주는 위험설비의 유지 · 보수작업에 참여하는 도급업체 근로자들에게 공정개요, 취급 화학물질 정보, 안전한 유지 · 보수작업을 위한 작업절차 등에 대하여 교육을 실시하는가?	▸ 확인 자료
7	사업주는 도급업체 근로자 등이 공정 시설에 대한 설치 · 유지 · 보수 등의 작업을 할 때 필요한 위험물질 등의 제거, 격리 등의 조치를 완료한 후에 작업허가서를 발급하고 있는가?	▸ 확인 자료
8	사업주는 도급업체 근로자 등이 공정시설에 대한 설치 · 유지 · 보수 등의 작업을 할 때 관련 규정의 준수여부를 확인하는가?	▸ 확인 자료
9	사업주는 도급업체 근로자들이 작업하는 공정 등에 대해서 주기적인 점검(순찰)을 실시하고 문제점을 지적, 개선하는가?	▸ 확인 자료
10	사업주는 도급업체 사업주, 근로자의 안전보건에 대한 의견을 주기적으로 확인하고 문제점이 있는 것에 대해서 조치를 하는가?	▸ 확인 자료

02 도급업체 안전관리 지침 예시

1. 도급업체의 안전관리계획 지침

(1) 용어의 정의

1) "사업주"라 함은 유해 위험설비를 보유하여 공정안전보고서를 제출한 사업장으로서 사업 전부 또는 일부를 도급계약에 의하여 다른 사업주에게 도급을 준 업체의 사업주를 말한다.
2) "도급업체"라 함은 설비의 점검, 정비 및 공사 등 사업의 전부 또는 일부(이하 "도급업무"라 한다)를 도급계약에 의하여 수행하는 업체를 말하며, 하도급업체 및 협력업체를 포함한다.

(2) 사업주의 의무

사업주가 사용하는 근로자와 도급업체 근로자가 같은 장소에서 작업을 할 때에 생기는 산업재해를 예방하기 위하여 다음의 조치를 하여야 한다.

1) 사업주는 수급인 사업주와 안전 보건협의체를 구성해야 하며, 월 1회 이상 정기적으로 회의를 개최하고 그 결과를 기록 보존하여야 하며, 협의체는 다음 사항을 협의하여야 한다.
   가. 작업의 시작시간
   나. 작업 또는 작업장 간의 연락방법
   다. 재해 발생 위험 시의 대피방법
   라. 작업장에서의 위험성평가 실시에 관한 사항
   마. 상호 간의 연락방법 및 작업공정의 조정
2) 사업주는 도급인의 작업장 순회점검은 2일에 1회 이상 이루어져야 하며, 합동점검은 수급인을 포함하여 점검반을 구성하고 분기별 1회 이상 실시해야 한다.
3) 사업주는 수급인 근로자에 대한 안전 보건 교육을 지원해야 한다.
4) 사업주는 유해인자로부터 근로자를 보호하기 위한 작업환경을 측정하고 그 결과를 기록 보존해야 한다.
5) 사업주는 화재, 토석붕괴 등 비상시를 대비한 경보 운영체계를 운영해야 한다.
6) 사업주는 다음의 유해 위험장소에서의 작업 시에는 안전 보건조치를 해야 한다.
   가. 토사 · 구축물 · 인공구조물 등이 붕괴될 우려가 있는 장소
   나. 기계 · 기구 등이 넘어지거나 무너질 우려가 있는 장소
   다. 안전난간의 설치가 필요한 장소
   라. 비계 또는 거푸집을 설치하거나 해체하는 장소
   마. 건설용 리프트를 운행하는 장소
   바. 지반을 굴착하거나 발파 작업을 하는 장소
   사. 엘리베이터 홀 등 근로자가 추락할 위험이 있는 장소

아. 도금작업 등 도급금지 작업을 하는 장소

자. 화재 · 폭발 우려가 있는 다음 작업을 하는 장소

(가) 선박 내부에서의 용접 · 용단작업

(나) 특수화학설비에서의 용접 · 용단작업

(다) 인화성 물질을 취급 · 저장하는 설비 및 용기에서의 용접 · 용단작업

차. 밀폐공간으로 되어 있는 장소에서 작업을 하는 경우 그 장소

카. 석면이 붙어 있는 물질을 파쇄 또는 해체하는 작업을 하는 장소

타. 위험물질을 제조하거나 취급하는 장소

파. 유기화합물취급 특별 장소

하. 공중 전선에 가까운 장소로서 시설물의 설치 · 해체 · 점검 및 수리 등의 작업을 할 때 감전의 위험이 있는 장소

거. 물체가 떨어지거나 날아올 위험이 있는 장소

너. 프레스 또는 전단기를 사용하여 작업을 하는 장소

더. 화학설비 및 그 부속설비에 대한 정비 · 보수작업이 이루어지는 장소

러. 방사선 업무를 하는 장소

머. 차량계 하역운반기계 또는 차량계 건설기계를 사용하여 작업하는 장소

버. 전기기계기구를 사용하여 감전의 위험이 있는 작업을 하는 장소

7) 사업주는 유해 위험 화학물질을 제조 또는 취급하는 설비 등에 대한 수리, 개조, 청소 등의 작업을 도급할 경우에 도급작업이 시작되기 전까지 다음의 안전보건정보를 적은 문서를 제공하여야 한다.

가. 유해물질의 명칭과 그 유해성 · 위험성

나. 안전 · 보건상 유해하거나 위험한 작업에 대한 안전 · 보건상의 주의사항

다. 안전 · 보건상 유해하거나 위험한 물질의 유출 등 사고가 발생한 경우에 필요한 조치의 내용

8) 사업주는 도급업체를 선정할 때에는 재해율을 포함한 산업재해 발생현황 등 도급업체의 안전 업무 수행실적, 안전작업 수행능력 및 안전작업 계획 등을 제출받아 도급업체의 안전보건 수준을 평가하여야 한다.

9) 사업주는 도급업체 포함 해당공정 근로자들에게 비상조치계획(최악 및 대안의 사고 시나리오 포함)의 제공 및 훈련을 실시하여야 한다.

10) 사업주는 도급업무 시작 전에 도급업체의 사업주 및 근로자에게 사업장 내에서 준수해야 할 안전작업요령 및 안전작업허가서 발급절차 등을 알려주어야 한다.

11) 사업주는 도급업무가 다음과 같이 유해 · 위험작업인 경우에는 반드시 안전작업허가서를 발급받고 작업에 임하도록 하여야 하며, 안전작업허가와 관련된 사항은 KOSHA GUIDE P−94 "안전작업허가지침"에서 정하는 바에 따른다.

가. 공정물질이 차 있거나 차 있었던 용기, 펌프 또는 배관 등과 같은 기기의 개방 또는 분해 시

나. 용접 · 절단 또는 스파크나 다른 점화원을 발생하는 화기작업 시
다. 밀폐공간 출입 시
라. 위험지역 내에서의 내연기관 운전 시
마. 굴착 작업 시
바. 전기 작업 시
사. 방사능 사용 작업 시
아. 고소 작업 시
자. 중장비 작업 시

12) 사업주는 유해 · 위험작업 중 화재 · 폭발 또는 위험물질 누출 등 비상사태발생 우려가 있는 경우에는 KOSHA GUIDE P-101 "비상조치계획 수립 지침"에 따른 비상조치계획에 포함된 내용 중 도급업체의 사업주 및 근로자가 취해야 할 조치 요령 등을 교육하여야 한다.
13) 사업주는 도급업체의 사업주가 주요 위험설비에서 도급업무 수행 시에는 다음 사항을 기록 유지토록 하고, 정기적으로 그 결과를 확인 · 평가하여야 한다.
가. 위험설비 운전 중인 도급업체 근로자의 인원
나. 안전교육훈련 사항
다. 안전수칙 준수 사항
라. 작업자의 상해 · 질병 및 사고사항
바. 기타 안전작업과 관련된 사항
14) 사업주는 도급업체의 근로자가 위험설비를 운전하도록 할 경우에는 도급업체 근로자가 준수하여야 할 사항을 규정하고, 이를 도급업체 사업주가 관리하도록 하여야 한다.
15) 사업주는 안전관리 규정을 준수하지 않는 도급업체의 근로자가 있는 경우에는 도급업체의 사업주에게 통보하여 적절한 조치를 취하도록 한다.
16) 사업주는 도급업무 시 업무 관련 부서의 장에게 책임과 권한을 부여하여 도급업체의 관리를 실시토록 하여야 한다.
가. 관리부서의 장
(가) 도급 계약서의 작성
(나) 도급업체 안전작업 서약서의 작성
(다) 도급업체의 산재 가입 여부 확인
(라) 도급업체의 평가 및 관리
나. 생산부서의 장
(가) 안전작업허가서의 작성
(나) 담당 부서의 유해 · 위험작업에 대한 안전 교육
(다) 도급업체 근로자의 유해 · 위험작업 중 점검

다. 안전관리부서의 장

(가) 유해 · 위험기계기구의 방호장치 설치여부 확인

(나) 안전작업허가서의 발급여부 확인

(다) 유해 · 위험작업 중 안전작업 실시 여부 확인

(라) 안전수칙 미준수자에 대한 조치 및 지도

(마) 시행규칙 제29조에 의한 사업주와 도급업체 대표자 간 협의체가 구성되어 있는 경우 회의 주관 및 회의록 유지관리

⑶ 도급업체 사업주의 의무

도급업무 수행과 관련하여 도급업체의 사업주는 다음과 같은 의무가 있다.

1) 도급을 준 사업주가 제공하는 도급사업 시의 안전 · 보건 조치사항을 이행하여야 하며, 소속 근로자에 대한 교육 및 훈련, 해당작업에 대한 작업표준작성 및 작업위험성평가를 실시하여야 한다.

2) 소속 근로자들이 화재 · 폭발, 독성물질 누출의 위험성과 예방에 관한 사항 및 비상조치 내용을 충분히 숙지하고 있는지 여부를 확인하여야 한다.

3) 소속 근로자들이 공정운전을 수행할 경우에는 안전운전지침 및 절차를 준수하고 있는지를 확인한다.

4) 소속 근로자들에 대하여 안전교육을 실시하고, 다음 사항이 포함된 교육 결과를 기록 · 작성하여 보관한다.

가. 교육대상자

나. 교육시기 및 시간

다. 교육내용 및 강사

라. 교육성과 측정 및 평가 결과

5) 도급업체 안전교육 내용에는 다음 사항이 포함되어야 한다.

가. 안전수칙

나. 사고 발생 시 조치 요령

다. 비상사태 발생 시 행동요령

라. 안전작업절차

마. 개인 보호구의 사용법

바. 응급조치 기구의 사용법

사. 폐기물의 분리수거

6) 소속 근로자들이 작업 중에 산업재해 등 급박한 위험요인이 있을 경우, 이를 지체 없이 도급을 준 사업주에게 통보하여야 한다.

7) 소속 근로자들이 공정 내에서 유해 · 위험작업을 수행함에 있어서 다음 사항을 준수할 수 있도록 숙지시켜야 한다.

가. 위험기계 및 기구는 안전장치가 부착되어 있는 것을 사용하여야 한다.
나. 안전표지 및 안전장치 등은 규정된 것을 사용하여야 하며, 임의로 변경 사용하여서는 아니 된다.
다. 작업장 내에서는 지정된 안전보호구를 착용하여야 한다.
라. 허가 없이 출입금지 구역 내에 출입하여서는 아니 된다.
마. 금연 구역 내에서 흡연해서는 아니 된다.
바. 폭발위험장소 내에서 전기기계기구를 사용할 경우에는 적합한 방폭성능이 있는 것을 사용하여야 한다.
사. 전기용접기의 홀다 및 전선은 규격품을 사용하여야 한다.
아. 고압가스용기 운반 시는 반드시 캡을 씌우고, 주의하여 취급을 하여야 한다.
자. 고압가스 용기를 옥외에 저장할 때에는 직사광선을 피하고, 전도방지 조치를 취하여야 한다.
차. 중량물을 이동, 운반 작업은 신호수의 신호에 따라야 한다.
카. 용접작업 등 화기작업을 실시할 경우에는 반드시 인화성 · 폭발성물질 등 위험 물질을 격리시킨 후 감독자의 입회하에 실시하고, 작업 종료 후에는 불씨가 없도록 철저하게 확인하여야 한다.
타. 인화성 물질을 취급하는 장소 등 발화의 위험성이 있는 장소에는 화기엄금 표지판을 설치하고 작업에 임하여야 한다.
파. 유해 · 위험물질을 사용한 후에는 감독자의 지시에 따라 지정된 장소에 보관하여야 한다.
하. 기타 안전사고 예방과 화재 · 폭발 · 누출 방지를 위해 감독자의 지시사항에 적극 따라야 한다.

(4) 안전관리계획서의 작성, 승인 및 보존

1) 안전관리 계획

도급업체의 연간 안전관리계획에 포함할 내용은 다음과 같다.

가. 안전보건관리 조직의 구성 및 내용
나. 사업주와 도급업체의 사업주와의 정기적 안전활동을 위한 협의체 구성 방안
다. 안전보건 및 공정안전에 관한 교육계획
라. 유해 · 위험 기계 · 기구의 방호조치
마. 각종 안전장구와 공 · 기구의 확보 및 정상상태 유지 방안
바. 안전순찰, 점검, 검사 등의 안전활동 및 평가
사. 산업재해 발생 기록, 재해 원인 및 동종재해예방 대책
아. 기타 안전관리 업무에 필요한 사항

2) 사업주는 작성된 도급업체의 안전관리계획에 대하여 다음의 사항을 검토하여 확인 또는 보완 후 승인하여야 한다.

가. 작성내용의 누락 여부, 내용의 충실성 및 타당성 검토
나. 안전관리 계획의 적정성 여부 검토

다. 기타 안전관리 활동의 적정성 여부 검토

3) 보존

작성된 연간 안전관리계획서는 충실히 이행되어야 하며, 1년 이상 보존하여야 한다.

도급업체를 선정하기 위한 평가항목의 예시

<table>
<tr><td>사 업 장 명</td><td colspan="2"></td><td>일 시</td><td></td></tr>
<tr><td>주 소</td><td colspan="2"></td><td>상주여부</td><td></td></tr>
<tr><td>공 정 명</td><td></td><td colspan="2">작 업 내용</td><td></td></tr>
<tr><td>대 표 자</td><td></td><td colspan="2">현장책임자</td><td></td></tr>
</table>

<table>
<tr><th colspan="6">항 목</th><th>배점</th><th>평점</th></tr>
<tr><td colspan="7">1. 안전에 관한 사항 (안전관리부서 평가부분)</td><td>안전</td></tr>
<tr><td colspan="6">안전관리 계획서 작성 · 평가</td><td>4</td><td></td></tr>
<tr><td colspan="6">폐기물 분리 및 처리상태</td><td>4</td><td></td></tr>
<tr><td colspan="6">안전보호구 착용상태</td><td>4</td><td></td></tr>
<tr><td colspan="6">대표자 및 현장 책임자의 안전관리 능력</td><td>4</td><td></td></tr>
<tr><td colspan="6">안전교육 실시 현황</td><td>4</td><td></td></tr>
<tr><td colspan="6">안전시설물 설치 상태</td><td>4</td><td></td></tr>
<tr><td colspan="6">작업허가서 규정 준수 여부</td><td>4</td><td></td></tr>
<tr><td colspan="6">당사의 지도 · 조언에 관한 실행 여부</td><td>4</td><td></td></tr>
<tr><td colspan="6">산업재해 발생 여부</td><td>8</td><td></td></tr>
<tr><td colspan="6">소 계</td><td>40</td><td></td></tr>
<tr><td>안전에 관한
평가자 소속</td><td>안전관리자</td><td colspan="2">(인)</td><td>안전부
(과)장</td><td>(인)</td><td>안전책임
담당 임원</td><td>(인)</td></tr>
<tr><td colspan="8">2. 작업에 관한 사항(생산부서 또는 공사감독부서 평가부분)</td></tr>
<tr><td colspan="6">작업관련 서류 처리 능력</td><td>3</td><td></td></tr>
<tr><td colspan="6">작업계획 능력</td><td>3</td><td></td></tr>
<tr><td colspan="6">사용자재의 적합여부(도급자재일 경우에만 합산함)</td><td>(3)</td><td></td></tr>
<tr><td colspan="6">작업인원의 확보 능력</td><td>6</td><td></td></tr>
<tr><td colspan="6">작업의 특수성에 따른 숙련도</td><td>6</td><td></td></tr>
<tr><td colspan="6">작업여건의 변화에 따른 적응도</td><td>6</td><td></td></tr>
<tr><td colspan="6">작업지시의 순응도</td><td>6</td><td></td></tr>
<tr><td colspan="6">작업 공정 관리 능력</td><td>6</td><td></td></tr>
<tr><td colspan="6">작업원의 자질</td><td>6</td><td></td></tr>
<tr><td colspan="6">납기 준수 여부</td><td>6</td><td></td></tr>
<tr><td colspan="6">작업 기간 중 정리정돈 상태</td><td>6</td><td></td></tr>
<tr><td colspan="6">작업 종료 후 정리정돈 상태</td><td>6</td><td></td></tr>
<tr><td colspan="6">소 계</td><td>60(63)</td><td></td></tr>
<tr><td>작업관련
평가자 소속</td><td></td><td>성명</td><td>(인)</td><td>부(과)장</td><td>(인)</td><td>작업
담당임원</td><td>(인)</td></tr>
<tr><td>합 계</td><td colspan="2"></td><td colspan="3">평 가 등 급</td><td colspan="2"></td></tr>
<tr><td>협력업체 평가 등급</td><td colspan="7">양호 : 90점 이상, 보통 : 70점 이상 ~90점 미만, 불량 : 70점 미만</td></tr>
</table>

협력업체 안전교육 결과 보고서(예시)

협력업체 안전교육 결과 보고서	결재	담 당	팀 장	대 표

교육명				교육종류	정기교육( ) 보충교육( ) 재교육( )
교육일자		교육시간		교육횟수	
교육장소		교육강사		교육구분	일반교육( ) 특별교육( ) 공정교육( )

교육인원	구분	계	남	여	비 고
	교육대상자수				
	교육실시자수				
	교육미실시자수				

교육내용	교육항목	실시여부	교육항목	실시여부
	안전수칙		개인보호구 사용법	
	사고발생 시 조치요령		응급조치 기구의 사용법	
	비상사태 발생 시 행동요령		폐기물 분리수거	
	안전작업절차		기타(　　)	

교육평가	
문제점 및 개선방향	
비 고	

안전보건협의체 회의록 예시

<table>
<tr><td colspan="3" rowspan="2">안전보건협의체 회의록</td><td rowspan="2">결재</td><td>담 당</td><td>팀 장</td><td>대 표</td></tr>
<tr><td></td><td></td><td></td></tr>
<tr><td>회의제목</td><td colspan="6"></td></tr>
<tr><td>회의일시</td><td colspan="2">년 월 일 시</td><td colspan="2">회의장소</td><td colspan="2"></td></tr>
<tr><td rowspan="5">참가자</td><td>업체명</td><td colspan="5">참여인원 서명</td></tr>
<tr><td></td><td colspan="5"></td></tr>
<tr><td></td><td colspan="5"></td></tr>
<tr><td></td><td colspan="5"></td></tr>
<tr><td></td><td colspan="5"></td></tr>
<tr><td>회의안건</td><td colspan="6"></td></tr>
<tr><td>내용</td><td colspan="6"></td></tr>
<tr><td>비 고</td><td colspan="6"></td></tr>
</table>

CHAPTER 10

근로자 등 교육계획

01 근로자 등 교육계획 관련 법령

1. 산업안전보건법

■ 제29조(근로자에 대한 안전보건교육)

① 사업주는 소속 근로자에게 고용노동부령으로 정하는 바에 따라 정기적으로 안전보건교육을 하여야 한다.

② 사업주는 근로자를 채용할 때와 작업내용을 변경할 때에는 그 근로자에게 고용노동부령으로 정하는 바에 따라 해당 작업에 필요한 안전보건교육을 하여야 한다. 다만, 제31조제1항에 따른 안전보건교육을 이수한 건설 일용근로자를 채용하는 경우에는 그러하지 아니하다.

③ 사업주는 근로자를 유해하거나 위험한 작업에 채용하거나 그 작업으로 작업내용을 변경할 때에는 제2항에 따른 안전보건교육 외에 고용노동부령으로 정하는 바에 따라 유해하거나 위험한 작업에 필요한 안전보건교육을 추가로 하여야 한다.

④ 사업주는 제1항부터 제3항까지의 규정에 따른 안전보건교육을 제33조에 따라 고용노동부장관에게 등록한 안전보건교육기관에 위탁할 수 있다.

■ 제30조(근로자에 대한 안전보건교육의 면제 등)

① 사업주는 제29조제1항에도 불구하고 다음 각 호의 어느 하나에 해당하는 경우에는 같은 항에 따른 안전보건교육의 전부 또는 일부를 하지 아니할 수 있다.

1. 사업장의 산업재해 발생 정도가 고용노동부령으로 정하는 기준에 해당하는 경우
2. 근로자가 제11조제3호에 따른 시설에서 건강관리에 관한 교육 등 고용노동부령으로 정하는 교육을 이수한 경우
3. 관리감독자가 산업 안전 및 보건 업무의 전문성 제고를 위한 교육 등 고용노동부령으로 정하는 교육을 이수한 경우

② 사업주는 제29조제2항 또는 제3항에도 불구하고 해당 근로자가 채용 또는 변경된 작업에 경험이 있는 등 고용노동부령으로 정하는 경우에는 같은 조 제2항 또는 제3항에 따른 안전보건교육의 전부 또는 일부를 하지 아니할 수 있다.

■ **제32조(안전보건관리책임자 등에 대한 직무교육)**

① 사업주(제5호의 경우는 같은 호 각 목에 따른 기관의 장을 말한다)는 다음 각 호에 해당하는 사람에게 제33조에 따른 안전보건교육기관에서 직무와 관련한 안전보건교육을 이수하도록 하여야 한다. 다만, 다음 각 호에 해당하는 사람이 다른 법령에 따라 안전 및 보건에 관한 교육을 받는 등 고용노동부령으로 정하는 경우에는 안전보건교육의 전부 또는 일부를 하지 아니할 수 있다.

1. 안전보건관리책임자
2. 안전관리자
3. 보건관리자
4. 안전보건관리담당자
5. 다음 각 목의 기관에서 안전과 보건에 관련된 업무에 종사하는 사람
   가. 안전관리전문기관
   나. 보건관리전문기관
   다. 제74조에 따라 지정받은 건설재해예방전문지도기관
   라. 제96조에 따라 지정받은 안전검사기관
   마. 제100조에 따라 지정받은 자율안전검사기관
   바. 제120조에 따라 지정받은 석면조사기관

② 제1항 각 호 외의 부분 본문에 따른 안전보건교육의 시간 · 내용 및 방법, 그 밖에 필요한 사항은 고용노동부령으로 정한다.

■ **제114조(물질안전보건자료의 게시 및 교육)**

① 물질안전보건자료대상물질을 취급하려는 사업주는 제110조제1항 또는 제3항에 따라 작성하였거나 제111조제1항부터 제3항까지의 규정에 따라 제공받은 물질안전보건자료를 고용노동부령으로 정하는 방법에 따라 물질안전보건자료대상물질을 취급하는 작업장 내에 이를 취급하는 근로자가 쉽게 볼 수 있는 장소에 게시하거나 갖추어 두어야 한다.

② 제1항에 따른 사업주는 물질안전보건자료대상물질을 취급하는 작업공정별로 고용노동부령으로 정하는 바에 따라 물질안전보건자료대상물질의 관리 요령을 게시하여야 한다.

③ 제1항에 따른 사업주는 물질안전보건자료대상물질을 취급하는 근로자의 안전 및 보건을 위하여 고용노동부령으로 정하는 바에 따라 해당 근로자를 교육하는 등 적절한 조치를 하여야 한다.

2. 산업안전보건법 시행규칙

■ **제26조(교육시간 및 교육내용 등)**

① 법 제29조제1항부터 제3항까지의 규정에 따라 사업주가 근로자에게 실시해야 하는 안전보건교육의 교육시간은 별표 4와 같고, 교육내용은 별표 5와 같다. 이 경우 사업주가 법 제29조제3항에 따른 유해하거나 위험한 작업에 필요한 안전보건교육(이하 "특별교육"이라 한다)을 실시한 때에는 해당

근로자에 대하여 법 제29조제2항에 따라 채용할 때 해야 하는 교육(이하 "채용 시 교육"이라 한다) 및 작업내용을 변경할 때 해야 하는 교육(이하 "작업내용 변경 시 교육"이라 한다)을 실시한 것으로 본다.

② 제1항에 따른 교육을 실시하기 위한 교육방법과 그 밖에 교육에 필요한 사항은 고용노동부장관이 정하여 고시한다.

③ 사업주가 법 제29조제1항부터 제3항까지의 규정에 따른 안전보건교육을 자체적으로 실시하는 경우에 교육을 할 수 있는 사람은 다음 각 호의 어느 하나에 해당하는 사람으로 한다.

1. 다음 각 목의 어느 하나에 해당하는 사람
   가. 법 제15조제1항에 따른 안전보건관리책임자
   나. 법 제16조제1항에 따른 관리감독자
   다. 법 제17조제1항에 따른 안전관리자(안전관리전문기관에서 안전관리자의 위탁업무를 수행하는 사람을 포함한다)
   라. 법 제18조제1항에 따른 보건관리자(보건관리전문기관에서 보건관리자의 위탁업무를 수행하는 사람을 포함한다)
   마. 법 제19조제1항에 따른 안전보건관리담당자(안전관리전문기관 및 보건관리전문기관에서 안전보건관리담당자의 위탁업무를 수행하는 사람을 포함한다)
   바. 법 제22조제1항에 따른 산업보건의
2. 공단에서 실시하는 해당 분야의 강사요원 교육과정을 이수한 사람
3. 산업안전지도사 또는 산업보건지도사
4. 산업안전 · 보건에 관하여 학식과 경험이 있는 사람으로서 고용노동부장관이 정하는 기준에 해당하는 사람

■ **제27조(안전보건교육의 면제)**

① 전년도에 산업재해가 발생하지 않은 사업장의 사업주의 경우 법 제29조제1항에 따른 근로자 정기교육을 그 다음 연도에 한정하여 별표 4에서 정한 실시기준 시간의 100분의 50 범위에서 면제할 수 있다.

② 영 제16조 및 제20조에 따른 안전관리자 및 보건관리자를 선임할 의무가 없는 사업장의 사업주가 법 제11조제3호에 따라 노무를 제공하는 자의 건강 유지 · 증진을 위하여 설치된 근로자건강센터에서 실시하는 안전보건교육, 건강상담, 건강관리프로그램 등 근로자 건강관리 활동에 해당 사업장의 근로자를 참여하게 한 경우에는 해당 시간을 제26조제1항에 따른 교육 중 해당 반기(관리감독자의 지위에 있는 사람의 경우 해당 연도)의 근로자 정기교육 시간에서 면제할 수 있다. 이 경우 사업주는 해당 사업장의 근로자가 근로자건강센터에서 실시하는 건강관리 활동에 참여한 사실을 입증할 수 있는 서류를 갖춰 두어야 한다.

③ 법 제30조제1항제3호에 따라 관리감독자가 다음 각 호의 어느 하나에 해당하는 교육을 이수한 경우

별표 4에서 정한 근로자 정기교육시간을 면제할 수 있다.

1. 법 제32조제1항 각 호 외의 부분 본문에 따라 영 제40조제3항에 따른 직무교육기관에서 실시한 전문화교육
2. 법 제32조제1항 각 호 외의 부분 본문에 따라 직무교육기관에서 실시한 인터넷 원격교육
3. 법 제32조제1항 각 호 외의 부분 본문에 따라 공단에서 실시한 안전보건관리담당자 양성교육
4. 법 제98조제1항제2호에 따른 검사원 성능검사 교육
5. 그 밖에 고용노동부장관이 근로자 정기교육 면제대상으로 인정하는 교육

④ 사업주는 법 제30조제2항에 따라 해당 근로자가 채용되거나 변경된 작업에 경험이 있을 경우 채용 시 교육 또는 특별교육 시간을 다음 각 호의 기준에 따라 실시할 수 있다.

1. 「통계법」 제22조에 따라 통계청장이 고시한 한국표준산업분류의 세분류 중 같은 종류의 업종에 6개월 이상 근무한 경험이 있는 근로자를 이직 후 1년 이내에 채용하는 경우 : 별표 4에서 정한 채용 시 교육시간의 100분의 50 이상
2. 별표 5의 특별교육 대상작업에 6개월 이상 근무한 경험이 있는 근로자가 다음 각 목의 어느 하나에 해당하는 경우 : 별표 4에서 정한 특별교육 시간의 100분의 50 이상
   가. 근로자가 이직 후 1년 이내에 채용되어 이직 전과 동일한 특별교육 대상작업에 종사하는 경우
   나. 근로자가 같은 사업장 내 다른 작업에 배치된 후 1년 이내에 배치 전과 동일한 특별교육 대상작업에 종사하는 경우
3. 채용 시 교육 또는 특별교육을 이수한 근로자가 같은 도급인의 사업장 내에서 이전에 하던 업무와 동일한 업무에 종사하는 경우 : 소속 사업장의 변경에도 불구하고 해당 근로자에 대한 채용 시 교육 또는 특별교육 면제
4. 그 밖에 고용노동부장관이 채용 시 교육 또는 특별교육 면제 대상으로 인정하는 교육

■ **제36조(교재 등)**

① 사업주 또는 법 제33조제1항에 따른 안전보건교육기관이 법 제29조 · 제31조 및 제32조에 따른 교육을 실시할 때에는 별표 5에 따른 안전보건교육의 교육대상별 교육내용에 적합한 교재를 사용해야 한다.

② 안전보건교육기관이 사업주의 위탁을 받아 제26조에 따른 교육을 실시하였을 때에는 고용노동부장관이 정하는 교육 실시확인서를 발급해야 한다.

■ **제29조(안전보건관리책임자 등에 대한 직무교육)**

① 법 제32조제1항 각 호 외의 부분 본문에 따라 다음 각 호의 어느 하나에 해당하는 사람은 해당 직위에 선임(위촉의 경우를 포함한다. 이하 같다)되거나 채용된 후 3개월(보건관리자가 의사인 경우는 1년을 말한다) 이내에 직무를 수행하는 데 필요한 신규교육을 받아야 하며, 신규교육을 이수한 후 매 2년이 되는 날을 기준으로 전후 6개월 사이에 고용노동부장관이 실시하는 안전보건에 관한 보수교육을 받아야 한다.

1. 법 제15조제1항에 따른 안전보건관리책임자
2. 법 제17조제1항에 따른 안전관리자(「기업활동 규제완화에 관한 특별조치법」 제30조제3항에 따라 안전관리자로 채용된 것으로 보는 사람을 포함한다)
3. 법 제18조제1항에 따른 보건관리자
4. 법 제19조제1항에 따른 안전보건관리담당자
5. 법 제21조제1항에 따른 안전관리전문기관 또는 보건관리전문기관에서 안전관리자 또는 보건관리자의 위탁 업무를 수행하는 사람
6. 법 제74조제1항에 따른 건설재해예방전문지도기관에서 지도업무를 수행하는 사람
7. 법 제96조제1항에 따라 지정받은 안전검사기관에서 검사업무를 수행하는 사람
8. 법 제100조제1항에 따라 지정받은 자율안전검사기관에서 검사업무를 수행하는 사람
9. 법 제120조제1항에 따른 석면조사기관에서 석면조사 업무를 수행하는 사람

② 제1항에 따른 신규교육 및 보수교육(이하 "직무교육"이라 한다)의 교육시간은 별표 4와 같고, 교육내용은 별표 5와 같다.

③ 직무교육을 실시하기 위한 집체교육, 현장교육, 인터넷원격교육 등의 교육 방법, 직무교육 기관의 관리, 그 밖에 교육에 필요한 사항은 고용노동부장관이 정하여 고시한다.

■ **제30조(직무교육의 면제)**

① 법 제32조제1항 각 호 외의 부분 단서에 따라 다음 각 호의 어느 하나에 해당하는 사람에 대해서는 직무교육 중 신규교육을 면제한다.

1. 법 제19조제1항에 따른 안전보건관리담당자
2. 영 별표 4 제6호에 해당하는 사람
3. 영 별표 4 제7호에 해당하는 사람

② 영 별표 4 제8호 각 목의 어느 하나에 해당하는 사람, 「기업활동 규제완화에 관한 특별조치법」 제30조제3항제4호 또는 제5호에 따라 안전관리자로 채용된 것으로 보는 사람, 보건관리자로서 영 별표 6 제2호 또는 제3호에 해당하는 사람이 해당 법령에 따른 교육기관에서 제29조제2항의 교육내용 중 고용노동부장관이 정하는 내용이 포함된 교육을 이수하고 해당 교육기관에서 발행하는 확인서를 제출하는 경우에는 직무교육 중 보수교육을 면제한다.

③ 제29조제1항 각 호의 어느 하나에 해당하는 사람이 고용노동부장관이 정하여 고시하는 안전 · 보건에 관한 교육을 이수한 경우에는 직무교육 중 보수교육을 면제한다.

■ **제169조(물질안전보건자료에 관한 교육의 시기 · 내용 · 방법 등)**

① 법 제114조제3항에 따라 사업주는 다음 각 호의 어느 하나에 해당하는 경우에는 작업장에서 취급하는 물질안전보건자료대상물질의 물질안전보건자료에서 별표 5에 해당되는 내용을 근로자에게 교육해야 한다. 이 경우 교육받은 근로자에 대해서는 해당 교육 시간만큼 법 제29조에 따른 안전 · 보건교육을 실시한 것으로 본다.

1. 물질안전보건자료대상물질을 제조 · 사용 · 운반 또는 저장하는 작업에 근로자를 배치하게 된 경우
2. 새로운 물질안전보건자료대상물질이 도입된 경우
3. 유해성 · 위험성 정보가 변경된 경우

② 사업주는 제1항에 따른 교육을 하는 경우에 유해성 · 위험성이 유사한 물질안전보건자료대상물질을 그룹별로 분류하여 교육할 수 있다.

③ 사업주는 제1항에 따른 교육을 실시하였을 때에는 교육시간 및 내용 등을 기록하여 보존해야 한다.

[별표 4]

산업안전 · 보건 관련 교육과정별 교육시간

1. 근로자 안전 · 보건교육(제26조제1항, 제28조제1항 관련)

교육과정	교육대상		교육시간
가. 정기교육	1) 사무직 종사 근로자		매반기 6시간 이상
	2) 그 밖의 근로자	가) 판매업무에 직접 종사하는 근로자	매반기 6시간 이상
		나) 판매업무에 직접 종사하는 근로자 외의 근로자	매반기 12시간 이상
나. 채용 시의 교육	1) 일용근로자 및 근로계약기간이 1주일 이하인 기간제근로자		1시간 이상
	2) 근로계약기간이 1주일 초과 1개월 이하인 기간제근로자		4시간 이상
	3) 그 밖의 근로자		8시간 이상
다. 작업내용 변경 시의 교육	1) 일용근로자 및 근로계약기간이 1주일 이하인 기간제근로자		1시간 이상
	2) 그 밖의 근로자		2시간 이상
라. 특별교육	1) 일용근로자 및 근로계약기간이 1주일 이하인 기간제근로자 : 별표 5 제1호라목(제39호는 제외한다)에 해당하는 작업에 종사하는 근로자에 한정한다.		2시간 이상
	2) 일용근로자 및 근로계약기간이 1주일 이하인 기간제근로자 : 별표 5 제1호라목제39호에 해당하는 작업에 종사하는 근로자에 한정한다.		8시간 이상
	3) 일용근로자 및 근로계약기간이 1주일 이하인 기간제근로자를 제외한 근로자 : 별표 5 제1호라목에 해당하는 작업에 종사하는 근로자에 한정한다.		가) 16시간 이상(최초 작업에 종사하기 전 4시간 이상 실시하고 12시간은 3개월 이내에서 분할하여 실시 가능) 나) 단기간 작업 또는 간헐적 작업인 경우에는 2시간 이상
마. 건설업 기초안전 · 보건교육	건설 일용근로자		4시간

비고

1. 위 표의 적용을 받는 "일용근로자"란 근로계약을 1일 단위로 체결하고 그 날의 근로가 끝나면 근로관계가 종료되어 계속 고용이 보장되지 않는 근로자를 말한다.
2. 일용근로자가 위 표의 나목 또는 라목에 따른 교육을 받은 날 이후 1주일 동안 같은 사업장에서 같은 업무의 일용근로자로 다시 종사하는 경우에는 이미 받은 위 표의 나목 또는 라목에 따른 교육을 면제한다.
3. 다음 각 목의 어느 하나에 해당하는 경우는 위 표의 가목부터 라목까지의 규정에도 불구하고 해당 교육과정별 교육시간의 2분의 1 이상을 그 교육시간으로 한다.
   가. 영 별표 1 제1호에 따른 사업
   나. 상시근로자 50명 미만의 도매업, 숙박 및 음식점업
4. 근로자가 다음 각 목의 어느 하나에 해당하는 안전교육을 받은 경우에는 그 시간만큼 위 표의 가목에 따른 해당 반기의 정기교육을 받은 것으로 본다.
   가. 「원자력안전법 시행령」 제148조제1항에 따른 방사선작업종사자 정기교육
   나. 「항만안전특별법 시행령」 제5조제1항제2호에 따른 정기안전교육
   다. 「화학물질관리법 시행규칙」 제37조제4항에 따른 유해화학물질 안전교육
5. 근로자가 「항만안전특별법 시행령」 제5조제1항제1호에 따른 신규안전교육을 받은 때에는 그 시간만큼 위 표의 나목에 따른 채용 시 교육을 받은 것으로 본다.
6. 방사선 업무에 관계되는 작업에 종사하는 근로자가 「원자력안전법 시행규칙」 제138조제1항제2호에 따른 방사선작업종사자 신규교육 중 직장교육을 받은 때에는 그 시간만큼 위 표의 라목에 따른 특별교육 중 별표 5 제1호라목의 33.란에 따른 특별교육을 받은 것으로 본다.

1의2. 관리감독자 안전보건교육(제26조제1항 관련)

교육과정	교육시간
가. 정기교육	연간 16시간 이상
나. 채용 시 교육	8시간 이상
다. 작업내용 변경 시 교육	2시간 이상
라. 특별교육	16시간 이상(최초 작업에 종사하기 전 4시간 이상 실시하고, 12시간은 3개월 이내에서 분할하여 실시 가능)
	단기간 작업 또는 간헐적 작업인 경우에는 2시간 이상

2. 안전보건관리책임자 등에 대한 교육(제29조제2항 관련)

교육대상	교육시간	
	신규교육	보수교육
가. 안전보건관리책임자	6시간 이상	6시간 이상
나. 안전관리자, 안전관리전문기관의 종사자	34시간 이상	24시간 이상
다. 보건관리자, 보건관리전문기관의 종사자	34시간 이상	24시간 이상
라. 건설재해예방 전문지도기관의 종사자	34시간 이상	24시간 이상
마. 석면조사기관의 종사자	34시간 이상	24시간 이상
바. 안전보건관리담당자	-	8시간 이상
사. 안전점검기관, 자율안전검사기관의 종사자	34시간 이상	24시간 이상

3. 특수형태근로종사자에 대한 안전보건교육(제95조제1항 관련)

교육과정	교육시간
가. 최초 노무제공 시 교육	2시간 이상(단기간 작업 또는 간헐적 작업에 노무를 제공하는 경우에는 1시간 이상 실시하고, 특별교육을 실시한 경우는 면제)
나. 특별교육	16시간 이상(최초 작업에 종사하기 전 4시간 이상 실시하고 12시간은 3개월 이내에서 분할하여 실시가능)
	단기간 작업 또는 간헐적 작업인 경우에는 2시간 이상

비고
영 제67조제13호라목에 해당하는 사람이 「화학물질관리법」 제33조제1항에 따른 유해화학물질 안전교육을 받은 경우에는 그 시간만큼 가목에 따른 최초 노무제공 시 교육을 실시하지 않을 수 있다.

4. 검사원 성능검사 교육(제131조제2항 관련)

교육과정	교육대상	교육시간
성능검사교육	-	28시간 이상

[별표 5]

안전보건교육 교육대상별 교육내용

1. 근로자 안전보건교육(제26조제1항 관련)

가. 정기교육

교육내용
ㅇ 산업안전 및 사고 예방에 관한 사항 ㅇ 산업보건 및 직업병 예방에 관한 사항 ㅇ 위험성 평가에 관한 사항 ㅇ 건강증진 및 질병 예방에 관한 사항 ㅇ 유해 · 위험 작업환경 관리에 관한 사항 ㅇ 산업안전보건법령 및 산업재해보상보험 제도에 관한 사항 ㅇ 직무스트레스 예방 및 관리에 관한 사항 ㅇ 직장 내 괴롭힘, 고객의 폭언 등으로 인한 건강장해 예방 및 관리에 관한 사항

나. 채용 시 교육 및 작업내용 변경 시 교육

교육내용
ㅇ 산업안전 및 사고 예방에 관한 사항 ㅇ 산업보건 및 직업병 예방에 관한 사항 ㅇ 위험성 평가에 관한 사항 ㅇ 산업안전보건법령 및 산업재해보상보험 제도에 관한 사항 ㅇ 직무스트레스 예방 및 관리에 관한 사항 ㅇ 직장 내 괴롭힘, 고객의 폭언 등으로 인한 건강장해 예방 및 관리에 관한 사항 ㅇ 기계 · 기구의 위험성과 작업의 순서 및 동선에 관한 사항 ㅇ 작업 개시 전 점검에 관한 사항 ㅇ 정리정돈 및 청소에 관한 사항 ㅇ 사고 발생 시 긴급조치에 관한 사항 ㅇ 물질안전보건자료에 관한 사항

다. 특별교육 대상 작업별 교육내용

작업명	교육내용
〈공통내용〉 제1호부터 제39호까지의 작업	다목과 같은 내용
〈개별내용〉 1. 고압실 내 작업(잠함공법이나 그 밖의 압기공법으로 대기압을 넘는 기압인 작업실 또는 수갱 내부에서 하는 작업만 해당한다)	ㅇ 고기압 장해의 인체에 미치는 영향에 관한 사항 ㅇ 작업의 시간 · 작업 방법 및 절차에 관한 사항 ㅇ 압기공법에 관한 기초지식 및 보호구 착용에 관한 사항 ㅇ 이상 발생 시 응급조치에 관한 사항 ㅇ 그 밖에 안전 · 보건관리에 필요한 사항

작업명	교육내용
2. 아세틸렌 용접장치 또는 가스집합 용접장치를 사용하는 금속의 용접 · 용단 또는 가열작업(발생기 · 도관 등에 의하여 구성되는 용접장치만 해당한다)	O 용접 흄, 분진 및 유해광선 등의 유해성에 관한 사항 O 가스용접기, 압력조정기, 호스 및 취관두(불꽃이 나오는 용접기의 앞부분) 등의 기기점검에 관한 사항 O 작업방법 · 순서 및 응급처치에 관한 사항 O 안전기 및 보호구 취급에 관한 사항 O 화재예방 및 초기대응에 관한사항 O 그 밖에 안전 · 보건관리에 필요한 사항
3. 밀폐된 장소(탱크 내 또는 환기가 극히 불량한 좁은 장소를 말한다)에서 하는 용접작업 또는 습한 장소에서 하는 전기용접 작업	O 작업순서, 안전작업방법 및 수칙에 관한 사항 O 환기설비에 관한 사항 O 전격 방지 및 보호구 착용에 관한 사항 O 질식 시 응급조치에 관한 사항 O 작업환경 점검에 관한 사항 O 그 밖에 안전 · 보건관리에 필요한 사항
4. 폭발성 · 물반응성 · 자기반응성 · 자기발열성 물질, 자연발화성 액체 · 고체 및 인화성 액체의 제조 또는 취급작업(시험연구를 위한 취급작업은 제외한다)	O 폭발성 · 물반응성 · 자기반응성 · 자기발열성 물질, 자연발화성 액체 · 고체 및 인화성 액체의 성질이나 상태에 관한 사항 O 폭발 한계점, 발화점 및 인화점 등에 관한 사항 O 취급방법 및 안전수칙에 관한 사항 O 이상 발견 시의 응급처치 및 대피 요령에 관한 사항 O 화기 · 정전기 · 충격 및 자연발화 등의 위험방지에 관한 사항 O 작업순서, 취급주의사항 및 방호거리 등에 관한 사항 O 그 밖에 안전 · 보건관리에 필요한 사항
5. 액화석유가스 · 수소가스 등 인화성 가스 또는 폭발성 물질 중 가스의 발생장치 취급 작업	O 취급가스의 상태 및 성질에 관한 사항 O 발생장치 등의 위험 방지에 관한 사항 O 고압가스 저장설비 및 안전취급방법에 관한 사항 O 설비 및 기구의 점검 요령 O 그 밖에 안전 · 보건관리에 필요한 사항
6. 화학설비 중 반응기, 교반기 · 추출기의 사용 및 세척작업	O 각 계측장치의 취급 및 주의에 관한 사항 O 투시창 · 수위 및 유량계 등의 점검 및 밸브의 조작주의에 관한 사항 O 세척액의 유해성 및 인체에 미치는 영향에 관한 사항 O 작업 절차에 관한 사항 O 그 밖에 안전 · 보건관리에 필요한 사항
7. 화학설비의 탱크 내 작업	O 차단장치 · 정지장치 및 밸브 개폐장치의 점검에 관한 사항 O 탱크 내의 산소농도 측정 및 작업환경에 관한 사항 O 안전보호구 및 이상 발생 시 응급조치에 관한 사항 O 작업절차 · 방법 및 유해 · 위험에 관한 사항 O 그 밖에 안전 · 보건관리에 필요한 사항

작업명	교육내용
8. 분말 · 원재료 등을 담은 호퍼(하부가 깔때기 모양으로 된 저장통) · 저장창고 등 저장탱크의 내부작업	○ 분말 · 원재료의 인체에 미치는 영향에 관한 사항 ○ 저장탱크 내부작업 및 복장보호구 착용에 관한 사항 ○ 작업의 지정 · 방법 · 순서 및 작업환경 점검에 관한 사항 ○ 팬 · 풍기(風旗) 조작 및 취급에 관한 사항 ○ 분진 폭발에 관한 사항 ○ 그 밖에 안전 · 보건관리에 필요한 사항
9. 다음 각 목에 정하는 설비에 의한 물건의 가열 · 건조작업 가. 건조설비 중 위험물 등에 관계되는 설비로 속부피가 1세제곱미터 이상인 것 나. 건조설비 중 가목의 위험물 등 외의 물질에 관계되는 설비로서, 연료를 열원으로 사용하는 것(그 최대연소소비량이 매 시간당 10킬로그램 이상인 것만 해당한다) 또는 전력을 열원으로 사용하는 것(정격소비전력이 10킬로와트 이상인 경우만 해당한다)	○ 건조설비 내외면 및 기기기능의 점검에 관한 사항 ○ 복장보호구 착용에 관한 사항 ○ 건조 시 유해가스 및 고열 등이 인체에 미치는 영향에 관한 사항 ○ 건조설비에 의한 화재 · 폭발 예방에 관한 사항
10. 다음 각 목에 해당하는 집재장치(집재기 · 가선 · 운반기구 · 지주 및 이들에 부속하는 물건으로 구성되고, 동력을 사용하여 원목 또는 장작과 숯을 담아 올리거나 공중에서 운반하는 설비를 말한다)의 조립, 해체, 변경 또는 수리작업 및 이들 설비에 의한 집재 또는 운반 작업 가. 원동기의 정격출력이 7.5킬로와트를 넘는 것 나. 지간의 경사거리 합계가 350미터 이상인 것 다. 최대사용하중이 200킬로그램 이상인 것	○ 기계의 브레이크 비상정지장치 및 운반경로, 각종 기능 점검에 관한 사항 ○ 작업 시작 전 준비사항 및 작업방법에 관한 사항 ○ 취급물의 유해 · 위험에 관한 사항 ○ 구조상의 이상 시 응급처치에 관한 사항 ○ 그 밖에 안전 · 보건관리에 필요한 사항
11. 동력에 의하여 작동되는 프레스기계를 5대 이상 보유한 사업장에서 해당 기계로 하는 작업	○ 프레스의 특성과 위험성에 관한 사항 ○ 방호장치 종류와 취급에 관한 사항 ○ 안전작업방법에 관한 사항 ○ 프레스 안전기준에 관한 사항 ○ 그 밖에 안전 · 보건관리에 필요한 사항
12. 목재가공용 기계[둥근톱기계, 띠톱기계, 대패기계, 모떼기기계 및 라우터기(목재를 자르거나 홈을 파는 기계)만 해당하며, 휴대용은 제외한다]를 5대 이상 보유한 사업장에서 해당 기계로 하는 작업	○ 목재가공용 기계의 특성과 위험성에 관한 사항 ○ 방호장치의 종류와 구조 및 취급에 관한 사항 ○ 안전기준에 관한 사항 ○ 안전작업방법 및 목재 취급에 관한 사항 ○ 그 밖에 안전 · 보건관리에 필요한 사항

작업명	교육내용
13. 운반용 등 하역기계를 5대 이상 보유한 사업장에서의 해당 기계로 하는 작업	O 운반하역기계 및 부속설비의 점검에 관한 사항 O 작업순서와 방법에 관한 사항 O 안전운전방법에 관한 사항 O 화물의 취급 및 작업신호에 관한 사항 O 그 밖에 안전 · 보건관리에 필요한 사항
14. 1톤 이상의 크레인을 사용하는 작업 또는 1톤 미만의 크레인 또는 호이스트를 5대 이상 보유한 사업장에서 해당 기계로 하는 작업(제40호의 작업은 제외한다)	O 방호장치의 종류, 기능 및 취급에 관한 사항 O 걸고리 · 와이어로프 및 비상정지장치 등의 기계 · 기구 점검에 관한 사항 O 화물의 취급 및 안전작업방법에 관한 사항 O 신호방법 및 공동작업에 관한 사항 O 인양 물건의 위험성 및 낙하 · 비래(飛來) · 충돌재해 예방에 관한 사항 O 인양물이 적재될 지반의 조건, 인양하중, 풍압 등이 인양물과 타워크레인에 미치는 영향 O 그 밖에 안전 · 보건관리에 필요한 사항
15. 건설용 리프트 · 곤돌라를 이용한 작업	O 방호장치의 기능 및 사용에 관한 사항 O 기계, 기구, 달기체인 및 와이어 등의 점검에 관한 사항 O 화물의 권상 · 권하 작업방법 및 안전작업 지도에 관한 사항 O 기계 · 기구에 특성 및 동작원리에 관한 사항 O 신호방법 및 공동작업에 관한 사항 O 그 밖에 안전 · 보건관리에 필요한 사항
16. 주물 및 단조(금속을 두들기거나 눌러서 형체를 만드는 일) 작업	O 고열물의 재료 및 작업환경에 관한 사항 O 출탕 · 주조 및 고열물의 취급과 안전작업방법에 관한 사항 O 고열작업의 유해 · 위험 및 보호구 착용에 관한 사항 O 안전기준 및 중량물 취급에 관한 사항 O 그 밖에 안전 · 보건관리에 필요한 사항
17. 전압이 75볼트 이상인 정전 및 활선작업	O 전기의 위험성 및 전격 방지에 관한 사항 O 해당 설비의 보수 및 점검에 관한 사항 O 정전작업 · 활선작업 시의 안전작업방법 및 순서에 관한 사항 O 절연용 보호구, 절연용 보호구 및 활선작업용 기구 등의 사용에 관한 사항 O 그 밖에 안전 · 보건관리에 필요한 사항
18. 콘크리트 파쇄기를 사용하여 하는 파쇄작업(2미터 이상인 구축물의 파쇄작업만 해당한다)	O 콘크리트 해체 요령과 방호거리에 관한 사항 O 작업안전조치 및 안전기준에 관한 사항 O 파쇄기의 조작 및 공통작업 신호에 관한 사항 O 보호구 및 방호장비 등에 관한 사항 O 그 밖에 안전 · 보건관리에 필요한 사항
19. 굴착면의 높이가 2미터 이상이 되는 지반 굴착(터널 및 수직갱 외의 갱 굴착은 제외한다)작업	O 지반의 형태 · 구조 및 굴착 요령에 관한 사항 O 지반의 붕괴재해 예방에 관한 사항 O 붕괴 방지용 구조물 설치 및 작업방법에 관한 사항 O 보호구의 종류 및 사용에 관한 사항 O 그 밖에 안전 · 보건관리에 필요한 사항

작업명	교육내용
20. 흙막이 지보공의 보강 또는 동바리를 설치하거나 해체하는 작업	ㅇ 작업안전 점검 요령과 방법에 관한 사항 ㅇ 동바리의 운반 · 취급 및 설치 시 안전작업에 관한 사항 ㅇ 해체작업 순서와 안전기준에 관한 사항 ㅇ 보호구 취급 및 사용에 관한 사항 ㅇ 그 밖에 안전 · 보건관리에 필요한 사항
21. 터널 안에서의 굴착작업(굴착용 기계를 사용하여 하는 굴착작업 중 근로자가 칼날 밑에 접근하지 않고 하는 작업은 제외한다) 또는 같은 작업에서의 터널 거푸집 지보공의 조립 또는 콘크리트 작업	ㅇ 작업환경의 점검 요령과 방법에 관한 사항 ㅇ 붕괴 방지용 구조물 설치 및 안전작업 방법에 관한 사항 ㅇ 재료의 운반 및 취급 · 설치의 안전기준에 관한 사항 ㅇ 보호구의 종류 및 사용에 관한 사항 ㅇ 소화설비의 설치장소 및 사용방법에 관한 사항 ㅇ 그 밖에 안전 · 보건관리에 필요한 사항
22. 굴착면의 높이가 2미터 이상이 되는 암석의 굴착작업	ㅇ 폭발물 취급 요령과 대피 요령에 관한 사항 ㅇ 안전거리 및 안전기준에 관한 사항 ㅇ 방호물의 설치 및 기준에 관한 사항 ㅇ 보호구 및 신호방법 등에 관한 사항 ㅇ 그 밖에 안전 · 보건관리에 필요한 사항
23. 높이가 2미터 이상인 물건을 쌓거나 무너뜨리는 작업(하역기계로만 하는 작업은 제외한다)	ㅇ 원부재료의 취급 방법 및 요령에 관한 사항 ㅇ 물건의 위험성 · 낙하 및 붕괴재해 예방에 관한 사항 ㅇ 적재방법 및 전도 방지에 관한 사항 ㅇ 보호구 착용에 관한 사항 ㅇ 그 밖에 안전 · 보건관리에 필요한 사항
24. 선박에 짐을 쌓거나 부리거나 이동시키는 작업	ㅇ 하역 기계 · 기구의 운전방법에 관한 사항 ㅇ 운반 · 이송경로의 안전작업방법 및 기준에 관한 사항 ㅇ 중량물 취급 요령과 신호 요령에 관한 사항 ㅇ 작업안전 점검과 보호구 취급에 관한 사항 ㅇ 그 밖에 안전 · 보건관리에 필요한 사항
25. 거푸집 동바리의 조립 또는 해체작업	ㅇ 동바리의 조립방법 및 작업 절차에 관한 사항 ㅇ 조립재료의 취급방법 및 설치기준에 관한 사항 ㅇ 조립 해체 시의 사고 예방에 관한 사항 ㅇ 보호구 착용 및 점검에 관한 사항 ㅇ 그 밖에 안전 · 보건관리에 필요한 사항
26. 비계의 조립 · 해체 또는 변경작업	ㅇ 비계의 조립순서 및 방법에 관한 사항 ㅇ 비계작업의 재료 취급 및 설치에 관한 사항 ㅇ 추락재해 방지에 관한 사항 ㅇ 보호구 착용에 관한 사항 ㅇ 비계상부 작업 시 최대 적재하중에 관한 사항 ㅇ 그 밖에 안전 · 보건관리에 필요한 사항

작업명	교육내용
27. 건축물의 골조, 다리의 상부구조 또는 탑의 금속제의 부재로 구성되는 것(5미터 이상인 것만 해당한다)의 조립ㆍ 해체 또는 변경작업	O 건립 및 버팀대의 설치순서에 관한 사항 O 조립 해체 시의 추락재해 및 위험요인에 관한 사항 O 건립용 기계의 조작 및 작업신호 방법에 관한 사항 O 안전장비 착용 및 해체순서에 관한 사항 O 그 밖에 안전ㆍ보건관리에 필요한 사항
28. 처마 높이가 5미터 이상인 목조건축물의 구조 부재의 조립이나 건축물의 지붕 또는 외벽 밑에서의 설치작업	O 붕괴ㆍ추락 및 재해 방지에 관한 사항 O 부재의 강도ㆍ재질 및 특성에 관한 사항 O 조립ㆍ설치 순서 및 안전작업방법에 관한 사항 O 보호구 착용 및 작업 점검에 관한 사항 O 그 밖에 안전ㆍ보건관리에 필요한 사항
29. 콘크리트 인공구조물(그 높이가 2미터 이상인 것만 해당한다)의 해체 또는 파괴작업	O 콘크리트 해체기계의 점점에 관한 사항 O 파괴 시의 안전거리 및 대피 요령에 관한 사항 O 작업방법ㆍ순서 및 신호 방법 등에 관한 사항 O 해체ㆍ파괴 시의 작업안전기준 및 보호구에 관한 사항 O 그 밖에 안전ㆍ보건관리에 필요한 사항
30. 타워크레인을 설치(상승작업을 포함한다)ㆍ해체하는 작업	O 붕괴ㆍ추락 및 재해 방지에 관한 사항 O 설치ㆍ해체 순서 및 안전작업방법에 관한 사항 O 부재의 구조ㆍ재질 및 특성에 관한 사항 O 신호방법 및 요령에 관한 사항 O 이상 발생 시 응급조치에 관한 사항 O 그 밖에 안전ㆍ보건관리에 필요한 사항
31. 보일러(소형 보일러 및 다음 각 목에서 정하는 보일러는 제외한다)의 설치 및 취급작업 가. 몸통 반지름이 750밀리미터 이하이고 그 길이가 1,300밀리미터 이하인 증기보일러 나. 전열면적이 3제곱미터 이하인 증기보일러 다. 전열면적이 14제곱미터 이하인 온수보일러 라. 전열면적이 30제곱미터 이하인 관류보일러(물관을 사용하여 가열시키는 방식의 보일러)	O 기계 및 기기 점화장치 계측기의 점검에 관한 사항 O 열관리 및 방호장치에 관한 사항 O 작업순서 및 방법에 관한 사항 O 그 밖에 안전ㆍ보건관리에 필요한 사항
32. 게이지 압력을 제곱센티미터당 1킬로그램 이상으로 사용하는 압력용기의 설치 및 취급작업	O 안전시설 및 안전기준에 관한 사항 O 압력용기의 위험성에 관한 사항 O 용기 취급 및 설치기준에 관한 사항 O 작업안전 점검 방법 및 요령에 관한 사항 O 그 밖에 안전ㆍ보건관리에 필요한 사항

작업명	교육내용
33. 방사선 업무에 관계되는 작업(의료 및 실험용은 제외한다)	○ 방사선의 유해 · 위험 및 인체에 미치는 영향 ○ 방사선의 측정기기 기능의 점검에 관한 사항 ○ 방호거리 · 방호벽 및 방사선물질의 취급 요령에 관한 사항 ○ 응급처치 및 보호구 착용에 관한 사항 ○ 그 밖에 안전 · 보건관리에 필요한 사항
34. 밀폐공간에서의 작업	○ 산소농도 측정 및 작업환경에 관한 사항 ○ 사고 시의 응급처치 및 비상시 구출에 관한 사항 ○ 보호구 착용 및 보호 장비 사용에 관한 사항 ○ 작업내용 · 안전작업방법 및 절차에 관한 사항 ○ 장비 · 설비 및 시설 등의 안전점검에 관한 사항 ○ 그 밖에 안전 · 보건관리에 필요한 사항
35. 허가 또는 관리 대상 유해물질의 제조 또는 취급작업	○ 취급물질의 성질 및 상태에 관한 사항 ○ 유해물질이 인체에 미치는 영향 ○ 국소배기장치 및 안전설비에 관한 사항 ○ 안전작업방법 및 보호구 사용에 관한 사항 ○ 그 밖에 안전 · 보건관리에 필요한 사항
36. 로봇작업	○ 로봇의 기본원리 · 구조 및 작업방법에 관한 사항 ○ 이상 발생 시 응급조치에 관한 사항 ○ 안전시설 및 안전기준에 관한 사항 ○ 조작방법 및 작업순서에 관한 사항
37. 석면해체 · 제거작업	○ 석면의 특성과 위험성 ○ 석면해체 · 제거의 작업방법에 관한 사항 ○ 장비 및 보호구 사용에 관한 사항 ○ 그 밖에 안전 · 보건관리에 필요한 사항
38. 가연물이 있는 장소에서 하는 화재위험작업	○ 작업준비 및 작업절차에 관한 사항 ○ 작업장 내 위험물, 가연물의 사용 · 보관 · 설치 현황에 관한 사항 ○ 화재위험작업에 따른 인근 인화성 액체에 대한 방호조치에 관한 사항 ○ 화재위험작업으로 인한 불꽃, 불티 등의 흩날림 방지 조치에 관한 사항 ○ 인화성 액체의 증기가 남아 있지 않도록 환기 등의 조치에 관한 사항 ○ 화재감시자의 직무 및 피난교육 등 비상조치에 관한 사항 ○ 그 밖에 안전 · 보건관리에 필요한 사항
39. 타워크레인을 사용하는 작업 시 신호업무를 하는 작업	○ 타워크레인의 기계적 특성 및 방호장치 등에 관한 사항 ○ 화물의 취급 및 안전작업방법에 관한 사항 ○ 신호방법 및 요령에 관한 사항 ○ 인양 물건의 위험성 및 낙하 · 비래 · 충돌재해 예방에 관한 사항 ○ 인양물이 적재될 지반의 조건, 인양하중, 풍압 등이 인양물과 타워크레인에 미치는 영향 ○ 그 밖에 안전 · 보건관리에 필요한 사항

1의2. 관리감독자 안전보건교육(제26조제1항 관련)

가. 정기교육

교육내용
ㅇ 산업안전 및 사고 예방에 관한 사항 ㅇ 산업보건 및 직업병 예방에 관한 사항 ㅇ 위험성평가에 관한 사항 ㅇ 유해·위험 작업환경 관리에 관한 사항 ㅇ 산업안전보건법령 및 산업재해보상보험 제도에 관한 사항 ㅇ 직무스트레스 예방 및 관리에 관한 사항 ㅇ 직장 내 괴롭힘, 고객의 폭언 등으로 인한 건강장해 예방 및 관리에 관한 사항 ㅇ 작업공정의 유해·위험과 재해 예방대책에 관한 사항 ㅇ 사업장 내 안전보건관리체제 및 안전·보건조치 현황에 관한 사항 ㅇ 표준안전 작업방법 결정 및 지도·감독 요령에 관한 사항 ㅇ 현장근로자와의 의사소통능력 및 강의능력 등 안전보건교육 능력 배양에 관한 사항 ㅇ 비상시 또는 재해 발생 시 긴급조치에 관한 사항 ㅇ 그 밖의 관리감독자의 직무에 관한 사항

나. 채용 시 교육 및 작업내용 변경 시 교육

교육내용
ㅇ 산업안전 및 사고 예방에 관한 사항 ㅇ 산업보건 및 직업병 예방에 관한 사항 ㅇ 위험성평가에 관한 사항 ㅇ 유해·위험 작업환경 관리에 관한 사항 ㅇ 산업안전보건법령 및 산업재해보상보험 제도에 관한 사항 ㅇ 직무스트레스 예방 및 관리에 관한 사항 ㅇ 직장 내 괴롭힘, 고객의 폭언 등으로 인한 건강장해 예방 및 관리에 관한 사항 ㅇ 작업공정의 유해·위험과 재해 예방대책에 관한 사항 ㅇ 사업장 내 안전보건관리체제 및 안전·보건조치 현황에 관한 사항 ㅇ 표준안전 작업방법 결정 및 지도·감독 요령에 관한 사항 ㅇ 현장근로자와의 의사소통능력 및 강의능력 등 안전보건교육 능력 배양에 관한 사항 ㅇ 비상시 또는 재해 발생 시 긴급조치에 관한 사항 ㅇ 그 밖의 관리감독자의 직무에 관한 사항

다. 특별교육 대상 작업별 교육

작업명	교육내용
〈공통내용〉	나목과 같은 내용
〈개별내용〉	제1호라목에 따른 교육내용(공통내용은 제외한다)과 같음

2. 건설업 기초안전보건교육에 대한 내용 및 시간(제28조제1항 관련)

교육내용	시간
가. 건설공사의 종류(건축·토목 등) 및 시공 절차	1시간
나. 산업재해 유형별 위험요인 및 안전보건조치	2시간
다. 안전보건관리체제 현황 및 산업안전보건 관련 근로자 권리·의무	1시간

3. 안전보건관리책임자 등에 대한 교육내용(제29조제2항 관련)

교육대상	교육내용	
	신규과정	보수과정
가. 안전보건관리 책임자	1) 관리책임자의 책임과 직무에 관한 사항 2) 산업안전보건법령 및 안전 · 보건조치에 관한 사항	1) 산업안전 · 보건정책에 관한 사항 2) 자율안전 · 보건관리에 관한 사항
나. 안전관리자 및 안전관리전문 기관 종사자	1) 산업안전보건법령에 관한 사항 2) 산업안전보건개론에 관한 사항 3) 인간공학 및 산업심리에 관한 사항 4) 안전보건교육방법에 관한 사항 5) 재해 발생 시 응급처치에 관한 사항 6) 안전점검 · 평가 및 재해 분석기법에 관한 사항 7) 안전기준 및 개인보호구 등 분야별 재해예방 실무에 관한 사항 8) 산업안전보건관리비 계상 및 사용기준에 관한 사항 9) 작업환경 개선 등 산업위생 분야에 관한 사항 10) 무재해운동 추진기법 및 실무에 관한 사항 11) 위험성평가에 관한 사항 12) 그 밖에 안전관리자의 직무 향상을 위하여 필요한 사항	1) 산업안전보건법령 및 정책에 관한 사항 2) 안전관리계획 및 안전보건 개선 계획의 수립 · 평가 · 실무에 관한 사항 3) 안전보건교육 및 무재해운동 추진실무에 관한 사항 4) 산업안전보건관리비 사용기준 및 사용 방법에 관한 사항 5) 분야별 재해 사례 및 개선 사례에 관한 연구와 실무에 관한 사항 6) 사업장 안전 개선기법에 관한 사항 7) 위험성평가에 관한 사항 8) 그 밖에 안전관리자 직무 향상을 위하여 필요한 사항
다. 보건관리자 및 보건관리전문 기관 종사자	1) 산업안전보건법령 및 작업환경측정에 관한 사항 2) 산업안전보건개론에 관한 사항 3) 안전보건교육방법에 관한 사항 4) 산업보건관리계획 수립 · 평가 및 산업역학에 관한 사항 5) 작업환경 및 직업병 예방에 관한 사항 6) 작업환경 개선에 관한 사항(소음 · 분진 · 관리대상 유해물질 및 유해광선 등) 7) 산업역학 및 통계에 관한 사항 8) 산업환기에 관한 사항 9) 안전보건관리의 체제 · 규정 및 보건관리자 역할에 관한 사항 10) 보건관리계획 및 운용에 관한 사항 11) 근로자 건강관리 및 응급처치에 관한 사항 12) 위험성평가에 관한 사항 13) 감염병 예방에 관한 사항 14) 자살 예방에 관힌 사항 15) 그 밖에 보건관리자의 직무 향상을 위하여 필요한 사항	1) 산업안전보건법령, 정책 및 작업환경 관리에 관한 사항 2) 산업보건관리계획 수립 · 평가 및 안전보건교육 추진 요령에 관한 사항 3) 근로자 건강 증진 및 구급환자 관리에 관한 사항 4) 산업위생 및 산업환기에 관한 사항 5) 직업병 사례 연구에 관한 사항 6) 유해물질별 작업환경 관리에 관한 사항 7) 위험성평가에 관한 사항 8) 감염병 예방에 관한 사항 9) 자살 예방에 관한 사항 10) 그 밖에 보건관리자 직무 향상을 위하여 필요한 사항
라. 건설재해예방 전문지도기관 종사자	1) 산업안전보건법령 및 정책에 관한 사항 2) 분야별 재해사례 연구에 관한 사항 3) 새로운 공법 소개에 관한 사항 4) 사업장 안전관리기법에 관한 사항 5) 위험성평가의 실시에 관한 사항 6) 그 밖에 직무 향상을 위하여 필요한 사항	1) 산업안전보건법령 및 정책에 관한 사항 2) 분야별 재해사례 연구에 관한 사항 3) 새로운 공법 소개에 관한 사항 4) 사업장 안전관리기법에 관한 사항 5) 위험성평가의 실시에 관한 사항 6) 그 밖에 직무 향상을 위하여 필요한 사항

교육대상	교육내용	
	신규과정	보수과정
마. 석면조사기관 종사자	1) 석면 제품의 종류 및 구별 방법에 관한 사항 2) 석면에 의한 건강유해성에 관한 사항 3) 석면 관련 법령 및 제도(법, 「석면안전 관리법」 및 「건축법」 등)에 관한 사항 4) 법 및 산업안전보건 정책방향에 관한 사항 5) 석면 시료채취 및 분석 방법에 관한 사항 6) 보호구 착용 방법에 관한 사항 7) 석면조사결과서 및 석면지도 작성 방법에 관한 사항 8) 석면 조사 실습에 관한 사항	1) 석면 관련 법령 및 제도(법, 「석면안전 관리법」 및 「건축법」 등)에 관한 사항 2) 실내공기오염 관리(또는 작업환경측정 및 관리)에 관한 사항 3) 산업안전보건 정책방향에 관한 사항 4) 건축물 · 설비 구조의 이해에 관한 사항 5) 건축물 · 설비 내 석면함유 자재 사용 및 시공 · 제거 방법에 관한 사항 6) 보호구 선택 및 관리방법에 관한 사항 7) 석면해체 · 제거작업 및 석면 흩날림 방지 계획수립 및 평가에 관한 사항 8) 건축물 석면조사 시 위해도평가 및 석면지도 작성 · 관리 실무에 관한 사항 9) 건축 자재의 종류별 석면조사실무에 관한 사항
바. 안전보건관리 담당자		1) 위험성평가에 관한 사항 2) 안전 · 보건교육방법에 관한 사항 3) 사업장 순회점검 및 지도에 관한 사항 4) 기계 · 기구의 적격품 선정에 관한 사항 5) 산업재해 통계의 유지 · 관리 및 조사에 관한 사항 6) 그 밖에 안전보건관리담당자 직무 향상을 위하여 필요한 사항
사. 안전검사기관 및 자율안전검사기관	1) 산업안전보건법령에 관한 사항 2) 기계, 장비의 주요장치에 관한 사항 3) 측정기기 작동 방법에 관한 사항 4) 공통점검 사항 및 주요 위험요인별 점검내용에 관한 사항 5) 기계, 장비의 주요안전장치에 관한 사항 6) 검사 시 안전보건 유의사항 7) 기계 · 전기 · 화공 등 공학적 기초 지식에 관한 사항 8) 검사원의 직무윤리에 관한 사항 9) 그 밖에 종사자의 직무 향상을 위하여 필요한 사항	1) 산업안전보건법령 및 정책에 관한 사항 2) 주요 위험요인별 점검내용에 관한 사항 3) 기계, 장비의 주요장치와 안전장치에 관한 심화과정 4) 검사 시 안전보건 유의 사항 5) 구조해석, 용접, 피로, 파괴, 피해예측, 작업환기, 위험성평가 등에 관한 사항 6) 검사대상 기계별 재해 사례 및 개선 사례에 관한 연구와 실무에 관한 사항 7) 검사원의 직무윤리에 관한 사항 8) 그 밖에 종사자의 직무 향상을 위하여 필요한 사항

4. 특수형태근로종사자에 대한 안전보건교육(제95조제1항 관련)

가. 최초 노무제공 시 교육

교육내용
아래의 내용 중 특수형태근로종사자의 직무에 적합한 내용을 교육해야 한다. O 산업안전 및 사고 예방에 관한 사항 O 산업보건 및 직업병 예방에 관한 사항 O 건강증진 및 질병 예방에 관한 사항 O 유해 · 위험 작업환경 관리에 관한 사항 O 산업안전보건법령 및 산업재해보상보험 제도에 관한 사항 O 직무스트레스 예방 및 관리에 관한 사항 O 직장 내 괴롭힘, 고객의 폭언 등으로 인한 건강장해 예방 및 관리에 관한 사항 O 기계 · 기구의 위험성과 작업의 순서 및 동선에 관한 사항 O 작업 개시 전 점검에 관한 사항 O 정리정돈 및 청소에 관한 사항 O 사고 발생 시 긴급조치에 관한 사항 O 물질안전보건자료에 관한 사항 O 교통안전 및 운전안전에 관한 사항 O 보호구 착용에 관한 사항

나. 특별교육 대상 작업별 교육 : 제1호 라목과 같다.

5. 검사원 성능검사 교육(제131조제2항 관련)

설비명	교육과정	교육내용
가. 프레스 및 전단기	성능검사 교육	O 관계 법령 O 프레스 및 전단기 개론 O 프레스 및 전단기 구조 및 특성 O 검사기준 O 방호장치 O 검사장비 용도 및 사용방법 O 검사실습 및 체크리스트 작성 요령 O 위험검출 훈련
나. 크레인	성능검사 교육	O 관계 법령 O 크레인 개론 O 크레인 구조 및 특성 O 검사기준 O 방호장치 O 검사장비 용도 및 사용방법 O 검사실습 및 체크리스트 작성 요령 O 위험검출 훈련 O 검사원 직무

설비명	교육과정	교육내용
다. 리프트	성능검사 교육	O 관계 법령 O 리프트 개론 O 리프트 구조 및 특성 O 검사기준 O 방호장치 O 검사장비 용도 및 사용방법 O 검사실습 및 체크리스트 작성 요령 O 위험검출 훈련 O 검사원 직무
라. 곤돌라	성능검사 교육	O 관계 법령 O 곤돌라 개론 O 곤돌라 구조 및 특성 O 검사기준 O 방호장치 O 검사장비 용도 및 사용방법 O 검사실습 및 체크리스트 작성 요령 O 위험검출 훈련 O 검사원 직무
마. 국소배기장치	성능검사 교육	O 관계 법령 O 산업보건 개요 O 산업환기의 기본원리 O 국소환기장치의 설계 및 실습 O 국소배기장치 및 제진장치 검사기준 O 검사실습 및 체크리스트 작성 요령 O 검사원 직무
바. 원심기	성능검사 교육	O 관계 법령 O 원심기 개론 O 원심기 종류 및 구조 O 검사기준 O 방호장치 O 검사장비 용도 및 사용방법 O 검사실습 및 체크리스트 작성 요령
사. 롤러기	성능검사 교육	O 관계 법령 O 롤러기 개론 O 롤러기 구조 및 특성 O 검사기준 O 방호장치 O 검사장비의 용도 및 사용방법 O 검사실습 및 체크리스트 작성 요령

설비명	교육과정	교육내용
아. 사출성형기	성능검사 교육	O 관계 법령 O 사출성형기 개론 O 사출성형기 구조 및 특성 O 검사기준 O 방호장치 O 검사장비 용도 및 사용방법 O 검사실습 및 체크리스트 작성 요령
자. 고소작업대	성능검사 교육	O 관계 법령 O 고소작업대 개론 O 고소작업대 구조 및 특성 O 검사기준 O 방호장치 O 검사장비의 용도 및 사용방법 O 검사실습 및 체크리스트 작성 요령
차. 컨베이어	성능검사 교육	O 관계 법령 O 컨베이어 개론 O 컨베이어 구조 및 특성 O 검사기준 O 방호장치 O 검사장비의 용도 및 사용방법 O 검사실습 및 체크리스트 작성 요령
카. 산업용 로봇	성능검사 교육	O 관계 법령 O 산업용 로봇 개론 O 산업용 로봇 구조 및 특성 O 검사기준 O 방호장치 O 검사장비 용도 및 사용방법 O 검사실습 및 체크리스트 작성 요령
타. 압력용기	성능검사 교육	O 관계 법령 O 압력용기 개론 O 압력용기의 종류, 구조 및 특성 O 검사기준 O 방호장치 O 검사장비 용도 및 사용방법 O 검사실습 및 체크리스트 작성 요령 O 이상 시 응급조치

6. 물질안전보건자료에 관한 교육(제169조제1항 관련)

교육내용
ㅇ 대상화학물질의 명칭(또는 제품명)
ㅇ 물리적 위험성 및 건강 유해성
ㅇ 취급상의 주의사항
ㅇ 적절한 보호구
ㅇ 응급조치 요령 및 사고 시 대처방법
ㅇ 물질안전보건자료 및 경고표지를 이해하는 방법

3. 공정안전보고서 작성 등 관련 고시

■ 제35조(근로자 등 교육계획)

규칙 제50조제1항제3호 마목의 근로자 등 교육계획은 다음 각 호의 사항을 포함하여야 한다.

1. 목적
2. 적용범위
3. 교육대상
4. 교육의 종류
5. 교육계획의 수립
6. 교육의 실시
7. 교육의 평가 및 사후관리

평가항목

	항목	주요사항
1	공정안전과 관련된 근로자의 초기 및 반복교육을 실시하고 그 결과를 문서화하여 관리하는가?	▸근로자 지속교육 여부
2	연간 교육계획을 수립하여 시행하는가?	▸연간 계획 및 이행여부
3	신규 및 보직 변경 근로자에 대하여 안전운전지침서 등에 대한 현장직무(OJT) 교육을 실시하는가?	▸안전운전교육 및 OJT 실시여부
4	공정안전교육에 설비 전 공정에 관한 공정안전자료, 공정위험성평가서 및 잠재위험에 대한 사고예방 피해최소화 대책, 안전운전절차 및 비상조치계획 등이 포함되어 있는가?	▸교육내용 확인
5	관련 지침에 명시된 대로 교육 누락자 또는 교육성과 미달자 등에 대한 재교육을 실시하고 있는가?	▸평가, 재교육
6	교육강사는 교육생, 교육내용 등에 맞게 적절하게 선정되었는가?	▸선정사유 등 검토 여부
7	안전관리자 등은 공정안전보고서 작성자 자격을 위한 교육을 이수하였는가?	▸자격이수 여부

02 공정안전에 관한 근로자 교육훈련 지침 예시

1. 공정안전에 관한 근로자 교육훈련 기술지침(KOSHA GUIDE P-96-2020)

(1) 용어설명

1) "공정안전교육훈련"이라 함은 사업주가 작성한 공정안전보고서의 내용에 대한 교육훈련을 말한다.
2) "도급"이라 함은 명칭에 관계없이 물건의 제조 · 건설 · 수리 또는 서비스의 제공, 그 밖의 업무를 타인에게 맡기는 계약을 말한다.
3) "수급인"이라 함은 도급인으로부터 물건의 제조 · 건설 · 수리 또는 서비스의 제공, 그 밖의 업무를 도급받은 사업주를 말한다.

(2) 교육훈련대상

교육훈련 대상은 사업장의 근로자, 관리감독자, 수급업체(도급업체를 포함한다) 근로자 및 일용근로자(이하 "근로자 등"이라 한다) 등 공정안전과 관련 있는 사업장의 모든 근로자 등이다.

(3) 교육훈련의 종류

1) 일반안전 · 보건교육훈련
   일반안전 · 보건교육훈련은 산업안전보건법, 같은 법 시행령, 시행규칙 및 관련 고시에서 정하는 교육을 포함한다.
2) 공정안전교육훈련
   공정안전교육훈련은 공정안전자료, 위험성평가, 안전운전계획 및 비상조치를 포함한다.
3) 수급업체 근로자 및 일용근로자에 대한 교육훈련
   수급업체 근로자 및 일용근로자에 대한 교육훈련은 화재 · 폭발 발생, 유해위험물 누출 등 비상시의 조치절차 및 출입 시 준수해야 할 사항 등을 포함한다.

(4) 교육훈련계획의 수립

1) 사업주는 연간 교육훈련계획을 늦어도 당해년도 초에 확정하여야 한다.
2) 안전관리자는 교육훈련계획의 작성을 위하여 관리감독자 등으로 하여금 당해 부서의 교육훈련계획을 제출하게 할 수 있다.
3) 교육훈련계획에는 다음 사항을 포함하여야 한다.
   가. 교육훈련 목적, 범위, 대상, 방법 및 인원
   나. 교육훈련의 종류, 과정, 교육훈련과목 및 교육훈련내용
   다. 교육훈련시기, 횟수 및 시간
   라. 교육훈련방법 및 강사
   마. 교육훈련성과 측정 및 평가방법

4) 교육훈련계획의 작성 시에는 전년도 교육훈련 결과보고서 내용과 근로자 대표(산업안전보건위원회가 설치된 경우 근로자 위원)의 의견을 적절히 반영하여 자발적인 참여가 이루어질 수 있도록 하여야 한다.

(5) 교육훈련의 실시

1) 일반사항

가. 교육훈련의 내용 및 시간은 시행규칙 제26조(교육시간 및 교육내용) 제1항의 규정에서 정한 바에 따른다. 다만, 비상조치훈련은 연 1회 이상 정기적으로 실시하여야 한다.

나. 교육훈련강사는 안전보건관리책임자, 관리감독자, 안전관리자, 보건관리자, 안전보건담당자, 강사요원 교육과정 이수자, 산업보건의, 산업안전지도사, 산업보건지도사, 공정기술자, 장비기술자, 고급운전자, 기계 · 전기기술자 또는 이에 준하는 사내외 관련분야의 전문가로 한다.

다. 교육훈련을 실시할 때에는 교육훈련에 필요한 적합한 교재와 적절한 교육훈련장비 등을 사용하여야 한다. 작성된 교재는 안전관리자, 보건관리자 등의 검토를 받아야 한다.

라. 사업주는 교육훈련에 필요한 설비 · 장비 및 기타 편의를 제공하여야 한다.

마. 교육훈련은 학습, 강의, 시청각교육, 토의, 현장실습, 전산망 등 다양한 방법으로 실시할 수 있다.

바. 교육훈련은 가능한 한 실제상황에 가까운 조건하에서 실시하여야 한다.

2) 일반안전 · 보건교육훈련

근로자 등은 등은 산업안전보건법 제29조(안전 · 보건교육), 제110조(물질안전보건자료의 작성 및 제출), 제114조(물질안전보건자료의 게시 및 교육), 같은 법 시행규칙 제33조(교육시간 및 교육내용), 제156조 내지 제171조와 관련된 물질안전보건자료에 관한 교육의 시기 · 내용 등 및 산업안전보건교육규정(고용노동부고시 제2020-21호)이 정하는 바에 따라 규정된 시간 이상의 교육훈련을 실시하여야 한다.

3) 공정안전교육훈련

가. 공정안전교육훈련은 공정의 특성, 설비의 복잡성, 취급물질의 위험성, 운전상의 난이도 등을 감안하여 담당 직무별로 실시하되, 특히 화학설비 등의 설치, 개 · 보수, 촉매 교체 등 주요 위험시설의 안전운전을 위해서는 다음의 내용을 포함시켜야 한다.

(가) 설비 전 공정에 관한 공정안전자료

(나) 공정위험성 평가서 및 잠재위험에 대한 사고예방 · 피해 최소화 대책

(다) 안전운전계획

가) 안전운전지침서

나) 설비점검 · 검사 및 보수계획, 유지계획 및 지침서

다) 안전작업허가

라) 도급업체 안전관리계획

마) 가동 전 점검지침

바) 변경요소 관리계획

사) 자체감사 및 사고조사계획

아) 기타 안전운전에 필요한 사항

(라) 비상조치계획

가) 사고발생 시 각 부서 · 관련기관과의 비상연락체계

나) 사고발생 시 비상조치를 위한 조직의 임무 및 수행절차

다) 비상조치계획에 따른 교육훈련계획

라) 주민홍보계획

마) 기타 비상조치 관련사항

나. 공정안전교육훈련은 지속적으로 반복해서 실시하되, 매 3년마다 1회 이상 정기적으로 재교육을 실시하여야 한다.

다. 신규설비 또는 변경된 공정 · 설비에 대한 공정안전교육훈련은 설비의 시운전 전에 해당 근로자에게 작업내용 변경 시 교육을 실시하여야 한다.

4) 수급업체 근로자 및 일용근로자에 대한 교육훈련

가. 동일한 장소에서 행하는 사업의 일부를 일상적으로 행하는 수급업체의 근로자 교육훈련은 수급인인 사업주가 실시하는 것을 원칙으로 한다. 다만 도급인인 사업주가 실시하는 교육훈련에 수급업체의 근로자를 참여하게 하거나 또는 다음의 내용을 실시할 수 있다.

(가) 화재 · 폭발 발생, 유해위험물 누출 등 비상시의 조치절차 교육훈련

(나) 수급인인 사업주가 행하는 교육훈련에 필요한 장소 및 자료의 제공, 비상조치훈련 지원 등

나. 사업장 내에서 임시로 행하는 수급업체 근로자

임시로 행하는 수급업체의 근로자 교육훈련은 도급 발주부서 등의 관리감독자가 작업 전에 다음의 내용에 대하여 특별교육을 실시하여야 하며, 필요한 경우 소정의 교재를 제공하고, 이를 수급인 등에게 위임할 수 있다.

(가) 작업지역 내에서 지켜야 할 안전수칙

(나) 출입 시 준수해야 할 사항

(다) 안전작업허가서 발행대상 작업인 경우 그 안전조치사항

(라) 동 작업과 관련된 동종 유사재해 사례

(마) 작업시행 이전에 작업자들에게 화재, 폭발, 독성물질 누출 위험과 예방에 관한 교육

(바) 비상시 조치사항

다. 임시로 행하는 일용근로자

(1) 임시로 행하는 일용근로자 교육훈련은 매 작업 전 당해 관리감독자가 제7.4항(2)호에서 규정한 내용 중 당해 작업과 관련된 내용에 대하여 특별교육을 실시하여야 한다.

(2) 건설업 기초안전보건교육을 이수한 근로자의 경우에도 제7.4항(2)호에서 규정한 내용을 작업장 특성에 맞게 특별교육을 추가로 실시하여야 한다.

라. 수급업체 교육계획은 다음 각 호의 사항을 포함되어있는지를 확인하고, 필요한 경우에는 도급업체와 상호 협의하여 조정하여야 한다.

(1) 교육훈련 목적, 범위, 대상, 방법 및 인원

(2) 교육훈련의 종류, 과정, 교육훈련과목 및 교육훈련내용

(3) 교육훈련시기, 횟수 및 시간

(4) 교육훈련방법 및 강사

(5) 교육훈련성과 측정 및 평가방법

(6) 사업주의 의무사항

(7) 도급업체 사업주의 의무사항

(8) 계획서 작성 및 승인 등

(9) 교육훈련 결과 기록보존

(10) 기타 도급업체와 협조사항

(6) 교육훈련의 평가 및 사후관리

1) 교육훈련의 평가

가. 교육훈련 실시 후에는 시험, 질문, 관찰 등의 객관적인 방법으로 성과를 측정하고 결과에 대한 평가를 할 수 있다.

나. 교육훈련의 평가는 개별, 부서별 또는 도급업체에서 주관한 교육의 경우에는 수급업체별로 실시할 수 있다.

다. 교육훈련성과 평가결과, 일정기준 이상의 근로자 등에게는 자격증을 부여하고 이를 관리할 수 있다.

라. 모든 교육훈련의 성과측정과 결과 평가 시에는 근로자 또는 근로자 대표를 참여시킬 수 있다.

마. 제5.2항의 규정에 의한 공정안전교육훈련을 이수한 근로자에 대하여 제8.1항 (1)호의 규정에 의한 평가 결과 일정 기준 미만의 근로자와 공정안전교육훈련을 불참한 근로자에 대하여는 재교육을 실시할 수 있다.

바. 교육을 이수한 근로자 등에게는 교육필증을 발급하고, 교육필증 미소지자는 현장출입을 금하게 할 수 있다.

2) 교육훈련 결과보고서

가. 교육훈련을 실시한 부서의 장은 교육훈련을 실시하고 다음의 내용이 포함된 교육일지를 작성하여야 한다.

(가) 교육훈련일시

(나) 교육훈련장소

(다) 참석인원(참석자 명단 및 서명 포함)

(라) 강사

(마) 교육훈련내용(교육훈련 자료 포함)

(바) 교육훈련방법

(사) 교육훈련성과 및 평가 결과

(아) 기타

나. 안전관리자는 교육훈련계획의 수립의 규정에 의한 교육훈련계획에 따라 교육훈련을 종료한 후에 다음과 같은 내용이 포함된 교육훈련 결과보고서를 작성하여 사업주에게 보고하여야 한다.

(가) 교육훈련 이수인원

(나) 교육훈련과목 및 교육훈련 내용

(다) 교육훈련일시, 장소, 횟수 및 시간

(라) 교육훈련방법 및 강사

(마) 교육훈련성과(계획 대 실적 대비) 및 평가결과

(바) 문제점 및 개선방향

(사) 기타

다. 교육훈련 결과보고서는 3년간 보존하여야 한다.

안전보건교육훈련 일지 예시

<table>
<tr><td colspan="4" rowspan="2">안전보건교육훈련 일지</td><td colspan="1">담당</td><td>팀장</td><td>공장장</td></tr>
<tr><td></td><td></td><td></td></tr>
<tr><td>일 시</td><td colspan="2"></td><td>장 소</td><td colspan="3"></td></tr>
<tr><td>과 목</td><td colspan="2"></td><td>강 사</td><td colspan="3"></td></tr>
<tr><td>교육방법</td><td colspan="6"></td></tr>
<tr><td>교육내용</td><td colspan="6"></td></tr>
<tr><td rowspan="2">참 석 자</td><td>성 명</td><td>서 명</td><td>성 명</td><td>서 명</td><td>성 명</td><td>서 명</td></tr>
<tr><td></td><td></td><td></td><td></td><td></td><td></td></tr>
<tr><td>평가결과</td><td colspan="6"></td></tr>
<tr><td>비 고</td><td colspan="6"></td></tr>
</table>

교육훈련 결과보고서 예시

<table>
<tr><td colspan="2" rowspan="2">교육훈련 결과보고서</td><td>담당</td><td>팀장</td><td>공장장</td></tr>
<tr><td></td><td></td><td></td></tr>
<tr><td>일 시</td><td></td><td>장 소</td><td colspan="2"></td></tr>
<tr><td>과 목</td><td></td><td>강 사</td><td colspan="2"></td></tr>
<tr><td>교육방법</td><td></td><td>교육 이수 인원</td><td colspan="2"></td></tr>
<tr><td>교육시간</td><td></td><td>횟 수</td><td colspan="2"></td></tr>
<tr><td>교육내용</td><td colspan="4"></td></tr>
<tr><td>교육성과</td><td colspan="4"></td></tr>
<tr><td>평가결과</td><td colspan="4"></td></tr>
<tr><td>문 제 점</td><td colspan="4"></td></tr>
<tr><td>개선방향</td><td colspan="4"></td></tr>
<tr><td>비 고</td><td colspan="4"></td></tr>
</table>

2. 교육훈련관련 추가 서식 예시

교육운련 일지 예시

<table>
<tr><td rowspan="2">교육훈련 일지</td><td rowspan="2">결재</td><td>담 당</td><td>팀 장</td><td>대 표</td></tr>
<tr><td></td><td></td><td></td></tr>
</table>

<table>
<tr><td>교 육 명</td><td colspan="5"></td></tr>
<tr><td>교육일시</td><td colspan="5">년 월 일 시</td></tr>
<tr><td>교육장소</td><td colspan="2"></td><td colspan="2">교육강사</td><td></td></tr>
<tr><td rowspan="4">교육인원</td><td>구분</td><td>계</td><td>남</td><td>여</td><td>비 고</td></tr>
<tr><td>교육대상자수</td><td></td><td></td><td></td><td></td></tr>
<tr><td>교육실시자수</td><td></td><td></td><td></td><td></td></tr>
<tr><td>교육미실시자수</td><td></td><td></td><td></td><td></td></tr>
<tr><td>교육목표</td><td colspan="5"></td></tr>
<tr><td>교육내용</td><td colspan="5"></td></tr>
</table>

<table>
<tr><td>교육방법</td><td colspan="2"></td></tr>
<tr><td>평가결과</td><td colspan="2"></td></tr>
<tr><td>문제점
및
개선방향</td><td colspan="2"></td></tr>
<tr><td rowspan="3">첨부서류</td><td>1. 교육참여자 명단 리스트</td><td>유 □ 무 □</td></tr>
<tr><td>2. 교육자료</td><td>유 □ 무 □</td></tr>
<tr><td>3. 교육 훈련 사진</td><td>유 □ 무 □</td></tr>
</table>

교육 참석자 명단 예시

교육 참석자 명단

순번	이 름	서 명	순번	이 름	서 명
1			21		
2			22		
3			23		
4			24		
5			25		
6			26		
7			27		
8			28		
9			29		
10			30		
11			31		
12			32		
13			33		
14			34		
15			35		
16			36		
17			37		
18			38		
19			39		
20			40		

교육훈련 결과 보고서 예시

<table>
<tr><td colspan="4" rowspan="2">교육훈련 결과 보고서</td><td rowspan="2">결재</td><td>담 당</td><td>팀 장</td><td>대 표</td></tr>
<tr><td></td><td></td><td></td></tr>
<tr><td>교육명</td><td colspan="3"></td><td>교육종류</td><td colspan="3">정기교육( )
보충교육( )
재교육( )</td></tr>
<tr><td>교육일자</td><td></td><td>교육시간</td><td></td><td>교육횟수</td><td colspan="3"></td></tr>
<tr><td>교육장소</td><td></td><td>교육강사</td><td></td><td>교육구분</td><td colspan="3">일반교육( )
특별교육( )
공정교육( )</td></tr>
<tr><td rowspan="4">교육인원</td><td>구분</td><td>계</td><td>남</td><td>여</td><td colspan="3">비 고</td></tr>
<tr><td>교육대상자수</td><td></td><td></td><td></td><td colspan="3"></td></tr>
<tr><td>교육실시자수</td><td></td><td></td><td></td><td colspan="3"></td></tr>
<tr><td>교육미실시자수</td><td></td><td></td><td></td><td colspan="3"></td></tr>
<tr><td>교육내용</td><td colspan="7"></td></tr>
<tr><td>교육성과</td><td colspan="7"></td></tr>
<tr><td>교육평가</td><td colspan="7"></td></tr>
<tr><td>문제점
및
개선방향</td><td colspan="7"></td></tr>
<tr><td>첨부서류</td><td colspan="7"></td></tr>
</table>

CHAPTER 11

가동 전 점검

01 가동 전 점검 관련 법령

1. 산업안전보건기준에 관한 규칙

■ 제277조(사용 전의 점검 등) : 위험물 등의 취급 등

① 사업주는 다음 각 호의 어느 하나에 해당하는 경우에는 화학설비 및 그 부속설비의 안전검사내용을 점검한 후 해당 설비를 사용하여야 한다.

1. 처음으로 사용하는 경우
2. 분해하거나 개조 또는 수리를 한 경우
3. 계속하여 1개월 이상 사용하지 아니한 후 다시 사용하는 경우

② 사업주는 제1항의 경우 외에 해당 화학설비 또는 그 부속설비의 용도를 변경하는 경우(사용하는 원재료의 종류를 변경하는 경우를 포함한다)에도 해당 설비의 다음 각 호의 사항을 점검한 후 사용하여야 한다.

1. 그 설비 내부에 폭발이나 화재의 우려가 있는 물질이 있는지 여부
2. 안전밸브 · 긴급차단장치 및 그 밖의 방호장치 기능의 이상 유무
3. 냉각장치 · 가열장치 · 교반장치 · 압축장치 · 계측장치 및 제어장치 기능의 이상 유무

■ 제441조(사용 전 점검 등) : 관리대상 유해물질

① 사업주는 국소배기장치를 설치한 후 처음으로 사용하는 경우 또는 국소배기장치를 분해하여 개조하거나 수리한 후 처음으로 사용하는 경우에는 다음 각 호에서 정하는 사항을 사용 전에 점검하여야 한다.

1. 덕트와 배풍기의 분진 상태
2. 덕트 접속부가 헐거워졌는지 여부
3. 흡기 및 배기 능력
4. 그 밖에 국소배기장치의 성능을 유지하기 위하여 필요한 사항

② 사업주는 제1항에 따른 점검 결과 이상이 발견되었을 때에는 즉시 청소 · 보수 또는 그 밖에 필요한 조치를 하여야 한다.

③ 제1항에 따른 점검을 한 후 그 기록의 보존에 관하여는 제555조를 준용한다.

■ 제456조(사용 전 점검 등) : 허가대상 유해물질

① 사업주는 국소배기장치를 설치한 후 처음으로 사용하는 경우 또는 국소배기장치를 분해하여 개조하거나 수리를 한 후 처음으로 사용하는 경우에 다음 각 호의 사항을 사용 전에 점검하여야 한다.

1. 덕트와 배풍기의 분진상태
2. 덕트 접속부가 헐거워졌는지 여부
3. 흡기 및 배기 능력
4. 그 밖에 국소배기장치의 성능을 유지하기 위하여 필요한 사항

② 사업주는 제1항에 따른 점검 결과 이상이 발견되었을 경우에 즉시 청소 · 보수 또는 그 밖에 필요한 조치를 하여야 한다.

③ 제1항에 따른 점검을 한 후 그 기록의 보존에 관하여는 제555조를 준용한다.

■ 제612조(사용 전 점검 등) : 분진

① 사업주는 제607조와 제617조제1항 단서에 따라 설치한 국소배기장치를 처음으로 사용하는 경우나 국소배기장치를 분해하여 개조하거나 수리를 한 후 처음으로 사용하는 경우에 다음 각 호에서 정하는 바에 따라 사용 전에 점검하여야 한다.

1. 국소배기장치
   가. 덕트와 배풍기의 분진 상태
   나. 덕트 접속부가 헐거워졌는지 여부
   다. 흡기 및 배기 능력
   라. 그 밖에 국소배기장치의 성능을 유지하기 위하여 필요한 사항
2. 공기정화장치
   가. 공기정화장치 내부의 분진상태
   나. 여과제진장치(濾過除塵裝置)의 여과재 파손 여부
   다. 공기정화장치의 분진 처리능력
   라. 그 밖에 공기정화장치의 성능 유지를 위하여 필요한 사항

② 사업주는 제1항에 따른 점검 결과 이상을 발견한 경우에 즉시 청소, 보수, 그 밖에 필요한 조치를 하여야 한다.

2. 공정안전보고서의 제출, 심사, 확인 및 이행평가 등에 관한 규정

■ 제36조(가동 전 점검지침)

규칙 제50조제1항제3호 바목의 가동 전 점검지침에는 다음 각 호의 사항을 포함하여야 한다.

1. 목적
2. 적용범위
3. 점검팀의 구성
4. 점검시기

5. 점검표의 작성 6. 점검보고서
7. 점검결과의 처리

■ **제49조(가동 전 안전점검)**

사업장에서 새로운 설비를 설치하거나 공정 또는 설비의 변경 시 시운전 전에 안전점검을 실시하고 있는지를 심사하여야 한다. 시운전 전의 안전점검은 최소한 다음 각 호의 사항이 확인되어야 하며, 점검결과를 기록 · 보존하여야 한다.

1. 추가 또는 변경된 설비가 설계기준에 맞게 설계되었는지의 확인 여부
2. 추가 또는 변경된 설비가 제작기준대로 제작되었는지와 규정된 검사에 의한 합격판정의 확인 여부
3. 설비의 설치공사가 설치 기준 또는 사양에 따라 설치되었는지의 확인 여부
4. 안전운전절차 및 지침, 정비기준 및 비상시 운전절차가 준비되어 있는지와 그 내용이 적절한지의 확인 여부
5. 신설되는 설비에 대하여 위험성 평가의 시행과 평가 시 제시된 개선사항이 이행되었는지의 확인 여부
6. 변경된 설비의 경우 규정된 변경관리 절차에 따라 변경되었는지의 확인 여부
7. 신설 또는 변경된 공정이나 설비의 운전절차에 대한 운전원의 교육 · 훈련과 이를 숙지하고 있는지의 확인 여부

별표 4 세부평가항목

가동 전 점검지침 관련 평가항목 및 주요사항은 아래와 같다.

항목		주요사항
1	가동 전 점검지침이 산업안전보건법령, 동 고시 및 공단 기술지침을 참조하여 작성되어 있는가?	▸고시 및 공단 기술지침 반영여부
2	변경요소관리 등 사유 발생 시 가동 전 점검을 하고 있는가?	▸변경요소관리, 정비/보수, 미사용설비(1개월 이상, 지침확인)에 대한 가동 전 점검 실시여부 확인
3	가동 전점검표가 해당공정에 맞게 산업안전보건법령, 동 고시 및 공단 기술지침을 참조하여 선정되었는가?	▸가동 전 점검표의 설비별 특성 반영여부 등 확인
4	가동 전 점검 결과 개선항목이 적절하게 발굴되었는가?	▸가동 전 점검보고서의 점검사항이 점검팀에 의해 다양하게 점검되어 개선항목이 발굴되었는지 여부 확인
5	가동 전 점검 시 지적된 사항들을 개선항목(Punch List)으로 작성하여 시운전까지 개선하는가?	▸개선완료 확인 서류
6	실행계획서에 의해 개선항목이 이행되었는가?	▸개선완료 확인 서류

02 가동 전 점검 지침 예시

1. 가동 전 안전점검에 관한 기술지침(KOSHA GUIDE P-97-2023)

(1) 용어설명

1) 시운전(Start-Up) : 기계설비의 설치를 완료하고 작동을 개시하여 단일기기 또는 각 설비의 기계적 성능이 명세, 설계기준 등과 일치(또는 도달)하는지를 확인하는 운전
2) 개선항목(Punch List) : 기계설치 완료 또는 시운전 전에 설비 및 자재류가 명세, 설계도면 등과 일치하지 않는 항목이나 개선하여야 하는 항목표

(2) 점검내용

가동 전 점검 시에는 최소한 다음의 내용을 점검한다.

1) 신설, 변경 또는 정비, 보수된 설비가 제작기준대로 제작되었는지 확인
2) 신설, 변경 또는 정비, 보수된 설비가 설치기준 또는 시방서에 따라 설치되었는지의 확인
3) 신설, 변경 또는 정비, 보수된 설비가 규정된 검사를 실시하여 합격되었는지의 확인
4) 신설, 변경 또는 정비, 보수된 설비의 안전장치와 자동제어기능의 확인
5) 위험성 평가보고서 중 개선권고 사항이 이행되었는지의 확인
6) 안전운전에 필요한 절차 및 자료
7) 시운전 및 운전개시에 필요한 준비

(3) 점검팀 구성

가동 전 점검을 위한 팀은 점검범위에 따라 별도의 가동 전 점검을 위해 사전 교육, 훈련된 기술자 또는 다음과 같은 기술자들로 구성한다.

1) 팀 책임자
2) 해당공정, 설비 설계기술자
3) 해당 공정, 설비 운전기술자
4) 검사 및 정비 기술자
5) 비상계획 및 안전관리자
6) 특수설비 및 주요 회전기기의 경우 제작 전문기술자(필요시)

(4) 점검시기

가동 전 점검은 설비의 신설, 변경 또는 정비, 보수를 위한 기계, 전기, 배관 및 계장 공사가 완료된 후부터 시운전 전까지의 기간에 점검한다.

(5) 점검표 작성

1) 점검팀은 점검할 대상설비에 대하여 점검항목, 점검사항 및 점검결과 기재란 등으로 구분하여 점검표를 준비한다.

2) 점검표는 각 공정 또는 설비별로 설계도서, 설치시방서 및 안전운전절차서에 따라 안전운전에 필요한 사항을 점검할 수 있도록 구체적으로 작성한다.

3) 점검표는 사업장의 특성에 맞도록 단위공정별로 작성한다.

(6) 점검 보고서 작성

점검팀은 작성된 점검표에 따라 점검을 수행하고, 명세서 및 시방서의 요구사항에 대한 적합여부를 판정하는 가동 전 안전점검 보고서를 작성한다.

(7) 점검결과의 처리

1) 점검보고서 중 결함이 있거나 또는 개선대책이 필요한 사항에 대해서는 개선항목 요구표를 작성한다.

2) 개선항목 요구표에 포함된 사항은 시운전 전에 개선이 완료되도록 개선항목 실행 계획서를 작성하고, 이를 이행한다.

3) 가동 전 안전점검보고서, 개선항목 요구표 및 개선항목 실행계획서는 공장 운전개시 후 최소한 3년간 보관한다.

(8) 점검에 필요한 자료

가동 전 점검표 작성 및 점검 시 필요한 서류 및 도면은 다음과 같다.

1) 기계장치 및 설비 목록표
2) 안전장치 명세서
3) 기계설비 배치도
4) 기기설치 시방서
5) 공사설계 시방서
6) 배관검사 절차서
7) 기밀시험 절차서
8) 공정 흐름도(PFD) 및 배관 · 계장도면(P&ID)
9) 건축물 각 층의 평면도
10) 내화시험 성적서
11) 회전기계의 부하시험 절차서
12) 가스누출감지경보기의 배치도
13) 소방설비 설계명세 및 배치도
14) 전기단선도
15) 폭발위험장소 구분도 및 방폭용 전기기계 · 기구의 방폭등급
16) 안전운전절차서
17) 각 기기별로 제작자의 운전정비 절차서

가동 전 안전점검표에 포함될 항목 예시

1. 공정운전을 위한 일반사항

1.1 공장의 사용 및 운전을 위한 각종 인허가의 신청 및 취득
1.2 안전운전 절차서 확보
1.3 설비(기기)별 제작자의 설치 시방서 확보
1.4 운전 및 정비 절차서 확보
1.5 촉매 등의 장입 절차서
1.6 설치상태와 일치된 공정 흐름도 및 배관 · 계장도 확보
1.7 공정별 운전원 및 정비작업원 교육 실시
1.8 시운전 절차서 확보
1.9 공장성능시험절차서 확보

2. 시운전 준비

2.1 기기설치완료 확인
2.2 건설 기간 중에 기기보호용으로 도포한 녹 방지제 및 기름의 제거 확인
2.3 윤활유의 준비
 2.3.1 기기제작자가 추천한 윤활유 목록 및 준비 확인
 2.3.2 윤활유의 주입 확인
 2.3.3 윤활유의 주입장치 및 세정유의 드레인 확인
2.4 누설방지용 실(Seal) 및 패킹(Packing)
 2.4.1 누설방지용 실 및 패킹의 조정 또는 설치 확인
2.5 임시 가설 받침대, 브레이싱(Bracing) 기타 보강용 사용자재의 철거 확인
2.6 회전기기의 조립
 2.6.1 회전기기의 회전방향의 확인
 2.6.2 회전부의 간섭여부 확인
 2.6.3 윤활 및 냉각장치의 확인
 2.6.4 제작자의 시방서에 따라 공차 범위 내로 조립 · 설치 확인
 2.6.5 무부하 장치의 확인
 2.6.6 안전장치의 설치 확인
2.7 단위공정 설비 간의 접속
 2.7.1 단위공정 간 설비의 접속 배관 정렬의 확인
 2.7.2 단위공정 간 접속부분은 명세서와 기준에 맞는지의 여부 확인
 2.7.3 맹판, 잠금장치(Car Seal) 등의 제거 확인
2.8 기밀 및 압력시험
 2.8.1 단위공정 구역 간의 종합 기밀시험 수행확인
 2.8.2 기밀 및 압력시험이 적용 코드에 맞게 수행되었는지 여부 확인
 2.8.3 시험에 대한 보고서 확인
2.9 검사 및 시험
 2.9.1 모든 장치 및 설비 설계는 설계시방서에 맞게 수행되었는지 확인
 2.9.2 모든 장치 및 설비 제작은 제작시방서에 맞게 수행되었는지 확인
 2.9.3 모든 장치 및 설비 검사시험은 적용코드에 맞게 되었는지 확인
 2.9.4 보험이나 인허가에 필요한 검사의 수행 및 입회검사 확인
2.10 압력방출장치
 2.10.1 압력방출장치별로 압력설정치 목록표 준비

2.10.2 압력방출장치의 시험은 공인된 시험설비에 의해 수행되었는지 확인
2.10.3 시험 후 필요에 따라 봉인되었는지 확인
2.10.4 각 압력방출장치 시험에 대한 개별식별 부착 확인
2.10.5 시험결과의 보고서 확인
2.11 세척
2.11.1 세척작업의 절차서 확인
2.11.2 세척제의 준비
2.11.3 세척된 내부 상태 확인
2.11.4 세척작업[플러싱(Flushing), 블로잉(Blowing) 및 화학적/기계적인 작업]의 완료 확인
2.11.5 세척작업 결과보고서 확인
2.12 임시맹판 및 스트레이너(Strainer) 교체
2.12.1 배관의 퍼지(Purging) 및 플러싱 확인
2.12.2 필요한 임시 스크린(Screen) 및 스트레이너 준비와 설치
2.12.3 필요한 경우 시운전 중 스크린 및 스트레이너의 여과물질 제거
2.12.4 세척 시 격리에 필요한 임시 맹판 준비 및 설치
2.12.5 세척완료 후 임시 스크린 및 스트레이너의 제거와 영구 스크린 및 스트레이너 설치
2.12.6 세척완료 후 임시 맹판의 제거 확인
2.12.7 세척작업 기록의 확인
2.13 퍼지(스팀 또는 불활성 가스 등)
2.13.1 퍼지를 위한 연결부 설치 확인
2.13.2 퍼지용 가스 등(스팀 또는 질소가스) 준비
2.13.3 안전범위 내에서의 퍼지 수행 확인
2.14 건조
2.14.1 운전물질, 촉매 등의 오염방지를 위한 설비건조 수행
2.14.2 내화물질 및 라이닝(Lining) 등의 양생 시간 유지
2.14.3 배기가스 회수 또는 흡수 설비의 폭발방지 기능 확인
2.15 용기 내 충진
2.15.1 모래, 자갈, 볼(Ball) 및 링(Ring) 등 충진물 받침대 설치
2.15.2 화학물질, 레진(Resin), 건조제 또는 촉매제 등 충진
2.15.3 충진물의 양 등의 적정성 검사
2.15.4 충진기록의 유지
2.16 청소
2.16.1 설비 및 기기의 설치가 끝난 후 가설설비의 제거 및 청소 확인
2.16.2 세척제의 안전한 처리
2.16.3 가동 전 점검 후 기후, 부식 및 손상으로부터 보호조치
2.17 정비용 예비품 및 특수공구
2.17.1 제작자가 추천하는 예비품 및 특수공구 목록표 확인
2.17.2 예비품과 특수공구의 관리시스템 및 보관상태
2.17.3 예비품의 검수 및 관리기준 확인

3. 각 기기별 점검사항

3.1 용기류
3.1.1 용기의 설치와 내부 부속장치의 조립상태 점검
3.1.2 용기내부의 세척상태 및 건조상태

3.1.3 외부단열 및 도장상태 확인
3.1.4 배관과 접속되는 플랜지와의 일치 확인
3.1.5 액면계 및 시료 채취에 필요한 부속설비의 확인
3.1.6 시험가동 중 볼트 토크(Bolt Torque) 재조정

3.2 열교환기
3.2.1 제작자 공장검사 보고서의 확인(압력시험, 치수검사 및 튜브팽창 비율 또는 용접상태)
3.2.2 플랜지 면 등 기계가공면의 보호상태
3.2.3 정비 및 청소를 위한 안전공간 확인

3.3 열교환기(공랭식)
3.3.1 팬 조립 시 간격의 조정 확인
3.3.2 통풍구 작동과 운전 연동의 점검
3.3.3 가설재의 제거

3.4 가열기
3.4.1 설계명세서 및 적용기준에 따른 압력검사 수행
3.4.2 가동 전 버너 기능 및 예비점화 점검
3.4.3 연료배관을 압축공기로 청소한 후 청결상태 점검 버너와 연결 확인
3.4.4 댐퍼 작동상태 및 각종 지시계 등의 위치 점검
3.4.5 공기예열기, 공기공급기 및 배기팬의 작동 점검
3.4.6 내화벽돌의 건조 및 건조 후 내화벽돌 균열점검
3.4.7 필요시 화학세제 또는 물로써 세척 확인
3.4.8 필요시 액체 열매체 충진 확인
3.4.9 건조 후 퍼지 작업의 수행 확인

3.4.10 단열 및 도장상태 확인
3.4.11 제작자의 전문기술자 입회하에 설치 및 가동 전 점검

3.5 회전기기(펌프, 압축기, 터빈)
3.5.1 기초 밑판의 수평 확인 및 그라우팅(Grouting) 작업 확인
3.5.2 펌프, 압축기 및 구동장치와 연결된 배관의 응력제거 확인
3.5.3 윤활 및 냉각장치의 가동 전 점검
3.5.4 제작자의 추천에 따른 윤활유, 실링유 또는 냉각유 등의 주입
3.5.5 운전설비의 정압기 및 과부하 방지장치의 점검
3.5.6 정압기의 작동상태 확인
3.5.7 스팀 트랩(Steam Trap)의 기능 확인
3.5.8 회전속도계(Tachometer)의 기능 확인
3.5.9 베어링류의 윤활상태 확인
3.5.10 무부하 기능의 확인
3.5.11 무부하 운전 시 구동기의 회전방향 확인
3.5.12 무부하 운전 시 윤활유의 액위와 온도 점검
3.5.13 경보장치의 점검
3.5.14 회전기기 및 인근 배관의 진동점검
3.5.15 축부위 온도 점검
3.5.16 냉각수 순환사항 및 누설 점검
3.5.17 각종 계기의 작동 점검
3.5.18 점검사항의 기록유지

3.6 저장탱크
- 3.6.1 수압 시험 후 탱크 및 내부설비 검사
- 3.6.2 세척(화학세척 또는 물 세척) 상태의 점검
- 3.6.3 탱크의 진원도 측정결과 확인
- 3.6.4 사다리의 설치 상태와 점검구의 상태 확인
- 3.6.5 탱크 상부의 추락방지 난간대 설치 확인
- 3.6.6 단열 또는 도장 상태 점검
- 3.6.7 밀폐가 필요한 경우 작업 수행 후 재밀폐 확인

3.7 배관설비
- 3.7.1 배관이나 부속품이 설계도면과의 일치 여부 확인
- 3.7.2 사용된 재질 및 규격과 설계시방서 및 적용 코드와의 일치여부 확인
- 3.7.3 배관 접속이 무리 없이 진행되어 불필요한 응력발생 여부 확인
- 3.7.4 압력시험 스케줄에 따라 모든 배관의 수압 또는 기압시험 수행 확인
- 3.7.5 밸브류의 설치방향이 유체흐름 방향과 일치하는지 확인
- 3.7.6 수압시험 전, 에어포켓(Air Pocket)이 생길 수 있는 오리피스는 제거 및 수압 시험 후 오리피스 재설치
- 3.7.7 수압시험 또는 기압시험 후 맹판 제거 확인
- 3.7.8 단열시공 또는 용접부 플랜지 등의 도장시공은 각 배관계별로 시험이 완료된 후 수행여부 확인
- 3.7.9 지하배관의 모든 용접부위들은 규정된 시험을 완료하고 도장 및 특수도포하는지 확인
- 3.7.10 배관의 지지대 및 배관걸이 등이 설계에 맞게 견고하게 설치되었는지 확인
- 3.7.11 필요시 시운전 또는 가동 중에 조정이 필요한 배관걸이 및 지지대 등의 점검과 조정
- 3.7.12 특정밸브에 필요한 특수밸브패킹의 설치
- 3.7.14 필요한 경우 밸브에 잠금장치 설치
- 3.7.15 잠금장치가 설치된 장소를 기록하고 페인트 등으로 밸브 표시
- 3.7.16 시험가동 중에 지지대 위치, 진동 및 열팽창 등의 점검과 교정
- 3.7.17 가동 전 점검 및 가동시의 볼트토크 재조정

3.8 전력계통
- 3.8.1 메가미터(Megameter)를 사용하여 전선로의 절연시험
- 3.8.2 메가미터를 사용하여 전동기와 변압기의 권선의 상간, 상과 접지 간 절연시험
- 3.8.3 접지의 연결연속성과 대지에 대한 저항값을 측정하기 위한 접지시스템 점검
- 3.8.4 100kV 이상되는 오일 절연방식의 변압기에서 절연유 샘플검사
- 3.8.5 필요한 경우 전기기어의 오일 충진 확인
- 3.8.6 모든 수배전반, 전동기 제어장치 및 발전기의 시운전 및 조정
- 3.8.7 수배전반과 회로차단기의 상호연동 시험
- 3.8.8 인 · 허가에 필요한 검사관의 입회시험 및 승인
- 3.8.9 모든 시험이 완료된 후 변전소의 통전 확인
- 3.8.10 상(Phase)의 순서, 극성, 전동기의 회전방향 점검
- 3.8.11 비상전력 및 조명 시스템의 설치 점검
- 3.8.12 점검 및 시험결과의 기록유지

3.9 계장설비
- 3.9.1 무부하상태에서 계기 운전성 점검
- 3.9.2 표준시험장비로 계기의 영점과 100% 조정 및 제어점 설정 확인
- 3.9.3 제어용으로 사용되는 모든 공기공급용 튜브는 청정공기로 세척작업 여부 확인
- 3.9.4 모든 공기 공급용 튜브 및 연결부 기밀성 점검

3.9.5 공기에 의하여 제어되는 계기 및 튜브에 대한 누설시험
3.9.6 계장용 공정배관에 대한 기밀시험
3.9.7 각 제어루프를 기초로 하는 계기(제어변동)가 설계시방과 같이 작동하는지의 여부를 모의 신호로 확인하는 루프 체크
3.9.8 모든 전기적 신호와 경보배선은 전기의 연속성 확보, 전원 및 극성 등의 정확성 점검
3.9.9 열전대는 보호관 내의 적절한 위치 배정, 올바른 극성 연결 및 수신계기와의 연속성 등 점검
3.9.10 오리피스의 번호판 및 흐름방향 확인
3.9.11 압력검사 시 일시 제거되거나 격리된 계장품(제어밸브, 터빈미터 등)의 시스템 점검 후 재설치 확인
3.9.12 배관 및 장치(기기)의 세척 시 일시 제거되거나 격리된 계기는 재설치
3.9.13 필요시 실링액 주입
3.9.14 최적의 자동운전 및 안전운전을 위하여 공장기동이나 정지 시 또는 긴급차단 시 기기 등의 연동작동을 확인하는 시퀀스테스트
3.9.15 각 기록계의 기록용지의 준비 및 장입
3.9.16 시운전 시 각 계기의 운전상태를 기록하는 운전기록지(Log Sheet) 준비
3.9.17 특수한 계장제어 설비는 제작자의 기술자 입회하에 제어시스템 점검

3.10 보일러
3.10.1 설계명세서 및 적용코드에 의한 압력시험 수행 확인
3.10.2 설치완성 검사한 후 무부하 상태에서 버너 점화 상태 점검 및 조절
3.10.3 공기예열기, 댐퍼 및 수트블로어(Soot Blower)의 운전 및 작동시험
3.10.4 제작자의 온도상승지침에 따라 내화벽돌의 건조 확인
3.10.5 스팀배관의 세정 상태 확인
3.10.6 최초의 운전 시 공급되는 물은 수처리된 물이 공급되는지 확인
3.10.7 액면계의 위치와 감시 등의 확인
3.10.8 보조기기들은 형식 및 시방서에 따라 시운전 및 점검
3.10.9 안전밸브의 작동시험 및 설정치 확인
3.10.10 필요시 제작자의 기술자 입회하에 설치 및 가동 전 점검

3.11 유틸리티 설비
3.11.1 수처리 설비의 운전개시 전 인허가 신청 및 취득
3.11.2 수처리 설비는 설치완성 검사를 한 후 무부하 시험상태에서 점검하고 조정
3.11.3 배출수의 수질시험
3.11.4 소화설비는 설치 완성 검사 후 무부하 시험상태에서 점검하고 조정
3.11.5 디젤 엔진펌프는 정기적으로 자동작동시험 및 점검
3.11.6 소화설비에 대한 인허가 신청 및 보험회사의 점검과 취득
3.11.7 화재진압용 필수 소화약제 확보와 고정식 및 이동식 소화장비의 설치 확인

2. 가동 전 점검 관련 서식 예시

가동 전 안전점검 보고서 예시

<table>
<tr><td colspan="4" rowspan="2">가동 전 안전점검 보고서
년 월 일</td><td rowspan="2">결
재</td><td>검토</td><td>확인</td><td>승인</td></tr>
<tr><td></td><td></td><td></td></tr>
<tr><td>점검
대상</td><td>일련
번호</td><td>점검결과</td><td>점검자</td><td colspan="3">개선항목</td><td>비고</td></tr>
<tr><td></td><td></td><td></td><td></td><td colspan="3"></td><td></td></tr>
</table>

개선항목(Punch list) 요구표 예시

<table>
<tr><td colspan="3" rowspan="2">개선항목(Punch list) 요구표

년 월 일</td><td rowspan="2">결
재</td><td>검토</td><td>확인</td><td>승인</td></tr>
<tr><td></td><td></td><td></td></tr>
<tr><td>번호</td><td>개선항목</td><td>개선진행 결과</td><td colspan="2">책임부서</td><td>개선일자</td><td>비고</td></tr>
<tr><td></td><td></td><td></td><td colspan="2"></td><td></td><td></td></tr>
</table>

개선항목(Punch list) 실행 계획서 예시

<table>
<tr><td colspan="3" rowspan="2">개선항목(Punch list) 실행 계획서
년 월 일</td><td rowspan="2">결재</td><td>검토</td><td>확인</td><td>승인</td></tr>
<tr><td></td><td></td><td></td></tr>
<tr><td>번호</td><td>개선항목</td><td>개선방법</td><td colspan="2">개선부서</td><td>실행일정</td><td>비고</td></tr>
<tr><td></td><td></td><td></td><td colspan="2"></td><td></td><td></td></tr>
</table>

* 보고서 등은 공단 양식과 동일

03 가동 전 점검 실습

(1) 암모니아 수(농도 20%) 취급설비 중 볼류트 펌프를 교체하였다. 가동 전 점검에 필요한 항목을 선정하여 점검표를 작성하시오.

(2) (1)번 항목을 기준으로 하여 가동 전 점검 중 펌프연결 플랜지에서 약간의 누출이 발견되었다. 가동 전 점검표, 가동 전 점검 보고서, 펀치리스트를 작성하시오.

CHAPTER 12

변경관리

01 변경관리 관련 법령

1. 공정안전보고서의 제출, 심사, 확인 및 이행상태 평가등에 관한 규정

■ 제37조(변경요소 관리계획)

규칙 제50조제1항제3호 사목의 변경요소관리계획은 다음 각 호의 사항을 포함하여야 한다.

1. 목적
2. 적용범위
3. 변경요소 관리의 원칙
4. 정상변경 관리절차
5. 비상변경 관리절차
6. 변경관리위원회의 구성
7. 변경 시의 검토항목
8. 변경업무분담
9. 변경에 대한 기술적 근거
10. 변경요구서 서식 등

■ 제50조(변경요소관리)

사업장이 제조공정에서 취급되는 화학물질의 변경이나 제조공정의 변경, 장치 및 설비의 주요구조 변경 또는 각종 운전 · 작업 절차의 변경이 있을 경우에 다음 각 호의 기준에 따라 변경관리가 수행되고 있는지를 심사하여야 한다.

1. 변경관리의 대상에 최소한 다음 각 목의 사항이 포함되어 있는지 여부
   가. 신설되는 설비와 기존 설비를 연결할 경우의 기존설비
   나. 기존 설비의 변경은 없어도 운전조건(온도, 압력, 유량 등)을 변경할 경우
   다. 제품생산량 변경은 없으나 새로운 장치를 추가, 교체 또는 변경할 경우
   라. 경보 계통 또는 계측제어 계통을 변경할 경우
   마. 압력방출 계통의 변경을 초래할 수 있는 공정 또는 장치를 변경할 경우
   바. 장치와 연결된 비상용 배관을 추가 또는 변경할 경우
   사. 시운전 절차, 정상조업 정지절차, 비상조업 정지 절차 등을 변경할 경우
   아. 위험성평가 · 분석결과 공정이나 장치 · 설비 또는 작업절차를 변경할 경우
   자. 첨가제(촉매, 부식방지제, 안정제, 포말생성방지제 등)를 추가 또는 변경할 경우
   차. 장치의 변경 시 필연적으로 수반되는 부속설비의 변경이나 가설설비의 설치가 필요할 경우

2. 변경관리 방법에 있어서 먼저 변경 시의 절차를 규정화하여 실행하는 체계를 구축하고 있는지 여부
3. 변경 절차에 변경 전 다음 사항을 검토하도록 하는 내용이 포함되었는지 여부
   가. 변경계획에 대한 공정 및 설계의 기술적 근거의 타당성 여부
   나. 변경 부분의 전·후 공정 및 설비에 대한 영향
   다. 변경 시 안전·보건·환경에 대한 영향
   라. 변경 시 뒤따르는 운전절차상의 수정 내용의 타당성 여부
   마. 변경 일정의 적합성 여부
   바. 변경 시 관련기관에 필요한 보고 업무 등
4. 사업장에서 변경 이전에 변경할 내용을 운전원, 정비원 및 도급업체 등에게 정확히 알려 주고, 변경 설비의 시운전 이전에 이들에게 충분한 훈련을 실시하고 있는지 여부
5. 변경 시 공정안전 기술자료의 변경이 수반될 경우에는 이들 자료의 보완이 즉시 이행되고 있는지 여부
6. 운전절차, 안전작업허가절차 및 도급작업절차 등 안전운전 관련자료의 변경이 수반될 때도 즉시 변경되는지 여부

▌별표 4 세부평가항목

변경요소관리 관련 평가항목 및 주요사항은 아래 표와 같다.

	항목	주요사항
1	변경요소관리지침이 산업안전보건법령, 동 고시 및 공단 기술지침을 참조하여 작성되어 있는가?	▸변경요소관리지침 고시, 지침 반영 여부 확인
2	변경요소관리 대상은 빠짐없이 변경요소관리 절차에 따라 처리되었는가?	▸변경요소관리 절차, 검토항목별 검토여부 확인
3	변경 요구서에 필요한 사항이 기재되어 있고, 기술적으로 충분한 근거를 제시하고 있는가?	▸공정안전보고서의 항목별로 검토여부 확인
4	모든 변경사항을 목록화하여 관리하고 있는가?	▸변경관리 목록화 관리
5	변경 내용을 운전원, 정비원, 도급업체 근로자 등에게 정확하게 알려 주고 시운전 전에 충분한 교육을 실시하는가?	▸교육실시여부 확인
6	변경관리위원회는 산업안전보건법령, 동 고시 및 공단 기술지침을 참조하여 구성되고 운영되고 있는가?	▸변경관리위원회 구성, 임명 등 확인
7	변경 시 공정안전자료의 변경이 수반될 경우에 이들 자료의 보완이 즉시 이행되고 있는가?	▸보고서 변경 일자, 변경사항 등 확인 및 도면 Rev No 확인

02 변경요소관리 지침 예시

1. 변경요소관리 지침

(1) 용어설명

1) 단순 교체 : 기존 설비와 동일한 것으로 바꾸는 것
2) 변경 : 기존 설비와 다르게 교체하거나 증설 또는 감축하는 것
3) 정상변경 : 계획에 의한 변경으로 정상변경절차에 따라 실시되는 것
4) 비상변경 : 긴급을 요할 경우에 실시하는 변경으로, 정상변경절차를 따르지 않고, 실시하는 것
5) 임시변경 : 변경이 완료되면 원상복구가 가능한 단기간 내 일시적으로 이루어지는 변경

(2) 변경관리 원칙

1) 변경을 수행함으로써 추가되는 위험이 없도록 제안된 변경내용을 충분히 검토하여야 한다.
2) 변경의 결과로서 요구되는 새로운 절차와 자료 등을 검토하여 개정하여야 한다.
3) 변경에 관련된 안전운전절차서, 공정안전자료, 공정운전, 정비교육교재 및 설비/정비대장 등의 서류를 수정 또는 보완하여야 한다.

(3) 변경관리 등급

제안된 변경관리 대상에 대해서는 등급(MOC Classes ; Management Of Change Classes)을 구분한다.

1) 변경관리 대상

변경관리 대상에는 최소한 다음의 사항이 포함되어야 한다.

가. 신설되는 설비와 기존 설비를 연결할 경우의 기존설비
나. 기존 설비의 변경은 없어도 운전조건(온도, 압력, 유량 등)을 변경할 경우
다. 제품생산량 변경은 없으나 새로운 장치를 추가, 교체 또는 변경할 경우
라. 경보 계통 또는 계측제어 계통을 변경할 경우
마. 압력방출 계통의 변경을 초래할 수 있는 공정 또는 장치를 변경할 경우
바. 장치와 연결된 비상용 배관을 추기 또는 변경할 경우
사. 시운전 절차, 정상조업 정지절차, 비상조업 정지 절차 등을 변경할 경우
아. 위험성평가 · 분석결과 공정이나 장치 · 설비 또는 작업절차를 변경할 경우
자. 첨가제(촉매, 부식방지제, 안정제, 포말생성방지제 등)를 추가 또는 변경할 경우
차. 장치의 변경 시 필연적으로 수반되는 부속설비의 변경이나 가설설비의 설치가 필요할 경우

2) 등급

가. 등급 1(Class 1)

체계적인 위험성평가를 수행하여야 할 필요가 있는 공정 설비의 증설, 원료 변경 또는 물질

수지와 같은 복합적인 변경인 경우로, 반드시 변경관리위원회의 심의 및 승인이 필요한 변경

나. 등급 2(Class 2)

단일공정 내 설비의 변경 또는 일부 생산품질에 영향을 주는 변경인 경우로, 변경 관리위원회의 심의 및 승인이 필요한 변경

다. 등급 3(Class 3)

공정 또는 설비에 영향을 주지 않거나 안전에 영향을 주지 않은 변경인 경우로, 변경 발의 부서 또는 기술부서의 장이 자체적으로 수행이 가능한 변경

3) 변경관리 등급의 구분

가. 변경관리 등급은 사업장별 자체 점검표(Check List) 등 변경관리 등급기준을 정하여 이에 따라 구분한다.

나. 등급의 분류는 최소한 2명의 검토자가 검토한 후 변경 발의부서의 장 또는 변경관리위원회에 의해 승인되도록 한다.

다. 체계적인 위험성 평가가 생략된 경우에도 최소한 검토 및 승인과정에 대한 목록을 작성하여 관리하여야 한다.

라. 변경관리의 등급분류에 대한 적정여부는 자체감사 시에 다시 확인 · 평가되도록 한다.

⑷ **변경관리 수행절차**

1) 변경관리의 분류

가. 변경발의자는 변경관리 내용을 "변경" 또는 "단순 교체"로 분류하되, 확실한 판단이 서지 않을 경우에는 변경 발의부서의 장 또는 변경관리위원회의 판정에 따른다.

나. 변경대상으로 분류된 경우, "정상변경", "비상변경" 또는 "임시변경"으로 구분하여 해당절차에 따라 실시한다.

다. 단순 교체인 경우에는 "정비작업일지"에 기재하고, 시행한다.

라. 긴급한 상황으로 우선 처리가 필요한 경우에는 비상변경절차에 따른다.

2) 정상변경 관리절차

가. 변경 발의자는 사업장 자체 고유 양식의 변경관리요구서를 작성하여, 변경관리위원회에 문서로 제출한다.

나. 변경관리요구서에는 발의자의 이름, 요구일자, 설비명, 변경요구가 비상인지의 여부, 변경의 개요와 발의자의 의견 등이 포함된다.

다. 변경요구서에는 다음과 같은 변경요구의 기술적 근거 및 발의자의 기술적 소견이 포함되어 있어야 한다.

(가) 변경계획에 대한 공정 및 설계의 기술 근거

(나) 변경의 개요와 의견(도면 또는 스케치, 기타 첨부 서류)
(다) 공정안전 확보를 위한 대책
(라) 안전운전에 필요한 사항 및 신뢰성 향상 효과

라. 변경등급 구분에 따라 등급 3의 경우에는 위험성 평가를 생략할 수 있으며, 등급 1과 2는 위험성 평가를 실시하되, 등급 2 경우에는 평가자 구성범위를 축소 또는 조정할 수 있다.
마. 변경관리위원회는 변경요구서를 접수한 후 요구사항을 검토하기 위하여 검토 책임부서와 전문가를 지정한다.
바. 검토자는 할당받은 사항에 대한 기술 및 안전성 검토를 하여 그 결과를 위원회에 제출한다.
사. 변경관리위원회는 최종 검토 후 승인여부를 결정하고, 변경의 필요성 조사, 변경의 승인여부 결정 및 승인여부의 논리적 근거를 기록하여 발의자에 서면 통보하여 시행을 지시한다.
아. 변경 여부를 통보한 후 변경완료 사항을 검사 · 확인하고, 변경에 관련된 제반서류 및 도서에 변경내용을 기록하여 보관한다.

3) 비상변경관리 절차
가. 긴급을 요할 경우에는 정상변경 절차에 따르지 않고, 변경을 우선 지시하고, 사후에 완료를 요구할 수 있다. 또한 일과 후, 주말 또는 휴일 등에 발생하는 긴급한 변경은 별도의 절차를 마련하여 시행한다.
나. 인명피해, 설비손상, 환경파괴 또는 심각한 경제적 손실을 피하기 위하여 즉시 변경이 요구되는 경우에는 담당자가 비상변경 발의를 할 수 있다.
다. 비상변경 발의자는 운전부서의 장 및 사업주의 승인을 받는다. 다만 필요시 유선으로 보고하고 추후 승인을 받는다.
라. 비상변경 발의자는 변경시행 후 즉시 정상변경관리절차에 따라 변경관리요구서를 작성하여 변경관리위원회에 제출한다. 다만, 신속한 처리를 요청하기 위하여 변경관리요구서에 "비상" 표시를 한다.
마. 변경관리위원회는 변경관리요구서를 검토하여 변경 시행된 사항을 계속 유지하여 운전할 것인가를 결정한다. 만약 위원회가 변경내용을 승인하면 그 변경 내용은 정상변경관리 절차에 따라 결정된 것으로 보며, 이후 절차는 정상변경관리절차에 따른다.

4) 임시변경 관리절차
가. 임시변경도 변경관리에 포함하여야 한다.
나. 임시변경은 단시간 내에 실시되어야 한다.
다. 임시변경을 실시한 설비는 변경이 완료되면 원상 복구하여야 한다.

(5) 변경업무의 부서별 업무구분
"변경업무별 담당부서의 업무구분 예시"를 참고한다.

(6) 변경발의 전 검토내용

변경발의 부서의 장은 변경관리요구서를 변경관리위원회에 제출하기 전에 다음 사항을 검토하여야 한다.

1) 변경설비의 기본 및 상세 설계
2) 변경 설비의 안전 · 보건 · 환경에 관한 사항
3) 공정안전자료 보완에 필요한 사항
4) 공정위험성 평가수행 필요 여부
5) 안전운전절차서에 신설 또는 보완이 필요한 사항
6) 화기작업, 밀폐공간 출입작업 등 안전작업 허가절차
7) 운전원 및 정비보수원(도급업체 포함) 교육
8) 가동 전 안전점검표에 포함될 사항
9) 변경완료 후 검사에 필요한 사항
10) 정비 및 검사기록 보완에 필요한 사항
11) 점검 · 정비절차의 신설 또는 보완이 필요한 사항
12) 예비품 확보에 필요한 사항
13) 감독 및 판정에 필요한 사항
14) 변경일정의 적합성 여부
15) 변경 시 관련기관에 필요한 보고업무 등

(7) 변경관리위원회

1) 변경관리위원회의 구성

변경관리위원회는 공정기술자, 정비기술자 및 운전기술자 등 3인을 필수위원으로 구성하되, 변경 규모 및 대상 등에 따라 기계기술자, 전기기술자 또는 계장기술자 등을 추가할 수 있다.

2) 변경관리위원회 임무

가. 발의부서에서 변경관리위원회에 심의 요구한 모든 변경사항을 심의하고, 승인한다.
나. 변경에 관련된 요구사항을 검토하기 위하여 검토 책임부서와 전문가를 지정한다.
다. 변경을 요구하는 발의자에게 변경의 승인여부와 그 이유를 통지한다.
라. 모든 변경의 기록을 유지하고, 변경관리에 관한 자체감사를 수립 시행한다.

3) 변경관리위원회 운영

변경관리위원회의 책임자 선임, 운영절차 및 문서보관 등 모든 운영에 관한 사항을 규정하여 운영한다.

(8) 변경관리 시에 필요한 검토절차

1) 변경관리위원회의 1차 검토

가. 발의자로부터 처음 변경관리요구서를 접수했을 경우 변경관리위원회는 1차 검토를 수행한다.

나. 변경관리위원회는 제안된 변경의 어려움 정도를 파악하여 전문적인 검토가 필요한 경우에는 검토가 필요한 항목마다 전문가를 지정하여 검토요구를 한다.

2) 전문가 검토

가. 지정된 전문가는 해당 항목을 상세하고 광범위하게 검토한다.

나. 검토를 마친 전문가는 검토결과를 문서로 변경관리위원회에 통보한다.

3) 변경관리위원회의 2차 검토

가. 변경관리위원회는 각 전문가로부터 검토사항을 접수하여 최종검토를 수행한다.

나. 변경의 승인여부를 결정한다.

다. 승인여부를 변경관리요구서에 기재한다.

라. 승인여부의 사유를 변경관리요구서에 기재한다.

4) 변경관리위원회 비상변경 검토

가. 변경이 비상변경절차에 따라 결정되고, 실시되었을 경우 변경관리위원회는 그 결정과 실시에 대한 검토를 한다.

나. 변경관리위원회는 변경의 지속 허용여부를 결정한다.

5) 변경 시행

변경관리위원회가 변경요구를 승인하였을 경우 변경 주관부서(변경 발의부서)는 변경관리요구서의 필요한 요구사항을 반영하여 변경관리를 시행한다.

(9) 변경관리에 관한 자체감사

변경관리위원회 또는 사업장의 자체감사 주관부서는 다음과 같은 내용을 포함한 "변경관리에 관한 자체감사 계획"을 작성하여 시행한다.

1) 자체감사팀 구성
2) 자체감사 범위 결정
3) 자체감사 주기 결정
4) 자체감사 항목은 다음과 같이 변경관리의 규모에 따라 규정한다.

가. 각 변경관리 항목에 대한 등급구분이 적절히 이루어졌는가?

나. 각 변경관리 항목에 대한 점검표를 적절히 선택하였는가?

다. 실행 후 제안된 변경이 현장에 적용되고, 현재의 시스템에 반영되었는가?

라. 실행 후 제안된 변경이 관련자들에게 교육 등을 통해 통보되었는가?

마. 현장의 작업공정, 절차서 및 작업지침서와 일치하는가?
바. 변경관리절차를 이행하지 않고 변경 작업하는 것이 있는가?
사. 각 변경이 진행된 후 절차서, 도면 및 지침 등의 제·개정이 되었는가?
아. 변경관리 진행에 필요한 관련자료가 변경관리철에 첨부되어 있는가?
자. 변경관리 자체감사 과정은 내부 자체감사 절차를 준수하고 있는가?

5) 기타 변경관리 자체감사에 관한 사항은 KOSHA GUIDE(자체감사에 관한 지침)에 따른다.

⑽ 변경관리에 관한 서류 보존

변경관리 후에는 필요한 관련 서류를 일정기간 보존하고, 공정흐름도 및 배관·계장도면 등 공정 변경관련 자료는 주기적으로 보완(As-Built)하여 별도로 보존한다.

2. 변경관리 관련 서식 예시

설비별 변경여부 판정의 기준 예시

설비별 변경여부 판정의 기준

변경요소	밸브	배관 플랜지	펌프	압축기	터빈	왕복동 구동장치	전동기	제어 설비	화학 물질
형식	O	O	O	O	O	O	O		
재료	O	O	O	O	O	O	O		
내부재료			O	O	O	O	O		
호칭경	O	O							
호칭등급	O								
배관두께		O							
플랜지크기		O	O	O	O	O	O		
플랜지등급		O	O	O	O	O	O		
플랜지접합면		O	O	O	O	O	O		
용량			O	O	O	O	O		
실(Seal) 형식			O	O	O	O	O		
전기정격용량					O	O	O		
윤활시스템					O	O	O		
계측범위								O	
계측단위								O	
감지부								O	
성분									O
취급방법									O

정비 · 운전의 변경여부 판정기준 예시

정비 · 운전의 변경여부 판정기준 예시

변경요소	분류		
	정비	운전	부수공정
용접절차	O		
중량물 취급절차	O		
시운전 절차		O	
가동중지 절차		O	
비상운전 절차		O	
정상운전 절차		O	
경보치 재설정		O	
제어값 재설정		O	
새로운 바이패스(By-Pass)의 설치		O	
열교환기의 튜브 막음		O	
운전제어방법		O	
자재 구매절차			O
설비 재배치			O
브리더(Breather)밸브 또는 벤트(Vent) 신설			O
신설 배관 연결			O
플레어(Flare) 배관			O
탱크의 인입/토출배관			O
펌프 흡입/토출배관			O
물 또는 증기배관, 전선관			O
임시 공정 배관 연결			O
다른 탱크로 옮기기 위한 배관			O
다른 펌프를 사용하기 위한 배관			O
배관고정 · 누출임시수리			O
핫태핑(Hot Tapping) 작업			O
시운전(Test Operation)			O
조명변경(수량, 색, 배열)			O
안전밸브변경(설정압력, 오리피스크기, 형식)			O
서류 및 도면관리 절차(배포, 승인, 번호부여)			O
기술관리절차(배관명세, 작업지시절차)			O

변경관리 요구서 예시

<table>
<tr><td colspan="4" rowspan="2">변경관리 요구서
년 월 일</td><td rowspan="2">결재</td><td>검토</td><td>확인</td><td>승인</td></tr>
<tr><td></td><td></td><td></td></tr>
<tr><td>변경 연번</td><td>변경사항</td><td>변경위원회 검토 결과</td><td>승인여부</td><td colspan="2">개선사항</td><td colspan="2">비고</td></tr>
<tr><td></td><td></td><td></td><td></td><td colspan="2"></td><td colspan="2"></td></tr>
</table>

변경업무별 담당부서의 업무구분 예시

변경업무별 담당부서의 업무구분

변경업무내용	담당부서
기본설계 검토	공정위험평가팀
안전설계 검토	안전부서
환경사항 검토	환경부서
장비검사기록 보완	정비 · 검사부서
핫태핑(Hot tapping) 작업 절차 검토	정비책임자 · 안전부서
제어도면, 전기단선도 보완	계장 · 전기책임자
신설 또는 보완된 정비절차서	정비책임자
정비기록 보완	정비부서
정비업체 교육	정비책임자 · 안전부서
신규/수정 운전절차	운전책임자
운전원 교육	운전책임자
운전절차서 보완	생산 · 기술부서
변경완료검사	변경관리위원회
가동 전 안전점검	운전책임자
공정안전정보 보완	생산 · 기술 · 정비부서
공정위험성 평가	공정위험성 평가팀
예비품 점검	정비 · 구매부서
시험 및 판정	생산 · 기술부서
변경 전 · 후 설비에 대한 영향	생산 · 기술 · 안전부서
기타	관련부서

3. 변경관리 관련 추가 서식 예시

| 변경관리 요구서

<table>
<tr><td colspan="7">변경관리 요구서</td></tr>
<tr><td rowspan="10">발의</td><td rowspan="7">정상변경대책</td><td colspan="2">발의일자</td><td></td><td>발의부서장</td><td>(서명)</td></tr>
<tr><td colspan="2">발의인</td><td colspan="3">부서 직책 성 명 (서명)</td></tr>
<tr><td colspan="4" rowspan="2">설비명 또는 변경요소개요(의견)</td><td>변경절차</td></tr>
<tr><td>정상변경 절차 □
비상변경 절차 □</td></tr>
<tr><td colspan="5">변경계획에 대한 공정 및 설계의 기술적 근거(도면, 스케치, 기타서류)</td></tr>
<tr><td colspan="5">공정안전 확보를 위한 대책</td></tr>
<tr><td colspan="5">안전운전에 필요한 사항 및 신뢰성 향상 효과</td></tr>
<tr><td rowspan="3">비상변경</td><td colspan="2">비상변경 발의인</td><td colspan="3">부서 직책 성명 (서명)</td></tr>
<tr><td>비상변경 승인</td><td>공무팀장 또는 생산팀장</td><td colspan="3">부서 직책 성명 (서명)</td></tr>
<tr><td colspan="5">※ 비상변경 발의자는 유선으로 승인을 얻고 서명란에 추후 정상변경절차에 의해서 변경관리위원회에 제출한다.</td></tr>
</table>

변경관리 승인 및 완료확인서

<table>
<tr><td colspan="7">변경관리 승인 및 완료확인서</td></tr>
<tr><td rowspan="7">변경관리위원회</td><td>접수일자</td><td colspan="2"></td><td>접수번호</td><td colspan="2"></td></tr>
<tr><td>검토항목</td><td>검토자</td><td>검토완료
요구일자</td><td>검토항목</td><td>검토자</td><td>검토완료
요구일자</td></tr>
<tr><td></td><td></td><td></td><td></td><td></td><td></td></tr>
<tr><td></td><td></td><td></td><td></td><td></td><td></td></tr>
<tr><td>승인여부</td><td colspan="2">승인 □ 미승인 □</td><td>승인일자</td><td colspan="2"></td></tr>
<tr><td>승인사유</td><td colspan="5"></td></tr>
<tr><td>변경관리위원</td><td colspan="5"></td></tr>
<tr><td rowspan="4">변경관리 최종확인</td><td>실행부서
접수일자</td><td colspan="2"></td><td>변경실행부서</td><td colspan="2"></td></tr>
<tr><td>실행책임자</td><td colspan="2"></td><td>실행부서장 승인</td><td colspan="2">(서명)</td></tr>
<tr><td>실행완료일자</td><td colspan="2"></td><td>실행완료확인</td><td colspan="2">(서명)</td></tr>
<tr><td colspan="3">※ 변경내용 반영서류 확인

안전운전절차서 □
공정안전자료 □
공정운전 □
정비교육교재 □
설비정비대장 □
기타 □</td><td colspan="3">※ 변경내용 교육확인

운전원 □
정비원 □
도급업체근로자 □</td></tr>
<tr><td colspan="7">변경관리 완료 확인일자 성명 (서명)</td></tr>
</table>

4. 변경관리 검토보고서(변경관리요구서 첨부) 예시

(1) 개요 및 관련법규

1) 개요

○○공장의 신규/변경 설비(인화성/급성독성 물질 취급시설) 증설에 따라 변경관리를 하고자 한다.

2) 관련고시 및 지침

1) 고용노동부고시 2016-34호 공정안전보고서의 제출, 심사, 확인 등 규정

2) 변경요소 관리 지침

3) 신규/변경 설비

○○공장에서는 ○○공종의 신규/변경 설비는 ○○○특성의 공정설비로서 ○○○이유로 인하여 신규설치/ 변경하려고 하며, 세부사항은 공정안전보고서 신규설비 내역을 확인하도록 한다.

구분	주요설비	위험요소
신규/변경설비		급성독성, 인화성
취급물질		급성독성, 인화성
비고		

(2) 변경관리 검토대상/등급 및 적용시기

1) 검토대상

공정안전보고서상 변경이 필요한 검토 대상은 아래와 같다.

구분	변경필요 사항	변경필요 여부
2.2 유해위험설비 목록 및 명세	2.2.2 장치설비명세	○
2.3 공정도면	2.3.1 공정설명서	○
	2.3.2 공정흐름도(PFD)	○
	2.3.3 공정배관계장도(P&ID)	○
2.4 건설 설비의 배치도	2.4.1 전체설비배치도	○
	2.4.4 철구조물의 내화구조사양	○
	2.4.7 가스누출감지기 경보기 설치	○
	2.4.9 국소배기장치 설치계획	○
2.5 폭발위험지역 구분 및 전기 단선도	2.5.1 폭발위험지역 구분도	○
	2.5.3 전기단선도	○
	2.5.4 접지설비	○
3.2 위험성평가	3.2 위험성평가	○
3.3 사고결과 피해예측보고서(CA)	3.3.1 사고결과 피해예측 보고서(CA)	○
4.1 안전운전절차 관리지침	4.1.10 안전운전절차서	○
5.1 비상조치계획	[별첨] 비상조치계획서	○

2) 변경관리 등급 및 위험성평가

가. 변경관리 등급

- ○○신규/변경에 대한 사항으로 공정안전자료, 안전운전계획 등 변경이 발생하여 변경여부 판정 기준에 따라 변경관리를 실시한다.
- ○○○에 대한 사항으로 변경관리 등급은 1등급이며, 정상변경관리 절차에 따라 실시한다.

나. 위험성평가

신규/변경 설비에 대한 위험성평가를 실시하며, 첨부를 참조한다.

3) 적용시기

변경관리위원회 승인 및 설비를 설치 후 적용하며, 관계자 교육을 실시한다.

(3) 변경관리 검토 및 결과

1) 공정안전보고서의 검토

가. 공정별 담당팀과 환경안전팀이 공동으로 검토하였다.

나. 안전운전계획 등 변경이 필요한 부분은 환경안전팀에서 KOSHA 등을 참고하여 공정별 담당팀과 협의 후 확정하였다.

2) 변경 발의 전 검토

검토항목	검토내역	결과
변경설비의 기본 및 상세설계		적 합
변경 설비의 안전 · 보건 · 환경에 관한 사항		적 합
공정안전자료 보완에 필요한 사항		적 합
공정위험성 평가수행 필요여부		적 합
안전운전절차서에 신설 또는 보완이 필요한 사항		적 합
화기작업, 밀폐공간 출입작업 등 안전작업허가절차		적 합
운전원 및 정비 보수원(도급업체 포함) 교육		적 합
가동 전 안전점검표에 포함될 사항		적 합
변경완료 후 검사에 필요한 사항		적 합
정비 및 검사기록 보완에 필요한 사항		적 합
점검 · 정비절차의 신설 또는 보완이 필요한 사항		적 합
예비품 확보에 필요한 사항		적 합
감독 및 판정에 필요한 사항		적 합
변경일정의 적합성 여부		적 합
변경 시 관련기관에 필요한 보고업무 등		적 합

3) 변경 전, 후 공정안전보고서 변경사항

공정안전보고서 변경사항은 아래와 같다.

중분류	소분류	변경사항
2.2 유해위험설비 목록 및 명세	2.2.1 동력기계목록	
	2.2.2 장치설비명세	
2.3 공정도면	2.3.1 공정설명서	
	2.3.2 공정흐름도(PFD)	
	2.3.3 공정배관계장도(P&ID)	
2.4 건설 설비의 배치도	2.4.1 전체설비 배치도	
	2.4.4 철구조물의 내화구조 사양	
	2.4.7 가스누출감지기 경보기 설치	
	2.4.9 국소배기장치 설치계획	
2.5 폭발위험지역 구분 및 전기 단선도	2.5.1 폭발위험지역 구분도	
	2.5.3 전기단선도	
	2.5.4 접지설비	
3.2 위험성평가	3.2 위험성평가	
3.3 사고결과 피해예측 보고서(CA)	3.3.1 사고결과 피해예측 보고서(CA)	
4.1 안전운전절차 관리지침	4.1.10 안전운전절차서	
5.1 비상조치계획	[별첨] 비상조치계획서	

첨부 : 1. 위험성평가 보고서 1부
2. 신규/변경설비 자료 1부
3. 변경 전 공정안전보고서 자료 1부
4. 변경 후 공정안전보고서 자료 1부 끝.

03 변경관리 실습

(1) ○○사업장에서 암모니아수(25%, 급성독성/인화성 물질) 취급설비 중 정량혼합을 위해 마그네틱 펌프를 다이어프램펌프(정량)로 교체하려고 한다. 변경관리요구서와 첨부 검토서를 상기 예시를 참고하여 작성한다.

(2) ○○사업장에서 휘발유 탱크(1EA)에 인화성 가스누출감지기를 설치하려고 한다. 변경관리요구서와 첨부 검토서를 상기 예시를 참고하여 작성한다.

CHAPTER 13

자체감사 및 공정사고 조사

01 자체 감사 및 공정사고 조사 관련 법령

1. 공정안전보고서의 제출 · 심사 · 확인 및 이행상태평가 등에 관한 규정

■ **제38조(자체감사 계획)**

규칙 제50조제1항제3호 아목의 자체감사 계획은 다음 각 호의 사항을 포함하여야 한다.

1. 목적
2. 적용범위
3. 감사계획
4. 감사팀의 구성
5. 감사 시행
6. 평가 및 시정
7. 문서화 등

■ **제39조(공정사고 조사 계획)**

규칙 제50조제1항제3호 아목의 사고조사 계획은 다음 각 호의 사항을 포함하여야 한다.

1. 목적
2. 적용범위
3. 공정사고 조사팀의 구성
4. 공정사고 조사 보고서의 작성
5. 공정사고 조사 결과의 처리

별표 4 세부평가항목과 주요사항

1. 자체감사

	항목	주요사항
1	자체감사 지침이 산업안전보건법령, 동 고시 및 공단 기술지침을 참조하여 작성되어 있는가?	▸지침 등 반영 여부
2	1년마다 자체감사를 실시하고 그 결과를 문서화하고 있는가?	▸연 1회 자체감사 계획/실행/개선권고 이행 여부
3	자체감사팀에는 공정설계 또는 공정기술자, 계측제어, 전기 및 방폭기술자, 검사 및 정비기술자, 안전관리자 등 전문가가 참여하는가?	▸참여자 전문가 참여 정보
4	자체감사 내용에 PSM 12개 요소 등이 포함되는 등 적절한가?	▸자체감사 내용 12개 요소 포함 여부
5	자체감사의 방법은 서류, 현장 확인, 면담 등의 방법을 모두 활용하는가?	▸자체감사 내용 서류, 현장확인, 면담 등 적용 여부
6	자체감사 결과 도출된 문제점은 적절한가?	▸자체감사 개선권고 사항 확인
7	자체감사 결과 도출된 문제점을 문서화하고 개선계획을 수립하여 시행하였는가?	▸개선계획수립/개선/완료 확인
8	자체감사 결과보고서를 경영층에 보고하고, 세부내용을 전 근로자에 알려주는가?	▸경영층 보고, 교육 등 관련 문서
9	감사결과 및 개선내용을 문서화한 보고서를 3년 이상 보존하면서 정도관리를 하고 있는가?	▸감사보고서 등 3년 보관 여부

2. 공정사고조사

	항목	주요사항
1	공정사고조사지침은 산업안전보건법령, 동 고시 및 공단 기술지침을 참조하여 작성되어 있는가?	▸지침 등 반영 여부
2	사고조사 시 아차사고를 포함하여 사고조사를 실시하고 있는가?	▸아차사고 사고조사 여부
3	사고조사는 가능한 신속하게 적어도 24시간 이내에 시작하도록 규정하고 있는가?	▸사고조사 규정 확인
4	공정사고조사팀에는 사고조사 전문가 및 사고와 관련된 작업을 하는 근로자(도급업체 근로자 포함)가 포함되는가?	▸지침서 내용 확인
5	사고조사 보고서에는 필요한 세부사항이 포함되어 있는가?	▸사고조사 보고서 세부사항 확인 –없는 경우 아차사고 확인
6	재발방지대책이 기술적, 관리적, 교육적 대책 등이 적절하게 작성되어 있는가?	▸사고조사 보고서 세부사항 확인 –없는 경우 아차사고 확인
7	재발방지대책의 개선계획이 적절하게 작성되어 개선완료 되었는가?	▸사고조사 보고서 세부사항 확인 –없는 경우 아차사고 확인
8	사고조사보고서, 재발방지대책 등의 내용을 근로자에게 알려주시고 교육을 실시하는가?	▸사고조사 보고서 세부사항 확인 –없는 경우 아차사고 확인
9	사고조사 보고서를 5년 이상 보관하는가?	▸지침서 확인

02 자체검사 지침 예시

1. 자체감사 지침

(1) 용어설명

1) 공정안전보고서 자체감사 : 사업장에서 작성한 공정안전보고서 내용을 공정안전보고서의 자체감사 지침에 따라 각 담당 부서에서 성실히 이행하고 있는지 여부를 사업장 스스로 주기적으로 확인하는 것
2) 공정안전보고서 확인 면제용 자체감사 : 공단에서 실시하는 공정안전보고서 확인을 면제받기 위하여 사업장 스스로 확인하는 것

(2) 일반사항

1) 감사반 구성
   가. 감사반장은 사업장의 자체감사 규정에 따라 2인 이상으로 자체 감사반을 구성하고 감사방법 및 일정계획 등 감사계획을 수립한다.
   나. 공정안전보고서 확인을 면제받기 위하여 자체감사를 실시할 경우에는 화공안전분야 산업안전지도사, 대학에서 조교수 이상의 직에 재직하고 있는 사람으로서 화공 관련 교과를 담당하고 있는 사람, 그 밖에 자격 및 관련 업무 경력 등을 고려하여 고용노동부장관이 정하여 고시하는 요건을 갖춘 사람이 참여하여야 한다.
      (가) 화공 및 안전관리(가스, 소방, 기계안전, 전기안전, 화공안전)분야 기술사
      (나) 기계안전 전기안전분야 산업안전지도사
      (다) 화공 및 안전관리 분야 박사학위를 취득한 후 해당 분야에서 3년 이상 실무를 수행한 사람

2) 감사기간
   자체감사 기간은 감사 대상설비의 규모와 수에 따라 조정할 수 있다.

(3) 자체감사 방법

1) 공정안전보고서 자체감사
   가. 자체감사는 공정안전보고서 자체감사 점검표의 항목에 따라 현장실사, 관련서류 및 도면 검토와 면담을 통하여 실시한다. 다만, 사업장의 업종과 규모에 따라 공정안전보고서 자체감사 점검표의 내용을 가감할 수 있다.
   나. 안전경영과 근로자 참여에 대한 평가는 다음과 같이 실시한다.
      (가) 안전경영과 근로자 참여는 면담을 통하여 실시하며 면담 대상자는 감사반이 면담 30분 전에 임의로 선정하는 것을 원칙으로 하되 사업장의 실정에 따라 조정할 수 있다.
      (나) 공장장과 면담은 문서나 회의록 등을 제시받아 실제 실행 여부를 확인한다.
      (다) 1년에 2회 이상 자체감사를 실시하는 경우에는 공장장의 면담은 1년에 1회 또는 공장장이

변경된 경우에 실시한다.

(라) 면담은 개별면담을 실시하는 것을 원칙으로 한다. 다만, 개별면담이 곤란한 경우에는 그룹 면담을 실시할 수 있다.

다. 공정안전관리는 다음의 내용을 확인한다.

(가) 물질안전보건자료, 동력기계, 장치 및 설비에 대한 공정자료, 제작도면 및 시험성적서 등의 공정안전자료를 확인하여 누락된 것은 없는지와 현장설비와 일치여부 등을 확인한다.

(나) 공정위험성평가결과 개선조치사항이 이행계획서상의 일정에 따라 이행되는지의 여부 및 현재의 안전조치로 제시된 현장계기의 기록 작성 여부 등을 확인한다.

(다) 안전운전지침과 절차서가 빠짐없이 작성되었으며 운전자가 안전운전지침서를 숙지하고 운전하는지의 여부를 확인한다.

(라) 동력기계 및 설비별로 위험등급이 부여되어 관리되고 있는지와 설비/기기 이력카드의 작성 및 관리 여부를 확인한다.

(마) 안전작업허가 절차의 시행, 안전작업허가서의 발급내용과 현장의 일치여부 및 주요 작업 시 현장 감독자의 입회 여부를 확인한다.

(바) 협력업체의 출입안전절차 준수 여부, 협력업체 근로자의 교육 실적 및 내용 등을 관련 서류 및 면담을 통하여 확인한다.

(사) 법적 안전교육 외에 공정안전보고서 대상 설비의 공정안전교육 실시 여부, 교육실시결과 및 평가 등을 확인한다.

(아) 설비별 가동 전 세부점검표의 준비 및 점검표에 의한 점검여부와 개선사항의 완료 여부를 확인한다.

(자) 변경관리위원회의 회의록 및 변경 시 변경관리절차에 따라 위험성평가를 실시하였는지와 그 내용을 확인한다.

(차) 확인 시점 이전에 실시한 공정안전보고서 자체감사결과에 따른 후속조치 내용이 반영되었는지를 확인한다.

(카) 사고조사가 정확히 이루어졌으며 사고조사보고서에서 제시된 개선사항과 재발방지 대책 등이 조치되었는지를 확인한다.

(타) 비상시 각자의 임무를 숙지하고 있는지의 여부와 주기적인 비상훈련 실시 여부를 확인한다.

(파) 공정안전보고서 심사 시 보완요청 내용 중 설비개선 사항의 실제 보완내역과 조건부 적정 내용의 개선여부를 확인한다.

2) 공정안전보고서 확인 면제용 자체감사

가. 신규, 이전, 변경 및 기존 설비에 대한 공정안전보고서 확인 면제를 위한 자체감사는 공정안전보고서 자체감사 결과표에 따라 현장실사 및 관련서류 등을 통하여 다음의 내용을 확인하여야 한다.

(가) 공정안전보고서 심사 시 보완요청 내용 중 설비개선 사항의 실제 보완내역, 심사 시 보완조치사항 · 조건부 적정 내용의 개선여부 및 설치과정 중 확인 시 지적사항의 조치 여부

(나) 물질안전보건자료, 동력기계, 장치 및 설비에 대한 명세서, 제작도면 및 시험 성적서, 유해 · 위험설비의 안전운전을 위한 준비사항 등 공정안전자료를 확인하여 누락된 것은 없는지와 현장설비와 일치 여부

(다) 공정위험성평가결과 개선조치사항들이 이행계획서상의 일정에 따라 이행되는지 및 위험성평가 대상설비가 누락되어 있는지 여부

나. 신규로 설치되는 설비의 설치 과정 중의 공정안전보고서 확인 면제를 위한 자체감사는 배관공사가 85% 정도 진행되는 시기에 설치 과정 중의 공정안전보고서 자체감사 결과표를 사용하여 다음의 내용을 확인하여야 한다.

(가) 유해 · 위험설비 목록 및 명세, 건물 설비의 배치도, 안전설계 제작 및 설치관련 지침 등을 확인하여 공정안전보고서 내용에 따라 설치되는지 여부

(나) 안전작업허가서의 발급여부 및 가동 전 점검표를 작성하고 있는지 여부

(다) 공정위험성평가결과 이행계획서상의 내용 수행 여부

(라) 심사 시 보완조치 사항, 조건부 사항의 이행 여부

(4) 자체감사 결과보고서 작성

1) 공정안전보고서 자체감사 점검표 또는 공정안전보고서 자체감사 결과표의 항목이 공정안전보고서 내용에 해당되지 않는 경우에는 면담결과 또는 감사결과란에 "해당 없음"으로 표시한다.

2) 감사반장은 자체감사 결과 부적합 사항에 대해 아래의 양식에 따라 공정안전보고서 자체감사결과 보완 및 시정계획서를 작성하고, 자체감사결과를 요약하여 강평을 실시한다.

사업장명 : 　　　　설비명 : 　　　　작성일 :

번호	자체감사결과	조치예정일	책임부서

3) 공정안전보고서 자체감사결과 보완 및 시정계획서는 책임부서와 충분히 협의하여 실제로 이행이 가능하도록 작성한다.

4) 조치일정은 사업장의 실정, 설계 또는 재료의 구매 일정 등을 고려하여 실제로 이행이 가능하도록 수립하되 다음의 기한을 준수하여야 한다.

가. 연속식 공정으로 자체감사에 따른 조치를 위하여 공장 가동을 중단하여야 하는 경우에는 공장 가동을 중단하는 차기 연차 정기보수기간까지 완료한다.

나. 회분식 공정일 경우에는 생산 활동이 비교적 없는 기간에 자체감사에 따른 조치를 완료하는 것으로 하되 자체감사일로부터 1년을 초과해서는 안 된다.

2. 자체감사 관련 서식 예식

공정안전보고서 자체감사 점검표 예시

공정안전보고서 자체감사 점검표

<table>
<tr><td colspan="2">대상설비명</td><td colspan="5"></td></tr>
<tr><td colspan="2">감사기간</td><td colspan="5">20 . . . ~ 20 . . .</td></tr>
<tr><td rowspan="6">감사반</td><td></td><td>소속</td><td>직책</td><td>성명</td><td>감사 시 담당업무</td><td>전공</td></tr>
<tr><td>반장</td><td></td><td></td><td></td><td></td><td></td></tr>
<tr><td>반원</td><td></td><td></td><td></td><td></td><td></td></tr>
<tr><td>반원</td><td></td><td></td><td></td><td></td><td></td></tr>
<tr><td>외부전문가</td><td></td><td></td><td></td><td></td><td></td></tr>
<tr><td>외부전문가</td><td></td><td></td><td></td><td></td><td></td></tr>
</table>

구분	자체감사 결과 종합의견	비고

자체감사 항목

□ **안전경영과 근로자 참여**

1. 공장장
   가. 회사의 경영목표로 안전 · 보건을 우선적으로 강조하고 있는가?
   나. 공정안전관리(PSM) 12개 요소의 내용을 정확하게 이해하고 있는가?
   다. 공정위험성평가, 변경요소관리, 공정사고 및 자체감사결과의 개선권고사항 및 처리현황을 정기적으로 확인하고 있는가?
   라. 사업장 내 · 외부 PSM 관련 안전 · 보건 교육훈련계획을 승인하고 그 결과를 보고받는가?
   마. 도급업체 안전관리의 구체적 내용을 잘 알고 있는가?
   바. PSM 이행분위기 확산을 위해 노력하고 있는가?
   사. 안전보건활동(위험성평가, 자체감사, 외부 컨설팅 등)과 안전분야 투자를 연계하여 투자계획을 수립하는가?
   아. 안전에 대한 목표를 설정하고 목표대비 실적을 평가하며 관련 내용을 근로자들에게 공유하는가?
   자. PSM 관련 활동에 근로자(도급업체 포함) 참여를 보장하는가?

2. 부장/과장
   가. 공정안전관리(PSM) 12개 요소의 내용을 정확하게 이해하고 있는가?
   나. 안전 · 보건문제에 관하여 근로자 의견을 수시로 청취하여 조치하고 상급자에게 보고하는가?
   다. 공정위험성평가, 변경요소관리, 공정사고, 및 자체감사결과의 개선권고사항 및 처리현황을 정기적으로 확인하고 있는가?
   라. 안전작업허가절차에 대해 구체적으로 잘 알고 있는가?
   마. 설비의 점검 · 검사 · 보수 계획, 유지계획 및 지침의 내용에 대해 구체적으로 잘 알고 있는가?

3. 조장/반장
   가. 공정안전관리(PSM) 12개 요소의 내용을 정확하게 이해하고 있는가?
   나. 안전 · 보건문제에 관하여 근로자 의견을 수시로 청취하여 조치하고 상급자에게 보고하는가?
   다. 공정위험성평가, 변경요소관리, 공정사고, 및 자체감사결과의 개선권고사항 및 처리현황을 정기적으로 확인하고 있는가?
   라. 안전작업허가절차에 대해 구체적으로 잘 알고 있는가?
   마. 설비의 점검 · 검사 · 보수 계획, 유지계획 및 지침의 내용에 대해 구체적으로 잘 알고 있는가?

4. 현장작업자
   가. 업무를 수행할 때 공정안전자료를 수시로 활용하고 있는가?
   나. 자신이 작업 또는 운전하고 있는 시설에 대해 가동 전 점검 절차를 알고 있는가?
   다. 보고서에 규정된 안전운전절차를 정확하게 숙지하고 있는가?
   라. 공정 또는 설비가 변경된 경우 시운전 전에 변경사항에 대한 교육을 받는가?
   마. 상급자가 자체감사 결과를 설명해 주는가?
   바. 사업장 내 공정사고에 대한 원인을 알고 있는가?
   사. 자신이 작업 또는 운전하고 있는 시설에 대한 위험성평가 결과를 알고 있는가?
   아. 비상시 비상사태를 전파할 수 있는 시스템 및 자신의 역할(임무)을 숙지하고 있는가?

5. 정비보수작업자
   가. 안전한 방법으로 유지 · 보수 작업을 수행할 수 있도록 작업공정의 개요 · 위험성 · 안전작업허가절차 등에 대하여 작업 전에 충분한 교육을 받았는가?
   나. 화기작업관련 화재 · 폭발을 막기 위한 안전상의 조치를 잘 알고 있는가?
   다. 밀폐공간 작업 시 유해위험물질의 누출, 근로자중독 및 질식을 막기 위한 안전상의 조치를 잘 알고 있는가?

6. 도급업체 작업자
   가. 작업지역 내에서 지켜야 할 안전수칙 및 출입 시 준수해야 하는 통제규정에 대해 교육을 받았는가?
   나. 작업하는 공정에 존재하는 중대위험요소에 대해 잘 알고 있는가?
   다. 작업 중에 비상사태 발생 시 취해야 할 조치 사항을 알고 있는가?

7. 안전관리자
   가. PSM에 대한 충분한 지식을 보유하고 사업장 내의 PSM 추진체계에 대하여 정확하게 이해하고 있는가?
   나. 사업장의 PSM 추진상황에 대하여 수시로 조·반장 및 근로자 등의 의견을 수렴하고 문제점을 발굴하여 경영진에게 보고하는가?
   다. 정비부서 근로자, 도급업체 근로자 등이 공정시설에 대한 설치·유지·보수 등의 작업을 할 때 관련규정의 준수여부를 확인하는가?
   라. 연간 PSM 세부추진 계획을 수립·시행하는 등 PSM 전반을 감독할 수 있는 권한을 부여받고 있는가?

□ 공정안전관리

Ⅰ. 일반사항

1. 산업안전보건위원회가 설치되어 있어 공정안전보고서의 심의 결과 개선권고사항에 대한 실행여부
   가. 개선권고사항에 대한 산업안전보건위원회의 확인

2. 공정안전보고서 심사 시 보완조치사항 및 심사 후 조건부사항의 이행 여부
   가. 심사 및 확인 검사 시 및 조건부사항의 이행상태
   나. 위험성평가 결과 개선 권고사항에 대한 이행상태
   다. 자체감사결과 개선조치사항에 대한 이행상태

Ⅱ. 공정안전자료

1. 유해·위험물질 안전보건자료
   가. 유해·위험물질의 목록이 누락된 물질 없이 정확히 작성되어 있는지 여부
   나. 근로자가 MSDS의 내용을 이해하고 있는지의 여부
   다. 유해·위험물질에 대한 물질안전보건자료(MSDS)의 작성, 비치, 교육, 경고표지 등이 적절하게 되었는지 여부

2. 유해·위험설비의 목록 및 명세
   가. 동력기계목록
      ① 방호장치의 설치 및 유지·관리상태
      ② 현장과의 일치 여부
   나. 장치 및 설비명세
      ① 사용재질, 사용두께, 비파괴검사, 후열처리계획과 일치 여부
      ② 현장과의 일치 여부
   다. 배관 및 개스킷 명세
      ① 사용재질, 비파괴검사 및 후열처리계획과의 일치 여부
   라. 안전밸브 및 파열판 명세
      ① 안전밸브의 노즐크기, 배출연결부위 및 설정압력의 일치 여부

3. 공정자료 및 도면
   가. 공정흐름도(PFD) 및 공정배관계장도(P&ID)를 주기적으로 Up-date하고 있는지의 여부
   나. 운전실에 비치하여 관리하는지의 여부
   다. P&ID의 현장과 일치 여부

4. 건물 · 설비의 배치도
   가. 건물, 설비, 저장탱크 등 위험설비 간의 안전거리 유지여부
   나. 점검 · 보수에 필요한 통로 확보 여부
   다. 비상대피로 및 비상문의 확보 및 유지상태

5. 내화설비
   가. 내화설비의 유지 · 관리 상태
   나. 현장과의 일치 여부

6. 소화설비, 화재탐지, 경보설비 및 가스누출감지 설비의 설치계획 및 배치도
   가. 계통운전 설명서대로의 작동 여부
   나. 감지기의 설치위치 및 유지 · 관리상태

7. 세척 · 세안시설, 안전보호구 및 국소배기장치의 설치계획
   가. 세척 · 세안시설 설치위치, 재질 및 동파방지대책
   나. 개인보호구 지급 및 유지 · 관리상태
   다. 국소배기장치의 설치 및 유지 · 관리상태

8. 폭발위험장소구분도 및 방폭설계 기준
   가. 폭발위험장소구분도와 현장의 일치 여부
   나. 방폭전기/기계 · 기구설치 및 유지 · 관리상태

9. 전기단선도 및 접지계획
   가. 전기단선도의 Up-date 여부
   나. 각종 보호장치의 설치 여부
   다. 비상동력원의 정상 작동 여부
   라. 접지배치도의 일치 여부
   마. 접지저항 측정 및 접속부의 유지 · 관리상태

10. 플레어스택, 환경오염물질 처리 설비
   가. 플레어스택의 유지 · 관리 상태
   나. 환경오염물질 처리 설비의 유지 · 관리 상태

Ⅲ. 공정위험성평가

1. 위험성 평가절차가 산업안전보건법령 및 동 공정안전보고서 관련 고시 기준에 따라 적절하게 작성되어 있는가?
2. 공정 또는 시설 변경 시 변경부분에 대한 위험성 평가를 실시하고 있는가?
3. 정기적(4년 주기)으로 공정위험성평가를 재실시하고 있는가?
4. 밀폐공간작업, 화기작업, 입 · 출하작업 등 유해위험작업에 대한 작업위험성평가를 산업안전보건법령 및 공정안전보고서 관련 고시 기준에 따라 실시하였는가?
5. 유해위험작업에 대한 작업위험성평가를 정기적으로 실시하고 있는가?
6. 위험성 평가결과 위험성은 적절하게 발굴하였는가?
7. 위험성 평가기법 선정은 적절한가?
8. 위험성 평가에 적절한 전문인력, 현장 근로자 등이 참여하는가?
9. 위험성 평가결과 개선조치사항은 개선완료 시까지 체계적으로 관리되는가?
10. 정성(定性)적 위험성평가를 실시한 결과 위험성이 높은 구간에 대해서는 정량(定量)적 위험성 평가를 실시하는가?
11. 단위공장별로 최악의 사고 시나리오와 대안의 사고 시나리오를 작성하였는가?

12. 위험성 평가 시 과거의 중대산업사고, 공정사고, 아차사고 등의 내용을 반영하였는가?
13. 위험성 평가결과를 해당 공정의 근로자에게 교육시키는가?

Ⅳ. 안전운전계획

1. 안전운전지침과 절차
   가. 안전운전절차서 작성 지침이 산업안전보건법령, 공정안전보고서 관련 고시 및 공단 기술지침을 참조하여 적절하게 작성되어 있는가?
   나. 운전절차서는 취급 물질의 물성과 유해 · 위험성, 누출예방조치, 보호구착용법, 노출 시 조치요령 및 절차, 안전설비계통의 기능 · 운전방법 · 절차 등의 내용이 포함되어 있는가?
   다. 운전절차서는 최초의 시운전, 정상운전, 비상시 운전, 정상적인 운전정지, 비상정지, 정비 후 운전개시, 운전범위를 벗어난 경우 등을 구체적으로 포함하고 있는가?
   라. 운전절차서는 운전원이 쉽게 이해할 수 있도록 작성되어 있는가?
   마. 안전운전 절차서는 공정안전자료와 일치하는가?
   바. 연동설비의 바이패스 절차를 작성 · 시행하고 있는가?
   사. 변경요소관리 등 사유 발생 시 지침과 절차의 수정은 이루어지고 있는가?
   아. 안전운전지침과 절차 변경 시 근로자 교육은 적절히 이루어지고 있는가?

2. 설비의 점검 · 정비 유지관리 지침
   가. 설비의 점검 · 검사 · 보수 및 유지지침이 산업안전보건법령, 공정안전보고서 관련 고시 및 공단 기술지침을 참조하여 적절하게 작성되어 있는가?
   나. 설비의 점검 · 검사 · 보수 계획, 유지계획에 따라 예방점검 및 정비 · 보수를 시행하고 있는가?
   다. 부속설비(배관, 밸브 등)와 전기계장설비(MCC, 계기, 경보기 등)에 대한 점검 · 검사 · 보수 계획, 유지계획이 작성되어 시행되고 있는가?
   라. 비상가동정지 및 플레어스택 부하(Flare load) 관련 SIS(안전계장시스템) 설비는 별도로 적절하게 관리되고 있는가?
   마. 위험설비의 유지 · 보수에 참여하는 근로자들에게 공정개요 및 위험성, 안전한 유지 · 보수작업을 위한 작업절차 등에 대하여 교육을 실시하는가?
   바. 공정조건, 위험성평가 등을 고려한 중요도에 따라 위험설비의 등급을 구분하고, 이에 따라 점검 및 검사주기를 결정하여 관리하고 있는가?
   사. 각 설비에 대한 검사기록을 관리하고 있는가?
   아. 설비의 잔여수명을 관리하여 수명이 다한 설비를 적절한 시기에 교체하거나 적절한 조치를 취하는가?
   자. 구매 사양서에 기기의 품질을 확보하기 위한 재료의 최소두께, 비파괴검사, 열처리 및 수압시험을 하도록 규정하고 있는가?
   차. 설계사양과 제작자 지침에 따라 장치 및 설비가 올바르게 설치되었는지를 확인하기 위한 절차를 마련하여 시행하고 있는가?
   카. 각 기기별로 유지 · 보수에 필요한 예비품 목록을 관리하고 있는가?
   타. 설비의 정비이력을 기록 · 관리하고 이를 분석하여 예방정비에 활용하고 있는가?

3. 안전작업허가 및 절차
   가. 안전작업허가지침이 산업안전보건법령, 공정안전보고서 관련 고시 및 공단 기술지침을 참조하여 적절하게 작성되어 있는가?
   나. 위험작업을 수행할 경우 안전작업허가서를 발행하고 있는가?
   다. 안전작업허가서를 작성 및 승인할 때 필요한 모든 제반사항을 반드시 확인하는가?
   라. 안전작업허가서는 보관기간을 정하여 유지 · 관리하고 있는가?

마. 안전작업허가서에는 해당 작업과 관련이 있는 모든 관련 책임자의 허가를 받도록 하고 있는가?
바. 화기작업 시 작업대상 내 인화성가스농도측정, 배관계장도 검토를 통한 맹판설치, 밸브차단 등의 필수조치는 빠짐없이 이루어졌는가?
사. 입조작업 시 작업대상 내 산소농도측정, 유해가스농도 측정, 배관계장도 검토를 통한 맹판설치 · 밸브차단 등의 필수조치는 빠짐없이 이루어졌는가?
아. 굴토작업 허가 시 지하매설물을 확인하기 위한 절차가 마련되어 실행하고 있는가?

4. 도급업체 안전관리
가. 사업주는 도급업체 사업주에게 도급업체 근로자들이 작업하는 공정에서의 누출 · 화재 또는 폭발의 위험성 및 비상조치계획 등을 제공하는가?
나. 사업주는 도급업체 선정 시 안전보건 분야에 대한 평가를 실시하고 그에 적정한 도급업체를 선정하는가?
다. 도급업체 사업주는 도급업체 근로자들의 질병 · 부상 등 재해발생 기록을 관리하는가?
라. 도급업체 사업주는 도급업체 근로자들에게 필요한 직무교육을 실시하고 기록을 유지하고 있는가?
마. 사업주는 도급업체(정비 · 보수) 작업에 대해 위험성평가를 실시하고 그 결과를 근로자에게 알려주는가?
바. 사업주는 위험설비의 유지 · 보수작업에 참여하는 도급업체 근로자들에게 공정개요, 취급 화학물질 정보, 안전한 유지 · 보수작업을 위한 작업절차 등에 대하여 교육을 실시하는가?
사. 사업주는 도급업체 근로자 등이 공정 시설에 대한 설치 · 유지 · 보수 등의 작업을 할 때 필요한 위험물질 등의 제거, 격리 등의 조치를 완료한 후에 작업허가서를 발급하고 있는가?
아. 사업주는 도급업체 근로자 등이 공정시설에 대한 설치 · 유지 · 보수 등의 작업을 할 때 관련 규정의 준수여부를 확인하는가?
자. 사업주는 도급업체 근로자들이 작업하는 공정 등에 대해서 주기적인 점검(순찰)을 실시하고 문제점을 지적, 개선하는가?
차. 사업주는 도급업체 사업주, 근로자의 안전보건에 대한 의견을 주기적으로 확인하고 문제점이 있는 것에 대해서 조치를 하는가?

5. 공정 · 운전에 대한 교육 · 훈련
가. 공정안전과 관련된 근로자의 초기 및 반복교육을 실시하고 그 결과를 문서화하여 관리하는가?
나. 연간 교육계획을 수립하여 시행하는가?
다. 신규 및 보직 변경 근로자에 대하여 안전운전지침서 등에 대한 현장직무(OJT) 교육을 실시하는가?
라. 공정안전교육에 설비 전 공정에 관한 공정안전자료, 공정위험성평가서 및 잠재위험에 대한 사고예방 피해 최소화 대책, 안전운전절차 및 비상조치계획 등이 포함되어 있는가?
마. 관련 지침에 명시된 대로 교육 누락자 또는 교육성과 미달자 등에 대한 재교육을 실시하고 있는가?
바. 교육강사는 교육생, 교육내용 등에 맞게 적절하게 선정되었는가?
사. 안전관리자 등은 공정안전보고서 작성자 자격을 위한 교육을 이수하였는가?

6. 가동 전 점검지침
가. 가동 전점검 지침이 산업안전보건법령, 공정안전보고서 관련 고시 및 공단 기술지침을 참조하여 작성되어 있는가?
나. 변경요소관리등 사유 발생 시 가동 전 점검을 하고 있는가?
다. 가동 전점검표가 해당공정에 맞게 산업안전보건법령, 공정안전보고서 관련 고시 및 공단 기술지침을 참조하여 선정되었는가?
라. 가동 전점검 결과 개선항목이 적절하게 발굴되었는가?
마. 가동 전 점검 시 지적된 사항들을 개선항목(Punch List)으로 작성하여 시운전까지 개선하는가?
바. 실행계획서에 의해 개선항목이 이행되었는가?

7. 변경요소관리
   가. 변경요소관리지침이 산업안전보건법령, 공정안전보고서 관련 고시 및 공단 기술지침을 참조하여 작성되어 있는가?
   나. 변경요소관리 대상은 빠짐없이 변경요소관리 절차에 따라 처리되었는가?
   다. 변경 요구서에 필요한 사항이 기재되어 있고, 기술적으로 충분한 근거를 제시하고 있는가?
   라. 모든 변경사항을 목록화하여 관리하고 있는가?
   마. 변경 내용을 운전원, 정비원, 도급업체 근로자 등에게 정확하게 알려 주고 시운전 전에 충분한 교육을 실시하는가?
   바. 변경관리위원회는 산업안전보건법령, 공정안전보고서 관련 고시 및 공단 기술지침을 참조하여 구성되고 운영되고 있는가?
   사. 변경 시 공정안전자료의 변경이 수반될 경우에 이들 자료의 보완이 즉시 이행되고 있는가?

8. 자체감사
   가. 자체감사 지침이 산업안전보건법령, 공정안전보고서 관련 고시 및 공단 기술지침을 참조하여 작성되어 있는가?
   나. 1년마다 자체감사를 실시하고 그 결과를 문서화하고 있는가?
   다. 자체감사팀에는 공정설계 또는 공정기술자, 계측제어, 전기 및 방폭기술자, 검사 및 정비기술자, 안전관리자 등 전문가가 참여하는가?
   라. 자체감사 내용에 PSM 12개 요소 등이 포함되는 등 적절한가?
   마. 자체감사의 방법은 서류, 현장 확인, 면담 등의 방법을 모두 활용하는가?
   바. 자체감사 결과 도출된 문제점은 적절한가?
   사. 자체감사 결과 도출된 문제점을 문서화하고 개선계획을 수립하여 시행하였는가?
   아. 자체감사 결과보고서를 경영층에 보고하고, 세부내용을 전 근로자에 알려주는가?
   자. 감사결과 및 개선내용을 문서화한 보고서를 3년 이상 보존하면서 정도관리를 하고 있는가?

9. 공정사고조사
   가. 공정사고조사지침은 산업안전보건법령, 공정안전보고서 관련 고시 및 공단 기술지침을 참조하여 작성되어 있는가?
   나. 사고조사 시 아차사고를 포함하여 사고조사를 실시하고 있는가?
   다. 사고조사는 가능한 신속하게 적어도 24시간 이내에 시작하도록 규정하고 있는가?
   라. 공정사고조사팀에는 사고조사 전문가 및 사고와 관련된 작업을 하는 근로자(도급업체 근로자 포함)가 포함되는가?
   마. 사고조사 보고서에는 필요한 세부사항이 포함되어 있는가?
   바. 재발방지대책이 기술적, 관리적, 교육적 대책 등이 적절하게 작성되어 있는가?
   사. 재발방지대책의 개선계획이 적절하게 작성되어 개선 완료되었는가?
   아. 사고조사보고서, 재발방지대책 등의 내용을 근로자에게 알려 주고 교육을 실시하는가?
   자. 사고조사 보고서를 5년 이상 보관하는가?

Ⅴ. 비상조치계획
1. 비상조치계획에 최악의 누출시나리오와 대안의 누출시나리오를 기반으로 작성되어 있는가?
2. 화재 · 폭발 및 독성물질 누출사고 발생할 수 있는 다양한 사고 시나리오를 발굴하고 비상조치계획을 수립하는가?
3. 근로자들이 안전하고 질서정연하게 대피할 수 있도록 충분한 훈련을 실시하였는가?
4. 비상조치계획에는 누출 및 화재 · 폭발사고 발생 시 행동요령이 적절히 포함되어 있는가?
5. 사업장 내(도급업체포함) 비상시 비상사태를 사업장 내 및 인근 사업장에 전파할 수 있는 시스템이 갖추어져 있는가?
6. 비상발전기, 소방펌프, 통신장비, 감지기, 개인보호구 등 비상조치에 필요한 각종 장비가 구비되어 정상적인 기능을

유지하고 있으며 정기적으로 작동검사를 실시하는가?

7. 비상연락체계(주민홍보계획)는 주기적으로 확인하고 최신화된 상태로 관리되는가?
8. 주변 사업장에 유해위험물질 및 설비 정보, 사고시나리오, 비상신호 체계 등을 알려주고 있는가?

Ⅵ. 현장 확인

1. 보고서는 현장에 근로자들이 볼 수 있도록 비치되고 있는가?
2. 원료, 제품 및 설비 등이 공정안전자료와 일치하는가?
3. 현장의 정리정돈 상태는 양호한가?
4. 위험물의 보관, 저장, 관리상태는 산업안전보건법령에 따라 적정한가?
5. 안전밸브, 파열판, 긴급차단밸브, 방폭형 전기기계기구, 가스누출감지기(경보기), 방유제, 내화설비 등의 관리상태는 양호한가?
6. 안전밸브, 파열판, 긴급차단밸브, 방폭형 전기기계기구, 가스누출감지기(경보기), 방유제, 내화설비 등은 주기적으로 점검, 교정 등을 하는가?
7. 비상대피로가 정상적인 기능을 할 수 있는가?
8. 개인보호구는 충분한 수량을 확보하고 있는가?
9. 개인보호구는 위험상황 시 근로자들이 즉시 사용할 수 있는 상태로 있는가?
10. 운전원, 작업자는 개인보호구 착용방법을 이해하고 정확히 착용하는가?
11. 위험물의 입·출하 절차를 규정하고 관리하에 수행되는가?
12. 회분식 반응기의 화재, 폭발 대책은 충분히 고려되고 관리되고 있는가?
13. 국소배기장치, 폐수처리장, 백필터 등 환경처리시설의 관리 및 가동은 정상적으로 수행되고 있는가?
14. 안전밸브 등 안전장치 후단의 배출물 처리는 안전한 장소로 연결되어 있는가?
15. 배관 및 밸브의 표시 등은 적정하게 되어 있는가?
16. 알람리스트 등은 제대로 관리되고 있는가?
17. 인터록의 관리상태는 양호한가?
18. 배관, 장치, 설비 중에 위험물의 누출 등이 발생하는 곳은 없는가?
19. 제어실 등 양압시설은 25Pa 이상으로 적정하게 유지하고 있는가?
20. 스프링클러, 소화설비의 관리상태는 양호하며 주기적인 작동시험 등은 수행되고 있는가?
21. 전기 접지 및 절연상태는 양호하고 주기적인 점검이 이루어지는가?

▍공정안전보고서 자체감사 점검표 예시

공정안전보고서 자체감사 결과표

〈공정안전보고서 확인 면제용〉

사업장명						
대상설비명	(기존, 신규, 이전, 변경)					
감사기간	20 . . . ~ 20 . . .					
감사반		소속	직책	성명	감사 시 담당업무	전공
	반장					
	반원					
	반원					
	외부전문가					

구분	자체감사 결과 종합의견	비고

감사기관명 : ______________________

Ⅰ. 일반사항

항목	관련근거	감사결과	적합여부
1. 산업안전보건위원회에서의 보고서 심의 결과 개선권고사항에 대한 실행여부	산업안전보건법 (이하 "법"이라 함) 제49조의2제2항		
2. 심사 시 보완조치 사항의 이행여부			
3. 심사 시 조건부 사항의 이행여부			
4. 설치과정 중 확인 시 지적사항의 이행여부			

II. 공정안전자료

항목	관련근거	확인 결과	적합 여부
1. 유해 · 위험물질자료 ① 해당 유해 · 위험물질의 MSDS 비치 여부 ② 유해 · 위험물질의 종류 및 수량 일치 여부 ③ 유해 · 위험물질의 운전원 교육 실시 여부	법 제41조, 고용노동부 고시20조및제41조		
2. 유해 · 위험설비의 목록 및 명세 가. 동력기계목록 ① 목록과 현장과의 일치 및 현장 설비에 식별번호 부착 여부 ② 방호장치의 설치 및 유지 · 관리상태 ③ 제작자 공급자료(Vendor print) 확보 여부	고용노동부고시 제21조 및 제41조		
나. 장치 및 설비 명세 ① 현장과의 일치 여부 ② 사용재질, 사용두께, 비파괴검사, 후열처리 계획과의 일치 여부 ③ 개스킷 재질 적정 여부 ④ 현장 설비의 식별번호 부여 여부 ⑤ 제작자 공급 자료의 확보 여부	고용노동부고시 제21조 및 제41조		
다. 배관 및 개스킷 명세 ① 배관 사용재질, 비파괴검사 및 후열처리 계획과의 일치 여부 ② 개스킷 재질 적정 여부 ③ 배관의 수압시험 및 수압시험 후 배관 개스킷의 교체 사용 여부 ④ 기밀시험 실시 여부 ⑤ 배관에 취급유체명, 흐름방향 등의 표시 여부 ⑥ 고온 · 고압 배관에 열팽창 흡수장치가 마련되었으며, 스프링 행거/서포트를 사용 시 설정치와 고정핀 제거의 확인 여부 ※ 열팽창흡수장치 : Loop 형성, Surge drum, Spring hanger	안전보건기준에 관한 규칙 제256조, 제257조, 제259조, 제432조, 제433조, 고용노동부고시 제21조 및 제41조		
라. 안전밸브 및 파열판 명세 ① 안전밸브의 노즐크기, 배출연결부위 및 설정압력의 일치 및 식별번호 부착 여부 ② 제작자 공급자료 확보 여부 ③ 안전밸브의 방출시험 실시 여부 ④ 안전밸브 및 파열판 전 · 후단 배관의 차단밸브 적정관리 여부 ⑤ 안전밸브와 파열판 사이에 압력계 등 설치 여부	안전보건기준에 관한 규칙 제261조 내지 제266조, 고용노동부고시 제21조, 제41조		

항목	관련근거	확인 결과	적합 여부
3. 공정자료 및 도면 ① 공정도면의 등록 관리상태의 적절성 ※ 도면번호, 개정번호, 개정일, 점검자, 승인자 서명 등 ② 공정흐름도(PFD) 및 공정배관계장도(P&ID) 등 공정도면에 공사중의 변경사항 등을 모두 반영(As-built)하여 현장설비와 일치 여부 ③ 제어실에 비치하여 활용하는지의 여부 ④ 장치 및 설비의 제작도면에는 제작중의 변경사항이 모두 반영되어 현장설비와 일치하는지의 여부 ⑤ 제어밸브, 인터록 및 각종계기의 Loop Check 여부 ⑥ 현장 계기의 도입배관 및 Thermo well 길이 등의 적절한 설치 여부 ⑦ 계기의 제작자 공급자료 확보 여부 ⑧ 계기시방서와 배관 규격과의 일치 여부 (배관접합부 플랜지 명세, 개스킷 명세 등) ⑨ 도면과 계기목록과 현장과의 일치 여부	안전보건기준에 관한 규칙 제435조, 고용노동부고시 제22조 및 제41조		
4. 건물 · 설비의 배치도 ① 건물, 설비, 저장탱크 등 위험설비 간의 안전거리 유지 여부 ② 비상대피로 및 비상문의 확보 및 유지상태 ③ 방유제(Dike) 설치 및 유지 · 관리상태 ④ 작업장 바닥의 재료	안전보건기준에 관한 규칙 제17조, 제271조 및 제272조, 제431조, 고용노동부고시 제23조 및 제41조		
5. 내화설비(분진폭발위험장소 제외) ① 설치계획과 현장과의 일치 여부 ② 내화재료의 유지 · 관리상태	안전보건기준에 관한 규칙 제270조, 고용노동부고시 제23조 및 제41조		
6. 소화설비, 화재탐지 및 경보설비의 설치계획 및 배치도 ① 설치계획과 현장과의 일치 여부 ② 계통운전 설명서대로 작동 여부	안전보건기준에 관한 규칙 제243조, 고용노동부고시 제23조 및 제41조		
7. 가스누출감지경보기 또는 누출경보설비 설치계획 ① 현장과의 일지 여부 및 유지 · 관리상태 ② 경보기는 감지기가 설치된 곳 또는 근로자가 상주하는 곳에 설치 여부 ③ 가스누출감지경보기의 비상전원 연결 여부	안전보건기준에 관한 규칙 제232조, 제299조, 제434조, 고용노동부고시 제23조 및 제41조		
8. 세척 · 세안시설 및 안전보호장구 설치계획 ① 설치계획에 따라 설치되었는지의 여부 ② 세척 · 세안시설의 동파방지 대책 적정 여부 ③ 개인보호구 지급 및 유지 · 관리상태	안전보건기준에 관한 규칙 제32조, 제448조, 제450조, 제451조, 고용노동부고시 제23조 및 41조		

항목	관련근거	확인 결과	적합 여부
9. 국소배기장치 설치계획 ① 설치계획과 현장과의 일치 여부 ② 국소배기장치 설치 및 유지 · 관리상태	안전보건기준에 관한 규칙 제3편, 고용노동부고시 제23조 및 41조		
10. 폭발위험장소 구분도 및 방폭설계 기준 ① 폭발위험장소 구분도와 현장의 일치 여부 ② 방폭전기/기계 · 기구의 설치 상태 ③ 방폭전기배선의 접속 및 유지 · 관리상태 ④ 방폭전기/기계 · 기구의 유지 · 관리상태 ⑤ 방폭전기/기계 · 기구의 성능검정 실시 여부	안전보건기준에 관한 규칙 제230조 내지 제311조, 고용노동부고시 제24조 및 제41조		
11. 전기단선도 ① 도면의 등록관리여부(도면번호, 개정번호, 개정일, 작성자, 승인자 서명 등) ② 전기단선도와 현장의 일치 여부 ③ 각종 보호장치의 설치 여부 ④ 비상동력원의 정상 작동 여부 ⑤ DCS 등 제어실에 비상전원 설치 여부 ⑥ 비상전원 공급 설비에 비상전원 연결 여부 ⑦ 고압전선의 절연성능 및 절연내력 시험 여부	안전보건기준에 관한 규칙 제301조, 제305조 고용노동부고시 제24조 및 제41조		
12. 접지계획 ① 접지배치도의 일치 여부 ② 접지저항 측정 여부 ③ 접지전극 및 접속부의 유지 · 관리상태	안전보건기준에 관한 규칙 제302조, 제325조, 고용노동부고시 제24조 및 제41조		
13. 장치 및 설비의 설계 · 제작 · 설치 기준 ① 위험설비는 설계 · 제작 · 설치 기준에 따라 공장 또는 현장 검사 실시 여부	고용노동부고시 제25조 및 제41조		
14. 플레어 스택 및 환경오염물질 처리 설비 가. 플레어 스택 ① 설치계획과 현장과의 일치 여부 ② 파일럿 버너가 항상 작동되고 있는지의 여부 ③ 플레어 헤더는 양압이 유지되고 있는지의 여부 ④ 플레어 헤더에 차단밸브가 설치되어 있는 경우 차단밸브의 적정 관리 여부 또한, 플레어 헤더에 액체가 체류하지 않도록 적절한 구배와 드레인 설비 구비 여부	안전보건기준에 관한 규칙 제267조, 고용노동부고시 제26조 및 제41조		
나. 환경오염물질 처리 설비 ① 배출구에 적절한 측정계기의 설치 및 유지 · 관리 여부 ② 운전 시 환경오염물질 처리설비가 항상 작동되고 있는지의 여부	안전보건기준에 관한 규칙 제267조, 고용노동부고시 제26조 및 제41조		

Ⅲ. 공정위험성 평가

항목	관련근거	확인결과	적합여부
1. 위험성 평가 추진 사항			
① 위험성 평가결과 개선대책을 문서화하여 후속조치를 실시하고 있는지의 여부	시행규칙 제130조의2제2호, 고용노동부고시 제27조, 제28조, 제42조, 제43조		
② 위험성 평가결과 후속조치 중 설비와 장치 등의 구매에 소요되는 기간을 고려하여 발주하고 있는지의 여부			
③ 위험성 평가결과에 따라 설비를 개선 보완한 후 P&ID와 운전절차 등의 갱신 여부			
④ 위험성 평가팀은 평가대상 공정에 대한 전문지식 및 경험을 가지고 있는지 여부			
⑤ 피해예측 결과를 비상조치계획에 반영하고 이에 근거한 비상대응 훈련 실시 여부 ⑥ 위험성 평가 대상설비 중 누락 여부			
2. 위험성 평가결과 개선권고사항의 이행 여부	고용노동부고시 제27조, 제28조, 제42조, 제43조		

Ⅳ. 안전운전계획

항목	관련근거	확인결과	적합여부
1. 안전운전지침과 절차			
① 운전절차서를 사내 규정에 따라 문서화하여 등록 관리하고 있는지의 여부	시행규칙 제130조의2제3호 가목 고용노동부고시 제44조		
② 운전절차서에 주 · 부 반응식, 반응열을 포함한 반응 매카니즘 자료가 포함되었는지의 여부			
③ 운전절차에 관한 서류는 P&ID와 함께 운전원이 제어실에서 활용하고 있는지의 여부			
④ 운전절차서는 P&ID, 장치 및 설비사양 등과 같은 공정안전자료와 일치하는지의 여부			
⑤ 운전절차서에 표시된 설비번호(고정 및 회전설비)는 현장에 설치된 설비번호와 일치하는지의 여부			
⑥ 연동 바이패스(Shut down Interlock by-pass)절차의 작성 시행 및 기록(Log sheet) 작성 비치 여부			
⑦ 비상운전절차를 포함한 운전절차서를 해당공정의 운전원 및 신규, 전입 운전원에게 교육을 실시했는지의 여부			
2. 설비의 점검 · 정비 유지관리			
① 위험설비의 점검 · 정비 · 유지관리계획에 따라 예방점검 및 정비를 시행하고 있는지 여부	시행규칙 제130조의2제3호 나목 고용노동부고시 제45조		
3. 안전작업허가 및 절차			
① 화기작업, 제한공간 출입 등 안전작업허가대상 작업을 할 때에 "안전작업허가서"를 절차서에 따라 작업하고 있는지 여부 ② 안전작업허가서 발급 및 승인할 때 필요한 모든 사항을 확인하는지 여부 ③ 입조작업 시 산소농도를 측정하고 안전성을 확보한 후 작업토록 하기 위한 내용을 포함하고 실행하고 있는지 여부 ④ 안전작업 시작 전에 작업내용을 당해지역 및 인접지역의 운전원, 정비원, 협력업체 등에게 전달하는지 여부	시행규칙 제130조의2제3호 다목 고용노동부고시 제46조		
4. 협력업체 안전관리			
① 모든 협력업체가 협력업체 안전관리 절차서대로 관리되고 있는지 여부	시행규칙 제130조의2제3호 라목 고용노동부고시 제47조		
② 협력업체 근로자들이 작업하는 공정에서의 누출, 화재 또는 폭발의 위험성 및 비상조치계획 등을 교육받는지 여부			

항목	관련근거	확인결과	적합여부
5. 공정운전에 대한 교육			
① 시운전 전 운전원 및 협력업체 운전원들에게 해당분야에 대한 공정안전교육을 실시하는지의 여부 ② 운전원에게 교육을 실시한 후 평가결과 등 기록을 유지하고 있는지 여부 ③ 공정안전교육에는 반응공정에서의 반응폭주 가능성, 안전대책 및 운전원의 조치 등이 포함되는지의 여부	시행규칙 제130조의2제3호 마목 고용노동부고시 제48조		
6. 가동 전 점검			
① 신규설비 설치, 설비 변경 또는 정기보수 작업 후 가동 전 점검을 실시하는지의 여부 ② 가동 전 점검표는 다음과 같은 내용을 확인할 수 있도록 작성되었는지의 여부 • 신설 또는 변경설비에 대하여 규정된 검사를 실시하였는지 및 합격여부 • 신설 또는 변경된 설비가 설치기준 또는 시방서에 따라 설치되었는지의 여부 • 위험성평가보고서 중 개선권고 사항이 이행되었는지의 여부 • 안전운전에 필요한 절차 및 자료의 준비 • 가동 및 운전개시에 필요한 준비 • 기타 설비의 안전에 관한 점검사항 ③ 가동 전 점검팀은 관련분야 전문가들로 구성되었는지의 여부 ④ 점검결과 결함이 있거나 또는 개선대책이 필요한 사항에 대하여 개선항목(Punch List)이 작성되고 있으며 이 개선항목은 시운전 전에 완료되도록 조치하고 있는지의 여부	시행규칙 제130조의2제3호 바목 고용노동부고시 제49조		
7. 변경관리			
① 변경사유가 발생한 경우 변경관리 절차에 따라 변경 조치하고 변경내용이 운전절차서에 즉시 반영되는지 여부	시행규칙 제130조의2제3호 사목 고용노동부고시 제50조		
② 사업장에서 변경 이전에 변경할 내용을 운전원, 정비원, 협력업체 등에게 정확히 알려 주고, 변경 설비의 시운전 이전에 이들에게 충분한 훈련을 실시하고 있는지의 여부			
8. 공정사고조사			
① 중대산업사고를 포함한 공정사고 조사는 사고 발생 즉시 실시하고 있는지의 여부 ② 사고조사보고서에서 제시된 개선 사항과 재발 방지대책을 수행하기 위하여 책임부서를 지정하고 있으며 수행결과를 문서화하여 후속 조치를 하고 있는지의 여부	시행규칙 제130조의2제3호 아목 고용노동부고시 제52조		

V. 비상조치계획

항목	관련근거	확인 결과	적합 여부
① 사업장의 안전보건관리책임자는 다음 각 목의 경우에 있어서 비상조치계획을 검토하고 있는지의 여부	시행규칙 제130조의2제4호, 고용노동부고시 제53조		
㉮ 최초 비상조치계획 수립 시			
㉯ 각 비상조치요원의 비상시 임무 변경 시			
㉰ 비상조치계획 자체 변경 시			
② 비상조치계획 서류는 서류로 알기 쉽게 작성되어 접근이 용이한 곳에 비치하고 있는지의 여부 ③ 비상경보시스템은 정기적으로 시험하고 있으며 근로자들이 경보를 숙지하고 있는지 여부 ④ 비상발전기, 소방펌프, 통신장비, 개인보호구등 비상조치에 필요한 각종설비와 장비가 구비되어 있으며 정기적으로 작동 시험하고 있는지 여부 ⑤ 가상사고 시나리오에 근거한 비상조치계획에 따라 모든 근로자들이 참여한 훈련을 실시하고 있는지의 여부 ⑥ 비상훈련 실시결과 평가회의를 통하여 문제점을 보완하고 계획을 조정하고 있는지의 여부			

▎설치과정 중의 공정안전보고서 자체감사 결과표 예시

설치과정 중의 공정안전보고서 자체감사 결과표

〈공정안전보고서 확인 면제용〉

사업장명						
대상설비명		(기존, 신규, 이전, 변경)				
감사기간		20 . . . ~ 20 . . .				
감사반		소속	직책	성명	감사 시 담당업무	전공
	반장					
	반원					
	반원					
	외부전문가					

구분	자체감사 결과 종합의견	비고

감사기관명 : ____________________

자체감사 결과보고서 예시

<table>
<tr><td colspan="3" rowspan="2">자체감사 결과보고서</td><td rowspan="2">결
재</td><td>작성</td><td>검토</td><td>승인</td></tr>
<tr><td></td><td></td><td></td></tr>
<tr><td>감 사 대 상</td><td></td><td>감사
구분</td><td colspan="4">정기(　) 특별(　)</td></tr>
<tr><td>감 사 목 적</td><td colspan="6"></td></tr>
<tr><td rowspan="4">감 사 자</td><td>공정(운전)팀 기술자</td><td colspan="5">(인)</td></tr>
<tr><td>기술팀 기술자</td><td colspan="5">(인)</td></tr>
<tr><td>안전업무 담당자</td><td colspan="5">(인)</td></tr>
<tr><td></td><td colspan="5">(인)</td></tr>
<tr><td>감 사 기 간</td><td colspan="6">(총　　일간)</td></tr>
<tr><td colspan="2">공정안전관리요소</td><td>항목별 점수</td><td colspan="4">권고사항 내용</td></tr>
<tr><td colspan="2">1. 안전경영과 근로자 참여</td><td></td><td colspan="4"></td></tr>
<tr><td colspan="2">2. 공정안전자료</td><td></td><td colspan="4"></td></tr>
<tr><td colspan="2">3. 공정위험성평가</td><td></td><td colspan="4"></td></tr>
<tr><td colspan="2">4. 안전운전 지침과 절차</td><td></td><td colspan="4"></td></tr>
<tr><td colspan="2">5. 설비의 점검검사 보수계획, 유지계획 및 지침</td><td></td><td colspan="4"></td></tr>
<tr><td colspan="2">6. 안전작업허가 및 절차</td><td></td><td colspan="4"></td></tr>
<tr><td colspan="2">7. 도급업체 안전관리</td><td></td><td colspan="4"></td></tr>
<tr><td colspan="2">8. 공정운전에 대한 교육훈련</td><td></td><td colspan="4"></td></tr>
<tr><td colspan="2">9. 가동 전 점검지침</td><td></td><td colspan="4"></td></tr>
<tr><td colspan="2">10. 변경요소 관리계획</td><td></td><td colspan="4"></td></tr>
<tr><td colspan="2">11. 자체감사</td><td></td><td colspan="4"></td></tr>
<tr><td colspan="2">12. 공정사고조사 지침</td><td></td><td colspan="4"></td></tr>
<tr><td colspan="2">13. 비상조치계획</td><td></td><td colspan="4"></td></tr>
<tr><td colspan="2">14. 현장확인</td><td></td><td colspan="4"></td></tr>
<tr><td>감 사 결 론</td><td colspan="6">등급 :</td></tr>
<tr><td>개 선 계 획</td><td colspan="6"></td></tr>
<tr><td>감 사 결 과
게 재 방 법</td><td colspan="6">홈페이지 □　사내게시판 □　교육 □　부서별 자료 □　기타 □</td></tr>
<tr><td>첨부서류</td><td colspan="6"></td></tr>
</table>

03 공정사고 조사 지침 예시

1. 공정사고 조사계획 및 시행에 관한 기술지침(KOSHA GUIDE P-100-2023)

(1) 용어 설명

1) 공정사고 : 화재 · 폭발 · 위험물질 누출 등의 사고와 그러한 사고로 발전될 수 있는 다음의 어느 하나에 해당되는 사고를 말한다.
   가. 공정운전 조건의 상한, 하한 제한치를 벗어난 경우
   나. 장치 및 제어계통의 고장
   다. 외부 요인(단전, 자연재해 등)에 의한 이상 발생
2) 아차사고(Near Miss) : 잠재되어 있는 사고요인을 작업자가 사전에 발견하거나 사고조건이 형성되지 않아 실제 공정사고로 발전하지 아니한 사고를 말한다.

(2) 공정사고 조사

1) 공정사고 조사팀의 구성
   가. 공정사고가 발생하면 공정사고 조사팀을 구성하여 신속하게(적어도 24시간 이내) 공정사고 조사를 수행한다.
   나. 공정사고 조사팀은 다음의 전문가 2명 이상으로 구성한다.
      (가) 공정사고가 발생한 공정 및 시설을 잘 알고 있는 기술자
      (나) 공정사고를 조사하고 분석할 수 있는 지식과 경험을 가지고 있는 전문가
   다. 공정사고 발생이 도급업체가 관련된 작업일 경우에는 도급업체 담당자를 공정사고 조사팀에 참여시킨다.

2) 공정사고 조사 방법
   가. 사고와 관련한 물적 증거가 손상되거나 소실되지 않도록 조사가 끝날 때까지 현장을 보존하여야 한다.
   나. 현장 상황을 사진 · 비디오 등으로 촬영하여 보존하며, 필요시에는 유사상황 재현, 설비 해체 등을 통하여 근원적 사고원인을 분석한다.
   다. 현장 내에 남아 있는 증거가 될 만한 것은 모두 수집한다.
   라. 사고발생 당시의 운전자 및 목격자들로부터 사고 상황에 대한 정보를 입수한다.
   마. 사고조사에 필요한 다음의 자료를 확보하여 검토한다.
      (가) 운전절차서
      (나) 최초 설계자료
      (다) 설계 변경자료

(라) 해당 설비의 점검 및 보수이력

(마) 경보목록 및 연동 자료

(바) 분산제어시스템 및 운전일지의 운전자료(사고 직전까지 운전 중 발생한 모든 이탈상황 포함)

(사) 사고발생부터 조사시점까지의 시간별 조치 내용(비상조치 대응 포함)

(아) 관련 작업자의 교육 · 훈련 일지

3) 공정사고 조사보고서의 내용

가. 공정사고 조사팀은 공정사고 조사가 완료될 때까지 공정사고 조사보고서를 작성한다.

나. 공정사고 조사보고서는 사고와 관련이 있는 공정운전 전문가와 개선 및 방지대책 수행 책임부서 전문가가 최종적으로 검토 · 확정한다.

다. 공정사고 조사보고서에는 다음의 사항이 포함된다.

(가) 사고조사팀 전원의 소속 · 성명 기록 및 서명 날인

(나) 사고일시 및 장소

(다) 사고조사 일시

(라) 사고유형

(마) 사고물질명 및 설비명

(바) 사고개요

(사) 사고원인

(아) 사고로 인한 피해의 크기와 범위 및 경제적 손실비용(직접손실과 간접손실로 구분)

(자) 수행된 비상조치 내용 및 평가

(차) 비슷한 유형의 사고 재발을 방지하기 위한 대책(관리적 대책과 기술적 대책을 구분하여 제시)

(카) 첨부자료(사진, 기술자료 등)

라. 사업장의 특성에 적합한 공정사고 조사보고서 서식을 만들어 사용한다.

4) 사후조치

가. 공정사고조사 보고서에서 제시된 재발방지대책을 수행하기 위한 책임부서를 지정한다.

나. 재발방지대책에 대한 검토와 시행추진은 문서로 이루어지며, 변경관리 대상인 개선대책은 변경요소관리절차에 따라 위험성평가를 실시하고, 구체적인 장단기 대책을 수립하여 시행한다.

다. 사내 근로자뿐만 아니라 도급업체 담당자를 포함한 모든 작업자들을 대상으로 공정사고조사 결과를 교육한다.

라. 공정사고 조사보고서는 5년 이상 보관한다.

(3) 아차사고

1) 아차사고 관리

가. 아차사고를 경험하거나 아차사고의 위험요인을 발견하면 자발적으로 보고할 수 있는 체계를 갖

춘다.

나. 아차사고 조사보고서는 사고 당사자 · 목격자, 단위부서 관리자 또는 안전관련 부서원이 작성한다.

다. 아차사고가 보고되면 부서 내 협력업체를 포함한 모든 작업자들이 내용을 공유할 수 있도록 교육을 실시한다.

라. 사업장 전체의 아차사고 사례는 협력업체를 포함한 모든 작업자들이 공유하도록 한다.

2) 아차사고 조사보고서의 내용

가. 아차사고 조사보고서는 간략하게 작성하되 다음 사항을 포함한다.

(가) 조사자 및 조사일시

(나) 사고일시 및 장소

(다) 사고유형

(라) 사고내용

(마) 사고원인

(바) 사고예방대책

(사) 첨부자료(현장상황 그림, 사진, 기술자료 등)

나. 사업장에서 적합한 아차사고 조사보고서 서식을 만들어 사용한다.

(4) 동종업종 사고사례 수집 및 유사사고 방지대책 수립

1) 동종업종 관련 기업에서 발생한 사고사례를 수시로 수집하여 유사사고 발생 가능성을 분석하고, 유사사고 방지대책을 수립하여 시행한다.

2) 협력업체를 포함한 모든 근로자를 대상으로 수집한 동종업종 사고사례 및 유사 사고 방지대책을 교육한다.

2. 공정사고조사 관련 서식 예시

공정사고 조사보고서 예시

<table>
<tr><td colspan="4" rowspan="2">공정사고 조사보고서</td><td rowspan="2">결
재</td><td>작성</td><td>검토</td><td>승인</td></tr>
<tr><td></td><td></td><td></td></tr>
<tr><td rowspan="4">공정사고
조사팀
(사고 관련
작업자 포함)</td><td>소속</td><td>성명</td><td>서명</td><td colspan="2" rowspan="2">사고일시</td><td colspan="2" rowspan="2"></td></tr>
<tr><td></td><td></td><td></td></tr>
<tr><td></td><td></td><td></td><td colspan="2" rowspan="2">사고장소</td><td colspan="2" rowspan="2"></td></tr>
<tr><td></td><td></td><td></td></tr>
<tr><td>조사일시</td><td colspan="2"></td><td colspan="5">사고발생 24시간 이내 조사여부 YES □ NO □</td></tr>
<tr><td>사고유형</td><td colspan="7">□ 화재 □ 폭발 □ 위험물질 누출 □ 기타 ( )</td></tr>
<tr><td>사고공정 및 설비명</td><td colspan="2">공 정 명 :
설 비 명 :
독성여부 : O, X</td><td colspan="2">손 실 액</td><td colspan="3">직접 : ( ) 만 원
간접 : ( ) 만 원</td></tr>
<tr><td>사고개요</td><td colspan="7"></td></tr>
<tr><td>사고원인</td><td colspan="7"></td></tr>
<tr><td>사고피해크기</td><td colspan="7"></td></tr>
<tr><td colspan="2">비상조치 내용 및 평가</td><td colspan="6"></td></tr>
<tr><td>재발방지대책</td><td colspan="7"></td></tr>
<tr><td>첨부자료</td><td colspan="7">사진 □ 기술자료 □ 기타 □</td></tr>
</table>

▌아차사고 조사보고서 예시

아차사고 조사보고서			결재	작성	검토	승인
사고일시			작 성 자			
조 사 참여자	소속	성명	서명	소 속	성명	서명
조사일시			사고장소			
사고유형	□ 화재 · 폭발 □ 위험물질 누출 □ 유해물질 접촉 □ 질식 · 중독 □ 기타(감전, 추락, 전도, 협착 · 충돌, 무리한 동작, 기타)					
사고내용						
사고원인						
예방대책						
검 토 결 과						
				검토일		
검토 결과 및 조치 사항						
조치 결과 확인						
확인자 : (서명)				조치 완료일		
첨부자료	사진 □ 기술자료 □ 기타 □					

▎공정사고 개선 계획서 예시

공정사고 개선 계획서				결재	작성	검토	승인
계획 일자	개선대상	개선대책	개선내용	조치 완료일	담당자	확인 일자	비고

CHAPTER 14

비상조치계획 및 현장확인

01 비상조치계획 및 현장확인 관련 법령

1. 공정안전보고서의 제출, 심사, 확인 및 이행상태 평가 등에 관한 규정

■ 제40조(비상조치 계획의 작성)

규칙 제50조제1항제4호의 비상조치 계획은 다음 각 호의 사항을 포함하여야 한다.

1. 목적
2. 비상사태의 구분
3. 위험성 및 재해의 파악 분석
4. 유해 · 위험물질의 성질 · 상태 조사
5. 비상조치계획의 수립(최악 및 대안의 사고 시나리오의 피해예측 결과를 구체적으로 반영한 대응계획을 포함한다)
6. 비상조치 계획의 검토
7. 비상대피 계획
8. 비상사태의 발령(중대 산업사고의 보고를 포함한다)
9. 비상경보의 사업장 내 · 외부 사고 대응기관 및 피해범위 내 주민 등에 대한 비상경보의 전파
10. 비상사태의 종결
11. 사고조사
12. 비상조치 위원회의 구성
13. 비상통제 조직의 기능 및 책무
14. 장비보유현황 및 비상통제소의 설치
15. 운전정지 절차
16. 비상훈련의 실시 및 조정
17. 주민 홍보계획 등

별표 4 세부평가항목

비상조치 계획

항목		주요사항
1	비상조치계획이 최악의 누출시나리오와 대안의 누출시나리오를 기반으로 작성되어 있는가?	▸누출시나리오를 기준으로 대안의 시나리오 작성 확인 – 최악, 대안의 시나리오는 건축물별 작성
2	화재 · 폭발 및 독성물질 누출사고가 발생할 수 있는 다양한 사고시나리오를 발굴하고 비상조치계획을 수립하는가?	▸화재, 폭발, 독성 누출시나리오 작성 여부
3	근로자들이 안전하고 질서정연하게 대피할 수 있도록 충분한 훈련을 실시하였는가?	▸화재, 폭발, 독성 시나리오 훈련 여부
4	비상조치계획에는 누출 및 화재 · 폭발사고 발생 시 행동요령이 적절히 포함되어 있는가?	▸행동요령이 자세히 작성되어 있는지 여부
5	사업장 내(도급업체 포함) 비상시 비상사태를 사업장 내 및 인근 사업장에 전파할 수 있는 시스템이 갖추어져 있는가?	▸비상사태 전파시스템 확인 –조직, Fax, 전화 등
6	비상발전기, 소방펌프, 통신장비, 감지기, 개인보호구 등 비상조치에 필요한 각종 장비가 구비되어 정상적인 기능을 유지하고 있으며 정기적으로 작동검사를 실시하는가?	▸작동검사 시트 또는 점검시트 – 기능 확인 포함
7	비상연락체계(주민홍보계획)는 주기적으로 확인하고 최신화된 상태로 관리되는가?	▸비상연락체계 주기적인 Up–date
8	주변 사업장에 유해위험물질 및 설비 정보, 사고시나리오, 비상신호 체계 등을 알려주고 있는가?	▸관련 문서

현장확인

항목		주요사항
1	보고서는 현장에 근로자들이 볼 수 있도록 비치되고 있는가?	▸공장 현장 내 보고서 비치
2	원료, 제품 및 설비 등이 공정안전자료와 일치하는가?	▸현장설비 확인
3	현장의 정리정돈 상태는 양호한가?	▸청소상태, 정리정돈 상태
4	위험물의 보관, 저장, 관리상태는 산업안전보건법령에 따라 적정한가?	▸위험물 보관, 저장, 관리 상태확인
5	안전밸브, 파열판, 긴급차단밸브, 방폭형전기기계기구, 가스누출감지기(경보기), 방유제, 내화설비 등의 관리상태는 양호한가?	▸명판, 점검표, 설비관리 상태확인
6	안전밸브, 파열판, 긴급차단밸브, 방폭형전기기계기구, 가스누출감지기(경보기), 방유제, 내화설비 등은 주기적으로 점검, 교정 등을 하는가?	▸점검일, 교정일 등 확인
7	비상대피로가 정상적인 기능을 할 수 있는가?	▸표지판, 대피로 확인
8	개인보호구는 충분한 수량을 확보하고 있는가?	▸근로자 수량 등 확인
9	개인보호구는 위험상황 시 근로자들이 즉시 사용할 수 있는 상태로 있는가?	▸검사일, 기능검사 상태확인
10	운전원, 작업자는 개인보호구 착용방법을 이해하고 정확히 착용하는가?	▸근로자 질문 등 확인
11	위험물의 입·출하 절차를 규정하고 관리하에 수행되는가?	▸위험물 대장, 절차, 관리상태 확인
12	회분식 반응기의 화재, 폭발 대책은 충분히 고려되고 관리되고 있는가?	▸화재안전설비, 현장설치상태 등 확인
13	국소배기장치, 폐수처리장, 백필터 등 환경처리시설의 관리 및 가동은 정상적으로 수행되고 있는가?	▸작동기능, 청결, 누출 등 여부 현장확인
14	안전밸브 등 안전장치 후단의 배출물 처리는 안전한 장소로 연결되어 있는가?	▸안전밸브 후단 근로자 위험여부 확인
15	배관 및 밸브의 표시 등은 적정하게 되어 있는가?	▸밸브표시 확인
16	알람리스트 등은 제대로 관리되고 있는가?	▸제어실 알람리스트 등 확인
17	인터록의 관리상태는 양호한가?	▸인터록 점검여부, 현장 인터록 확인
18	배관, 장치, 설비 중에 위험물의 누출 등이 발생하는 곳은 없는가?	▸현장 누출, 비산 등 여부 확인
19	제어실 등 양압시설은 25Pa 이상으로 적정하게 유지하고 있는가?	▸양압확인
20	스프링클러, 소화설비의 관리상태는 양호하며 주기적인 작동시험 등은 수행되고 있는가?	▸점검표, 설비상태 등 확인
21	전기접지 및 절연상태는 양호하고 주기적인 점검이 이루어지는가?	▸접지연결여부, 절연상태 확인

02 비상조치계획 지침 예시

1. 비상조치계획 수립에 관한 기술지침(KOSHA GUIDE P-101-2023)

(1) 비상사태의 구분

1) 비상사태는 조업상의 비상사태와 자연재해로 구분한다.
2) 조업상의 비상사태는 다음의 경우를 말한다.
   가. 중대한 화재사고가 발생한 경우
   나. 중대한 폭발사고가 발생한 경우
   다. 독성화학물질의 누출사고 또는 환경오염 사고가 발생한 경우
   라. 인근지역의 비상사태 영향이 사업장으로 파급될 우려가 있는 경우
3) 자연재해는 태풍, 폭우 및 지진 등 천재지변이 발생한 경우를 말한다.

(2) 비상사태 파악 및 분석

1) 사업장의 안전보건총괄책임자는 보유설비와 취급하고 있는 위험물질에 의한 발생 가능한 비상사태를 체계적으로 검토한다.
2) 위험성 파악과 비상조치계획의 수립에 있어서는 발생 가능성이 큰 비상사태를 기준으로 하되 발생 가능성은 적으나 심각한 결과를 초래할 수 있는 비상사태도 포함시킨다.
3) 발생 가능한 비상사태의 분석에는 다음 사항을 포함시킨다.
   가. 공정별로 예상되는 비상사태
   나. 비상사태 전개과정
   다. 최대피해 규모
   라. 피해 최소화대책
   마. 과거 유사한 중대사고의 기록
   바. 비상사태의 결과예측

(3) 유해 · 위험물질의 성상조사

각 공정별로 사용하는 원부재료와 중간제품 및 완제품에 대한 가연성, 유해성 등의 성상을 조사하고 그 물질의 저장, 취급 및 폐기에 관한 안전지침을 작성한다.

(4) 비상조치계획의 수립

1) 비상조치계획의 수립 시 다음과 같은 원칙이 지켜지도록 한다.
   가. 근로자의 인명보호에 최우선 목표를 둔다.
   나. 가능한 비상사태를 모두 포함시킨다.

다. 비상통제 조직의 업무분장과 임무를 분명하게 한다.

라. 주요 위험설비에 대하여는 내부 비상조치계획뿐만 아니라 외부 비상조치계획도 포함시킨다.

마. 비상조치계획은 분명하고 명료하게 작성되어 모든 근로자가 이용할 수 있도록 한다.

바. 비상조치계획은 문서로 작성하여 모든 근로자가 쉽게 활용할 수 있는 장소에 비치한다.

2) 비상조치계획에는 최소한 다음과 같은 사항을 포함한다.

가. 근로자의 사전 교육

나. 비상시 대피절차와 비상대피로의 지정

다. 대피 전 안전조치를 취해야 할 주요 공정설비 및 절차

라. 비상대피 후 직원이 취해야 할 임무와 절차

마. 피해자에 대한 구조 · 응급조치 절차

바. 내 · 외부와의 연락 및 통신체계

사. 비상사태 발생 시 통제조직 및 업무분장

아. 사고 발생 시와 비상대피 시의 보호구 착용 지침

자. 비상사태 종료 후 오염물질 제거 등 수습 절차

차. 주민 홍보 계획

카. 외부기관과의 협력체제

3) 비상조치계획 수립 시에 부서별 비상대응체계를 별표 4에서 예시하는 바와 같이 작성 비치한다.

(5) 비상조치계획의 검토

1) 사업장의 안전보건책임자는 다음과 같은 경우에 비상조치계획을 검토한다.

가. 처음 비상조치계획 수립 시

나. 각 비상조치요원의 임무가 변경된 경우

다. 비상조치계획 자체가 변경된 경우

2) 비상조치계획의 수립과 검토 시에는 근로자 및 근로자 대표의 의견을 청취하여 자발적인 참여가 이루어지도록 한다.

3) 비상사태의 종류 및 비상사태의 전개에 따라 신속한 결정과 조치가 가능한지를 검토한다.

(6) 비상대피 계획

1) 비상대피 계획의 목적은 비상사태의 통제와 억제에 있으며 비상사태의 발생은 물론 비상사태의 확대 전파를 저지하고 이로 인한 인명피해를 최소화하는 데 있다.

2) 재해의 최소화를 위하여 적절하고 신속한 비상대피 계획의 확립을 위해 다음 사항을 준비한다.

가. 경보 발령절차

나. 비상통로 및 비상구의 명확한 표시

다. 근로자 등의 대피절차 및 대피장소의 결정
라. 대피장소별 담당자의 지정, 그들의 임무 및 책임사항
마. 비상통제센터의 위치 및 비상통제센터와의 보고체계 확립
바. 임직원 명부 및 하도급업체 방문자 명단의 확보와 대피자의 확인체계 확립
사. 대피장소에서 근로자 및 일반대중의 행동요령
아. 임직원 비상연락망의 확보
자. 외부비상조치기관과의 연락수단 및 통신망 확보

(7) 비상사태의 발령

1) 비상사태 발생 신고

조업 중 비상사태 발생을 확인한 임직원은 즉시 비상경보 발신기의 작동이나 통신망 등을 이용하여 다음 사항을 조정실 또는 방재센터(당직실)로 신고해야 하며, 비상신고 계통도를 작성 관리한다.

가. 비상사태 발생지역
나. 비상사태의 내용
다. 신고자의 소속과 성명

2) 비상사태의 발신

비상사태 발생 신고를 접수한 조정실(방재센터)은 비상방송 및 경보를 취명해야 하며, 해당 비상통제자는 비상 방송을 통해 다음과 같은 비상사태 발생 상황을 방송하고 비상 통제 조직에 의한 필요한 조치를 지시해야 한다. 필요한 경우 인근지역 주민에게 비상사태를 알리고 필요한 조치를 취하도록 한다.

가. 비상사태의 종류
나. 비상사태 발생 장소
다. 비상출동 소방대 동원사항
라. 방송자의 소속과 성명

(8) 비상경보 체계

1) 경보시설의 설치

가. 설비의 규모에 따라 적절한 수의 경보시설을 확보한다.
나. 소음수준이 높은 곳에서는 시각적 경보시설을 고려한다.
다. 각종 비상경보는 주 1회 작동 테스트를 한다.

2) 비상경보의 종류

비상경보에는 다음과 같은 종류가 있다.

가. 경계경보　　　　나. 가스누출경보

다. 대피경보　　　　　　　　　　　　라. 화재경보

마. 해제경보

3) 경계경보

가. 비상사이렌으로 3분간 장음으로 취명한다.

나. 필요시 공정상의 이상 또는 독성물질의 누출위험이 없을 때까지 취명하며 다음과 같은 조치를 취하도록 한다.

(가) 모든 안전작업허가서는 효력을 상실하며 허가서는 발급자에게 반납한다.

(나) 흡연과 가열기구는 사용이 금지된다.

(다) 운전요원은 필요한 안전조치와 함께 비상사태 지휘자의 지시에 따른다.

4) 가스누출 경보

가. 고 · 저음의 파상음을 연속적으로 취명한다.

나. 가스가 누출되는 동안 계속 취명하며 다음과 같은 조치를 취하도록 한다.

(가) 모든 안전작업허가서는 효력을 상실하며 허가서는 발급자에게 반납한다.

(나) 흡연과 가열기구는 사용이 금지된다.

(다) 운전요원은 필요한 비상운전정지 조치와 함께 비상지휘자의 지시에 따른다.

(라) 독성가스 누출 시는 비상방송의 안내에 따라 호흡보호 장비를 휴대하고 비상지휘자의 지시에 따른다.

5) 대피경보

가. 단음으로 연속 취명되며 비상사태 종료 시까지 계속 취명된다.

나. 폭발 또는 독성물질의 다량 누출 등 급박한 위험상황일 때에 취명하며 대피에 필요한 지시사항과 대피경로 및 대피장소를 반복하여 안내하며 다음과 같은 조치를 취하도록 한다.

(가) 모든 작업을 중지한다.

(나) 비상지휘자가 지명한 요원(비상운전반 등)을 제외한 모든 사람들은 지시에 따라 대피한다.

(다) 풍향을 고려하여 대피지역을 지정한다.

(라) 필요한 경우 비상사대 발생지역의 진입을 통제하고 인근공장 및 주민의 대피를 지시한다.

6) 화재경보

가. 5초 간격 중단음으로 계속 취명한다.

나. 이 경보는 화재로 인한 비상사태에 발신되며 다음과 같은 조치를 취하도록 한다.

(가) 비상지휘자는 비상방송을 통해 비상출동반을 비롯한 비상통제조직체제의 동원과 필요한 비상가동정지와 소방활동을 지시한다.

(나) 모든 안전작업 허가서는 효력을 상실하며 허가서는 발급자에게 반납한다.

(다) 모든 방문자와 불필요한 인원은 비상지휘자의 지시에 따라 지정된 장소로 대피한다.

(라) 비상통제 조직의 구성원 외에는 비상발생 장소에 접근하거나 진화작업에 지장을 주어서는 안 된다.

7) 해제경보

1분간 장음으로 취명하며 비상방송을 통해 상황의 종료와 조치 사항에 대하여 안내한다.

(9) 비상사태의 종결

1) 비상사태는 해제경보의 취명으로 종결되며 사업장의 제반기능은 정상체제로 운영된다.
2) 비상사태의 종결은 비상지휘자의 결정에 의한다.
3) 비상사태가 종결되면, 모든 직원의 복귀가 지시되고 비상동원 조직은 해체된다.
4) 각 부서의 부서장은 각 부서별로 정상체제에서 인원과 장비를 파악하고 인원을 비상통제단에 보고한다.
5) 비상통제단은 소방지원단 및 지원단 인원과 장비에 대한 상황을 파악하고 복귀한다.

(10) 사고조사

1) 비상사태발생 부서장은 관계 부서와의 협의를 거쳐 사고발생 요약 보고서를 안전보건책임자(공장장)에게 제출한다.
2) 사고조사의 방법은 "중대산업사고 조사에 관한 기술지침(KOSHA GUIDE)"에 따른다.

(11) 비상조치 위원회

1) 위원회의 구성은 다음과 같다.

가. 위원장－안전보건책임자

나. 간사－안전부서장

다. 위원－생산부장, 공무부장, 기술부장, 총무부장, 기타위원장이 필요하다고 지명한 임직원

2) 비상조치 위원회는 사고조사반을 구성하여 사고조사 보고서를 작성하고 복구계획과 예방대책을 수립한다.

(12) 비상통제 조직의 기능 및 책무

1) 비상통제 조직의 기능

비상통제 조직의 임무는 최소한의 필수 요원을 활용하여 인명 및 물적피해를 최소화하는 데 있으며 주업무는 다음과 같다. 비상 통제 조직표 및 업무분장을 작성 관리한다.

가. 사고의 수습

나. 인접지역으로 확산 방지와 제한

다. 비상조치 요원 증원과 장비의 추가제공

라. 명령 전달 체계 확립과 간단 명료한 기본적 책임의 명시

2) 비상지휘단

정상 근무시간 내에서는 비상사태가 발생한 부서의 부서장이 비상지휘자가 되며, 휴무일 또는 일과 시간 이후에는 각 교대 근무자 중 선임자가 부서장 도착 시까지 그 임무를 수행한다.

가. 비상통제 조직의 신속한 소집과 지휘

나. 재난관리에 필요한 장비의 동원과 운영

다. 설비의 비상운전정지와 위험물질의 제거 등 운전 통제에 관한 사항

라. 누출 등으로 인한 환경오염방지에 필요한 조치

마. 비상사태의 진행예측 및 영향파악과 대피여부에 대한 결정 및 실행

바. 인접지역의 피해예측과 대피명령

사. 사상자에 대한 적의 조치

아. 모든 비상재난관리 조직원의 조직점검과 교육 훈련상태의 확인

3) 지휘반

인원 파악을 담당하며 비상지휘자를 보좌하고 지시에 따른다.

가. 휴무일, 일과 이후 : 각 교대근무조 중 조정실 근무자

나. 정상근무 시 : 비상사태 발생부서 과장

4) 연락반

발생부서 부서장에게 비상상황을 보고하고 비상연락망을 동원하여 비상 통제 조직을 소집한다.

5) 인명구조 및 의료반

상해자 발생 시 신속하게 인명 구조하여 응급처치 후 병원으로 후송 조치한다.

가. 휴무일, 일과 이후 : 응급처리 훈련과정을 이수하고 응급 처치요원으로 지정된 직원

나. 정상근무 시 : 보건관리자, 산업위생담당자

6) 경비반

비상지휘자의 지시에 따라 소방서, 인근공장 등에 지원을 요청하고 방문객의 명단을 파악 보고하고 신속히 대피토록 하며 외부로부터의 불필요한 출입통제와 구내 교통정리를 담당한다.

7) 소방반

화재진압을 위한 소방대는 다음과 같이 편성한다.

가. 휴무일, 일과 이후

(가) 화재 발생지역의 생산담당 교대근무자 중 선임자가 지휘자가 되어 생산부서 단위로 비상출동조를 편성하여 추가인원이 도착 시까지 최소의 인원으로 진화를 담당한다.

(나) 소방대는 생산단위 부서별 교대근무 인원 중 최소 5명 이상으로 편성한다.

(다) 교대조 단위의 소방대를 편성 운영한다.

나. 정상근무 시

공장 단위별로 다음과 같이 편성한다.

(가) 소화반 : 5~10명을 1팀으로 하여 생산부서 주간 근무자를 중심으로 편성한다.

(나) 지원반 : 5~10명을 1팀으로 하며 지원부서 주간 근무자를 중심으로 편성한다.

8) 운전조치반

조정실 근무자가 되며 비상지휘자의 지시를 받아 재난공정과 관련된 비상정지 조치 및 비상발전기, 소방펌프의 가동 등 필요 조치를 취하도록 한다.

9) 비상통제단

안전보건책임자가 안전관리부서장을 비상통제자로 지명하되 다음과 같은 직무를 수행토록 한다.

가. 비상사태 발생 시 비상지휘자와 연락을 취하여 요청사항을 조치한다.

나. 비상통제자는 통제본부 회의실을 구성하고 조치명령과 협조요청 등에 필요한 준비를 한다.

다. 비상통제자는 언론계, 의료계, 정부기관 및 직원 가족 등에게 발표, 보고, 통보하는 업무를 담당한다.

라. 화재 발생 시에는 관할지역의 소방관서, 고용노동부, 한국산업안전보건공단 등에 지원 요청한다.

마. 비상통제자는 전화, FAX 등 통신설비를 설치하여 필요한 사람에게 송수신토록 한다.

⒀ 비상통제소의 설치

1) 비상사태 시 효과적으로 지휘 및 통제할 수 있는 비상통제소를 위험이 적은 장소에 설치해야 한다.

2) 비상통제소에는 비상통제 일지를 비롯하여 다음과 같은 사항을 갖추어야 한다.

가. 적절한 수의 통화설비

나. 라디오 및 기타 통신장비

다. 개인보호구 및 기타 구조장비

라. 풍속 및 풍향계

마. 근로자, 도급자 및 방문자의 명단

바. 비상조치 기관의 명부

사. 시설물 관련 도면 및 자료

(가) 위험물질의 시설별, 지역별 취급 및 저장수량

(나) 위험물질의 안전자료

(다) 안전 및 소방시설 장비현황

(라) 소방용수 저장설비 및 공급계획

(마) 공장배치 및 설비위치도

(바) 사업장의 출입문 및 도로망위치

(사) 주변지역 주요시설물의 위치

(아) 하수 및 배수시설

3) 비상통제소는 주 비상통제소가 기능을 상실할 경우를 대비하여 제2의 비상통제소를 마련한다.

⒁ 운전정지 절차

1) 운전정지 절차의 수립

각 공정별로 비상사태 시의 정지순서 등을 포함한 비상운전정지 절차를 작성하여 각 생산공정단위별로 비치한다.

2) 비상운전 절차 연습

작성된 비상운전계획을 작업자에게 배부하고, 비상운전 절차에 대한 연습을 월 1회 이상 시행한다.

3) 새로운 원료의 도입이나 장치 및 설비의 변경, 공정의 변경 또는 운전절차의 변경 시에는 반드시 작업자들에게 숙지시키고 비상운전정지 등 적절한 훈련을 실시한다.

⒂ 비상 훈련의 실시 및 조정

1) 비상훈련의 실시

비상 및 재난대책은 비상운전 절차에서부터 피난, 소방계획에 이르기까지 전반적인 비상훈련을 월 1회 이상 각급 교대조 및 생산공정 단위로 실시하여 근로자들이 비상사태 시 행동요령을 숙지토록 한다.

2) 비상훈련 평가

비상훈련시에는 평가회를 실시하고 그 결과를 기록으로 비치해야 한다. 또한 평가기록에 따라 문제점을 보완하고 계획을 수정하여 현실적으로 적합한 계획을 수립 실행한다.

3) 합동훈련 및 지원체제의 확립

정부관계자의 참관에 의한 감사 훈련 및 소방지원단 합동훈련을 분기별로 1회 실시하고 그 기록을 유지 보관한다.

⒃ 주민 홍보 계획

1) 사업장은 비상사태 발생에 대비하여 인근 거주 주민에게 유해 · 위험설비에 관한 정보를 제공한다.

2) 대주민 홍보계획에는 다음 사항을 포함시킨다.

가. 유해 · 위험설비의 종류

나. 사용하고 있는 유해 · 위험물질 및 그 관리대책

다. 비상사태 발생 경보체계 등 인지방법

라. 비상사태 발생 시 주민행동 요령

마. 중대사고가 주민에게 미치는 영향

바. 중대사고로 입은 상해에 대한 적절한 치료 방법

3) 효과적인 대주민 홍보를 위하여는 다음과 같은 원칙이 지켜지도록 한다.

가. 대주민 홍보 시에는 관할 지방기관 및 인근사업장과 협조하도록 한다.

나. 대주민 홍보는 정기적으로 반복해야 하며 필요시 주민들의 현장 출입도 허가되도록 한다.

다. 대주민 홍보수준 및 이해정도에 관해 평가해야 하며 대주민 홍보내용의 수정이 필요한 경우 이들을 수정 보완한다.

4) 비상사태 중의 홍보

가. 비상사태가 발생했을 경우 주요위험시설 인근지역에 거주하는 주민 또는 작업자들에게 가능한 신속하게 중대사고 발생을 알리는 등 정보를 제공한다.

나. 비상사태 발생기간 중에 각종 최근 정보를 홍보하여야 하며 특히 과거에 제공한 정보와 상이한 주민행동 요령이 필요할 때에는 언론기관과 협조한다.

5) 중대사고 이후 사고조사 결과 및 주민과 환경에 미칠 장 · 단기적 영향을 주민들에게 홍보한다.

2. 비상조치계획 관련 서식 예시

‖ ○○물질 누출 관련 비상조치계획서 예시

○○ 물질 누출 관련 비상조치계획서

공장설비명		
대상설비		
예상원인		
예상 피해사항 및 범위		근무인원 000명

1. 취급물질 MSDS	2. 통보연락체계
00000 물질 1) 유해성정보 : 열, 스파크, 화염, 고열로부터 멀리하시오. 2) 작업 시 호흡용 보호구를 착용하시오. 3) 산, 염기, 산화제, 가연성 물질을 피하시오. 4) 일반적인 소화약제 및 미세 물분무를 사용하시오.	

3. 비상대피 후 취해야 할 임무	4. 대피절차
1) 주변 공장으로 확산 방지를 위해 인화성 물질 이동 2) 주변공장으로 화재 전이 방지를 위해 소화수로 주면 냉각 3) 전기실에서 주변 공정 전원 차단 4) 누출 시 침착하게 비상대피계획에 따른다.	1) 지정 대피소(건축물 외부)로 대피한다. 2) 누출원의 위치를 모를 경우 바람의 방향을 가로질러 대피함을 우선한다.

[누출 피해 반경(R=00m)] 그림삽입

<table>
<tr><th colspan="4">5. 비상대응조치 / 공정비상정지</th></tr>
<tr><th>독성물질 발생원인</th><th colspan="3">누출확산 분석거리</th></tr>
<tr><td rowspan="7">1. 000 연결배관에 000물질이 누출되어 풀(Pool)을 형성하고 독성 물질이 확산됨</td><td rowspan="3">최악
시나
리오</td><td>PAC-1</td><td>100m</td></tr>
<tr><td>PAC-2</td><td>50m</td></tr>
<tr><td>PAC-3</td><td>20m</td></tr>
<tr><td rowspan="3">대안
시나
리오</td><td>PAC-1</td><td>25m</td></tr>
<tr><td>PAC-2</td><td>15m</td></tr>
<tr><td>PAC-3</td><td>10m</td></tr>
<tr><td colspan="3">상기 분석결과에 따라 발생 설비로부터 50m(PAC-2, 최악) 밖으로 대피할 것</td></tr>
<tr><th colspan="4">대응 시나리오</th></tr>
</table>

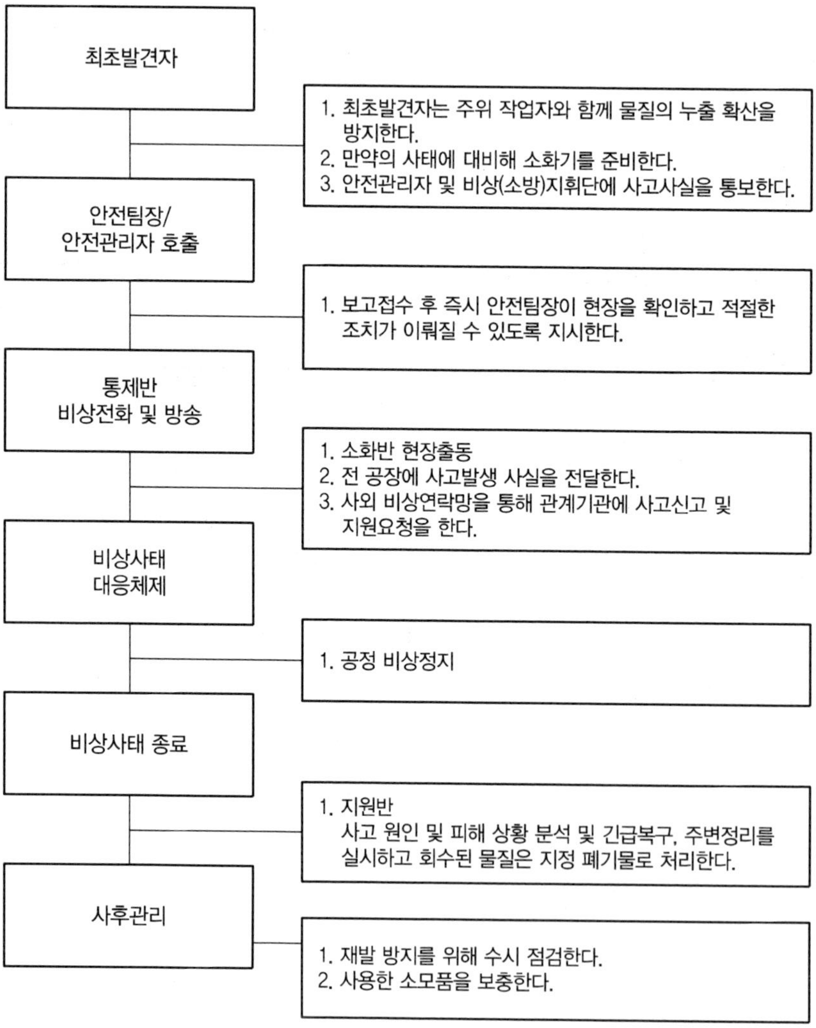

최초발견자

1. 최초발견자는 주위 작업자와 함께 물질의 누출 확산을 방지한다.
2. 만약의 사태에 대비해 소화기를 준비한다.
3. 안전관리자 및 비상(소방)지휘단에 사고사실을 통보한다.

안전팀장/
안전관리자 호출

1. 보고접수 후 즉시 안전팀장이 현장을 확인하고 적절한 조치가 이뤄질 수 있도록 지시한다.

통제반
비상전화 및 방송

1. 소화반 현장출동
2. 전 공장에 사고발생 사실을 전달한다.
3. 사외 비상연락망을 통해 관계기관에 사고신고 및 지원요청을 한다.

비상사태
대응체제

1. 공정 비상정지

비상사태 종료

1. 지원반
   사고 원인 및 피해 상황 분석 및 긴급복구, 주변정리를 실시하고 회수된 물질은 지정 폐기물로 처리한다.

사후관리

1. 재발 방지를 위해 수시 점검한다.
2. 사용한 소모품을 보충한다.

6. 안전보호구/장비

1. 인체보호를 위한 안전보호구 보유 현황 : 보호복, 보호장갑, 보호안경, 귀마개, 귀덮개, 안전모, 안전화
2. 호흡기 보호를 위한 안전보호구 보유 현황 : 방독마스크, 방진마스크

1 마스크를 얼굴 위에 대고 머리끈을 머리 위로 넘긴 뒤 목 뒤에서 목끈의 고리를 끼운다.

2 목끈을 당겨서 얼굴에 밀착되게 조절한다.

3 손바닥으로 배기밸브를 막은 후 부드럽게 숨을 내쉰다. 면체가 부풀어 오르고 얼굴과 면체 사이로 공기가 새는 것이 느껴지지 않도록 양압 밀착검사를 실시한다.

4 손바닥으로 정화통을 막은 후 부드럽게 숨을 들이쉰다. 면체가 얼굴 쪽으로 오그라들고 면체와 얼굴 사이로 공기가 새는 것이 느껴지지 않도록 음압 밀착검사를 실시한다.

7. 피해자에 대한 구조 · 응급조치 절차

1. 응급구조반은 상해자 발생 시 신속하게 인명 구조하여 응급처치 후 병원으로 후송 조치한다.
2. 인근 병원 연락처
   OOOO 병원 :

10. 주민홍보계획

당사의 비상사태 발생 시 인근사업장 및 주민에게 영향을 줄 수 있는 경우 대피경보를 신속하게 발령하여 주민피해를 최소화하도록 한다. 홍보 방법으로는 아래와 같다.

OOOO 연락처

1) 주소 :
2) 전화 및 FAX :
3) 안전관리(전화번호) :

사고 시 주민 대피 요령

1. 인근 주민에게 문자메시지를 통해 비상사태를 알리도록 한다. 문자메시지 발송은 유관기관에 요청하여 일괄 발송하도록 하며, 사전에 협조요청을 하도록 한다.
2. 동사무소의 재난경보 또는 마을방송을 활용하여 주민에게 행동요령 및 대피방법을 경보 또는 방송한다. 비상사태 발생 시 누출 물질의 응급조치 요령 등을 동사무소 상황실 등에 신속히 제공하도록 한다.
3. 사고 영향범위에 인근사업장만 포함될 경우는 비상연락망을 통해 개별사업장에게 해당내용을 전달한다. 이 경우 인근사업장의 당직실 및 환경안전담당자의 휴대전화로 신속히 연락한다. 인근사업장들과는 사고 발생 2~3분 내에 사고내용이 신속하게 전파될 수 있도록 상호연락체계를 구축한다.

8. 비상조치 시의 총괄부서 및 조직

안전보건 관리책임자	OOO	1) 전 공장 비상체제로의 전환 2) 비상사태 수습에 필요한 조치의 결정
안전관리자	OOO	• 비상통제조직의 동원과 지휘 • 119신고 및 구내전화, 관계기관에 통보 • 비상사태의 영향 파악과 대피 상황의 결정 • 사고속보의 작성과 보고 • 재발방지 대책의 수립과 실행 • 비상동원 체제의 훈련
보건관리자	OOO	
안전팀장	OOO	

11. 000 물질 누출 시 응급조치 요령

피부에 접촉한 경우	15분 이상 많은 양의 비눗물로 씻어 화학물질을 제거하시오.
흡입한 경우	호흡이 없으면 인공호흡을 실시하시오 노출원으로부터 멀리 피하시오.
눈에 들어간 경우	노출 즉시 눈꺼풀을 들어올려 눈을 충분히 씻어내시오.
먹었을 경우	의사의 진찰과 치료를 받으시오.

9. 외부 기관과의 협력체제

기관 및 주변업체	전화
방재청 재난 상황실	
수도권 중방센터	
0000	
0000	

12. 내 · 외부 비상조치계획의 연계 조직표

저자 소개

김 영 도

- 서강대 기계공학 학사
- 서강대 경제학 석사
- 한양대 전략경영학 박사수료
- 화공안전기술사
- 소방기술사
- 가스기술사
- 산업안전지도사
- (전) (주)삼천리, 롯데건설(주), GS건설(주), 현대건설 기획실
- (현) (주)셉티코 대표이사

주 현 숙

- 인천대학교 안전공학 석사
- (현) (주)셉티코 상무이사

(주)셉티코

- 산업안전 · 환경 전문기업(공정설계, 기술 컨설팅, 방폭공사)
- 셉티코 평생교육원(산업안전 · 환경 컨텐츠, 기술자격)
- 셉티코 시스템(산업안전 · 환경 지식정보 플랫폼, 앱)

공정안전보고서(PSM) 작성 및 이행평가 실무

발행일 | 2019. 9. 20 초판 발행
2024. 6. 20 개정 1판 1쇄

저 자 | 김 영 도 · 주 현 숙 · ㈜ 셉 티 코
발행인 | 정 용 수
발행처 | 예문사

주 소 | 경기도 파주시 직지길 460(출판도시) 도서출판 예문사
TEL | 031) 955－0550
FAX | 031) 955－0660
등록번호 | 11－76호

정가 : 40,000원

ISBN 978-89-274-5476-2 13530